Developmental Psychology
Childhood and Adolescence (9th Edition)

发展心理学
——儿童与青少年
（第九版）

［美］戴维·R. 谢弗　　凯瑟琳·基普　著
（David R. Shaffer）　　（Katherine Kipp）

邹　泓　等　译

中国轻工业出版社

图书在版编目（CIP）数据

发展心理学：儿童与青少年：第9版／（美）谢弗（Shaffer, D. R.）等著；邹泓等译. —北京：中国轻工业出版社，2016.1（2025.10重印）

ISBN 978-7-5184-0643-2

Ⅰ. ①发… Ⅱ. ①谢… ②邹… Ⅲ. ①儿童心理学–发展心理学②青少年心理学–发展心理学 Ⅳ. ①B844

中国版本图书馆CIP数据核字（2015）第238303号

版权声明

Developmental Psychology: Childhood and Adolescence, 9th Edition
David R. Shaffer & Katherine Kipp
邹泓 等 译

Copyright © 2014, 2010 by Cengage Learning.
Original edition published by Cengage Learning. All Rights reserved. 本书原版由圣智学习出版公司出版。版权所有，盗印必究。

China Light Industry Press is authorized by Cengage Learning to publish and distribute exclusively this simplified Chinese edition. This edition is authorized for sale in the People's Republic of China only (excluding Hong Kong, Macao SAR and Taiwan). Unauthorized export of this edition is a violation of the Copyright Act. No part of this publication may be reproduced or distributed by any means, or stored in a database or retrieval system, without the prior written permission of the publisher.

本书中文简体字翻译版由圣智学习出版公司授权中国轻工业出版社独家出版发行。此版本仅限在中华人民共和国境内（不包括中国香港、澳门特别行政区及中国台湾）销售。未经授权的本书出口将被视为违反版权法的行为。未经出版者预先书面许可，不得以任何方式复制或发行本书的任何部分。

ISBN: 978-7-5184-0643-2

Cengage Learning Asia Pte. Ltd.
151 Lorong Chuan, #02-08 New Tech Park, Singapore 556741

本书封面贴有Cengage Learning防伪标签，无标签者不得销售。

责任编辑：孙蔚雯　　　责任终审：杜文勇
策划编辑：孙蔚雯　　　责任校对：刘志颖　　　责任监印：吴维斌

出版发行：中国轻工业出版社（北京鲁谷东街5号，邮编：100040）
印　　刷：三河市鑫金马印装有限公司
经　　销：各地新华书店
版　　次：2025年10月第1版第18次印刷
开　　本：850×1092　1/16　印张：38.75
字　　数：700千字
书　　号：ISBN 978-7-5184-0643-2　　　定价：88.00元

读者热线：010-65181109
发行电话：010-85119832　　010-85119912
网　　址：http://www.chlip.com.cn　　http://www.wqedu.com
电子信箱：1012305542@qq.com

版权所有　侵权必究
如发现图书残缺请拨打读者热线联系调换
251661Y2C118ZYW

译者序

一位先哲相信，人生最伟大的探险就是对内在世界的探索。我们每个人可能都会无数次地问自己，自己到底是什么样的人，为什么在某些方面自己和周围的人如此相似，而在其他方面又如此不同？独特的遗传基因、特殊的生活经历，相似或不同的家庭环境、社会文化、历史背景，在人的一生发展中如何交织在一起，使你成为现在的你？如果你已经或将要为人父母，你还会对自己孩子的内心世界和成长发展感兴趣，你会希望知道怎样才能实现最优化的发展目标，帮助孩子成为一个能很好地适应社会、健康快乐地生活、并有一定的社会责任感、能对社会有所贡献的人。对此，你可能有种种的解释或困惑，而心理学家则试图用科学的方法去探索人的心灵奥秘和发展轨迹。

本书作者 David R. Shaffer 教授曾执教于美国乔治亚大学（University of Georgia），长期从事毕生发展心理学和社会心理学的教学与研究工作，为本科生和研究生讲授人类发展课程长达36年。鉴于他在教学上的杰出贡献，1990年他被授予了乔治亚大学的最高教学奖（The Josiah Meigs Award）。同时他曾兼任美国《人格与社会心理学杂志》《人格与社会心理学学刊》及《人格杂志》的副主编。基于发展心理学与社会心理学相结合的独特的学术背景，1979年他率先出版了《社会性与人格发展》（Social and Personality Development）一书，深受读者欢迎。我于1991年在国内最早开设社会性与人格发展课程时，引入了该书的英文第二版（1989）作为教材。之后，又陆续引入其随后的版本（第三版，1994；第四版，2000；第五版，2005；第六版，2009），教学相长，获益匪浅。所以，2003年初，当中国轻工业出版社"万千心理"将 Shaffer 教授所著的《发展心理学》第六版送到我手里并请我主持翻译时，我欣然接受了这本书的翻译任务。因为我相信，这同样是一本非常好的教科书，我愿意把它介绍给中国读者，希望与关心儿童及青少年发展的广大读者一起分享。该书第六版和第八版译著发行后很快受到了广大读者的欢迎，一些高校将其作为发展心理学课程教材。随着英文原版第九版（2014）的问世，让我惊诧于国外教材更新速度之快。

该书从第七版起增加了作者 Katherine Kipp 教授，她现执教于北乔治亚大学（University of North Georgia）心理系，曾任教于美国乔治亚大学，专业方向是毕生发展心理学和认知实验心理学，为本科生和研究生讲授发展心理学课程已有16年。她还是一对双胞胎女儿的母亲，见证并分享了她们的成长之路。

该书新版突出特色有三：

特色之一是内容的全面更新和修订。作者力求准确反映发展心理学领域日新月异的变化，介绍了许多新理论、新方法、新研究和新的实践建议等，尤其是扩充了研究前沿的一些论题，更新了百余篇新的研究和综述。同时，对教材内容和章节进行了适当的压缩和精简，以适应一个学期的课程安排。为帮助读者更好地综合理解各章内容，除概念核查外，每章还增加了一个章末练习测验。本版延续了第七版、第八版所采用的新方式，保留了"研究聚焦"和"生活与研究应用"

专栏，但内容上有所更新。

特色之二是系统性强。作者贯穿全书强调了整体观这一现代发展科学的核心理念。他特意用发展学家这一术语指代发展心理学家等致力于发展研究的学者，以突显人类发展科学的跨学科研究的特点。从教材结构和内容的整体安排来看，几乎所有涉及的发展领域都强调了生理、认知、社会性和文化之间的相互作用。对各种理论流派的介绍不仅体现了兼容并蓄的特点，还注重揭示了各种理论流派潜在的世界观或哲学基础。对发展过程的重视，不仅为读者勾勒出了人的发展全貌，还能让读者深刻理解发展发生的原因及其复杂性。新版继续贯穿始终地应用发展心理学领域的四大主题——天性与教养、儿童的主动性、连续性与阶段性、发展的整体性——对具体发展领域做了深刻的解读。

特色之三是保持了语言风格的口语化，让读者感觉更亲切。作者始终把读者视为学习过程的主动参与者，让你感觉有位智者在与你倾心交谈，在娓娓道来之中，激发了你对发展中的人的兴趣，解答了你对成长的种种困惑、疑虑和所关心的问题；让你感觉到对生命奥秘的探索和对人类发展轨迹的追踪是如此奇妙，尽管你也会看到先行者所经历的种种艰辛和曲折。当然，作者也留下了许多对于生命价值和发展意义的思索和遐想。

参与本书翻译工作的主要是我和我的博士生们。他们都已经毕业多年，大多从事发展心理学、人格心理学、社会心理学和心理测量学的教学与研究工作。他们是：周晖（第1章）、张冲（第2章、第6章）、赵霞（第3章）、高琨（第4章）、李文道（第5章）、侯珂（第7章、第10章、第11章）、黎坚（第8章）、李一茗（第9章、第13章、第15章）、刘艳（第12章）、王英春（第14章）。全书最后由我做了统一审校。特别令我感动的是，孙蔚雯编辑在审稿过程中亲自做了全书的概念核查和练习测验，并逐一对照书后附录中的答案，发现了原著答案中的一些疏漏，提醒我做了订正。在这里还要特别感谢曾参与该书前几版翻译的我的毕业多年的研究生张秋凌、李冬晖、张春妹、马存燕、李兵、鞠亮、杨晓莉（第六版）及屈智勇（第八版）。尽管由于种种原因，他们未能继续参与新版的翻译，但这本译著也融入了他们曾经的付出，它凝结了我们团队的智慧和心血。我为这支优秀的团队而骄傲。

对译著"信、达、雅"的追求是译者的心愿，但限于水平，在名词术语的翻译和作者意图及写作风格的把握等方面，肯定还有不妥之处，欢迎读者予以指正。

在译稿即将付梓之际，特别要感谢中国轻工业出版社"万千心理"引进了这本教科书，感谢为本书的出版付出辛勤劳作的人。

邹泓 谨识
2015年夏
于北京师范大学

序　言

我们写作本书的目的是希望对儿童和青少年发展做一个全面的概述，以反映迄今为止发展学家们所提供的最好的理论观点、实证研究和实践建议。我们的目标是写一本引人入胜、简洁明晰的有关发展的教科书，以易于初入门的学生理解。我们认为，一本好的教科书不单单是让读者阅读，更应该与读者交谈。它要事先考虑到读者的兴趣、疑虑和关心的问题，并把读者视作学习过程中的积极参与者。在人类发展的研究领域，好的教科书还应该强调发展变化的内在过程，以便学生在学完课程后能深切地理解发展的原因及其复杂性。最后，好的教科书应该告诉学生如何融会贯通地将理论和研究应用于大量的真实生活情境中。

本书力图实现上述所有目标。我们力求写一本逻辑严谨、应用性强的书——它可以激发学生去思考人类发展这一充满魔力的过程，去分享我们年轻而又生机勃勃的学科所带来的兴奋感，去获得有关发展原理的知识。这些知识将很好地帮助我们在未来或为人父母，或作为教师、护士、保育员、儿科医生、心理学家或以任何其他身份，影响发展中的人的生活。

哲学观

对任何领域的系统性论述都是以某种哲学观点为基础的，像人类发展这样宽广的领域也不例外。我们的哲学观点可以归纳如下：

理论的折中主义

许多理论都对我们了解发展中的人做出了贡献，理论的这种多样性是优点而不是弱点。尽管某些理论也许比其他理论在解释发展的特定领域时更好些，但是我们将一再看到，不同的理论强调了发展的不同方面，而对于解释人类发展的原因和复杂性来说，多种理论知识是必需的。因此，本书并不试图说服读者确信某一理论观点是最好的。精神分析理论、行为主义、认知发展理论、生态系统理论、社会文化理论、社会认知理论、信息加工理论、习性学、进化论和行为遗传学的观点（以及其他几个包含内容较少、仅强调发展的某些方面的理论观点）都应该被予以同样的尊重。

有关人类发展的最佳信息来自系统的研究

为了教好这门课，我们认为必须让学生确信理论和系统研究的价值。尽管有多种途径可以达到相同的目的，但我们选择的是，讨论并阐明多种研究方法和研究实例。我们会考察研究者如何采用科学的方法去检验他们的理论，并回答有关儿童和青少年发展的重要问题。此外，我们谨慎地解释了为什么没有单一的"最好的方法"来研究发展中的人。我们再三强调，最值得信赖的发现是那些能经受各种方法重复验证的研究。

强调"过程"定向

对许多有关发展的教科书主要的抱怨是，书中只是描述人类发展却没有充分解释发展的原因。近年来，研究者越来越多地关注于确认和理解发展的过程——导致我们发展变化的生物和环境因素。本书清晰地反映了这一特点。我们的过程定向观点是基于这样的信念：如果学生能知道并理解发展发生的原因，那么他们将更可能记住什么发展了和发展的时间。

强调"背景"定向

发展学家所获得的更为重要的一个经验是，儿童和青少年生活在特定的历史时期和社会文化背景中，而这些背景因素会影响他们发展的每个方面。在本教材中，我们始终强调这些背景因素的影响。有关跨文化比较的讨论贯穿全书。不仅是因为学生们喜欢了解其他文化以及种族多样的亚文化中人们的发展特点，而且跨文化研究也有助于他们更好地理解人们怎么会既如此相似，同时又如此不同。此外，对背景因素的强调将呈现在本书第五部分：发展的背景。

人类发展是一过程

尽管研究者个人可能会关注某个特殊的发展主题，如身体发展、认知发展，或者是道德发展，但发展并不是零散的，而是整体的。人既是生物的人，同时也是认知的、社会的以及情绪的人。"自我"各种成分中的每一领域，在某种程度上都依赖于其他发展领域正在发生的变化。这种整体观是现代发展科学中的核心主题，同样也是贯穿全书所强调的理念。

教材的组织

描述人类发展的传统体例有两种：一种是编年体，或者说是按年龄和阶段进行组织的方法，涵盖了从受孕到生命终结的全部内容，以年龄或按年龄段顺序排列作为组织教材的原则；另一种是主题体，即围绕发展的领域，以从每一领域的起源到其成熟为主线来组织教材。这两种体例各有利弊。

我们按主题体例组织本教材，集中叙述发展过程，为学生提供一个关于儿童和青少年在每个发展领域经历的变化序列的连贯图景。这种按主题组织的体例最能使读者意识到发展的涌流——发生在儿童和青少年期系统的、常常引人注目的转变，以及发展的连续性，它使每个个体都能反思自己的过去。同时我们认为，勾勒出个体发展的全貌是很重要的。为此，对本书涉及的所有发展领域，我们都强调了生理、认知、社会和文化等因素之间的相互影响。因此，尽管这本教科书是按主题进行组织的，但学生不会忽略完整的人和人类发展的整体特点。

本版新增内容

本书第九版进行了全面的更新和修订，以反映发展心理学领域不断发生的变化。同时也延续了第七版和第八版所采用的新方式，以便广大读者更容易接受本书。我们对教材内容进行了压缩，对章节进行了精简，因此本书可以适应一学期的课程安排。在早期的版本中对理论的探讨是在第2章，现在则放在各相关章节分别介绍。这使得学生能在学习与该理论最相关的发展领域的内容时学习它们，以减少不必要的重复。关于发展背景的内容被组织在两章中，重回到第七版的组织模式。其中一章集中讨论家庭与发展的关系，另一章集中讨论更为远端的一些背景因素。本教材强调并关注全球化社会。我们运用多种案例、艺术作品、研究和反思观点来突出发展的多样性和跨文化的发展。第九版还加入了大量新的照片和图片，并且更新了版面设计，这使得本版教材更具可读性，让学生觉得更亲切。除了这些贯穿全书的整体变化，每一章的内容还有各自的调整和更新。以下就是其中一些修订内容。

第1章

- 将关于家庭状况的表格和相关内容从第1章移到了第14章。
- 整章的语言描述更加精简，以避免冗长。
- 将第八版中第2章的最后一部分内容（"人类发展研究的主题"），包括相关的概念核查、一图一表和关键术语等内容，放到了第1章的结尾。
- 增强了图片的清晰度。
- 更新了图1.6。
- 精简了表1.5中关于儿童权利的内容。

第2章

- 更新了案例，使它们与当今大学生活更为贴近。
- 压缩了"研究聚焦：细胞减数分裂过程中的互换和染色体分离"专栏的内容。
- 简化了"生活与研究应用"专栏中探讨关于伦理问题的内容。
- 删除了关于"父母主效应还是儿童主效应"的全部内容。
- 增加了一个部分，标题为"习性学和进化论观点"。
- 增加了许多参考文献。

第3章

- 删除了"研究聚焦：胎儿期程序理论"专栏。
- 将漫画和照片替换为更有趣、更贴切的图片。

第4章

- 删除了"生活与研究应用：抚慰哭闹婴儿的方法"专栏。
- 增加并更新了"研究聚焦：一个观察学习的范例"专栏。这部分内容在第八版中属于第2章。
- 增加了15条最新的参考文献。

第5章

- 删除了标题为"青春期的心理影响"的内容以缩短篇幅，并使内容更流畅。

第6章

- 增加了"研究聚焦：透过跨文化的棱镜评价皮亚杰"专栏。
- 修订了"生活与研究应用：认知发展与儿童的幽默"专栏的内容。
- 对整章内容，包括各专栏，进行了精简。涉及内容很全面，但是篇幅缩短了。
- 添加了29个最新参考文献。

第7章

- 删除了"生活与研究应用：注意力缺陷多动障碍"专栏。
- 删除了标题为"儿童作为目击证人"的相关内容。
- 压缩了"生活与研究应用：儿童早期记忆到哪去了？"专栏的内容。
- 添加了22个最新参考文献。

第8章

- 大大压缩了标题为"智商作为健康、适应性和生活满意度的预测源"的内容。
- 更新了概念核查。
- 删除了关于家庭生活的部分，相关内容在第14章会涉及。
- 添加了许多参考文献。

第9章

- 新增了关于语法的例子。
- 修订了对于斯金纳及其学习观点的描述。
- 添加了24条最新参考文献。

第 10 章

- 对本章内容,包括情绪表达、早期气质类型及日托等,进行了大幅精简。
- 更新了父亲与依恋的内容。
- 更新了有关依恋的长期影响的内容。
- 添加了 23 条最新参考文献。

第 11 章

- 减少了有关自我概念的部分内容,以增强可读性。
- 删除了"生活与研究应用:网络世界中的自我认同探索"专栏。
- 删除了表 12.4 关于种族自我认同的内容。
- 缩减了题为"社会认知发展的理论"的内容。
- 添加了 7 条最新参考文献。

第 12 章

- 删除了"研究聚焦:性别刻板印象会使儿童曲解与之不一致的信息吗?"专栏。
- 删除了题为"媒体的影响"的内容。
- 重新组织了关于性别特征形成的相关内容。
- 删除了题为"心理的双性化"这一部分内容。

第 13 章

- 用"生活与研究应用:控制年幼儿童攻击行为的方法"代替了原来的"研究聚焦:女孩比男孩更具攻击性吗"专栏。
- 更新了"道德发展的情感成分"的内容。
- 更新并压缩了题为"科尔伯格的道德发展理论"的内容。

第 14 章

- 家庭作为发展的背景是本书全新的一章。
- 本章包括如下部分:
  - 生态系统理论
  - 对家庭的理解
  - 童年和青少年时期的父母社会化
  - 兄弟姐妹及其关系的影响
  - 家庭生活的多样性
  - 发展主题在家庭生活、教养方式及兄弟姐妹关系中的应用
- 新专栏包括:
  - 研究聚焦:教养风格和个体发展
  - 生活与研究应用:青少年期亲子关系的重新调整
  - 研究聚焦:来自生活富裕家庭的惊人发现

第 15 章

- 删除了关于家庭对发展的影响的内容。这部分内容会在第 14 章涉及。
- 增加了关于文化对游戏发展的影响的内容。
- 增加了题为"学前儿童假装游戏对发展的重要性"的内容。
- 增加了题为"学校和认知发展"的内容。
- 重新组织、更新并精简了题为"有效学校教育的影响因素"内容。
- 更新了关于媒体对儿童发展影响的各部分内容。

写作风格

我们的目的是要写这样一本书:它可以直接与读者对话,让读者积极参与到正在进行的讨论中。在写作风格上,我们力求做到通俗易懂、实事求是,侧重于用问题、思考题、概念核查以及大量其他练习来激发学生的兴趣和参与意识。大多数章节都被我们的学生"预先测试"过,他们用红笔标出不清楚之处,并对我们在介绍和解释复杂的观点时所举的一些具体的例子、类比和偶尔提及的逸事提出了建议。因此,在我们的学生———一群批评家们——有价值的协助下,我们准备了一本内容丰富、有挑战性的书稿,它读起来更像对话或故事,而不像百科全书。

特色

这本教科书在教学法方面的特征在第八版中已有很大扩充。它激发了学生的学习兴趣和参与意识，并使材料容易学习。其中比较重要的特征包括以下方面：

- **提纲和章节摘要**：每章开头的提纲和简短的导引给学生提供了对整章内容的预览。每章结尾都有一个全面的小结，根据各章的主要分支来组织，突出了关键术语，使读者可以快速回溯该章的主题。
- **副标题**：频繁使用副标题对正文内容进行有序划分和组织，使得材料条理清晰。
- **关键术语**：用黑体字标注了600多个关键术语，提醒学生学习重要概念。
- **即时术语表和各章关键术语表**：即时术语表对文中出现的关键术语当即给予了定义和解释。在每章节末尾，会列出本章所有关键术语及术语定义出现的页码。
- **专栏**：每章包括2～3个专栏，用来提醒大家注意一些重要的观点、过程、问题或应用。这些专栏旨在激发读者思考问题、争论、实践和政策，从而对某些主题进行更深入地考察。专栏共分两种："研究聚焦"，讨论一个对解释发展的原因产生过重要影响的经典研究或新近研究；"生活与研究应用"，重点在于运用我们的知识使发展结果达到最优化。所有这些专栏都被仔细地融入各章的内容之中，并用来强化该章的主题。
- **插图**：照片和图表被广泛运用。尽管设计插图的部分原因是为了提供视觉上的调剂和放松，并令学生保持兴趣，但插图不仅仅是装饰。所有的视觉辅助物，包括偶尔出现的漫画，都是经过精心选择的，用于解释重要的原则和概念，以增强正文的教育目的。
- **概念核查**：从第四版开始引入的概念核查广受好评。许多学生的评论表明，这些简短的练习获得了预想的效果：它激发、挑战和容许大家主动地评价自己对重要概念和发展过程的掌握情况。一些学生明确表示，概念核查远比其他课本中典型的"简单小结"（被认为过于简单和概括）更能帮助他们。为了在概念核查中更多地汇总学生们发现的最有用的问题，并反映最新的概念和理解，本版中的许多概念核查是经过完全重写或是大幅修订的。概念核查的所有答案都能在书后的附录中找到。
- **章末练习测验**：每章结尾的练习测验允许学生评估自己对本章知识的掌握程度。每章的练习测验包括10个选择题。题目涉及该章（包括专栏中）介绍的关键概念。测验题的难度和风格各不相同：有的是定义型的简单题目；有些则是考察学生应用或批判性思维能力的较难的题目，不仅要求学生记忆，还要求学生综合理解每章内容。章末练习测验的所有答案都能在书后的附录中找到。
- **主题图标**：主题图标从视觉上强调本教材的四个核心论题：天性与教养、主动与被动、质变与量变，以及发展的整体性。

补充的教辅工具与资源

教师资源手册

ISBN：9781133491286

该手册可以帮助你更快、更有效地备课。手册的内容包括章节纲要、学习目标、授课建议、学生活动和项目、学习资料、应用和讨论问题，以及推荐的相关影视信息等。

试题库

ISBN：9781133491255

该试题库资源丰富，每一章都包含几百道题目，可以帮助你根据课程目标轻松地设计包含多项选择题、简答题和论述题等多种题型的试卷。

整合计算机测验软件 ExamView® 的助力教学（PowerLecture）光盘

ISBN：9781133491989

助力教学（PowerLecture）光盘是一站式数字化图书馆和展示工具。光盘中包括了由玛丽维尔大学 Peter Green 使用微软公司的 PowerPoint® 软件制作的教学讲义电子幻灯片。该数字化图书馆工具中的文本与视频库提供的图形和图像资源，将为你制作教学幻灯片提供有益的帮助。PowerLecture 光盘还包括 ExamView® 测试软件，该软件的所有试题都来自 Shaffer 和 Kipp 出版的试题库。ExamView® 能帮助你在几分钟内生成、订制并分发测验试题和学习指南（包括纸质版指南和在线指南）。在 ExamView® 完善的文字处理能力支持下，你可以输入任意多个新问题或者轻松编辑现有问题。

课程助手（CourseMate）

圣智学习出版公司提供的心理学课程助手软件（CourseMate）通过提供促进教材学习的互动学习、研究和备考工具，将课程概念带入生活。如果你想获得该软件提供的电子书，以及词汇表、教学卡片、小测验、视频等学习资源。

在线辅导软件（WebTutor™）

在线辅导软件（WebTutor™）支持你在课程管理系统中为课程引入可订制的、丰富的文本内容。不管你是想要增加课程的在线学习部分，还是想把整个课程放到网上，WebTutor™ 都能帮助你实现。你可以从 WebTutor™ 获得电子书、词汇表、教学卡片、小测验、视频等各类资源。

目 录

译者序 ··· I
序 言 ··· III

第一部分　发展心理学导论

第1章　导论：发展心理学及其研究策略 ········· 3
　　发展心理学简介 ···························· 4
　　研究策略：基本方法和设计 ················· 10
　　研究策略与发展研究 ······················ 27
　　人类发展研究中的主题 ···················· 36

第二部分　发展的生物学基础

第2章　遗传对发展的影响 ····················· 47
　　遗传的原理 ······························ 47
　　遗传疾病 ································ 58
　　遗传对行为的影响 ························ 67
　　习性学和进化论的观点 ···················· 80
　　发展主题在遗传对发展的影响中的应用 ······ 84

第3章　产前期发展和出生 ····················· 91
　　从怀孕到出生 ···························· 92
　　产前发育的潜在问题 ······················ 98
　　出生和围产期环境 ······················· 114
　　出生时的潜在问题 ······················· 121
　　发展主题在产前发育和出生中的应用 ······· 126

第4章　婴儿期 ······························ 131
　　新生儿对生活的准备 ····················· 132
　　研究婴儿感知觉经验的方法 ··············· 138
　　婴儿的感觉能力 ························· 141
　　婴儿的视知觉 ··························· 147
　　婴儿的跨通道知觉 ······················· 153
　　文化对婴儿知觉的影响 ··················· 156
　　婴儿期的基本学习过程 ··················· 157
　　发展主题在婴儿的发展、知觉和学习
　　　中的应用 ····························· 165

**第5章　生理发展：大脑、身体、动作技能及
性发育** ······································ 171
　　成熟与发育概览 ························· 172
　　大脑的发育 ····························· 176
　　动作发展 ······························· 181
　　青春期：从儿童到成人的生理转变 ········· 189
　　生理发展的原因和相关因素 ··············· 192
　　发展主题在生理发展中的应用 ············· 197

第三部分　认知发展

**第6章　认知发展：皮亚杰的理论和维果斯基的
社会文化观** ·································· 205
　　皮亚杰的认知发展理论 ··················· 206
　　皮亚杰的认知发展阶段 ··················· 209
　　对皮亚杰理论的评价 ····················· 230
　　维果斯基的社会文化观 ··················· 234
　　发展主题在皮亚杰和维果斯基的理论
　　　中的应用 ····························· 246

第7章　认知发展：信息加工的观点 ············ 253
　　多重储存模型 ··························· 254
　　多重储存模型的发展 ····················· 256
　　记忆的发展：保持与提取信息 ············· 269

其他认知技能的发展 …………………… 277
对信息加工观点的评价 …………………… 285
发展主题在信息加工观点中的应用 … 286

第 8 章　智力：心智表现的测量 …………… 291
什么是智力 ………………………………… 292
如何测量智力 ……………………………… 299
智力测验能预测什么 ……………………… 305
影响智商分数的因素 ……………………… 309
社会和文化因素对智力表现的影响 …… 310
通过补偿教育提升认知表现 …………… 317
创造力和特殊才能 ………………………… 320
发展主题在智力和创造力中的应用 … 324

第 9 章　语言和沟通技能的发展 …………… 331
语言的五个成分 …………………………… 332
语言发展理论 ……………………………… 334
前语言期：在习得语言之前 …………… 344
单词句期：一次一个单词 ……………… 347
电报句期：从单词句到简单句 ………… 354
学前期的语言学习 ………………………… 357
童年中期和青少年期的语言学习 …… 362
双语：学习两种语言的挑战和结果 … 366
发展主题在语言习得中的应用 ………… 369

第四部分　社会性与人格发展

第 10 章　情绪发展、气质和依恋 …………… 377
情绪发展 …………………………………… 378
气质与发展 ………………………………… 387
依恋与发展 ………………………………… 390
发展主题在情绪发展、气质和依恋中
　的应用 ………………………………… 412

第 11 章　自我概念的发展 …………………… 417
自我概念的发展 …………………………… 418
自尊：自我的评价成分 …………………… 424
成就动机和学业自我概念的发展 …… 431
我将会成为什么样的人？自我认同感
　的形成 ………………………………… 440

社会认知的另一面：对他人的了解 … 446
发展主题在自我和社会认知中的应用 … 452

第 12 章　性别差异与性别角色的发展 ……… 457
界定性征与性别 …………………………… 457
区分男性与女性：性别角色标准 …… 459
关于性别差异的一些事实和臆测 …… 460
性别特征形成的发展趋势 ……………… 467
性别特征形成与性别角色发展的理论 … 475
发展主题在性别差异和性别角色发展
　中的应用 ……………………………… 489

第 13 章　攻击行为、利他主义和道德发展 … 495
攻击行为的发展 …………………………… 495
利他主义：亲社会自我的发展 ………… 507
道德发展：情感、认知和行为成分 … 514
发展主题在攻击行为、利他主义和道
　德发展中的应用 ……………………… 529

第五部分　发展的背景

第 14 章　发展的背景 1：家庭 ……………… 535
生态系统理论 ……………………………… 536
对家庭的理解 ……………………………… 538
童年期和青少年期的父母社会化 …… 543
兄弟姐妹及其关系的影响 ……………… 554
家庭生活的多样性 ………………………… 558
发展主题在家庭生活、教养方式及兄
　弟姐妹关系中的应用 ………………… 564

第 15 章　发展的背景 2：同伴、学校和科技 … 569
同伴作为社会化的动因 …………………… 570
学校作为社会化的动因 …………………… 576
电视对儿童发展的影响 …………………… 583
数字化时代的儿童发展 …………………… 591
对发展背景的最后思考 …………………… 595
发展主题在发展背景中的应用 ………… 597

附录　概念核查及章末练习测验答案 ………… 601
参考文献 ………………………………………… 607

第一部分 发展心理学导论

第 1 章 导论：发展心理学及其研究策略

第 1 章 导论：发展心理学及其研究策略

发展心理学简介
研究策略：基本方法和设计
● 研究聚焦：关于性别角色的跨文化比较
研究策略与发展研究
● 生活与研究应用：成为发展研究的明智消费者
人类发展研究中的主题

天下午，我蹬着自行车骑了40公里山路后，返程回家。途中，我看到路边有一个卖柠檬汁的小摊。小摊周围聚集着几个孩子，还有一对夫妻。我正想着是否要停下来喝点柠檬汁，一个4岁左右的小男孩冲着我叫卖起来："柠檬汁！50美分！"

他的销售技巧说服了我——我停了下来。男孩和他9岁左右的姐姐向我走来。"我要买柠檬汁。"我说。这时，小男孩已经走得离我非常近了，我几乎要撞到他。他挥动着一个空杯子，又朝我叫起来。他嘟嘟囔囔的，我听不明白他的意思，只好让他重复一下。当我终于听懂他说的是"粉红色还是黄色"之后，我问他选择哪个比较好。他毫不犹豫地回答："粉红。"我告诉他，我接受他的推荐。这时，在他旁边一直没有做声的姐姐立刻去为我盛柠檬汁。同时，我给了小男孩1美元，并告诉他我要两杯。

男孩拿着钱跑开了，而他的姐姐则给我端来了柠檬汁。在我喝柠檬汁的时候，姐姐一直站在我面前不动。最后，她终于意识到我没有明白她的意思，于是很有礼貌地向我伸出手。"噢，"我指着那个4岁小男孩说道，"我已经把钱付给他了。"

她蹦蹦跳跳地回到那个放着水罐、杯子和钱箱的桌子旁。钱落进钱箱的声音显然让她很兴奋，但她还是让自己冷静下来，站回了桌后。

我小口地喝着柠檬汁，注意到还有几个孩子在旁边。两个男孩，从服装和举止看像高中生，躺在路边草地上聊天。两个女孩，比那两个男孩高一头，但看起来应该还处于前青春期，站在小摊后1米远的地方。她们的头凑在一起，一边聊天一边咯咯笑着。她们站的位置暗示着她们想帮忙卖柠檬汁，虽然她们实际上忘记了这件事。事实上，在场的人中，只有三个在积极地做事：4岁的男孩、他不多话的姐姐和一个成年人——可能是他们的母亲。

草坪上还站着一个微笑着的成年男人。他欣赏着这一切，开始和我聊天。正如我所料，他是孩子的父亲。那个4岁男孩已经又跑回街上，对着那些潜在的顾客叫卖。"他是我们这里顶尖的推销员。"他父亲告诉我。"为什么你们要摆这个柠檬汁小摊?"我问,"赚到的钱你们会怎么使用?"这位和蔼健谈的父亲刚想回答我,但又停住了,他把这个问题抛给了9岁的女儿:"梅根,你能不能解释一下我们在做什么?"女孩仍然很有礼貌地站在卖柠檬汁的地方,告诉我什么人可以从这些钱中受益:"这些钱可以为需要帮助的人提供一些工具和生活必需品,让他们可以自给自足。"这个女孩的风格完全不同于她的弟弟,这让我很惊讶。我赞赏了他们付出的努力,然后骑车回家。

我在柠檬汁小摊的经历中体验到了个体间的差异,以及个体间的年龄差异。而这一切都在唤起我们对人类发展的兴趣。一个容易兴奋的4岁孩子以及一个勤勉的9岁孩子如何成长为自以为是的前青春期少年?为什么男孩们在逃避责任的时候没有丝毫内疚,而女孩们最起码能够表现出想要帮着卖柠檬汁的样子?兄弟姐妹们在气质方面的差异是年龄、遗传导致的,还是受到性别角色的影响?如果成人能够理解一个学步儿含糊的语言,为什么孩子的语言能力还是会不断进步?父母是否能培养孩子的利他行为和进取心?儿童从什么时候起开始掌握数字概念(我一直没有拿到我的第二杯柠檬汁)?住在贫困社区的儿童,他们是否与那些生活富足的儿童一样达到发展里程碑?为什么一个年近半百的妇女要骑40公里的山路?

发展心理学简介

本书的目标就是要通过回顾现代发展科学的理论、方法、新的发现和许多实践成果,来寻求以上问题的答案。本章是全书的导引,将主要讨论:关于人类发展的本质的重要问题,以及有关发展的知识是如何获得的。人随着时间而"发展"意味着什么?你的发展经历与以往的年代或其他文化中的人有何不同?为什么这些关于人类发展的科学研究是必要的?科学家研究儿童和青少年发展时用的策略或研究方法是什么?首先让我们来关注发展的本质。

什么是发展

发展指的是个体从受孕(父亲的精子与母亲的卵子结合形成新的生命)到死亡这个过程中,连续性和系统的变化。用"系统"来描述"变化",意指它们是有序的、模式化的并相对持久的。因此,暂时的情绪波动以及我们的外貌、思想以及行为的短暂变化是不包括在内的。我们同样对**发展的连续性**感兴趣。连续性是指个体自身保持稳定不变,或者我们的现在持续反映着我们的过去。

如果发展代表了个体从"子宫到坟墓"所经历的连续性和变化,那么发展科学就是对这些现象进行研究的综合学科。尽管**发展心理学**是该学科中最大的一个分支,但是许多生物学家、社会学家、人类学家、教育家、医生、神经科学家甚至历史学家也对发展的连续性和变化有兴趣,并且对我们理解人和动物的发展做出了重要贡献。因为发展科学包含了众多学科,我们用"**发展学家**"一词特指那些致力于研究发展过程的所有学者,而不考虑他们所属的具体学科是什么。

发展的原因是什么

为了充分地理解发展的含义,我们必须认识导致发展变化的两个重要过程:成熟和学习。**成熟**指个体按照物种特有的生物遗传性及个体独特的遗传基因中预先设定的生物程序的发展。人类成熟的(或物种特有的)生物程序使得我们大约在1岁时开始行走并说出第一个有意义的词,11~15岁达到性成熟,然后在差不多的年龄老化、死亡。此外,成熟对人的心理变化也有一定影响,这些心理变化包括日渐提高的注意力、解决问题的能力、对他人的思想或情感的理解能力等。因此，人类在很多重要方面相似的原因之一就是我们拥有共同的"种系遗传性"，它引导我们在生命的相同阶段经历很多相同的发展变化。

第二个关键的发展过程是**学习**。通过学习，我们的感情、思想和行为产生了相对持久的变化。我们来看一个简单的例子：一个小学生要能熟练地打篮球，一定程度的身体成熟是必需的。但是如果他想达到一个职业球员的控球技术，就必须接受悉心的指导，并花很多时间来练习。大多数人的能力和习惯不是作为成熟的一部分而简单发展的，我们常常是通过观察父母、老师及生活中的其他重要他人，与这些人交往，以及通过自己的经历进行学习，并用新的方式去感觉、思考和行动。这意味着我们要对环境做出反应和改变，特别是要对我们周围的人做出反应。当然，大多数发展变化是成熟和学习共同作用的产物。贯穿全书的关于人类发展的比较激烈的争论是，在特定的发展变化中，成熟和学习二者哪个起了更大的作用。

发展心理学家的研究为帮助学习障碍儿童的学业提供了一些有效的方法，如采用小班制，给予儿童更多个别关注，特别为学习障碍儿童编制的计算机程序等。

发展学家追寻的目标是什么

发展学家设定的三个主要目标是：描述、解释和优化发展（Baltes，Reese，& Lipsitt，1980）。

为了进行描述，人类发展学家要仔细地观察不同年龄的人的行为，试图详细说明人的一生是怎样发展变化的。尽管存在普遍遵循的典型的发展道路，但研究者发现，实际上没有哪两个人的发展是完全相同的。甚至在同一个家庭中长大的孩子，也会表现出不同的兴趣、价值观、能力和行为。所以，为了充分描述人的发展，研究者必须同时关注变化的典型方式（或**常态发展**）和个体差异（或**特殊发展**），以便弄清发展中的人在哪些重要方面是相似的，以及人们在生命进程中又会存在怎样的差异。

充分的描述为我们提供了发展的事实，但这还只是一个起点。此后，发展学家还要去解释他们所观察到的这些变化。为此，他们希望弄清人为什么会按典型的方式发展，为什么某些个体与另一些个体如此不同？换句话说，解释既关注个体常态的变化，也关注个体间发展的差异。从本

> ➢ **发展**（development）：个体生命全程中的系统的连续性和变化。
>
> ➢ **发展的连续性**（developmental continuities）：我们自身保持跨时间的稳定性，或者说依然体现着我们过去的样貌。
>
> ➢ **发展心理学**（developmental psychology）：旨在识别和解释个体跨时间的连续性和所发生的变化的一门心理学分支学科。
>
> ➢ **发展学家**（developmentalist）：探讨发展过程的任何学者（如心理学家、生物学家、社会学家、神经科学家、人类学家、教育学家等），不论其所属哪个具体学科。
>
> ➢ **成熟**（maturation）：由成长过程而非学习、受伤、疾病或者别的生活经历导致的身体或行为上的发展变化。
>
> ➢ **学习**（learning）：由经验或练习导致的个体行为（或行为潜能）发生的相对持久的变化。
>
> ➢ **常态发展**（normative development）：刻画了一个种系的大多数或所有成员发展变化的特点，是发展的典型方式。
>
> ➢ **特殊发展**（ideographic development）：个体在发展的速度、程度或方向上的差异。

书中可以看到，描述发展比较容易，而解释这些发展为什么会发生则较难。

最后，很多研究者和实践者希望通过提供自己的研究结果来帮助人们向积极的方向发展，以达到优化发展的目的。这是研究人的发展的实践意义，且已有了如下突破：

- 增进烦躁、不敏感的婴儿与深感受挫的父母之间的情感联系。
- 帮助学习困难的儿童在学校里取得成功。
- 帮助缺乏社交技巧的儿童和青少年，预防他们因为没有好朋友及被同伴拒绝而产生情绪障碍。

很多人认为，由于发展学家对研究的实践意义，即解决现实问题以及与公众和政策制定者交流自己的研究结果，越来越感兴趣（APA Presidential Task Force on Evidence-Based Practice, 2006；Kratochwill, 2007；McCall & Groark, 2000；Schoenwald et al., 2008），优化发展的目标将更加深刻地影响21世纪的研究方向（Fabes, Martin, Hanish, & Updegraff, 2000；Lerner, Fisher, & Weinberg, 2000）。然而，对应用方面更加关注，决不意味着传统的描述和解释的研究目标就不重要了。因为如果研究者无法对正常和特殊的发展途径加以充分的描述，并予以解释的话，优化发展的目标是不可能实现的（Schwebel, Plumert, & Pick, 2000）。

对发展特点的一些基本观察

既然我们已经为发展下了一个定义，且简要地了解了发展学家的研究目标，现在就来看看他们得出的有关发展特点的结论。

一个持续和渐变的过程

哪怕对童年做了非常细致的考察，也无法准确地弄清楚成人到底保留了童年的哪些东西。尽管如此，发展学家已经认识到，12岁以前是人生命历程中极为重要的部分，它是为青少年期和成年期奠定基础的阶段。当然，我们在青少年期、成年期的行为也依赖于以后在生活中获得的经验。显然，10岁的你和15岁的你是不同的。你长大了一些，获得了新的学习技能，培养了与你小学五年级或初中二年级时很不一样的兴趣和爱好。并且，这种发展变化会一直向前延伸，经过中年、老年，直至死亡。总的来说，人的发展最好被描述为一个持续的、累积的过程。其中，唯一不变的东西是变化本身，且发生在生命每一个重要阶段的变化对人的未来都有重要意义。

发展学家将生命的第一年称为婴儿期。

表1.1是发展学家提供的一个按时间顺序呈现的生命全程的概览。本书所关注的是生命前五个时期的发展状况：产前期、婴儿期、学步儿期、学前期（童年早期）、童年中期和青少年期。通过考察从胚胎到青年期之前孩子是怎样发展的，我们会更加了解自己，更加了解行为的决定因素。我们的研究也要为这样的问题提出自己的见解：为什么没有两个个体是完全一样的。你可能会提出许多关于儿童和青少年发展的问题，但我们却不能承诺能找到每一个问题的答案。对人类发展的研究还是一个相对年轻的学科，存在不少未解之谜。但是有一点很清楚，在过去的半个世纪中，发展学家已经提供了大量有关儿童和青少年发展

的实用信息，从而帮助我们成为更好的教育者、更好的儿童和青少年工作者，以及更好的父母。

表 1.1　人的发展时间表①

生命的时期	大致年龄范围
1. 产前期	从怀孕到出生
2. 婴儿期	从出生到 18 个月
3. 学步儿期	18 个月—3 岁
4. 学前期（童年早期）	3—5 岁
5. 童年中期	5—12 岁左右（直到青春期的开始）
6. 青少年期	12 岁左右—20 岁（不少发展学家把开始工作和相对独立、不受父母约束的这个时间点定义为青少年期的结束）
7. 青年期	20—40 岁
8. 中年期	40—65 岁
9. 老年期	65 岁以后

注：以上所列的年龄范围是一个大致年龄，不一定适用于所有的个体。比如，有一些 10 岁的孩子已经进入青春期，可以归为青少年。一些青少年已经能完全自立，且有了自己的孩子，最好把他们划入青年期。

发展学家将 18 个月—3 岁的儿童称为学步儿。

发展学家将 3—5 岁的儿童称为学前儿童（或幼儿、童年早期儿童）。

一种整体过程

曾有一段时间很时兴把发展学家研究的内容分为三个领域：（1）生理的成熟和发展，包括身体的变化和运动技能发展的时间顺序；（2）认知方面的发展，包括知觉、语言、学习和思维；（3）心理的社会性方面的发展，包括情感、人格和人际关系的发展。现在我们知道这样的划分有些误导人，因为研究者发现在某个方面的发展变化对其他方面是有重要意义的。以下是一个具体例子。

是什么决定了一个人在同伴群体中受欢迎的程度？如果回答社交技能（心理社会发展的一个方面）很重要，那么你说对了。热情、友好和善于合作等社交技巧是受欢迎的孩子的典型特点。然而，除了这些看得见的因素，还有很多别的因素。现在的研究表明，儿童进入青春期的年龄（这是生理发展的一个方面）对社交生活有重要影响。例如，较早进入青春期的男孩比那些较晚进入青春期的男孩有更好的人际关系（Livson &

---

① 中国发展心理学的年龄段划分和命名与此略有不同。美国的发展心理学教科书的说法也不尽相同，有称 0—2 岁或 0—3 岁为婴儿期（学步儿期未独立划分），2—6 岁或 3—6 岁为童年早期，6—11 岁或 6—12 岁为童年中期。——译者注

Peskin, 1980)。从认知发展来说，学业表现好的学生比那些表现不好的学生在同伴中更受欢迎。

发展学家将从5岁到青春期开始的时期称为童年中期。

可见，受欢迎程度靠的不仅仅是社交技能的成熟，还受到认知和生理发展等很多因素的影响。正如上面的例子所表明的，发展不是零碎的而是整体的——人是具有生物性、认知功能和社会性的动物，自我的每个成分都在某种程度上依赖于发展的其他方面的变化。**整体观**被许多发展学家运用到他们的理论和研究中（如 Halpern et al., 2007），本书内容也是依此组织的。

可塑性

可塑性是指为适应积极或消极生活经历而改变的能力。尽管我们已经把发展描述为一个持续的累积的过程，并且提到过去经历的事件对将来有重要影响，但是发展学家已发现，如果个体生活的重大方面发生变化，发展的过程也可能发生突变。例如，在单调的、人手缺乏的孤儿院里成长的婴儿，一旦被人收养，社会性刺激增多，他们会变得很快乐和友爱（Rutter, 1981）。又如，那些高攻击性的孩子往往令同伴讨厌；但是在学习并应用了受欢迎的孩子所具有的社交技巧后，他们在同伴中的社交地位会得到提高（Mize & Ladd, 1990; Shure, 1989）。人的发展具有可塑性的确是一件幸事。这样，发展开端不利的孩子就能在他人的帮助下克服自己的弱点。

发展学家将从青春期开始到大约20岁的时期称为青少年期。

历史和文化背景

没有一种单一的发展模式能精确地适用于所有文化、社会阶层或所有人种、种族。每种文化、亚文化和每个社会阶层都会向自己的下一代传递特定的信仰、价值观、风俗和技能，并且这种文化的社会化内容对个体所展现的特性和能力有很大的影响。发展也受到社会变化的影响：如历史事件（比如战争）、科技创新（如互联网的发展）、社会原因（如同性恋的权利运动）等。每一代人都会以自己的方式发展，每一代人又为下一代改变着世界。

因此，我们不能机械地假定从北美或欧洲样本（被研究得最多的人群）那里观察到的发展顺序是最理想的，更不能说这些发展顺序适用于别的时代或别的文化背景（人类认知比较实验室，1983）。只有从历史与文化的角度，我们才能充分地欣赏人类发展的丰富性和多样性。

接下来，我们将重点讨论发展学家为了充分理解儿童和青少年的发展所使用的研究方法。

> ➤ **整体观（holistic perspective）**：发展过程是统一的，强调人类发展在身体、精神、社会和情感方面的相互联系。
> ➤ **可塑性（plasticity）**：变化的可能性；发展的状态可以被经验塑造。

概念核查1.1 发展心理学简介

回答下列问题，检查你对发展心理学的科学及历史的理解。答案见附录。

选择题：为下列各题选择最佳答案。

____ 1. 根据发展学家的观点，发展变化的首要原因是
    a. 成熟   b. 学习
    c. 经验   d. 成熟和学习
    e. 学习和经验

____ 2. 以下学者中，谁不是发展学家？
    a. 社会学家
    b. 人类学家
    c. 历史学家
    d. 以上所有学者都可以称为发展学家
    e. 以上所有学者都不可以称为发展学家

____ 3. 课本中所介绍的发展科学的目标包括
    a. 描述发展   b. 解释发展
    c. 优化发展   d. 以上都包括

____ 4. 恩里克是一个发展心理学家。他研究了儿童在父母离异和再婚后的适应情况。他发现，那些在父母离异后变得退缩、孤僻的孩子，可以通过游戏治疗而变得更愉快、更友爱，并愿意与人交往。恩里克的研究反映了人的发展变化哪方面的特点？
    a. 发展是一个连续渐进的过程
    b. 发展是具有可塑性的
    c. 发展是一个统一、整体的过程
    d. 发展受到历史文化背景的影响

填空题：在下列句子的空白处填上适合的词或短语。

5. 在发展科学中，典型的发展变化模式称为____，而在发展变化模式上的个体差异称为____。

匹配题：将下列发展科学的不同领域与其所研究的特定发展层面相匹配。

发展科学的领域	发展的层面
6. 认知	a. 身体变化与运动技能的发展顺序
7. 生理发育	b. 情绪、人格和人际关系
8. 心理社会	c. 知觉、语言、学习和思维

简答题：简要回答下列问题。

9. 解释成熟与学习的不同。

论述题：详细论述下列问题。

10. 描述你这一代和你的父辈所处的历史和文化背景的差异。这些差异是如何影响你和你父辈的发展的？

研究策略：基本方法和设计

侦探在破案时，首先要收集证据，形成直觉或预测，然后筛选线索或收集更多的信息，直到他们的预测被证明是正确的。解开关于发展之谜的过程与破案的过程有许多相似之处。研究者必须仔细地观察他们的被试，分析收集到的资料和数据，然后根据这些数据做出关于发展轨迹的结论。下面让我们更详细地了解一下这些方法。

儿童和青少年发展的研究方法

这部分关注的是研究者用来收集与发展中的儿童和青少年相关信息的方法。第一个任务是弄清楚为什么发展学家认为收集信息是最基本的事情。然后，再讨论几种最基本的收集资料的方法和它们各自的优缺点。最后，来谈谈发展学家测查和解释儿童的情感、思维、能力和行为在年龄上的变化时所用的研究设计。

科学的方法

现代发展心理学被称为科学，是因为研究者在研究发展时采用了**科学方法**，并以此来指导自己对发展的理解。科学方法指的是：为了检验一个理论或假设，采用客观的、可重复的方法收集数据。科学方法的客观性意味着，所有分析资料的人会根据资料得到相同的一个结论，而不是一个主观的观点。可重复性则是指，我们每次使用某种方法进行研究，应该收集到相同的数据，得到相同的结果。总的来说，科学方法的使用决定了：所有的研究者必须是客观的，要用资料或数据而不是用主观观点，来证明自己思想的价值。

在较早的年代里，人们有一个假设——伟大的心灵总会有伟大的洞察力。那时，人们用专家或常识来指导自己的育儿实践（如"不打不成器"；"大人在说话，小孩别打岔"；"孩子哭的时候千万别抱她"等）。几乎没有人对这些知名学者的话或常识提出质疑，因为在当时，科学方法还没有成为被广泛接受的评价知识的标准。

在这里并不是要批评早期的发展学家和家长。然而，伟大的心灵有时也会产生一些错误的观念，如果这些观念上的错误被不加批判地接受并且影响了人们被对待的方式的话，将带来巨大的危害。科学方法是一个很好的卫士，有助于保护科学界和社会免受错误推论的伤害（Machado & Silva,2007）。这种保护体现在：它以客观记录为基础来评价各种理论的价值，而不是简单地依据某个理论家在学术、政治或人际上的可信度。当然，这也意味着，当自己的思想受到评价时，理论家必须保持客观，并且在自己的观点被证明错误时勇于放弃。

今天，发展学家们用科学方法得出了关于发展的各种结论。但是，这并不意味着各种存在分歧的问题都奇迹般地解决了。例如，几乎每一位"专家"都相信男女心理上的差异来源于生理因素，也可能有"专家"坚持认为男女的差异源于成长环境的不同（见 Burchinal & Clarke-Stewart, 2007，这个争论的当代例子）。我们该相信谁？

根据科学方法的理念，我们应该相信数据——例如，针对性别歧视和性别平等的学习经验对男孩和女孩的兴趣、行为以及人格特质的影响的研究结果。

科学方法包含了从产生想法到通过观察研究检验该想法的一个过程。通常，某些日常的观察会成为一个科学研究的开端。例如，弗洛伊德认真地观察了他所

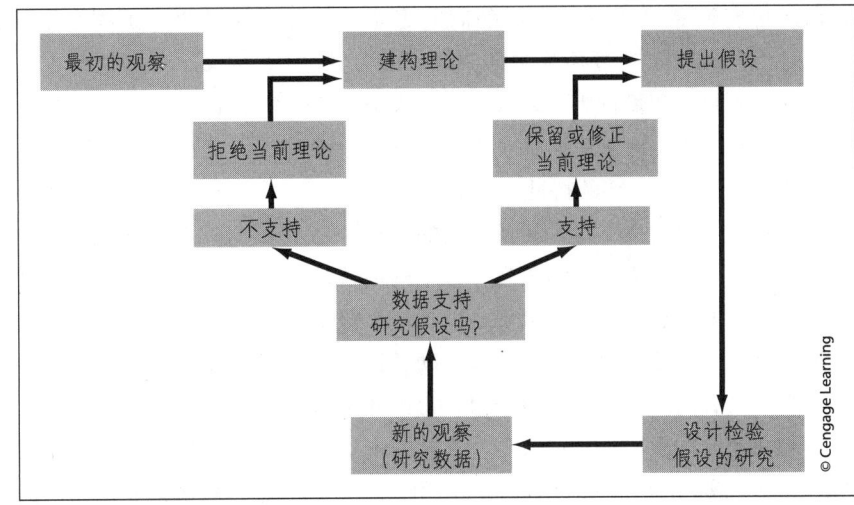

图1.1 理论在科学研究中的作用

面对的心理紊乱的成年人，并开始相信他们的许多问题都植根于童年早期的经验。最终，他利用这些观察结果建构了自己的精神分析理论（以后章节将进一步探讨此理论）。

一个**理论**就是一系列概念和命题，用来描述或解释某些经验。在心理学领域，理论可以帮助我们描述不同模式的行为，并且解释为什么会出现这些行为。在理论的基础上会生成特定的预期或**假设**，即如果我们观察一个令人感兴趣的现象，可能会发现的事实。试想有这样一个理论，它声称性别间的心理差异在很大程度上源于父母和其他成人对待男孩和女孩的方式不同。基于这种理论，研究者可以假设：如果父母给男孩和女孩同样的自由发展空间，这两种性别的个体在独立性方面将十分相似；然而如果父母让男孩做许多禁止女孩做的事情，男孩将比女孩更独立。如果设计一个研究来证明这个假设，却发现不论父母如何对待孩子，男孩都比女孩更加独立，那么这就意味着，研究数据不支持研究假设，而研究者也需要重新思考关于性别差异的这个理论。如果其他基于该理论的假设也与观察到的事实不符，那么这个理论就必须进行较大的修正或者被

更好的理论所取代。

这就是科学方法的核心——坚持不懈地去检验我们的想法，保留那些被认真收集到的数据所支持的想法，抛弃那些与收集到的事实相矛盾的想法。根据理论做出假设，通过对行为的观察去检验假设，在进一步的观察中发现哪些理论值得被保留（图1.1）。接下来，我们要关注用于发展研究的具体方法——收集数据的方法、描述随着年龄发生的变化的技术，以及用于解释发展的方法。

收集数据：寻找事实的基本策略

不管想要研究发展的哪个方面——如新生儿的知觉能力、小学生友谊的发展或者某些青少年开始吸毒的原因——我们都必须寻找到对感兴趣

> ➤ **科学方法**（scientific method）：追求知识时的一种态度或价值观，要求调查者必须客观，必须用数据来证明他们所创建的理论的优点。
> ➤ **理论**（theory）：用来组织、描述和解释现有观察结果的一系列概念和命题。
> ➤ **假设**（hypothesis）：对经验的某些方面进行的理论预测。

的东西进行测量的方式。现在的研究者是幸运的,因为已经有了经过检验被证明是好的方法,他们可以依此来测量行为,来检验有关人类发展的假设。不论研究者使用何种技术,科学有效的测量必须具备两个重要的特性:**信度**和**效度**。

如果某个测量在不同时间及不同的观察者之间重复时能得到较为一致的信息,这个测量就是可信的。设想你进到一个班级里,记录每个孩子对他人攻击行为的次数,而你的研究助手按相同的方法再次观察这个班级的孩子时,得出的结果却与你的测量结果不一致;或者,你在某个星期里测量一些孩子的攻击性,然后一周后用相同的方法再次测量这些孩子,得出的却是非常不同的分数。这显然意味着,你对攻击性的测量是不可信的,因为它所获得的是很不一致的信息。为了达到可信和有效的科学目的,你的测量必须做到使不同的观察者都能获得对孩子攻击性的同等评价(评价者一致性信度);并且对孩子进行一次测量后,间隔很短的时间再施测,每个孩子在这两次测量之间的分数应该是差不多的(时间上的稳定性)。

如果一个测量测出了它所要测的东西,那么它就是有效度的。显然,一个测量工具首先必须是可信的,然后才可能是有效的。然而,有了信度并不能保证就有效度(Creasey, 2006)。比如,如果调查者简单地把所有身体强制行为都归为攻击的话,那么一个测量儿童攻击性的非常可信的观察方案就会高估攻击行为。研究者没有认识到,不少高强度的行为只是一种令人愉快的打斗游戏,并不会带来伤害或没有攻击的意图。显然,要让我们相信研究者所收集的数据或所得出的结论是可靠的,研究者必须先证明他们所测量的东西就是他们想要测量的那些特性。

一定要牢记测量的信度和效度的重要性。现在让我们来看看测量人的发展的几种方法。

自我报告法

发展学家收集信息和检验假设时常用的三种方法是:访谈法、问卷法(包括心理测验)和临床法。尽管这些方法都是由调查者提出问题让被试回答,但在这三种方法中,调查者对待被试的方式却是不一样的。

访谈法和问卷法。 采用访谈或问卷技术时,研究者会向孩子(或孩子的父母)询问一系列有关儿童的行为、情感、信念或思维方式的特点等发展方面的问题。把问题写在纸上,要求被试把答案也写在纸上,这种形式就是问卷(或心理测验);而访谈则是要求被试口头回答调查者的问题。如果是**结构化访谈**或**结构化问卷**,那么所有的被试就要按相同的顺序来回答相同的问题。这种标准化或结构化的形式是为了以同等方式对待被试,这样一来,不同被试所做的回答才能进行比较。

一项有关儿童性别刻板印象的研究就使用了访谈技术,这是一个有趣的例子。研究者访谈了幼儿园、小学二年级和四年级的学生,设计了24个问题来评价他们有关男性和女性刻板印象的知识(Williams, Bennett, & Best, 1975)。每个问题对应着一个小故事,里面有描写男性的典型形容词(如攻击性、强有力、粗暴)或描写女性的典型形容词(如情绪化、易激动)。孩子的任务是说出每个故事中所描述的角色是男性还是女性。Williams与其同事发现,即使是幼儿园的孩子通常也能区分故事中所指的是男性还是女性。换句话说,尽管幼儿园的孩子对于性别角色的看法不如小学二年级的孩子那么刻板,但是这些5岁的孩子也已拥有了有关性别角色刻板印象的不少知识。这些结果显示,如果连幼儿园的孩子在思考问题时也已经有了性别角色刻板印象的话,那么性别角色刻板印象开始形成的时间也一定是相当早的(我们将在第11章学习更多关于儿童性别及性别知识发展的观点)。

访谈或问卷法的一种创新形式可称为**日记研究**。采用该方法时,被试(通常是青少年或青年人）要在日记或笔记本上对一个或多个标准化问题作答，可以是在特定的时间（例如，每天晚上）作答，也可以由电子设备提示他们作答的时间。日记研究可以为其他方法很难研究的主题提供宝贵的信息，例如，研究儿童迈入青春期的过程中郁闷和消极情绪的发展（Larson, Moneta, Richards, & Wilson, 2002），或者研究青春期男孩和女孩的日常压力与抑郁之间的关系（Hankin, Mermelstein, & Roesch, 2007）。

然而，访谈和问卷也存在一些非常现实的缺点。即使可以针对年幼儿童进行一些调整，例如，用不同的表情符号代替数字或文字的等级评定（Egan, Santos, & Bloom, 2007），这种方法也无法用在不能很好地阅读或理解言语的年幼儿童身上。调查者一定也希望他们得到的回答是真实准确的，并且不希望回答者以讨好的或是社会赞许的方式作答。例如，许多青少年可能不愿意承认自己在课业上作弊、吸食大麻或者有顺手牵羊的嗜好。显然，不准确或不真实的回答会导致错误的结论。调查者也必须要谨慎，以确保所有年龄阶段的被试都能以相同的方式来理解问题；否则，研究中所观察到的年龄趋势可能只反映了儿童在理解和沟通上的差异，而不是他们在情感、思维或行为上真正的潜在变化。最后，同时对儿童和他们的父母（或老师）进行访谈的研究者在面临儿童对自己行为的描述与其他被调查者的描述不相符时，可能会难以确定到底谁说得更准确（Hussong, Zucker, Wong, Fitzgerald, & Puttler, 2005）。

尽管存在上述不足，但结构化访谈法和问卷法也有自己的优点，它们可以在短期内收集到大量的有用信息。如果被试确信自己的隐私会得到保护，或者感到问题有一定的挑战性，那么他们回答的真实性和准确性也会比较高。在这些情况下，问卷和访谈方法就非常有效。例如，在关于性别刻板印象的研究中，年龄小的被试可能会认为每个问题都是对自己的一个挑战，或是一个需

要解决的难题，这样会促使他们尽可能精确地回答。在这种情况下，结构化访谈在评价儿童对性别的知觉时就是一种很好的方法。

青少年的自我报告有时是不准确的，因为青少年可能会以讨好研究者的方式作答，从而掩盖自己的真实行为。

临床法。 临床法与访谈法很相似。研究者往往会向研究对象提供某个任务或某种刺激，然后要求研究对象作答，以此来验证自己所提出的假设。在研究对象回答了第一个问题后，研究者接着问第二个问题或者提出一个新的任务来进一步澄清研究对象一开始的回答。尽管对所有研究对象提出的第一个问题都是相同的，但后来就得根

> **信度**（reliability）：测量工具在不同时间和不同观察者间得出一致性结果的程度。

> **效度**（validity）：测量工具能否精确反映研究者想要测量的东西的程度。

> **结构化访谈（结构化问卷）**（structured interview or structured questionnaire）：对所有被试按同样的内容与顺序进行提问，使得不同被试的反应具有可比性的一种技术。

> **日记研究**（diary study）：问卷法的一种。被试（通常是青少年或青年人）要在日记或笔记本上对一个或多个标准化问题作答，可以是在提前定好的某一时间，也可以由电子设备提示他们作答的时间。

> **临床法**（clinical method）：研究者根据被试对上一个问题的反应相应地提出下一个问题的访谈方法。

据研究对象的回答来决定接下来要问的问题。可见,临床法是把每个研究对象当作一个独特的个体来研究的,非常灵活。

瑞士著名的心理学家让·皮亚杰(Jean Piaget,我们将在第 6 章更多地了解他)就是用临床法研究儿童的道德推理和智力发展的。皮亚杰的研究数据是他与每一个儿童进行单独交谈时所做的大量记录。下面是皮亚杰书中关于儿童道德发展的一个小样本研究,结果表明小孩子对撒谎的思考方式与成人不同(1932/1965,p.140):

你知道什么是撒谎吗?——就是说的话不对。——说 2+2=5 是说谎吗?——是说谎。——为什么?——因为它不对。——这个说 2+2=5 的男孩知道它不对吗,还是只是算错了?——他算错了。——那么如果他算错了,他有没有撒谎呢?——他是在撒谎。

像结构化访谈法一样,临床法可以在相对较短的时间内收集大量信息。灵活性也是它的一个优点:根据被试的第一个回答加以追问,常常可以丰富对这些回答的理解。然而,临床法的灵活性也正是它潜在的一个缺点。因为对不同被试提的问题不同,所以很难直接比较他们的回答。此外,根据被试的回答来决定下面的问题,使得研究者在提出问题和对研究结果进行解释时,更可能受到自己理论偏见的影响。因为从临床法得到的结果部分地依赖于调查者的主观解释,所以比较理想的方法是借助别的研究技术来验证临床法所得的研究结果。

观察法

研究者通常更喜欢直接观察人们的行为,而不是向他们提问。发展学家最喜欢的方法之一就是**自然观察法**——在日常环境(即自然环境)中观察人(Pellegrini,1996)。观察儿童,通常意味着要进入家庭、学校,或公园、操场,把他们在做什么记录下来。调查者不会完整地记录所发生的每一事件,他们通常只验证有关某类行为的假设,比如合作或者攻击,从而把注意力完全集中在这类行为上。自然观察的一个优点是适用于婴幼儿,而那些需要语言表达能力的研究方法是不适用于婴幼儿的。自然观察法的第二个优点在于它能揭示人们在日常生活中的真实行为(Willems & Alexander,1982),而不需要依赖于这些人的自我报告。

调查者在使用临床法进行研究。首先向所有被试提出相同的问题;根据被试对该问题的回答,研究者再决定接下来的提问。

然而,自然观察法也有局限性。第一,有一些行为是不常发生的(如见义勇为),或者是不被社会赞许的(如犯罪行为或被道德谴责的行为),这些行为不容易被不熟识的观察者在自然环境中观察到。第二,在自然的环境中,常常会同时发生很多事件,其中的某一个事件或某几个事件会影响到人的行为。这使得研究者很难查明被观察者行为的原因,也难以弄清其行为的发展趋势。第三,观察者的在场,有时会使被观察者表现出与平时不同的行为。儿童会表现出"人来疯",而父母则会力图表现得更好。比如,平时儿童犯错时,父母可能会动手打孩子;而有观察者在场时,父母往往会克制自己。因为这些原因,研究者常试图通过以下办法把**观察者效应**减到最小的程度：(1) 把摄像机放在一个隐蔽的地方来拍摄观察对象；(2) 在正式收集数据之前，先去这个环境中待上一段时间，让研究对象习惯观察者的存在，这样在正式观察时，研究对象会表现得更自然一些。

用自然观察法进行研究时，研究者必须克服的一个困难是：孩子们往往喜欢在观察者面前表现自己。

那么，那些在自然情境中不常发生的或不被社会赞许的行为如何用观察法加以研究呢？一种方法就是在实验室中进行**结构化观察**。在一个结构化观察研究中，如果想研究某种行为，可以设置一种能引发这种行为的情境，让每个被试都身处同样的情境中，然后通过一个隐蔽的摄像机或单向玻璃来观察被试的行为。例如，Leon Kuczynski（1983）让孩子承诺要帮助实验者完成一项无趣的任务，然后实验者离开房间，让孩子单独在房间里（放置着一些很有趣的玩具）接着完成任务。通过这个研究设计，Kuczynski 发现，有的孩子会违背自己的工作承诺（去玩玩具）；而另一些孩子在认为没人能看到他时，还是坚持工作。

在自然情境中不常出现或不会公开的行为，用结构化观察法是最可行的。除此之外，结构化观察法还能保证样本中的每一个被试所处的情境是相同的，即引发想观察的行为（目标行为）的刺激相同，被试也有同等机会做出目标行为——这种要求在自然情境中比较难以实现。当然，结构化观察法的一个主要缺点就是被试在设计好的实验室情境中的反应与他们在自然情境中的反应并不总是一致的。

Tronick 等人（2005）在一项有趣的结构化观察研究中，观察了 4 个月大的婴儿和他们母亲之间的互动，目的是探讨婴儿出生前其母亲吸食了可卡因的婴儿，他们和母亲互动的方式与其他婴儿是否有差异。695 对母子被邀请到实验室，其中 236 个孩子的母亲在孩子出生前吸食了可卡因。在三段 2 分钟的观察中，婴儿和母亲的面孔都被录像机录了下来。在第一个 2 分钟里，母亲和婴儿可以自由互动。在第二个 2 分钟里，研究者要求母亲"静止"地面对婴儿；也就是说，她不可以大笑、微笑，也不可以对婴儿说话或触摸他们。在第三个 2 分钟里，母亲又可以和孩子正常交流。面对面，静止，如此这样的程序使得研究者可以在短短 6 分钟内就观察到他们感兴趣的行为，而不用亲自到 695 户人家里等待想要观察的行为出现。

正如 Tronick 等人所预期的，产前接触过可卡因的被试和没有接触过的被试相比，其母婴互

> **自然观察法**（naturalistic observation）：研究者通过观察人们在自然生活环境（如家、学校或操场）中的日常活动，来检验自己的假设的一种方法。
> **观察者效应**（observer influence）：由于观察者在场，使得被观察者的行为表现与平时不一样。
> **结构化观察**（structured observation）：在实验室中，研究者从被试身上引发出自己感兴趣的行为，并且观察被试的反应的一种观察方法。

动方式是不一样的。许多接触过可卡因的母亲和孩子没有表现出有助于儿童认知和社会性发展的互动。可卡因接触量最大的那组母亲和婴儿，他们之间的消极互动远多于其他的母亲和婴儿。但是，当母亲"静止"时，所有婴儿的反应都是相似的：他们期望妈妈可以和他们一起活动，所以当妈妈"静止"时，婴儿很惊讶、沮丧，甚至感到有压力。Tronick 等人认为，接触过可卡因的婴儿在面对"静止"的妈妈时的表现说明，他们其实是有能力与看护者交流和互动的。早期的研究认为，亲子互动对于非常年幼的孩子的认知和社会性发展是非常重要的（Ainsworth, 1979, 1989）。婴儿的行为也表明，他们的妈妈确实为他们提供了一定程度的社会交往，适当的干预可能会帮助这些接触过可卡因的婴儿更好地发展。

个案研究法

以上讨论的这些研究方法——结构化访谈法、问卷法、临床法和行为观察法——都可以应用于**个案研究**，来收集单个个体发展特点的详细信息。准备一份个性化档案或"个案"时，调查者要收集被试的各种信息，比如被试的家庭背景、社会经济地位、健康状况、学习或工作经历以及心理测验的成绩等。关于个案的信息大部分都来自对个体的访谈和观察，但是所问的问题和所进行的观察通常都不用标准化，不同个案之间的差别可能会很大。

个案研究也可以用于对某个团体进行考察，这被称为团体个案研究。例如，Michael Bamberg (2004) 在一个研究项目中考察了 10 岁、12 岁和 15 岁男孩的自我同一性发展。在该项目中，研究者通过多种渠道收集信息：青少年的书面报告、口头报告、一对一的开放式访谈，以及小组讨论。从收集到的这些信息中，Bamberg 摘录出一个片段，以阐明青少年是如何在一次交谈的过程中建构他们的自我同一性的。在交谈当中，5 个九年级的男孩讨论了他们在上学期间听到的一个传闻：班上的一个性观念很开放的女孩在一封信里透露她怀孕了。讨论小组中的一个男孩宣称，他看到过那封信，并且在他之前，这封信已经在几个男孩中传阅了一轮。Bamberg 注意到，当讨论展开以后，那个女孩被描绘得越来越不负责任、喜欢寻求注意，并且滥交。这些男孩们说，这个女孩和很多男孩有性关系，甚至"不只是普通的性关系"。男孩们把这个女孩描绘成这样，好像她希望这封信会"不小心"落到与此事无关的人手里，这样一来就有许多同学可以读到这封信了。男孩们的描述似乎暗示着，那个宣称读了信的男孩并没有侵犯别人的隐私。

Bamberg 提出，人们了解自己和他人的途径之一是进行有社会互动的交谈。他提到，当男孩们讨论关于某女孩的流言时，他们是利用这个女孩来展示自己的道德水平是更高的。Bamberg 发现，当整个讨论小组对"放荡的女孩"进行痛批时，男孩们认为自己比这个女孩更有道德感，更加成熟。同时，这也显示男孩们有了一些刻板化的性别双重标准——他们对男孩和女孩的评价标准是不同的。因此，男孩们的交谈主要透露的不是女孩的性格特征，而是揭示了这些男孩希望让参加讨论的成年主持人如何看待他们。对男孩们的讨论的分析也让我们洞悉，男孩们作为一个团体，是如何产生并保持了这样的一些看法——这些看法对他们自己和那个女孩都会产生不利的影响。因为男孩们在这样的交流中保护和发展他们的自我同一性并进行自我呈现，所以这种团体个案可以收集到一些与"个体个案"不同的信息。

尽管许多发展学家采用了个案研究，但是这种方法也有很多缺点。例如，因为所问的问题不同、所用的测验不同、对被试的观察情境不同，所以很难对个案直接进行比较。个案研究也不具有普遍推广性，即从少数个体那里得到的结论不能简单地应用到多数人身上。例如，参加 Bamberg 小组讨论的九年级学生全都来自美国东部的一个大城市。因此,根据这些男孩的讨论所进行的分析,不能被推广和应用于理解芬兰或是东南亚的男孩。考虑到这些原因,从个案研究得来的任何结论都应该用其他的研究技术来加以验证。

人种志研究法

人种志研究法是一种常用于人类学研究的参与式观察形式。这种研究方法正越来越受研究者欢迎,他们想用这种方法来弄清文化对发展中的儿童和青少年所产生的影响。人种志研究者为了收集数据,常常会在所研究的文化或亚文化群体中生活几个月甚至几年。他们所收集的数据具有多样性和广泛性,包括了大量的自然观察,并记录与这些文化中成员的交谈,以及对事件的解释。最后,他们从这些数据中整理出这种文化群体的详尽特点,并总结出这个文化群体的独特价值观和文化传统怎样影响儿童和青少年发展的相关理论。

与某个群体的成员保持密切、持久的接触,可以清楚、详尽地了解一种文化或亚文化的人种学特点,从而更好地了解那种文化群体的传统和价值观,这是仅仅由局外人进行几次有限的观察和访谈所不能达到的(LeVine et al., 1994)。事实上,如果想弄清多重文化社会中的文化冲突和未成年的儿童和青少年所面临的发展上的挑战,这种关于文化或亚文化的大量描述是非常有用的(Segal, 1991; Patel, Power, & Bhavnagri, 1996)。人种志法有以上明显的优点,但它同时也是一个高度主观的研究方法,因为研究者自己的文化价值观和理论偏好会导致他们对所经历的事情产生错误的理解。另外,人种志法所得的结论仅适用于所研究的文化或亚文化,不能被推广到其他文化背景的社会群体中去。

Gregory Bryant 和 Clark Barrett(2007)的工作是人种志研究的一个范例。他们拜访了生活在南美洲热带雨林的舒阿尔部落(Shuar),那里保持着狩猎种植文化,并且没有与工业化国家对话的经验。Bryant 和 Barrett 发现,舒阿尔部落的成年人能够识别出婴儿指向型言语,并且还能分辨出他们从未接触过的英语语言中不同语调的差异(例如,禁止、关心、赞成)。这一令人欣喜的研究揭示出,婴儿指向型言语是全球共通的,这是之前从未发现的成果,因为之前的研究都是在工业化国家的被试中进行的。

人种志研究者通过与某个群体的成员生活在一起并全面参与其生活来了解文化对个体的影响。

心理生理学方法

近年来,发展学家开始使用**心理生理学方法**——一种测量生理反应和行为之间关系的技术——来探索儿童的感知觉、认知和情感反应的生理基础。心理生理学研究方法在解释婴幼儿的心理和情感体验时非常有用,因为婴幼儿无法报告自己的心理和情感体验(Bornstein, 1992)。

> ➤ **个案研究(case study)**:研究者广泛收集个体生活中的各种信息,通过分析个体生活中的历史事件来检验发展假设的一种研究方法。
>
> ➤ **人种志研究法(ethnography)**:研究者与某个文化或亚文化群体的成员住在一起,对之进行广泛的观察和记录,以便了解其独特的价值观、传统和社会化过程的一种研究方法。
>
> ➤ **心理生理学方法(psychophysiological methods)**:测量儿童生理过程与其身体、认知、社会化或情绪等行为或发展之间关系的一种研究方法。

心率是对人的心理体验高度敏感的一种非自主生理反应。与正常的静止状态（或基线水平）相比，当婴儿认真注意一个让他觉得有趣的刺激时，心率会下降；如果婴儿对这个刺激不感兴趣，心率不会有变化；如果这个刺激让婴儿感到害怕或愤怒，其心率会上升（Campos, Bertenthal, & Kermoian, 1992；Fox & Fitzgerald, 1990）。

对大脑功能的测量也能用于评价人的心理状态。例如，把电极贴在头皮上，就可以得到记录脑电活动的脑电图（EEG）。因为脑电活动的不同方式反映了脑的不同唤醒状态，比如睡眠、打盹和警觉状态，研究者可以追踪这些活动方式，从而弄清睡眠周期和别的唤醒状态是怎样随着年龄而变化的。新奇的刺激能引起脑电活动的短期变化。因此，研究者如果想要测试婴儿感觉能力的局限性，可以向婴儿呈现新奇的图像或声音来观察其脑电的变化（称为事件相关电位或 ERP）。这样就可以知道这些新奇的刺激是否被婴儿觉察或被分辨，因为如果两个刺激引起的感觉不同，会导致不同的脑活动方式（Bornstein, 1992）。研究者利用 ERP 技术探索了婴儿对其他人情绪的反应，结果发现，相对于积极（或中性）情绪，7 个月大的婴儿会更多地注意表示消极（而非积极）情绪的面部表情（Leppanen, Moulson, Vogel-Farley, & Nelson, 2007），而 12 个月大的婴儿更倾向于注意消极（而非积极）的面部表情来判断自己在新的或不确定的情境下该如何感受或行动（Carver & Vaccaro, 2007）。

在考察儿童发展时，父母的心理生理状态也可以被测查。例如，人们认为催产素在人类依恋和社会人际关系中发挥着重要的作用。最近，Feldman 和她的同事测量了女人在怀孕期间以及孩子出生后的催产素水平（Feldman, Weller, Zagoory-Sharon, & Levine, 2007）。他们发现，怀孕期间的激素水平果真预测了孩子出生后与母亲之间的亲密程度。心理生理学测量也可以评估更大一点的孩子以及青少年的发展。例如，血压和皮质醇水平可以准确测量在童年期长年处于贫困状态的青少年所承受的长期压力（Evans & Kim, 2007）。

尽管心理生理学方法非常有用，但心理生理反应还远远不是心理状态的完善指标。即使婴儿的心率或脑电活动反映出他正在注意某个刺激，却很难区分到底是刺激的哪个方面（形状、颜色或别的特性）引起了婴儿的注意。此外，生理反应的变化常常反映了情绪波动、疲劳、饥饿或者对生理记录仪的消极反应，而不一定是婴儿对刺激的注意或情感反应的变化。由于这些原因，当被试（尤其是年龄很小的被试）处于平静、觉醒和满意的状态时，用其生理反应作为心理反应的指标会更加有效。

表 1.2 对前面提到的数据收集方法做了一个简要回顾。接下来，我们将探讨研究者为了验证研究假设及考察发展的连续性和变化，该如何设计研究。

探寻关系：相关设计、实验设计和跨文化设计

一旦研究者决定了要研究的课题，紧接着便必须制订研究计划，或进行研究设计，以鉴别事件及行为之间的关系，并确定形成这些关系的原因。在这里，我们来看看研究者常用的三种研究设计：相关设计、实验设计和跨文化设计。

相关设计

在**相关设计**中，研究者收集信息，以决定所感兴趣的两个或多个变量之间是否存在有意义的相关。如果研究者在验证一个特定的假设（而不是做初级的描述性或者探索性研究），那他接着就得检验这些变量之间是否存在如假设那样的相关。相关设计对被试的环境不做任何人为的建构或操纵。相反，相关研究者认为，被试是已经被自然的生活经验所操纵了的人，并试着弄清人们

表 1.2 七种常用研究方法的优缺点

研究方法	优点	缺点
自我报告法		
访谈法和问卷法	收集大量信息的速度相对较快；标准化模式使研究者能直接比较来自不同被试的数据。	所收集的数据可能不够精确或不够真实；或者数据反映的只是被试回答问题的口头表达技巧或理解问题的能力。
临床法	可以灵活地把被试当作独特的个体来考察；自由的追问可以保证被试真正理解所问问题的意义。	因为没有同等对待被试，所得结论可能不可靠；灵活的追问在一定程度上依赖于研究者对被试反应的主观解释；只适用于有一定口头表达能力的被试。
观察法		
自然观察法	能研究在自然情境中实际发生的行为。	观察者的存在可能影响观察对象的行为；在观察期间，那些不经常发生的行为或不被社会赞许的行为不一定出现。
结构化观察法	提供一个标准化的环境，使每个孩子都有机会表现出目标行为；是观察不经常发生的行为和不被社会赞许行为的良好方法。	设计出来的观察往往不能捕捉到孩子在自然情境中的行为。
个案研究法	在对被试个体进行推论和得出结论时，会考虑到数据的多种来源，是一种很宽泛的研究方法。	来自不同个案的数据类型不同，数据本身也可能不准确或者不真实；从个案得出的结论带有主观性，且不适用于其他人。
人种志研究法	比起观察法和访谈法，人种志法能对某种文化中的信仰、价值观和传统进行更为丰富的描述。	所得结论会受研究者的价值观和理论偏好的影响；结论不能推广到所研究文化之外的群体中去。
心理生理学研究方法	可以用来评价人的发展的生理基础，可以考察无法用口头报告法研究的婴幼儿的知觉、思维和情感。	不能确定被试所感觉的到底是什么；除了所研究的因素之外，还有很多因素会引发相似的生理反应。

生活经历中的变化是否与他们的行为或发展模式中的差异有关系。

为了说明相关设计是如何用来检验假设的，我们先来看这样一种理论：儿童和青少年从电视中学会了很多东西，并且倾向于模仿电视中人物的行为。从这个理论中我们可以提出这样一种假设，即儿童越频繁地观看含暴力或攻击性内容的电视节目，就越倾向于对自己的玩伴采取攻击性行为。从儿童中选择样本之后，假设检验的下一步工作便是去测量我们认为相关的两个变量。为了评估儿童观看暴力电视节目的程度，可采用访谈法和自然观察法来弄清每个孩子看了什么节目，同时记录电视节目中出现的攻击性行为的数量。为了测量儿童对同伴攻击行为的频次，可以到运动场上观察并记录每个被试对同伴的敌对、攻击性行为的频次。一旦收集到了这些数据，就可以用来验证假设了。

对数据进行统计，生成一个**相关系数**（用 r 表示），以确定变量之间是否存在相关。这种统计对两个变量之间相关的强度和方向提供了一个

> **相关设计**（correlational design）：用来表明变量之间相关强度的一种研究设计；尽管这些变量是系统相关的，但是不一定有因果联系。
> **相关系数**（correlation coefficient）：是一种数值指标，取值范围在 $-1.00 \sim +1.00$，显示了两个变量之间关系的强度与相关的方向。

数值估计。它的取值范围是 −1.00～+1.00，r 的绝对值大小显示出相关性的强弱。比如有两个相关系数 −0.70 和 +0.70，其绝对值相同，则其相关的强度也相同，并且二者都比 0.30 的中度相关要强。$r=0$ 时，表示两个变量不相关。相关系数的正负符号表示相关性的方向。如果 r 为正值，意味着当一个变量增大时，另一个也随之增大。例如，身高和重量是正相关的，当儿童长高时，他们的体重也会增加（Tanner，1990）。负相关表示相关的方向是相反的，即当一个变量增大时，另一个变量则在减小。例如，Friedman 和她的同事在研究儿童注意力问题时发现，儿童年幼时注意力问题越多，在青少年期其思维技能越差（Friedman et al., 2007；见图 1.2）。

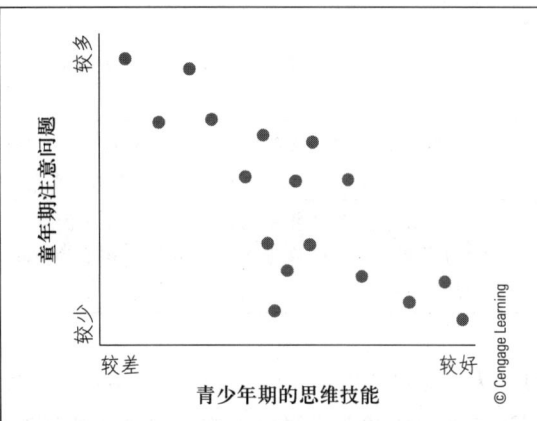

图 1.2 童年期注意力问题与青少年期的思维技能呈负相关的假想图。每个点代表一名被试在童年期出现的或多或少的注意力问题（用纵坐标表示），及其在青少年期的思维技能（用横坐标表示）。尽管这种相关并不完美，但我们依然能够从图中看出童年期出现越多的注意力问题，青少年期所表现出的思维技能就越差。

现在，再来看看我们的假设：电视暴力与儿童攻击性行为之间呈正相关。许多研究者都做过类似的相关研究（reviewed in Liebert & Sprafkin, 1988），并且结果都显示出这两个变量之间存在一定的相关关系（+0.30～+0.50）：即看了大量暴力电视节目的儿童比几乎不看这类节目的儿童更可能对同伴采取攻击性行为（见图 1.3）。

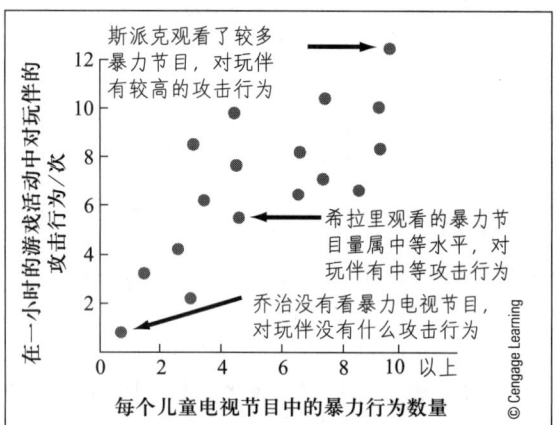

图 1.3 儿童在电视上看到的暴力画面的数量与他们表现出来的攻击行为的数量之间的假想正相关分布图。每个点表示某一儿童看的特定数量的暴力电视画面（用横坐标表示）以及表现出的攻击行为的数量（用纵坐标表示）。尽管这种相关并不完美，但我们依然能够从图中看出儿童在电视上看到的暴力行为越多，就越倾向于对同伴表现出攻击行为。

那么这些相关研究是否就意味着儿童暴露在暴力电视节目之下会导致儿童产生更多的攻击性行为呢？事实并非如此。尽管我们已经发现经常观看暴力电视与儿童的攻击性行为之间有相关关系，但相关设计并不能探明这种关系的因果方向。这里还存在另外两种可能的解释：一是攻击性较高的儿童更喜欢看暴力节目，二是观看暴力电视和攻击性行为之间的关系受到我们尚未发现的第三个变量的影响。例如，也许是双亲的争吵不休（未被考察的变量）导致了他们的孩子极具攻击性，并且喜爱观看暴力电视节目。在这种情况下，暴力电视节目和儿童的攻击性行为之间即使不存在因果关系也可能彼此相关。

总之，相关设计是一个很有用的方法，可以用来考察我们感兴趣并且可以测量的两个或多个变量之间的关系。然而，它的主要缺点是不能确切地表明事件之间的因果关系。那么，研究者如何确定人类发展的各种行为或其他方面的因果关系呢？一个解决方法便是进行实验研究。

实验设计

与相关研究不同，**实验设计**允许我们精确地评估两个变量之间可能存在的因果关系。让我们重新回到看暴力电视节目是否会导致儿童变得更具攻击性这个问题上来。我们可以做一个实验室实验来检验这个（或任何）假设。把被试带入实验室，并对他们进行不同的实验处理，记录他们对这些实验处理的反应，这些反应就是实验数据。

对被试施行的不同实验处理称为实验的**自变量**。为了检验前面所提出的假设，自变量（或实验处理）便是被试所观看的电视节目的类型。把被试分成两组：一组观看包含暴力或攻击内容的电视节目，另一组观看没有暴力行为的节目。

儿童对电视节目的反应就是要收集的数据，或者说是**因变量**。由于我们的假设主要关注儿童的攻击性，所以要测量儿童在观看了不同类型的电视节目之后的攻击性行为水平（作为因变量）。因变量是依存性的，因为它的值会依赖于自变量。在该研究中，假定儿童随后的攻击性（因变量）在那些看了暴力节目（自变量的第一种水平）的儿童身上表现得比那些看了非暴力节目（自变量的第二种水平）的儿童更强。如果我们是细心的实验员，并且严格控制所有可能影响儿童攻击性行为的其他因素，那么当结果正如所预期的，我们就可以得出一个很明确的结论：看暴力电视节目会导致儿童具有更强的攻击性。

事实上，有人已经做了一个类似的实验（Liebert & Baron，1972）。被试是5～9岁的儿童，被分成两组：一组儿童观看从《铁面无私》（*Untouchables*）中剪辑出来的3分钟暴力片段——包含两次打架、两次枪击和一次用刀刺人的镜头；另一组被试观看3分钟非暴力片段，片中描述的是令人兴奋的运动会。这样，自变量便是所看节目的类型。然后，每个儿童依次被带入另一个房间，并让他坐在一个操纵台前面，这个操纵台与相邻房间有连线。在这个操纵台上有一个标示着"帮助"的绿色按钮和一个标示着"伤害"的红色按钮，二者之间是一个白色灯泡。实验人员告诉被试，在相邻房间有一个儿童在玩摇柄游戏，这种游戏可能会使白色灯泡发亮；当灯亮的时候，如果按"帮助"按钮，可以使另一个房间的儿童的手柄更易于摇动；如果按"伤害"按钮，会使手柄变得很热而伤及那个儿童。当确认被试已经完全理解指导语后，实验人员离开房间。在随后的几分钟内，白灯亮20次，因此每个被试都有20次机会去帮助或伤害另外一名儿童。以每个被试按下"伤害"按钮的总次数来测量被试的攻击性，即该研究的因变量。

结果很明显，尽管有机会选择"帮助"，但不论男孩或女孩，如果观看了暴力电视节目，他们更倾向于按"伤害"按钮。因此，实验表明，仅仅3分钟的暴力节目就能导致儿童对同伴采取攻击性行为，尽管他们在电视上看到的攻击性行为与实验中的行为毫无相似之处。

当在课堂上讨论这个实验的时候，有些学生对实验结果的解释产生了疑问。例如，最近一个学生就提出了另一种解释：也许观看暴力节目的儿童本身的攻击性就比观看运动会的儿童的攻击

➢ **实验设计**（experimental design）：一种研究设计。研究者在被试所处的环境中引发一些变化，然后测量这些变化对被试的行为表现有何影响。

➢ **自变量**（independent variable）：是某种环境条件，实验者通过对其进行修改或操纵，以测量它们对被试行为的影响。

➢ **因变量**（dependent variable）：是实验所要测量的被试的行为表现，并且已假定它们受自变量的控制。

性强。换句话说，他认为可能是**混淆变量**——儿童本身的攻击性水平——决定了他们伤害同伴的意向，而实验的自变量（电视节目的类型）对被试行为完全没有影响。他的观点正确吗？怎样才能知道实验中的两组儿童在某些重要方面（即那些可能影响被试攻击倾向的方面）确实不存在差异呢？

这个问题引起我们对**实验控制**的关注。为了得出自变量与因变量之间的因果关系，实验者必须确保所有可能影响因变量的其他混淆变量得到控制，即它们在每个实验处理中都是等同的。让这些外来因素等同起来的一个方法便是 Liebert 和 Baron（1972）所采用的随机分组设计：把被试随机分配到不同的实验处理中去。随机化或**随机分配**意味着每一个被试进入不同实验处理或实验条件中的机会是相等的。把个体被试随机分配到实验处理中去，要借助于一种无偏的方法，比如抛掷硬币等。如果真正做到了随机分配，那么两组被试本身特性的差异会降到最低，从而不会影响几个实验处理中的因变量。所有这些混淆变量都被随机分配到每一个实验处理中，并且在每个实验处理中的机会都是均等的。因为 Liebert 和 Baron 确实是随机地把被试分配到不同实验处理中的，所以他们能够合理地认定那些看电视暴力节目的儿童并不是本来就比那些看非暴力节目的儿童更具有攻击性。从而可以合理地得出这样的结论：前一组儿童更具攻击性是由于他们观看了以暴力和攻击为主的电视节目。

实验方法的最大优点是能确认一个事件是引起另一事件的原因。然而，对于实验室实验法的批评也指出，严格控制的实验环境常常是人为的、虚假的，且儿童在实验室环境中的行为表现可能与在自然环境中不同。尤瑞·布朗芬布伦纳（Urie Bronfenbrenner，1997）指出，过分依赖于实验室研究已经使发展心理学成为"儿童与陌生成人在陌生环境中的陌生行为的科学"。Robert McCall（1977）也指出，实验告诉我们什么能引起发展变化，却无法弄清在自然状态下，实际上是什么因素导致了这些发展变化。因此，从实验室获得的结论很可能不适用于真实的环境。要应对这种批评，考察实验室研究的**生态效度**，科学家们采取的一种方法就是现场实验。

现场实验

怎样才能保证一个从实验室得到的结论可以适用于现实生活呢？一种方法是做一个在自然条件下的相似实验，寻找证明这一结论的相似证据。这便是所谓的**现场实验**。这个方法把自然观察的所有优点与实验法的严格控制特点结合起来。另外，由于被试进行的都是日常生活中的活动，因此并没有觉察到是在参与一个"陌生"的实验。事实上，他们甚至不知道自己正在被人观察或是在参与一个实验。

让我们来看一个现场实验，它是为了检验这样的假设：严重暴露于媒体暴力之下的观众将变得更具攻击性（Leyens et al., 1975）。被试是比利时的少年犯，他们住在为青少年设置的低度设防狱所的几个房间中。在实验开始之前，实验人员对每个被试的攻击性水平进行了观察。这些最初的评估作为攻击行为的基线水平，在此基础上来测量被试随后攻击性的变化。通过基线观察把狱所的四个房间分成两个小组：一组是攻击性相对较高的两个房间，另一组是攻击性相对较低的两个房间。然后开始实验。在一周内，每天晚上分别给每个小组中的一个房间放映暴力电影，诸如《邦妮和克莱德》（*Bonnie and Clyde*）以及《十二金刚》（*The Dirty Dozen*），另一个房间放映中性电影，如《爸爸的未婚妻》（*Daddy' Fiancée*）和《美国丽人》（*La Belle Américaine*）。每天记录两次（午餐时间和晚上看完电影后）发生在每个房间中的身体攻击和言语攻击。在随后的一周内不放电影，只在每天的午餐时间做一次观察记录。

这个现场实验得到的结果很显著：观看暴力

影片的两个房间中的男孩在晚上的身体攻击行为明显增多。由于暴力影片中有许多身体攻击的镜头，这些镜头引起观看这些影片的男孩的相似反应。但是如图1.4所示，暴力影片主要使本身攻击性较强的男孩的攻击行为明显增多。此外，观看暴力影片使得原本攻击性较强的男孩的言语攻击也增多了。并且，在放映期间和随后不放电影的一周内，这些男孩受到了持续性影响。

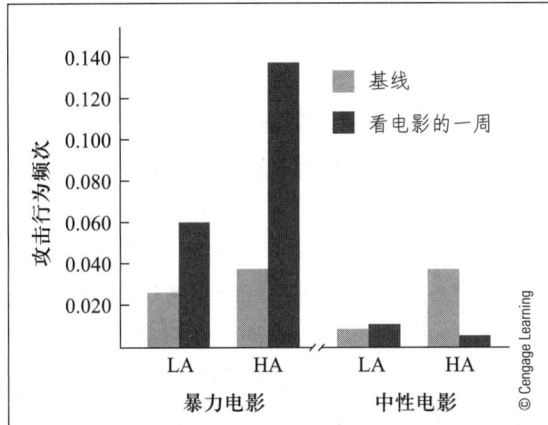

图1.4 高攻击组（HA）和低攻击组（LA）男生在基线条件下和在观看暴力电影或观看中性电影后，晚上所表现出的身体攻击行为的平均得分。
来源：Effects of Movie Violence on Aggression in a Field Setting as a Function of Group Dominance and Cohesion. By J. P. Leynes, R. D. Parke, L. Camino & L. Berkowitz, 1975, *Journal of Perception and Social Psychology*, 1, 346-360. Copyright@1975 by the American Psychological Association. Adapted by permission.

显然，比利时现场实验的结果与Liebert和Baron（1972）的实验室研究一样，都认为媒体暴力有激发攻击性行为的作用。并且它还证实在自然环境中，媒体暴力对攻击性较强的观众来讲，所起的激发作用更强、更持久。这进一步丰富了实验室研究的结果。

自然实验（或准实验）

由于社会伦理道德的限制，有许多问题是不能用实验法去研究的。例如，想要研究婴儿时期的社会剥夺对儿童智力发展的影响，我们不能为了收集所需数据而要求父母们把自己的婴儿锁在阁楼上两年。任何危及儿童身心健康的实验都是不道德的。

然而，我们可以通过**自然实验**或**准实验**观察被试经历一个自然事件后的结果，以达到研究的目的。比如，如果可以找到一群在0—2岁生活在孤儿院中、与照料者沟通很少的婴儿加以观察，就可以把他们与那些和家人生活在一起的孩子的智力发展相比较。这种比较能提供早期社会剥夺对儿童智力发展产生影响的有用信息。自然实验中的自变量是被试经历的事件（在这个例子中是被收容婴儿所经历的社会剥夺），因变量是研究者想要考察的结果（在这个例子中是智力发展）。

在此需特别指出，自然实验的研究者不去控制自变量，他们也没有把被试随机分配到实验处理中。相反，他们仅仅观察和记录自然事件的明显结果。在缺乏严格实验控制的情况下，往往很难确定是什么因素导致了研究所发现的群体差

> **混淆变量（confounding variable）**：如果实验者不对某些因素进行控制，那么在解释不同实验条件下被试的行为差异时，起作用的不是自变量，而是另外一些因素。
>
> **实验控制（experimental control）**：实验者要确保所有可能影响因变量的无关因素在每一种实验条件下是相等的；有了这样的预防措施，实验者才可以肯定所观察到的因变量的变化确实是由对自变量的操纵引起的。
>
> **随机分配（random assignment）**：通过一种无偏程序把被试分配到各种实验条件中去，以确保群体中的成员相互之间没有系统差异的控制技术。
>
> **生态效度（ecological validity）**：研究结果在多大程度上能代表某事件在自然环境中的真实状态。
>
> **现场实验（field experiment）**：在家、学校或操场等自然环境中进行的实验。
>
> **自然实验（准实验）（natural experimentor quasi experiment）**：研究者假设一些自然发生的事件会影响人们的生活，并对其所带来的影响进行测量。

异。例如，假设在社会剥夺环境中生活的儿童比在正常家庭中长大的儿童的智力测量分数低，那么被收容的儿童所经历的社会剥夺该对此差异负责吗？有没有可能是因为这些被收容的儿童在其他方面与在家庭环境中成长的儿童有差别（比如体弱、缺乏营养或本身智力就较差）而导致智力测量分数较低呢？没有随机地把被试分配到不同的实验处理中，没有控制在观察过程中其他可变化的因素（如营养状况），就不能简单地认为社会剥夺就是被收容儿童智力水平低的原因。

尽管自然实验无法得出严格的因果关系，但它对研究依然很有价值。它可以告诉我们，个体所经历的自然事件是否可能对发展产生影响。自然实验可以提供关于因果关系的一些有意义的线索。

表 1.3 总结了每一种研究设计的优缺点。在讨论考察发展的连续性和变化的研究设计之前，我们再探讨一种用于检验理论或假设的可推广性的研究策略：跨文化设计。

跨文化设计

发展学家们在公布一个新的发现或结论时，经常很犹豫，除非他们研究了足够多的被试能证明他们的"发现"是可靠的。然而即便如此，他们的结论针对的也只是某个特定文化或亚文化内的被试在某个时间点上的状况，很难知道这些结论是否适用于他们的后代或同时代的其他社会或亚文化圈中的群体（Lerner, 1991）。今天，把结论进行跨样本和跨环境的推广变成了一项重要的课题。因为许多理论家已指出，在人类的发展中存在着一定的普遍性——某些事件或结果是所有儿童在长大成人的过程中都要经历的，不论其身处何方或被如何抚养。

跨文化研究是对来自不同文化或亚文化背景的被试的发展的某个或多个方面进行观察、测试和比较。这种类型的研究能实现多种目的。比如，它使得研究者能够确定对某一社会背景（如美国中产阶级的欧裔人）的儿童发展研究得到的结论是否也能适用于其他社会背景中的儿童，或适用于同一社会中不同种族或不同社会经济地位的儿童（如美国拉丁裔的孩子或来自贫困家庭的孩子）。因此，**跨文化比较**是避免研究结果过度概括化，同时也是确定在人类的发展中是否真的存在共性的唯一方法。

Souza 等人（2004）用跨文化比较的方法考察了两组被诊断为注意缺陷多动障碍（attention-deficit/hyperactivity disorder，ADHD）的儿童和

表 1.3 常用研究设计的优缺点

研究设计	程序	优点	缺点
相关设计	研究者在不干预的情况下，收集有关两个或多个变量的信息。	能评估自然环境中变量之间关系的强度和方向。	不能确定变量之间是否有因果关系。
实验室实验	可以对被试的环境进行操纵（自变量），并考察自变量对被试行为（因变量）的影响。	能确定变量之间是否存在因果关系。	数据是从人为的实验环境中获得的，不能推广到真实环境中去。
现场实验	可以操纵自变量，测量在自然环境中自变量对因变量的影响。	能确定变量之间是否存在因果关系，能把实验结果推广到真实世界中去。	在自然环境中的实验处理可能不够有力，也难以控制。
自然实验（准实验）	收集经历了自然事件操纵的人的行为方面的信息。	可以研究那些在实验室中难以引发或不可能引发的自然事件的影响；能给因果关系提供强有力的线索。	不可能对自然事件进行严格控制，没法建立明确的因果关系。

> **研究聚焦　关于性别角色的跨文化比较**
>
> 跨文化比较极其重要的一个作用是，能告诉我们一种发展现象是否具有普遍性。先来看看男性和女性在我们的社会中所扮演的角色。在我们的文化中，男性角色在传统上要求诸如独立性、果断性和控制性等特点。相比之下，我们期望女性要善于照顾他人和对他人的需要敏感。这些男性和女性特征是普遍适用的吗？男女的生理差异一定会导致他们在行为方面的性别差异吗？
>
> 许多年前，人类学家玛格丽特·米德（Margaret Mead，1935）比较了新几内亚岛上三个部落中的性别角色，她的观察结果引发了争议。在阿拉佩什（Arapesh）部落中，不论男人还是女人都被教导着去扮演我们认为属于女性的角色：合作、低攻击性并且对他人的需求敏感。相比之下，蒙杜古莫（Mundugumor）部落的男人和女人都被培养成攻击性的、对他人的情感反应迟钝的角色——按西方的标准是男性行为模式。最后，查姆布里（Tchambuli）部落展现了一种与西方模式截然相反的性别角色的发展模式：男性是被动的、情感依赖的、社交敏感的，女性则是支配的、独立的和果断的。
>
> 米德的跨文化比较指出，文化学习较之生理差异对男人和女人的典型行为模式影响更大。所以，我们非常需要像米德的研究这样的跨文化比较。没有跨文化比较，人们会很容易错误地认为，在我们的生活中正确的东西在其他任何地方也是正确的；借助跨文化比较，我们可以去认识生理和环境因素对人类发展的影响。

青少年。这两组被试分别来自巴西的两个工业化城市：南部的阿雷格里港和东南部的里约热内卢。在美国，被诊断为 ADHD 的儿童和青少年往往具有抑郁、反叛或焦虑等特征。因此，研究者们想知道，种族和文化是否与伴随 ADHD 的儿童和青少年的情绪障碍有关。结果显示，来自两个城市的 ADHD 被试所伴随的情绪障碍并没有显著差异。对两个城市的被试来说，对立违抗性障碍（oppositional defiant disorder）都是最常伴随 ADHD 的障碍；另外，两组被试中同时患有抑郁和焦虑障碍的儿童和青少年的比例也相当。这个以巴西的儿童和青少年为样本的研究结果与以美国和其他国家儿童和青少年为样本的结果是一致的。因此，这些研究结果表明，对于不同文化、不同发展水平的儿童和青少年而言，ADHD 伴随的情绪障碍的模式是相当一致的。

其他对跨文化方法感兴趣的研究者不是在寻找相似点，而是在寻找差异。他们认为不同社会文化下的人群有不同的发展背景，他们对诸多问题都有不同的观点，例如，管教儿童的适宜时间和步骤，最适合男孩和女孩的活动是什么，童年期何时结束，成年期何时开始，怎样对待老年人，以及生活中的许多其他问题（Fry，1996）。他们也发现，来自不同文化背景的人在对世界的感知方式、情感表达、思维和解决问题的方式方面都存在着差异。因此，跨文化研究除了关注发展的普遍性外，也阐明了人类的发展在很大程度上受到所处文化背景的影响。

例如，跨文化比较显示，在许多文化中，对青少年期这个人生的特殊阶段还没有明确的概念。如在圣劳伦斯的爱斯基摩人，只是简单地把男孩和成年男人（女孩和成年女人）区分开；遵循很多有文字记录以前的社会的传统，他们认为从儿童到成人的转折就发生在青春期（Keith，1985）。此外，某些文化对生命全程的描述和划分更为复杂。例如，在东非的阿拉萨把男性至少分为六种有意义的年龄层：男孩、初级战士、高级战士、年轻长辈、资深长辈和退隐长辈。

> ➤ **跨文化比较（cross-cultural comparison）**：在不同文化或子文化背景中比较人们的行为或发展。

在不同的时代、不同的文化下，同样的年龄有着不同的社会含义，这是一个基本的事实。这一点我们已经接触到了，并且本书也会始终强调这一点：与别的历史或文化背景比较起来，在某种特定历史或文化背景中，人的发展过程是非常不同的（Fry，1996）。除了人类之间的生物联系外，我们在很大程度上是我们所生活的时代和地域的产物。需要注意的是，跨文化比较并不仅仅用于考察不同国家的人的相似性和差异性，它也用于比较同一国家内部存在的各种亚文化差异（详见"研究聚焦"专栏）。例如，许多研究考察了美国的各种亚文化群体，因为在这些亚文化群体中，人们的经历差异很大。

对某个国家内部各种亚文化群体的研究，增进了我们对环境和社会因素如何影响发展的理解。然而，为了真正了解发展变化是如何发生的，我们还需要采用一些专门的研究设计去探讨这些变化。接下来，我们将讨论这些研究设计。

概念核查1.2　理解研究方法和研究设计

回答下列问题，检查你对发展心理学基本研究方法和研究设计的理解。答案见附录。

选择题：为下列各题选择最佳答案。

____ 1. 发展心理学家史密斯博士对于儿童发展过程中智力的变化感兴趣。她编制了一个智力测验，并用它对一群儿童进行了测量。研究结果显示，她的测验所测量的是儿童的学业表现，而不是智力。她的研究违反了什么科学原则？
   a. 她的测量不可信
   b. 她的测量没有效度
   c. 她的研究没有使用科学方法
   d. 她没有随机分组

____ 2. 研究者应该客观并用科学的数据来检验他们的理论，这种信念可以称为
   a. 科学态度　　　b. 科学目标
   c. 科学方法　　　d. 科学价值观

____ 3. 如果你想核实两个观察者在观察同一事件时是否得到了同样的结果，你必须计算
   a. 效度　　　　　b. 评分者信度
   c. 跨时间稳定性　d. 跨时间效度

____ 4. 在研究婴儿时，以下哪种方法的可行性最小？
   a. 自然观察　　　b. 结构化观察
   c. 心理生理学研究法　d. 临床法

匹配题：从供选择的项目中选择适合以下研究的研究方法。
   a. 结构化访谈　　b. 人种志研究法
   c. 自然观察　　　d. 结构化观察
   e. 心理生理学研究法

____ 5. 小学低年级学生郑重地答应了照看一只生病的小动物，那么在无人监督时，他们是否会违背承诺？

____ 6. 6岁的儿童是否了解有关少数群体成员的消极刻板印象？

____ 7. 6个月大的婴儿是否能区分红色、绿色、蓝色和黄色？

____ 8. 男孩之间在游戏中表现的攻击性行为与女孩有无差异？

____ 9. 在萨比亚人部落中，男孩接受了青春期仪式后，生活会有什么变化？

简答题：简要回答下列问题。

10. 张博士发现儿童的自我感觉越好（如在访谈中报告自己有较高的自尊），在学校中的学习成绩就越好。从这个研究中我们能得出自尊和学习成绩的何种关系？

研究策略与发展研究

前面我们讨论了数据收集的方法，以及可以广泛应用于心理学各个研究领域的研究设计。这些研究设计可以帮助我们探讨变量间的相关关系（相关设计），考察变量间的因果关系（实验设计），检验理论的可推广性（跨文化比较）。下面我们会介绍另外几种研究设计，它们和之前介绍的那些研究设计一起，可以为我们提供关于发展连续性和变化的资料。这些研究设计能帮助研究者做出关于人们如何随时间而发展的合理推论。

发展研究设计

发展学家不只对考察人们在生命的某一特殊阶段的发展感兴趣，他们还希望搞清楚人的情感、思想、能力和行为是如何随时间而发展变化的。详细描绘发展趋势的四种基本方法是：横断设计（或横向设计）、纵向设计（或追踪设计）、序列设计（连续系列设计），以及微观发生设计。

横断设计

横断设计是在同一时间点上研究不同年龄阶段的被试。在横断研究中，各年龄段的被试来自不同的同辈群体。这里的**同辈**是指由那些生长在相似的文化环境和历史背景下的同一年龄段的人组成的群体。例如，出生在第二次世界大战后（婴儿潮时期）的美国人，与出生在20世纪60年代后期和80年代早期的美国人就属于不同的同辈群体。通过比较不同年龄段被试的差异，研究者常常可以鉴别与年龄相关的发展变化。

Brain Coates 和 **Willard Hartup**（1969）所完成的一个实验是横断实验设计的典型例子。他们研究的是在学习成人示范的新动作方面，为何一、二年级学生表现得比学前儿童好。他们假设年龄小的儿童不会自发地描述自己所观察到的东西，而年龄大一点的儿童会用语言描述观察到的示范动作。当要求学前儿童去重现他们看见的动作时，他们由于缺乏语言这一"学习助手"而使自己在回忆榜样的示范动作时处于明显的劣势。

为了检验这一假设，Coates 和 Hartup 设计了一个有趣的横断实验。让4～5岁和7～8岁的两组儿童观看一部短片。短片中一名成年人展示了20个新奇的动作，比如用双脚夹住一个沙包抛出去、用呼啦圈套充气玩具等。对于每个年龄组的儿童，要求其中一半儿童在看影片时用语言描述示范者的动作（诱发言语情境），不要求另一半儿童用语言描述所观看的动作（被动观察情境）。影片放完以后，把每个儿童带入一个房间，里面有在短片中出现的玩具，让他们演示片中的示范者用这些玩具做了哪些动作。

图1.5呈现了这个实验中出现的三个有趣的结果。首先，那些没有用语言描述示范者动作的4～5岁儿童（被动观察者）比同年龄段的那些用语言描述的儿童（诱发言语者）以及两种实验条件下的7～8岁儿童，对示范动作的模仿更差。这一结果表明，4～5岁的儿童在没有被明确要求的情况下，不会自发产生帮助他们学习的语言描述。其次，在诱发言语情境下，年幼儿童的表现与年长儿童差不多。可见，如果要求年幼儿童去描述他们所看到的东西，他们能学到和年长儿童同样多的内容。最后，在7—8岁年龄段，被动观察者与诱发言语者重现了同样多的示范动作。这一结果表明，对于7～8岁的儿童，要求他们用语言描述示范者的动作并无突出效果。显然，即便没有要求，他们也会自发地用语言描述所见事

> **横断设计（cross-sectional design）**：在同一时间点上对不同年龄群的被试进行研究的设计。

> **同辈（cohort）**：年龄相同，并且生长于相似的文化环境和历史背景中的一群人。

物。总之，实验结果说明，4～5岁的儿童从示范者那里学到的东西较少，因为他们不像年长儿童那样，能自发地用语言描述来帮助记忆所见事物。

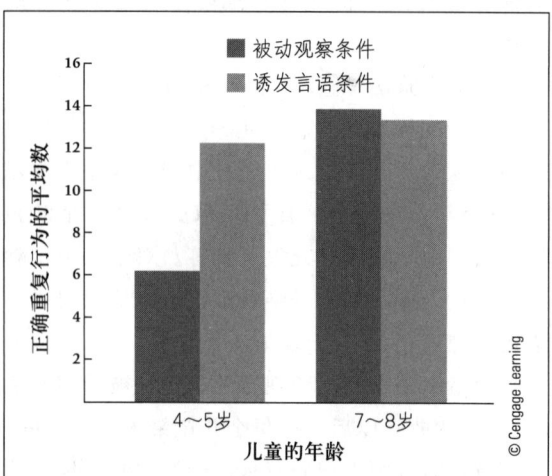

图1.5 年龄和语言描述对儿童重复榜样动作的能力的影响。

来源：Age and Verbalization in Observational Learning. By B. Coates, & W. W. Hartup, 1969, *Developmental Psychology*, 1, 556-562. Adapted by permission of the authors.

横断设计的一个主要优点是研究者能在短时间内从不同年龄段的儿童那里收集数据。例如，Coates和Hartup不必为了验证他们关于儿童发展的假设，而等待四五岁的儿童长到七八岁。他们只要从两个年龄段中抽取样本，并对他们同时进行测试即可。当然，横断设计也有两个局限性。

同辈效应

在横断研究中，每个年龄段的被试来自不同的群体。也就是说，他们来自不同的同辈群体。横断比较总是涉及不同的群体，使得对实验结果的解释很棘手。因为在研究中发现的年龄差异并不总是由年龄和发展造成的，而可能受到了文化和历史因素的影响。换句话说，横断比较混淆了年龄和同辈效应。

下面的例子将说明这一点。多年以来，横断研究一致显示，青年人在智力测验中的得分比中年人略高一些，而中年人的得分又比老年人高出很多。但是，智力真如这些结果所示那样随年龄增长而下降吗？事实并非如此。最近的研究揭示（Schaie，1990），个体的智力测验得分具有跨时间的相对稳定性，而早期研究中所测量的是完全不同的东西，即在教育方面表现出来的年龄差异。在横断研究中，老年人受到的学校教育更少，使得其智力测验得分比中年人和青年人低。他们的智力测验分数并没有下降，但总是比那些年纪轻的人低。因此，早期的横断研究发现的是一种**同辈效应**，而非真实的发展变化。

尽管有这样明显的局限，横断比较依旧是发展学家用得最多的一种设计。为什么呢？因为它具有快捷便利的特点。我们可以在一年内，以不同年龄段的个体为被试进行测试；同时，若没有明显的证据证明被研究的群体具有非常不同的成长经历，这个设计就可以得出有效的结论。因此，假设我们像Coates和Hartup那样对4～5岁和7～8岁的儿童进行比较，那么我们有理由相信，两组被试所处的历史或主流文化的重要方面在这三年中没有显著变化。但是，如果在研究中需要对时间跨度大的发展进行推断，同辈效应就是一个严重的问题了。

个体发展方面的数据

横断设计的另一个缺憾是它不能告诉我们个体发展的状况，因为它对被试的考察仅限于某个时间点。因此，横断比较不能回答诸如"从什么时候开始这个孩子会比较自立"，"这个2岁时具有攻击性的儿童到5岁时是否依然具有攻击性"这样的问题。涉及这类问题时，研究者常常转而求助于第二种研究设计：纵向设计。

纵向设计

纵向设计是在某一段时间内对同一群被试进行反复观察。这个观察期可以相对较短，如6～12个月；也可以非常长，比如贯穿一生。研究者可以研究发展的一个特定的方面，比如智商，也可以研究发展的多个方面。通过反复测试同一群被试，研究者可以评估样本中每个人的各种特性的稳定性（或连续性）。也可以通过寻找共同特点，比如大多数儿童在某些时间点上会经历的某些特定变化（儿童达到某些"里程碑"前的这些变化会很类似），从而确定常态的发展趋势和过程。最后，对一些被试的长期追踪有助于研究者弄清发展中的个体差异。如果能够鉴别出导致不同发展结果的不同类型经验，就更有价值了。

几个很值得一提的纵向研究项目已经跟踪儿童数十年了，并且评定了发展的许多方面（如Kagan & Moss, 1962；Newman et al., 1997）。然而，多数纵向研究的方向和范围都比较适中。例如，Howes和Matheson（1992）进行了一项纵向研究，来考察1～2岁儿童的假装游戏。在3年中，他们每隔6个月就对儿童进行一次观察。Howes和Matheson用分类图表评价了游戏中儿童认知的复杂性，他们试图弄清：(1) 游戏是否随年龄增长而变得更复杂；(2) 在游戏的复杂性上，儿童间是否存在差异；(3) 儿童游戏的复杂性是否真的能预测其在同伴中的社交能力。正如

预测的那样，尽管在每个观察时间点上个体的游戏复杂性确有差异，但所有的被试在这3年中的游戏的复杂性都提高了。另外，儿童游戏的复杂性和在同伴中的社交能力之间有着明显的关系：不管处于哪个时间点，游戏形式较复杂的儿童在6个月以后的观察中都被评价为最易交往和最少攻击性的儿童。因此，这个纵向研究证明，假装游戏的复杂性不仅随着年龄提高了，并且它还是儿童以后在同伴中的社交能力的可靠预测因子。

尽管纵向设计具有上述的优点，但这个方法也有着自身的缺陷。例如，纵向研究项目耗资大、耗时长。在发展科学的理论和研究的中心任务不断发生变化的情况下，这些缺点尤为显著。比如一个10年或20年的追踪项目，在开始阶段似乎很令人兴奋的那些问题在结题时可能会变得

> **同辈效应（cohort effect）**：群体中一些年龄差异是由这个群体成长时的文化或历史差异造成的，而不是真的由发展带来的变化。
> **纵向设计（longitudinal design）**：在几个月或几年内对同一群被试进行反复研究的设计。

20世纪30年代（左）和今天的休闲活动（右）。如图所示，成长于20世纪30年代的儿童的生活经历和当今儿童截然不同。许多人相信，由于人们的生活环境会随时代变化，纵向研究的结果只适用于与被试同时代的人。

没有多大价值。**练习效应**也危及纵向研究的效度：反复地访谈和测试，使得被试越来越会做测试题或对测试的内容越来越熟悉，这样其测试成绩的提高可能与发展的正常模式并不相关。纵向研究者还会遇到**选择性的损耗**问题：儿童可能搬家或对参与研究活动感到厌烦，或因父母的某些原因阻止他们继续参与研究。这会导致在纵向研究中出现一个较小的**非代表性样本**，只能提供有关发展问题的较少信息，并且把研究结论的适用范围限制在那些坚持参与研究的儿童身上。

长期的纵向研究还有一个很明显的缺点，即**跨代问题**。在纵向研究项目中，儿童往往来自某个同辈群体，与出生于其他年代的儿童相比，有着非常不同的经历。想一想，从20世纪三四十年代到现在，在参与某些早期的长期纵向研究项目的儿童长大期间，时代发生了怎样的变化。今天，在双职工家庭较多的年代，更多儿童被送到日托中心和幼儿园。现代家庭的规模比过去小了，这意味着孩子们很少有兄弟姐妹。而且与20世纪三四十年代相比，现代家庭的迁徙也更加频繁，因此现代儿童较之过去年代的同龄人更为见多识广。并且现代儿童无论住在哪里，都会受到电视、视频游戏和计算机的影响，而20世纪三四十年代儿童是不可能受到这些影响的。因此，过去年代的儿童生活在一个完全不同的世界里，我们无法说这些儿童与当今儿童是以相同的方式发展成长的。换句话说，环境上的跨代变化使得纵向研究的结论只适用于那些随着研究过程长大的被试。

可见横断设计和纵向设计各有利弊。有可能将二者的优点结合起来吗？对发展进行比较的第三种方法——序列设计——正是为了达到这一目的。

序列设计

序列设计是通过选择不同年龄的被试并对每一个同辈群体进行追踪的研究方法，将横断设计和纵向设计的优点结合起来。假设我们想研究6～12岁儿童逻辑推理能力的发展，可以从2012年开始测量一个6岁的样本（2006年出生）和一个8岁的样本（2004年出生）的逻辑推理能力；接着在2014年和2016年再次测量两个样本的推理能力。注意，序列设计允许我们对2006年出生的被试从6岁追踪到10岁，对2004年出生的被试从8岁追踪到12岁。这个研究计划如图1.6所示。

这样的序列设计有三个优点。第一，通过比较生于不同年份的儿童在同样年龄时的推理能力，能够确定同辈效应是否对结果产生了影响。正如图中所示，可以通过比较8岁和10岁两个样本的逻辑推理能力的状况来评估同辈效应。如果这两个样本并无差异，那么可以认为不存在同辈效应。图1.6还显示了序列设计的第二个优点：能在同一项研究中同时进行横断比较和纵向比较。如果在纵向比较和横断比较中，逻辑推理能力的年龄变化趋势是相同的，那么我们就可以确信这些趋势代表了真实的逻辑推理能力的发展变化。最后，序列设计比标准的纵向设计更为高效。在我们的例子中，尽管只追踪了4年，但是

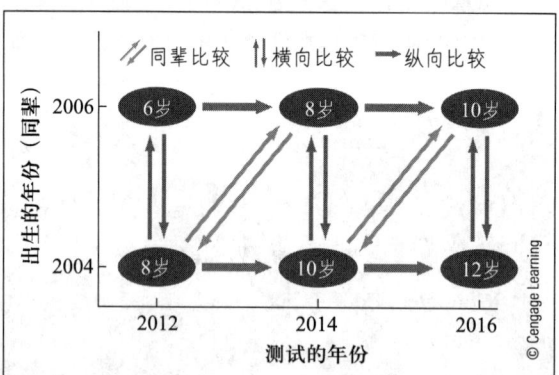

图1.6 序列设计的例子。两个儿童样本，一个样本生于2004年，一个样本生于2006年，对他们从6岁追踪观察到12岁。这种设计使研究者能通过比较生于不同年代的儿童在同样年龄时的表现，来评估是否存在同辈效应。如果不存在同辈效应，这个设计中的纵向比较和横断比较能使研究者得出一个有关发展变化的强度和方向的强有力的论断。

可以获得逻辑推理能力6年的发展状况（6—12岁）。显然，这种将横断设计和纵向设计结合起来的方法比单独使用这两种方法更有效率。

微观发生设计

横断设计、纵向设计和序列设计只能描绘出人类发展变化的粗略情况，而不能详尽展现发展变化的进程和原因。目前，许多儿童认知发展的研究者青睐**微观发生设计**。这种设计用于探索促进发展变化的过程。设计的逻辑很清晰：在儿童将要发生重要的发展变化时，反复向他们呈现某种可能引起发展变化的任务，并且监控儿童行为变化的过程。

认知发展理论家已经用这种设计方法详细说明了儿童如何依靠新的、更高效的策略解决问题。通过对儿童数小时、数天或数周的密集研究，仔细地分析他们的问题解决行为，研究者就可能详尽地了解儿童的思考和策略使用是如何变化的，而这些变化会提升儿童的认知能力（Siegler & Svetina, 2002）、算术技能（Siegler & Jenkins, 1989）、记忆（Coyle & Bjorklund, 1997）和言语技能（Gershkoff-Stowe & Smith, 1997）。虽然微观发生设计是一种新的研究方法，但是它很有希望在社会性和人格发展的研究领域，如自我概念、自尊、社会认知（即理解他人行为，并形成对他人的印象）、道德推理、性别角色刻板印象等领域，发挥重要作用。

Courage、Edeson和Howe（2004）就采用微观发生设计进行了一项精巧的研究。他们结合了横断设计和微观发生设计，以探讨婴儿视觉自我再认的发展。在微观发生设计层面，研究对象是10个婴儿。在婴儿成长的15—23个月大时，研究者每周对他们进行两次测量。在横断设计层面，参加研究的婴儿分别来自9个年龄组，每组10个婴儿，15个月大的婴儿为年龄最小组，其次是16个月大组，依次类推，年龄最大组为23个月大的婴儿。所有婴儿都要参加三个视觉任务。在第一个任务中，家长偷偷地在婴儿鼻子上涂蓝色的记号，30秒后，在儿童面前摆上一面镜子。看到镜子里的自己后，摸自己的鼻子或谈论自己外貌变化的儿童，被称为"识别者"；盯着镜子里的影像或表现出害羞或尴尬的儿童被称为"模棱两可者"；既没有表现出再认，也没有表现出"模棱两可"的儿童被称为"非识别者"。在第二个任务中，要求儿童从三张照片里——包括一张自己的和另外两张同龄、同性别的儿童照片——辨别出自己的照片。在第三个任务中，实验者在儿童头部后方悬挂一个玩具，使儿童可以从镜子里看到玩具。如果婴儿可以回头寻找玩具实际的位置，就算通过了该任务。

来自微观发生分析的数据显示，在通过视觉再认的任务（即婴儿的鼻子被涂上蓝色标记的任务）前，儿童会经历一段时而可以成功地识别自己，时而又失败的经验。并且，部分儿童经历的这段模糊时期非常短暂，在整个观察过程中只出现一次；而另外一些儿童则会经历较长的模糊期，持续出现在四次观察中。

横断研究的数据则描绘出了另一种状况。随着一个月一个月的年龄差异，成功的自我识别出

> **练习效应（practice effect）**：反复测试导致被试的自然反应有了变化。
>
> **选择性的损耗（selective attrition）**：研究过程中被试的非随机流失，它会导致出现非代表性样本。
>
> **非代表性样本（nonrepresentative sample）**：与所属大群体在重要方面有差异的子群体。
>
> **跨代问题（cross-generational problem）**：在一个较长时间里，环境所起的变化限制了纵向研究对那一代儿童得出的结论，因为当研究进行时，他们也在成长。
>
> **序列设计（sequential design）**：在几个月或几年时间内，对不同年龄群的被试进行反复研究的一种设计。
>
> **微观发生设计（microgenetic design）**：发展变化发生时，对儿童进行短时间的密集观察，以探查变化出现的原因和过程。

现得更为突然。婴儿成功的自我识别陡然出现在 16—17 个月；而微观发生的研究数据并没有出现这样显著的变化。不过，对参加微观发生研究的 10 个婴儿的分析也表明，平均来说，镜中自我识别能力的出现时间大概是在 16—17 个月。这个结果与横断研究的结果相吻合。然而，在微观发生研究中，婴儿成功进行照片辨别和玩具寻找的平均年龄要比在横断研究中更小一些。

虽然微观发生技术提供了一种独特的机会让研究者去观察和记录发展中的实际变化过程，但是它也有一定的局限性。首先，如此仔细地对大量儿童进行研究是非常困难、费时和昂贵的。以 Courage 等人的研究为例，在微观发生研究层面，研究对象只有 10 个儿童，而横断研究层面则有 90 个儿童参加。另外，微观发生研究需要对儿童进行反复观察，这就可能影响到最后的结果。Courage 的研究团队注意到，参与微观发生研究的婴儿成功进行照片辨别和玩具寻找的平均年龄更小，这很可能是练习效应导致的。在进行微观发生研究时，由于婴儿每周要参加两次测试，并持续了 32 周，因此每种研究任务他们都经历了 64 次。而参加横断研究的婴儿对三种实验任务都只参与了一次。如果采用自然观察的方法，微观发生研究中练习带来的影响可能会减小。但是，如果被研究的行为是在实验室环境中被反复引发的，那么在对研究下结论时就要特别警惕练习效应。

对于微观发生法的批评之一就是，为了引发儿童的行为，对他们进行密集的实验刺激，这样的过程与真实生活中的发展可能有差异。另外，这样的频繁刺激产生的行为变化未必能持续很长时间。因此，研究者们通常使用微观发生设计去探讨那些我们已经知道会发生变化的认知和行为。在此类研究中，研究者的目的通常是通过探讨变化的过程，更详细和精确地了解认知和行为是如何发生的，以及为什么会发生这样的变化。

为了帮助你回顾和比较四种主要的发展研究设计，表 1.4 对这些研究设计的程序及其优点和局限性做了一个简要说明。

表 1.4　四种发展设计的优缺点

设计	程序	优点	缺点
横断设计	在同一时间点上观察不同年龄的人（或同辈群体）。	能展示年龄差异；为发展的趋势提供线索；花费较少；耗时较少。	年龄趋势反映的可能是同辈群体间的差异而非真实的发展上的变化；只在某一个时间点上观察被试，所以不能提供个体发展的数据。
纵向设计	对某群体被试进行反复观察。	能提供个体发展方面的数据；能揭示早期的经历与后来发展结果之间的关系；能揭示个体之间在发展变化上的相似性及差异。	较耗时和昂贵；选择性损耗会导致样本无代表性，从而限制了结论的推广；跨代变化使得研究结果仅适用于所研究的被试群体。
序列设计	对不同年龄段（不同同辈群体）的人进行重复测量，从而把横断研究和纵向研究结合起来。	从同辈效应中区分出真正的发展趋势；可揭示出一个群体经历的发展变化是否与另一个群体相似；比纵向研究的花费小，耗时要短。	比横断研究花费多、耗时长；尽管是最佳设计，在把所得发展变化推广到研究之外的群体时，仍然有一定的问题。
微观发生设计	发展变化发生时，对儿童进行短时间的密集观察。	对发展变化发生的时段进行密集观察，可以揭示变化的过程和原因。	为了刺激变化的发生，被试的密集经验可能是不具代表性的，带来的变化可能是短时的。

研究方法的多样性是一种确定无疑的优势，因为从一种设计得到的结论可以通过另一种方法加以检验或进一步确认。事实上，通过不同的研究方法提供会聚证据非常重要。这样可以证实某个结论是一个真正的发现，而不仅仅是利用收集原始数据的那些方法和设计得出的人为的结论。所以说，并没有一种用于研究儿童和青少年的"最佳方法"，每一种方法对于揭示人类的发展都具有独特贡献。

发展研究中的伦理问题

当设计和进行涉及人类的研究时，研究者会面临研究伦理方面的棘手问题，即研究人员受伦理约束，必须按照一定的操作标准来保护研究对象免受身心伤害。有些伦理问题比较容易解决：不去做肯定会导致被试身体或心理伤害的实验，例如，虐待身体、饥饿、长时间的孤独等。然而，大多数伦理问题是很微妙的。以下是发展学家在他们的研究生涯中必须解决的两难问题：

- 能诱惑儿童或青少年发生欺骗行为或违背某些规则吗？
- 能欺骗被试吗？比如，故意告诉被试虚假的研究目的，或告诉他们一些有关其自身的不真实的情况（例如，在被试实际上取得了好成绩时，告诉被试"你的这个测验成绩很差"）。
- 能在自然情境中观察被试而不告知他们已经成为科学调查的对象了吗？

表 1.5　儿童的权利及心理学研究人员的责任

当儿童参与到心理学研究中时，伦理方面的考虑尤为复杂，因为儿童比青少年和成人更易受到身心伤害。同时，在他们同意参加一项研究时，年幼的儿童可能并不完全明白自己承诺了什么。为了保护参与研究的儿童以及阐明儿童研究人员的责任，美国心理学协会（American Psychological Association, 2002）以及儿童发展研究协会（Society for Research in Child Development, 1993）通过了一些伦理规则，较重要的条款如下：

避免伤害

研究者不能使用任何可能伤害儿童的身体或心理的研究操作。如何定义心理伤害是研究者的责任。当一个研究者不确定研究操作是否可能产生伤害时，他必须与人商讨。一旦认识到可能伤害被试，就必须另找其他收集信息的方式或放弃该研究。

知情同意

研究应该得到儿童的父母及其他监护人的同意，并最好是书面的同意。必须把研究的所有特点告诉儿童的父母或监护人，使他们依此来决定是否准许儿童参与研究。美国的国家标准规定，所有7岁或7岁以上的儿童有权利获得以他们能听懂的语言对研究进行的解释，依此决定是否参加研究。当然，各个年龄段的儿童都有权利选择不参加或在研究的任何阶段中止参与研究。然而，这一条款很微妙：即使已经被告知可以在任何时候中止参与研究，年幼的儿童依然不知道该如何去做或并不真的相信这样做不会招致惩罚。只有研究者细心地向儿童解释，选择不参加或中断参与研究并不会让研究者沮丧时，儿童才会更好地理解自己有同意或不同意参与研究的权利，从而更恰当地使用这个权利（Abramovitch et al., 1986）。

保密

研究者必须对所有来自被试的数据保密。儿童有权要求在正式的或非正式的数据收集及结果报告中隐瞒他们的身份。但有一个例外，许多州有法令禁止调查者隐瞒那些被怀疑受到虐待或忽视的受害儿童的名字（Liss, 1997）。

欺瞒、接受询问、告知结果

无论何时，当一个研究项目的进行必须隐瞒信息或进行欺瞒的时候，研究者必须得到同行委员会的认可。如果某研究对被试隐瞒了信息或进行了欺瞒，事后必须对被试一一解释清楚，即用被试能理解的语言，告知被试研究的真实目的及为什么必须欺瞒他们。儿童也享有对研究结果的知情权。

注：关于避免伤害，Ross Thompson (1990) 发表了一篇非常好的文章。我们推荐所有进行儿童研究（或计划进行相关研究）的人员阅读这篇文章。

- 对于一个明显是错误的答案,却告诉儿童其同学们都认为是正确的,然后观察儿童是否顺从其同伴的判断。能够这样做吗?
- 在研究程序中使用一些指责性的言语是否适当?

在继续阅读之前,你最好能对这些问题有所思考并形成自己的观点,然后再来阅读表1.5,并重新考虑你已有的观点。

你的观念有所改变吗?如你所见,表中所列的指导原则都很空泛,它们并没有明确地准许或禁止特定的操作或实践,如我们之前列出的那些两难问题。事实上,上述任何一个两难问题都可

生活与研究应用

成为发展研究的明智消费者

在此,你或许正迷惑不解:"为什么我需要知道这么多发展学家所用的研究方法?"对于那些选修了这门课而将来却要从事其他行业、永远也不会去做儿童或青少年发展科学研究的学生,提出这样的问题不足为奇。

我们的回答很直接:尽管像这样的导论性课程是为了给这门学科的理论和研究提供一个纲要,但是它们也能帮助你对今后可能遇到的类似信息进行评估。这类信息是你今后必然会接触到的。如果你是一个老师、学校的行政人员、护士、见习公务员、社会工作者或从事其他与发展中的人相关的职业,即便你不阅读学术期刊,你还是要从大众传媒(比如电视、报纸或杂志等)那里接收这样的一些信息。你怎么知道该不该认真对待刚刚读到或听到的看上去很生动、很有意义的结论呢?

研究报告在学术期刊上发表的周期相对较长,有时提前几个月甚至几年前,大众传媒就对研究结论进行了报道。所以一定要认真看待这些报道。事实上,在发展学家提供的那些研究结论中,只有30%会被本学科的权威期刊认定为具有发表价值的。因此,媒体报道的众多"引人注目"的发现,在其他科学家看来却可能是不重要的或不值得发表的。

即使一个媒体报道是基于已经发表的文章,报导的研究内容和结论也可能误导大众。例如,一个基于已发表的文章的电视报道说,有足够的证据证明"酗酒是遗传的"。我们在第3章中会看到,这是对研究者实际所得结论的夸大。另一家都市报纸在对最近发表在权威的《发展心理学》(Developmental Psychology)期刊上的一篇文章做简要报道时用了这样一个标题:幼儿园对儿童有害。在这篇新闻报道中,从头到尾都没有指明研究者(Howes,1990)的结论是指低质量的幼儿园对某些学龄前儿童的社交能力和智力发展有害;但对于那些受到良好照料的儿童,幼儿园并没有不良影响。

我并不想使你产生"永远不要相信你所读到的东西"的想法,只是想提醒你学会利用这一章中阐述的关于研究方法的知识去质疑和重新评价媒体的报道。你可能会问:数据是如何收集的?研究是如何设计的?根据所用的研究方法和研究设计的局限性,得到的结论是适合的吗?研究是否进行了随机分组?所得结论受到本专业专家的评估并在权威的学术期刊上发表了吗?请不要以为已发表的文章就可以超越批评。在发展科学领域中,许多文章和论文正是基于已发表的研究成果中的问题和不足而诞生的。因此,应该花些时间去阅读和评价那些与自己的专业或与为人父母有关的报告。你不仅可以更好地理解一项研究及其结果,而且可以通过信件、电子邮件或电话与文章的作者交流你所想到的一些问题及对文章的质疑。

总之,为了能够从人类发展领域提供的那些信息中获取更多可靠的知识,你必须成为一个明智的消费者。我们讨论研究方法的时候,需一直牢记这一点。另外,学好方法课会帮助你更好地评估本教材或其他资料中涉及的研究。

以这样解决：允许研究者在尽量遵守当前的伦理准则的范围内，进行这些被质疑的研究。例如，如果研究者预先获得儿童监护者的**知情同意**（见表 1.5），并且是在一个安全的环境里，那么一般认为在自然情境中（如学校或公园）对儿童进行观察而不让儿童知晓是可以的。伦理原则仅仅是原则而已，公平对待儿童并使他们免受伤害的最终责任直接落在了研究者的肩上。

那么，研究者该如何决定是否进行一项在伦理方面有疑问的研究呢？通常，他们通过仔细地掂量研究可能给人类或被试本身带来的益处，并把这些益处与可能对被试造成的伤害进行对比，来权衡研究是否可取。如果这种比较，即**收益—风险比**是可接受的，且没有其他能取得相同益处而伤害更小的程序可代替，一般来讲，研究者还是会去做这项研究的。然而，有些狂热的研究者往往过于低估自己的研究给被试带来的伤害，对这种情况的防范机制已经建立。例如，美国和加拿大的大学、研究基金会及资助儿童研究的政府机构已经成立了"人类被试审查委员会"，对所有准备实施的研究的伦理后果提供第二方（有时是第三方）意见。这类审查委员会的职责是再次审视这些研究可能存在的危害和收益，更重要的是，确保一切可能用以保护被试利益的措施得以实施。

有时，在有关**保密**和使被试**免受伤害**的伦理条款之间可能存在冲突。如果研究者知道被试（或他们的同伴）可能受到某些危及生命的事件的危害（比如自杀倾向、不曾治疗过的性传染疾病等），这时研究者就可能面临着一个道德两难问题。在这种情况下，许多研究者认为应该向相应的医疗机构、社会机构或心理服务机构报告，或帮助被试自己向这些机构报告。事实上，青少年是赞成研究者或自己向相应机构报告这类高危事件的。他们会认为，如果研究者不作为（即不报告这些事件），则意味着这个问题不被重视，或他们得不到任何服务机构的帮助，或者在需要的时候没有成人可以依靠。涉及研究者可能面对的关于保密性的两难问题，以及青少年关于研究者应该采取的适当措施的观点，请见 Fisher 等人（1996）的精彩讨论。

即使审查委员会最终认可了研究的所有保障措施和程序，研究者自己仍需重新评估项目的益处和代价，即便研究已经开始了（Thompson, 1990）。举例来说，一个研究者在考察儿童在操场上的攻击性行为时发现：(1) 被试知道了研究人员对攻击性行为感兴趣；(2) 并且开始以攻击他人来引起研究人员的注意。在这种情况下，研究对被试的危害远远超过了研究者最初的估计，这时（依我们的观点）研究者从伦理方面应该考虑立刻停止该项研究。

> **知情同意**（informed consent）：研究者应该用被试能理解的语言向其解释研究的所有方面，被试依此决定是否参加研究。
>
> **收益—风险比**（benefits-to-risks ratio）：比较研究在增进知识和优化生活条件方面的益处与它带给被试的不便与伤害的比率。
>
> **保密**（confidentiality）：研究者应该对被试的身份和所提供的数据进行保密。
>
> **免受伤害**（protection from harm）：被试有权避免受到身心伤害。

概念核查1.3　理解发展研究设计

回答下列问题，检查你对不同发展研究设计的理解。答案见附录。

选择题：为下列各题选择最佳答案。

____ 1. 以下哪项是纵向设计的缺点？
　　a. 不能评价个体发展状况上的差异
　　b. 受到跨代问题的影响
　　c. 违反了科学方法原则
　　d. 可能会造成被试的发展延迟和创伤

____ 2. 以下哪项是横断设计的缺点？
　　a. 不能评价个体发展状况上的差异
　　b. 受到跨代问题的影响
　　c. 违反了科学方法原则
　　d. 可能会造成一些不自然的、不能长期持续的发展变化

____ 3. 以下哪项是微观发生设计的缺点？
　　a. 不能评价个体发展状况上的差异
　　b. 会混淆同辈和年龄影响
　　c. 违反了科学方法原则
　　d. 可能会造成一些不自然的、不能长期持续的发展变化

填空题：在下列句子的空白处填上适合的词或短语。

4. 纵向研究存在的首要问题是，被试在研究结束前退出。这种问题被称为____。

5. 年龄相同，并在同一历史文化时期成长的一组儿童被称为____。

6. 确保参加研究的儿童不受到伤害，并通过收益–风险比测试，这是____最基本的责任。

匹配题：请选择一种最适合下列研究问题的设计。
　　a. 横断设计　　　　b. 纵向设计
　　c. 序列设计　　　　d. 跨文化设计

____ 7. 一个发展学家想知道是否所有儿童从婴儿期到青少年期都经历了同样的智力发展阶段。

____ 8. 一个研究者想快速评估4岁、6岁和8岁的儿童在向那些比自己不幸的儿童进行捐赠时乐意程度的年龄差异。

____ 9. 一位发展学家想知道三年级儿童是如何获得记忆策略的，以及他们为什么能获得这些策略。

简答题：简要回答下列问题。

10. 如果你是一位发展心理学家，并希望了解小学（一至五年级）儿童的亲社会行为（即是否愿意帮助需要帮助的人）的变化：
　（1）设计一个横断研究以回答研究问题。
　（2）设计一个纵向研究以回答研究问题。

人类发展研究中的主题

主动　被动

连续性　阶段性

整体性

天性　教养

发展科学建构了诸多关于人类发展不同方面的理论。在这些理论产生、检验以及被证实或被反驳的过程中，出现了几乎是所有理论都涉及的一系列最基本的主题。这些基本主题将贯穿全书，并以此来组织特定的发展理论和已发现的事实。

发展的结果（即作为成年人，我们是谁）更多是受到生物因素还是环境因素的影响？在成长中，儿童对自身发展所起的作用，与父母的培养以及其他外力的塑造相比较，哪个影响更大？从广阔的视角来看，发展是怎样的？是一个缓慢、连续的过程，还是一系列突然发生的相对较快地

变化在推动儿童从一个阶段向另一个阶段发展？发展的不同方面彼此影响有多大？也就是说，儿童的思维发展是否会影响他们的社会性和生物性发展，还是说这些方面彼此割裂、互不相关？这些是发展学家们在科学史中始终关注的问题，至今在发展理论中仍受到重视。下面让我们来看看人类发展研究中的基本问题是什么。

天性与教养

人的发展主要是先天遗传的（生物的力量），还是后天教养的结果（环境的力量）？也许没有比**天性与教养问题**更为激烈的论战了。以下是两种对立的观点：

> 人的主要缔造者是遗传而非环境……世界上几乎所有的痛苦和快乐都不是环境带来的……人与人的差别是与生俱来的、在生殖细胞中就被决定了的（Wiggam，1923，p.42）。

> 给我一打健康的儿童，在由我自己设计好的特定的世界里把他们养育成人。我可以保证，无论其天赋、兴趣、能力、特长以及他们祖先的种族如何，我都能把他们随机训练成任何一种类型的专家——医生、律师、艺术家、商人、政治家，当然也可以是乞丐、小偷。这里没有一样是能力、天赋、气质、智力结构和行为特征的遗传结果（Watson，1925，p. 82）。

当然，当代很多研究者持折中的观点。他们认为，遗传和教养的相对贡献会因所探讨的具体发展领域而异。他们还强调，人类所有的复杂特质，如智力、气质和人格等，都是生物遗传和后天环境长期相互作用的结果（Bornstein & Lamb，2005；Garcia, Coll, Bearer, & Lerner，2003；Gottlieb，2003；Lerner，2002），并提醒我们不要过多以对立的观点去看待遗传和环境的影响，而应更多地去考虑二者是如何共同或相互作用来影响人的发展变化的。

主动与被动

另一个理论争议是**主动与被动问题**。儿童是作为好奇的、积极的生命个体，在很大程度上由其自身决定社会对待他们的方式呢？还是作为被动接受者，任由社会来塑造呢？考虑一下这两种相互对立的观点。假如我们能够证明儿童具有极强的可塑性，完全任由养育者摆布，那么一个人如果无法成为有用之才的话，就可以归咎于他的抚养者没有尽到责任。而在美国，确实有一个问题青年以这种逻辑控告他的父母犯了渎职罪。也许你可以想到其父母的律师所做的辩护：为了教育好这个青年，他的父母尝试了很多方法，但是这个孩子却从来没有做出令人满意的反应。他的潜台词是，这个年轻人在决定父母对待他的方式上有主动权，他对创造自己的成长环境负有很大的责任。

主动与被动问题不仅仅局限于儿童有意识的选择与行为。也就是说，只要儿童的任何方面对其所处的环境产生了影响，发展学家就认为他们在发展中是主动的。所以对于一个困难型气质的婴儿来说，尽管困难型气质并非他自己的"选择"，然而他的确挑战了爱他却屡屡受挫的父母的耐心，因此可以说他主动影响了自己的发展。同样地，对一个比大多数同学和朋友更早经历了青春期的生理变化的女孩来说，这并非她自己的选择。然而，她的相对成熟可能会对周围人对待她的方式以及她所处的环境产生

> ➢ **天性与教养问题**（nature/nurture issue）：发展理论家关于先天素质和环境影响在决定人的发展中哪个更重要的争论。
>
> ➢ **主动与被动问题**（active/passive theme）：发展理论家关于儿童是自身发展的积极参与者，还是环境影响的被动接受者的争论。

巨大影响。

你认为以上哪个观点更有道理？想一想，很快你就有机会对这些理论之争陈述自己的观点。

连续性与非连续性（阶段性）

请思考一个人的成长过程中发生的变化。你认为我们所经历的这些变化是逐渐发生的，还是突然发生的？

连续性与非连续性问题的两方，一方是连续论者，他们认为人的发展是一个累加的过程，这个过程是逐渐的、连续的、没有突然变化的。他们可能用一条平滑的成长曲线来描述发展过程，如图 1.7（左）所示。与此相对的是阶段论者，他们将人的成熟之路描述为一系列突然的变化，每一次变化都把个体提升到一个新的、更高级的机能水平。这些水平或阶段可以用图 1.7（右）那样阶梯式的成长曲线来说明。

连续性与非连续性问题的第二个方面是，发展变化从本质上说是量变还是质变。**量变**是指程度或数量上的变化。比如儿童每年都会长高一些，会跑得更快一些，他们获得的关于周围世界的知识越来越多。**质变**是指形态或性质上的变化，这些变化使得个体在某些方面与以前有了质的不同。从蝌蚪到青蛙的变化就是一种质变。同样，一个不会说话的婴儿与一个口齿流利的学前儿童有着质的不同；一个性成熟的青少年与其他刚进入青春期的同学有着质的不同。连续论者一般认为，个体的发展变化本质上是一种量变的过程，阶段论者则认为发展变化是质变的结果。阶段论者宣称，我们的进步是通过**发展阶段**完成的，每个阶段都是生命中的独特阶段，以特定的一组能力、情感、动机和行为的整合模式为特征。

不同的社会在连续性和阶段性论题上有着不同的立场。比如，在太平洋和远东一些文化中，从来不用描述婴儿特点的词汇来描述成年人。同样，描述成人的词汇，如"精明"或者"愤慨"，也不会用在婴儿身上（Kagan, 1991）。在这些文化中，人们认为人格的发展是不连续的，而且婴儿的人格与成人有着根本的区别，所以不能用相同的人格维度来评价。相反，北美和北欧社会却倾向于认为人格发展是连续的过程，因此可以在婴儿气质中寻找成人人格的根源。

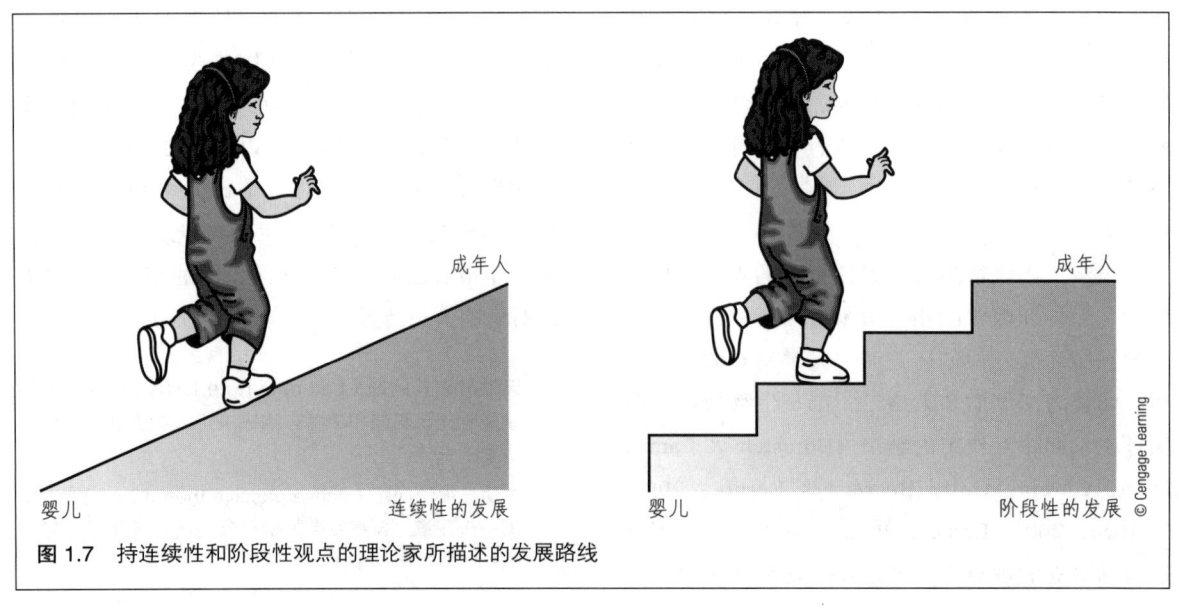

图 1.7 持连续性和阶段性观点的理论家所描述的发展路线

发展的整体性

引起发展学家关注的最后一个话题是发展在多大程度上是一个整体的过程，或者是一些片段的、分裂的过程。即人类发展的不同方面，如认知、人格、生理发展和社会性发展等，随着儿童的成熟，是否是相互联系、相互影响的。早期观点更倾向于用割裂的方式看待发展。因为科学家们的研究局限于发展的某一领域，他们试图将其他领域的影响剥离出来。而现在大多数发展学家采纳了更为整体性的观点，相信发展的各个方面都是相互依存的，认为如果不了解儿童生活的其他领域的发展变化，就不能充分认识在特定发展领域的变化。采用整体性的观点是很有挑战性的，因为在面对一个发展问题时，要考虑到很多变量。尽管如此，我们可以尝试着去认同发展的整体性，并在研究儿童发展的时候探寻发展变化的各个方面是怎样相互影响的。

以上就是各种理论以不同的方式去解决的有关发展的主要争议。如果你想判断一下自己在这些理论问题上的立场，那就请完成概念核查1.4。

我们并不希望你偏爱其中某个理论而拒绝其他理论。的确，由于不同的理论强调了发展的不同方面，某一理论或许比其他理论对某一特定观点或者某一特定的年龄群体有更大的价值。当今许多发展学家都是理论的**折中主义者**：他们用多种理论来解释发展，认识到没有一个伟大的理论能够解释发展的所有方面，每种理论都对理解人的发展做出了一定的贡献。在本书后面的章节中，我们将汲取并整合多种理论的长处，勾勒出统一的、完整的发展中的人。当然，我们还要继续探讨理论方面的争议，这有助于在该领域产生某些最激动人心的突破。在下面的章节中，我们不仅要考察人类发展的具体事实，而且要检验更广泛的理论观点。这些理论观点有助于生成这些事实，并赋予其更深刻的含义。

> ➤ **连续性与非连续性问题**（continuity/discontinuity issue）：发展理论家关于个体发展变化是连续的量变过程，还是不连续的质变过程的争论。
>
> ➤ **量变**（quantitative change）：在程度上的逐渐变化，没有突然的转变；比如，一些人认为，从2岁到11岁，身高和体重每年都有少量的增长，这就是量变。
>
> ➤ **质变**（qualitative change）：使个体在根本上与先前不同的变化；比如，很多人认为儿童从一个不会说话的婴儿变成一个语言的使用者是沟通技能上的一个质变。
>
> ➤ **发展阶段**（developmental stage）：大的发展序列中的一个有明显区别的阶段；以一组特定的能力、动机、行为和情感的产生并形成一种整合模式为标志。
>
> ➤ **折中主义者**（eclectics）：借助多种理论观点去预测和解释人类发展的学者。

概念核查1.4　发展心理学中的主题和理论

通过这部分的概念核查，你将认识到自己在人类发展研究的四个基本主题上所持的观点是什么。你也可以测一测自己是如何理解发展科学中的理论和主题的作用的。答案见附录。

调查表：你在关于发展的主要论题上的立场是什么？请在以下每个题目中，选出最能反映你自身关于发展的观点的选项。对照附录内容，看看你在每个发展论题上的看法与哪些理论观点相吻合。

___ 1. 生物学因素（遗传、自然成熟的力量）和环境因素（文化、养育方式、学校和同伴）都对发展有作用。但是，总的来说
　　a. 生物因素比环境因素的作用更大。
　　b. 生物因素与环境因素同等重要。
　　c. 环境因素比生物因素的作用更大。

___ 2. 儿童和青少年

    a. 是主动的个体，对他们自身的发展结果发挥着积极而主要的作用。

    b. 是被动的个体，他们的发展结果主要受其他人和周围环境的控制。

___ 3. 发展的过程是

    a. 通过一些不同的阶段，一个人突然变成一个与前一个阶段明显不同的人。

    b. 持续的、逐渐的成长，没有突然的变化。

___ 4. 儿童成长过程中的各个方面，如认知、社会化、生理发展

    a. 基本上是分离的，互不影响。

    b. 互相联系，发展的每个领域都会对其他领域产生影响；因此在探讨某一发展领域时，不能忽略其他领域。

辨别：利用你所学的知识，甄别以下研究者的观点。

达蒙是一位儿童心理学家，她认为所有儿童在智力发展过程中，都会经历同样的发展阶段。但是，她也承认儿童之间存在个体差异。她认为，聪明的父母会生出聪明的孩子，即使这些孩子是被受教育水平较低的保姆带大的。她还主张只要儿童自己去解决了各种难题或接受了各种挑战，他们的智力就会显现出来。达蒙的观点是：

5.   a. 天性观   b. 教养观

6.   a. 儿童主动观   b. 儿童被动观

7.   a. 连续性发展观 b. 阶段性（非连续性）发展观

总 结

发展心理学简介

- 发展是指人们在生命进程中表现出来的系统的连续性和变化，反映了生物成熟和学习对个体的影响。
- 发展学家来自众多不同的学术领域，但是都致力于研究人类发展进程。
- 发展心理学是研究发展的许多学科中最大的一个学科。
- 常态发展刻画了种群中所有成员的典型发展；而特殊发展描述的是个体之间的发展差异。
- 发展学家的目标是描述、解释和优化人类发展。
- 人类的发展是一个连续的累积的过程，这种过程是整体性的、极具可塑性的，并受到历史和文化背景的重要影响。

研究策略：基本方法和设计

- 科学方法是非常有价值的体系，要求发展学家用客观的数据来决定他们的理论能否立足。理论是一系列概念和命题，用来组织、描述和解释已有的观测结果。理论可以产生假设，或者对未来现象进行预测。科学方法通过审视数据来决定理论是否应该保留、更新或者摒弃。
- 好的研究方法需要同时具备信度（能产生一致的、可重复的结果）和效度（能准确地反映研究想要测量的东西）。
- 在儿童和青少年发展研究中，收集数据的常用方法有：
  - 自我报告法（问卷和访谈）
  - 临床法（形式更为灵活的访谈）
  - 观察法（自然观察和结构化观察）
  - 个案法
  - 人种志研究法
  - 心理生理学法

研究策略与发展研究

- 相关设计考察的是自然发生的那些关系，而不进行任何干涉。
- 相关系数用来评估变量之间关系的强度和方向。
- 相关研究并不能指明相关变量之间是否存在因果关系。
- 实验设计旨在了解因果关系。实验者：
  - 操纵一个（或多个）自变量。
  - 对所有混淆变量进行实验控制（常常是通过把被试随机分配到不同的实验处理中去）。
  - 观察这些实验处理对因变量的影响。
- 实验既可以在实验室中进行，也可以在自然环境中进行（即现场实验），因而提高了研究结果的生态效度。
- 对于研究者无法操纵或控制的事件的影响，可以用自然实验（或准实验）来研究。然而，对自然事件缺少控制使得准实验无法得到明确的因果关系。
- 跨文化研究
  - 对来自不同文化或亚文化的被试的发展进行比较。
  - 辨别发展的一般模式。
  - 证实发展的其他方面受到所处的社会背景的强烈影响。
- 横断设计
  - 在一个时间点上比较不同年龄群被试。
  - 操作起来很容易。
  - 无法告诉我们个体是怎样发展的。
  - 如果观察到的年龄趋势不是由发展导致的而是由同辈效应所致，这种方法就会得出错误的结论。
- 纵向设计
  - 通过对同一群被试随着他们的成长反复进行测量来考察其发展变化。
  - 能鉴别出发展中的连续性和变化，以及发展上的个体差异。
  - 存在着诸如练习效应和选择性损耗等问题，从而导致非代表性样本。
  - 长期纵向研究中的跨代问题使得研究结论仅适用于被研究的特定同辈群体。
- 序列设计
  - 是横断设计和纵向设计的综合。
  - 它集中了两者的优点。
  - 使研究者可以排除同辈效应的影响，从而发现真正的发展趋势。
- 微观发生设计
  - 在短时间内对儿童进行密集的研究。
  - 当发展变化发生时，对儿童进行研究。
  - 力图详尽地考察发展的过程和原因。

发展研究中的伦理问题

- 儿童和青少年研究常常遭遇伦理挑战。
- 研究所得的益处应该超过对被试的伤害。
- 但是，无论收益—风险比是多么积极，被试都拥有如下权利：
  - 期望免受伤害。
  - 知情同意权，可决定是否参与（或中途退出）研究。
  - 要求对他们的数据保密。
  - 研究者如果为了收集数据不得不暂时欺瞒，在事后一定要进行解释。

人类发展研究中的主题

- 基于在以下四个基本主题上的不同立场，关于人类发展的理论也各不相同：
  - 发展主要是由天性还是由教养决定的？
  - 人的发展是主动的，还是被动的？
  - 发展是一个量变的、连续的过程，还是一个质变的、非连续的过程？
  - 发展的不同领域是相互联系的（整体的），还是基本上彼此分离割裂的？
- 大多数当代发展学家在理论上都是折中主义者：

- 他们认识到，没有一个单独的理论可以充分地解释人类发展。
- 他们相信，每个理论都为我们理解人类发展做出了重要贡献。

第1章 练习测验

选择题： 为下列各题选择最佳答案，检查你对发展心理学及其研究方法的理解。答案见附录。

1. 用于描述一个种族大多数成员的发展变化或连续性特征的是_____。
   a. 成熟　　　　　　b. 学习
   c. 常态发展　　　　d. 特殊发展

2. 发展科学致力于达到以下三个主要目标，除了_____。
   a. 描述发展　　　　b. 解释发展
   c. 优化发展　　　　d. 阻止发展

3. 研究者发现，一个人进入青春期的年龄会影响其社会生活。尤其是进入青春期较早的男孩，其社会关系要好于进入青春期较晚的男孩。这个研究发现更好地代表了发展的什么特征？
   a. 连续和累积的过程　b. 整体的过程
   c. 可塑性　　　　　　d. 历史或文化背景

4. 假设斯马特博士相信这样一个理论：在养育孩子的过程中，打屁股是非常重要的，以避免孩子被宠坏。斯马特博士根据这个理论提出了几个不同的假设，并运用了客观的收集数据的方法去检验假设。结果，她提出的所有假设都没有得到数据支持。假如斯马特博士遵循科学方法原则，那么接下来她该怎么做？
   a. 拒绝该理论　　　　b. 修正该理论
   c. 保留该理论

5. 研究者在自然生活环境中观察人们的日常活动的一种研究方法是_____。
   a. 临床法　　　　　　b. 人种志研究法
   c. 结构化观察法　　　d. 自然观察法

6. 结构化访谈和临床法最根本的区别在于：在临床法（而不是在结构化访谈）中，研究者会_____。
   a. 根据被试的回答更改提问。
   b. 严格按同样的方式对所有被试询问同样的问题。
   c. 为了了解被试独特的价值观、传统和社会进程，与被试共同生活一段时间。
   d. 利用道具和各种刺激来阐明不同问题的含义。

7. 在实验法中，实验人员会改变或操纵某种环境变量，来考察其对行为的影响。这种环境变量称为_____。
   a. 控制变量　　　　　b. 因变量
   c. 实验变量　　　　　d. 自变量

8. 对不同的人群（或不同的同辈群体）在一段时间进行反复观察的发展设计，被称为_____。
   a. 横断设计　　　　　b. 纵向设计
   c. 序列设计　　　　　d. 微观发生设计

9. 练习效应和选择性损耗是哪种研究设计的缺点？
   a. 横断设计　　　　　b. 纵向设计
   c. 序列设计　　　　　d. 微观发生设计

10. 在心理学研究中，儿童拥有的主要权利以及调查者的责任包括以下所有选项，除了_____。
    a. 保密　　　　　　　b. 不使用欺瞒
    c. 知情同意　　　　　d. 避免伤害

关键术语

- 保密，p35
- 常态发展，p5
- 成熟，p4
- 发展，p4
- 发展的连续性，p4
- 发展阶段，p38
- 发展心理学，p4
- 发展学家，p4
- 非代表性样本，p30
- 个案研究，p16
- 观察者效应，p14
- 横断设计，p27
- 混淆变量，p22
- 假设，p11
- 结构化观察，p15
- 结构化访谈（结构化问卷），p12
- 科学方法，p10
- 可塑性，p8
- 跨代问题，p30
- 跨文化比较，p24
- 理论，p11
- 连续性与非连续性问题，p38
- 练习效应，p30
- 量变，p38
- 临床法，p13
- 免受伤害，p35
- 人种志研究法，p17
- 日记研究，p12
- 生态效度，p22
- 实验控制，p22
- 实验设计，p21
- 收益—风险比，p35
- 随机分配，p22
- 特殊发展，p5
- 天性与教养问题，p37
- 同辈，p27
- 同辈效应，p28
- 微观发生设计，p31
- 现场实验，p22
- 相关设计，p18
- 相关系数，p19
- 效度，p12
- 心理生理学方法，p17
- 信度，p12
- 序列设计，p30
- 选择性的损耗，p30
- 学习，p5
- 因变量，p21
- 折中主义者，p39
- 整体观，p8
- 知情同意，p35
- 质变，p38
- 主动与被动问题，p37
- 纵向设计，p28
- 自变量，p21
- 自然观察法，p14
- 自然实验（准实验），p23

第二部分
发展的生物学基础

- 第 2 章　遗传对发展的影响
- 第 3 章　产前期发展和出生
- 第 4 章　婴儿期
- 第 5 章　生理发展：大脑、身体、动作技能及性发育

第 2 章　遗传对发展的影响

遗传的原理
- 研究聚焦：细胞减数分裂过程中的互换和染色体分离
- 生活与研究应用：人类遗传中的显性与隐性特质的例子

遗传疾病
- 生活与研究应用：遗传疾病治疗的伦理问题

遗传对行为的影响
习性学和进化论的观点
发展主题在遗传对发展的影响中的应用

你还记得自己第一次接触到遗传这个概念时的情形吗？下面是一个上小学一年级的孩子在学校家长会上的经历。老师问男孩是否知道他的祖先来美国之前生活在哪个国家。他自豪地宣称是"旧西部"，因为他是"半个牛仔半个黑人"。大人们都大笑起来，然后他们努力想使男孩相信他不可能是非裔美国人，因为他的爸爸妈妈都不是，他只能成为像爸爸妈妈那样的人。显然，男孩还没有理解"遗传"的真正含义，男孩皱着眉头问："你们的意思是我不能当消防员了吗？"

本章将从遗传的角度揭示人类的发展，探寻一个人的**基因型**（个体的遗传基因）是怎样表现为**表现型**（可观察或可测量的个体特征）的。我们将首先探讨父母怎样将遗传信息传递给他们的后代，以及遗传机制怎样使我们成为独特的个体。然后，我们将回顾遗传影响这些重要心理属性（如智力、人格、心理健康以及行为模式）的证据。的确，这些证据意味着我们诸多显著的表现型特征都受父母遗传给我们的基因的影响。然而，本章最重要的是要告诉你，基因本身所决定的比你想象的要少。正如我们将了解到的那样，人类大多数复杂的属性都是天性（遗传）和教养（环境）长期交互作用的结果（Anastasi，1958；Brown，1999；Plomin et al.，2001）。

遗传的原理

为了理解遗传的工作原理，必须从**受孕**谈

> **基因型**（genotype）：个体遗传的先天禀赋。
>
> **表现型**（phenotype）：又称表型或显型，一个人的基因型在可观察或可测量的特征中的表现方式。
>
> **受孕**（conception）：受精的时候，精子进入卵子形成一个受精卵。

起，也就是卵子从女性卵巢排出，在通过输卵管到子宫的过程中，和男性精子相遇并受精的那一刻。一旦明确了受孕时遗传了什么，就能考察基因如何影响我们所展现出的特征的机制。

遗传物质

受孕后最初的变化是保护性的：当精子穿透卵子的细胞膜后，卵子会发生一种生化反应，排斥其他精子，避免重复受精。几小时之内，这个精子开始解体，释放出遗传物质；卵子也释放出它的遗传物质，一个新的细胞核形成了，它同时享有父亲的精子和母亲的卵子提供的遗传信息。这个新细胞叫作**受精卵**，它的大小只有一个针尖的1/20。然而，这个小小的细胞却含有使受精卵从一个单细胞发展成为一个完整的人的生化物质。

人类受精卵里有哪些遗传物质呢？这个新细胞核含有46条折叠成线状的**染色体**，每一条染色体都是由成千上万的化学片段或者叫**基因**组成的，基因是最基本的遗传单位，它的作用在于构成简单蛋白质（Brown，1999）。染色体都是成对的，只有一条例外，后面很快会讨论到。一对染色体里的两条染色单体在大小、形状和遗传功能上都是一致的。每对染色体中的一条单体来自母亲的卵子，另一条来自父亲的精子。这样，父母双方都给自己的孩子贡献了23条染色体。

每条染色体上的基因也是成对发生作用的，每组基因对的两个成员处在它们相应的染色体的相同位置上。基因实际上是**脱氧核糖核酸（DNA）**的一个片段，DNA是复杂的"双螺旋结构"分子，它像一个旋转的梯子，并为发展提供化学"密码"。DNA的一个独特之处是它能够自我复制。这个像梯子一样的分子从中间分裂，有点像拉链一样打开。然后，这个分子的每一半自我复制它失去的另一半。正是DNA的这种自我复制的特殊能力，使受精卵有可能发展成为相当复杂的人类。

受精卵的生长和体细胞的产生

在受精卵穿过输卵管运行到它出生前的家，也就是子宫的过程中，它开始通过**有丝分裂**过程进行自我繁殖。首先，受精卵分裂成2个细胞，很快又变成4个；然后4个变成8个，8个变成16个，如此下去。在每一次分裂前，细胞会复制它的46条染色体，被复制的染色体向细胞两极移动。然后开始了细胞的分裂，产生两个"子"

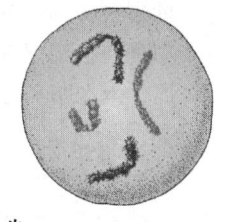

第一步
最初的亲代细胞（为图示方便，这个细胞只含有4条染色体）。

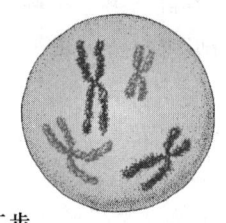

第二步
每条染色体纵向分裂产生副本。

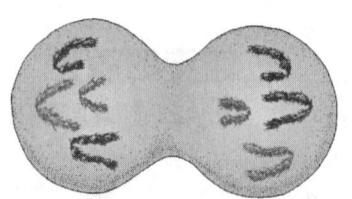

第三步
染色体的副本向母细胞两极移动，然后开始分裂。

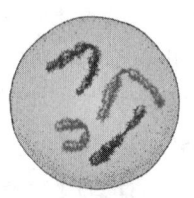

第四步
细胞完全分裂，产生两个有完全相同染色体的子细胞。

图2.1 有丝分裂：细胞自我复制的过程。

细胞，每一个子细胞都含有 23 对染色体（总共 46 条），以及与初级母细胞相同的遗传密码。图 2.1 呈现了这个奇妙的过程。

到孩子出生时，他将由上亿个细胞组成，都是通过有丝分裂产生的，它们组成了肌肉、骨骼、器官和其他的身体结构。有丝分裂一生都在持续产生新的细胞，使人能够成长并替换损坏的老细胞。每一次分裂，遗传的蓝图都会被复制，从而使每个新细胞都含有我们在受孕时遗传来的 46 条染色体的精确副本。

生殖细胞（性细胞）

除了体细胞，人类还有生殖细胞，它具有特殊的遗传功能——产生配子（男性的配子称为精子，女性的配子称为卵子）。与有丝分裂过程相比，这是一种不同类型的细胞繁殖过程。这个过程与有丝分裂有一些相似的特征，但是与神经干细胞与配子结合产生出一个独特的细胞，进而发展为一个独特的个体的方式相比，它是不同的。只有生殖细胞才通过这种方式繁殖。下面让我们来详细地探究这个过程。

通过减数分裂产生配子

男性睾丸和女性卵巢中的生殖细胞通过**减数分裂**产生精子和卵子，如图 2.2（彩）所示。生殖细胞首先复制它的 46 条染色体。然后会发生**互换**：相邻的染色体交叉并且在一个或更多的点纵向脱离，交换基因片段，在互换过程中，基因的传递产生了一种新的、独特的遗传组合。接下来，复制的染色体对（有些已经通过互换）分开进入两个新细胞，每个都含有 46 条染色体。最后，新细胞分裂使得每个配子含有 23 条单独的或者非配对的染色体。然后，在怀孕时，有 23 条染色体的精子与有 23 条染色体的卵子结合，就产生了拥有 46 条完整染色体的受精卵。

同父同母的兄弟姐妹都各自遗传了父母的 23 条染色体，但为什么他们有时却完全不相像？原因就在于减数分裂使我们的遗传是独特的。

遗传独特性

一对染色体减数分裂后会随机进入不同的母细胞。依据**独立分配**原则，每对染色体的分离是独立于其他所有的染色体对的，所以，一个生殖细胞进行减数分裂能够产生许多不同的染色体组合。因为人类的生殖细胞有 23 对染色体，每对都在独立地分裂，从概率上讲，父母分别能在精子或卵子里产生 2^{23}（超过 800 万）种不同的基因组合。假如一位父亲能够产生 800 万种 23 条染色体组合，母亲也能够产生 800 万种组合，那么任何一对夫妻在理论上就能有 64 万亿个遗传基因不完全相同的婴儿！

事实上，两个异卵兄弟之间基因完全相同的机会甚至比六十四万亿分之一更小。为什么？因为在减数分裂的早期阶段存在互换过程，改变了染色体的基因组合，所以个体的配子可能的变化数量，实际上远远超过 800 万这个假设染色体简

> **受精卵（zygote）**：怀孕时由精子和卵子结合而形成的一个单细胞。
>
> **染色体（chromosome）**：由基因组成的线状体；人类每个体细胞的细胞核中都有 46 条染色体。
>
> **基因（genes）**：发展的遗传蓝图，不可改变地代代相传。
>
> **脱氧核糖核酸（deoxyribonucleic acid，DNA）**：很长的、成对的、相互连接在一起的分子，它们构成染色体。
>
> **有丝分裂（mitosis）**：细胞复制它的染色体，然后分裂成两个遗传上完全相同的子细胞的过程。
>
> **减数分裂（meiosis）**：生殖细胞分裂产生配子的过程，每个配子（精子或者卵子）的染色体是母细胞原始数目的一半；人类的减数分裂产生了 23 条染色体。
>
> **互换（crossing-over）**：成对的染色体发生减数分裂的时候，遗传物质在成对染色体之间彼此交换的过程。
>
> **独立分配（independent assortment）**：每对染色体在减数分裂时独立于其他所有的染色体进行分离的原则。

单分离、基因信息没有交换而产生的数目。

当然，兄弟姐妹之间多少有些相像，因为他们的基因来自共同的双亲提供的同一个基因群体。每个孩子遗传了每位父母的一半基因，但是，由于父母的染色体（和基因）分离成精子和卵子并产生下一代的过程是随机的，两个孩子并不会遗传到同样的一半，因此，每个个体在遗传上都是独特的。

研究聚焦　细胞减数分裂过程中的互换和染色体分离

染色体在细胞减数分裂过程中进行复制。原染色体和它的副本被一种叫着丝点的结构系在一起。在图2.3中我们可以看到，每条染色体都从着丝点伸出来一条长臂和一条短臂，呈X形状。在复制之后，同源染色体成对出现，也就是说，包含着相似基因的祖父母染色体彼此挨着排列。在减数分裂的过程中，祖父母染色体的臂彼此互换基因物质，发生互换的再结合（Lamb et al., 2005; Lynn et al., 2004）。互换的位置被称为"交叉点"。

在减数分裂过程中，这种互换经常发生[Broman et al., 1998; Jeffreys, Richie, & Newman, 2000; Lynn et al., 2004; 见图2.4（彩）]。在每次减数分裂中，女性发生互换的平均次数是42，男性是27（Broman et al., 1998; Lynn et al., 2004）。在染色体的某些特殊位置，这种互换的再结合最容易发生。这些"热点"的分布不是随机的，人们分析了有血缘关系个体的配子后发现，家族成员的热点位置是相同的（Jeffreys, Richie, & Newman, 2000; Jeffreys & Newman, 2002; Pineda-Krch & Redfield, 2005）。研究者正在研究这种影响再结合的热点位置的基因序列及特殊情况（Lamb, Sherman, & Hassold, 2005）。

互换再结合具有两种非常重要的功能。首先，它增加了人类代际间基因的可变性，因此可以为人类在面临先天缺陷、导致人类大批死亡的疾病以及其他恶劣环境时提供保护（Jeffreys & Newman, 2002）。其次，在同源染色体互换过程中，形成了交叉型的染色体，这样就确保了第一次减数分裂的正确分离。没有交叉的染色体对自由漂流，最后会在相同的子体细胞内死亡。在减数分裂的最后，合成的配子有可能不是整数倍的：也就是说，有些性细胞几乎不含染色体，而有些却含有过多的染色体（Lamb, Sherman, & Hassold, 2005; Lynn et al., 2004）。

非整数倍会对受精卵的发育造成破坏性后果，引发自然流产、先天性出生缺陷和智力落后（Lynn et al., 2004）。几乎不含染色体的受精卵大多会引起自然流产（Lamb, Sheman, & Hassold, 2005）。大部分三性体（染色体的数量多于正常数量）会导致先天缺陷和认知损伤，如唐氏综合征（Lamb, Sherman, & Hassold, 2005; Lynn et al., 2004）。

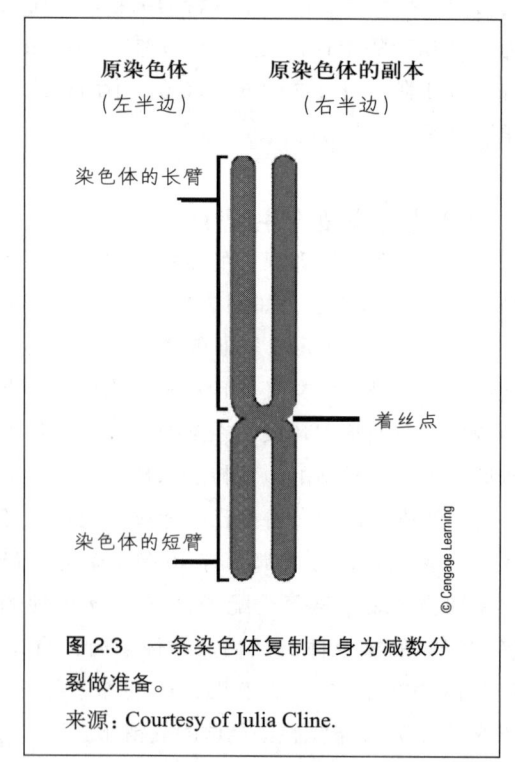

图2.3　一条染色体复制自身为减数分裂做准备。
来源：Courtesy of Julia Cline.

单精合子或同卵双生子（右）由同一受精卵发展而来。因为遗传了同样的基因序列，他们看起来很相似，是同一性别，并且共享所有其他的遗传特征。双精合子或异卵双生子（左）由不同的受精卵发展而来，而且并不比出生时间不同的同胞拥有更多相同的基因。因此，她们可能看起来很不相像（正如我们在这张照片中看到的），甚至还可能是不同性别的。

多胞胎

在某种特殊情况下，两个人会共享一种基因型。有时候，一个已经开始复制的受精卵会分裂成分开的但又完全一样的两个细胞，然后发育成两个个体。这叫作**单精合子**或**同卵双生子**，它们由一个受精卵发育而来，并且具有同样的基因。每 250 名产妇中大约有 1 名会产下同卵双胞胎（Plomin，1990）。如果基因对人类的发展有很大的作用，那么单精合子的双生子应该表现出很相似的发展过程，因为他们的基因是完全相同的。

比同卵双生子更常见的是**双精合子**或**异卵双生子**（出生的概率为 1/125），这是母亲同时排出两个卵子并分别被一个精子受精所产生的（Brockington，1996）。因此，尽管异卵双生子一起出生，但是他们之间的共同基因并不比其他亲兄弟姐妹多。异卵双生子在外表上可能完全不同，甚至可以是不同的性别。

是男是女

对正常男性和女性染色体的考察可以清楚地揭示性别差异的遗传基础。这些染色体的类型或组型揭示出，在人类的 23 对染色体中，有 22 对（叫作**常染色体**）在男性和女性间是相同的。性别由第 23 对染色体决定。在男性中，第 23 对染色体由一条长的 **X 染色体**和一条短的、树桩一样的 **Y 染色体**组成。女性的两条性染色体都是 X 染色体。

在人类历史上，没能生男孩的女性常常被轻视、折磨、抛弃，甚至被杀害！这既是社会偏见，也是生理偏见，其实只有父亲才能决定他们后代的性别。当男性的性染色体（XY）在减数分裂中分离成配子时，产生的精子中一半含有一条 X 染色体，一半含有一条 Y 染色体。而女

> **单精合子（同卵双生子）**（monozygotic or identical twins）：由单一的一个受精卵发育而来的双生子，这个受精卵后来分离成两个基因相同的个体。
>
> **双精合子（异卵双生子）**（dizygotic or fraternal twins）：一位母亲几乎同时排出两个卵子并分别被一个不同的精子受精所产生的两个基因不同的受精卵而生下的双生子。
>
> **常染色体**（autosomes）：男性和女性同样具有的 22 对人类染色体。
>
> **X 染色体**（X chromosome）：两个性染色体中较长的一个；正常女性有两个 X 染色体，而正常男性只有一个 X 染色体。
>
> **Y 染色体**（Y chromosome）：两个性染色体中较短的一个；正常男性有一个 Y 染色体，而正常女性没有。

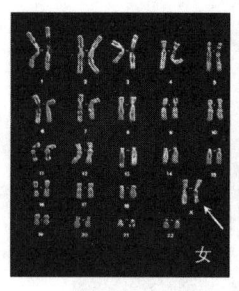 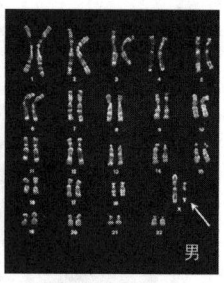

为了成对展示这些染色体，男性染色体组型（右）和女性染色体组型（左）是排列整齐了的。男性的第 23 对染色体由一个较长的 X 染色体和一个短小的 Y 染色体组成，而女性的是两个 X 染色体。

性的性染色体（XX）产生出的卵子都是携带一条 X 染色体的。这样，婴儿的性别就取决于使卵子受精的精子是带 X 染色体的，还是带 Y 染色体的。

到目前为止一切顺利：已经有了一个独一无二的男孩或女孩，在他或她身上的 46 条染色体里共遗传了成千上万个基因（Lemonick，2001）。现在的一个重要问题是：这些基因怎样影响人的发展，影响一个人的表现型特征？

基因的作用

基因怎样促进发展呢？在最基本的生化层面上，基因控制氨基酸合成以形成酶和其他蛋白质，蛋白质对于新细胞的形成和功能发挥是必不可少的（Mehlman & Botkin，1998）。举例来说，基因控制一种黑色素的产生，这种黑色素存在于眼睛的虹膜里。褐色眼睛的人的这种色素较多，而浅色（蓝或绿）眼睛的人的这种色素较少，这都是基因控制的。

基因还控制细胞的分化，确保有些细胞变成大脑和中枢神经，有些变成外围神经，有些变成骨骼，有些变成皮肤，等等。基因在发展过程中既影响着它周围的生化环境，也被生化环境所影响。例如，一个特定的细胞可能变成眼球的一部分，或者眉毛的一部分，这取决于在胚胎早期发展阶段，它的周围是什么细胞。

一些基因负责调节发展的步调和时间。也就是说，特殊的基因在人生发展的不同时刻被其他起调节作用的基因"开启"或"关闭"（Plomin et al.，2001）。例如，调节基因可能在青少年期开启负责快速成长的基因，然后在成年期关闭这些成长基因。

最后有一点很重要：环境因素显然会影响基因携带的信息怎样表现出来（Gottlieb，1996）。例如，一个遗传了高个子基因的孩子成年之后，个子不一定很高。假如这个孩子在早年生活中长期营养不良，尽管他拥有长高的遗传基因，身高最终也不会超过平均水平，甚至还可能低于平均水平。因此，环境影响与基因影响共同决定基因型怎样转换为特定的表现型——一个人观察、感受、思考、行动的方式。

环境可以在几种不同的水平上影响基因的活动。例如，细胞核包含染色体和基因，细胞核内的环境会影响基因物质的表达，细胞周围的体内环境也会影响基因的表达；最终，正如前面有关营养和身高的例子，外部环境会影响基因物质的表达。

此外，某些外部环境对所有人都有影响，而某些外部环境只对某些人有影响。前者称为"经验—预期性交互作用"，后者称为"经验—决定性交互作用"（Greenough，Black，& Wallace，2002；Johnson，2005；Pennington，2001）。遗传与环境交互作用的各种水平见表 2.1。以上讨论最重要的，是让我们认识到基因不是对人类特征的简单编码，而是在多种水平上与环境相互作用产生最终影响到人类特征的蛋白质。

揭开基因怎样影响发展之谜的另一个方法是考虑基因遗传的主要模式：父母的基因在他们孩子的表现型中的表达方式。

表 2.1 影响基因表达的遗传和环境交互作用的不同水平

环境的水平	遗传和环境交互作用的类型
细胞内（在细胞核周围）	分子
细胞外（在细胞周围）	细胞
外部环境（体外）	有机体—环境 经验—预期交互作用 经验—决定交互作用

来源：Adapated from Johnson, 2005.

基因怎样表达

基因表达有四种主要模式：简单显性—隐性遗传、共显性、性连锁遗传和多基因遗传。

单基因遗传模式

基因通过不同方式影响人类的特征。有时人类特征由一个单基因决定，有时由许多基因的共同活动决定——这就是多基因遗传。对于单基因遗传模式的了解有助于我们理解基因活动和遗传与环境的交互作用。基于这一点，我们就可以理解多种基因交互作用影响人类特征的工作机制了。因此，我们首先来考察单基因遗传的模式。

简单显性—隐性遗传

人类的许多特征只受一对基因（叫作**等位基因**）影响，其中一个来自母亲，一个来自父亲。19世纪，一位名叫格雷戈尔·孟德尔（Gregor Mendel）的修道士虽然对基因不甚了解，但是他通过杂交不同种系的豌豆并观察其结果，极大地增进了人们对单基因遗传的了解。他主要发现了两个相对的特征（例如，光滑的种子对有褶皱的种子，绿色豆荚对黄色豆荚）在杂交的子代里出现的方式具有一种可预测的模式。他把一些特征（如，光滑的种子）叫作"显性特征"，因为它们比与之相对的特征在后代中更常见，他称另一种相对的特征为"隐性特征"。在豌豆和人类中，子代的表现型常常不是母亲和父亲特征的简单混合。事实是双亲中一人的

基因常常优于另一人，并且孩子与提供了显性基因的父母相像。

为了说明**简单显性—隐性遗传**的原理，让我们来看看这个事实：大约3/4的人都能很清楚地看到远处的物体（也就是正常视力），然而剩下1/4的人却是近视。与正常视力相关的是**显性等位基因**，控制着近视的是一个较弱的基因被称为**隐性等位基因**。因此，遗传了一个正常视力等位基因和一个近视等位基因的人将显现出视力正常的表现型，因为正常视力基因压倒或支配近视基因。

因为正常视力等位基因支配近视基因，所以我们用大写字母 N 代表正常视力基因，用小写字母 n 代表近视基因。也许你可以看出，视力特征有三种可能的基因类型：（1）两个正常视力等位基因（NN）；（2）两个近视等位基因（nn）；（3）两种各一个（Nn）。在这一种基因型属性上，有两个同样的等位基因的人被称为是**纯合**的。因此，NN 个体是正常视力的纯合子，他只会遗传正常视力基因给他的子代。nn 个体是近视的纯合子（事实上，近视的唯一可能就是遗传了两个这样的隐性等位基因），他也会将近视基因遗传给他的子代。最后，Nn 个体被认为在视力特质

> **等位基因（alleles）**：一种基因的可替换的形式，它能够出现在一条染色体的特定位置。
>
> **简单显性—隐性遗传（simple dominant-recessive inheritance）**：一种遗传模式，一个等位基因比另一个占有优势，只有它的表现型可以表达出来。
>
> **显性等位基因（dominant allele）**：一个相对更强的基因，在表现型上它被表达出来，而掩盖了更弱的那个基因的效果。
>
> **隐性等位基因（recessive allele）**：一个相对更弱的基因，当与一个显性等位基因配对时，它在表现型上无法表达出来。
>
> **纯合（homozygous）**：遗传了对于控制一种属性具有同样效果的两个等位基因。

上是**杂合**的，因为他遗传了这个等位基因的代替形式。这个人将具有正常的视力，因为 N 等位基因是显性的。这种杂合的人将遗传什么类型的等位基因给他的子代呢？可能是一个正常视力基因，也可能是一个近视基因！尽管杂合的人视力正常，但是严格地说，这个个体产生的配子一半带着正常视力基因，一半带着近视基因。

两个视力正常的人会生出一个近视的孩子吗？答案是肯定的，比如双亲都是正常视力的杂合子，并且是近视的隐性等位基因**携带者**。在图 2.5 中，父亲携带者的基因型标示在上边，母亲携带者的基因型在左边。他们孩子的视力会如何？各种可能性显示在图中的四个方格里。假如一个带有 N 等位基因的精子和一个带着 N 等位基因的卵子结合，会生出一个 NN 受精卵或者是一个具有正常视力的纯合的孩子。假如一个带有 N 基因的精子使一个带着 n 基因的卵子受精，或者假如一个 n 基因精子使一个 N 基因卵子受精，会生出一个具有正常视力的杂合的孩子。最后，假如精子和卵子都携带着一个 n 基因，生出的孩子将会是近视眼。由于这四种组合的每一种在任何一次交配中出现的可能性同等，因此，父母是 Nn 基因型的话，其孩子近视的可能性是 1/4。这个图代表来自父母的等位基因和它们之间可能的组合形成了独特的遗传特质，称为庞纳特方格（Punnett square）。

正常视力或近视特质只是上千种由一个基因对决定的人类属性中的一种，在这种基因对里，一个特定的等位基因支配着另一个（Connor，1995）。后面的"生活与研究应用"专栏中列出了人类会展现出的其他一些普通的显性和隐性特征。

共显性

基因不总是遵循孟德尔描述的简单显性—隐性模式（Plomin & Schalkwyk, 2007）。相反，有些是共显性的：它们产生的表现型是这两个基因的折中结果。例如，决定人类血型是 A 型或 B 型的等位基因就是同等表现力的，每个都不支配另一个。遗传了一个 A 型和一个 B 型的等位基因的杂合子，他的血液里就有同等比例的 A 型抗原和 B 型抗原。因此，假如你的血型是 AB 型的，你就清楚地显示了这种基因**共显性**原则。

当两个杂合的等位基因中的一个比另一个强，但是又不能完全掩盖它的效果时，就出现了

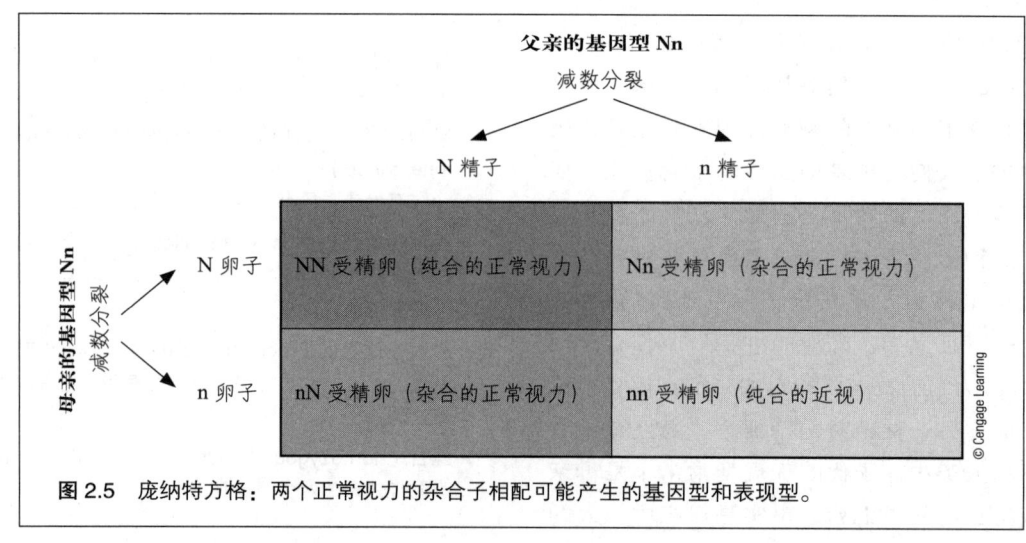

图 2.5 庞纳特方格：两个正常视力的杂合子相配可能产生的基因型和表现型。

另一种共显性。镰状细胞特质就是一个不完全显性的特例。大约8%的非裔美国人（欧裔和亚裔美国人比较少）是这种属性的杂合子，携带着一个隐性的镰状细胞等位基因（美国医药学会，1999）。这种镰状细胞基因的存在使得有些人的血红细胞呈现出不正常的新月状或镰刀状（见图2.6）。镰状细胞会导致疾病，因为它们常聚集在一起，使整个循环系统分配的氧气很少。虽然，这些镰状细胞携带者平时很少有非常明显的血液循环疾病症状，比如关节疼痛、肿胀和易疲劳，但在缺氧的环境下，比如在高空运动之后或在麻醉中，他们可能会出现一些症状（Strachan & Read，1996）。

那些遗传了两个镰状细胞隐性基因的个体表现得更加严重。他们会患上一种严重的血液病，称为**镰状细胞性贫血**，它会产生大量的镰刀状血红细胞，任何时候都不能有效地分配氧气。许多得了这种疾病的人在童年就死于心脏、肾脏衰竭或呼吸疾病（美国医药学会，1999）。

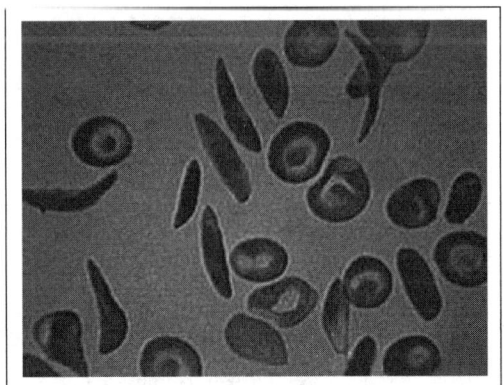

图2.6 患有镰状细胞性贫血的人身上正常（圆形）和"镰刀状"（狭长）的血红细胞。

性连锁遗传

有些特质被称为**性连锁特征**，因为它们由位于性染色体上的基因决定。事实上，绝大多数的性连锁特征都是由只在X染色体上发现的隐性基因产生的。想想谁更可能遗传上这些隐性X连锁的特质，男性还是女性？

答案是男性。这一点我们可以用一个很普通的性连锁特征来说明，如红绿色盲。许多人不能区分红色和绿色，这是一种由只出现在X染色体上的隐性基因所带来的缺陷。前面已经讲过，一个正常的男性（XY）只有一个X染色体是从母亲那里遗传来的。假如，这个X染色体携带了一个色盲隐性基因，这个男性将是一个色盲。为什么呢？这是因为在他的Y染色体上没有相应的基因可以抵消这个色盲等位基因的作用。相反，只遗传了一个色盲基因的女性就不会是色盲，因为在她的第二个X染色体上的正常色觉基因会支配这个色盲基因，使她能够区分红色和绿色，见图2.7（彩）。因此，这个女性不会是色盲，除非她的两个X染色体都含有一个色盲隐性基因。

据此，我们有理由推测男性色盲的数量比女性多。的确，大约100个男性中有8个不能区分红色和绿色。然而，在144个女性中才会有1个红绿色盲（Burns & Bottino，1989）。

除了色盲外，还有100多种性连锁特征，并且多数会使人缺少某种能力（Plomin et al.，2001），

▶ **杂合（heterozygous）**：遗传了对于控制一种属性具有不同效果的两个等位基因。

▶ **携带者（carrier）**：杂合的个体在他的表现型里显示不出隐性等位基因的效应，但是能够把这个基因传递给下一代。

▶ **共显性（codominance）**：在能量相当的两个杂合子等位基因产生出的表现型里，两个基因都被完全平等地表达出来的情形。

▶ **镰状细胞性贫血（sickle cell anemia）**：一种遗传的血液病，它使得血红细胞呈现出一种不正常的镰刀状，并且不能携带充足的氧气。

▶ **性连锁特征（sex-linked characteristic）**：一种由出现在X染色体上的隐性基因决定的属性；更可能成为男性的特征。

> ### 生活与研究应用
> #### 人类遗传中的显性与隐性特质的例子
>
> 正文中关于显性与隐性遗传基因的讨论围绕着两个特定的等位基因——个正常视力基因和一个近视基因。这里还列出了许多人类遗传中的其他显性和隐性特征（Connor, 1995; Mckusick, 1995）。
>
> 快速浏览表 2.2 可以看出，大多数不合需要的或者适应不良的属性是隐性的。因此，我们很幸运。否则，与遗传相关的疾病和缺陷会广为传播，并最终使人类灭绝。
>
> 然而，隐性基因特征并不总是罕见的，显性基因特征也并不总是普遍的，认识到这一点很重要。例如，有 10 个手指和 10 个脚趾是隐性基因的表现，这要比有多余的手脚趾数更常见。面部酒窝与显性基因有关，尽管大多数人并没有酒窝。这就是遗传过程与常识相矛盾的例子，因此，我们必须遵循科学依据，而不是我们期望人类遗传应该发生什么。
>
> 由显性基因引发的一种重要的遗传疾病是亨廷顿症，它会使神经系统逐渐恶化，导致身体和心理能力逐步衰弱，并最终死亡。尽管有些亨廷顿症病人死于成年早期，但是这种病一般出现得非常晚，通常在 40 岁之后才发病。幸运的是导致这种致命疾病的显性等位基因非常罕见。
>
> **表 2.2** 人类遗传中的显性和隐性特征
>
> | 显性特质 | 隐性特质 |
> |---|---|
> | 黑发 | 金发 |
> | 头发浓密 | 秃头 |
> | 卷发 | 直发 |
> | 有酒窝 | 没酒窝 |
> | 远视 | 正常视力 |
> | 正常色觉 | 色盲 * |
> | 有额外的手指脚趾 | 五个指（趾）头 |
> | 有色皮肤 | 白化病 |
> | A 型血 | O 型血 |
> | B 型血 | O 型血 |
> | 正常凝血 | 血友病 * |
> | 亨廷顿症 * | 正常体质 |
> | 正常血细胞 | 镰状细胞性贫血 * |
> | 正常体质 | 囊性纤维化 * |
> | 正常体质 | 苯丙酮尿症 * |
> | 正常体质 | 泰伊-萨克斯二氏病 *① |
>
> * 这些情形将在本章别处讨论。

包括血友病（一种血液不能凝结的病）、两种肌肉营养障碍、视神经退化症以及某种形式的耳聋和夜盲。由于这些疾病由 X 染色体上的隐性基因决定，因此男性比女性更有可能要承受这些有害的后果。

多基因遗传

至此，我们只考虑了那些受单对等位基因影响的特质。然而，人类重要的特征大多是受多对等位基因影响的，称为**多基因特质**。这样的例子包括身高、体重、智力、肤色、气质、易患癌症

---

① 中国大陆地区旧译为"家族黑蒙性白痴"，现在统一用中国台湾地区的翻译名称"泰伊-萨克斯二氏病"。因为该病的患者不一定表现为智力下降，所以翻译为"泰伊-萨克斯二氏病"较为恰当。——译者注

以及很多其他特征（Plomin et al., 2001）。随着那些对人类特殊特质起作用的基因数量的增加，可能的基因型和表现型的数量也迅速增加。结果，那些多基因特征中可以观察到的特质却不太可能出现了（例如，我们先前讨论的眼睛的颜色和红绿色盲）。取而代之，那些可以观察到的特质遵循一个连续变化模式，即处于特质两端的人很少，绝大多数人处于特质分布的中间地带（也就是说，特质遵循正态分布）。

这说明了人类多基因特征的复杂性。除了复杂性，有些基因会遵循其他的遗传模式，如共显性、不完全显性或者性连锁遗传，我们也可以探讨由此而带来的复杂性。很明显，多基因特征比单基因特征复杂得多。心理学家感兴趣的大多数特征（如智力、人格和心理健康）都受到多种基因的影响。因此，我们必须注意不能期望用一个简单的公式就可以理解这些行为特征的遗传。

至今，没有人准确地知道有多少对等位基因影响身材（身高）、智力或者其他的多基因特质。我们只能说，未知数量的基因与环境影响相互作用，在人类众多的重要属性上产生了广泛的个体差异。

> **多基因特质（polygenic trait）**：由多种基因而不是单对基因影响的特征。

概念核查2.1　理解遗传的原理

回答下列问题，检查你对遗传原理的理解。答案见附录。

选择题：为下列各题选择最佳答案。

____ 1. 一个人遗传的基因被称为_____；一个人遗传的可以观察到的特征被称为_____。
   a. 基因；染色体　　b. 染色体；基因
   c. 表现型；基因型　d. 基因型；表现型

____ 2. DNA 之于基因就像_____。
   a. 基因之于染色体
   b. 减数分裂之于有丝分裂
   c. 互换之于独立分配
   d. 受精卵之于配子

____ 3. 下列哪个过程不能使每个配子拥有一组独特的染色体？
   a. 减数分裂　　b. 有丝分裂
   c. 互换　　　　d. 独立分配

____ 4. 每个人类细胞含有22对_____和1对_____。
   a. 基因；等位基因　　b. 等位基因；基因
   c. 常染色体；性染色体　d. 性染色体；常染色体

____ 5. 异卵双生子是由于_____。
   a. 两个不同的卵子被两个不同的精子受精
   b. 一个卵子被两个不同的精子受精
   c. 一个受精卵分裂成两个不同的个体
   d. 配子分裂成两个生殖细胞

简答题：简要回答下列问题。

6. 列出环境与遗传交互作用以影响特质和特征的四种水平。

7. 大多数人可以卷舌头，这是一个由显性基因决定的简单显性—隐性特质。你的父亲可以卷舌头，但是你的母亲和你的妹妹都不能。画一个庞纳特方格来说明你和你的兄弟姐妹可能有的基因型和表现型。

8. 考虑这样一种情况，父母都不能卷舌头，请画一个庞纳特方格来说明他们的孩子可能出现的基因型和表现型。通过这个图来计算其中的一个孩子能够卷舌头的概率。

9. 父母都是色盲，他们有一个儿子和一个女儿。画一个庞纳特方格来说明他们孩子的基因型，并回答：男孩成为色盲的可能性有多大？女孩会成为色盲吗？

论述题：详细论述下列问题。

10. 请描述行为特征的基因遗传的四种模式。哪种模式对于心理学家来说是最重要的？为什么？

遗传疾病

尽管大多数新生儿在出生时是健康的，但是每100个孩子中大概有5个带有某种先天问题(Schulman & Black，1993)。**先天缺陷**是指在孩子出生时就存在但不一定会即刻被发觉的缺陷。例如，引起亨廷顿症的基因在怀孕那刻就存在了，但是正如我们在前面所了解的，与亨廷顿症有关的神经系统的逐渐退化在孩子刚出生时并不明显，通常直到40岁以后才表现出来。

在第3章，我们将介绍各种由环境引起的先天缺陷，它们可能是在产程中或者是在产前发展中由有害环境导致的异常。在这里，我们只关注那些由基因和染色体异常引起的疾病，即遗传的先天性疾病。图2.8表示不同来源的先天性疾病有助于我们思考染色体异常和基因异常之间的差异，以及由环境效应所导致的先天性障碍。

染色体异常

在正常情况下，生殖细胞在减数分裂过程中，46条染色体将平均分配到新形成的精子或卵子中；但有时也会出现分配不均的情况。换句话说，分裂出的配子中可能一个染色体过多，而另一个过少。绝大多数这样的染色体异常是致命的，很可能导致发育停滞或者自然流产。然而，有些染色体异常不是致命的，正如研究结果所显示的：大约每250个儿童中就有1个出生时要么染色体太多，要么太少(Plomin et al.，2001)。

性染色体异常

染色体异常经常涉及第23对染色体——性染色体。偶尔，有些男性生来带有一个多余的X染色体或Y染色体，呈XXY或XYY的基因型；此外，有时候遗传了1个X染色体（XO）或者3个（XXX）、4个（XXXX）甚至5个（XXXXX）X染色体的女性也有可能会活下来。这些情形中的每一种都有不同的发展含义，四种常见的性染色体异常会在表2.3中介绍。在回顾这个表的时候，要注意这些特定异常的发生率很低，也要注意异常会影响个体的外貌、生育能力和智力水平。

常染色体异常

更严重的遗传异常往往是常染色体造成的，即男性和女性相似的22对染色体。常染色体异常最常见的类型是，1个带着额外的常染色体的异常精子或卵子与1个正常的配子结合，形成了1个有47条染色体的受精卵（2条性染色体和45条常染色体）。这条额外的染色体伴随着22对染色体中的某1对出现，产生了有3条染色体的类

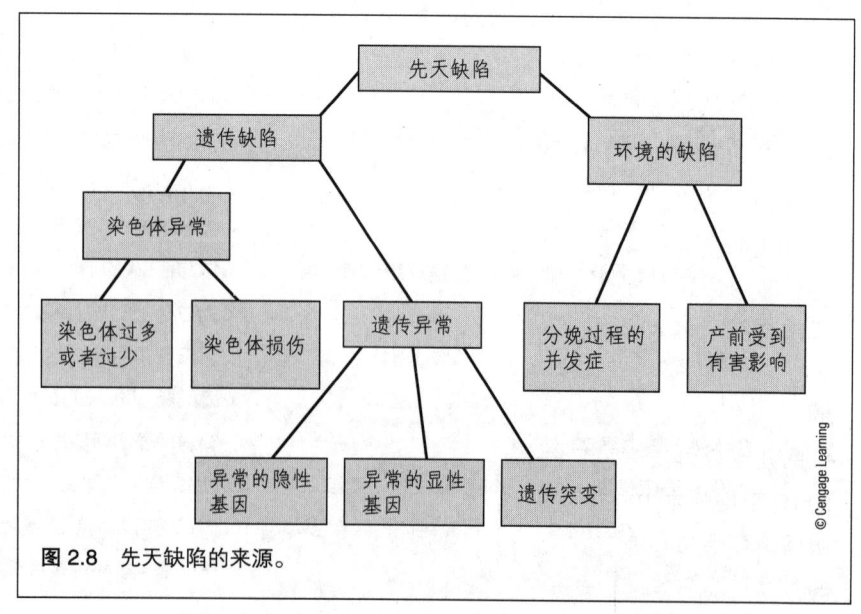

图 2.8 先天缺陷的来源。

表 2.3　四种常见的性染色体异常

名称和基因型	发生率	发展上的含义
女性异常		
特纳氏综合征；XO	2500 个女性新生儿中有 1 个	外表：表现型为女性，但是身材矮小，手指脚趾短粗，颈部两侧有蹼颈，胸膛宽阔，乳房小且发育不全。性发育不正常，但是能够通过服用雌激素表现出更"女性化的"外表。
		生育力：不能生育。
		智力特征：言语智力正常，但是常常在空间能力测试中，如拼图或者图形的心理旋转，低于正常水平。
多 X 或"超雌性"综合征；XXX、XXXX 或 XXXXX	1000 个女性新生儿中有 1 个	外表：表现型为女性，并且外表正常。
		生育力：可生育；生出的孩子具有正常数量的性染色体。
		智力特征：稍微低于平均智力水平，最大的缺陷是在言语推理上。遗传的额外的 X 染色体的数量越多，发育迟缓和智力缺陷就越明显。
男性异常		
克兰费尔特氏综合征；XXY 或 XXXY	750 个男性新生儿中有 1 个	外表：表现型为男性，但在青春发育期出现一些女性第二性征（增大的臀部和胸部）。身高显著高于正常男性（XY）。过去，一些国家患克兰费尔特氏综合征的男性可能以女性身份参加运动赛事，因此，现在所有女子奥林匹克运动员都必须经过性别测试。
		生育力：睾丸发育不全，不能生育。
		智力特征：大约 20%～30% 的克兰费尔特氏综合征患者在言语智力上有缺陷，并且遗传的额外的 X 染色体的数量越多，缺陷就越明显。
超雄性综合征；XYY、XYYY 或 XYYYY	1000 个男性新生儿中有 1 个	外表：表现型为男性，身高显著地高于正常（XY）男性，牙齿很大，常常在青少年期长有严重的粉刺。
		生育力：尽管许多这样的男性精子数量异常少，但是一般能生育。
		智力特征：尽管曾经被认为智力低于正常，并且有暴力和攻击倾向，但是这些假设的症状经研究证明是错误的。超雄性的 IQ 跨越了在正常（XY）男性里可观察到的全部分值范围。而且对大量的 XYY 患者的研究表明，他们并不比一般的男性有更多的暴力和攻击行为，而且有时是害羞和退缩的。

来源：Robinson, Bender, & Linden, 1992；Plomin et al., 1997；Shafer and Kuller, 1996.

型或者叫三体性。

迄今为止，常染色体异常中最常见的是**唐氏综合征**（每 800 个新生儿中就会有一个），或者叫 21-三体综合征，即儿童遗传了 1 个额外的 21 号染色体的全部或者部分。患有唐氏综合征的儿童智力低下，平均 IQ 为 55 分（正常儿童的 IQ 平均分是 100 分）。他们可能具有先天性的眼睛、耳朵和心脏缺陷，并且通常具有一些特殊的身体特征，如前额扁宽、舌头常向外伸出、四肢短粗、鼻梁扁平以及外眼角上翘。尽管智力低下，但这些幼儿在许多方面能达到和正常儿童一

> **先天缺陷**（congenital defect）：出生时即存在的（尽管并不一定显现）一种问题；这种缺陷可能来自于基因和产前的影响，或者来自于出生过程的复杂因素。
>
> **唐氏综合征**（Down syndrome）：一种染色体异常（也称为 21-三体综合征），由于存在着 1 个额外的第 21 号染色体而引起；患有这种综合征的人有特殊的身体外貌，并且呈中度到重度的智力低下。

假如患唐氏综合征的孩子得到足够的关爱和同伴鼓励，就能够过上幸福的生活。

样的发展程度，只是步调要慢一些（Carr, 1995；Evans & Gray, 2000）。这些儿童大多基本能够自理，有些甚至能学会阅读和书写（Carr, 1995；Gibson & Harris, 1988）。如果父母和其他家庭成员尽力使唐氏综合征儿童融入家庭活动中，耐心地适当刺激他们，给他们提供大量的情感支持，他们会有很好的发展（Atkinson et al., 1995；Hauser-Cram et al., 1999）。

基因异常

健康的父母得知他们的孩子将有遗传缺陷时，常常会很吃惊。这种惊讶是可以理解的，因为多数基因引起的异常是隐性特质，他们的近亲很少表现出这些隐性特质。而且这些异常只有在双亲都遗传了有害的等位基因，并且孩子从父母双方那里都获得了这个特定的基因时，才会表现出来。唯一例外的是男孩可能会出现的性连锁缺陷，因为引起这些特征的隐性等位基因出现在 X 染色体上，这是他从母亲那里遗传来的。

在本章的前面一部分，我们描述了两种隐性遗传缺陷：一种是性连锁的（色盲）；一种不是（镰状细胞贫血症）。表 2.4 描述了其他一些让人体质衰弱或致命的疾病，它们都只是由 1 对隐性等位基因引起的。在出生前，每种缺陷都可以检查出来，稍后本章将会讨论这一点。在回顾这个表时，要注意遗传异常会影响所有主要器官系统，这些异常很罕见，其中大部分异常是有办法治疗的。

一些基因异常是由显性等位基因引起的。在这种情况下，孩子由于遗传了父亲或母亲的显性等位基因而发展异常。由于父母携带这种导致异常的显性等位基因，他们同样会表现出缺陷。显性基因异常的例子之一是亨廷顿症。

基因异常也可能由**突变**引起，即一个或多个基因里的化学结构变化，产生了新的表现型。许多突变同时发生，这是非常有害甚至是致命的。突变也能够由环境危害引起，如有毒的工业废料、辐射、渗入食物中的农药，甚至是食品加工中的某些添加剂和防腐剂（Burns & Bottino, 1989）。

突变会有好处吗？进化论者认为是有的。自然环境中的紧张性刺激引起的突变可能会使遗传了这些突变基因的后代发展出适应性的优势，有助于这些个体存活下来。例如，镰状细胞基因是发生于非洲、东南亚和其他热带地区的突变，那些地方疟疾盛行。遗传了 1 个镰状细胞等位基因的杂合子儿童很容易适应这种环境，因为这种突变基因使他们更容易抵抗疟疾的侵袭，并因此提高存活率（Plomin et al., 1997）。当然，突变的镰状细胞基因在不存在疟疾问题的环境中并没有优势。

遗传疾病的预测、检测和治疗

过去，许多有亲戚患有遗传疾病的夫妻对于是否要孩子迟疑不决，担心自己很有可能生下一个异常的孩子。如今，已有许多诸如预测夫妇双方是否存在遗传疾病的风险、提供遗传疾病的产前检查和治疗等方面的服务，这些服务可以消除人们对未知因素的顾虑和恐惧，使得父母们能够理智地做出是让孩子出生还是终止妊娠的决定。

表 2.4 主要的隐性遗传疾病的简要描述，这些疾病均能做产前检查

疾病	描述	发生率	治疗方法
囊性纤维化（CF）	儿童缺乏一种酶，从而不能防止黏液阻隔肺和消化管道。尽管治疗方面的进步已经能够使一些人很好地活到成年期，但更多患有该病的人死于儿童期和青少年期。	欧裔婴儿为 1/2500；非裔婴儿为 1/15 000	支气管排液法；饮食控制；基因更换疗法
糖尿病	个体缺乏一种激素，从而不能适当地代谢糖，出现过于频繁的口渴和排尿这样的症状。如不治疗会导致死亡。	2500 个婴儿中有 1 个	饮食控制；胰岛素治疗
杜氏肌肉营养不良	一种性连锁障碍，它损害肌肉，产生如下症状：言语含混不清，缺乏自主运动能力。	3500 个男婴中有 1 个，女婴中很少见	无。患儿常常在 7～14 岁时死于心肌衰竭或呼吸道感染
血友病	一种性连锁障碍，有时称为"流血不止病"。儿童缺乏一种凝血物质，假如擦破皮或被刺伤，可能会一直流血至死。	3000 个男婴中有 1 个，女婴中很少见	输血；警惕避免刺伤或者擦伤
苯丙酮尿症（PKU）	儿童缺乏一种用于消化含有苯基丙氨酸的食物（包括牛奶）的酶。该病侵袭神经系统，导致神经活动过度活跃和严重的智力滞后。	10 000 个欧裔婴儿中有 1 个，非裔或亚裔婴儿很少	饮食控制
镰状细胞性贫血症	血红细胞呈异常的镰刀形，导致供氧不足、疼痛、肿胀、器官损伤、易感呼吸疾病。	非裔美国婴儿为 1/600；在非洲和东南亚的发病率更高	输血；止痛药；治疗呼吸感染的药物；骨髓移植
泰伊－萨克斯二氏病	生命第一年中枢神经就开始退化。患者通常死于 4 岁之前。	欧洲犹太婴儿为 1/3600	没有

来源：Kuller, Cheschier, and Cefalo, 1996; Strachan and Read, 1996.

接下来，随着个体的发展，我们会讨论怀孕前的预测、怀孕后分娩前的检查，以及怀孕后和分娩前后的治疗过程中的每项服务。

遗传疾病的预测

基因咨询是一种帮助未来的父母评估自己的孩子避免遗传缺陷的可能性（重要的是记住，"基因咨询"是指对染色体异常和基因异常进行预测）的服务。基因咨询师接受过遗传学、家族史解释以及咨询程序方面的训练。他们可能是遗传学家、医学研究者或者执业医生，如儿科医生。任何想要孩子的夫妻可能都会希望与基因咨询师讨论他们的孩子可能面临的遗传疾病风险，对那些有亲戚患遗传疾病或者已经有一个异常孩子的夫妻来说，基因咨询特别有帮助。

基因咨询师通常要从准父母那里得到一个完整的家族史或家谱，以识别患有遗传疾病的亲属。这些家谱用于评估这对夫妻所生的孩子患有染色体或基因疾病的可能性；事实上，家谱是决定孩子是否可能患有某种疾病（例如，某种类型的糖尿病及某些形式的肌肉营养不良）的唯一根据。

> ➤ **突变（mutation）**：一个或多个基因里的化学结构或排列的变化，会产生新的表现型。
> ➤ **基因咨询（genetic counseling）**：一种给准父母提供关于基因疾病的信息，并帮助他们估算将这些疾病遗传给孩子的可能性的服务。

然而，就算亲缘中没有发现遗传疾病，家族分析也无法保证某个孩子就一定是健康的。幸运的是，现在还有血液分析和 DNA 测查来确定父母是否携带有导致严重遗传疾病的基因，包括表 2.4 所列出的那些，以及亨廷顿症和**脆性 X 染色体综合征**（Strachan & Read，1996），后者是一种由有缺陷的基因引起的 X 染色体异常，并伴有轻度到重度的智力落后。

一旦获得所需的信息和测查结果，基因咨询师将帮助夫妻考虑他们面临的各种选择。例如，一对夫妻去进行基因咨询时了解到，他们两个人都携带了泰伊－萨克斯二氏病的基因，这种病通常会让患病孩子在 3 岁前死亡（见表 2.4）。基因咨询师向这对夫妻解释，他们怀的任何一个孩子，从父母身上遗传 1 个隐性等位基因并患上泰伊－萨克斯二氏病的可能性是 1/4。然而，孩子从每个父母那里各遗传 1 个显性基因的概率也是 1/4，并且孩子像他们的父母一样，即表现型为正常却是泰伊－萨克斯二氏病隐性等位基因携带者的可能性是 2/4。得到这些信息之后，这个年轻的妻子对是否生孩子的态度非常保守，她觉得这个概率太高，不能冒险怀一个可能有致命疾病的婴儿。

咨询师告诉这对夫妻，在他们做出坚决不要孩子的决定之前应该注意到，还有许多程序能够在怀孕早期检测出很多基因异常，包括泰伊－萨克斯二氏病。虽然这些检测程序不能逆转任何已经发现的缺陷，但可以让父母决定是否中止妊娠，避免生下一个患有绝症的孩子。这可以让我们从预测遗传疾病转变为检测可能存在的遗传疾病 (Plomin, Defries, McClearn, & McGuffin, 2008)。

遗传疾病的检测

因为染色体异常的整体比率在 35 岁后急剧增加，所以大龄母亲常常要去做一种叫作**羊膜穿刺术**的胎儿检查。医生将一个大针管刺入母亲的腹部，吸取胎儿周围的羊水（见图 2.9）。通过检测这种液体里的胎儿细胞，可以判定胎儿的性别以及是否存在唐氏综合征等染色体异常。另外，有 100 多种基因异常，包括泰伊－萨克斯二氏病、囊性纤维化、某些糖尿病、杜氏肌肉营养不良、镰状细胞性贫血及血友病，现在都能通过分析羊水里的胎儿细胞进行诊断（Whittle & Connor, 1995）。尽管羊膜穿刺术被认为是一项非常安全的程序，但它也可能会引起极小部分人流产。事实上，假如母亲不到 35 岁，流产的危险性（目前大约是 1/150）会比孩子有出生缺陷的危险性更大 (Cabaniss，1996)。

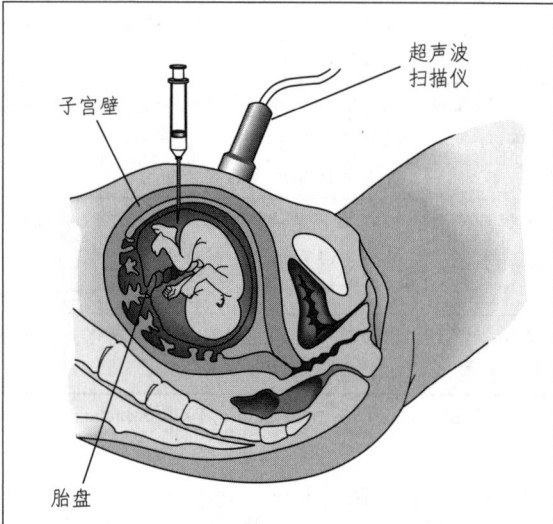

图 2.9 在羊膜穿刺术中，用一根针从腹部刺入子宫，抽取液体并培植胎儿细胞。检测过程大约要 3 周。
来源：Adapted from *Before We Are Born*, 4th ed., by K. L. Moore & T. V. N. Persaud, 1993, p. 89. Philadelphia: Saunders. Adapted with permission of the author and publisher.

羊膜穿刺术的一个主要缺陷是它不易在怀孕的 11～14 周之前进行，因为只有在 11～14 周之后，才会有足够多的羊水用于抽取并进行分析 (Kuller，1996)，而且检测的结果在 2 周之后才能出来。假如这个胎儿有严重的缺陷，父母只有很少的时间去考虑，并且只能选择堕胎。

然而，另外一种叫作**绒毛膜绒毛取样（CVS）**的方法能够收集材料，进行与羊膜穿刺术一样的检测，并且能在怀孕的第8—9周进行（Kuller，1996）。如图2.10显示，有两种方法进行绒毛膜绒毛取样。用一个导管从母亲的阴道和子宫颈插进，或者用一根针从腹部刺入包围着胎儿的绒毛膜。然后抽取胎儿细胞并检测遗传异常，通常在24小时之内就能够拿到结果。绒毛膜绒毛取样可以使父母很早就知道他们的胎儿是否患有可疑的异常病症，让他们有更多的时间去权衡在胎儿有异常的情况下继续妊娠的利弊。虽然有这样一些优势，但是绒毛膜绒毛取样目前只在怀上异常孩子的危险性很高的情况下才推荐父母使用，因为它导致流产的机会比羊膜穿刺术更大（大约1/50的机会），并且在少数情况下还可能导致胎儿肢体变形（Kuller，1996）。

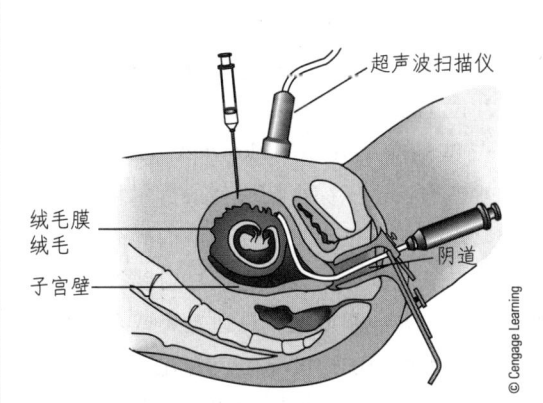

图2.10 绒毛膜绒毛取样能够在怀孕的更早期进行，并且可以在24小时内得到结果。这里显示了两种获得绒毛膜绒毛样本的方法：把一根细管通过阴道伸入子宫，或者用一根针从腹壁刺入。这两种方法都需要用超声波引导。
来源：Adapted from *Before We Are Born*, 4th ed., by K. L. Moore & T. V. N. Persaud, 1993, p. 89. Philadelphia: Saunders. Adapted with permission of the author and publisher.

幸运的是，一种安全得多的早期扫描技术有望在未来10年内得到广泛的应用（Springen，2001）。这种技术是对怀孕早期进入母体的胎儿细胞进行DNA分析，从母亲的细胞中分离出这种细胞，用来检测胎儿是否携带有任何已知的基因。一旦科学家能够更好地从母亲的血液中提取和检测胎儿细胞而绝对不会威胁到胎儿，DNA扫描技术一定会得到更为普遍的应用。

另一种普遍而安全的胎儿诊断技术是**超声波**（声纳），这是一种用声波扫描子宫的方法，在怀孕的第14周最有效（Cheschier，1996）。超声波诊断为主治医师提供了胎儿的轮廓，与利用声纳探测渔船下面鱼群的方式很像。它对于探测多胞胎、全面的身体缺陷及胎儿的年龄和性别有很大帮助，也用来引导医生们进行羊膜穿刺术和绒毛膜绒毛取样（见图2.9和图2.10）。超声波诊断对许多父母来说甚至是一种愉快的经历，他们很乐于看到自己的胎儿。实际上，给热切期待的父母们一张超声波扫描的照片（甚至是一张3D照片，正如下图所描绘的那样）或者是一段录像已经成为今天的一种普遍做法。现在，4D超声波技术甚至可以实时看到胎儿的动作。这种方法生成的图像类似左下角图片，但是同时

> **脆性X染色体综合征（fragile-X syndrome）**：由1个有缺陷的基因引起的X染色体异常，并且与轻度到重度的智力低下联系在一起，当这个有缺陷的基因是由母亲遗传给孩子时尤其如此。
> **羊膜穿刺术（amniocentesis）**：从孕妇子宫里抽取羊水，利用羊水里的胎儿细胞检测染色体异常和其他遗传缺陷的一种方法。
> **绒毛膜绒毛取样（chorionic villus sampling，CVS）**：羊膜穿刺术的代替方法，用于进行胎儿检查的胎儿细胞是从绒毛膜抽取的。比起羊膜穿刺术，绒毛膜绒毛取样能够在怀孕的更早期进行。
> **超声波（ultrasound）**：用声波扫描胎儿肢体来全面检测身体异常的一种方法，通过这种技术可以得到胎儿的轮廓。

也可以描绘出胎儿的动作——呼吸、打呵欠、伸懒腰，甚至吮吸手指！

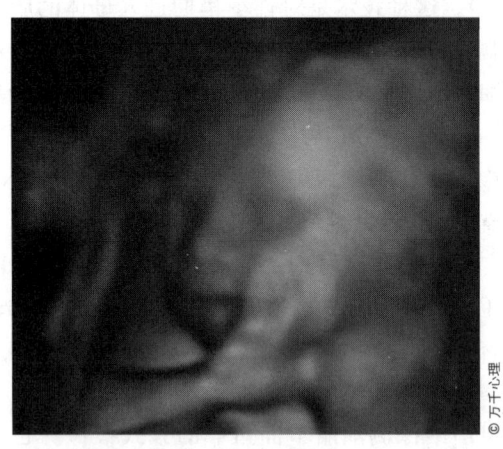

这张正在发育的胎儿的 3D 超声波照片，是那些热切期望的父母们对于自己的孩子的第一印象。

遗传疾病的治疗

对胎儿的遗传疾病检查会使许多夫妻陷入两难境地，特别是当他们的宗教信仰或个人观念反对流产时。假如疾病是致命的，如泰伊-萨克斯二氏病，这对夫妻必须决定是否要违背他们的道德原则终止妊娠，或者生下这个看起来正常但会逐渐虚弱并夭折的婴儿。

这种两难困境会在某天成为历史吗？极有可能。仅在40多年前，医学还几乎对一种神经系统退化疾病**苯丙酮尿症（PKU）**束手无策。和泰伊-萨克斯二氏病一样，苯丙酮尿症也是一种代谢障碍。患病儿童缺乏一种关键的酶，这种酶能消化苯丙氨酸，而苯丙氨酸是许多食物中都含有的一种成分，包括牛奶。随着苯丙氨酸在体内累积，它会转化成一种有害的物质——苯丙酮酸，继而危害神经系统。在治疗水平低下的年代，绝大多数患儿很快会变得多动，智力严重迟滞。

20世纪50年代中期，医学取得了重要突破，科学家们发明了一种低苯丙氨酸的食品；1961年又发明了一种血液检测方法，可以在婴儿出生后的几天内就确定其是否患有苯丙酮尿症。现在，新生儿苯丙酮尿症（和其他代谢紊乱）筛查已经成为惯例，并且患病婴儿会被立即给予低苯丙氨酸的饮食（或其他基于已发现的代谢紊乱制定的饮食限制；Widaman，2009）。这种治疗干预的结果是令人欣喜的：儿童坚持这样的饮食方式直到童年中期，就几乎不会遭受这种以前不可治疗的疾病的任何有害后果。病人终生坚持这种饮食方式效果最好。对于想要生孩子的患苯丙酮尿症的女性来说，尤其需要如此；假如她们终止了这种饮食方式，苯丙氨酸水平就会增高，她们就会面临要么流产，要么生下有智力缺陷的孩子的巨大危险（Verp，1993b）。

如今，许多其他基因异常的潜在破坏性后果都能够被最小化或控制住。例如，对子宫里的胎儿进行的医疗和手术新技术已经使得治疗遗传疾病成为可能，其方法是把药物或者激素输入未出生的机体（Hunter & Yankowitz, 1996），或者进行骨髓移植（Hajdu & Golbus, 1993），或者做手术修补位于心脏、神经管、泌尿系统和呼吸系统上的一些遗传缺陷（Yankowitz, 1996）。另外，生来就患有特纳氏综合征或克兰费尔特氏综合征的儿童，能够通过激素治疗使他们的外表看上去更健康。通过低糖饮食和定期注射胰岛素能够帮助糖尿病病人控制血糖。患血友病或者镰状细胞性贫血这类血液障碍的年轻人现在可以接受定期的输血，从而获得凝血物质或者他们所缺少的红细胞。

研究者在与遗传疾病做斗争方面的功绩是引人注目的，在治疗囊性纤维化方面取得的进步清楚地展示了这一点。仅仅在不久以前，对囊性纤维化病人所能做的就是注射抗生素，减轻他们因肺部慢性阻塞和感染所引起的不适。但是1989年，研究者定位出了囊性纤维化的基因，并且在1年以后，两个研究小组就在实验室成功地

生活与研究应用

遗传疾病治疗的伦理问题

尽管近来介绍的新疗法已经使许多有遗传疾病的儿童和青少年获益,但是目前科学家和整个社会却在全力对付治疗方法快速发展进程中出现的棘手的伦理问题(Dunn,2002;Weinberg,2002)。下面只是他们所担忧的一小部分问题。

关于新基因技术的争论热点集中在生殖细胞基因治疗的前景方面。这种疗法试图在胚胎的早期修复或者替换异常的基因,从而治愈基因缺陷。到2040年,这种技术将获得广泛应用(Nesmith & Mckenna,2000),那时它将把人类带到能够改变自身基因型的边界线。许多评论者认为,只要将它限定于矫治基因缺陷是完全可以被接受的(Begley,2000)。然而,还有些人指出,对一个病人的基因型做出永久性修改不仅对病人有影响,而且对将来遗传了这个被修改基因的所有个体都有影响。因此,生殖细胞基因治疗从一开始就剥夺了这些后代决定自身的基因组成是否应该被修改的权利。有些人认为,这是伦理上不可接受的事情(Strachan & Read,1996)。

还有些评论家认为,允许生殖细胞基因治疗用于人类,势必将引领人类走向积极优生学的道路,也就是走向基因改造工程,这必然涉及对那些优良基因进行人工选择。对大多数人来说,这种前景是很令人担忧的。谁来决定哪些特质是优良的,应该被选择?有些人认为,那些通过试管受精孕育多胚胎的父母将会成为这一道路的开拓者,他们通过使用DNA扫描和生殖细胞基因治疗创造了他们认为自己能够生出的最完美的婴儿(Begley,2000,2001)。即使那些想改变基因型的人的动机是无可厚非的,但他们在锻造强壮的人类种族方面,真的会比自然界的自然选择进程做得更好吗?当然,对于生殖细胞基因工程学,许多人最关心的是其被滥用于政治和社会方面的潜在可能性。用分子基因学家(Strachan & Read,1996)的话来说就是:

"消极优生学工程(在纳粹德国和美国的许多州对所谓的'低能'个体实施强迫性绝育才刚发生过没多久)令人恐惧的本质为人们敲响警钟……提醒人们,一旦人类生殖细胞基因治疗被付诸行动,潘多拉魔盒可能就会开启。(p.586)"

消除了这种基因的损害性后果(Denning et al.,1991)。此后很快就迎来了基因代替疗法的发展和测试,即将经基因工程改造过的感冒病毒为载体的正常基因植入囊性纤维化病人的鼻子和肺部,以期这些转移过来的基因能够克服囊性纤维化基因的影响。一种类似的基因疗法已经在尝试治疗腺苷脱氨酶缺乏症——一种免疫系统的遗传疾病。尽管这两种方法都获得了一些成功,但是它们都只能减轻病人的症状,而不能治愈这种障碍,并且必须频繁重复治疗才能持续奏效(Mehlman & Botkin,1998)。

最后,基因工程方面的进展使**生殖细胞基因治疗**成为可能。生殖细胞基因治疗是在胚胎早期用健康基因改造或代替有害基因的过程,从而永久地矫治基因缺陷。这种方法已经成功地用于治疗动物的某种基因缺陷(Strachan & Read,1996),但是"生活与研究应用"专栏中讨论的

> ➤ **苯丙酮尿症**(phenylketonuria,PKU):儿童不能代谢苯丙氨酸的一种基因疾病,假如不治疗,这种病很快会引起活动过度和智力滞后。
>
> ➤ **生殖细胞基因治疗**(germline gene therapy):还没有执行或者还没有获准用于人类的方法,通过这种方法,有害基因能够被健康基因修复或者代替,因此永久地治愈基因缺陷。

伦理问题，可能阻碍了这种方法获准用于人类的进程。

总之，如果儿童的遗传疾病被检查出来，并在出现严重危害前加以治疗，他们还有可能过上幸福生活。最近，胎儿医学、基因图谱的绘制和基因代替疗法的成功，鼓舞了基因学家和职业医师们，他们憧憬着不久的将来许多令人束手无策的基因缺陷可以得到治疗，甚至治愈（Mehlman & Botkin，1998；Nesmith & Mckenna，2000）。

概念核查2.2　理解染色体和基因异常

回答下列问题，检查你对染色体和基因异常形成的方式及原因、大多数常见遗传疾病形成原因及影响的理解。答案见附录。

选择题：为下列各题选择最佳答案。

____1. 下列各项都会导致先天性异常，除了____。
   a. 不正常的基因
   b. 不正常的染色体
   c. 在孩子出生后母亲和孩子间的不正常接触
   d. 产前发育异常

____2. "基因咨询"是指对于____的预测。
   a. 染色体异常
   b. 基因异常
   c. a 和 b
   d. 既不是 a，也不是 b

____3. 基因咨询师根据完整的家族史来判断一个孩子遗传先天性异常的可能性，称为____。
   a. 家谱   b. 基因家族分析
   c. DNA 地图   d. 环境背景检查

____4. 下列哪项检查可以在怀孕早期（第8—9周）用于检测先天性异常，使父母可以有更多的时间来考虑是否中止妊娠？
   a. 羊膜穿刺术
   b. 超声波
   c. 绒毛膜绒毛取样

判断题：判断下列陈述的对错。

5. 羊膜穿刺术只能用于检测胎儿的性别，不能用于检测任何基因异常。
6. 一对夫妻可以通过对基因异常的预测、检查和治疗这三种途径来应对孩子具有遗传异常的可能。

简答题：简要回答下列问题。

7. 简述最常见的常染色体异常唐氏综合征的成因及影响。
8. 简述应对遗传缺陷的三种方法。

论述题：详细论述下列问题。

9. 假设你或你的伴侣发现胎儿有75%的可能性会遗传泰伊-萨克斯二氏病。请写一篇论文阐述你的选择：你（或你的伴侣）想中止妊娠，不进行任何治疗继续妊娠并对此持积极态度，或者继续妊娠并使用一项具有创新性的、正在试验阶段的医疗手段进行治疗。为什么？
10. 假设你或你的伴侣第一次怀孕。基因咨询师判断你的孩子有50%的可能性会遗传囊性纤维化，你会选择哪种方法检查这种异常情况：羊膜穿刺术、绒毛膜绒毛取样，还是超声波？为什么？

遗传对行为的影响

我们已经看到，基因在决定我们的身体外形和许多代谢特征中起着重要的作用。但是，遗传对智力这样的特征有多大影响呢？是否存在一个有说服力的案例，能证实基因对人格或心理健康的作用？

近年来，来自基因学、动物学、人口生物学和心理学领域的研究者都提出了这样的问题："是否存在某种特定的能力、特质和行为模式，它们非常依赖个体所遗传的特定基因组合？假如存在的话，这些属性会被人的经历所改变吗？"研究这些问题的学者被称为行为遗传学家。

行为遗传学

在进一步了解**行为遗传学**之前，有必要消除一个普遍的误解。尽管行为遗传学家把发展视为一个人的基因型（个体遗传的一组基因）表达为表现型（可观察的特征和行为）的过程，但是他们并不是严格的遗传决定论者。例如，他们认识到，即便是像身高这样的身体特征，在某种程度上也依赖于环境变量，如饮食是否充足（Plomin, 1990）。他们承认，个人的基因型对智力、人格和心理健康这些行为特征的长期影响同样依赖于个人的环境。换言之，行为遗传学家意识到，即便是那些有很强遗传成分的属性，也常常在重要的方面被环境影响所修正（Brown, 1999）。

行为遗传学家不同于动物行为学家及其他同样对发展的生物基础感兴趣的科学家。动物行为学家研究那些使某一物种所有成员相似并导致共同发展结果的遗传属性。而行为遗传学家关注决定物种成员变异性的生物基础。他们关心每个人所遗传的基因的独特组合使我们与众不同的决定因素。现在，让我们来思考他们完成这个任务所使用的方法。

研究遗传作用的方法

行为遗传学家评估遗传对行为的作用主要有两种方法：选择性繁殖和家庭研究。每种方法都试图详细说明各种属性的**遗传力**，即在特定人群中，一种特质或一组行为在多大程度上由遗传因素所决定。

选择性繁殖

有意操纵动物的基因组成来研究遗传对行为的影响的方法，很像孟德尔发现植物遗传机理所用的方法。**选择性繁殖实验**的经典例子是泰伦（R.C.Tryon, 1940）的一个实验，他试图证明学习迷宫的能力是小白鼠的一种可遗传的属性。泰伦首先测试了大量的小白鼠跑复杂迷宫的能力。很少犯错误的小白鼠被标识为"聪明"的；犯错误很多的小白鼠被标识为"愚笨"的。然后，泰伦让聪明的小白鼠和聪明的小白鼠交配，让愚笨的小白鼠和愚笨的小白鼠交配，并繁殖出很多代。他还控制了小白鼠所处的环境，排除了环境对迷宫学习成绩的影响。聪明的白鼠和愚笨的白鼠在迷宫学习成绩上的差异在18代之间变得越来越大。这说明小白鼠的迷宫学习能力受它们基因组成的影响。其他研究者使用选择性繁殖技术，同样揭示了基因对小白鼠和小鸡的活动水平、情绪性、攻击性和性驱力这类行为特征的影响（Plomin et al., 2001）。

家庭研究

由于人们并不喜欢实验者选择性繁殖的想法，所以人类行为遗传学家主要采用一种被称为

> **行为遗传学**（behavioral genetics）：关于基因型怎样与环境交互作用来决定像智力、人格和心理健康这样的行为属性的科学研究。
>
> **遗传力**（heritability）：又称遗传率，一种特质中可归于遗传因素的变异量。
>
> **选择性繁殖实验**（selective breeding experiment）：研究遗传影响的一种方法，即通过动物的选择性配对繁殖，来确定某种特质是否能够被遗传。

家庭研究的代替方法。在典型的家庭研究中，通过比较那些生活在一起的人，看他们在一个或多个属性上的相似性。假如研究的属性是可以遗传的，那么生活在同一环境中的任何两对个体的相似性应该是他们的**血缘关系**的函数（基因的相似程度）。注意这里的血缘关系是一种估计。例如，异卵双生子可能拥有50%的相同基因，另一方面，由于存在影响基因多样性的因素，因此对于任何一对特定的双胞胎而言，基因相似性可能多于也可能少于理论上的50%。

如今，有两种家庭（或血缘关系）研究很常用。第一种是**双生子设计**，它的假设问题是："一对在一起抚养的同卵双生子，比一起抚养的异卵双生子在各种属性上更为相似吗？（Segal, 1997）"假如基因影响所研究的属性，同卵双生子之间应该更相像，因为他们的基因完全相同（血缘关系=1.00），而异卵双生子只共享50%的基因（血缘关系=0.50）。

第二个常用的家庭研究是**领养设计**，被领养者在遗传上与领养他的家庭没有任何关系。一个研究遗传影响的学者会问："被领养的孩子与他们的亲生父母相似——因为他们有共同的基因（血缘关系等于0.50），还是与他们的领养父母相似——因为他们有共同的环境？"假如被领养者在智力或者人格上与从未养育过他们的亲生父母相像，那么基因在决定这些属性上一定是有影响的。

家庭研究也能够帮助我们评估各种能力和行为被环境影响的程度。看这样一个案例：一个家庭收养了两个血缘上没有关系的孩子，这两个孩子之间以及他们与领养父母之间的血缘关系是0.00。因此，在所研究的属性上，除非他们所处的共同环境施加了影响，否则这些孩子之间以及孩子与其养父母之间不应该有相似之处。推断环境作用的另一个方法是将相同环境中的同卵双生子与不同环境中的同卵双生子比较。所有一起养育的和分开养育的同卵双生子之间的血缘关系都是1.00。因此，假如在某一个属性上，一起养育的同卵双生子比分开养育的同卵双生子更相像，我们可以推论环境在决定那个属性上有作用。

评估基因和环境的贡献

行为遗传学家通过或简单或复杂的数学运算可以：（1）确定一种特质是否受遗传影响；（2）评估遗传和环境对该种特质的个体差异的解释力。在研究个体显示或没有显示出来的特质（如某种毒品成瘾习惯或抑郁症）时，研究者会计算和比较**一致性比率**，即在成对的被试（如同卵双生子、异卵双生子、父母和他们领养的孩子）中有多大概率会呈现这样的规律：只要其中一人表现出被研究的特质，则另一人也表现出这一特质。假设你对男性同性恋是否受遗传影响感兴趣，你可以将目标锁定在同卵或异卵双胞胎兄弟中的同性恋一方，然后追踪他的双胞胎兄弟以确定其是否也是同性恋。同卵双生子间的一致性比率（56个男同性恋的双胞胎兄弟有29个也是同性恋）比异卵双生子之间的（54个男同性恋的双胞胎兄弟有12个也是同性恋）高得多。这表明基因型的确对男性的性取向有影响。但是，因为同卵双生子的性取向并不完全一致（也就是说，每个男同性恋的同胞胎兄弟并不是同性恋），我们也可以做出推论：他们的经验（也就是环境的影响）一定也影响到他们的性取向——48%的同卵双生子有不同的性取向，尽管他们有同样的基因。在双生子研究中，研究者还调查了其他很多行为维度的一致性比率（见图2.11）。

对于那些表现为连续值的特性（如身高、智力），行为遗传学家通过计算相关系数来估计遗传的贡献，而不是用一致性比率。例如，在一项IQ研究里，相关系数表示双生子的IQ分数之间的关系。相关系数越大，表明IQ越接近，也就是说假如一个双生子是聪明的，另一个就也是聪明的；一个是愚笨的，则另一个也是愚笨的。

如前所说，行为遗传学的研究总是能告诉我们基因和环境两者对发展的影响。只要回顾一项关于113 942对儿童、青少年或者成人的智商（IQ）的家庭研究，就很容易阐明这一点，该研究的结果见表2.5。在这里，我们将重点放在双生子相关（同卵或异卵）上，以展示行为遗传学家怎样评估三个因素对智商（IQ）个体差异的影响。

基因的影响

基因对IQ的影响在表2.5中已经有清晰的证据了。配对的人们遗传关系越近，相关也就越高，其中同卵双生子相关最高。但是遗传的影响到底有多强大？

行为遗传学家用统计技术来评估在一种特质中可归因于遗传因素的变异量。这个指标被称为**遗传力系数**，来自双生子的数据计算如下：

$$H = (r_{同卵双生子} - r_{异卵双生子}) \times 2$$

该等式可以这样解读：一种特质的遗传力等于同卵双生子间的相关和异卵双生子间的相关之差的2倍（Plomin，1990）。

现在，我们能够估计基因对智力表现的个体差异的影响了。例如，在表2.5中，一起养育的双生子就是：

$$H = (0.86 - 0.60) \times 2 = 0.52$$

对IQ遗传力的估计是0.52，这在一个从0（完全不能遗传）到1.00（全部遗传）的标尺上充其

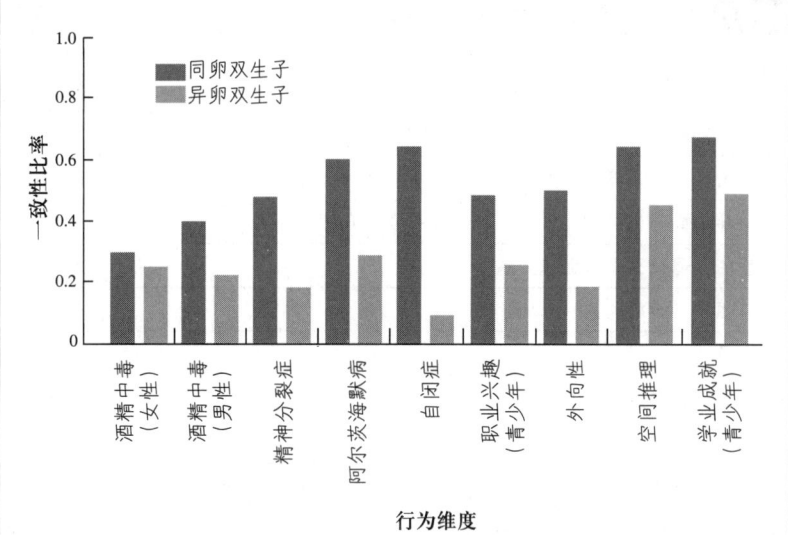

图2.11　同卵和异卵双生子在若干行为维度上的一致性比率。
来源：From R. Plomin, M. J. Owen, and P. McGuffin, "The genetic basis of complex human behaviors," *Science*, 264, 1733-1739. Copyright © 1994 by the American Association for the Advancement of Science. Reprinted by permission.

量只能算是中等。由此我们可以做出结论，在一起养育的双生子中，IQ中等程度地受遗传因素的影响。然而，看起来，人们在这个特质上的很多变异还得归于非遗传因素，也就是环境影响和测量时可能的误差（没有一个测验会是完美无缺的）。

令人感兴趣的是，表2.5里的数据也能让我们估计两种环境影响源的贡献：非共享的环境影

> ➤ **血缘关系**（kinship）：两个个体有共同基因的程度。
> ➤ **双生子设计**（twin design）：通过比较血缘关系不同的双生子，以确定某种属性的遗传力的一种研究。
> ➤ **领养设计**（adoption design）：将被领养者分别与他们有血缘关系的亲属以及有领养关系的亲属做比较，来估计某一属性或多个属性的遗传力的一种研究。
> ➤ **一致性比率**（concordance rate）：假如一对双生子中的一人具有某种特定的属性，那么另一人也具有这种属性的比率。
> ➤ **遗传力系数**（heritability coefficient）：对一种特质可由遗传因素解释的变异程度的数值估计，范围在0.00～1.00之间。

表 2.5 四种血缘关系水平的家庭研究中，智力测验分数的平均相关系数

遗传关系（血缘关系）	一起养育（在相同的家庭）	分开养育（在不同的家庭）
没有关系的兄弟姐妹（血缘关系 = 0.00）	+0.34	-0.01[a]
领养的父母或领养的子女（血缘关系 = 0.00）	+0.19	—
同父异母或同母异父兄弟姐妹（血缘关系 = 0.25）	+0.31	—
亲生的父母或孩子（血缘关系 = 0.50）	+0.42	+0.22
兄弟姐妹（血缘关系 = 0.50）	+0.47	+0.24
双生子		
异卵（血缘关系 = 0.50）	+0.60	+0.52
同卵（血缘关系 = 1.00）	+0.86	+0.72

[a] 这一相关是从随机配对的、不住在一起的、没有任何关系的人们中获得的。
来源：Based on "Family Studies of Intelligence: A Review," by T. J. Bouchard, Jr., and M. McGue, 1981, *Science*, 212, pp. 1055-1059.

响和共享的环境影响。

非共享的环境影响。 非共享的环境影响（NSE）是个体所特有的经验——不与家庭成员共享，并因此使家庭成员彼此不同的经验（Moffitt, Caspi, & Rutter, 2006; Rowe, 1994; Rowe & Plomin, 1981）。表 2.5 中，非共享的环境影响的证据在哪里？请注意这样的事实：在一起养育的同卵双生子的 IQ 也不是完全相似的，即使他们共享完全相同的基因和家庭环境；+0.86 的相关尽管很高，但是并非 +1.00 的完全相关。由于同卵双生子有相同的基因和家庭环境，所以，一起抚养的同卵双生子的任何差异必然来自他们之间经验的差异。也许他们被朋友区别对待，或者可能双生子中的一个比另一个更喜欢猜谜和其他智力游戏。因为使一起养育的同卵双生子彼此不同的唯一因素是他们的非共享经验，所以我们可以用下面的公式来估计非共享的环境影响（Rowe & Plomin, 1981）：

$$NSE = 1 - r_{\text{在一起养育的同卵双生子}}$$

因此，非共享的环境影响对 IQ 个体差异的贡献（即 $1 - 0.86 = 0.14$）虽然很小，却是可检测的。我们将会看到非共享的环境影响对其他属性，大多是重要的人格特质，有更大的作用。

共享的环境影响。 共享的环境影响（SE）是一种生活在同一个家庭环境里的个体所共享的，并且使他们彼此相似的经验。如我们在表 2.5 里看到的，不管是同卵双生子还是异卵双生子（当然，还有亲兄弟姐妹和没有血缘关系的兄弟姐妹），一起生活的都比分开生活的在智力上更接近。在同样的家庭中，成长会增加儿童智商接近的程度，这其中的一个原因就在于父母对他们所有的孩子都表现出相同的兴趣，并且倾向于运用相似的策略来促进他们的智力发展（Hoffman, 1991; Lewin et al., 1993）。

怎样估计共享的环境影响对某一特质的贡献呢？可以用如下公式做粗略的估计：

$$SE = 1 - (H + NSE)$$

这个等式就是说：对一种特质的共享的环境影响等于 1（该特质的总变异）减去遗传影响（H）和非共享的环境影响（NSE）之和。前面我们

发现，一起养育的双生子样本的 IQ 遗传力是 0.52，而非共享的环境的作用是 0.14。因此，共享的环境影响对 IQ 个体差异的作用是 SE=1－(0.52+0.14)=0.34，是中等程度的、有意义的。

关于遗传力评估的谬误之说。遗传力系数是一个有争议的统计概念，它常常因为没有得到正确理解而被误用。人们持有的一个最大的错误观念是，遗传力系数能够告诉我们是否已经遗传了一种特质。这个想法是完全错误的。当我们谈到一种特质的遗传力，是指个体之间在该特质上的差异与他们遗传基因差异的相关程度（Plomin et al., 2001）。为了清楚地阐述可遗传并不意味着已遗传，让我们思考每个人都遗传了两只眼睛。同意吗？然而眼睛的遗传力是 0.00，因为每个人都有两只眼睛不存在个体差异（环境事件除外，如意外事故）。

在解释遗传力系数时，认识到这些估计只能运用到群体中而不是个体身上是很重要的。因此，假如你研究了许多对 5 岁双生子的身高，并且评估出身高的遗传力是 0.70，你可以推断 5 岁儿童的身高差别主要源于他们有不同的基因。但是，因为遗传评估对个体不能做任何解释，所以如果你从 0.70 的遗传力做出这样的结论：小明的身高有 70% 是遗传的，剩下的 30% 反映了环境的作用，很显然是不恰当的。

还要注意到，遗传评估仅仅针对生活在特定环境下的特定人群在某种被研究的特质上的表现。的确，在不同环境里，不同研究被试的遗传力系数可能有很大差别（Rowe, 1994）。例如，假设我们着眼于同卵和异卵双生子婴儿，他们都被收养在贫穷的孤儿院里，婴儿床环绕着围栏，他们与其他的婴儿或成人看护者之间的视觉或社会接触较少。以前的研究（我们将在第 11 章讨论）表明，测量这些婴儿的合群性可以发现，他们全都比由家庭抚养的婴儿的合群性低——这可以合理地归因于早期环境里的社交剥夺。但是，由于所有这些双生子都经历了同样的剥夺环境，他们显示出的在合群性上任何可能的差异的唯一原因就在于遗传上的差异。合群性的遗传力系数在这个群体里实际上可以达到 1.00——与在由家庭收养的、与父母在一起的婴儿身上所发现的 0.25～0.40 的遗传力系数相差甚远（Plomin, et al., 2001）。

最后，人们往往认为明显可遗传的特质不能被环境影响所改变。这也是一个错误的观念！把孤儿院的婴儿放到友善的、积极回应的领养家庭里，他们受压抑的合群性可以得到极大改善，正如我们在第 1 章讨论可塑性时提到的。与此相似，一旦将那些在 IQ 这个可遗传的属性上得分很低的儿童置于充满智力刺激的家庭或学习环境中，他们的智力和学业成绩会有显著提升。认为可遗传的就是不可改变的（就像一些补偿教育批评家所提及的），就犯了一个严重的错误，它是基于对遗传力系数含义的普遍误解而产生的。

总之，"可遗传"这个词不是"已遗传"的同义词，并且遗传评估随着群体和环境的变化会大幅变化，它不能告诉我们关于个体发展的任何情况。尽管遗传评估能够帮助我们确定人们表现出的某种特质上的差异是否有遗传基础，但是他们不能对儿童改变的能力做出任何说明，并且不能被用于制定公共政策，否则将会限制儿童的发展，对他们的幸福造成负面影响。

遗传对智力成绩的影响

正如我们从表 2.5 的数据中所看到的，IQ 是

> 非共享的环境影响（nonshared environmental influence, NSE）：住在一起的人们没有共享的一种环境影响，它使这些个体彼此不同。
>
> 共享的环境影响（shared environmental influence, SE）：住在一起的人们共享的一种环境影响，它使这些个体彼此相似。

一个中度可遗传的属性；基因大约解释了人类 IQ 分数里总变异的一半。但是，因为表 2.5 里的相关是基于儿童和成人的研究，他们无法告诉我们基因和环境对智商的个体差异的影响是否可能随着时间而改变，也许基因在生命早期更重要，而随着我们的成长，在家庭和学校经验方面的差异将更多地解释我们在智商上的变异。尽管这个观点听起来很合理，但它似乎是错误的。事实上，随着儿童的成熟，基因对个体的 IQ 差异将起到更大的（而不是更少的）作用（Plomin et al., 1997）。

让我们看一下 Ronald Wilson（1978, 1983）报告的双生子智力发展的追踪研究。Wilson 发现，在婴儿智力发展测验上，1 岁的同卵双生子并不比异卵双生子更相似。然而，到了婴儿 18 个月大时，基因的影响已经可检测到了。不仅同卵双生子在测验成绩上比异卵双生子显示出更大的相似性，而且不同测验之间的分数变化也是同卵双生子比异卵双生子更相似。假如同卵双生子中的一个在 18—24 个月时的智力发展有了很大的进步，另一个可能也会在同样的时间里显示出相似的进步。因此，基因看起来好像在同时影响着婴儿智力发展的过程和程度。

图 2.12 展示了随着这些双生子继续发展所发生的变化。从 3 岁一直到 15 岁，同卵双生子在智力上保持着高度相似性（$r = +0.85$）。而异卵双生子 3 岁时的智力最相似（$r = +0.79$），随着时间流逝，相似性逐渐减弱。15 岁时，他们在智力上的相似性（$r = +0.54$）并不比一般的兄弟姐妹大。注意，假如我们计算这张图上每个年龄的遗传力系数，那么从婴儿期到青少年期，这些双生子样本的 IQ 遗传力实际上是增加了。

领养研究得到的结论与此相似。领养孩子的 IQ 不仅与他们的亲生父母相关（表明存在基因的影响），也与他们的养父母相关（表明存在共享的家庭环境的作用）。到青少年期，被领养者

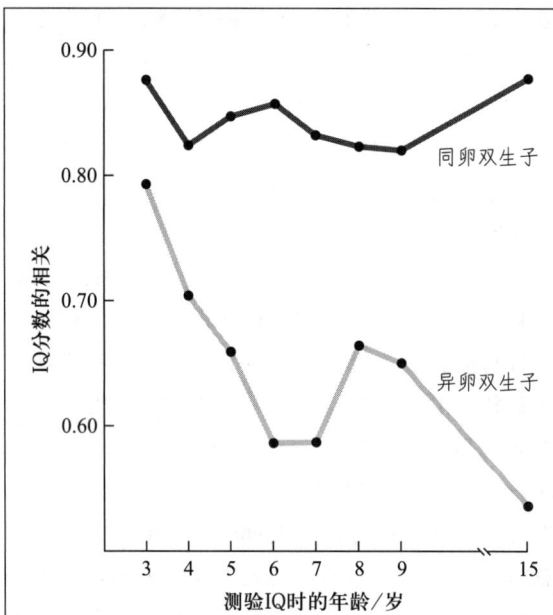

图 2.12 同卵双生子和异卵双生子 IQ 分数的相关性在整个童年期的变化。
来源：From "The Louisville Twin Study: Developmental Synchronies in Behavior," by R. S. Wilson, 1983, *Child Development*, 54, pp. 298-316. Copyright © 1983 by The Society for Research in Child Development, Inc. Reprinted by permission.

与亲生父母在智力上的相似性仍然很明显，但是不再与他们的领养父母相似（Scarr & Weinberg, 1978）。从双生子研究和领养研究中可以看出，共享环境对智力的影响随着年龄增长而下降，而基因和非共享环境的影响变得越来越强。一个很有影响力的理论解释了这些影响 IQ 分数的因素（也包括对人格特质的影响）的变化模式。但是，在介绍这个理论前，让我们先简单回顾一下人格受遗传基因影响的证据。

遗传对人格的作用

尽管心理学家一般都假定，构成人格的相对稳定的习惯和特质由环境所塑造，但是家庭研究和其他追踪研究揭示，许多人格特征的核心维度

表 2.6 三种血缘关系水平的家庭成员间人格特征的相似性

	血缘关系			
	1.00 (同卵双生子)	0.50 (异卵双生子)	0.50 (非双生的兄弟姐妹)	0.00 (在同一家庭养育但没有血缘关系的兄弟姐妹)
人格属性（几个人格特质间的平均相关）	0.50	0.30	0.20	0.07

来源：Loehlin，1985；Leohlin & Nichols，1976。

受遗传的影响。例如，**内向—外向**——一个人是害羞、退缩、在他人面前不自在的，还是外向和善于交际的——显示了中等水平的与 IQ 大致相同的遗传力（Plomin et al.，1997）。另一个受基因影响的重要属性是**共情关注**。高共情的人能够认识到他人的需要，并且关心他人的幸福。在 Martin Hoffman（1975）的研究中，的确发现了新生儿用自己的悲伤来对其他婴儿的悲伤做出反应，对一些研究者来说，这个发现意味着共情能力可能是天生的。但是共情关注的个体差异有生物基础吗？

的确有。早在 14—20 个月时，在对悲伤同伴的关注水平上，同卵双生子就已经比异卵双生子更为相似了（Zahn-Waxler, Robinson, & Emde, 1992）。人到中年，离开家并分开生活多年的同卵双生子在共情关注测验上仍然表现出一定的相似性（$r = +0.41$），而同性异卵双生子之间却不相似（$r = +0.05$），这表明共情关注这个属性是一个可遗传的特质（Matthews et al., 1981）。

基因影响有多大？

我们的人格在多大程度上受到遗传基因的影响呢？看一下表 2.6 中所显示的家庭成员间的人格相似性就会有一些想法。注意，在这个人格测验上，同卵双生子之间比异卵双生子之间更相似。假如使用这个双生子数据来评估基因对人格的作用，我们可能会得出结论：许多人格特质是中度可遗传的（也就是 $H = +0.40$）。当然，中度的遗传力系数就意味着人格同样也受环境因素的很大影响。

环境影响人格的哪些方面？

传统上，发展学家假定个体共享的家庭环境在塑造人格中特别重要。现在，再次检查表 2.6，看一看你是否能够发现一些逻辑问题。注意，例如住在同一个家庭、基因上没有关系的个体，在这个人格测验上几乎不相似（$r = 0.07$）。因此，所有家庭成员共享的家庭环境对人格的发展一定没有多少贡献。

那么环境怎样影响人格呢？在行为遗传学家 David Rowe 和 Robert Plomin（Rowe & Plomin, 1981；Rowe, 1994）看来，对人格起到很大作用的环境因素是非共享的环境影响，也就是使个体彼此不同的影响。并且在普通家庭中，有许多非共享经验的资源。例如，父母对待儿子的方式常常不同于女儿，或者对待第一个出生的孩子的方式不同于后面出生的孩子。兄弟姐妹被父母区别对待，他们将经历不同的环境，这将促使他们在许多重要的人格方面产生差异。兄弟姐妹之间的交往提供了非共享的环境影响的另一个来源。例如，一个经常指使弟妹做事的大孩

> **内向—外向**（introversion/extroversion）：一个人格维度相对的两极：内向是害羞的，置身人群中会焦虑，并且倾向于退出社交场合；外向是善于交际的，并喜欢与他人相处。
>
> **共情关注**（empathic concern）：个体认识到他人的需要，并关心他人幸福的程度。

子，受这样家庭经验的影响可能变得果断和有支配性。而对于年幼些的孩子来说，支配性的家庭环境可能推动了被动、忍耐和合作等人格特质的发展。

兄弟姐妹间的相互作用会产生许多"非共享"的经验，这引起了他们人格上的差异。

测量非共享的环境效应。 我们怎样测量像非共享的环境这样宽泛的事物的作用呢？Denise Daniels 和她的助手（Daniels 1986；Daniels & Plomin, 1985）使用的一个策略是，简单地询问青少年兄弟姐妹是否被父母和老师区别对待，或者在他们的生活中是否有其他重要的不同经历（如在同伴中受欢迎程度不同）。Daniels 发现，兄弟姐妹们的确报告了这样的差别，并且更重要的是，他们报告的在父母对待和其他经验上的差别越大，他们的人格越不相似（Asbury et al., 2003；Burt et al., 2006）。尽管这类相关研究最终不能建立这样的理论——经验上的差别导致了人格上的差异，但是它们的确表明，对发展最重要的环境影响可能是每个家庭成员所特有的非共享的经验（Dunn & Plomin, 1990）。

兄弟姐妹有不同的经验是因为他们有不同的基因吗？

换句话说，一个孩子受基因影响的特质是否能影响其他人怎样对她做出反应，比如说一个外表吸引人的年幼儿童是否因此比一个不怎么吸引人的兄弟姐妹更容易被父母和同伴优待？尽管基因的确在某种程度上对兄弟姐妹的不同经验具有作用（Pike et al., 1996；Plomin et al., 1994），但是有大量的理由使我们相信，不同的遗传基因并不完全导致了高度个性化的独特环境。我们为什么会这么认为呢？

最重要的线索来自同卵双生子研究。因为从遗传学观点来看，同卵双生子是完全匹配的，他们之间的任何差别必然反映了他们非共享的环境影响。同卵双生子的确报告了对他们的人格和社会适应有意义的环境差异。例如，最近一项研究发现，如果双生子中的一个与父母关系融洽（非共享的环境影响），或者与老师建立了亲密关系（非共享的环境影响），那么他的悲伤情绪会比双生子中的另一个少得多（Crosnoe & Elder, 2002）。同卵双生子所受到的对待方式的差异越大，他们在人格和社会行为上的相似性就越小（Asbury et al., 2003）。很显然，这些非共享的环境影响不能归于这对双生子的不同基因，因为同卵双生子有完全相同的基因型！这就是为什么评估非共享的环境影响的公式（也就是 $1 - r_{在一起养育的同卵双生子}$）具有意义，因为它提供的估计是基于绝对不受基因影响的环境影响。

遗传对行为障碍和精神疾病的影响

所有的精神疾病都有遗传基础吗？一些人可能从遗传上就倾向于做出偏差行为或者反社会行为吗？尽管在 30 年前，这些想法看起来很荒谬，但是现在在这两个问题的回答都是肯定的。

精神分裂症是一种严重的精神疾病，以逻辑思维、情绪表达和社会行为严重混乱为特征，通常出现在青少年晚期或者成年早期。几项关于双生子精神分裂症的研究表明，同卵双生子的平均相关是 0.48，而异卵双生子只有 0.17（Gottesman, 1991）。另外，亲生父母患有精神分裂症将会增加子女患上精神分裂症的风险，即使子女在很小的时候就被其他家庭领养（Loehlin，1992）。这些证据强有力地表明了精神分裂症是受遗传影响的。

近年来，遗传对以下异常行为和状态的影响已经变得很清楚，如酗酒、犯罪、抑郁、多动、**双相障碍**和许多神经症（Bartels et al., 2004；Caspi et al., 2003；Plomin et al., 2001；Rowe，1994）。你可能就有罹患这类病症的近亲。请放心！这并不意味着你或你的孩子将会患上这些疾病。在父母一人有精神分裂症的孩子中，只有9%的人曾经出现过精神分裂症的症状（Plomin et al., 2001）。即使你的同卵双生同胞有严重的精神障碍，你将会经历相同疾病的概率也只在1/2（对于精神分裂症来说）到1/20（对于多数其他的障碍来说）之间。

因为在精神疾病和行为障碍方面，同卵双生子通常是不一致的（也就是不相像），所以环境对此一定起着非常重要的作用。换句话说，人们并不是遗传行为障碍，而是遗传产生某种疾病或偏差行为方式的倾向性。并且，当一个孩子的家族史表明，他存在着这样的遗传倾向时，通常还要有一些非常痛苦的经历（例如，冷漠的父母、在学校遭遇挫折或者家庭破裂）才能诱发精神疾病（Plomin & Rende，1991；Rutter，1979）。显然，这些发现让我们有理由抱有乐观的态度，因为只要我们更多地了解诱发遗传疾病的环境因素，并努力发展干预或治疗技术，帮助高危个体在面对环境压力时保持情绪稳定，那么阻止大多数遗传疾病的发作会在某一天成为可能（Plomin & Rutter，1998；Rutter，2006，2007）。

遗传与环境交互作用理论

仅在50年前，发展学家还处于先天与后天的争论中：遗传和环境，哪个是人类潜能的首要决定因素（Anastasi，1958）？尽管本章的重点是生物因素的影响，但现在我们应该很清楚，遗传和环境对发展都有很重要的作用；遗传论者和环境论者过去所持的极端立场都过于简单化了。如今，行为遗传学家不再用先天或后天这些术语来考虑问题，他们在努力弄清楚这两个重要的影响源是怎样联合或交互作用来促进发展变化的。

导向原则

尽管遗传和环境对人类的大多数特质来说都起作用，但基因对某些特质的影响要大于其他特质。许多年以前，Conrad Waddington（1966）用**导向**一词来表示基因将发展限定于少量的结果中。人类高度导向的属性之一就是婴儿期的牙牙学语。所有的婴儿，甚至是聋儿，在生命头8～10个月都是以几乎完全一样的方式展开的。环境对这种高度导向的特征几乎没什么影响，它只是简单地按照基因里预设的成熟程序来自然展现。而较少被导向的特质，如智力、气质和人格等，则能够被各种生活经历影响，从而可能朝着各个方向偏离他们遗传的道路。

现在我们知道，有效的环境影响也能够限制或者引导发展。例如，早期环境中营养和社会刺激不丰富会长期阻碍儿童的成长，并推迟他们的智力发展。

总之，导向原则是一个简单的观念，却也非常有用，它阐明了：（1）个体发展有多种途径；

▷ **精神分裂症**（schizophrenia）：一种严重的精神疾病，以逻辑思维、情绪表达和人际行为方面的混乱为特征。

▷ **双相障碍**（bipolar disorder）：一种心理失常，以情绪的极端波动为特征。

▷ **神经症**（neurotic disorder）：一个人习惯与压力做斗争或逃避焦虑的一种思维，或者行为上的非理性模式。

▷ **导向**（canalization）：表现型对一小部分发展结果的遗传限制；对于一种高度导向的属性来说，基因引导其按照一条预先决定好的道路发展，因此环境对所显现的表现型的作用很小。

(2) 天性和教养共同决定了这些发展道路；(3) 基因或环境都可能限制另一个因素影响发展的程度。Irving Gottesman 在他的基因型—环境交互作用理论中对基因的影响以些微不同的方式做了相同的阐述（接下来讨论）。

反应范围原则

根据 Gottesman（1963）的观点，基因一般不严格引导行为，而是个体的基因型对不同的生活经验建立起一定范围的可能反应，因此叫作**反应范围原则**。换句话说，Gottesman 称基因型为一个人面对不同环境可能展示出的表现型设定了范围。一个重要的推论是，由于人们基因的不同，没有两个个体会以完全相同的方式对特定的环境做出反应。

图 2.13 以智商为例，清楚说明了反应范围的概念。在这里我们看到，环境丰富性的变化程度对三个儿童 IQ 的影响：胡安在遗传上有很高的智力发展潜能；汤尼的智力天赋一般；弗雷迪的智力发展潜能远低于平均水平。注意，在相似的环境条件下，胡安总是胜过另外两个孩子。胡安的反应范围也是最宽的，因为他的 IQ 可以从局限性环境里低于一般水平，变化到在丰富环境里远高于一般水平。相反，弗雷迪的反应范围很窄，智力发展的潜能也很低，因此他比另外两个儿童在不同的环境里 IQ 变化更小。

总之，反应范围原则很清楚地阐述了遗传和环境的交互作用。有可能一个人的基因型对任一特定的属性设定了可能结果的范围，而在这个范围内，环境极大地影响着他最终成为什么样的人。

基因型—环境相关

到现在为止，我们已经谈到遗传和环境好像是独立的影响源，它们以某种方式结合起来决定我们可以观测到的特征或者表现型。这个观点可能太过于简单了。许多行为遗传学家现在相信，

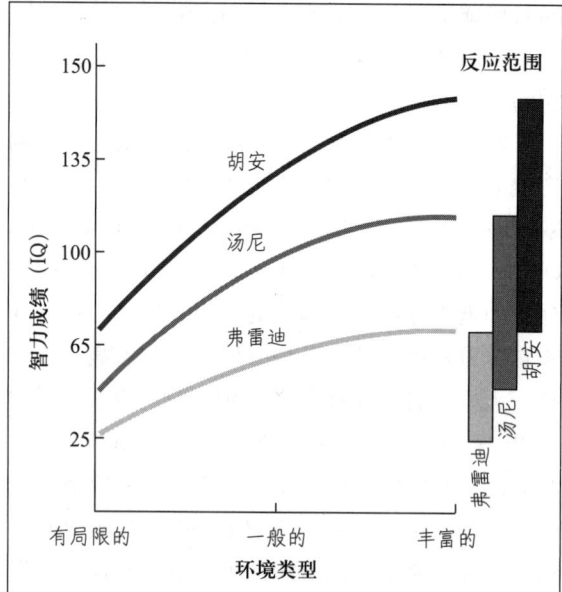

图 2.13 三个儿童在有局限的、一般的和丰富的智力环境下，假定的智力反应范围。

来源：Adapted from "Heritability of Personality: A Demonstration," by I. Gottesman, 1963, *Psychological Monographs*, 11 (Whole No. 572). Copyright © 1963 by the American Psychological Association.

基因可能确实影响了我们经历的环境（Plomin, DeFries, & Loehlin, 1977; Scarr & McCartney, 1983），其影响方式至少有三种。

被动的基因型—环境相关

按照 Scarr 和 McCartney（1983）的观点，父母为儿童提供的家庭环境的类型部分受父母自己的基因型影响。另外，由于父母也给孩子提供了基因，所以儿童所置身的养育环境与他们自己的基因型也相关（并且可能适应于他们的基因型）。

下面的例子清楚地证明了这些**被动的基因型—环境相关**的发展含义。有运动天赋的父母可能鼓励他们的孩子积极参加体育活动，从而创造一个很有运动气息的家庭环境。除了身处运动环境，儿童还可能遗传了他们父母的运动基因，这也可能使他们特别易于适应那个环境。因此，运

动型父母所生的孩子可能逐渐开始享受运动的乐趣，这里既有遗传的原因也有环境的原因，并且遗传和环境的影响是紧紧缠绕在一起的。

当父母为孩子营造与孩子的基因型有关的环境时，被动的基因型—环境相关就发生了。

唤起的基因型—环境相关

前面提到，对许多人格特征有很大影响的环境是使个体彼此不同的非共享经验。儿童所经历的环境的差别是否可能部分来自于这样的事实：他们遗传了不同的基因，从而引发了同伴们的不同反应？

Scarr 和 McCartney（1983）认为是这样的。他们的**唤起的基因型—环境相关**的观念假定，一个儿童受基因影响的属性将影响他人对待他的行为。例如，活泼的婴儿会比忧郁被动的婴儿受到更多的注意和更积极的社会刺激（Deater-Deckard & O'Connor, 2000）。相比其貌不扬的学生，老师可能更喜爱那些外表吸引人的学生。显然，他人对儿童的反应（以及儿童受基因影响的属性）是一种环境影响，它对形成儿童的人格起着重要的作用。现在，我们再一次看到了遗传和环境影响的交织：遗传影响了所处的社会环境的特征。

主动的基因型—环境相关

最后，Scarr 和 McCartney（1983）提出，儿童所喜欢和寻求的环境将会是那些与他们的基因倾向性最一致的环境。例如，一个基因倾向于外向的儿童很可能会邀请朋友到他的家里，他会是一个积极的社交聚会爱好者，并且通常喜欢交际性活动。相反，遗传倾向于害羞而内向的儿童可能会主动避免大型的社交聚会，并选择玩像电子游戏这样可以一个人玩的游戏。因此，这些**主动的基因型—环境相关**的一个含义是，不同基因型的人将为他们自己选择不同的小环境，然后这个小环境可能会对他们将来的社会性、情绪和智力发展有非常强的影响。

基因型—环境相关怎样影响发展

按照 Scarr 和 McCartney（1983）的观点，主动的、被动的和唤起的基因影响的相对重要性，随着儿童期的发展而变化。在最初的几年，婴儿不能自由地走亲访友，不能选择朋友并建立适合自己的小环境。他们的多数时间是在家里度过的，家是父母为他们建构的环境，因此，被动的基因型—环境相关在生命早期特别重要。但是，一旦儿童到了入学年龄，他们的日常生活都是游离于家庭之外的，他们突然会变得更自由地选择自己的兴趣、活动、朋友以及住所。因此，随着儿童的成熟，主动的基因型—环境相关应该对其

> ▶ **反应范围原则**（range-of-reaction principle）：个体在面对不同环境反应时，可能展现出的表现型范围受基因型的限制。
>
> ▶ **被动的基因型—环境相关**（passive genotype/environment correlations）：亲生父母提供给孩子的养育环境受父母自己的基因影响，并因此与孩子自己的基因型相关。
>
> ▶ **唤起的基因型—环境相关**（evocative genotype/environment correlations）：我们的遗传特征影响他人对我们的行为反应，并因此影响了发展所处的社会环境。
>
> ▶ **主动的基因型—环境相关**（active genotype/environment correlations）：我们的基因型影响我们偏爱和寻求的环境类型。

发展起更大的作用（见图2.14）。最后，唤起的基因型—环境相关一直都是很重要的；也就是说，一个人受遗传影响的属性和行为模式也许一生都影响着他人对待他的反应方式。

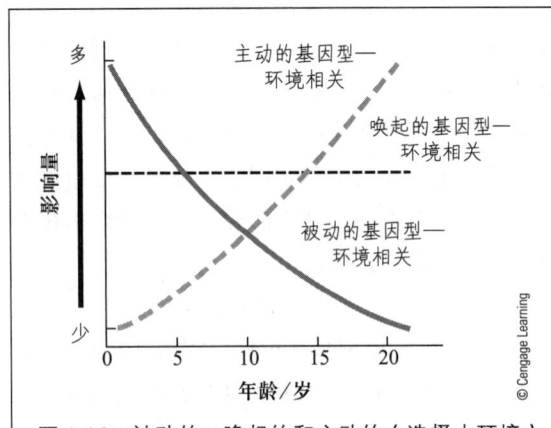

图2.14 被动的、唤起的和主动的（选择小环境）基因型—环境相关的相对作用是年龄的函数。

假如Scarr和McCartney的理论站得住脚，那么随着时间流逝，除同卵双生子之外的所有兄弟姐妹会逐渐从父母早期强加给自己的比较相似的养育环境里脱离出来，并且开始主动选择适合于自己的不同的小环境，他们应该变得越来越不相似。的确，有大量的证据支持这个观点。住在同一个家庭但没有血缘关系的一对被领养者，童年早期和中期在行为和智力操作上的确有一些明显的相似性（Scarr & Weinberg, 1978）。因为这些被领养者彼此没有共同的基因，与其领养父母也没有共同的基因，他们的相似性一定来自于他们共同的领养环境。然而到青少年晚期，没有血缘关系的兄弟姐妹彼此在智力、人格或者任何其他行为上都完全不相像，大概是因为他们选择的小环境很不相同，这反过来又使他们走向了不同的发展道路（Scarr, 1992; Scarr & McCartney, 1983）。甚至有50%相同基因的异卵双生子，在青少年或成人时也比他们儿时的相似性更小（McCartney, Harris, & Bernieri, 1990）；并且随着时间推移，异卵双生子的IQ相似性也逐渐减小，如图2.12所示。显然，异卵双生子非共享的基因使得这些个体选择了不同的小环境，反过来又使得他们的相似性随时间逐渐下降。

另一方面，同卵双生子在整个童年期和青少年期行为相似性都很大。为什么呢？有两个原因：（1）同卵双生子会引起他人相同的反应；（2）相同的基因型使他们偏爱且选择了非常相似的环境（如朋友、兴趣和活动）。这些会对双生子产生同等的影响，并且保证了他们彼此一直都很相像。就连分开抚养的同卵双生子在某些方面也会相似，因为同样的基因使他们寻求并偏爱相似的活动和经验。让我们更深入地看一下这个问题。

分开的同卵双生子

Thomas Bouchard和他的助手（Bouchard et al., 1990; Neimark, 2000）已经研究了近100对分开的同卵双生子——有相同的基因，但是在不同的家庭环境里抚养。奥斯卡·斯德尔（Oscar Stohr）和杰克·尤菲（Jack Yufe）就是这样的一对同卵双生子。奥斯卡由他的母亲在纳粹统治的欧洲抚养，是一个天主教徒。他在第二次世界大战期间参加了希特勒青年团运动，现在被聘为德国的一个工厂管理人。杰克，商店老板，被一个犹太人抚养，在周游世界的途中流落到一个加勒比海国家并在那里长大，然后来到了令人厌恶的纳粹区。如今，杰克是一个政治自由主义者，而奥斯卡是极端的保守主义者。

与所研究的每一对分开的同卵双生子一样，奥斯卡和杰克在一些很重要的方面不同。一个通常比另一个更自信、更开朗，或者更具攻击性，或者有不同的宗教和政治哲学（像奥斯卡和杰克一样）。然而更值得注意的发现是，所有这些对双生子也显示出了很多令人震惊的相似性。例如，年轻时，奥斯卡和杰克都擅长体育，而在数学方面有困难。他们有相似的特殊言语习惯，并且两人都容易心不在焉。还有一些小事情，如他们都喜欢辛辣食物和烈性甜酒，都习惯手腕上束着橡皮筋，以及都喜欢便前便后冲洗便池。

杰克·尤菲（左）和奥斯卡·斯德尔（右）。

分开抚养的同卵双生子怎么会如此的不同，但同时又如此的彼此相似呢？主动的基因影响的观点有助于解释这种离奇的相似性。当得知一对双生子是在不同的环境里成长时，我们倾向于夸大他们生活背景的不相似性。事实上，分开抚养的同卵双生子是相似的生活圈子的成员，他们很可能置身于各种各样相似的物体、活动、教育经验和伴随他们成长的历史事件中。因此，假如同卵双生子在基因上倾向于选择环境中的相似方面，假如不同的环境给他们提供了适度相似的经验背景，并由此建立他们的小环境的话，那么这些个体应该在习惯、惯用语、能力和兴趣方面有许多相似性。

那么，为什么分开的同卵双生子常常又有不同呢？按照 Scarr 和 McCartney（1983）的观点，分开的同卵双生子因为养育环境的不同而不能够建立起相似的小环境，因此他们可能在任何特征上都不相同。奥斯卡和杰克是一个重要的例子。他们在许多方面相似，是因为分开的养育环境允许他们接近许多相同类型的经验（例如，体育、数学、辛辣的食物、橡皮筋），由此，这些基因完全相同的个体才形成了一些相似的习惯、惯用语和兴趣。然而，他们在政治理想上的差异是不可避免的，因为他们的社会政治环境（纳粹统治的欧洲与宽松的加勒比海地区）是如此不同，从而阻止了他们建立使自己成为坚定的政治联盟的小环境。

对行为遗传学方法的评价

行为遗传学是一门比较新的学科，它强烈地影响着科学家看待人类发展的方式（Dick & Rose，2002）。例如，现在我们知道，许多先前被认为由环境塑造的特征也部分地受基因影响。像 Scarr 和 McCartney 提出的，我们是"在基因这一指挥员的引导下，天性与教养合作"的产物（1983，p.433）。实际上，基因可能通过影响我们的经验来影响人类发展的各个方面，反过来，这也会影响我们的行为。而且，他们的观点有一个非常重要的寓意，即许多先前被确定的环境对发展的影响，可能部分地反映了遗传的作用（Plomin et al.，2001；Turkheimer，2000）。

当然，并不是所有的发展学家都同意在"天性与教养的合作团队"中，遗传天资占据"指挥员"的地位（Gottlieb，1996；Greenberg，2005；Partridge，2005；Wachs，1992）。学生们常常会反对 Scarr 和 McCartney 的理论，因为他们有时候把它理解为基因决定环境，但是这并不是这一理论的真实含义。Scarr 和 McCartney 的意思是：

1. 有着不同基因型的人可能激起他人不同的反应，并选择适于他们自己的不同的小环境。
2. 然而，他们引起的反应和所选择的小环境又在很大程度上依赖于他们所面临的特定的对象、背景和环境。举例来说，假如一个儿童在基因上是倾向于对人友好和外向的，但是她与隐居的父亲住在美国阿拉斯加州的荒野，那么她的这种先天倾向将很难实现。事实上，一旦被养育在这样一个社会环境里，她将会变得相当害羞和退缩。

总之，基因型和环境的交互作用导致了发展结果中的变化和变异。的确，基因对我们可能经历的环境会有一些影响。但是，特定的环境也限制了来自特定基因型所展现的可能的表现型（Gottlieb，1991b，1996）。也许当 Donald Hebb（1980）说，行为百分之百由遗传决定和百分之百由环境决定的时候，他还不是错得太离谱，因为这两个影响源是错综复杂地交织在一起的。

与这些新观念一样有趣的是，批评者认为，行为遗传学方法只是关于发展进程的一个描述性的概述，而不是对发展的详尽解释。持这种观点的理由之一是我们几乎不知道基因是怎样发挥作用的（Partridge，2005）。基因被编码来制造氨基酸，而不是产生智力或社会性这样的特质。尽管我们现在猜测，基因通过影响我们唤起他人反应的经历或自身创造的经历间接影响行为，但要解释基因如何和为什么驱使我们偏爱特定的刺激及活动，仍然还有很长的路要走（Plomin & Rutter, 1998）。另外，行为遗传学家以非常笼统的方式使用"环境"这一术语，他们几乎没有尝试过直接测量环境的影响，或者详细描述环境如何影响个体的行为。也许，你能看出问题所在了：那些批评者认为，仅仅假定宽泛的环境因素以未知的方式受基因影响，并以某种方式塑造我们的能力、行为和特征（Bronfenbrenner & Ceci, 1994; Gottlieb, 1996; Partridge, 2005），这并没有对发展做出解释。

习性学和进化论的观点

正如我们在第 1 章已学到的，理论是一系列概念和命题，用于组织、描述和解释已有的一系列观察结果。我们曾经讨论过的很多发展的生物学领域也适用于习性学和进化理论。例如，阿诺尔·格塞尔（Arnold Gesell，1880—1961）采取非常极端的立场，认为人类发展主要是生物成熟的问题。格塞尔（1933）相信，像植物一样，儿童仅仅是遵循一种模式和基因中已编排好的时间表自然地"开花"，父母如何抚养孩子并不重要。

尽管今天的发展学家们在很大程度上拒绝格塞尔的极端观点，但是生物学影响在人类发展中起重要作用的观点——在**习性学**领域非常具有活力，并得到了很好的发展。习性学是对于行为的进化基础以及进化对人类生存和发展的贡献的科学研究（Archer，1992）。这一学科的起源可以追溯到查尔斯·达尔文（Charles Darwin）；然而，现代习性学发轫于两位欧洲动物学家康拉德·洛伦茨（Konrad Lorenz）和尼康·廷伯根（Niko Tinbergen）的工作，他们的动物研究强调了进化过程和适应性行为之间的重要联系（Dewsbury，1992）。现在我们来考察一下经典习性学的核心假设和对于人类发展的意义。

经典习性学的假设

习性学家所做出的最基本的假设是所有动物物种的成员生来就具有一些"生物程式化"的行为，它们是：(1) 进化的产物；(2) 对生存具有适应性（Lorenz, 1937, 1981; Tinbergen, 1973）。例如，很多鸟类似乎已为那些本能行为做好了生物准备，如跟随母亲（被称为印刻行为，有助于保护年幼动物远离掠食者，并确保它们觅食）、筑巢和鸣叫（康拉德·洛伦茨通过实验让鹅对他而不是对鹅妈妈产生了印刻行为，印刻过程的发现给康拉德·洛伦茨带来了巨大声誉）。这些预设的生物学特征被看作达尔文的**自然选择**过程的进化结果，也就是说，在进化过程中，具有促进这些适应性行为基因的鸟类比缺少这些适应性特征的鸟类更容易生存下来，并把基因传递给它们的后代。经过许多许多代以后，隐含最具适应性行为的基因广泛分布于物种中，成为几乎所有个体的特征。

康拉德·洛伦茨研究了鹅的印刻现象。正如你在图片中看到的那样，一群小鹅对他而不是对鹅妈妈产生了印刻行为。它们把他当成鹅妈妈，到哪儿都跟着他。

因此习性学家非常关注天生的或本能的反应，包括：(1) 物种所有成员都享有的；(2) 引导个体沿着相似的发展路径发展。在哪儿更适合研究适应性行为和其发展意义呢？习性学家更倾向于在自然环境中进行研究，因为他们认为，如果在人类（或动物）发展进化并被证明具有适应性的环境中进行观察，那些塑造他们（它们）发展的先天行为是最容易被识别并被理解的（Hinde，1989）。

习性学和人类发展

促进生存的本能反应在动物中似乎相对容易识别。但是人类真的展现出了这些行为吗？如果的确如此，那么这些已预设好的反应可能如何影响发展呢？

人类习性学家约翰·鲍尔比（John Bowlby，1969，1973）认为，儿童展示出了大量的预先设定的行为。他们还提出，每种反应都促进了一种特定的经验，这将有助于个体生存并正常发展。例如，人类婴儿的啼哭被看作生物学预设的吸引抚养者注意的"悲伤信号"。不仅婴儿被认为在按照生物学程序通过大声的、精力充沛的哭叫来表达悲伤，而且抚养者也被认为从生物学上倾向

于对这种信号做出反应。因此，婴儿哭泣的适应性意义就在于确保：(1) 婴儿的基本需要（例如食物、水和安全）得到满足；(2) 婴儿将充分接触他人以形成基本的情感依恋（Bowlby，1973）。

尽管习性学家因学习理论在很大程度上忽视人类发展的生物学基础而对其持批评态度，但是他们深知发展需要学习。例如，婴儿的哭泣可能是促使人类情感依恋出现的一个先天信号。然而，情感依恋不会自动发生。在对抚养者产生情感依恋之前，婴儿必须首先学会区分熟悉面孔和陌生面孔。据推测，这种辨识性学习可以追溯到人类游牧部落进化的历史时期，当时人们要勇敢地面对恶劣的自然环境。在那个时期，婴儿对抚养者产生依恋、对陌生人保持警惕是至关重要的，如果未能贴近抚养者或者未能在陌生面孔接近时发出哭声，婴儿有可能被食肉动物掠食。

现在考虑一下争论的对立观点。一些抚养者由于受到各种生活压力的侵袭（比如慢性疾病、抑郁、不幸福的婚姻）可能会心不在焉或疏忽对婴儿的照料，因此婴儿的哭泣几乎不能促进与抚养者的任何接触。这样的孩子也许不会对抚养者形成安全的情感依恋，也许会变得很害羞，将来会对其他人的情感反应迟钝（Ainsworth，1979，1989）。婴儿从自己的早期经验中学到她的抚养者是不可靠的，不能被信任。因此，她会对抚养者感到矛盾或者警惕，以后她会认为其他经常陪伴她的人，如教师和同伴，同样也是不值得信任的，应尽可能回避他们。

个体的早期经验有多重要呢？习性学家认为早期经验非常重要。事实上，他们认为很多品质

> **习性学**（ethology）：研究行为和个体生存发展的生物进化基础。

> **自然选择**（natural selection）：一个进化过程，由查尔斯·达尔文提出，他认为具有促进适应环境特征的个体将生存、繁殖，并把这些适应性特征传递给后代；而缺少这种适应性特征的个体最终将消亡。

的发展也许有"关键期"。关键期是一个有限的时间段，在这段时期内，如果发展中的有机体接收到适合的输入，那么它就会从生物学上为展示发展的适应性模式做好准备（Bailey & Symons, 2001；Bruer, 2001）。过了关键期，同样的环境事件或者影响都不会有持久的效果。尽管关键期的概念似乎解释了动物发展的某些方面，例如幼鸟的印刻行为，但是很多人类习性学家认为用"敏感期"这个术语描述人类发展更为准确。**敏感期**是指某种特殊能力或者行为出现的最佳时期，在这段时期中，个体对于环境影响特别敏感。敏感期的期限不如关键期那么严格，或界定的不那么完善。在敏感期之外，发展也是可能的，但是培养起来就困难多了（Bjorklund & Pelligrini, 2002）。

一些习性学家认为，人生的前三年是对他人社会性和情绪反应发展的敏感期（Bowlby, 1973），也就是说，在人生的前三年，我们对形成密切的情感联结最敏感，如果在此期间几乎没有机会这么做，就会发现在以后的生活中很难结交亲密的朋友或者与他人发展亲密的情感关系。这是一个有关人类情感生活的颇具挑战性的观点，我们在第10章讨论早期社会性和情绪发展时，将会仔细考察它。

总之，习性学家承认，我们受到经验的极大影响（Gottlieb, 1996），然而他们强调，人类本质上是生物体，他们与生俱来的特征会影响他们可能拥有的学习经验。

现代进化理论

正如习性学家一样，**现代进化理论**的支持者们对于详细说明自然选择如何使我们倾向于发展适应性的品质、动机和行为同样感兴趣。然而，对于进化的作用，进化论者的假设不同于习性学家。

回想一下，习性学家认为，预先选择的适应性行为是指那些可以确保个体生存的行为。现代进化论者并不同意，他们认为，预先选择的适应性动机和行为是那些确保个体基因的生存和传播的动机和行为。这看起来有一些细微的区别，但是这点很重要。考虑一下一个父亲的个人牺牲，父亲从火灾中救了他的四个孩子后死去了，他的无私并不能增进个人的生存，习性学家对此很难解释。然而，进化论者却认为父亲的动机和行为具有高度的适应性。为什么呢？因为孩子携带了父亲的基因，他们比父亲拥有更多的生育时间。因此，从现代进化论的视角来看，即使父亲的行为导致死亡，但他确保了基因的生存和传播（Bjorklund & Pellegrini, 2002；Geary & Bjorklund, 2000）。

思考一下进化论者感兴趣的理论问题：与其他动物物种相比，人类发展非常缓慢，成熟较慢，需要他人多年的抚养和保护。现代进化论者把这段漫长的不成熟期看作一种必要的进化适应。也许与其他物种相比，人类必须通过自己的智慧而生存。人类拥有一个容量大、功能强的大脑，这本身就是进化适应的结果，人类使用工具改造环境以满足自己的需要。他们还创造了有着复杂规则和社会习俗的复杂的文化，每一代青年人为了在这样的社会体系中生存并茁壮成长，他们必须学习。因此，一个漫长的发展期，伴随着年长个体提供的保护（尤其是来自那些有兴趣保存他们基因的亲属），是具有适应性的。因为这使得青少年获得所有的身体和认知能力、知识和社交技能，作为现代人类文化富有创造性的成员占据一席之地（见 Geary & Bjorklund, 2000；Bjorklund & Pellegrini, 2002；可以看到更多有关人类漫长的未成熟期的适应价值）。

对习性学和进化论观点的评价

如果这本教科书写于1974年，将不会包括任何进化论的观点。尽管习性学兴起于20世纪

60年代，但是早期的习性学家研究的是动物行为，直到过去的25～35年，习性学和现代进化论的倡导者们才认真研究进化对人类发展的贡献，其中的很多假设仍然是推测的。然而，进化论观点的支持者们已对这一学科做出了巨大贡献，他们提醒我们，每个孩子都是生来就具有很多适应性的、遗传上预设的特征的生物人——这些特征或属性会影响其他人对孩子的反应，因此发展很自然地就发生了。此外，习性学家还做出了一个重大的方法学贡献，就是向我们展示下列研究的价值：(1) 在日常的常态环境下研究人类发展；(2) 将人类发展与其他物种的发展相比较。

作为批评，进化论的方法很难验证。怎么才能证明各种动机、习性和行为是天生的、自适应的或者是进化史的产物？这些观点很难证实。

其他观点的拥护者则认为，即使某种动机或行为的基础是生物学上预设的，但是这些天生的反应很快就会通过学习而改变，因此花费太多的时间去考虑它们先前进化的意义或许没什么必要。甚至有些强韧的、受基因影响的属性很容易被经验所改变。例如，绿头鸭年幼的小鸭显然更喜欢自己妈妈的叫声而不是其他禽类的叫声（比如鸡的叫声）——这是习性学家所界定的天生的、自适应的、野鸭进化发展的产物。然而，Gilbert Gottlieb (1991) 已证明：在未孵化前让野生鸭胚胎听鸡的叫声，那么小鸭会更喜欢鸡的叫声而不是野鸭妈妈的叫声。在这种情况下，小鸭出生前的经验击败了遗传倾向。当然，人类的学习能力比野鸭强大很多，因此引来许多批评，他们认为，文化学习经验很快就会遮盖先天进化机制在塑造人类行为和特征中的作用。

尽管有这些批评，进化论的观点仍然是对发展科学的有价值的补充。对于生物进程的强调不仅是对学习理论过于强调环境影响提供了有益的平衡，而且还说服了更多的发展学家们到实际发生的自然环境中去寻找发展的原因。

环境是如何精确地影响人类的能力、行为和特征的？在哪些年龄段环境影响尤为重要呢？这些都是我们在本书中试图回答的问题。下一章开始将考察孩子出生前的环境事件如何与天性（自然预设）共同影响产前发展进程和新生儿的特征。

> **敏感期**（sensitivie period）：指某种特定能力或行为发展的最佳时间段，在这段时间里，个体对塑造该特质的环境影响特别敏感。
>
> **现代进化理论**（modern evolutionary theory）：研究行为和发展的生物进化基础，重点关注基因的生存。

概念核查2.3　理解遗传对行为的影响

回答下列问题，检查你对人格和智力等更复杂的行为特征如何受到基因型、表现型和经验影响的理解。答案见附录。

选择题：为下列各题选择最佳答案。

____ 1. 在"选择性繁殖"的例子中，科学家泰伦_____。
    a. 种植豌豆并观察豌豆的特征组合
    b. 饲养小白鼠并测试小白鼠跑迷宫的能力
    c. 观察同卵双生子与异卵双生子在遗传学上的差异
    d. 检验与无血缘关系的养父母一起生活如何影响孩子的表现型

____ 2. "遗传力系数"包括对_____的比较。

a. 相同环境中的同卵双生子；不同环境中的同卵双生子
b. 相同环境中的异卵双生子；不同环境中的异卵双生子
c. 同卵双生子；异卵双生子
d. 异卵双生子；非双生的兄弟姐妹

____ 3. 遗传引起了下列各种反应，除了_____。
a. 精神分裂症　　　b. 双相障碍
c. 神经性厌食症　　d. 酒精中毒

____ 4. 个体对环境做出的有限的反应取决于其基因型。个体做出的可能反应被称为_____。
a. 可能的结果　　　b. 反应范围
c. 非共享的环境影响　d. 共享的环境影响

____ 5. 进化理论认为，如果环境塑造了发展，那么人类的特定适应性特征最有可能在_____得到发展。
a. 成年期　　　　　b. 敏感期
c. 婴儿期　　　　　d. 减数分裂期

判断题：判断下列陈述的对错。

6. 在生命早期基因较为重要。然而，到青春期以后只有经验才能决定智力表现。
7. 基因影响婴儿智力发展的进程和程度。
8. 非共享的环境影响和遗传影响两者共同影响表现型。

简答题：简要回答下列问题。

9. 简要叙述泰伦的选择性繁殖实验和结果，他的研究发现如何影响了其他科学家对遗传的看法。
10. 简述用于观察基因型对表现型影响的两种家庭研究，并解释当你自己进行研究时你会选择哪种方式。为什么？

论述题：详细论述下列问题。

11. 阐述主动的基因影响的原理。如何使分开养育的同卵双生子的成长环境尽可能相似？

发展主题在遗传对发展的影响中的应用

主动 / 被动

连续性 / 阶段性

整体性

天性 / 教养

贯穿全书，我们都将检验有关特定主题的研究和理论如何与四个重要的发展主题相关联：儿童的主动性、天性和教养的交互作用、发展中的量变和质变，以及儿童发展的整体性。在本章中，我们看到这些主题甚至在孩子出生前就提出来了，因为遗传对发展的影响与每个问题都有关系。

Scarr 和 McCartney 的基因型—环境相关理论提升了儿童发展的主动性的可能。请回忆一下：儿童的主动-性是指儿童的特征影响他的发展，而且这种影响不需要考虑有意识的选择或行为。

根据基因型—环境相关理论，在被动的基因型—环境相关中，儿童在发展中是主动的，因为这依赖于儿童的基因型。在唤起的基因型—环境相关中，儿童也是主动的，因为这同样依赖于由儿童的基因引发的反应。最后，在主动的基因型—环境相关中，儿童在选择自己所追求的环境时还是主动的。很明显，这一理论有力地证明了儿童在发展中的主动作用。

在本章中，我们探讨了遗传对发展的影响，强调了天性和教养在推动发展中的交互作用。我们讨论了行为遗传学的方法，这种方法试图测量遗传、共享环境和非共享环境对各种行为特征的相对影响。我们发现，尽管可以通过一致性比率、血缘关系、遗传力评估等分离出各种效应，但是还是要承认，在发展中，天性和教养以复杂的、无法测量的方式相互作用着。

在本章中，我们也列举了一些发展中的量变和质变的例子。在减数分裂过程中，一个生殖细胞分裂成配子就是发展中的质变。体细胞通过有丝分裂过程进行分裂就是发展中的量变。

发展中的质变的一个理论例子来自基因型—环境相关理论。请回忆一下，不同类型的基因型—环境相关的相对影响是随发展而变化的，被动效应在发展的早期作用更强，而主动效应在发展的后期作用更强。

我们最后的主题是儿童发展的整体性。或许，这个主题是研究遗传对发展的影响的最基本的理念。在本章中，我们看到遗传和环境影响儿童发展的所有方面——生理的、社会的、认知的和行为的。显然，如果我们把儿童看作由心理机能全方位的影响和结果构建起来的一座完整的迷宫，那么遗传无疑就是其中的一块重要建筑积木。

总 结

遗传的原理

- 发展从受孕开始，那一刻来自父亲的精子进入来自母亲的卵子，形成一个受精卵。
- 一个正常的人类受精卵包含46条染色体（从父母双方处各得23条），每条染色体包含上千个叫作基因的脱氧核糖核酸。基因是受精卵发展成一个具有认知能力的人的生物学基础。
- 受精卵的发展通过有丝分裂发生——随着每个细胞里的23对染色体复制自身并分裂为完全相同的子细胞，进而产生新的体细胞。
- 专门的生殖细胞也有23对染色体，通过减数分裂过程产生配子（精子或卵子），每个都含有23条不配对的染色体。染色体的互换和独立分配确保了每个配子从父母那里各获得一组独特的基因。
- 当单一的受精卵分成两个细胞，独立发展为两个个体时，就产生了单精合子（或同卵）双生子。
- 当两个不同的卵子分别被不同的精子受精，然后独立发展为两个个体时，就产生了双精合子（或异卵）双生子。
- 配子包含22条常染色体和1条性染色体，女性的性染色体是两条X染色体，而男性的性染色体是1条X染色体和1条Y染色体。
- 正常的人类卵子包含1条非配对的X染色体，精子包含1条X染色体或1条Y染色体。因此，父亲决定了孩子的性别（依赖于使卵子受孕的精子包含X染色体还是Y染色体）。
- 基因产生酶和其他蛋白质——这是新细胞产生并发挥功能所必需的，并且调节着发展的时间和进程。内外环境影响基因如何运作。
- 个体的基因型会在很多方面影响表现型，如一个人的外表、情感、思维或行为。
  - 有些特征由单一的一对等位基因决定，它的每个基因是分别从双亲那里遗传来的。
  - 在简单的显性或隐性特质里，个体展示出显性等位基因的表现型。
  - 假如一个基因对是共显性的，那么这个个体展现出的表现型介于显性和隐性等位基因之间（镰状细胞性贫血就是例子）。
  - 性连锁特征是由X染色体上的隐性等位基因引起的，当Y染色体上没有相应的基因来遮盖它的影响时就会出现，因此它们在男性中更普遍。
- 最复杂的人类属性，如智力和人格特质，是多基因的，或者受很多基因影响，而不是单独受一对基因的影响。

遗传疾病

- 在偶然的情形下,儿童会遗传上先天缺陷(如亨廷顿症),它们是由异常的基因和染色体引起的。
- 个体遗传了太多或太少的染色体时,就会出现染色体异常。
- 一种主要的常染色体障碍是唐氏综合征,儿童在第21对染色体上遗传了额外多出的一条染色体。
- 许多遗传疾病能够通过自身没有患病却携带了异常隐性基因的父母遗传给孩子。
- 基因异常也可能来自突变——一个或多个基因结构的变化,可以自动发生,或由于环境危害(如辐射或有毒的化学制剂等)而发生。

基因咨询、产前检查与遗传疾病的治疗

- 基因咨询告知未来的父母可能生出有遗传缺陷的孩子的概率,家族史和医学检测被用于确定父母是否有携带异常基因的风险。
- 羊膜穿刺术、绒毛膜绒毛取样和超声波等技术被用于许多基因和染色体异常的产前检查。
- 医学干预,如特殊的饮食、胎儿手术、药物和激素以及基因代替疗法等能够降低许多遗传疾病的危害(如苯丙酮尿症)。

遗传对行为的影响

- 行为遗传学研究基因和环境怎样影响发展的个体变异。
- 尽管动物能够用选择性繁殖实验来研究,但是人类行为遗传学家必须进行家庭研究(常常是双生子设计或领养设计),从血缘关系不同的家庭成员间的相似性和差异性来评估各种属性的遗传力。
- 遗传对各种属性的贡献用一致性比率和遗传力系数来估计。
- 行为遗传学家也能够确定一种特质可归于非共享的环境影响和共享的环境影响的变异程度。
- 家庭研究表明,遗传力影响人们的智力表现、内向—外向性和共情关注,以及出现精神分裂症、双相障碍、神经症、酗酒和犯罪等异常行为的倾向性。

遗传与环境在发展中交互作用的理论

- 导向原则认为基因限制了某些发展的结果,环境难以改变这些结果。
- 反应范围原则认为遗传预设了发展潜能和环境影响的范围,个体将在这一范围内变化。
- 近期的一个理论提出,基因通过三种途径影响我们可能经历的环境:被动的基因型—环境相关、唤起的基因型—环境相关、主动的基因型—环境相关。
- 不同基因型—环境相关的相对影响随发展而变化,生命早期以被动的基因型—环境相关为主导,唤起的基因型—环境相关贯穿一生,主动的基因型—环境相关直到童年晚期和青少年期才发挥作用。

对行为遗传学方法的评价

- 行为遗传学对我们关于人类发展的看法产生了强大的影响,许多以前被认为受环境决定的属性其实部分地受基因的影响。
- 行为遗传学也有助于化解天性与教养的争论,它阐明这两种影响源是错综复杂地交织在一起的。
- 行为遗传学被批评为一种不完全的发展理论,它只是描述而没有解释基因或环境是如何影响我们的能力、行为和性格的。

习性学与进化的观点

- 习性学与进化的观点

- 认为人类天生具有通过自然选择进化而来的适应性特征；
- 认为适应性特征引导发展以促进生存；
- 认为人类受到经验的影响；
- 假如提供了促进发展的环境，那么某种适应性特征最有可能在敏感期获得发展；
- 强调人类受生物学影响的特征影响人们可能拥有的学习经验的类型。

第2章 练习测验

选择题： 为下列各题选择最佳答案，检查你对遗传的理解。答案见附录。

1. 生殖细胞分裂产生两个配子（精子或卵子）的过程，被称作____。
   a. 双螺旋　　　　b. 互换
   c. 减数分裂　　　d. 有丝分裂

2. 每个配子（精子或卵子）包含____染色体。
   a. 23个　　　　　b. 46个
   c. 23对　　　　　d. 46对

3. 以下哪个属于性染色体的特征？
   a. 异卵双生子　　b. 红绿色盲
   c. 镰状细胞性贫血　d. 多基因遗传

4. 以下不属于遗传性先天缺陷的是____。
   a. 产前接触有害因素　b. 隐性基因异常
   c. 显性基因异常　　　d. 染色体过多或过少

5. 由于发现具有____的男性在奥林匹克运动会上作为女选手比赛，导致了现有的对参加奥运会比赛的所有女选手进行遗传性测验。
   a. 特纳氏综合征　　b. 克兰费尔特氏综合征
   c. 唐氏综合征　　　d. 亨廷顿症

6. 检查多胎妊娠和身体异常的遗传疾病的最安全（流产风险最小）的方法是____。
   a. 绒毛膜绒毛取样检测
   b. 羊水诊断
   c. 遗传咨询
   d. 超声波

7. 以下除了____都与遗传力的家庭研究有关。
   a. 血缘关系　　　　b. 双生子设计
   c. 领养设计　　　　d. 选择性抚养

8. 生活在一起的人不共享那些使他们彼此变得不同的环境，这种环境影响被称为____。
   a. 一致性比率　　　b. 遗传力系数
   c. 非共享环境影响　d. 共享环境影响

9. ____指表现型的遗传限制在少量的发展结果中。
   a. 导向原则
   b. 反应范围
   c. 唤起的基因型—环境相关
   d. 主动的基因型—环境相关

10. 人们认为下列哪项基因型—环境相关会随着发展而减弱？
    a. 主动的基因型—环境相关
    b. 唤起的基因型—环境相关
    c. 被动的基因型—环境相关

关键术语

X染色体，p51
Y染色体，p51
被动的基因型—环境相关，p76
苯丙酮尿症（PKU），p64
表现型，p47
常染色体，p51

d. 导向基因型—环境相关
超声波，p63
纯合，p53
脆性 X 染色体综合征，p62
单精合子（同卵双生子），p51
导向，p75
等位基因，p53
独立分配，p49
多基因特质，p56
反应范围原则，p76
非共享的环境影响（NSE），p70
共情关注，p73
共显性，p54

共享的环境影响（SE），p70
互换，p49
唤起的基因型—环境相关，p77
基因，p48
基因型，p47
基因咨询，p61
减数分裂，p49
简单显性—隐性遗传，p53
精神分裂症，p74
镰状细胞性贫血，p55
领养设计，p68
敏感期，p82
内向—外向，p73
染色体，p48

绒毛膜绒毛取样，p63（CVS）
神经症，p75
生殖细胞基因治疗，p65
受精卵，p48
受孕，p47
双精合子（异卵双生子），p51
双生子设计，p68
双相障碍，p75
唐氏综合征，p59
突变，p60
脱氧核糖核酸（DNA），p48
习性学，p80
先天缺陷，p58

显性等位基因，p53
现代进化理论，p82
携带者，p54
行为遗传学，p67
性连锁特征，p55
选择性繁殖实验，p67
血缘关系，p68
羊膜穿刺术，p62
一致性比率，p68
遗传力，p67
遗传力系数，p69
隐性等位基因，p53
有丝分裂，p48
主动的基因型—环境相关，p77
自然选择，p80
杂合，p54

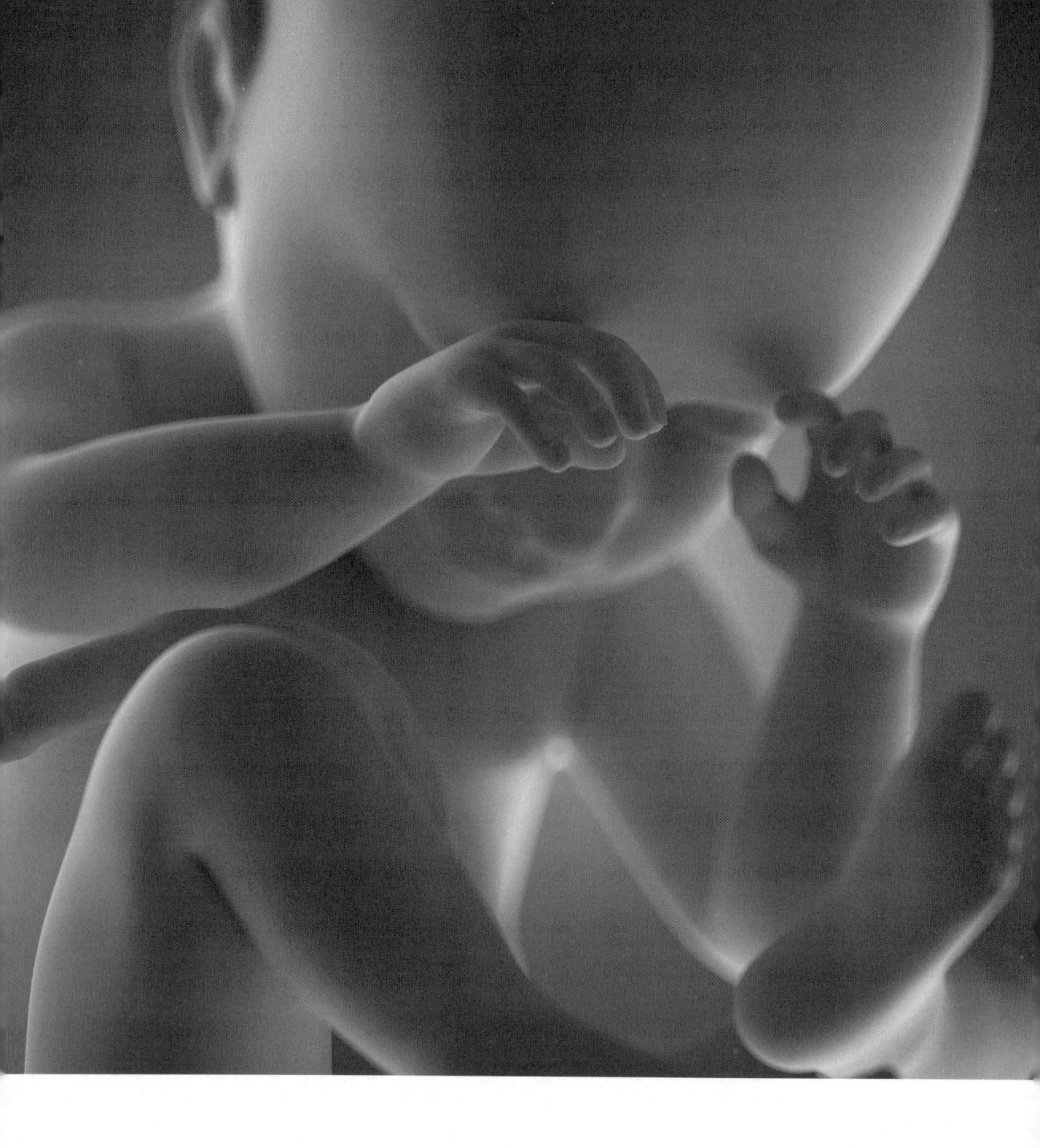

第 3 章　产前期发展和出生

从怀孕到出生
产前发育的潜在问题
出生和围产期环境
● 生活与研究应用：分娩的文化和历史差异
出生时的潜在问题
发展主题在产前发育和出生中的应用

如果你和一屋子女人聊起怀孕的话题，那么每个生过孩子的女人都能讲出一段故事。她们会笑着谈论当时旺盛的食欲和走样的身材，以及如何保持饮食和体重的平衡；会讲述那些早产儿的故事；会回忆起剖腹产的经历；也有人会对医院怨声载道，因为她们后来发现院方的一些建议对胎儿是有害的。一些女性年轻健康，从不抽烟喝酒，饮食健康，营养丰富，睡眠充足，有配偶、朋友和家庭的支持，却遭遇了流产、早产或其他分娩并发症，让胎儿的生命受到威胁。而另一些女性，可能是高龄产妇，或者在怀孕期间曾饮酒、抽烟、吸食大麻，不注意饮食，却生下了健康的大胖小子，且长大后学业优异。一些人庆幸子女没有受到自己不良行为的影响，另一些人则在探讨如何面对那些本该避免的后果。还有少数人可能会回忆起身为少女妈妈或单亲妈妈时的生活。作为一名观察者，你会注意到，这间屋子里的每个女人都深刻地明白母亲在产前期的行为将会影响孩子的发展。

本章将讨论正常的**产前发育**（或胎内发育）和可能出现的一些问题。你将会看到胎儿在子宫内的发育时间表完全不同于我们从外部观察到的孕妇所经历的早中晚三个孕期。在子宫内部，也有三个阶段，但这三个阶段过得很快，从受精卵开始，然后变成胚胎，最后成为胎儿。从胚胎到胎儿（最后一个阶段）的转变发生在第 8 周，此时离孕中期还有整整一个月，孕妇常常还未意识到自己怀孕，但这时，胚胎的主要器官都已形成。此后，胎儿产前期发育只是已有器官和组织的生长，以及功能的发展和改善。这意味着女人可能在根本不知道自己怀孕的情况下度过了孕期最关键的阶段。尽管女人可能知道戒酒、注意饮食营养这样的行为是有益的，但在意识到应该做出改变之前，她可能已经失去了使危险最小化的机会。

本章列出了一些可能影响产前发育进程的父母行为。其中一些行为与消极影响有关，例如，

> **产前发育**（prenatal development）：从受孕到出生前的发育过程。

低出生体重、认知缺陷或先天畸形；另一些则与新生儿的健康成长相关。单说某种风险或收益与某种特定的母亲行为有关，并不意味着做出这些行为一定会导致那样的结果。例如，晚育和孕期饮酒过量与新生儿严重的认知缺陷有关，但是正如刚才提到的，许多高龄或孕期饮酒的产妇生下了健康聪明的孩子。此外，尽管良好的营养、充足的睡眠和伴侣的关爱对新生儿的发展有益，但仍然有一些年轻女性虽拥有健康的生活方式，也获得了配偶或伴侣的情感和行为支持，却生下了有缺陷或智商低的孩子。本章的内容能够帮助未来的父母将威胁孕期健康发展的风险最小化，不过也许最重要的信息是，所有性行为活跃的男女都应该意识到怀孕的可能性，了解怀孕最初几周的关键期，并调控自己的生活方式，以保障健康的孕期环境。要记得：不怕一万，就怕万一。

从怀孕到出生

在第 2 章里，我们知道发育始于输卵管，当精子穿透卵子壁的细胞膜，形成受精卵时，发育即告开始。从怀孕的那一刻起，这个小小的、单细胞受精卵要经过大约 266 天的时间才能发育成一个约由 2000 亿个细胞组成的准备好要出生的胎儿。

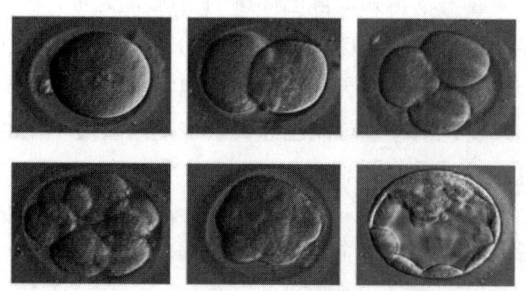

受精卵在数小时内分裂，细胞分化开始持续不断地进行。

产前发育一般分为三个阶段。第一个阶段是**受精卵期**，从受孕到着床，在这个阶段，发育中的受精卵将牢牢地固着在子宫壁上。受精卵期一般历时 10～14 天（Leese，1994）。第二个阶段是**胚胎期**，从第 3 周开始，到第 8 周结束。在这个阶段，几乎所有的重要器官已初具雏形，心脏也开始跳动（Corsini，1994）。第三个阶段是**胎儿期**，从怀孕的第 9 周一直到胎儿出生。在这个阶段，主要器官都开始发挥功能，有机体迅速发育（Malas et al.，2004）。

受精卵期

当受精卵沿着输卵管到达子宫时，它将通过有丝分裂成为两个细胞。这两个细胞和它们的子细胞继续分裂，在 4 天内形成一个包含 60～80 个细胞的球形结构，称为**胚泡**（见图 3.1）。细胞的分化已经开始，胚泡内层将发育成**胚胎**，外层将发育成保护胚胎并向胚胎提供营养的组织。

着床

怀孕后第 6—10 天，在胚泡移向子宫的时候，胚泡的外层会出现细小的绒毛。当胚泡到达子宫壁以后，这些绒毛将埋入子宫壁，与母亲的血液供应系统连接起来，这个过程就是**着床**。着床本身也是一个发育过程。在特定的"着床期"，胚泡必须依附并植入子宫壁。着床大约需要 48 小时，发生在排卵后的第 7—10 天，整个过程完成于排卵后第 10—14 天（Hoozemans et al.，2004）。胚泡成功着床之后，看起来就像一个附着在子宫壁上的透明小水泡（见图 3.1）。

只有大约一半的受精卵能够牢固地着床，另一半受精卵着床后要么因为基因异常导致不能发育，要么因为被埋入一个不能维持其生长的地方而流产（Moore & Persaud，1993；Simpson，1993）。所以，有将近 3/4 的受精卵在产前发育的最初阶段就没能存活。

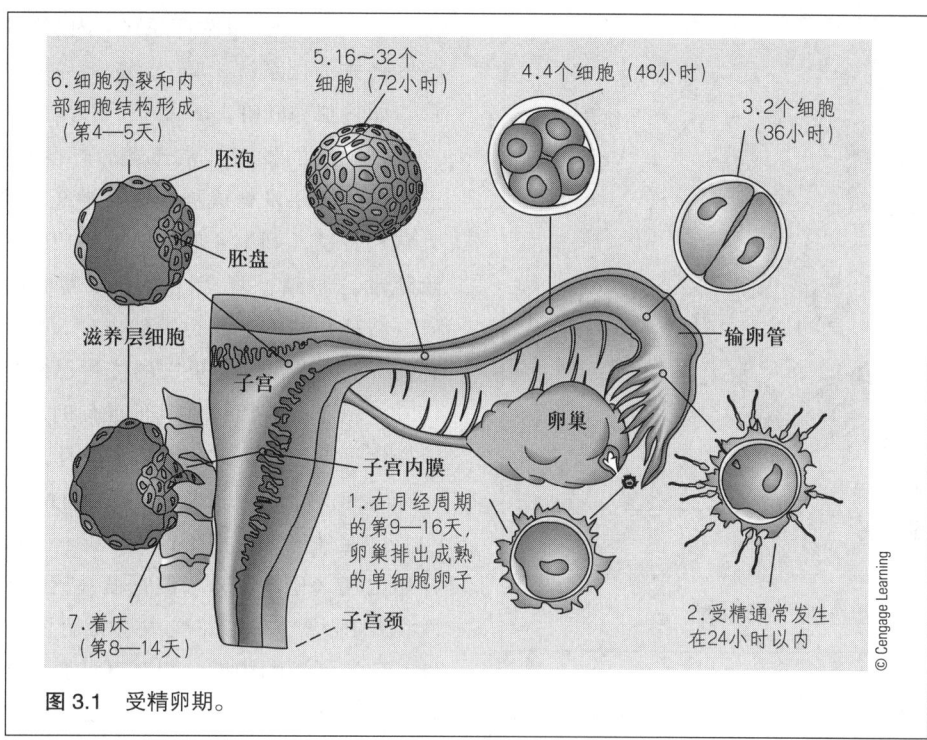

图 3.1 受精卵期。

支持系统的发育

一旦成功着床,胚泡的外层会迅速发育成四个主要的支持性组织,它们负责保护并向发育中的有机体提供营养(Sadler,1996)。第一个支持性组织是**羊膜**——一种水密性薄膜,其内充满了来自母体的液体。这层薄膜和其内的羊水的作用是缓冲震动对发育中的机体的影响,调节温度,并提供一个失重的环境,以便于胚胎的移动。漂浮在水性环境中的是一个球形的卵黄囊,它的作用是在胚胎自身能够产生血细胞之前为受精卵提供血细胞。这一卵黄囊被固定在第三个支持性组织上,即**绒毛膜**,绒毛膜围绕在羊膜的周围,最终变成**胎盘**的内层。胎盘是一种多功能器官,我们将在下面详细讨论(见图 3.2)。第四个支持性组织是尿囊,它将形成胚胎的**脐带**。

胎盘的功能

胎盘一旦形成,母体和胚胎的血管便交汇在

> **受精卵期**(period of the zygote):产前发育的第一个阶段,从受孕开始,直到受精卵完全固着在子宫壁上。
> **胚胎期**(period of the embryo):产前发育的第二个阶段,时间是从受孕第 3 周到第 8 周,在此期间,主要器官和组织结构成形。
> **胎儿期**(period of the fetus):产前发育的第三个阶段,时间从受孕的第 9 周到胎儿出生,在此期间,所有的主要器官开始发挥功能,胎儿迅速发育。
> **胚泡**(blastocyst):当受精卵刚开始分裂时形成的细胞球。
> **胚胎**(embryo):指在怀孕第 3 周到第 8 周这一阶段的有机体。
> **着床**(implantation):胚泡植入子宫内壁。
> **羊膜**(amnion):一层由(胚胎)滋养层发育而成的水密性薄膜,它围绕着发育中的胚胎,其作用是调节胚胎的温度并缓冲各种伤害。
> **绒毛膜**(chorion):一层由胚泡发育而成的滋养层,附着于子宫组织之上,为胚胎提供营养。
> **胎盘**(placenta):从子宫内壁和绒毛膜发育而成的一种器官,为未出生的胎儿提供氧气和养料,并排泄胎儿的代谢废物。
> **脐带**(umbilical cord):一种包含血管的管,来连接胚胎和胎盘。

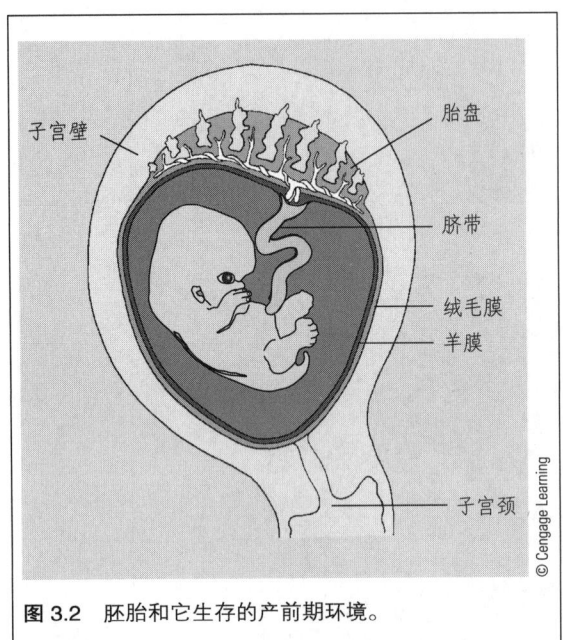

图 3.2 胚胎和它生存的产前期环境。

这里进行物质交换；而胎盘的细微绒毛可以作为一种屏障，阻止两者的血流混合到一起。这个屏障是半透性的，也就是说，它允许一些物质通过，同时又阻止另外一些物质通过。氧气和二氧化碳等气体、盐类以及糖类、蛋白质和脂肪等各种营养物质足够小，能通过这个胎盘屏障。但是，血液细胞太大了，不能通过（Gude et al., 2004）。

母体的血液流入胎盘，通过连接胚胎和胎盘的脐带把氧气和养料输送到胚胎的血管中。脐带同时也把二氧化碳和代谢废物输送出胚胎，进入母体的血管，最终伴随母体的代谢废物一同被排出母亲体外。因此，胎盘在产前发育中发挥了关键作用，它负责代谢交换，从而维持胚胎的生存和发育。

胚胎期

胚胎期从着床开始（大约第 3 周），到怀孕的第 8 周结束。到第 3 周时，胚盘已经急剧分化成三个细胞层：外层，即外胚层，将发育成神经系统、表皮和毛发；中间一层，即中胚层，将发育成肌肉、骨骼和循环系统；内层，即内胚层，将发育成消化系统、肺、泌尿系统和其他重要器官，如胰腺和肝脏。

胚胎期的发育非常迅速。怀孕后的第 3 周，一部分外胚层发育成**神经管**，神经管很快发育成大脑和脊髓。到第 4 周时，心脏已经形成，并开始跳动。眼睛、耳朵、鼻子和嘴也已经开始形成，胳膊和腿的雏形也突然出现。此时，胚胎只有约 6.3 毫米长，但是它的体积已经是受精卵的 10 000 倍了。有机体在其他任何时期的发育速度或变化程度都比不上孕期第 1 个月。

在第 2 个月，胚胎每天大约生长 0.85 毫米左右，在外形上变得更像人了。一个原始的尾巴开始出现（见图 3.3），但它很快就会被一些保护性组织围绕起来，并变成脊椎骨的末端，即尾骨。到第 5 周的中期，眼睛开始具有角膜和晶状体。到第 7 周，耳朵已经发育完好，胚胎已具有初期的骨架。四肢开始从身体外侧发育，上臂先出现，接着是前臂、手和手指。双腿的发育模式与上肢的发育相似，只是时间上晚几天。大脑在第 2 个月发育迅速，在胚胎期的末期，它开始支配肌肉的收缩。

在孕期的第 7 周和第 8 周，随着一种被称为"未分化性腺"的生殖脊的出现，胚胎的性发育开始了。如果胚胎是男性，其 Y 染色体上的基因

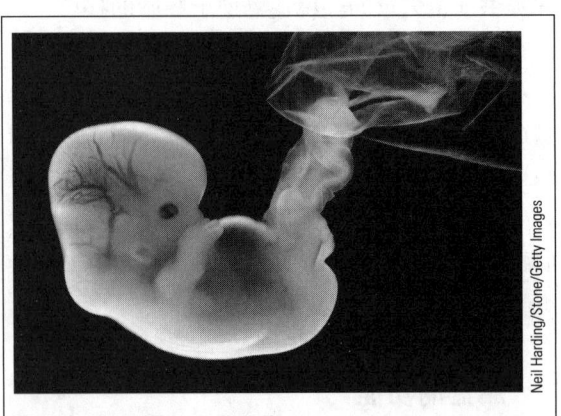

图 3.3 40 天时的人类胚胎。

会引发某种生理化学反应，指示未分化性腺发育成睾丸。如果胚胎是女性，未分化性腺将不会收到上述指示，从而发育成卵巢。胚胎的循环系统现在开始自行发挥功能，肝脏和脾脏承担起制造血液细胞的任务。

到第 2 个月结束时，胚胎的长度刚刚超过 2.5 厘米，重量还不到 7.5 克。但它已经是一个非常复杂的人类有机体了。此时，主要的组织器官都已经形成，机体开始显出人形（Moore & Persaud, 2003；O'Railly & Muller, 2001）。

胎儿期

怀孕的后 7 个月，即**胎儿期**，是一个快速发育期（见图 3.4），各种器官都在逐步完善。在这个时期，所有主要器官开始发挥功能，胎儿开始移动，有了感觉，会进行一些活动（尽管不是有意的）。这也是个性化开始萌芽的时期，不同的胎儿会表现出各自独特的特征，例如，出现不同的动作模式和面部表情。

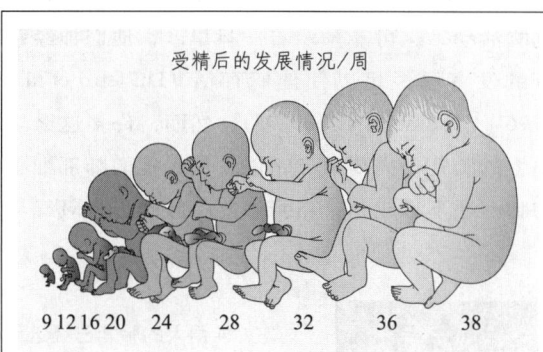

图 3.4 胎儿期身体生长的速度。从第 9 周到第 20 周，身体发育特别迅速。
来源：*Before We Are Born*, 4th ed., by K. L. Moore & T. V. N. Persaud, 1993, p.89.Philadelphia: Saunders. Adapted with permission of the author and publisher.

第 3 个月

在孕期第 3 个月，此前形成的器官继续快速生长并相互联结。例如，神经系统和肌肉系统之间的协同合作可以使胎儿在液态环境里做出许多有趣的动作，像踢腿、握拳、蜷身等，但这些活动非常轻微，孕妇感觉不到。消化和排泄系统也开始一起工作，胎儿可以吞咽、消化营养物质和排泄了（El-Haddad et al., 2004；Ross & Nijland, 1998）。性分化迅速发展。男性睾丸开始分泌雄性激素，这是一种控制阴茎和阴囊发育的男性激素。

在没有雄性激素的情况下，会形成女性外生殖器。到第 3 个月末，可以通过超声波检测出胎儿的性别，而且其生殖系统中已经包含了未成熟的卵子或精子。到怀孕 12 周以后，虽然胎儿只有 7.6 厘米长，重量不到 28 克，但所有这些精细的发展都已出现。

第 4—6 个月

怀孕后的第 13—24 周，胎儿继续以较快的速度生长。在第 16 周时，胎儿长 20～25 厘米，重约 170 克。从第 15 周或第 16 周至第 24 周或第 25 周，舌、唇、咽和喉的简单动作在复杂性和协调性上有所改善，胎儿开始吮吸、吞咽、咀嚼、打嗝、呼吸、咳嗽，为子宫外的生活做准备（Miller, Sonies, & Macedonia, 2003）。早产儿之所以可能会在呼吸和吮吸上有困难，就是因为在他们离开子宫时，这些技能的发展尚处于早期阶段，仅仅能做出动作，还没有足够的时间练习（Miller et al., 2003）。在这一时期，胎儿也开始用力地踢腿，动作强度大到能够被孕妇觉察。通过听诊器，我们很容易听到胎儿的心跳；而且随着骨骼的硬化，骨头和软骨数量增加（Salle et al., 2002），通过超声波即可以检测出骨骼。到

> ➢ **神经管**（neural tube）：由外胚层发育而成的初级脊髓，将形成中枢神经系统。
>
> ➢ **胎儿**（fetus）：受孕第 9 周到出生之前的有机体。

第 16 周结束时，胎儿虽然在子宫外根本无法成活，但已开始呈现出人类特有的外貌。

到第 5—6 个月，胎儿的指甲开始硬化，皮肤变厚，眉毛、睫毛和头皮上的毛发已经出现。第 20 周时，汗腺开始发挥功能，胎儿的心跳很强，把耳朵贴到孕妇腹部就可听到。此时的胎儿被一层白色乳状物质和一层纤细的身体绒毛所覆盖，即**胎脂**和**胎毛**。胎脂可以保护胎儿的皮肤不受羊水浸润的影响，而胎毛能帮助胎脂附着在皮肤上。

到第 6 个月末时，胎儿的视觉和听觉已经开始发挥功能。我们通过对早产婴儿的研究可以了解到这些，怀孕 25 周出生的早产儿就已对巨大的声响很警觉，对强光有眨眼反射（Fifer, 2005）。如今，脑磁图（MEG）可用于记录胎儿大脑对听觉刺激做出的反应。对脑磁图的应用发现，人类胎儿具有一定的辨别声音的能力。这种能力可能预示着胎儿初期短时记忆系统的出现（Huotilainen et al., 2005）。这些能力出现在怀孕后 6 个月，此时胎儿可达 35～38 厘米长，重约 900 克。

第 7—9 个月

怀孕的最后 3 个月是胎儿发育的"最后阶段"，在这个阶段内，所有的器官迅速成熟，为胎儿出生做准备。实际上，在怀孕后第 22—28

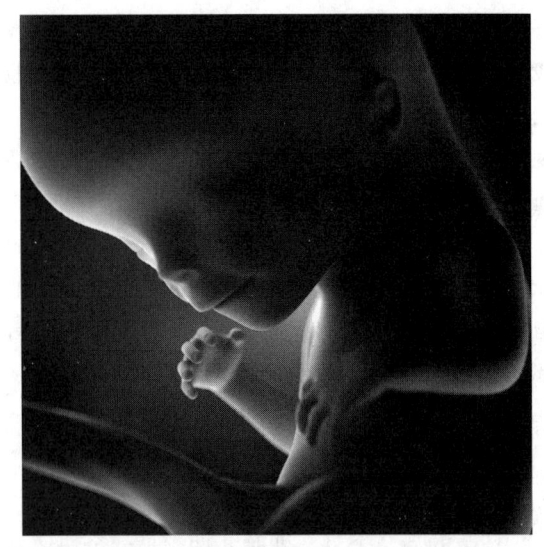

在怀孕 12 周以后，虽然胎儿仅有 7.6 厘米长，28 克重，但所有主要器官已经形成，部分器官开始发挥功能。

周（一般是在第 7 个月），胎儿达到"**存活期**"，它们在子宫外有可能生存下去（Moore & Persund, 1993）。使用胎儿监控技术进行的研究表明，28～32 周大的胎儿突然开始显示出更有序、更可预测的心率活动周期、粗大动作活动和睡眠或觉醒活动，这可能预示着一旦早产，他们神经系统的发育已经足以使他们存活（DiPietro et al., 1996；Groome et al., 1997）。然而，许多这么早出生的胎儿仍需要氧气帮助，因为他们肺部细小的肺泡还不够成熟，自身不能膨胀并进行氧气与

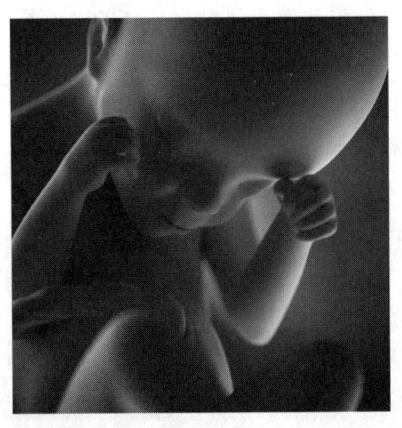
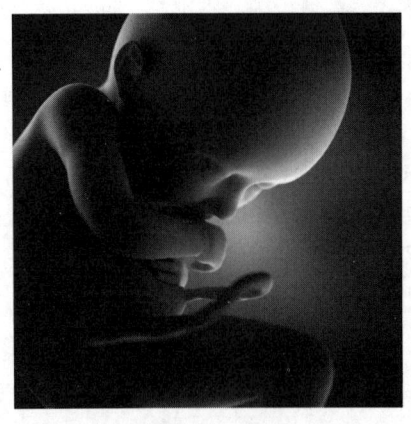

左：24 周大的胎儿已经达到成活年龄，有一线希望在子宫外成活。从这时起，随着时间的推进，早产儿成活的可能性逐渐增大。

右：36 周大的胎儿，被一层脂状的胎脂所覆盖，以避免皮肤皱裂。这时的胎儿已经把子宫填满，在接下去的两周内即将出生。

二氧化碳的交换（Moore & Persaud, 1993）。

到第7个月月末的时候，胎儿重约1800克，长40~43厘米。1个月后，它已经长到了46厘米长，又重了450~900克。这些增加的重量大部分源于胎儿皮下脂肪的增多，这些脂肪有助于新生儿抵御气温变化。到第9个月中期时，胎儿活动变慢，睡眠增多（DiPietro et al., 1996; Sahni et al., 1995）。胎儿已经变得很大，在梨形子宫的有限空间里最舒适的姿势是头朝下，四肢蜷曲，呈所谓的胎姿。在怀孕的最后1个月，孕妇的子宫不定时地收缩和放松，以调节子宫肌肉，扩张宫颈，帮助胎儿把头放置到骨盆缝隙，胎儿将从这里被迅速推出母体。随着子宫收缩变得越来越强，越来越频繁，越来越有规律，孕期即将结束。孕妇现在处于分娩的第一阶段，在几小时内即将分娩。

表3.1对产前发育做了简单小结。需要注意的是，发育中的有机体经历的发展阶段与孕妇经

> **胎脂（vernix）**：覆盖在胎儿身体之上的白色乳状物质，防止胎儿皮肤皲裂。
> **胎毛（lanugo）**：覆盖在胎儿身体之上的一层柔细毛，有助于胎脂附着在皮肤上。
> **存活期（age of viability）**：孕期的第22—28周，在此期间，胎儿可能在子宫外存活。

表3.1 产前发育简表

怀孕时间	阶段	周	胎儿大小	主要发展状况
孕早期	受精卵	1		单细胞的受精卵分裂并发育成胚泡。
		2		胚泡在子宫壁着床；羊膜、绒毛膜、卵黄囊、胎盘、脐带等保护有机体并向其供应养料的组织开始形成。
	胚胎	3—4	6.3毫米	大脑、脊髓和心脏形成，眼、耳、鼻、嘴和四肢的雏形也开始出现。
		5—8	2.5厘米，7.5克	外部身体结构（眼、耳、四肢）和内部器官形成，胚胎可自行造血，可移动。
	胎儿	9—12	7.5厘米，28克	生长迅速，所有器官之间的联结已经形成，胎儿的身体和四肢可以活动，可以吞咽，消化养料，泌尿系统开始工作，外生殖器形成。
孕中期	胎儿	13—24	35~38厘米，900克	胎儿发育迅速。母亲可以感知到胎儿的运动，可以听到胎儿的心跳，胎儿体外覆盖着一层皮脂以防皮肤皲裂；胎儿也可以对明亮的光线和大的声响做出反应。
孕晚期	胎儿	25—38	48~53厘米，3100~3600克	继续发育，所有器官已经成熟，为出生做准备。胎儿达到存活期，其睡眠周期和活动更为规律并可预测。皮肤下的脂肪层增厚。在出生前2周，活动减少，睡眠增多。

历的"每3个月一个阶段"并不一致。事实上，在孕妇妊娠的前3个月（孕早期），发育中的有机体已经经历了产前发育的所有三个阶段。由于有机体在受孕后大约8周时就成为了胎儿，因此，对于女人来说，在受精卵期和胚胎期结束前未意识到自己已经怀孕，这一点也不罕见。

概念核查3.1 产前发育

回答下列问题，检查你对产前发育的理解。答案见附录。

匹配题：为了检查你对产前发育阶段的理解，请将孕期有机体的名称与每个发展阶段的标志性事件匹配起来。

　　a. 所有主要器官开始发挥功能
　　b. 从受精持续到着床
　　c. 受孕第3—8周

____1. 胚胎期
____2. 胎儿期
____3. 受精卵期

选择题：为下列各题选择最佳答案。

____4. 负责在发育中的有机体和孕妇之间传输营养物质和废料的器官是

　　a. 羊膜　　　　　　　　b. 胎盘
　　c. 绒毛膜　　　　　　　d. 胚盘

____5. 如果发育中的有机体是男性，那么性分化开始于基因中的____染色体支配____发育成睾丸。

　　a. X；雄性激素　　　　b. X；雌性激素
　　c. Y；未分化性腺　　　d. Y；性别基因

____6. 由外胚层发育而来的初级脊髓，并最终发展成中枢神经系统的是

　　a. 脐带　　　　　　　　b. 神经管
　　c. 羊膜　　　　　　　　d. 绒毛膜

____7. 怀孕第22—28周，在子宫外面也有可能存活下来的这个时期被称为

　　a. 存活期　　　　　　　b. 可持续期
　　c. 后成熟期　　　　　　d. 后胎儿期

简答题：简要回答下列问题。

8. 解释为什么对胎儿来说外显的行为（如吮吸、吞咽和呼吸）很重要。
9. 哪些器官必须发育成熟，早产儿才能存活？

论述题：详细论述下列问题。

10. 将有机体在产前发育的阶段（受精卵期、胚胎期、胎儿期）与孕妇经历的三个阶段（孕早期、孕中期、孕晚期）进行比较。阐述这些阶段之间的差异意味着什么。

产前发育的潜在问题

尽管绝大多数新生儿会遵循上述"正常"的产前发育模式，但是有些新生儿会遇到来自环境的不利因素，会使其发展走上不正常的轨道。下面将讨论可能有害于胚胎和胎儿发育的环境因素，以及防止不良后果出现的干预措施。

致畸因子

致畸因子是指任何可能导致发育中的胚胎或胎儿生理畸形、发育严重受阻、失明、脑损伤甚至死亡的疾病、药物或其他环境因素（Fifer, 2005）。这些年来，已被确证或被怀疑的致畸因子数量激增，使得今天的父母格外担心尚未出生的孩子可能面临诸多危险（Friedman & Polifka, 1996；Verp, 1993）。在讨论致畸因子的后果之前，我们必须强调，95%的新生儿是非常正常的，

有出生缺陷的婴儿大多也只是有一些轻微的、暂时的或可治愈的问题（Gosden, Nicolaides, & Whittling, 1994；Heinonen, Slone, & Shapiro, 1977）。让我们先看几个有关致畸因子的概括性结论，这有助于解释后面将介绍的研究：

- 在身体的各个部位或器官形成和生长最迅速的时候，致畸因子的影响作用最大（敏感期法则）。
- 并不是所有的胚胎或胎儿都同样受到致畸因子的影响。胚胎或胎儿的基因、母亲的基因以及产前环境的质量决定了胎儿是否容易受到侵害（个体差异法则）。
- 同一种缺陷可能由不同的致畸因子导致。
- 同一致畸因子可能导致不同种类的缺陷。
- 接触致畸因子的时间越长，剂量越大，受损可能越严重（剂量法则）。
- 不仅是母亲，父亲接触到某些致畸因子，也会影响胚胎和胎儿。
- 致畸因子的长期影响一般取决于出生后环境的质量。
- 一些致畸因子可能产生"睡眠者效应"，其后果在儿童之后生命中才显现（睡眠者效应法则）。

请仔细看第一条结论，它非常重要。身体的每个主要器官和部位都有一段发育的敏感期，在敏感期内最容易受到致畸因子的影响。所谓**敏感期**（又称关键期），就是指身体某个特定部位发育和成形的时期。我们知道，身体的大多数器官和部位在胚胎期（怀孕后第 3—8 周）迅速形成。正如图 3.5 所示，在孕妇得知自己怀孕之前，胚胎的大多数器官最容易受到损害。头部和中枢神经系统最易发生整体性缺陷的关键阶段是怀孕后第 3—5 周；心脏最易受损的时期是怀孕后第 3 周的中期到第 6 周的中期；其他器官和身体部位最易受损的时期是怀孕后第 2 个月。正因如此，胚胎期被称作怀孕的关键期。

一旦身体的某一器官或部位完全形成，它就不那么容易受损了。然而，如图 3.5 所示，一些器官系统（特别是眼睛、生殖系统和神经系统）在整个孕期都有可能受到损害。Heinonen 和他的同事（Heinonen, Slone, & Shapiro, 1977）在所调查的 50 282 个儿童样本中发现，许多出生缺陷属于"随时会形成的畸形"，即在孕期的任何时间都可能发生的由致畸因子导致的问题。因此，整个孕期都可以被看作人类发展的敏感期。

致畸因子还可能对婴儿的行为有潜在影响，这些影响在婴儿刚出生时并不明显，但是会影响其心智的发展。例如，如果母亲怀孕时每天只喝少量的酒，那么婴儿通常不会表现出明显的生理畸形；然而，与那些母亲在怀孕时不饮酒的婴儿相比，这些婴儿发展到童年期以后，其信息加工速度通常较慢，而且智商可能较低（Jacobson & Jacobson, 1996）。这些后果可能反映了酒精对胎儿大脑发育的轻微影响，但导致其大脑发育出现问题的也可能是其他因素。例如，在出生后，看护者可能给予那些反应较慢、行动迟缓的婴儿较少的刺激。一段时间以后，这种刺激的缺失（而不是酒精）可能阻碍了婴儿的智力发展。

请记住这些法则。现在，让我们来关注一些可能对产前发育产生负面影响或造成损伤性后果的疾病、药物、化学物质和其他环境风险因素。

孕妇所患疾病

一些病原体能够穿过胎盘屏障，它们对胚胎或胎儿产生的伤害远远大于对孕妇本人的伤害。

> **致畸因子（teratogens）**：病毒、药物（毒品）、化学物质和辐射等有可能损伤发育中的胚胎或胎儿的外界因素。

> **敏感期（sensitive period）**：又称关键期，是指每一器官最易受特定环境因素影响的时期。在这一时期之外的其他时间，同样的环境要造成同样严重的后果，需要更强大的能量。

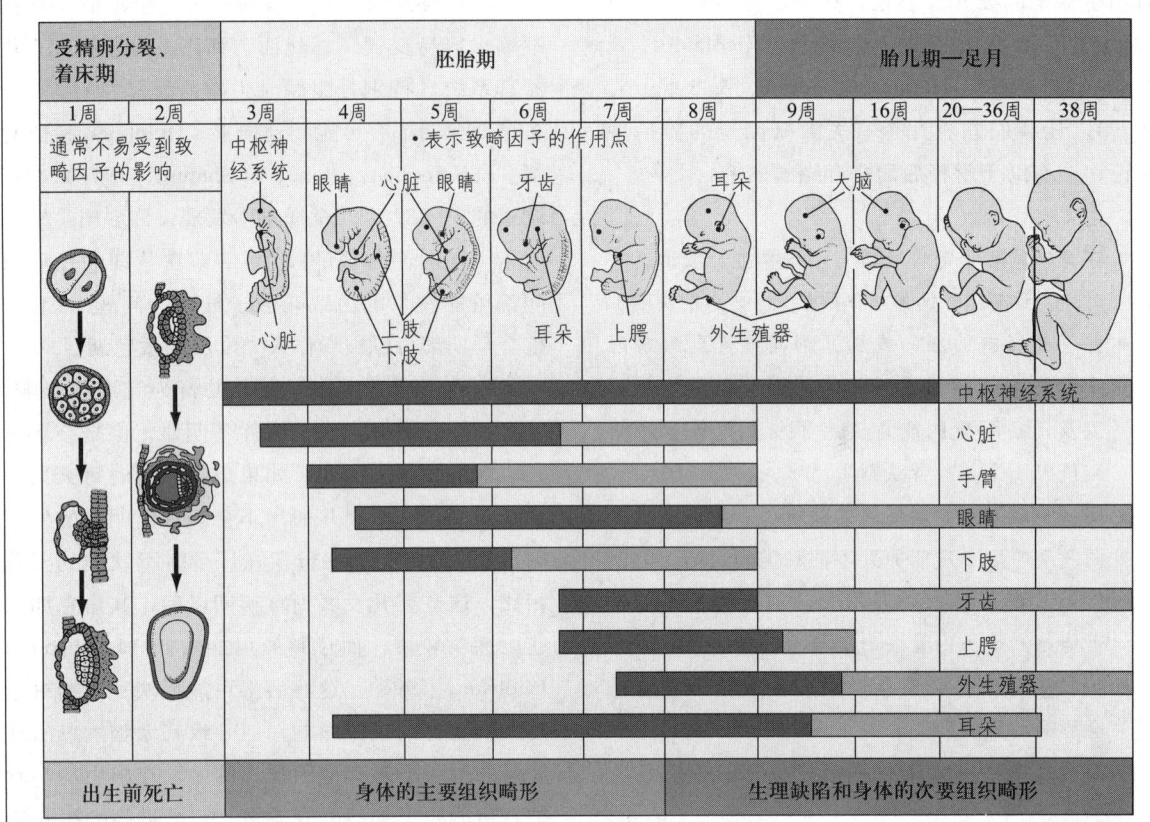

图 3.5 产前发育的敏感期。每一器官和结构都有一段发育敏感期。在敏感期内,这些器官或结构最容易受到致畸因子的损害。深灰部分表示最关键的时期,浅灰部分表示虽然可能发生损害,但是器官和组织已经不是那么不堪一击了。

来源:*Before We Are Born*, 4th ed., by K. L. Moore & T. V. N. Persaud, 1993, p.89. Philadelphia: Saunders. Adapted with permission of the author and publisher.

因为胚胎或胎儿未成熟的免疫系统还不能产生足够的抗体,来有效抵抗各种感染,胚胎环境对感染的反应可能与母体的免疫系统不同(Meyer et al., 2008)。

风疹

医学界在1941年注意到了这种致畸疾病。当时,一位澳大利亚医生 McAllister Gregg 发现,许多患有**风疹(德国麻疹)**的母亲生出的孩子是盲人。在 Gregg 向医学界发出警告以后,医生们开始注意到患有风疹的孕妇所生的孩子总是有这样或那样的缺陷,如盲、聋、心脏异常以及智力落后。这种疾病的影响明确体现了敏感期法则。如果母亲在怀孕的前8周感染风疹,则新生儿的眼睛和心脏缺陷最为严重(因为此时这些器官正在形成过程中);如果在怀孕第6—13周感染风疹,新生儿一般会失聪。如今,医生强调,除非女人得过风疹或接种了风疹疫苗,否则最好不要试图怀孕。

其他传染性疾病

其他几种传染性疾病也是致畸因子(见表

表 3.2 可能影响胚胎、胎儿或新生儿的各种常见疾病

疾病	影响			
	流产	生理畸形	智力损伤	低出生体重或早产
性传播疾病				
艾滋病	?	?	?	+
生殖器疱疹	+	+	+	+
梅毒	+	+	+	+
其他疾病或状况				
水痘	0	+	+	+
糖尿病	+	+	+	0
流感	+	+	?	?
疟疾	+	0	0	+
风疹	+	+	+	+
弓形虫病	+	+	+	+
泌尿感染（细菌）	+	0	0	+

3.2）。在这些致畸疾病里，较为常见的是**弓形虫病**，这种病是由动物身上的一种寄生虫引起的。一些孕妇可能因为吃了未煮熟的肉或者接触了感染此病的家猫粪便而感染这种寄生虫。虽然弓形虫病在成人身上只表现为轻微的类似感冒的症状，但是如果母亲在怀孕头 3 个月内感染此病，将对胎儿的眼睛和大脑造成严重的损害；如果在怀孕后期感染此病，则可能导致流产（Carrington，1995）。孕妇可以采取一些预防措施避免自己被感染，例如，吃煮熟的肉制品，彻底洗净接触过生肉的厨具，避免接触花园、宠物笼及其他可能存有猫粪便的地方。

性传播疾病

性传播疾病是最常见、最具危害性的疾病。据统计，在美国大约有 3200 万青少年和成人正在经历或曾经患过性传播疾病，这些疾病可能导致婴儿严重的出生缺陷，或者在其他方面危及孩子未来的发展（Cates，1995）。其中三种最危险的疾病是：梅毒、生殖器疱疹和艾滋病。

梅毒在怀孕的中、后期危害最大，因为梅毒螺旋菌在怀孕的前 18 周不能通过胎盘屏障。一般只需进行血检即可查出是否感染了梅毒，所以可在它威胁到胎儿以前，用抗生素对母亲进行治疗。若母亲未能得到及时治疗，则可能导致流产或胎儿的眼、耳、骨、心脏或大脑出现严重缺陷（Carrington，1995；Kelley-Buchanan，1988）。

生殖器疱疹病毒感染大多发生在分娩过程

> **风疹（德国麻疹）**[rubella（German measles）]：一种对母亲影响很小的疾病，但是如果在怀孕的头 3～4 个月感染这种疾病，它将使未出生的孩子出现一系列缺陷。
>
> **弓形虫病（toxoplasmosis）**：由生肉或猫粪便中的一种寄生虫所引起，如果在孕头 3 个月内感染此病，会导致出生缺陷；在怀孕后期感染，会导致流产。
>
> **梅毒（syphilis）**：一种常见的性传播疾病，在母亲怀孕的中期和后期可以通过胎盘进入胎儿体内，导致流产或严重出生缺陷。
>
> **生殖器疱疹（genital herpes）**：一种性传播疾病，可在胎儿出生时使其受到感染，导致失明、大脑损伤甚至死亡。

中，往往是由于新生儿在通过产道时接触到母亲的生殖器而被感染。但是导致生殖器疱疹（单纯疱疹）的病毒有时也可能通过胎盘屏障使胎儿受到感染（Gosden, Nicolaides, & Whitting, 1994；Roe, 2004）。不幸的是，没有药物可以治愈此病，母亲根本无法得到医治。感染这种病毒的后果相当严重：这种无法治愈的疾病会使 1/3 受感染的新生儿死亡，另让 25%～30% 的新生儿致残，比如失明、出现大脑损伤和其他严重的神经疾病（Ismail, 1993）。基于这些原因，一般医生会建议患此病的母亲进行**剖腹产**（一种外科手术分娩，通过母亲腹部的切口取出婴儿），以避免感染婴儿。

艾滋病是当今最让人担忧的疾病，艾滋病即**获得性免疫缺陷综合征（AIDS）**，是一种发现时间不长、无药可治的疾病，是由人类免疫缺陷病毒（HIV）引起的。这种病毒攻击人类免疫系统，使之易受其他疾病的感染，最终会致人死亡。体液传播是 HIV 传播的必要条件，所以人们通常在性交或共用针管注射毒品时感染。在全世界范围内，有超过 400 万育龄妇女携带 HIV，并可能把病毒传给后代（Faden & Kass, 1996）。母亲会通过以下途径把病毒传给婴儿：(1) 怀孕时，通过胎盘；(2) 分娩时，在婴儿脐带与母亲的胎盘分开的过程中，可能发生的血液交换；(3) 婴儿出生后，病毒在哺乳过程中通过乳汁传给婴儿（美国国家医药局，1999）。尽管感染途径很多，但只有不到 25% 的婴儿会被母亲感染 HIV。如果感染 HIV 的母亲在怀孕时服用抗病毒药物 ZDV（以前叫 AZT），婴儿的感染率可降低近 70%，而且没有迹象表明这种药物（或 HIV）会导致出生缺陷（美国国家医药局，1999；也见 Jourdain et al., 2004）。

那些出生时感染了艾滋病的婴儿，他们的未来将会怎样呢？早期报告的结果极其令人沮丧，报告指出，病毒将在婴儿出生后第一年摧毁其不成熟的免疫系统，引起艾滋病的发作，感染 HIV 的婴儿在 3 岁前便会死亡（Jones et al., 1992）。然而，一些研究发现，半数以上感染 HIV 的婴儿可以活到 6 岁以上，其中相当一部分儿童可以活到青少年期。抗病毒药物 ZDV 可以阻止 HIV 感染新的细胞，现在被用来治疗感染 HIV 的儿童。如果早日开始治疗，许多感染 HIV 的婴儿的病情会有所好转或者在数年内让病情保持稳定（Hutton, 1996）。但是，所有感染 HIV 的年轻人最终仍会死于感染综合征。另外，大多数没有被母亲的 HIV 感染的孩子，将不得不面对母亲被艾滋病夺去生命的现实（Hutton, 1996）。

在美国，对于那些生活在内陆城市，通过静脉注射吸食毒品或有感染 HIV 的性伴侣的贫困妇女来说，艾滋病的母婴传播问题是相当普遍的（Eldred & Chaisson, 1996）。许多专家认为，战胜 HIV 传播的唯一有效方法是帮助人们改变不安全性行为和防止毒品注射传染 HIV，因为要研制出治疗艾滋病的药物可能还需要很多年（美国国家医药局，1999）。

药物

人们很早就开始怀疑孕妇服用的药物可能会对未出生的孩子造成伤害。当亚里士多德注意到许多酗酒的母亲生出了低能儿时，就开始有这种猜测了（Abel, 1981）。现在我们知道，这些怀疑多半是正确的。一些对母亲长期影响很小的、较为温和的药物也可能对发育中的胚胎或胎儿有极其严重的危害。不幸的是，这些知识是医学界在付出了很惨重的代价之后才获得的。

反应停悲剧

1960 年，德国的一家医药公司开始向市场投放一种药性温和的镇静剂，这种镇静剂在许多国家出售，据说可缓解孕妇在孕早期经常碰到的周期性恶心和呕吐（通常被称为"晨吐"，尽管孕妇可能在一天中的任何时刻出现呕吐）。它被认为是相当安全的。对怀孕的老鼠的测试表明，它对母鼠及其后代都没有副作用。这种药物就是**反应停**（沙利度胺）。

之后发生的事很快表明，那些对实验室动物检测没有伤害的药物，可能成为对人类具有严重影响的致畸因子。有数以千计的妇女在怀孕头两个月服用了反应停，她们意外地生出了有可怕的生理缺陷的婴儿。"反应停婴儿"通常会出现眼、耳、鼻、心脏严重畸形，许多还表现为短肢畸形——一种结构性畸形，四肢较短或没有四肢，脚或手可能直接与躯干连接在一起。

出现何种缺陷与孕妇服用反应停的时间有直接关系。如果孕妇在怀孕 21 天左右服用反应停，所生的孩子可能没有耳朵；如果在怀孕第 25—27 天服用，孩子可能胳膊发育不全或没有胳膊；如果在怀孕第 28—36 天服用，孩子可能下肢发育不全或没有下肢。如果是在怀孕 40 天以后才服用，通常对婴儿没有影响（Apgar & Beck, 1974）。然而，也有许多服用反应停的孕妇生出的孩子没有明显的缺陷，这表明不同个体对致畸因子的反应具有非常大的差异。

这个男孩既没有胳膊也没有手，可能是受反应停所害。

其他常用药

尽管我们已经从反应停的悲剧中得到了一些教训，但是仍有大约 60% 的孕妇服用过至少一种处方药或非处方药。不幸的是，一些最常用的药物也是靠不住的。例如，已经有人发现，大剂量的阿斯匹林与胎儿生长迟滞、动作失调，甚至是婴儿死亡有关（Barr et al., 1990；Kelley-Buchanan, 1988）。孕妇在孕晚期服用布洛芬可能会推迟分娩并增加新生儿肺动脉高压的风险（Chomitz, Cheung, & Lieberman, 2000）。一些研究表明，大量食用咖啡因（即每天喝超过 4 罐饮料或若干杯咖啡）与早产和低体重儿等并发症有关（Larroque, Kaminski, & Lelong, 1993；Larsen, 2004；Leviton, 1993）。然而，咖啡因的伤害性后果也可能是由母亲服用的其他药物导致的（Friedman & Polifka, 1996），特别是酒精和尼古丁，后面将会讨论。

还有几种处方药也会给发育中的胚胎和胎儿带来轻微的伤害。例如，一些抗抑郁药中含有锂，如果孕妇在孕早期服用这种药物，可能造成的婴儿心脏缺陷（Friedman & Polifka, 1996）。含有性激素（或其活性生化成分）的药物也可能影响发育中的胚胎或胎儿。例如，口服避孕药含有雌激素，如果妇女在不知自己怀孕的情况下服用这种药，未出生的胎儿出现心脏缺陷和其他轻微畸形的危险就会增大（Gosden et al., 1994；Heinonen et al., 1977）。

> ▶ **剖腹产**（cesarean delivery）：一种手术分娩方式，通过母亲腹部和子宫上的切口取出婴儿。
>
> ▶ **获得性免疫缺陷综合征**（acquired immunodeficiency syndrome, AIDS）：一种病毒性疾病，可以由母亲传染给胎儿或新生儿，导致其免疫系统功能下降，最终死亡。
>
> ▶ **反应停**（thalidomide）：一种怀孕早期服用的、药性温和的镇静药，可能导致胎儿的肢体、眼、耳和心脏畸形。

一种可能具有严重的长期效应的人工合成类性激素是己烯雌酚（DES）。在20世纪40年代中期到60年代中期，这种药物的活性成分被广泛用于预防流产的处方药中。这种药似乎很安全，服用此药的孕妇生的孩子看起来各个方面都很正常。但是在1971年，有医生宣布，那些其母亲曾服用过己烯雌酚的17～21岁的女性（被称为"DES女孩"）有生殖器发育异常的危险，并有可能患上一种罕见的宫颈癌。当然，患这种癌症的概率并不是很高，迄今为止只有不到1‰的"DES女孩"患有这种宫颈癌（Friedman & Polifka, 1996）。但是，己烯雌酚还可能导致其他并发症。例如，当"DES女孩"怀孕时，她们比其他女性更有可能流产或早产。"DES男孩"会怎么样呢？尽管没有确凿的证据表明在胎儿期接触到DES的男孩会患上癌症，但是一小部分"DES男孩"会有轻微的生殖器缺陷，不过他们仍然具有生育能力（Wilcox et al., 1995）。

当然，绝大多数服用阿斯匹林、咖啡因、口服避孕药和DES的孕妇生出的婴儿都是非常正常的。在恰当的医疗指导下，用药物来治疗母亲的疾病对母亲和胎儿来说通常是安全的（McMahon & Katz, 1996）。但是，新开发的药物经常在无充分实验表明其无致畸后果之前就被使用，而许多对成人无害的药物可能导致婴儿的先天缺陷，这一事实使许多孕妇认识到，在孕期应该限制或拒绝使用任何药物。

酒精

酒精通过损伤胎盘的功能直接或间接影响胎儿的发育（Vuorela et al., 2002）。是否应该像禁药一样禁酒？大多数当代研究者都认为应该如此。1973年，Kenneth Jones和他的同事（1973）指出，母亲酗酒很容易产下患有所谓**胎儿酒精综合征（FAS）**的婴儿。FAS最显著的特征就是生理缺陷，例如，头小畸形、心脏畸形，以及肢体、关节、面部畸形（Abel, 1998）。"FAS婴儿"有可能表现出过度兴奋、多动、痉挛、震颤等症状。他们比正常的婴儿更小、更轻，生理发育晚于同龄人。大多数出生时有FAS症状的个体（"FAS婴儿"在人群中的比率为3‰）在童年期和青少年期时的智力低于平均水平，他们中90%以上的个体会在青少年期和成年早期表现出较多的适应问题（Asher, 2002; Disney, 2002; Schneider et al., 2008; Stratton, Howe, & Battaglia, 1996）。

在不伤害胎儿的前提下，孕妇可以喝多少酒？可能比你想象的要少得多。请记住，致畸因子的剂量法则：当酒精摄入量最高时，也就是说孕妇是一个地地道道的酒鬼时，FAS的症状最为严重。不过，即使是中度的"社交性饮酒"（一杯啤酒或葡萄酒）也可能导致婴儿出现一些轻微的问题，这称为**胎儿酒精效应（FAE）**，包括生理发育受阻、轻微的生理畸形，还有动作技能较差、注意力不集中、智力低下以及语言学习障碍等

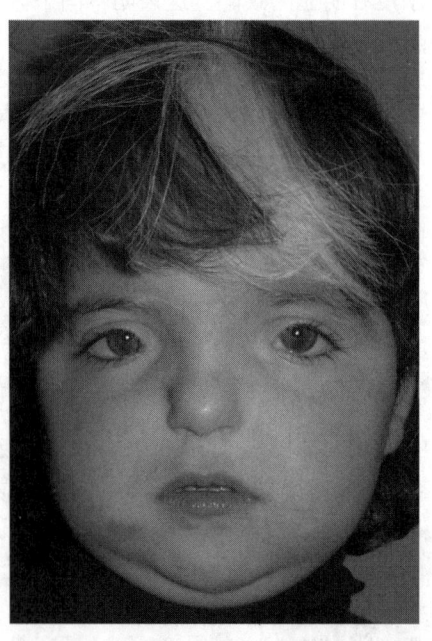

图中的孩子眼睛间距过大、鼻子扁平、上唇发育不全，这是胎儿酒精综合征的三个常见生理症状。

(Cornelius et al., 2002；Day et al., 2002；Jacobson et al., 1993；Jacobson & Jacobson, 2002；Sokol, Delaney-Black, & Nordstrom, 2003；Streissguth et al., 1993；Willford et al., 2004)。磁共振成像（MRI）也显示，FAS儿童和FAE儿童的大脑有结构畸形（Autti-Ramo et al., 2002）。如果孕妇偶尔狂饮，每次喝5杯酒甚至更多，胎儿患上FAE的危险性最大（Abel, 1998；Jacobson & Jacobson, 1999）。事实上，孕早期每周喝超过5杯酒的女性有流产的危险（Kesmodel et al., 2002）。还有，与不饮酒的孕妇相比，即使每天饮酒不到30克，她们所生婴儿的心智发展也稍低于平均水平（Jacobson & Jacobson, 1996）。一项纵向研究从新生儿期开始追踪了一批婴儿直到6岁，发现那些出生前接触过酒精的婴儿比未接触者表现出了更高水平的负面效应。更麻烦的是，在子宫时就已接触过酒精，并表现出更高水平负面效应的婴儿，在6岁时更可能有抑郁的症状。这种情况在女孩中尤其显著（O'Connor, 2001）。对于FAS，尚未发现一个明确的敏感期，怀孕前期与怀孕后期饮酒同样危险（Jacobson et al., 1993）。最后，饮酒可能影响男性的生殖系统，降低精子活性，减少精子数量，使精子发生变异。一些研究甚至指出，父亲饮酒比父亲不饮酒的新生儿更可能出现低体重儿（Frank et al., 2002）。美国外科医生协会于1981年得出结论，不论饮酒多少都不是绝对安全的，并建议孕妇最好滴酒不沾。

吸烟

60年以前，不管医生还是孕妇，都觉得没有理由认为吸烟会影响胚胎或胎儿。今天我们却不这样认为。Little和他的同事（2004）报告了孕早期吸烟与胎儿**唇裂**、**腭裂**之间的相关性。而且，孕期吸烟的女性生出的孩子也会出现肺功能异常和高血压（Bastra, Hadders-Algra, & Neeleman, 2003）。文献综述指出，吸烟显著增加了流产或新生儿死亡的危险，并且是导致胎儿发育缓慢和低体重儿的主要原因（Blake et al., 2000；Chomitz, Cheung, & Lieberman, 2000；Cnattingius, 2004；Haug et al., 2000）。孕期吸烟还与较高的宫外孕（受精卵着床于输卵管而非子宫）发生率及婴儿猝死综合征（我们将在第4章中详细讨论）有关（Cnattingius, 2004；Sondergaard et al., 2002）。

此外，Schuetze和Zeskind（2001）报告，孕期吸烟还可能影响新生儿的内脏活动节律。在其研究中，不论是静态睡眠期还是动态睡眠期，在子宫中接触过尼古丁的新生儿，其心脏跳动得比没有接触者更快。Schuetze和Zeskind还报告，接触过尼古丁的新生儿，其心率比未接触者更不稳定，震颤及行为状态改变都更频繁（对新生儿行为状态的描述见第4章）。

在怀孕期间，吸烟使尼古丁和二氧化碳被输送到孕妇和胎儿的血液中，从而损害了胎盘的功能，特别是影响氧气和养料向胎儿的输送。尼古丁通过胎盘快速扩散。胎儿接触到的尼古丁浓度可能比吸烟的母亲高出15%（Bastra, Hadders-Algra, & Neeleman, 2003）。孕妇每天吸烟越多，自发性流产和生出低体重儿的危险就越大，很明显，这些事件是有关联的。如果父亲吸烟，新生儿的体重也可能低于正常水平。为什么呢？因为

➢ **己烯雌酚（diethylstilbestrol, DES）**：一种合成激素，以前被用来预防流产，服此药的母亲可能导致生出的女性后代患宫颈癌，男性后代生殖器方面出现异常。

➢ **胎儿酒精综合征（fetal alcohol syndrome, FAS）**：一系列严重的先天性问题，常见于怀孕时酗酒的母亲所生的孩子。

➢ **胎儿酒精效应（fetal alcohol effects, FAE）**：一系列轻微的先天性问题，怀孕时少量饮酒或者中度水平饮酒的母亲可能生出有此类问题的孩子。

➢ **唇裂（cleft lip）**：一种上唇有一个（或一对）纵向开口或凹槽的先天障碍。

➢ **腭裂（cleft palate）**：一种在胚胎发育中上腭闭合不全的先天障碍，导致上腭有一个开口或凹槽。

母亲和吸烟者住在一起，是"被动吸烟者"，她所吸入的尼古丁和二氧化碳可能阻碍胎儿的发育（Friedman & Polifka，1996）。

对于接触烟草的长期后果，人们还不是很清楚；但有证据表明，一些后果至少会延续到青少年期（Toro et al.，2008）。一些研究者发现，如果母亲在怀孕期间抽烟或父母在孩子出生后一直抽烟，那么孩子的体形往往小于平均水平，他们更易患呼吸道疾病，在童年早期，其认知水平要低于那些父母不吸烟的同龄人（Chavkin，1995；Diaz，1997）。Mattson 和他的同事（2002）引用的研究表明，当尼古丁与某些处方药和违禁药结合时，可能会发生某种强有力的交互作用。因为尼古丁是一种刺激物，它可能会使其他药物更多地进入胎盘，从而增强了这些药物的致畸后果。Cnattingius（2004）和 Linnet 等人（2003）报告了母亲在孕期吸烟与孩子行为失调有关，包括与注意缺陷多动障碍相关的失调。Bastra、Hadders-Algra 和 Neeleman（2003）以及 Gatzke-Kopp 和 Beauchaine（2007）发现，孕期吸烟与儿童的外化行为、注意缺陷以及糟糕的拼写和数学成绩有关。在这项研究中，那些出生后母亲仍吸烟的儿童（1186 名 5.5～11 岁儿童）的课业成绩最差。已经有足够的证据表明，孕妇吸烟可能会危及胎儿。基于这些原因，医生一般都会建议孕妇和她的伴侣戒烟，如果不能长期坚持，至少在孕期应该停止吸烟。

违禁药物

在美国，消遣性毒品（比如，大麻、可卡因和海洛因）的使用已经变得十分普遍。每年大约有 70 万新生儿尚在母亲的子宫内就接触过一种或几种这类毒品（Chavkin，1995）。各种认知和行为缺陷与使用违禁药物有关。例如，对胎儿大脑的检查发现，母亲孕期吸食大麻与胎儿杏仁核功能的改变有关，而杏仁核是参与情绪控制的脑区。这些变化更易发生在男性胎儿身上，这可能意味着在子宫中接触大麻对男孩的情绪控制能力的损伤更大（Wang et al.，2004）。如果孕妇每周使用这种毒品 2～3 次，那么孩子在出生的头一两周就会出现震颤、睡眠障碍、对环境缺乏兴趣等问题（Brockington，1996；Fried，1993，2002）。这些行为障碍的不良后果很可能会延续至童年期。与出生前没有接触过大麻的儿童相比，那些母亲在孕早期每天吸食 1 支以上大麻香烟的儿童在 10 岁时的阅读和拼写成绩更差。教师对接触过大麻的儿童的课堂表现的评价也比未接触者差。孕中期吸食大麻与阅读理解障碍和学业成绩差有关。此外，大麻接触者在 10 岁时会出现更多的焦虑和抑郁症状（Goldschmidt et al.，2004）。

虽然海洛因、美沙酮和其他会导致成瘾的麻醉药似乎不会使婴儿产生严重生理畸形，但是使用这些毒品的孕妇比未使用者更容易流产、早产或遭遇新生儿死亡（Brockington，1996）。在那些一出生就对母亲使用过的毒品上瘾的婴儿中，有 60%～80% 的婴儿在出生后第 1 个月很难照看。因为出生后不能再接触到毒品，所以上瘾的婴儿会出现呕吐、脱水、痉挛、极度易怒、吸吮乏力、高声啼哭等退缩症状（Brockington，1996；D'Apolito & Hepworth，2001）。此外，在出生后的头 1 个月，这些接触过毒品的新生儿会有呼吸和吞咽困难（Gewolb et al.，2004）。不安、震颤、睡眠障碍等症状可能会持续 3～4 个月。但是，长期研究发现，对海洛因或美沙酮成瘾的婴儿一般到 2 岁时发育正常。因此，早期接触毒品很有可能并不是导致其中的一些孩子发育不良的主要原因，父母漠不关心的教养方式及其他社会和环境风险因素更有可能是罪魁祸首（Brockington，1996；Hans & Jeremy，2001）。在一项研究中，研究者让出生前接触过多种毒品的儿童与被招募来照看他们的养父母居住在一起。在他们生命中的头三年，这些孩子表现出了长足的发展，这表明，特殊的照顾也许有助于补偿早期接触毒品造成的缺陷。但是，值得注意的是，即使在良好的照看条件下，出生前接触过毒品的男孩与未接触者及接触过毒品的女孩相比，在婴儿发展评价量表上的得分仍更低。这些结果表明，男孩可能更容易受到母亲产前滥用毒品的影响（Vibeke & Slinning, 2001）。

如今，人们最为关注的是吸食可卡因的危害，特别是"快克"可卡因，这是一种吸食简便的可卡因，可通过肺部大量吸入。研究发现，可卡因可使母亲和胎儿的血管收缩，从而导致胎儿血压升高，阻碍养料和氧气输入胎盘（Chavkin, 1995; MacGregor & Chasnoff, 1993）。所以，吸食可卡因的母亲，尤其是吸食"快克"可卡因的母亲，经常会流产或早产。与使用海洛因和美沙酮的母亲所生的孩子一样，吸食可卡因的母亲所生的孩子经常会出现震颤、睡眠障碍、对周围环境注意迟缓以及被唤醒时易怒等倾向（Askin & Diehl-Jones, 2001; Brockington, 1996; Eidin, 2001; Lester et al., 1991; Singer et al., 2002a）。

此外，出生前接触可卡因与多种产后发展缺陷有关，包括低智商（Richardson, Goldschmidt, & Willford, 2008; Singer et al., 2002a, 2000b; Singer et al., 2004）、视觉空间能力损伤（Arendt et al., 2004a, 2004b），以及听觉注意和理解能力、口语表达能力等有关语言发展的关键技能出现问题（Delaney-Black et al., 2000; Lewis et al., 2004; Singer et al., 2001）。但由于吸食可卡因的母亲常常会营养不良，并同时服用酒精之类的致畸因子（Eidin, 2001; Friedman & Polifka, 1996），因此，即使研究者使用的研究方法可以解释这些附加因素，也很难确定出生前接触可卡因在多大程度上导致了这些缺陷（Arendt et al., 2004a, 2004b）。有一些研究表明，与可卡因相关的发展缺陷也可能受到出生前后环境的影响（Arendt et al., 2004a, 2004b）。例如，有研究表明，母亲抑郁对胎儿发育的不良影响大于出生前接触可卡因的影响（Singer et al., 2002b）。而且，与出生前接触可卡因相比，母亲的词汇量和家庭环境的质量（Lewis et al., 2004; Singer et al., 2004）是儿童智商和语言发展更强有力的预测源，与接触可卡因有关的视觉空间缺陷似乎也更多地出现在不良家庭环境中（Arendt et al., 2004a, 2004b）。

一些研究者认为，可卡因婴儿表现出的令人困扰的行为妨碍了婴儿与看护者之间正常情感纽带的建立（Eidin, 2001）。一项研究发现，大多数接触可卡因的婴儿在出生第一年不能与主要看护者建立牢固的情感纽带（Rodning, Beckwith, & Howard, 1991）。还有一些研究表明，与没有接触过可卡因的婴儿相比，接触可卡因较多的婴儿对学习缺乏兴趣（Alessandri et al., 1993）；到18个月时，他们的智力发展也明显落后（Alessandri, Bendersky, & Lewis, 1998）。这些不良后果既可能与婴儿前期接触可卡因以及由此带来的消极情绪和行为有关，也有可能与滥用毒品的父母同时沾染其他一些致畸因子（如酒精或烟草）有关，或者与这些婴儿可能更少获得父母的照料和刺激有关。要澄清这些问题，准确评估可卡因（及其他麻醉剂）对各方面发展的长期影响，仍需进一步的研究（Kaiser-Marcus, 2004）。

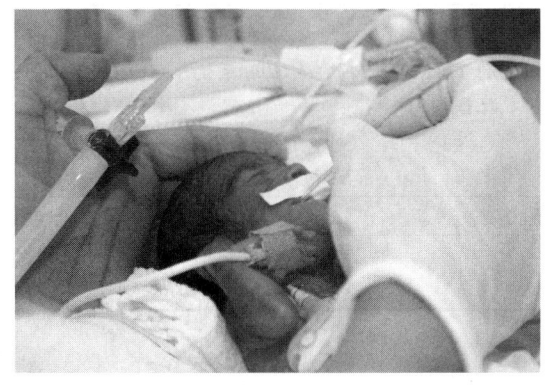

这名小婴儿由于在产前期接触到了可卡因，生命受到威胁，正在接受治疗。

表 3.3 影响（或可能影响）胎儿或新生儿发育的部分毒品和药物

母亲使用的药物	对胎儿或新生儿的影响
酒精	头小，面部异常，心脏缺陷，低体重儿，智力落后（见正文）。
苯丙胺 　右旋苯丙胺 　脱氧麻黄碱	早产，死胎，易怒，新生儿喂食困难。
抗生素 　链霉素 　土霉素 　四环素	母亲大剂量地使用链霉素可能导致胎儿丧失听力。土霉素和四环素可能导致早产、骨骼发育受阻、白内障、婴儿牙齿着色。
阿斯匹林 　布洛芬（抗炎、镇痛药）	详见正文。（在临床使用上，扑热息痛是代替阿司匹林和布洛芬的一种比较安全的药物。）
巴比妥酸盐	母亲服用的所有巴比妥酸盐都可以通过胎盘屏障。在临床使用上，它们会导致胎儿或新生儿昏睡。如果大剂量使用，将导致缺氧症、胎儿发育受阻。其中一种巴比妥酸盐，去氧苯巴比妥（抗癫痫药），可能导致心脏异常、面部和四肢发育畸形。
迷幻剂 　LSD	麦角酸二乙酰胺（LSD）将轻微增加四肢畸形的可能性。
大麻	怀孕时大剂量使用大麻可能导致新生儿的行为异常（见正文）。
锂	心脏缺陷，新生儿嗜睡行为。
麻醉药 　可卡因 　海洛因 　美沙酮	母亲对麻醉药上瘾会增加早产的危险。而且，胎儿一般也会对麻醉药上瘾，从而导致各种并发症。大量使用可卡因可能会使胎儿血压升高，甚至引发中风（见正文）。
性激素 　雄性激素 　孕激素 　雌性激素 　DES（己烯雌酚）	孕妇服用的避孕药和防止流产的药物中所含的性激素可能对婴儿有各种危害，包括轻微的心脏畸形、宫颈癌（在女性后代中）和其他生理异常（见正文）。
烟草	孕期吸烟会妨碍胎儿生长，增加自发性流产、死胎和婴儿死亡的危险（见正文）。
镇静剂（反应停除外） 　氯普鲁马嗪 　利血平 　安定	新生儿可能发生呼吸障碍。安定也可能导致肌张力低下和嗜睡。
维生素	孕妇过量摄取维生素 A 可能导致唇裂、心脏畸形等严重的出生缺陷。从维生素 A 中提取的被广泛应用的抗痤疮药物爱优痛（Accutane）是一种威力极强的致畸因子，可能导致眼、四肢、心脏和中枢神经系统的畸形。

表 3.3 列举了其他一些毒品以及它们对胎儿的影响。在这些影响中，有的已被证实，有的尚待证实。从这些发现中我们能得出什么结论呢？假如我们优先考虑的是未出生孩子的福祉，也许

弗吉尼亚·阿普加（Virginia Apgar）的概括是最佳的建议："已经怀孕或可能怀孕的女人除非绝对必要，就不要服用任何药物；如确需服用，必须遵照医嘱。（Apgar & Beck，1974，p.445）"

环境风险

另一类致畸因子是环境风险，包括孕妇不能控制、甚至没有意识到的环境中的化学物质，还有一些孕妇可以控制的环境风险。让我们来看看这些致畸因子及其影响。

辐射

1945年原子弹在日本爆炸后不久，科学家开始痛苦地意识到辐射的致畸后果。在爆炸现场800米之内的孕妇生出的都是死胎；距离爆炸现场2000米的孕妇有75%的人生出了有严重残疾的孩子，不久就死去了，那些活下来的婴儿大多智力落后（Apgar & Beck，1974；Vorhees & Mollnow，1987）。

没有人能准确知道多大剂量的辐射才会危害胚胎或胎儿。暴露于辐射之中的婴儿即使出生时看起来正常，以后出现并发症的可能性也不容小觑。因此，医生往往会建议怀孕妇女除非迫不得已，不要进行X射线检查，尤其是子宫和腹部更要避免X射线辐射。

化学物质和污染

孕妇在日常生活中会不可避免地接触各种潜在的有毒物质，包括有机染料和颜料、食物添加剂、人工合成的甜味剂、杀虫剂和装饰材料，其中一些已确知对动物有致畸作用（Verp，1993；Perera et al.，2009），但更多可能有危险的化学添加物的作用仍有待确定。

在我们呼吸的空气和饮用水中也存在污染物质。例如，孕妇可能暴露于高浓度的铅、锌、汞之中，这些污染物质通过工业流程排放到空气和水中，也可能存在于房屋涂料和水管中。这些重金属对成人和儿童的生理健康及心智能力均有伤害，并对发育中的胚胎或胎儿具有致畸作用（导致生理畸形和智力落后）。在多数案例中，怀孕和哺乳期都接触到了污染物的母亲，其孩子受到的神经伤害和病理伤害最为严重，这进一步证实了"剂量"效应。父亲暴露于含有毒物质的环境中也可能影响孩子。对各种职业男性的研究表明，长期暴露于辐射、麻醉气体和其他有毒化学物质之中，可能会损伤父亲的染色体，增加胎儿早产或出现各种基因缺陷的可能性（Gunderson & Sackett，1982；Merewood，2000；Strigini et al.，1990）。如果父亲严重酗酒或使用毒品，即使母亲不喝酒，不沾染毒品，也有可能生出低体重儿或有其他缺陷的婴儿（Frank et al.，2002；Merewood，2000）。为什么呢？原因可能是某些物质（如可卡因、酒精和其他有毒物质）可以直接影响精子，或者导致其发生变异，所以从母亲怀孕的那一刻开始，产前发育就处于危险之中（Merewood，2000；Yazigi, Odem, & Polakoski，1991）。总的来说，这些研究结果表明：（1）环境中的有毒物质可能影响父母双方的生殖系统；（2）母亲和父亲都应该尽量避免接触致畸因子。

孕妇自身的特征

除了致畸因子以外，孕妇的营养、情绪状态，甚至年龄都可能对怀孕产生影响。这些特征可能影响产前环境，并因此影响有机体发育。而且，产前环境可能对正在发育的有机体产生长期影响和即时影响。

孕妇的饮食

60年前，医生常常建议孕妇每个月体重增加不要超过1千克，他们认为在整个孕期体重增加6.8～8.2千克就足以保证健康的产前发育。但是，现在医生一般会建议母亲多吃一些高蛋白、高能量的健康食物，在孕早期体重应该增加

1～2.5千克，以后每星期大约增加0.5千克，整个孕期增加11～16千克（Chomitz, Cheung, & Lieberman, 2000）。为什么会发生这种变化呢？原因在于，如今我们已经意识到孕期营养不良对胎儿是有害的（Franzek et al., 2008）。

饥荒时期经常发生的严重营养不良会阻碍产前发育，导致生出的婴儿身材矮小，体重不足（Susser & Stein, 1994）。营养不良造成的影响取决于它所发生的时间。如果是在孕早期，可能会中断脊髓的形成，从而引发流产；如果是孕晚期，则更有可能生出小头的低体重儿，这种婴儿可能活不过1岁（Susser & Stein, 1994；见图3.6）。对因母亲在孕晚期营养不良造成的死胎进行尸体解剖发现，与营养良好的母亲所生的孩子相比，它们的脑细胞更少，体重也更轻（Goldenberg, 1995；Winick, 1976）。

营养不良的母亲所生的婴儿在童年期有时会表现出认知缺陷，这并不奇怪，这种缺陷跟婴儿自身的行为也有关系。如果母亲在孕期营养不良，且婴儿在出生后饮食仍然不足，那么这些婴儿就会对事物缺乏兴趣，被唤醒时易发怒，这些特征可能导致他们与父母关系疏远，父母不愿提供丰富的刺激和情感支持，而这些刺激和情感支持对婴儿的社会性发展和智力发展具有积极影响（Grantham-McGregor, 1995）。幸运的是，通过调理饮食，同时结合良好的日常照料，能明显减少甚至消除营养不良所带来的长期潜在的破坏性影响（Grantham-McGregor, 1994；Super, Herrera & Mora, 1990；Zeskind & Ramey, 1981）。

最后，值得注意的是，有一些孕妇吃得很多，但是仍然没能摄取足以确保孕期健康的维生素和矿物质。在母亲的饮食中加入少量的镁和锌将有助于增强胎盘的功能，避免许多分娩并发症的发生（Friedman & Polifka, 1996）。研究者最近发现，富含**叶酸**（一种B族维生素，存在于新鲜水果、豆制品、动物肝脏、金枪鱼和绿色蔬菜中）的食物有助于预防唐氏综合征、**脊柱裂**、**无脑畸形**和其他神经管缺陷（Cefalo, 1996；Chomitz, Cheung, & Lieberman, 2000；Mills, 2001；Reynolds, 2002）。许多女性的叶酸摄取量不到日常标准摄取量的一半，因此现在许多宣传活动都倡导所有育龄妇女每天服用至少含有0.4毫克（但是不要超过1毫克）叶酸的营养品（Cefalo, 1996）。丰富的叶酸对从受孕到孕期第8周这段时间特别重要，因为此时是神经管形成的时期（Friedman & Polifka, 1996）。对于补充营养也存有争议（Wehby & Murray, 2008）。许多人担心有些女性可能会误以为维生素和矿物质补充得"越多越好"，因而摄取了过量的维生素A，而维生素A摄取过多也会导致胎儿先天缺陷（见表3.3）。不过，在正确的医疗指导下，维生素和矿物质类的营养品是相当安全的（Friedman & Polifka, 1996）。

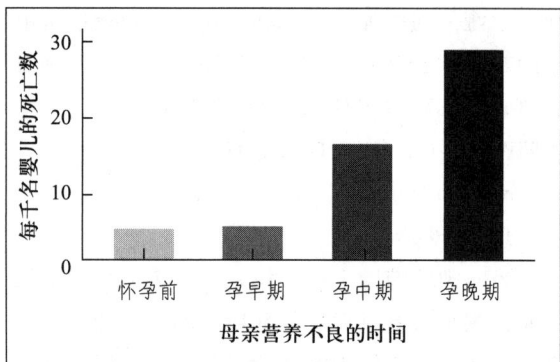

图3.6 第二次世界大战期间经历饥荒的荷兰母亲生下的婴儿在1岁前的死亡率。
来源：Susser, Saenger, & Marolla, 1975.

孕妇的情绪状态

尽管大多数女人对怀孕感到高兴，但有时怀孕是意外发生的。女人对怀孕的看法和感受是否对胎儿有影响呢（St. Laurent et al., 2008）？

女人怀孕时的心情的确可能影响胎儿，至少在一些情况下如此。当孕妇的某种情绪被唤起时，腺体就会分泌出非常活跃的激素，如肾上腺素。这些激素可以通过胎盘屏障，进入胎儿的血液，提高胎儿的动作活动水平。而压力则可能降低胎儿的活动水平。Dipietro、Costigan 和 Gurewitsch（2003）在孕妇完成一项困难的认知任务时监测了胎儿的心率和活动水平——尝试完成这项任务可能暂时导致压力升高。研究发现，胎儿心率波动的增加和动作活动的减少与任务期间母亲压力的升高有关。对母亲压力水平的测量包括皮肤电、心率、自我评价和观察者评价。在胎儿方面，心率波动和动作活动水平的改变非常迅速。DiPietro 和她的同事认为，他们观察到的这种快速变化可能反映了胎儿的感觉反应。也就是说，胎儿可能会觉察到（听到）母体心跳和循环系统声音的变化，以及母亲说话声音的变化。因此，压力引发的胎儿变化可能是由孕妇处于应激状态时心率的变化和透过胎盘的激素变化造成的，也可能是由胎儿的感觉经验造成的。

短暂的应激事件，如跌倒、恐惧或吵架，一般对母亲和胎儿没有什么危害（Brockington，1996）。但是，长期的、严重的情感压力可能阻碍胎儿生长发育，导致早产、低体重儿和其他并发症（Lobel，1994；Paarlbery et al.，1995；Weerth，Hees，& Buitelaar，2003）。一些研究者发现，处于高压力下的母亲所生出的孩子可能多动、易怒，饮食、睡眠和排泄没有规律（Sameroff & Chandler，1975；Vaughn et al.，1987）。对恒河猴的实验也表明，母亲的压力水平与低体重儿及婴儿行为失调之间有因果关系（Schneider et al.，1999）。

在一项对 17 位母亲和她们的足月健康婴儿的研究中，研究者在产前第 37—38 周对母亲的唾液皮质醇（一种对于调节人体压力反应非常重

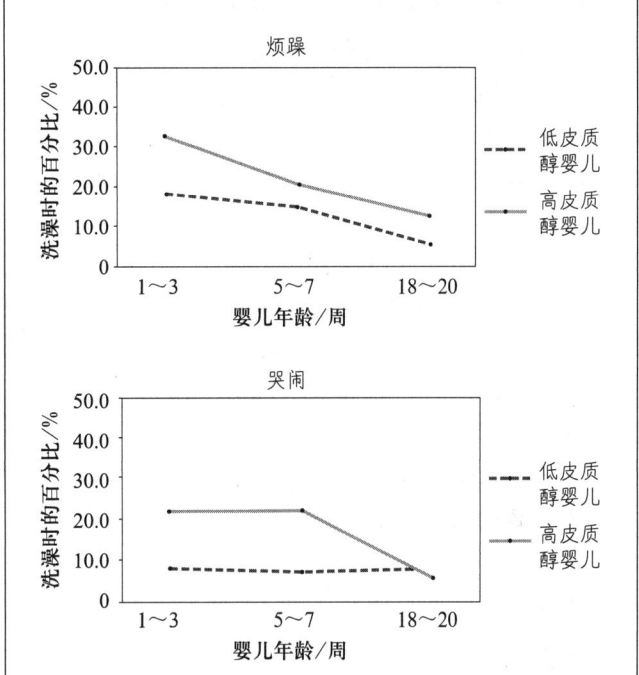

图 3.7　婴儿洗澡烦躁和哭闹的次数的百分比。这个图比较了怀孕期间皮质醇（一种与应激有关的激素）水平高和皮质醇水平低的母亲所生的孩子。

来源：*Early Human Development*, 74, Weerth et al., "Prenatal Maternal Cortisol Levels and Infant Behavior During the First 5 Months," 193-151, Copyright 2003, with permission from Elsevier.

要的激素）进行取样，产后对母亲在家中给婴儿洗澡的过程进行录像。如图 3.7 所示，与母亲唾液皮质醇水平较低的婴儿相比，母亲唾液皮质醇水平高的婴儿在洗澡时更容易骚动和哭闹。高皮质醇组婴儿还表现出较多的消极面部表情。此外，高皮质醇组的母亲报告他们的孩子是困难型气质，

> **叶酸（folic acid）**：一种 B 族维生素，有助于防止中枢神经系统的缺陷。
> **脊柱裂（spina bifida）**：脊椎管缺损，脊髓膨出。
> **无脑畸形（anencephaly）**：一种出生缺陷，大脑和神经管未发育或发育不全，头盖骨未闭合。

表现出更高的情绪性和活动性。在产后 18～20 周时，这两组婴儿对洗澡的消极反应的差异基本消失。研究者认为这种差异的消失应当归功于婴儿感知觉和能力的成熟。总的来说，新生儿可能会认为被水溅是一件讨厌的事。但是，5 个月大的婴儿，即使是困难型气质的婴儿，也会将用水溅妈妈视为一件趣事。研究者进一步建议，可以用其他活动来揭示两组儿童气质类型上的长期差异（Weerth, Hees, & Buitelaar, 2003）。

Van der Bergh 和 Marcoen（2004）认为，母亲压力的长期后果可能与妊娠的敏感期有关。压力的长期后果有：注意缺陷多动障碍、外部问题行为（如发怒和对其他孩子的攻击行为）和焦虑。Van der Bergh 和 Marcoen 的研究表明，当产前应激体验发生在孕期第 12—22 周时，儿童特别容易受到影响。

情感压力是怎样阻碍胎儿生长，导致分娩并发症及婴儿行为问题的呢？长期应激与发育迟缓和低体重之间的联系可能意味着应激会对激素分泌产生影响，从而阻碍血液向大肌肉的输送以及氧气和养料向胎儿的输送。应激也可能削弱孕妇的免疫系统，使孕妇和胎儿更容易受到传染性疾病的影响（Cohen & Williamson, 1991; Dipietro, 2004）。最后，处于情感压力之下的母亲更有可能营养不良、吸烟、酗酒和吸食毒品，而这些因素都可能阻碍胎儿的生长发育，导致低体重儿（Dipietro, 2004; Paarlbery et al., 1995）。当然，母亲在怀孕期间所经受的某些压力在婴儿出生后仍然可能存在，从而降低了这类看护者对婴儿需求的敏感性，再加上婴儿本身就易怒，不易对逗弄产生反应，这些可能会使得婴儿的问题行为长期保持下来（Brockington, 1996; Vaughn et al., 1987）。

有趣的是，并不是所有经受高压力的母亲都会碰到前面所讨论的分娩并发症。为什么呢？这可能与母亲管理压力的能力有关，这远比生活中的压力源更加重要（McCubbin et al., 1996）。在以下几种情况下，与压力相关的并发症更有可能发生：(1) 母亲对婚姻和怀孕的态度模糊或消极；(2) 母亲缺少朋友和其他可以用来求助的社会支持资源（Brockington, 1996）。调节和减轻压力的心理咨询可能对这些母亲大有帮助。有研究发现，在压力情形下，接受类似咨询的母亲所生孩子的体重显著高于母亲没有接受帮助的孩子（Rothberg & Lits, 1991）。

在最近的一篇文献综述中，DiPietro（2004）报告说产前所经受的压力与消极和积极的发展结果都有关系。她和同事们注意到，当孕妇每天为琐事争吵的次数增多时，胎儿心率和运动的同步（衡量发育中的神经统合的一个重要指标）减少了。然而，DiPietro 和她的同事（2003）也报告了母亲在怀孕中期较高水平的焦虑与婴儿 2 岁时动作和智力发育得分较高有很大关系。DiPietro 指出，正如前面所报告的，应激激素可能穿过胎盘屏障，由于其中一种激素——肾上腺皮质激素——能促进胎儿器官的成熟发育，因此母亲的压力事实上可能促进胎儿的产前发育，而不是减缓它。DiPietro 建议，与低水平或高水平的压力相比，母亲适度的压力状态也许是子宫内健康发育所必需的。

孕期长期承受太大的压力（例如，极度贫穷）可能对胎儿产生有害的后果，并造成分娩并发症。

孕妇的年龄

女人生孩子最安全的时间一般是 16—35 岁（Dollberg et al., 1996）。生育年龄与胎儿或**新生儿**的死亡率之间具有很明显的关系。对于 15 岁以下的母亲来说，婴儿死亡率会大大增加（Phipps, Sowers, & Demonner, 2002）。与 20 多岁的母亲相比，年龄小于 16 岁的母亲会碰到更多的分娩并发症，更有可能早产和生出低体重儿（Koniak-Griffin & Turner-Pluta, 2001）。

为什么年轻的母亲和她们的孩子会处于危险之中呢？可能是由于十几岁就怀孕的青少年大多来自贫穷家庭，她们往往营养不良、压力过大，在孕期照料方面也缺少指导（Abma & Mott, 1991）。如果十几岁的母亲和她们的婴儿能受到很好的照料，在分娩过程中获得良好的医疗指导，一般也没有什么危险（Baker & Mednick, 1984；Seitz & Apfel, 1994a）。

如果母亲在 35 岁以后生育，会面临什么样的危险呢？大龄女性怀孕时染色体异常的概率增加，这可能导致自发性流产的概率升高。即使在孕期和婴儿出生过程中受到了良好的照料，大龄产妇出现其他并发症的危险也比较大（Dollberg et al., 1996）。当然，也应该注意到大多数大龄女性，特别是那些健康的、营养良好的女性在怀孕期间一切正常，生育的婴儿也非常健康（Brockington, 1996）。

出生缺陷的预防

读完这一章以后，任何一个想要孩子的人都可能感到害怕。人们很容易留下这样的印象："出生以前的生命历程"才是真正的危险阶段。遗传上可能有如此多的突发状况，而且即使是一个基因正常的胎儿，在子宫里发育时也可能会遭遇各种各样的潜在危险。

但是，我们还应该看到事实的另外一面，要知道，大多数基因异常的胚胎在分娩之前就会死亡。超过 95% 的新生儿是非常健康的，剩下的 5% 大多也只是有一些轻微的先天问题，很容易得到矫正。因此，孕期环境并不是那么危险（Gosden, Nicolaides, & Whitting, 1994）。如果能遵循表 3.4 所列举的指导原则，那么父母能显著降低生出非正常婴儿的概率。阿普加和贝克（Apgar & Beck, 1974）提醒我们："每一次怀孕都是不同的。每个未出生的孩子都有独特的基因组成。母亲为其提供的孕期环境也可能与另外一个孩子不同。因此，我们认为，为了尽可能生出正常、健康、没有生理缺陷的孩子，不管怎么小心都不为过。"

> **新生儿**(neonate)：指从出生到大约 1 个月大的婴儿。

表 3.4 降低先天缺陷的可能性

阿普加和贝克（Apgar & Beck, 1974）向未来的父母提出了以下建议，以降低孩子患有先天缺陷的可能性：

- ✓ 如果你认为你的近亲患有可能会遗传的疾病，那么你应该去做遗传咨询。
- ✓ 女人生孩子的最佳年龄在 16—35 岁。
- ✓ 任何一个孕妇都需要得到良好的照料，并遵照有临床经验且了解致畸因子的医疗工作者的指导行事，看护者还应确保孕妇分娩的地点是一个现代化的、声誉良好的医院。
- ✓ 在确知是否得过风疹或是否对风疹具有免疫能力之前，任何女性都不应该怀孕。
- ✓ 从怀孕之初，孕妇就应该进行性传播疾病检查，尽可能避免接触传染性疾病。
- ✓ 孕妇不应吃未煮熟的肉制品，或接触可能感染了弓形虫病的猫和猫粪便。
- ✓ 除非绝对必要，并获得医生许可（而且医生已知怀孕的事实），否则孕妇不应该服用任何药物。
- ✓ 除非为了孕妇本人健康而且绝对必要，否则孕妇应避免放射性治疗和 X 光检查。
- ✓ 怀孕期间应禁止吸烟。
- ✓ 营养丰富并富含蛋白质、维生素、矿物质、热量的饮食对孕妇非常重要。

概念核查3.2 产前发育的潜在问题

回答下列问题，检查你对产前发育和产前发育可能出现的问题的理解。答案见附录。

匹配题：请在致畸因子与它对发育中的有机体可能造成的影响之间进行匹配，以检查你对致畸因子的影响的理解。

    a. 眼睛和大脑受损；怀孕后期流产
    b. 四肢缺失或畸形
    c. 盲、聋、智力落后

____ 1. 风疹
____ 2. 弓形虫病
____ 3. 反应停

选择题：为下列各题选择最佳答案。

____ 4. ____是有可能损伤发育中的胚胎或胎儿的病毒、药物（毒品）、化学物质和辐射等外界因素。
    a. 出生缺陷   b. PCBs
    c. 致畸因子   d. 弓形虫病

____ 5. 每一器官最易受特定环境因素影响的时期叫____。在这一时期之外的其他时间，同样的环境要造成同样严重的后果，需要更大的剂量。
    a. 敏感期   b. 致畸期
    c. 分化期   d. 危险期

____ 6. 在产前发育过程中，致畸因子对发育中的有机体造成潜在危害的最关键的时期是____。
    a. 胚泡期   b. 受精卵期
    c. 胎儿期   d. 胚胎期

填空题：在下列句子的空白处填上适合的词或短语。

7. 如果孕妇在怀孕期间饮酒，若产前伤害不严重，她将面临生下____孩子的危险；若产前伤害非常严重，她将面临生下____孩子的危险。

8. 苏珊出生于1960年，出生时她看起来是一个正常、健康的女孩。20岁以前，她的发展一切正常。20岁时，她发现自己患有一种罕见的生殖器官癌，她将无法生育自己的孩子。医生怀疑她妈妈在怀苏珊期间吃了____，这种药物可能是一种导致苏珊生殖系统异常的致畸因子。

论述题：详细论述下列问题。

9. 列出并举例说明致畸因子产生影响的四个法则。

出生和围产期环境

围产期环境是指新生儿出生时所处的环境，它包括分娩时母亲所用药物、分娩过程中采取的措施以及婴儿刚出生时的社会环境等的影响。正如我们将要看到的，围产期环境是一个非常重要的因素，可能影响婴儿的健康和将来的发展。

出生过程

婴儿的出生过程可以分为三个阶段（见图3.8）。当母亲感到子宫以10～15分钟的间隔收缩时，**第一产程**就开始了，当宫颈膨胀到胎儿的头能通过的时候，第一产程即告结束。对第一胎孩子来说，第一产程将持续8～14小时，以后几胎则持续3～8小时。随着分娩过程的进行，子宫收缩变得更频繁、更有力。当胎儿的头到达宫颈口时，第二产程即将开始。

第二产程，也叫胎儿娩出期，始于胎儿的头通过宫颈进入阴道时，当胎儿身体露出母体外时，第二产程结束。这一阶段需要母亲通过每次的收缩，用力将胎儿推入产道。较快的分娩可能需要半小时，而较慢的分娩可能超过一个半小时。

第三产程，也叫胎盘娩出期（或胞衣娩出期），历时仅为5～10分钟，子宫再次收缩，将胎盘从母体中排出。

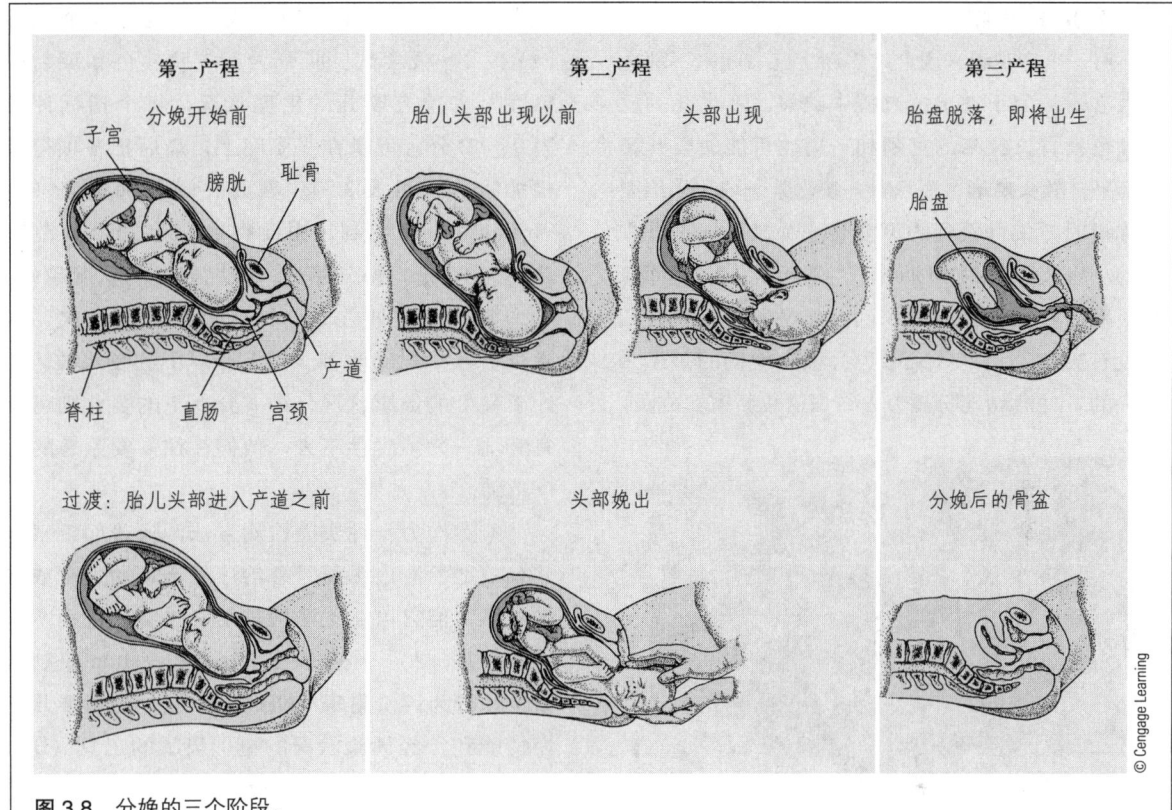

图3.8 分娩的三个阶段。

婴儿的经历

出生曾被认为是一个极度危险和痛苦的过程，婴儿忽然从柔软、温暖的子宫被放逐到一个寒冷的、刺眼的世界中，他可能第一次经历寒冷、疼痛、饥饿，空气也在突然之间进入他的肺部。但是，今天很少有人再像法国产科医师Frederick LeBoyer（1975）那样把出生过程描述成"无知的痛苦"。出生过程对婴儿来说的确是一种应激，但是激活应激激素的分泌也具有一定的适应性，可以提高心跳速率并加速有氧血液流入大脑来应对缺氧（Nelson，1995）。出生应激也有助于保证婴儿出生时处于清醒状态并做好呼吸准备。通过对许多新生儿的仔细观察，Aiden MacFarlane（1977）注意到，大部分新生儿相当安静，在第一声啼哭后的几分钟之内就开始适应周围的环境了。所以，出生过程是一场严峻的考验，但很难称得上是痛苦的过程。

> **围产期环境**（perinatal environment）：围产期，又称围生期，指出生前后那段时间；围产期环境指分娩时周围的环境。
>
> **第一产程**（first stage of labor）：分娩过程的第一阶段，从子宫第一次周期性的收缩开始，到子宫颈完全张开为止。
>
> **第二产程**（second stage of labor）：分娩过程的第二阶段，在此阶段，胎儿从产道中产出，离开母体（也被称为胎儿娩出期）。
>
> **第三产程**（third stage of labor）：胎儿出生后胎盘排出的过程。

婴儿的外貌

对一个旁观者来说，许多新生儿看起来不那么讨人喜爱。由于在出生过程中缺氧，新生儿的皮肤颜色发青，狭窄的宫颈和产道也可能使婴儿鼻子扁平，额头畸形，浑身青一块，紫一块。当给婴儿称量时，父母看到的可能是一个皱巴巴、红皮肤的小生灵，大约50厘米长，3千克左右，浑身上下裹着一层黏糊糊的东西。但是即使新生儿几乎没有笑容，大多数父母也会认为他们的孩子是漂亮的，并急切地盼望着去结识这位新家庭成员。

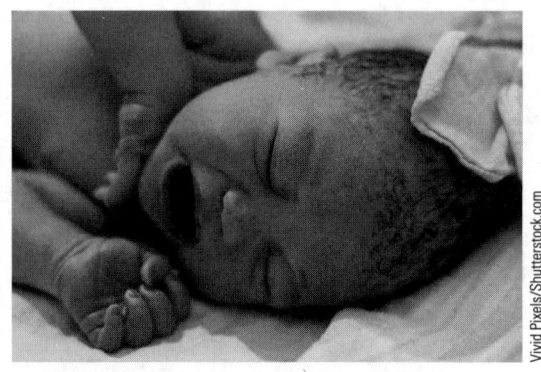

刚出生不久的婴儿看起来不是那么惹人喜爱，但是他们的外表在头几周里会发生迅速的改善。

婴儿状况的评估

在生命最初的几分钟内，婴儿将接受其人生中的第一次测试。护士或医生通过5个指标（心率、呼吸尝试、肌张力、皮肤颜色和反射敏感性）来检查婴儿的生理状况，每个指标评分为0～2分，记录在一张图上，最后把各项得分相加求和（见表3.5）。婴儿在**阿普加量表**（由Virginia Apgar编制，由此得名）上的得分范围是0～10分，得分越高，表明婴儿的状况越好。这个测试一般要在5分钟后重新进行一次，以测量婴儿状况的改善。得7分以上的婴儿被认为处于良好的健康状况，得4分以下的婴儿则可能有麻烦，为了生存下去，他们往往需要紧急的医疗救助。

虽然作为一种快速检测方法，阿普加量表能够有效地检测出需要紧急治疗的严重的生理或神经异常，但它可能无法检查出一些不是特别明显的并发症。另一个量表是Berry Brazelton研制的**新生儿行为评价量表（NBAS）**，它是测量婴儿行为技能和神经健康状况的更加灵敏的工具（Brazelton, 1979）。NBAS一般在婴儿出生几天后进行测量，可评价20种先天反射的强度、新生儿状态的变化、对安抚和其他社会刺激的反应。这个量表的一个重要价值在于，它能及早辨别出对日常生活刺激反应较慢的婴儿。如果婴儿的反应性极低，且NBAS得分也很低，可能预示着婴儿有大脑损伤或者其他一些神经问题。如

表 3.5 阿普加量表

特征	分数		
	0	1	2
心率	无	慢（少于100次/分）	多于100次/分
呼吸尝试	无	缓慢或不规则	良好，哭声响
肌张力	松弛，软弱无力	柔弱，有些弹性	强劲，动作活跃
皮肤颜色	青或苍白	躯干粉红色，四肢发青	通体粉红
反射敏感性	无反应	皱眉，面部表情痛苦，或微弱地哭泣	大声啼哭，咳嗽，打喷嚏

注：在阿普加量表中用首字母代表测量的五个标准：A = appearance（外表），P = pulse（脉搏），G = grimace（面部表情），A = activity level（活动水平），R = respiratory（呼吸状况）。

果婴儿先天反射很正常，而对社会性刺激反应很慢或表现出烦躁不安，那么婴儿很有可能在头几个月里得不到好玩的刺激和安抚，从而影响他与看护者之间形成安全的情感纽带。所以，NBAS得分低，预示了父母将来可能会碰到的一些问题。

幸运的是，NBAS也可以作为一种有效的教育工具来帮助父母与孩子建立良好的关系。一些研究表明，参与NBAS测量的父母经常能学到很多有关婴儿行为能力的知识，懂得如何成功地安抚烦躁的婴儿，或者如何逗引婴儿做出微笑、注视等令人愉快的反应。1个月以后的观察表明：与没有参加训练的对照组父母相比，参与NBAS训练的父母更敏感，反应性更好（Britt & Myers, 1994）。还有一些培训项目请父母观看NBAS评价视频（视频讲解了新生儿的社会和感知觉能力），这些视频强调父母的照料行为应温柔敏感，适应婴儿的独特性，并在观看视频的同时进行父母讨论和现场演示，这样的做法也取得了成功（Wendland-Carro, Piccinini, & Millar, 1999）。因此，NBAS训练和其他类似的干预训练对调节父母与婴儿之间的关系十分有效。而且，父母喜欢这些简单的、花费不多的项目，它尤其适合以下情况：(1) 年轻的、对照顾婴儿知之甚少、没有多少经验的看护者；(2) 家庭中有在NBAS上得分较低的婴儿，而且父母有可能因为婴儿易怒或无应答的行为而感到沮丧（Wendland-Carro, Piccinini, & Millar, 1999）。

分娩和分娩中的药物治疗

在美国，有多达95%的母亲在分娩过程中使用了某种药物（经常是几种）。这些药物包括用来减轻疼痛的止痛剂和麻醉剂、使母亲放松的镇静剂，以及引发和增强子宫收缩的药物。很明显，使用这些药物是希望母亲的分娩过程更加顺利，在难产情况下，使用这些药物对挽救婴儿的生命往往是必不可少的。但是，在分娩过程中大剂量地使用药物可能会带来一些意想不到的负面效果。

例如，在分娩过程中大量使用麻醉剂经常会降低母亲对子宫收缩的敏感度，不利于把婴儿挤出子宫和产道。结果，可能需要使用产钳（外形类似色拉夹的工具）或胎头吸引器（一种塑料吸引杯，固定在婴儿头上），才能把婴儿从产道中拖出。不幸的是，由于婴儿的头盖骨很柔软，在个别情况下，使用这些器具可能导致婴儿颅内出血和大脑损伤（Brockington, 1996）。

在阵痛和分娩中使用的药物也可能通过胎盘进入婴儿体内，如果剂量很大，可能导致婴儿易打瞌睡、注意不集中。母亲使用大剂量药物的婴儿在出生的头几周笑得更少，被唤醒时容易发怒，难以喂养和安抚（Brackbill, McManas, & Woodward, 1985）。一些研究者担心父母对付不了这样一些不活泼、易怒且注意力不集中的婴儿，难以与之建立依恋关系（Murray et al., 1981）。

这是否意味着母亲最好避免在阵痛和分娩时用药呢？并非如此。一些妇女之所以处于分娩并发症的危险中，是因为她们体形太小或者胎儿太大，适当剂量的药物可以缓解她们的不适，并且对分娩没有干扰。而且，今天的医生也更可能在最安全的时间内使用毒性更小、剂量更小的药物，所以用药并不像人们曾经认为的那么危险（Simpson & Creehan, 1996）。

> **阿普加量表（Apgar test）**：一种快速评估新生儿心率、呼吸、皮肤颜色、肌张力和反射状况的工具，来测量围产期的应激状况，并判断新生儿是否马上需要医疗帮助。

> **新生儿行为评价量表（Neonatal Behavior Assessment Scale, NBAS）**：一种用于评估新生儿神经系统的完整程度和对环境刺激的反应性的测量工具。

> 生活与研究应用

分娩的文化和历史差异

在美国，几乎99%的婴儿出生在医院里，母亲在床上分娩；但在其他许多文化背景下，大多数婴儿出生在家中，产妇被家庭成员围绕着，并且有其他妇女协助，她们可能采用站立式或蹲式进行分娩（Philpott，1995）。在围产期习俗方面，文化差异也很明显（Sternberg，1996）。在肯尼亚的波科特人中，文化习俗有助于孕妇得到强有力的社会支持（O'Dempsey，1988）。整个部落会举行庆典庆祝婴儿的降生，准父亲必须停止打猎全力照顾妻子。一位接生婆在其他女性亲属的帮助下负责接生，然后胎盘被隆重地埋入羊圈之中，并根据婴儿的健康状况在部落中给予其一定的地位。母亲有1个月的康复时间，并有3个月的时间可以全身心地照顾婴儿，不必从事其他日常杂务（Jeffery & Jeffery，1993）。

有趣的是，对美国人而言，在医院里生孩子也只是近期的做法。在1900年以前，只有5%～10%的美国婴儿出生于医院，而产妇在医院中会被施以大量药物，生产时，她们要仰卧着，腿被固定起来。今天，许多父母倾向于把生孩子看作一种自然的家庭事务，而不是受高科技支配的危机事件（Brockington，1996）。这种想法主要表现为以下两种趋势：自然分娩和在家分娩。

自然分娩或有准备的分娩

自然分娩或有准备的分娩（或称心理预防式分娩、心理助产法）认为生孩子是生命中正常的一部分，而不是令众多女性害怕的痛苦折磨。自然分娩运动兴起于20世纪中期，英国的Grantly Dick-Read和法国的Fernand Lamaze做了开创性工作。这两位产科医师声称，如果女人学会将生孩子与愉快的情感联系起来，并学习一些有助于分娩的动作、呼吸方法和放松技巧，那么大多数女性可以非常顺利地分娩，用不着任何药物（Dick-Read，1933/1972；Lamaze，1958）。

选择自然分娩的父母通常要在分娩前参加一个为期6～8周的培训班。他们将学习分娩过程中会发生的一切，甚至有机会参观产房，熟悉那里的各种程序。他们还需要练习一些规定的动作，掌握一些放松的技巧。具体来说，父亲（或其他同伴）要扮演教练的角色帮助孕妇锻炼强化肌肉，调节呼吸。在分娩过程中，自然分娩也鼓励父亲的参与，让他们为母亲提供支持。

研究表明，除了母亲能获得来自配偶和其他亲密同伴的社会支持外，自然分娩还有许多好处。当母亲定期参加有关分娩的课程，在产房里有同伴帮助和鼓励时，她们在分娩过程中的痛苦更小，用的药物也更少，对自己、婴儿和分娩经历也会有更积极的态度（Brockington，1996；Wilcock, Kobayashi, & Murray, 1997）。因此，许多内科医生通常会建议产妇选择自然分娩。

在家分娩

自从1970年以来，有为数不多，但逐渐增多的家庭拒绝在医院里生孩子，他们希望由取得资格认证的护士（即助产士）在家中协助分娩。他们认为，在家分娩有助于降低母亲的恐惧感，家庭成员能提供最大程度的社会支持，而不像在医院，面前是一群素不相识的护士、助手和内科医生。他们也希望减少对分娩药物和其他不必要的、具有潜在危害的医疗干预的依赖。的确，轻松的氛围和即时的社会支持对许多在家分娩的产妇具有安慰作用，能使其保持镇静。与在医院分娩的母亲相比，在家分娩的产妇的分娩过程更短，用的药物更少（Beard & Chapple, 1995；Brackbill et al., 1985）

在家分娩和在医院分娩一样安全吗？来自工业化国家的统计数字表明：只要母亲是健康的，孕期是顺利的，而且分娩过程由受过良好训练的助产士指导，在家分娩和在医院分娩一样安全（Ackerman-Liebrich et al., 1996）。然而，无论采用哪种分娩方式，威胁生命的并发症都有可能发生，而且在一些发展中国家并发症相当。

普遍，对于在家分娩的人群来说，其发生率超过15%（Caldwell，1996）。

幸运的是，对于寻求既安全又有家庭氛围的分娩环境的夫妇来说，还有其他选择。许多医院已经开设了一种"分娩中心"，提供类似家庭的氛围和完备的医疗技术。还有一些独立于医院的分娩中心，一般由取得资格认证的护士或助产士来负责（Beard & Chappell，1995）。在这两种机构中，配偶、朋友甚至孩子都可以在产房里，健康的婴儿可以与母亲留在同一房间，而不是在医院托儿间里度过其生命的最初几天。有证据表明，对于健康的母亲和婴儿来说，在管理完善的分娩中心分娩并不比在医院里生孩子更有风险（Fullerton & Severino，1992；Harvey et al.，1996）。但是，受分娩并发症威胁的母亲最好在医院里分娩。因为在那里，一旦需要，母婴均能随时获得足以挽救生命的各种救助。

出生时的社会环境

仅仅在30年以前，大多数医院在产妇分娩过程中是禁止孩子的父亲进入产房的，婴儿出生以后很快就被从母亲身边抱走，交给护士。但是，时代已经发生变化。如今，孩子的出生变成了父母双方的一个重要经历（在"生活与研究应用"专栏讨论了分娩的文化和历史差异。）

母亲的体验

婴儿出生的最初几分钟对母亲来说将是一段特殊的时光，如果有机会跟婴儿待在一起，那么她们将尽享婴儿带来的快乐。发展学家认为，婴儿出生后最初的6～12小时内是母婴情感纽带建立的敏感期，此时，母亲已完全准备好迅速对婴儿做出反应，并对婴儿产生强烈的感情（Klaus & Kennell，1976）。为了验证这一假说，Klaus和Kennell（1976）让一组刚分娩过的母亲遵循医院当时的传统做法：分娩后仅略微看一眼孩子；6～12小时后再去看望孩子；在住院的3天内，每4小时有半小时的喂奶时间。另一组（延长接触组）母亲则每天有"额外"5小时的时间搂抱孩子，并在分娩后3小时内与婴儿有1小时的肌肤接触。

在接下去的1个月里，与遵循医院传统做法的母亲相比，延长接触组的母亲表现得更愿意与婴儿在一起，喂奶时把婴儿抱得更紧。1年以后，延长接触组的母亲与婴儿的关系更紧密，她们的孩子在生理和智力发展测试中的得分也超过传统组。很显然，早期在医院的延长接触有助于培养母亲对新生儿的感情，促使母亲继续以丰富多变的方式与婴儿进行互动。在这一类研究的影响下，许多医院已经改变了它们的例行做法，允许母婴早期接触，以促进她们情感纽带的建立。

这是否意味着早期没有与婴儿接触的母亲错过与婴儿形成稳固情感纽带的时机了呢？答案是否定的。随后的研究表明，早期接触的影响并不像Klaus和Kennell认为的那样显著和持久（Eyer，1992；Goldberg，1983）。还有一些研究发现，收养家庭的父母几乎不太可能与养子女有早期接触，但是在一般情况下仍能像在非收养家庭一样，与养子女建立很强的情感纽带（Levy-Shiff，

> **自然分娩（有准备的分娩）[natural (prepared) childbirth]**：一种分娩方式，强调生理和心理上对分娩的准备，尽可能地减少医疗技术的使用。

> **分娩中心（alternative birth center）**：一种医院产房或其他独立的机构，为孩子的出生提供类似家庭的环境氛围以及完备的医疗技术支持。

> **情感纽带（emotional bonding）**：用于描述母亲对婴儿的强烈情感联结的术语；一些理论家认为，婴儿出生后不久是强烈情感纽带形成的敏感期。

Goldschmidt, & Har-Even, 1991；Singer et al., 1985)。因此, 早期接触尽管是一种非常愉快的经历, 有助于母亲开始与婴儿形成情感纽带, 但是也没有必要担心如果母亲早期不能接触孩子就会产生什么问题。

产后抑郁症

不幸的是, 对一些母亲而言, 生育体验也有不愉快的一面。一些母亲可能感到抑郁、伤心、容易发脾气, 甚至对刚出生的婴儿有一些怨恨。这种情况比较轻微时称作"产后心境不良", 40%~60%的新生儿的母亲都可能表现出类似特征 (Kessel, 1995)。但是, 有10%以上的产妇会出现更加严重的抑郁反应, 称为"**产后抑郁症**"。许多严重抑郁的母亲不想接近孩子, 认为孩子难缠、难以对付。她们与婴儿的互动不积极, 有时可能对婴儿表现出明显的敌意 (Campbell et al., 1992)。产后心境不良一般在1~2周内就消失, 但产后抑郁可能会持续数月。

分娩后的激素变化以及对初为人母感到担心和紧张, 可能是产生轻度的、短期的产后抑郁的原因 (Hendrick & Altshuler, 1999；Wile & Arechiga, 1999；Mayes & Leckman, 2007)。更严重的产后抑郁与母亲的抑郁史、孕期酗酒和吸烟, 以及除分娩压力外还面临其他一些生活压力事件有关 (Brockington, 1996；Homish, 2004；Whiffen, 1992)。是否能够获得社会支持可能会影响产后的状况。缺少社会支持, 尤其是与婴儿的父亲关系不良, 将会显著增加产后抑郁的可能性 (Field et al., 1988；Gotlib et al., 1991)。反之, 对获得社会支持有积极感知的母亲对新生儿也有更积极的感受 (Priel & Besser, 2002)。如果母亲长期处于抑郁、退缩和冷漠的状况, 母婴之间可能形成不安全型依恋关系, 婴儿也可能出现抑郁症状, 并有可能出现问题行为 (Campbell, Cohn, & Myers, 1995；Murray, Fiori-Cowley, & Hooper, 1996)。因此, 不论为自身还是婴儿着想, 抑郁症状较为严重的母亲都应该主动寻求帮助。

父亲的体验

像母亲一样, 父亲同样经历着孩子出生这一重大生活事件, 心情非常复杂, 有积极情绪, 也有消极情绪。在一项研究中, 初为人父者承认他们在妻子分娩时感到非常害怕, 但是他们会尽力保持平静。虽然他们把生孩子描述成一个折磨人的、备感压力的考验, 但是当婴儿出生时, 他们的消极情绪一般会被轻松、骄傲和喜悦所代替 (Chandler & Field, 1997)。

和初为人母者一样, 初为人父者经常对婴儿表现出**投入**, 即对婴儿有强烈的迷恋, 非常渴望触摸、拥抱和爱抚这个家庭新成员 (Greenberg & Morris, 1974；Peterson, Mehl, & Liederman, 1979)。一位年轻的父亲这样说: "当我走进去看我的妻子时……我看到了孩子, 然后我抱起她, 然后放下……我不断地走过去看孩子。她像一块磁铁, 我无法克制, 事实上我很喜欢这样做。(Greenberg & Morris, 1974)" 有研究发现, 与那些和新生儿没有早期接触的父亲相比, 在医院里就开始逗弄和帮助照料婴儿的父亲以后在家里与婴儿在一起的时间更长 (Greenberg & Morris, 1974)。一些研究没有发现这种长期效应, 但也

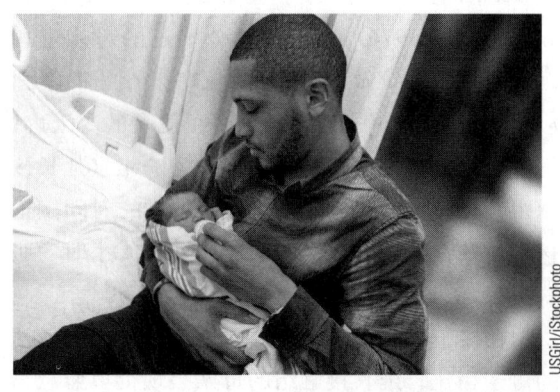

这位父亲对新生儿表现出的迷恋就是所谓的"投入"。

表明与新生儿的早期接触可以使父亲感觉到与妻子的关系更紧密，家庭归属感更强（Palkovitz，1985）。所以，孩子出生时父亲在旁边，不仅对产妇有重要的支持作用，而且可以促使他像母亲一样喜欢与新生儿亲密接触。

兄弟姐妹的体验

Judy Dunn 和 Carol Kendrick（1982；Dunn，1993）对儿童如何接纳新生婴儿进行了研究，结果并不完全令人高兴。随着婴儿的降生，母亲对大孩子的关爱和注意都会减少，而较大的尤其是2岁或更大些的孩子，由于能够很容易地感知到与看护者间的独特关系已经被新婴儿的到来所破坏（Teti et al.，1996），因此会变得更加对立和具有破坏性，同时依恋的安全程度也会降低。很明显，较大的儿童经常会怨恨失去了母亲的关注，可能会对侵占他们宁静港湾的小宝宝心生憎恶。同时，这些孩子自身的行为问题会由于父母的疏远而变得更为糟糕。

因此，**手足之争**，也就是兄弟姐妹之间的竞争、嫉妒或憎恨，经常会随着小弟弟或小妹妹的到来而产生。应该如何减轻这种消极的影响呢？如果哥哥或姐姐在新生儿到来之前能够对父母形成安全的依恋，而且在新生儿到来之后仍能与父母保持亲密的联系，那他们就会更容易适应一些（Dunn & Kendrick，1982；Volling & Belsky，1992）。父母也应该尽可能地给予大孩子关爱和关注，尽可能保持正常的交往。另外，还可以鼓励大孩子关注小婴儿的需要，帮助父母照顾小弟弟或小妹妹（Dunn & Kendrick，1982；Howe & Ross，1990）。

出生时的潜在问题

分娩过程并不总像我们在描述"正常"的分娩时所说的那样顺利。有三种分娩并发症可能对婴儿的发展产生消极影响，它们是：缺氧症、早产和低出生体重。

缺氧症

将近1%的婴儿出生时会表现出**缺氧症**的迹象。在许多情形下，婴儿会因为在出生过程中脐带绕颈、打结或受到挤压而致氧气供应中断，当胎儿**臀位分娩**，即脚或臀部先出来时，也容易发生氧气供应中断的情况。事实上，脚或臀部先出来的婴儿经常要通过剖腹产的方式来避免缺氧症的发生（Lin，1993）。当胎盘提前与胎儿脱离，中断对胎儿的养料和氧气供给时，也会造成缺氧症。如果产妇使用的麻醉剂透过胎盘屏障，进而干扰到婴儿的呼吸，或者在分娩过程中咽下的黏液卡在婴儿喉咙里面时，也会发生缺氧症。虽然新生儿对缺氧的承受时间可能超过大孩子和成人，但是如果呼吸中止3~4分钟以上，将可能造成永久性的大脑损伤（Nelson，1995）。

另一个可能导致缺氧症的因素是RH因子不相容。如果胎儿是RH阳性，他的血液里有一种被称为**RH因子**的蛋白质，而母亲却是RH阴性，

▶ **产后抑郁症**（postpartum depression）：产妇产后不久出现的强烈的悲伤、愤恨和失望情绪，这种情绪可以持续数月。

▶ **投入**（engrossment）：与母子之间的情感纽带相对应，来描述父亲对新生儿的喜爱，如抚摸、拥抱、抚慰、与新生儿交谈。

▶ **手足之争**（sibling rivalry）：指两个或更多的兄弟姐妹之间产生的竞争、嫉妒与憎恨。

▶ **缺氧症**（anoxia）：大脑缺少足够的氧气，可能导致神经损伤或死亡。

▶ **臀位分娩**（breech birth）：一种分娩方式，分娩时，不是头先出来，而是胎儿的脚和屁股先出来。

▶ **RH因子**（RH factor）：一种血红蛋白。当胎儿体内有这种血红蛋白，而母亲体内没有时，母亲体内会产生抗体。母亲产生的抗体可以攻击含有这种血红蛋白的胎儿的血细胞。

缺少 RH 因子，不相容的情况就出现了。在分娩过程中，当胎盘脱落时，RH 阴性的母亲接触到胎儿的 RH 阳性血液，就会开始产生 RH 抗体。这些抗体如果进入胎儿的血管中，可能会攻击血红细胞，消耗氧气，并导致大脑损伤和其他出生缺陷。头胎孩子一般不会受到影响，因为 RH 阴性的母亲直到生出 RH 阳性的孩子才能产生 RH 抗体。幸运的是，由 RH 不相容而引起的问题现在可以通过在分娩后注射 RH 免疫球蛋白来预防，这种疫苗能阻止 RH 阴性的母亲产生 RH 抗体，从而避免伤害到下一个 RH 阳性婴儿。

经历过轻微缺氧症的婴儿在出生后经常表现得烦躁不安，3 岁前在动作和智力发展测试中的得分可能低于正常水平（Sameroff & Chandler, 1975）。但随着年龄的增长，他们与正常孩子的差距会越来越小，到 7 岁时就不分伯仲了（Corah et al., 1965）。然而，较长时间的缺氧可能导致神经损伤和永久性残疾。例如，4～6 岁的孩子动作技能的成熟程度与围产期缺氧量呈负相关。也就是说，缺氧越严重，儿童的动作技能越不成熟（Stevens, 2000）。一些研究还发现，产前缺氧与成年后患心脏病风险的增加有关（Zhang, 2005）。

早产与低出生体重

在美国，"适当的"的分娩时间是在母亲怀孕的第 37—42 周，有 90% 以上的婴儿在这段时间出生。足月出生的婴儿一般长 48～53 厘米，重约 3.5 千克。

约有 7% 的婴儿出生时体重低于 2.5 千克（Chomitz, Cheung, & Lieberman, 2000）。有两种类型的低体重儿，较为常见的一种是在早于预产期 3 周以上出生的，称为**早产儿**。虽然他们在体形上较小，但相对于他们在子宫里发育的时间而言，其体重是正常的。另外一种低体重的婴儿，被称为**足月小样儿**，他们在胎儿期成长较为缓慢，甚至临近正常预产期时，体重仍然严重偏低。虽然这两种低体重儿都容易受到伤害，并可能在死亡线上挣扎，但足月小样儿出现严重并发症的危险更大。比如，他们很可能活不过 1 岁，或者表现出某些脑损伤的迹象。与早产儿相比，他们很可能在整个童年期体形都很瘦小，在学校里更有可能出现学习困难和问题行为，智商较低（Goldenberg, 1995；Taylor et al., 2000）。

是什么原因导致了低体重儿？我们已经知道，那些大量吸烟、酗酒、吸毒和营养不良的母亲可能生出体形瘦小的婴儿。低收入女性也特别危险，这在很大程度上是因为她们比其他母亲承受的压力更大，她们的饮食和在孕期受到的照顾往往也不足（Chomitz, Cheung, & Lieberman, 2000；Fowles & Gabrielson, 2005；Mehl-Madrona, 2004）。低体重儿的另一个常见原因是多胞胎（见图 3.9）。与单胞胎相比，多胞胎在母亲怀孕 29 周以后，体重增加得很缓慢。即使足月分娩，多胞胎的体形也较小，更不用说三胞胎和四胞胎很少等到足月才分娩；他们一般会提前 5～8 周出生（Papiernik, 1995）。

有趣的是，除生理影响之外，心理社会因素也与妊娠期时长及出生体重有关（Mehl-Madrona, 2004；Schmid, 2000）。有研究发现，心理社会因素的变化是婴儿出生体重的预测源。那些在孕早期和孕中期之间使用压力应对技巧的母亲，相比没有应对技巧的母亲，生出的婴儿更重。而且，母亲在孕早期和孕中期获得的社会支持越多，妊娠期也越长（Schmid, 2000）。未婚青少年爸爸的支持和陪伴，也可以增加未婚青少年妈妈生下正常体重婴儿的概率。Padilla 和 Reichman（2001）报告，当未婚青少年爸爸在经济上支持未婚怀孕的少女或与其生活在一起时，其孩子的出生体重会更重，这可能是因为这样可以为青少年妈妈提供更好的营养和孕期照料。总的来说，这些发现为开展孕期干预以预防早产儿和低体重儿提供了相关信息。

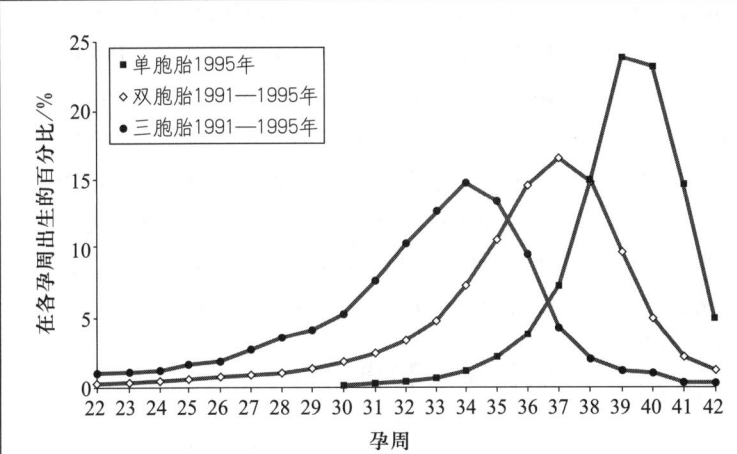

图 3.9 单胞胎、双胞胎和三胞胎出生时的胎龄。

来源：*Early Human Development*, 78, Amiel-Tison et al., "Fetal Adaptation to Stress: Part Ⅰ: Acceleration of Fetal Maturation and Earlier Birth Triggered by Placental Insufficiency in Humans," 15-27, Copyright 2004, with permission from Elsevier.

低出生体重的短期影响

对低体重儿来说，最艰难的任务就是活过生命的最初几天。虽然每年有越来越多的婴儿存活下来，但即使是在条件最好的医院里，仍有40%～50%的体重低于1000克的低体重儿在出生时死亡或在出生不久后死亡。早产儿一般要在恒温隔离箱里度过他们生命的最初几周，隔离箱

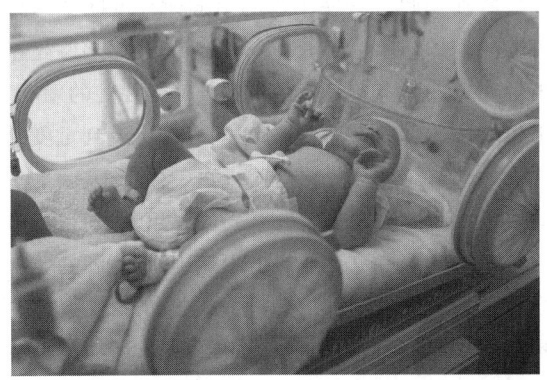

隔离箱确实是隔离起来的。隔离箱上的洞使父母和医护人员可以照顾婴儿、与婴儿交谈和抚摸婴儿，但是近距离的、温柔的搂抱几乎是不可能的。

能维持他们的体温，保护他们免受感染。隔离箱名副其实，因为它们确实起到了隔离作用：婴儿的喂食、清洗和换衣服都通过隔离箱上的一个小洞进行，这个洞很小，不允许前来探视的父母用惯常的方式搂抱和亲吻他们的宝贝。而且，早产儿也考验着看护者的耐心。与足月儿相比，早产儿在社会互动方面更加迟钝，对父母的逗弄往往置之不理、厌烦和拒绝（Eckerman et al., 1999；Lester, Hoffman, & Brazelton, 1985）。早产儿的母亲经常说她们的婴儿很"难搞"，当母亲们坚持不懈地发起对话却被一个冷漠的、难以取悦的小家伙拒绝时，她们可能会变得心灰意冷（Lester, Hoffman, & Brazelton, 1985）。的确，与其他婴儿相比，早产儿更有可能与看护者形成不安全的情感纽带（Mangelsdorf et al., 1996；Wille, 1991）。虽然绝大多数早产儿从不会受到虐待，但是他们比足月生的孩子更可能成为儿童虐待的对象（Brockington, 1996）。

对早产儿的干预

30年前，医院基本上不允许父母接触早产儿，唯恐伤害到这些脆弱的小生灵。如今，医生们鼓励父母经常来医院探视他们的孩子，并鼓励他们在探视过程中触摸和爱抚孩子，多与婴儿交谈。这样做的目的是让父母亲近他们的孩子，促进积极情感联系的建立。而且这样做还有其他好

> **早产儿**（preterm babies）：出生日期比正常产期早3周以上的婴儿。
> **足月小样儿**（small-for-date babies）：出生日期接近正常产期，但体重远低于正常的婴儿。

处：如果婴儿经常被母亲轻摇、爱抚、按摩或得到母亲声音的抚慰，处于悉心护理下的婴儿将变得更平和，对外界刺激有更多的反应，神经和智力发展也更快（Barnard & Bee, 1983；Feldman & Eidelman, 2003；Ferber et al., 2005；Field, 1995；Scafidi et al., 1986, 1990）。

如果父母学习了如何在家中积极敏感地照顾婴儿的方法，早产儿和其他低体重儿同样可以受益（Veddovi et al., 2004）。在一项研究中，请儿科护士定期走访低体重儿的母亲，教她们如何读懂并正确应对早产儿所表现出来的各种反常行为。虽然干预只持续了3个月，但那些参与了这一项目的低体重儿到4岁时在智力方面已经赶上了出生时体重正常的婴儿（Achenbach et al., 1990）。父母提供的丰富有趣的日常刺激，不仅有利于低体重儿的认知发展，也有利于降低他们出现各种行为障碍的可能性（Brooks-Gunn et al., 1993；Hill, Brooks-Gunn, & Waldfogel, 2003；Spiker, Ferguson & Brooks-Gunn, 1993）。如果干预能够一直持续到孩子上小学，那么将会取得更好的效果（Bradley et al., 1994；McCarton et al., 1997）。

当然，并不是所有的低体重儿（或其父母）都有机会参与成功的干预项目。他们将会碰上什么问题呢？

低出生体重的长期影响

在过去这些年间，许多研究者发现与出生时体重正常的婴儿相比，早产儿和低体重儿在童年时有可能会在学习上遇到更多的困难，在智力测验上的得分更低，受到更多的情绪问题困扰（Caputo & Mandell, 1970；Saigal et al., 2000；Weindrich et al., 2003）。

现在我们知道，低体重儿的长期预后在很大程度上依赖于他们的成长环境（Reichman, 2005）。如果母亲知道如何帮助孩子健康发展，那么孩子的发展就可能非常好。这些母亲可能会特别关心她们的孩子，并创造一个刺激丰富的家庭环境来促进其认知和情感发展（Benasich & Brooks-Gunn, 1996；Caughy, 1996）。相反，那些来自境况不稳定或贫穷家庭的低体重儿在体形上可能一直会比足月生的孩子瘦小，并可能遇到更多的情绪问题，在智力和学业成就上表现出一些长期的缺陷（Kopp & Kahler, 1989；Rose & Feldman, 1996；Taylor et al., 2000）。

生育风险和复原力

到目前为止，我们已经讨论了许多孕期和围产期可能出现的问题，以及一些预防措施。这些问题一旦发生，有些破坏性后果可能是不可逆转的：例如，因风疹致盲的婴儿将不可能重见光明，因胎儿酒精综合征或其他严重缺氧症导致智力落后的婴儿有可能永远智力落后。当然，今天我们周围也有为数不少的成人，即使他们的母亲在怀孕时曾经吸烟、酗酒、感染危害性疾病或分娩时使用了大剂量的药物，他们的发育仍然完全正常，这是为什么？正如我们已经强调过的，并不是所有暴露于致畸因子和其他早期危险之中的胚胎、胎儿和新生儿都会受到影响，而那些受到影响者该怎么办呢？在以后的日子里，这些婴儿能否最终克服早期障碍呢？

的确如此，一些出色的纵向研究证明了这种可能性。1955年，Werner和Smith开始追踪当年出生在夏威夷考艾岛上的所有670名婴儿的发展。出生时，这些婴儿中有16%的人有中度到重度的并发症，有31%的人有轻微的并发症，其余53%的人正常而健康。当婴儿2周岁时重新进行检查，结果发现，分娩并发症的严重程度与发展的速度显著相关：分娩并发症越严重，婴儿的社会性和智力发展越滞后。然而，出生后成长环境的影响也很显著。在情感支持度高且教育资源丰富的家庭里，受严重分娩并发症影响的孩子在社会性和智力发展测试上的得分仅稍低于平均水平。但是，在情感支持度低和教育资源缺乏的家庭里，同样患有严重分娩并发症的婴儿在智力测验上的得分则远远低于平均水平（Werner & Smith，1992）。

在这些个体 10 岁、18 岁和处于成年早期时，Werner 和 Smith 又进行了纵向研究。研究结果是惊人的。10 岁时，早期并发症不再能很好地预测儿童的智力测验成绩，但是家庭环境的某些特征却能较好地预测。来自缺少刺激和非敏感性家庭的儿童在智力方面的得分仍然很低，而与他们症状相似但家庭环境富于刺激性和支持性的儿童在智力方面没有表现出显著缺陷（Werner & Smith，1992）。无疑，受分娩并发症影响最严重的孩子基本无法克服最初形成的缺陷，即使他们是在富于刺激性和支持性的家庭环境中成长的（也见 Bendersky & Lewis，1994；Saigal et al.，2000）。但总的来说，Werner 和 Smith 认为，不良环境造成的长期危害是分娩并发症的 10 倍。

那么，对于生育风险的长期影响，我们能得出什么结论呢？首先，孕期和分娩并发症可能留下持久性创伤，特别是当这些损伤非常严重时。然而，我们所看到的纵向研究表明，我们也有足够的理由对出生时在外表或行为上不正常的孩子（脆弱、易怒、反应性低）的未来发展抱以乐观的态度。如果在支持性的、刺激丰富的家庭环境中成长，而且至少有一位看护者给予其无条件的爱，那么大多数孩子将会表现出一种很强的"自我修正"倾向，并最终克服出生缺陷（Titze et al.，2008；Werner & Smith，1992；Wyman et al.，1999）。

概念核查3.3　出生和围产期环境

回答下列问题，检查你以婴儿、母亲和父亲的视角对出生过程和围产期环境的理解。答案见附录。

选择题：为下列各题选择最佳答案。

____1. 刚生完小孩的母亲有 10% 将患上严重的抑郁症，导致她们不想接近孩子，认为孩子难缠、难以对付，不想与婴儿互动。这种情绪可能持续数月。这种抑郁被称作

　　a. 产妇抑郁症　　b. 产后心境不良
　　c. 产后抑郁症　　d. 分娩后抑郁症

____2. 出生时缺少氧气被称为

　　a. 臀位分娩　　b. 缺氧症
　　c. 氧气耗尽　　d. 脐带异常

____3. 哪种分娩方式会使胎儿的脚或屁股先于头出来？

　　a. 反向分娩　　b. 臀位分娩
　　c. 剖腹产　　　d. 早产

填空题：在下列句子的空白处填上适合的词或短语。

4. 婴儿分娩发生在出生过程的____阶段。

5. 胡安妮塔出生时看起来很好，在阿普加量表上得分很高。但是在出生几天后，医生对她进行了____测试，评价了她的反射、状态的变化、对安抚和其他社会刺激的反应。她在这个测试上得分很低，医生怀疑她可能有____。

6. 当一个母亲在分娩中不能顺利生出婴儿时，可能需要使用____或____将婴儿从产道中拖出。

匹配题：请在父亲或母亲在分娩时的感受与这种效应的心理学术语之间进行匹配，以检查你对围产期环境的理解。

　　a. 母亲对婴儿最初的情感反应，伴随着新生儿出生后不久与其亲密接触
　　b. 父亲对婴儿最初的情感反应，伴随着新生儿出生后不久与其亲密接触

____7. 投入

____8. 情感纽带

论述题：详细论述下列问题。

9. 论述分娩的文化差异。在论述中请谈谈不同分娩方式的安全性。

10. 阐述阿普加量表，包括评估的不同特征及不同分数代表的意义。

发展主题在产前发育和出生中的应用

 主动 被动
 连续性 阶段性
 整体性
 天性 教养

现在，我们可以检验一下四个发展主题是如何体现在产前发育和出生过程中的。四个发展主题包括：儿童的主动性、天性和教养在发展中的交互作用、发展中的量变和质变，以及儿童发展的整体性。在继续阅读之前，你能否想到本章介绍了哪些与这些发展主题有关的例子？

我们先来看第一个主题——儿童的主动性。在学习本章之前，你可能认为产前发育对发育中的有机体而言是一段相对被动的经历。但是，我们现在已经知道，胎儿在出生之前的行为对其发展具有重要作用。胎儿需要移动，需要练习使用它的嘴巴、肺和消化系统，这一切都是为适应出生过程中巨大的环境变化所进行的准备。即使胎儿并不是有意识地做出这些动作的，其行为也有积极意义，反应了儿童主动性效应。

另外一个例子是致畸因子对发展中的有机体的影响。任何一种致畸因子所造成的危害程度都取决于发展中的有机体的基因型。一些有机体会受到严重的损害，另一些则可能毫发无伤，这都取决于发展中的有机体在基因型上的个体差异。因此，这也是儿童主动性的一个例证，虽然这时有机体没有意识，也不能做出选择。

下面看一下天性与教养的交互作用。我们很难在产前发育和出生过程中找到不受遗传和环境交互影响的例子。还是以致畸因子为例，致畸因子作用的原理也体现了生物因素和环境因素的交互作用。遗传与环境二者都不能单独发挥作用。

就连出生过程也体现了遗传与环境的交互作用。生物因素对出生过程具有很强的决定作用，在正常的出生过程中，它使出生的各个阶段按一定顺序出现，在此过程中，几乎没有来自环境的干扰或干涉。但是婴儿出生时所处的环境对婴儿和孕妇的健康以及父母对新生儿的情感纽带和投入有很大影响。

在本章，我们看到了三种不同质的发展阶段。在产前发育中，发育中的有机体经历了三个完全不同质的发展阶段：受精卵期、胚胎期和胎儿期。怀孕的母亲也经历了三个不同质的发展阶段：孕早期、孕中期、孕晚期（注意：有机体发育的三个阶段与怀孕母亲所经历的三个阶段并不一致）。最后，我们认识到，出生过程也可以分为三个完全不同质的阶段：分娩、出生和出生后。但是，像往常一样，我们也认识到，产前发育过程中也有量的变化。比如，在胎儿期，有机体体积增大的过程，以及胚胎期最初发育的结构和功能的精细化过程，都主要是量变过程。

最后，考虑一下儿童发展的整体性。产前发育将影响儿童将来的生理发展、认知发展和情绪情感发展，这一点在学习致畸因子对发展过程的影响时表现得尤为明显。我们所了解到的许多例子都说明，产前发育过程中出现的异常会导致个体以后的心智发展落后，有时还会导致情绪困扰。在学习出生过程那一部分时，我们认识到对产妇的情感和社会支持与医疗技术一样重要。在出生以后，那些有经验的、知道如何对孩子的行为做出回应、如何跟孩子进行社会性互动的父母所养育出来的孩子，更有可能克服早期的并发症。

总而言之，在产前发育和出生过程中，我们看到了许多与发展主题有关的例证。现在，我们更能认识到：发育中的有机体在其自身发展过程中是主动的，它的发展过程经历了一系列的质变和量变，遗传和环境在产前发育中都起着重要作用，我们必须以整体的观点来看待儿童。

总　结

从怀孕到出生

- 产前发育被划分为三个阶段：
  - 受精卵期持续2周左右，从受精开始，到受精卵（或胚泡）完全着床在子宫壁上为止。
  - 内胚层发育成胚胎。
  - 外胚层发育成羊膜、绒毛膜、胎盘和脐带等有助于维持胎儿发展的支持结构。
- 胚胎期是从怀孕的第3—8周。
  - 在这一时期，所有主要的器官均已成形，一些器官已经开始发挥功能。
- 胎儿期是从怀孕的第9周直到胎儿出生。
  - 所有器官相互协调，准备出生。
  - 在这一时期，胎儿会动并开始使用器官，以准备在出生后使用这些系统。

产前发育的潜在问题

- 致畸因子是能对发育中的有机体造成伤害的外在因素，如疾病、药物和化学物质。
  - 当身体结构正在形成（通常是胚胎期）且致畸"剂量"大时，致畸后果最为严重。
  - 致畸作用会因基因型的不同而不同。一种致畸因子可能导致许多出生缺陷，相同的出生缺陷也可能是由不同的致畸因子导致的。
  - 致畸作用可以被产后环境（通过康复疗程）改变。一些致畸作用（如己烯雌酚导致的缺陷）在出生时不明显，但在儿童生命后期变得明显。
- 孕妇自身的特征也可能影响产前发育。
  - 如果孕妇营养不良（特别是在孕晚期），将会导致早产，婴儿难以成活。
  - 补充叶酸有助于预防脊柱裂和其他出生缺陷。
  - 营养不良的婴儿常易怒、反应水平低，这可能会妨碍其积极的发展。
  - 孕妇如果处于严重的情绪压力下，将会增大出现怀孕并发症的风险。
  - 对年龄在35岁以上和得不到足够的孕期照料的青少年孕妇来说，出现怀孕并发症的可能性会升高。

出生和围产期环境

- 孩子出生分三个步骤：
  - 开始于宫颈收缩，使宫颈膨胀（第一产程）；
  - 接下来是产出胎儿（第二产程）；
  - 最后是胎盘被排出（第三产程）。
- 可以用阿普加量表在出生后马上评估新生儿的状况。
  - 几天之后可以采用新生儿行为评价量表（NBAS），对婴儿的健康状况进行更全面的评估。
- 在分娩过程中，如果用于缓解母亲疼痛的药物剂量过大，可能会阻碍婴儿的发展。
- 如果在婴儿出生后不久，母亲与婴儿之间有亲密的接触并开始建立情感纽带，那么许多母亲会感到非常高兴。
- 通常父亲对新生儿也会表现出投入现象。
- 在孕期和分娩过程中，来自父亲的支持将使母亲的分娩更为顺利。

出生时的潜在问题

- 缺氧症是一种潜在的严重的分娩并发症，可能导致婴儿大脑损伤和其他缺陷。但是轻微的缺氧症一般没有长期影响。
- 滥用酒精和毒品、吸烟过多或孕期没有得到良好照料的妇女生下早产儿或低体重儿的风险较高。
  - 与早产儿相比，足月小样儿所带来的问题可能更为严重，持续时间更长。
  - 给婴儿丰富的刺激，并教会父母正确应对婴儿反应慢、易怒的现象，可能有助于让婴儿

- 如果婴儿不是受到永久性的大脑损伤，而且有一个稳定的、支持性的成长环境，那么由孕期和出生过程中的并发症所引起的各种问题一般都能被及时缓解。

第3章 练习测验

选择题：为下列各题选择最佳答案，检查你对产前期发育和出生的理解。答案见附录。

1. ____是由子宫内壁和绒毛膜发育而成的器官，为未出生的胎儿提供氧气和养料，并排泄胎儿的代谢废物。
   a. 羊膜　　　　　b. 绒毛膜
   c. 胎盘　　　　　d. 脐带

2. 在产前发育的哪个阶段，所有器官系统快速发育并逐步完善？
   a. 胚泡期　　　　b. 胎儿期
   c. 胚胎期　　　　d. 受精卵期

3. 在怀孕的哪个阶段，发展中的有机体经历了受精卵期、胚胎期和胎儿期？
   a. 孕期头三个月　　b. 孕期中三个月
   c. 孕期末三个月　　d. 孕期第四个三个月

4. 孕期的敏感期概念最好地描述了致畸因子的哪一条效应法则？
   a. 并不是所有的胚胎或胎儿都同样受到致畸因子的影响。
   b. 接触致畸因子的时间越长，剂量越大，受损可能越严重。
   c. 在身体的各个部位或器官形成和生长最迅速的时候，致畸因子的影响作用最大。
   d. 一些致畸因子可能产生"睡眠者效应"，其后果直到儿童生命的后期才显现。

5. 为保护胎儿免受弓形虫病影响，孕妇应避免从事下面哪种家务？
   a. 用抗菌皂洗碗　　　b. 清洗猫沙盆
   c. 吸尘
   d. 更换烧坏的灯泡或其他与电器有关的工作

6. 子宫收缩并从孕妇体内排出胎盘的过程是____。
   a. 第一产程　　　　b. 第二产程
   c. 第三产程　　　　d. 剖腹产

7. 为了评估身体和神经节律，出生后数分钟将采用____，出生后几天将采用____。
   a. 阿普加量表；新生儿行为评价量表
   b. 新生儿行为评价量表；阿普加量表
   c. 反射评估测验；神经评估量表
   d. 神经评估量表；反射评估测验

8. 下面哪一个不是出生缺氧症的可能原因？
   a. 臀位分娩　　　　b. RH因子不相容性
   c. 自然分娩　　　　d. 使用镇静剂分娩

9. 关于孕期和分娩并发症的纵向研究结果表明____。
   a. 产后干预不能缓解生理损伤
   b. 医疗干预能够减轻生理损伤，但不能治愈它
   c. 支持性的、刺激丰富的家庭环境能够帮助儿童克服分娩并发症造成的生理损伤
   d. 不论产后环境如何，早期并发症大多会得到缓解

关键术语

RH 因子，p121
阿普加量表，p116
产后抑郁症，p120
产前发育（胎内发育），p91
唇裂，p105
存活期，p96
第一产程，p114
第二产程，p114
第三产程，p114
腭裂，p105
反应停，p103
分娩中心，p119
风疹（德国麻疹），p100

弓形虫病，p101
获得性免疫缺陷综合征（AIDS），p102
己烯雌酚（DES），p104
脊柱裂，p110
梅毒，p101
敏感期，p99
胚泡，p92
胚胎，p92
胚胎期，p92
剖腹产，p102
脐带，p93
情感纽带，p119
缺氧症，p121

绒毛膜，p93
神经管，p94
生殖器疱疹，p101
手足之争，p121
受精卵期，p92
胎儿，p95
胎儿酒精效应（FAE），p104
胎儿酒精综合征（FAS），p104
胎儿期，p92
胎毛，p96
胎盘，p93
胎脂，p96
投入，p120

臀位分娩，p121
围产期环境，p114
无脑畸形，p110
新生儿，p113
新生儿行为评价量表（NBAS），p116
羊膜，p93
叶酸，p110
早产儿，p122
致畸因子，p98
着床，p92
自然分娩（有准备的分娩），p118
足月小样儿，p122

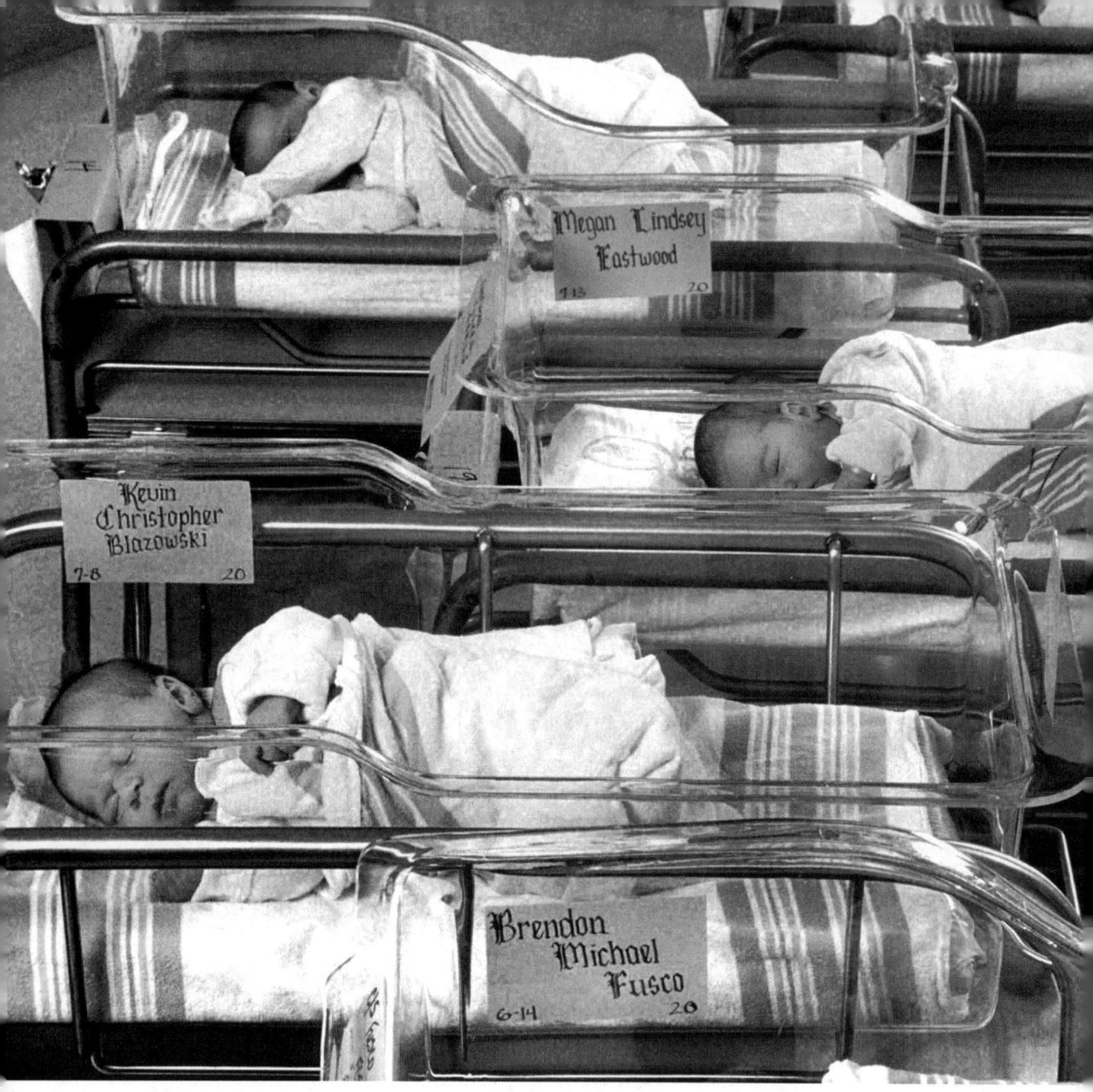

第 4 章　婴儿期

新生儿对生活的准备
　● 生活与研究应用：婴儿猝死综合征
研究婴儿感知觉经验的方法
婴儿的感觉能力
　● 研究聚焦：听觉丧失的原因和后果
婴儿的视知觉
婴儿的跨通道知觉
文化对婴儿知觉的影响
婴儿期的基本学习过程
　● 研究聚焦：一个观察学习的范例
发展主题在婴儿的发展、知觉和学习中的应用

想象你是一个刚出生 5～10 分钟的新生儿，护士把你清洗干净，包在襁褓中，递到妈妈的怀里。你睁开眼睛，第一眼就看到了妈妈。妈妈冲你温柔地笑了，她朝你低下头，轻轻抚摸着你的小脸，激动地说："嗨，宝贝儿！"此时此刻，你会有什么感觉？你会怎样解释这种经验？

发展学家对感觉和知觉进行了明确的区分，尽管两者的界限经常很模糊（参见 Cohen & Cashon, 2006）。**感觉**指的是感觉主体的神经元察觉刺激，将其编码并传送到大脑的过程。准确地说，新生儿在"感觉"环境：他们会紧盯着那些有意思的事物，对声音、味道和气味做出反应；验血时，他们会因为被针扎疼了而哇哇大哭。然而，他们能够理解这些感觉吗？**知觉**则是指感觉主体对感觉器官输入的信息进行解释的过程：认出看到的东西，理解别人说的话，或者分辨出鼻子闻到的气味是刚出炉的面包香味。问题是，新生儿是否已经具备了做这种推论的能力？他们是真的能知觉到这个世界，还是仅能感觉到而已呢？

还有一个问题让我们感到好奇：刚出生的婴儿能否将他们的感觉与特定的结果联系起来？比如，婴儿从什么时候开始能将妈妈的乳房与乳汁联系到一起，并逐步意识到妈妈能够在饥饿或者

> **感觉**（sensation）：个体察觉到刺激并将其进行信息编码传递到大脑的过程。
> **知觉**（perception）：个体对感觉信息进行分类和解释的过程。

不舒服的时候给自己安慰？为了引起妈妈的注意，获得所需的照顾，婴儿会主动调整自己的行为吗？这些都是关于学习的问题，即我们的行为方式因经验改变而改变的过程。

在这一章里，我们将对新生儿和婴儿的生活状态进行研究。首先看看新生儿具备了哪些能力，然后再了解一下婴儿期感觉、知觉和学习能力是如何逐渐发展成熟的。我们很快便会发现，婴儿比我们想象的更聪明。尤其能说明这个问题的是，看看呱呱坠地的新生儿已经具备了哪些能力。

新生儿对生活的准备

在过去，新生儿一般被描述为脆弱、无助的小生命，还没有为子宫以外的生活做好准备。这种观点曾经起过一定的积极作用：在医疗条件不发达、新生儿成活率很低的早期岁月，它有助于缓解父母的悲痛。直到今天，在一些医疗或卫生条件差而导致新生儿死亡率高的地方，人们仍然会等到婴儿满3个月，度过了新生儿早夭的关键年龄时，才给他们起名字（Brazelton, 1979）。

一个令人意想不到的事实是，新生儿其实已经为生活做好了准备，这超出了许多医生、父母和发展学家们的预想。新生儿的感知觉已经处于良好的工作状态，他们的视力和听力足以觉察到周围的事情，并能对这些信息做出具有适应性的反应。出生不久的婴儿就已经能够学习，甚至可能记住一些经历，尤其是那些特别生动的经历。还有两个证据能表明新生儿为生活做好了充分的准备，即新生儿天生具有的反射以及可预测的日常活动模式或周期。

新生儿的反射

新生儿最突出的能力之一是他们具有一整套有用的反射系统。反射是指对刺激的一种自发和自动的反应，比如当一阵风吹来时，个体会不自觉地眨眼睛。表 4.1 描述了健康的新生儿具有的一些反射。其中一些比较精细和复杂的行为模式被称作"生存反射"，因为它们具有很明显的适应价值（Berne, 2003）。生存反射的例子包括：呼吸反射、眨眼反射（避免眼睛受到外物和强光的刺激）以及吮吸和吞咽反射（婴儿通过这一反射摄取食物）。还有一种与喂食有关的反射——觅食反射，即触摸婴儿面颊时，他会把头转向触摸刺激的方向，做出寻找和吮吸的动作。

生存反射不仅能保护婴儿免受不良刺激的伤害，帮助他们满足基本需要，这些反射（以及之后将要讨论到的一些原始反射）对看护者也有非常积极的影响。例如，当饥饿的婴儿停止哭闹，开始高兴地吮吸乳头时，母亲可能会获得极大的满足感。当父母触摸婴儿的手掌时，婴儿会紧紧抓住他们的手指，相信没有几个父母能抗拒婴儿的这种寻求亲近的举动。因此，如果这些生存反射能够帮助婴儿获得成人的喜爱，促使成人保护他们，并满足他们的需求，那么这些反射确实具有巨大的"生存"价值（Bowlby, 1969, 1988）。

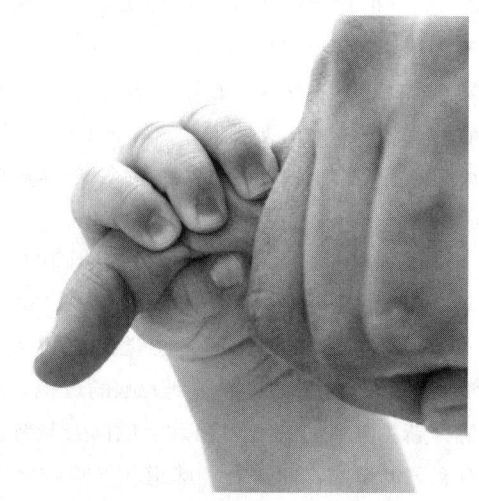

新生儿的抓握反射相当强有力，有时甚至能够承受他们自己的体重。

表 4.1 足月新生儿所表现出来的主要反射

名称	反应	发展历程	意义
生存反射			
呼吸反射	反复地吸气和呼气	终生	供应氧气，排出二氧化碳
眨眼反射	闭眼或眨眼	终生	保护眼睛免受强光和外界刺激的伤害
瞳孔反射	遇强光瞳孔收缩，而在黑暗中或光线较弱的环境中瞳孔放大	终生	保护眼睛免受强光刺激；使视觉系统适应低亮度环境
觅食反射	把头转向触摸脸颊的刺激的方向	在出生头几周消失，被自主性的头部转动取代	帮助婴儿寻找乳房或奶瓶
吮吸反射	吮吸放入口中的物体	终生	使婴儿摄取营养物质
吞咽反射	吞咽	终生	使婴儿摄取营养物质
原始反射			
巴宾斯基反射	当抚摸其足底时，脚趾会先呈扇形展开，再弯曲	一般在第8个月—1岁时消失	在出生时即存在，并于第一年内消失，是神经系统正常发展的指标
手掌抓握反射	弯曲手指去抓握接触婴儿手心的物体（例如，一个手指）	一般在第3—4个月时消失，被自主性抓握取代	在出生时即存在，后来消失，是神经系统正常发展的指标
摩罗反射	巨大的声响或头部位置的突然变化导致婴儿向外甩胳膊，背呈弓形，然后两只胳膊合抱，好像去抓什么东西	胳膊的动作和背部弓形变化在第4—6个月时消失；但是当遇到突然的声响和身体失去支撑时，会继续表现出惊跳反射，而且这种反射不会消失	在出生时即存在，后来消失，是神经系统正常发展的指标
游泳反射	浸入水中的婴儿的四肢会主动划动，下意识地屏住呼吸（从而给身体一定的浮力）；游泳反射将使婴儿在水面漂浮一段时间，从而有利于开展抢救	在第4—6个月时消失	在出生时即存在，后来消失，是神经系统正常发展的指标
踏步反射	使婴儿身体直立，脚触到平面上，他们能像走路一样踏步	除非婴儿有很多机会锻炼这种反射，否则会在出生后8周内消失	在出生时即存在，后来消失，是神经系统正常发展的指标

注：早产儿在刚出生的时候几乎不会表现出原始反射，他们的生存反射也非常弱。不过，这些原始反射在出生后不久就会出现，反射消失的时间与足月儿相比也晚一些。

表 4.1 列出的所谓"原始反射"不像上面提到的生存反射那样有用，许多反射甚至被看作人类进化史的遗迹，已经丧失了最初的功能。巴宾斯基反射就是一个很好的例子。抚摸婴儿的脚底会使他们的脚趾张开，这有什么适应性意义呢？我们不得而知。不过，另外一些原始反射可能仍然有一定的适应价值（Bowlby，1969；Fentress & McLeod，1986）。例如，游泳反射可以帮助婴儿在意外落水时漂浮在水面上。当妈妈用背巾抱着婴儿，或将婴儿背在背上时，手掌的抓握反射可能会对婴儿有所帮助。其他一些反射，如行走反射，可能是婴儿爬行和行走等后续自主行为发

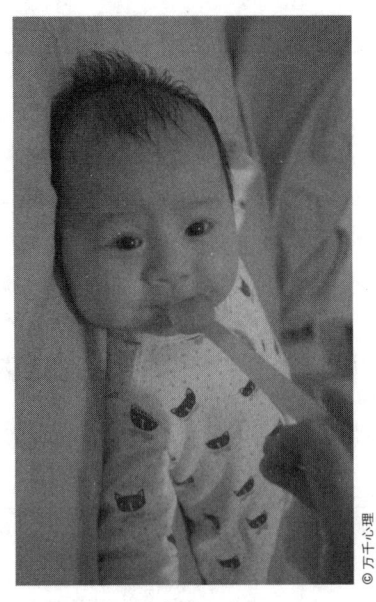

当把物体放进婴儿的嘴里时,他们会表现出有节奏的吮吸或吸吮反射。

展的先兆(Thelen,1984)。

在正常情况下,原始反射在出生后几个月内就会消失。原因是它们受大脑低级皮层区域控制,而一旦大脑高级中枢皮层成熟,开始控制自主行为,这些低级中枢就会失去控制权。然而,

即便许多原始反射对婴儿好像没有什么用处,对发展学家而言,它们却是重要的诊断指标(Stirniman & Stirniman,1940)。如果婴儿在出生时缺少这些反射,或者这些反射持续的时间过长,就可以据此诊断婴儿的神经系统可能出现了某些病变。

总而言之,一整套完整的婴儿反射系统可以让我们知道,新生儿已经为面对生活中的各种挑战做好了积极的准备。而一些反射的出现与消失也是婴儿神经系统正常发育的证据。

婴儿的状态

新生儿会表现出一些可预知的、有规律的、组织化的日常行为模式,这些模式有利于他们的健康发展。在一个典型的白天(或夜晚),新生儿要经历六种婴儿状态,或者六种觉醒水平,具体描述见表4.2。在出生后的头1个月,婴儿能很快地从一种状态转变为另一种状态,母亲喂奶时要经常看看刚刚还清醒的婴儿是不是忽然睡着了。新生儿在70%的时间里(每天16~18小时)处于睡眠状态,只有2~3小时处于觉醒、安静的状态。在这段时间里,他们对外界刺激的反应

表 4.2 新生儿的觉醒状态

状态	描述	每天持续时间/时
规律睡眠	婴儿是安静的,合眼一动不动。呼吸慢而均匀。	8~9
不规律睡眠	婴儿的眼是闭着的,但是可以观察到眼球在眼皮下移动(这种现象被称作快速眼动睡眠或REM),外界的刺激会使婴儿肌肉挛缩或做痛苦状。呼吸可能不均匀。	8~9
瞌睡	婴儿时睡时醒,眼睛时睁时闭,眼睛即使睁着也显得无神。呼吸均匀但比规律睡眠时快。	0.5~3
警觉性安静	婴儿的眼睁得很大,很机灵,主动搜索周围环境。呼吸平稳,身体相对不活跃。	2~3
警觉性活跃	婴儿眼睛睁开着,呼吸不均匀,可能变得烦躁,会突然表现出各种弥散性活动。	1~3
啼哭	哭得很急,可能很难制止,伴随着高水平的动作活动。	1~3

来源:Wolff,1966。

性最强（Berg & Berg，1987；Thoman，1990）。新生儿的睡眠周期一般非常清晰，持续时间从45分钟到2小时。这种频繁的睡眠被瞌睡、警觉性安静或警觉性活跃、啼哭等状态所分隔，每种状态（如眼圈哭红了，睡眠被打断等）在任何时间（不管是白天还是黑夜）都可能出现。

新生儿在一天之内所经历的可预见的、有规律的状态转换，说明其内部调节机制具有良好的组织性。不过，关于婴儿状态的研究表明，新生儿会在这方面表现出很大的个体差异（Thoman & Whitney，1989）。例如，在研究中，有的新生儿每天的觉醒时间平均只有15分钟，而有的每天的觉醒时间超过8小时（Brown，1964）。同样，有的新生儿只有17%的觉醒时间处于啼哭状态，而有的则有39%的觉醒时间都在啼哭。这些差异对父母有显著的影响：跟一个精神十足、很少啼哭的婴儿在一起，显然比跟一个经常烦躁不安、注意力不集中的婴儿在一起更加令人愉快（Colombo & Horowitz，1987）。

婴儿状态的发展变化

表4.2中所列的两种状态——睡眠和啼哭——在生命第一年中就呈现出有规律的变化模式，为我们了解婴儿的发展提供了重要信息（Wolff，2005）。

睡眠的变化

随着婴儿的发育，他们的睡眠时间逐渐减少，觉醒时间逐渐增加，他们变得更警觉，更注意周围的环境。在第2—6周时，婴儿的睡眠时间将缩短到每天14～16小时。在第3—7个月的某一时间，许多婴儿会达到一个转折点（父母会很喜欢这个变化）——他们开始在夜里睡整觉，而白天只需要小睡2～3次即可（Berg & Berg，1987；St. James-Roberts & Plewis，1996）。

从出生前至少2周到出生后头两个月，婴儿至少有一半的睡眠时间处于快速眼动睡眠状态。这是一种不规律的活跃睡眠状态，特征是在紧闭的眼皮下面有快速眼动现象。与非快速眼动睡眠相比，此时的脑电波更类似于觉醒状态（Groome et al.，1997；Ingersoll & Thoman，1999）。不过，快速眼动睡眠的时间在出生后将稳步减少；到6个月的时候，它仅占总睡眠时间的25%～30%（Salzarulo & Fagioli，1999）。

很少会有婴儿在养成规律性睡眠方面碰到问题，除非他们神经系统的某些方面出现异常。尽管如此，婴儿的常见死因之一就是一种令人疑惑的、与睡眠相关的障碍，被称作**婴儿猝死综合征（SIDS）**。我们会在"生活与研究应用"专栏详细论述相关内容。

啼哭的功能和发展

婴儿最初的啼哭是一种对身体不适的、非习得性的无意识反应——他们通过这种痛苦的信号使得看护者注意到他的需求。虽然寒冷、大的声响甚至光线的忽然变化（例如，婴儿床上的灯突然熄灭）都会导致婴儿啼哭，不过大多数新生儿的早期啼哭是由生理不适引起的，比如饥饿、疼痛、尿湿。

婴儿的啼哭是一种复杂的声音信号，其变化从低声的鸣咽到撕心裂肺的尖叫和号啕大哭。在判断婴儿的啼哭原因方面，看护者的经验会起到更大的作用；一般来说，为人父母的人比没做父母的人，以及与婴儿接触更多的母亲比父亲，都更擅长解决此类问题（Holden，1988）。不过，Philip Zeskind和同事们（1985）发现，很多成人都觉得婴儿饥饿时的剧烈啼哭和疼痛引起的啼哭，在迫切和紧急程度上是一样的。因此，啼哭的作用可能只

> **婴儿猝死综合征（sudden infant death syndrome, SIDS）**：指婴儿在睡眠过程中突然停止呼吸而死亡，目前还无法解释其原因。

是在传递一种信息——"喂，我很痛苦"。啼哭能引起的注意程度取决于其所传递的痛苦的程度而不是痛苦的种类（Green, Gustafson, & MCGhie, 1988; Zeskind, Klein, & Marshall, 1992）。

啼哭的发展变化

全世界的婴儿在出生后的前3个月的啼哭频率都是最高的（St. James-Robets, 2005）。实际上，我们从婴儿早期啼哭的减少和快速眼动睡眠时间的下降可以得知，这些变化与婴儿的大脑和中枢神经系统的成熟紧密相关（Halpern, MacLean, & Baumeister, 1995）。那么，在此过程中，父母起着什么样的作用呢？那些对婴儿啼哭特别敏感、会即刻做出反应的父母是否会惯坏孩子，使自己疲于应付孩子各种各样的要求呢？

可能不会。玛丽·安斯沃斯（Mary Ainsworth）和同事（1972）发现，如果母亲能够对婴儿的啼哭做出迅速反应，那么，孩子啼哭的频率就会越来越低。这种敏感的、反应性强的抚养方式更能够培养情绪平稳的婴儿，因为看护者能够在婴儿变得过于焦虑之前就安抚他们（Lewis & Ramsay, 1999, Jahromi, Putnam, & Stifter, 2004）。儿科医生和护士都参加过一些培训，训练他们更仔细地倾听新生儿发出的各种声音，因为我们有时可以通过婴儿的哭声来分辨一些先天性问题。例如，与足月出生的健康婴儿相比，早产儿及营养不良、大脑损伤或出生时对麻醉毒品上瘾的婴儿更容易发出刺耳、无节律的哭声，这些哭声听起来可能更加"病态"和让人生厌（Frodi, 1985; Zeskind, 1980）。Barry Lester（1984）提出，通过分析婴儿出生后前几天和前几周的哭声，可以区分出两类早产儿：一类将来能够正常发展；另一类将来可能会出现认知发展缺陷。因此，婴儿的哭声不仅是跟父母的重要交流信号，也是一种有意义的临床诊断工具。

生活与研究应用

婴儿猝死综合征

在美国，每年大约有5000~6000名看起来很健康的婴儿会在睡眠中突然停止呼吸。这些死亡无法预知，难以解释，从而被归类为婴儿猝死综合征（sudden infant death syndrome, SIDS）。在工业化社会里，婴儿猝死综合征是婴儿出生第一年夭折的首要原因，其比例超过婴儿死亡总数的1/3（美国儿科协会，2000；Tuladhar et al., 2003）。

虽然婴儿猝死综合征的确切原因现在还不得而知（M. Anderson et al., 2005），但我们已经知道，在阿普加量表上得分较低及得过其他呼吸道疾病的男孩、早产儿和低体重儿更容易受到影响（美国儿科协会，2000；Frick, 1999），而因婴儿猝死综合征夭折的婴儿，他们的中枢神经系统都遭到了慢性缺氧引起的损伤（这些孩子的脑部供氧不足）。婴儿猝死综合征受害者的母亲更有可能吸烟、服用非法药物、在孕期没有被好好照顾（Dwyer et al., 1991; Frick, 1999）。另外，父母在婴儿出生前及出生后酗酒都会增加婴儿患婴儿猝死综合征的风险（Friend, Goodwin, & Lipsitt, 2004; Lipsitt, 2003）。

婴儿猝死综合征最容易发生在冬天，发生在那些受到感冒等呼吸道疾病感染的2~4个月大的婴儿中。喜欢俯卧睡觉的婴儿比仰卧睡觉的婴儿更容易成为婴儿猝死综合征的受害者，他们死亡时一般都被紧紧地包裹在衣物或毛毯之中。这些发现使得一些研究者认为，采取过多的"保温"措施，如太多的衣物或者毛毯、过高的室内温度，可能极大地提高了婴儿遭遇婴儿猝死综合征的风险。当婴儿俯卧睡觉时，出现猝死的危险性更大（美国儿科协会，婴儿猝死综合征行动小组，2005；Kahn et al., 2003）。针对健康婴儿进行的研究发现，婴儿俯卧睡觉时，心血管系统的工作强度要比仰卧时大，心率要比仰卧时高；另外，俯卧睡觉醒来时心率恢复到正常水平的时间要比仰卧时更长。这些研究表明，自动心率控制弱可能是引发婴儿猝死综合征的原因之一（Tuladhar et al., 2003）。

许多（不是全部）婴儿猝死综合征受害者脑部的弓状核会出现异常，而弓状核在婴儿早期可能控制着睡眠状态下的呼吸和觉醒（Kinney et al., 1995；Panigrphy et al., 1997）。一般情况下，当小婴儿在睡眠中感到氧气摄取不足时，会引发大脑觉醒、啼哭和心率变化，以补偿氧气的供应不足。但是，在供氧不足的情况下，如果弓状核异常（可能起因于母亲孕期接触有毒物质，如非法药物或烟草制品），则可能会妨碍婴儿从睡眠状态转换到觉醒状态（Franco et al., 1988；Frick, 1999）。当这些大脑低级中枢出现异常的婴儿俯卧睡眠，又被包裹得严严实实，或患有可能抑制呼吸的呼吸道感染疾病时，就可能难以从睡眠状态转换到觉醒状态，从而窒息而亡（Lyasu et al., 2002；Ozawa et al., 2003；Sawaguchi et al., 2003a～d, g～n）。但是，我们应该注意到：(1)并不是所有的婴儿猝死综合征受害者都有明显的大脑异常现象；(2)研究者还没有有效的方法辨别出哪些婴儿面临较高的婴儿猝死综合征风险。

幸运的是，有一些比较有效的策略可以降低婴儿猝死综合征的发生。1994年，美国儿科协会发起了仰卧睡眠运动，他们负责指导医院、儿童机构和父母如何不让孩子俯卧睡眠。由于这项简单的指导，美国婴儿俯卧睡眠的比例从70%降到了20%；更重要的是，婴儿猝死综合征的发病比例降低了40个百分点（美国儿科协会，2000；参见McKenna, 2005）。美国儿科协会的婴儿猝死综合征工作组最近提出了以下建议，以期进一步降低该病的发病率（Kahn et al., 2003）：

- 不要把婴儿放到水床、沙发、软垫和其他表面松软的物体上睡觉。
- 一些松软的材料可能会妨碍婴儿呼吸（例如，不必要的枕头、毛绒玩具和羊毛围巾等），因此不应该让它们出现在婴儿的睡眠环境中。
- 婴儿睡觉时要穿适量衣物（少穿），卧室温度保持在对穿着不多的成人来说比较舒服的状态，以避免婴儿过热。
- 为婴儿创造一个无烟的环境。母亲怀孕时不要抽烟，任何人都不要在婴儿周围抽烟（美国卫生与公众服务部，2003）。

不幸的是，即使父母完全遵循上述规定，婴儿猝死综合征仍可能发生。公众可以从全美婴儿猝死综合征联盟获得关于婴儿猝死的信息以及社会支持团体的信息。

概念核查4.1　婴儿的发展

回答下列问题，检查你对新生儿为生活所做的各种准备的理解。答案见附录。

选择题：为下列各题选择最佳答案。

____ 1. 婴儿出生时就会表现出一些原始反射。当婴儿听到巨大的声音或头部姿势突然被改变时，他会表现出 ____ 反射。这种反射会让婴儿向外甩胳膊，背呈弓形，然后两只胳膊合抱，好像去抓什么东西。胳膊外张及弓背这种现象在第4—6个月时会消失，不过惊跳反射会继续存在。

a. 游泳　　　　　　　　b. 手掌抓握

____ c. 摩罗 ____ d. 巴宾斯基
____ 2. 下面哪一条不是降低婴儿猝死综合征发病率的合理建议？
   a. 不要把可能会妨碍呼吸的松软材料放在婴儿的睡眠环境中。
   b. 找儿科医生为婴儿检查婴儿猝死综合征病毒。
   c. 在婴儿周围设立无烟区。
   d. 不要让婴儿睡在过于柔软的垫子上，如水床。
____ 3. 下面哪一个关于婴儿啼哭的说法是错误的？
   a. 啼哭是婴儿用来表达沮丧和难过的状态。
   b. 尖厉而歇斯底里的哭叫可能是脑损伤的一种征兆。
   c. 随着大脑的成熟，啼哭在出生后 2 周内迅速减少。
   d. 啼哭在出生后 6 个月里逐渐消失，尤其是在父母掌握了抚慰婴儿的方法以后。

匹配题：检查一下你对婴儿状态的理解，将下面的名词与对婴儿状态的详细描述对应起来。

____ a. 规律的睡眠 ____ b. 不规律的睡眠
____ c. 瞌睡 ____ d. 警觉性安静
____ e. 警觉性活跃 ____ f. 啼哭

____ 4. 婴儿眼睛睁开，呼吸不规律；容易焦躁，表现出各种弥散性运动活动。
____ 5. 难以停止的剧烈哭泣，还会伴有强烈的活动。
____ 6. 婴儿很安静，闭着眼睛，眼睛不怎么动；呼吸缓慢而平稳。

填空题：在下列句子的空白处填上适合的词或短语。

7. ____是对感觉刺激的觉察。
8. 对感觉到的刺激的解释被称为____。
9. ____反射在出生后 1 年内消失，标志着婴儿的发展是正常的。
10. ____反射能帮助新生儿适应周围环境并满足他们的基本需求。

研究婴儿感知觉经验的方法

20 世纪初，一些医学教科书宣称在出生后的几天里，婴儿看不见东西，听不到声音，也感觉不到疼痛；并且，他们认为婴儿也无法从周围环境中提取出有意义的信息。然而，现在我们已经知道事实并非如此。观念是如何改变的？原因并不是婴儿变得越来越有能力、越聪明了，而是研究者越来越聪明，他们发明了一些颇具创造性的方法，能够让不会说话的婴儿把他们感觉和知觉到的事物"告诉"我们（Bertenthal & Longo, 2002）。下面，我们将简要介绍其中四种研究方法。

视觉偏好法

视觉偏好法其实是一个很简单的测验程序：研究者给婴儿同时呈现至少两种刺激，观察婴儿是否对其中的一个更感兴趣（Houston-Price & Nakai, 2004）。20 世纪 60 年代早期，罗伯特·范兹（Robert Fantz）首创了这个方法，来研究出生不久的婴儿能否分辨不同的视觉图案（比如面孔、同心圆、报纸和没有图案的盘子）。在此之后，视觉偏好法得到了广泛的运用。在视觉偏好法研究中，婴儿仰卧在一个观察箱里（见图 4.1），实验者给婴儿呈现两个或更多刺激物。观察者从观察箱的上方观察并记录婴儿注视每个视觉图案的时长。如果婴儿注视其中一个图案的时间比其他图案长，就认为他更喜欢该图案。

范兹的早期实验结果清楚地表明，新生儿能够轻松地区别不同的视觉图案（或察觉视觉图案的不同），相对于没有图案的盘子，他们更喜欢看有图案的刺激物，如面孔或同心圆。显而易见，儿童察觉并分辨图案的能力是天生的（Fantz, 1963）。

然而，视觉偏好法有一个很大的缺点。如果婴儿没有对某一图案表现出明显的偏好，研究者便无法确认婴儿是不能分辨图案的不同，还是对

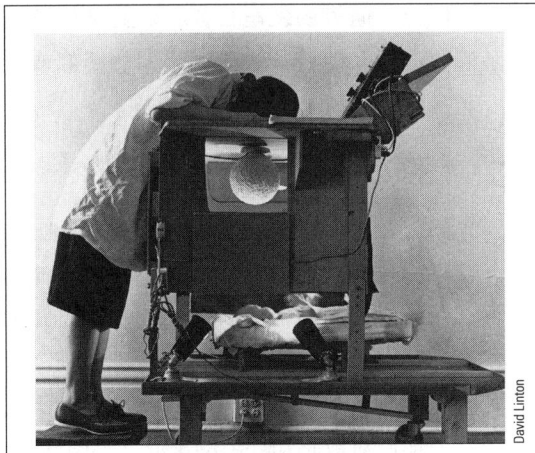

图 4.1 范兹用来研究婴儿视觉偏好的观察箱。

所有图案同样感兴趣。还好，下面几种研究方法都能够解决这个问题。

习惯化方法

习惯化方法也许是测量婴儿感知觉能力最普遍的方法。**习惯化**指的是反复呈现刺激物，使得个体对刺激物越来越熟悉，直到不再对刺激物做出相应的反应（如头部或眼部运动、呼吸或心跳频率变化）。习惯化是一种简单的学习方式。当婴儿对熟悉的刺激物不再做出任何反应，就表明他已经辨认出那是一个熟悉的东西（Bertenthal & Longo，2002）。就连只有 30 周的胎儿也能表现出习惯化，他们能够对作用在妈妈腹部的震动产生习惯化（Dirix et al.，2009；Sandman et al.，1997）。因此，习惯化方法也被称为"熟悉—陌生"程序（Brookes et al.，2001；Houston-Price & Nakai，2004）。

用习惯化方法测试婴儿分辨两种不同刺激物的能力时，研究者首先要持续呈现其中一个刺激物，直到婴儿不再注意它或不再做出任何反应（即习惯化）。这时，呈现第二个刺激物。如果婴儿能将两者区分开来，他就会表现出**去习惯化**，即婴儿会密切关注新刺激物，并且呼吸或心跳的频率发生改变。而如果婴儿没有任何反应，就说明两个刺激物的差异过于细微，婴儿察觉不到。由于婴儿能够对各种各样的刺激物——图像、声音、气味、味道和触摸产生习惯化和去习惯化，因此，习惯化方法在测量婴儿感觉与知觉能力方面是非常有效的。

然而，习惯化和个人偏好效应有时候很难区分（Houston-Price & Nakai，2004）。因为当婴儿开始熟悉一个刺激物（但不是完全熟悉）时，他们会表现出对刺激物的偏好。当两个刺激物同时出现时，婴儿一开始不会表现出明显的偏好，即他们盯着其中一个玩具、一个人或一张图片的时间不会比另一个更长。但是，当其中一个刺激物对他们来说更有意思时，他们便会更经常盯着这个刺激物看。在这之后的一个短暂的时间段里，如果给他们呈现这个部分熟悉的刺激物和一个新异的刺激物，他们还是会盯着这个部分熟悉的刺激物看。只有当他们对这个刺激物完全熟悉以后，他们才会转移注意力，即开始更多地盯着新异刺激物看（图 4.2 展示了一个注意力转移的过程）。因此，研究者必须密切注意每个婴儿被试熟悉化发生的时间线，只有这样，我们才能准确地对婴儿的观察行为进行分类（Houston-Price & Nakai，2004）。

诱发电位法

另一种研究婴儿感觉或知觉发展的方法是给他们呈现一种刺激，记录他们看到刺激时脑电波

> **视觉偏好法（preference method）**：一种获取婴儿知觉发展信息的方法：给婴儿呈现两个（或更多）刺激物，观察他更喜欢哪一个。
>
> **习惯化（habituation）**：个体对反复出现的刺激慢慢熟悉，对其反应越来越少的现象。
>
> **去习惯化（dishabituation）**：刺激发生变化而引起反应增加的现象。

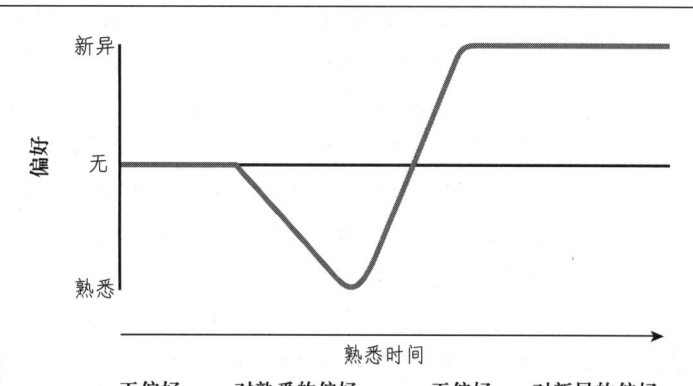

图 4.2 婴儿对新异和熟悉刺激物的偏好受熟悉时间的影响的模型。
来源：Michael A. Hunter and Elinor W. Ames," A Multifactor Model of Infant Preferences for Novel and Familiar Stimuli", Fig. 2, in *Advances in infancy Research*, Vol. 5, 1988. Copyright © 1998 by Greenwood Publishing. Reprinted by permission of Greenwood Publishing Group, Inc., Westport, CT.

此，通过**诱发电位**，我们甚至能够知道婴儿能否分辨各种不同的图像或者声音刺激。

高振幅吮吸法

绝大多数婴儿都能够通过吮吸行为传达他们感觉到的信息，以及他们的喜好。**高振幅吮吸法**便是让婴儿吮吸一个里面嵌有电路的特殊奶嘴，研究者通过分析婴儿的吮吸动作，研究他们对被感知环境的反应（见图4.4）。在实验开始之前，研究者首先要记录下婴儿吮吸频率的基线。以基线为标准，每当婴儿的吮吸频率加快，吮吸强度增加（即达到高振幅吮吸）时，

的变化。具体的做法是对应处理不同刺激的脑区，在婴儿的头部接上一些微电极（见图4.3）。例如，接在脑后部枕叶上方的一个区域的微电极将会记录下婴儿对视觉刺激的反应。如果婴儿能感觉到某个刺激，那么，他的脑电波形状就会发生变化，即表现出诱发电位。相反，如果婴儿没有感觉到刺激，那么脑电活动就不会发生变化。由于不同的刺激会诱发不同的脑电活动方式，因

他就会触动奶嘴里的电路，启动用来提供感觉刺激的幻灯机或者录音机。如果婴儿能感觉到这种刺激并对它感兴趣，只要他一直保持高振幅吮吸，这个刺激便会一直存在。而一旦婴儿对刺激的兴趣减弱，吮吸频率和强度恢复到基线状态，那么刺激便会消失。这时，再给婴儿呈现第二个刺激，如果婴儿表现出显著的吮吸增加，我们就可以推断他能够分辨这两个刺激。

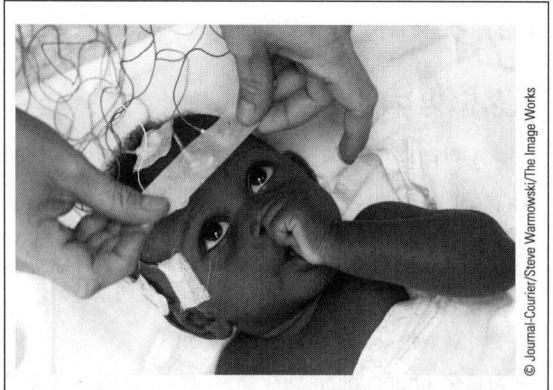

图 4.3 对应不同的大脑区域，在婴儿头皮的不同位置放上测量脑电图的电极，这些电极便能够记录婴儿的脑电活动。

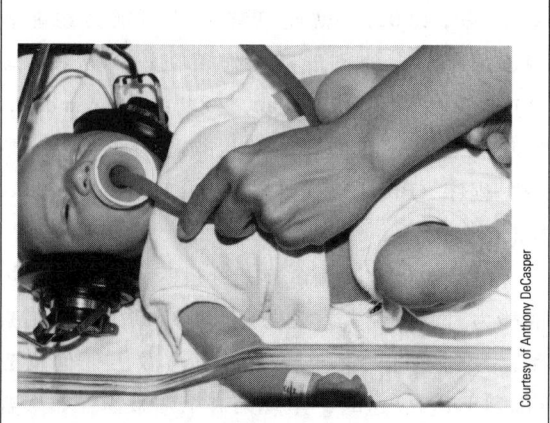

图 4.4 高振幅吮吸测试工具。

如果对这个实验程序稍加调整，我们甚至可以研究在两个刺激中，婴儿更喜欢哪一个。例如，我们想知道婴儿喜欢说唱音乐还是摇篮曲，只要调整一下奶嘴里的电路就可以：吮吸增加可启动一种音乐，而吮吸减少（或无吮吸）可启动另外一种音乐。这样，观察婴儿的吮吸状态就能够知道婴儿更喜欢哪种音乐。显然，高振幅吮吸法是一种更巧妙、应用范围更广泛的测量婴儿感知觉能力的方法。

婴儿的感觉能力

下面我们一起看看，通过这些富有创造性的方法，研究者们对婴儿感知觉能力有了哪些了解。新生儿感觉周围环境的能力究竟如何？也许比我们想象的好。下面，我们将从婴儿的听觉能力开始，逐一探讨他们的感觉能力的发展状况。

听觉

成人能听到的细微声音，需要放大很多倍才能被婴儿觉察（Aslin, Pisoni, & Jusczyk, 1983）。在刚出生的几小时里，婴儿的听力能够达到成人伤风时的水平。新生儿对较弱的声音不敏感，可能是由于在出生过程中有液体灌进内耳的缘故。除了这一微小的局限，新生儿确实具备了辨别声音的音量、持续时间、方向以及频率的能力（Bower, 1982）。他们的听觉发展得相当不错，并且很早就能将声音与特定的意义建立关联。比如，4～6个月大的婴儿会对越来越近的声音做出反应，就像他们看到越来越近的视觉刺激时一样：预感到会发生碰撞而不停地眨眼睛（Freiberg, Tually, & Crassini, 2001）。

对声音的反应

婴儿对声音很感兴趣，尤其是音调较高的女性声音（Ecklund-Flores & Turkewitz, 1996）。不过，他们是否能辨认出妈妈的声音呢？DeCasper及其同事的研究（DeCasper & Fifer, 1980；DeCasper & Spence, 1986, 1991）表明，当听到录音机里传出妈妈的声音时，新生儿吮吸奶嘴的频率比听到其他女性声音时显著增加。事实上，如果从分娩前6周开始让妈妈经常朗读一小段故事（如，苏斯博士的《戴高帽的猫》），当孩子出生后，每当听到妈妈读这段故事，而不是说其他话时，他们吮吸奶嘴的速度便会加快，强度也会增加。这些研究能不能表明婴儿出生前的经历：他们能够透过子宫壁听到妈妈的声音。这是很有可能的。DeCasper和Spencer（1991）的研究表明，在孕期最后三个月，听妈妈读熟悉的故事和新故事时，胎儿的心跳频率会发生变化。这清楚地表

> ➢ **诱发电位（evoked potential）**：由于个体觉察（感觉）到某种刺激而引发的脑电活动变化。
>
> ➢ **高振幅吮吸法（high-amplitude sucking method）**：一种评估婴儿知觉能力的方法，它利用婴儿的这样一种能力：改变对一种特殊的奶嘴的吮吸频率和强度，从而使得感兴趣事物持续存在。

小婴儿对人的声音有很强的反应。

研究表明，胎儿在母体中就能够分辨出妈妈的声音了。

明，对声音的学习在出生前就已经开始了。鉴于婴儿对妈妈的声音有很强的感应能力，我们应该鼓励妈妈经常跟婴儿讲话，给予婴儿更多的关注和关爱，这能够为他们后期的社会性、情感和智力的发展打下良好基础。

对语言的反应

在生命的早期，婴儿不仅对声音表现出了密切的注意，而且已经能够分辨基本的语言单位——**音素**。Peter Eimas（1975b，1985）最早在这一领域内开展研究，他发现，2~3个月大的婴儿已经能够分辨非常相似的辅音（如 ba 和 pa）。事实上，不到1周大的婴儿就已经能够区分元音字母 a 和 i 了（Clarkson & Berg，1983），他们甚至能够将单词划分为几个独立的音节（Bijeljac-Babic, Bertoncini, & Mehler, 1993）——双语家庭的婴儿学习语音和单词时，可能略微有些延迟（Fennell, Byers-Heinlein, & Werker, 2007；Sebastian-Galles & Bosch, 2005）。婴儿看起来也能够根据基本的声音单位将语言声音切分成不同的类别，就像他们能够将光谱划分为几个基本色一样（Miller & Eimas, 1996）。事实上，当看护者的言语中夹杂了异样的音素时，3~6个月大的婴儿就能够察觉出来，在这一点上，他们甚至比成人做得还要好（Best & McRoberts, 2003；Jusczyk, 1995；Werker & Desjardins, 1995）。下面这个强化范式能够为我们展示婴儿的这种能力。我们让婴儿坐在婴儿椅上，旁边放一个电动玩具，给他们播放字母"A"或"I"的录音（也可以是他们母语以外的语言音素）。之后，我们将婴儿分成两组，其中一组在每次播放完"A"的声音后，电动玩具就启动，而另外一组在每次播放完"I"的声音后，电动玩具就启动。几次之后，婴儿逐渐习得了这种强化联结：当听到"A"或"I"的声音时，他们会习惯性地转头看电动玩具，因为他们认为玩具会被启动。这个程序为我们展示了婴儿分辨语言的声音的能力（以及习得强化联结的能力），即使是母语语言系统之外的声音，他们也一样分辨得很好。婴儿还能学会从语言中提取模式，7个半月的婴儿已经能够将这种从语言中提取的模式应用到其他声音上了，如音调、乐器音色以及动物的叫声（Marcus, Fernandes, & Johnson, 2007）。总之，婴儿对各种语言特点有很好的敏感性，不仅仅是口语，甚至包括手语，如美式手语（Krentz & Corina, 2008）。这确实让人印象深刻！

婴儿还能够很快地学会辨认他们经常听到的词语。举例来说，到4个半月的时候，当婴儿听到有人叫自己的名字时，会准确地将头转向声音传来的方向；但如果是其他人的名字，即使和自己的名字发音的重音相同，他们也不会有这种反应（Mandel, Jusczyk, & Pisoni, 1995）。这么幼小的婴儿也许并不知道这个名字指代的是自己，但是，他们确实在很早的时候就能分辨出经常听到的词语了。5个月大的婴儿，只要说话者的声音足够大，他甚至能在嘈杂的背景声音中分辨出自己的名字。不过这有个先决条件，那就是说话者说婴儿名字的声音要比背景声音高出 10 分贝，否则婴儿就会分辨不出来。不过，到了 1 岁时，只要前者比后者声音高出 5 分贝就可以了（Newman，2005）。

显然，婴儿的听觉在刚出生时就发展得非常好了。即使是新生儿，也已经达到了如下水平：（1）根据声音确认和辨别自己的看护者；（2）将语言分割成很小的发音单位——玩语言积木游戏。倾听语言的能力对婴儿的发展有很重要的意义，我们将在第 9 章继续讨论这个问题。更大些的婴儿会使用语言信号学习新技能，发展新的社会关系，习得新的意义（Dewar & Xu，2007）。听的能力非常重要，因为听觉在婴儿的成长过程中起很大作用。"研究聚焦"专栏所介绍的失聪研究可以帮助我们理解这一点。

> **音素**（phonemes）：构成口头语言的、有意义的最小发音单位。
> **中耳炎**（otitis media）：一种由细菌感染引起的常见的中耳疾病，会引起轻度到中度的听觉丧失。

研究聚焦　听觉丧失的原因和后果

听觉对于人类的发展究竟有多重要？通过对有听觉障碍的年轻人——他们因一种童年期常见的感染而损害了听力——的发展过程进行分析，我们对这个问题有了更深入的了解。

中耳炎，一种由细菌感染引起的中耳疾病，是婴幼儿最常发生的临床疾病之一。绝大部分儿童都会至少得一次中耳炎，而大约 1/3 的儿童即使接受了充分的治疗也会复发（Halter et al., 2004，Vernon-Feagans, Manlove, & Volling, 1996）。使用抗生素能够消灭引起感染的细菌（Pichichero & Casey, 2005），但是对于耳道内液体的增加却无济于事，这些液体经常会滞留很久，但不会引起任何疼痛或者不适。不过，这些液体却会导致听觉在确诊及治疗的几个月的时间里轻度或中度丧失（Halter et al, 2004；Vernon-Feagans, Manlove, & Volling, 1996）。对于这种情况，医生可能会建议临时在耳朵内插入通气管，这会有助于耳内沉积液体的排放（Halter et al., 2004）。

但是，由于抗生素疗法的广泛使用，中耳炎已经表现出一些抗药性（Rosenfeld, 2004）。幸好，对于那些不太严重的细菌感染病例，我们还可以采取另一种疗法——观望法。也就是说，病情不是很严重的孩子可以服用减轻症状的药物进行治疗，同时，医生会培训家长如何密切监控孩子的病情发展，以便及早发现病情加重的迹象，在第一时间进行治疗。在这个"观望期"内，有时候即使没有抗生素的辅助，人体自身的免疫系统也可能会发挥作用，减轻感染症状（McCormick et al., 2005；Wald, 2005）。

6 个月至 3 岁是中耳炎的高发期。发展学家们担心那些有中耳炎复发经历的孩子在言语理解方面存在困难，这将会阻碍语言及其他在童年早期萌发的认知能力和社会技能的发展。我们确实有理由担心。因为与只得过一次中耳炎的同伴相比，那些在生命早期遭遇中耳炎复发的儿童确实表现出了语言发展迟滞，而且在小学初期学习成绩也相对较差（Friel-Patti & Finitzo, 1990；Teele, Klein, & Chase et al., 1990）。这些儿童的听觉注意能力也比较差（Asbjornesn et al., 2005）。这意味着，与没患过慢性中耳炎的儿童相比，曾患慢性中耳炎的非常幼小的儿童在完成有关音节或音素的任务时，成绩更差（Nittrouer & Burton, 2005）。另外，年龄稍大的曾患慢性中耳炎的儿童在回想一系列字词以及理解语法复杂的句子方面存在困难（Nittrouer & Burton, 2005）。另有研究发现，曾患慢性中耳炎的 3 岁儿童可能会面临社会技能缺失的危险，因为他们在大部分时间里都自己玩耍，而较少跟日托中心的小朋友进行积极的社会交往（Vernon-Feagans, Manlove, & Volling, 1996）。尽管还需要进一步的追踪研究来确定慢性中耳炎病史的消极影响是否会持续到童年期和青少年期，但是现有研究已经表明，患有轻度或中度听觉丧失的年幼儿童会面临一些发展障碍，而作为导致早期听力丧失的重要原因，中耳炎必须尽早发现并尽快积极治疗（Jung et al., 2005）。

味觉与嗅觉

婴儿刚一出生就表现出明确的味觉偏好。比如，他们明显更喜欢甜的味道，因为与苦、酸、咸或者中性的液体（水）相比，无论是足月儿还是早产儿，吮吸甜的液体的频率更高，持续时间也更长（Crook, 1978; Smith & Blass, 1996）。另外，不同的味道还会引发新生儿不同的面部表情。甜味能减少婴儿哭泣，让他们发笑和咂嘴，而酸味会让婴儿皱鼻子和噘嘴，苦味则经常会让婴儿表现出厌恶的表情——嘴角往下撇，伸舌头，甚至吐口水（Blass & Ciaramitaro, 1994; Ganchrow, Steiner, & Daher, 1983）。随着溶液的浓度越来越高，婴儿相应的表情也会更加明显，这充分说明新生儿已经能够辨别某种味道的浓度。

新生儿还能够察觉各种气味，对于不喜欢的气味，如醋、氨气或者臭鸡蛋味，他们会做出一些强烈反应，如将头扭开并露出厌恶的表情等（Rieser, Yonas, & Wilkner, 1976; Steiner, 1979）。在出生后的4天里，婴儿已经表现出对奶味的偏爱，他们不再喜欢羊水的气味，尽管他们曾经在其中生活了9个月（Marlier, Schall, & Soussignan, 1998）。而吃母乳的婴儿在一两周大的时候已经能够通过乳房和腋下的气味认出自己的妈妈，将她与其他女性区分开（Cernoch & Porter, 1985; Porter et al., 1992）。不管喜欢还是不喜欢，我们每个人都有自己独特的"气味标识"，婴儿正是用这一特点来确认最亲密的看护者的。

为了证明婴儿根据气味辨别妈妈的能力，Macfarlane（1977）做了一个有趣的实验。她让母乳喂养新生儿的妈妈在两次喂奶的间歇戴上防溢乳垫（这种棉垫能够吸收乳房溢出的奶和气味）。然后，让刚出生2天和6天的婴儿躺在床上，在他们的头两侧分别放上自己妈妈和其他妈妈的防溢乳垫。Macfarlane发现，出生2天的婴儿不会经常朝任何一个乳垫扭头，而出生6天的婴儿则经常将头扭向自己妈妈的乳垫。这表明，婴儿在出生一周的时间里就已经学会了辨别妈妈的独特气味，而且，跟其他同样在哺乳的女性相比，他们更喜欢自己妈妈的气味。

触觉、温度和痛觉

皮肤表面的感受器对于触摸、温度和疼痛非常敏感。在前面的章节里，我们已经了解到，如果恰好触摸到新生儿的某些部位，他们会表现出明显的反射。即使是在睡觉的时候，婴儿已经习惯了对某一部位的抚摩，但是当触觉刺激的部位发生变化时，如从耳朵转移到下巴，他们仍然能够做出反应（Kisilevsky & Muir, 1984）。

对触摸的敏感无疑提高了婴儿对外界环境的反应性。如果在早产儿的保育箱里定期抚触他

婴儿生来就具有味觉偏好。例如，他们更喜欢甜的味道而非酸的。

们，他们会发展得更好。抚触和亲密接触不仅对新生儿有良好的发展促进作用，而且对所有婴儿都能产生积极作用。抚触有助于缓解婴儿的焦虑，帮助他们平静下来，还能够促进神经活动（Diamond & Amso，2008；Field et al.，2004）。抚触之所以具有临床价值，部分原因在于温柔的抚摸和按摩能够刺激不敏感的婴儿，抚慰易激动的婴儿，能引逗他们发笑，这样婴儿就能与看护者更好地互动（Field et al.，1986；Stack & Muir，1992）。出生后第一年的后期，婴儿开始用触觉探索事物——先是嘴唇和嘴巴，后来是双手。由此可知，触觉是婴儿获得外部环境知识的主要方式，触觉的发展对于婴儿早期的认知发展起着关键作用（Piaget，1960）。

新生儿对温暖、寒冷以及温度变化同样非常敏感。当奶瓶里的奶太热的时候，他们会拒绝吸奶嘴；当房间里的温度骤然下降时，他们会加强活动来保持身体的热量（Pratt，1954）。

婴儿是否能感觉到疼痛呢？答案是肯定的。即使是刚出生1天的婴儿，因做血液检查而被针刺到手指头时，也会拼命大哭。事实上，非常小的婴儿要比5～10个月大的婴儿对于接种疫苗表现出更多的恐惧（Axia，Bonichini，& Benini，1999）。

男婴对包皮环切手术会表现出强烈的恐惧。由于担心麻醉药物对婴儿造成伤害，做这种手术时一般是不使用麻醉剂的（Hill，1997）。进行包皮环切手术的时候，婴儿会发出像早产儿或者脑损伤婴儿那样尖厉的哭号（Porter，Porges，& Marshall，1988）。除此以外，在手术后，生理学的一种应激指标——血浆皮质醇——与手术前相比也会显著增高（Gunnar et al.，1985）。这些研究结果向认为婴儿对疼痛不敏感的医学观念提出了挑战。幸好，研究者发现，若手术前对婴儿实行轻度的局部麻醉，或者在手术后让他们吮吸糖水，会减轻婴儿的恐惧，也会让他们睡得更安稳（Hill，1997）。

视觉

在新生儿的各种感觉能力中，视觉的发展是最不成熟的。亮度的改变能引起皮层下的瞳孔反射，说明婴儿能够感觉到光线（Pratt，1954）。他们也能够察觉到视野内物体的运动，当移动速度较慢时，他们还能用视线追随视觉刺激的运动（Banks & Salapatek，1983；Johnson，Hannon，& Amso，2005）。

比起其他刺激物，新生儿更喜欢人的面孔或者类似面孔的物体（Johnson et al.，1991）。为了研究婴儿的这种偏好，Johnson和同事准备了3个人头形状的剪纸片，上面画着不同的图案：一个画有人的面孔，一个画有错乱排列的面部器官，一个是空白的。研究者把这些图片在婴儿的视野里移动，婴儿的年龄从刚出生几分钟到5周不等。通过婴儿的视线转移以及头部转动都能够看出，比起另外两个图案，他们更喜欢追随面孔图案。这个实验说明，刚出生几分钟的新生儿就已经能够利用眼睛或头来追随视觉刺激的运动，并且对人的面孔表现出明显的偏爱。为什么婴儿会表现出这种偏爱呢？一种可能的解释是，它是人类进化过程中残余的适应性机能——由大脑皮层下中枢控制的一种反射，这种机能可以帮助婴儿辨认自己的看护者，并促进他们交往能力的发展（Johnson et al.，1991）。

尽管婴儿在区分白色与蓝色、绿色、黄色上存在困难，但我们可以确定新生儿看到的世界是彩色的（Adams & Courage，1998）。不过，大脑视觉神经中枢和感觉通道的快速发展使得婴儿的颜色知觉能力迅速提高。到2～3个月大时，他们就能够分辨所有的基本色（Brown，1990；Matlin & Foley，1997）；而4个月大时，他们就已经能够像成人那样，将有细微差别的颜色归类到几个基本色组——红色、绿色、蓝色以及黄色（Bornstein，Kessen，& Weiskopf，1976）；4个月大时，婴儿的色彩知觉能力已经同成人接近了（Kellman & Arterberry, 2006）。

尽管婴儿具备了较高的视觉能力，但他们还不能很好地处理细节差异（Kellman & Banks, 1998）。**视敏度**研究表明，新生儿的距离视觉只有 20/600 左右，即视力很好的成人距离 600 英尺（约 180 米）能看清的事物，新生儿在 20 英尺（约 6 米）的距离才能看清。另外，对于非常小的婴儿来说，任何距离的事物看起来都会有些模糊，因为他们的晶状体调节尚存在困难，也就是说，他们在改变晶状体的形状、对视觉刺激进行聚焦方面存在困难。由于这种局限，我们就不难理解为何婴儿无法觉察很多图案和形状了。与成人相比，他们只能察觉到强烈的**视觉对比**（Kellman & Banks, 1998）。不过，视敏度在婴儿出生后的几个月内便会快速发展。6 个月大的婴儿的视敏度就能达到 20/100。只是直到 6 岁的时候，他们的视力才会跟成人一样好（Kellman & Arterberry, 2006; Skoczenski & Norcia, 2002）。

总之，小婴儿的视觉系统虽然没有发展到最好水平，但确实已经在发挥作用了。新生儿能觉察到物体的运动、颜色、亮度变化以及很多视觉图案，当然，这些图案不能过于细微，并且需要具有足够的明暗对比。新生儿视觉能力的发展在很大程度上不依赖于他们的视觉经验。但是一旦婴儿开始用眼睛探索这个世界，基于经验的机制（例如，突触强化）就会开始起作用，促进视敏度的发展。这样，基于经验的以及不依赖于经验的机制将会同时起作用，共同促进婴儿视觉系统的发展（Johnson, 2001）。

总的来说，各种主要的感官在婴儿出生时就已经发挥作用了（见表 4.3），所以即使是新生儿也已经做好了感觉环境的准备。但是他们能解释这些感觉到的信息吗？他们具备了相应的知觉能力吗？

A：新生儿的视觉图像　　B：成人的视觉图像

新生儿视觉适应能力及视敏度发展水平都比较低，因此他们看到的妈妈的面孔是模糊的，即使贴近看也一样（读者可以自己试验一下：把照片放在距离脸部 1～1.5 米的地方）。

表 4.3　新生儿的感觉能力

感觉	新生儿的能力
视觉	刚出生时是所有感觉中发展水平最低的；视觉适应及视敏度水平有限；对光敏感；能够分辨一些颜色；能用视线跟踪移动的物体。
听觉	会转向声音传来的方向；对轻微的声音不如成人敏感，但是能够分辨不同音量、方向和频率的声音。对语言尤其有反应；能辨认妈妈的声音。
味觉	喜欢甜的溶液；能分辨甜、咸、酸、苦四种味道。
嗅觉	能察觉到各种气味；闻到不喜欢的气味会把头扭到一边。母乳喂养的婴儿能根据乳房和腋下的气味辨认出自己的妈妈。
触觉	对抚摸、温度变化和疼痛有反应。

婴儿的视知觉

尽管新生儿的视觉已经发展到了不错的水平，能够察觉甚至辨别一些图案，但还有一个问题值得我们思考：当盯着一个视觉刺激看时，他们究竟看到了什么？比如，给他们呈现一个"□"，他们看到的是否就是一个正方形呢？还是说他们必须先学会用线和角来画正方形，才能明白这个图案代表了正方形？他们什么时候开始明白面孔是有意义的社会性刺激，或者能够将自己的看护者与陌生人区分开来？新生儿能知觉到深度吗？他们明白向后退的物体是由于距离越远才看起来越小，而物体的实际大小是不变的吗？这些问题促使好奇的研究者设计各种实验去了解婴儿所能看到的东西。

图案与形状知觉

我们一起回想一下范兹对观察箱中的婴儿进行观察的结果：出生2天的婴儿就能顺利地辨认视觉图案。事实上，在范兹展示的众多图形中，婴儿最喜欢的就是人的面孔！但这是不是就意味着新生儿已经能明白面孔是有意义的图案了呢？

婴儿早期的图案知觉（第0—2个月）

当然不能！范兹（Fantz，1961）在实验中给新生儿呈现一个面部图案，一个含有混杂的面部特征的似面部图案，以及明暗面积与前两者接近的简单视觉图案，结果发现，婴儿对那个似面部图案和面部图案一样感兴趣（图4.5）。

后续研究发现，新生儿更喜欢看对比度高、有明显的明暗分界线的图案，以及有弧线的中等复杂程度的图案（Kellman & Banks，1998）。由此推断，范兹研究中的婴儿被试之所以会对面孔和似面孔图案表现出同样的兴趣，是因为两种图

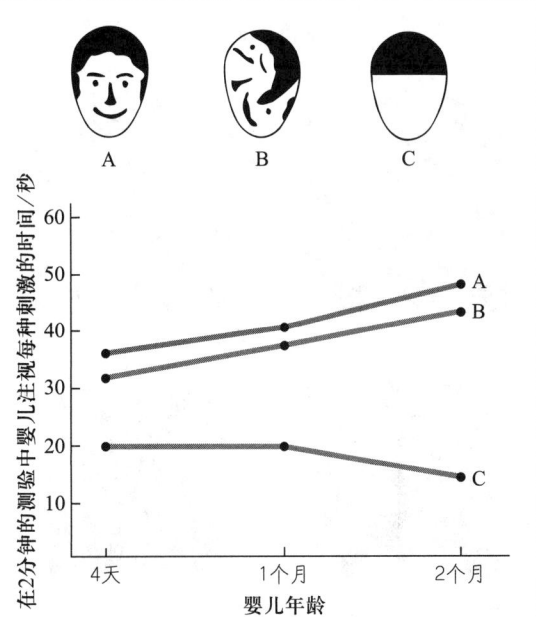

图4.5 范兹关于新生儿图案偏好的实验。跟简单的黑白椭圆形相比，新生儿更喜欢复杂的图案。然而，对于面孔图案和有混杂特征的似面部图案，他们并没有更喜欢前者。
来源："The Origin of Form Perception," by R. L. Fantz, May 1961, *Scientific American*, 204, p.72 (top). Copyright © 1961 by Scientific American, Inc. Adapted by permission of the artist, Alex Semenoick.

案的对比度、弧度和复杂程度相同。

分析新生儿喜欢和不喜欢的视觉刺激的特征，就可以推测他们能够看到什么。如图4.6所示，不到2个月大的婴儿看高度复杂的棋盘时只能看到一个模糊的黑色图案，这可能是因为他们的视觉适应能力不够，无法分辨细节。而让这些婴儿看中度复杂的棋盘时，他们却能够看得很清楚（Banks & Salapatek，1983）。Banks及其同事

> 视敏度（visual acuity）：人类能够看清楚小物体以及细节的能力。
> 视觉对比（visual contrast）：视觉刺激中明暗转换的程度。

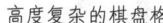
我们看到的

中等复杂的棋盘格　　高度复杂的棋盘格

小婴儿看到的

图 4.6 婴儿眼睛里的图案是什么样子的。将这两幅棋盘图案同时呈现给新生儿,结果发现,他们只能看出左边棋盘的图案。婴儿早期较差的视觉水平正是他们喜欢中等复杂图案而非高度复杂图案的原因。

来源:"Infant Visual Perception," by M. S. Banks, in collaboration with P. Salapatek, 1983, in *Handbook of Child Psychology*, Vol. 2: *Infancy and Developmental Psychology*, by M. M. Haith & J. J. Campos (Eds.). Copyright © 1983 by John Wiley & Sons, Inc. Adapted by permission of John Wiley & Sons, Inc.

(Banks & Ginsburg,1985)曾经简洁地总结了新生儿的视觉偏好:婴儿更喜欢看他们能够看得清楚的东西,而他们看得最清楚的东西便是那些中等复杂、对比度高的视觉图形,尤其是那些能够吸引他们注意力的、运动着的图形。

婴儿后期的形状知觉(第 2 个月—1 岁)

婴儿的视觉系统在第 2—12 个月迅速成熟。他们的视力越来越好,逐渐能够辨别越来越复杂的视觉图形,最终甚至能够分辨飘过视野、移动中的画面(Kirkham, Slemmer, Richardson, & Johnson,2007)。他们还能够对看到的东西进行整合,以知觉到整体的或系列的视觉形状(Cordes & Brannon,2008)。3～4 个月大的婴儿的视觉适应能力(聚焦)已经跟大人一样好了(Banks,1980;Tondel & Candy,2008)。然而,婴儿的视敏度直到 6 岁才能真正发展成熟(Kellman & Arterberry,2006;Skoczenski & Norcia,2002)。

Kellman 和 Spelke(1983;Kellman, Spelke, & Short,1986)设计了一项实验来观察婴儿的形状知觉能力。在实验中,他们给婴儿呈现一根被木板部分挡住的木棍(见图 4.7 的 A 和 B)。那么,婴儿看到的究竟是一根完整的木棍,还是两段不相连的木棍呢?

他们让 4 个月大的婴儿首先看 A 图(一根中间部分被挡住的、静止的木棍)或者 B 图(一根中间部分被挡住的、运动着的木棍),直到他们经过习惯化程序,不再对此感兴趣。然后,给他们呈现 C 图(一根完整的木棍)和 D 图(两段木棍),记录他们的视觉偏好。结果发现,那些对静止的木棍(A 图)产生习惯化的婴儿,在 C 图或 D 图之间没有表现出明显的偏好。很明显,当静止木棍被部分挡住的时候,他们不能根据诸如倾斜度一样、末端相同的两段木棍这样的视觉线索,知觉到一根完整的木棍。与此相反,那些看到 B 图的婴儿却能够明显地知觉到部分被挡住的、运动的两段木棍其实是一根,因为在对 B 图产生习惯化后,他们对后来出现的两段短木棍(D 图)比对一根完整的木棍(C 图,这对他们来说是已经熟悉的东西)更感兴趣。这说明他们能够根据 B 图中两段木棍的同步运动(即木棍的两个部分同时沿着相同的方向、同时运动)推断出木棍的整体性。所以,婴儿主要根据运动线索来确认不同的形状(Johnson et al.,2002;Johnson & Mason,2002)。

有意思的是,婴儿根据物体运动线索感知形状的能力并不是与生俱来的(Slater et al.,1990),

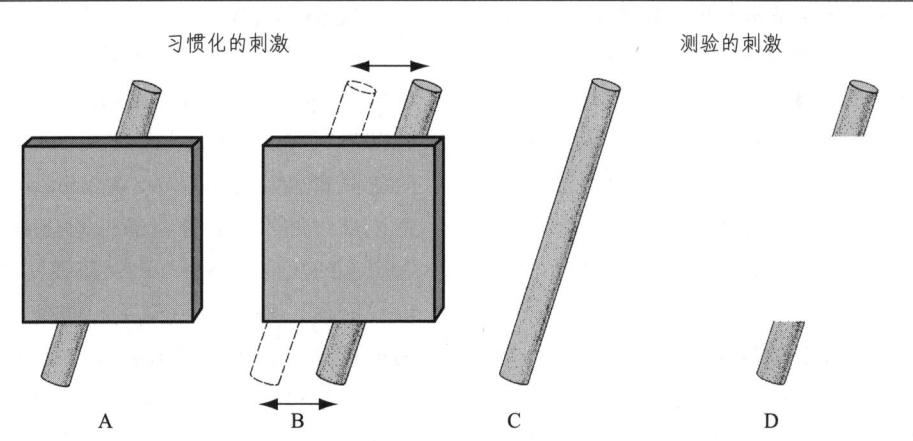

图 4.7 婴儿对物体的整体知觉。婴儿对被木板部分挡住的一根木棍产生习惯化：A 图是静止的，B 图是运动的。那么，在后继实验中，婴儿会不会将一根完整的棍子（C 图）视为已经熟悉的物体呢？成人当然是可以的，因为我们能够对所看到的线索进行整合，从而知道木板后面其实有一根完整的木棍，因此，我们会将后来出现的完整的木棍看作熟悉的东西。如果婴儿对整根木棍（C 图）比对两段独立的木棍（D 图）更感兴趣，我们便能得出结论：他们还不能利用已有线索感知到一根完整的木棍。

来源："Perception of Partly Occluded Objects in Infancy," by P. J. Kellman & E. S. Spelke, 1983, *Cognitive Psychology*, 15, 483-524. Copyright © 1983 by Academic Press, Inc. Adapted by permission.

而是在出生后 2 个月的时间里逐渐发展起来的（Johnson & Aslin，1995）。到 3～4 个月大时，婴儿甚至能够在一些吸引他们注意力的静止情境中知觉到形状。请仔细看图 4.8，你能看到一个正方形吗？3～4 个月大的婴儿同样能看到（Ghim，1990）——这确实是一个了不起的成就，因为这个"正方形"其实是一个主观轮廓，必须依靠心理建构而非单纯的视觉观察才能知觉到。

在 1 岁后期，当婴儿能够根据已有线索觉察到越来越多的结构性图形的时候，他们的形状知觉能力会有更大的进步（Craton，1996）。8 个月大时，婴儿不用借助活动的线索就能够知觉到部分被遮挡的木棍其实是一整根（Johnson & Richard，2002；Kavsek，2004）。而 12 个月大的婴儿已经能够更好地根据有限的信息建构图形了。先让婴儿观察一个孤立光点的运动，运动轨迹会形成一个复杂图形（如□），然后再给他们呈现各

图 4.8 3 个月大时，婴儿便能够感知到主观轮廓，就像图中的"正方形"。

来源："Development of Visual Organization: The Perception of Subjective Contours," by B. I. Bertenthal, J. J. Campos, M. M. Haith, 1980, *Child Development*, 51, 1077-1080. Copyright © 1980 by The Society for Research in Child Development, Inc. Adapted by permission.

种形状的真实物体。结果发现，12个月大（而非8或10个月大）的婴儿会对与□不同的形状新异的真实物体表现出更多兴趣。部分12个月大的婴儿表现出来的这种对新奇事物的偏好表明，他们先前已经感知到光点运动形成的图形，因此，会觉得相同的图形不如其他新的图形有意思（Rose，1988；Skouteris, McKenzie, & Day, 1992）。

关于形状知觉的解释

新生儿已经在生理上为寻找视觉刺激以及进行视觉辨别做好了准备。这种早期的视觉经验是非常重要的，因为这能够保持视觉神经元处于激活状态，并有利于大脑视觉神经中枢的成熟（Nelson, 1995）。2～3个月大时，视觉神经中枢的成熟已经能够让婴儿看清更多的细节，进行更系统的观察，并开始建构视觉图形，包括典型的人脸图案以及能表现看护者的面部特征的具体细节。同时，婴儿继续通过视觉系统探索周围环境，以此获得更多知识，从而更精细地分辨众多视觉刺激，对图形代表的普遍意义进行推论，例如，晃动时会发出咔嗒声的细长玩具，或者爸爸脸上愉快的笑容（Pascalis & Kelly, 2009）。

有一点需要注意，形状知觉的发展是婴儿与生俱来的能力（有效但不成熟的视觉能力）、生理成熟以及视觉经验（如学习）三者之间不断地相互作用、相互影响的结果。下面，我们一起了解一下这种相互作用的模式是否同样适用于婴儿空间知觉能力的发展。

婴儿的三维空间知觉

由于成人可以自然地感觉到深度，即第三维度，所以我们很容易由此推论新生儿也具有同样的能力。不过，婴儿究竟是从什么时候开始能知觉到深度，并能对物体的大小和空间关系做出准确、合理的推论的呢？下面我们简单地回顾一下相关实验研究。

大小恒常性

在理解三维空间中的运动方面，婴儿已经表现出一些有趣的能力。比如，当一个物体逐渐向脸部靠近时，1个月大的婴儿便会表现出诸如眨眼等防御性反应（Nanez & Yonas, 1994）。面对逐渐逼近的物体和逐渐逼近的孔洞，3～5个月大婴儿的反应是不一样的。跟婴儿高频率的眨眼反应一样，使劲向后仰头和向外挥胳膊也被视为他们预感到碰撞逐渐靠近的反应（Schmuckler & Li, 1998）。当物体离观察者越来越近时（即物体逐渐放大），它将占据更多的视野，观察者能看到的物体背后的东西就越来越少。然而，当一个孔越来越靠近，观察者能看到越来越多的孔背后的东西，但孔的前面和侧面的东西会越来越少。在上面描述的现象中，婴儿眨眼频率的提高证明，他们意识到了逐渐靠近的碰撞，而眨眼频率的降低则是因为他们认为自己即将要穿过那个"孔"（Schmuckler & Li, 1998）。但是，婴儿是否具有**大小恒常性**呢？他是否明白当物体靠近或远离时，尽管在视网膜上的成像会变大或变小，但其实际尺寸是恒定不变的呢？

研究者最近才发现，直到3～5个月大时，双眼视觉（即立体视觉）有了较好的发展，从而能进行准确的空间关系推论以后，婴儿才开始具有大小恒常性。不过，即使是新生儿，也已经对物体的实际大小有了一些概念，只是这种能力没有发展得很好。

双眼视觉显然对大小恒常性的发展有着重要作用，因为在4个月大的婴儿当中，大小恒常性发展较好的婴儿，其双眼视觉发展也最成熟（Aslin, 1987）。运动线索对大小恒常性的发展同样有影响：当4个半月大的婴儿观察到了物体靠近或离去的运动时，他们对物体实际大小进行推论的正确性会提高（Day & McKenzie, 1981）。大小恒常性在生命的第一年中稳步发展，不过，这种能力要到10～11岁才会完全发展成熟（Day, 1987）。

婴儿使用图片线索的能力

婴儿对单眼深度线索（也就是画家和摄影师在二维画面上表现深度和距离的一种技巧）会有什么反应？Yonas 及其同事是该领域研究的开创者（Yonas, Cleaves, & Petterson, 1978）。在早期实验中，研究者给婴儿看一幅窗户的照片，这幅照片是在与窗户所在平面成 45°的角度拍摄的。如图 4.9 所示，窗户的右侧看起来（至少对我们成人来说）要比左侧离得近。如果婴儿能够知觉到图片线索，那么，他们就很可能会误认为右侧窗户离得近而伸手去摸。但如果他们没有知觉到图片线索，那么，他们伸手摸左、右侧窗户的概率便是一样的。

Yonas 发现，7 个月大的婴儿伸手摸右侧窗户的频率明显更高，而 5 个月大的婴儿则没有表现出明显差异性。Yonas 的后继研究也表明，7 个月

图 4.9 图中的这扇窗户实际上是一幅以 45°角拍摄的大照片，它的左右侧与坐在正前方的婴儿的距离完全一样。如果婴儿受到图片线索的影响，便会觉得照片右侧离自己更近，因此会更多地伸手去摸这一侧，而很少摸"距离远"的左侧。
来源：Adapted with permission from "Development of Sensitivity to Pictorial Depth," by A. Yonas, W. Cleaves, and L. Pettersen, 1978, *Science*, 200, 77-79. Copyright © 1978 by the American Association for the Advancement of Science.

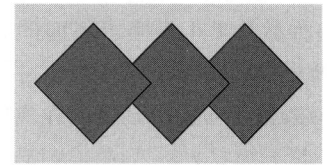

图 4.10 如果婴儿对图片线索敏感，那么他们很可能会伸手摸一个视觉图形"最近"的那侧（即本图的左侧）。7 个月大的婴儿已经表现出了这种行为的差异性，但 5 个月大的婴儿还没有。
来源："Infants' Perceptions of Pictorially Specified Interposition," by C. E. Granrud and A. Yonas, 1984, *Journal of Experimental Child Psychology*, 377, 500-511. Copyright © 1984 by Academic Press. Reprinted by permission.

大的婴儿对图片线索很敏感，如内插（见图 4.10）、相对大小及其他二维图片线索；但 5 个月大的婴儿则做不到（Yonas, Arterberry, & Granrud, 1987；Arterberry, Yonas, & Bensen, 1989）。

总而言之，婴儿在不同年龄会对不同的空间线索表现出敏感性（Johnson, Hannon, & Amos, 2005）。婴儿在刚出生时只表现出了有限的大小恒常性，到 1~3 个月大时能从运动线索（即观察逐渐放大的物体和其他运动中的物体）中提取空间信息，3~5 月个大时出现了双眼视觉（Schor, 1985），而 6~7 个月大时则有了单眼视觉（即图片线索）。这些能力给我们留下了深刻的印象，然而，它们是否能够说明 6~7 个月大的婴儿能够知觉到深度，从而不会朝沙发或楼梯的边缘爬，免得摔下来呢？让我们一起回顾一下研究者们在这个问题上给出的答案。

婴儿深度知觉的发展

为了解婴儿能否知觉到深度，Eleanor Gibson

> **大小恒常性（size constancy）**：不管物体离眼睛的距离多远，及其在视网膜上成像的大小如何变化，都能够认识到物体的大小尺寸不会变化的知觉能力。

和 Richard Walk（1960）设计了**视崖**装置。视崖（如图 4.11 所示）是一个高出地面的玻璃平台，被一块木板从中间分成两个区域。在一个区域中，棋盘图案的活动板被直接放在玻璃的下面，即为"浅"区。而在另一区域中，相同图案的活动板被放在玻璃下面相距不到 1 米的地方，即为"深"区。这种设计会在视觉上造成陡峭的悬崖的幻觉，或称"视崖"。研究者将婴儿放在视崖上，让妈妈在对面想办法哄婴儿爬过视崖深、浅两个区域，从而测查他们的深度知觉。Gibson 和 Walk（1960）对 6～6.5 个月及更大的婴儿进行测试时发现，90% 的婴儿会爬过浅的区域，但只有不到 10% 的婴儿愿意爬过深的区域。很明显，绝大多数处于爬行阶段的婴儿能清楚地知觉到深度，并且对悬崖表现出惧怕。

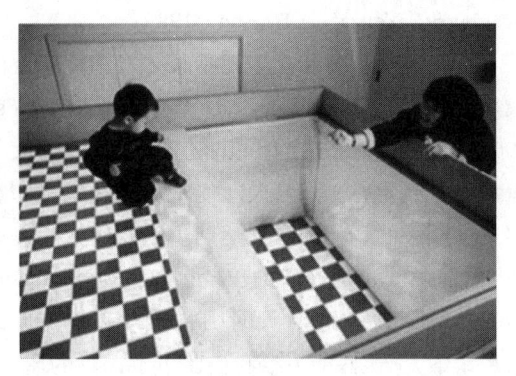

图 4.11 一个婴儿在视崖的"深浅"分界线上。

那么，那些不会爬的婴儿能知觉到深度吗？为此，Campos 和他的同事（1970）把婴儿脸朝下放在视崖的深、浅两个区域，记录他们心率的变化。2 个月大的婴儿被放到深区时心率会下降，而在浅区则没有变化。心率为什么会下降呢？众所周知，当我们害怕的时候心跳会加速，而不会变慢。而心率下降是婴儿对事物感兴趣的表现。由此可知，2 个月大的婴儿能够察觉到深、浅两个区域的差异，但是他们还没有学会害怕悬崖。

运动发展与深度知觉

6～7 个月大的婴儿开始害怕悬崖，这可能是由于他们对运动的、双眼的和单眼的深度线索更加敏感。不过，这种惧怕在很大程度上与婴儿的爬行以及跌落的经历有关。Campos 及其同事（1992）还发现，已学会爬行几周的婴儿比那些同龄但尚不会爬的婴儿更加害怕悬崖。实际上，如果婴儿借助特殊的助力设施能够自己四处活动，那么，不会爬的婴儿也很快就会产生对高度的正常惧怕。可以说，是运动发展提供的经验改变了婴儿对深度意义的理解。在第 5 章中，我们将会了解到，相对于不能独立活动的婴儿，能独立活动的婴儿在解决其他空间关系任务上也有更好的表现，如寻找隐藏的物体。

为什么自主运动会造成如此大的差异呢？很可能是因为能自主爬行的婴儿发现，视觉环境会随着自己的运动而发生变化，因此他们更会利用空间标志来确定自己与外界环境的关系，进行自我定位（以及对隐藏物体进行定位）。自主运动还会让婴儿对视觉流（一种由自己运动引起物体运动的感觉）更敏感，这将会促进大脑皮层感觉与运动中枢的新神经通路的发展，这正是运动技能及空间知觉能力发展的基础（Bertenthal & Campos, 1987；Higgins, Campos, & Kermoian, 1996；Schmuckler & Tsang-Tong, 2000）。

至此，也许你已经发现，用于解释形状知觉发展的交互作用模型同样适用于解释空间关系能力的发展。视觉的成熟让婴儿能看得更清楚，发现更多深度线索，同时促进了运动技能的发展。但经验也同样重要：在生命的第一年，当婴儿能够操作物体并且到处活动，探索楼梯、斜面及其他自然环境里的"视崖"的时候，好奇的他们在深度和距离关系方面经常会有新鲜而有趣的发现（Bertenthal, 1993；Bushnell & Boudreau, 1993）。

下面，我们将探讨婴儿如何将多种感觉信息整合到一起以进行知觉推论。

婴儿的跨通道知觉

假设让你玩一个把眼睛蒙住、只许用手触摸物体的游戏。朋友在你手里放了一个小小的球形物体。通过手指的触摸，你感觉到这个球状物的直径大约4厘米，有几十克重，坚硬而且表面凹凸不平。然后，你会说，"啊，这是一个____。"

研究者在班级中进行这个测试时发现，虽然在生活中从来没有摸过高尔夫球，但绝大多数学生都能很快猜出这是一个高尔夫球。这就是**跨通道知觉**——能够从通过一种感觉通道（如触觉）获得的信息推论出通过另一种感觉通道（如视觉）已经熟悉的刺激物的能力。我们成人可以做出很多类似的推论，但婴儿是从什么时候开始具备这种能力的呢？

各种感觉在婴儿出生时就是互相关联的吗？

将看到、摸到、闻到或通过其他方式获得的信息整合到一起，无疑能够帮助刚开始理解或探索事物的婴儿更好地认识这个世界。那么，这种感觉的整合是否在生命的早期就出现了呢？

假设你在婴儿面前吹肥皂泡吸引小家伙的注意力，他们会伸手抓这些泡泡吗？当他们伸手去抓，肥皂泡轻轻一碰就破了的时候，你认为他们会有什么反应？

Thomas Bower和他的同事们（1970）在类似肥皂泡的情境中研究了婴儿的反应。被试是出生8~31天的新生儿，他们都能看清一个手臂的距离内的物体。在研究中，婴儿被试都戴着特制的护目镜。实际上，实验中出现的虚假物体是利用投影技术制造出来的幻觉。婴儿伸手抓的时候根本感觉不到任何东西。Bower和同事们发现，婴儿的确会伸手抓这些虚幻的物体，而且抓不到的时候他们还会沮丧地哭。这些结果表明：视觉和触觉在生命早期就是互相关联的。婴儿希望去感觉那些他们能看到和摸到的物体，而视觉和触觉的不一致让他们不高兴。

有关听觉—视觉不一致的研究（Aronson & Rosenbloom，1971）表明，当看到妈妈在对面的隔音屏后面说话，却从侧面的扬声器里听到她的声音时，1~2个月大的婴儿经常会显得焦虑不安。他们的表现说明，视觉和听觉也是相通的：当看到妈妈在某个方向说话时，婴儿希望从同一方向听到声音。

新生儿辨别妈妈面孔的能力也取决于这种感觉通道之间的关联。出生后不久，新生儿就会对妈妈的脸表现出特殊的偏爱——与陌生人相比，他们能更频繁地看到妈妈的脸，看的时间也更长。当研究者对嗅觉进行控制时，也就是说不让新生儿闻到妈妈的味道，婴儿还是表现出了对妈妈明显的偏好（Bushnell & Sai，1989；Sai，1990）。然而，当研究者让新生儿听不到妈妈的

婴儿出生的时候，各种感觉都是相通的，而且婴儿希望触摸和感觉那些他们看到和能用手摸到的东西。然而，视觉和触觉很快就会分化，因此，这一年龄段的婴儿可能还会喜欢自己轻轻一碰，物体就会消失的感觉。

> **视崖（visual cliff）**：一种能够制造深度幻觉的平台式装置，用来评估婴儿的深度知觉。
> **跨通道知觉（intermodal perception）**：能够根据一种感觉特征辨认通过另一感觉通道所熟悉的刺激物的能力。

声音时，这种偏好就不明显了。显然，必须同时看到妈妈、听到妈妈的声音，新生儿才能辨认出自己的妈妈（Sai，2005）。到 3 个半月时，婴儿已能够把陌生人的面孔和声音关联起来（Brookes et al.，2001）。

总之，各种感觉通道在生命早期的时候就是相互关联的。但婴儿对相互矛盾的感觉刺激表现出消极情绪反应，并不能说明他们能够用一种感觉通道辨认出通过另一感觉通道熟悉的物体。

跨通道知觉的发展

尽管还没有发现新生儿具有跨通道知觉的能力，但是，1 个月大的婴儿看起来已经能够通过视觉辨认他们吮吸过的物体。Gibson 和 Walker（1984）在一项研究中将婴儿分成两组，一组吮吸硬的圆棒，另一组吮吸软的海绵棒；然后，给婴儿展示两幅图画，分别表现软的海绵棒能弯曲，硬圆棒则不能。结果发现，吮吸软海绵棒的婴儿更喜欢盯着硬圆棒看，而另一组相反。显然，这些婴儿是由于通过眼睛辨认出了自己吮吸过的东西，从而觉得这个东西不如另一个新鲜的东西有趣。

由于出生 30 天的婴儿已经具有很多吮吸软（奶嘴）、硬（自己的手指）物体的经验，因此，我们不能因为上述发现就认为跨通道知觉是天生的。另外，在我们对 1 个月大的婴儿的出色表现着迷之前，还要注意两个问题：（1）唇部—视觉匹配能力是在这个年龄段的婴儿身上能观察到的唯一的跨通道知觉能力；（2）这种能力水平非常低，不过在生命的第一年中会有快速的发展（Maurer，Stager，& Mondloch，1999；Rose，Gottfried，& Bridger，1981）。即使是与此相近的触觉（如用手抓）—视觉匹配的能力，也要到 4～6 个月大时才会出现（Rose Gottfried & Bridger，1981；Streri & Spelke，1988），这很可能是由于婴儿在 4 个月以前还不能很好地抓握物体（Bushnell & Boudreau，1993）。

视觉—听觉之间的跨通道知觉能力大约在婴儿 4 个月大时出现，这正好是他们开始能够将头自主地转向声音来源的时间（Bahrick，Netto，& Hernandez-Reif，1998）。此时，婴儿甚至能够将表现距离的视觉和听觉线索进行匹配。也就是说，当听到火车发动机的声音越来越小的时候，他们更喜欢看火车开走而不是开过来的画面（Pickens，1994；Walker-Andrews & Lennon，1985）。很明显，4 个月大的婴儿已经知道看到的东西是与一些声音相一致的，这种听觉—视觉的匹配能力将在接下来的几个月里继续发展（Guihou & Vauclair，2008）。

随着每种感觉能力的成熟，跨通道知觉能力将持续发展并帮助婴儿学习和探索周围的世界。给 4 个月和 8 个月大的婴儿展示一组伴随特殊声音的物体，当他们产生习惯化以后，再给他们展示另一组物体，声音和物体都跟以前一样，但播放顺序发生了变化。结果，两个年龄段的婴儿都能发现其中的差异。不过，如果声音和物体不是匹配出现的，并且其中一个因素（或声音，或物体）的播放顺序发生变化，4 个月大的婴儿就无法分辨出两组声音—物体匹配的差异，但 8 个月大的婴儿仍然能够发现这种差异。对较小的婴儿来说，声音—物体匹配会引发他们的跨通道知觉反应，由此促使婴儿注意到顺序关系，这正是 8 个月大的婴儿表现出更强的顺序察觉能力的基础（Leckowicz，2004）。

在某些情况下，1 岁的婴儿会对通过多感觉通道共同感受到的刺激更感兴趣。在之前讨论过的视崖实验中，当妈妈在对面同时发出视觉和听觉信号时，12 个月大的婴儿能更快地爬过视崖。当只接收到听觉信号时，他们爬过视崖的速度会稍慢；而只有视觉信号时速度是最慢的（见图 4.12）。另外，当婴儿同时接收到听觉和视觉线索时，他们看妈妈的频率也更高，不过，在只有听觉或视觉线索时，婴儿看妈妈的频率没有显著的

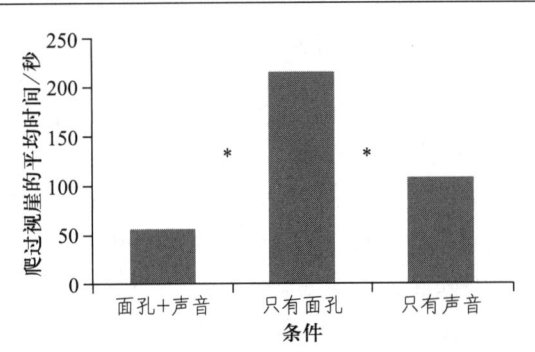

图 4.12 不同条件下婴儿爬过视崖的平均时间。
来源：From A. Vaish and T. Strian, "Is Visual Reference Necessary? Contributions of Facial Versus Vocal Cues in 12-Month-Olds," *Developmental Science*, 7, 261-269. Reproduced with permission of Blackwell Publishing Ltd.

差异。关于声音的重要作用，想想下面的情景我们就能明白了：当父母跟在一个要做危险或淘气的事情的孩子后面跑，或者是孩子已经处在危险的境地时，父母的喊叫声总是能比他们本人更早到达孩子身边（Vaish & Strian，2004）。

对跨通道知觉的解释

感觉间冗余假设认为，对一个刺激的整体察觉有助于个体感觉能力的发展和分化（Bahrick & Lickliter，2000）。即对某刺激物多种形式的感觉能够吸引婴儿的注意力；通过与刺激物的互动，他们能够获得该刺激物的不同信息，这又将更加丰富个体的各种感觉。因此，婴儿知觉系统的发展得益于对整体的知觉，即从外界输入的各种感觉信息被各感官联合作用，作为一个整体进行知觉，这样，婴儿便可以将外界输入的信息分解成声音、画面、气味等要素。例如，同时运用视觉及听觉能力，婴儿会很容易察觉到一只蜷作一团、喵喵叫的小猫。当婴儿边看边听的时候，听觉和视觉信息会和他发展中的感觉能力（视力和听力）相互作用，所以，他才能够听得更准确、看得更清楚。如果小猫没有发出声音，那么婴儿将很难区分听觉的和视觉的输入信息。由此，根据感觉间冗余假设，我们可推理，对刺激进行跨通道知觉确实会促进知觉能力的分化（Bahrick & Lickliter，2000；Bahrick，Lickliter，& Flom，2004）。从这个意义上来讲，新生儿与6个月大的婴儿的跨通道知觉会有很大的不同。感知觉在刚出生时是一体化的，或者说是未分化的；而随着婴儿逐渐长大，他们将学会运用多种形式知觉刺激物，从而发展出真正的跨通道知觉。换句话说，当婴儿学会看、听、闻、尝和触摸时，他们才能够分辨各种不同的感觉信息，然后再将它们整合起来（Bahrick，2000）。

概念核查4.2　婴儿的感觉和知觉

回答下列问题，检查一下自己对用于研究婴儿感知觉的方法，以及对婴儿的感觉和知觉经验的理解。答案见附录。
选择题：为下列各题选择最佳答案。

____ 1. 视知觉在生命的第一年里发展迅速。在哪个年龄段，婴儿会成为"刺激寻找者"，喜欢看中等复杂和对比度高（尤其是那些运动着的）的刺激？
a. 0—2个月　　　　b. 2—6个月
c. 6—9个月　　　　d. 9—12个月

____ 2. 研究者设计了一个聪明的方法研究婴儿的深度知觉。通过这种方法，研究者能够知道婴儿从什么时候开始可以知觉到——但还不害怕——深度的变化。这种方法同样可以用来研究婴儿从什么时候开始对深度变化产生惧怕。这种研究方法是
a. 习惯化方法　　　b. 视崖
c. 高振幅吮吸法　　d. 视觉偏好法

____ 3. 通过某感觉通道识别一个通过其他感觉通道已经熟

悉的刺激物的能力叫作___
 a. 感觉整合   b. 感觉学习
 c. 跨通道知觉   d. 视觉整合

填空题：在下列句子的空白处填上适合的词或短语。

4. 新生儿的视敏度___（差/好/非常好）于成人。
5. 新生儿听到并且辨别声音的能力___（很差/很好）。
6. 新生儿对触摸、温度和疼痛___（不敏感/非常敏感）。

匹配题：将下面各种研究方法的名称与详细解释进行匹配，检查一下自己对研究方法的理解。

 a. 视觉偏好法
 b. 习惯化方法
 c. 诱发电位法
 d. 高振幅吮吸法

___7. 给婴儿呈现两幅画，记录他们看每幅画的时间长短并进行比较。
___8. 将一个奶嘴和对讲系统连起来，婴儿可以通过吮吸或不吮吸奶嘴控制对讲系统，来决定播放妈妈的声音还是陌生人的声音。

论述题：详细论述下列问题。

9. 描述婴儿发展中感觉能力的消失如何表明了文化背景对知觉发展的影响。
10. 讨论婴儿期听力丧失的原因和后果。

文化对婴儿知觉的影响

  文化和传统是怎样影响个体知觉的？尽管不同文化背景中的人们在一些基本的知觉能力，如分辨形状、图形、亮度和音量时几乎没有差异（Berry et al., 1992），但是，文化对于个体知觉的确会产生微妙而重要的影响。

  比如，每个人在刚出生时就已经在生理上为学习一切人类语言做好了准备。但是，一旦进入到某一特定的语言环境中，我们就会变得对那种语言的典型发音方式（即区别性特征）更加敏感，而对那些与我们语言无关的听觉特征不太敏感（参见 Kuhl et al., 1997；Saffran, Werker, & Werner, 2006）。因此，所有美国的婴儿都能很容易地区分出辅音字母 r 和 l（Eimas, 1975a）。而如果你的母语是英语、法语、西班牙语或德语，你也可以做到这一点。但日本人就不会很重视 r 和 l 的区别，母语是日语的成人在这方面的听力辨别能力甚至不如婴儿（Miyawaki et al., 1975）。

  音乐是另外一种影响我们听觉能力发展的文化工具。Michael Lynch 及其同事（1990）在一项实验中给 6 个月大的美国婴儿和成人播放西方大调、小调乐曲，或是对西方成人来说有些怪异的爪哇语的佩罗格调音的乐曲。他们在这些乐章里会偶然插入一个"走调"的音符，对原有音阶形成干扰。结果发现，不管是出现在西方乐曲还是爪哇乐曲中，6个月大的婴儿通常都能觉察到这些音符。由此可知，婴儿生来具有"乐感"以及在各种乐曲中分辨好坏的能力。相反，美国成人对熟悉的西方音乐中的走调音符很敏感，而对不熟悉的爪哇音乐中的走调音符则没有那么敏感，这说明多年的西方音乐的熏陶已经固化了他们的音乐知觉。

  这些发现说明了关于个体发展的两个非常重要的普遍性原则：第一，跟其他能力一样，知觉能力的发展不单是一个简单的、积累新技能的过程，还是一个逐渐消退不必要的技能的过程；第二，我们的文化在很大程度上决定了哪些感觉信息是"独特的"，以及如何理解这些信息。如果某个音素不是我们的语言的特色，我们便不会学习它。因此，人们知觉世界的方式不仅依赖于对感觉信息中客观事物属性的觉察（**知觉学习**），还依赖于在特定文化中的学习经验，正是这些经验形成了我们理解感觉信息的结构模式。

  现在，我们更深入地探讨一下学习，看能否找出很多发展学家将学习（以及成熟和知觉）归入最基础的发展过程的原因。

婴儿期的基本学习过程

学习是一个看起来简单而实际上却非常复杂的词。绝大多数心理学家认为，学习指的是达到以下三个要求的行为（或潜在行为）变化（Domjan，1993）：

- 个体开始以新的方式思考、知觉周围环境，或对其做出反应。
- 这种变化很明显是源于个体的经验——也就是说，可以归因于个体所进行的重复、学习、操作或者观察，而不是源于遗传和成熟过程，或由意外伤害造成的生理损伤。
- 这种变化是相对持久的。那些获得后会很快又消失的事实、思想和行为，个体并没有真正地学习到；由于疲劳、疾病或者药物造成的短时间的变化也不算是学习到的反应。

下面将讨论婴儿学习的四种基本方式：习惯化、经典条件反射、操作性条件反射以及观察学习。

习惯化：信息加工和记忆的早期证据

前面我们曾讨论过一种非常简单、经常被忽略的学习方式——习惯化，即当同一刺激物反复出现时，我们不再注意它，或不再对其做出反应的过程。习惯化可以被视为个体学着对那些已经熟悉的、没有新鲜感的刺激不再感兴趣的过程。习惯化在婴儿出生以前就出现了：当把一个按摩器放到妈妈的腹部，27～36周的胎儿的活动最初会变得很活跃，但很快就会停下来（即产生习惯化），仿佛他们已经觉察出振动是一个熟悉的感觉，不再值得关注了（Madison, Madison, & Adubato, 1986）。

但是，我们怎么知道婴儿对熟悉的刺激不再做出反应不是由于疲劳呢？当婴儿对某一刺激习惯化之后，还经常会产生去习惯化；也就是说，他们会注意到稍有差异的刺激，甚至做出激烈的反应。去习惯化说明婴儿的感受器并没有疲惫，婴儿确实能够区别熟悉与不熟悉的刺激。

发展趋势

习惯化在个体出生后的第一年里迅速发展。4个月以前的婴儿一般需要较长时间才能对刺激产生习惯化；而在第5—10个月，他们可能只需要注视刺激物几秒钟，当它再次出现时就能够认出这是熟悉的事物，并且他们能将这个记忆保持几天甚至几周的时间（Fagan, 1984; Richards, 1997）。在第10—14个月的某段时间里，婴儿不仅能对事物产生习惯化，而且还能对相互联系的物体产生习惯化。例如，让婴儿观察一个放在倒置的容器上的玩具，婴儿将会对这种支撑关系产生习惯化，随后，把同一个玩具放在正向放置的相同容器里面，婴儿会盯着看很久（Casasola, 2005）。这种快速习惯化及对事物的关系产生习惯化的发展趋向无疑与大脑皮层感觉区域的成熟有关。随着大脑及感觉能力的继续成熟，婴儿加工信息的速度越来越快，并在各种情况下都能够觉察到刺激物的各种特征，及其与周围环境的关系（Richards, 1997; Rovee-Collier, 1997; Casasola & Bhagwat, 2007）。

个体差异

婴儿习惯化的速度确实存在差异。一些婴儿的信息加工非常高效，他们能够迅速识别重复出

> **知觉学习（perceptual learning）**：由经验促成的个体从感觉刺激中提取信息的能力的改变。
>
> **学习（learning）**：经验或实践导致的相对持久的行为（或行为潜力）变化。

现的感觉刺激，并且很难遗忘。而有的婴儿的信息加工水平则相对较低：他们需要较长的时间才能熟悉一个刺激，并且很容易遗忘。那么，这种学习和记忆的早期个体差异是否对未来的发展有一定的预测能力呢？

答案是肯定的。那些6—8个月大时能快速产生习惯化的婴儿，在2岁时能更快地理解和使用语言（Tamis-LeMonda & Bornstein, 1989），而且在童年期的智力测验中，会比习惯化速度慢的同龄人表现好很多（McCall & Carriger, 1993；Rose & Feldman, 1995）。这种现象出现的原因很可能是习惯化速度测量的内容包括信息加工速度、注意、记忆及好奇心，而这也正是智力测验所测量的复杂心理活动及问题解决能力的基础（Rose & Feldman, 1995, 1996）。

经典条件反射

婴儿学习的第二种方式是经典条件反射。在**经典条件反射**中，一个中性刺激（即**条件刺激，CS**）最初对儿童没有任何影响，但由于它与另一刺激（即**非条件刺激，UCS**）的联系，使其最终能够引发那些原本只有非条件刺激才能引发的特定反应（即**条件反应，CR**）。

尽管非常困难，甚至一度被认为是不可能的，但新生儿的确能够产生经典条件反射。Lewis Lipsitt 和 Herbert Kaye（1964）将一个中性声音（条件刺激）跟奶嘴（能引发吮吸行为的非条件刺激）匹配起来呈现给刚出生2～3天的新生儿。经过数次反复的条件作用之后，在奶嘴出现之前，新生儿只听到这个声音也会表现出吮吸行为。这种情景下的婴儿吮吸行为显然是一个经典条件反射行为，因为一个原本不能引发吮吸行为的刺激物（声音）引发了这种吮吸行为。

当然，刚出生几周的新生儿的经典条件反射有很大的局限性。条件作用只可能在那些关系到生存的生理反射上发生作用，如吮吸。另外，在经典条件反射训练过程中，由于新生儿的信息加工速度非常慢，他们比年龄大的婴儿需要更长时间才能在条件刺激与非条件刺激之间建立关系（Little, Lipsitt, & Rovee-Collier, 1984）。尽管有早期信息加工速度的局限，但经典条件反射确实是小婴儿的学习方式之一，他们借此来识别在自然环境中某些同时发生的事情，并且可以学到很多重要知识，如奶瓶和乳房能提供乳汁，或者知道一些人（主要是看护者）能给自己温暖和抚慰。

操作性条件反射

在经典条件反射中，习得性反应是由条件刺激引发的。而**操作性条件反射**则不同：学习者首先表现出某种反应（即操作了外界环境），然后将这种行为与其导致的愉快或不愉快的后果相联系。B. F. 斯金纳（B. F. Skinner, 1953）让这种条件反射人尽皆知，他声称，人类的绝大多数行为都是自主行为（操作），行为导致的结果会决定该行为以后发生的频率。这个基本原则有重要的意义：我们确实倾向于重复那些能产生令人高兴的结果的行为，而抑制那些导致不良后果的行为（如图4.13）。

婴儿期的操作性条件反射

即使是早产儿也很容易受到操作性条件反射的影响（Thoman & Ingersoll, 1993）。不过，小婴儿具有的成功的操作性条件反射多局限于极少数有重要意义的生理行为上（如吮吸、转头），而且是一些婴儿自己能够控制的行为（Rovee-Collier, 1997）。另外，新生儿处于信息加工速度非常慢的时期，他们的学习速度很慢，因此，让出生2天的新生儿学习朝右转头这个动作，当他们做对时就给他们喝乳汁，你会发现他们平均需要经过200次尝试才能成功（Papousek, 1967）。大一些的婴儿学习的速度就会快很多：3个月大的婴儿只需要大约40次，而5个月大的婴儿只需要不到30次。显然，年龄大一些的婴儿能更快地

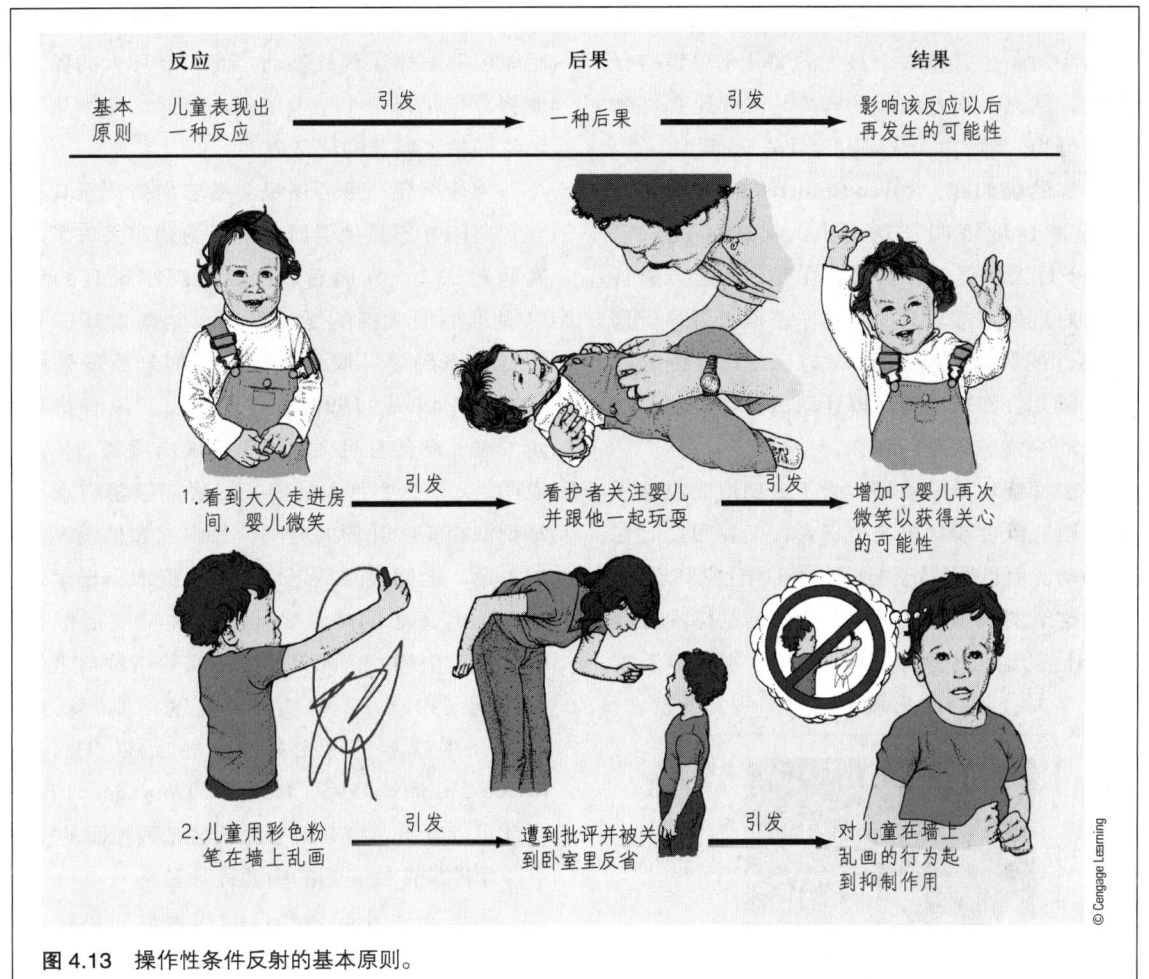

图 4.13 操作性条件反射的基本原则。

将自己的行为(在这里是转头)与其后果(能喝到乳汁)联系起来——这种信息加工水平的巨大进步能够解释:为什么在出生后几个月内,婴儿对操作性条件反射越来越敏感。当同时使用声音和视觉线索训练婴儿的条件反射时,大一些的婴儿更容易成功(Tiernan & Angulo-Barroso, 2008)。比如,当他们既能看到奶瓶,又能听到奶瓶发出的声音时,他们将头转向奶瓶的可能性更大。

婴儿能否记得学习过的事物?

我们曾提到,新生儿似乎只具有极短暂的记忆。他们能够对某一刺激产生习惯化,但是往往在几分钟后就会对该刺激再做出反应,就像不认

> ➢ **经典条件反射**(classical conditioning):一种学习方式。在经典条件反射中,一个中性刺激最初伴随着有意义的非中性刺激出现,反复几次之后,这个中性刺激就能够引起那些原本只能被非中性刺激引起的反应。
>
> ➢ **条件刺激**(conditioned stimulus,CS):原本是一个中性的刺激,由于经常与一个非条件刺激匹配出现,所以能引发原本只有该非条件刺激才能引起的反应。
>
> ➢ **非条件刺激**(unconditioned stimulus,UCS):一种未经学习就能引起特定反应的刺激。
>
> ➢ **条件反应**(conditioned response,CR):一种对刺激的习得性反应,原本该刺激并不能引发此反应。
>
> ➢ **操作性条件反射**(operant conditioning):一种学习方式,其中各种行为(或操作)都是自由发生的,这些行为所导致的结果决定该行为再发生频率的增加或减少。

识一样。也许这是因为识别熟悉的刺激物这一简单的行为对新生儿或2个月大的婴儿来说没有什么意义。那么，对曾做过的行为，尤其是那些被强化的行为，他们的记忆是否会好一些呢？

事实的确如此。Rovee-Collier（1995，1997）的实验清楚地证明了这一点。实验的被试是2～3个月大的婴儿。实验者在婴儿床上方悬挂了一个好玩的可动玩具，再用一条丝带将该玩具系到婴儿的脚踝上（见图4.14）。在几分钟的时间里，婴儿会发现踢腿可以让玩具移动，他们对这个活动非常感兴趣。那么，一周之后，他们还会记得怎样让玩具移动吗？为了成功地完成这项任务，婴儿既要辨认出这个玩具，又要回忆起它能够移动，而且还得记得踢腿就可以让它移动。

在这个实验里，测试婴儿记忆力的标准化程序是：让婴儿再次平躺在婴儿床里，观察他看到可动玩具时会不会做出踢腿动作。研究者发现，

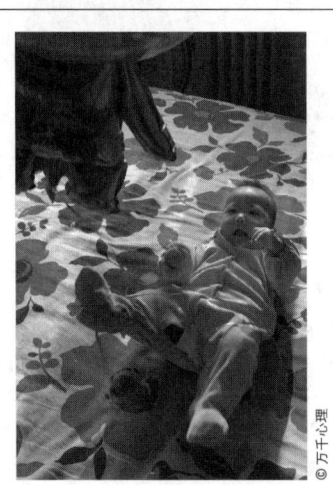

图4.14 当丝带系到脚踝上的时候，2～3个月大的婴儿很快就学会了通过踢腿使玩具移动。但是，在最初的学习过去了几天或几周后，他们还能否记得怎样使玩具移动呢？这就是Rovee-Collier进行的有趣的婴儿记忆实验所要研究的问题。

在最初的学习结束后，2个月大的婴儿在3天内还能记得怎样让玩具移动，而3个月大的婴儿则能将此记忆保持1个多星期。显然，习惯化研究结论低估了婴儿的记忆力。

为什么婴儿最后还是会遗忘如何让玩具移动呢？原因并不是他们原来学习的知识丢失了。在实验过去2～4周后，让婴儿观察玩具的移动以提示他们之前的学习经历，结果发现，只要把丝带系到婴儿脚踝上，他们便开始使劲踢腿（Rovee-Collier，1997）。与此相反，没有得到提示的婴儿即使有机会，也不会做出踢腿动作。这说明，2～3个月大的婴儿已经能够将有意义的知识储存至少几周的时间，只不过如果没有明显的提示，他们很难从记忆中再次提取出已学过的知识。有意思的是，婴儿的这种早期记忆有很强的情境依赖性，如果后测的实验条件与之前有所不同（如，并不是相同或高度相似的玩具），婴儿几乎就不记得先前习得的反应（Hayne & Rovee-Collier，1995；Howe & Courage，1993）。由此可以看出，婴儿最早的记忆是很脆弱的。

早期操作性学习的重要社会意义

由于新生儿能将自己的行为与后果联系起来，因此他们可能很快就会发现自己能够引发他人的积极回应。比如，婴儿可能会经常微笑或发出咿呀声，因为他们发现这样能吸引看护者的关注和爱抚。同样，看护者也在学习如何引发婴儿的积极回应。在此过程中，看护者和婴儿的社会交往便会越来越顺畅，从而形成让双方都满意的关系纽带。婴儿能够学习真是太好了，因为正是在学习过程中，婴儿越来越多地对他人做出回应，反过来，他人对婴儿的回应也越来越多。我们将会在第10章看到，这些积极的互动为婴儿与亲密的看护者建立深厚的情感依恋打下了良好的基础。

新生儿的模仿或观察学习

我们要讨论的最后一种基本的学习方式是**观**

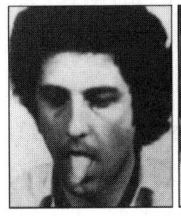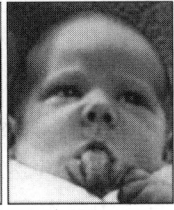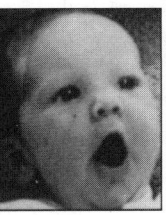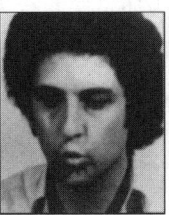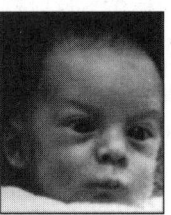

图 4.15 从录像带中截取的 0～3 周大的婴儿模仿成人吐舌头、张嘴和撇嘴的照片。

察学习，即通过观察他人的行为进行学习的方式。其实，几乎所有知识都可以通过观察（或倾听）获得。比如，通过模仿父母的行为，儿童能够学会讲某种语言，解数学题，许下誓言，吃零食，以及抽烟。与经典条件反射或操作性条件反射不同，通过观察获得的新反应不需要一再地强化，甚至不需要一再演练。相反，这种认知方式的学习只需要观察者密切关注被观察者，而且能够为他的行为建构象征性表征（如视觉或语言的概括）。这样，这些心理表征便会储存在个体的记忆里，在个体日后实施这个行为时起到指导作用。

当然，成功的观察学习不仅需要模仿他人的能力，而且需要对被模仿对象的行为进行信息**编码**的能力，然后依靠心理表征复制观察到的行为。那么，这些能力最早是在什么时候出现的呢？

新生儿的模仿

有研究者一度认为，直到出生第一年的后半年，婴儿才能模仿他人的行为（Piaget, 1951）。但自 20 世纪 70 年代末开始，陆续有多项研究都发现，出生不到 7 天的新生儿就已经能够模仿成人的许多面部表情了，如吐舌头、张嘴闭嘴，还会撇嘴（好像他们很难过一样），甚至会表现出高兴的表情（Field et al., 1982; Meltzoff & Moore, 1977; 见图 4.15）。

不过，这种早期的模仿行为在第 3—4 个月的时候又几乎销声匿迹了（Abravanel & Sigafoos, 1984）。有人认为，新生儿这种有限的模仿能力很可能是一种原始反射，会随着年龄的增长而消失（就像其他原始反射一样），被后来出现的自主模仿反应取代了（Kaitz et al., 1988; Vinter, 1986）。另外一些人则认为，吐舌头和张嘴这两种常见的表情动作根本不是模仿反应，只不过是婴儿试着用嘴巴探索他们看到的有意思的情景而已（Jones, 1996）。Meltzoff（1990）则坚持认为，婴儿早期的这些表达性表情动作是自主的、模仿的反应，因为即使被模仿对象不再做这个表情，婴儿也常常会在短时间的延迟后重复这个表情。Meltzoff 认为，新生儿的模仿是跨通道匹配能力的一个简单示例，即婴儿将在被模仿者脸上看到的表情，跟感觉到的自己的表情进行关联、匹配（Meltzoff & Moore, 1992）。不过一些评论家认为，如果新生儿的模仿真的是一种自主的跨通道匹配活动，那么这种能力就应该随着年龄的增长越来越强，而不是逐渐消失（Bjorklund, 2005）。还有人猜测，新生儿的模仿是否能够反映近期发现的镜像神经元的活动，这种脑细胞在个体做出某个动作以及观察到别人做同样动作时都会被激活（Iaconboni, 2005; Winerman, 2005）。所以，当让婴儿观察成人吐舌头的动作时，该婴儿的镜像神经元会被激活，从而引发类似的动作。由此可见，关于婴儿早期的表情模仿能力的根本原因还存在很多争议（Jones, 2007; Jones & Yoshida, 2006）。不过，不管我们将这种

> **观察学习**（observational learning）：一种通过观察他人的行为进行学习的方式。
>
> **编码**（encoding）：外在刺激转换为心理表征的过程。

能力称为模仿、反射行为还是探索行为，新生儿的这种对表情活动的积极反应都有重要的意义和作用，因为这可能会激发看护者的爱心，也是建立融洽的亲子关系的一个良好开端。

模仿和观察学习的发展

婴儿模仿本不是其行为技能的一部分的新奇反应的能力，会在其第8—12个月的时候变得越来越明显和稳定（Piaget，1951）。最开始的时候，示范者必须在场，并要持续做出新奇的反应，婴儿才能够模仿。而到9个月大时，先让婴儿观察一些简单动作（如关闭木盒子），有的婴儿在24小时之后仍然能够模仿出该动作（Meltzoff，1988c）。这种观察过被模仿者的行为之后在未来某个时间再现该行为的**延迟模仿**能力，在出生后第二年将得到迅速的发展。一项研究让14个月大的婴儿观察电视里被模仿对象的一些简单动作，有一半的婴儿能在24小时后模仿出这个动作（Meltzoff，1988a）。尽管这样，这项研究很可能还是低估了婴儿的模仿能力，因为12～15个月大的婴儿更倾向于回忆和延迟模仿真实生活中的（而不是电视里的）被模仿对象的动作（Barr & Hayne，1999）。在一个实验中，研究者让14个月大的婴儿观察现实中的人做出的6个陌生动作，1周以后进行测查，发现几乎所有婴儿都能够模仿出至少3个动作（Meltzoff，1988b）。到了2岁，婴儿还能对观察到的动作进行更为合理高效的编排。例如，让婴儿观察一个冷得打寒战的人开灯的动作，14个月大的婴儿能够在1周后模仿这个动作，不过他们会改用手摁开关。要知道，那个被模仿的人是用头摁的开关，因为他的手抓着御寒的毯子（Gergely，Bekkering，& Kiraly，2002）。2岁的婴儿还能够在被模仿对象不在场的情况下再现他做过的动作，即使其所用材料与被模仿对象当时用的有所不同（Herbert & Hayne，2000）。

Thompson 和 Russell（2004）发现，2岁的婴儿能够在榜样不在场的情况下再现一些动态的动作。他们设计了一个"幽灵情境"，让婴儿看着毯子上的一个玩具朝自己移过来。玩具是通过遥控装置控制的，而毯子的运动则与人们的直觉相反，也就是说，为了移动毯子和玩具这个组合，要用推而不是拉的动作。大多数14～26个月大的婴儿都能成功地推动毯子，拿到玩具。婴儿在"幽灵情境"下的表现要明显好于有人用行为示范如何推动毯子以拿到玩具的情况。Thompson 和 Russell 由此提出，观察学习不是非要有一个榜样进行示范不可。他们将这种特殊的观察学习模式称为"仿效"（emulation，与"模仿"正好相反，模仿要有榜样示范）。

总之，婴儿发展过程中的许多行为变化都是学习和体验的结果（Wang & Kohne，2007）。他们学会不将注意力浪费在已经熟悉的刺激物上（即习惯化）。在不同的情境下遇到事物，会产生不同的反应，比如在愉快或不愉快的情境下遇到某些事物，他们会喜欢、不喜欢或者害怕（经典条件反射）。通过将各种各样的行为与其后果相联系，得到强化或是受到惩罚，婴儿会养成好习惯或坏习惯（操作性条件反射）。另外，他们还会通过观察他人的行为而获得新的习惯和新的行为方式（观察学习）。可见，学习是一个重要的发展过程，通过学习，婴儿跟周围人越来越像，同时也会发展出自己的特质。

到2岁的时候，学步儿已经能够通过模仿获得很重要的个人和社会技能了。

研究聚焦　一个观察学习的范例

1965年，班杜拉（Bandura）提出了一个在当时被认为十分激进的观点：儿童仅仅通过观察社会榜样就能够进行学习，即使他们之前没有表现出目标反应，或者即使有反应也没有得到强化。这种"无尝试"学习模式与斯金纳的操作性条件反射理论是相悖的，操作性条件反射理论认为，个体应该首先表现出某种反应，然后才通过强化习得该反应。

班杜拉（1965）设计了一个现在被奉为经典的实验以证实自己的理论。实验程序是给学龄前儿童观看一段视频，在这段视频里，一个成人对一个充气娃娃做出了一系列不寻常的攻击性行为，包括一边用棍子敲打娃娃，一边喊"棒极了"；一边朝充气娃娃扔橡胶球，一边喊"哦，哦"，等等（见图4.16）。实验分三个条件：

奖励模式：儿童在视频中看到另一个人给这个成人糖果或汽水，作为夺得"锦标赛冠军"的奖品；惩罚模式：儿童在视频中看到另一个人训斥这个成人并且打了他一巴掌，因为他殴打充气娃娃；无后果模式：儿童只看到视频里这个成人表现出系列的攻击性行为。

视频放映完后，参加实验的儿童被一个人留在游戏室里，游戏室里放着一个充气娃娃以及视频中用来打娃娃的道具。隐藏在旁边的主试负责记录儿童模仿成人的所有行为。这些记录结果能够让我们看到儿童模仿视频

图4.16　该系列照片分别是儿童在班杜拉的"充气娃娃"实验中所看到的视频的截图（第一行），一个男孩的模仿行为（第二行），一个女孩的模仿行为（第三行）。

> **延迟模仿（deferred imitation）**：观察过示范者的行为之后，在未来某个时间再现其行为的能力。

中的攻击性行为的意愿有多强烈。"表现性"实验的结果呈现在图 4.17 左侧。我们发现，奖励模式和无后果模式条件下的儿童会更多地模仿视频中成人的攻击性行为，而惩罚模式下的儿童的模仿行为较少。很明显，这种现象与班杜拉提出的"无尝试"观察学习模式很接近。

不过这里面还有个很大的问题。前两个实验条件下的儿童与惩罚模式组的儿童相比，是否通过观察成人榜样而学习到更多？为此，班杜拉设计了一个实验以测试儿童究竟学习到多少。在新的实验中，主试给每个儿童一些小饰品和果汁，让他们用这些东西再现自己能回忆起的视频中成人的行为。实验结果在图 4.17 右侧，可以看到，在这个"学习性"实验中，三个组的儿童通过观察成人榜样而获得的学习成果是一样多的。在最初的"表现性"实验中，惩罚模式下的儿童之所以很少模仿那些攻击行为，是因为他们害怕自己也会因此受到惩罚。一旦给予他们奖励，就会发现，他们实际上学习到的比在"表现性"实验中表现出来的多得多。

总之，很重要的一点是，我们要知道儿童实际学习到了什么与他们愿意表现出来的并不完全一致。对观察学习来说，强化并不是很必要的；也就是说，通过观看图像和听语言描述，观察者就可以模仿榜样的行为，而不一定需要强化。然而，示范者所得到的强化或者惩罚性结果确实会影响观察者实施所学到的行为的可能性。

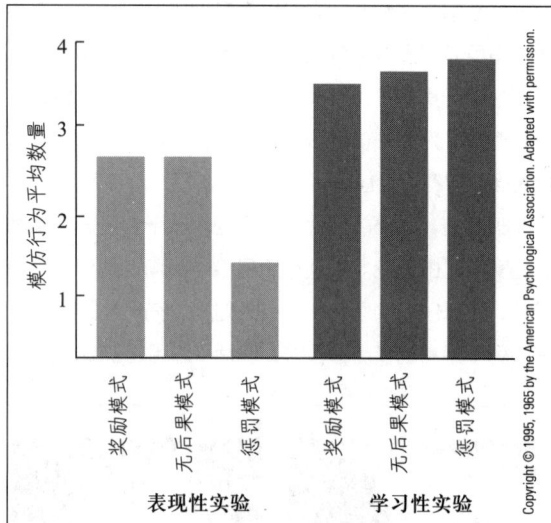

图 4.17 班杜拉攻击行为观察学习实验结果。表现性实验以及学习性实验中，儿童在奖励模式、无后果模式以及惩罚模式三种条件下模仿视频中成人的攻击性行为的数量。

概念核查4.3　婴儿期的基本学习过程

回答下列问题，检查你对婴儿的学习过程的理解。答案见附录。

判断题：判断下列陈述的对错。

1. 研究发现，胎儿可以通过习惯化的过程进行学习。
2. 学习可以是各种原因导致的行为改变，原因包括遗传或成熟过程，也可能是身体受到的损伤。
3. 婴儿在习惯化过程中的个体差异与儿童后期的标准化智力测验结果相关。

选择题：为下列各题选择最佳答案。

____ 4. 研究者给出生 2～3 天的婴儿奶嘴的同时给他们听一个声音。几次尝试以后，在没看到奶嘴之前，婴儿听到这个声音也会做吮吸的动作。在这个经典条件反射的学习过程中，声音应该被称为

　　a. 非条件刺激　　　b. 非条件反应
　　c. 条件刺激　　　　d. 条件反应

____ 5. 蕾切尔和罗斯发现，当他们表演说唱歌曲给小女儿爱玛听时，她会开心地笑。他们尝试使用其他方法逗她笑，结果发现说唱歌曲最有效。久而久之，他们只要看到女儿笑，就会唱这些歌曲。蕾切尔和罗斯由于逗爱玛笑而学会说唱歌曲。这种学习类型是什么？

　　a. 操作性条件反射　　b. 经典条件反射
　　c. 观察学习　　　　　d. 模仿

____ 6. 研究者把丝带的一头绑在婴儿的脚踝上，另一头系

在一个悬挂在婴儿床上方的玩具上，通过教婴儿踢腿来研究他们的学习能力。这种学习的方式是

a. 习惯化　　　　　b. 经典条件反射
c. 操作性条件反射　d. 观察学习

匹配题：请将下面有关观察学习的术语与其详细解释进行匹配。

a. 新生儿的模仿　　b. 延迟模仿
c. 婴儿的模仿

____ 7. 在第8—12个月，婴儿可以模仿他人的新奇行为，不过在婴儿模仿时，被模仿者要持续做这个动作。

____ 8. 早在出生后7天的时候，婴儿就能模仿像吐舌头这样的面部表情了。

____ 9. 9个月大的婴儿在观察过他人的新奇动作24小时以后，仍然可以模仿出这个动作。

论述题：详细论述下列问题。

10. 谈一谈婴儿期的学习对婴儿和看护者之间的社会关系及依恋关系的建立有什么样的积极影响。

发展主题在婴儿的发展、知觉和学习中的应用

主动／被动　连续性／阶段性　整体性　天性／教养

前面我们已经了解了新生儿为生活所做的准备、基本知觉能力的发展过程，以及婴儿从经验中进行学习的各种方式。现在，我们应该反思一下，如何将发展主题应用到这些领域中。

第一个主题关于具有主动性的儿童，或者说是儿童如何"积极主动地"参与自己的发展过程。我们之前的发现已经能证明这种主动参与是可能的。例如，知觉发展的过程就是个体解释技能发展的过程。这是一个复杂的过程，受到很多因素的影响，如大脑和感觉神经元的成熟情况，婴儿的各种感觉经验，运动技能的萌发，甚至婴儿成长的社会文化背景。因此，无论是有意识还是无意识地，婴儿在自身的知觉发展中确实在发挥着主动性。他们同样也通过各种各样的学习过程对自己的整体发展发挥着积极的作用。在正常发展过程中，一些能力的消失也是婴儿主动参与成长和发展的表现，例如，出生后第一年中一些原始反射和感觉辨别能力（如对母语以外的语言的语音辨别力）的消失。

第二个主题关于天性与教养的相互作用。我们还是分析上面提到的知觉解释技能的例子。感知觉的发展当然是天性和教养相互作用的过程。在出生后的第一年里，婴儿的大脑和感觉神经元逐渐成熟，这种成熟决定了婴儿能感觉什么，能知觉到什么，从而影响了婴儿的发展。不过，婴儿的能力发展还受到其他因素的影响，如婴儿的感觉经验，以及对感觉刺激的知觉能力——这种能力受到感觉经验和运动能力发展的共同影响。

从定义上看，婴儿早期的各种学习方式（习惯化、经典条件反射、操作性条件反射和观察学习）的发展都是以经验（或教养）为基础的。不过，婴儿的生理发展（或天性）会限制他们学习能力的发展。关于这一点，可以在婴儿认知能力发展——保持并在记忆中再次提取已经观察过或学习过的信息——中找到不少例子。

婴儿期的学习能力发展既有质的变化又有量的变化。通过观察和条件反射获得的一些学习能力会呈现出量变的特点，如婴儿记忆、回忆和使用之前学习过的事情的能力是逐渐发展起来的。不过，其他一些学习能力则会呈现出质的变化，如新生儿的模仿能力。婴儿在很早的时候就具有

了这种能力，但几个月以后，在一个新的发展阶段上，这种模仿能力消失了；然后，当到达另一个发展阶段时，这种能力似乎又以另外一种形式出现，婴儿又可以模仿他人的表情了。质的变化的另一个例子是新生儿反射在出生后一年内的出现和消失，都是突然发生的质变。

最后，尽管这一章的重点是知觉发展，但我们始终要记得发展是一个整体过程，知觉能力的成熟会影响到儿童各个方面的发展。以智力发展为例，在第6章里我们将会了解到，皮亚杰坚持认为出生后前两年里的智力发展都源于婴儿感觉与运动能力的发展。他提到，如果不让婴儿看、听、闻、摸或者咬，婴儿怎么能理解物体的特点呢？如果没有先从听到的语言里知觉到有意义的规律，婴儿又怎么能够学会使用这种语言呢？因此，皮亚杰（和其他一些研究者）认为，知觉是一切能力发展的核心——我们做的任何一件事情（至少是那些有意识做的），都受到我们对周围环境的解释的影响。

总　结

- 感觉：对感觉刺激的察觉。
- 知觉：对感觉信息的解释。

新生儿对生活的准备

- 生存反射帮助新生儿适应周围环境，并满足他们的基本需求。
- 原始反射并不都是很有用的，它们在出生后第一年里逐渐消失，这正是婴儿发展正常的表现。
- 新生儿的睡眠—觉醒周期在出生后第一年里逐渐变得有规律：
  - 新生儿在白天通常要经历六种婴儿状态，且有70%的时间都处于睡眠状态。
  - 快速眼动睡眠的特点是眼皮的跳动以及眼球的快速活动。
  - 婴儿猝死综合征是婴儿夭折的主要原因之一。
- 啼哭是婴儿表达沮丧的一种状态。
  - 刺耳的、无节律的啼哭可能表明婴儿的脑部受到损伤。
  - 在出生后6个月里，随着大脑的成熟以及看护者越来越能够避免让婴儿感到沮丧，婴儿的啼哭逐渐减少。

研究婴儿感知觉能力的方法

- 研究婴儿感觉和知觉能力的方法包括：
  - 视觉偏好法；
  - 习惯化方法；
  - 诱发电位法；
  - 高振幅吮吸法。

婴儿的感觉能力

- 听觉
  - 婴儿的听觉很好：新生儿就能够区分不同强度、方向、持续时间和频率的声音。
  - 与其他女性的声音相比，婴儿更偏爱妈妈的声音，对所听到的语言中的音素对比度非常敏感。
  - 即使是轻微的听力丧失，如由中耳炎引发的听力丧失，也会对个体发展有不良影响。
- 味觉、嗅觉和触觉
  - 婴儿天生具有明显的味觉偏爱，他们喜欢甜的，而不是酸、苦和咸的味道。
  - 婴儿会回避令人不愉快的气味；如果是母乳喂养，那么他们很快便能根据气味辨认出

- 自己的妈妈。
  - 新生儿对抚摸、温度和疼痛也非常敏感。
- 视觉
  - 新生儿能看到图形和颜色，能觉察到明暗变化。
  - 婴儿的视敏度比成人差，但在出生后6个月里发展迅速。

婴儿的视知觉

- 在出生后第一年里，婴儿的视知觉发展迅速。
  - 第0—2个月时，婴儿是"刺激的寻找者"，他们喜欢看中等复杂的、高对比度的物体，尤其是那些运动的物体。
  - 第2—6个月时，婴儿开始更系统地探索视觉目标，对运动更加敏感，并能感知视觉形状，辨认出熟悉的面孔。
  - 第9—12个月时，婴儿能够根据最简单的线索建构形状。
- 新生儿表现出一定程度的大小恒常性，但缺乏立体视觉；他们对深度的图片线索不敏感；所以，他们的空间知觉是不成熟的。
- 在出生后第1个月的月末，婴儿开始对运动线索更加敏感，并开始对逐渐靠近自己的物体做出反应。
- 婴儿对双眼线索（第3—5个月时）和单眼线索（第6—7个月时）越来越敏感。
  - 运动能力的发展使得婴儿开始害怕高度（就像在视崖上表现的那样），并能对大小恒常性和其他空间关系做出更准确的判断。

跨通道知觉

- 各种感觉在刚出生时便是互相关联的，具体表现在：
  - 新生儿会朝声音传来的方向看；
  - 新生儿会伸手摸眼睛看到的东西；
  - 新生儿希望能看到声音的来源或感觉他们能摸到的东西。
- 跨通道知觉指的是通过一种感觉通道（如触觉）获得的信息，来识别通过另一感觉通道（如视觉）所熟悉的刺激物的能力。
- 跨通道知觉的前提是婴儿已经具有处理两种不同感觉信息的能力。

文化对婴儿知觉的影响

- 文化对儿童知觉能力的影响体现在某些能力的逐渐消失上，如对没什么社会文化意义的感觉信息的觉察能力。

婴儿期的基本学习过程

- 学习
  - 是一种相对持久的个体行为变化。
  - 这种变化是由于个体经验（重复、实践、学习或观察）的积累而不是遗传、成熟或意外伤害所引起的生理变化导致的。
- 习惯化
  - 指的是婴儿能够辨认出反复出现的刺激，并不再对其做出反应的过程。
  - 是一种最简单的学习方式。
  - 可能在婴儿出生前就已经存在了。
  - 在刚出生的几个月里得到迅速发展。
- 经典条件反射
  - 一个中性的条件刺激（CS）和一个非条件刺激（UCS）匹配在一起反复出现，经过一段时间之后，这个条件刺激单独出现便能够引发反应，我们称之为条件反应（CR）。
  - 对于有生存意义的各种反应，新生儿会产生经典条件反射，但是他们不如年龄大些的婴儿易受到该学习方式的影响。
- 操作性条件反射
  - 指的是个体首先表现出一种反应，然后将此行为与所引发的特定后果相联系。

- 观察学习
  - 观察学习发生在观察者注意一个被模仿对象，并为其行为建构象征性表征的时候。
  - 这些象征性信息被储存到记忆里，并会在以后重新被提取出来以指导个体模仿曾观察到的行为。
  - 婴儿能较好地模仿示范者的新奇反应，甚至在出生后第一年后期就表现出延迟模仿能力。
  - 观察学习能力的持续发展使得儿童能够通过观察社会榜样迅速获得很多新习惯。

第4章 练习测验

选择题：为下列各题选择最佳答案，检查你对婴儿期的理解。答案见附录。

1. 弗里克博士研究的是婴儿如何通过感受器发现刺激并将这一信息传递到大脑。我们称弗里克博士是研究____的心理学家。
   - a. 知觉
   - b. 跨通道知觉
   - c. 感觉
   - d. 学习

2. 下面哪种反射不是原始反射？
   - a. 巴宾斯基反射
   - b. 觅食反射
   - c. 手掌抓握反射
   - d. 踏步反射

3. 一般来说，新生儿在一天内会经历几种不同的、可预测的状态，这说明他们的内在自我调节机制发展良好。那么2～3小时的警觉性安静状态的表现是____。
   - a. 哭得很急，可能很难制止，伴随着高水平的动作活动
   - b. 婴儿眼睛睁开着，呼吸不均匀，可能会表现出弥散性活动
   - c. 婴儿的眼睛睁得很大，很机灵，主动搜索周围环境。呼吸平稳，身体相对不活跃
   - d. 婴儿时睡时醒，眼睛时睁时闭，眼睛即使睁着也显得无神。呼吸均匀但比有规律睡眠时快

4. 婴儿的哪种状态具有以下特征：眼睛睁开，呼吸不均匀，可能变得烦躁，突然表现出各种弥散性的活动？
   - a. 瞌睡
   - b. 不规律睡眠
   - c. 警觉性安静
   - d. 警觉性活跃

5. 对婴儿啼哭的研究发现，婴儿啼哭的剧烈程度更多地取决于不舒服的____而非不舒服的____。
   - a. 种类；程度
   - b. 程度；种类
   - c. 紧急程度；新近程度
   - d. 新近程度；紧急程度

6. 哪种婴儿感知觉能力的研究方法是在孩子对原来的刺激产生厌倦之后，测量他们对新出现刺激的反应？
   - a. 视觉偏好法
   - b. 诱发电位法
   - c. 习惯化
   - d. 高振幅吮吸法

7. 下面哪一个概念与其他概念不属于同一范畴？
   - a. 习惯化
   - b. 知觉
   - c. 操作性条件反射
   - d. 模仿

8. 下面哪个有关婴儿听觉能力的描述是不准确的？
   - a. 胎儿能够记住透过子宫壁听到的故事的语音模式，并且在出生后再听到时能做出反应。
   - b. 2个月大及更小点的婴儿就能够区分语音，例如"pa"和"ba"、"a"和"i"。
   - c. 新生儿就能够对爸爸（或其他任何在孕期中经常陪伴妈妈的人）的声音表现出偏好。
   - d. 4个半月的时候，婴儿在听到自己的名字时会将头转向声音来源的方向，但对其他人的名字没有反应。

9. 你的朋友萨莎刚生了宝宝。因为知道你是研究发展心理学的，所以她向你咨询宝宝感觉

能力的发展情况。你会告诉她,宝宝刚生下来时,发展最不成熟的感觉能力是____。

a. 视觉　　　　　b. 听觉
c. 味觉　　　　　d. 嗅觉
e. 触觉

10. 你带着7个月大的宝宝团团到当地大学参加视崖研究。但是,不管你怎么叫他,喊他,团团都不肯爬过"浅区"到你所在的"深区"来找你。你对这个情况很担心,跟实验人员咨询团团的发展是不是有问题。他们会告诉你____。

a. 宝宝可能有问题,因为7个月大的孩子已经完全可以爬行这么长的距离了
b. 宝宝可能有问题,因为你叫团团而他没有能够呼应,说明宝宝对你的依恋不够强
c. 宝宝没有问题,因为7个月大的宝宝通常都爬不了那么长的距离
d. 宝宝没有问题,因为7个月大的宝宝已经能够感知到深度了,他们由此而害怕高度的落差,通常不会爬到"深区"去

关键术语

编码,p161
操作性条件反射,p158
大小恒常性,p150
非条件刺激(UCS),p158
感觉,p131
高振幅吮吸法,p140
观察学习,p161
经典条件反射,p158
跨通道知觉,p153
去习惯化,p139
视觉对比,p146
视觉偏好法,p138
视敏度,p146
视崖,p152
条件刺激(CS),p158
条件反应(CR),p158
习惯化,p139
学习,p157
延迟模仿,p162
音素,p142
婴儿猝死综合征(SIDS),p135
诱发电位,p140
知觉,p131
知觉学习,p156
中耳炎,p143

第 5 章 生理发展：大脑、身体、动作技能及性发育

成熟与发育概览
大脑的发育
动作发展
　● 研究聚焦：青春期女生的体育锻炼和自尊
青春期：从儿童到成人的生理转变
生理发展的原因和相关因素
发展主题在生理发展中的应用

"哎呀！她已经会走路了啊！多聪明的小女孩！"

"我看着你，往前走。哎呀，摔倒了，走稳点！"

"歇一下，小家伙。你会长得更高大、更强壮的。"

"他像水草一样疯长，你看他的胳膊多长呀！"

"她才11岁就开始进入青春期了！这个世界怎么了？"

"那个女孩脑子里整天想的都是男孩！"

你是否听过成人对成长中的儿童和青少年发出这样的感叹？对那些只是偶尔留意儿童发展的人来说，没有什么比惊人的发展速度更让他们觉得好奇的了：从一个需要依赖他人、不能自由活动的婴儿，成长为一个能跑会跳、精力充沛、在体格上有一天将会超过父母的个体，这期间的发展速度着实令人吃惊。这些神奇的生理变化正是本章的主题。

我们先看一看儿童在童年时期的变化——身体、大脑和动作技能的变化。然后还会介绍青春期的影响——青少年所经历的剧烈生理变化及其带来的社会和心理影响。在本章的最后，我们还将讨论影响个体在前20年中生理成长和发展的因素。

因为已亲身经历过本章所论述的大多数（即使不是全部）变化，你很可能自认为对生理发育了解颇多。然而，我的学生们常常会发现仍然有很多变化是他们所不了解的。为了检查你对相关知识的掌握程度，请判断以下陈述是对还是错：

1. 较早学会走路的婴儿将来可能特别聪明。
2. 一般来说，婴儿2周岁时的身高大约达到了他成年时身高的一半。
3. 在婴儿生长的头几年内，将有半数的脑细胞会死亡，而且得不到更新。
4. 到了一定的年龄，大多数婴儿都将学会行走，但

不管用什么样的激励方法,也不能使一个6个月大的婴儿独立行走。
5. 在青春期以前,激素对个体发展几乎没有影响。
6. 即使儿童营养良好、无疾病困扰、没受过生理虐待,情感创伤也可能严重阻碍他们的成长。

记录下你的答案,在本章的学习中将会讨论相关内容,到时看看你能得多少分。①

成熟与发育概览

大人们经常对儿童发育速度之快感到惊讶,即使是那些身材瘦小的婴儿也会很快长大。在生命的头几个月里,他们的体重几乎每天增加28克,身高每个月增加2.5厘米。身高、体重的急剧增长伴随着肌肉、骨骼和中枢神经系统等重要的内部系统的发育,这将在很大程度上决定儿童的身体技能(或体育专长),即儿童在不同年龄阶段所具备的运动技能。在本部分,我们将简要介绍从出生到青少年期的身体发育历程,揭示在明显的、可观察的外部发育与不易觉察的内部变化之间存在的紧密联系。

身高和体重的变化

在头两年时间内,婴儿生长非常迅速,到第4—6个月时,体重已比出生时翻了一倍;到第一年结束时,体重增加到出生时的3倍(9.5～10千克)。婴儿期的生长速度非常不平均。一项研究发现,婴儿可能数天或数星期保持同样的身高,然后在某一天内突然长高1厘米多(Lampl, Veldhuis, & Johnson, 1992)。到2岁时,儿童已经达到了其最终身高的一半,体重是出生时的4倍,12～13.5千克。若儿童继续以此速度生长,到18岁时,他们的身高将会超过3.5米,体重可达数吨!

从2岁到青春期,儿童的身高每年大约增加7厘米,体重增加2.5～3千克。在童年中期(6—11岁),儿童的生长看起来好像停滞不前了,因为对于一个1.2～1.3米高、27.5～36.5千克重的个体来说,每年增高5厘米、增重2.5千克的生长速度确实令人难以觉察(Eichorn, 1979)。但是正如图5.1所示,到青春期,个体又迎来了一个2～3年的发育加速期(或生长加速期、发育陡增期),体重每年可增加4.5～7千克,身高增加5～10厘米。一般而言,这个加速期过后,直到青少年中、后期在体形上完全成人化以前,青少年身高的增长很小(Tanner, 1990)。

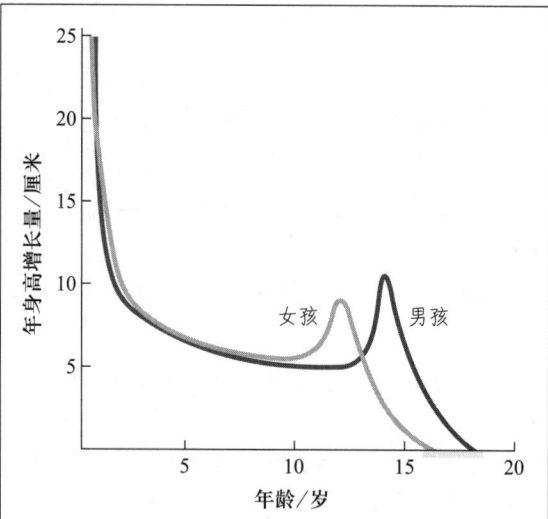

图5.1 从出生到青春期,男女两性每年身高的增长情况。女孩在大约10.5岁时到达生长加速期。男孩大约在两年半后开始生长加速,而且一旦他们开始加速生长,其生长速度将快于女孩。
来源:Based on a figure in *Archivers of the Diseases in Childhood*, 41, by J.M.Tanner, R.H.Whithouse, and A.Takaishi, 1966, pp.454-471.

---
① 答案:1.错,2.对,3.对,4.对,5.错,6.对。

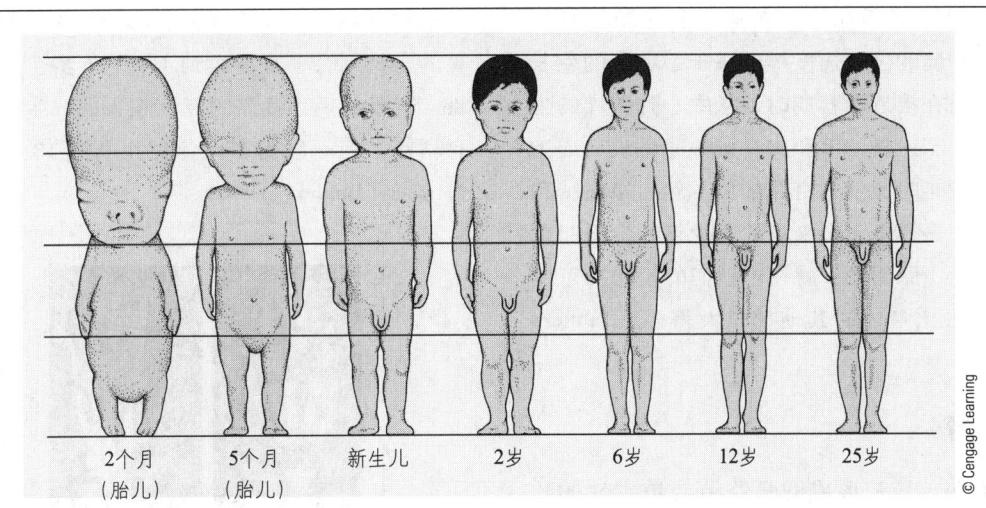

图 5.2 从胎儿期到成年期人体比例的变化。2 个月大的胎儿头占体长的 50%，而成人的头只占身高的 12%～13%。相比较而言，2 个月的胎儿腿长只占身长的 12%～13%，对于一个 25 岁的成人来说，腿长可占身高的 50%。

身体比例的变化

只要稍微留意，你就会发现，新生儿的头看起来特别大。新生儿头的大小已经达到成年时头的大小的 70%，占整个体长的 1/4，其比例接近腿长占体长的比例。

随着儿童的生长发育，其身体外形发生了巨大的变化（图 5.2）。儿童的发展遵循**头尾发展**原则，躯干在第一年里生长最为迅速。1 岁时，儿童的头仅占整个体长的 20%。从 1 岁到青春期生长加速的这段时间内，腿的生长最为迅速，其增长的长度占身高增长部分的 60% 以上（Eichorn，1979）。在青春期，躯干再一次成为发展最快的身体部位，虽然腿的生长在此时仍然很快。当我们达到最终的成人身高时，腿长将占到整个身高的 50%，头仅占 12%。

儿童在向上生长的同时，也按照**近远发展**原则（从中心到四周）向外生长。例如，在孕期发展中，胸腔和内部器官最先形成，然后才是胳

在生命的头几年里，儿童的身体比例变化很快，从一个圆圆胖胖的幼童，迅速长成一个长腿的大孩子。

> **头尾发展**（cephalocaudal development）：生理成熟的一种顺序，生长的顺序从头部到尾部。
> **近远发展**（proximodistal development）：生理成熟的一种顺序，生长的顺序是从身体的中部（或近端）到周围部位（或远端）。

膊和腿，最后是手和脚。在整个婴儿期和童年期，胳膊和腿的生长速度继续快于手和脚的生长速度。但是在接近青春期时，从中心到四周的生长模式发生了逆转，手和脚开始快速生长，成为最先达到成年时比例的身体部位，然后是胳膊和腿，最后才是躯干。十来岁的青少年经常看起来笨手笨脚的，原因之一就在于他们的手和脚可能突然看上去比身体的其他部位大得多（Tanner, 1990）。

骨骼发育

在孕期，最初形成的骨骼结构是柔软的软骨，然后慢慢硬化成骨质材料。出生时，婴儿的大多数骨骼都是柔软而有韧性的，因此不易发生骨折。当把新生儿拉起时，他们不能站立或保持身体平衡，原因之一就是他们的骨骼太小、太柔软。新生儿的头骨中有几块是可以弯曲的软骨，这对母亲和胎儿来说是一大幸事，它们使得胎儿可以顺利通过母亲的宫颈和产道。这些头骨被六个囟门分裂开来；出生后，囟门将逐渐被一些矿物质填充，到2岁时能形成一整块头盖骨；同时，在头盖骨连接处留有一些柔韧的接缝。这些接缝，或者说骨缝，使得头盖骨能够随着大脑的生长而不断扩展。

身体的其他部位，如脚踝和脚、手腕和手，将随着儿童的成熟分化成更多（而非更少）的骨骼。在图5.3中我们可以看出，与青少年的手部骨骼相比，1岁婴儿的手骨数量少，连接也不紧密。

一种估量儿童生理成熟的方法是拍手及腕部的X光片（见图5.3）。X光片可以显示骨骼的数量及硬化的程度，这被叫作**骨龄**。使用这种技术，研究者发现女孩比男孩成熟得更快。出生时，女孩的骨骼成熟水平仅比男孩早4～6周。但是到12岁时，性别间的"成熟差距"已经扩大到整整2岁了（Tanner, 1990）。

身体所有部位的骨骼并不是都以同样的速度生长和硬化的。头盖骨和手部骨骼先成熟，而腿骨的生长则会一直持续到15～16岁。虽然头盖骨、腿骨、手部骨骼的宽度在人的一生中都会略有增长，但一般而言，骨骼生长到18岁时将宣告结束（Tanner, 1990）。

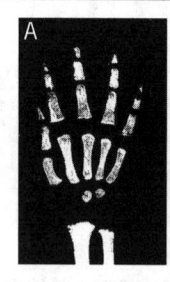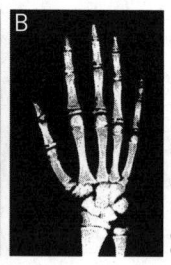

图5.3　X光显示的骨骼发育数量。（A）12个月大的男婴或10个月大的女婴的手部X光片；（B）13岁的男孩或10.5岁的女孩手部的X光片。

肌肉发育

新生儿出生时已具备了所有肌肉纤维（Tanner, 1990）。在出生时，35%的肌肉组织由水构成，肌肉组织在婴儿体重中的占比不超过18%～24%（Marshall, 1977）。但是，随着蛋白质和盐分加入肌肉组织的细胞液，肌肉纤维将会很快开始生长。

肌肉的发育也遵循头尾发展原则和近远发展原则，头部和颈部肌肉的成熟先于躯干和四肢的肌肉。像生理发育的其他方面一样，在童年期，肌肉组织的成熟较为缓慢，到青少年早期开始加速生长。尽管在肌肉数量和力量增加方面，男性比女性更为迅速，但无论男性还是女性都明显变得更强壮了（Malina, 1990）。在24～25岁时，对一个普通男性而言，骨骼肌肉组织占整个体重的40%；对普通女性而言，骨骼肌肉组织占整个体重的24%。

身体发育的差异

到目前为止，我们已经讨论了人类全部的身体发育的顺序。但是，身体发育是一个非常不平衡的过程，身体的不同系统可能表现出独特的生长模式。正如图5.4所示，与身体的其他部位相比，大脑和头部的发育更为迅速，更早达到成年时期的比例，而生殖器和其他生殖器官在整个童年期的发育都非常缓慢，青春期时却发育得异常迅速。淋巴组织（个体免疫系统的一部分，有助于儿童抵御感染）的发育水平在童年期时已经超过成年时的水平，青春期以后就会迅速下降。

个体差异

身体系统的发育过程是不均衡或不同步的，不同个体的发展速度也表现出一定的差异（Kohler & Rigby, 2003）。仔细看一下图5.5。这两个男孩年龄相同，但其中一个已经到达青春期，其年龄看起来大许多。在本章的后面你将看到，两个好朋友青春期开始的时间可以相差5年之多。

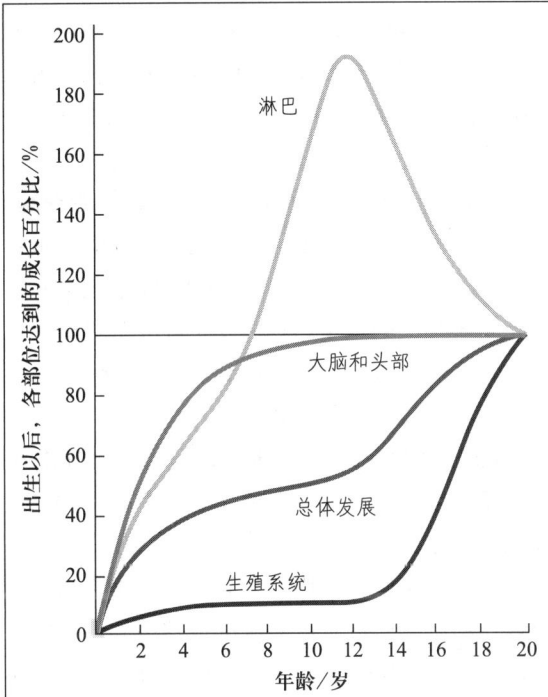

图5.4 身体不同系统的生长曲线。每一条曲线表示一组器官或身体部位的大小与20岁时大小的比例（20岁时的发育水平在纵坐标上显示为100%）。"总体情况"曲线描述了身体外形以及呼吸器官、消化器官和肌肉的发展变化。总体而言，大脑和头部的生长快于身体的平均生长速度，生殖器官发育速度较慢。淋巴结和淋巴系统的其他部分，作为免疫系统的一部分，生长得也很迅速，在童年晚期和青少年期时甚至超过成人水平。

来源：*Growth at Adolescence*, 2nd ed., by J. M. Tanner, 1962. Oxford, England: Blackwell. Copyright © 1962. Oxford, England: Blackwell. Copyright © 1962 by Blackwell Scientific Publications, Inc. Reprinted by permission of Blackwell Science, Ltd.

图5.5 青少年期生长加速期的开始时间表现出了很大的个体差异，可以从图中两个同龄男孩身高的比较看出这种差异。

文化差异

在身体生长和发育方面存在着一些有趣的文化和亚文化差异。与北美洲人、北欧人和澳大利亚人相比，来自亚洲、南美洲和非洲的人的体形要小一些，这是一种规律。在身体发育的速度上

> **骨龄**（skeletal age）：生理成熟的一种测量指标，其依据是儿童骨骼发展的水平。

也存在文化差异。比如，与欧裔美国人和欧洲人相比，亚裔和非裔美国人成熟得更快（Berkey et al., 1994; Herman-Giddens et al., 1997）。

是什么原因导致了这些生长方面的差异呢？现在的一种看法认为，这是由于不同的身体系统成熟的不同步信息已经被"植入"我们的种族基因（也就是说所有人共享的普遍的成熟程序）之中（Tanner, 1990）。在本章后面将会介绍遗传以及与之相适应的环境因素（人们的饮食、可能遇到的疾病，甚至所生活的情绪氛围）对个体发育速度和身高可能造成的显著差异（Kohler & Rigby, 2003）。

大脑的发育

在生命早期，大脑以一种惊人的速度生长，婴儿出生时，大脑占成人脑重的25%，到2岁时，大脑重量达到成人脑重的75%。母亲怀孕的最后3个月和婴儿出生后的前两年被称作**大脑发育加速期**，因为成人大脑一半以上的重量是在这段时间获得的（Glaser, 2000）。从母亲怀孕的第7个月开始到婴儿1岁生日，大脑每天增重1.7克，或者说每分钟都会增加1毫克多的重量。

但是，大脑重量的增加是一个相当粗略的指标，对于大脑各部分如何生长、何时成熟及其如何影响其他方面的发展等问题，它能告诉我们的信息很少。下面让我们更加近距离地考察大脑的内部结构及其发展。

神经系统的发育与可塑性

人的大脑和神经系统包括数量高达万亿的高度分化的细胞，这些细胞协同作用，在数万亿神经细胞**突触**之间传递电信号和化学信号。**神经元**（一种神经细胞）是大脑和神经系统的基本单位，负责接收和传递神经冲动。神经元由胚胎神经管发育而成。从神经管开始，它们沿着引导细胞所铺设的路径进行迁移，形成了大脑的各个主要部分。在孕中期末、大脑生长加速期开始之前，个体所具有的绝大多数神经元（大约1000亿～2000亿）就已经形成了（Kolb & Fantie, 1989; Rakic, 1991）。直到最近，研究者还一直认为婴儿出生以后，就不会再产生新的神经细胞了。但是，科学家现在已经证实，大脑的海马回（一个对学习和记忆非常重要的脑区）终生可以产生新的神经细胞（Kemperman & Gage, 1999）。

那么，是什么导致了大脑生长加速呢？一个主要的原因是另一类神经细胞（**神经胶质细胞**）的生长，神经胶质细胞为神经元提供养料，最终把神经元用一种蜡质（髓磷脂）的髓鞘与外界隔开。神经胶质细胞的数量远远多于神经元的数量，且在人的一生中都会不断形成（Tanner, 1990）。

神经系统的发育：细胞分化和突触发生

受神经元迁移到的具体位置的影响，神经元承担了特定的功能，例如，某些神经元成为大脑视觉区或听觉区的细胞。如果一个在正常情况下应该迁移到大脑视觉区的细胞被移植到控制听觉的区域，那么它将分化成一个听觉神经元，而不是一个视觉神经元（Johnson, 1998, 2005）。所以说，单个细胞可能承担任何一种功能，而它最终发挥何种功能取决于它最后被固定的区域。

同时，**突触发生**过程（神经元之间突触联结的形成）在大脑生长加速期内进展迅速。这就产生了一个非常有趣的现象：与成人相比，一般婴儿有更多的神经元和神经联结（Elkind, 2001）。这是因为在婴儿期，有一些神经元成功地与其他神经元联结在一起，并且把那些没能与其他神经元建立联系的神经元挤掉了。因此，在生命早期诞生的所有神经元中，大约有一半在生命早期就被淘汰了（Elkind, 2001; Janowsky & Finlay, 1986）。与此同时，存活下来的神经元形成数以百计的神经突触，但是，如果这些神经元未能受到适当的刺激，它们中的许多也将会消亡（Huttenlocher，1994）。我们可以把发展中的大脑比作一座正在建设中的房子，建筑师愉快地建造了许多超出需要的房间和走廊，不久以后，他又把其中的一半毁掉了！

这些现象反映了婴儿大脑具有高度**可塑性**，即神经细胞对环境的影响非常敏感（Stiles，2000）。正如Greenough及其同事（1987）所解释的那样，大脑处于发育之中，它超额产生出大量的神经元和神经突触，以接收人类可能经历到的任何种类的感觉和动作刺激。当然，任何人类个体都不可能有如此种类繁多的经验，所以个体还有许多神经环路没有被开发利用。那么我们可以推测，最经常被刺激的神经元和突触继续发挥功能，其他那些存活下来、但不经常受到刺激的神经元会失去其突触（这个过程被称作突触修剪），它们是后备军，目的是弥补大脑损伤或支持大脑的新技能（Elkind，2001；Huttenlocher，1994）。这种现象背后的潜在含义是：在生命早期，大脑的发育并不单纯是既定成熟程序的展开，而是生物因素和早期经验结合的产物（Greenough, Black, & Wallace, 1987；Johnson, 1998, 2005）。

神经系统的可塑性：经验的作用

我们是如何知道早期经验在大脑和神经系统的发育中居于如此重要的地位的呢？第一条线索来自于Riesen及其同事们的研究（Riesen，1947；Riesen et al., 1951）。Riesen的研究对象是在黑暗环境中被养至16个月大的黑猩猩。他的研究结果令人感到震惊。在黑暗中养大的黑猩猩的视网膜和组成视神经的神经元发生了萎缩。如果动物的视觉剥夺时间不超过7个月，这种萎缩是可以逆转的，但是如果视觉剥夺超过一年，这种萎缩将不可逆转，并容易导致全盲。所以，没有获得适当刺激的神经元将退化，体现了"用进废退"的原则（Elkind，2001；Rapoport et al., 2001）。

那么，是否可以通过给个体提供一个具有各种各样丰富刺激的环境，来促进未成熟的、具有可塑性的大脑神经元的发展呢？确实如此。与在标准实验室环境下养育的动物相比，同窝出生、但在有许多同伴和玩具的环境下生长的动物的大脑更重，神经元之间的联结更为广泛（Greenough & Black, 1992；Rosenzweig, 1984）。而且，如果在丰富刺激环境下养育的动物被转移到缺少刺激的环境下，其大脑的复杂联结将会减少（Thompson，1993）。

在一个以人为对象的研究中，研究者通过测量头围这个指标，来粗略估计大脑的体积。研究者第一次在胎儿18周时测量其头围，然后在新生儿出生时第二次测量其头围，最后在儿童9岁时第三次测量其头围。研究指出，那些来自高社会经济地位家庭、母亲具有大学文凭的孩子的头围显著大于那些来自低社会经济地位家庭、母亲没有大学文凭的孩子的头围（Gale et al., 2004）。所以，即使基因提供了大脑该如何被塑造的粗略的指导信息，早期经验还是在很大程度上决定着大脑的具体结构（Rapoport et al., 2001）。

➢ **大脑发育加速期**（brain growth spurt）：从孕期的第7个月开始，到2岁左右结束，个体最终脑重一半以上的重量是在此期间增加的。

➢ **突触**（synapse）：神经元之间的联结。

➢ **神经元**（neurons）：一种神经细胞，其功能是接收和传递神经冲动。

➢ **神经胶质细胞**（glia）：一种神经细胞，其功能是为神经元提供养料，并使其髓鞘化。

➢ **突触发生**（synaptogenesis）：神经元之间联结的形成。

➢ **可塑性**（plasticity）：变化的可能性。一种可由经验加以改变的潜在发展状态。

大脑的分化与发育

大脑的所有部位并不都是以相同的速度生长的。出生时，发育最好的区域是脑的低级中枢（皮层下），这些中枢控制着觉醒、新生儿反射和其他生命所必需的功能，如消化、呼吸和排泄。围绕在这些结构周围的是大脑和大脑皮层，这些脑区与自主性的身体运动、感觉及学习、思维、言语产生等高级智力活动有关。大脑最先发育成熟的部位是初级运动区（控制诸如挥动胳膊这样的简单动作活动）和初级感觉区（控制诸如视觉、听觉、味觉和嗅觉过程）。因此，人类的新生儿之所以能够对外界刺激做出反射，具有感知运动能力，是因为新生儿出生时的大脑只有这些感觉和运动区域功能良好。到6个月大时，大脑皮层的初级运动区发育已经达到可以引导婴儿大部分活动的程度。这时，像抓握反射和巴宾斯基反射这样的先天反射将会消失，这意味着更高级的大脑皮层上的中枢开始很好地控制较为初级的大脑皮层下区域。

髓鞘化

随着大脑细胞的分裂和生长，一些神经胶质细胞开始产生一种被称作髓磷脂的蜡性物质，在单个神经元周围形成一层髓鞘。这种髓磷脂髓鞘的作用像一种绝缘体，目的在于提高神经冲动的传导速度，从而使大脑与身体其他不同部分的信息沟通更为高效。

与神经系统的成熟一致，**髓鞘化**也遵循一定的时间顺序，出生时或出生后不久，感觉器官和大脑之间的通路已经髓鞘化。这使得新生儿的感官系统处于一种良好的工作状态。随着大脑与骨骼肌肉之间通路的髓鞘化（遵循头尾发展原则和近远发展原则），儿童开始能够掌握越来越复杂的动作活动，如抬头和挺胸、伸展胳膊和手、翻身以及站立，最后学会了行走和跑动。虽然髓鞘化在第一年内进展迅速（Herschkowitz, 2000），但大脑的某些区域可能直到15～16岁还未完成髓鞘化（Fischer & Rose, 1995; Kennedy et al., 2002; Rapoport et al., 2001; Sowell et al., 1999）。例如，网状结构和前额皮层（使我们能够长时间地把注意力集中于一个物体的大脑部位）在青春期到来时还未完全髓鞘化（Tanner, 1990）。这可能是婴儿、学步儿和学龄儿童的注意持续时间显著短于青少年和成人的原因之一。

而且，髓鞘化能增强较为原始的负责情感的大脑皮层下组织与大脑额叶前部负责调控的大脑皮层之间的联结效率，从而使婴儿或儿童加工和应对一些重要的社会性情绪信号的能力（例如，父母面部的恐惧或反对的表情）得到提升。同时，儿童调控其情绪情感反应的能力也在提升（Herba & Phillips, 2004）。例如，一个3～4岁的孩子拿到自己的礼物时，可能会立即丢弃不合自己心意的礼物（比如一件衣服），而一个6岁的孩子可能会停下来，礼貌地向祖母说一声"谢谢您"，并想办法隐藏自己的沮丧情绪，延迟去寻找下一件更为合适的礼物的冲动。一个十多岁的青少年可能会表现出一种更为复杂的行为抑制模式——当一件来自祖母的礼物（如一件款式过时的衣服）不合自己心意时，他们会有礼貌地微笑着；而当一件类似的不合心意的礼物来自母亲时，他们就会皱眉头并表示抗议，因为他认为母亲应该更了解他的喜好。

大脑偏侧化

大脑是最高级的脑神经中枢，它由两半球组成，两半球通过一束被称为**胼胝体**的纤维连接在一起。大脑的每个半球都覆盖着**大脑皮层**，大脑皮层是一种由灰质构成的外层结构，其作用是控制感觉、动作过程、知觉和智力。虽然表面上没有什么差别，但大脑左半球和右半球的功能却不同，分别控制着身体的不同区域。大脑左半球控制着身体的右侧，正如图5.6所示，包括言语中

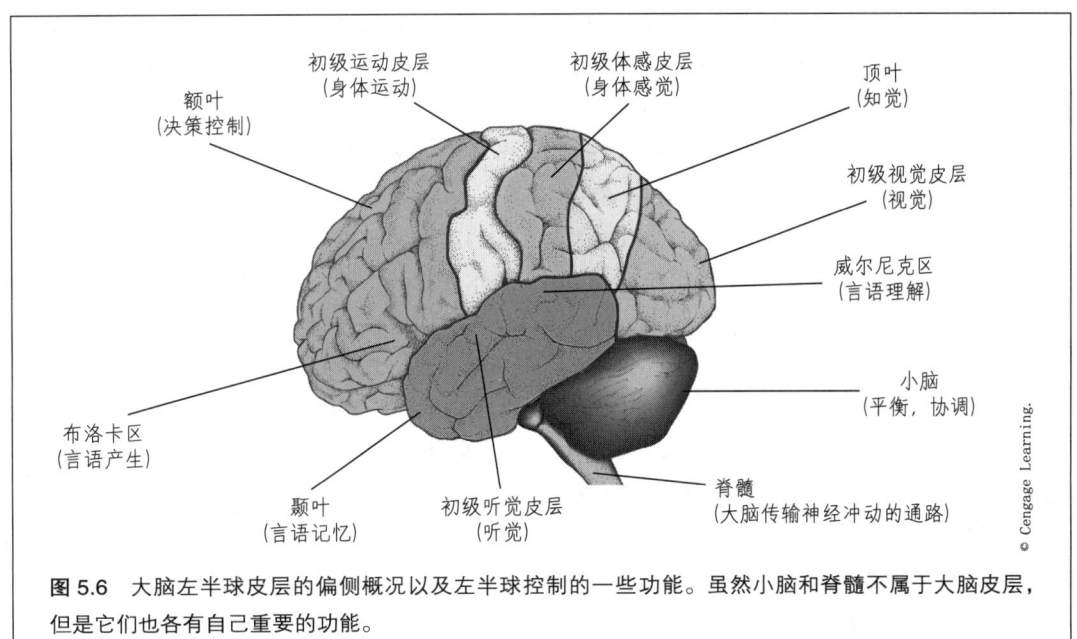

图 5.6 大脑左半球皮层的偏侧概况以及左半球控制的一些功能。虽然小脑和脊髓不属于大脑皮层，但是它们也各有自己重要的功能。

枢、听觉中枢、动作记忆中枢、决策中枢、言语加工中枢和积极情感表达中枢。与之相对，大脑右半球控制着身体的左侧，它包括空间视觉中枢、非言语声音（如音乐）中枢、触觉中枢和消极情感表达中枢（Fox et al., 1995）。因此，大脑是功能偏侧化的器官。**大脑偏侧化**，还包括偏爱使用某一侧的手或身体部位，而不使用另一侧的手或身体部位的倾向。大约90%的成人使用右手（大脑左半球控制）书写、吃东西和执行其他一些动作，而对左利手的个体来说，同样的活动处于大脑右半球的支配之下。但是大脑的偏侧化并不意味着每个半球相互独立。连接两半球的胼胝体在整合两半球的功能方面发挥着重要的作用。

大脑两半球是什么时候开始分化并偏侧化的呢？大脑偏侧化可能起源于孕期，出生时已经运行良好了（Kinsbourne, 1989）。例如，子宫内的胎儿，大约有2/3右耳向外，这被认为他们可能具有右耳优势，并表明其左半球具有言语加工的功能（Previc, 1991）。从出生的第一天起，言语声音在左半球所激起的脑电活动就比右半球多（Molfese, 1977）。而且，大多数新生儿背朝下躺着时向右翻，而不是向左翻，这些婴儿以后也倾向于用右手够物体（Kinsbourne, 1989）。大脑两半球似乎先天就具有特定的程序来决定两半球的不同功能，而且在婴儿出生时就已经开始左右脑"分工"了（Kinsbourne, 1989; Witelson, 1987）。

但是，在出生时大脑并未完全分化；在整个童年期，我们会变得越来越依靠某一特定脑半球去执行某些特定的功能。例如，左利手和右利手

> **髓鞘化（myelinization）**：神经元被包入蜡质髓鞘的过程，这种髓鞘使得神经冲动的传导更为容易。
>
> **大脑（cerebrum）**：最高水平的脑中枢，它包括左右两半球以及连接两半球的胼胝体。
>
> **胼胝体（corpus callosum）**：连接大脑两半球的神经纤维束，它的功能是把信息从一个半球传递到另外一个半球。
>
> **大脑皮层（cerebral cortex）**：大脑的外层部分，与自发性身体运动、感觉以及学习、思维、言语等高级智力功能有关。
>
> **大脑偏侧化（cerebral lateralization）**：大脑左右半球的功能分化。

倾向早已明显表现出来，并且在2岁时就已经很好地建立起来了，随着年龄的增长，偏侧化倾向也将越来越强。在一个实验中，要求学前儿童和青少年执行以下操作：捡一支蜡笔、踢球、观察一个不透明的小瓶子、把耳朵贴在盒子上听一种声音。青少年中有超过半数的人表现出稳定的偏侧倾向，依赖身体的某一侧来完成这四项操作，但只有32%的学前儿童表现出了这种倾向（Coren, Porac, & Duncan, 1981）。

由于未成熟的大脑并未达到完全的功能分化，幼小的儿童通常可以从脑创伤中恢复过来，那些在其他情况下可能失去功能的神经回路承担起已经死去的神经回路的功能（Kolb & Fantie, 1989; Rakic, 1991）。虽然遭受脑损伤的青少年和成人也可以恢复相当一部分因脑损伤而失去的功能（特别是在良好的治疗条件下），但是他们恢复的速度和程度很少能比得上幼小的儿童（Kolb & Fantie, 1989）。在大脑偏侧化尚未完成的生命早期，大脑具有惊人的修复能力（即可塑性）。

青少年期大脑的发育

古往今来，成人都将注意到十几岁的青少年会突然开始思考一些假设性的问题，开始认真考虑诸如真理和正义这样抽象的问题。思维方面的这些变化是否与此后的大脑发育有关呢？

许多研究者认为事实确实如此（Case, 1992; Somsen et al., 1997）。例如，一直持续到青少年期的高级大脑中枢的髓鞘化，可能不仅提高了青少年注意的广度，还可以解释为什么青少年的信息加工速度快于学龄期的儿童（Kail, 1991; Rapoport et al., 2001）。另外，我们现在知道，在青少年期以后，大脑仍然保持了一定的可塑性（Nelson & Bloom, 1997）；参与高级认知活动（如制订高水平的策略性计划）的前额叶神经回路至少到20岁时还能进行重新建构（Spreen et al., 1995; Stuss et al., 1992）。而且，大脑容积在青少年早期到青少年中期一直持续增长，到了晚期，则开始减少，这种变化意味着青春期的认知重组可能涉及突触修剪（Rapoport et al., 2001; Kennedy et al., 2002）。所以，虽然青少年期的大脑变化在剧烈程度上比不上生命早期的变化，但只有当青少年的大脑经历了重组和精细调整以后，他们所表现出的认知方面的进步才能成为可能（Barry et al., 2002, 2005）。

概念核查5.1　身体发育和大脑发育概览

回答下列问题，检查你对成熟和发育的总体趋势以及大脑发育的理解。答案见附录。

选择题： 为下列各题选择最佳答案。

_____ 1. 新生儿的头部大小是成年时头部大小的70%，占体长的1/4，对于这种现象，下列哪一个概念给予了最好的解释？

　　a. 骨骼年龄趋势
　　b. 头尾趋势
　　c. 近远（中心向四周）趋势
　　d. 囟门趋势

_____ 2. 下列选项中，哪一个身体部位在儿童时期的发展水平超过成年时的水平，并在青少年后期开始出现下降趋势？

　　a. 头和大脑　　　　b. 肌肉系统
　　c. 淋巴系统　　　　d. 骨骼系统

_____ 3. 大脑和神经系统的基本单元是那些能够接收和传导神经冲动的细胞。这些细胞被称作

　　a. 神经胶质细胞　　b. 神经元
　　c. 髓磷脂　　　　　d. 神经突触

____4. 科学家们相信人类的大脑是长期进化的产物，进化使得婴儿的大脑能对经验的影响做出非常高水平的反应。大脑被认为可以产生超量的神经元和突触，使大脑可以对多种不同种类的感觉和运动刺激做出反应。这种反应性导致：当神经元和突触没有被刺激、不能发挥功能时，这些突触和神经元将退化。大脑发育的这种现象被称作

    a. 可塑性　　　　　b. 大脑髓鞘化
    c. 大脑皮层化　　　d. 大脑偏侧化

____5. 格莱琴怀了一个孩子。她了解到大脑偏侧化可能发生在怀孕的过程中，在出生时基本已经定型。她以此为据，特别想预期胎儿在进行超生波检查时的姿势。如果像 2/3 的胎儿那样，她的胎儿在她子宫中的姿势是

    a. 左耳朝外　　　　b. 右耳朝外
    c. 两只耳朵都朝上　d. 两只耳朵都朝下

判断题： 判断下列陈述的对错。

6. 出生时，新生儿的骨骼非常僵硬易碎。
7. 单个的神经元可能承担任何一种功能，这取决于它们所处的位置。
8. 极少数产生于生命早期的神经元会死亡，与之相反，其他神经元会分化为不同功能的神经细胞。
9. 虽然大脑在出生时已经偏侧化，但是一直到青少年期，这种偏侧化在持续增强。

简答题： 简要回答下列问题。

10. 解释为什么了解大脑和神经系统的发育有助于我们理解婴儿在出生时就具有反射和感觉运动能力。

动作发展

出生后第一年中更为引人注目的一个变化，就是婴儿在控制自身运动和动作技能方面的巨大进步。作家喜欢把新生儿比作"无助的婴儿"，这种描述在很大程度上是因为新生儿缺乏独立移动的能力。很明显，与其他幼年的动物相比（它们往往在出生后不久即可跟随母亲觅食并做到自己进食），人类婴儿处于不利的境地。

但是，婴儿不能移动的状态并不会持续很长时间。到第 1 个月结束时，大脑和颈部肌肉已经足够成熟，大多数婴儿已达到自己动作发展的第一个里程碑——俯卧时可以抬起下巴。不久以后，如果有人扶着，婴儿可以抬起自己的上半身、伸手够物、翻身以及坐立。研究者对婴儿前两年的动作发展进行调查，发现动作发展遵循特定的顺序，如表 5.1 所示。虽然不同婴儿第一次出现这些技能的时间可能差别很大，但是那些较快掌握这些技能的婴儿并不一定比掌握这些技能速度一般或稍慢的婴儿更加聪明，而且也不能据此认为前者的发展更有优势。因此，虽然如表 5.1 所示各种年龄常模对衡量婴儿的动作发展（何时坐立、站立、尝试行走）是一个有用的标准，但是动作发展的速度实际上很少能够预测孩子未来的发展。

动作发展的基本趋势

描述肌肉发展和神经髓鞘化过程的两条基本规律对儿童前几年的动作发展也照样适用。动作发展的进程也同样遵循头尾原则（从头部向下发展），头、颈、上身的动作发展先于下肢的发展。同时，动作发展也遵循近远原则（从中央到四周），躯干和肩膀动作的发展先于手和手指动作的发展。头尾原则很难解释婴儿在最初几个月表现出的踢腿动作，这种动作被解释为中枢神经系统支配的无意运动（Lamb & Yang，2000）。然而，Galloway 和 Thelen（2004）认为，有一些事实与"头尾原则"相抵触。首先，他们指出有证据显示，当受到强化时，婴儿可以改变腿部运动

表 5.1（基于欧裔、拉丁裔和非裔美国人）重要动作发展的年龄常模

动作技能	50%的婴儿掌握这项动作技能的时间/月	90%的婴儿掌握这项动作技能的时间/月
俯卧抬头90°	2.2	3.2
翻身	2.8	4.7
扶坐	2.9	4.2
独坐	5.5	7.8
扶站	5.8	10.0
爬行	7.0	9.0
扶走	9.2	12.7
玩拍手游戏	9.3	15.0
独站片刻	9.8	13.0
独自站稳	11.5	13.9
走得很好	12.1	14.3
搭积木	13.8	19.0
爬楼梯	17.0	22.0
向前踢球	20.0	24.0

来源：Bayley, 1993; Frankenberg et al., 1992.

的模式。例如，当受到强化时，婴儿既会由交替式踢腿转变为两腿同时做出踢的动作（Thelen, 1994），也会由弯曲式腿部动作转变为伸展式腿部动作（Angulo-Kinzler, 2001；Angulo-Kinzler, Ulrich, & Thelen, 2002）。他们发现，皮亚杰（Piaget, 1952）曾注意到他的儿子重复踢腿来摇晃一个玩具。最后，Galloway 和 Thelen（2004）以6个婴儿为例说明这一点。这6个婴儿的脚部和手部附近都放置着玩具。在12周时，这些婴儿开始通过抬腿来触碰玩具。而他们第一次用手碰玩具在16周左右，远远晚于有意的脚部动作。用脚伸展式地触碰玩具也早于用手伸展式地触碰玩具。Galloway 和 Thelen 据此认为：可能由于髋关节结构的稳定性和控制性都好于肩关节，所以婴儿腿部动作出现得更早些。髋关节所控制的动作数量远远少于肩关节控制的动作数量，肩关节的控制需要更多的练习、经验才能变得熟练起来。因此，婴儿对髋关节动作的调节早于肩关节动作，从而出现了与头尾原则相抵触的现象。

对于早期动作的这种发展顺序和时间安排该如何解释呢？让我们简单了解一下与此相关的三个观点：成熟论观点、经验（练习）论假说和新近提出的动力系统理论。动力系统理论认为，动作发展是儿童的生理能力、目标和个体经验之间复杂的相互作用的产物（Kenrick, 2001；Thelen, 1995）。

成熟论观点

成熟论观点（Shirley, 1933）把动作发展看作一种先天程序逐渐展开的过程，在此过程中，神经和肌肉成熟的方向是由上到下、由内到外的。所以，儿童对下肢和身体周围的部位的控制是逐步加强的，呈现出表5.1所示的动作技能发展顺序。

成熟在动作发展中起重要作用的证据之一来自跨文化研究。虽然不同文化背景下的儿童早期经验千差万别，但是婴儿的发展基本上都遵循同样的顺序，经过同样的发展阶段。此外，在一项关于同卵双生子的早期研究中，研究者让双生子中的一个孩子练习某些动作（例如，爬楼梯、搭积木），而另一个孩子不做这些练习。研究结果表明，练习对儿童的动作发展几乎没有任何作用，当最终让未练习的孩子做出这些动作时，他们很快便赶上了那些练习过多次的孩子（Gesell & Thompson, 1929；McGraw, 1935）。总的来说，这些研究似乎表明，成熟决定动作发展，练习只能在成熟所允许的范围内使婴儿把动作掌握得更好一些。

经验（练习）论假说

虽然没有人否认成熟对动作发展的重要作

用，但是经验论观点的支持者认为，动作技能的练习机会也很重要。Dennis（1960）研究了两组被送到专门机构的伊朗孤儿，这些孤儿出生后的前两年是在婴儿床上躺着度过的。他们从没有坐立过，很少跟人玩耍，甚至连喂食也是通过放在枕边的奶瓶来完成的。他们的动作发展是否受这些剥夺性的早期经验的影响呢？事实的确如此！这些1～2岁的婴儿没有一个会走路，只有不到一半的婴儿可以独自坐立；在3～4岁的儿童中，只有15%的人可以很好地独立行走！所以Dennis得出结论，成熟条件对动作技能发展而言是必要条件，但不是充分条件。换言之，除非婴儿有机会练习这些动作技能，否则已具备坐、爬、走的生理条件的婴儿是不能熟练掌握这些技能的。

缺乏练习会抑制动作发展，跨文化研究显示，各种丰富的经验可以推动这个发展过程。跨文化研究告诉我们，婴儿获得主要动作技能的时间深受父母训练的影响。例如，肯尼亚的吉普斯吉人（Kipsigis）通常会努力促进动作技能的发展。婴儿8周大时，父母会双手撑在婴儿的腋下，推着婴儿向前让他们做行走练习。在出生后的前几个月内，婴儿被安放在一些凹洞里，这些凹洞的四壁可以支撑婴儿的后背，使他们保持一种向上的姿势。由于这些经验，吉普斯吉人的婴儿比西方国家的婴儿能提早大约5周学会坐（无帮助），以及提早大约1个月学会走（无帮助）。

与之类似，Hopkins（1991）比较了英格兰欧裔人婴儿和从牙买加移民到英格兰的非裔婴儿的动作发展。与其他几个有关非裔婴儿和欧裔婴儿的比较研究一样，非裔婴儿更早地表现出坐、爬和走等重要动作技能。这些发现是否反映了非裔人和欧裔人的基因差异呢？可能并非如此，因为只有当非裔婴儿的母亲按照传统的牙买加方法抚养婴儿并帮助婴儿练习其动作发展时，非裔婴儿才能更早地获得动作技能。这些方法包括给婴儿按摩、伸展他们的四肢，经常抓住他们的胳膊轻轻地上下摇动。牙买加母亲希望婴儿的动作发展更快一些，努力去促进这些技能的发展，而且确实达到了目的。

1～2岁的婴儿被称为"学步儿"，当他们尝试着走路时，经常会失去平衡。

Philip Zelazo和他的同事（1972，1993）对北美婴儿进行研究的结果，与这些跨文化研究结果非常一致。Zelazo发现，如果让2～8周大的婴儿经常处于站立姿势，并鼓励他们练习行走反射的话，这些婴儿的行走反射会增强（一般情况下，出生后不久，行走反射即告消失）。他们会比对照组那些没有接受此类练习的婴儿更早学会走路。

为什么让婴儿伸展肢体或使其处于站立姿势（或坐着）会加速婴儿的动作发展呢？Esther Thelen（Thelen,1986；Thelen & Fisher,1982） 认为，经常让婴儿处于站立姿势有助于锻炼他们的颈部、躯干和腿部的肌肉，从而促进了站立和行走这样的动作技能的早期发展。所以，成熟和经验似乎对动作发展都很重要。成熟确实给婴儿最初获得坐、站立和行走能力的时间设定了限制，但是经验（如直立的姿势）以及各种各样的练习可能会影响婴儿重要能力的成熟及转化成动作的时间。

动力性、目标定向系统的动作技能

虽然动力系统理论的支持者并不否认成熟和经验在动作发展中所起的作用，但是他们从一个新的角度来看待动作发展，即**动力系统理论**——它不同于先前一些理论家的观点。他们并不认为动作技能是在成熟和练习的支配下逐步运行的先天程序。相反，他们认为，每个新技能都是一种建构，当婴儿主动把已有的动作技能重组成更为复杂的新动作系统时，这种建构就出现了。最初这些动作结构可能是尝试性的，效能低而且不协调。例如，一个初学走路的婴儿经常摔倒，这很正常。但是一段时间以后，这些新的动作模式会逐渐变得精确，最终，所有的动作成分协调一致，并变成流畅和谐的动作，如爬、走、跑、跳（Thelen，1995；Whitall & Getchell，1995）。

根据动力系统理论，当好奇的婴儿为了实现重要的目标而重组他们已有的技能时，新的动作技能得以出现。

那么为什么婴儿要如此努力地练习来获得这些新的动作技能呢？早期理论对此没有论述，与此不同，动力系统理论给出了一个直接的答案，婴儿之所以希望获得并完善这些动作技能，是因为这些动作技能可以帮助他们接触到自身感兴趣的事物，或者借以实现他们头脑中的某些想法（Thelen，1995）。下面我们再来看一下 Goldfield (1989) 对婴儿最初爬行能力的研究。Goldfield发现，7～8个月大的婴儿的爬行（用手和膝）出现在他们具有以下能力之后：（1）常常转身并抬头朝向环境中有趣的事物和声音；（2）触摸刺激物时，已经明显表现出了手和胳膊的偏侧倾向；（3）早已开始出现踢腿现象，而且踢腿的方向与胳膊伸展的方向相反。很明显，视觉定向促使婴儿趋向于他尚不能触摸的有趣刺激；够物动作使身体朝向正确的方向；向相反方向踢腿可以推动身体向前。因此，爬行技能和其他一些动作技能并不是成熟论所认为的预定成熟程序的呈现，而应该是具有特定心理目标的、好奇的、主动的婴儿，在一些已经具有的能力的基础上进行的一种主动的、复杂的再建构。

那么，为什么所有婴儿的动作发展进程都呈现出同样的顺序呢？人类的成熟程序在其中可能起到了一定的作用，它可能预设了各种技能获得的阶段，同时，也可能由于后继动作必须以已获得的动作技能的特定成分为基础。那么，环境起什么作用呢？根据动力系统理论，一个充满有趣事物的世界激起了婴儿触摸它们的欲望，想坐起来、爬行、行走和跑动。这些目标和动机可能促使婴儿主动把已有的各种技能重新建构成新的、更复杂的动作系统（Adolph，Vereijken & Denny，1998）。当然，任意两个婴儿都不可能有相同的经验（或目标），这可能有助于解释为什么每个婴儿在面对一个新出现的动作技能时，其协调各种动作成分的方式会略有不同（Thelen et al.，1993）。

总而言之，动作技能的发展比早先的几种理论观点有趣得多，也复杂得多。虽然成熟在动作发展中扮演十分重要的角色，但出生后前两年动作技能的发展绝非自然界宏伟计划的简单展开。相反，它们的出现在很大程度上是因为受目标驱动的婴儿不停地把已有动作技能融入新的、更为复杂的动作系统中，这有助于他们达到预想的目的。

精细动作发展

动作发展的另外两个方面——自主够物动作和手的操控技能，在帮助婴儿探索和适应周围环境方面发挥着非常重要的作用。

自主够物动作技能的发展

在第一年里，婴儿够物和操控物体的能力发展得特别迅速。我们知道新生儿出生时已有抓握反射，而且他们还表现出了够物的倾向。婴儿最初的前够物动作协调性很差，比胡乱地挥击视野中的物体好不了多少，要么命中，要么没有命中（Bower，1982）。到2个月时，婴儿的够物技能和抓握技能甚至出现了退化：先天的抓握反射消失，前够物动作发生的频率也在下降（Bower，1982）。但是这些表面的行为退化预示着自主够物行为的出现。3个月或更大的婴儿在伸展胳膊并在空中纠正动作时表现出了新的能力，动作的精确性逐渐提高，他们逐渐可以准确地抓握物体（Hofsten，1984；Thelen et al.，1993）。然而，婴儿在够物动作方面表现出了明显的个体差异。一些婴儿一开始只是摆动胳膊，够不到物体让他们感到受挫和沮丧；另一些婴儿一开始就尝试够物，他们很快就将知道必须用更大的力量去抓握物体（Thelen et al.，1993）。所以，我们又一次看到够物动作技能并不是一种简单的程序运行过程。相反，婴儿有不同的够物方式，并用他们特有的方式来提高这一重要技能的准确程度。

手的操控技能的发展

大约在4～5个月大时，婴儿一旦能够很好地坐立，并想把物体够到身边来，就开始用双手抓握感兴趣的物体，探索活动也将不断变化。他不是简单地拍打和抓握物体，而是灵活地用两只手交替抓握物体，或者用一只手握住物体，用另一只手拨弄物体（Rochat，1989；Rochat & Goubet，1995）。实际上，手指活动可能是4～6个月大的婴儿获得有关物体信息的最主要手段，因为他们的单手抓握技能还比较差，此时抓握反射已经消失，代替抓握反射的**尺骨抓握**本身还只是一种相当笨拙的爪状抓握，几乎还不能使婴儿通过触觉探索物体。

在第一年的后半年内，婴儿手指的技能有了较大提高，他们在依据所探索的物体性质进行有针对性的动作活动方面变得相当老练（Palmer，1989）。现在，婴儿在玩带轮子的玩具时可以推着玩具走，而以前只不过是敲击玩具；对于毛绒玩具，他也会挤压着玩，而不是像以前那样推着它走。手的技能发展的下一个主要阶段出现在接近一周岁时，这时婴儿开始用拇指和食指捏物体和把玩物体（Halverson，1931）。这种**钳形抓握**使儿童从一个摸索者变成了一个技能熟练的操控者，不久就可能掌握抓虫子、拧把手、拨电话号码等动作，并由此发现自己能用新获得的灵巧的双手技能收获任何想要的结果。

在整个第二年，婴儿的双手变得更加灵活了。16个月大时，他们可以用蜡笔涂鸦；到第二年结束时，他们可以描画一些简单的横线或竖

> ➢ **动力系统理论**（dynamical systems theory）：这种假说把动作技能看作对先前已掌握的能力的重新建构，其目的是为了发现更有效的探索环境或满足其他目的的手段。
>
> ➢ **尺骨抓握**（ulnar grasp）：一种早期的操控技能，婴儿通过将手指向手掌摁压来抓握物体。
>
> ➢ **钳形抓握**（pincer grasp）：一种将拇指与其他手指对握的技能，这种技能使婴儿在提起和把玩物体方面更加灵巧。

钳形抓握是动作发展中一个重要的里程碑，它是许多手部协同活动发展的基础。

线，甚至可以搭五层或更高的积木。这与动力系统理论相当一致，婴儿获得了对简单运动的控制以后，他会把这些技能融入一个日趋复杂的、和谐的系统中去（Fentress & McLeod, 1986）。例如，搭积木需要儿童首先能够控制拇指和食指，靠钳形抓握来实现一系列动作，这一系列动作包括触摸到一块积木、抓住积木、把积木平稳地放到另一块积木上面，然后准确地把积木放下。尽管儿童有能力把简单动作技能组合成日趋复杂的技能，但是 2～3 岁的学步儿仍不能很好地抓球和扔球、用工具切食物或者在彩色课本中画画。这些技能要等到童年期，在肌肉成熟以及利用视觉信息协调活动的能力日趋熟练以后，才会出现。

早期动作发展的心理意义

一旦婴儿获得了够取和抓握感兴趣物体的能力，特别是在他能够通过爬行或行走来探索这些物体以后，对父母和婴儿来说，生活就发生了重大的变化。突然间，父母不得不在房间里采取一些防护性措施，或者限制婴儿进入某些区域，否则将有可能发生无穷无尽的灾难，如把书撕得稀烂、打翻花瓶、弄乱手纸、揪宠物的尾巴。限制婴儿的某些探索活动经常会造成母亲与孩子之间的冲突和意志较量（Biringen et al., 1995）。不管怎样，父母通常还是会为他们的婴儿不断出现的动作技能感到高兴，这些动作技能不仅说明婴儿的发展是正常的，而且还使得一些令人愉快的社会互动（如拍手、追逐、捉迷藏）成为可能。

除了提供娱乐功能以外，婴儿对身体活动控制能力的不断增强，还对其认知能力和社会性发展具有重要影响。例如，如果婴儿知道在不安全时可以退回看护者身边获得安慰的话，他们可能会更为大胆地接触他人和寻求挑战（Ainsworth, 1979）。各种主要动作的获得也可能促进婴儿感知觉的发展。例如，与那些不好动的同龄婴儿相比，爬行或在其他人的帮助下移动的婴儿，能更好地寻找并发现被藏起来的物体（Kermoian & Campos, 1988）。自主爬行和行走还可以使婴儿更好地注意到视动现象——婴儿对视觉范围内物体移动以及前后变化的知觉。这种认知能力受观察者或被观察物体在背景中的相对移动影响。例如，一个坐在秋千上的婴儿可以看到家里的狗的形象由大变小，同样，狗所坐位置前面的沙发以及地毯（狗和秋千都置于其上）也表现出了同样的变化。实际上，随着狗和地毯变大，地毯的边际就会消失，沙发靠外侧的一边也会消失。随着狗的缩小，地毯的边缘和沙发的两边重新出现。但是，如果秋千停下来，婴儿静止时，原先同步变化的视觉流——狗、沙发和地毯就会停止运动。现在，当秋千停止运动时，狗可能会走过来嗅一嗅这个婴儿。当狗走近静止的婴儿和秋千时，这条狗就会变大，而此时沙发和地毯会保持大小不变。这种由狗的移动所带来的视觉流，与婴儿坐在荡起的秋千上所产生的视觉流截然不同。婴儿也会体验到第三种模式的视觉流。如果爸爸妈妈正忙于其他事情，哥哥把他从秋千上抱下来，并让他去接近那条狗，地毯和沙发会变大，向外扩展并消失在婴儿的视野之外，而那条狗也将变大，充满婴儿的视野（除非那条狗由于害怕而逃走)。这样一来,爬行的婴儿将感觉到当前后景物变化时,他所看到的狗在大小上是恒常的(狗与婴儿保持在安全距离内)。

因此,视觉流以及婴儿逐渐获得的对视觉流的理解能帮助儿童进行空间定向,调整姿势,使爬行和行走更有效(Higgins, Campos, & Kermoian, 1996)。而且,爬行和行走都有助于加深儿童对距离关系的理解,并使儿童对高(深)度产生正常且有益健康的恐惧感(Adolph, Eppler, & Gibson, 1993;Campos, Bertenthal, & Kermoian, 1992)。与那些刚开始爬或行走的婴儿相比,有经验的爬行者和行走者能更好地运用路标寻找道路,即运动经验影响空间记忆(Clearfield, 2004)。因此,我们又一次认识到人类发展是一个整体的过程:动作技能的发展对其他方面的发展有非常显著的影响。

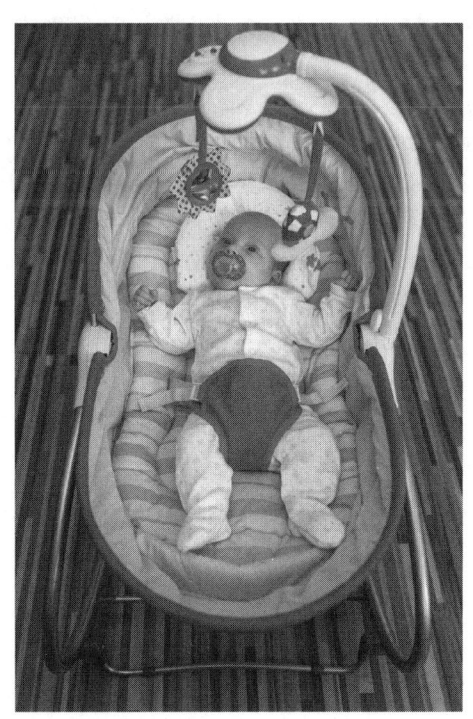

随着婴儿的前后摇摆,他们体验到视觉流的变化,因而可以更好地理解距离的关系。

超越婴儿期:童年期和青少年期的动作发展

学步儿一词恰当地描述了大多数 1～2 岁婴儿的特征,当他们跟跟跄跄地奔向某处时,经常会摔倒或者被地上的物体绊倒。但是随着儿童的成熟,他们的动作技能提高得非常迅速。到 3 岁时,虽然每一次跳动只能跃过很小的物体(20～25 厘米高),在跑动时也不能很自如地转弯或停下来,但他们已经可以沿直线走或跑,能够双脚离地在地板上跳了。4 岁的儿童可以跳跃、单腿跳、用双手接球,与 1 年前相比跑得更远、更快(Corbin, 1973)。5 岁时,儿童的动作变得相当熟练,在跑动时,他们可以像成人一样摆动胳膊,其平衡能力已经提高到相当的水平,一些儿童甚至可以学习骑自行车了。尽管进步得很快,但是儿童往往高估了自己的运动能力,一些胆大或性格外向的儿童可能容易受到意外事件的伤害,造成撞伤、烧伤、被刀割伤、擦伤和其他一些身体伤害(Schwebel & Plumert, 1999)。

随着年龄的增长,学龄儿童可能跑得更快,跳得更高,球也扔得更远(Herkowitz, 1978;Keough & Sugden, 1985)。这些大肌肉活动技能的提高,在一定程度上是因为儿童长得更高大、更强壮了,而且他们的动作也更准确了。年幼儿童扔东西时只用到了胳膊的力量,而青少年扔东西时通常可以协调肩膀、手臂、躯干和腿部的力量,所以,年龄大一点的儿童和青少年能比年幼儿童把球扔得更远,这不仅是由于他们更高大和强壮,更是因为他们可以运用更精确、更有效的运动技巧(Gallahue, 1989)。

同时,儿童的手眼协调水平和对小肌肉的控制能力也在迅速提高,这使得他们可以用手做更为复杂的动作。3 岁的儿童系纽扣、系鞋带、临摹简单的图案还有些困难。到 5 岁时,儿童能完成所有这些任务,甚至可以用剪刀剪出一条直线，或用蜡笔书写字母和数字。到 8～9 岁时，他们可以使用螺丝刀这样的工具，并且能熟练地玩一些需要手眼协调的游戏，如抓子游戏。另外，年龄大一点的儿童表现出比年幼儿童更短的反应时（Williams et al., 1999），这有助于解释为什么年龄大一点的孩子在玩躲避球游戏及打乒乓球时，一般比年幼的玩伴更厉害。

青春期之前，男孩和女孩在生理能力方面几乎没什么差别。青春期时男孩大肌肉活动的能力继续增强，而女孩则与以前持平或有所下降（Thomas & French, 1985）。这些差异部分是由生理因素导致的，青春期的男孩比青春期的女孩拥有更多的肌肉、更少的脂肪，这可能导致男孩在一些力量型测试中超过女孩（Tanner, 1990）。但是生理差异并不能解释男孩和女孩在大肌肉活动方面的所有差异（Smoll & Schutz, 1990），也不能完全解释为什么许多女孩的操作水平会下降，毕竟在 12—17 岁时，她们的身高和体重也在继续增加。有研究认为，青春期女孩的这种明显的生理力量下降是性别角色化的产物，随着臀部的不断增宽和乳房的不断发育，女孩经常被告知要端庄矜持，应该对传统的女性活动（更少运动性）更感兴趣（Blakemore, Berenbaum, & Liben, 2008; Herkowitz, 1978）。

显然，这种观点具有一定的合理性，因为随着年龄的增长，女性运动员在大肌肉活动中的成绩并没有明显下降。而且，由于在过去几十年里性别角色已经发生了一定的变化，女性运动员一直在不断地提高她们的运动成绩，男性和女性在体力活动方面的差异缩小得很快（Dyer, 1977; Whipp & Ward, 1992）。所以，如果青春期女孩继续坚持锻炼身体，她们在大肌肉活动中的成绩肯定也会继续提高。而且正如"研究聚焦"专栏所示，在十几岁时，如果继续坚持锻炼身体，女孩们在心理发展方面也会有一些重要的收益。

研究聚焦　青春期女生的体育锻炼和自尊

近来，发展学家开始关注**身体运动游戏**的益处，认为身体运动游戏不但是增强肌肉力量和耐力的机制，还可能降低发育中的身体脂肪比例（Pellegrini & Smith, 1998）。身体锻炼通常在童年早期至中期时达到高峰，然后出现下降。而且女孩身体活动下降的水平比男孩更明显，这无疑有助于解释为什么青春期女孩的大肌肉力量通常会下降。

有趣的是，在过去 40 年里，我们的社会变得更支持女孩参与女性身体活动——竞争性和非竞争性的运动项目。同时，女性运动项目在中学也获得了极大的推广，甚至像耐克这样的公司最近也在运动场上打出反映年轻女孩心声的广告："如果你让我运动……"引述了参与运动可以带来的诸多益处，如有利于身体健康、有利于社会交往。广告暗示说运动的益处之一是有利于提高女性运动员的自我价值（或自尊）。

后一种说法有依据吗？为此，Erin Richman 和 David Shaffer（2000）设计了一份精巧的问卷来测量大学一年级女生在中学时期参与体育活动的状况（广度和深度）。研究者要求参与者完成一些调查问卷，评价她们现在的自尊水平、身体能力感、身体形象、拥有果断及适当的竞争意识等男性特质的程度。

研究结果为耐克广告中宣传的理念提供了支持。首先，中学时期参与体育运动与大学时的自信有明显的关系，参与体育活动越早、越广泛的女生在大学时的自我价值水平越高。进一步的分析表明，早期的体育活动之所以对人体有益是因为：（1）参与体育活动有助于感知到身体能力的增强，形成良好的身体形象，并获得令人渴望的男性气质（比如果断性）；（2）所有这些方面的发展与参与者在大学时的自尊呈正相关，并能显著提升其自尊。

总而言之，女孩在青春期参与体育活动可能有助于提高其自我价值感，但是只有在体育活动确实促进了身体能力、良好身体形象和令人渴望的个人品质（比如果断性）发展的情况下，参与体育活动才能增强女孩的自我价值感。这些发现说明，如果教育者和体育老师有意识地强调并设法让人们了解正式和非正式的体育活动在生理和心理方面的益处，同时减少人们对竞争性体育活动结果的关注，或者减少人们对运动能力较差的女孩身体缺陷的关注，各种体操班和正式的体育运动将会让更多的女孩受益。

青春期：从儿童到成人的生理转变

青少年期的开始在身体发育变化方面有两个明显的先兆：第一，随着儿童进入**青少年发育加速期**，他们的身高和体形发生了巨大的变化（Pinyerd & Zipf，2005）；第二，他们到了**青春期**（这个词来自拉丁语"Pubertas"，意即毛发增长），此时，个体达到性成熟并开始具备生育能力（Pinyerd & Zipf，2005）。

青少年发育加速期

"发育加速"指的是身高和体重的快速增长，它标志着青春期的开始，而这段时间的增长速度是自婴儿时期以来最快的（Pinyerd & Zipf，2005）。女孩的发育加速一般开始于10.5岁，到12岁时发育速度达到最高峰，13～13.5岁时速度回落到较慢水平（Pinyerd & Zipf，2005；Tanner，1990）。大多数女孩在月经初潮以后，身高每年只增长约2.5厘米（Grumbach & Styne，2003）。男孩的发育加速滞后2～3年，到13岁时才进入发育加速期，14岁时达到高峰，16岁回落到一个较为缓慢的速度。因为女孩比男孩成熟得早，所以在初中教室里不难发现身高最高的两三个学生往往都是女生。在发育加速期结束时，男孩的身高会增长28～31厘米，女孩会增长27.7～29厘米（Abbassi，1998）。

除了身高更高、体重更重以外，在青少年发育加速期，青少年的体形也越来越像成人。最显著的变化可能是女孩乳房突出且臀部变宽，男孩肩膀变宽。随着前额伸展、鼻子和下巴变得突出及嘴唇变大，青少年的面部比例也越来越接近成人。

性成熟

与青少年发育加速期几乎同时开始的是生殖系统的成熟，男孩和女孩各自遵循着特定的顺序。

女孩的性发育

对大多数女孩而言，随着乳头周围脂肪组织的增加，并发育形成小的乳芽，9～11岁时性成熟就开始了（Herman-Giddens et al.，1997；Pinyerd & Zipf，2005）。完全的乳房发育，要历时3～4年，在14岁左右结束（Pinyerd & Zipf，2005）。一般而言，阴毛的发育比乳房发育稍晚一点，但也有1/3的女孩阴毛的发育要早于乳房的发育（Tanner，1990）。

当女孩进入发育加速期时，乳房迅速发育，性器官开始成熟。在身体内部，阴道开始变大，子宫壁生长出一层坚实的肌肉，可用于将来怀孕时容纳

> **身体运动游戏**（physically active play）：中度到剧烈的游戏活动，如跑、跳、爬山、打斗以及一些代谢水平远远超过安静时的代谢水平的游戏活动。
>
> **青少年发育加速期**（adolescent growth spurt）：身体生长速度迅速增加，标志着青春期的到来。
>
> **青春期**（puberty）：个体达到性成熟并具备生育能力的时间点。

胎儿，并在胎儿出生时把胎儿挤出产道和阴道。身体外部，阴阜（耻骨外覆盖的柔软组织）、阴唇和阴蒂都变大，并对触摸更为敏感（Tanner，1990）。

大约 12 岁时，女孩出现**初潮**，即第一次月经（Pinyerd & Zipf，2005）。虽然一般认为初潮时女孩就具有了生育能力，但是年轻女孩月经刚开始时通常并没有伴随排卵现象，初潮以后 12～18 个月内仍然不能生育（Tanner，1978；Pinyerd & Zipf，2005）。无排卵的月经（出现月经，但不排卵）周期经常没有规律，并伴随痛经。一两年后，月经时开始排卵，月经周期也变得有规律了，疼痛也减轻了（Pinyerd & Zipf，2005）。初潮的第二年，随着乳房发育的完成和腋毛的出现，女性的性发育即告于段落（Pinyerd & Zipf，2005）。在胳膊、腿部，毛发也开始出现，面部的毛发稍浅一些（Pinyerd & Zipf，2005）。

男孩的性发育

对男孩而言，随着睾丸的增大，大约 10～13（9.5～13.5）岁时性成熟开始（Pinyerd & Zipf，2005）。睾丸的发育经常伴随或紧跟着阴毛的出现。随着睾丸的发育，阴囊也开始发育，开始变薄变暗，并下行至成年时的位置。同时，阴茎增长增宽。到 13～14.5 岁时，精子开始产生（Pinyerd & Zipf，2005）。到 14.5～15 岁时，阴茎已充分发育，大多数男孩达到青春期，并具备了做父亲的能力（Tanner，1990）。

稍后，男孩面部胡须开始萌发，最先开始于上唇，最后是下巴和下颌（Mustanski et al., 2004；Pinyerd & Zipf，2005）。虽然胸毛直到 20 岁左右才出现（如果有的话），但此时腋下和腿部的体毛也开始发育了。男性性成熟的另外一个标志，是伴随着喉结发育和声带变宽而出现的声音低沉现象。确实，当许多男人回想起当年他们一会儿是尖细的女高音、一会儿是低沉的男中音的情形时，常会感到好笑。

身体和性成熟的个体差异

至此，我们已经介绍了有关的发展常模，或者说是青春期变化发生的平均年龄。在生理和性成熟的时间方面存在着巨大的个体差异。对于一个 8 岁时乳房就开始发育、9.5 岁就开始进入发育加速期、10.5 岁就达到初潮的早熟的女孩来说，她可能在其他发育晚的女孩开始发育之前就差不多已经结束青春期发育了。男孩之间的个体差异也同样惊人。一些男孩到 12.5 岁时就达到了性成熟，13 岁时就达到了成年时的身高，而有些发育较晚的男孩直到 17～18 岁还未到达青春期。你在任何一所初中都能看到这些正常的生理差异，在那里，你能看到各种各样的体形，从非常孩子气到完全成人化。

长期趋势——我们成熟得更早了吗？

大约 25 年前，家里的女人会对一个刚过 12 岁生日的六年级女生开始初潮感到很惊奇。她会不可避免地比较各代人初潮的年龄，这个女孩会知道曾祖母在 15 岁以后才开始初潮，而祖母的

在青春期早期，女孩比男孩成熟得更为迅速。

初潮年龄大约是 14 岁，母亲是 13 岁。了解了这些信息以后，这个女孩说："这有什么大不了的，我们班的许多女孩都开始有月经了。"

事实确实如这个女生所言。1900 年，当她的曾祖母出生时，初潮的平均年龄是 14～15 岁。到 1950 年时，大多数女孩在 13.5～14 岁初潮，最近的标准已经降低到 12.5 岁（Tanner，1990）。今天，早熟仍是指女孩在 8 岁以前、男孩在 9 岁以前进入青春期（Saenger，2003）。这种成熟越来越早的**长期趋势**开始于 100 多年以前的西方工业化国家，现在西方工业化国家的女孩初潮的年龄已经稳定下来，但在比较繁荣的非工业化国家，这种趋势正在蔓延（Coleman & Coleman，2002）。而且，工业化国家的国民在过去的一个世纪内身材越来越高，体重也越来越重了。为什么会出现这样的长期趋势呢？最为可能的原因是营养好和医疗条件的进步（Tanner，1990）。营养好，再加上患各种阻碍个体生长的疾病的可能性降低，所以今天的孩子比他们的父母和祖父母更有可能达到遗传潜能所允许的成熟程度。即使在相当富足的社会里，与营养良好的青少年相比，那些来自贫困家庭、营养不良的青少年的成熟时间仍然要晚一些。童年时身材高大、体重超标的女孩也倾向于成熟得更早（Graber et al.，1994），而一些舞蹈专业、体操专业以及其他经常参与剧烈体育运动的女孩的初潮则晚得多，或者在她们开始这些体育运动以后初潮就停止了（Hopwood et al.，1990）。所以，很有力的证据已表明，先天和后天因素相互作用，共同影响着青春期开始的时间。

> **初潮**（menarche）：第一次出现月经。
> **长期趋势**（secular trend）：工业化社会中个体成熟比过去提早、身材比过去高大的趋势。

概念核查 5.2　动作发展和青春期

回答以下问题，检查你对动作发展以及与青春期有关的发展变化的理解。答案见附录。

判断题：判断下列陈述的对错。

1. 与那些动作发展速度正常或者落后于平均水平的婴儿相比，动作发展速度较快的婴儿将来可能会更聪明一些。
2. 那些移动比较迅捷的婴儿在陌生人面前表现得更大胆一些，因为他们知道，在新的情景中感觉到不安全时，他们可以迅速逃向看护者寻求庇护。
3. 一般而言，女孩性成熟的时间早于男孩。
4. 第一次初潮以后，女孩就具有生孩子的能力了。
5. "长期趋势"是指今天的儿童达到性成熟的年龄晚于他们的祖父母和曾祖父母。

选择题：为下列各题选择最佳答案。

＿＿ 6. 查克有一个大约 6 个月大的儿子。查克认为，与不对儿子进行动作训练相比，帮助儿子练习各种动作技能将有助于儿子更早地获得独自一人时所需要的动作技能。因此，当他与儿子一起玩耍时，他帮助儿子练习坐立和行走技能，鼓励儿子练习。查克有关动作发展的观点与下面哪一个有关动作的科学观点最为接近？
　a. 成熟论　　　　　b. 经验论
　c. 发展程序论　　　d. 动力系统论

＿＿ 7. 在一个有关孤儿院儿童的研究中，这些儿童在 2 岁以前的生活被限制在婴儿床上，研究者 Dennis 发现
　a. 成熟决定着这些婴儿坐立、行走的年龄，这与经验无关。
　b. 经验决定着这些婴儿坐立、行走的年龄，这与成熟年龄无关。
　c. 成熟对坐立、行走和爬行这样的动作技能是必要条件，但不是充要条件。

d. 经验是决定婴儿何时能坐立、爬行和行走的决定性条件，与婴儿的年龄无关。

____8. 在青春期以前，男孩和女孩在运动能力方面没有显著差异。当青春期来临时

a. 女孩在大肌肉项目测试中的成绩继续提高，而男孩的成绩维持不变或出现下降。

b. 男孩在大肌肉项目测试中的成绩继续提高，而女孩的成绩维持不变或出现下降。

c. 男孩和女孩在大肌肉项目测试中的成绩都在持续提高。

d. 男孩和女孩的运动技能水平维持不变或出现下降。

____9. 下列哪一种变化不属于"青少年发育加速期"的变化？

a. 女孩和男孩长得更高，体重也增加了。

b. 随着前额的扩大以及鼻子和下巴变得更为突出，男孩和女孩的面部开始成人化。

c. 女孩和男孩的臀部变宽。

d. 女孩乳房发育，男孩肩膀变宽。

简答题： 简要回答下列问题。

10. 阐述以何种方式参与体育运动可以提升女孩的自尊。

生理发展的原因和相关因素

虽然我们已经对个体从出生到青少年期的生理发展有了概括性的了解，但仅是简单地提到了影响个体发育的各种因素。什么因素真正导致了儿童的成长发育？在青少年期发育开始加速时，为什么他们的身体变化如此剧烈？正如我们在下面的内容中将要看到的，生理发展是遗传和环境二者复杂的、不断交互作用的产物。

生理机制

很明显，生理因素在个体的发育过程中扮演着重要的角色。虽然并不是所有的儿童都会以同样的速度发展，但是现在已经知道生理成熟和动作发展的顺序是相当一致的。显然，人类所共有的这些正常顺序是人类物种所特有的属性，是人类共同的遗传基因作用的结果。

个体基因类型的影响

除了人类物种共同的基因纽带之外，我们还遗传了一套独特的基因组合，它影响了我们的生理生长和发育。例如，家族研究清楚地显示，身高就是一种遗传特质，同卵双生子的身高相似性高于异卵双生子身高的相似性，而且这种相似性表现出一定的稳定性，不管身高测量是在1岁、4岁还是在成年早期进行的（Tanner，1990）。成熟的速度也受遗传的影响（Kaprio et al.，1995；Mustanski et al.，2004）。骨骼的发育，甚至婴儿长牙的时间都受遗传的影响。

基因类型怎样影响人的生长呢？虽然我们知道基因可能调控激素的分泌量，而激素分泌量对生理生长和发育具有重要影响，但是对于上述问题的答案现在还不能十分确定。

激素的影响：生长的内分泌学

在孩子出生以前的很长一段时间里，激素就开始影响发育了。正如在第4章中所提到的，一个男性胎儿外表像男性的原因就是他的Y染色体上的基因引发了睾丸的发育，而睾丸所分泌的雄性激素（睾丸激素）对男性生殖系统的发育是一个必要条件。

最重要的内分泌腺是**脑垂体**，它位于大脑的底部，对各种腺体具有支配作用，能促进所有其他内分泌腺的激素分泌。除了具有调控内分泌系统的作用之外，脑垂体自身还分泌**生长激素（GH）**，刺激体细胞的快速生长和发育。生长激素每天释放数次，但每次释放的量都不大。生长

激素对正常的生长和发育非常关键。那么，是什么因素引发了青春期生长加速现象和其他的青春期变化呢？

研究表明，青春期的内分泌学远比我们20~25年前知道的要复杂（Tanner，1990）。早在明显的生理变化出现以前，脑垂体分泌物就开始刺激女孩的卵巢产生更多的**雌性激素**，刺激男孩的睾丸产生更多的**雄性激素**。一旦这些性激素含量达到某种关键水平，下丘脑（大脑的一部分）就促使脑垂体分泌更多的生长激素。生长激素的增加可能是女孩出现发育加速现象的全部原因，同时，它也是男孩出现发育加速现象的主要原因。至于性成熟，女性的雌激素引发和促进了女孩乳房、子宫、阴道、阴毛和腋毛的生长及臀部的加宽。对男孩而言，雄性激素控制着阴茎和前列腺的发育、嗓音变化、面部胡须和体毛的生长。虽然生长激素是男性发育加速现象的首要原因，但是雄性激素也对男孩肌肉的生长、肩膀的变宽和脊柱的生长独立发挥着影响。所以，男青少年比女青少年生长加速的幅度更大可能是因为只有雄性激素才能促进肌肉和骨骼的发展，而雌性激素无此功能。最后一点，肾上腺所分泌的雄性激素在男女两性的肌肉和骨骼成熟中都发挥着重要作用，其作用仅次于生长激素（Tanner，1990）。

是什么原因导致脑垂体激活各内分泌腺并加速了青少年剧烈的生理变化呢？现在还无法确定。所以，尽管我们已经掌握了许多有关激素如

> **脑垂体**（pituitary）：一个处于大脑底部的起支配作用的腺体，其作用是调节各内分泌腺和产生生长激素。
> **生长激素**（growth hormone，GH）：脑垂体分泌的激素，其作用是刺激体细胞的迅速生长和发育，对青春期生长加速起首要作用。
> **雌性激素**（estrogen）：女性性激素，由卵巢分泌，对女性的性成熟起支配作用。
> **雄性激素**（testosterone）：男性性激素，由睾丸分泌，对男性的性成熟起支配作用。

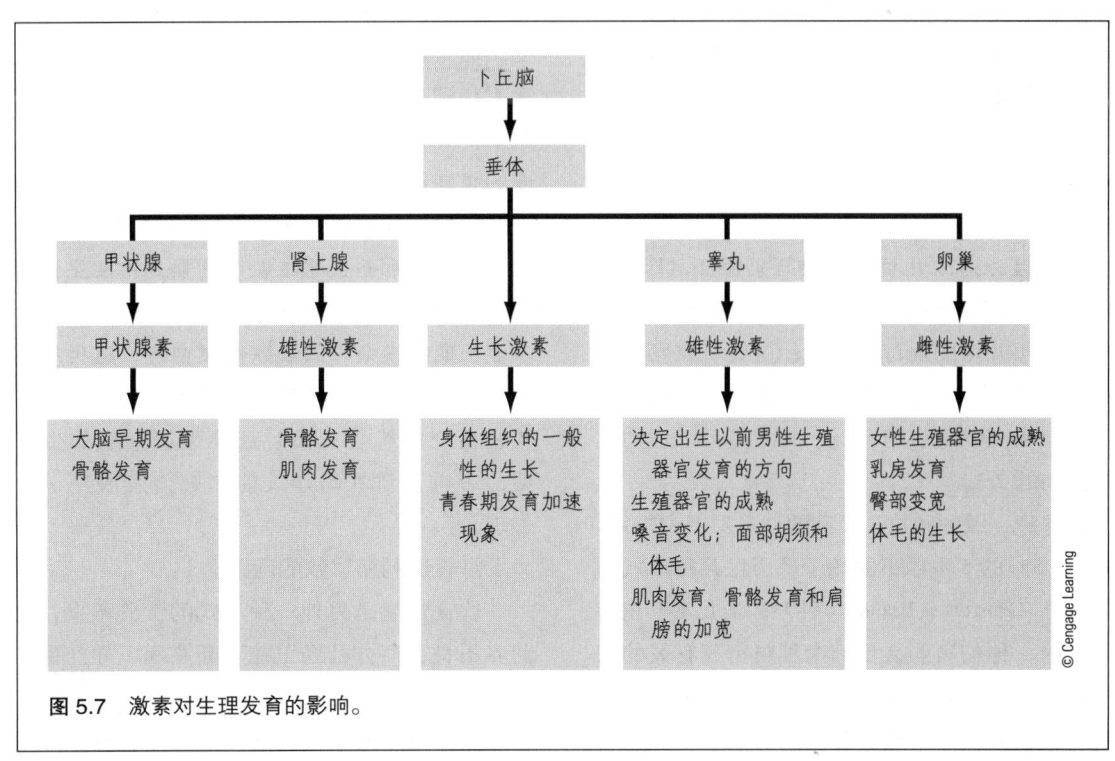

图5.7　激素对生理发育的影响。

何影响个体生长和发育的内容（见图 5.7），但是，现在还不清楚到底是哪些因素控制着这些激素的影响及其作用的时间。

环境的影响

三种环境因素可能对身体生长和发育具有重要影响。这三种因素是：营养、疾病和儿童所获得的照顾的质量。

营养

饮食可能是影响人类生长和发育最重要的因素。正如我们所知，营养不良的儿童如果仍在生长的话，其生长发育也非常缓慢。

营养不良所导致的问题

如果营养不良持续时间不长，也不特别严重的话，营养不良的儿童一旦获得充足的饮食，一般会通过快速生长（速度高于一般水平）而追赶上来。Tanner（1990）把这种**弥补性生长**看作生理发育的一个基本原则。也就是说，由营养不良造成的儿童短时期内的生长落后，可以非常迅速地恢复（或追赶上）到由基因决定的正常生长轨道上来。

但是，如果营养不良持续时间过长，将会带来更为严重的后果。特别是在出生后的前五年内出现的营养不良，可能会使大脑的生长受到严重影响，而且会造成儿童的身材特别矮小（Barrett & Frank, 1987；Tanner, 1990）。当我们回顾有关出生头五年儿童的发育情况时，这些研究发现就非常有意义了。在出生头五年，儿童的大脑一般能达到成人大脑重量的 65%，其身高可以达到成年时身高的 2/3。

在非洲、亚洲和拉丁美洲的许多发展中国家，有多达 85% 的 5 岁以下的孩子经历过某种形式的营养不良（Barrett & Frank, 1987）。当儿童严重营养不良时，他们可能会受到两种与营养有关的疾病的折磨：一种是消瘦症；另一种是夸休可尔症（或恶性营养不良）。这两种疾病的致病原因稍有不同。

消瘦症影响的是那些不能获得充足蛋白质和热量的儿童。如果母亲营养不良而且不能向婴儿提供富含营养的母乳代替品时，这种疾病很容易发生。消瘦症患者的生长会停止，身体组织日渐衰弱，身体变得非常虚弱，身体表面布满皱纹。即使这些孩子有幸活下来，他们的身材仍然会非常矮小，其社会性和智力发展通常会受到损害（Barrett & Frank, 1987）。

夸休可尔症影响的是那些虽然获得了足够的热量，但是缺少蛋白质的儿童。随着该病的发展，儿童的头发会变得稀疏，脸、腿和腹部出现水肿，皮肤受到严重损害。在世界上许多贫困国家，母乳可能是唯一的高蛋白来源。除非母亲严重营养不良，否则婴儿一般不会患夸休可尔症。但是，当婴儿断奶并且没有其他主要蛋白质来源时，他们仍有可能患上夸休可尔症。

在西方工业化国家，即使经历蛋白质或热量缺乏的学前儿童很少会发展成消瘦症或夸休可尔症。但是，**维生素和矿物质缺乏**正影响着大量儿童，特别是那些来自社会经济地位下层的非裔和拉丁裔儿童（Pollitt, 1994）。在婴幼儿中特别普遍的是缺铁和缺锌，其原因是儿童在生命早期对这些物质的需要量超出了一般的饮食所能供给的量。因此，那些食物中缺锌的婴儿可能生长得特别慢（Pollitt et al., 1996）。

长期缺铁会导致**缺铁性贫血症**，这种病不仅会导致儿童注意力不集中和精力不济，限制儿童的社会交往机会，而且还能延缓儿童的生长速度，影响儿童在动作技能和智力发展测试中的表现。

营养过剩所导致的问题

饮食过量是另外一种形式的营养不良，这种营养不良在西方社会正在不断蔓延，并产生了一些长期性的不良后果（Galuska et al., 1996）。营养过剩最直接的影响就是儿童变得肥胖，并增加了患糖尿病、高血压、心脏病、肝病和肾病的危险。**肥胖**儿童可能会发现他们很难在同伴中交到朋友，因为这些同伴可能歧视他们，嘲笑他们肥胖的身躯。的确，肥胖的学生经常是班级内最不受欢迎的学生（Sigelman, Miller, & Whitworth, 1986；Staffieri, 1967）。

与同伴相比，学龄期和青春期肥胖的个体在青少年后期和成年期更有可能肥胖（Cowley, 2001）。遗传因素确实会影响个体发胖的趋势（Stunkard et al., 1990）。但是，基因特征并不能确定一个人是否肥胖。胖得最厉害的是那些喜欢吃高脂食物，而又没有进行足够的活动来消耗这些热量的孩子（Cowley, 2001；Fischer & Birch, 1995）。

有可能导致肥胖的不良饮食习惯一般在生命早期就已经养成了（Birch, 1990）。一些父母总是给婴儿吃得过多，因为他们认为，只要婴儿情绪急躁，那么他一定是饿了。还有一些父母用食物作为手段来强化婴儿的良好行为表现，例如，"如果整理一下你的房间，你就会有冰激凌吃"；或者通过用孩子喜欢吃的东西来贿赂孩子，以达到让孩子吃他们不想吃的东西的目的，例如"除非你把豌豆吃了，否则甭想吃甜点"（Olvera-Ezzell, Power, & Cousins, 1990；Smith, 1997）。不幸的是，在他人的鼓励下，孩子可能会把食物看作某种奖赏，而不再是一种降低饥饿感的途径，从而赋予饮食更特别的意义（奖赏）。而且，用高脂肪的甜点和零食作为奖赏，可能使儿童把那些他们在引诱或贿赂下才吃的健康食品看作令人讨厌的垃圾食品（Birch, Marlin, & Rotter, 1984）。

除了这些不良的饮食习惯之外，与体重正常的同伴相比，肥胖的儿童活动量更少。当然，他们活动量少既是肥胖的原因（肥胖儿童消耗的热量少），也是体重超重的结果。缺乏运动导致肥胖的强有力证据是：儿童坐着看电视所花的时间是预测儿童未来肥胖与否的一个最好的指标

这个孩子肿胀的腹部和消瘦的外表是夸休可尔症（恶性营养不良）的典型症状。由于饮食中没有充足的蛋白质，患有夸休可尔症的儿童更易受到许多疾病的侵扰，并可能死于一些营养正常的儿童很容易战胜的疾病。

（Cowley, 2001）。看电视的习惯也可能导致一些不良的饮食习惯：被动地看电视时，儿童不仅爱吃零食，而且他们在电视广告中看到的食品大多是含糖和脂肪较多的高热量食品，有益的营养物质的含量很低（Tinsley, 1992）。

➤ **弥补性生长（catch-up growth）**：一段加速生长期，在此期间那些经历过生长落后的儿童将以非常快的生长速度追赶上由遗传决定的生长轨迹。

➤ **消瘦症（marasmus）**：一种阻碍个体生长的疾病，影响那些蛋白质和热量摄取不足的儿童。

➤ **夸休可尔症（kwashiorkor）**：一种阻碍个体生长的疾病，影响那些热量足够，但蛋白质摄取量不足的儿童。

➤ **维生素和矿物质缺乏（vitamin and mineral deficiency）**：营养不良，指饮食中提供了充足的蛋白质和热量，但是缺乏一种或几种能促进个体正常成长的物质。

➤ **缺铁性贫血症（iron deficiency anemia）**：一种由于饮食中缺乏足够的铁而导致的慵懒、没精打采，它使得儿童注意力不集中，并可能阻碍儿童的生理和智力发展。

➤ **肥胖（obese）**：一个医学术语，用来描述那些体重超出其身高、年龄和性别应该达到的理想体重20%以上的个体。

疾病

对于营养充足的儿童来说，一些常见的儿童疾病，如风疹、水痘以及肺炎对儿童的生理生长和发育影响并不大。一些严重疾病如果使一个孩子持续几周卧病在床的话，可能会暂时阻碍儿童的生长。但是身体恢复以后，儿童一般会表现出生长加速现象，以弥补他生病时落下的距离（Tanner, 1990）。

但是，对于中度或严重营养不良的儿童来说，疾病对儿童生长的阻碍作用可能是永久性的。营养不良会削弱儿童的免疫系统，所以一些疾病对营养不良儿童的影响更厉害，后果更为严重（Pollitt et al., 1996）。营养不良不仅会增加儿童患各种疾病的可能性，而且疾病也会反过来影响儿童的胃口，阻碍身体对营养物质的吸收和利用，从而导致儿童营养不良的加剧（Pollitt, 1994）。在发展中国家，胃肠疾病和上呼吸道疾病相当普遍，那些没有感染此类疾病的学龄儿童比严重感染这些疾病的同伴要高 2.5～5 厘米，体重多 1.25～2.50 千克（Martorell, 1980; Roland, Cole, & Whitehead, 1977）；在各种认知测试方面，没有感染疾病的儿童表现得也更出色（Pollitt, 1994）。

情绪压力和关爱缺失

那些虽身体健康、但承受太多压力、获得太少关爱的儿童，在生理生长和动作发展方面可能远远落后于他们的同伴。在美国可能有多达 6% 的学前儿童表现出这种发育不良的迹象，占儿童医院中病人数量的 5%（Lozoff, 1989）。

非器质性发育不良是一种生长障碍，出现时间较早，一般在婴儿 18 个月之前出现。表现出该症状的婴儿停止生长，日渐消瘦，就像因为营养不良而患消瘦症的婴儿似的。这些婴儿并未患明显的疾病，也没有其他明显的生理方面的原因。受其影响的婴儿通常很难喂养，在很多情况下，他们的发育落后是由营养不良造成的（Brockington, 1996; Lozoff, 1989）。当然，主要的问题是为什么在其他情况下可能健康成长的婴儿会变得很难喂养呢？

一个原因可能是这些婴儿在看护者面前的行为表现。他们一般表情冷漠，行为退缩，经常紧盯着看护者，被抱起时不会笑，也不会拥抱看护者。为什么呢？因为他们的看护者一般都表现得冷漠、疏远，对婴儿没有耐心，有时甚至会虐待婴儿（Brockington, 1996）。因此，即使看护者为这些婴儿提供了足够的食物，他们的急躁和敌意也会导致婴儿的退缩、冷漠，最终会导致饮食不良，很少表现出积极的社会性反应。

剥夺性矮小症是第二种与生长相关的障碍，它的起因是情感剥夺和爱心缺失。它出现得稍晚一些，一般发生在 2～15 岁，其特征是身体矮小和生长速度急剧变慢，但患此病的儿童看起来在营养供应方面没有什么问题，在生理上也受到了充分的照料。他们在生活中缺少的是与主要看护者之间的积极互动，而这些看护者本身可能因不幸的婚姻、经济困难或者其他一些个人问题而感到抑郁（Brockington, 1996; Roithmaier et al., 1988）。剥夺性矮小症患儿成长非常缓慢的原因，可能是情感剥夺抑制了他们的内分泌系统，抑制了生长激素的产生。一旦这些儿童离开原先的家庭，开始受到关心和照顾，生长激素的分泌很快就会恢复正常，而且在同样的饮食条件下，他们会表现出弥补性生长，以弥补上原先落下的距离（Brockington, 1996; Gardner, 1992）。

如果通过个体治疗或家庭治疗，看护者的问题（导致剥夺性矮小症的原因）得到矫正，或者这些儿童在有爱心的养父母的抚养下成长，那么这些受非器质性发育不良和剥夺性矮小症影响的儿童以后的发展还是非常良好的（Brockington, 1996）。但是，如果非器质性发育不良在前两年没有被确诊和矫治，或者导致剥夺性矮小症的情感忽视持续数年的话，受影响的儿童可能比正常发育的儿童矮小，而且会表现出长期的情感问题和智力缺陷（Drotar，1992；Lozoff，1989）。

总而言之，非器质性发育不良提供了另外一种启示，儿童的正常发展需要爱心和及时的照顾。幸运的是，如果在早期就可以确认哪些父母会使儿童处于危险之中的话，是有希望来预防这些与剥夺相关的障碍的。并且，我们常常可以辨认出这样的父母。甚至在生孩子之前，与其他妇女相比，那些孩子可能发育不良的母亲就更有可能认为自己不为父母所喜爱、拒绝把自己的母亲当作榜样，并认为自己的童年是不幸的。与其他母亲相比，在生孩子期间，这些母亲就已经面临

更多的喂食和抚慰孩子的麻烦（Lozoff，1989）。很显然，这些家庭需要帮助，一些早期干预，如教育父母如何对孩子更敏感，以及如何更及时地对孩子的要求做出反应等，将会使这些家庭获益匪浅。

> **非器质性发育不良**（nonorganic failure to thrive）：一种婴儿生长失调现象，由于看护者缺乏关注和爱心所导致，这种失调会导致生长急剧减慢甚至停止。
> **剥夺性矮小症**（deprivation dwarfism）：一种由情感剥夺所引发的儿童生长失调，其特征是生长激素分泌减少，生长缓慢，体形矮小。

概念核查5.3　青春期的心理影响与个体发育和发展的原因

回答以下问题，检查你对青春期的心理影响与个体发育和发展的相关原因的理解。答案见附录。

匹配题：把结果与原因匹配起来。

　a. 由于摄入蛋白质和热量不够而导致的机体组织的不断萎缩。
　b. 由缺乏蛋白质而导致的疾病，其特征为肿胀的大肚子以及受到严重损害的皮肤。
　c. 一种与糖尿病、高血压以及心脏、肾脏疾病相关的疾病。
　d. 一种可导致儿童没精打采、注意力不集中、延缓生长的疾病，这种病症还会导致儿童在智商测验中表现较差。

_____ 1. 夸休可尔症
_____ 2. 消瘦症
_____ 3. 缺铁性贫血症
_____ 4. 营养过剩

发展主题在生理发展中的应用

在结束讨论生理发展之前，我们先来简单了解一下各个发展主题在生理发展的各个方面的表现——包括大脑和身体的发育、动作技能的发展、青春期的发展以及性的发育。发展的主题包括儿童的主动性、天性与教养在发展中的交互作用、发展中的质变和量变以及儿童发展的整体性。

第一个主题是有关儿童的主动性的，即儿童如何参与到自身发展的过程之中，这种参与既包括有意识的参与，也包括无意识的参与。有关儿

童主动性的论据之一是：在儿童出生后的最初几年内，儿童的早期经验指引着突触变化。与在贫乏的、缺少刺激的环境中长大的儿童相比，那些在刺激丰富的环境中长大的儿童的大脑组织结构发育有相当大的差异。孤儿院的例子就说明了这一点，那些孤儿在出生后的前两年一直被限制在婴儿床上，整天躺在床上，结果当这些孤儿被解除限制时，他们的动作发展已经受到了严重的损害。进一步的证据来自 Riesen 在黑暗环境中养育黑猩猩的实验。实验结果显示，如果年幼的黑猩猩被剥夺视觉刺激的时间超过7个月，那些组成视觉神经的神经元的萎缩将会导致失明，这意味着主动使用这些细胞对视觉系统的正常发展是必不可少的。对动作发展来说，动力系统理论很清楚地告诉我们，在生命早期的动作发展过程中，婴儿会利用目标主动地重组已有的动作技能，以形成新的更加复杂的动作系统。最后，有关青少年的发展也支持儿童是发展过程的主动参与者的观点，青少年的活动甚至可以影响青春期到来的时间早晚。那些参加强度过大的身体运动和深受贫血症折磨的青春期女孩的月经初潮会受到影响，初潮出现时间非常晚，甚至出现停经现象。

天性与教养的交互作用对个体生理发展的影响可扩展至儿童的养育环境。例如，所有的遗传和环境因素，像人们所吃的食物、所患的疾病和他们生活的情感氛围都可能对个体发展的速度以及最终达到的水平产生显著的影响。脑的早期发育就是生物程序和早期经验共同作用的结果。青春期开始时间早晚的影响因素也说明了遗传与环境对生理发展的重要影响。遗传因素（双生子研究和家庭研究）和环境因素（那些参加强度过大的身体运动的青春期女孩会出现停经现象）交互作用，共同影响青春期开始的时间。

在儿童和青少年的生理发展过程中，既存在质变，也存在量变。有时，在出现生长加速（每天可以长1厘米多）以前，婴儿的身高会在数天或数周内保持不变，这是一种比较明显的质变。在童年中期（6—11岁），儿童生长得非常缓慢，这一时期的变化属于量变，因为在此期间，儿童的生长速度缓慢，几乎保持不变。身体比例的变化也算得上是质变。在整个童年期，从婴儿期到童年期，体形一直在发生改变，到了青少年发育加速期出现了急剧的改变，在身体比例上，儿童已接近成人。生理变化的质变还影响到认知能力的发展。我们知道许多研究者认为只有大脑发育（重构和专门化）发生质变以后，青少年的认知才能发生进步。当然，青少年发育加速现象和青春期的生理变化都很好地说明了生理发展的质变过程的存在。

最后，我们来谈一谈发展的整体性。关于发展的整体性，本章呈现的许多例子都说明了生理发展对社会性、智力和心理发展的影响。事实上，这些影响的存在正是发展心理学教科书应该包含生理发展相关内容的原因！其中，有一些例子说明了儿童生长的速度差异对他们的社会性和人格发展具有非常强大的影响。这种差异的影响可以从青春期大脑结构的变化（高级大脑中枢的髓鞘化和大脑前额叶皮层神经通路的重组，这些变化使青少年可以进行一些年幼的儿童不能进行的高级思维）中看出来。以动作技能发展为例，我们也看到动力系统理论把动作发展看作一个整体的过程，婴儿的认知目标引导简单动作重组为更复杂的动作系统。与那些刚开始爬行和行走的婴儿相比，比较有爬行经验和行走经验的婴儿能更好地利用一些标志来引导自己的探索行为。这种现象说明移动性经验影响空间记忆，也说明了发展的各个方面具有整体性。以青少年的生理变化为例，我们知道，如果女孩或青少年经常进行体育锻炼，她们的心理发展也会受益，如她们的自尊水平会更高。而且，男孩或女孩的早熟和晚熟所带来的诸多社会和心理影响更能说明生理发展与其他方面的发展是紧密相连的，是一个密不可分的整体。

总 结

成熟和发育概览

- 从婴儿期到成年期，身体持续发生变化。
  - 身高和体重在出生后头两年发展迅速。
  - 在童年中期，生长比较缓慢。
  - 在青少年早期，出现了一个生长加速期，身高和体重增长迅速。
- 因为身体不同部分的生长速度不同，身体的形状和比例也在不断变化。
- 身体发育遵循着头尾发展原则和近远发展原则，即身体上部和中部比下部和周围的部位成熟得早。
- 骨骼和肌肉的发育与身高和体重的发展相一致。
  - 骨骼不断生长、变宽，并逐渐硬化，到青少年晚期时完成生长和发育。
  - 骨龄是测量生理成熟的一个很好的指标。
  - 肌肉的密度和大小都在不断增长，特别是在青少年早期的生长加速期内生长更为迅速。
- 身体各系统的生长发育是不均衡的或者说是不同步的：
  - 大脑、生殖系统和淋巴系统的成熟速度并不相同。
  - 身体发育和发展也呈现出明显的个体差异和文化差异。

大脑的发育

- 大脑的生长加速出现在孕期的后 3 个月和出生后的前 2 年。
  - 神经元生成突触以与其他神经元联结。
  - 神经胶质细胞为神经元提供了养料，并使神经元髓鞘化，这层腊质包裹提高了神经冲动的传导速度。
- 个体形成的神经元和突触的数量远远超过了个体的需要：
  - 经常被使用的神经元将会存活下来。
  - 其他受到较少刺激的神经元或死亡，或失去它们的突触，为弥补大脑损伤而作为后备力量。
  - 在青春期以前，大脑表现出很强的可塑性，可以因经验而改变，并能从损伤中修复。
- 最高级的脑部中枢——大脑，包括两个由胼胝体连接在一起的脑半球。
  - 每一个半球都覆盖着大脑皮层。
  - 在出生时大脑可能就已经形成了功能偏侧化，两个半球各自执行不同的功能。
  - 儿童逐渐变得依赖某一特定半球执行某种功能。
- 髓鞘化和大脑皮层神经回路的重新组织一直到青少年期都在不断进行。

动作发展

- 像身体生理结构的发展一样，动作发展也遵循头尾发展原则和近远发展原则。
- 动作技能的发展遵循特定的顺序：
  - 婴儿对头、颈和前臂的控制先于他们对腿、脚和手的控制。
- 婴儿所表现出来的动作技能并不是成熟时间表的简单展开，经验起到了关键作用：
  - 由于缺少运动机会，导致福利机构的孤儿动作发展落后。
  - 跨文化的研究结果也表明，动作发展可以加速进行。
- 根据动力系统理论，每一个新的动作技能都是儿童为了实现重要目标而对既有技能的主动的、复杂的重新建构。
- 精细动作技能在第一年内进步最多。
  - 前够物动作被自主够物动作所代替。
  - 尺骨抓握被钳形抓握所代替。
  - 够物和抓握技能使婴儿变成一个熟练的手部

控制者，他很快就能够重新建构已有的技能来画线和搭积木。
- 不断出现的动作技能经常使父母感到高兴，也让婴儿能玩新的游戏。
- 不断出现的动作技能还有助于感知能力和认知能力的发展，以及社会性的发展。
- 每过一年，儿童的动作技能都会有所提高。
  - 在青少年早期，由于男孩更强的肌肉发展，以及女孩不像以前那样坚持身体锻炼等原因，男孩看起来比女孩更为强壮。

青春期：从儿童到成人的生理转变

- 在女孩大约10.5岁，男孩大约13岁时，青少年发育加速期开始。
  - 青少年长得更高、更重。
  - 青少年身体外表也变得越来越像成人。
- 性成熟：
  - 开始的时间与青少年发育加速期开始的时间差不多；
  - 遵循一定顺序。
- 对女孩来说，青春期包括：
  - 乳房和阴毛的发育开始；
  - 臀部变宽，子宫和阴道增大；
  - 初潮的到来；
  - 乳房和阴毛生长。
- 对男孩来说，青春期包括：
  - 睾丸和阴囊开始发育；
  - 阴毛出现；
  - 阴茎生长、出现遗精；
  - 面部胡须出现；
  - 嗓音低沉。
- 性成熟的时间存在很大的个体差异。
- "长期趋势"是指工业化国家的青少年性成熟的时间比过去提前了。
  - 人们与过去相比，身高更高，体重更重。
  - "长期趋势"出现的原因可能是由于营养和卫生保健的不断改善。

生理发展的原因和相关因素

- 生理发展是生理因素和环境因素相互作用的产物。
  - 个体的基因类型为其身高、体形、生长速度设定了一些限制。
  - 生长深受内分泌腺（由脑垂体控制）所分泌的激素的影响。
  - 生长激素和甲状腺素会在整个童年期内调节个体生长。
  - 在青春期，其他一些内分泌腺也分泌激素。
  - 卵巢分泌的雌性激素激发了女孩的性发育。
  - 睾丸分泌的雄性激素激发了男孩的性发育。
- 充足的营养，特别是富含热量、蛋白质、维生素和矿物质的营养是儿童实现其生理发育潜能的必要条件。
  - 消瘦症、夸休可尔症（恶性营养不良）和缺铁性贫血症是由营养不良引起的三种发育落后疾病。
  - 在工业化国家，肥胖也是一个营养问题，会产生许多生理和心理的不良后果。
- 慢性传染性疾病可能与营养不良相结合共同阻碍儿童的生理发展和智力发展。
  - 非器质性发育不良和剥夺性矮小症说明，有爱心、敏感的照顾对儿童的正常发展也很重要。

第5章 练习测验

选择题： 为下列各题选择最佳答案，检查你对生理发展的理解。答案见附录。

1. 下列哪个选项中有关生理发展的陈述是错误的？
   a. 走路早的婴儿将来会特别聪明。
   b. 一般两周岁的学步儿的身高已经达到其成年时身高的一半。
   c. 在生命的头几年，个体有一半的大脑神经元将会死亡。

2. 下列哪个选项中有关生理发展的陈述是正确的？
   a. 到6个月大时，在足够的鼓励和练习之下，大多数婴儿能够独立行走。
   b. 在青春期以前，激素对个体的成长和发展几乎没有什么影响。
   c. 即使对那些营养充足、没有疾病和没有受到身体虐待的年幼儿童来说，情感创伤也会严重伤害到他们的成长。

3. 在胎儿期、童年期和青少年期，身体发育沿头部方向向下发展，这个发展原则被命名为_____原则。

   a. 近远　　　　　b. 头尾
   c. 骨化　　　　　d. 垂直

4. 在儿童和青少年阶段，哪一个身体系统的发展超越了成年时期的水平？
   a. 大脑和头部　　b. 整体生长
   c. 淋巴　　　　　d. 生殖

5. 下列哪一种脑细胞是数量最多的，能产生髓磷脂，并终生持续不断地产生？
   a. 神经胶质细胞　b. 大脑
   c. 神经元　　　　d. 突触

6. 连接大脑两半球并在两个半球间传递信息的那束神经纤维被称作_____。
   a. 大脑　　　　　b. 大脑皮层
   c. 偏侧化　　　　d. 胼胝体

7. 下列哪种理论把动作发展看作儿童的生理能力与目标、经验之间的相互作用？
   a. 成熟论　　　　b. 经验论
   c. 动力系统理论　d. 相互作用理论

关键术语

剥夺性矮小症，p196
长期趋势，p191
尺骨抓握，p185
初潮，p190
雌性激素，p193
大脑，p178
大脑发育加速期，p176
大脑皮层，p178
大脑偏侧化，p179

动力系统理论，p184
非器质性发育不良，p196
肥胖，p195
骨龄，p174
近远发展，p173
可塑性，p177
夸休可尔症，p194
弥补性生长，p194
脑垂体，p192

胼胝体，p178
钳形抓握，p185
青春期，p189
青少年发育加速期，p189
缺铁性贫血症，p194
身体运动游戏，p188
神经胶质细胞，p176
神经元，p176
生长激素（GH），p192

髓鞘化，p178
头尾发展，p173
突触，p176
突触发生，p176
维生素和矿物质缺乏，p194
消瘦症，p194
雄性激素，p193

第三部分
认知发展

第6章　认知发展：皮亚杰的理论和维果斯基的社会文化观
第7章　认知发展：信息加工的观点
第8章　智力：心智表现的测量
第9章　语言和沟通技能的发展

第6章 认知发展：
皮亚杰的理论和维果斯基的社会文化观

皮亚杰的认知发展理论
皮亚杰的认知发展阶段
- 生活与研究应用：认知发展与儿童的幽默
- 研究聚焦：儿童对假设命题的反应

对皮亚杰理论的评价
- 研究聚焦：透过跨文化的棱镜评价皮亚杰

维果斯基的社会文化观
发展主题在皮亚杰和维果斯基的理论中的应用

老师（在9岁儿童的班上说）：今天的美术课，我想要你们每人画一个长三只眼睛的人。

贝利：怎么画呀？没有人长三只眼睛！

如果让你解释这个9岁儿童的反应，你可能会认为，他要么缺乏想象力，要么在讽刺挖苦老师。实际上，贝利对这项美术作业的反应有相当的代表性（见"研究聚焦"专栏），因为9岁儿童的思维方式和成人不同，他们很难对毫无现实基础的假设命题进行思考。

在第6—8章，我们将探讨**认知**的发展。认知是心理学家常用的术语，指人类的认识活动及获得并运用知识解决问题的心理过程。认知过程有助于人们理解和适应周围环境，这些认知过程主要包括注意、知觉、学习、思维和记忆，简言之，是指人类大脑中那些无法观察的事件和活动（Bjorklund，2011）。

认知发展是发展心理学中最多样化、最令人兴奋的研究主题之一，它研究儿童发展过程中心理能力所发生的变化。本章主要探讨智力的发展。首先介绍瑞士心理学家皮亚杰在这方面所做出的诸多重要贡献，他认为，存在一个涵盖婴儿期、童年期、青少年期的智力发展的一般模型。然后介绍维果斯基的社会文化观，该理论认为，个体的认知发展受其所处的文化环境的影响，这与皮亚杰及其追随者所提出的认知发展具有普遍性的观点相去甚远（Wertsch & Tulviste，1992）。

第7章还将介绍有关智力发展的第三个很有影响力的观点：信息加工理论。该理论的产生在一定程度上源于皮亚杰早期工作中尚未解决的问题。第8章将会介绍智力测验（或者说是心理测量）的方法，并讨论影响儿童在智力表现方面的个体差异的因素。

> **认知（cognition）**：认识活动和知识的获得过程。
> **认知发展（cognitive development）**：在心理活动如注意、知觉、学习、思维和记忆过程中发生的变化。

皮亚杰的认知发展理论

让·皮亚杰是迄今为止在儿童心理发展史上最具影响力的理论家，他将自己早期感兴趣的动物学和认识论（关注知识起源的哲学分支）加以整合，创立了**发生认识论**这一新学科，即用实验的方法研究认识的起源（皮亚杰所用的"发生"一词是指"本质上的发展"这一原始的含义）。

皮亚杰的研究始于对自己三个孩子的婴儿期的仔细观察。他观察孩子们如何探索新玩具，如何解决他提出的简单问题，以及如何逐渐认识自己和外部世界。后来，皮亚杰运用临床法对更大样本的儿童进行研究。临床法是一种灵活的问答技术，皮亚杰运用这种方法揭示不同年龄的儿童如何解决每天产生的各种各样的问题和想法。从对儿童的游戏规则到物理法则等活动主题的自然观察中，皮亚杰建构了重要的智力发展理论。

智力是什么

皮亚杰把**智力**定义为帮助有机体适应环境的一种基本生命功能，从这一点可以看出，他明显受自己动物学背景的影响。从学步儿学会如何开电视、学龄儿童决定如何给朋友分糖果、青少年如何努力去解答一道几何难题等方面，我们可以了解适应的表现。皮亚杰认为，智力是"所有认知结构趋于平衡的状态"（1950, p.6）。简而言之，是指进行任何智力活动的时候，头脑中都有一个目标，即在思维过程和环境之间建立一种平衡或和谐的关系，这种平衡的状态就是**认知平衡**，而达到这种平衡状态的过程称为平衡化。皮亚杰强调，儿童是积极主动并充满好奇心的探索者，他们经常面对一些无法即刻理解的新奇刺激和事件的挑战。皮亚杰认为，儿童的思维模式和环境间的这种不平衡（或称认知失衡）促使他们进行心理调适，以解决面临的新困惑，并恢复认知平衡。

由此可见，皮亚杰的智力观是一种相互作用论的模型，意指一个人内部的心理图式（即已有知识）和外界环境的不匹配会促进认知活动和智力的发展。

皮亚杰智力观的一个非常重要的假设是：如果儿童想了解某事物，他们必须自己建构与此有关的知识。实际上，皮亚杰把儿童看作一个**建构者**——一个能够操控新的事物和事件，并以此达到对其本质的某些理解的个体。儿童对现实的建构（也就是对事物的理解）依赖于所获取的有关知识的多少，儿童的认知系统越不成熟，对事件的解释越有限。看下面的例子：一天放学后，4岁的彬彬告诉妈妈："妈妈，今天休息的时候，一阵凉爽的大风吹来，几乎把我吹倒！我想它知道我热了，所以来给我降温！"在这个例子中，儿童做了一个影响他理解的重要假设：即没有生命的风是有意图的。他还不能区分有生命的物体和无生命的物体，至少还不能像成人那样进行区分。因此，他所构建的对现实的理解与妈妈的理解是很不一样的。

我们如何获取知识：认知图式和认知过程

皮亚杰认为，认知是通过心理结构或者**图式**的改进和转换得以发展的（Piaget & Inhelder, 1969）。图式是无法观察到的心理系统，是智力的基础。一个图式就是一种思维或者活动的模式，它常常被看作儿童用于理解周围世界的一些知识基础。实际上，图式是对现实的表征，儿童通过图式了解自己周围的世界，并把图式作为他们理解和组织经验的手段。皮亚杰认为，认知发展就是图式或者结构的发展。儿童带着一些先天反射来到这个世界，他们通过这些反射来理解周围的世界，而这些反射的基础就是图式。

儿童如何建构并修正智力图式呢？皮亚杰认为，所有的图式，所有形式的理解都是通过两种天生的智力加工过程得到的：即组织和适应。

组织是一种加工过程，儿童通过它把已有图式组合成新的、更为复杂的智力图式。例如，具有"注视"、"伸手"以及"抓握"反射的婴儿，很快能把这些最初毫无关联的图式组织成一种更为复杂的结构——视觉定向取物。这能帮助他够取周围环境中许多有趣的东西，并了解其特征。尽管认知图式在不同的发展阶段可能会呈现截然不同的形式，但其组织加工过程是不变的。皮亚杰相信，儿童总在不断地将自己已有的各种图式组织转化为更复杂的、更具适应性的结构。

婴儿形成了广泛的行为图式，用来探索和"理解"新事物，并解决简单问题。

组织的目的是促进有机体的**适应**，即通过调整以适应环境需求的过程。皮亚杰认为，适应是通过两个互补的活动实现的，即同化与顺应。

同化是儿童利用已有的图式——关于这个世界的模式，试图解释新经验的过程。例如，第一次看见马的幼童可能会将其纳入已有的"四条腿动物"的图式中，于是她可能认为这是一条小狗。也就是说，儿童通过把马理解为熟悉的事物，来适应这个新鲜刺激。

然而，真正新奇的物体、事件和体验很难用已有的图式去解释。例如，那个小孩也许很快就会发现，被她称作小狗的这个大动物长着非常有趣的脚，还有很特殊的叫声。于是，她会倾向于为所观察到的事物寻求更恰当的理解。**顺应**作为同化的补充，是通过改变已有图式来理解新经验的过程。这个孩子会认识到，那个动物不是狗，她可能会赋予它一个新名字，或者问"这是什么？"并会采纳同伴的说法。这样，她就在已有的"四条腿动物"的图式中，加入了"马"这个新的类型，从而修正了原有的图式，或者说进行了顺应。

皮亚杰认为，同化与顺应共同作用，促进认知的发展。在前面的例子中，同化和顺应并不总是同时发生的，但同化那些与已有图式不一致的经验，最终会导致认知冲突，从而促使有机体顺应这些经验。最终的结果是适应，即认知结构和环境之间达到一种平衡状态。

表 6.1 提供了一个例子，用皮亚杰的观点来说明认知是如何发展的。该观点强调，认知发展是一个主动的过程。在这一过程中，儿童常常寻求着新经验，并同化着新经验；调整原有的图式，去顺应新经验，然后将已有的图式建构成新的、更复杂的图式。同化和顺应这两种与生俱来的活动，为儿童建构对这个世界日益复杂的理解提供了可能。

> ➢ **发生认识论（genetic epistemology）**：由皮亚杰所创立，用实验的方法研究认知的起源。
> ➢ **智力（intelligence）**：根据皮亚杰的观点，是指有机体适应周围环境的一种基本生命机能。
> ➢ **认知平衡（cognitive equilibrium）**：皮亚杰用来描述个体思维过程与环境之间处于一种平衡、和谐关系的术语。
> ➢ **建构者（constructivist）**：通过活动或者操控物体和事件以发现其特点来获取知识的人。
> ➢ **图式（scheme）**：也称认知结构，指个体所构建的有关思维和动作的组织化的模式，用于解释一些相关的经验。
> ➢ **组织（organization）**：将已有的图式整合成一个连续性的系统或者知识体系的先天倾向。
> ➢ **适应（adaptation）**：通过调整以适应环境需求的先天倾向。
> ➢ **同化（assimilation）**：把新经验纳入已有图式中加以理解的过程。
> ➢ **顺应（accommodation）**：调整已有图式来吸收或者适应新经验的过程。

表 6.1　皮亚杰认知发展观的例证

	皮亚杰的概念	定义	举例
开始	平衡	个人图式和经验之间的和谐状态	只见过鸟的学步儿会认为所有会飞的东西都是鸟。
	同化	根据已有图式解释新的经验从而适应新经验	儿童把天空中的飞机也叫作小鸟。
	顺应	改变已有图式来更好地理解新经验	当学步儿意识到这种新的鸟既没有羽毛也不能拍打翅膀时，内心就会体验到冲突或不平衡。于是他得出结论，这不是鸟，并给它起一个新名字（或询问："这是什么？"），至少在当时，他能够成功地通过顺应达到平衡。
结束	组织	重组已有图式，形成新的、更复杂的结构	形成一个层级图式，包括一个上位概念（飞行物体）和两个下位概念（鸟和飞机）。

注：作为练习，你可以运用皮亚杰的上述概念，对儿童遇到蝴蝶和飞碟时所拥有的图式做出更为复杂的表格。

概念核查6.1　理解皮亚杰的假设和概念

回答下列问题，检查你对皮亚杰理论的基本假设和概念的理解。答案见附录。

选择题：为下列各题选择最佳答案。

____ 1. 根据皮亚杰的观点，顺应指
　　a. 对新信息进行调整和转变，以使其合并到现有的图式中去
　　b. 每个结构都源于先前的结构
　　c. 把结构合并到上位结构系统中去的倾向
　　d. 改变现有图式以合并新信息

____ 2. 根据皮亚杰的观点，认知平衡指
　　a. 把结构合并到上位结构系统中去的倾向
　　b. 个体试图稳定自己的认知结构
　　c. 为了把新信息合并到已有的结构中而调整结构的倾向
　　d. 每个结构都源于先前的结构

匹配题：为下列概念选择最合适的定义。

　　a. 图式　　　　　　　b. 建构者
　　c. 认知平衡　　　　　d. 智力
　　e. 组织　　　　　　　f. 同化

3. 在皮亚杰的理论中，是使有机体适应周围环境的一种基本的生命机能。
4. 皮亚杰用这个术语来描述事物所处的一种状态，即个体思维过程与环境之间的一种平衡、和谐的关系。
5. 通过把新经验合并到已有的图式中来理解新经验的过程。
6. 通过作用或者操控物体和事件来发现其特点从而获取知识的人。
7. 个体建构起来的用于理解经验的一种有组织的思维或者动作模式。
8. 将已有的图式合并成一个连续的系统或者知识体系的先天倾向。

论述题：详细论述下列问题。

9. 讨论皮亚杰的适应概念。同化和顺应如何共同作用达到适应？
10. 皮亚杰如何定义智力？与其他的大多数学者的定义方式有何不同？

皮亚杰的认知发展阶段

皮亚杰把认知发展划分为四个阶段：感知运动阶段（0—2岁）、前运算阶段（2—7岁）、具体运算阶段（7—11岁）、形式运算阶段（11岁以后）。这些智力发展阶段代表了存在质的不同的认知功能和形式的水平，皮亚杰称之为**恒常发展顺序**。也就是说，所有儿童都严格按照同样的顺序发展。皮亚杰进一步指出，每一阶段都建立在前一阶段发展完成的基础之上，所以这些阶段决不可能逾越。

尽管皮亚杰认为智力发展阶段的顺序是不变的，但他也承认，儿童进入特定阶段的年龄存在很大的个体差异。实际上，他认为，文化及其他环境因素的影响，可以促进或延缓儿童智力的发展速度，达到各阶段的标准年龄只是一种粗略的估计。

感知运动阶段（0—2岁）

在**感知运动阶段**，婴儿能协调感觉输入与运动能力，形成行为图式，从而理解并影响周围环境。婴儿对通过外部动作所获得的知识，能够理解多少呢？情况远远超出你的想象。婴儿在出生后的头两年里，从一个所知极其有限的反射性的有机体，发展成了一个有计划的问题解决者，已经对其自身、亲近的看护者及日常生活中的物体和事件有了很多了解。婴儿的认知发展非常迅速，所以皮亚杰又把感知运动阶段划分为六个亚阶段，详细阐述了婴儿由反射性有机体到思考（reflective）性有机体的逐渐转化过程（见表6.2）。下面，我们主要针对感知运动发展的三个重要方面进行阐述，即问题解决技能（或称手段—目的活动）、模仿和客体概念的发展。

问题解决能力的发展

反射活动（第0—1个月）

皮亚杰把婴儿出生后第1个月定为**反射活动**阶段。在此期间，婴儿更多地局限在练习先天反射活动上，他们将新物体同化到已有的反射性图式中（如婴儿像吸奶头一样吮吸毯子和玩具），并改变反射图式，顺应新异刺激。当然，这不是高度发展的智力，但早期的适应代表着认知发展的开始。

初级循环反应（第1—4个月）

婴儿最早出现非反射图式是在出生后的第1—4个月。婴儿偶然发现，自己能做出和控制各种反应，如吮吸手指、发出喔啊声等。他们对此感到很满意，因此会去重复这一行为。这些简

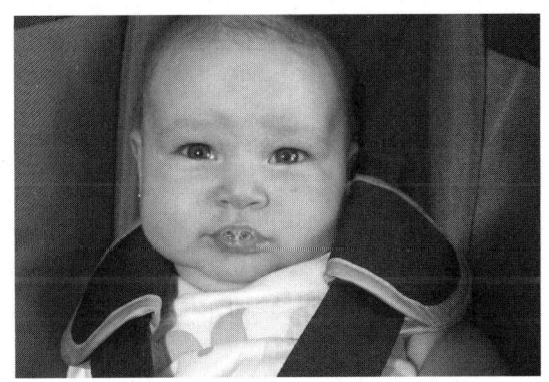

吐泡泡是婴儿对吸吮反射的一种顺应，也是婴儿最早的初级循环反应之一。

▶ **恒常发展顺序**（invariant developmental sequence）：是指一系列以特定顺序出现的发展阶段，其中每一阶段都是后一阶段出现的前提。

▶ **感知运动阶段**（sensorimotor period）：皮亚杰智力发展理论的第一个阶段，指从出生到2岁，这时婴儿会依靠行为图式探索和理解周围环境。

▶ **反射活动**（reflex activity）：皮亚杰提出的感知运动阶段的第一亚阶段，此时婴儿的活动仅仅是练习先天反射，将新刺激同化到已有图式中，或改变原有图式顺应新刺激。

表 6.2 皮亚杰的感知运动发展概述

亚阶段	解决问题或者重复有趣结果的方法	模仿	客体概念
1. 反射活动（第 0—1 个月）	练习和顺应先天反射	对于动作反应的反射性模仿[a]	追寻移动的物体，但当物体消失后则不再理睬
2. 初级循环反应（第 1—4 个月）	反复做以自身为中心的有趣行为	重复自己被他人模仿过的行为	有意识地看物体消失的地方[b]
3. 二级循环反应（第 4—8 个月）	重复指向外部客体的有趣行为	与第二亚阶段相同	寻找部分被隐藏起来的物体
4. 二级循环反应间的协调（第 8—12 个月）	解决简单问题的联合行为（最初出现意向性）	逐步模仿新反应；在简短的停顿后能对简单动作进行延迟模仿	已经具有形成客体概念的明显迹象；能够去寻找并能发现显然没有被转移的物体
5. 三级循环反应（第 12—18 个月）	尝试寻找解决问题的新方法，或者重复那些有趣的结果	对新异反应的系统模仿；在长时间的间隔后能够对简单动作进行延迟模仿	寻找并能找到明显被转移的物体
6. 通过心理整合创造新的手段（第 18～24 个月）	儿童在内部的、符号水平上解决问题的第一个证据	对于复杂的行为序列进行延迟模仿	客体概念已经形成；即使没有看到物体被转移，也能够去寻找并找到物体

[a] 简单动作（如伸舌头、摇头、张嘴、闭嘴、手掌伸开或合拢）的模仿显然是先天的反射性能力，它与出生后第一年晚期出现的自主模仿没太大相关。

[b] 目前许多研究者认为，客体永久性可能出现得相当早，而皮亚杰的研究程序大大低估了婴儿对客体的了解。

单的重复行为被称为**初级循环反应**，它总是以婴儿自身为中心。之所以称其为"初级"，是因为这是婴儿最早出现的运动习惯；称其为"循环"，是因为这些反应是重复的。

二级循环反应（第 4—8 个月）

4～8 个月大的婴儿偶然发现，除了自己的身体外，还能对物体做一些有趣的事情，如挤压一只橡胶的小鸭子，让它发出嘎嘎声。这些新的图式被称为**二级循环反应**。由于这些动作能够带给婴儿乐趣，所以被不断重复。根据皮亚杰的观点，4～8 个月大的婴儿突然对外界物体产生兴趣，表明他们已经开始能把自己和周围环境中的可控物体区分开来了。一个喜欢重复拍打玩具小汽车或者使玩具小鸭子嘎嘎叫的婴儿，是在实施有计划或有目的的行为吗？皮亚杰的回答是否定的。二级循环反应不完全是有目的的。因为这种行为产生的有趣结果是偶然发现的，并不是最初的行为所要达到的目的。

二级循环反应间的协调（第 8—12 个月）

真正有计划的反应出现在第 8—12 个月的**二级循环反应间的协调**阶段。这时，婴儿为了达到简单的目的，能协调两种或两种以上的动作。例如，如果你把一个有趣的玩具放到坐垫下面，9 个月大的婴儿会用一只手提起坐垫，再用另一只手抓取玩具。在这个例子中，拿起坐垫这个动作本身既不是愉快的反应，也不是偶然出现的，而是一个更大的、有目的的图式的组成部分，其中"提起"和"抓取"这两个最初毫不相关的反应协调统一成为达到某一目的的手段。皮亚杰认为，这些二级图式间的简单协调代表了早期形式的目的指向行为和真正的问题解决。

三级循环反应（第 12—18 个月）

12～18 个月大的婴儿开始积极地探索客体，并试图创造新的问题解决办法，或再现有趣的结果。例如，前面讲到的那个把橡胶鸭捏得嘎嘎叫的婴儿，可能还会用扔、踩、枕头压等不同方法去挤鸭子，以观察这些行为能对该玩具产生什么相同的或者不同的结果。或者是通过探索，她发现使劲扔比吐能更有效地把食物粘在墙上。虽然，父母不会陶醉于婴儿取得的这种认知发展上的进步，但这些被称为**三级循环反应**的试误探索图式，反映出婴儿有积极的好奇心，也就是说，有了解事物运作方式的强烈动机。

符号问题解决（第18—24个月）

当婴儿能将自己的行为图式内化成心理符号或表象，并以此指导以后的行为时，就达到了感知运动阶段发展的最高水平。此时，婴儿已能进行心理操作，而且对如何解决问题表现出了一定的"洞察力"。皮亚杰的儿子朗瑞特的例子可以很好地说明这种符号问题解决，又叫作**内部实验**：

> 朗瑞特坐在桌前，我在他够不到的前方放了一片面包，然后又在他右面放了一根约25厘米长的木棒。起初，他试图去拿面包，但不久就放弃了……他又看了看面包，这次没动，又迅速看了一眼那根木棒，接着就突然抓住它并伸向面包……最后他用木棒够到了面包。（Piaget, 1952, p.335）

显然，这不是试误实验，朗瑞特是在内在的符号水平上解决问题的。他把木棒当作手臂的延伸，从而够到了远处的物体。

模仿的发展

皮亚杰认识到了模仿的适应意义，并对模仿的发展很感兴趣。通过观察，他发现，婴儿直到8～12个月大时才能去模仿榜样的新异动作（在相同的年龄，婴儿的行为表现出了一些意向性）。然而，婴儿的模仿图式是相当不准确的。如果你做出弯曲和伸直手指的动作，婴儿模仿的结果可能是伸开或攥拢整个手掌（Piaget, 1951）。实际上，即使是让婴儿准确地模仿最简单的动作，他们也可能需要进行几天或者数周的练习（Kays & Marcus, 1981）。对于8～12个月大的婴儿来说，要使他们理解并从诸如"藏猫儿"或"拍手"这样的感知运动游戏中获得乐趣，可能需要数百次的示范。

12～18个月大的婴儿的有意模仿则变得更为精确，请看下面的例子：

> 杰奎琳在她1岁零16天大的时候，意识到了自己的额头。当我把手放在自己的额头中间时，她首先摸了一下自己的眼睛，然后手往上移动，摸到了她的头发，随后她又把手往下挪，最后也将手指放在自己的额头上。（Piaget, 1951, p.56）

▶ **初级循环反应**（primary circular reactions）：皮亚杰提出的感知运动阶段的第二亚阶段，是指向婴儿自身的愉快反应，这是婴儿偶然发现的反应并会反复进行。

▶ **二级循环反应**（secondary circular reactions）：皮亚杰提出的感知运动阶段的第三亚阶段，是指向外部客体的愉快反应，它也是婴儿偶然发现并会反复进行的反应。

▶ **二级循环反应间的协调**（coordination of secondary circular reactions）：皮亚杰提出的感知运动阶段的第四亚阶段，婴儿能够协调两种或两种以上的动作来达到一些较为简单的目的。这是首次出现目标指向的行为。

▶ **三级循环反应**（tertiary circular reactions）：皮亚杰感知运动阶段的第五亚阶段，是一种探索图式，儿童借此设计了一种作用于物体的新方法，以再现有趣的结果。

▶ **内部实验**（inner experimentation）：皮亚杰感知运动阶段的第六亚阶段。是指婴儿不是通过尝试错误，而是依靠心理或符号来解决简单问题的一种能力。

根据皮亚杰的观点，**延迟模仿**（即榜样不在场时仍能再现其行为的能力）最早在 18～24 个月大时出现（Haynew, Boniface, & Barr, 2000）。考虑一下对皮亚杰 16 个月大的女儿杰奎琳的行为观察：

杰奎琳去看望了一个 18 个月大的小男孩。整个下午这个小男孩都在大发脾气。他尖叫着试图从围栏里出来，一边跺脚一边向后推围栏。杰奎琳惊讶地站在一旁看着，她以前从没有看过这样的场面。第二天，她在她的围栏里尖叫，一边试图移动围栏，一边跺脚……连着做了好几次。（Piaget, 1951, p.63）

皮亚杰认为，年龄稍大一点的婴儿能够进行延迟模仿，因为他们现在能够根据榜样的行为建构心理符号或者表象，这些符号和表象被储存在记忆中，日后再提取出来以指导儿童再现榜样的行为。

另外的一些研究者不同意皮亚杰的观点。他们认为，儿童的延迟模仿（见第 4 章对延迟模仿的讨论）和符号表征能力出现得更早些（Gergely, Bekkering, & Kiraly, 2003）。例如，研究发现，6 个月大的婴儿能在 24 小时后模仿非常简单的动作，如按按钮使有声玩具发声（Collie & Hayne, 1999）。学步儿甚至能够对 12 个月前发生的一些难忘的事件进行模仿（Bauer et al., 2000; Meltzoff, 1995）。所以这种需要婴儿建构、储存和提取心理符号的延迟模仿能力的出现要比皮亚杰认为的更早些。这些发现对皮亚杰提出的感知运动阶段的儿童没有符号表征能力的观点提出了质疑。

客体永久性的发展

婴儿在感知运动阶段获得的最显著的进步之一就是**客体永久性**的发展，即当物体不在眼前或通过其他感官不能察觉时，仍然知道物体是继续存在的。例如，当摘下手表用杯子盖住后，仍然知道手表是存在的。但由于年幼婴儿在"理解"事物时，过于依赖感觉和运动技能，所以只有在可以直接感知或作用于物体时，他们才认为物体是存在的。的确，皮亚杰及其他一些研究者已经发现，当把一个有吸引力的物体放在视线之外时，1～4 个月大的婴儿便不再去寻找。假如他对手表非常感兴趣，但你用杯子把手表盖住后，他会很快对手表失去兴趣，好像认为手表不再存在，或变成了杯子。4～8 个月大的婴儿能找回被部分隐藏的玩具或压在半透明盖子下的物体。但他们仍然不会去找被完全藏起来的东西。对此，皮亚杰解释说，从婴儿角度来看，消失的物体就意味着不再存在。

更清晰的客体概念是在婴儿 8～12 个月大时出现的。不过，客体永久性还远远没有形成。请看皮亚杰 10 个月大的女儿的例子：

杰奎琳坐在床垫上，没有任何吸引她的玩具。我把她的鹦鹉玩具从她手中拿走，并两次把它藏在左侧的床垫下（位置 A），杰奎琳每次都能立即找到并抓住它。接着，我又从她手中拿走玩具，并在她的眼前将玩具慢慢移到右边，藏在了床垫底下（位置 B）。杰奎琳看到了这种移动，但当鹦鹉消失时（位置 B），她却转向最初藏玩具的左侧（位置 A）。（Piaget, 1954, p.51）

杰奎琳到最初而非最后看到物体的地方去寻找藏起来的物体，这种反应对 8～12 个月大的婴儿来说是非常有代表性的（Markovitch & Zelazo, 1999）。皮亚杰对这种 **A 非 B 错误**做了准确的解释：杰奎琳这样做，看起来像是她的行为会决定能在何处发现物体，以至她还不能以物体独立于自己的行为的方式来对待。

在 12～18 个月大时，儿童的客体概念逐渐

"藏猫儿"是婴儿非常喜爱的一种游戏。它有助于帮助婴儿获得客体永久性。

改善。学步儿现在已能追踪物体可见的移动,并到最后见到它的地方去寻找。不过,此时,客体永久性发展还不完善,因为儿童还不能对看不见的物体的位移进行必要的心理推论。因此,如果你把玩具藏在手中,把手放到屏障后面,把玩具放到那儿,把手从屏障后移开再让儿童去找玩具,12～18个月大的儿童会到他最后看到玩具的位置去找,即到手中而不是到屏障后面去找。

在18～24个月大时,儿童能对看不到的位移进行心理表征,并用这些心理推理指导自己去寻找消失的物体。至此,他们已能充分理解客体永久性,并为自己能在复杂的捉迷藏游戏中找到物体而非常自豪。

对皮亚杰的感知运动发展理论的挑战:新先天论和"理论"论

在描述常人(包括父母)所看到的婴儿解决问题的水平方面,皮亚杰是一位了不起的观察者。尽管他对婴儿发展的某些方面的解释并不完善(Bjorklund, 2011),但其理论基本上是正确的(见表6.2的总结)。不过现在人们通常认为,皮亚杰低估了儿童的认知能力。许多研究者认为,需要新的理论以全面揭示儿童智力的丰富性。

新先天论

对皮亚杰的婴儿理论最有力的批评来自**新先天论**。新先天论者认为,婴儿生来就具有丰富的有关物质世界的知识,这些知识的出现所需要的时间和经验要比皮亚杰预期得少(Gelman & Williams, 1998;Spelke & Newcomb, 1998)。研究发现,婴儿很早就对客体永久性有所了解了,这种知识并不一定像皮亚杰所说的那样必须被"建构",而是遗传的一部分。这并不意味着这种能力不会再发展,或者其成熟不需要主体的经验,而是指婴儿自身的发育已经为其了解物质世界(如客体永久性)做好了准备。

同样,其他研究者也认为,婴儿对于物体属性的了解不仅要比我们曾经预期得多,而且其出生后不久就成为了一个能够使用符号的个体,这种观点与皮亚杰的观点也是截然不同的(Meltzoff, 1990)。有关延迟模仿(和第4章讨论的新生儿模仿)的研究与此一致,这使Meltzoff(1990, p.20)进一步提出:"从真正意义上讲,在正常的婴儿发展过程中,并不存在一个纯粹的'感知运动阶段'。"

从Wynn(1992)具有创新性的研究中可以

➤ **延迟模仿(deferred imitation)**:模仿过去某个时间点看到的行为的能力。

➤ **客体永久性(object permanence)**:当客体从视野中消失或通过其他感官不能察觉时仍然认为物体是存在的。

➤ **A非B错误(A-not-B error)**:8～12个月大的儿童即使看见物体被移到一个新位置,他们仍倾向于到此前找到物体的地方去寻找。

➤ **新先天论(neo-nativism)**:其观点是,许多认知知识(如客体概念)是与生俱来的。不需要特定经验促使其出现,而且还受生物学上的限制,因为大脑是以某种方式加工某种类型的信息的。

看到儿童符号能力的早期表现，他评价了儿童简单的算术能力。在Wynn的实验中，给5个月大的婴儿呈现包含加减元素的一系列项目，一组能够得出"可能的结果"，而另一组得出的是"不可能的结果"。一组（"可能结果"）可以得出1+1=2的结论，另一组（"不可能结果"）则会得出1+1=1的结论。婴儿坐在一个小的舞台模型前面观看，一个物体被放在台上。挡板升起，挡住了物体。然后，婴儿看到了第二个物体被放在了挡板的后面，接着挡板降下，出现两个物体（"可能结果"）或者出现一个物体（"不可能结果"）。如果婴儿有些原始的加法概念，他会对"不可能结果"感到吃惊，而且花更多时间去注视它。结果的确是这样的。对于加法问题和简单的减法问题（2－1=1），研究都得到了预期的结果。这些研究结果也得到了其他研究者的验证（Simon, Hespos, & Rochat, 1995; Uller et al., 1999; Spelke & Kinzler, 2007）。

怎样更好地解释这些结果呢？婴儿不是简单地对两种呈现结果做出知觉辨认（即说出有一个物体的呈现结果和有两个物体的呈现结果的不同），而是在看到一个新物体被放入已有一个物体的挡板后面时，他会期望在降下挡板后看到两个物体。这不仅需要婴儿具有一定的客体永久性和记忆力水平，还需要他们具备一些初步的加法观念。尽管他们并没有亲眼看到第二个物体被加了进去，但他们必须能够做出这样的推断（他能回忆起挡板遮住了视线）。这些研究发现是非常令人兴奋的，这表明，年幼的婴儿具有大量丰富的"量"（符号的）的知识，比皮亚杰设想的要多。然而，其他一些研究者对Wynn的解释提出质疑，他们认为儿童的反应不是基于"数"，而是基于呈现物体的总体数量（Mix, Huttenlocker, & Levine, 2002）。也就是说，婴儿并没有进行原始的（无意识的）加减运算，而是对在各种序列中呈现的物体数量的变化做出反应。例如，婴儿的行为反映的不是它们对于整数的抽象理解（即挡板后面应该是"1"个还是"2"个物体），而是以对真实物体的表征为基础，如k与kk相比，其区别更多的是基于感知的，而不是基于概念联系（Uller et al., 1999; 见Mandler, 2000）。不管人们倾向于哪种解释，下面这个结论还是没有得到证明，即婴儿具有先天的算术知识，或者如果给予正确的教育，婴幼儿就能够学习复杂的数学知识。

"理论"论

还有一些理论家虽然也承认儿童先天具有的知识比皮亚杰设想得多，但他们也承认，除了感知运动发展的早期阶段，皮亚杰的建构主义思想基本上还是符合实际的。持"理论"论观点的学者将新先天论的某些方面和皮亚杰的建构主义结合在了一起（Gopnik & Meltzoff, 1997; Karmiloff-Smith, 1992）。"理论"论的基本观点是：婴儿从出生就为理解某些类别的信息（诸如物体和语言等）做好了准备，这与新先天论者的观点相近。但他们同时认为，这些先天固有的知识还是不完善的，需要真实的经验来建构对现实的认识，这又与皮亚杰的观点是类似的。在理解世界是怎样运转时，婴儿如同科学家，首先设想出一些与此相关的观念或"理论"，然后不断地验证和修改这些理论，直至形成的心理模式与客观现实相似时为止。"理论"论中的发展变化与皮亚杰描述的相似，如Gopnik和Meltzoff(1997, p.63)所说："我们会看到，儿童在某段时间内，持有一套典型的特殊的预测和理解模式，他们具备一种特定的理论；然后可能会出现一个混乱期，此时已有的理论面临危机；最后，我们会看到一个新的、清晰稳定的理论出现。"这种情况不免使人联想起本章探讨过的皮亚杰的平衡概念。

有研究者对"理论"论的方法提出了质疑，如果发展就是验证和修改理论的过程，为什么全世界的儿童基本上都发展了有关这个世界的相同的成人理论呢？经验在理论形成的过程中发挥着重要作用，在信息社会长大的儿童与在传统的狩猎与采集社会中长大的儿童相比，两者的经验肯定会有相当大的差异。当然，在这些文化中成长起来的成人在思维上确实有很大差异，不过他们对这个物质世界和社会的理解却是相当一致的。"理论"论如何解释这种认知功能的相似性呢？Gopnik 和 Meltzoff 提出了与进化发展心理学家（Bjorklund & Pellegrini, 2002; Hernández Blasi & Bjorklund, 2003）一致的观点，即儿童天生就具有相同的初始理论；当儿童面临冲突的证据时，强有力的机制会修正儿童当前理论。也就是说，所有婴儿一开始都有关于这个世界是如何运转的相同的理论，随着成长，他们不断地修正这些理论。他们也试图从根本上解决有关物质世界和社会是如何运转的这一相同的问题，并且几乎在相同时间得到了相似的答案。在本章，我们还会探讨一种特殊的"理论"论观点，即儿童心理理论的发展。

> **"理论"论（theory theories）**：是一种综合了新先天论和建构主义的认知发展理论。其观点是：在不断生成、验证和修改有关物理世界和社会世界的理论过程中，儿童的认知会得到发展。

概念核查6.2　理解婴儿的智力

回答下列问题，检查你对皮亚杰的儿童智力观以及近期有关儿童智力研究的理解。答案见附录。

选择题：为下列各题选择最佳答案。

___ 1. 约翰逊教授认为，儿童的思维遵循着一个固定的发展顺序。因此，约翰逊教授很有可能会
 a. 赞同皮亚杰的观点，是一位阶段论理论家。
 b. 赞同皮亚杰的观点，不是一位阶段论理论家。
 c. 不赞同皮亚杰的观点，认为在不同的发展阶段，儿童的思维发展是不一致的。
 d. 不赞同皮亚杰的观点，认为儿童的思维有力地反映了社会文化的影响。

___ 2. 感知运动阶段是皮亚杰阶段理论的第一个阶段，即从出生到2岁左右。根据皮亚杰的理论，这一年龄段的儿童
 a. 还不能理解世界，必须依靠他人理解自己。
 b. 能够有逻辑地思维，理解周围环境。
 c. 几乎不能引起实验心理学家的兴趣，因为这一阶段的儿童还不能流畅地讲话。
 d. 能够通过动作作用于周围的世界，进而了解周围的世界。

___ 3. 根据皮亚杰的理论，模仿是对_____的最好的例证。
 a. 顺应 b. 同化
 c. 同化和顺应间的协调 d. 抽象表征

___ 4. 6个月大的皮德洛正在婴儿床里玩他的充气玩具兔子。当他放下玩具兔子去拿瓶子的时候，毯子盖住了玩具。皮德洛转回来拿玩具时，只看到毯子鼓起了一个包，于是就哭了起来。根据皮亚杰的理论，在这一情境中，皮德洛的反应表明他缺少
 a. 客体永久性 b. 延迟模仿
 c. 初级循环反应 d. 同化

___ 5. 皮亚杰提出的客体永久性是指
 a. 知道客体是一种有地点和时间的存在，它并不依赖于个体对客体的作用和感知而存在。
 b. 知道没有生命的客体（如一个球）如果被放在了一个给定的位置，它就会在那里，但是有生命的客体（如一只兔子）就不会一直在一个地方。
 c. 有关客体的语义知识在长时记忆中可以永久保留的倾向。
 d. 记住环境中永久性客体的空间位置的能力。

匹配题：给下列概念选择最合适的定义。
a. 恒常发展顺序
b. 二级循环反应间的协调
c. A非B错误
d. 新先天论
e. "理论"论
f. 初级循环反应

____ 6. 8~12个月大的孩子即使看到物体被藏到了一个新的地方，但是还是倾向于去他们最初发现该物体的地方寻找它。

____ 7. 皮亚杰感知运动阶段的第二个亚阶段，是以婴儿自身为中心的令人愉悦的反应，被婴儿偶然发现并反复进行。

____ 8. 按特定顺序出现的一系列发展阶段，前一发展阶段是后一发展阶段的前提。

____ 9. 一种综合了新先天论和建构主义的认知发展理论。其观点是：在不断生成、验证和修改有关物质世界和社会的理论的过程中，儿童的认知会得到发展。

____ 10. 皮亚杰感知运动发展阶段的第四个亚阶段。婴儿开始协调两个或者两个以上动作以达到简单的目的。目标指向行为首次出现。

____ 11. 这种理论的观点是，许多认知知识（如客体概念）都是天生的，几乎不需要特殊的主体经验促使其产生，而且还受生物学限制，因为大脑以某种特定的方式加工某种类型的信息。

论述题：详细论述下列问题。

12. 论述感知运动阶段模仿的发展。

13. 论述感知运动阶段客体永久性的发展，并说明从哪里可以看出皮亚杰低估了婴儿的客体知识。

前运算阶段（2—7岁）和符号思维的出现

前运算阶段的标志是**符号功能**的出现。符号功能是指用某一事物，比如词汇或物体，代表或表征其他事物的能力。DeLoache（1987，2000）将某一实体代表其他事物而不是该实体本身的知识称作**表征知识**。从有很强的好奇心、凡事都要动手操作的婴幼儿，转变为使用符号且有思维能力的学前儿童，是非常了不起的事。例如，由于2~3岁的儿童能够使用词汇和表象表征经验，所以他们完全能够重建过去的经验，并对不在眼前的事物进行思考甚至比较。

语言或许是年幼儿童表现出的符号化的最明显形式。尽管大多数婴儿在第一年年末已能说出第一个有意义的单词了，但直到18个月大时，他们才能表现出其他的符号化迹象，诸如内部操作，从而能把两个或者更多的词汇组合成简单的句子。语言运用是否能促进认知的发展？前运算阶段早期的第二个重要特征是象征性游戏（假装游戏）的大量涌现。学步儿经常假扮成另外的人物（如妈妈、超人），在扮演的同时，还配有鞋盒或棍子之类的道具。他们把道具想象成其他物体，如把鞋盒当成了摇篮，棍子则当成了枪。尽管父母会对学前儿童沉浸在假想的世界中，还创造出各种想象的伙伴感到担心，但皮亚杰认为，这些基本上都是健康的活动。Bornstein和他的同事（1996）认为，"通过这种象征性游戏，年幼儿童对人、物体和活动的认知得到了发展，而且还迅速构建了有关这个世界的复杂表征"（p.239）。在后面的"生活与研究应用"专栏中，我们把关注点放在儿童的游戏上，看一看这些"假装"活动是如何以一种积极的方式促进儿童的社会性、情绪和智力发展的。

有关符号化的新观点

皮亚杰对前运算阶段儿童思维的符号化本质的强调，引起了发展学家的关注。例如，DeLoache和她的同事考察了学前儿童将模型和图片作为符号来使用的能力（DeLoache，1987，

2000；Uttal，Schreiber，& DeLoache，1995）。DeLoache 在研究中要求儿童找到藏在房间里的玩具，在找之前，先给儿童呈现一个房间的模型，实验者把一个微型玩具（史努比）藏在模型中的椅子后面，这个小型玩具和小椅子代表了真实房间里的大史努比和真椅子。然后要求儿童在真实的房间里找玩具（提取1）。在真实房间里找到玩具后，让他们返回到模型中找出被藏起来的微型玩具（提取2）。如果儿童不能在真实房间里找到玩具（提取1），却能在模型中找到微型的玩具（提取2），那么他们找不到大玩具的原因就不是因为忘记了藏微型玩具的地方（见图6.1）。更好的解释应该是，儿童还没有具备表征知识，还不能以符号的方式使用这个模型去引导他们的寻找活动。

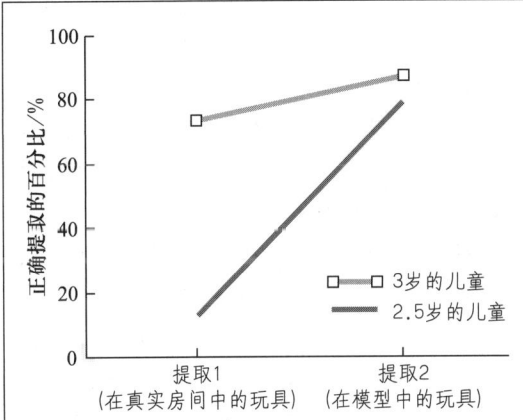

图 6.1 2.5 岁的儿童（年幼儿童）和 3 岁的儿童（年长儿童）在模型任务中的正确提取（即准确找到隐藏玩具）百分比。提取 1 指在真实房间里对真实玩具的定位，提取 2 指在模型中对微型玩具的定位。
来源：From "Rapid Change in the Symbolic Functioning of Very Young Children," by J. S. DeLoache, 1987, *Science*, 238, 1556-1557. Copyright © 1987 by the American Association for the Advancement of Science. Reprinted with permission from AAAS.

DeLoache 报告说，3 岁儿童在两种提取任务中的表现都很好，这表明他们能记住微型玩具的位置，并能利用模型房间的信息帮助自己在真实房间中找到大玩具。2.5 岁的儿童能够很好地记住微型玩具藏在什么位置，但是在真实房间里寻找大玩具时却表现很差。显然，2.5 岁的儿童还不能把这个模型看作真实房间的符号表征。

这并不是说 2.5 岁的儿童不具备表征知识。如果给他呈现一张照片，展示史努比在真实房间里所藏的位置，2.5 岁的儿童也能找到玩具史努比。为什么二维照片比真正的三维比例模型对他们更有效呢？DeLoache 认为，由于 2.5 的岁儿童缺乏**双重表征**或**双重编码**能力（即同时从两个不同角度考虑事物的能力），所以他们很难把比例模型作为符号来用。儿童在看照片的过程中不需要双重表征，因为照片的主要目的就是表征另外的事物。但比例模型本身是一个非常有趣的东西，所以 2.5 岁的儿童或许很难意识到，它也是真实房间的表征。如果 DeLoache 的解释是正确的，那么转移儿童把模型看作物体的注意力，促使儿童把模型看作符号的做法，会提高儿童寻找藏起的玩具的能力。实际上，DeLoache（2000）报告说，不允许 2.5 岁的儿童玩模型，而只能透过窗户去看的做法，的确使儿童很少关注模型自身的有趣特质。他们把模型更多地看作一个符号，这为儿童在真实房间中找到被隐藏的玩具提供了帮助。

尽管表征知识和双重表征能力在 2.5—3 岁得到迅速发展，但此时这些能力还相当不成熟，

> **前运算阶段（preoperational period）**：皮亚杰认知发展的第二个阶段，其年龄阶段是 2～7 岁，这时的儿童能够在符号水平上进行思维，但还没有使用认知操作。
> **符号功能（symbolic function）**：使用符号（如表象和词汇）去表征事物和经验的能力。
> **表征知识（representational insight）**：某一实体代表其他事物而不是该实体本身的知识。
> **双重表征（双重编码）（dual representation or dual encoding）**：将一物体既看作物体自身又看作其他物体的表征的能力。

而且容易受干扰。例如，若让3岁儿童在看到玩具被藏在比例模型中，并在5分钟之后才让他们开始寻找时，他们基本不能成功地在大房间里找到玩具。这并不是因为他们忘了玩具在模型中所藏的位置，而是因为延迟5分钟后，他们似乎不记得比例模型是对真实房间的符号表征了（Uttal, Schreiber, & DeLoache, 1995）。因此，3岁儿童的双重表征能力还是相当薄弱的，但在整个学前期，这种能力会取得实质性的发展。

前运算推理的缺陷

尽管皮亚杰把符号的使用视为儿童思维一个非常重要的新的优势，但是他对前运算阶段智力的描述主要还是集中在对儿童思维的局限或者缺陷上。实际上，皮亚杰之所以把这一阶段称为"前运算"，是因为他认为学前儿童还没有获得能够进行逻辑思维的运算图式。他举例说，年幼儿童经常表现出**泛灵论**，即为无生命物体赋予生命或者生命特质（如以为它们具有动机和意图）。例如，4岁的儿童认为，风吹来是给他降温的。这清楚地表明，早期的学前儿童很可能表现出泛灵论逻辑。

按照皮亚杰的观点，前运算推理阶段的儿童最大的缺陷是**自我中心**。也就是说，他们只能从自己的角度看问题，而意识不到他人的观点，这种缺陷会导致智力的其他方面的不足。皮亚杰通过实验说明了这一点。他先让儿童熟悉一个不对称的山地模型（见图6.2），然后让他们说出在桌子对面的观察者看到的风景是什么样的。3岁和4岁的儿童经常认为他人与自己看到的相同，这说明他们不能考虑他人的不同视角。从年幼儿童的语言中也可以看出这种自我中心的思维。以4岁的凯莉与她叔叔戴夫的电话对话为例。

戴夫：这么说，你今天打算去参加一个宴会。好极了，你穿什么呢？

凯莉：就这个。

图6.2　皮亚杰的三座山实验。前运算阶段的儿童具有自我中心倾向。他们不能设想他人的观点，经常认为别人在其他位置上看到的景色与自己看到的景色相同。

凯莉也许一边打电话，一边指着自己的新裙子，她似乎并不知道她的叔叔没法知道她在讲什么。结果，她讲的话并不能满足听话者的需要，反映了她所持有的自我中心的观点。

最后，皮亚杰指出，年幼儿童关注事物表面的这种自我中心倾向，使他们几乎无法对表象和真相做出区分。现在看一下Rheta DeVries (1969)所做的**表象或真相识别**的经典实验。先给3～6岁的儿童看一只名叫美娜的猫。在孩子们爱抚过这只猫后，DeVries用挡板挡住猫的头和肩，同时在猫的头上戴上一个非常逼真的狗脸面具，然后问孩子们一些与猫的真实身份相关的问题，如"它现在是什么动物？""它是'汪汪'叫还是'喵喵'叫？"虽然在变形过程中，美娜的下半身和尾巴都还是可见的，但几乎所有的3岁孩子都只注意到美娜现在的外貌，一致认为它是一条狗。与之形成对比的是，6岁的儿童已能把现象和事实区分开，认为美娜是只猫，只不过是看上去像条狗。

为什么3岁的儿童不能在一个被物体误导的

第6章 认知发展：皮亚杰的理论和维果斯基的社会文化观 · 219 ·

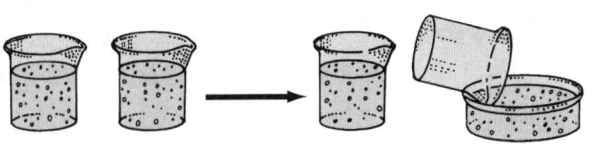

液体：	两个相同的烧杯所装的水的液面高度相同，儿童认为两个杯中的水一样多。	把其中一个杯中的水倒入另一个形状不同的烧杯中，这样两个杯子液面的高度不再相同。	达到守恒的儿童能认识到两个杯中的液体仍一样多（平均而言，儿童在6~7岁才达到液体守恒）。
物质的量（可延展的物质）：	两个相同大小的球状橡皮泥，儿童认为它们含有等量的橡皮泥。	其中一个被揉成香肠状。	达到守恒的儿童认为它们包含等量的橡皮泥（平均年龄在6~7岁）。
数目：	儿童看到两排珠子，认为每排珠子的数目是相同的。	增加其中一排珠子的长度。	达到守恒的儿童认为每排仍然包含相同数目的珠子（平均年龄在6~7岁）。
体积（水的置换）：	两个相同大小的泥球放入两个水面高度相同的杯子中。儿童看到两个杯子中的水面升到了相同的高度。	把其中一个泥球从水中捞出并捏成了另外的形状，再放在杯子上，让儿童回答当变了形的小泥球再放入原来的水杯中时，水面是比另一个高、低还是相同。	达到守恒的儿童认为水面高度会相同，因为除了小球的形状外，其他都没发生变化，也就是说这个小球会置换同量的水（平均要到9~12岁才能达到这种守恒）。

图6.3 几组儿童的守恒能力测验。

视觉表象和其真实身份间做出区分呢？Flavell 及其同事（1986）认为，问题在于儿童还不能熟练地进行双重编码——同时以多种方式来表征事物，就像前面提到的儿童很难同时把比例模型表征为物体和符号一样（DeLoache，2000），他们很难同时建构一个物体的本来样子和它看起来像其他东西的心理表征。

最经典的儿童直觉推理实验是皮亚杰所做的著名的守恒实验（Flavell，1963）。其中之一是先让儿童调整两个完全相同的容器里的液体容量，直到他认为两个容器中的液体一样多为止。然后，实验者当着儿童的面，将其中一个高而细的容器中的液体倒入一个矮而粗的容器中。要求儿

> **泛灵论（animism）**：认为无生命的东西也具有生命及生命特征。
>
> **自我中心（egocentrism）**：从自我观点看世界，而不能认识到他人会有不同观点的倾向。
>
> **表象或真相识别（appearance or reality distinction）**：不被事物的假象迷惑，而能在头脑中保持其真正属性或特征的能力。前概念期儿童通常缺乏这种能力。

童判断高而细的容器和矮而粗的容器中的液体是否一样多（见图6.3所示）。6～7岁以下的儿童会认为，高而细的容器中有更多的液体。显然，儿童在考虑这个问题时关注的只是液柱的相对高度这一知觉特征（液柱高＝液体多）。皮亚杰认为，前运算阶段的儿童还不具备**守恒**能力，他们还没有认识到当物体的表象发生某种改变时，其自身的某种特性（如体积、质量、数目）仍保持不变。

为什么学前儿童不能达到守恒呢？皮亚杰将其解释为前运算阶段儿童缺乏克服基于知觉的直觉推理的两种认知操作。其中之一是**去中心化**，即能同时关注问题的多个方面的能力。该阶段的儿童在解决液体守恒问题时不能同时考虑高度和宽度两个方面，他们要么关注高度差异，要么关注宽度差异，并根据单一维度上的差异做出判断。结果导致他们不能意识到液柱宽度的增加恰好能弥补高度的减少，并最终保持绝对数量不变。学前儿童还缺乏**可逆性**，即能在心里逆转或撤销某一行为的能力（见图6.3）。因此，处于直觉期的5岁儿童在面对液体守恒问题时，还不能从心理上反向思考所见到的过程。所以不会认为，矮而粗的容器中的水与原来容器中的水是一样多的，如果把它倒回原容器仍会达到先前的高度。

皮亚杰是否低估了前运算阶段的儿童

学前儿童是否的确如皮亚杰所设想的那样具有直觉、无逻辑以及自我中心的特征？能否让一个不了解认知操作的儿童学会守恒呢？后来的研究能够给我们一些答案。

自我中心的新证据

许多研究表明，皮亚杰低估了学前儿童认识和理解他人观点的能力。例如，有人批评皮亚杰和英海德（Inhelder）的"三座山任务"对儿童来说难度太大。最近的研究表明，如果给他们呈现一些不太复杂的视觉景象，他们的自我中心表现会大大减少（Gzesh & Surber，1985；Newcombe & Huttenlocher，1992）。John Flavell 及其同事（1981）做了这样一个实验：给3岁儿童看一张卡片，卡片的一面画着一只猫，另一面画着一只狗。卡片被垂直放于儿童和实验者之间，画着狗的那面朝向儿童，画着猫的那面朝向实验者。然后问儿童实验者看到的动物是什么，结果3岁的儿童能够准确无误地做出回答。这表明，儿童能从实验者的角度考虑，推断出实验者看到的是猫，而非他们自己能看到的狗。下面的"生活与研究应用"专栏所讨论的有关儿童幽默的研究，展示了儿童和成人的思维差异对儿童的日常生活和我们与他们互动的能力有多大的影响。

Flavell 的研究考察了年幼儿童知觉性观点采择能力，即对他人所见所闻做出正确推断的能力。对于前运算阶段的儿童来说，当他人与自己的心理状态不同时，他们是否能正确推断他人的想法和感受，达到概念上的观点采择呢？答案是肯定的。在一项研究中（Hala & Chandler，1996），研究者让3岁的儿童把一些饼干从盒子里拿出来，放到另外的隐蔽处，制造一个骗局，从而让另一个人（莉莎）上当。然后问他们莉莎会到哪儿找饼干，或者莉莎会认为饼干在哪儿。那些参与策划骗局的儿童回答得非常好。他们认为莉莎会到饼干盒里去找。而那些只是观看实验者布置骗局的儿童，表现得就不是很好了。他们更可能对这一错误信念任务做出错误的回答，即认为莉莎会到新的隐藏地点去寻找饼干。也就是说，当他们计划欺骗某人时，3岁的儿童能够从对方的角度看问题。然而，当未参与这个欺骗计划时，他们会表现得非常以自我为中心，认为受骗的人会到自己知道的地方去找饼干（另见Carlson，Moses，& Hix，1998）。这种错误信念任务已用于评价儿童的心理理论，这是我们稍后要详细讨论的一个主题。

显然，前运算阶段的儿童一点也不像皮亚杰

生活与研究应用

认知发展与儿童的幽默

皮亚杰假设，儿童在理解幽默方面的发展差异反映了儿童认知发展水平的功能，尤其是反映了他们对符号的处理能力。绝大多数的发展研究者们认为，幽默反映了儿童对"不协调"的一种感知能力，对寻常的、可预期的和所经历过的事情之间差异的关注（McGhee, 1979; Shultz & Robillard, 1980）。当然，儿童对"不协调"的感知仅限于儿童所知，即在有关这个世界的知识和一般的认知能力的范围内。因此，儿童讲的笑话或者对笑话的理解将依赖于个人的认知发展水平。

按照McGhee（1976, 1979）的观点，当差异处于中等水平时，这种"不协调"很可能被看作幽默。对于成人和儿童来说，最幽默的笑话是那种稍微想一想就能明白的笑话。如果太简单，笑话会变得索然无味；太难，又不值得费力思考。

McGhee（1976）通过评价儿童对幽默的理解来考察儿童认知发展水平，以此来验证他的理论。在一个实验中，McGhee测验了小学一年级、二年级、五年级学生和大学生。在一、二年级学生中，有一半的学生可以在重量守恒任务中达到守恒，另一半学生则不能完成守恒任务。所有的五年级学生和大学生都可以达到守恒。为了保证学生的理解水平，实验要求每个读笑话的学生具备守恒知识（例如，琼斯先生走进一家餐馆点了一整张比萨饼作为晚餐。当侍者问是否需要把比萨饼切成六块或者八块时，琼斯先生说："哦，你最好切成六块，我吃不完八块。"）。在读完每个笑话后，实验者要求每个学生根据笑话的可笑程度进行五点等级评分。

McGhee认为，儿童的认知发展（即守恒者和非守恒者）和年级水平会影响儿童对这个笑话的理解程度，并对儿童的理解程度进行了评价。认为笑话最可笑的是小学一年级和二年级刚达到守恒的学生，由于各种原因，非守恒者和成人并不认为这个笑话可笑。对于非守恒者来说，他们不知道哪里可笑。他们也会做出与琼斯先生一样的反应。相反，五年级的学生几乎不用怎么想就明白了这个笑话，但他们并不认为它有多可笑。只有那些年幼的守恒者才认为这个笑话可笑，他们最近刚刚掌握守恒的概念，让他们解释这个笑话的可笑之处难度还是非常大的。

McGhee认为，绝大多数对于幽默的批评在于运用符号表征物体和事件的能力。他认为，理解幽默需要对一些事件与在记忆中相似的事件进行比较，而这种比较能力在1~2岁才发展完善。他把幽默看作需要符号参与的一种智力游戏。

认为的那样具有很强的自我中心。然而，皮亚杰的某些观点也是正确的，如他认为年幼儿童常常过于依赖自己的观点，因而不能对他人的动机、愿望和意图做出正确的判断；而且他们也经常认为自己知道的事情别人也必然会知道（Ruffman & Olson, 1989; Ruffman et al., 1993）。目前，研究者认为，随着儿童了解的东西越来越多（特别是有关他人和他人行为原因方面的知识），他们逐渐会减少自我中心，并且能够更好地理解他人的观点。换句话说，观点采择能力并不是在某一阶段完全不存在，而在另一阶段又突然出现的。从童年期到成年期，它是缓慢发展并日益成熟完善的（Bjorklund, 2011）。

> **守恒（conservation）**：当物体的外观在某些表面特征上发生变化时，仍能认识到物体或其本质并没有改变。
>
> **去中心化（decentration）**：在皮亚杰理论中，具体运算阶段的儿童能认识到刺激或情境的多个方面，这与中心化是相对的。
>
> **可逆性（reversibility）**：通过在心理上执行相反的动作来逆转或取消某一行为的能力。

从另一个角度看儿童的因果推理

皮亚杰有关"学前儿童容易对很多问题做出泛灵性回答,以及在思考因果关系时常犯逻辑错误"的论断是正确的。然而,Gelman 和 Gottfried (1996) 研究发现,3 岁儿童并不总是给无生命物体赋予生命特征,即便是对会动的机器人之类的物体也是如此。此外,绝大多数 4 岁的儿童能认识到动植物能够生长,而且受伤后可以愈合,然而无生命的物体(如断了腿的桌子)却没有这种功能(Backschneider, Shatz, & Gelman, 1993)。尽管学前儿童偶尔会表现出泛灵化倾向,但这种判断不是源于会动的无生命物体都具有生命特性这样一种信念(皮亚杰的观点),而是由于那些不熟悉的且自己又会动的东西通常就是有生命的(Dolgin & Behrend, 1984)。

前运算阶段的儿童能达到守恒吗?

皮亚杰(Piaget, 1970b)认为,6～7 岁以下的儿童还不能解决守恒问题,这是因为他们此时还未获得进行可逆性运算的能力——可以帮助他们发现重量、体积等特质恒常性的认知运算能力。皮亚杰还指出,6～7 岁以下的儿童也无法学习守恒概念,因为前运算阶段的儿童的智力还不成熟,还不能理解和运用可逆性这样的逻辑运算。

然而,许多研究者发现,运用多种训练技术,即使是 4 岁的儿童,甚至是智力迟钝的儿童,都能达到守恒(Gelman, 1969; Hendler & Weisberg, 1992)。其中一个非常有效的策略是**同一性训练**,即让儿童认识到,在守恒任务中,不管物体的外观如何改变,变形前后的物体仍然是同一物体。例如,在液体守恒任务中进行同一性训练时,要告诉儿童:"当我们把水从高而细的杯中倒入矮而粗的杯中时,虽然杯中的水看上去少了,但实际上还是一样多。"Dorothy Field (1981) 发现,接受过这种训练的 4 岁儿童不仅在受训任务中能达到守恒,而且还可以运用新学到的同一性知识去解决他们没有学习过的守恒问题。Field 还报告说,在接受过某种同一性训练 2.5～5 个月后,有 75% 的 4 岁儿童能够解决至少 3/5 的守恒问题。因此,与皮亚杰的观点相反,这些研究者认为,许多前运算阶段的儿童能够学会守恒,而且对这一自然法则的最初理解更多地依赖于他们对同一性的认识能力,而非对可逆性和去自我中心性的运用。

心理理论的发展

在探讨对皮亚杰感知运动发展阶段理论的挑战时,我们介绍了"理论"论。它假设,从本质上而言,婴儿拥有一些关于世界的建构的观点(理论),而且会通过经验不断对这些理论进行修改,直至他们对于世界的理解越来越接近成人。最值得研究的理论不是与婴儿的智力相关的理论,而是皮亚杰所界定的前运算阶段就开始发展的**心理理论(TOM)**。一般而言,"心理理论"这个词是指儿童有关心理活动的发展性概念——即对人类心理如何工作的理解,以及有关"人类是具有认知能力的,人类的心理状态并不是总能被他人共享或者为他人所知"的知识。Henry Wellman (1990) 提出,成人的心理理论基于**信念—愿望推理**(见图 6.4)。我们对自己和他人的行为的理解是建立在我们的知识、信念、需要或者愿望的基础之上的。这种对于目的性行为的了解是学龄前期以后几乎所有社交行为的基础,而且这种理解会随着年龄的增长而发展。

评价儿童心理理论最常用的工具是**错误信念任务**。请看以下情节:

约格把一些巧克力放进了一个蓝色的碗橱,然后就出去玩了。

在他出去的时候,他的妈妈把巧克力转移到了绿色的碗橱里。

当约格回来以后,他想吃巧克力,他会到哪里去找呢?

3岁的孩子会回答"去绿色的碗橱里找"。他们知道巧克力在哪里，因为信念代表现实，他们假设约格由于受到想吃巧克力的愿望的驱使，会去正确的地方寻找。皮亚杰的解释是儿童表现出来的是一种自我中心的反应，他们认为，由于自己知道巧克力藏在哪里，所以约格也应该知道。相反，4～5岁的儿童则表现出信念-愿望推理理论：他们知道信念仅仅是对现实的一种心理表征，信念也许是错误的，他人也不能共享。因此，他们知道约格会去他自己所认为的蓝色的碗橱里找巧克力（信念决定了行为，即使信念是错的），而不会去他们知道的绿色碗橱里找（Wellman & Woolley，1990）。

其实，这并不是因为年幼的儿童不具备认识错误信念的能力。例如，如果一个3岁的儿童能够与成人合作在藏东西的游戏中一起设计欺骗策略，那么他们在其他错误信念任务中的表现会有相当大的进步（Sodian et al.，1991）。然而，3～4岁的儿童通常已经对心理活动具备了较好的理解，他们清楚地知道信念和愿望会如何激发自己和他人的行为（Wellman，Cross，& Watson，2001；Wellman & Liu，2004）。

儿童如何在生命早期就成功地构建了心理理论呢？一种观点认为，婴儿可能具有生物遗传基础，当他们可以共享语言的意义时，具有的生物学基础就被激发从而获得了有关心理状态的信息（Meltzoff，1995）。仍有很多人认为心理理论是

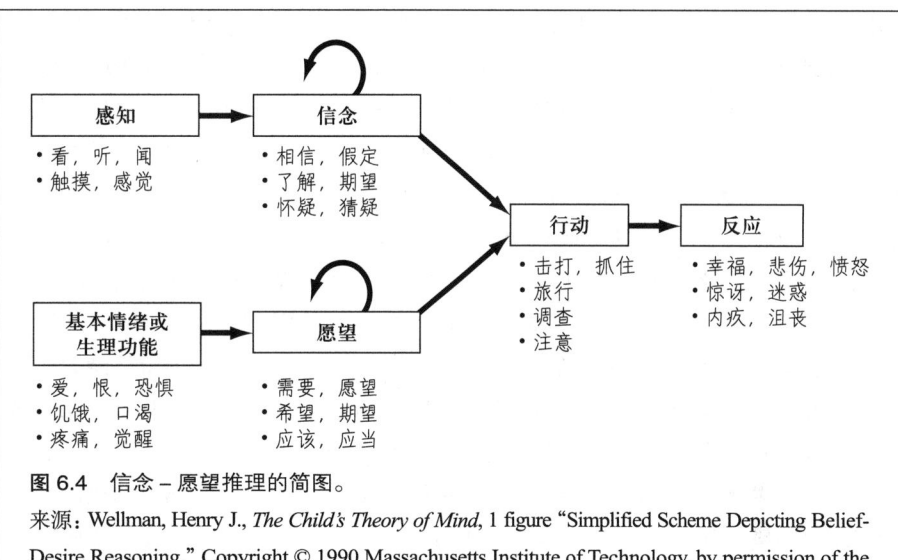

图 6.4 信念-愿望推理的简图。

来源：Wellman, Henry J., *The Child's Theory of Mind*, 1 figure "Simplified Scheme Depicting Belief-Desire Reasoning," Copyright © 1990 Massachusetts Institute of Technology, by permission of the MIT Press.

进化的结果，人类大脑拥有特定模块，可以让儿童去构建对心理活动的理解。

另外，许多社会因素可能也会影响心理理论的发展。例如，假装游戏是促使儿童思考心理状态的一种活动。当学步儿和学前儿童计划用一个物体表征另一个物体，或者扮演警察和小偷时，他们很快就意识到了人类心理的创造性潜力——

> **同一性训练（identity training）**：通过教学来促进不守恒儿童的守恒能力的一种做法，使其认识到，变形前后的物体尽管外观上发生了变化，但实质上仍是同一物体。
>
> **心理理论（theory of mind，TOM）**：个体有关心理活动的概念；是指儿童如何定义心理活动以及如何对他人的行为进行归因和预测；也见信念-愿望推理。
>
> **信念-愿望推理（belief-desire reasoning）**：基于对他人愿望和信念的了解，我们解释并预测人们会如何做的过程。
>
> **错误信念任务（false-belief task）**：用于研究心理理论的一种任务，在这种任务中，儿童必须推断出他人并不知道自己所知道的事情，也就是说，他人所持的信念是错误的。

他们意识到信念仅仅是一种心理建构，即使它错误地表征了现实（他们经常在假装游戏中使用这种错误的表征），也能够影响当前正在进行的行为（Hughes & Dunn, 1999; Taylor & Carlson, 1997）。年幼儿童也会通过各种机会从家庭对话中学习大脑是如何工作的，如一个家庭对动机、意图和其他心理状态等问题的讨论（Sabbagh & Callanan, 1998），以及兄弟姐妹对冲突的解决和道德推理（Dunn, 1994）。的确，研究者们发现，在错误信念任务中，有兄弟姐妹的学前儿童，尤其是那些有哥哥姐姐的儿童要比没有哥哥姐姐的儿童表现得好，他们能够迅速地获得心理的信念－愿望推理（Ruffman et al., 1998）。有兄弟姐妹的儿童可以有更多的机会玩假装游戏，有更多涉及欺骗或者哄骗的互动——这些经验告诉儿童，信念不需要反映现实就可以影响自己或他人的行为。然而，在错误信念任务中表现得相当好的学前儿童也会与很多成人互动，这意味着儿童在获得心理理论的过程中有各种类型的老师（Lewis et al., 1996）。

兄弟姐妹间的交往包括欺骗或者哄骗，这些有助于心理理论的发展。

小结

上述研究表明，学前儿童并不像皮亚杰所设想的那样缺乏逻辑性或自我中心。当代许多研究者认为，皮亚杰之所以低估了学前儿童的能力，是由于他的实验中所呈现的问题过于复杂，以致无法测出儿童真正具备的能力。如果问你"夸克有什么作用？"除非你学的是物理学专业，否则可能无法回答。所以假如用该问题来测验你的"因果逻辑"能力，那肯定是不公平的。正如同皮亚杰在实验中让儿童回答他们极为不熟悉的现象一样（如"风是怎样产生的"）。即使让儿童思考他们熟悉的概念时，皮亚杰也往往要求他们进行口头论述，这些年幼的不善表达的学前儿童经常不能做出合乎理性的说明（至少没达到皮亚杰的满意要求）。后来的研究一致表明，皮亚杰实验中的被试可能对许多问题已经有了很好的理解，只是还无法清楚地表达自己的观点（如有生命和无生命间的区别）。如果换一种问法，或进行非言语测验，他们会很好地表达相应的知识（Bullock, 1985; Waxman & Hatch, 1992）。

皮亚杰认为，与年龄较大的学龄儿童相比，学龄前儿童更具有直觉性、自我中心且缺乏逻辑性，在这一点上，他的观点显然是正确的。但同样需要明确的是：(1) 学龄前儿童能对简单的问题或他们熟悉的概念进行逻辑推理（Deak, Ray, & Brenneman, 2003; Sapp, Lee, & Muir, 2000）；(2) 学龄前儿童之所以在皮亚杰的认知实验中表现不佳，还有其他原因，而不是缺少认知操作能力。

具体运算阶段（7—11岁）

在皮亚杰的**具体运算阶段**，儿童已迅速获得了认知操作能力，并能运用这些重要的新技能思考事物。认知操作是一种内部的心理活动，它使儿童能够修改和重组已有的表象和符号，从而得出符合逻辑的结论。由于具有了这种强有力的新

第6章 认知发展：皮亚杰的理论和维果斯基的社会文化观

表 6.3 前运算思维和具体运算思维的比较

概念	前运算思维	具体运算思维
自我中心	儿童认为他人与自己具有同样的观点。	儿童有时也会表现出自我中心，但此时他能意识到他人与自己可能具有不同的观点。
泛灵论	儿童会认为他们不熟悉的、能够自己动的物体具有生命特性。	儿童更多地意识到生命的生物学基础，并不再给无生命物体赋予生命特征。
因果论	对因果关系的认知具有局限性。儿童有时也会表现出转换推理能力，认为两个相关联的事件必然是其中一个对另一个有影响。	儿童对因果原理有了较好的理解（尽管青少年期以后对这种因果关系的认知仍会持续发展）。
局限于感知的思维和中心化	儿童以知觉到的现象为基础进行判断，并在解决问题时只考虑问题的单一方面。	儿童能忽略错误表象并在解决问题时考虑问题情境的多个方面（去中心化）。
不可逆性和可逆性	儿童不能在心理上反向思考他们见到的行为，不能回想起事物变化前的样子。	儿童能反向思考他们见到的变化并进行前后比较，思考这种变化是如何发生的。
在皮亚杰逻辑推理测验中的表现	儿童的自我中心和局限于感知的中心化推理意味着他们不能完成守恒任务，也很难把事物归入各层级中的类和子类，还不能根据高度、长度等量化维度在心里为物体排序。	自我中心的减少及可逆性认知操作能力的获得使具体运算阶段的儿童达到守恒。能正确按不同维度分类，并按量化维度为物体进行排序。能够基于逻辑而非表面现象得出结论。

的认知运算能力，学龄儿童快速跨越了前运算阶段僵化的、自我中心的思维。表 6.3 中列出了前运算阶段儿童思维的局限性，以及具体运算阶段儿童相应的长处。下面提供了运算思维的两个例证：守恒和关系推理。

守恒

具体运算阶段的儿童很容易解决皮亚杰设计的一些守恒问题。例如，一个具有具体运算能力的 7 岁儿童面临液体守恒问题时，会同时考虑到两个容器的高度和宽度，从而获得了去中心性。同时，她也会表现出可逆性，即在头脑中反向思考转换容器的过程，想象把液体倒回原容器的情形。由于具备了这些认知操作能力，她现在知道两个不同的容器盛有同样多的液体，并能运用逻辑推理而非错误的表象得出结论。

关系推理

具体运算思维的一个显著特点是，能很好地理解数量关系和逻辑关系。你还记得以前上体育课时，老师说"按由高到矮的顺序排队"吗？这个问题对具体运算阶段的儿童来说并不难，因为他们具备了**心理序列**（心理排序）能力，即能按照高度或重量等数量维度排列项目的能力。与之相比，前运算阶段的儿童在许多系列化任务中都表现较差（见图 6.5），难以达到体育老师的要求。

具体运算阶段的儿童也已经掌握了**传递性**的相关概念，它描述了一系列元素之间的必然关系。例如，如果胡安比帕德鲁高，帕德鲁又比萨

> **具体运算阶段**（concrete-operational period）：皮亚杰认知发展的第三阶段，从 7 岁至 11 岁，该阶段的儿童获得了认知操作能力，能够对客观事物和经验进行更有逻辑的思考。
>
> **心理序列**（mental seriation）：是指个体能够在头脑中对一系列刺激按照数量维度（如高度和重量）进行排序的一种认知操作。
>
> **传递性**（transitivity）：指能认识到按序排列的各个元素之间的关系（例如，若 A=B，B=C，那么 A=C）。

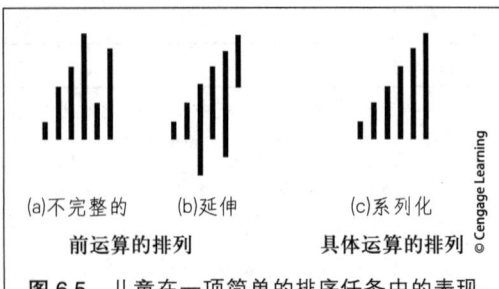

图 6.5 儿童在一项简单的排序任务中的表现。要求儿童把一系列木棍按由短到长的顺序排列。前运算阶段的儿童经常用两种排法：（a）按木棍的一头排列，结果导致不完全排序；（b）将每一个木棍的顶端依次抬高进行排序。与之相比，具体运算阶段的儿童能运用大于（>）和小于（<）两种相反的认知运算，快速地进行逐个比较，从而完成正确地排序（c）。

姆高，那么胡安和萨姆两人谁更高？按逻辑关系，胡安肯定比萨姆高。具体运算阶段的儿童掌握了这种大小关系的传递性，而前运算阶段的儿童由于缺少传递性的概念，只能依赖感知觉回答这个问题，因此她会坚持认为只有当胡安和萨姆站在一起时，才能确定谁更高。虽然前运算阶段儿童对这种传递关系的理解要比皮亚杰认为的好（Trabasso，1975），但他们仍然难以把握传递性的逻辑本质（Chapman & Lindenberger，1988；Markovits & Dumas，1999）。

具体运算的顺序性

观察图 6.3，你可能会发现某些守恒问题（如重量）要比另外一些守恒问题（如体积）更容易理解。皮亚杰意识到了这一点以及其他发展上的不一致性，并创造了**水平滞差**这一术语来描述这种情况。

为什么儿童在看似需要同样心理操作的守恒任务中，却表现出了不同的理解水平呢？皮亚杰认为，出现水平滞差是因为看似相同的问题其实在难度上是存在差别的。例如，体积守恒（见图 6.3）直到 9～12 岁才能达到，因为这是一项复杂的任务，需要儿童同时考虑液体和固体的守恒，然后确定这两种现象间是否存在有意义的关系。尽管从我们所谈的内容来看，具体运算似乎是在短时期内突然出现的一组技能，但这并不是皮亚杰的观点，他一再强调运算能力是渐进有序地发展的。最初出现的简单技能逐步得到巩固、联合和重组，最终形成更为复杂的心理结构。

在回顾了一些具体运算阶段的智力技能之后，我们就会清楚为什么许多国家从 6～7 岁开始进行正规教育了。按照皮亚杰的观点，这正是儿童从知觉假象中去中心化，并获得认知操作能力的时间，认知操作能力使得儿童能够理解算术，并对语言及其特性进行思考，能够对动物、人类、物体和事物进行分类，并且能够理解字母的大小写、字母和单词、单词和句子之间的关系。

形式运算阶段（11～12 岁以后）

皮亚杰认为，具体运算阶段儿童的思维是有局限性的，因为他们只能把运算图式应用到真实的或可以想象得到的物体、情境或事件上。例如，只有当物体真实存在时，具体运算者的传递推理才可能是正确的。7～11 岁儿童还不能把这种逻辑关系运用到代数中使用的 X、Y、Z 这些抽象符号上。与之相比，形式运算是一种对观念和命题的心理操作，它最早出现于 11～13 岁。这时，儿童的思维不再局限于真实的或可观察到的事物。因为形式运算者可以对或许没有现实基础的假设过程和事件进行逻辑推理。

假设演绎推理

皮亚杰认为，**形式运算**的标志是**假设演绎推理**（Inhelder & Piaget，1958）。演绎推理（从一般到特殊的推理）本身不是一种形式运算能力，它非常类似于夏洛克·福尔摩斯在检查犯罪线索以抓住罪犯时所做的推理。对具体运算阶段的儿童来说，如果给他们提供恰当的具体"事实"做依据，他们也能得出正确结论。皮亚杰认为，形式运算阶段的儿童不局限在思考先前得到的事实上，而是能生成假设；"可能是什么"对他们来说比"真正是什么"更重要。在下面的"研究聚焦"专栏中，我们可以看到，儿童在思考一项有关美术的假设命题时，具体运算思维和形式运算思维间的差异。

除了简单的算术题，假设思维对大多数形式的数学运算都很重要。如果 $2X+4=14$，那么 X 等于多少？这种问题用苹果、橘子等具体实物无法解决，只能用数字和字母。如果一个问题不需要具体实物，而是通过使用符号系统经过抽象思维就得以解决，那么这个问题就是一个基于假设的问题。

> **水平滞差（horizontal décalage）**：皮亚杰用来描述儿童认知表现不一致的术语，即使儿童已经具备解决某一问题必需的心理操作能力，但是他还是不能解决需要相似的心理操作能力的其他类似问题。
>
> **形式运算（formal operations）**：皮亚杰认知发展的第四个也是最后一个阶段，出现在儿童 11～12 岁以后，此时个体开始更加理性和系统地去思考抽象概念和假设命题。
>
> **假设演绎推理（hypothetico-deductive reasoning）**：在皮亚杰理论中指基于假设进行思维的一种形式运算能力。

研究聚焦 儿童对假设命题的反应

皮亚杰（Piaget, 1970a）曾提出，儿童具体运算阶段的思维是以现实为基础的。可能大多数 9 岁儿童很难对不存在的事物或从来没发生过的事情进行思考。与之相比，形式运算阶段的儿童能够对假设命题进行思考，并得出符合逻辑的结论。实际上，皮亚杰猜想，许多形式运算阶段的儿童甚至喜欢这类认知挑战。

几年前，有人做了这样一个实验，有两组学生：一组是具体运算阶段儿童（9 岁，四年级）；另一组是进入或即将进入形式运算阶段的儿童（11～12 岁，六年级）。他们共同完成一项作业：假如给你第三只眼睛，你可以选择把它放在你身体的任何一个部位。现在画一幅画告诉我你会把它放在哪个部位，并说明你为什么要放在那儿。

所有 9 岁儿童都把第三只眼放在了两眼中间的前额部位，儿童看上去好像是依据"所有人的眼睛都在脸部中间的某处"这样的亲身经验来完成这项任务的。一个 9 岁儿童这样说："第三只眼应放在两眼之间，因为独眼巨人的那只眼就在那儿。"他们这样做的根据是相当缺乏想象力的，请看下面的例子：

吉姆（9 岁半）：我愿意把第三只眼睛放在另两只眼睛的旁边，如果一只眼睛不行了，我仍可以用另两只眼睛来看。

维克（9 岁）：我想要另外一只眼睛，这样我可以看你三次。

坦雅（9 岁半）：我想要第三只眼睛，这样我可以看得更清楚。

与之相比，年龄较大的形式运算阶段的儿童做出了相当多的反应，这些反应并不依赖于他们以前见过的事物形象。而且，这些儿童能考虑到这种假设情境的有利之处，并用相当有想象力的理由来解释第三只眼睛所放的独特位置。看下面的例子：

肯（11 岁半）：（把这只眼睛画在了一束头发梢上）我能转动这只眼睛看各个方向。

琼（11 岁半）：（把这只眼睛画在了左手掌心里）我能看到各个角落，并且当我从盒中拿饼干时，能看到那是什么样的饼干。

汤尼（11 岁）：（在嘴里画了一只闭合的眼睛）我想让第三只眼睛在我口中，因为我想看到我吃的是什么。

当询问他们对这项三只眼睛作业的看法时,许多年龄小的儿童都认为这个作业相当愚蠢,没意思。一个9岁的儿童说:"太傻了,根本没有人长三只眼睛。"然而,11～12岁的儿童很喜欢这项任务,并不断要求老师在假期再布置一些像三只眼睛这样有趣的美术作业(Shaffer,1973)。

这些结果和皮亚杰的理论是基本一致的。年龄大的、处于或即将进入形式运算阶段的儿童,要比年龄小的儿童更有可能产生有逻辑性和创造性的回答,也更喜欢这种类型的推理任务。

像科学家一样思考

除了演绎推理能力的发展外,研究者通常认为形式运算阶段的儿童也能进行归纳思维(从特殊到一般的思维)。**归纳推理**是科学家所采用的一种思维方式,它往往是先生成假设,然后通过实验进行系统的检验。

英海德和皮亚杰(Inhelder & Piaget,1958)用一系列任务来评定科学的推理,其中一项便是钟摆问题。所用的材料是不同长度的绳子,绳子一端系着重量不同的物体,另一端悬挂在钩子上,然后让儿童去发现哪个因素或者哪些因素影响了绳子的摆动速度(即一段时间内前后的摆动的次数)。是绳子的长度、物体的重量、推动物体的力,还是释放物体时的高度,抑或是其中两个或两个以上因素的共同影响呢?

解决这个问题的关键是,首先要区分控制绳摆摆动的四个因素,然后每次变化一个因素并保持其他因素恒定,这样逐一验证每个假设。每个假设都用"如果—那么"的形式:"如果绳子上系的物体重量影响钟摆速度,那么在其他条件不变的情况下,我们应该能看到系重物的绳子和同样长度系轻物的绳子在摆动速度上的差异。"形式运算者通过这种系统的方法来形成假设,并加以验证,最终发现"重量假设"是错误的,绳摆的摆动只受"绳长"这一个因素影响。

与之对比,9～10岁的具体运算者不能提出并系统验证所有可能的情况,所以无法得出正确结论。他们经常从一个合理的假设开始(如"或许绳长起作用"),却不能排除其他因素的影响。

例如,在检验绳长假设时,却没有保持物体重量的恒定。如果他们发现系有重物的短绳子比系有轻物的长绳子摆动得快,他们可能会得出绳长和物体重量都影响摆动速度这样的错误结论。尽管随后的研究并不总能证实皮亚杰的观察结果,但研究者仍一致认为,科学推理是发展较晚的一种能力,就连许多成人也不具备这一能力(Kuhn, Amsel, & O'Loughlin, 1988;Moshman, 1998)。在寻找问题的答案时,经过训练的年龄较大的具体运算者在推理方面表现得更像形式运算者(Adey & Shayer, 1992),但是他们还不能自己形成合理的假设和系统的问题解决策略。虽然经过明确指导训练的小学儿童能够运用科学推理,但即使是较为年长的前青少年期儿童对于这些训练策略的迁移运用也是非常有限的(Chen & Klahr, 1999)。

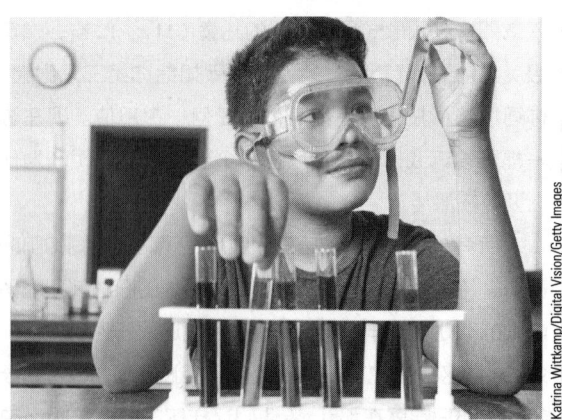

问题解决方法的系统性是形式运算思维的特征之一。

总之,形式运算思维是理性、系统且抽象的。形式运算者现在已能有计划地思考,并能对观念和假设概念（包括同现实相矛盾的概念）进行操作。

形式运算思维对个体和社会的意义

形式运算思维是一个强大的工具，它在许多方面改变着青少年，其中有些改变是好的，有些却不那么好。首先是好的一面。正如我们在第11章将会看到的，形式运算可以帮助个体思考生活中的可能事件，形成稳定的同一性，获得对他人的心理观点和行为原因的更丰富的理解。形式运算思维也能很好地帮助个体做决策，包括权衡可选择的行为过程及其对自己和他人可能造成的后果（见第13章，例如道德推理发展）。因此，认知发展取得的进步为个体其他方面发展的改变奠定了基础。

现在看一下坏的一面。形式运算或许也与青少年的许多痛苦经历有关。年幼儿童往往易于接纳世界的本来面目，并听从权威人物的教导，形式运算者则不同，他们能通过假设想象表征现实世界，他们可能开始质疑一切，小到父母运用权威严格限制夜间外出，大到政府不顾很多人忍饥挨饿、无家可归，却把大量资金投入武器研发和太空探索中。实际上，青少年在现实世界中感受到的逻辑上的不一致和缺陷越多，他们就变得越迷茫、越容易受挫，甚至会对执行者（如父母、政府）表露出叛逆性的愤怒，认为他们应该对这些缺憾负有责任。皮亚杰（Piaget，1970a）把青少年对理想主义的痴迷（即认为事物应该怎样）看作完全正常的新近获得的抽象推理能力发展的结果，并认为形式运算是"代沟"产生的根本原因。

形式运算为青少年带来痛苦经历的另一个方面是伴随着形式运算的自我中心意识的苏醒。青少年的自我中心以个体自我意识的形式出现。十几岁的孩子通常会认为周围的人关心他们的感受和行动，就像他们对待自己那样。Elkind 称之为青少年的**假想观众**（Elkind，1967；Elkind & Bowen，1979）。也许你可以回忆起中学时每个青少年都认为（并依照这样的信念行事）教室里的所有人都在关注着自己。这种形式的自我中心可能是非常痛苦和艰辛的，但是幸运的是大多数青少年都能够随着形式运算技能的发展走出这种错误思维。

每个人都能达到形式运算的水平吗？

皮亚杰（Piaget，1970b）认为，从具体运算推理到形式运算推理的转变是非常缓慢的。例如，对于正在进入形式运算阶段的11～13岁儿童来说，他们能够思考一些简单的假设命题（例如，"研究聚焦"专栏中提到的三只眼睛问题）。然而，还不能熟练地形成和验证假设，也许需要3～4年才能达到有计划的系统推理水平，这种推理对于推论出什么因素决定钟摆速度是必要的。皮亚杰认为，不存在一个超出形式运算的推理阶段，大多数人在15～18岁时至少会表现出一些这种最高智力水平的迹象。

其他研究者发现，青少年获得形式运算要比皮亚杰设想的慢得多。事实上，Edith Neimark（1979）在文献综述中指出，有相当数量的美国成年人并不经常在形式运算水平上进行推理。显然在某些文化中，特别是那些缺乏或根本不存在正规学校教育的文化中，没人能解决皮亚杰的形式运算问题。为什么有些人不能达到形式运算水平呢？跨文化研究提供了一条线索，即他们或许是很少接受重视逻辑、数学和科学的学校教育，而皮亚杰认为，这些受教育的经验会帮助儿童在形式运算水平上进行推理（Cole，1990；Dasen，1977）。

皮亚杰（Piaget，1972）在职业生涯的晚期

> **归纳推理**（inductive reasoning）：科学家在实验中产生假设然后进行系统验证的一种思维能力。
>
> **假想观众**（imaginary audience）：青少年自我中心的产物。青少年认为周围的所有人都对自己的思想和行为感兴趣，就像他们对待自己那样。

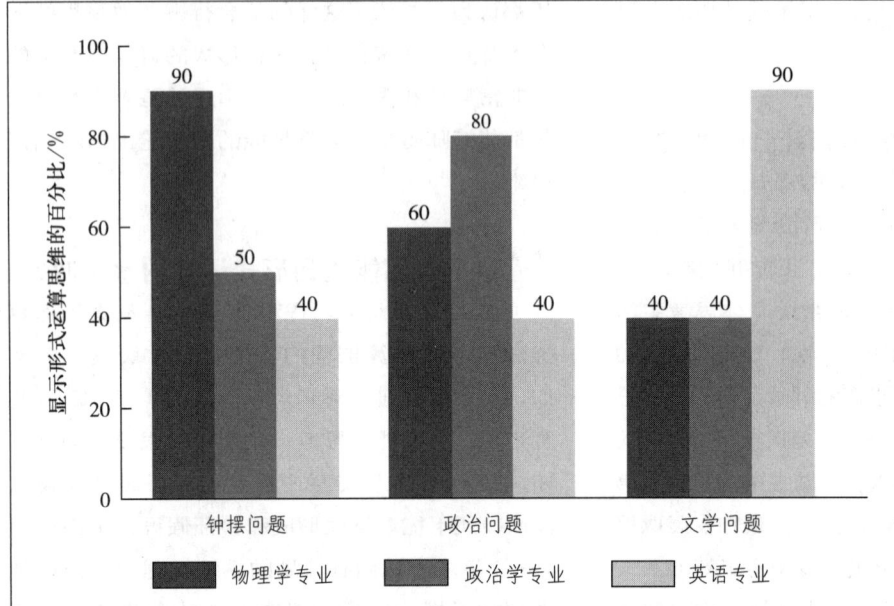

图 6.6 专业知识与形式运算。大学生在与他们专业密切相关的学科领域能更多地应用形式运算思维。

来源：Adapted from "Individual Differences in College Students' Performance on Formal Operations Tasks," by R. De Lisi & J. Staudt, 1980, *Journal of Applied Developmental Psychology*, 1, 163-174. Reprinted with permission from Excerpta Medica, Inc.

练的领域表现出最佳或最高的认知水平（Fischer, 1980; Fischer & Bidell, 1998）。不过，如果一个人没有机会学到各领域的知识，并进行相关的推理练习，那么他在不同领域的推理水平也会不一致（Marini & Case, 1994）。所以，我们必须谨慎，不要低估那些未能通过皮亚杰形式运算测验的青少年和成人的认知能力，他们在物理学问题上表现不佳，可能只是因为缺乏兴趣，或者缺乏相关的学科经验，而不是缺乏形式运算推理能力。

又给出了另一种可能的解释——或许几乎所有的成人都能够在形式运算水平上进行推理，不过他们只对感兴趣的或认为很重要的问题进行这种推理。事实上，Steven Tulkin 和 Melvin Konner（1973）发现，居住在丛林地带的未开化的猎人虽然不能解决皮亚杰的测验题，但至少能在一项任务上进行形式运算水平的推理：即追踪猎物。显然，这是一项对他们来说非常重要的活动，需要系统地推理和验证假设。在高中生和大学生中可以观察到一种相似的现象。十二年级的学生不仅能对自己已经熟悉的日常问题进行更为抽象的推理（Ward & Overton, 1990），而且如图 6.6 所示，主修物理学、英语和社会科学的学生也更有可能在形式运算水平上解决自己专业领域内的问题（De Lisi & Staudt, 1980）。

似乎每个人都能在自己熟悉或受过良好训

对皮亚杰理论的评价

本章已经对皮亚杰的认知发展理论做过一些评价，本节将对皮亚杰的重要理论做出更全面的评价。在考虑向皮亚杰的观点提出挑战之前，让我们先对他的贡献进行评述。

皮亚杰的贡献

皮亚杰是人类发展研究领域的一位天才。Harry Beilin（1992）引用一位学者的话说："评价皮亚杰对发展心理学的影响，就如同评价莎士比亚对英国文学、亚里士多德对哲学的影响一样——是别人无法企及的"（p.191）。很难想象，如果皮亚杰只保有他早期对动物学的兴趣,而从来都没有研究过发展中的儿童,我们会对智力发展了解多少呢?

那么皮亚杰为人类发展领域做出了哪些贡献呢?下面列出了几位著名学者在纪念皮亚杰诞辰100周年的大会上对其主要贡献的简要评价(见Brainerd, 1996):

1. 皮亚杰创建了我们今天称之为认知发展的学科。他对儿童思维的兴趣确保了该领域是"发展性"的,而不是简单地把成人思维研究的观点和方法应用到儿童身上。
2. 皮亚杰把儿童看成一个充满好奇心的、积极能动的探索者,儿童在自身的发展中扮演着重要角色。尽管皮亚杰提出的有关儿童积极建构自己的知识的观点在今天看来已显而易见,但在当时是很有创新性的,而且与他那个时代的观点是背道而驰的。
3. 皮亚杰的理论是第一个试图解释而不仅仅是描述发展过程的理论。受他的理论的启示,当今许多理论家也非常重视对儿童思维的演变的解释(Fischer & Bidell, 1998; Nelson, 1996; Pascual-Leone, 2000; Sigeler, 1996b)。
4. 皮亚杰的智力发展阶段理论为不同年龄阶段的儿童如何思考问题提供了一个相当精确的概述。他虽然在某些细节上是错误的,但正如Robert Siegler(1991, p.18)所说的:"他的阐述是正确的……总体趋势……符合我们对童年期的直觉和记忆。"
5. 皮亚杰的观点对思考有关社会性和情绪发展的问题有重要影响,对教育者来说也有许多实践意义。
6. 最后,皮亚杰提出了一些重要问题,并吸引了成千上万的研究者从事认知发展的研究。皮亚杰所提出的这种探索性理论,需经过反复验证,一些研究在指出其最初的观点所存在问题的同时,也引发了新的领悟。

研究聚焦 透过跨文化的棱镜评价皮亚杰

皮亚杰认为发展阶段是放之四海而皆准的(Crain, 2005; Dasen, 1994; Molitor & Hsu, 2011),早期发展研究者主要以西欧和美国儿童为研究对象。到了20世纪末期,发展学家开始质疑文化是否会影响认知发展。由于对儿童教养实践、发展目标和发展环境的文化差异的觉察,发展学家开始思考这些差异是否会以某种有意义的方式影响发展变化的过程和结果。因此,发展学家开始在其他方面探究,他们研究了皮亚杰有恒常序列的发展阶段和思维发展形式。

跨文化研究揭示了跨文化的三种主要模式。首先,儿童达到不同认知发展阶段的顺序不存在实质性差异。在西非、印度、危地马拉、赞比亚、尼日利亚、墨西哥、澳大利亚、巴基斯坦、巴布亚新几内亚、塞内加尔、乌干达、博茨瓦纳、肯尼亚和南非也发现了相似结论(Berry et al., 1992; Cherian et al., 1988; Dasen, 1972; Goldberg, 1972; Greenfield & Childs, 1977; Kagan, 1977; Shayer, Demetriou, & Pervez, 1988; Shea, 1985)。这一普遍的顺序可见于皮亚杰的四个认知阶段、感知运动阶段的亚阶段,以及不同领域(如质量、体积)先后实现具体运算的现实。

其次,儿童达到皮亚杰的重要发展阶段的年龄存在跨文化差异,尽管差异较小(Dasen & Heron, 1981; Molitor & Hsu, 2011)。这种跨文化差异主要是由于儿童的教养经历、发展目标和发展环境的差异导致的。这种不确定性使得人们很难清楚地解释产生差异的原因。但是在研究认知发展时,我们不能否认文化影响因素的存在和重要性。

最后,青少年和成人能否获得形式运算能力存在跨文化差异。大多数跨文化研究发现,形式运算任务所涉及的领域(例如,使用青少年非常熟悉并擅长的话题)会影响形式运算的表现,这一结果清楚地说明,文化和背景的确影响儿童的认知发展。因此,现在的发展学家认为在回答有关发展阶段和结果的问题时,应该把背景看成一个非常重要的变量来考虑(Kuhn, 1992; Molitor & Hsu, 2011; Rogoff, 2003)。

对皮亚杰理论的挑战

在过去的35年里,一些评论家已经指出了皮亚杰理论的几个明显的不足之处,我们简要列举以下四个方面。

皮亚杰未能区分能力和表现

本章中,我们已经反复谈到皮亚杰低估了婴儿、学步儿和学前儿童的认知能力。为什么?原因之一就是皮亚杰关注的是确定儿童潜在的能力或认知结构,或许就是它或它们决定了儿童在各种认知任务中的表现。他倾向于假设,不能解决某一问题的儿童,只是缺乏他所考察的那种潜在的概念或思维结构。

现在,我们知道这种假设是无效的。因为很多因素都会暗中降低认知测验的成绩,而不是因为缺乏某种关键的能力。例如,4岁和5岁的儿童似乎知道生命体和非生命体的区别,但他们却不能完成皮亚杰的测验,这主要是因为皮亚杰要求儿童阐明他们所知道的原理(关键的能力),而儿童却不能表达出来。皮亚杰忽略了动机、任务的熟悉性和其他影响表现的因素,而把任务表现和能力等价起来,这种倾向是造成他提出的各种认知发展里程碑的年龄常模经常远远偏离实际的一个主要原因。

认知发展真的是按阶段进行吗?

皮亚杰坚持认为,智力发展阶段是整体性的结构,是一种适用于多种任务的一致的思维方式。例如,说一个儿童处于具体运算阶段,那就意味着他会依靠认知操作和逻辑思维来解决大部分的智力问题。

近来,这种整体结构假说受到一些研究者的挑战,他们对认知发展是否按阶段进行表示怀疑(Bjorklund, 2011; Siegler, 2000)。从他们的观点来看,认知发展的"阶段"意味着儿童在相对较短时期内获得了几种新能力,同时智力功能会出现突然变化。然而我们可以看到,认知发展并不是以这种方式进行的。智力的重大转变是渐进发生的,而且,在测查某一特定阶段的能力的任务中,儿童的表现经常不具有一致性。例如,一个7岁的儿童能够排序和达到数量守恒,但要在数年之后才能达到容量守恒(见图6.3)。而且不同的儿童会以不同的次序掌握不同的具体运算和形式运算的问题。一项研究表明,认知发展并没有皮亚杰所设想的那么具有一致性和连贯性(Case, 1992; Larivee, Narmandeau, & Parent, 2000)。

认知发展真的是阶段式的吗?这个问题一直是争论的焦点,且远未解决。一些理论家主张,认知发展的确是连贯的,而且是经过一系列阶段的,尽管这些阶段不一定与皮亚杰所提出的相同(Case & Okamoto, 1996)。然而,许多理论家认为,智力发展是一个复杂的、多方面发展的过程,儿童在这一过程中逐渐获得了许多不同的知识领域的技能,如演绎推理、数学、视觉空间推理、词汇技能、道德推理等(Bjorklund, 2011; Fischer & Bidell, 1998)。尽管每一个领域的发展可能都是一点一点有序出现的,但不能假设存在跨领域的一致性。因此,一个喜欢猜字谜和做词汇游戏的10岁儿童,在词汇测验中的成绩可能就好于大多数同伴;而在不太熟悉的领域,如假设测验、数学推理等,也许就表现较差。

总之,在特定的智力领域,认知发展的许多方面都是有序且连贯的(有人认为是阶段性的)。然而,很少有证据表明跨领域发展存在很强的一致性,或者存在如皮亚杰所阐述的那种清晰的整体的认知阶段。

皮亚杰"解释"了认知发展吗?

即便是主张认知发展有阶段性的那些研究者,也困惑于皮亚杰阐述的儿童智力发展是从一个阶段到另一个阶段依次展开的观点。皮亚杰的相互作用论假设儿童：(1) 不断地以自己的成熟水平所允许的方式同化新的经验；(2) 使自己的思维顺应这些经验；(3) 重组自己的结构，形成更为复杂的心理图式，以使自己重建与环境中的新事物的认知平衡。随着儿童的不断成熟，同化更为复杂的信息，改变和重组自己的图式，他们最终以新的方式看待熟悉的物体和事情，他们的智力也从一个阶段发展到下一个阶段。

这种对认知发展相当模糊的解释所引发的问题比它所解答的还要多。当儿童从感知运动阶段发展到前运算阶段，或从具体运算阶段发展到形式运算阶段时，什么样的成熟变化是必需的？儿童在建构心理符号、进行认知操作或操作观念、思考假设之前，他必须具备什么样的经验？皮亚杰对这些或其他能使儿童进入更高智力阶段的机制还不是很清楚。结果，越来越多的研究者把皮亚杰的理论看作对认知发展做了详尽描述、但解释力有限的理论（Gelman & Baillargeon, 1983; Kuhn, 1992）。

皮亚杰忽视了社会、文化的影响

儿童生活在各种各样的社会和文化环境中，这些会影响他们建构世界的方式。虽然皮亚杰承认文化因素可能影响认知发展的速度，但发展学家现在认为，文化还影响儿童的思维方式（Gauvain, 2001; Rogoff, 1998, 2003）。皮亚杰也忽视了儿童在与更有能力的个体进行交往时的心理发展方式。在第 11 章和第 13 章我们将会看到，皮亚杰感觉到了同伴冲突是造成认知失衡和智力发展的一个主要因素，特别是在观点采择能力和道德推理方面。然而，皮亚杰更强调认知发展具有自我指向的特征，儿童好像是一个独立的科学家，主要靠自己来探索世界，获得重要的发现。现在，我们知道，儿童的许多基本能力是在与父母、老师、兄弟姐妹和同伴的协作中发展起来的。实际上，相信社会交往对认知发展起着重要的促进作用，这是与皮亚杰同一时代的人——维果斯基——提出的认知发展的社会文化观的基石。

概念核查6.3 | **理解运算**

回答下列问题，检查你对大一点的儿童认知发展的理解。答案见附录。

选择题：为下列各题选择最佳答案。

____ 1. 格兰的妈妈个子矮，长着黑头发。格兰就以为所有的妈妈都是矮个子、黑头发。这是说明_____的一个例子。
  a. 守恒   b. 失衡
  c. 自我中心   d. 同化

____ 2. 前运算阶段儿童的特征是
  a. 好反省且具有抽象思维能力
  b. 思维具有逻辑性、具体性和非抽象性
  c. 思维具有符号化、直觉性和自我中心性
  d. 思维具有逻辑性、抽象性和自我中心性

____ 3. 一个 5 岁的儿童认为，身高 1.8 米的约翰一定比他身高 1.5 米的叔叔麦里年长。这种根据个体的高度来解释年龄大小的方式是由于这个儿童
  a. 把事件看成某种特殊的状态，忽视了事件的转化过程
  b. 自我中心
  c. 不能同时处理上位和下位概念
  d. 感知中心化

____ 4. 儿童有关心理活动的发展性概念，包括用于组织事实和做出预测的一致性结构，被看作
  a. 双重编码   b. 反射性抽象
  c. 心理理论   d. 表征知识

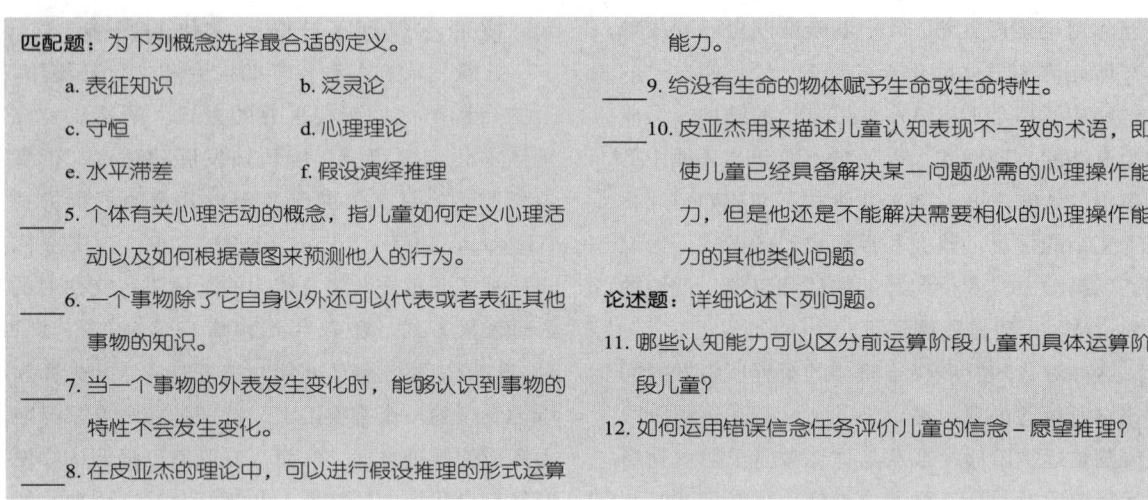

维果斯基的社会文化观

近来，与已有认知发展观点形成鲜明对比的利维·维果斯基（Lev Vygotsky）的**社会文化理论**引起了研究者的广泛兴趣（1934/1962；1930-1935/1978；见 Gauvain，2001；Rogoff，1990，1998，2003；Wertsch & Tulviste，1992）。20 世纪二三十年代，在皮亚杰建构他的理论时，维果斯基，这位俄罗斯的发展学家已经成为了一位活跃的学者。不幸的是，38 岁的他在工作未竟之时就英年早逝了。但他给后人留下了很多重要的理论观点。他提出：（1）认知发展发生于社会文化背景中，社会文化影响着认知发展的形式；（2）儿童的许多重要认知技能是在与父母、老师以及更有能力的同伴的社会交往中逐渐发展起来的。

文化在智力发展中的作用

维果斯基的社会文化观点的核心是，儿童的智力发展与他们所处的文化关系密切。全世界的儿童不会发展出完全相同的心理，但是他们会学习使用人类所特有的大脑和心理能力来解决问题，并对周围环境做出与他们的文化要求和价值观相一致的解释。对于维果斯基来说，人类的认知，即使被隔离起来，本质上仍是社会文化的，它受到由文化传递给个体的信仰、价值观、智力适应工具等的影响。由于这些价值观和智力适应工具可能会在文化与文化之间有很大的差异，所以维果斯基认为，不论是智力发展的过程还是内容都不会像皮亚杰所假设的那样具有普遍性。

维果斯基提出，我们应该从微观发生学、个体发生学、种系发生学和社会历史四种水平来评价人类发展，这四种水平彼此相关而且与儿童的成长环境相互作用。**个体发生发展**即个体一生的发展，是本书的主题，也是几乎所有发展心理学家进行分析的层面。**微观发生发展**指的是在相对较短的时间内发生的变化，例如在连续 11 周的时间内，我们每周看到的儿童解决加法问题的变化（Siegler & Jenkins，1989）。甚至是在 20 分钟内，儿童做五种不同的测验所使用的记忆策略的变化（Coyle & Bjorklund，1997）。显然，它比传统的个体发生学水平提供了更为精细的分析。**种系发生发展**指的是在进化时期产生的变化，一般以几千年甚至上百万年为测量单位。维果斯基预言了当代进化心理学的观点，他认为对种系历史的理解，有助于认识儿童的发展（Bjorklund &

Pellegrini，2002；Ellis & Bjorklund，2005)。最后，**社会历史发展**指的是在个体所处的历史环境中，个体在文化、价值观、社会规范及技术等方面所发生的变化。这就是当今研究者特别重视的维果斯基的社会历史观。

智力适应工具

维果斯基提出，人生来具有一些初级的心理机能，如注意、感觉、知觉和记忆，它最终会在文化的作用下转变成为新的、更为复杂精细的高级心理机能。以记忆为例，年幼儿童的早期记忆能力由于受到生物学限制，被局限在表象和印象方面。然而，每一种文化都给儿童提供了**智力适应工具**，使他们能更加适应地运用自己基本的心理机能。因此，信息时代的儿童用记笔记来帮助记忆，而前文化社会的儿童只能用结绳记事的方法记住每一件事物。这种由社会传递的记忆策略和其他文化工具教会了儿童如何运用他们的智力，简而言之，也就是教会了他们如何思考。由于每种文化也传递特定的信仰和价值观，它同样也教会了儿童去思考什么。

不同文化中的智力适应工具的微妙差异能够使儿童在认知任务中的表现显著不同，我们来看看不同语言在数字命名上的差异。例如，在所有语言中，前10个数字是必须要强行记住的。不过，在那之后，一些语言会充分利用以数字10为基础的系统来依次命名其他数字。英语从20开始（"twenty-one"、"twenty-two"等）。不过，英语中数字13—19就不太容易表示了。当然，11和12也必须记住。从13开始是以10为基础的体系（three+ten="thirteen"），而且从13往后，几个数字的名字并不符合数字＋ten这个模式。"Fourteen"、"sixteen"、"seventeen"、"eightteen"和"nineteen"是这个模式，但是数字"thirteen"和"fifteen"则不是（不是用"threeteen"和"fiveteen"来表示）。而且"十几"的数字首先表明的是个位数字（"fourteen"，"sixteen"），而"几十"的数字首先表明的是十位数（"twenty-one"，"thirty-two"）。从20开始，数字系统就变得有规律了。

其他的语言，如汉语，有一个更为系统的数字命名系统。汉语中10以内的数字也和英语中一样必须要记住。不过，从10开始，汉语的数字命名系统遵照以10为基础的逻辑，11翻译成"十一"、12译成"十二"，等等。表6.4所示的是汉语和英语对1到20的名称。Kevin Miller 和他的同事（1995）推断，汉语和英语间的这种数字命名系统的差异与早期数字能力有关，特别是数数。他们测试了来自美国伊利诺伊州香槟城和中国北京的3～5岁儿童，让每个儿童尽可能多地数数。两国的3岁儿童没表现出文化差异，但到了4岁，中国儿童开始显示出数数优势，这种优势甚至到5岁时会更强烈。进一步分析表明，文化差异主要体现在十几那几个数字中。尽管两国几乎所有的儿童都可以数到10（有94%的

▶ **社会文化理论**（sociocultural theory）：维果斯基有关认知发展的观点，认为儿童通过与拥有更丰富知识的社会成员的合作对话获得他们的文化价值观、信仰和问题解决策略。

▶ **个体发生发展**（ontogenetic development）：个体在整个生命过程中的发展。

▶ **微观发生发展**（microgenetic development）：发生在相对较短时间内的变化。几秒钟、几分钟或几天的时间，与此相对的是对大跨度时间的研究，如对个体发展的传统研究。

▶ **种系发生发展**（phylogenetic development）：整个进化时代的发展。

▶ **社会历史发展**（sociohistorical development）：在个体的文化、价值观、社会规范及技术等历史背景中所发生的变化。

▶ **智力适应工具**（tools of intellectual adaptation）：维果斯基用于说明思维方法和问题解决策略的术语。它是儿童在与更有能力的社会成员的交互作用中通过内化获得的。

美国儿童和 92% 的中国儿童可以做到），但只有 48% 的美国儿童能数到 20，而中国儿童却有 74% 能做到。一旦儿童可以数到 20，那么进一步数到 100 就不存在文化差异了。这些发现显示出，一种语言在数字命名系统上的差异是如何影响个体早期数字能力的，而且这种智力适应工具的早期差异也许还能解释我们已经看到的中美儿童在数学能力方面的后期差异（Stevenson & Lee，1990）。

表 6.4 汉语和英语中从 1 到 20 的数字

阿拉伯数字	汉语	英语
1	一	one
2	二	two
3	三	three
4	四	four
5	五	five
6	六	six
7	七	seven
8	八	eight
9	九	nine
10	十	ten
11	十一	eleven
12	十二	twelve
13	十三	thirteen
14	十四	fourteen
15	十五	fifteen
16	十六	sixteen
17	十七	seventeen
18	十八	eighteen
19	十九	nineteen
20	二十	twenty

注：更系统的中国数字系统遵循以 10 为基础的逻辑原则（11 翻译成"ten one"），不太需要死记硬背，这或许可以解释为什么说汉语的中国儿童能够比说英语的儿童更早学会数到 20。

早期认知能力的社会起源和最近发展区

维果斯基赞同皮亚杰所说的年幼儿童是充满好奇心的探索者，会主动积极地去学习和发现新的准则。然而，与皮亚杰不同的是，维果斯基认为，儿童的许多真正重要的"发现"产生于有技巧的老师和初学者的合作或协作，以及交谈的情境。在此情境中，老师做活动示范并给予口头指导，学生最初是试图理解教师的指导，最终才将这些信息内化，并以此来调整自己的行为表现。

为了说明维果斯基的这种合作（或指导）学习的观点，让我们想象一下 4 岁的安妮第一次玩拼图游戏的情形。安妮一开始无从下手，直到爸爸坐到她身边，建议她最好先把拐角放在一起，然后指着一个拐角边缘的粉红色区域说道："让我们来找另一块粉红色。"当安妮做不下去的时候，爸爸就会把两个相连接的部分拼放在一起，以引起她的注意，当安妮拼图成功时，爸爸表扬了安妮。在安妮逐渐掌握了要领之后，爸爸就退到后面让她渐渐独立地完成。

最近发展区

合作对话是如何促进认知发展的？首先，维果斯基认为，安妮和她的父亲是在他所说的**最近发展区**进行操作的。最近发展区指的是一个学习者能独立达到的水平与在一个技能更为娴熟的参与者的指导和鼓励下能达到的水平之间的差距。这时，如果给予学习者细致耐心的指导，其新的认知发展就有可能发生。很显然，有了父亲的帮助，安妮成了更能干的拼图者。更重要的是，她把与父亲协作时使用的问题解决技巧进行内化，并最终会独立使用这些技巧，从而上升到一个独立掌握的新水平。

支架是促进认知发展的社会性合作的一个特征，是指这样一种倾向——有能力的参与者会根据初学者当前的状况给予恰当的指导，使他们能够从这种支持中受益，并促进他们对问题的认识（Wood，Brunner，& Ross，1976）。支架并不只是发生在正规的教育情境中，而是由任何一个更有能力的个体，随时给儿童提供其所需的支持，以指导儿童接近他本身的能力极限。在上面的例子中，安妮父亲的行为不只是通过最近发展区发挥作用，而且还有支架的作用。

决定成人参与程度的因素并非成人自身，成人和儿童将共同决定儿童独立活动的程度。例如，独立解决问题能力较差的儿童要比那些能力较强的儿童需要更多的指导。儿童的能力越强，在解决问题时需要的成人指导或支架越少（Plumert & Nichols-Whitehead，1996）。

谨慎起见，我们最好不用"能力"这个词来描述儿童的问题解决能力。在维果斯基的社会历史文化观点中，学习和发展是各种任务间相互作用的结果，这些任务具有特定规则并被特定的文化赋予相应内涵。与皮亚杰等其他人的认知发展理论观点不同，"能力"不是一个儿童无法达到的绝对水平，而是一种特殊的任务（Fischer & Bidell，1998）。儿童在一个实际任务中表现出较高的能力，但是在一个相似的、不满足客观需要的任务中可能表现得并不娴熟。研究者通过儿童在特定任务中的表现或者在特定的文化情境中的表现，来评价儿童的智力功能水平。

思维上的学徒关系和指导性参与

在许多文化中，儿童并不去学校跟其他儿童一起学习，父母也不会非常正式地教他们纺织和狩猎一类的课程。事实上，他们是通过**指导性参与**来学习的，即和那些技能熟练的个体一起积极参与到各种相关的文化活动中，并接受必要的帮助和鼓励（Gauvain，2001；Rogoff，1998）。有指导的参与是一种非正式的"思维上的学徒关系"，随着与成人或有能力的同伴一起参与日常文化活动，儿童的认知能力逐渐形成。Barbara Rogoff认为，儿童在形成认知能力时，非正式的儿童—成人互动方式与正式的教学或教育经验同样起作用，前者甚至更有效。

按照维果斯基的观点，如果儿童受到了一个更能干的成人的指导和鼓励，就更容易获得新技能。

这种学徒关系或指导性参与的观点，在儿童很早就参与了成人的日常活动的文化看来，似乎是很合理的，例如，生活在危地马拉和墨西哥的以农业为生的玛雅人，以及过着几千年不变的群居狩猎采集生活的非洲阿昆部落。但是理解他们的文明对我们来说比较困难，因为在西方文化里，认知发展的许多方面的教育工作已由父母转移给了专职教育者，他们的职责就是教儿童重要

> **最近发展区（zone of proximal development）**：维果斯基的术语，指个体无法独立完成，但在有能力的他人的指导和鼓励下可以完成的复杂任务。
>
> **支架（scaffolding）**：是指专家在指导初学者时，根据他在学习情境中的行为做出相应的指导的过程，这会逐渐提高初学者对问题的理解。
>
> **指导性参与（guided participation）**：是指成人和儿童间的互动，在儿童参加或观察成人从事有关文化活动的过程中，儿童的认知和思维方式得到发展。

的文化知识和技能。不过，在现代社会中，学习肯定也发生在家庭中，尤其是学前阶段。而且在许多方面，家庭学习经验为儿童接受学校教育奠定了基础。例如，在美国和欧洲的正规教育中，就有让儿童回答成人已经知道答案的问题，并学习和讨论一些与现实没有直接联系的纯粹的知识。这种**去情境学习**在许多文化中并不适合，而在我们的文化中从婴儿期和童年早期就开始了（Rogoff，1990）。考虑下面19个月大的布列塔尼（布布）和她母亲的对话：

妈妈：布布，这个公园里有什么呀？
布布：宝宝秋千。
妈妈：对了，有秋千。还有什么？
布布：（耸了耸肩）
妈妈：有滑梯吗？
布布：（微笑并点头）
妈妈：那么公园里还有什么？
布布：（耸肩）
妈妈：跷……
布布：跷跷板！
妈妈：很棒，跷跷板。

这种谈话是非常典型的美国母亲和孩子间的交谈，是说明维果斯基最近发展区的一个很好的例子。在这个例子里，布布不仅学会了在妈妈的帮助下回忆特定事物，而且懂得了在抛开背景的情况下记忆信息的重要性（例子中的妈妈和女儿坐在屋里，距离公园有一段距离）。布布学会了根据要求陈述妈妈已经知道的事实，还学会了在她自己想不出来的时候依靠妈妈帮忙提供一些答案。图6.7列举了父母和儿童之间的"共同记忆"对记忆发展的一些作用。

兄弟姐妹是最近发展区和支架的创设者

在个体发展的过程中，兄弟姐妹会产生哪些

> ☑ 儿童学习记忆过程，如策略。
> ☑ 儿童学习回忆以及与他人交流记忆内容的方式，例如，叙事结构。
> ☑ 儿童学习了解自己，这有助于自我概念的发展。
> ☑ 儿童学习关于自己的社会与文化历史。
> ☑ 儿童学习有关家庭和社会的重要价值观，即值得记住的知识。
> ☑ 促进社会团结。

图6.7 儿童记忆发展中的共同记忆的一些功能。
来源：Gauvain, M. (2001). *The Social Context of Cognitive Development*. New York: Guilford, p. 111. Copyright © 2001 by Guilford Press. All rights reserved. Reproduced by permission.

积极作用？一个重要的作用是哥哥和姐姐经常照顾年幼的弟妹。跨文化研究表明，在所调查的186种文化中，有57%的哥哥姐姐是婴幼儿最主要的看护者（Weisner & Gallimore, 1977）。即使在工业化程度较高的国家（如美国），较大的孩子，尤其是女孩，也需要照顾年幼的弟弟妹妹（Brody, 1998）。当然，哥哥姐姐作为看护者的角色也会促使他们在很多方面影响弟弟妹妹，可以成为弟弟妹妹的老师、玩伴、保护者以及情感支持的重要来源。

除了照顾和提供情感支持，年长的哥哥姐姐还会通过以身作则或提供直接的指导，来教年幼的弟弟妹妹新的技能（Brody et al., 2003）。即使是婴儿也会非常关注哥哥或姐姐的行为，经常会模仿哥哥姐姐在与弟弟妹妹玩耍、照料婴儿及其他家庭活动中的行为（Maynard, 2002；另见Downey & Condron, 2004）。

年幼的孩子会钦佩哥哥姐姐，而哥哥姐姐在其整个儿童时期都是重要的榜样和指导者（Buhrmester & Furman, 1990）。就掌握一种能力来说，哥哥姐姐远比有同样能力的年长同伴更能促使弟弟妹妹多学东西（Azmitia & Hesser, 1993）。为什么会这样？有以下几点原因：（1）如果"学生"是年幼的弟弟妹妹，年长的哥哥姐姐会感觉到有更大的责任；（2）哥哥姐姐会比年长的同伴提供更为详细的指导和鼓励；（3）年幼的弟弟妹妹倾向于寻求哥哥姐姐的指导。这种非正式的教育在兄弟姐妹之间更容易完成：当玩上学的游戏时，年长的哥哥姐姐会教弟弟妹妹诸如ABC的拼音知识，而弟弟妹妹也更容易学会阅读（Norman-Jackson, 1982）。更为重要的是，年长的孩子也会有更多收益。与没有教导经验的同伴相比，经常教导弟弟妹妹的孩子会在学业能力倾向测验上取得更好的成绩（Paulhus & Shaffer, 1981; Smith, 1990）。

不同文化中的最近发展区

尽管指导参与的过程可能是有普遍性的，但它是如何进行的却存在文化差异。Rogoff和她的同事（1993）把文化分成两类：（1）例如美国的文化，开始于学前期，儿童从学前期后就开始与成人分离，在学校学习更多的文化上的重要信息；（2）另一类文化就是，儿童大部分时间与成人在一起，在成人从事与文化有关的重要活动时，他们在一旁观察并参与进去。Rogoff观察了14个有学步儿童的家庭，它们分别来自四个社区，其中两个社区的儿童（来自美国盐湖城和土耳其的中产阶级社区）接受正规学校教育，所学到的重要文化信息主要是以"去情境"的方式传递的；另两个社区（在圣佩德罗危地马拉雅小镇和印度的一个叫Dhol-Ki-Patti的部落村）的重要文化信息主要是在情境中传递的。研究者观察了儿童及其看护人进行的日常活动（如吃饭、穿衣）、社会性游戏（如"藏猫儿"），以及玩一些新奇东西（如一个彩环、一种能踢腿的牵线木偶）的情况。下面摘录了两则有指导性参与的例子。一个是来自盐湖城中产阶级社区，另一个来自印度的部落村庄Dhol-Ki-Patti。

盐湖城：一个21个月大的小男孩桑迪和他的妈妈在玩一个装有小玩具娃娃的玻璃瓶。

桑迪的妈妈举起瓶子，兴奋地叫道："这是什么？它里面有什么东西？"然后指着瓶子里的小玩具娃娃说："它是小人吗？"当桑迪把瓶子推倒时，妈妈在一旁建议道："你能打开瓶盖吗？"

桑迪看着瓶顶的圆盖说道："球！"

"球，对。"他的妈妈肯定了这个说法，并鼓励道："拉开那个盖子。"并做了一个拉的动作的演示，"你能拉开吗？"桑迪把手放在妈妈的手上，他们一块成功地打开了瓶盖。妈妈问道："里面是什么？"并从里面拿出那个玩具娃娃，问道："它是谁？"

桑迪伸出手去拿那个盖子，妈妈继续指导，"好，你把盖子盖回去。"当桑迪"噢，噢"地欢叫时，他的妈妈也跟着"噢"。当桑迪失去兴趣时，他的妈妈假装失望地问道："噢，你不想再玩了？"并提议道："我们能和它玩藏猫儿。"

桑迪拿出玩具娃娃，妈妈问道："它去哪儿？"并唱道："在哪儿，它不见了。"并用手把玩具娃娃盖住，"它走了。"

（Rogoff et al., 1993, p.81）

印度的Dhol-ki-patti：一个18个月大的女孩卢帕和她的妈妈玩牵线木偶游戏。

卢帕没能拽紧顶部和底部的绳子使木偶跳起来，于是她的妈妈握住卢帕的手，双手抓紧底部绳子拉了两次绳子，边演示边说道："拉这儿，拉这儿。"接着她放开卢帕的手鼓励她自己去做。

> ➤ **去情境学习**（context-independent learning）：与当前情境无直接关系的学习。与在现代学校中儿童的学习一样，是为获取知识而学习。

但是由于卢帕没抓紧,木偶不小心掉到了地上。当卢帕伸手去够时,妈妈迅速地帮着捡了起来。她又连续两次拉底部的绳子,并说:"拉这儿。"然后她放开手,让卢帕自己做。她的手一直紧靠着(但没接触到)卢帕的手,准备必要时随时提供帮助。

(Rogoff et al., 1993, p.114)

尽管在所有社区中,婴幼儿和看护人都会以各种方式互动,增进了所有参与者对当前任务的理解,但是情况在中产阶级社区和更传统的社区间仍有重大差异。正如上面的例子所显示的,来自盐湖城(以及土耳其的那个城市)的父母格外强调言语指导,父母提供多种形式的言语指导来促进儿童学习,包括赞扬和激励他们的其他技巧。与之相对比,来自玛雅和印度村落的父母则使用更明确的非言语的交流方式,只是在某种特定任务中才偶尔加以言语指导。在这些社区中,儿童一天中的大部分时间都在成人的周围,当成人担当一些重要的社会任务时,儿童能够观察能干的成人的行为,并与成人互动。Rogoff和她的同事得出的结论是,儿童的观察技能在传统的社区比在中产阶级的社区中更重要,也发展得更好,因为传统社区中的孩子要通过竭力仿效成人的行为而努力学习。

Rogoff的发现表明,使儿童成为有效的社会成员的途径不是唯一的,不同形式的指导性参与可能都是有用的,它依赖于文化对成人和儿童的要求。一种形式不一定比另一种更好,它取决于一个社会期望有能力的成人如何表现,以及期望有能力的儿童获得什么技能。

在最近发展区"做游戏"

另一个经常受到年长的、更内行的伙伴指导的重要行为是儿童的假装游戏或者象征游戏。研究者发现,与独自玩相比,婴幼儿在与他人一起玩时会更多地从事象征性游戏。尤其是和妈妈在一起,这能激发年幼儿童进行高水平的象征游戏(Bornstein et al., 1996;Youngblade & Dunn, 1995)。对母亲和21个月大的学步儿之间的游戏片段的近距离考察表明,许多母亲能够调整自己的游戏水平以适应儿童的水平。而且,那些最了解游戏发展的母亲,通过调整自己的游戏行为,直到刚好超过儿童的现有水平,以给儿童提供最富挑战性的游戏互动。因此,与维果斯基最近发展区的观点和Rogoff指导性参与的观点相一致,比起那些缺乏这种社会支持的儿童,与更有技巧、创建了适当的情境的伙伴一起玩的年幼儿童,更容易成为游戏高手(Damast, Tamis-LeMonda, & Bornstein, 1996)。

尽管母亲和儿童之间的游戏模式具有跨文化的相似性证明了游戏发展的普遍性,但是文化的差异仍存在。例如,中国儿童更多的是与其看护人而不是与其他儿童一起玩,而爱尔兰裔美国儿童正好与此相反(Haight et al., 1999)。阿根廷的母亲会比美国的母亲更多地参与到20个月大的儿童的象征性游戏中,但在探索性游戏中情况则相反(Bornstein et al., 1999)。

为什么说促进象征性游戏具有重要意义?在不同文化中,不同的游戏风格会给认知发展带来怎样的结果呢?儿童通过象征性游戏学习"人、物体以及活动",研究表明,这种游戏可能与认知发展的其他方面有关。研究者发现,学前儿童从事社会合作游戏(通常与兄弟姐妹或者母亲一起)的多少与儿童以后对他人情感和信仰的理解有关(Astington & Jenkins, 1995;Youngblade & Dunn, 1995)。实际上,一个人知道别人会有与自己不同的思想、情感和信仰,表明他已经具备了"心理理论",关于心理理论,我们已经在本章讨论过。无论是哪个社会,如果儿童想要获得成功,就必须具有高级的心理理论,而父母、兄弟姐妹和其他有能力的伙伴在象征性游戏中所提供的指导性参与能够促进心理理论的发展。

人们很容易认为认知发展是一种全世界儿童以完全相同的方式"发生"的事情。毕竟，进化使人类具有了独一无二的神经系统。但是智力也扎根于环境，尤其是文化。了解文化信仰和科技工具在儿童养育实践中是如何影响认知发展的，能帮我们更好地理解发展的过程和指导者在促进儿童发展过程中的作用。

对教育的意义

维果斯基的理论对教育具有重要的意义。和皮亚杰一样，维果斯基强调主动学习而不是被动学习，他更关注学习者已经掌握了什么，从而判断或估计他能学会什么。这两种理论取向的主要差异在于教育者的作用。在基于皮亚杰理论构建的课堂上，学生把更多的时间用在独立的发现式活动上；而在基于维果斯基理论构建的课堂上，教师会提供有指导性的参与活动，包括这样一些过程：他们设计学习活动，提供适合儿童当前能力的有帮助的暗示或指导，并监控学习者的进展情况，逐步把更多的心理活动发展的主动权移交给学生。教师也会安排合作学习训练，鼓励儿童彼此协助。这样一来，小组中能力较低的成员可能受益于能力较高的同伴的指导，而能力较高的同伴也会在充当教师角色的过程中获益（Palinscar, Brown, & Campione, 1993）。

有证据可以证明，维果斯基的合作学习是一种特别有效的教育策略吗？在 Lisa Freund (1990) 的研究中，她给3～5岁的儿童呈现一个有6个房间的玩具娃娃之家，让儿童考虑每个房间应该放什么家具（如沙发、床、浴盆和炉子）。首先，测验一下儿童对正确摆放家具已经知道了多少，然后让每个儿童完成一件类似的任务，完成任务的方式要么是单独做（类似于皮亚杰的发现式学习的课堂），要么是跟妈妈一起做（维果斯基的指导学习）。然后，为了评价儿童所掌握的知识，让他们完成一项相当复杂的家具分类任务。结果非常明显，那些得到过母亲帮助的儿童在分类能力上有很大的进步。而那些独立做的儿童，尽管得到过实验者的一些反馈，但在能力上却没有什么进步。

另有研究发现，与同伴合作而不是单独完成任务会在问题解决技能上获得同样的进步（Azmitia, 1992; Johnson & Johnson, 1987）。在合作中收获最大的是那些起初能力不如其他同伴的儿童（Tudge, 1992）。David Johnson 和 Roger Johnson (1987) 分析了378项有关独立完成的成绩和与人合作的成绩的比较研究，结果发现，半数以上的研究表明，合作学习效果较好，只有不到10%的研究支持独自工作的儿童有较好的成绩（Gillies, 2003; Wentzel, 2002; Zimbardo, Butler, & Wolfe, 2003）。合作式学习为什么有如此好的效果呢？原因至少有三点（Johnson & Johnson, 1989）：

- 首先，与他人一起解决问题时，儿童常常会更有动力；
- 其次，合作学习需要儿童向他人解释自己的观点，并解决产生的冲突，这些活动能帮助年龄小的合作者更加仔细地检查自己的观点，同时，为了使别人能理解自己，他们的表达能力也会得到锻炼；
- 最后，儿童在与他人合作时，更可能运用高水平的认知策略，这些策略有助于儿童产生一些想法，找到问题的答案，这是他们独立活动时无法实现的。

与社会文化理论的其他方面一样，合作学习的有效性也随文化的不同而变化。美国儿童已经习惯了"做你自己的工作"的竞争性课堂模式，在合作学习中，尽管经过练习，他们的合作决策能力会有所提高（Socha & Socha, 1994），但他们有时仍难以适应共同决策的方式（Rogoff, 1998）。随着学校教学越来越支持同伴合作，教师在儿童学习活动中扮演的角色也不再只是简单的指导者，而是成为积极的参与者，合作学习的优越性将不断显现出来（Rogoff, 1998）。

语言在认知发展中的作用

维果斯基认为，语言在认知发展中起着两个关键作用：（1）是成人把有价值的思维方式和问题解决方法传递给儿童的主要工具；（2）最终会成为有力的智力适应工具。实际上，维果斯基有关语言和思维的观点与皮亚杰的观点是明显对立的。

皮亚杰关于语言和思维的理论

在对学前儿童的喋喋不休进行记录时，皮亚杰（Piaget, 1926）注意到儿童在日常活动中经常跟自己讲话，几乎像是现场播音员（"把那块儿大的放到角上，不是那个，是粉红色的"）。实际上，两个一起玩的学前儿童有时也是在自言自语，而不是真正地交谈，有点像集体独白。皮亚杰把这种自我指向的谈话称为**自我中心言语**，即讲话时不指向任何特定的人，也不会为了使同伴理解，做任何有意义的调整。

这种语言在儿童的认知发展中起什么作用呢？皮亚杰认为，它只是反映了儿童正在进行着的心理活动，所以对认知发展的作用甚微。然而，他发现，这种言语的发展到前运算阶段末期逐渐社会化，而自我中心逐渐减少。皮亚杰认为，这是由于儿童考虑他人观点和调整自己语言的能力增长了。因此，这是认知发展（自我中心的减少）如何促进语言发展（从自我中心言语转为交流式言语）的另一个例证，而不是反过来。

维果斯基关于语言和思维的理论

皮亚杰认为儿童最早的思维是前言语形式的，并且早期语言经常反映的是儿童已经知道的东西，维果斯基赞同这一观点。然而，维果斯基认为，思维和语言最终会融合到一起，并且被皮亚杰称为"自我中心"的许多非社会性言语，实际上说明了从前言语推理到言语推理的转变。

维果斯基提出，学前儿童指向自我的独白，更容易在某些特定的情境中出现。他发现，儿童在试图解决问题或达到重要目的时更可能自言自语（见图6.8），而且，当这些年幼的问题解决者所追求的目标遇到障碍时，他的非社会性言语就会飞速增加。因此维果斯基的结论是，非社会性言语不是自我中心的，而是交谈式的，它是一种"与自己的对话"或者说是**自我言语**。它能帮助年龄小的儿童制订策略并调整行为，以便更有可能实现自己的目标（Emerson & Miyake, 2003; Winsler & Naglieri, 2003）。从这种理论视角来看，语言在认知发展中起着关键作用，它会使儿童成为更有组织性、更为有效的问题解决者。维果斯基也观察到，自我言语随年龄增长会更加简化，从4岁时的完整句发展到单词句，直至7～9岁

图6.8 维果斯基认为，自我言语是学前儿童和低年级学龄儿童用于计划和调控问题解决过程的一个重要工具。

时常见的只有简单的唇部运动的自我言语。他认为，自我语言根本没有完全消失；它就像一种**认知的自我指导系统**，只是变得隐蔽，变得没有声音或内部言语，也就是我们用来组织和调整日常活动的隐蔽的言语思维。

我们应该赞同哪个观点呢？

现代研究更多地支持维果斯基而不是皮亚杰的理论（见Berk，1992）。似乎学前儿童在指导学习阶段出现的社会言语（例如，安妮和她父母一起玩拼图游戏时的交谈）会引起更多的自我言语（安妮在拼图时大声自言自语）。与维果斯基的看法相同，儿童在面对困难任务时以及出现错误后决定如何进行下去时，会更多地依赖自我言语（Berk，1992），而且在使用自我指导后，儿童的表现经常会有很大改进（Berk & Spuhl，1995）。研究发现，聪明的学前儿童最依赖自我言语，这项发现把自言自语和认知能力联系在了一起，而不是像皮亚杰所认为的反映了认知的不成熟（Berk，1992）。即使自我言语与成绩的提高没有联系，它也会一直持续到青少年阶段（Winsler，2003），而且自我言语最终会变为隐蔽的言语形式，其从词和短语，发展为小声低语，直到成为内部言语（Bivens & Berk，1990）。

因此，自我言语的确是非常重要的智力适应工具，儿童在解决问题和有新发现时，会借助它来对自己的心理活动进行计划和调整。

维果斯基的观点：总结与评价

维果斯基的社会文化理论提供了一个思考认知发展的新视角，他的认知发展观强调了特定的社会过程的重要性，这一点正是皮亚杰（以及其他人）所忽视的。维果斯基认为，儿童心理发展通过两种途径实现：(1) 在完成最近发展区内的任务时，与有能力的同伴的合作式对话；(2) 把富有经验的训练者给予的指导纳入自我指导中。

当社会言语转变为自我言语，然后转变为内部言语后，文化所偏好的思维方式和问题解决方法，或者说是智力适应工具，就逐渐从由有能力的指导者的语言变成儿童自己的思维了。

皮亚杰认为，认知发展是遵循普遍顺序的。维果斯基则持不同观点，他的理论使我们看到了认知发展在不同文化中表现出的巨大变化，这些变化反映了儿童在文化经验上的差异。因此，西方文化中的儿童获得的是去情境的记忆和推理能力，这为他们进入高度结构化的西式课堂做好了准备；而澳大利亚的土著居民和非洲丛林以狩猎为生的部落中的儿童获得的是精确的空间推理技能，这是他们成功追捕赖以生存的猎物所需要的。没有哪种形式的认知能力更为高级，它们只是代表不同形式的推理或"适应工具"，因为能够使人们成功地适应自己的文化价值观和传统而得以发展进化（Rogoff，1998；Vygotsky，1978）。

正如表6.5所示，维果斯基的理论对皮亚杰的许多基本假设都提出了挑战，并引起了西方发展学家的极大关注，他们的研究也倾向于支持维果斯基的观点。然而，维果斯基的许多著作直到近年来才从俄语译成其他语言（Wertsch & Tulviste，1992），他的理论还没有像皮亚杰的理论那样受到诸多检验。不过他的一些观点也受到了挑战。例如，Rogoff（1990，1998）指出，维果斯基所强调的过分依赖口头语言的指导性参与，在

> **自我中心言语（egocentric speech）**：皮亚杰用来描述年幼儿童非社会性言语的一个术语。这种言语的表达既不指向他人也不考虑听者的理解方式。

> **自我言语（private speech）**：维果斯基用来描述儿童口头言语表达形式的一个术语。它可以发挥自我交流和指导儿童思维的功能。

> **认知的自我指导系统（cognttive self-guidance system）**：在维果斯基的理论中，用自我言语来指导问题解决行为。

表 6.5 维果斯基和皮亚杰认知发展理论的比较

维果斯基的社会文化理论	皮亚杰的认知发展理论
1. 不同文化下的认知发展不尽相同。	1. 认知发展通常有跨文化的普遍性。
2. 认知发展源于社会性合作（儿童和同伴在构建知识时，根据他们的最近发展区进行有指导性的学习）。	2. 认知发展主要源于儿童自己建构知识时的独立探索活动。
3. 社会过程变成个体心理的过程（如社会言语变成自我言语，最终成为内部言语）。	3. 个体（自我中心的）过程变成社会化过程（如调整自我中心言语以适应更为有效的交流）。
4. 成人作为变化的助推者尤其重要（给儿童传递内化的特定文化的智力适应工具）。	4. 同伴作为变化的助推者尤其重要（因为同伴交往促进社会性观点采择能力的发展，我们将在第 11 章详细探讨）。

某些文化中不太适用，或者对某些学习形式不太适用。澳大利亚内陆年幼的儿童学习狩猎，或是东南亚的儿童学习种植、料理和收割水稻时，他们会从观察和练习中而不是从口头言语指导和鼓励中获得更大的收益。其他的研究者发现，同伴间合作式的问题解决并不总是使合作者受益，如果合作者中能力高的儿童对自己所知道的并不自信，或他的指导不适合其他同伴的理解水平，就会削弱任务表现（Levin & Druyan, 1993；Tudge, 1992）。但是，不管维果斯基的理论在未来的岁月里会受到什么样的批评，他已经提供了一个有价值的理论，他提醒我们，像其他方面的发展一样，只有把认知发展放在个体发展的文化和社会背景中进行研究，才能更好地理解它。

读者或许会有这样的印象，与皮亚杰相比，维果斯基的理论受到的批评比较少。正如我们前面所提到的那样，部分原因是对西方的心理学家来说，维果斯基的理论和社会文化取向相对较新，因此受到的考证较少。但另一个原因是，皮亚杰提出了许多可以被验证和反驳的假设，而维果斯基则不同，他的理论可能真的算不上是一个"理论"，我们最好把它看作用于指导研究和解释儿童智力发展的一般性观点。社会文化观告诉我们背景的重要性——即儿童生长的环境会影响他们如何思考和想些什么，今天看来这仍是普遍真理。就像皮亚杰认为儿童在智力方面是一个积极的建构者一样，这个观点在今天已是一个"众所周知的事实"。尽管研究者从社会文化角度能够并且也提出了具体的可以验证的假设，但是这些假设被证伪并不意味着理论是错误的。文化背景是重要的，但是有多么重要还有待验证。换句话说，维果斯基的社会文化观并不像皮亚杰的理论那样提供了那么多可以检验的具体假设，因此驳斥维果斯基的观点是很困难的。

我们并不是要削弱维果斯基和他的继承者们的贡献，我们相信他的观点在本质上是正确的——儿童的智力会受到周围文化的影响。然而，这种观点并不意味着没有必要去研究儿童发展的普遍性（皮亚杰的观点），或者生物因素在发展中的作用。维果斯基清楚地意识到了这一点，他将社会历史发展列为必须用于评价人类行为的四种分析水平之一（其余三种是微观发生发展、个体发生发展和种系发生发展）。认知发展（像一般意义上的发展一样）是由于所有水平上，儿童和环境之间连续的、双向的交互作用的结果，始于受精和遗传，并通过文化获得发展。维果斯基的观点为发展研究提供了一个有价值的视角，但是正如皮亚杰的理论一样，这不是发展的全部原因。

概念核查6.4　理解维果斯基的社会文化观

回答下列问题，检查你对维果斯基的概念和观点的理解。答案见附录。

选择题：为下列各题选择最佳答案。

___ 1. 维果斯基探讨了发展的四种观点，这四种观点也可被视作智力发展的观点。下列观点中的哪一个不是维果斯基提出来的？
  a. 微观发生发展
  b. 种系发生发展
  c. 社会文化发展
  d. 产前发育

___ 2. Miller 和她的同事们通过观察研究提出，中国儿童学会数到 20 的时间要早于美国儿童。她们把这种差异归因于
  a. 汉语和英语使用的数字词汇
  b. 中国儿童和美国儿童接受指导的数量
  c. 中国儿童和美国儿童得到的支架的数量
  d. 中国儿童天生就比美国儿童的算术能力强的遗传假设

___ 3. 5 岁的艾琳坐在地上和妈妈一起玩棋盘游戏。艾琳掷骰子，掷了一次 2 点，一次 3 点。然后她拿起她的棋子———只小玩具狗，边在棋盘上移动边说："我的小狗挪了一步，两步……然后我的小狗挪了一步，两步，三步。"艾琳的行为反映了
  a. 皮亚杰的观点。自我言语反映了儿童思维的自我中心性，代表了儿童尚不能使用社会言语。
  b. 皮亚杰的观点。自我言语是社会言语的必要雏形，因为自我言语为成功的社会交流做好了准备（实践）。
  c. 维果斯基的观点。自我言语是年幼儿童的认知的自我指导系统。
  d. 既是皮亚杰的观点，也是维果斯基的观点。自我言语是前符号水平的，只起着启动或者抑制明显的运动的作用，对认知没有影响。

匹配题：给下列概念选择最合适的定义。
  a. 智力适应工具
  b. 最近发展区
  c. 支架
  d. 个体发生发展
  e. 微观发生发展
  f. 指导性参与

___ 4. 维果斯基的术语，指个体无法独立完成任务，但在有能力的他人的指导和鼓励下可以完成的复杂任务。

___ 5. 个体在整个生命过程中的发展。

___ 6. 是指成人和儿童间的互动，在儿童参加或观察成人从事有关文化活动的过程中，儿童的认知和思维方式得到发展。

___ 7. 发生在相对较短时间内的变化，如在几秒钟、几分钟或几天的时间里；与此相对的是大时间跨度的研究，如对个体发展的传统研究。

___ 8. 是指专家在指导初学者时，根据他在学习情境中的行为做出相应的指导的过程，这会逐渐提高初学者对问题的理解。

___ 9. 维果斯基用于说明思维方法和问题解决策略的术语。它是儿童在与更有能力的社会成员的交互作用中内化获得的。

论述题：详细论述下列问题。

10. 论述与认知发展有关的最近发展区的概念和思维上的学徒关系。

11. 维果斯基的社会文化理论如何应用于教育？

发展主题在皮亚杰和维果斯基的理论中的应用

主动—被动　连续性—阶段性　整体性　天性—教养

我们已经了解了皮亚杰和维果斯基的认知发展理论，现在，让我们考虑一下这些理论是如何阐释四个发展主题的——即儿童的主动性、天性与教养的相互作用、量变与质变的发展变化、发展的整体性。

先来看第一个主题——儿童的主动性。这个主题在皮亚杰的理论中是极其重要的。实际上，正是皮亚杰让发展心理学家们注意到了这个事实，婴儿和儿童是主动的实践者，他们通过多种方式把握自己发展的命运。与20世纪早期流行的心理学观点不同，皮亚杰不认为儿童是由环境和父母塑造的，也不认为儿童是基因进化的必然产物，而是认为儿童自身在发展中起着重要作用。正是由于皮亚杰，我们不再去争论到底是环境论者认为儿童是由外部力量塑造的观点有理，还是成熟论者认为儿童是遗传的产物的观点有理。维果斯基也支持有关儿童主动性的观点，虽然他强调儿童世界中的重要他人在儿童认知发展中的作用，这一点与皮亚杰的观点正相反。

皮亚杰和维果斯基的理论同样强调了天性与教养在发展中的交互作用。皮亚杰认为，"主动的儿童"遵循着物种典型的认知发展过程，受到全人类共同的生物遗传的影响，但也受到儿童周围环境的影响。尤其是儿童探索周围环境的经验和他们的社会环境及教育环境会影响发展的速度。

维果斯基强调成人和其他的文化实施者对儿童思维的影响作用，认为教养在儿童认知发展中的作用超过皮亚杰所提出的。除了强调社会文化对儿童发展的重要影响以外，维果斯基也明确指出，欲解释当今的行为和发展必须考虑过去的进化历史。维果斯基对行为的远古起源的关注，说明他认识到只有社会文化因素是不能解释儿童的认知发展的，必须要考虑"人类天性"因素。

现在来关注一下质变和量变的问题。皮亚杰的理论非常强调质变，他认为在每个发展阶段，伴随着逐步发生的微小的变化，儿童思维的类型都是不同的（回想一下皮亚杰对感知运动阶段的描述）。实际上，这正是皮亚杰受到批评之处。尽管皮亚杰对于儿童思维的解释是有价值的，但是他夸大了认知发展的阶段性。当代发展心理学家一般认为，认知发展既包括质变又包括量变。皮亚杰对质变的描述大体上是正确的，但也有局限性，因为他基本忽略了更多的量变。维果斯基的理论很少关注发展的量变和质变，而更关注变化的来源（主要来自社会环境）。所以，与皮亚杰相比，维果斯基更容易看到发展中的变化，更少看到阶段性。

本章主要讨论了认知发展，并没有强调发展的整体性。然而皮亚杰和维果斯基的理论都意图应用于儿童思维之外的领域。皮亚杰认为，儿童的认知发展会影响他们的社会性和情绪发展，在后面的章节中我们将看到，皮亚杰的理论已被应用于超越智力领域的问题，包括性别认同和道德发展。维果斯基强调社会文化影响儿童的思维，明确了认知发展不是孤立的。社会环境，始于家庭，扩展到同伴，最后是整个文化，是认知得以发展的背景。

总 结

- 本章以及之后两章都要探讨认知和认知发展。认知是人类获取和运用知识的心理过程。

皮亚杰的认知发展理论

- 皮亚杰的发生认识论（认知发展理论）把智力定义为促使儿童适应环境的一种基本的生命机能。
- 皮亚杰把儿童描述成积极主动的探索者，他们能建构图式以达到思维和经验间的认知平衡。
- 图式通过组织和适应的过程进行建构和调整。
- 适应由两个互补的活动组成：同化（试图把新经验纳入已有图式中）和顺应（改变已有图式以适应新经验）。
- 刺激的同化、顺应促成了认知发展，导致了认知图式的重组，而重组后的图式又可进一步同化刺激，如此反复下去。

皮亚杰的认知发展阶段

- 皮亚杰认为智力发展按几个阶段的恒常序列进行，概括如下：
- 感知运动阶段（0—2岁）。儿童在出生后的两年内，从只会基本的反射活动，发展到能主动作用于物体和事件，从而理解它们。随后的亚阶段包括：通过初级循环反应、二级循环反应、二级循环反应间的协调（这是目标定向行为首次出现的迹象）和三级循环反应构建图式。这些行为图式最终内化为心理符号，从而使个体能够进行内部操作。
  - 尽管皮亚杰的感知运动发展序列已经得到确认，但近来有证据表明，皮亚杰对"A非B错误"所做的解释是不正确的，儿童获得延迟模仿和客体永久性等重大发展的时间比皮亚杰认为的要早。
  - 与皮亚杰的观点不同，新先天论和"理论"论者认为，儿童与生俱来的知识能指导他们的早期发展。
- 前运算阶段（约2—7岁）。随着儿童进入前运算阶段，他们更多地依靠符号功能并具有了表征知识，其符号推理能力飞速发展。儿童获得双重表征（或双重编码）能力后，其符号化系统逐渐变得更为复杂。
- 皮亚杰认为，2～7岁儿童的思维具有泛灵论和自我中心倾向，以中心化为特征。
- 尽管前运算阶段的儿童在进行表象和真相识别时经常失败，但近期研究显示，他们在思考熟悉的问题或把皮亚杰的测验题目简单化时，会表现得更具逻辑性、更少自我中心。
- 同一性训练程序使前运算阶段的儿童能够解决守恒任务，因此，学前儿童具有皮亚杰所忽略的早期逻辑推理能力。
- 在前运算阶段，儿童获得了信念—愿望推理能力，这是心理理论（TOM）的反映。儿童根据自己的所知、信念和愿望开始理解自己的行为和他人的行为，通常使用错误信念任务评价心理理论。
- 儿童完成心理理论任务的能力受到执行功能发展的影响（例如，抑制）；还会受到社会因素的影响（例如，兄弟姐妹间的交往）。
- 具体运算阶段（7—11岁）。在具体运算阶段，儿童获得了诸如去中心化和可逆性这样的认知操作能力，这使得他们能够有逻辑、系统地思考具体问题。
  - 他们的思维变得可操作化，这能使他们达到守恒、心理序列，并表现出传递性。不过，具体运算阶段的儿童还不能进行抽象推理，他们只能将逻辑性运用到真实的或可触及的事物上。
  - 皮亚杰提出，儿童的认知表现是均衡的，即使儿童已经具备解决某一问题必需的心理操作能力，他还是不能解决需要相似的心理操作能力的其他类似问题。他把这种现象称为"水平滞差"。

- 形式运算阶段（11～12岁以后）。形式运算推理是理性和抽象的，既包括假设演绎推理，也包括归纳推理。
  - 形式运算能力的获得有时会带来混乱和理想化。如果青少年、成人没有接受过训练推理能力的教育，他们就不会具备形式运算能力。即使在形式运算能力的最高水平，表现也会有差异。成人在感兴趣的特定领域或专业方面更有可能表现出形式运算。

对皮亚杰理论的评价

- 皮亚杰开创了认知发展的研究领域，发现了儿童发展方面的许多规律，并对心理学及其相关领域的研究者产生了巨大的影响。
- 尽管皮亚杰似乎已充分描述了智力发展的一般顺序，但他总是试图从智力任务的表现来推断儿童潜在的能力，这常常会导致低估儿童的认知能力。
- 一些研究者质疑皮亚杰有关发展的阶段性假设，然而另外一些研究者则批评皮亚杰没有说明儿童是如何从智力的一个阶段发展到下一个阶段的，而且皮亚杰还低估了文化和社会对智力发展的影响。

维果斯基的社会文化观

- 维果斯基的社会文化观强调了社会和文化对智力发展的影响。
- 他提出，我们应该从与儿童生活环境相互作用的四个紧密联系的层面来评价发展，即微观发生发展、个体发生发展、种系发生发展和社会历史发展。
- 每种文化都把信仰、价值观、习惯的思维方式或问题解决方法（即它的智力适应工具）传递给下一代人，因此文化教会了儿童思考什么以及如何去思考。
- 儿童在最近发展区完成任务的过程中，将更有经验的人给予的指导逐渐内化，并在与有经验的人的合作中获得了文化的信念、价值观和问题解决策略。
- 当有较强能力的人提供适当的支架时，儿童的学习效果最好。
- 儿童通过指导性参与从能力较强的同伴那里获益，这可能是一个高度去情境化的学习过程（在西方文化中），也可能发生在日常活动情境中（在传统文化中最为常见）。
- 维果斯基不像皮亚杰那样认为儿童的自我言语或自我中心言语在建构新知识时没有什么作用，他认为一个儿童的自我言语会转变为认知的自我指导系统，这一系统会对问题解决活动进行调整，并最终内化成内部言语思维。近来的研究更支持维果斯基的观点，表明语言在儿童智力发展中起着非常重要的作用。
- 维果斯基的理论使我们认识到，只有把认知发展放到个体所处的社会和文化背景中去研究才能得到最好的理解。尽管这个理论得到了很好的发展，但它也不得不像皮亚杰的理论那样面临严格的检验。

第6章 练习测验

选择题：为下列各题选择最佳答案，检查你对皮亚杰和维果斯基的认知发展理论的理解。答案见附录。

1. 在学习皮亚杰理论以前，你是在日常谈话中理解同化和顺应两个术语的。在学完皮亚杰理论之后，你把它们看作智力发展过程。这种新的理解通常被称作_____。

a. 组织　　　　　　b. 同化

c. 顺应　　　　　　d. 认识论

2. 皮亚杰理论的最基本假设是儿童_____通过发展阶段得以发展。

a. 按照恒常序列

b. 在特定的年龄

c. 依赖他们的社会文化经验

d. 由于他们掌握了对日益复杂的模仿的理解

3. 发展性研究证实了皮亚杰所提出的感知运动阶段的基本顺序，但是一些重要发展比皮亚杰提出的要早，以下各项中的哪一项并非如此?

a. A非B错误　　　b. 延迟模仿

c. 初级循环反应　　d. 客体永久性

4. 以下哪种能力是在皮亚杰提出的前运算阶段获得的?

a. 符号化功能　　　b. 去中心化

c. 可逆性　　　　　d. 传递性

5. 皮亚杰提出儿童的认知表现是不一致的，即使儿童已经具备解决某一问题必需的心理操作能力了，他还是不能解决需要相似的心理操作能力的其他类似问题。他把这种现象称为_____。

a. 发生认识论　　　b. 去中心化操作

c. 心理序列化　　　d. 水平滞差

6. 塔玛拉开始在思考时运用假设演绎推理和归纳推理。她对于世界政治甚至是她父母行为的看法变得非常理想主义。此外，她想象其他人像她一样对她的想法和行为感兴趣。塔玛拉最有可能处于____发展阶段。

a. 感知运动　　　　b. 前运算

c. 具体运算　　　　d. 形式运算

7. 以下哪项不是发展心理学家们批评皮亚杰认知发展理论的原因?

a. 发展阶段的假设

b. 未能充分描述认知发展阶段的差异

c. 未能细化儿童是如何从一个阶段发展到下一个阶段的

d. 低估了社会和文化对认知发展的影响

8. 维果斯基认为，我们应该从与儿童的环境交互作用的四个彼此关联的水平去评价儿童发展，以下哪项不属于这四个水平?

a. 微观发生学　　　b. 个体发生学

c. 种系发生学　　　d. 社会进化学

9. 使用手机短信交流在当今青少年和年轻人中是很常见的，这可被维果斯基称为_____。

a. 最近发展区　　　b. 智力适应工具

c. 支架　　　　　　d. 指导式参与

10. ____提出儿童的自我言语是自我中心化言语的一种形式。____认为儿童的自我言语是一种认知的自我指导系统，该系统可调整问题解决行为。

a. 皮亚杰，维果斯基　b. 皮亚杰，皮亚杰

c. 维果斯基，皮亚杰　d. 维果斯基，维果斯基

关键术语

A非B错误，p212　　　错误信念任务，p222　　反射活动，p209　　　归纳推理，p228

表象或真相识别，p218　二级循环反应，p210　　泛灵论，p218　　　　恒常发展顺序，p209

表征知识，p216　　　二级循环反应间的协　　符号功能，p216　　　假设演绎推理，p226

初级循环反应，p210　　　调，p210　　　　　感知运动阶段，p209　假想观众，p229

传递性，p225　　　　发生认识论，p206　　　个体发生发展，p234　建构者，p206

具体运算阶段,p224	认知发展,p205	同化,p207	支架,p236
可逆性,p220	认知平衡,p206	同一性训练,p222	指导性参与,p237
客体永久性,p212	三级循环反应,p211	图式,p206	智力,p206
"理论"论,p214	社会历史发展,p235	微观发生发展,p234	智力适应工具,p235
内部实验,p211	社会文化理论,p234	心理理论（TOM）,p222	种系发生发展,p234
前运算阶段,p216	适应,p207		自我言语,p242
去情境学习,p238	守恒,p220	心理序列,p225	自我中心,p218
去中心化,p220	双重表征（双重编码）,p217	新先天论,p213	自我中心言语,p242
认知,p205		信念—愿望推理,p222	组织,p206
认知的自我指导系统,p243	水平滞差,p226	形式运算,p226	最近发展区,p236
	顺应,p207	延迟模仿,p212	

第7章 认知发展：
信息加工的观点

多重储存模型
多重储存模型的发展
记忆的发展：保持与提取信息
  ● 生活与研究应用：我们的早期记忆到哪去了？
其他认知技能的发展
对信息加工观点的评价
发展主题在信息加工观点中的应用

皮亚杰和维果斯基的理论对于我们理解认知的发展有极其重要的意义。关于儿童在发展过程中的角色，皮亚杰将儿童视为积极的行动者：为了更好地适应环境，儿童会不断重构自己的知识结构。维果斯基也认为儿童能积极地参与到与他人的协作对话中去，并形成与其文化背景相适应的思维方式。但由于这两种理论都存在一定的缺陷，学者们认为我们有必要用一种全新的视角来看待人类认知的发展。

随着一项开创性发明——计算机——的出现，许多科学家开始关注如何运用计算机来快速而系统地将输入（信息）转换为输出（答案或解决方法）。对此，人们不禁产生这样的疑问：在某些特定的方面，计算机的操作方式与人脑的思维方式是否有相似之处？关于这个问题，支持信息加工观点的学者的答案是"有相似之处"（Klahr & MacWhinney, 1998），而且信息加工观点对认知发展研究产生了重要的影响。

人的思维与计算机操作有什么相似之处呢？

第一个相似点就是，思维与计算机的"硬件"和"软件"在信息加工过程中的容量都是有限的。计算机的硬件指的是机器本身，包括键盘（输入系统）、储存容量和逻辑单元。而思维的"硬件"则指神经系统，包括大脑、感受器及它们之间的神经联结。计算机的软件由储存和处理信息的程序组成，包括文字处理程序、统计程序及一些与此相类似的程序。思维也有自己的"软件"，如规则、策略和其他"心理程序"，这些软件可以确定信息是如何被感知以及如何被理解、储存、提取和分析的。随着儿童大脑和神经系统的发展（即"硬件"的发展），他们逐渐学会搜集和理解信息、记住经历过的事情，以及用新策略调控心理活动（即"软件"的发展），这样儿童就能够更快、更精确地执行复杂的认知技能了。

在本章中，我们将探讨认知发展的信息加工理论。首先，将检验各种信息加工观点共同的基本原理和假设。这些观点本身不是发展性的，但是被广泛应用于认知心理学的研究，来理解成人、儿童、有障碍或异常的人甚至其他物种的心理加工过程。

第二个主要任务是应用这些模型理解儿童思维的发展性变化。在信息加工理论框架下，我们将检验"硬件"、"软件"和注意中的发展性变化，并对认知发展的信息加工观点中基本的发展性变化给予概括。

一旦掌握了这些基础知识，我们将能更深入地研究另一个认知领域，也许这是信息加工理论中最重要的内容：记忆。我们将看到记忆的多种不同形式，包括事件记忆、脚本记忆、自传式记忆、内隐记忆和外显记忆。我们对记忆发展的研究还围绕着对记忆策略的发展和有助于记忆发展的其他因素的检验。

根据信息加工理论，其他认知加工过程对发展来说也很重要，所以我们接下来还要思考两种重要的认知加工——类比推理和算术技能，以及它们是如何发展的。

最后，我们会对信息加工理论进行简短评价，并介绍发展主题如何运用于信息加工理论。

多重储存模型

尽管到目前为止，认知或认知发展研究还没有形成一个统一的信息加工论点。但所有信息加工观点的核心思想都是一致的，即人们在一个容量有限的系统中，通过使用不同的认知操作或策略对信息进行加工。40多年前，Atkinson和Shiffrin（1968）提出了信息加工系统的**多重储存模型**，这一模型对我们理解人类的思维有十分重要的指导作用。图7.1对这一模型做了些修改和更新。

如图所示，当输入信息进入人脑后，第一步就是**感觉记忆**或**感觉登记**，这是系统的登记单元。感觉记忆只是把感觉到的原始信息当作一种后像或回声，暂时储存起来，每一种感觉通道（视觉、听觉等）都有特定的感觉登记器。我们可以设想，感觉记忆可以储存大量的信息，但只能保存极短的时间（如视觉的感觉记忆只有几毫秒）。因此，感觉记忆中的内容十分不稳定，但如果没有进一步加工，这些内容很快就会消失。

不过，如果你注意到感觉记忆中的信息，那么，这些信息就会进入**短时记忆**中。短时记忆虽然只能储存有限的信息（5～9个组块），但是储存的时间可以达到几秒钟。因此，短时记忆的容量足以让你在拨打电话的时间内不致将电话号码忘记。但是，如果短时记忆中储存的信息没有得到进一步的加工，也会很快消失。因此，我们有时也把短时记忆称为初级记忆或工作记忆，因为所有有意识的智力活动都始于这里。短时记忆或工作记忆有两个功能：（1）暂时储存一定数量的信息；（2）运用这些信息帮助人们做一些特定的事情。

最后，在短时记忆中加工的新信息会进入**长时记忆**。长时记忆可以储存大量的信息，储存的时间也相对更持久。长时记忆内容包括：个体掌握的知识，个体对过去经历事件的印象以及个体在加工信息和解决问题时所运用的策略。

也许以上简介会给你留下这样的印象：个体在信息加工过程中扮演的角色相对消极。但事实并非如此。在信息加工过程中，哪些信息

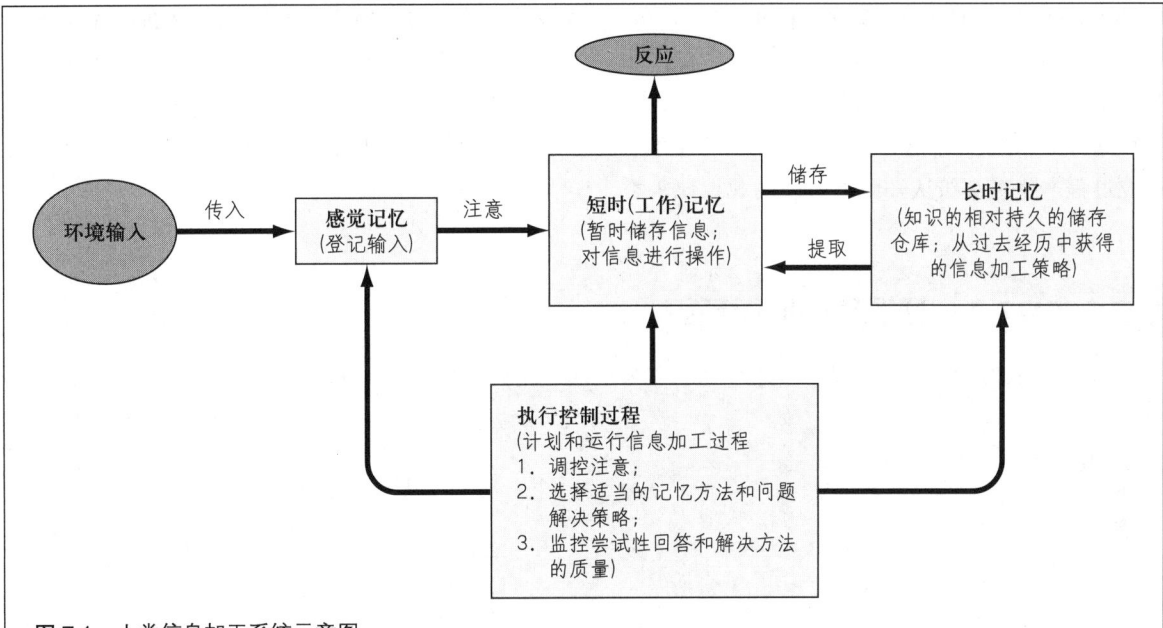

图 7.1 人类信息加工系统示意图。
来源："Human Memory: A Proposed System and Its Control Processes," by R. C. Atkinson and R. M. Shiffrin, 1968, in K. W. Spence and J. T. Spence (eds.), *The Psychology of Learning and Motivation: Advances in Research and Theory*.(Vol. 2). Copyright © 1968 by Academic Press, Inc. Adapted by permission from Elsevier.

会被注意以及信息怎样在各系统中转换都是由人类个体决定的。也就是说，信息在不同记忆系统或加工单元中的转换不是由它自身决定的，而是由人类个体主动控制的。除此以外，在信息加工过程中还存在**执行控制过程**，即计划和监控个体注意什么样的信息，以及怎样处理这些信息（Jones，Rothbart，& Psner，2003；Wieke，Epsy，& Charak，2008）。我们有时也把这种执行控制过程称作**元认知**——关于自我认知能力和思维过程的知识。

执行控制过程是受个体随意控制的，这也正是人类信息加工过程与计算机操作过程最大的区别。也就是说，与计算机不同，人类个体必须主动发起、组织和监控自己的认知活动，即自己决定注意哪些信息，自主选择使用哪种策略来保存和提取输入的信息，自己选择解决什么样的问题，并自行组织解决问题的程序。很明显，与计算机相比，人类个体信息加工过程更加多样化。虽然现代科学对复杂的思维活动还知之甚少，但是我们已经知道，这种高级认知过程源于动态系统的

> **多重储存模型（multistore model）**：描述信息在感觉记忆、短时记忆和长时记忆三种加工单元（或记忆）中相互转换的信息加工模型。

> **感觉记忆（感觉登记）（sensory store or sensory register）**：信息加工的第一步，外界刺激在这里被察觉和储存，等待进一步加工。

> **短时记忆（short-term store，STS）**：信息加工的第二步，外界刺激在这里被处理和较长时间地储存（可以达到几秒），亦称工作记忆。

> **长时记忆（long-term store，LTS）**：信息加工的第三步，信息在这里被考察和解释，并且储存以备将来使用。

> **执行控制过程（executive control processes）**：调节注意，决定如何处理从长时记忆中提取信息的过程。

> **元认知（metacognition）**：个体关于认知及认知活动的调节的知识。

自组织的过程（Lewis，2000；Thelen & Smith，1998）。较为低级的单元（感觉、刺激的特征）相互作用，并最终组织成为较高级的单元（形成一个知觉、一个概念），这种现象同皮亚杰的同化—顺应过程产生更高级认知发展阶段的观点比较类似。当然，对于执行功能产生的潜在过程还有许多需要探究；但是通过考察在相关认知任务中执行功能的发展过程和其存在的个体差异，人们能够获得很多关于儿童思维的信息和某些可能促进其发展的教育干预措施。

概念核查7.1　理解多重储存系统

回答下列问题，检查你对信息加工模型的理解。答案见附录。

匹配题：给下列概念选择最合适的定义。

a. 元认知　　　　　　b. 感觉登记
c. 短时记忆　　　　　d. 执行控制过程
e. 长时记忆　　　　　f. 多重记忆模型

____ 1. 信息加工的第二层储存系统，刺激可以被保留几秒进行加工（又被称为工作记忆）。

____ 2. 包括3个信息加工单元的信息加工模型。

____ 3. 信息加工的第一层储存系统，被注意的刺激短暂保存便于进一步加工。

____ 4. 个人关于认知和调节认知活动的知识。

____ 5. 信息加工的第三层储存系统，永久储存被加工和解释后的信息，便于以后使用。

____ 6. 调节注意，决定如何处理从长时记忆中提取或将要进入长时记忆的信息。

多重储存模型的发展

本章将采用信息加工观点分析儿童思维中的几个重要的发展性变化，包括记忆、类比推理和算术能力。在研究每个特定领域的儿童思维之前，我们首先要考察影响儿童思维方式的信息加工过程：

- 短时记忆能力（硬件）；
- 加工速度（硬件）；
- 策略的运用（软件）；
- 儿童对思维的理解（元认知或执行功能；软件）；
- 儿童的**知识基础**——指儿童对他所思考的事情的了解程度（与以上四点有关，并几乎影响到儿童所有的思维形式）；
- 儿童的注意——对即将进入信息加工系统的环境刺激进行选择的过程。

"硬件"上的发展性变化：信息加工能力

信息加工系统中的"能力"可以有很多种表达方式。有时指可以用以储存信息的"空间"总量，有时指信息在储存单元中所能保留的时间，有时则是指信息加工的速度。下面，我们将考察短时记忆能力，尤其是短时记忆容纳信息量的年龄变化，以及信息加工速度的发展差异。

短时记忆的发展

传统观点认为，我们是通过测试记忆广度来确定短时记忆容量的。给个体快速呈现彼此不相关的项目（如数字），他们能够按精确顺序回忆起的项目的数量就是**记忆广度**。记忆广度存在着年龄差异，这是毋庸置疑的（Dempster，1981；Schneider, Knopf, & Sodian, 2009）；见图7.2。事实上，将记忆广度作为儿童一般智力的一个测试指标也是可信的。还可以通过第4章介绍的注视时间程序来测量婴儿的短时记忆。结果显示，婴儿可以在一段时间内保留的视觉信息量在1岁前一直在增长（Pelphrey et al., 2004; Ross-Sheehy, Oakes, & Luck, 2003）。

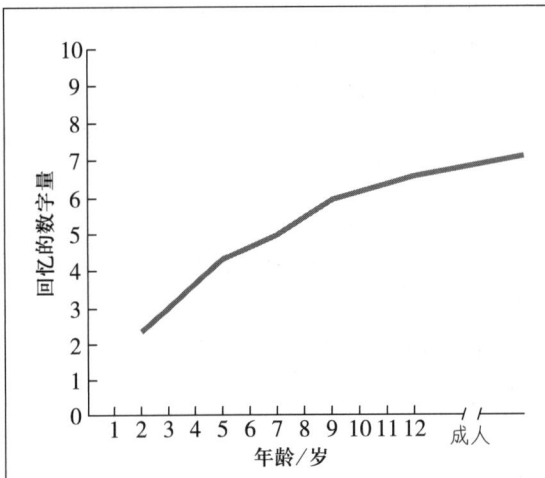

图7.2 儿童的数字记忆广度（数字广度）随年龄的增长而有规律地增长。
来源："Memory Span: Sources of Individual and Developmental Differences," by F. N. Dempster, 1981, Psychological Bulletin, 89, 63-100. Copyright © 1981 by American Psychological Association. Adapted with permission from the publisher and author.

儿童对记忆材料的先前知识也会影响记忆广度。在一项经典实验中（Chi, 1978），一组研究生参加了两个简单的记忆测试。第一个测试是数字广度任务，而在第二个测试中，先给被试呈现国际象棋的残局（一秒钟呈现一个棋子），然后让被试把棋子放到它们原先的位置上。把研究生被试在这两个测试中的成绩与10岁儿童的成绩进行比较（这些10岁儿童，有的是地方锦标赛的冠军，有的是国际象棋俱乐部的成员；也就是说，他们都是所谓的国际象棋"专家"）。如果年龄较小儿童的短时记忆容量比成人小，那么在这两项记忆测试中，研究生的成绩都应该比10岁

儿童的成绩要好。但研究结果并非如此。在棋子位置的记忆测试中，"专家"儿童的成绩要明显高于成人；而在数字记忆测试中，"专家"儿童的成绩比成人差了很多（另见Schneider et al., 1993）。

上述结果表明，有丰富的特定领域知识基础（如国际象棋），有助于提高对此领域相关信息的记忆成绩，而对于其他领域信息的记忆则没有帮助。那么，某一领域专家的记忆广度是如何提高的呢？对于这个问题，研究者提出了很多可能性，但最关键的因素就是"项目要很容易被识别"。也就是说，儿童要对记忆的项目快速识别。儿童作为一个领域的"专家"，他们会快速地对此领域中的信息进行加工，于是这些信息在进入记忆广度时就有优先权。对项目的鉴别速度是具体领域信息加工有效性的指标之一。在其他的领域中，儿童并不是"专家"，因此，年长儿童加工这些领域的信息的速度就要比年幼儿童快，其原因是年长儿童的记忆广度较大（Chuah & Maybery, 1999; Luna et al., 2004）。

加工速度的变化

能说明加工速度的提高与年龄有关的，不仅是记忆广度任务中对项目的识别。Robert Kail（1997; Kail & Ferrer, 2008）在研究中发现，对于不同的问题，加工速度的发展变化趋势相差无几。这些问题既包括简单任务——让被试鉴别两幅图片中的物体是否一样（如，这两幅图片画的都是香蕉吗），也包括复杂的心算活动（另见Miller & Vernon, 1997）。虽然Kail承认已有经验

> **知识基础**（knowledge base）：个人在某一主题或领域的已有知识。
> **记忆广度**（memory span）：短时记忆能保存的信息数量。

(如，身为国际象棋"专家")在特定领域中会影响到加工速度，但他认为生理成熟才是导致信息加工速度存在年龄差异的最主要原因。

那么，哪些方面的生理成熟会导致加工速度随年龄发生变化呢？有两种比较大的可能性：大脑联合区神经细胞的不断髓鞘化以及干扰信息加工有效性的多余神经突触的消除。前面在第5章中已经提到，髓鞘是包围神经细胞的脂肪物质，它可以促进神经冲动在神经细胞间的传递。虽然大脑感觉和运动区域神经细胞的髓鞘化在出生后的前几年就已经完成了，但是大脑联合区神经细胞的髓鞘化直到青少年期或成人初期才能完成。许多发展心理学家认为，髓鞘化的年龄差异直接导致了信息加工速度的年龄差异，并最终导致了对有限的心理容量使用有效性上的年龄差异（Bjorklund & Harnishfeger，1990；Kail & Salthouse，1994）。

"软件"的发展性变化：策略和关于思维的知识

信息加工的"硬件"，即儿童可以同时容纳多少信息量以及加工信息的速度可以达到多快，是存在年龄差异的。这种差异对儿童思维的有效性有明显的影响。信息加工的核心观点就是认为，个体能执行大量不同的认知操作活动，这些活动的质量和数量都随着年龄的变化而变化。

认知过程有不同的方式。有些认知过程是自动执行的，人们思维的时候可能察觉不到。比如，你在观察一幅画的时候，看到的不是一个支离破碎的图形，而是一幅完整的画。但如果试图分析自己为什么会有这样复杂的技能，你会发现这根本办不到。另外一些认知过程则需要意识的参与，也需要个人的意志努力。比如，观察同样一幅画，如果要寻找特定的细节（如游戏"寻找沃尔多"或"大家来找茬"），那就需要意志努力，聚焦在该细节之上。这样的认知加工过程就被

称为策略，同样，策略也会随年龄而发生显著变化。

策略的发展

人们通常将**策略**定义为"为了完成一定的任务而有意采取的心理操控活动"（Harnishfeger & Bjorklund，1990；Schneider & Pressley，1997）。大部分有意识思维都是在策略的指导下进行的，即使是年幼的儿童，当在日常生活中遇到问题时，他们也可能会"发现"或"创造"策略来解决问题。不过，生活在当今这样一个信息时代，儿童的有效策略大部分都是在学校中学会的（Moely，Santulli，& Obach，1995），这些策略包括数学策略、阅读策略、记忆策略以及科学问题解决策略。

儿童认知活动的年龄差异大多表现在策略使用的差异上。一般来说，与年长的儿童相比，年幼的儿童使用的策略较少，策略使用的有效性也较差。但是，认知策略的发展远比这要复杂得多，因为年幼儿童也可以有效地使用一些策略，而且年长儿童使用策略虽然熟练，但策略对其帮助并不很明显。例如，在研究儿童对本班同学姓名的记忆中发现，根据座位来记忆姓名的孩子并不比那些随机记忆的孩子强（Bjorklund & Bjorklund，1985）。这里可以看到，对同学细节知识的运用在回忆过程中变成了冗余的策略。值得注意的是，在该研究中，尽管回忆率较高，但是大部分孩子的回忆并不完全准确，无论其是否采用回忆策略。

策略产生能力缺陷和策略使用缺陷

发展学家曾经认定学前儿童是没有认知策略的，学前儿童在解决绝大多数问题时都不会使用策略。但后来的研究对此观点提出了质疑。研究证明，在"隐藏—寻找"游戏中，即使是18～36个月大的婴幼儿，也会使用一些简单

的策略来寻找物体。如果成人指导他们记住把毛绒玩具（如哆啦A梦）藏起来的地方，然后说过一会儿再把"午睡"的毛绒玩具叫醒，孩子就会不断观望或指向玩具隐藏的位置，来提醒自己玩具藏在那里（DeLoache，1986）。在另一项研究中，Michael Cohen（1996）让一些3~4岁的学前儿童玩"商店"游戏。在游戏中，他们需要用加、减、保持不变等策略去完成"卖"给顾客蔬菜（如西红柿）的任务。研究发现，这些学前儿童能够使用一些不同的策略，并在活动中变得越来越熟练（如做较少的动作就能够完成任务）。很明显，虽然学前儿童所使用的策略很简单，而且策略的有效性也有待随年龄的增长而进一步提高，但他们确实已经能够在思维和解决问题的活动中使用策略了。

年幼儿童是否缺乏执行更有效的策略并从中获益的认知能力呢？研究这个问题的一个方法就是教他们一些新策略，然后观察他们的认知活动是否得到了改善。到目前为止，很多这样的训练性研究都得出了基本一致的结果：不会使用策略的儿童可以通过训练而学会使用策略，并能在使用策略的过程中受益良多（Bjorklund & Douglas，1997；Harnishfeger & Bjorklund，1990）。由此可知，年幼儿童并非缺乏策略或认知能力，而只是**存在策略产生能力缺陷**。尽管可能有效地使用策略，但他们自己不会自发生成这些策略。例如，年幼的儿童在记忆测验前不会去背诵一长串的词或者句子，但一经指导和练习，就可以使其成绩有明显进步。但是这种进步往往是暂时的，而且年长的儿童的进步往往更大。在接受策略训练后，年幼儿童也往往不如那些自发生成策略的年长儿童的表现好（见Schneider & Bjorklund，1998，2003）。

然而，获得较复杂的新策略并不总是能促进任务完成成绩的提高。相反，自发产生并使用这些策略的儿童往往会表现出**策略无效使用**的现象。即使在学校或者实验室训练儿童学习了新策略，他们仍然会表现出策略无效使用，也就是说，他们不能从使用这些策略中获益（Bjorklund et al.，1997）。

年幼儿童处理所面临的问题时产生简单的策略。

这里有一个例子可以表明即使儿童成功掌握了一种策略，仍然无法最终获益（Bjorklund et al.，1997）。在该研究中，要求小学四年级的儿童记忆一组在不同类属上相关的词汇（例如，水果类、家具类、工具类和动物类），他们可以通过将词汇归纳到不同类属中加以记忆。在记忆测验前，儿童对词汇的归类方式和他们对同类词汇的记忆强度都能体现出他们的记忆策略是否有效。在完成了最初的自由回忆阶段后，

> **策略**（strategies）：为了完成一定的任务而有意采取的心理操控活动。
> **策略产生能力缺陷**（production deficiency）：不能自发地产生和使用能促进学习和记忆的策略的现象。
> **策略无效使用**（utilization deficiency）：不能从自发产生的有效策略中受益。这一现象出现在策略习得的早期，在此阶段，执行策略需要较多的意志努力。

明确指导儿童采用组织化策略（将词按照不同类型归类，并一起记忆同类的词汇——这是第二阶段）。通过训练后，又给他们一些新的词表，观察他们是否能够应用已经学到的策略（第三阶段）。一周后再次进行类似的测验（第四阶段）。儿童在通过第二阶段训练后回忆水平有所提高，而且在第三、四阶段保持了策略。但是在第三、四阶段的回忆量却回落到最初的水平，表现出了策略无效使用。

如果儿童形成的更复杂的新策略是解决他们遇到的问题的较好方法，那么为什么还会出现策略使用无效的现象呢？信息加工理论者认为，可能有三个方面的原因：第一，执行一个新策略需要儿童的意志努力，这样剩余的认知资源就很少了，儿童就无法搜集和储存与所面临的问题相关的信息（Bjorklund et al., 1997；Miller & Seier, 1994）；第二，儿童天生就对新策略感兴趣，正如皮亚杰提出的那样，儿童使用新的图式完全是为了乐趣，是为了获得尝试新事物的新鲜感（Siegler, 1996）；第三，儿童，尤其是年幼儿童，还不知道如何调控自己的认知活动，甚至都不知道自己无法从使用新策略中获益。但是，从长远来看，如果这种较差的元认知能力能促进儿童有意识地实践新策略，直到能快速、有效地达到问题解决的目的，那么这种元认知能力可能是有益的（Bjorklund et al., 1997）。

显然，从儿童的策略产生能力缺陷和策略无效使用的现象可以看出，思维策略的发展是一个缓慢、不均衡的过程。事实上，最近，Robert Siegler 对儿童问题解决策略的研究也证明了儿童策略发展过程的不均衡性。

多重策略和可变策略的使用

儿童的认知策略并不是阶段性发展的，即儿童策略发展的方式不是由复杂有效的策略代替较早产生的策略。所有年龄阶段的儿童都有多种不同的策略，他们在解决问题时会自行选择使用这些策略。

扳手指数数是儿童早期在解决算术问题中所使用的策略。

我们来看 Siegler（1996；2000）所做的关于年幼儿童算术策略的研究。年幼儿童在学习加法的时候，会经常使用数数策略，大声说出数字——例如，问 5 加 3 等于几，他们会说："1、2、3、4、5（暂停）、6、7、8。"。比数数策略更复杂的则是从较大的数字（如 5）开始数——"5（暂停）、6、7、8"——这被称为最小策略。比最小策略更复杂的策略则是年幼儿童"正好知道"问题的答案，即不需要数数，就可以直接从长时记忆中提取答案——例如，问学前儿童 5 加 3 等于几，他会直接回答"8"——称为记忆提取。根据横断研究数据，我们发现从使用数数策略，到使用最小策略，再到使用记忆提取策略，儿童的成绩是逐渐提高的。进一步分析表明，儿童在任一阶段都会同时使用不同的策略，只是每一种策略使用的频率会随年龄的增长发生变化，年龄较大的儿童倾向于使用更复杂的策略。这种多重策略使用现象在其他认知领域中也存在，包括系列位置记忆（按一列数字的原先顺序进行记忆）（McGilly & Siegler, 1990）、简单的相同－不同任务（Blote et al., 1999）、拼写（Rittle-Johnson & Siegler, 1999）、自由回忆（Coyle & Bjorklund, 1997）、井字棋游戏（Crowley & Siegler, 1993）和科学推理（Schauble, 1990）。

Robert Siegler（1996，2000）还提出了**适应性策略选择模型**，以描述儿童多重策略的使用情况，以及这些策略是如何随年龄而变化的。其主要观点是任何年龄阶段的儿童都有许多不同的策略，在遇到问题时，这些策略会相互竞争。有时一种策略会在思维竞争中"获胜"（如最小策略），有时是另一种策略获胜（如记忆提取策略）。随着年龄的增长、经历的累积和信息加工能力的提升，复杂的策略更易胜出。一般来说，最小策略作为一种更好的策略会代替数数策略；随后，记忆提取策略又会代替最小策略。如果儿童没有遇到新问题或陌生问题，旧的落后策略就会成为获胜者。根据Siegler的观点，策略的发展并不是一个抛弃简单的旧策略、形成更复杂的新策略的过程。而是儿童的每一种记忆策略都存在于思维当中，旧的策略并不会消失，它们只是被搁置起来等待被使用的机会，当复杂的新策略不适用或不能得到正确答案的时候，旧策略就会被重新使用。因此，Siegler认为，策略的发展不是一个阶梯式的过程，而是一个重叠发展的过程（见图7.3）。

Siegler及其他学者的研究表明，当今认知发展学家所面临的问题不是年幼儿童会不会使用策略，而是他们是否在更小的时候就会使用策略了。发展学家还必须确定儿童在不同认知领域中使用的策略是如何结合起来的，解释为什么年幼儿童喜欢使用的简单策略要逐渐给年长儿童、青少年及成人使用的更复杂有效的策略让路，以及策略使用的变化如何与认知的成就和发展相联系（Coyle，2001）。

很明显，在教学中可以广泛使用认知策略（在这点上，大学生和小学生都一样）。有的研究者关注的是儿童在常规学校学习中所接受的策略指导（Moely，Santulli，& Obach，1995），有的研究者则会基于研究结果开发出一些传授学龄儿童认知策略的技术（Pressley & Woloshyn，1995）。例如，Michael Pressley和Vera Woloshyn

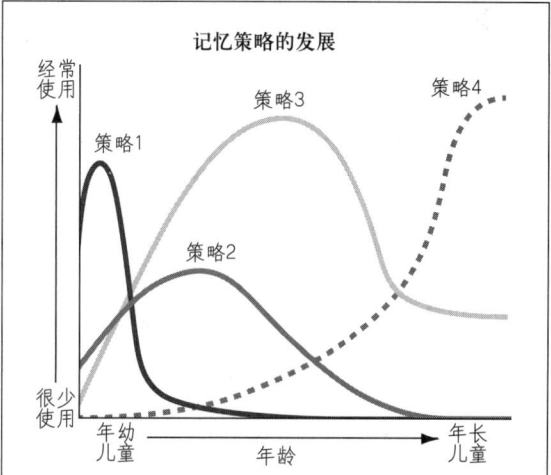

图7.3 Siegler的适应性策略选择模型。策略使用的变化是一系列相互重叠的过程，在不同的年龄阶段，不同策略的使用频率也不相同。

来源：*Emering Minds: The process of Change in Children's Thinking*, by R. S. Siegler. New York: Oxford University Press, 1996.

（1995）提出了一些策略，可以被儿童用于阅读理解任务中：概括（抽取出文章的大意）、心理表象（在头脑中建构出形象）、自我提问（教会儿童自己提出问题并加以回答）、回答问题（回答由教师或者课本编著者提出的问题）、故事文法（针对文章的叙事结构提出问题）、已有知识的激活（利用读者已经知道的知识来理解新内容），以及其他策略。尽管这些只是用于阅读理解的策略，指导的方法也会因为儿童的个体差异而不同，但为教师提供了如何通过策略训练帮助儿童学习重要知识和技能的观念。Pressley和Woloshyn（1995）针对如何教授策略提出了一个综合的模型，见表7.1。

> **适应性策略选择模型**（adaptive strategy choice model）：Siegler提出的用于描述策略如何随年龄变化的模型。该模型认为，在儿童认知技能中同时存在着多种策略，这些策略相互竞争以被使用。

表 7.1 如何教授策略的综合模型

每次教授的策略数量要少，并作为课程内容的一部分，集中广泛地练习。最开始时每次最好只教授一种策略，直到学生对该策略的思路完全熟悉。
对每种新的策略加以解释和演示。
进一步解释和示范策略中较难理解的部分。（学生往往是自己逐步建构策略的，一次理解一点点。）
给学生讲解策略的使用范围，虽然他们在应用策略的过程中自己也会发现这类元认知知识。
提供充分的练习，尽力在适合的任务中使用策略。这类练习有利于增加运用策略的熟练程度，让人更清楚何时利用它，如何改进以适应新情况。
鼓励学生在使用策略时进行自我监控。
鼓励保持使用策略和对策略加以推广，例如，在学校里经常提醒儿童应用正在学习的策略。
让儿童意识到学会有用的技能才是学习任务的中心目的，以此增强学生应用策略的动机。
强调思维过程而非加工速度，尽力消除学生存在的高焦虑；鼓励学生认真学习，避免分心。

来源：Pressley, M., and Woloshyn, V.(1995). *Cognitive Strategy Instruction That Really Improves Children's Academic Performance* (2nd ed.). Cambridge, MA: Brookline Books.

儿童对思考的了解

亚亚是个 4 岁的小男孩，他把父亲惹得不耐烦了。父亲说："亚亚，站到那个角落好好思考一下你做的事。"亚亚没有按照父亲的指示去做，而是站在原地，这并不是反抗，他的脸上露出疑惑的表情，嘴唇有些颤动，似乎要说些什么但又不敢说。"你怎么了？"他的父亲对他大声吼道。亚亚说："可是，爸爸，我不知道该怎么思考。"很明显，4 岁的亚亚还不知道如何独立思考，他也不了解自己所做的事情。

要做好一件事情，你不一定需要了解自己正在做什么，至少在谈到思考的时候是如此。我们大部分的日常认知活动都是**内隐**的、无意识的。例如，尽管我们都能熟练地使用母语表达自己的想法，但很少有人能有意列举出潜藏在语言下的语法规则。当然，我们并不否认，许多丰富多样的认知活动（包括儿童和成人）都是来源于有意识的、**外显**的思维活动。在我们考虑到认知的执行功能时，外显认知活动的各个方面都显得尤其重要。为了调节思维活动，外显认知活动在很大程度上可以帮助我们理解什么是思维。很明显，亚亚不知道"思考"是什么意思，他还缺乏相关的知识，那么他的认知活动受到限制也就不足为奇了。

学前儿童经常对思维形式的多样性感到困惑，如学前儿童似乎并不知道记忆、理解和猜测之间有什么区别（Johnson & Wellman, 1980; Schwanenflugel et al., 1998）。年幼儿童认为自己能很好地控制自己的思维活动，但事实并非如此。如 John Flavell、Frances Green 和 Eleanor Flavell（1998）向 5 岁、9 岁和 13 岁的儿童、青少年以及成人询问一系列控制难度较大的智力问题。比如，当儿童听到一声奇怪的声音时，即使他不想知道是怎么回事，是否也会不自觉地去想那个噪音究竟是什么？再如，连着三天不去想任何事情，这可能吗？与年龄较小的儿童相比，成人和年龄大一些的儿童能更好地理解"思考有其自己的活动方式"；也就是说，他们能够理解，人们有时候会去思考一些他自己并不关心的问题（如噪音的来源），也许还会不自觉地思考很长一段时间。

研究者发现，儿童了解自己的思维以及区别有意识和无意识之间差异的能力是在整个学龄期逐渐发展起来的。大多数 5 岁儿童和部分 7 岁、

8岁的儿童都认为，人们在没有做梦的熟睡状态下，仍然会渴求某物、伪装、思考和听见声音（Cormier et al., 2004；Flavell et al., 1999），甚至死亡后也会一样（Bering & Bjorklund, 2004）。在另一项研究中，研究者要求5岁、8岁的儿童和成人在半分钟内"什么都不想"。大部分的成人和8岁儿童报告，无论怎么努力都无法做到，但大部分5岁的儿童都认为自己能做到，因为这些儿童不知道人们在清醒的时候是处在有意识的状态下的，不想任何事情是不可能办到的(Flavell et al., 2000)。这项研究和其他一些研究（Flavell, 1999）都表明，儿童还需要学习更多的与思维相关的知识。

对自己思维过程的了解，即元认知，对于高级思维活动和问题解决来说都十分重要。尽管我们确实无意识（或内隐）地执行了一些精细的认知任务，但是如果我们能意识到认知活动中所包含的心理过程，那将有助于我们更好地完成学习和记忆等认知任务。本章后半部分将阐述具备较高水平的元认知能力有哪些益处。但在此之前，我们先来看看问题的另一个方面——无意识认知活动，先对其做一个简要的回顾，然后考察在内隐认知任务中，年幼儿童的成绩是否与成人一样好。

内隐认知或无意识思想

之前我们把内隐认知定义为无意识的思维。Annette Karmiloff-Smith（1992）提出了一种理论，假定大多数婴幼儿的知识都是内隐的。举例来说，婴儿关于客观物体的知识及年幼儿童（或成人）的语言知识就是内隐知识的代表。打一个形象的比喻，儿童拥有这些知识就像是蜘蛛会织网，喜鹊会筑巢，新生的山羊知道要避免坠下悬崖一样。

与此相似的观点认为，内隐学习（不需要意识的参与而获得新知识的过程）是早期发展起来的一种能力。最近的研究表明，尽管没有外显（用言语表达）知识的参与，6岁和10岁的儿童学习系列反应（如学习接连发生的一系列反应）的表现与成人一样好（Meulemans, Van der Linden, & Perruchet, 1998；Vinter & Perruchet, 2000）。同样，内隐记忆（不需要意识参与的记忆）也是一种早期发展起来的能力，它在整个童年期几乎没有变化。例如，在一个测量儿童内隐记忆的程序中，研究者采用了一些残缺图（见图7.4）。儿童的任务就是辨别一幅幅不完整图片。起初，完成任务很困难，但呈现的图片越完整，他们就越容易辨别出图片中的物体。在辨别任务实验中，主试向儿童呈现了一系列逐渐完整化的图片，在随后的另一项任务中，向儿童呈现同样类型的图片，包括先前已呈现过的图片。在第二项任务中，儿童可能记不住哪些图片他见过，哪

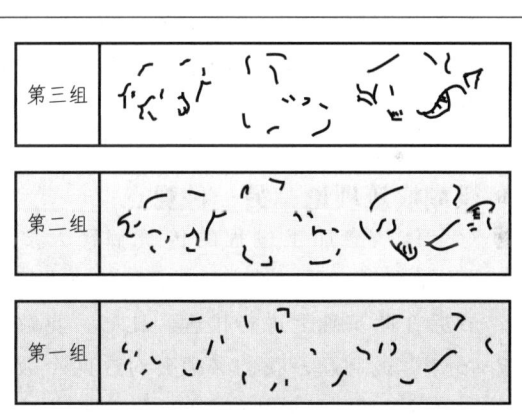

图7.4 内隐记忆研究中的不完整图片。
来源：E. S. Gollin. Factors Affecting the Visual Recognition of Incomplete Objects: A Comparative Investigation of Children and Adults. *Perceptual and Motor Skills*, 1962, 15, 583-590. Copyright © 1962. Reprinted by permission of the author and Ammons Scientific Ltd.

> **内隐认知**（implicit cognition）：个体在没有意识到的情况下发生的思维活动。
>
> **外显认知**（explicit cognition）：个体意识到的思维活动和思维过程。

些图片没见过,而研究者要考察的是儿童对先前看过的图片是否鉴别得更快、更准确,结论几乎都是肯定的。更重要的发现是,这种内隐记忆的影响并没有表现出年龄差异(Drummey & Newcombe, 1995; Hayes & Hennessy, 1996)。

尽管对内隐学习和内隐记忆的发展的研究相对较少,但目前已有的研究为我们勾勒出了一幅完整的发展画卷。尽管儿童在内隐学习和内隐记忆的测试中没有表现出年龄差异,但在外显学习和外显记忆的测试以及对思维含义理解的测试中则发现了显著的年龄差异(Hayes & Hennessy, 1996; Vinter & Perruchet, 2000)。对于内隐和外显认知过程,都可以用信息加工机制来理解,但这两种过程的不同发展模式表明,认知的发展是多维的,各种类型的思维发展过程也不尽相同。

关于儿童思维的年龄差异,有人已经提出了一些与传统的信息加工模型不同的观点。模糊痕迹理论正是其中一种有价值的观点。

模糊痕迹理论:另一种观点

对个体信息加工过程的传统解释大多认为,个体在解决问题时首先是对具体信息进行编码,然后在此基础上进行推理。比如,要解决"27+46=?"的问题,我们必须要对这两个数字进行正确的编码,还要执行正确的心理操作才能得出正确的答案。但并不是所有思维活动都完全遵循这种程序。事实上,如果完全依赖绝对精确的信息来解决日常生活问题,我们的很多思维活动反而会受到干扰。例如,我们会用非常简练的语言对所遇到的问题进行信息编码(如家电商场里电视机的价格比其他商场便宜),并用这些不完全精确的信息来解决问题(我会在家电商场中购买电视机)。

Charles Brainerd 和 Valerie Reyna (2001, 2004)提出了**模糊痕迹理论**来解释心理活动的实质。他们认为,儿童运用信息解决问题的过程存在明显的发展性差异(见图7.5)。模糊痕迹理论的核心观点就是:记忆内容的表征(或记忆痕迹)是一个连续体,是从逐字逐句的完全表征到模糊的只保留重要内容的**要点**表征,后者不包括精细的细节。该理论指出,简要表征或模糊痕迹并不比完全表征效果差。事实上,对信息进行编码时,这两种表征方式(完全表征和模糊简要表征)都会被使用,只是个体会选择两者中更益于问题解决的那种方式(见图7.6)。

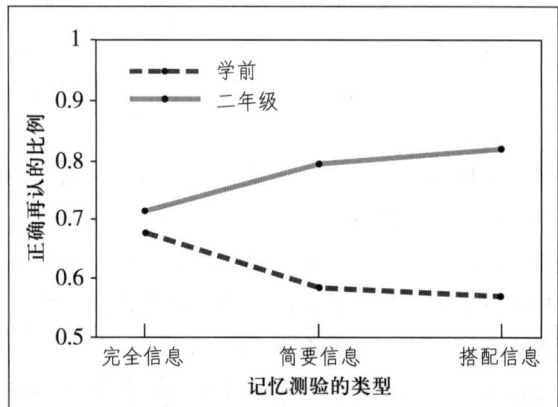

图7.5 模糊痕迹理论。二年级学生和学前儿童对完全信息、简要信息、搭配信息的正确再认比例。
来源:From C. J. Brainerd and L.L. Gordon, "Development of verbatim and gist memory for numbers," *Developmental Psychology*, 30, 163-177. Copyright © 1994 by the American Psychological Association. Reprinted by permission.

模糊痕迹和完全痕迹在很多方面都存在差别。与完全痕迹相比,模糊痕迹更容易实现,使用也比较方便。完全痕迹也比模糊痕迹更容易受到干扰,容易被遗忘。例如,我们要比较不同商店里两件衬衫的价格:衬衫的价格可能很快就被忘记了,但我们会记得这条信息:"Gap牌的衬衫价格比Old Navy牌的要便宜"。如果你想知道买哪一件衬衫更划算的话,只要依赖于简要知识就够了(即知道两件衬衫价格的相对差异);但是如果想知道你能买得起哪一件衬衫的话,就需要

图 7.6 简要陈述或模糊痕迹只是保存情境或事件的主要内容,而不是全部准确的信息。图中的这个男孩可能只记住了他看见了一只狗在追一只猫,而记不住动物是什么颜色的,或者猫戴着一个项圈。

完全信息了(即两件衬衫的具体价格)。

尽管人们都知道使用模糊信息比完全信息更容易、更有效,但使用的情况是随年龄而变化的。6～7 岁前的儿童偏好记忆完全的信息,而大一点的儿童就会像成人那样更倾向于记忆模糊简要的信息(Brainerd & Gordon, 1994; Marx & Henderson, 1996)。举例来说,Charles Brainerd 和 L. L. Gordon(1994)在研究中要求学前及二年级儿童解决一些简单的数字问题,他们首先向儿童讲述一些背景信息:"农场主布朗养了很多动物,有 3 条狗、5 只羊、7 只鸡、9 匹马和 11 头牛"。然后他们向儿童提出一系列问题,这其中有些问题需要完全的信息,如:"农场主布朗有几头牛,11 头还是 9 头?"有些问题只需要简要信息,如:"农场主布朗拥有的动物哪种多,牛多还是马多?"

研究发现,与回答需要简要信息的问题相比,在回答需要完全信息的问题时,学前儿童的成绩要好一些,而二年级儿童的情况则刚好相反。在回答需要完全信息的问题时,二年级儿童与学前儿童的成绩是一样的,唯一的年龄差异表现在解决需要简要信息的问题时,学前儿童的成绩比二年级儿童的成绩要差。

模糊痕迹理论在描述儿童的信息编码和使用过程中的发展性差异方面是很有启示意义的。依赖简要信息解决问题要比提取完全信息容易一些,尤其是在儿童面临较多问题的时候。当然,有些任务确实需要完全表征信息,如算术。与年长儿童比较起来,年幼儿童解决算术问题的速度慢、效率差,其中最主要的原因就是他们会经常纠缠在不必要的对完全信息的加工过程中,这占用了大部分原本就有限的认知资源,因而干扰了问题的有效解决。

注意的发展

众所周知,个体在对信息进行编码、储存并运用它解决问题之前,首先必须觉察和注意到信息。虽然年幼儿童会注意到感觉输入的信息,但通常都是在客观物体和事件引起了他们的注意的情况下:1 个月大的婴儿不会自己去选择注意人脸,而是人脸吸引了他的注意。同样,全神贯注于某项活动的学前儿童会很快对活动失去兴趣,而沉迷于另一项活动。但随着年龄的增长,儿童开始能够保持自己的注意力,对所注意的信息也有了选择性,还开始有能力制订和执行系统性计划,以搜集信息达到特定的目标。

注意保持的变化

如果去参观幼儿园,你会发现,教师每隔 15～20 分钟就换下一个课堂活动。为什么呢?因为年幼儿童的**注意广度**很小,他们不能长时间

➤ **模糊痕迹理论(fuzzy-trace theory)**:Brainerd 和 Reyna 提出的一种理论,认为个体对经验进行的编码是一个连续体,从完整、准确的表征到模糊、简要的表征。

➤ **要点(gist)**:信息的模糊表述,即只保存主要内容而不是所有的细节。

➤ **注意广度(attention span)**:将注意力保持在特定刺激或活动上的能力。

地把注意力集中在某一个活动上。即使是做自己喜欢的事情，如玩玩具或看电视，2～3岁的儿童通常也会四处张望，到处走动，把注意力分散到其他地方，只把很少的注意力放到正在做的事情上，而年龄较大的儿童则不会这样（Ruff & Capozzoli, 2003; Ruff, Capozzoli, & Weisberg, 1998）。一些年幼儿童不能长时间保持注意力，因为他们的注意容易受到干扰，而且很难抑制与任务无关的思维活动。

在童年期和青少年初期，儿童保持注意力的能力逐渐提高（Garon, Bryson, & Smith, 2008; Hanania & Smith, 2009; Zelazo, Muller, Frye, & Marcovitch, 2003），其中一个原因就是中枢神经系统的成熟。例如，大脑中调节注意的区域——网状结构，直到青春期才完全髓鞘化。也许，神经系统的发展有助于解释为什么青少年和青年人可以为了准备即将到来的考试或第二天就要上交的学期论文，而连续工作几小时。

选择性注意：忽视明显无关的信息

如果预先告诉年幼的儿童与任务相关的信息，并且儿童所要完成的任务不需要计划性，那么他们的成绩是否能与年长儿童一样呢？答案可能是否定的。因为，年幼儿童的**选择性注意**能力很差，也就是说，他们无法把注意力集中在与任务相关的刺激物上，容易受到环境中无关刺激物的干扰（Garon et al, 2008; Zelazo, Carlson, & Kesek, 2008）。Patricia Miller 和 Michael Weiss（1981）的研究就发现了这一点。他们在每个布帘下放置了一些不同的动物玩具，每个玩具都和一个家居用品放在一起，玩具或者在家居用品的上面或者在家居用品的下面，然后分别让7岁、10岁和13岁的儿童记忆动物玩具的摆放位置。在这项研究中，儿童的任务就是选择性地注意特定信息（即本研究中的玩具），忽视其他分心物（指家居用品）。当研究者询问儿童每个玩具的摆放位置时，发现13岁儿童的成绩优于10岁儿童，同样10岁儿童的成绩优于7岁儿童；而当研究者询问儿童无关的信息时（即让儿童回忆与玩具一同呈现的家居用品是什么），在这项伴随学习测试中，发现了相反的结果，即13岁儿童的回忆成绩要比7岁和10岁儿童差。在研究中，Miller 和 Weiss 还发现，年龄较小的两组儿童对无关信息的回忆成绩和他们记忆玩具所在位置的成绩大致是一样的。总之，这些结果表明，与年幼儿童相比，年长儿童能更好地过滤掉那些对任务起干扰作用的无关信息，而把注意力集中到与任务有关的信息上。

年幼儿童的注意广度很低。

认知抑制：漏掉的是明显无关的信息

有研究者提出，儿童对自己偏爱的或已经建立起来的反应的抑制能力会随年龄而发生变化，这一变化在认知发展过程中可能起着重要的作用（Diamond, Kirkham, & Amso, 2002; Diamond & Taylor, 1996; Harnishfeger, 1995; Sabbagh, Xu, Carlson, Moses, & Lee, 2006）。传统的信息加工理论强调认知操作和经验的激活，而现在的观点则认为，抑制认知操作或阻止经验进入意识状态，对于认知的发展同样重要（见 Baker, Friedman, & Leslie, 2010; Dempster, 1993）。

抑制能力缺陷会影响婴儿期和童年期的认知发展。例如，第6章提到，婴儿在解决皮亚杰的

"A 非 B"问题时，尽管他们看到物体被隐藏在 B 点，但是他们仍然会到 A 点寻找物体。这正是因为他们无法抑制自己的行为。

抑制能力会随年龄而发生变化，这对于年龄较大的儿童解决认知难题是十分重要的，如排除不重要信息的能力会使儿童对这些信息进行选择性遗忘。与年幼儿童相比，年龄较大的学龄儿童能更好地执行这种抑制任务（Lehman et al.，1997；Wilson & Kipp，1998）。一般来说，年幼儿童难以执行他们不偏爱的反应。儿童调控自己行为的能力（包括抑制不被接受的反应和执行适当行为）也随年龄而提高（Jones et al.，2003；Kochanska et al.，1996）。

那么，哪些因素促进了抑制行为的发展呢？神经系统的成熟是因素之一。在第 6 章我们知道，婴儿在"A 非 B"问题中抑制不适当反应的能力与大脑皮层的额叶成熟有关。也就是说，额叶损伤的学前儿童和成人同样都难以完成需要抑制优势反应的言语指导任务。如果主试在被试（年幼儿童和有脑部损伤的成人）面前敲铅笔，敲的次数是一定的，然后要求被试比主试多敲一次或少敲一次，如果被试无法抑制自己的优势反应，就很难完成这个任务（Diamond & Taylor，1996）。这些研究表明，额叶的成熟在抑制自己思想和行为的过程中起着关键的作用。

David Bjorklund 和 K. K. Harnishfeger（Bjorklund & Harnishfeger，1990；Harnishfeger，1995；Harnishfeger & Bjorklund，1994）提出了"无效抑制"模型来解释抑制机制对认知发展的影响。该模型的核心思想是：把与任务无关的信息排除在工作记忆之外的能力存在年龄差异，这种差异影响了个体完成任务的成绩。年幼儿童不仅无法排除环境中与任务无关的信息，而且无法抑制与任务无关的思维活动。工作记忆中大量的无关信息会导致"认知混乱"，降低工作记忆的效率，阻碍其他认知策略的成功执行（Lorsbach，Katz，& Cupak，1998）。

认识到抑制过程在认知发展过程中的重要作用，对于我们更好地理解儿童的思维活动是十分关键的。但抑制观点只是对认知发展信息加工观点的一个补充，而不是要取代它。抑制行为随年龄而变化可能会促进某些特定能力的发展，但它并不是这些能力发展的最主要的原因。换句话说，抑制能力的提高可能会减少认知混乱，促进认知发展，更高级的信息加工能力才有可能出现。

元注意：儿童对注意的了解有多少

与年幼儿童对其注意行为的觉察相比，他们对注意的过程会了解得更多吗？事实证明是这样的。尽管 4 岁儿童在完成选择性注意任务的时候不能克服分心物的干扰，但是他们很清楚分心物的干扰作用是存在的，因为他们认识到，如果讲故事的人同时讲两个故事，比一个一个地讲更难理解（Pillow，1988）。但是当我们告诉 4 岁儿童，有一个女人要在一大堆饰品中挑选一个作为礼物时，他们并不了解这位妇女的注意力主要集中在饰品上，而不会考虑其他的事情（Flavell，Green & Flavell，1995）。也就是说，尽管学前儿童对分心物有一定的了解，但是他们并不知道选择性注意究竟是什么，也不知道它包含了哪些成分。

在另一项研究中，Miller 和 Weiss（1982）问 5 岁、7 岁和 9 岁儿童有哪些因素会影响伴随学习任务的成绩（如前面所提到的动物玩具和家居用品测试）。尽管儿童关于注意过程的知识随年龄而增长，但 5 岁的儿童就已经意识到，首先至少要看到与任务相关的刺激物，然后才会把它标记出来作为记忆的目标，7 岁和 10 岁的儿童则能进一步认识到，要很好地完成任务，必须要有

> **选择性注意（selective attention）**：将注意力保持在与任务相关的信息上而忽视无关或干扰信息的能力。
> **抑制（inhibition）**：阻止自己执行某些认知或行为反应的能力。

选择性地注意与任务相关的刺激物，而忽视与任务无关的信息。但是在认为学前儿童对注意一无所知之前，还需要关注一下 Michael Tomasello 和 Katharina Haberl（2003）的研究。在该研究中，他们让 12 个月和 18 个月的婴儿和一个成人一起游戏，这个成人对三种玩具中的一种表现出特别的兴趣（这种玩具很新颖，被试以前没有见过）。然后成人问孩子愿不愿意把玩具给他玩，两个年龄段的孩子都表示同意，这说明他们知道，看某件东西，注意某件东西，并因此而兴奋，表示喜欢这件东西。对注意的认识（此处主要是指他人所注意的）当然不等同于"某人看某物就说明他在关注它"，却揭示了婴儿所理解的注意的根源。

我们介绍了信息加工理论的基本假设，并且讨论了加工硬件和软件的一般发展过程。现在，我们将追随四个关键的信息加工属性——注意、记忆、推理和算术技能——的发展，并对这些发展在理论和实践上的重要意义加以评论。

概念核查7.2　理解其他信息加工模型

回答下列问题，检查你对信息加工发展差异的理解。答案见附录。

选择题： 为下列各题选择最佳答案。

____ 1. 在策略发展的转变过程中，儿童会采用一些对其任务表现没有帮助的策略。这种现象被称为
　　a. 中介性缺损　　　b. 策略无效使用
　　c. 策略产生能力缺陷　d. 能力限制

____ 2. 模糊痕迹理论对要点和完全信息加工方式随年龄增长的改变有什么样的预测？
　　a. 年幼儿童不会抽取要点信息，只对完全信息进行加工。年长的儿童和成人能抽取两种信息。
　　b. 年幼儿童不会抽取完全信息，只对要点信息进行加工。年长的儿童和成人能抽取两种信息。
　　c. 相对于年长的儿童，年幼儿童更多对记忆痕迹进行完全信息加工；年长的儿童和成人更多进行要点信息加工。
　　d. 和年长的儿童相比，年幼儿童更多对记忆痕迹进行要点加工；年长的儿童和成人更多进行完全信息加工。

____ 3. 布莱特和妈妈一起玩扔骰子游戏。有时他要仔细数清楚每个骰子的点数来算出他的移动步数；有时他只需要看一眼那两个骰子就能知道自己的移动步数；有时他会说出一个骰子上的数字（"6"），然后把第二个骰子上的点数一个个地加上（"7，8，9"）来算出自己的步数。这种策略行为反映了以下哪种理论？
　　a. Siegler 的适应性策略选择模型
　　b. Brainerd 和 Reyna 的模糊痕迹理论
　　c. 策略无效使用理论
　　d. Flavell 的元认知理论

匹配题： 给下列概念选择最适合的定义。
　　a. 记忆广度　　　　b. 内隐认知
　　c. 外显认知　　　　d. 策略无效使用
　　e. 要点　　　　　　f. 策略产生能力缺陷

____ 4. 一种测量在短时记忆中可储存信息量的方法。
____ 5. 对信息的中心内容保留较多，但对精确细节保留较少的模糊表征。
____ 6. 个体意识到的思维活动和思维过程。
____ 7. 无法自动生成和使用已经学会的、用以促进学习和记忆的策略。
____ 8. 儿童使用的策略是正确的，却无法从中获益。
____ 9. 自我没有意识到的思维。

论述题： 详细论述下列问题。

10. 论述抑制或抵制干扰的年龄差异对认知发展的影响。
11. 论述策略的发展。影响不同年龄的儿童的策略采用及策略有效性的因素。理解信息加工的发展差异。

记忆的发展：保持与提取信息

对于认知和认知发展研究的核心内容就是记忆。婴儿会不会去寻找藏到毯子下的瓶子，7岁的孩子能不能记起同班同学的姓名，17岁的学生如何准备历史考试，这些都涉及记忆——储存和提取信息的过程。

这一节将探讨童年期两类记忆（**事件记忆** 和 **策略记忆**）的发展过程。事件记忆是指对事件的储存，这些事件包括你早餐吃了什么、去年碧昂丝演唱会的票房收入、小弟弟出生时妈妈的喜悦心情等。事件记忆中也包括了**自传式记忆**，即对发生在你自己身上的事件的记忆，也就是人们所说的"自然"记忆，它几乎不需要使用任何策略。后面我们将考察事件记忆的发展，以及儿童作为目击证人时，对他们事件记忆进行研究的最新成果。与此相比，策略记忆是指有意识地储存和提取信息的过程，这些信息包括电话号码、去剧院的路线、历史课本中的"辛亥革命"等。信息加工研究者已经研究出很多可以提高学业成绩的**记忆策略**或记忆术，我们也将在后面探讨这些记忆策略的发展以及影响因素。

事件记忆和自传式记忆的发展

大部分人理解中的记忆，就是指对情境和事件的记忆，尤其是那些发生在自己身上的事情的记忆。事件记忆或自传式记忆（即对个人特别重要的经历的记忆），大多数是通过言语表达的，自传式记忆与我们的语言技能、以叙事方式表征自身经验的能力是密切相关的（Nelson，1996）。

事件记忆的发生

许多研究者认为，延迟模仿是事件记忆出现的第一个标志，虽然是以非言语形式出现。既然婴幼儿能回忆起几个月前发生的事情，那为什么成人却表现出了**婴儿期记忆缺失**（指无法回忆起生命前几年中发生的大多数事情）呢？尽管其原因至今仍让人困惑，但是"生活与研究应用"专栏中提及了有关这种有趣的记忆缺失现象的几种推测。

脚本记忆的发展

哪些事件是婴幼儿和学前儿童记忆最深刻的呢？答案是：那些在他们熟悉的环境中重复发生的事件。Katherine Nelson（1996）在研究中发现，年幼儿童会把日常熟悉的行为组织成**脚本**，即按事件的发生顺序和因果关系来保存特定经历的一种图式。例如，4岁的儿童在描述她的麦当劳脚

儿童形成了对熟悉和频繁经历的事件的脚本（例如，在学校里背诵效忠誓约）。

▶ **事件记忆**（event memory）：对事件的长时记忆。

▶ **策略记忆**（strategic memory）：个体有意识地储存和提取信息的过程。

▶ **自传式记忆**（autobiographical memory）：个体对发生在自己身上的重要经历或事件的记忆。

▶ **记忆策略（记忆术）**（mnemonics or memory strategies）：用于提高记忆能力的技巧，包括复述、组织和精细加工。

▶ **婴儿期记忆缺失**（infantile amnesia）：个体无法记起生命前几年中发生的事情的现象。

▶ **脚本**（script）：对熟悉环境中所发生事件的特定顺序（如，发生了什么，什么时候发生的）的概要性表征。

本时可能会这么说:"你开车到这里,走进去,排队,买汉堡包和薯条,吃完东西,然后回来。"甚至连2岁的儿童也能用脚本这种方式组织信息(Fivush,Kuebli,& Clubb,1992)。而且尽管关于脚本的知识要随着年龄增长才会变得逐渐精细,但学前儿童仍然能够继续学习和记忆在学校吃零食时发生的事情、在生日宴会和快餐店的经历,以及在家中睡觉的时间和在其他各种熟悉的环境中经常发生的事情(Nelson,1996)。

形成脚本是年幼儿童组织和解释自己经历的

生活与研究应用

我们的早期记忆到哪去了?

尽管婴儿有很强的记忆能力,但是大多数成人对于他们3岁之前所发生的事情却一点都回忆不起来;即使他们能够回忆起来,大部分也都是虚构的。JoNell Usher和Ulric Neisser(1993)研究了早年的记忆缺失现象,或称作婴儿期记忆缺失。他们询问大学生其早年的生活经历(例如,弟弟或妹妹的出生、住院、搬家、家庭成员的过世)。为了测试记忆,主试问了被试一系列与他们经历过的事件相关的问题。例如,是谁告诉你你的母亲将去医院生孩子的?她离开家的时候你正在做什么?你是在什么地方第一次看见新生儿的?大学生回答出问题的百分比随着他们经历事件时年龄的增长而显著提高。Usher和Neisser得出了这样的结论:有意义记忆发生的最早年龄是2岁左右弟弟或妹妹出生和住在医院的时候,还有就是3岁左右家人去世和搬家的时候。就连9岁和10岁的儿童看到他们幼儿园时玩伴的照片(他们曾经非常熟悉这些玩伴),也很难把他们从其他儿童的照片中辨认出来(Newcomeb & Fox,1994)。因此,如果婴儿能够记住他们的经历,那么为什么学龄儿童和成人不能像婴幼儿那样记忆更多的生活经历呢?

成人能使用语言而婴儿不能,早年的记忆是以非语言符号的形式保存的,因此,在我们成为语言的使用者之后,就无法提取早年的记忆了,这是很有道理的(Sheingold & Tenney,1982)。即使是年龄稍大、能够说话的儿童,他们储存记忆的方式也可能与年长儿童以及成人不一样。直到4岁的时候,大多数儿童才能较容易地使用记叙(即生活中的故事)的方式对他们的经历进行编码和记忆,而且这一过程大多是在成人的帮助下才完成的。只有在成人的指导下,儿童才能学会如何对记忆进行编码,才能认识到可以通过语言与他人分享记忆(Fivush & Nelson,2004;Nelson,1996)。Mark Howe(2003)提出了另外一种可能性:婴儿缺乏的不是认知或语言能力,而是缺乏"自我"意识,只有在这种自我意识的帮助下,个体才能组织自己的经历。而到18~24个月当婴儿获得稳固的自我意识(这一内容将在第12章中讨论)时,他们就会把事件编码为"发生在自己身上的事情",这样就容易记忆了。有意思的是,最近的研究结果表明,这类理论有一定的道理。例如,在一项研究中,给婴儿呈现一系列动作,在6~12个月后测验他们对这些动作的言语记忆和非言语记忆(Simcock & Hayne,2002)。在观看动作时,言语技能越熟练的儿童越能在回忆时用言语表达出事件的细节(见Bauer,Wenner,& Kroupina,2002),但儿童仿佛很难将早期的前言语经验转化为语言。按Simcock和Hayne(2002)的说法:"儿童的言语报告卡在某一时刻,反映了他们在编码时的言语技能,而非他们在测验时的技能。(2002)"另一项研究发现,自我意识的发展和成人帮助婴儿建构个人经历,都有助于年幼的学前儿童回忆起过去发生在他们身上的事件(Harley & Reese,1999)。这说明,我们中大多数人对早年的生活经历的记忆是一片空白的,这很可能是由于我们在18~24个月之前,缺乏熟练的语言能力和自我概念。

一种方式。儿童可以通过它预测在以后类似的情景中应该表现出什么样的行为。然而,年幼儿童把事件组织为脚本也有不利的一面,这样会导致他们不去记忆那些新奇的、非典型(或非脚本)的信息。在一项研究中,主试问2岁半的儿童最近发生了哪些重大事件,如去海边、野营和坐飞机等。儿童并没有回忆这些特殊事件的新奇方面,而是把回忆的焦点放在成人所认为的常规信息上。因此,在回忆野营经历的时候,一个儿童首先想到的是在外面睡觉,这是不寻常的,但是接下来所回忆的内容都是一些很平常的活动了(Fivush & Hamond, 1990, p.231):

访谈者:你睡在外面的帐篷中?天哪!那听起来十分有意思。
儿　　童:接着我们醒来,吃晚饭。我们先吃晚饭,再睡觉,然后醒来,吃早餐。
访谈者:你在野营的时候还做了其他事情吗?你起床吃过早餐以后还做了什么?
儿　　童:嗯,晚上的时候,睡觉。

这种回答很令人奇怪,野营的时候一定发生了很多新奇、令人兴奋的事情,但是年幼儿童只是在谈论醒来、吃东西和睡觉等常规事件。不过,儿童年龄越小,就越需要把新奇的事件融入熟悉的常规活动中。按照 Nina Hamond 和 Robyn Fivush(1991)的观点,任何事情对2岁的儿童来说都是新的,他们最关注的是要能理解他们所经历的事件。

随着年龄的增长,尤其是在所经历的事件不同寻常的时候,儿童更能够长时间地记住那些一般的、具体的信息。如 Hamond 和 Fivush(1991)访谈了8~16个月前去过迪士尼乐园的3~4岁儿童。即使是在如此长的时间之后,所有的儿童都能回忆起大量的相关信息;4岁儿童比3岁儿童记得更多细节信息,而且在描述事件的时候需要的提示更少一些。然而,对这种单一、特殊经历的回忆对儿童来说是十分有益的,因为它脱离了儿童熟悉的、脚本性的日常活动,而且也不容易融入日常活动中。

自传式记忆的社会性建构

Hamond 和 Fivush(1991)在研究中还发现了一个有趣的现象,与父母谈论迪士尼乐园之行较多的儿童能回忆起更多的信息。这说明父母在儿童自传式记忆的发展中起着重要作用。最近一些理论中也提到了这一点(Fivush & Nelson, 2004; Ornstein, Haden, & Hedrick, 2004)。如 Judith Hudson(1990)指出,在儿童谈论过去经历的时候,对事件的回忆一开始不是一种连续的过程,而是在成人的引导下逐渐叙述出更多的曾经忽略的信息。他还指出,在家庭中,父母谈论过去事件的时候通常会先问一些情境性问题:今天早上我们去哪里了?我们看见了什么?谁和我们一起去的?我们还看见了什么?下面有一段谈话,是母亲提示她的19个月大的女儿回忆早晨去动物园的事件:

母　亲:艾莉森,我们在动物园看到了什么?
艾莉森:大象。
母　亲:对!我们看见了大象,还有什么呢?
艾莉森:(耸肩)
母　亲:熊猫,是吗?我们是不是看到了一只熊猫?
艾莉森:(微笑,点头)
母　亲:你能说出"熊猫"吗?
艾莉森:熊猫。
母　亲:好的!大象和熊猫,还有别的吗?
艾莉森:大象。
母　亲:对,大象。还有大猩猩。
艾莉森:大——猩猩。

通过这样的交流,儿童学会了关于如何记忆

事件的重要知识：记忆事件就要记住什么人、什么时间和什么地点。进而当父母想要儿童再现事件的一般顺序和因果关系时，他们会要求儿童对发生的事情进行评价（如你最喜欢哪一部分），并且帮助他们把经历组织成为能叙述的故事，帮助他们像回忆"发生在自己周围的事情"那样，去回忆对个人有重大意义的事件（Boland, Haden, & Ornstein, 2003；Farrant & Reese, 2000）。很明显，对过去经历的重构让我们想起了维果斯基的"知识的社会结构"观点和 Rogoff 的"引导性的参与"的观点。事实上，相对于那些很少提这样问题的父母来说，如果父母能够经常和 2~3.5 岁的儿童进行交流，询问他们有关过去事件的问题，他们的孩子可以回忆起更多的一两年前的经历（Harley & Reese, 1999；Reese, Haden, & Fivush, 1993）。

有意思的是，随着儿童的语言和叙述技能得到更好的发展，父母对他们重构过去经历的帮助也逐渐变得详细（Haden, Haine, & Fivush, 1997）。自传式记忆在学前期出现；并且随着儿童在父母引导下逐渐学会在生活这个大背景下记忆经历过的事件，自传式记忆也逐渐成熟。

记忆策略的发展

在本章的前半部分已经介绍了在儿童认知发展的信息加工过程中策略运用的重要作用。很多领域的研究都会关注策略，在记忆发展领域尤其如此。研究者已经研究了很多不同的记忆策略，他们发现，记忆策略的数量和有效性都随年龄的增长而增长（Bjorklund & Douglas, 1997）。与一般认知策略（Siegler, 1996）的相同之处在于，尽管儿童所使用策略的复杂程度随年龄而增长，但任何年龄阶段的儿童都会使用很多不同的策略（Coyle & Bjorklund, 1997）。下面，我们将介绍几种记忆策略或者说记忆术的发展，并介绍元记忆和知识在记忆策略和记忆发展中的作用。

复述

人们保存新信息时所使用的一个简单而有效的策略就是**复述**，即不断地重复，直到我们认为已经记住了。当研究者向 3 岁的儿童呈现一组玩具，并让他们记忆的时候，儿童会很仔细地观察这些玩具，而且还会给玩具贴标签（仅贴一次），但是他们不会使用复述策略（Baker-Ward, Ornstein, & Holden, 1984；Oyen & Bebko, 1996）。相对来说，7~10 岁的儿童则能更有效地使用复述策略，而且复述得越多，记忆成绩就越好（Flavell, Beach, & Chinsky, 1966）。年长儿童的复述和年幼儿童的复述也是不一样的。如果让儿童记忆呈现给他们的一组单词，5~8 岁的儿童通常会按原来的顺序每次复述一个单词，而 12 岁的儿童则会成组地复述词语，也就是每次复述前面连续的一组单词。结果也表明，12 岁的儿童记住的单词要多于 5~8 岁的儿童（Guttentag, Ornstein, & Siemans, 1987；Ornstein, Naus, & Liberty, 1975）。年幼的儿童通过练习能够学会复杂的成组复述策略，从而能提高他们的记忆成绩（Cox et al., 1989），虽然他们的回忆量很少能达到较年长儿童的水平。

为什么年幼儿童不能更有效地复述呢？可能是因为他们在尝试更复杂的策略时占用了工作记忆容量中的大部分资源，以致不能提取足够的信息形成有效的"词语组"。Peter Ornstein 及其同事（1985）的研究支持了这一解释。在研究中，他们试图教会 7 岁的儿童使用"聚类"复述策略，结果发现，只有当先前的单词仍然在他们的视线中时，他们才会使用"聚类"复述策略。因此，当不需要花费意志努力就能提取项目（指单词）时，年幼的儿童就能将项目"聚类"，从而能执行更复杂的复述策略。与此相比，不管先前的单词是否呈现在眼前，12 岁的儿童都会使用"聚类"策略。很明显，这种有效的复述技巧对于 12 岁的儿童来说已经是自动化的了，不需要付出意志努力就能够完成，因此就给他们的工作记忆留下了充足的空间去复述提取的项目。

组织

虽然从某种意义上来说，复述是一种十分有效的策略，但它却是一种刻板的、缺乏想象力的记忆策略。如果人们仅仅依靠复述项目的名称来记忆，就不能发现刺激物之间特定的、有意义的联系，而这种联系能帮助我们更容易地记住这些项目。在很多情况下，**组织**是更好的策略。请看下面的例子：

第一组：小船、火柴、钉子、外套、草、鼻子、铅笔、狗、杯子、花

第二组：刀、衬衫、汽车、叉子、小船、裤子、短袜、卡车、调羹、盘子

尽管这两组单词的记忆难度可能是相同的，但事实上，对于许多人来说，第二组更容易记忆。因为第二组项目可以明显分成有语义区别的三个类别（餐具、衣物和交通工具），这可以成为储存和提取项目的线索。直到9～10岁的时候，儿童对在语义上能进行组织的项目的记忆成绩才会好于难以分类的项目（Hasselhorn, 1992; Schwenck, Bjorklund, & Schneider, 2009）。这一研究结果表明，年幼儿童在回忆的时候很少对信息进行组织。

但是在学习中，当被要求对相关项目进行分组（例如，"把同一类型，或者相同种类物品的卡片放到一起"）并按类别回忆项目（例如，"请你在回忆图片时按同一类别的项目一起回忆"）时，年幼的儿童通过训练能够使用组织化策略（Black & Rollins, 1982; Lange & Pierce, 1992）。这正是前面所提及的"产生性缺陷"，儿童虽然在表面上能够组织信息加以回忆，但往往无法自动产生这类策略。与复述策略类似，即使练习组织策略，儿童也很难消除年龄差异，而且在大多数情况下，他们面对新的情景和新的材料时也很难应用这些策略（Cox & Waters, 1986）。

提取过程

如果不能将储存的信息**提取**出来，将信息存入长时记忆中就是徒劳无益的。年幼儿童提取信息的能力很差，这也是他们在**自由回忆**和**线索回忆**中出现差异的原因。在自由回忆中，儿童只得到了一般性的信息提示，如"告诉我，今天学校里发生了什么事情"。根据所提供的一般性提示，年幼儿童很难提取更多的信息（Kobasigawa, 1974; Schneider & Bjorklund, 1998）。但是，如果为了促进儿童提取更多的信息，我们就要询问线索回忆的问题，因为这样一来，儿童通常能记起更多的东西。一天下午，一个5岁男孩和祖父母一起去看《狮子王》电影，回来后妈妈问他："下午过得怎么样？"小男孩回答道："很好。"妈妈继续给他一个一般性的提示："下午过得很开心，是吗？"小男孩说："是的。"然而，当祖母提示他"说说救了辛巴的小动物"时，他就会提供非常多的细节，告诉妈妈丁满和彭彭如何帮助辛巴、如何谈话、如何唱歌等细节。儿童知道大量信息，但是，只有给他们提供具体线索，他们才能将信息提取出来。

年幼儿童能在指导下使用复述、组织和精细加工策略，他们的记忆成绩也会因此显著提高

> ▶ **复述（rehearsal）**：个体对所要保存的信息进行重复的记忆策略。
> ▶ **组织（organization）**：为便于记忆而把刺激分组或分类以形成有意义的"聚类"的记忆策略。
> ▶ **提取（retrieval）**：旨在从长时记忆中提取信息的策略。
> ▶ **自由回忆（free recall）**：一种没有具体线索或提示参与的回忆方式。
> ▶ **线索回忆（cued recall）**：一种有线索提示的回忆方式，这种线索是与事件发生的环境相联系的。

(Bjorklund & Douglas, 1997)。然而, 如果要求儿童在新材料上使用刚刚习得的策略, 他们经常又会退回无策略方式。儿童为什么不能有效地使用他们刚刚成功使用过的策略呢? 有人认为, 这是因为年幼儿童不知道记忆的目的, 不知道应该在何种情况下正确使用习得的策略。他们掌握的知识也比年长儿童要少, 有限的知识可能阻碍了他们对所要记忆的材料进行分类或精细化加工。下面, 我们来看看研究者在验证这些假设的过程中所取得的成果。

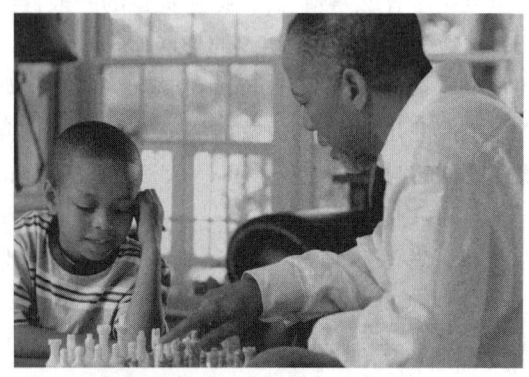

和一个高水平的对手玩策略性游戏往往比独自学习更有助于有效记忆技能的发展。

元记忆和记忆操作

在本章前面, 我们把有关人类思维（包括智力的优势和缺陷）的运作方式的知识称为元认知。元认知中的一个重要方面就是**元记忆**, 它是指关于记忆和记忆过程的知识 (Schneider, 2009; Waters & Kunnman, 2009)。如儿童认识到他们所能记住的东西是有限的, 有些事情更容易记忆, 或者有些特定的策略能更有效地帮助自己记忆, 这些都是元记忆的表现 (Schneider & Bjorklund, 1998, 2003)。

如何得知儿童对自己记忆的了解程度呢? 一种最直接的方式就是去问他们。这种访谈研究的结果表明, 即使是 3～4 岁的儿童也知道人的思维是有限制的, 而且有些信息比其他信息更容易学习和保存 (O'Sullivan, 1997)。如, 学前儿童认识到记忆较多的项目比记忆较少的项目要困难 (Yussen & Bird, 1979), 而且对材料学习的时间越长, 保留的内容就可能越多 (Kreutzer, Leonard, & Flavell, 1975)。但是他们通常会高估自己的记忆能力, 而且对遗忘也不甚了解, 他们会认为在短时期内能回忆的东西 (如电话号码), 经过很长一段时间以后同样也会回忆起来, 而且回忆的难易程度与前面是相同的 (Kreutzer, Leonard, & Flavell, 1975)。因此, 学前儿童似乎把他们所保存的信息看作现实的"心理拷贝", 存放在头脑中, 在任何时间, 只要需要就可以很容易地拿来使用。

在 4—12 岁, 儿童关于记忆的知识显著增长, 他们逐渐把大脑看作一个主动的、建构性的单元, 它储存的不仅仅是对现实的复制, 还有对现实的解释。如很多 5 岁的儿童已经知道, 像电话号码这样的信息如果不写下来, 很快就会遗忘, 这表明他们知道外部的线索有助于记忆 (Kreutzer et al., 1975)。但儿童关于记忆策略知识的累积是一个逐步发展的过程。儿童在 7 岁之前还不知道复述、组织化等记忆策略能够帮助他们记忆 (Justice et al., 1997); 而且, 即使他们知道相互关联的项目比不相关的项目更容易记忆, 但还不知道这是为什么 (O'Sullivan, 1996)。7～9 岁的儿童能够认识到复述和分类策略比仅仅观察项目或只贴一次标签更有效, 但是直到 11 岁或更大的时候, 儿童才能知道组织化策略比复述策略更有效 (Justice et al., 1997)。

元记忆会影响人们在记忆任务中的成绩吗? 这方面的研究结果并不一致。有些研究中报告记忆和元记忆的相关程度低于中度相关, 这说明好的记忆能力并不需要好的元记忆能力 (Cavanaugh & Perlmutter, 1982); 在另外一些研究中, 研究者训练儿童使用记忆策略, 当训练包含了元记忆成分的时候 (即告诉儿童使用这些策略有助于提高记忆的成绩), 训练就会达到较好的结果 (Ghatala et al., 1986)。

因此，儿童对记忆策略如何以及为什么会起作用等元认知问题的理解，似乎是他们能够使用这一策略的最好预测源。有研究者发现，10岁或者更大一些儿童的元记忆和记忆效果之间存在着高度的相关（DeMarie & Ferron，2003；Schneider & Pressley，1997），该研究的结果还表明，年龄较大的儿童会花费更多时间去寻找不同的记忆策略之所以会促进记忆效果的原因。

知识库和记忆发展

正如我们在前面所提到的，有些儿童在特定领域中（如国际象棋）是专家，当测试他们所专长的领域中的信息时，他们有较大的记忆广度（Chi，1978）。让我们来思考一下这一研究结果所隐藏的含义。因为年长儿童一般比年幼儿童掌握了更多的知识，相对来说，他们在大多数领域中都是专家，因此在回忆测试中的年龄差异既可能是由于策略的使用造成的，也可能是由于儿童知识库的填充造成的（Bjorklund，1987；Schneider & Bjorklund，2003）。

然而并不是说策略的使用对于知识丰富的个体不重要。在儿童所专长的领域中，无论是数学、国际象棋、恐龙还是足球，他们似乎都发展了高度专门化的加工该领域信息的策略，这使他们能更容易地学习和记忆该领域中的新信息（Bjorklund，1987；Hasselhorn，1995；Schwenck，Bojorklund，& Schneider，2007）。试想，阅读非常熟悉的领域的文章和阅读不熟悉的领域的文章，会有什么区别呢？对于前者，你可以将新知识与先前的知识联系起来，很快地对信息进行加工，也就是说，你已经有了组织和精细加工新输入的信息的策略；然而对于后者，你在学习和保存信息时都会感到十分困难，因为你没有适当的相关信息。

那么，个人的知识库对记忆有多重要呢？在德国进行了这样一项研究，研究者要求五至七年级的"足球专家"和"足球新手"回忆一个与足球相关的故事。结果发现，儿童的回忆能力更多地受到足球相关知识而不是一般智力能力的影响！如图7.7所示，即使是一般能力较低的专家和一般能力较高的新手相比，专家的回忆成绩也比新手要好（Schneider et al.，1989）。在所有记忆任务中，尽管低能力专家的成绩并不是总好于高能力的新手，但在所专长的领域中，他们会比与他们有同样智力水平的新手回忆更多的新信息（Schneider，Bjorklund，& Maier-Bruckner，1996）。

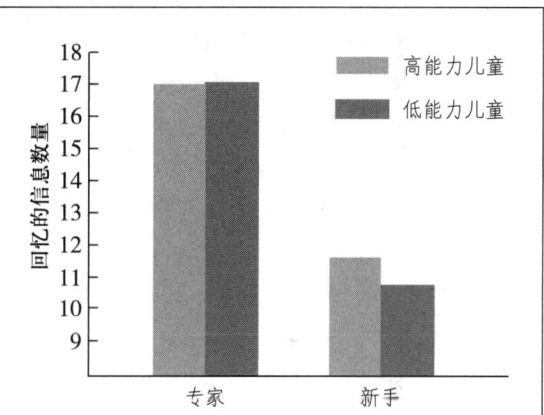

图7.7 高能力、低能力的足球专家和足球新手在记忆与足球相关的故事中的成绩。在这项研究中，专家的身份抹平了学业能力（IQ）对记忆成绩的影响。

来源：Adapted from data presented in Schneider, Körkel, & Weinert, 1989.

总之，知识就是力量，一个人在某一领域中知道得越多，他在该领域中的学习和记忆的能力就会越好。丰富的知识可以促进记忆成绩的提高，因为大脑中信息储存得越完备，就越容易被激活或进入意识之中（Bjorklund，1987；Kee，1994）。由于在大多数领域中，年长儿童都比年幼儿童

> **元记忆（metamemory）**：个体关于记忆和记忆过程的知识。

掌握更多的知识，因此他们在遇到新信息的时候，可以花费较少的意志努力来激活其知识系统，而把精力放到编码、归类和执行其他认知操作的活动上。

文化与记忆策略

众所周知，不同的文化认同不同的记忆策略（Kurtz，1990；Mistry，1997）。例如，复述、组织和精细加工策略对于来自现代工业化国家的儿童更适用，因为他们接受的学校教育中包含了大量的机械记忆和序列学习；然而，同样的策略对于来自非工业化国家的儿童却不适用，因为他们没有接受正规的学校教育，他们最主要的记忆任务可能是回忆在自然情景中的物体（水、猎物）的位置，或记忆寓言和故事中所表达的教育意义。在序列学习的实验中，工业化国家儿童确实更依赖于在学校中习得的策略，成绩也明显高于来自非工业化国家的没有接受学校教育的儿童（Cole & Scribner，1977；Rogoff & Waddell，1982）。但在其他的记忆任务中，情况却不尽然。例如，在记忆自然情景中物体的位置时，没有接受过学校教育的土著澳大利亚儿童的成绩要好于英裔澳大利亚儿童（Kearins，1981）；在回忆口头转述的故事时，非洲儿童的成绩要好于美国儿童（Dube，1982）。事实上，在后面所提到的记忆任务中，工业化国家的儿童如果越多地使用复述和组织策略，他们记忆的信息就会越少（Rogoff，1990）。

不同的文化有不同的记忆策略，儿童学到的策略将满足他们特殊的记忆需求。

维果斯基的社会文化历史理论对这些研究结果做了很好的解释。认知的发展总是在特定的文化背景中发生的，它不仅限定了儿童必须解决的问题，而且还传授了使儿童成功应对这些挑战的策略或智力适应的工具。

小结

我们怎么简要总结学过的内容呢？一个方法就是复习表7.2。表7.2描述了有关策略记忆的四个主要结论，每个结论都获得了广泛的支持。

还有一点需要指出的是，这四个方面的发展不是彼此独立的，而是相互作用的。如果某些特定记忆过程的自动化使得儿童有足够的工作记忆容量去使用有效的记忆策略，这对于年龄较小的儿童来说却是一个十分困难的任务（Case，1992；Kee，1994）；儿童扩充知识库可以加快信息加工

表 7.2 促进学习和记忆发展的四个主要因素

影响因素	发展趋势
1. 工作记忆容量	年长儿童比年幼儿童有更大的信息加工容量，他们加工信息的速度更快、更有效，因此可以留出有限的工作记忆容量去储存信息和执行其他认知过程。
2. 记忆策略	年长儿童在对信息进行编码、储存和提取的过程中会使用更有效的记忆策略。
3. 元记忆	年长儿童掌握的有关记忆过程的知识更多，较好的元记忆能力使他们能够在记忆任务中选择最合适的策略，并且能够监控记忆活动的进展。
4. 知识库	年长儿童一般来说掌握的知识较多，较大的知识库可以提升他们的学习和记忆能力。

的速度，也可以鼓励儿童找到对信息归类和精细加工的方法（Bjorklund，1987）。因此，到目前为止，关于记忆技能的发展并没有一个最好的解释，我们所讨论的所有发展形式对于儿童策略记忆中所发生的巨大进步来说，都有十分重要的影响（DeMarie & Ferron，2003；DeMarie，Miller，Ferron，& Cunningham，2004）。

概念核查7.3　理解记忆的发展

回答下列问题，检查你对记忆发展的理解。答案见附录。

选择题：为下列各题选择最佳答案。

____1. 事件记忆研究已经发现父母对儿童的记忆发展有所影响。以下哪项不是父母对儿童回忆事件能力的发展的影响？
   a. 父母教孩子特殊的记忆策略，例如，组织和复述。
   b. 父母问孩子很多问题，指导儿童形成叙事。
   c. 父母帮助儿童把握交谈的方向，建构叙事。
   d. 父母提供线索帮助儿童回忆。

____2. 在自由回忆任务中从同一类别中回忆项目的方法是
   a. 复述　　　　　　b. 精细加工
   c. 聚类（组织）　　d. 选择性联合

____3. 莫妮卡告诉她的朋友说，4岁前所有的事她都记不得了。莫妮卡无法记起她幼年的事说明了
   a. 脚本式的叙事　　b. 婴儿期记忆缺失
   c. 元记忆较差　　　d. 无效的记忆术

匹配题：给下列概念选择最合适的定义。
   a. 自传式记忆　　b. 元记忆
   c. 脚本　　　　　d. 组织
   e. 提取　　　　　f. 记忆术

____4. 将刺激进行有意义的组合和分类，便于更好地回忆的记忆策略。

____5. 对某些熟悉情境下的事件发生的典型顺序的一种大致表征。

____6. 用于促进记忆的努力，包括了复述、组织和精细加工。

____7. 对发生在我们身上的重要经历或事件的记忆。

____8. 个体对记忆和记忆过程的知识。

____9. 为了从长时记忆中获取信息的一系列策略。

论述题：详细论述下列问题。

10. 讨论婴儿的记忆发展。如何考察前言语阶段儿童的记忆？他们的记忆能持续多长时间？

其他认知技能的发展

类比推理

推理是一种需要做出推论的特殊问题解决方式，即要推理就必须超越事先给定的信息。在推理时，仅仅找出与游戏联系的规则是不够的，个体必须先掌握已有的信息，然后在这些信息的基础上推出新的结论。推论的结果通常都是一种新知识（DeLoache et al.，1998）。

人们最熟悉的一种推理形式也许就是**类比推理**。类比推理中包含了使用已知事物来理解未知事物的过程。典型的类比推理问题的表述方式是"A和B正如C和____"。例如，狗（A）和小狗（B）

> **推理**（reasoning）：问题解决的一种特殊形式，包含了做推论的过程。
>
> **类比推理**（analogical reasoning）：一种通过已知事实来推论未知事实的推理形式。

正如猫（C）和____？这个问题的答案当然是小猫。知道了问题中前面两个成分的关系（小狗是年幼的狗），人们就可以根据这一知识完成这个类比。在这个问题中，类比的完成是以相似关系为基础的。要解决这个类比，人们必须知道狗和小狗、猫和小猫之间的相似性。

类比推理是一种非常重要的能力，它可以帮助个体在理解基本关系之后迅速获得新的知识，并能在新的环境中加以运用。你可能会举出一些自己在学校时使用类比来帮助学习和解决问题的例子。我就记得在化学课中，我把分子的内部结构与太阳系内的物体（太阳、行星、彗星）进行比较，从而更好地理解了分子的内部结构。那么，年幼儿童能进行类比推理吗？如果能，他们会使用这种技能推出新的规则来解决新问题吗？

在智力测验中，我们也经常测定类比推理能力，而且智力超常儿童在类比推理中的表现要远远好于一般儿童（Muir-Broaddus，1995）。有研究者认为，类比推理是一种复杂的技能，直到青少年期才会发展得比较好（Inhelder & Piaget，1958）；另一些研究者则认为，类比思维是其他推理方式和问题解决技能的发展基础，可能是与生俱来的（Goswami，1996，2003）。

关于类比推理何时出现的问题，为什么会存在这样的分歧呢？这种分歧可能是由于儿童所解决的问题的性质差异造成的。在那些直到童年晚期和青少年期才成功解决问题的研究中，问题中通常包含了儿童所不熟悉的物体和概念。儿童关于类比推理问题中的物体及其之间关系的知识，是决定儿童能否成功解决问题的关键，这一因素可能比其他任何因素都重要。另外一些影响儿童类比推理能力的因素还包含对前述事实的记忆能力、元认知知识和执行功能（DeLoache et al.，1998；Goswami，2003；Richland, Morrison, & Holykoke，2006；Thibaut, French, & Vezneva，2010）。在下面的章节里，我们将回顾儿童类比推理问题解决能力的发展趋势，并且将考察促使这种认知能力发展的一些因素。

年幼儿童的类比推理能力

与皮亚杰关于类比推理的观点不同，Usha Goswami（1996）提出了**关系基本假设**，认为早在婴儿期，类比推理能力就已经出现了。在一个评定婴儿推理能力的实验中，Zhe Chen、Rebecca Sanchez 和 Tammy Campbell（1997）对 1 岁的婴儿进行了测试。实验中的任务是这样的：把一个可爱的玩具放在婴儿拿不到的地方，并且在婴儿和玩具之间设置了障碍；另有两根细绳，一根系在玩具上，另一根则没有；这两根细绳也是婴儿够不到的，但是它们被放在一块布上，婴儿可以把布拖向自己，然后拉动系在玩具上的细绳就可以拿到玩具；玩具、障碍和布的颜色不同，组成了三个类似的任务（见图 7.8）。如果婴儿不能在 100 秒之内解决问题，他们的父母就为他们做正确的示范。该研究首先想要解决的问题是：无论

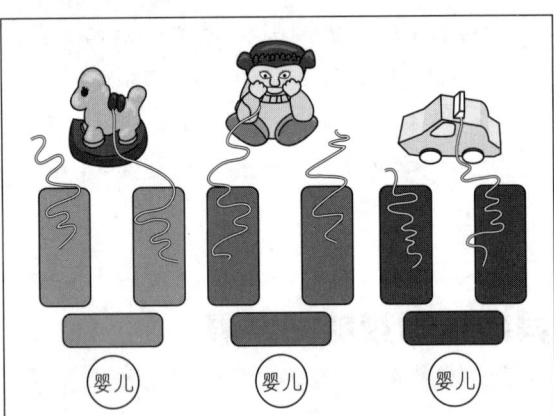

图7.8 测验1岁婴儿的类比推理的3种问题示意图。来源：Z. Chen, R. P. Sanchez, & T. Campbell（1997），"Beyond to Within Their Grasp: The Rudiment of Analogical Problem Solving in 10- and 13-Month-Olds." Developmental Psychology, 33, 790-801. Copyright © 1997 by the American Psychological Association. Reprinted with permission.

有没有得到帮助，婴儿解决了最初的问题之后，如果遇到类似的问题，他们能够更熟练地解决吗？也就是说，婴儿会进行类比推理吗？

研究发现，只有极少数婴儿能够自己独立解决第一个问题（大多数需要父母的示范）。但在三个问题中，能够成功解决问题的婴儿的比例是逐渐上升的：第一个问题是29%，第二个问题是43%，第三个问题则达到67%。

因此，1岁的婴儿可能已经能够使用类比推理解决简单问题了。但是，知觉类比与研究中所使用的典型类比问题有所不同：在典型类比问题中，物体之间的类似往往是关系的类似而不是知觉的类似。我们看一看Usha Goswami和Ann Brown（1990）的研究，研究者分别向4岁、5岁和9岁的儿童呈现典型类比（即A和B正如C和___）问题图片，并给儿童提供四个选项，让他们选出最适合的选项。图7.9是该研究中所采用问题的一个例子，在这个问题中，儿童首先必须发现鸟和鸟巢的关系（鸟住在鸟巢中），然后才能做类比推理。出乎意料的是，所有儿童的成绩都远比预期的好（4岁、5岁和9岁的儿童正确解决问题的比例分别是59%、66%和94%，猜中概率为25%）。需要注意的是，在这里，儿童不是依据知觉类似性解决问题的，因为鸟和狗、鸟巢和狗窝看上去没有任何相似性，所以他们只有依据关系类似性才能解决问题，即利用A物体和B物体（鸟和鸟巢）之间的关系，来为C物体（狗）找到匹配对象。很明显，相对于Chen及其同事（1997）给1岁婴儿呈现的类比推理问题来说，这个研究中的类比推理形式更高级。

知识在儿童类比推理中的作用

儿童在解决类比推理问题时是否使用关系类

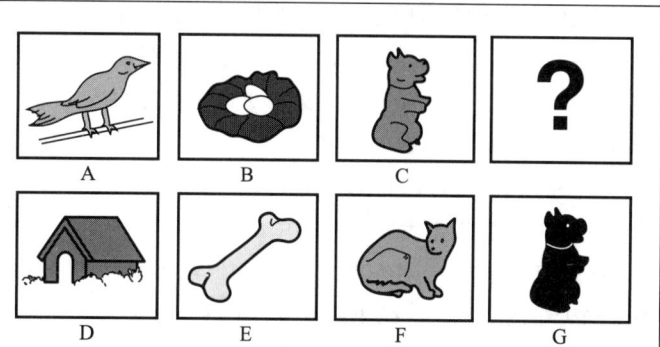

图7.9 Goswami和Brown在研究中所使用问题的例子，儿童必须从下面一排图片（从图片D到图片G）中选出一张来完成上面一排的视觉类比问题（正确答案是图片D）。
来源：U. Goswami & A. L. Brown (1990), "Higher-Order Structure and Relational Reasoning: Contrasting Analogical and Thematic Relations." *Cognition*, 36, 207-226. Reprinted by permission of Elsevier Science Ltd.

似性，影响因素之一就是儿童对潜在推理关系的知识了解或熟悉的程度。有一点需要指出，类比推理的功能就是根据已知的事情来帮助我们理解未知的事情。由此看来，只有当儿童熟悉基本关系时，类比推理才有意义。例如，如果你把个体的神经系统与电路相类比，对它可能会有更深刻的理解。而如果你对电路一无所知，那么不管你的类比推理能力有多好，做上述类比对你理解神经系统便不会有任何帮助。

在Goswami（1995）的研究中，我们可以看到知识（或熟悉程度）的重要性。在研究中，研究者采用了儿童熟悉的童话《金发姑娘和三只熊》（熊爸爸的东西都是大号的，熊妈妈的东西都是中号的，而熊宝宝的东西都是小号的），以帮助儿童做递进推导。在第7章中，我们介绍了递进关系，即包含了至少三个物体之间的相互关系。如果A物体比B物体长，B物体比C物体长，那么A物体就一定比C物体长（即A>B>C）。那

> ➤ **关系基本假设**（relational primacy hypothesis）：一种认为婴儿期就已经出现了类比推理的假说。

么，现在问题就是，年幼儿童能不能把一个维度上（如熊爸爸、熊妈妈和熊宝宝）的递进关系当作一个类比而推导出另一个维度上（如尺寸的大小、声音的高低）的递进关系呢？

在 Goswami（1995）的实验中，3 岁和 4 岁的儿童被要求使用金发姑娘故事中的关系（熊爸爸＞熊妈妈＞熊宝宝）对有数量差异的物体（大量、中量和少量的比萨饼、糖果或柠檬汁）进行分类，或依据脚步声的大小、音调的高低、麦片粥的温度、麦片粥的咸度、床的尺寸和镜子的高度对特定现象的三种不同水平进行排序。4 岁儿童在所有任务中的成绩都比较好，尽管 3 岁儿童在大多数任务中的成绩超过了随机的水平，但他们的成绩还是比 4 岁儿童差。

Goswami 的研究结论有着特殊的意义。皮亚杰认为，儿童只有在 6～7 岁进入认知发展的具体运算阶段时才能做递进推理。但是 Goswami 的研究表明，只要儿童熟悉递进推理中依据的类比关系（在此研究中是指三只熊的故事），那么 3 岁和 4 岁的儿童都能够进行递进推理。

元认知在儿童类比推理中的作用

儿童对类比推理任务中的物体之间关系的了解程度，在问题解决过程中的重要性有多大呢？儿童无法说出他是如何进行类比的，但是却能进行类比思维吗？这种知识是内隐的、无意识的吗？毫无疑问，在 Chen 及其同事的研究中（1997），婴儿被试使用的知识是内隐的，而且这些前言语期的儿童很可能并不具有对问题的元认知理解和问题的解决策略。那么在童年期，元认知知识对类比推理的重要程度如何呢？

显然，元认知知识是十分重要的。如果对学前儿童进行类比关系指导，那么对他们进行类比推理训练就会很顺利（Brown & Kane，1988）。让我们来看看 Ann Brown 及其同事（Brown & Kane，1988；Brown，Kane，& Long，1989）的研究程序，该程序是用于测定学前儿童使用类比而进行的**学会学习**。

在 Brown 和 Kane 的研究中，学前儿童要解决的问题是：不离开所坐的椅子，把一个碗中的糖豆移到另一个够不着的碗中。研究者还向他们提供了一些其他可以帮助解决问题的物品，包括一把剪刀、一根铝箔拐杖、录音带、细绳和一张白纸。在解决问题之前，先给儿童讲一个故事，故事的主要内容是说一个精灵遇到了类似的问题，他要将手边瓶子中的宝石移到一个够不着的瓶子里。如果在实验情景中儿童不能"解决"问题，研究者就告诉他们精灵可以把地毯卷成管状，这样就可以挪动宝石了。接着，研究者向他们提供第二个（复活节兔子需要使用卷成的篮子来搬运鸡蛋）和第三个（一个农民使用卷起来的垫子来搬运樱桃）相似问题。学习了一系列的问题，并且知道了他先前没有解决的第一个问题的解决方法的儿童，表现出了明显的学会学习效应。学会了"卷"这一解决问题的方法，有46%的儿童可以使用类比推理来解决第二个问题，98%的儿童可以使用类比推理来解决第三个问题。与此相反，对照组儿童（他们同样学了三个关于"卷"的问题，但没有得到提示）的成绩要差很多，只有20%的儿童可以解决第一个问题，30%的儿童能够解决第二个问题。这可能表明了元认知能力可以促进类比问题的解决。在上面的实验中，在解决了前两个关于"卷"的问题之后，开始做第三个问题之前，一个4岁的儿童说："你要做的不就是把这个东西卷起来吗？我知道了。"Brown 和 Kane（1988）认为，这样的儿童已经发展了寻找类比关系的思维定势，期望能提取一些通用的规则来解决问题，并且能在新情境下使用。

总之，类比推理能力在婴儿期是以内隐的形式表现出来的，但它会在童年期逐渐发展，并逐步外显。这是一个重要的研究成果，有重大的教育意义。它告诉我们，学前儿童也能使用类比来获得新信息，只要他们能：(1) 理解可以用作推论的基本关系；(2) 知道使用类比来推理的重要价值，那么，他们就能更好地解决问题。

算术技能

在现今的信息社会中，我们还需要重视儿童另一种形式的推理，即数量或算术推理。人类是什么时候开始能够对数量信息进行加工的呢？

尽管这种能力很不寻常，但它也可能是与生俱来的（Geary，1995）。很小的婴儿就能辨别出4种以下的不同物体，而5个月大的婴儿就能知道当一个特定的数字线索（如2个物体而不是1个或3个物体）出现在左边的时候，就意味着将很快会有一个很有趣的刺激出现在右边（Canfield & Smith，1996）。在第7章，我们也看到了5个月大的婴儿是如何初步理解简单的加减法的（Wynn，1992）。到16～18个月大时，儿童就已经能够知道顺序关系了，如能认识到3个物体多于2个物体（Strauss & Curtis，1981）。这些对数字最初的理解，再加上对数量概念（如大量、许多、少量、很少）的获得和使用，说明婴幼儿已经为学习数数和用数量进行思考做好了准备。

数数和算术策略

通常，儿童在会说话之后不久就能够数数了。然而，早期的数数策略是不精确的，他们大多数是在指着物体的同时数数，而且能说出的数字也不多，如1、3、4、6（Fuson，1988）。到了3～4岁的时候，大多数的儿童已经能够精确地数数了，他们可以在数字和所指向的物体之间建立一一对应的关系（Gallistel & Gelman，1992）。而到了4.5～5岁时，大多数儿童便知道了**基数**原则——指一组按顺序排列的数字（如1、2、3、4、5）中，最后一个数字代表了该组中所含项目的总数（Bermejo，1996）。儿童数数能力的发展尤其重要，因为它为简单的数学策略的出现奠定了基础。

扳手指数数是儿童早期在解决算术问题中所使用的策略，但随着他们数学知识的增加，使用该策略的频率会逐渐减少。

儿童最早的算术策略是在数数的基础上发展起来的，最初是大声地说出来，并且通常需要扳手指。我们在前面所讨论的数数策略可能是数字相加的最简单的方式。如给儿童这样的问题："2+3=？"，儿童首先会数出前面一个数字（1、2），然后再接着从第一个数字的基数值开始数出第二个数字（……3、4、5）。尽管数数策略十分精确，但是执行起来要耗费大量的时间，对于那些包含了较大数字的问题（如22+8），数数策略的效率很低。

更高级的加法策略是在数数时采用简便的方式，如6岁儿童会使用最小策略。当问他们8+3等于多少时，他们会从较大数字的基数值开始把数字相加（如8……9、10、11）。尽管学前

> **学会学习**（learning to learn）：指从先前问题的解决方式中获得新规则或策略，从而提高以后在相似测试中的成绩的现象。

> **基数**（cardinality）：指在一组按顺序排列的数字中，最后一个数字代表了该组中所含项目的总数。

儿童除了使用数数策略和最小策略以外，还会使用其他的规则来加减数字，但是这些方式几乎都需要具体事物的支持（Carpenter & Moser, 1982）。

心算能力的发展

从某种意义上来说，学龄早期儿童对简单数学问题的解决方式逐渐变得隐蔽起来：他们不再需要扳手指数物体了，因为他们可以在头脑中进行算术运算。早期的心算策略可能还只有隐蔽的数数策略和最小策略。但是，随着加减数字经验的增多，再加上学校中所教授的关于数字的知识，他们很快就能获得其他更有效的数学策略。如，凑10法的数字知识是分解策略的基础，根据这一策略，儿童可以把一个复杂的问题转换成两个较简单的问题。举例来说，当遇到"13+3=？"这样的问题，儿童可能会想"13就是10+3；3+3=6；10+6=16；所以答案就是16"。在刚开始使用分解策略的时候，儿童的运算速度可能比使用最小策略慢，尤其是在做一些不包括大数字的简单问题时。但是，随着儿童能够越来越熟练地把数字分解成以10为基本单位，他们使用分解策略解决问题的速度就会加快，尤其是遇到较大数字问题的时候（如26+17）——此时用数数策略会十分费力（Siegler, 1996）。最后，儿童只要通过事实提取就能解决许多简单的数学问题：他们记住了答案（即8+6 = 14），并且能从长时记忆中把它提取出来。

一旦儿童会在头脑中进行算术运算，那么想要准确地知道他们的运算方式就变得十分困难了，但是我们可以通过儿童得出正确答案所用的时间来推断他们使用了什么样的算术策略。如果儿童在加法问题中使用了最小策略，那么两个数字中较小数的数值越大，他们的反应时间就会越长；而如果儿童使用事实提取，那么无论数值多大，他们都能很快地回答问题。

儿童使用算术策略的熟练程度随着年龄的增加而增长，但并不遵循阶段性发展模式。前面讨论适应性策略选择模型（Siegler, 1996a, 1996b, 2006）时，我们知道儿童有多种策略可以使用，并且策略之间是相互竞争的关系。因而，尽管学前儿童几乎很少使用事实提取，但他们偶尔也是会使用的，尤其是在只包含两个数字的简单问题中（如2+2=？）（Bjorklund & Rosenblum, 2001）；同样，年龄较大的儿童和成人通常都是使用更高级的策略（如事实提取）来解决大多数问题的，但偶尔也会使用数数策略或最小策略（Bisanz & LeFevre, 1990）。

文化对数学成绩的影响

维果斯基的社会文化理论的主要观点之一就是认知发展是在特定文化背景下发生的，这种文化背景会影响个体的思维方式和问题解决方式。这一重要理论观点对那些有规则限制的领域（如算术）也有效吗？

未接受学校教育的儿童的算术能力

尽管在大多数文化背景中，学前儿童可以学会数数以及一些极其简单的数学策略，但是高级的数学能力的发展基础——运算法则——却是在学校中获得的。这是否意味着儿童如果接受较少或没有接受学校教育的话，他的数学能力就一定很差呢？

如果用纸笔测验来测试数学能力，那么答案就为"是"。但是这种测验大大低估了未接受学校教育的儿童的能力。

T. N. Carraher 及其同事（1985）考察了巴西未接受学校教育而在街头卖货的9岁和15岁儿童的数学能力。研究者发现，在回答与真实的生活环境相联系的问题时（如一个大椰子要76克鲁塞罗，而一个小椰子要50克鲁塞罗，那么两个总共多少钱），有98%的儿童回答正确；然而，如果用标准的、非情境化的方式呈现同样的问题

（即 76+50=？），就仅有 37% 的儿童能回答正确。街头小贩可以迅速准确地在头脑中进行加减货币数量的运算，因为进行街头买卖时，他们必须要做到这一点，否则他们的错误就会带来经济损失。而以非情境化的纸笔形式呈现同样问题，因为没有实际应用的价值，所以未接受学校教育的被试明显就缺乏解决问题的动机。其他一些未接受学校教育的被试，如泥瓦匠和彩票销售员，也在自己的工作中发展出了灵活的算术能力，并且可以熟练地使用算术技能（Schliemann，1992）。

影响学龄儿童数学能力的文化因素

在民间和学术界都发现到了这样的现象：来自中国、日本等东亚国家和地区的少年在某些学科（尤其是数学）中的成绩要好于美国儿童。这一现象从一年级就已经出现了，随着年龄的增长，这种文化差异的程度也在增大（Baker，1992；Stevenson & Lee，1990）。

在寻找这一现象的原因时，研究者首先认为东亚学生和美国学生天生的聪明程度应该是没有显著差异的。因为在标准化的智力测验中，美国、中国、日本的小学一年级学生的成绩是一样的（Stevenson et al.，1985）。不同的是，在东亚，小学一年级的学生已经开始使用基本的数学策略了，包括相对比较高级的分解策略和事实提取策略（Geary, Fan, & Bow-Thomas，1992）。另一些研究者也指出，东亚儿童在使用数学策略上的优势在整个学前阶段就已经十分明显了（Geary et al.，1993）。

也许有批评者质疑：那又怎么样？我们已经讨论了美国儿童掌握最基本的数学技能是在小学晚期。而 David Geary 及其同事发现，儿童早期数学策略的熟练掌握程度和事实提取的速度可以预测他们将来在复杂数学问题中的成绩（Geary & Burlingham-Dubre，1989；Geary & Widaman，1992）。因此，如果早期基本技能的掌握可以促进更复杂数学能力的发展，那么东亚儿童在学校教育的任何阶段都表现出数学优势就没什么奇怪的了。

但是，为什么年幼的东亚儿童在基本数学技能的学习中就表现出了优势呢？我们需要考虑一种可能的因素：东亚儿童在学习数学概念时得到了语言和教育的支持，而美国儿童却没有。

语言支持。 汉语（还有日语和韩语）和英语中的数字在表述方式上的区别，可能对儿童早期的数学学习有一定的影响。在第 7 章我们提到，汉语中数字"11、12、13"表述为"十一、十二、十三"，这将帮助中国儿童较快地学会数这些数字，而美国儿童所使用的数字单词则更特殊一些，英语中的"11、12、13"表述为"eleven、twelve、thirteen"（Miller et al.，1995）。汉语中的数字命名系统有助于儿童理解"13"中的"1"代表的值是"10"而不是"1"。相比来说，英语表示 10 到 20 的单词是不规则的，表达的也不是十位和个位组合的意思。在一项对韩国二、三年级儿童的研究中，研究者发现，他们对多位数中的数字所代表的意义有非常好的理解能力，他们知道在数字"186"中，"1"代表"100"，"8"代表"80"。因而，即使没有接受任何三位数加减法的教育，他们仍能够很好地解决三位数加减问题，如"142+318=？"（Fuson & Kwon，1992）。

另一项研究表明，语言在更复杂的数学问题（尤其是分数）中起着重要作用。三浦及其同事（Irene Miura，1999）研究了 6 岁和 7 岁的克罗地亚、韩国、美国儿童对分数的理解，结果发现，相对于西方儿童来说，东亚儿童能更好地理解分数的意义。然后，他们进一步考察了韩语、英语和克罗地亚语对分数的表示方式。在西方语言中，1/3 的表述方式是"one third"；而在韩语中，1/3 读作"sam bun ui il"，即"三个当中的一个"。三浦和她的同事认为，韩语对分数的直观表述方式有助于儿童对"分成部分的整体"的概念的理解，这也使韩国儿童更可能很早就对分数有较好的理解能力。

语言支持、教学支持和大量的练习有助于解释为什么东亚学生在数学方面表现出了较高的能力。

儿童生活在不同的文化背景中，使用的语言也不同，他们的数学能力也各不相同。这一研究结果与维果斯基的观点是一致的，维果斯基认为，文化中的智力适应工具对思维有重要影响。文化不仅以明显的方式（如提供正式或非正式的教育），也以不明显的方式（语言中对重要概念的描述和组织方式）对思维产生影响。

教学支持。一些东亚国家的教学实践使得儿童能迅速地学会多位数加减问题中所包含的数学事实和运算规则。东亚学生比美国学生对这种运算规则进行了更多的练习（Stevenson & Lee, 1990），这有助于儿童锻炼从记忆中提取数学事实的能力（Geary et al., 1992），所以，学生所接受的教学方式可能才是数学能力差异的关键性因素。例如，亚洲教师教学生多位数加法时把在某一位数中得到的和代到另一位，他们会说向这一位"进位"而不是"移动"。"进位"这一术语可以帮助儿童理解在多位数加法的学习中，每个数字的左边的数都是增加十个该数字的基数值（如在"350"中，"5"是代表"50"而不是"5"，而"3"是代表"300"而不是"3"）。而且亚洲的教科书可以用不同的颜色编码来表示多位数中的百位、十位和个位，这也有助于儿童避免混乱（Fuson，1992）。

东亚儿童在数学成绩上的优势到底在多大程度上依赖于这种语言和教学支持呢？我们认为，这些支持是十分重要的，却不是唯一的因素。尽管亚洲学生在数学学习中始终拥有语言优势，但在19世纪30年代接受小学教育的美国人，相比今天的美国学生能更快地掌握基本的数学能力，并表现出可与东亚学生相匹敌的数学熟练程度（Geary et al., 1996）。因此，东亚学生和美国学生之间的数学能力差异似乎是一种新近才出现的现象，毫无疑问，它不仅反映了两者在教育哲学和教育支持上的广泛差异，而且也反映了两者在数学学习中的语言和教育支持上的差异。事实上，我们将在第15章中看到这一推测的正确性，那时，我们将讨论学校教育在儿童、青少年的社会、情感、智力生活中的作用。

概念核查7.4 **理解儿童算术能力的发展**

回答下列问题，检查你对儿童算术能力发展的理解。答案见附录。

选择题：为下列各题选择最佳答案。

____1. 根据最小策略，儿童解决加法问题时的反应会随____变化。

a. 对数学知识的提取　　b. 激活扩散
c. 第二个较小的数值　　d. 知识库

2. Siegler 及其同事进行系列实验研究了儿童算术策略的发展。他们认为
   a. 儿童从数数策略到最小策略再到事实提取策略的发展是一种规律的阶段化过程。
   b. 儿童的算术策略使用的阶段性发展过程和生理成熟有关。
   c. 儿童策略使用的发展并不遵循阶段性过程，相反，不同年龄的儿童都会采用多种算术策略。
   d. 算术策略的发展基本上是更有效和成熟的策略取代较简单策略的过程。

论述题：详细论述下列问题。
3. 论述有数学障碍的儿童在信息加工上存在的困难类型。
4. 儿童数学能力存在跨文化差异。请论述在儿童接受学校教育的社会和儿童不接受学校教育的社会的差异，同时也讨论儿童接受学校教育的社会的内部差异。儿童的语言会如何影响他们的数学表现？

对信息加工观点的评价

今天，信息加工观点无可争议地已经成为儿童智力发展研究的主导观点。简单来说，信息加工研究者对认知过程（如注意、记忆、元认知）如何随年龄的变化而变化，以及它如何影响儿童思维等问题提供了合理的详细描述，而这正是皮亚杰所忽视的问题。除此以外，信息加工论者对具体学科的学习技能的细致研究引发了一些重要的教育变革，从而促进了学生学习成绩的提高。

当然，除了上述优点，信息加工观点也存在一些不足，因而它也不能对认知发展做出完美的解释。研究进化和神经学因素对智力发展的影响的认知神经科学便对其提出了强烈的质疑。抑制与神经系统相关性的研究就是朝着这一方向迈出的一小步（Bauer，2004）。其他研究者也越来越重视婴儿和儿童的大脑与认知发展的关系，并且越来越重视发展一种能综合各种不同组织水平的新理论（Byrnes & Fox，1998；Johnson，2000）。

另有批评者指出，信息加工论者忽视了维果斯基及其他学者（如 Rogoff，1998）强调的社会文化因素在认知发展中的重要作用。信息加工论者关注具体认知过程的发展，把发展看作不同领域的技能的逐步掌握过程；而那些支持皮亚杰认知发展阶段模型的连续性观点的学者则把信息加工学者的观点看作"片段性的"。这些批评者认为，信息加工研究者在认知各个部分中的研究是成功的，却没能把各个部分的研究结果整合起来，形成一个关于智力发展的更为广泛、全面的理论。尽管这些批评有其道理，但是信息加工理论学者也许会这样反击：正是皮亚杰对认知发展的粗略解释中所存在的众多问题，才促使他们对此领域做进一步的研究。

信息加工理论的一些核心假设也受到了抨击，如批评者认为，经典的思维-计算机类比大大低估了人类认知活动的丰富性。毕竟，人类能够做梦、推测、创造以及对自己和他人的认知活动和思维状态进行反思，而计算机则不能（Kuhn，1992）。另外，"所有的认知活动都在单一、容量有限的工作记忆中发生"这一经典假设也受到质疑。例如，Charles Brainerd 和 Johannas Kingma（1985）提出，工作记忆应该被看作一系列储存器，每个储存器都有独立的资源，能够进行具体的智力操作（信息编码、信息提取和策略执行）。当然，我们还讨论了传统信息加工模型的另一种观点——模糊痕迹理论，该理论认为，我们要对信息进行多水平加工，而不仅仅是把经历的事件看作一个完全的"心理副本"。

发展主题在信息加工观点中的应用

下面简短思考一下信息加工观点与四个发展主题——儿童的主动性、天性与教养的相互作用、量变和质变、发展的整体性——的关系。

相对于皮亚杰的理论,在信息加工观点中,儿童具有主动性的这个观念并不明显。信息加工论的研究者往往集中在儿童在进行信息加工、储存和提取的系统限制上。儿童仿佛在其短时记忆容量和信息加工速度上很难有积极的表现。另一方面,信息加工论的学者也关注儿童的策略使用——为提高任务表现而采用的有意识的、目标定向的认知操作。儿童如何学会有意识地控制自己的学习和思维是认知发展的中心问题,策略和元认知的信息加工研究明显反映了儿童在学习中的积极作用,而非一个消极的信息加工系统。总而言之,我们可以看到信息加工观点同主动性儿童模型仍有契合之处。

天性与教养的交互作用是发展中的第二个主题。儿童的认知在多大程度上是独立于特殊经验的生理成熟过程的结果,或在多大程度上是外界塑造的结果呢?例如,所谓信息加工系统的软件和硬件,在很大程度上体现了生理决定论:儿童生来就具备这一系统,而这一系统的特性会随着年龄增长而拓展(短时记忆容量不断增加,加工速度不断加快)。根据这一观点,经验所起的作用较小(当然,就算持该观点的学者也承认经验对于这一遗传系统的正常发展是必不可少的)。但是信息加工系统对这方面的解释并不完备。信息加工论的研究者同样也强调思维和认知发展中经验的关键作用。例如,许多学者强调知识基础在认知发展中起主要作用。对于任何内容,儿童了解得越多,他们的加工速度就越快,记忆的容量也越大,也更容易学习相关的新信息。总之,虽然信息加工论的研究者在其论述中并没有明确提出天性和教养的关系,但作为当代学者,他们意识到(至少是隐约地认识到),遗传和环境存在复杂的关系,会在发展过程中对儿童的思维产生影响。

在前一章中我们指出,皮亚杰作为经典的阶段论者,认为儿童的思维会随时间产生质变。信息加工论者则普遍持相反观点:认知发展的大多数领域会随时间产生连续性的量的变化。随着年龄增长,儿童的信息加工速度加快,短时记忆容量扩大,对其思考的内容也有更多的了解,这些方面都发生着量变。根据信息加工的观点,儿童思维中的任何突然变化都是基于运算上的连续性的量变,例如,工作记忆和加工速度的变化。但并不是说按信息加工的观点,认知不存在某些质变,不过这种例子较少,所以大部分持信息加工论的学者自然认为,儿童思维中许多重大的变化属于量变,而非质变。

最后,信息加工论的学者会如何看待发展的整体性呢?与皮亚杰和维果斯基的理论相似,信息加工论同样认为,对于他们所研究的运算,儿童不仅将其运用在实验室中,而且也运用到了现实生活中。记忆广度有限的儿童不可能理解角色多、线索复杂的故事,也不能记住父母让他们背诵的冗长的购物单,或者记住亚洲的各个国家。实际上,采用信息加工论,会比其他观点更好地解释儿童在学习上成败的原因(同样有利于帮助儿童提高学习成绩)。信息加工论认为,认知过程并不局限在课堂上,也存在于社会关系中。尽管儿童用于解决算术问题的策略与他们的交友和社会行为的策略不同,但我们将在第 11 章看到,这些问题同样能用信息加工的观点解释(Dodge,1986)。

总　结

多重储存模型

- 信息加工论者将个体的思维和计算机做了很多类比。思维和计算机一样，也是一个容量有限的系统，由智力硬件和软件组成。
- 多重储存模型描述了个体的信息加工系统，包括：感觉登记——觉察、登记和输入信息；短时记忆——暂时储存信息直到我们对其进行加工；长时记忆——永久保存信息。
- 大多数的记忆模型还包括了执行控制过程或元认知，即我们对信息加工各个阶段的计划、调控和控制过程。

多重储存模型的发展

- 通过对记忆广度的测量和对短时记忆容量的研究评定，可考察信息加工硬件的年龄差异。尽管短时记忆有显著的年龄差异，但是记忆的许多发展性差异是由于知识库的丰富以及儿童信息加工速度的加快而造成的。
- 对信息加工软件发展变化的研究主要集中于策略这一问题。策略是指为了完成特定任务而有意采取的智力操作活动。
- 很多研究还发现了策略产生能力缺乏现象（即儿童不能自己产生策略，但是可以在他人的指导下生成策略）和策略无效使用现象（即儿童在使用新策略时很少或不能从中获益）。
- 各年龄阶段的儿童在解决问题时都会使用多重策略，Robert Siegler 用适应性策略选择模型来解释这一现象。
- 儿童对思维意义的理解能力在学前期和学龄早期不断发展。相对于外显认知（意识可以察觉到的认知），内隐认知（不需意识参与的认知）却几乎没有表现出发展性差异。
- 关于我们如何进行信息加工的问题，除信息加工的多重记忆模型以外，最近有研究者提出了另一种观点，即模糊痕迹理论。该理论认为，我们会对信息进行要点水平和完全水平的加工。这一观点能很好地解释记忆和问题解决的年龄差异。在这一问题上还有另外一种观点，它强调抑制在儿童智力发展中的作用。
- 儿童和青少年的注意广度随着年龄的增长而显著增加，部分原因是中枢神经系统的髓鞘化。
- 注意随着年龄的增加也会变得更有计划性和选择性，同时儿童和青少年会寻求与任务相关的刺激，并且把注意集中在任务上，避免被环境中的其他刺激干扰，这一能力也是随着年龄增长而提升的。
- 注意缺陷多动障碍（ADHD）描述的是那些不能长时间保持注意和不能发展有计划性的注意策略的儿童。

记忆的发展：保持与提取信息

- 尽管婴儿可以记忆较早时发生的事件，但我们大多数人都会表现出婴儿期记忆的缺失，即不记得出生后最初的几年中发生的事件。
- 早期事件记忆，尤其是自传式记忆，是以脚本形式为基础的，或是对重复出现的真实事件按照因果关系进行的概略化组织。年龄很小的儿童也会以脚本的形式来组织自己的经历，并随着年龄的增长而逐渐精细。
- 在学前期，自传式记忆得到了明显的发展。父母在自传式记忆的发展中起着十分重要的作用，他们与儿童讨论过去的事件，为儿童提供线索，让他们知道哪些重要信息需要记忆，帮助儿童用更丰富的叙述方式回忆经历过的事件。
- 记忆策略或记忆术的使用随年龄的增长而增加。常用的记忆策略包括复述、语义组织、

- 精细加工和提取。
- 记忆策略可以通过自由回忆和线索回忆任务测定，后者是指提供具体的线索或提示以帮助人提取信息。个体所形成的记忆策略受文化以及所记忆信息的类型的影响。
- 元记忆（或关于记忆工作方式的知识）随年龄的增长而增长，并导致了策略记忆的发展性差异和个体性差异。
- 婴儿和青少年的策略记忆显著提高的另一原因是年龄较大的个体比年龄较小的个体掌握的知识更多，这种更丰富的知识库有助于提高评定信息的能力以及找到学习和记忆信息所需的记忆策略。

类比推理

- 推理是问题解决中的一种特殊形式，需要个体做出推断。
- 类比推理中包含了运用已知的一组成分间的关系来推断其他的不同成分之间的关系。
- 关系基本假设认为人早在婴儿期就已经有了类比推理。
- 影响儿童类比推理能力的因素有很多，其中最重要的有两个：（1）元认知，指个体对解决问题所需知识有意识地了解；（2）关于类比所依据关系的知识。

算术技能

- 婴儿已经能够加工和使用信息，婴幼儿也已对顺序关系有了基本的理解。
- 儿童从能够说话时就开始数数了，学前儿童逐渐获得了对数学的基本理解（如基数准则）。早期的数学策略通常只是包含了大声地数数，但是儿童最终会使用更高级的数学策略在头脑中执行简单的数学操作。
- 事实上，任何年龄阶段的儿童都能够使用多种策略来解决数学问题，Siegler将其描述为适应性策略选择模型。
- 有数学障碍的儿童在程序性技能和对长时记忆事件的提取上存在缺陷；与没有障碍的儿童相比，他们短时记忆的时间也更短。
- 文化对数学成绩和数学策略的使用有一定影响。未接受学校教育的儿童能发展数学策略并熟练地将其运用到他们所遇到的实际问题中。
- 在学校接受数学策略教育的儿童中，东亚儿童的成绩要好于美国儿童，可能的原因之一是东亚儿童的语言和接受教育的经历能够帮助他们提取数学事实，获得算术技能以及其他数学知识。

对信息加工观点的评价

- 尽管信息加工观点有很多优势，但是也受到了广泛的批评，因为信息加工观点忽视了神经系统和社会文化因素对认知发展的影响，没有提供一个广泛而完整的儿童智力发展理论，同时也低估了人类认知活动的丰富性和多样性。

第7章 练习测验

选择题：为下列各题选择最佳答案，检查你对认知发展信息加工观的理解。答案见附录。

1. 认知心理学家马泰正在介绍多重储存模型。当他提及模型中有一个容量很大但信息保留时间很短的部分时，他是指____。
   a. 感觉登记　　　b. 短时记忆
   c. 长时记忆　　　d. 执行功能

2. 如果某人对多重储存模型的所有阶段都能很

好地计划、监控和控制，说明这个人有很好的____。
   a. 注意　　　　　　b. 抑制
   c. 元认知　　　　　d. 知识基础
3. 卡莉因为____，无法自发采用策略，除非别人告诉她怎么应用。
   a. 适应性策略选择缺陷
   b. 内隐认知缺陷
   c. 策略无效使用
   d. 策略产生能力缺陷
4. 很小的儿童虽然不识字，但能背诵她最喜欢的故事书，这是____的例子。
   a. 要点记忆　　　　b. 言语记忆
   c. 事件记忆　　　　d. 自传式记忆
5. Siegler 的适应性策略选择模型是____的代表。
   a. 连续性发展　　　b. 阶梯发展模型
   c. 阶段发展模型　　d. 重叠发展模型
6. 有注意缺损的儿童在下列技能上都存在困难，除了____。
   a. 长时间保持注意力
   b. 忽略明显不相关的信息
   c. 在不同任务之间转换注意
   d. 同伴关系
7. ____是对真实事件的因果关系或时间顺序加以组织的图式。
   a. 事件记忆　　　　b. 自传式记忆
   c. 脚本　　　　　　d. 记忆术
8. 下列哪项能力和类比推理无关？
   a. 感觉记忆容量大　b. 做出推断的能力
   c. 元认知　　　　　d. 知识基础
9. 关于算术技能，以下哪项陈述不正确？
   a. 学前儿童逐渐形成了基数原则等基础的数学理解力
   b. 美国儿童的算术策略比东亚儿童强
   c. 任何年龄的儿童都会采用多种解决数学问题的策略
   d. 在数学成绩和算术策略上的文化差异巨大

关键术语

策略，p258
策略产生能力缺陷，p259
策略记忆，p269
策略无效使用，p259
长时记忆（LTS），p254
短时记忆（STS），p254
多重储存模型，p254
复述，p272
感觉记忆（感觉登记），p254

关系基本假设，p278
基数，p281
记忆策略（记忆术），p269
记忆广度，p256
脚本，p269
类比推理，p277
模糊痕迹理论，p264
内隐认知，p262
事件记忆，p269

适应性策略选择模型，p261
提取，p273
推理，p277
外显认知，p262
线索回忆，p273
选择性注意，p266
学会学习，p280
要点，p264
抑制，p266

婴儿期记忆缺失，p269
元记忆，p274
元认知，p255
知识基础，p256
执行控制过程，p255
注意广度，p265
自传式记忆，p269
自由回忆，p273
组织，p273

第8章 智力：心智表现的测量

- 什么是智力
- 如何测量智力
- 智力测验能预测什么
- 影响智商分数的因素
- 社会和文化因素对智力表现的影响
  - ● 研究聚焦：社会经济地位的不同是否可以解释智商的种族差异？
- 通过补偿教育提升认知表现
- 创造力和特殊才能
- 发展主题在智力和创造力中的应用

约翰·穆勒（John Stuart Mill，19世纪的哲学家）3岁时就开始在父亲的指导下学习希腊语，6岁半时写了一部罗马史，8岁时不仅掌握了拉丁语，同时也开始学习几何和代数。如果以平均分数为100的智力量表来估计，穆勒的智商达到了190。一般来说，智商达到140可归为天才，并且仅有0.01%的人的智商高于160（Cox, 1926）。

苏珊有严重的智力障碍，27岁时还生活在一个智障服务机构，智商只有37分，她没有任何读写能力，甚至不会吃饭、穿衣服，还一直对人傻笑。但让人惊讶的是，任何诗，她只要听一遍，就能一字不差地背诵下来。

从以上两个例子可以看出，人类具有无限的认知潜能。到目前为止，我们对认知发展的探索主要集中在人类智力的共性上。例如，皮亚杰对思维的组织和结构的普遍发展阶段感兴趣，类似的，信息加工理论注重研究和理解那些对所有个体的学习、记忆和问题解决都产生影响的基本认知加工过程。

在本章中，我们将继续探讨个体从童年到青少年的心理变化，但更注重分析认知能力上的个体差异。首先，我们将要介绍另一种智力发展的观点，即心理测量学，正是这种方法创造出了被广泛应用的智力测验。皮亚杰学派和信息加工理论注重的是认知过程，而心理测量学家们更多以结果为导向。他们对不同年龄的儿童能正确回答出的问题的数量和类别进行评估，并对这些代表智力水平的指标是否能够预测一个人的学业成绩、工作绩效，甚至是健康状况及生活满意度等发展性成果进行研究。

当人们认识到，一个人在智力测验中所得的分数可以预示他的学习能力、学业表现以及工作上的成就时，会感到有点惊讶。但对于大多数人来说，最令人惊讶的是：在人的一生中会发生巨大变化的智力测验分数，所测量的是一个人的智力表现，而不是他的先天潜力或者智力能力。遗传确实对智力有影响，但我们将要考察的各种环境因素，包括文化和社会经济背景、家庭环境特点、所接受的学校教育，甚至是测验情境本身的社会和情感因素，都会对智力分数产生影响。在本章中，我们还对一些学前教育项目的优点进行了评价，如为了提高在智力测验中表现不佳的儿童的学业成绩所采取的干预项目"启智项目"（Project Head Start）。最后，我们将会探讨被人们高度重视的创造力的发展。当前的智力测验并没有充分涵盖这方面的内容。

什么是智力

如果分别让五个人用一个简单的句子概括一下智力是什么，然后再让他们列举出高智力者的特征，他们的答案可能非常相似，或许都会认为智力就是指与别人相比，一个人的聪明程度，或者说智力代表人的学习能力或问题解决能力。但可以确定的是，这五个人所列出的聪明人的特征一定有所不同，因为每个人对聪明人的看法不同。可见，对所有人来说，智力并不是同样的东西（Neisser et al., 1996）。

行为学家们对智力的看法也存在分歧。尽管任何理论研究的数量都无法与对智力和智力测验的大量研究相比，但迄今为止，对什么是智力依旧没有统一的说法。最简明的概念是只用一句话概括智力的品质，如皮亚杰（Piaget, 1970b）把智力概括为"适应性的思维或行为"。在最近的一项研究中，研究者请24位专家用一句话对他们所理解的智力进行描述，所得的定义不尽相同，但实质都集中于抽象思维能力或有效解决问题的能力（Sternberg, 1997）。

为什么至今对"智力"还没有一个公认的定义呢？这是因为不同的理论家对构成智力的核心品质以及共有多少种品质持不同的看法。下面介绍一些有影响力的观点，首先让我们来看看心理测量学的观点。

智力的心理测量学观点

推动智力测验发展的研究传统是**心理测量法**（Thorndike, 1997）。心理测量学家认为，智力是使个体彼此不同的一个或一系列特质。心理测量学的目的是准确地确认这些品质，并对其进行测量，从而描述不同个体在智力上的差异。但心理测量学家从一开始在智力的结构上就未达成一致，他们无法确认智力是对所有认知测验成绩都有影响的单一能力，还是多种不同的能力。

比奈的单因素说

阿尔弗雷德·比奈（Alfred Binet）和他的同事西奥多·西蒙（Theodore Simon）是现代智力测验的先驱。1904年，比奈和西蒙受法国政府之托，编制一种可以区分出智力落后儿童的测验，使这些儿童能够得到特殊的教育（Boake, 2002; White, 2000）。他们编制了一系列的项目，用来测量他们认为课堂学习所必需的技巧：注意力、知觉、记忆、数字推理、语言理解等。在最终的测验中，那些能够将普通儿童和老师所描述的智力落后者或发展缓慢者清楚地区分开的项目得到了保留。

1908年，比奈-西蒙量表得到了进一步的修订，所有的测验项目都按年龄分组（Boake, 2002; White, 2000）。例如，大多数6岁儿童都能通过而5岁儿童很少有人能通过的项目，就被定为是可以反映6岁儿童智力水平的项目；那些大多数12岁儿童都会而11岁儿童几乎都不会的项目，就用来测量平均年龄12岁的儿童的智力，依此类推。这种适用于3～13岁儿童，按年龄分组的测验，能够更精确地评估儿童的智力发展水平。如果儿童能够通过所有 5 岁水平的项目，但 6 岁水平的项目一个也没有通过，那么其**心理年龄（MA）**就是 5 岁。如果儿童能通过所有 10 岁的项目，还能通过 11 岁组的一半项目，其心理年龄就是 10 岁半。

因此，比奈和西蒙所编制的测验，不仅能够把学习困难的儿童甄别出来，同时也能够对所有儿童的智力发展水平进行评估。这对于学校的管理人员非常有用，他们由此开始以儿童的心理年龄作为参照，来给正常儿童和智力落后儿童设置课程。

智力的多因素观点

对仅用一个分数（MA）来代表人的智力水平的主张，一些心理测量学家迅速做出反应，提出了不同的看法。他们认为，如果智力测验要求受测者完成多种不同的任务（即使是比奈最早的测验也是这样），例如，对词汇或概念进行解释、概括段落大意、回答基础知识、用木块摆出几何图形、算术推理等（见图 8.1 中的例子），那么不同测验所测量的到底是不同的心理能力，还是一种单一的能力呢？

为了确定智力究竟是由单一成分还是由多种成分构成的，其中一个办法是要求被试完成大量的智力任务，然后用**因素分析**的统计程序对结果进行分析。这种技术可以将不同的测验任务归类为群集，即因素。每一个因素内的任务之间高度相关，同时与其他任务不相关。如果我们发现了不止一个的因素，那么每一个因素代表一种心理能力。例如，若我们发现，受测者在语言技能的 4 个项目和数学技能的 3 个项目上的表现很相似，但他们的语言技能分数和数学技能分数并不相关，这时我们就可以认为，语言能力和数学能力是两种不同的智力因素。但是，如果受测者的语言技能分数和数学技能分数以及测验中所有其他项目类别的分数高度相关，我们则可以得出结论认为：智力是一种单一的能力，而不是由多种能力组成的。

早期的智力多成分理论

查尔斯·斯皮尔曼（Charles Spearman，1927）最早将因素分析应用于智力测验，试图揭示智力是单一能力还是多种能力。他发现，儿童在多种认知测验中的分数都有中等程度的相关，由此推断，一定存在一种可以影响人完成大多数认知任务的一般智力因素，他称之为 **g 因素**（一般能力）。然而他还注意到，人的智力表现并不一致：某学生可能在绝大多数任务上的表现都很好，但在某一特定任务上得分很低，例如，词语类推或音乐能力倾向。因此，斯皮尔曼推断，智力是由两种因素组成的，即 g 因素和 **s 因素**，并且每一种特殊能力都能够通过某种特定的测验进行测量（Hefford & Keef，2004）。

对于心理能力，路易斯·瑟斯顿（Louis Thurstone，1938）同样也持因素分析的观点。他用 50 个心理测验对八年级学生和大学生进行测试。通过对结果的因素分析，瑟斯顿得出了七种因素，并将其命名为**基本心理能力**，分别为空间能力、

> **心理测量法（psychometric approach）**：把智力描述为能够区分个体差异的一种或多种特质的一种理论观点；心理测量学家的任务之一是发展标准化智力测验。

> **心理年龄（mental age，MA）**：智力发展的测量指标，反映儿童能够解决哪一年龄层次的问题。

> **因素分析（factor analysis）**：一种将测验或者测验项目归类为群集（即因素）的统计程序，以使每一个因素内的任务之间高度相关，同时与其他任务不相关。

> **g 因素（g）**：一般能力，斯皮尔曼所用的一个缩写，通常被翻译为个体对关系的理解能力，或称作一般心理能力。

> **s 因素（s）**：特殊能力，斯皮尔曼所用的术语，表示个体在特殊测验中表现出来的能力。

> **基本心理能力（primary mental abilities）**：瑟斯顿通过因素分析得出的用来表示智力结构的 7 种心理能力。

项目类型	典型的言语项目
词汇	"电话"是什么意思?
词语类推	1厘米很短；1米很____。
言语推理	这个故事中有什么错误："一天，我们看到了被温暖的海流彻底融化了的一些冰山。"
一般常识	1米等于几厘米? 元旦在一年中的几月份?
数字接龙	下一个数字是什么? 5 7 6 9 8 ____?
算术推理	如果买一个6角钱的糖块，给了商店1元钱，应该找回____钱。
典型的非言语或操作项目	
图片归类	下面哪一个图片与其他图片相比不属于同一类?

拼图	请把下列图片拼成一辆自行车。

图片排序	请按图片的意义重新排序。

图 8.1 与儿童智力测验相似，但不完全相同的项目。

知觉速度（对视觉信息进行快速加工）、数字推理、语言理解（解释词语）、语词流畅度（识词速度）、记忆和归纳推理（从一系列现象中找出规律）。他由此认为，斯皮尔曼所定义的一般能力g因素就是由这7种不同的心理能力所组成的。

后期的智力多成分理论

斯皮尔曼和瑟斯顿的早期研究表明，智力必定是由几个相关的基本心理能力组成的。J. P. 吉尔福特（J. P. Guilford, 1967, 1988）却不这样认为。他认为，组成智力的基本心理能力达180种之多。他首先将认知任务分为三个维度：(1) 内容（个体所思考的东西）；(2) 操作（个体在解决问题之前的思维过程）；(3) 产品（需要哪种作答形式）。吉尔福特认为，共有5类内容、6种心理操作和6种产品（Sternberg & Grigorenko, 2001a, b）。基于智力三个维度各个方面的可能关系组成

（5×6×6），他所提出的**智力结构模型**应该由 180 种心理能力组成。

该模型提出之后，吉尔福特就开始编制测验来验证这 180 种心理能力。例如，对社会智力这种心理能力的测量（见图 8.2）要求被试使用的内容是"行为"（个体的面部表情），使用的操作是"认知"，从而得到"表情的可能含义"这一产品。到目前为止，在吉尔福特的智力结构模型的 180 种心理能力中，已有 100 多种具备了相应的测验。但是，这些被假设为独立存在的智力因素的测验结果常常是相关的，这表明，这些能力并不像吉尔福特假定的那样彼此完全独立（Brody，1992；Romney & Pyryt，1999）。

最后，雷蒙德·卡特尔（Raymond Cattell）和约翰·霍恩（John Horn）的理论使人们对智力的看法发生了改变。他们认为，斯皮尔曼的 g 因素和瑟斯顿的基本心理能力可以被归纳为智力的两个维度：流体智力和晶体智力（Cattell，1963；

Horn & Noll，1997）。**流体智力**是指个体解决新颖、抽象问题时表现出来的能力，它不受教育和相关文化影响。图 8.1 中的词语类推、数字接龙以及从无意义的几何图形中辨认图形的任务所测量的就属于流体智力。**晶体智力**是指解决那些需要依靠在教育和生活中所获取的知识和经验去处理问题的能力（Jay，2005）。一般常识（水的沸点是多少度）、名词解释（"复制"是什么意思）以及算术能力都属于晶体智力。

近期的层次模型

从对智力的因素分析研究中我们学到了什么呢？也许斯皮尔曼、瑟斯顿、卡特尔和霍恩在某种程度上都是有道理的。实际上，今天的心理测量学家更倾向于**智力的层次结构模型**。该模型认为，智力的结构是：（1）一般能力因素，位于层次结构的最上层，它对个体的很多认知测验成绩都有影响；（2）多个特殊能力因素（与瑟斯顿的基本心理能力相似）。它会影响个体在某些特殊的智力领域中的表现（如数字推理测验或者空间能力测验）。在层次模型中，最精细的是约翰·卡罗尔（John Carroll）的**智力三层次模型理论**，该

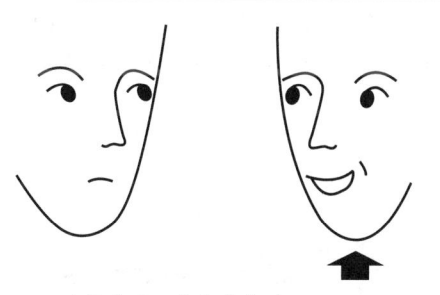

1. 我很高兴，你好像好多了。
2. 你的表情最滑稽了！
3. 难道我没告诉你她说"不"了吗？

图 8.2 吉尔福特社会智力测验中的一个项目。任务是根据表情选择答案，箭头指的那个人对另一个人可能说什么？或许你自己也希望尝试做一下（正确答案是第 3 种陈述）。
来源：Adapted from a table in *The Nature of Human Intelligence*, by J. P. Guilford, 1967. Copyright © 1967 by McGraw-Hill, Inc. Adapted by permission.

> **智力结构模型**（structure-of-intellect model）：吉尔福特有关智力的因素分析模型，该模型提出智力是由 180 种不同的能力组成的。

> **流体智力**（fluid intelligence）：是指对关系的感知能力，以及解决不受教育和相关文化影响的关系类问题的能力。

> **晶体智力**（crystallized intelligence）：是指理解关系的能力，或者是解决那些依靠教育所学到的知识和受其他文化影响才能解决的问题的能力。

> **智力的层次结构模型**（hierarchical model of intelligence）：是智力结构的一种模型，在该模型中，广泛的一般能力在最上层，一些特殊的能力因素排在下面。

> **智力三层次模型理论**（three-stratum theory of intelligence）：由卡罗尔提出的智力层次模型，g 因素在最上层；8 种主要能力排在第二层；从第二层的每一种能力中分出的更具体的能力排在第三层。

模型是基于对过去50年数以百计的心理能力研究的分析而得出的（Esters & Ittenbach, 1999）。如图8.3所示，卡罗尔（1993）将智力描述为一个金字塔，g因素在最上层，8种主要能力排在第二层。该模型暗示，依据第二层中所列出来的能力，每个人都会在某些能力上表现出优势，而在其他能力上表现出不足。该模型还解释了为什么有的人在一般智力上表现得一般，但如果个体在第二层次的某种能力（一般记忆能力）上表现超凡，那么她在该领域内可能会有较好的表现，例如，在第三层某一小范围上有着超强的能力（例如，本章开篇提到的苏珊，她听一遍就能把诗背下来）。

由此看来，层次模型既将智力描述为一种一般的心理能力，又涵盖了多种特殊能力，每种特殊能力又与特定的智力领域有关。现在，我们是否能够对智力的定义达成共识了呢？实际并没有，因为越来越多的研究者认为，没有一种关于智力的心理测量理论涵盖了智力的所有含义（Neisser et al., 1996）。接下来，我们会考察另外两个有关智力的观点，这将帮助我们认识到现在的智力测验中所存在的一些缺陷。

我们看到这些新观点扩充了传统的智力观点，而非取代它们。也就是说，这些不同的观点并不相互排斥，许多折中的发展学家会采纳不同的观点来建构他们对复杂智力结构的理解。

现代信息加工的观点

对心理测量学学派的批评最集中的一点就是他们对智力的理解过于狭窄，主要停留在测量基本智力内容或者儿童所知道的东西上，而没有关注知识的获得、保持和应用知识解决问题的过程。更进一步，传统的智力测验并没有对人们所公认的其他一些智力指标进行测量，如判断力、社交与人际能力，以及音乐、戏剧和体育等方面的能力（Gardner, 1983）。

罗伯特·斯腾伯格（Sternberg, 1985, 1991; Sternberg & the Rainbow Project Collaborators, 2006）提出了**三元智力理论**。该理论强调了智力行为的三个方面或成分，即情境、经验和信息加工技能（图8.4）。我们将在下面的内容中看到，

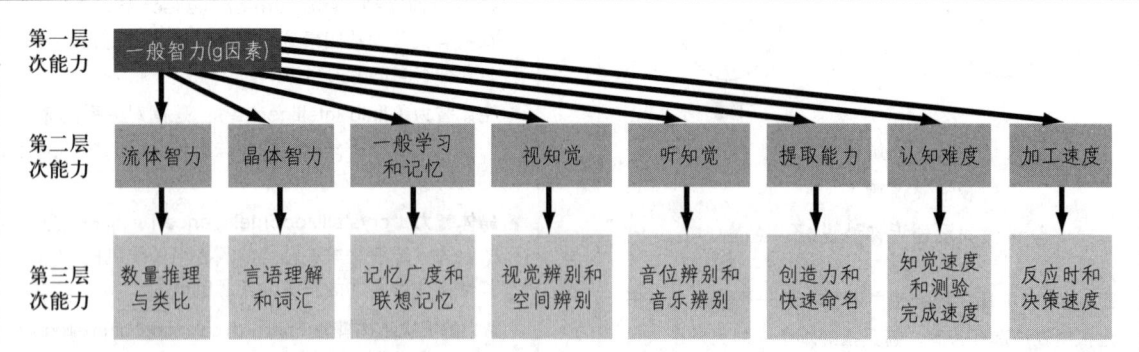

图8.3 卡罗尔的智力三层次模型。第二层次的能力从左到右与一般智力的相关依次递减。所以，一般智力g因素与流体智力以及它所支持的推理能力（如数量推理）的相关比与听知觉、认知速度以及这些能力所支持的第三层次技能的相关更强。

来源：From *Human Cognitive Abilities: A Survey of Factor-Analytic Studies*, by J. B. Carrll, 1993. Copyright 1993 by Cambridge University Press. Reprinted by permission.

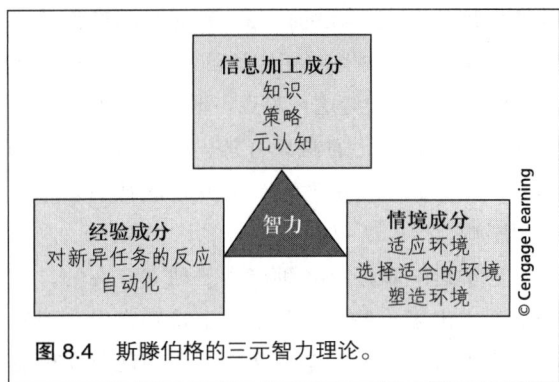

图 8.4 斯滕伯格的三元智力理论。

斯滕伯格有关智力的观点比心理测量学家的观点丰富很多。

情境成分

首先，斯滕伯格认为，聪明的行为在很大程度上依赖于行为发生的情境。他指出，聪明的人能够很好地适应环境，或者去改造环境，使环境适合自己。这类人有实践的智力，或叫作生活智慧。他还指出，心理学家必须开始将智力理解为一种适应现实社会的行为，而不是那些在完成测验时表现出的行为（Sternberg，1997，2003，2004）。

根据情境亚理论，在不同的文化或亚文化背景下，在不同的历史时期中，以及人的不同年龄阶段，智力的行为表现都可能不同。斯滕伯格曾描述过在委内瑞拉的一次会议。他上午 8 点准时到了会场，但只有 4 个北美人到会了。在北美的文化中，重要约会要准时到场被看作明智之举，但在拉丁文化中，准时并不适用。那里的人都不守时（至少用我们的标准来看是这样）。我们再来看看历史因素对智力评估的影响。40 年前，能够又快又准地进行计算是很聪明的表现；但今天，计算机和计算器能够更迅速地完成这些运算，因此，再花无数的时间去练习这种技能就不再是聪明的做法了。

经验成分

斯滕伯格认为，个体对于任务的相关经验的多少有助于鉴定其行为的智力水平。他认为，只要任务不是陌生到无从下手（比如让 5 岁的孩子去做几何题），那么由于新异的任务要求主动的、有意识的信息加工，因此新异任务可以作为测量个体推理能力的最佳选择。所以，从个体对新异任务做出的反应，就可以看出他解决问题的思路和对问题独特的洞察力。

然而在日常生活中，人们在处理熟悉的事务时多少也有一些聪明的表现（如保持收支平衡，或者迅速掌握报纸上的主要内容）。这一类型的经验智力反映的是自动化加工，或是随着练习的增多，个体信息加工效率的提高。斯滕伯格认为，当自动加工能力形成了，个体处理日常事务时，可以不用花费太多时间和意识加工就能准确高效地完成任务，这是智力的一种标志。

斯滕伯格的理论中的经验成分为智力测验的编制者提供了重要的启示：了解受测者对测验项目的熟悉度，对准确评价其智力水平极为关键。比如，测验项目对于来自一种文化的人来说是很熟悉的，而对于来自另一种文化的人却是新异的（例如，关于饭店或银行的问题，某些文化群体可能有相关经验，而另一些可能没有），后一组人的测验分数肯定会比前一组人低很多，这就反映了测验过程中的**文化偏差**。能有效区分个体智力表现的测验项目对来自不同文化的个体来说，

> **三元智力理论**（triarchic theory of intelligence）：近期关于智力的一种信息加工理论，该理论强调了普通智力测验都没有包括的三种智力行为因素，即行为的情境、个体对任务或情境的相关经验，以及个体在任务或情境中所使用的信息加工策略。

> **文化偏差**（cultural bias）：一种文化或亚文化的群体对测验项目比其他族群熟悉，在这种情况下出现的不公平优势，就是文化偏差。

其熟悉度应该是相同的。

信息加工成分

斯滕伯格对心理测量学家最主要的批评是，他们对个体智力的测量仅仅针对项目答案的正确性或质量，却完全忽视了受测者是如何做出这些反应的。斯滕伯格是一个信息加工论者，他认为，我们必须强调与智力成分有关的因素，即对问题做出限定，阐明解决问题的策略，然后对认知活动进行监控，直至得出答案。与其他信息加工理论家一样，斯滕伯格指出，有些人的信息加工速度比别人快，而且效率高，因此，我们的认知测验应该据此进行大幅度改进，去测量这种差异，并将之视为智力的重要因素（Burns & Nettelbeck, 2003; Sternberg, 2003; Tigner & Tigner, 2000）。

总之，斯滕伯格的三元智力理论给我们提供了丰富的有关智力特征的观点。如果你想了解某人是否聪明，最好从以下几个方面来考虑：（1）智力表现的情境（例如，他的文化背景、所处的历史时代以及他的年龄）；（2）是否具备相关的任务经验，个体是否能对新异任务做出反应或进行自动加工；（3）信息加工技能，反映个体是如何处理这些任务的。不幸的是，被广泛使用的智力测验并不是以这种丰富而辩证的智力观点为基础的。

加德纳的多元智力理论

霍华德·加德纳（Howard Gardner, 1983, 1999）对心理测量学家试图用一个分数来描述人的智力水平也持批评意见。在加德纳的《智力的结构》（*Frames of Mind*）一书中，他提出了**多元智力理论**。该理论认为，人至少拥有7种不同的智力。之后，他又推测出了第8种和第9种智力（表8.1）。

加德纳（Gardner, 1999）并不认为这9种能力就代表了一个人的全部智力。但他认为，每一种能力都是独立存在的，每一种能力都遵循着不同的发展历程，并且与相应的脑区相联系（Shearer, 2004）。为了支持这一观点，他指出，某一脑区受到损伤的患者，通常只有某一种智力受到影响（如言语智力或空间智力），而其他的智力则不会受到影响。

为了进一步证明各种能力是独立存在的，加德纳列举出了一些在某种智力上特别突出，但其他方面表现都很差的个体案例。这类现象在患专家综合征（又称学者综合征或天才综合征，整体智力落后，但在某方面具有天赋）的病人身上表现得尤为突出。雷斯利·莱姆克（Leslie Lemke）就是这样的一个人。他是个盲人，患有大脑性麻痹，智力落后，成年之后还不会说话。但是，对于一段音乐，他只听一遍就能完美地在钢琴上弹出来；尽管他只会说非常简单的日常用语，但一首德语或意大利语的歌曲，他只听一遍，就能完美地模仿下来。其他患有这类专家综合征的个体也是如此，虽然他们的智力测验成绩很差，但有的人的绘画水平足以被美术学院录取，有的人能眨眼工夫就算出1909年1月16日是星期几（O'Connor & Hermelin, 1991）。最后，加德纳还指出，不同的智力是在不同的年龄阶段发展起来的。例如，很多伟大的作曲家和运动员都在童年时就显示出了巨大的潜力，而数学逻辑智力的发展就比较晚了。

加德纳的理论有很大的影响力，尤其是对那些研究创造力和特殊才能的学者来说（本章后面会专门讨论）。但也有批评意见认为，尽管音乐和体育之类智力是人类的重要特征，但在多数人看来，这些都不是智力活动。尽管相对于加德纳所提出的其他智力，具有视觉艺术天赋或运动天赋的儿童往往在相关领域的优势更加显著（Winner, 2000），但就当前的智力测验已经涉及的内容而言，加德纳所提出的逻辑、空间和数学智力之间并不是彼此孤立的，而是存在中度的相关（Jensen,

表 8.1 加德纳的多元智力

智力类型	智力过程	对应脑区	适合职业
言语智力	对词语的意思、发音、语言结构以及语言的多种用途敏感。	左半球，颞叶和额叶	诗人、小说家、记者
空间智力	能准确识别视觉空间关系，对所知觉到的进行转换，并能够在原始刺激材料消失后重新创造视觉体验。	右半球，后顶叶－枕叶	工程师、雕刻家、制图师
数理逻辑智力	能在抽象的符号系统中进行运算和关系推理；在评价他人观点的时候，思维逻辑化、系统化。	左顶叶和颞枕联合区，左半球负责词语命名，右半球负责空间组织，额叶负责计划和目标设置	数学家、科学家
音乐智力	对音调和旋律敏感；能够将音调与音乐片段合成大的乐章；能够理解音乐中的情感因素。	右前颞叶，额叶	音乐家、作曲家
身体运动智力	能够通过熟练地支配身体去表达或者完成某种任务；能够有技巧地运用器材。	大脑运动带，丘脑，基底神经节，小脑	舞蹈家、运动员
人际能力	能够对别人的情绪、脾气、动机和意图做出准确觉察和回应。	额叶整合内外部状态或人际状态	临床医学家、公共关系专家、销售人员
自知能力	对自己的内心状态敏感；能够认识到个性的优点和缺点，并能够利用这些信息调整自己的行为。	额叶整合内外部状态或人际状态	几乎对在生活的所有方面取得成功都有作用
自然感知智力	对自然环境中影响生物体（动物和植物）的因素和生物体对自然界产生的影响因素敏感。	左顶叶（区分生物和非生物）	生物学家、博物学家
对精神和存在的思索智力	对人生的意义、死亡和人类其他方面的状态等问题敏感。	假设位于右颞叶的一个特殊区域	哲学家、神学者

来源：Adapted from *Frames of Mind: The Theory of Multiple Intelligence*, by Howard Gardner, Perseus Books Group, 1983; and Branton Shearer, "Multiple Intelligences Theory After 20 Years," *Teachers College Record*, 106, 2-16, 2004.

1998）。也许现在否定 g 因素或者一般智力的概念还为时尚早。但加德纳认为，试图用一个测验分数来代表个体的智力特征会限制和低估个体的智力水平。这一观点无疑是正确的（Shearer，2004）。

但回头来看，比奈和西蒙的测验已经实现了描述智力特征的目的，并且将每个儿童的智力发展水平用一个分数来表示，称作"心理年龄"。现在流行的各种智力测验都源于比奈和西蒙的早期测验。

如何测量智力

大约 100 年前，当心理测量学家开始编制智力测验时，并没有考虑要定义智力的特征，而是出于要把学习落后的儿童甄选出来的现实目的。

> **多元智力理论**（theory of multiple intelligences）：加德纳提出的理论，该理论认为人有 9 种能力，每一种能力都是独立存在的，并与相应的脑区相联系，其中有几种能力还没有相应的智力测验。

斯坦福－比奈智力量表

1916年，斯坦福大学的刘易斯·推孟（Lewis Terman）翻译并出版了比奈量表的修订本，用于对美国儿童的测量。该测验从此以**斯坦福－比奈智力量表**闻名（Boake, 2002; Roid, 2003; White, 2000）。

与比奈的量表相同，斯坦福－比奈智力量表也是以年龄来分级的，任务设置适用于评估3—13岁的儿童的平均智力发展水平。比奈对儿童的分级依据是心理年龄，但推孟与之不同，他采用的是Stern（1912）所提出的智力比率测量，即后来为大家所熟知的**智力商数**或称**智商（IQ）**（Boake, 2002）。儿童的智商是用个体的心理年龄（MA）除以实际年龄（CA）再乘100得到的值，表示了儿童的聪明程度和智力发展水平：

$$IQ = \frac{MA}{CA} \times 100$$

IQ值为100代表平均智力水平，表示儿童的心理年龄与实际年龄正好相等。IQ高于100表明该儿童的智力水平相当于比他年龄大的孩子的水平，而IQ低于100表明该儿童的智力水平相当于比他年龄小的儿童的水平。

斯坦福－比奈智力量表的修订版至今仍在使用（Thorndike, Hagen, & Sattler, 1986）。**测验常模**的建立是以各个社会阶层和族裔的代表性样本为基础，年龄跨度从6岁到成人。修订版的测验仍旧用于测量那些对学业有重要作用的能力，即言语推理、数量推理、空间视觉推理和短时记忆能力。但在斯坦福－比奈智力量表和其他现代量表中，都不再用心理年龄来计算智商了，而是用**离差智商分数**来表示个体的智力水平比同龄人高还是低。IQ的平均水平还是100，个体的IQ分数越高（或越低），表明与同龄人相比其智力发展水平越高（或越低）。

韦氏量表

大卫·韦克斯勒（David Wechsler）共编制了两个儿童智力量表，都得到了广泛应用。其中，**韦氏儿童智力量表－Ⅳ（WISC-Ⅳ）**适用于6—16岁儿童，韦氏学前和小学生智力量表-Ⅲ（WPPSI-Ⅲ）适用于3—8岁儿童（Baron, 2005; Lichtenberger, 2005; Wechsler, 1989, 1991, 2003）。

韦克斯勒编制测验的一个原因是，他认为早期的斯坦福－比奈量表的项目受到语言水平的严重影响。这种对言语能力的依赖所带来的偏差对那些有一定语言障碍的儿童来说是不公平的，如以英语为第二语言者、有阅读障碍或者听力障碍的儿童等。为了克服这一点，韦氏量表包括了与斯坦福－比奈量表相似的言语分测验与非言语分测验（或叫作操作分测验）。操作分测验的项目主要是为了测量个体的非言语智力，如拼字、走迷宫、根据图形搭积木、按照故事情节给图片排序等。参加测验者会得到3个分数：言语智力分数、操作智力分数和由这两个分数合成的整体智力分数（Saklofske et al., 2005）。

韦氏量表很快就流行起来。这不但是因为新增的操作分测验能够使来自不同背景的儿童都表现出自己的智力，也是因为该测验对各种心理技能的不一致性反应很敏感，这可能是神经发育不正常或者学习困难的一种早期信号。例如，有阅读障碍的儿童在韦氏测验的言语内容上的得分会很低。

智商分数的分布

如果一个女孩或男孩在斯坦福－比奈智力测验或者韦氏智力测验中的得分是130，我们会知道其智商比平均水平要高。但他到底有多聪明呢？为了弄清这一点，我们需要了解IQ分数在

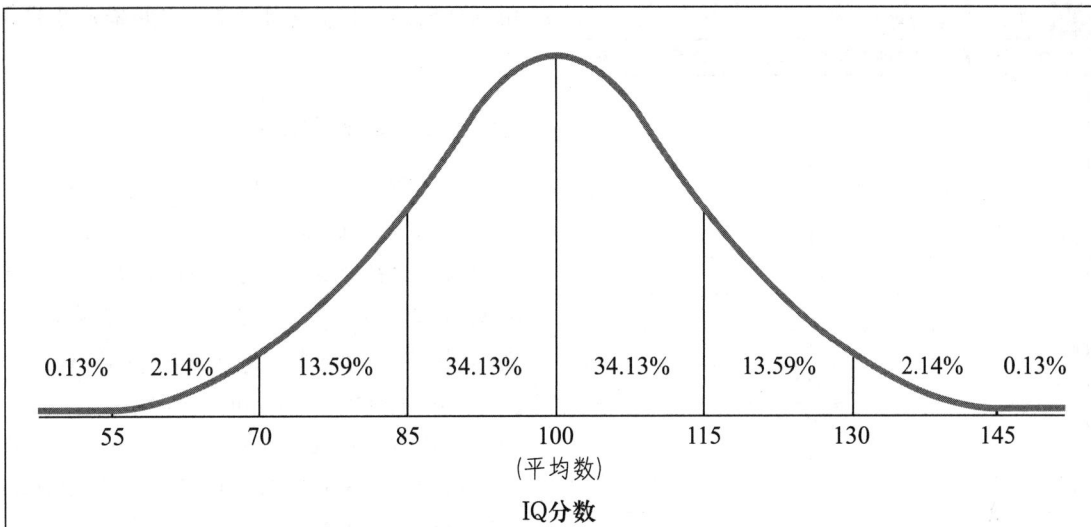

图 8.5 现代智力测验中人的智商分数的大概分布。测验是以每一年龄组受测者的平均智商为 100 分来编制的。值得注意的是，有 2/3 以上的受测者，其智商分数分布在距平均值 15 分之内（也就是 IQ 为 85～115），95% 的人的智商分数分布在距平均值 30 分之内（IQ 为 70～130）。

来源：From David Bjorklund, *Children's Thinking: Cognitive Development and Individual Differences*, 4th ed., p. 437 Belmont, CA: Thomson, 2005.

人口中的普遍分布情况。

现代智力测验的一个有趣特征是，它们的分布都以 IQ 分数 100 为平均数，呈**正态分布**（图 8.5）。这种分布模式当然不是巧合。通过人为的定义，各年龄组受测者的平均分数被设置为 100，这也是大多数人的普遍得分（Neisser et al., 1996）。值得注意的是，大约一半人的得分在 100 以上，一半在 100 以下。而且，得分为 85 和 115（距平均数 15 分）的人数几乎相等，得分为 70 和 130（距平均数 30 分）的人数几乎相等。我们可以参照表 8.2 来确定 IQ 为 130 的意义，从表中可以看出，IQ 为 130 是一个很高的分数，智商为这个分数的人是很出众的，其聪明程度超过了 97% 的人。同样，大概只有 3% 的人智商低于 70，这也是现在普遍用于确认智力落后的数值。

> **斯坦福—比奈智力量表**（Stanford-Binet Intelligence Scale）：从第一个成功的智力测验演变而来的现代智力量表，测量一般智力的四种因素：言语推理、数量推理、空间推理和短时记忆。
>
> **智商**（intelligence quotient, IQ）：与其他受测者相比，个体在智力测验中的成绩的相对水平。
>
> **测验常模**（test norms）：心理测量工具的标准水平参照，该标准的制订是以具有代表性的大样本在测验上的平均得分和得分范围作为基础的。
>
> **离差智商分数**（deviation IQ score）：一种智力测验得分，表示个体的智力水平比同龄人高还是低。
>
> **韦氏儿童智力量表–Ⅳ**（Wechsler Intelligence Scale for Children, WISC-Ⅳ）：广泛使用的一种个体智力测验，包括对一般能力的测量以及对言语智力和操作智力的测量。
>
> **正态分布**（normal distribution）：用来描述某一特征变量在人群中的分布特征，呈对称的钟形曲线分布；大多数人的分数都落在平均分附近，相当少一部分人的分数分布在两端。

表 8.2　不同智商分数的意义

智商分数	等于或者超过的人数在人口分布中的百分比/%
160	99.99
140	99.3
135	98
130	97
125	94
120	89
115	82
110	73
105	62
100	50
95	38
90	27
85	18
80	11
75	6
70	3
65	2
62	1

团体智力测验

由于斯坦福－比奈智力量表和韦氏测验都必须在专业人员的指导下单独施测，而且对每个人的测试都要用一个多小时，所以，心理测量学家很快就意识到高效、省时、可以进行团体施测的纸笔测验的必要性。这对于军队征兵、职位招聘和城市公立学校招生等很有用。实际上，在我们人生的某个时刻，都有过参加类似于团体智力测验的经历，如参加学业能力倾向测验。在美国使用最广泛的测验包括为小学生和中学生设计的洛奇－桑代克测验（Lorge-Thorndike Test）、学业能力倾向测验（Scholastic Aptitude Test，SAT）、申请上大学的学生需要参加的美国大学入学考试（American College Test，ACT），以及申请研究生需要参加的研究生入学考试（Graduate Record Examination，GRE）。因为这些测验需要考生应用在学校学习的知识（也就是晶体智力），并被

用以预测其将来的学业成就，所以有时也被称为成就测验。

智力测验的新方法

尽管传统的智力测验仍然在广泛使用，但新测验已经不断涌现。例如，有以皮亚杰的概念和认知发展阶段理论为基础的智力测验（Humphreys，Rich & Davey，1985），还有以现代信息加工理论为基础的考夫曼儿童评估测验（Kaufman Assessment Battery for Children；K-ABC）。考夫曼儿童评估测验在内容上几乎不使用言语，所测量的是卡特尔和霍恩提出的流体智力（Kaufman & Kaufman，1983）。

其他一些研究者由于没有受到以往对智力的定义和测量方法的影响，提出了全新的智力测验方法。其中很有前途的一种方法叫作**动态评估**（Haywood，2001；Sternberg & Grigorenko，2001a，2001b）。该方法是测量在充分的指导下，儿童对新材料的掌握程度。例如，Reuven Feuerstein 及其同事（1997）指出，尽管对智力的定义是"运用经验进行学习的潜能"，但 IQ 测验所测量的却是"个体已经学到的东西"，而不是能学会什么。因此，心理测量学方法对那些因文化或经济条件所限而没有机会去学习测验所需知识的儿童来说，是不公平的。Feuerstein 编制的学习潜能测验量表（Learning Potential Assessment Device）就是要求儿童根据成人不断提供的帮助线索去学习新的内容，这与维果斯基在社会文化理论中所倡导的合作学习有些类似。该测验把智力解释为"在最小限度的引导下迅速学习的能力"。斯腾伯格（1985，1991）以他的三元智力理论为基础编制了类似的测验。例如，为了更好地了解言语理解的信息加工过程，斯腾伯格没有像以往的智力测验那样要求被试对已经学过的词语进行解释，而是把一个陌生的词放在一组句子中，像在现实生活中一样，要求被试在语境中理解新词

的意思。

总之，现代的智力观已经开始在智力测验的内容中得到反映（Sternberg，1997），但是这些刚刚出现的新测验和新程序是否可以取代韦氏或斯坦福-比奈这样的传统智力测验，还需要时间去证明。

评估婴儿的智力

所有这些标准化的智力测验都不能用于2岁半以下的婴儿，因为婴儿不具备测验所需的言语技能和长时间的注意力。对婴儿的智力进行测量，多是以测量婴儿所达到的重要发展转折点的比率为指标。最著名、应用得最广的是贝利婴儿发展量表（Bayley Scales of Infant Development；Bayley，1969，1993，2005）。这个量表适用于2—30个月大的婴儿，主要包括三部分（见表8.3）：(1) 动作量表（对如抓木块、扔球、拿杯子喝水等动作技能进行评估）；(2) 心理量表（对适应性行为的测量，如物品归类、找被藏起来的玩具、跟随指令等）；(3) 婴儿行为记录（婴儿的行为在目的指向性、恐惧感、社会性反应等维度上的得分）。根据前两项分数，婴儿会得到一个发展商数，而不是智力商数。**发展商数（DQ）**反映的是与同龄大群体婴儿相比，该婴儿的发展状况好还是不好（Lichtenberger，2005）。

发展商数是否能预测将来的智商

婴儿发展量表对记录婴儿的发展过程、诊断神经生理缺陷及智力落后现象非常有效，即便在标准的神经生理检测中都难以发现的轻微的不正常，在此量表上都会有所反映（Columbo，1993；Honzik，1983）。但该量表无法预测个体将来的智商或学业成绩（Honzik，1983；Rose et al.，1989）。事实上，婴儿早期的发展商数甚至无法对婴儿晚期的发展商数做出预测。

这是为什么呢？也许是因为智力测验和婴儿测验所测量的能力是迥然不同的。婴儿发展量表是用来测量感觉、动作、语言和社会技能的，而诸如韦氏测验和斯坦福-比奈测验这类的智力测验则更强调对言语推理、概念形成和问题解决等抽象能力的测量。所以，要通过婴儿测验来预测个体后期的智力发展，就如同用尺子测量一个人的体重一样，是无法实现的。这两种测验之间也许存在一定的联系，但相关性并不很大（就像尺子是用来测量身高的，而身高与体重有一点儿

> **动态评估（dynamic assessment）**：一种对智力进行评估的方法。该方法是对儿童在施测者充分的提示下学习新材料的状况进行评价。
>
> **发展商数（developmental quotient，DQ）**：在婴儿量表的测量中，用来表示与同龄婴儿相比，该婴儿的发展状况好还是不好的一个量数。

表8.3 贝利婴儿发展量表的分量表

贝利婴儿发展量表的分量表	描述
心理量表	评估儿童当前的认知、言语和个性或社会性发展水平，项目包括对记忆、问题解决、早期数字概念、概括、分类、发声法、语言和社会性技巧的测量。
动作量表	对儿童的大运动和精细动作的发展进行测量：大运动项目通过爬行、坐立、站立和行走等活动进行评定，精细动作则通过书写、抓握和模仿手腕运动来评定。
行为评定	该分量表由主试完成，通过考察儿童在测试过程中的行为，评估儿童的注意唤醒水平（当儿童的年龄小于6个月时）、对任务的指向性和投入程度、情绪调节，以及动作的质量。

来源：Adapted from "The Stability of Mental Test Perfrmance Between Two and Eighteen Years," by M. P. Honzik, J. W. MacFarlane, & L. Allen, *Journal of Experimental Education*, 17, 309-324, 1948.

关系；DQ 表示婴儿的发展状况，与 IQ 也有一定关系）。

有关智力表现连续性的新证据

根据上文的描述，希望通过婴儿的行为来预测其后来的智力水平的想法是否会显得有点愚蠢呢？其实未必。正如第 4 章介绍的，信息加工理论学派所编制的测量婴儿注意力和记忆的工具，对个体在学前和小学教育阶段的智商的预测力比贝利婴儿发展量表要好得多。其中有三种特征的预测力最强，包括当视觉目标出现时，婴儿能够多快看到（视觉反应时）；对重复出现的刺激习惯化的速度；与熟悉的刺激相比，婴儿对新异刺激的喜爱程度（新异刺激喜好）。婴儿在 4～8 个月大时进行这种信息加工技能测试所得到的分数，与其童年期的智商分数之间的相关系数平均为 0.45。其中视觉反应时与后期的操作智商之间的相关较高，其他两种因素对言语智力的预测力度则更强（Dougherty & Haith, 1997; McCall & Carriger, 1993）。

可见，婴儿期的智力与童年期的智力还是存在连续性的。也许我们现在应该把聪明的婴儿的特点描述为：喜欢并能辨认新异刺激，能快速吸收新信息。简而言之，聪明的婴儿就是一个快速高效的信息加工者。

从童年期到青少年期智商的稳定性

智商曾经一度被认为是由遗传决定的，而且具有稳定性。也就是说，如果某个儿童 5 岁时的智商分数为 120，在他 10 岁、15 岁或者 20 岁时，智商分数应该变化不大。

多少人会支持这种观点呢？如前所述，婴儿的发展商数不能预测智商。但从 4 岁开始的智商与后期的智商间存在着有意义的联系（Smeroff et al., 1993），到童年中期，这种联系更加紧密。表 8.4 概括了美国加利福尼亚大学对 250 多个儿童进行的一项纵向研究的结果（Honzik, Macfar-

表 8.4 学前期和童年中期测得的智商与 10 岁和 18 岁时的智商分数的相关

儿童年龄	与10岁时测得智商的相关	与18岁时测得智商的相关
4	0.66	0.42
6	0.76	0.61
8	0.88	0.70
10	—	0.76
12	0.87	0.76

来源：Honzik, Macfarlane, & Allen, 1948.

lane, & Allen, 1948）。通过考察这些数据可以发现，两次测验的间隔时间越短，儿童智商的相关性就越高。也可以看出，多年以后，智商仍是一个相当稳定的特征。因为儿童在 8 岁时的智商分数与 10 年之后 18 岁时的智商分数间存在明显的相关。

但是，这些相关数无法说明我们想了解的另外一些信息。每个相关数字都来自一大组儿童，我们并不清楚每个儿童的智商在过去的时间里是否稳定。Robert McCall 及其同事（1973）对 140 个 2.5～18 岁的儿童定期进行智力测验。结果是令人吃惊的，在过去的十几年中，一半以上儿童的智商都有很大的波动，平均波动的范围在 20 分以上。

所以，对某些儿童来说，他们的智商比其他人更加稳定。很明显，这些发现对智商可以完全反映个体绝对的学习或智力潜能的假设提出了挑战。如果假设是正确的，那么所有儿童的智商都应该是稳定的，只可能存在测量上的细小误差。智商如果不能代表个体的智力能力，反映的又是什么呢？许多专家现在都认为，智商只评估了个体在特定情况下智力的即时表现。这种评估能否反映个体的智力能力并不确定。

有趣的是，儿童智商的波动不是随机的，在不同时期内，他们的分数或者一直在升高，或者一直在降低。哪些儿童的分数会升高，哪些儿童的分数又会降低呢？研究结果表明，智商分数增高的儿童其家长一般都很注重儿童的智力发展，鼓励他们学习，在养育孩子时既不过于严格，也不过于放纵（Honzik et al., 1948; McCall et al., 1973）。另一方面，智商分数一直下降的儿童一般生活在贫穷的环境里，特别是处于长期的贫困状态（Duncan & Brooks-Gunn, 1997b）。Klineberg（1963）提出了"累积缺陷假设"来解释这种现象：贫困的环境会阻碍智力的发展，而且这种抑制效应会随时间累积。结果，个体处于贫瘠的智力环境中越久，智力测验的成绩就越差。

贫困的环境会阻碍儿童智力的发展，导致儿童智商分数的不断下降。

一项对罗马尼亚贫困儿童的研究支持了累积缺陷假设。这些罗马尼亚儿童处于受贫困威胁且无人照料的环境中，后来分别在不同年龄被英国中产阶级家庭领养（O'Connor et al., 2000）。出生 6 个月之内被领养的罗马尼亚儿童在 6 岁时和英国儿童的智力测验分数相似。相反，年龄更大之后才被领养的罗马尼亚儿童在 6 岁时还会表现出延迟性认知缺陷。在这些儿童中，处于贫困状态越久的孤儿的智力测验分数越低（或者说缺陷越严重）。

智力测验能预测什么

如前所述，智力测验所测量的是人的智力表现而不是真实的能力，而且随着时间的推移，人的智力会有所改变。由于存在这种局限性，人们有理由对智商的意义提出疑问。比如，智商是否能够预测将来的学业成绩？智商与人的健康水平、职业地位高低以及一般生活满意度是否有关系？我们首先来讨论一下智商与学业成绩的关系。

智商作为学业成就的预测源

智力测验最初的目的就是评价儿童在学校的学习状况，因此，现代的智力测验能够对学业成绩进行预测也就不足为奇了（Ackerman et al., 2001; Watkins, Lei, & Canivez, 2007; White, 2007）。儿童的智商与他现在和将来的学业成绩的相关为 0.50（Neisser et al., 1996）。另外，ACT、SAT 等学业能力倾向测验可以有效预测学生进入大学之后的学业成绩。

智商高的学生不仅学习成绩好，而且上学的时间也长（Brody, 1997）。他们很少在高中时辍学，也更倾向于继续完成大学学业。

有些人认为，智商之所以能够预测学习能力倾向，是因为二者都是对抽象推理能力的测量，即斯皮尔曼所称的一般智力或者一般心理能力（Jensen, 1998）。然而，持不同意见的人认为，智力测验和学习能力倾向测验所反映的知识和推理技能都是文化价值观的体现。与此观点相符合的事实就是，学校教育本身在很大程度上是文化价值观的一种反映，同时对智力测验成绩也有促进作用（Ceci & Williams, 1997）。这种促进作用是如何产生的呢？在学习中，学生掌握的知识与测验题目是相联系的，他们的记忆策略和归类技能会不断提高，这些也是智力测验的内容。学校教育对学生的态度和行为也有促进作用，例如，

> **累积缺陷假设（cumulative-deficit hypothesis）**：贫困的环境会阻碍智力的发展，而且这种抑制效应会随着时间累积。

努力学习、应对压力，这些都有利于培养成功的应试技巧（Ceci, 1991; Huttenlocher, Levine, & Vevea, 1998）。从这一角度来讲，智力测验几乎可以被看作学业成就测验。

最后，我们始终都应该记住，学业成绩与智商之间的适度相关是一种整体趋势，具体到某个个体来说，他的智商分数也许并不能准确反映他现在或者将来的学业成就。因为学业成绩与学习态度、兴趣和成就动机等因素都有密切的关系（Neisser et al., 1996）。所以，尽管智力测验或学习能力倾向测验比其他任何类型的测验对学业成绩都有更好的预测作用，但对学生将来是否成功的估计，永远都不应该以某一个测验分数为依据。实际上，已有研究表明，对学生学业成绩最好的预测指标既不是智商也不是学业能力倾向测验成绩，而是他以前的学习成绩（Minton & Schneider, 1980）。

智商作为职业成就的预测源

智商高的人就会有好的工作吗？在工作中，他们是否会比那些智商低于他们的同事获得更多成功呢？

职业地位与智商之间是有很明显的关系的。尽管由于中下阶层的人受教育的机会在不断增加，现在不同职业者的智商差距没有20世纪初那么明显了，但那些专业人员和白领职员的智商还是要高于蓝领工人或者体力劳动者（Weakliem, McQuilan, & Schauer, 1995）。一般情况下，职业声望越高，个体的平均智商也越高。存在这种现象的一个原因是智商与教育之间的联系（Brody, 1997）。但每一个职业群体的智商都是多样化的，很多职位很低的人智商也很高。

智商对工作绩效有预测作用吗？聪明的律师、电工或者农民是否比那些智商低于他们的人的工作成绩更突出呢？答案也是肯定的。智力测验分数与上级主管对个体工作绩效的评分之间的相关大约为0.50，几乎等同于智商与学业成绩的相关（Hunter & Hunter, 1984; Neisser et al., 1996）。然而，一个明智的领导或人事部门管理者是绝不会仅仅凭智商分数去决定该雇用谁或者该提拔谁的。原因是人们的**隐性智力**或**实践智力**，即评估和解决日常问题的能力，是不同的。这种能力与智商的关系并不紧密，却可以更好地预测工作绩效（Sternberg et al., 1995）。另外，其他一些因素，如以前的工作绩效、人际交往技能以及成就动机，对于预测未来的工作绩效也同样重要，甚至比IQ更加重要（Neisser et al., 1996）。

智商作为健康、适应性和生活满意度的预测源

聪明的人是否比那些智商一般或较低的人更加健康、快乐，能更好地适应生活呢？我们来看一下研究者对智商处于正态分布两端的人（智力超常者和智力落后者）的生活状态进行的研究。

1922年，推孟对1500多个智商为140分或者更高的来自加利福尼亚州的儿童进行了一个有趣的纵向研究，该研究一直持续到现在。此项研究的目的是尽可能多地收集这些天才儿童的能力和个性方面的信息，每隔几年还对他们生活的其他方面进行一下追踪，看他们取得了怎样的成就。

如果能够得到父母的支持和鼓励，一些天才儿童在十一二岁时就会成为大学生。

天才儿童长大成人之后是什么样子呢？在推孟的研究中，大多数被试在很多方面都有突出表现。其中只有不到5%的人有适应不良。他们出现健康问题、酗酒和犯罪行为的比例远远低于正常人群（Terman，1954），只有在离婚率上与正常人群没有差异（Holahan & Sears，1995）。男性天才儿童在职业方面取得的成就非常突出。到中年时，有88%的人在专业性或半专业性领域工作。作为一个群体，他们一共提出过200种模型，发表了2000篇科研报告，还出版了100本书、375篇戏剧或短篇小说，还有300多篇论文、摘要、杂志文章或评论。受性别角色期望的影响，在推孟的研究中，大多数天才女孩都为了家庭而放弃了工作（Schuster，1990；Tomlinson-Keasey & Little，1990）。但近期对一些天才女性的研究发现，她们对事业上的成功有强烈的追求，并且比推孟研究中的女性被试有更强的主观幸福感（Schuster，1990；Subotnik, Karp, & Morgan，1989）。

智力落后者的情况又是怎样的呢？他们是否有获得成功和幸福的希望呢？也许在我们的刻板印象中会觉得不可能，但实际研究却得到了不同的结论。

大约有3%的学龄儿童被诊断为**智力落后**，因为他们的智力机能显著低于平均水平，在自我照料和社会技能等适应性行为方面都存在缺陷（美国智障协会，1992；Roeleveld, Ziehuis & Gabreels，1997）。

中度智力落后儿童的生活状态如何？我们从一项纵向研究中可见一斑。被试是在20世纪二三十年代接受过特殊教育的智障儿童，他们的平均智商小于67（Ross et al.，1985）。大概40年之后，研究者将他们的生活状况与他们的兄弟姐妹和没有关系的同龄人做了比较，并与推孟研究中的天才儿童的成就也进行了比较。

总体来说，到中年时，智力落后的个体的生活没有正常人的生活好（又见 Schalock et al.，1992）。如表8.5中所示，大约有80%的男性都在工作，但多数人的职位是对学历和智力没有要求的半技术性或非技术性的工作；女性多数都结了婚，并在家里做家务。与智力正常的人相比，智力落后者在生活的其他方面也有差距，比如，他们的收入较低，没有足够的住房，社会技能水平低，更依赖他人。

但研究者仍然发现了一些很乐观的结果。毕竟，绝大多数被试都工作并结了婚，他们对自己

> **隐性智力（实践智力）**（tacit intelligence or practical intelligence）：个体评估和解决日常问题的能力；这种能力与智商只有中等程度的相关。
>
> **智力落后**（mental retardation）：智力机能显著低于平均水平，日常生活中的适应性行为也相应地受到了损害。

表 8.5 智力落后、智力正常和智力超常者中年时的职业

职业类型	智力落后被试 (n=54) /%	智力正常的同胞兄妹 (n=31) /%	正常的同窗 (n=33) /%	推孟的天才儿童 (n=757) /%
专业人员、管理层	1.9	29.1	36.4	86.3
零售业、技术培训、农业	29.6	32.3	39.4	12.5
半技术性职业、小买卖、文书员	50.0	25.8	15.2	1.2
稍需技能或不需技能的工作	18.5	13.0	9.4	0.0

来源：*Lives of Mentally Retarded: A Forty-Year Follow-up*, by R. T. Ross, M. J. Begab, E. H. Dondis, J. S. Giampiccolo, Jr., & C. E. Meyers. Copyright © 1985 by Stanford University Press. Adapted with permission.

的生活状态也比较满意。实际上，访谈发现，只有 1/5 的人报告了在过去 10 年里需要过社会帮助。显然，他们的生活状况比我们印象中的要好得多。

因此，从该研究中以及以前的一些研究中可以看出，很多在学校被认定为中度智力落后的儿童，尽管在课业学习中的确存在困难，但他们离开学校长大成人之后，就彻底融入了普通人群中。他们之所以能够适应成人的生活，显然是因为他们具备了实践智力或是斯滕伯格所说的"生活智慧"，而标准化智力测验并没有包括这方面的内容。正如该研究的作者所写的："智商对个体的贡献……在自我实现方面的作用，并不像多数人所认为的那么重要。(Ross et al., 1985, p.149)"

概念核查8.1 理解智力理论和智力测验

回答下列问题，检查你对智力含义的不同观点、智力测验的不同方法，以及智力测验能够预测什么的理解。答案见附录。

匹配题： 给下列概念选择最合适的定义。

  a. 三元智力理论
  b. 心理测量法
  c. 多元智力理论

____ 1. 这种理论观点将智力描述为能够区分个体差异的一种或多种特质。

____ 2. 加德纳的理论，认为人类有 9 种智力，每种智力都与特定的脑区相联系。

____ 3. 斯滕伯格的理论，认为应该通过情境、经验和信息加工成分这几个方面来研究智力。

选择题： 为下列各题选择最佳答案。

____ 4. 当前使用的离差智商是如何得出的？
  a. 将儿童的心理年龄与实际年龄进行比较，IQ =（MA/CA）× 100
  b. 将儿童的成绩与其同龄人进行比较
  c. 比较儿童成绩与成人成绩的差异程度
  d. 用 100 减去错误的项目数，再除以儿童的实际年龄

____ 5. 诸如贝利婴儿发展量表这类的婴儿发展量表
  a. 对后来的智商预测力很低，或许可以归结为智商本身是不稳定的特质
  b. 能够很好地预测后来的智商，或许可以归结为智商本身是稳定的特质
  c. 能够很好地预测后来的智商，或许可以归结为智商被高度开发了
  d. 对后来的智商预测很低，或许是因为婴儿测验和后来的智商测验所涉及的是不同能力

____ 6. 斯麦提博士是一位临床心理学家，他工作的一项内容是为儿童提供智力测试。他对智力的观点与卡特尔和霍恩一致，属于心理测量学派。在一次测试中，他要求儿童尽可能多地列举出美国各州的首府。通过这个测验，斯麦提博士测量的是儿童的
  a. g 因素，即一般智力   b. 流体智力
  c. 晶体智力   d. 运动智力

简答题： 简要回答下列问题。

7. 由于对斯坦福–比奈量表感到不满意，韦克斯勒自己编制了智力测验。那么他认为斯坦福–比奈量表最主要的问题是什么？将言语量表和操作量表分开的好处是什么？

8. 假设黛安、杰西和克莉丝都完成了一个标准化智力测验。黛安的智商是 135，杰西的智商是 100，克莉丝的智商是 80。请分别解释这些分数的意义。

论述题： 详细论述下列问题。

9. 列举加德纳的多元智力理论所提出的 9 种智力，并说明各种智力在哪种职业中存在优势。

影响智商分数的因素

为什么人们在智力测验中得到的智商分数有那么显著的差异呢?为了解释这个问题,我们将简要回顾一下遗传和环境对智力的影响,并对其他几个影响智力的重要的社会和文化因素做进一步的探讨。

遗传方面的证据

在第2章中,我们回顾了遗传影响智力的两条主线,遗传基因的变异大约能够解释个体智商变异的一半。

双生子的研究

在同一个家庭中,两个孩子的智力水平的相似性与遗传基因的相似性成正比。比如,遗传基因完全相同的同卵双生子的智商,比只有一半相同遗传基因的异卵双生子或普通兄弟姊妹的智商之间的相关要高得多(Bower, 2003)。

领养儿童的研究

被领养儿童的智商与他们亲生父母的智商的相关要远远高于与他们的养父母的智商的相关。这种发现可以被看作遗传对智商产生影响的依据。因为被领养的孩子只与他们的亲生父母有相同的遗传基因。

第2章还介绍了人的基因类型可以对个体生活的环境类型产生影响。实际上,Scarr 和 McCartney(1983)曾经指出,人所需要的环境与他们的基因类型相匹配,因此,同卵双生子所选择和生活的环境比异卵双生子及同胞兄妹的更相似。这就是同卵双生子为什么在一生中的智力水平都很相似,而异卵双生子或同胞兄妹在智力方面的相似性越来越小的主要原因(McCartney et al., 1990)。

这些研究能否说明人的基因类型是决定环境、影响智力发展的最根本因素呢?不是的。一个具备寻求智力挑战的基因偏好的孩子,如果生长在单调的环境中,几乎没有任何智力活动的机会的话,他的智商不会发展得很高。相反,一个没有这方面倾向的孩子,如果生长在一个有丰富刺激的环境中,并且能不断获得富有挑战性的认知任务,他的智商就会达到平均水平或者更高。下面我们将就环境如何对智力产生影响做进一步的探讨。

环境方面的证据

环境因素对智力的影响作用有几种证据来源。例如第2章中提到的,居住在同一家庭但没有血缘关系的两个儿童,在智商上的相似程度从较小到中等程度都有。因为他们没有任何相同的遗传基因,这种相似性只能被理解为是在同样环境中长大的缘故。在本章的前一部分中,我们也提到,在贫穷环境中生活的儿童,随着时间的流逝,智商会连续下降(累积缺陷),由此可以推论,经济状况会影响儿童智力的发展。

那么我们是否可以通过丰富儿童居住的环境促进他们的智力发展呢?答案是肯定的,至少以下两个方面的事实可以支持这一观点。

弗林效应

在整个20世纪,人们变得越来越聪明了。研究发现,从1940年开始,每过10年,各国公民的智商平均会提高3分,这被称为**弗林效应**,是以发现这个现象的詹姆斯·弗林(James Flynn)的名字命名的(1987, 1996, 2007)。在这么短的时间内人类的智商有这么大的提升,不可能是进化的结果,因此,一定是环境造成的。是什么因素导致了人类平均智商的不断提高呢?

> **弗林效应(Flynn effect)**:在整个20世纪,人类的智商分数出现了系统性提高。

教育在世界范围内的进步可能在三个方面对提高智商起到了作用，即教育使人们更会应对测验；使人们的知识更加丰富；使人们具备了更有效的问题解决能力（Flieller, 1999; Flynn, 1996）。然而，教育的进步也许不是唯一的原因，因为弗林效应在流体智力的测量方面表现得更为明显。从理论上讲，教育的提高对晶体智力的影响会更大。在20世纪，营养与健康水平的提高是另外两个潜在的环境因素。很多人都认为，营养与健康对大脑和神经系统的发育起到了积极作用，从而提高了人们的智力表现（Flynn, 1996; Neisser, 1998）。

领养儿童的研究

一些研究者对那些离开了不良家庭环境，被有良好教育背景的父母领养的孩子的智力提升进行了研究（Scarr & Weinberg, 1983; Skodak & Skeels, 1949）。这些儿童在4～7岁的时候参加了标准化智力测验，他们的智商都高于平均水平（在Scarr和Weinberg的研究中为110，在Skodak和Skeels的研究中为112）。有趣的是，这些孩子的智商仍旧与他们亲生母亲的智商存在相关，这反映了遗传因素在智力成绩方面的作用。然而，与他们亲生父母的智商水平相比较，这些被领养儿童的绝对智商高出很多（10～20分），并且到青少年期，他们的学业成绩也始终稍高于国家常模（Waldman, Weinberg, & Scarr, 1994; Weinberg, Scarr, & Waldman, 1992）。个体表现出的这种智力品质很显然是受环境影响的结果。因为研究中的父母都受过良好的教育，他们的智商本身就高于平均水平。所以，有理由认为，他们给这些被领养的儿童创造了有丰富刺激的家庭环境，从而促进了儿童认知的发展。

遗传与环境交互作用的证据

遗传和环境对IQ分数影响的证据并不清晰。正如我们在第2章学到的，这是因为遗传与环境确实存在着交互影响，并且共同影响着IQ这样的心理因素。领养研究和弗林效应显示出遗传和环境的共同影响，同时也揭示出两者的交互作用（Sameroff, 2009）。在第2章中，我们还提到过反应范围这一概念。这一模式意味着遗传可能为IQ的可能表型设定了限制，但是环境也可以影响现实中的表型。和我们所看到的发展的许多属性一样，IQ也受到遗传和环境交互作用的影响，这两个因素同等重要，并且以其各自的方式发挥作用。

社会和文化因素对智力表现的影响

根据上文的描述，环境的确是一个很有影响力的因素，它既可以促进也可以阻碍智力的发展。但我们在这里使用的"环境"概念是很宽泛的。以上研究依据并不能真正告诉我们，孩子的哪些生活经验对他们的智力发展有重要的作用。在这一节中，我们会更详细地讨论环境，包括父母的态度和育儿方式、家庭的社会经济地位，甚至还有家庭所属的社会文化群体，对儿童智力测验成绩的影响。

智商的社会阶层差异和种族差异

在智力研究领域，一个最可靠的结论是社会阶层效应：来自低收入家庭或工人阶级家庭的儿童与来自中产阶级家庭中的同龄儿童相比，前者的标准智力测验分数低10～15分（Helms, 1997）。只有婴儿除外，因为在对婴儿的信息加工能力的测量中，包括可以预测未来智商的新异刺激偏好和习惯化研究（McCall & Carriger, 1993）以及婴儿发展商数（Golden et al., 1971）等测量，都没有体现可信的社会化阶层差异。

智商还存在种族方面的差异。在美国，非裔

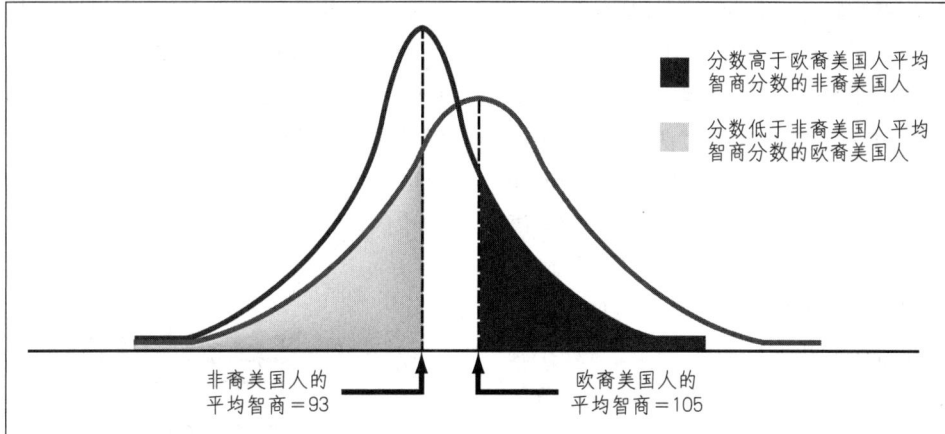

图 8.6 由亲生父母养育的非裔儿童与欧裔儿童的智商分数的大概分布。
来源：Based on Intelligence, 2nd ed., by N. Brody, 1990. San Diego: Academic Press; and "Intelligence: Knowns and Unknowns," by U. Neisser, et al., 1996, *Ameican Psychologist*, 51, 77-101.

和印第安儿童的标准化智力测验得分平均比欧裔儿童低 12～15 分。西班牙裔儿童的平均智商处于非裔和其他欧裔儿童之间，亚裔与欧裔儿童的智商基本相同或略高（Flynn，1991；Neisser et al.，1996）。不同种族的儿童在不同能力上的得分也存在差异。例如，非裔儿童的言语智力比其他分测验得分高，而西班牙裔儿童和美国印第安儿童在空间智力这类非言语项目上的得分更高（Neisser，1996；Suzuki & Valencia，1997）。

在我们对这种社会阶层差异和种族差异进行解释之前，必须强调的一个重要事实是：不能凭种族或肤色对任何人的智商和将来的成就做任何预测。因为当人们发现欧裔儿童或亚裔儿童比非裔和西班牙裔儿童在智商测验上得分更高时，往往会忽视这一点。我们从图 8.6 中可以看到，非裔美国人与欧裔美国人的智商分布具有相当大的重叠。尽管非裔儿童的平均智商比欧裔儿童低一些，但分布的重叠部分表明，有许多非裔美国儿童的智商分数比欧裔儿童高。实际上，很多研究显示，大约有 15%～25% 的非裔美国人的智商显著高于多数欧裔人的智商。

为什么智力表现存在群体差异

在过去这些年中，为了解释智商的种族差异和社会阶层差异，发展学家提出了三种基本假设：（1）文化或测验偏差假设——标准化智力测验本身和施测方法都只适合有中产阶级文化背景的欧裔人，却严重低估了经济条件比较差的、尤其是那些来自亚文化背景的少数族裔儿童的智力；（2）遗传假设——不同人群的智商差异是由遗传因素造成的；（3）环境假设——智商较低的人群所处的智力环境是贫瘠的，也就是说，他们的周边环境和家庭环境对儿童的智力发展都没有起到很好的促进作用。

文化或测验偏差假设

赞成**文化或测验偏差假设**的人认为，不同人群在智商上的差异是由于智力测验和测验过程本身导致的，是人为造成的（Helms，1992）。为

> **文化或测验偏差假设**（cultural or test-bias hypothesis）：
> 标准化智力测验和施测程序本身存在一种固有的中产阶级文化偏差，这种文化偏差可用于解释为什么那些家庭经济条件较差的儿童和亚文化少数族裔儿童的智力表现低于标准水平。

了说明这一观点,研究者指出,现在所使用的智力测验都是为了测量认知技能(如走迷宫)和一般常识(如747是什么),这些都是中产阶级欧裔儿童在生活中就能够获得的信息。他们还认为,与那些中产阶级欧裔儿童相比,测量词汇和词语用法的分测验对于那些经常使用不同的英语方言的非裔和拉丁裔儿童来说更加困难。不同民族在语言使用的方式上也有所不同。例如,欧裔父母会问孩子许多"知识培训型"问题(如小狗说了什么、爱斯基摩人住在哪里),回答这些问题跟回答智力测验中的问题一样,都需要简要的答案。相反,非裔父母更倾向于问儿童实实在在的问题(如放学后你为什么没有马上回家),父母有时也不知道答案,回答这些问题要像讲故事一样详细地陈述,与在学校和智力测验中回答问题的要求有很大差异(Heath,1989)。所以,正如许多批评家所说的一样,或许智力测验对欧裔人文化的评估是很有效的,但对于少数族裔儿童来说,它们是存在缺陷的(Fagan,2000;Helms,1992;Van de Vijver & Tanzer,2004)。

"测验偏差"能够解释智商的群体差异吗?

曾有人试着编制了**文化公平智力测验**,这种测验不会使那些贫困的或来自亚文化背景的少数族裔儿童在一开始就处于不利位置。例如,瑞文推理测验要求被试浏览一系列抽象图形,每组中都有一个缺失的部分。受测者的任务是从多个备选答案中找出正确的部分,使图形变得完整(见图8.7)。测验假设这些问题对所有社会阶层和所有族群都具有相同的熟悉度,没有时间限制,指导语也非常简单。然而,在这种所谓的文化公平智力测验中,中产阶级欧裔儿童的得分依旧比同龄的非裔儿童高(Jensen,1980)。将已有的测验翻译为来自城市的非裔儿童所使用的英语方言再对他们进行施测,他们的智力测验分数也并没有提高(Quay,1971)。最后,各种智力测验和其他能力倾向测验(如SAT)对于非裔以及其他少数族裔儿童的学业成就的预测与对欧裔学生的预测具有一样的效果,甚至更好(Neisser et al.,1996)。总之,这些研究结果表明,不同人群的智商分数的差异,不能单纯归因于测验内容或者测验中使用的语言问题。也许还存在其他可能的原因。

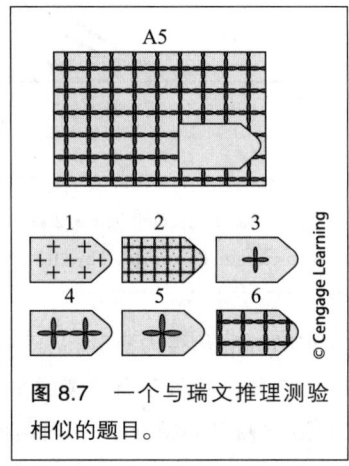

图8.7 一个与瑞文推理测验相似的题目。

动机因素

批评家指出,许多少数族裔儿童和青少年在正式的测验情境下,往往不会尽自己的最大努力(Moore,1986;Ogbu,1994;Steele,1997)。他们对不熟悉的施测者(多数施测者都是欧裔人)或陌生的测验过程有很高的警惕性,为了摆脱这种不愉快的测验经历,他们更愿意追求速度,而不注重准确性(Boykin,1994;Moore,1986)。

在对测验程序进行了调整,使参加测验的少数族裔儿童感觉更自在,降低他们的恐惧感之后,结果就大不一样了。让他们与态度友好、耐心且能够提供支持的施测者先熟悉一下再进行测验,他们的智力测验得分要比传统上由陌生的主试进行施测的得分高出许多(Kaufman,Kamphaus,& Kaufman,1985;Zigler et al.,1982)。就连来自中产阶级家庭的少数族裔儿童在测验程序改变后也有所收益,因为这种测验情境给他们带来的不自在,比带给中产阶级欧裔儿童的不自在程度要高（Moore，1986）。

消极刻板印象的影响

John Ogbu（1994）指出，社会对少数族裔儿童智力的消极刻板印象，会使他们认为自己的日常表现会受到不公正和歧视的限制。结果，他们就会拒绝一些主流文化所认可的行为，如他们认为优秀的测验成绩与自己无关，或者只把它看作"白人的行为"。Steele 和 Aronson（1995）提出，人们排斥所相信的刻板印象可能应验在自己身上的想法经常影响人们的行为，这种现象被称为**刻板印象威胁**。在一系列的研究中，Steele 及其同事证明，人们的确担心消极的刻板印象，并且当他们被引导相信自己的种族、少数族裔或性别群体的测验分数通常低于其他群体时，他们的测验成绩将受到消极的影响。这种担心和糟糕的测验成绩也许是智力测验偏差的另一来源。

遗传假说

有关智商种族差异的原因的争论因 1994 年的《钟形曲线》(*The Bell Curve*) 一书的出版而更加激烈。该书的作者是 Richard Herrnstein 和 Charles Murray，他们认为，不同种族平均智商分数上的差异主要是由遗传差异造成的（Rowe & Rodgers，2005）。

Arthur Jensen（1985，1998）也同意这种**遗传假说**。他指出，有两大类智力能力在不同族群中是同样可遗传的。**水平 I 的能力**，包括注意加工、短时记忆以及对简单的机械学习比较重要的联合技能。**水平 II 的能力**，是指抽象推理、运用词和符号形成概念和进行问题解决的能力。Jensen 认为，学业成就与水平 II 的能力高相关，而与水平 I 的能力无关。当然，智力测验主要测量的是水平 II 的能力。

Jensen 发现，儿童在完成水平 I 的能力测验时，不存在任何民族和社会阶级差异。然而，在水平 II 的能力测验中，中产阶级欧裔儿童的成绩比那些家境贫穷的非裔儿童高。由于水平 I 和水平 II 的能力在不同种族和阶层间都同样是遗传而来的，因此，Jensen 推论说，不同族群智商上的差异是由遗传造成的。

对遗传假说的批评

尽管 Jensen 的观点听起来比较有说服力，但遗传的证据只能解释智力的组内差异，而不能解释组间差异。Richard Lewontin（1976）用类比的方法把这一点解释得很清楚。假设基因不同的玉米种子从袋子里倒出来，随机播种在两块不同的田地里，一块是贫瘠的，一块是肥沃的。因为同一块田地里的玉米生长的土壤相同，所以植株高度上的差异一定是遗传的结果。但是，如果在肥沃田地中的植株平均高度高于贫瘠的田地（图 8.8），这两块田地间的差异一定是土壤的质量这一环境因素造成的。同样，尽管遗传可以部分解释非裔人和欧裔人智商上的组内差异，但两个种族间智商的差异也仅仅能解释为他们所处的环境不同（Brooks-Gunn et al.,2003; Rowe & Rodgers, 2005）。

对混血儿的研究结果也不支持遗传假说。Eyferth（转引自 Loehlin et al., 1975）在研究中测量了父亲是非裔美国士兵与父亲是美国欧裔公

> ➢ **文化公平智力测验（culture-fair tests）**：为了使智力测验内容中影响测验表现的文化偏差最小化而编制的一种智力测验。
>
> ➢ **刻板印象威胁（stereotype threat）**：人们排斥所相信的刻板印象可能应验在自己身上的想法影响到人的行为的现象。
>
> ➢ **遗传假说（genetic hypothesis）**：认为不同族群在智商上的差异主要是由遗传造成的。
>
> ➢ **水平 I 的能力（Level I abilities）**：Jensen 提出的术语，指对简单的联合学习比较重要的较低水平的能力，如注意、短时记忆等。
>
> ➢ **水平 II 的能力（Level II abilities）**：Jensen 提出的术语，指较高水平的认知技能，包括抽象推理、运用词和符号形成概念和进行问题解决的能力。

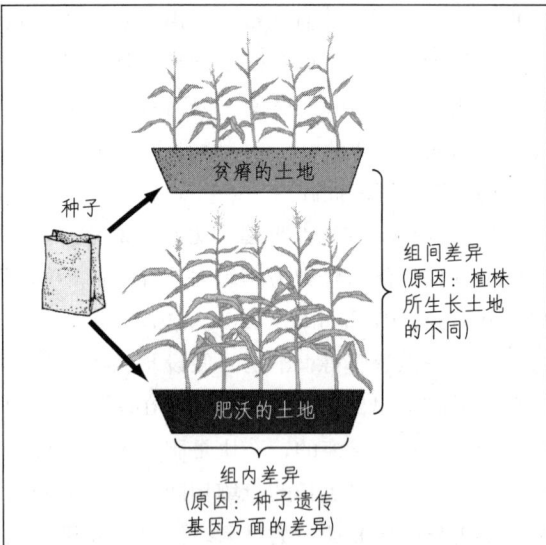

图 8.8 为什么组内差异并不足以解释任何组间差异呢？我们在这里所看见的同一块田地里庄稼高度的不同，表明了种子间遗传基因的不同；而两块地里庄稼的平均高度上的差异，只能是环境因素——土壤的质量造成的。

来源：Adapted from *Psychology*, Third Edition, by Henry Gleitman. Copyright © 1991, 1986, 1981 by W. W. Norton & Company, Inc. Used by permission of W. W. Norton & Company, Inc.

务员的两组美德混血儿的智商。显然，如果混血儿童的非裔父亲的遗传基因中没有提高智商的成分，那么这些少数族裔儿童的智商分数应该比同龄的白种儿童低。然而，Eyferth 发现，这两组儿童的智商分数没有差异。同样，在美国特别聪明的非裔儿童中，有白人血统的儿童的比例也并不高于所有非裔人口中有白人血统的儿童的比例（Scarr et al., 1977）。

尽管有这些负面的证据，遗传假说还是继续存在着。比如，T. Edward Reed（1997）指出，对少数族裔混血儿的研究在方法学上有问题，因此对研究结论提出质疑。另有研究者将头和大脑的体积差异（白人的头和大脑的体积大于非裔美国人），作为种族间智商差异是由遗传造成的证据（Lynn, 1997; Rushton, 1999）。这种生理上的差异是否真的能作为遗传证据来解释不同人种在智商上的差异呢？Ulric Neisser（1997）认为，并非如此。他指出，头和大脑的体积受出生前的营养与充分照料等因素的影响。这种环境变量在不同族群中有很大差异，会对孩子的智力产生重要影响。因此，即使遗传因素是影响种族内部智力差异的一种属性，《钟形曲线》一书中的结论仍然是夸大其词的。总之，目前还没有能够表明族群间的智力差异由遗传因素决定的确凿证据（Neisser et al., 1996）。

环境假说

对智商群体差异的另一种解释是**环境假说**，即穷人和各少数族裔群体所处的环境，对智力发展的促进作用远远小于白人或者中产阶级所处的环境。

发展学家仔细考察了低收入或受贫困威胁的生活方式对家中的孩子会产生何种影响。几个研究结果都直接针对儿童智力发展问题（Bradley, Burchinal, & Casey, 2001; Duncan & Brooks-Gunn, 2000; Espy, Molfese, & DiLalla, 2001; Garrett, Ng'andu, & Ferron, 1994; Mcloyd, 1998）。举例来说，一个处于贫困状态的家庭，过低的收入会导致来自这一家庭的孩子营养不良，这会阻碍大脑的发展，从而导致儿童的情绪低落和精神恍惚（Pollitt, 1994）。其次，经济困难会使人产生心理压力。对生活现状的强烈不满会导致低收入的成人急躁、易怒，对孩子的敏感性、支持性和卷入孩子学习活动的能力都会降低（McLoyd, 1990, 1998）。最后，低收入父母本身的受教育水平一般也比较低，他们既没有知识也没有钱为孩子提供与其年龄相适应的书、玩具或其他有利于刺激孩子智力发展的家庭环境（Klebanov et al., 1998; Sellers, Burns, & Guyrke, 2002）。那些生活在家境最贫寒的家庭中的儿童，其父母收入最低，所受到的家庭环境刺激也最少（Garrett，Ng'andu，& Ferron，1994）。然而，如果低社会经济地位的父母给孩子提供了更富有刺激性的家庭环境，积极鼓励孩子学习并且让孩子不断接受挑战，那么儿童在智力测验中的表现会大大改善。像中产阶级家庭的儿童一样，他们也会对后来的学业成就产生内在兴趣（Bradley，Burchinal，& Casey，2001；DeGarmo，Forgatch，& Martinez，1999；Espy，Molfese，& DiLalla，2001；Gottfried，Fleming，& Gottfried，1998；Klebanov et al.，1998）。因此，已有充分的证据可以表明，不同社会阶层智力上的差异，从根本上说是环境因素的作用。

一些严谨的跨种族领养儿童的研究也得到了相似的结果。Sandra Scarr 和 Richard Weinberg（1983；Waldman，Weinberg，& Scarr，1994；Weinberg，Scarr，& Waldman，1992）对100多个被欧裔中产阶级家庭领养的非裔（或者少数族裔混血）儿童进行了研究。这些养父母的智商都在平均分数以上，都受过较高水平的教育，其中许多父母也有亲生子。尽管 Scarr 和 Weinberg 发现，被领养儿童的智商比同一家庭中亲生的欧裔儿童的智商低6分左右，但在对跨种族领养儿童的整体智力表现进行考察后发现，这种种族差异并不显著。作为一个群体，这些非裔被领养儿童的平均智商分数为106分，比整体平均智商高6分，比那些在低收入家庭社区成长的非裔儿童高15～20分。10年后，研究者对这些跨种族被领养儿童的智商再次进行了测试。虽然童年时所使用的智力测验和10年之后的不同，把这两个分数直接做比较或许不够恰当，但研究发现，他们的平均智商稍有下降（平均为97分）。尽管如此，这些跨种族被领养儿童的智商始终远远高于那些来自低收入非裔家庭的儿童的平均智商，并且他们的学业成就也略微高于全国常模。Scarr 和 Weinberg（1983）总结道：

> 被领养的非裔和混血儿童较高的智商分数……表明：（1）遗传上的差异并不是族群间智商差异的主要原因；（2）在中产阶级文化中长大的非裔美国儿童和混血儿童，在智力测验和学业测验中的成绩跟其他来自同样的家庭的儿童相似。

需要指出的重要一点是，Scarr 及其同事的这些观点并不说明欧裔父母都是好父母，或者说把发展不良的儿童放到中产阶级家庭中，他们就会好起来。他们谨慎地指出，实际上，对谁能做好父母的争论只会分散我们对重要信息的注意。这种重要信息是指：通过这个跨种族领养儿童的研究可以看出，人们所认为的种族因素引起的学业和智力上的很多差异，在很大程度上反映了不同种族社会经济地位的不同。有充足的证据支持这一结论。例如，数据表明，在美国受到贫困威胁的人群中，欧裔人几乎占2/3，这些处于不利家庭环境中的孩子的智商分数与那些贫困家庭的少数族裔孩子相似（美国人口普查局，1999）。另外，Charlotte Patterson 及其同事（1990）也发现，社会经济地位变量对非裔儿童和欧裔儿童学术能力的预测力要比种族变量强（又见 Greenberg et al.，1999）。最后，下面的"研究聚焦"专栏中的研究进一步说明非裔儿童与欧裔儿童在智力测验表现上的所有差异，几乎都是这些儿童成长的社会和经济环境差异的反映。

> ➤ **环境假说**（environmental hypothesis）：群体间的智商差异是由环境造成的，不同的成长环境对智力发展的促进作用也不同。

研究聚焦　社会经济地位的不同是否可以解释智商的种族差异？

1997年，美国大约有1350万儿童（约占美国儿童的20%）生活在贫困中，他们家庭的总收入无法满足他们基本的生活需求（美国人口普查局，1999）。另外，与欧裔儿童相比，更多的少数族裔儿童也生活在贫困的边缘，尤其是非裔儿童。他们从出生起就要生活在贫困中，这已经成为一种必然规律了（Duncan et al.，1994）。

非裔美国人和欧裔美国人在社会经济地位上的差异能在多大程度上解释种族间的智商差异呢？为了回答此问题，一种方法是：(1) 选择大量的非裔家庭和欧裔家庭；(2) 对每个家庭的社会经济地位的多个指标及其相互关系进行详细检验；(3) 对这些社会经济变量间的差异与不同种族儿童智商的差异是否有关进行评估。

Brooks-Gunn 及其同事（1996）在一个大型的纵向研究中选取了一部分低体重儿作为追踪对象。所有这些儿童现在已经5岁，健康状况良好，并在近期进行过标准化智力测验。研究者还对每个儿童家庭的社会经济地位指标和相关因素进行了考察，如家庭收入、邻居的平均收入、母亲的受教育水平、母亲的言语水平、在家生活的父母数量和家庭环境质量（以家庭调查表为工具进行评估）。跟其他研究者一样，Brooks-Gunn 也发现非裔美国儿童的平均智商低于欧裔儿童。而且，所有非裔家庭在以上反映社会经济地位的指标和相关因素上的得分都低于白人家庭。不同种族智商上的差异与社会经济地位的差异的关系到底有多密切呢？

为了揭示这个问题，Brooks-Gunn 及其同事（1996）对数据进行了复杂的相关分析。通过这种分析可以看出，每个社会经济地位指标和相关因素可以在多大程度上解释智力成绩上的种族差异。统计分析通过控制每个社会经济变量，使之保持恒定，然后再去估计在相同条件下长大的非裔和欧裔儿童智商上的差异，这里的相同条件是指同样的经济环境和家庭环境等。

结果分析请见表8.6。由于非裔儿童和欧裔儿童之间的差异不只表现在对智商有影响作用的社会经济地位上（如出生时的体重），所以，有必要首先评估这些背景变量对不同种族智力差异的影响作用。如表8.6所示，背景变量对智商的种族差异几乎没有影响，控制了族群间背景差异变量之后，智商差异仅从原来的18.1分降至17.8分。然而，对平均收入较低的非裔家庭进行修正以后，在智商上的种族差异降低了52%，减少为8.5分。为了补偿非裔家庭中母亲的受教育水平和较低的言语能力以及很多的单亲家庭等因素的影响，研究者对数据做了进一步修正，结果智商差异只有微弱的降低，从8.5分降至7.8分。但是对非裔儿童居住在缺少刺激的家庭环境中这一因素进一步修正之后，智商差异就只剩3.4分了——最后这一种族差异是无法用社会经济地位和家庭环境来解释的。

虽然对这种相关数据的结果解释必须谨慎，但研究的确清楚地表明，非裔儿童与欧裔儿童在智商上的差异多是由社会阶层因素引起的。如果非裔儿童和欧裔儿童在同样的社会背景下成长，他们的智力水平将是相当的。实际上，我们已经回顾了支持这一结论的其他证据，主要是 Scarr 和 Weinberg 的跨种族领养儿童研究。当在同样的中产阶级家庭环境中生活时，非裔儿童跟欧裔儿童的智力表现只有微小的差异，能在智力测验和学业成绩上达到甚至高于美国平均水平。

表 8.6　在调整了种族间的背景变量、社会经济地位和其他家庭特征之后，美国非裔学前儿童和欧裔学前儿童的智力成绩的估计差异

所做的分析	智商的种族差异（分数）
未经调整的实际智商分数	18.1
在不同方面对种族差异进行调整：	
背景变量	17.8
家庭和邻居收入水平	8.5
母亲的受教育水平，母亲的言语能力，在家中生活的父母数量	7.8
家庭环境（HOME 量表得分）	3.4

概念核查8.2　理解影响智商分数的因素以及社会和文化因素对智力表现的影响

回答下列问题，检查你对影响智商分数的因素，以及社会和文化与智力水平的关系的理解。答案见附录。

选择题：为下列各题选择最佳答案。

____ 1. 相对于异卵双生子，同卵双生子之间的智商相关更高，这一例证往往说明了什么的影响？
  a. 遗传对智力表现的影响
  b. 环境对智力表现的影响
  c. 遗传和环境两者对智力表现的影响
  d. 既不是遗传，也不是环境对智力表现的影响

____ 2. Arthur Jensen 区分了两大类的智力能力。在其分类模式中，抽象推理技能属于
  a. 流体智力　　　　b. 水平 I 的能力
  c. 晶体智力　　　　d. 水平 II 的能力

____ 3. 弗林效应是指一种什么样的长期趋势？
  a. 后代的人口越来越缺乏宗教信仰
  b. 遗传的影响变得更加强烈
  c. 智商在人类整体中出现了上升
  d. 进化扩展了大脑的效能

____ 4. 在公司的年会上，乔伊获得了年度员工奖。在讲话中，他谈道："虽然没有读过大学，但我也能够做得很好，这是因为我通过艰苦努力地工作而变得聪明。"在这段话中，乔伊暗指了自己高水平的
  a. 正规教育　　　　b. 智力的弗林效应
  c. 晶体智力　　　　d. 生活（实践）智力

____ 5. 当与儿童互动的时候，能提供智力刺激的父母不太可能会
  a. 强调学业成就的重要性
  b. 描述儿童旁边或周围正在发生什么事情
  c. 鼓励死记硬背
  d. 鼓励儿童问问题

判断题：判断下列陈述的对错。

6. 疾病（一般健康）假说是用以解释智商的种群差异的三大主要假说之一。

7. 智商测验中的动机因素是指儿童在测验过程中付出多少努力以胜过他人。

简答题：简要回答下列问题。

8. 解释弗林效应，并探讨弗林效应的潜在原因。

9. 列举用以解释智力水平和群差异的三种假说，并简要描述各假说的基本假设。

通过补偿教育提升认知表现

为了丰富贫困儿童学习经验而设置的各种学前教育项目，也许是美国总统林登·约翰逊（Lyndon B. Johnson）"对贫穷宣战"所留下的最重要产物了。"**启智项目**"是所有**补偿性干预**项目中最著名的一个。该项目（以及其他类似项目）的目的是给那些处境不利儿童提供与中产阶级儿童在家庭和托幼机构中能够获得的同样的教育经验。希望通过早期干预，可以使这些处于不利环境的儿童得到补偿，使他们在入小学一年级时，具备与中产阶级同龄儿童基本相同的能力水平。

在最早的报告中可以发现，"启智项目"以及其他类似的项目取得了了不起的成功。与那些具有相同社会背景但没有参加项目的儿童相比，参加项目的儿童在智力测验中的平均智商大约高10分。但是，该项目开始时的这种积极成果很

> **启智项目**（Head Start）：一个大规模的学前教育项目。目的是给那些低收入家庭儿童提供丰富的社会和智力经验，为入学做更好的准备。
>
> **补偿性干预**（compensatory interventions）：为了提高处境不利儿童的认知发展和学业成绩而设计的特殊教育项目。

快就消失了。参加项目的儿童在上完一年级或者二年级之后,也就是项目结束1～2年之后,所提高的智商分数就不复存在了(Gray & Klaus, 1970)。可以说,这些干预项目几乎没有对智力的持续发展起到什么作用。Arthur Jensen(1969)总结说:"补偿教育的尝试明显是失败的"。

然而,很多发展学家都不愿意接受这个结论。他们认为,把智商分数作为衡量一个项目的效果指标,显得不够有远见。毕竟补偿教育的最终目的不在于提高智商,而在于提高儿童的学业成绩。还有一些人认为,这种早期干预的作用可能是累积性的,因此补偿教育的全部好处可能会在许多年以后才能显现出来。

长期纵向研究

后续研究表明,Jensen 的批评意见有其正确的一面。1982 年,Irving Lazar 和 Richard Darlington 对从 20 世纪 60 年代开始的 11 个早期干预项目的长期效果进行了考察,这些高质量的干预项目都是以大学为依托进行的。参加项目的儿童来自美国多个地区,他们在学前期都处于不利的环境中。在整个学校教育期间,研究者定期对这些参加者的学分、智商和考试成绩进行检测。同时对这些儿童的母亲进行访谈,让她们对孩子的自我价值感、对学校的态度和学业成绩、对职业的渴望、对孩子的希望以及对孩子在学校取得进步的感觉进行评价和说明。其他纵向研究或高质量的干预项目始于 1982 年(Barnett, 1995;Berrueta-Clement et al., 1984;Darlington, 1991)。所有这些纵向研究都发现,在干预项目结束的 2～3 年内,参加项目的儿童比没参加项目的儿童的智商分数高,但在这之后就会下降。这是否说明此类项目是失败的呢?

事实并非如此!参加干预项目的儿童与那些没有参加的儿童相比,在很多方面都发展得更好。他们更容易达到学校的基本要求,很少有人被安排到特殊教育班或者被留级,完成高中教育的比例也更高。他们对学校的态度也很积极,后来在工作中的成功率也更高。母亲对他们的学业成绩也很满意,对孩子将来找到高职位的工作寄予厚望。还有一些证据表明,参加过这种高质量早期干预项目的青少年与没有参加者相比,很少有人早孕或者有犯罪行为,他们也更容易找到工作(Bainbridge et al., 2005;Barnett & Hudstedt, 2005;Campbell, Ramey, Pungello, Sparling, & Miller-Johnson, 2002;Cormley, 2005;Ludwig & Miller, 2007)。

将来我们还能做得更好吗?很多人都认为,如果补偿教育能够开始得更早,持续的时间更长,如果我们能够为父母找出更多参与孩子学习活动的方法,那么我们会做得更好(Anderson, 2005;Anthony, et al., 2005;Foster et al., 2005;Ou, 2005;Ramey & Ramey, 1998;Shears & Robinson, 2005)。

父母参与的重要性

对早期干预项目的作用进行比较发现,取得最佳效果的项目几乎总是与父母的卷入有关(Downer & Mendez, 2005;Love et al., 2005;Ou, 2005;Raikes, Summers, & Roggman, 2005)。例如,Joan Sprigle 和 Lyn Schaefer(1985)对两个学前干预项目的长期效果进行了评估,这两个项目是"启智项目"和"学会学习"(Learning to Learn, LTL)。后者会向父母介绍项目的目的,给他们提供儿童进步的最新信息,并不断强调为了确保项目的成功,保持家庭与学校的协同关系的必要性。对参加过这个项目的学生进行研究发现,他们在四至六年级时的表现仍旧受益于该项目(LTL)。在项目实施中,他们的父母有很高程度的卷入。尽管不像参加"启智项目"的学生那样在智商分数上有明显的提高,但 LTL 的学生在学校基础教育科目(如阅读)中的成绩都很好,他们在学习上很少失败,也很少有人因为学习困难而被送入学费昂贵的特殊教育班去学习。

另一些研究者推行的**两代人干预项目**不仅给孩子提供高质量的学前教育，而且还给处境不利的父母提供社会支持。为了使他们摆脱贫困，还对他们进行教育和职业培训（Ramey & Ramey, 1998）。研究发现，这种家庭干预可以提高父母的幸福感，这种主观感受可以转变为更有效的养护行为，最终使儿童的智力发展长期受益。

早期干预的重要性

"启智项目"的批评者认为，项目开始的时间太晚（一般在3岁之后），持续的时间也过短，所以没有长期效果。从婴儿期就开始进行干预，并持续多年，是否就会对提高处境不利儿童的智力和学业成绩起到长期作用呢？

"卡罗来纳州初学者计划"（Carolina Abecedarian Project）正是为了回答这个问题而进行的一个充满挑战性的早期干预项目（Campbell & Ramey, 1994, 1995; Campbell et al., 2001）。参加项目的被试来自那些生育过先天轻度智力落后儿童的风险的家庭。这些家庭都是依靠社会福利生活的，绝大多数都是只有母亲的单亲家庭，母亲的智力测验得分显著低于平均水平（IQ为70～85）。干预工作在婴儿6～12周时就开始了，一直持续5年。这些高危儿童中有一半人被随机分配到特殊的日托养护项目中，此项目是为了促进儿童智力发展而设计的，可以说是真正地竭尽全力。日托养护是全日制的，从早上7:15到下午5:15，每周5天，每年50周，直至儿童入学。与实验组儿童相比，对照组儿童接受的饮食供应、社会服务及照料都相同，他们只是不参加日托养护项目。在接下来的15年里，研究者对两组高危儿童都进行了定期的智力测验，在学校也对他们进行了定期的学业考试。

结果是让人震惊的。参加"卡罗来纳州初学者计划"的实验组儿童从18个月开始，智商分数就比对照组儿童高出很多，这种优势一直保持到被试15岁时。由此可以看出，从很早就开始的高质量学前干预工作，对儿童的智力发展有持续作用。而且，对教育的有利作用也是长久的：从入学的第三年开始，实验组的学生在所有科目上的学业成绩都高于对照组（见图8.9）。

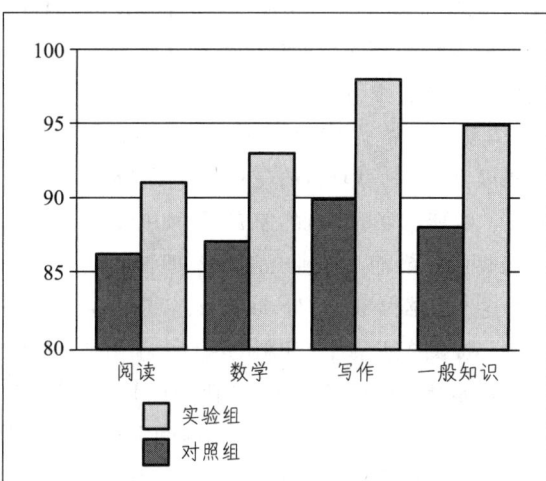

图 8.9 参加卡罗来纳州初学者计划的实验组和对照组学生在12岁时的平均学习成绩。
来源：Adapted with permission from "Effects of Early Intervention on Intellectual and Academic Achievement," by F. A. Campbell & C. T. Ramey, *Child Development*, 65, 684-698. Copyright © 1994 by the Society for Research in Child Development.

另外，芝加哥纵向研究项目（Reynolds & Temple, 1988）对那些接受过高质量学前教育干预的处境不利学前儿童进行了追踪（该项目也包括家长的深度卷入）。需要注意的是，其中一些被试在入学的前两年或前三年继续接受了附加的补偿教育，而其他被试没有。首先，这一项目证明了学前干预项目本身是成功的。所有参加过学前干预项目的被试的各科成绩都达到了年级平均

> **两代人干预项目**（two-generation interventions）：一个干预项目，旨在一方面通过日常养护和教育，刺激儿童智力发展，另一方面帮助父母摆脱贫困。

水平，但没有参加项目的对照组儿童没有达到。此外，那些接受了额外的补偿教育的学生成绩更好。与入学前中止了补偿教育的儿童相比，这些继续接受补偿教育的儿童在三年级和七年级时，阅读和数学水平要高出一半，而且，很少有人需要接受费用昂贵的特殊教育或者被留级。因此，长期的补偿教育对帮助处境不利儿童融入固定班级环境起到了作用。

"家庭干预"以及后面的"初学者计划"、"芝加哥项目"等干预项目的花费很高。因此有批评者指出，为所有处境不利的家庭支付如此高的费用是不值得的。然而，这种态度是不理智的，好比是"贪小便宜吃大亏"。Victria Seitz 及其同事（1985）发现，提供高质量日常照料的两代人干预项目的花费往往是参加者自己支付的，因为：（1）父母从对孩子的日常照料中解脱出来，有时间出去工作，从而减少了对社会资助的需要；（2）干预工作能够促使儿童认知能力的提高，使他在学校不必参加费用昂贵的特殊教育，这一项开支节约的数额就足够支付学前补偿教育的花费了（Bainbridge et al.，2005；Gormley，2005；Karoly et al.，1998）。再从长远的角度来考虑经济利益，与没参加过早期干预的人相比，因早期干预而成功毕业的个体在工作以后所纳的税更高，他们不需要社会福利，不需要犯罪所致的刑事机构的花费。实际上，在补偿教育中的每一点投入都会得到很好的回报。

创造力和特殊才能

当我们说某个儿童和成人是天才时，是什么意思呢？正如推孟的那些纵向研究一样，"天才"一词曾一度被定义为智商在140分以上的人。然而，近期对**天才**的定义范围被拓宽了，它不仅是指智商分数很高的人，还包括那些在音乐、美术、文学等某一领域有特殊才能的人（Winner，2000）。在过去这些年，我们发现，传统智力测验没有涵盖的一些能力帮助很多人在他们所选择的领域中成为专家。在这些专家中，至少有一部分人成为了真正有创新精神的创造者。

什么是创造力

推孟研究的高智商天才儿童除了生活状况比较好以外，没有一个是真正杰出的。杰出人才不是简单的专家，他们是创新者，通常被描述为具有创造力的人。事实上，对于像莫扎特、爱因斯坦或者皮亚杰这一类开创性人才来说，创造力比高智商更重要。

什么是创造力呢？对这一概念的争论所激起的矛盾说法大概跟智力差不多（Mumford & Gustafson，1988）。然而，几乎所有人都认为，**创造力**代表一种能激发新想法和产生创新性解决方案的能力，所得到的产品不单纯新颖或者超乎寻常，而且与情境相适应，并被他人认为是有价值的（Simonton，2000；Sternberg，2001；Sternberg & Lubart，1996）。尽管创造力一直都被认为很重要，但直到20世纪六七十年代，心理测量学家开始试着对创造力进行测量时，它才得到了科学界的重视。

有创造力的儿童的父母鼓励孩子的好奇心，并且允许他们对自己感兴趣的东西进行深入探索。

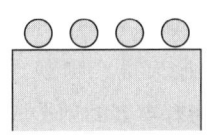
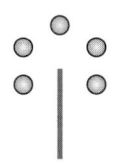
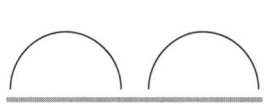

普通答案：桌子上摆着东西　　普通答案：花　　　　　　　普通答案：两个圆顶建筑
独特答案：脚和脚趾　　　　独特答案：棒棒糖碎成了几块　独特答案：在飞毯上的两个干草堆

图 8.10　你有创造力吗？说出你看到的这三个图是什么。在每一个图下面，你会看到一个普通答案和一个独特答案，这是从一个对儿童创造力的研究中摘录的。

来　源：Adapted from *Modes of Thinking in Young Children*, 1965 Edition, by Michael A. Wallach and Nathan Kogan.

心理测量学的观点

吉尔福特在他的智力结构模型中（J. P. Guilford, 1967, 1988）指出，创造力是一种发散性思维，而不是聚合性思维。**聚合性思维**要求个体找出问题的一个最佳答案，并且要精确，这正是智力测验所测量的内容。相反，**发散性思维**要求个体发现问题的各种不同的答案和解决方法，没有绝对的正确答案。对发散性思维的测量既可以是图形化的，如图 8.10；也可以是言语化的，例如，要求受测者尽量多地列出"baseball"一词中的字母可以组成哪些新词；还可以是现实生活中的问题，例如，要求受测者尽量多地列出衣服、夹子或软木塞之类普通物品的用途（Runco, 1992；Torrance, 1988）。

有趣的是，发散性思维与智商分数之间只存在中度相关（Sternberg & Lubart, 1996；Vincent, Decker, & Mumford, 2002；Wallach, 1985），家庭环境对发散性思维的影响作用似乎比遗传因素更强（Plomin, 1990）。那些发散性思维得分高的儿童的父母经常鼓励儿童的好奇心，并给他们充分的自由去对自己感兴趣的事物进行深入探索（Getzels & Jackson, 1962；Harrington, Block, & Block, 1987；Runco, 1992）。因此，发散性思维是一种区别于普通智力的认知技巧，是可以进行培养的。但是，很多研究者不再推崇用心理测量学方法对创造力进行评价。这是因为，受测者在儿童或者青少年时期所获得的发散性思维测验得分，与其在后来取得的创造性成就之间只有中度相关（Feldhusen & Goh, 1995；Runco, 1992）。显然，发散性思维会对创造性解决问题起促进作用，但发散性思维本身并不能完全被理解为创造力（Amabile, 1983；Simonton, 2000）。

多成分（或多重影响）观点

用几分钟的时间想一想，在你看来，有创造力的人有哪些特点呢？你很可能会认为，有创造力的人一定很聪明，当然还会有其他一些特点，如他们更好奇，酷爱工作，灵活，会把别人想不到的一些想法联系起来，有时可能还显得有点极端、不墨

> **天才**（giftedness）：拥有超常的高智力潜能或其他特殊才能。
>
> **创造力**（creativity）：一种产生新想法或做法的能力，而且这种想法或做法既有用又有价值。
>
> **聚合性思维**（convergent thinking）：要求个体找出问题的唯一正确答案的思维方式；是智力测验所测量的内容。
>
> **发散性思维**（divergent thinking）：要求个体找出问题的各种不同答案和解决方法的思维方式，没有唯一正确的答案。

守成规，甚至有些叛逆。这种"创造力特征"并不出乎意料。现在很多研究者都认为，创造力是众多个体和环境因素综合影响的结果（Gardner，1993；Simonton，2000；Sternberg & Lubart，1996）。

如果创造力所反映的真的是以上所有这些特质的话，人们就容易理解为什么有些高智商或天才式的个体却没有特别的创造性，或为什么只有少数人才能成为杰出的人才（Winner，2000）。然而，斯滕伯格和陆伯特（Sternberg & Lubart，1996）却认为，只要人们能够整合创造力资源，而且能够将自己投入到正确的目标上，大多数人就都会有创造的潜能，而且至少能够具有一定程度的创造力。下面，我们将简要介绍这个新的且颇具影响力的**创造力投资理论**，以及它对促进儿童、青少年的创造潜能开发的启示。

斯滕伯格和陆伯特的投资理论

斯滕伯格和陆伯特认为，创造性高的人在思想领域愿意低价买入、高价卖出。低价买入的意思是他们喜欢把自己投入在新异的（和不受欢迎的）想法和项目上，一开始，也许会遇到阻力。但一个有创造力的个体在怀疑的目光中，会创造出具有很高价值的产品来，这时就可以高价卖出，并继续尝试下一个潜在的新异且不受欢迎的构思。

决定个体将要投资的一个原始项目是否会产生创造性成果的因素是什么呢？斯滕伯格和陆伯特认为，创造力是由多种成分组成的，或者说是受多重影响的，具体来说，是由六种不同因素间的相互作用组成的。我们将对组成创造力的多重因素做简要的介绍，并对如何促进这些因素的发展进行探讨。

智力资源

斯滕伯格和陆伯特认为，有三种能力对创造力有重要作用：第一种能力是发现并解决新问题，或者用新方法去看旧问题的能力；第二种能力就是评估个人的构想，然后决定哪一种想法值得投入、哪一种不值得投入的能力；第三种能力是向他人推销、宣传新观点的重要价值的能力。这三种能力都很重要，如果一个人不能对自己的想法进行评估或者向他人推广新观点的价值的话，他们永远都不可能有丰富的创造成果。

知识

如果要成为一个有创造性的或有改革精神的文学家、音乐家或者其他学科领域的带头人，无论是儿童、青少年还是成人，都必须对他所在的领域非常熟悉（Feldhusen，2002）。正如Howard Gruber（1982）所描述的，"顿悟只会光顾那些有准备的头脑"（p.22）。

认知风格

偏好用自我选择的、新异的、发散性的思维方式去进行思考，这对创造力很重要。这种认知风格还可以帮助个体拓宽思路，从整体上对问题进行思考，即区分出什么是树木，什么才是整片森林，从而使个体能够确定哪种想法是真正新颖且值得追求的。

个性特征

已有研究表明，一些个性变量与创造力有非常紧密的联系，如乐于冒险、在不确定的情况下保持清醒的头脑、不从众的自信心，以及对某一想法执着追求的精神，坚信这种想法最终会得到认可。

动机

人们只有对从事的某一领域的事业有真正的热情，对工作本身感兴趣而不是对潜在的回报感兴趣，才会取得创造性成就（Amabile，1983）。如果对儿童施加过分的压力，或驱使儿童一心为了获奖的话，将会使他们丧失对所追求目标的内在兴趣，从而会真正地损伤他们的创造力（Simonton，2000；Winner，2000）。

支持性的环境

对在棋类、音乐或者数学方面有特殊才能的儿童进行的研究发现，他们的天才是环境所赐予的。他们生长在一种能促进他们的智力和动机发展，并对他们的成绩及时进行鼓励的环境中（Feldman & Goldsmith, 1991; Hennessey & Amabile, 1988; Monass & Engelhard, 1990）。有创造性的儿童的父母通常都鼓励孩子进行智力活动，并能接受孩子的与众不同（Albert, 1994; Runco, 1992）。他们还能迅速发现孩子的特殊能力，并请专家、教练或家庭教师辅导孩子，使孩子的特殊能力得到进一步发展。另外，有的社会比其他社会更重视创造力，他们投入大量的人力物力去开发创造潜能（Simonton, 1994, 2000）。

对投资理论的检验

如果投资理论是正确的，那么，人们可支配的创造性资源越多，创造性地解决问题的办法也就越多。陆伯特和斯滕伯格（Lubart & Sternberg, 1995）在一个对青少年和成人的研究中验证了这一理论。首先用一系列的问卷、认知测验和人格量表对投资理论包含的 6 种因素中的 5 种进行测量（环境因素除外）。接下来要求被试回答一些新异问题，包括写作（以"章鱼的运动鞋"为题编一个故事）、美术（画一幅蕴含"希望"意义的画）、广告（给圆白菜编一个创意广告）以及科学（如何检测出我们当中的外星人）。然后，由一组评分者对他们的答案进行创造力评分，结果各评分者的评价非常一致。

研究结果支持了投资理论。因为创造力的 5 种因素的得分与被试在新异性问题上的得分有中度到高度的相关。而且，在新异性问题的创造性评价中等级最高的那些受测者，他们在 5 种因素上的得分也最高。很显然，创造力是多种因素的综合反映，而不是由类似发散性思维这样单一的认知能力所决定的。

在课堂上促进创造力的发展

教育者在课堂上如何培养儿童的创造力呢？近年来，有关天才儿童的绝大多数教育项目都着重加速并进一步丰富着传统的学习内容，但往往都局限于提供背景知识，而不是培养创造力（Sternberg, 1995; Winner, 1997）。加德纳的多元智力理论尽管没有在学校教育中受到足够重视，但已经被作为促进智力发展的一个理论框架。这类项目给所有学生都提供了发展各种能力的丰富经验，如空间智力（通过雕刻或绘画）、身体运动智力（通过跳舞或运动）和言语智力（通过讲故事）。尽管这些项目可以成功地区分出那些在传统科目上成绩并不突出，却具有特殊才能的儿童，但是它们是否能够真正培养儿童的创造性还不是很清楚（Ramos-Ford & Gardner, 1997）。

创造力投资理论对如何培养创造力提供了一些建议。如果教师能够给学生更多自由去设计美术作品、科学实验或深入挖掘自己的兴趣，或许就可以为学生提供一个跟家庭环境更相似的氛围。这种氛围鼓励学生提问和冒险，培养学生的坚持性和内在兴趣，并且促使他们关注自己在完成任务时的表现，而不是只关心自己在测验中及格与否。尽量少要求学生死记硬背或者避免正确答案唯一的问题（聚合性思维），应该更多地强调对复杂问题的讨论。因为后者往往具有多种可能的答案，因此有助于学生发展发散性思维，增强对模糊问题的耐受性，也有利于培养创造性问题解决所需要的整体思维能力。不幸的是，对儿童创造性潜能开发的尝试都还处于"婴儿期"，哪种方法最为有效尚无定论。但从以往的研究中可以看出，当儿童对一些不符合常规的事情表现出异常热情，或具有与惯例不同的兴趣时，父母和教育者要有热情，要给孩子提供一些支持（如果可能，为孩子请一位专业人士），我们也许正在帮助一个未来的发明家开发创造力呢。

> ➢ **创造力投资理论**（investment theory of creativity）：最近提出的一个关于创造力的理论。该理论认为，创造力是依赖多种创造性资源结合、在新异项目上投入和创造性解决问题的能力，这些资源是知识背景、智力、认知风格、个性特征、动机以及环境的支持和鼓励。

不被学校所看重的一些促进儿童智力发展的项目常常会发掘出儿童未被发现的能力,这种能力可能会发展为创造力。

发展主题在智力和创造力中的应用

我们的发展主题与智力和创造力问题尤为相关。发展心理学家对于主动的儿童如何影响其自身的智力水平,天性与教养对智力的影响,智力发展过程中的量变和质变,以及智力与个体其他

概念核查8.3 通过补偿教育提高认知表现、创造力和特殊才能

回答下列问题,检查你对通过补偿教育提高认知水平,以及创造力和特殊才能的理解。答案见附录。

选择题:为下列问题选择最佳答案。

____ 1. 对学前儿童进行补偿的"启智项目"的首要目标是什么?
  a. 为老师提供工作
  b. 为低收入家庭的孩子进入小学做好准备
  c. 通过深入的帮助,提高少数族裔儿童的智商
  d. 通过有效的教学,提高少数族裔儿童的智商

____ 2. 谁是参与"卡罗来纳州初学者计划"这个纵向干预项目的被试?
  a. 在大的机构被忽视的孤儿
  b. 存在智力落后风险的低收入家庭的婴儿
  c. 有犯罪行为的青少年
  d. 普通中产阶级家庭的欧裔儿童

____ 3. "学会学习"项目之所以与其他学前干预手段存在区别,是因为它特别强调
  a. 训练个性,强调个人责任感
  b. 项目中父母的卷入
  c. 将欧裔人的干细胞植入非欧裔人体内
  d. 平衡的营养,尤其是早餐

____ 4. 邦佐在跳蚤市场购买了一些廉价物品,并富于想象地将它们翻新成完全不同的东西,并以高价卖出。根据斯滕伯格和陆伯特(1996)的投资理论,邦佐是
  a. 具有创造性的
  b. 节俭的
  c. 一个具有聚合性思维的人
  d. 关注他自己的发展商数

判断题:判断下列陈述的对错。

____ 5. 在学校中,创造力有可能通过鼓励探索和自我调节学习而培养。

____ 6. 学业能力和智商测验成绩的最佳预测源是家庭收入。

简答题:简要回答下列问题。

7. 对那些与早期补偿干预项目的长期影响有关的研究证据进行讨论。

8. 解释什么是创造力,并与发散性思维和聚合性思维进行比较。

论述题:详细论述下列问题。

9. 描述创造力的6种关键成分。

方面发展的整体关系很感兴趣。

首先来看看儿童的主动性。在本章中我们已经看到,儿童的遗传特征引导了他们在童年期和青少年期的活动,同时,他们的经验将影响其智力成就的高低。我们也发现,儿童参与的活动会影响其创造力成就。需要记住的是,儿童的主动性效应并不限于刻意选择的行为,它也反映了儿童是如何在各种情况下改变其自身发展的。在这里,我们可以考察一下前面讨论过的补偿教育机会的结果。在某种程度上,这种机会会通过改变儿童的学习结果和对教育的渴望,改变儿童的态度和行为。这也可以被看作一种儿童的主动性效应。

智力领域最突出的主题或许是天性与教养,后天养育对儿童智力和认知成就的交互影响作用。我们在本章中已经综述过,有明确的证据支持遗传和先天因素影响儿童的智商和智力。同时综述也表明,有许多证据清晰地显示,儿童所处的环境对其今后的智力成就有很大影响。有些支持先天因素的证据关注的是遗传对智商分数的影响,以及儿童的智力与其血亲的相关程度。环境影响的证据关注的则是早期家庭环境特征,以及社会和文化因素对智商的影响。显然,智力成就这一发展领域同时受到了天性与教养两种强大力量的指引。

相比较而言,本章对智力发展中的量变和质变问题涉及得很少。虽然我们也回顾了智商分数会随着发展而改变的证据(对个体来说改变很大),但发展心理学家并没有对这种变化属于量变还是质变给予过多关注。

最后,很多证据都发现,智力对儿童的发展具有整体性影响。儿童的智力水平不仅会影响其将来的学业,还会影响其领导能力、受欢迎程度、情绪发展,以及一般生活满意度。很明显,智力对于儿童发展有着整体的影响作用,因此,当我们试图完整地理解儿童发展的本质时,务必将其囊括在内。

总 结

什么是智力

- 心理测量法将智力定义为一种或一系列能够使人更有效地解决问题的特质。
- 阿尔弗雷德·比奈
  - 编制了第一个成功的智力测验;
  - 将智力定义为一种一般性心理能力。
- 采用因素分析的研究者认为,智力不是一种单独的特质。
- 斯皮尔曼认为,智力是由一般心理能力(g因素)和特殊能力(s因素)构成的,每一种特殊能力都能够通过特定的测验加以测量。
- 瑟斯顿认为,智力是由7种基本心理能力构成的。
- 吉尔福特的智力结构模型则提出,智力是由180种心理能力组成的;卡特尔和霍恩区分了流体智力和晶体智力。
- 层次模型,类似卡罗尔的智力三层次模型理论,是迄今为止心理测量学对心理能力进行的最精细的分类。
- 关于智力的新观点变得越来越有影响力。
- 斯滕伯格的三元智力理论对智力的心理测量理论提出了批判,认为他们没有考虑到:
  - 智力表现的情境;
  - 个体对测验项目的熟悉度;
  - 人们思考和解决问题时的信息加工策略。
- 加德纳的多元智力理论:
  - 该理论提出,人至少有9种智力,其中的许多智力都是传统的智力测验未曾涉及的。

如何测量智力

- 现在的智力测验大概有上百种。
- 斯坦福-比奈智力量表和韦氏儿童智力量表-Ⅳ应用得最为广泛。
  - 这两个量表都以同年龄的常模为参照。
  - 两个量表都可以得出儿童的智商（IQ），且智商的分布是平均值为100的正态分布。
- 智力测验的新方法包括：
  - 考夫曼的儿童评估测验（K-ABC）
    - 它以现代信息加工理论为基础；
    - 使用动态评估，与维果斯基的理论及斯滕伯格的三元智力理论是一致的。
  - 婴儿智力测验：
    - 涉及知觉与动作技能；
    - 可以得出发展商数（DQ）；
    - 不能很好地预测智商。
- 新近的一些测量婴儿信息加工能力的方法可以更好地预测其后来的智力表现。
- 对于一些人来说，智商是一种相对稳定的特质。
  - 但很多儿童的智商在整个童年期会有很大的变化。
    - 这说明智力测验所测量的是人的智力表现，而不是生来就有的思维能力和问题解决能力。
      - 生活在稳定、有丰富刺激的家庭环境中的儿童的智商会比较稳定或呈上升趋势。
      - 生活在贫困环境中的个体在智商上会呈现出累积缺陷。

智力测验能预测什么

- 从整个人群的趋势来考虑：
  - 智商可以预测：
    - 将来的学业成绩；
    - 职业地位；
    - 健康和幸福水平。
- 但在个体水平上：
  - 对于个体将来的健康、幸福或者成功，单一的智商分数并不总是可靠的预测指标。
- 除了智商之外，家庭环境、工作习惯、教育、隐性智力（实践智力）以及成就动机都是个体获得成功的重要因素。

影响智商分数的因素

- 遗传和环境对智力表现都有重要作用。
- 双生子研究和收养研究都表明，大概有一半的智商变异来自遗传因素。
- 但无论一个人的遗传基础如何，贫瘠的环境显然会阻碍个体认知的发展。
- 正如弗林效应所表明的，环境的丰富性对认知发展会有显著的促进作用。

智力表现的社会和文化相关因素

- 从平均水平来说，美国的非裔、印第安裔、西班牙裔儿童，以及其他低收入家庭的儿童，其智商分数低于中产阶级欧裔儿童和亚裔儿童。
  - 在文化公平智力测验中，这种差异依然存在。
  - 一些少数族裔学生在测验情境下动机不强。
  - 因此，文化或测验偏差还是不能完全解释智商的群体差异。
- 认为智商的种族差异是由遗传所引起的遗传假说（或者水平Ⅰ和水平Ⅱ的区别），其证据也是不充分的。
- 对智商的群体差异的最佳解释是环境假说。
- 与中产阶级同龄人相比，很多贫困阶层和少数族裔成员的智商测验分数较低的原因是他们成长在不利于智力发展的贫瘠的环境中。

通过补偿教育提升认知表现

- 对处境不利的学前儿童施行的"启智项目"以及其他补偿性干预项目：
  - 对智商提高几乎没有产生持续的收益；
  - 增大了这些儿童学业成功的机会；

- 有助于抑制处境不利的学生经常出现的智力表现和学业成绩下降的趋势。
- 若想补偿性教育效果最佳，需要：
  - 尽早开始；
  - 持续时间更长；
  - 有父母参与。
- 近年来的"两代人干预项目"和其他始于婴儿期、在儿童入学后还继续进行的项目，都很有发展潜力。

创造力和特殊才能

- 天才儿童的定义包括：
  - 拥有高智商。
  - 具有特殊才能，包括创造力。
- 心理测量学家区分了
  - 智商（以聚合性思维为基础）
  - 创造力（或者说发散性思维）。
    - 尽管发散性思维与智商只存在中度相关，但仍不能较好地预测个体未来的创造力。
- 近期创造力的多成分（或多重影响）观点包括：
  - 创造力的投资理论
    - 详细阐述了认知、人格、动机和环境因素如何结合起来，共同促进创造性的问题解决。
    - 无论是从已有的实验支持证据来看，还是从培养创造力的启示来讲，该理论的发展前景都很好。

第8章 练习测验

选择题：为下列各题选择最佳答案，检查你对智力发展的理解。答案见附录。

1. 目前有几种关于智力的心理测量学观点。这些观点在某些方面基本一致，但在____方面却存在分歧。
   a. 智力是一系列存在个体差异的特质
   b. 智力是一部分人的重要特征而不是所有人的特征
   c. 智力是可测量的
   d. 智力是一种单一的特定成分的结构

2. 以下哪个智力理论不同于其他理论？
   a. 阿尔弗雷德·比奈的单一成分理论
   b. 斯皮尔曼的一般因素和特殊因素理论
   c. 斯腾伯格的三元智力理论
   d. 卡罗尔的智力三层次模型理论

3. 智力分数呈正态分布，大多数人（约68%）的IQ分数处在____到____之间。
   a. 50；75　　　　　b. 70；100
   c. 85；115　　　　d. 55；145

4. 下面哪个分测验不属于贝利婴儿发展量表？
   a. 动作量表　　　　b. 知觉量表
   c. 心理量表　　　　d. 婴儿行为评定

5. 智力分数通常能够较准确地预测下列变量，除了____。
   a. 发散性思维　　　b. 学业成就
   c. 未来工作绩效　　d. 未来职业声望

6. 从1940起，研究者发现大众的智力分数每10年会提高3分左右。这一现象被称为____。
   a. 阿尔弗雷德·比奈效应
   b. 环境丰富效应
   c. 弗林效应
   d. 正态曲线效应

7. 发展学家提出了三种假设来解释智力的种族及社会阶层差异。下面哪一个陈述不属于这三种假设？
   a. 补偿教育假设　　b. 文化或测验偏差假设
   c. 遗传假设　　　　d. 环境假设

8. 一个研究补偿教育对认知表现提升的项目证

明____。
a. 补偿教育能够提高智力分数，且这些改变是永久的
b. 补偿教育降低了儿童被分到特殊教育班级和留级的概率
c. 有必要在干预项目中将父母的参与分离出来，将焦点放在儿童身上
d. 干预从什么时候开始进行对个体成功的影响不大

9. 为某个问题找到唯一正确答案的能力叫____。
a. 天才　　　　　　　b. 发散性思维
c. 聚合性思维　　　　d. 创造力

关键术语

g 因素，p293
s 因素，p293
补偿性干预，p317
测验常模，p300
创造力，p320
创造力投资理论，p322
动态评估，p302
多元智力理论，p298
发散性思维，p321
发展商数（DQ），p303
弗林效应，p309
环境假说，p314

基本心理能力，p293
晶体智力，p295
聚合性思维，p321
刻板印象威胁，p313
累积缺陷假设，p305
离差智商分数，p300
两代人干预项目，p319
流体智力，p295
启智项目，p317
三元智力理论，p296
水平Ⅰ的能力，p313
水平Ⅱ的能力，p313

斯坦福-比奈智力量表，p300
天才，p320
韦氏儿童智力量表-Ⅳ（WISC-Ⅳ），p300
文化公平智力测验，p312
文化或测验偏差假设，p311
文化偏差，p297
心理测量法，p292
心理年龄（MA），p293

遗传假说，p313
因素分析，p293
隐性智力（实践智力），p306
正态分布，p301
智力的层次结构模型，p295
智力结构模型，p295
智力落后，p307
智力三层次模型理论，p295
智商（IQ），p300

第 9 章　语言和沟通技能的发展

语言的五个成分
语言发展理论
　● 研究聚焦：儿童"创造"语言
前语言期：在习得语言之前
单词句期：一次一个单词
电报句期：从单词句到简单句
　● 生活与研究应用：学习手语
学前期的语言学习
童年中期和青少年期的语言学习
双语：学习两种语言的挑战和结果
发展主题在语言习得中的应用

"啊呃！啊呃！"这是 11 个月大的龙龙的声音，此时，他正坐在学步车里向窗外看。阿姨问："宝贝，你在说什么？""他说爸爸的车来了，爸爸下班回家了！"龙龙的妈妈回答。

"哎呀！坏了（It's broked）。修好它，爸爸。"18 个月大的罗莎指着洋娃娃就要掉下来的胳膊大叫着。

"我能清楚地看见……我从这儿看见了所有的冰柱（icicles）。"两岁半的唐德正在唱一首流行歌曲，歌词中的"冰柱"其实应该是"障碍"（obstacles）。

语言的创造和使用将人类从动物王国中分离出来，这是人类发展史上令人惊叹的伟大成就。虽然动物之间也能进行**沟通**，但它们只是通过叫声和身体语言等信号传递问候、危险、集合号令等特殊的信息。这些信号数量有限，而且彼此孤立，与人类语言中单个词语或者固定词组的作用非常类似（Tomasello，2006）。相比之下，人类的语言则是极其灵活和丰富的。儿童从几个单个而无意义的发音起步，逐渐发展出数千个有意义的听觉符号（如音节、单词，甚至是像龙龙发出的"啊呃"这种特殊的**无义词**），最后，这

> **语言**（language）：少量独立的无意义的符号（声音、文字、手势），按照公认的规则将它们组合起来，能够制造无数信息。
>
> **沟通**（communication）：一个有机体将信息传达给另一个有机体，并对其产生影响的过程。
>
> **无义词**（vocables）：前语言期的婴儿用以表示物体、动作或者事件的独特的声音符号。

些符号按照一套语法规则组合起来（会有一些错误，例如，罗莎使用的"broked"在语法上是错误的），就产生了无数的信息。语言还是一个创造性的工具。我们对看到、听到或者体验到的事物的想法和解释（或者是曲解，比如唐德的例子），都靠语言来表达。在前面提到的歌词一例中，唐德试图忠实地重复他所听到的东西，但是，在既定情境下，儿童所说的大多数话都不只是重复他们以前说过或者听过的，他们会即兴创造许多新奇的内容，所谈到的话题也可能与他们当前的状态或正在进行的主要活动无关。儿童在制造新信息方面表现得很有创造性，不过这并不影响沟通，即使是三四岁的儿童，只要遵守他们所使用的语言规则和社交惯例，相互之间也能很好地交流。

动物通过一系列叫声和身体语言进行沟通，这些叫声和身体语言只能传递数量有限的特殊信息。

虽然语言是一门非常复杂和抽象的学问，但是，在任何一种文化里，儿童都是从生命早期就开始慢慢理解和使用这种复杂的沟通形式的。事实上，有些婴儿在会走路之前就开始说话了。这是为什么呢？语言习得是婴儿生理发展上的必然吗？为了学会使用语言，儿童必须接受哪些语言信息呢？儿童的咕咕声、手势和咿呀声，与后来有意义词语的出现之间有联系吗？儿童是怎样赋予词语意义的呢？儿童在习得本土语言时是否都经历了同样的步骤或阶段呢？儿童必须学习哪些实践课程，才能与他人进行真正有效的沟通呢？在探索儿童语言技能的发展过程，揭示儿童是如何在那么小的时候就精通语言使用的奥妙时，我们需要思考以上问题。

语言的五个成分

心理语言学家要回答的最基本的问题是：为了掌握本土语言，儿童必须学习什么？在历经多年的大量研究之后，研究者们总结出精通语言所需要的五种知识：语音、词法、语义、句法和语用。

语音

语音是指在语言中使用的最基本的声音单位或**音素**，以及将音素组合起来的规则。每种语言都仅仅是人类所能发出的声音的一个子集，没有哪两种语言具有完全相同的音素，所以，我们会觉得外语听起来非常奇怪。很明显，儿童为了搞清楚听到的话是什么意思，并且让别人理解自己说的话，就必须学会怎样辨别、制造以及组合母语中这些听起来像语言的声音（Kelley, Jones & Fein, 2004）。在学习语音时，婴儿学会了辨别本土语言的声音，例如，"b"和"d"这两种声音的差别，或者哪些音素能组合起来形成有意义的音素（例如，英语中的"t"和"h"），哪些音素在本土语言里不存在，例如，在西班牙单词"veinte"中"v"的发音。

词法

词法规则说明的是语音怎样构成单词（Kelley et al., 2004）。在英语中，这些规则包括：加-ed

构成动词过去时态，加 -s 构成名词复数，也包括使用其他前缀和后缀的规则，以及构成有意义单词的正确语音组合的规则。例如，描述河流状态的单词是 flow，而不是 vlow。我们之前还提到了一个例子，唐德借助语音，用一个正确的英文单词（icicles）代替他不知道的单词（obstacles）。

语义

语义探讨的是单词或句子所表达的意思（Kelley et al., 2004）。语言最小的表意单位是**词素**，它有两种类型：一种是**自由词素**，可以作为一个单词独立存在（例如，dog）；另一种是**黏着词素**，它不能独立存在，但可以与自由词素组合在一起，改变语意（例如，把黏着词素 -s 加在单词 dog 上，意味着讲话者正在谈论多只狗）。在儿童能够理解别人的话，并且让别人听懂自己的话之前，他们必须认识到，单词和黏着词素是传达特定意义的——它们象征特定的物体、动作和关系，并且可以组合起来构成句子，表达更多、更复杂的意思。在之前的例子中，罗莎用单词"broked"描述洋娃娃断掉的胳膊，这展示了她的语义知识。当然，将 -ed 用于不规则动词是不正确的，不过她的确是掌握了一般规则。

句法

语言还包含**句法**，它详细说明了怎样把单词组合成有意义的短语和句子（Kelley et al., 2004）。看下面三个句子：

1. 肯尼卡特曼杀。
2. 卡特曼杀了肯尼。
3. 肯尼杀了卡特曼。

即使是年龄很小的儿童也能识别出，第一个句子违反了汉语句子结构的规则，尽管这种词序在如法语这种句法完全不同的语言中是完全可以接受的。第二个和第三个句子是合乎语法的汉语句子，它们包含着相同的单词，却传达着截然不同的意思。这两个例句还告诉我们，单词意思（语义）怎样与句子结构（词序）相互作用，从而赋予全句一个意义。显然，儿童在能够非常熟练地说出或者理解一种语言之前，必须掌握句法规则。

在婴幼儿理解句法规则之前，父母会借助情境线索去理解他们说出的简单的句子。语音、词法和语义的使用推动婴幼儿的沟通能力迅速发展，他们开始理解和使用合适的句法。

语用

除了上述四种知识，儿童还必须掌握**语用**，即如何用语言进行有效沟通的知识（Diesendruck & Markson, 2001；Kelley et al., 2004）。设想一个 6 岁女孩要向 2 岁的弟弟解释一个新游戏，她在说话的时候显然不能把弟弟当成一个成人或者

> **心理语言学家（psycholinguists）**：研究儿童语言的结构和发展的人。
>
> **语音（phonology）**：语言的声音系统，将语音组合起来制造有意义的言语单位的规则。
>
> **音素（phonemes）**：口头语言中语音的基本单位。
>
> **词法（morphology）**：语音怎样构成有意义单词的规则。
>
> **语义（semantics）**：单词和句子表达的意义。
>
> **词素（morphemes）**：最小的有意义的语言单位。
>
> **自由词素（free morphemes）**：可以独立作为一个单词的词素（例如，cat、go、yellow）。
>
> **黏着词素（bound morphemes）**：不能独立作为一个单词，但可以改变自由词素的意义的词素（例如，英语中的动词加上 -ed 表示过去时态）。
>
> **句法（syntax）**：语言的结构；说明怎样把单词和语法标记组合成有意义的句子的规则。
>
> **语用（pragmatics）**：在社会背景下如何恰当有效地使用语言的规则。

同龄伙伴，要使弟弟听明白她的意思，她必须调整自己的语言，去适应弟弟的语言能力。

语用还包括**社会语言学知识**——由文化所界定的规则，规定在特定的社会背景下应该如何使用语言。一个3岁的儿童也许还不能意识到，如果他想从祖母处得到一块蛋糕，最好的方式是说："奶奶，我可以吃一块蛋糕吗？"而不是要求："给我一块蛋糕，奶奶！"为了使沟通更有效，儿童必须成为"社交编辑"，要考虑自己在哪里，在和什么人讲话，以及听者已经知道什么、需要什么以及想要听到什么。

最后，成为一个有效的沟通者，不仅要具备以上五方面的语言知识，而且要有能力恰当地解释和使用非言语符号（面部表情、语调暗示、手势等），这些符号不仅有助于阐明语言所表达的意思，而且本身也是沟通的重要工具。这使得我们开始思考第二个基本问题：婴幼儿和学前儿童的认知能力尚未成熟，他们是怎样如此迅速地获得这些知识的呢？

语言发展理论

当心理语言学家开始描绘语言发展过程的时候，他们惊讶地发现，儿童竟然能以惊人的速度学会如此复杂的符号系统。一些婴儿在学会走路之前，就能用单词（随意抽象的符号）指代物体和活动了。在5岁之前，儿童已经知晓并能够使用母语绝大部分的语法结构。儿童是怎样做到这些的呢？

在这个问题上，先天论者和经验论者再次展开了论战。学习理论家代表经验论者的观点，他们认为，语言显然是通过学习获得的：日本儿童习得日语，法国儿童习得法语，等等。然而，其他理论学家指出，全世界儿童在大致相同的年龄表现出相似的语言能力，我们将在之后的章节详细介绍这个内容。对先天论者来说，这种**语言普遍性**表明，语言获得是一种生理上预设的活动，且在童年早期运作得最为有效（Lidz, Gleitman, & Gleitman 2003；Palmer, 2000；Wilson, 2003）。

当然，还存在中间观点——大多数当代发展学家倾向于交互作用的观点。他们认为，语言获得反映了儿童生理倾向、认知发展和独一无二的语言环境特点之间复杂的相互影响。下面让我们认真看看在语言习得上的这三种不同的观点。

学习论（或经验论）观点

如果问成人，儿童是怎样学习语言的，大多数成人可能会说，儿童会模仿听到的语言，当他们使用正确语法的时候会被强化，当他们说错的时候就会被纠正。学习理论家在他们的语言习得理论中，强调的就是这样的过程——模仿和强化（Palmer, 2000；Yang, 2004；Zamuner, 2002）。

1957年，B. F. 斯金纳提出，因为儿童正确的言语得到强化，所以他们学会了正确地讲话。斯金纳认为，成人强化婴儿咿呀声中最类似单词的那些语音，这样就提高了这些声音被重复的概率，由此塑造了儿童的言语。之后，成人又相继对儿童组合单词和制造语句的行为进行强化。其他的学习理论家（例如，Bandura, 1971；Whitehurst & Vasta, 1975）补充说，儿童通过认真地聆听和模仿年龄较大的同伴的语言，获得了许多语言知识。所以，根据学习论的观点，看护者是通过示范和强化合乎语法的言语去教会孩子语言的（Nowak, Komarova, & Niyogi, 2002）。

对学习论观点的评价

模仿和强化在早期语言发展中功不可没。如

果父母经常通过问问题、提要求等方式鼓励儿童说话，那么与父母没有这样做的同龄儿童相比，受鼓励的儿童在早期语言发展上的进步会更大，这一点不足为奇（Bohannon & Bonvillian, 1997; Valdez-Menchaca & Whitehurst, 1992）。

尽管已经获得了很多成果，但学习理论家在对句法发展的解释上仍然收获甚微。如果父母真的"塑造"了儿童的句法，就像斯金纳说的那样，那么他们应该一直在表扬或者说强化儿童合乎语法的言语，但是仔细分析了母亲和儿童的谈话后，研究者发现，母亲是否给予儿童赞许，主要是看儿童所讲的话是否真实（语义），而不是语法是否正确（句法）（Baron, 1992; Brown, Cazden, & Belugi, 1969）。所以，如果儿童盯着一头牛说"他牛"（Him cow；真实，但从语法上说是不正确的），母亲可能表示赞许："对了！"但是如果儿童说"有只狗"（There's a dog；语法正确但不真实），母亲可能会纠正他："别傻了，那是牛！"这些发现质疑了这个观点，即父母通过直接强化合乎语法的言语塑造了儿童的句法。

同样，儿童也不是通过模仿成人言语而习得语法规则的。儿童最早说出的许多句子都表现出了很大的创造性，例如"Allgone cookie"（饼干都没了）或者"It broked"（它坏了），它们在成人的言语中不会出现，所以不能通过模仿习得。而且，当儿童努力模仿成人言语时，他们会把语句压缩，以符合自己当前的语法能力水平，例如，成人说："看，小猫正在爬树。"儿童会说："猫爬树。"（Baron, 1992; Bloom, Hood, & Lightbown, 1974）。

如果儿童没有直接模仿成人的语法，合乎语法的言语也没有一直得到强化，那么他们是怎么习得语法知识的呢？许多心理语言学家试图用语言发展的生物学理论回答这个问题，这一理论所阐述的就是先天论的观点。

先天论观点

根据先天论者的观点，人类习得语言是生理发展的必然结果。这一观点源自语言学家诺姆·乔姆斯基（Noam Chomsky, 1959, 1968），他认为，即使是我们看起来最简单的语言结构，对于认知不成熟的婴幼儿以及学前儿童来说，也是极其复杂的，复杂到既不能通过父母教授学会，也不能通过简单的试误过程发现。乔姆斯基提出，人类具有独一无二的**语言习得机制（LAD）**——一个与生俱来的语言处理器，可被言语输入激活。根据乔姆斯基的观点，这个语言习得机制包含**通用语法**，或者说是所有语言共用的规则，所以不管儿童听到的是哪种语言，他们都会获得足够多的词汇量，将单词组合成新的、受规则限制的言语，并理解他们听到的许多话。

其他先天论者也有类似的观点。例如，Dan Slobin（1985）并不同意儿童具有任何与生俱来的语言知识（像乔姆斯基所说的那样），但是他认为儿童具有先天的**语言制造能力（LMC）**——一组高度专门化的语言学习的认知和知觉能力。可能就是这些天生的机制（LAD 或 LMC）使儿童有能力处理语言输入，并推断音素规律、语义

> **社会语言学知识（sociolinguistic knowledge）**：说明在特定的社交背景下应该如何建构和使用语言的特定文化规则。
>
> **语言普遍性（linguistic universal）**：所有儿童共有的语言发展特点。
>
> **语言习得机制（language acquisition device, LAD）**：Chomsky 的术语，指人类所拥有的与生俱来的语法知识——这种知识使儿童有能力推断他人言语中的规则，并使用这些规则制造语言。
>
> **通用语法（universal grammar）**：在先天论者的语言习得理论中，描绘所有语言特征的基本语法规则。
>
> **语言制造能力（language-making capacity, LMC）**：一组假定的专门化的语言处理技能，它使儿童能够分析语言，并发现音素、语义和句法关系。

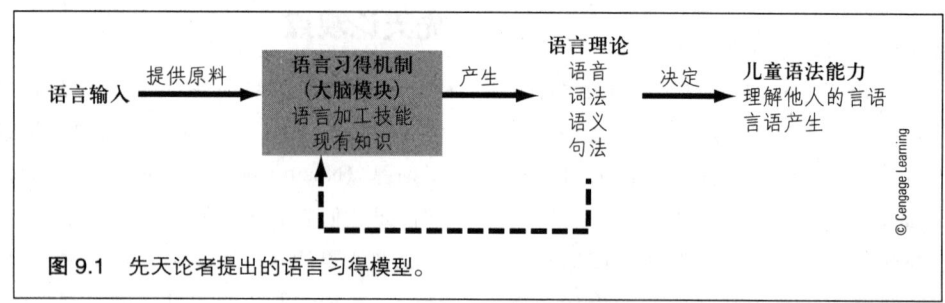

图 9.1 先天论者提出的语言习得模型。

关系和句法规则等语言知识,这些知识描绘出了语言的普遍特征,不管儿童听到的语言是哪一种,情况都是如此(Palmer,2000)。这些推断代表了一种"理论",即儿童自己建构语言并使用它交流(图 9.1)。在处理越来越多的语言输入的过程中,儿童的语言理论将变得越来越复杂,直到最后,与成人所用的理论非常接近。对先天论者来说,只要儿童有语言数据可以处理,那么语言习得就是非常自然的,几乎是自动化的。

对先天论观点的支持

儿童的语言获得真的是由生物机制所决定的吗?一些研究结果表明,是这样的。例如,不管世界各地的语言结构有怎样的文化差异,儿童都在大致相同的年龄到达语言发展的各个里程碑。先天论者认为,这些语言共性清楚地表明,语言一定是由某个具有种属特异性的生理机制引导的。

语言是具有种属特异性的。虽然动物之间也可以进行交流,但是没有一种动物能发明出与抽象的、有规则限制的语言系统相似的东西。经过多年训练,类人猿可以学会简单的手语和其他符号代码,但是即使它做到最好,也只能达到两岁至两岁半人类儿童的水平(Savage-Rumbaugh et al.,1993)。在大千世界中,只有人类天生能够使用语言。

科学家在教猩猩学手语。

大脑专门化和语言

在第 5 章已经说过,脑是一个偏侧化器官,主要的语言中心在大脑左半球。如果一个语言区域受到损害,就会导致**失语症**——失去一个或多个语言功能。失语病人会表现出哪些症状,要看受伤的位置和程度。大脑左半球额叶附近的**布洛卡区**受到损伤,会影响言语产生,而不会影响言语理解(Martin,2003;Slobin 1979)。相反,**威尔尼克区**受到损伤的病人,可能讲话很流利,但很难理解言语(Martin,2003)。

显然,从婴儿一出生,大脑左半球就对语言的一些方面很敏感。在生命的第一天,言语声音已能引发婴儿大脑左半球较多的电活动,而音乐和其他非言语声音则引起了大脑右半球较多的活动(Molfese & Molfese,1980,1985)。而且,我们在第 4 章已经说过,在生命的最初几天和几周,婴儿非常擅长辨别重要的语音差异(Miller & Eimas, 1996)。初步的证据也表明,新生儿的某些脑区结构对语言加工是最敏感的(Ecklund-Flores & Turkewitz, 1996)。这些发现似乎表明,新生儿天生就有言语知觉,并且已经准备好要分析像言语这样的声音了。

敏感期假设

多年以前,先天论者 Erik Lenneberg (1967) 提出,从出生到青春期,语言最容易习得,在这段时期,偏侧化的人类大脑的语言功能变得越来越专门化。研究发现,儿童失语症者常常不用特殊的治疗就能恢复失去的语言功能,而成人失语症者通常需要大量的治疗干预才能恢复一部分失去的语言技能 (Huttenlocher, 2002; Stiles, 2008),语言发展的**敏感期假设**由此提出。对于这种在语言学习的容易性方面的年龄差异,Lenneberg 的解释是,当左脑受到损伤的时候,儿童未完成专门化的大脑右半球可能会承担起失去的语言功能,与之相比,已过青春期的人,大脑已经完全实现了语言和其他神经功能的专门化,不能再依靠右半球承担因左半球的外伤而失去的语言功能,所以青少年和成人的失语症很难治愈。

如果语言真的是在青春期前最容易获得,那么被剥夺了正常语言环境的儿童,在青春期之后应该很难获得语言。有两个很好的例子可以证明这一观点。一个是关于吉妮,当她还是个婴儿的时候,就被锁进了密室,直到快 14 岁时才被当局发现。在被囚禁期间,吉妮很少听到语言,任何人都不和她讲话,而且,如果她弄出声音,就会遭到残暴的父亲的毒打 (Curtiss, 1977)。还有切尔西,因为耳聋以及家庭的隔离,直到 32 岁才开始接触正常的语言系统。人们付出大量的努力去教她们语言,她们都取得了很大的进步,学会了许多单词的意思,甚至能说出包含丰富语义的长句,但是,她们无法掌握所有儿童不用正规训练就能获得的语法规则 (Curtiss, 1977,

1988),这表明在生命早期学习第一语言比较容易。

学习第二语言的情况怎样呢?对于语言学习的"敏感期"已过的青春期的青少年来说,学习外语是一项很艰巨的任务吗? Jacqueline Johnson 和 Elissa Newport (1989) 的研究表明,事实确实如此。他们以在不同年龄阶段移民到美国的韩国人和中国人为被试,测查了他们成人之后的英语语法掌握情况。如图 9.2 所示,在 3～7 岁开始学习英语的移民可以熟练掌握英语,就像本土美国人一样。而在青春期后(特别是 15 岁以后)到达美国的移民则表现得很差 (Hakuta, Bialystok, & Wiley, 2003; Kent, 2005)。

早学第二语言的人和晚学的人的大脑组织是有差异的。具体来说,对于在童年早期习得第二语言的双语者来说,讲两种语言中的任何一种都会激活大脑的相同区域,而对于在青春期后学习第二外语的双语者来说,讲两种语言激活的是大脑的不同区域 (Kim et al., 1997)。

总之,这些研究结果表明,在生命早期学习语言比较容易(甚至可能有完全不同的表现),就好像儿童的认知系统特别适合这项任务 (Francis, 2005; Stewart, 2004)。"研究聚焦"专栏中介绍的一项研究非常生动地证明了语言获得是童年期的一项本能活动,即使儿童必须"创造"他们获得的语言。

> **失语症(aphasia)**:失去一个或多个语言功能。
> **布洛卡区(Broca's area)**:位于左半球大脑皮层额叶的结构,控制语言产生。
> **威尔尼克区(Wernicke's area)**:位于左半球大脑皮层颞叶的结构,负责解释言语。
> **(语言习得的)敏感期假设 [sensitive-period hypothesis (of language acquisition)]**:认为人类在青春期之前最擅长语言学习。

研究聚焦　儿童"创造"语言

设想一下，有10名儿童被成人看护者隔离抚养，看护者满足儿童的基本需要，但从来不与他们讲话，也不向他们做任何手势。这些儿童会创造出沟通的方法吗？没有人能确定，因为我们从没有研究过这样的儿童。但是，近来两个研究项目的结果表明，儿童不仅能学会沟通，甚至可能创造出他们自己的语言。

将混合语言转化成真正的语言

当来自不同文化的人移居到相同的地方时，经常会用**混杂语言**进行交流。混杂语言是一个各种各样的语言的混合物，人们可以通过它传递基本信息并理解彼此的意思。例如，在19世纪70年代，大量来自中国、韩国、日本、菲律宾、葡萄牙和波多黎各的移民移居到夏威夷，在甘蔗地里工作。从这些移民中发展而来的是夏威夷混杂英语，这套沟通系统词汇量不多，有一些组合单词的基本规则，来自不同语言文化的居民，可以用它很好地进行交流。经过一代人的时间，这种混杂语言转化成**克里奥尔语**，也就是说，从混杂语言中发展出了一种真正的语言。夏威夷的克里奥尔语是一种丰富的语言，其词汇来源于原来的混杂语言以及各种外来语，有正式的语法规则。从无足轻重的混杂语言到真正的语言，这种转变怎么会发生得如此迅速？

语言学家 Derek Bickerton（1983，1984；Calvin & Bickerton，2000）认为，父母讲混杂语，其子女不会继续讲混杂语，而是自发地创造出语法规则，将混杂语克里奥尔化，使其成为真正的语言，以供子孙后代使用。Bickerton 为什么会认为儿童是语言的创造者呢？一个原因是，无论何时出现混杂语，它们通常都会在一代人内迅速转化为克里奥尔语；另一个比较重要的原因是，克里奥尔语的语法非常类似于儿童习得语言时构造的句子（经常出现语法错误）。例如，"Where he is going"这种问句形式，以及"I haven't got none"这样的双重否定，在克里奥尔语言中是完全可以接受的。全世界不同的克里奥尔语的结构是相似的，这种相似并非偶然。Bickerton 相信，只有先天论者的理论能够解释这些观察结果，他说："对这种相似性最令人信服的解释是，它来源于具有种属特异性的语言发展程序，有遗传编码，在人类大脑的结构和运作中得以表现。（Bickerton，1984，p173）"

遗憾的是，还没有人仔细观察过父母讲混杂语的儿童的语言发展，所以，对于儿童是否能在没有成人帮助的情况下，自己将混杂语转化为克里奥尔语（就像 Bickerton 所说的那样），还不完全清楚（Bohannon, MacWhinney, & Snow, 1990；Tomasello, 1995）。下面我们看看第二组研究结果。

创造手语

耳聋儿童经常创造出多套手势，用它们代表物体和行动，以便同听力正常的父母进行交流（Goldin-Meadow & Mylander, 1984）。一起成长的耳聋儿童有可能创造他们自己的手语吗？

近来的研究结果表明，他们的确做得到。1979年，桑地诺民族解放阵线在尼加拉瓜掌权，他们为耳聋儿童建立学校。在这之前，许多耳聋儿童从未接触过其他耳聋者，他们用特殊的手势同听力正常的家人交流。现在，这些学生很快开始将他们各自使用的特殊手势整合成一个系统，这个系统与口头混杂语很相似，这样他们就可以很好地交流了。更不寻常的是，耳聋人士的第二代将这种混杂手语转化为了一种成熟的语言——尼加拉瓜手语，这种手语包括合乎语法的手势和规则，使用者可以和正常人一样表达思想，传递信息（Senghas & Coppola, 2001；Senghas, Kita, & Ozyurek, 2004）。

缺少正式语言范例的儿童，比如耳聋儿童或接触不规范的混杂语的儿童，会创造出像语言一样的代码，他们就用这种代码和同伴进行有效的沟通。这样看来，儿童真的是具有一些语言天赋，而且他们将这种天赋发挥得很好。

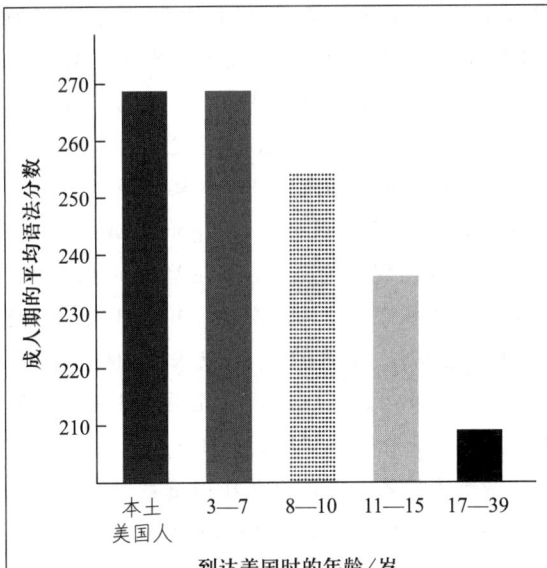

图9.2 移民者到美国时的年龄和他们成年后的英语语法成绩有明显关系。那些在童年早期到达美国的人,可以像本土英语使用者一样熟练掌握英语,而那些十几岁或成年后到美国的人的成绩要差得多。

来源:Adapted from "Critical Period Effects in Second Language Learning: The Influence of Maturational State on the Acquisition of English as a Second Language," by J. S. Johnson & E. L. Newport, 1989. *Cognitive Psychology*, 21, 60-99. Copyright © 1989 by Academic Press, Inc. Adapted by permission.

先天论存在的问题

虽然如今大多数人都同意,语言学习在很大程度上受到生理因素的影响,但是许多发展学家对先天论者的观点持保留意见(Goldberg, 2004; Tomasello, 2006)。一些研究者对先天论者用来支持其理论的研究结果提出质疑。例如,婴儿在生命的最初几天和几周内就能够辨别重要的音素差异,这一事实似乎不足以说明人类拥有独一无二的语言习得机制,因为其他物种的幼崽(例如,恒河猴和南美栗鼠)也表现出了相似的听觉辨别能力(Passingham, 1982)。

另外一些研究者认为,先天论者将语言发展归因于内置的语言习得机制,并没有真正对语言发展做出解释。他们并没有告诉我们,先天的处理器怎样过滤语言输入,怎样推断语言规则;他们根本就不清楚LAD(或LMC)是怎样运作的(Moerk, 1989; Palmer, 2000)。将语言发展归因于LAD或LMC的神秘力量,就好像在说身体成长是生理发展的必然结果,之后便停滞在那里,不再去鉴别那些决定和影响成长过程的潜在变量,如营养、激素等(MacNeilage et al., 2000)。所以说,先天论者的理论是很不完整的,事实上,它更像是一种对语言学习的描述,而不是真正的解释。

还有些人认为,先天论者将焦点放在生物机制以及学习理论的缺陷上,完全忽视了儿童所在的语言环境也在以各种方式促进语言学习(Brooks, 2004; Evans & Levinson, 2009; Tomasello, 2008)。语言发展是天性和教养交互作用的结果,这就是下面要介绍的第三种理论观点——交互作用的观点。

交互作用的观点

交互作用理论的支持者认为,学习理论者和先天论者从某种程度上说都是正确的:语言发展来源于生理成熟、认知发展和不断变化的语言环境之间复杂的相互作用,其中,语言环境受到儿童与同伴之间沟通情况的很大影响(Akhtar, 2004; Bohannon & Bonvillian, 1997; McKee & McDaniel, 2004; Tomasello, 1995, 2003; Yang, 2004)。

> ➢ **混杂语言(pidgin)**:一种结构简单的沟通系统,在使用不同语言的人开始频繁接触时产生。
>
> ➢ **克里奥尔语(creole)**:由混杂语言转化而成的语法复杂的"真正"的语言。
>
> ➢ **交互作用理论(interactionist viewpoint)**:这种理论认为,生理因素和环境影响相互作用,共同决定语言发展的进程。

生物和认知因素的贡献

儿童在学习各种截然不同的语言时所表现出的惊人相似性，显示了生物因素对语言习得的贡献（MacNeilage et al., 2000）。但是，我们必须将语言发展归因于 LAD 或 LMC 的神秘运作，才能解释这些语言普遍性吗？

当然不是这样。根据交互作用的观点，全世界儿童以同样的方式讲话，并在许多方面表现出语言普遍性，这是因为他们都是同一种属的成员，拥有许多共同的体验。儿童并不具备与生俱来的特殊语言知识或处理技能，而是高度复杂的大脑慢慢成熟后，使儿童在大致相同的年龄发展出相似的想法，这些想法促使儿童用自己的语言把它们表达出来（Bates, 1999；Tomasello, 1995）。大量研究的结果表明，在一般认知发展和语言发展之间存在联系。例如，单词是符号，婴儿在差不多 12 个月大的时候讲出第一批有意义的单词；而在此前不久，婴儿在假装游戏和对成人的延迟模仿中表现出了使用符号的能力（Meltzoff, 1988）。而且，我们会发现，婴儿说出的第一批单词，大都集中在他们曾经操作过的物体或者参与过的活动上，简言之，就是集中在他们通过感觉运动图式所理解的某些经验上（Pan & Gleason, 1997）。此外，像"gone"或"oh oh"这类的单词出现在第二年；而在差不多相同的时间里，婴儿掌握了物体恒常性，并且开始评价他们的问题解决活动的成功或失败（Gopnik & Meltzoff, 1987）。所以，婴幼儿说出的好像是他们此时此刻正在获得和理解的知识。

像先天论者一样，交互作用论者也认为，儿童已经从生理上准备好要获得语言。但是，这种准备不是指拥有 LAD 或 LMC，而是一个强大的人类大脑，它慢慢成熟，让儿童可以获得越来越多的知识，让他们有更多的内容可以谈论（MacNeilage et al., 2000）。然而，这并不意味着生理成熟和认知发展可以完全解释语言发展。Elizabeth Bates（1999）认为，合乎语法的言语是因为社交需要而产生的：当儿童的词汇量超过一两百时，他们必须想办法将这些语言知识组织起来，变成他人可以理解的言语。有研究得出了与 Bates 一致的观点，即儿童已经获得的单词数量和他们言语的复杂性之间有很强的联系（Robinson & Mervis, 1998；见图 9.3）。但是没有专门化的语言处理器的帮助，儿童怎么可能发现精妙的语法呢？这就要归功于语言环境的作用了。

环境对语言发展的支持

交互作用论者强调，语言主要是一种沟通工具，它在社交互动的背景下发展起来。比如，儿童及其同伴在互动过程中，会用各种方式努力让对方明白自己的想法，由此促进语言的产生和发展（Bohannon & Bonvillian, 1997；Callanan & Sabbagh, 2004；Hoff & Naigles, 2002；MacNeilage et al., 2000；Tomasello, 1995）。多年来，心

旧金山 Alice Fung Yu 公立学校的小男孩。这是一个浸入式汉语学习项目，开始于幼儿园阶段，学生在日常课程中只能使用汉语来读写。从童年开始学习第二语言要比从青少年或成年开始学容易得多。

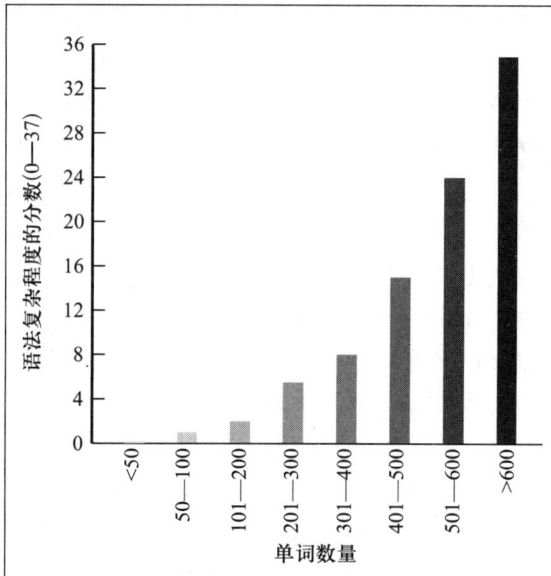

图9.3 语法复杂程度是儿童掌握的词汇量的函数，随词汇量的增长而越发复杂。

来源：E. Bates, "On the Nature of Language," in R. Levi-Montalcini et al. (eds.), *Frontiere della biologia* (*Frontiers of Biology*), *The brain of homo spiens*. Rome: Givanni Trecanni, 1999. Used by permission of the author.

理语言学家发现，父母和年龄较大的儿童会用一种独特的方式同婴幼儿讲话，也就是说，他们使用了能促进语言学习的沟通策略。现在我们就来看看儿童学到了什么。

从共同活动中学习

在婴儿使用单词之前的很长一段时间，看护者都在向婴儿示范，怎样在交谈中与对方轮流发言，尽管当轮到婴儿讲话时，他们能做到的只是笑或者牙牙学语（Bruner, 1983）。成人不断地与儿童讲话，这实际上是创造了一个支持性的学习氛围，可以帮助儿童掌握语言的规律（Adamson, Bakeman, & Deckner, 2004; Bruner, 1983; Harris, 1992a）。例如，父母可能会在睡觉之前给孩子讲他们最喜欢的图画书，并且问："这是什么？"或者"小猫说什么？"这使得儿童不断有机会学习，逐渐明白了交谈时要和对方轮流讲话，事物是有名字的，以及要用恰当的方式提出问题和给出答案。

从儿童指向型言语中学习

跨文化研究发现了一个普遍趋势，即父母和哥哥姐姐会用非常短小、简单的句子同婴幼儿讲话，心理语言学家称之为儿童指向型言语，或者**母婴语言**（Gelman & Shatz, 1977; Kuhl et al., 1997; Thiessen, Hill, & Saffran, 2005）。这种语言讲得很慢，音调较高，经常重复，并强调关键词语（通常是指代物体或活动的单词）。例如，母亲想要儿子抛一个球，她可能会说："抛球，安德烈！不是那个嘎嘎响的，看见球了吗？对，那个就是球，抛球。"从出生开始，婴儿对音调较高、语调多变的母婴语言的关注，就多于对成人之间所使用的"平淡"言语的关注（Cooper & Aslin, 1990; Pegg, Werker, & Mcleod, 1992），而且，他们对用儿童指向型言语介绍的物体会进行更多的信息加工（Kaplan et al., 1996）。实际上，在婴儿能够听懂一些单词之前，他们就可以了解父母语气里携带的一些信息了，例如，"不！"或者"真好！"（Fernald, 1989, 1993）

有趣的是，随着儿童的语言变得越来越复杂，父母也慢慢增加了儿童指向型言语的长度和复杂性（Shatz, 1983）。在任一既定的时间点上，父母讲出的句子要比儿童的更长一点、更复杂一点（Bohannon & Bonvillian, 1997; Cameron-Faulkner, Lieven, & Tomasello, 2003; Sokolov, 1993）。这为儿童营造了一个学习语言的理想环境。在这个环境中，儿童可以不断地接触新的语义关系和语法规则，而且这些语言知识都出现在他可以理解的简单言语中，此外，年龄较大的同伴还会经常重复或解释他们努力要交流的想法

> ➤ **母婴语言（motherese）**：成人同儿童讲话的时候使用的短小、简单、高音调、经常重复的句子，也叫作儿童指向型言语。

(Bjorklund & Schwartz, 1996)。这就是父母示范的一种形式。但是，儿童并不能通过直接模仿成人的言语而习得语法规则，成人也不会有意识地想要通过举例来教授这些规则，父母与儿童指向型言语讲话的主要目的是与儿童进行有效的沟通（Fernald & Morikawa, 1993；Penner, 1987）。

从错误提示中学习

虽然父母不会一直努力强化正确的语法，但他们的确会对儿童的错误进行一些提示，也就是说，他们会对不合语法的言语做出反应，当错误出现时，父母会给儿童一些可用于纠正错误的信息（Bohannon & Bonvillian, 1997；Saxton, 1997）。例如，如果儿童说："小狗走。"成人可能会**扩充**这种不合语法的陈述，改为一个语法正确的、更为完整的表达形式（"是的，小狗跑走了"）。还有一种略有些不同的扩充形式，成人将儿童的句子**修正**成语意明确、合乎语法的话。例如，儿童说："小狗吃。"他的话可能被修正为："小狗吃什么呢？"或者"是的，小狗饿了。"修正后的句子经过了适当的修改，可能会唤起儿童的注意，增加儿童关注成人言语中出现的新语法形式的可能性。此外，父母可能会通过继续或者扩展某个话题，对语法恰当的句子做出反应。不纠正儿童说的话，实际上就是在向儿童暗示：你说的话是合乎语法的（Bohannon & Stanowicz, 1988；Cameron-Faulkner, Lieven, & Tomasello, 2003；Penner, 1987）。

儿童从这种错误提示中获益了吗？显然如此，因为成人经常扩充、修正或者扩展儿童的言语，所以儿童很快学会了语法规则，并且在语言表达能力测验中得到高分；与之相比，父母较少使用这些交谈技巧的儿童则进步较慢、成绩较差（Bohannon et al., 1996；Valdez-Menchaca & Whitehurst, 1992）。

交谈的重要性

仅仅听他人谈话，儿童就能习得语言了吗？当然不能。先天论者认为，儿童想习得语言，就要经常接触言语样本。这一观点其实明显低估了社交互动在语言发展中的作用。仅仅接触言语是不够的，儿童必须积极参与到语言使用中（Locke, 1997）。例如，Catherine Snow 及其同事发现，一群讲丹麦语的儿童，尽管已经看过大量的德语电视节目，还是没有学会任何德语单词或语法（Snow & Hoefnagel-Höhle, 1978）。此外，如果父母严重耳聋，其子女听力正常，这些儿童只要每周花 5～10 小时的时间与听说正常的成人交谈，通常就会表现出近乎正常的语言发展模式（Schiff-Myers, 1988）。在某些文化中（例如，新几内亚岛的卡土利人、美属萨摩亚群岛的土著人、卡罗来纳地区皮德蒙特高原的特拉克顿人），即使成人很少对儿童的原始句子进行重塑，或者不用儿童指向型言语对他们讲话，他们仍然可以顺利地习得语言（Gordon, 1990；Ochs, 1982；Schieffelin, 1986）。因为这些儿童经常参与使用语言的社交互动，这对于他们掌握语言来说是最重要的（Lieven, 1994）。

小结

根据交互作用论者的观点，语言发展是天性和教养之间复杂的交互作用的产物。儿童天生具有发达的大脑，大脑慢慢发展成熟，使儿童有能力不断习得新的认识，这些新认识驱使儿童与他人分享（Bates, 1999；Tomasello, 1995）。交互作用论者还强调，与年龄较大的同伴交谈会促进认知和语言发展，就像维果斯基（1978）在他的合作学习模型中所指出的那样。随着儿童神经系统的继续发展，并在一定程度上受到语言输入的刺激，儿童的智力水平不断提高，他们逐渐开始用越来越复杂的言语表达新的想法，这促使同伴的回应也日益复杂（Bohannon & Bonvillian, 1997；Sokolov, 1993）。如图 9.4 所示，这种影响模式显然是相互的：儿童早期所做的交流尝试

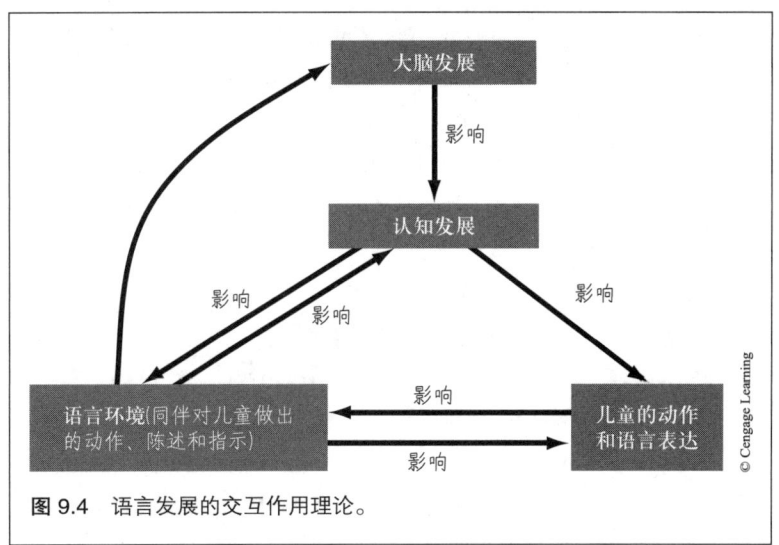

图 9.4 语言发展的交互作用理论。

受到丰富的、有响应的且日益复杂的语言环境的影响，而且，儿童参与了语言环境的创造（Bloom et al., 1996）。

值得注意的是：虽然交互作用的观点得到了许多发展学家的青睐，但儿童怎样习得语言的问题还远未解决。我们所了解的大多是关于儿童在学习一门语言时获得了什么，对于儿童是怎样获得的，仍然知之甚少。所以，现在让我们来看看语言发展的过程。在儿童说出第一个有意义的单词之前，这一过程就已经开始了。

会影响年龄较大的同伴的言语，反过来，这又给儿童提供了可以处理的信息，使其进一步发展了大脑的语言中心，更好地推断语言规则，讲更清晰的话，这一切又对同伴的言语产生了新的影响（Tamis-LeMonda, Bornstein, & Baumwell, 2001）。总之，交互作用论者认为，年幼儿童的语言深深

> **扩充（expansions）**：对儿童不合语法的言语从语法上加以改进。
> **修正（recasts）**：用语法正确并且不重复的陈述对儿童不合语法的言语做出反应。

概念核查9.1　理解语言成分和语言习得理论

回答下列问题，检查你对语言成分和语言习得理论的理解。答案见附录。

匹配题：给下列概念选择最合适的定义。

a. 词法
b. 语音
c. 语用
d. 语义
e. 句法

____ 1. 语言的声音系统，将语音组合起来制造有意义的言语单位的规则。
____ 2. 语音怎样构成有意义单词的规则。
____ 3. 单词和句子表达的意义。
____ 4. 语言的结构；说明怎样把单词和语法标记组合成有意义的句子的规则。
____ 5. 在社交背景下如何恰当有效地使用语言的规则。

选择题：为下列各题选择最佳答案。

____ 6. 除了哪项，其余选项都是学习理论家在语言习得上的观点？
　　a. 儿童模仿他们听到的话。
　　b. 当儿童正确使用语言时，会得到强化。
　　c. 当儿童不正确地使用语言时，会被纠正。
　　d. 儿童对通过大脑中生物机制听到的语言进行过滤。
____ 7. 大脑某部分的损伤可能导致失语症，即失去一个或多个语言功能。如果失语症病人能听懂别人的

话，但不能说出有意义的语句，那么他大脑的哪个区域可能受到了损伤？

　　a. 布洛卡区
　　b. 威尔尼克区
　　c. 语言习得机制
　　d. 语言制造能力

____ 8. 交互作用论者认为，环境中的支持因素帮助儿童习得语言。在下面这些选项中，哪个不是交互作用论者所说的支持因素。

　　a. 涉及语言的共同活动
　　b. 普遍语法的证据
　　c. 修正
　　d. 扩展话题

____ 9. 布莱恩一直对人脑着迷。他是心理学专业的大学生，希望参与认知神经科学项目的研究。他毕生的梦想是对婴幼儿使用脑成像技术，成为第一个发现语言习得机制在大脑中的位置的人。如果我们问布莱恩，他在语言习得上的理论观点是什么，他最可能说：

　　a. 我是经验论者！
　　b. 我是昆虫学者！
　　c. 我是交互作用论者！
　　d. 我是先天论者！

论述题：详细论述下列问题。

10. 画图说明语言习得的交互作用论者的观点。解释这个图怎样表现了天性与教养的影响，并解释其中的双向关系。

前语言期：在习得语言之前

生命的头 10～13 个月，儿童处于语言发展的**前语言阶段**，这是儿童说出第一个有意义的单词之前的一个时期。虽然儿童尚未学会说话，但从出生第一天起，他们就已经能对语言迅速做出反应了。

对言语的早期反应

新生儿好像天生就对人类的言语反应敏感。当你同新生儿讲话的时候，他经常会睁开眼睛，盯着你，有时还会发出声音（Rheingold & Adams, 1980；Rosenthal, 1982）。出生 3 天的婴儿已经能辨认出母亲的声音，且与陌生女性的声音相比，更喜欢母亲的声音（DeCasper & Fifer, 1980）。新生儿听到言语录音时，比听到器乐或其他有节奏的声音时吮吸得更快（Butterfield & Siperstein, 1972）。所以说，婴儿能够把言语和其他声音模式区分开，而且他们从一开始就特别关注言语。

对新生儿来说，不同的言语听起来都是一样的吗？显然不是。在出生后最初几天，婴儿就开始辨认两音节和三音节单词的不同重音模式或节律（Sansavini, Bertoncini, & Giovanelli, 1997），并且他们对母亲所说的语言的声音模式的偏好，已经超过了对其他外语的偏好（Moon, Cooper, & Fifer, 1993）。1 个月大的婴儿能够和成人一样辨认辅音（例如，ba、da 和 ta），2 个月大的婴儿甚至可以识别出不同人用不同的音调或强度说出的发音相同的特定音素（Jusczyk, 1995；Marean, Werner, & Kuhl, 1992）。事实上，年龄很小的婴儿能够比成人辨认出更多种类的音素，因为成人已经失去了辨别那些对母语来说并不重要的音素差异的能力（Saffran & Thiessen, 2003；Werker & Desjardins, 1995；Saffran et al., 2006；Tsao, Lui, & Kuhl, 2004）。

区别言语和非言语，以及分辨各种类似言语的声音的能力，可能是天生的或是在生命的最初几天或几周内习得的。不管是哪种情况，婴儿已经做好充足的准备去破解所听到的言语了。

语调线索的重要性

前面我们提过，成人同处于前语言阶段的婴儿讲话的时候，会使用语调较高的儿童指向型言语，以吸引婴儿的注意。而且为了表达不同的信息，成人会有规律地变换语调（Fernald, 1989; Katz, Cohn, & Moore, 1996）。升调（例如，"看妈妈"）用来重新吸引正在东张西望的婴儿的注意，而降调常用于安慰或唤起伤心婴儿的积极情绪（如微笑、眼睛明亮），例如，"嘿，在那儿呢！"使用这些语调通常能够成功地影响婴儿的心情或行为（Fernald, 1989, 1993）。2～6个月大的婴儿，常常会用与刚刚听到的语调相匹配的声音做回应（Masataka, 1992）。可见，前语言阶段的婴儿不仅可以区分不同的语调模式，而且可以很快识别出某些语调所具有的特定意义。一些研究者认为，2～6个月大的婴儿对语调线索的成功解释可能提供了一些最早的证据，证明在婴儿看来，说话是一项有意义的事（Fernald, 1989, 1993）。

在出生后半年至一年，婴儿对语言的韵律把握得越来越好，这有助于他们对听到的话进行分割，刚开始分割为短语，最后分割为单词。在婴儿指向型言语中，短语之间的界限的特点是，在较长的停顿之前有很长的元音，利用这个声音线索提供的大量信息，就可以识别出一个短语在哪里结束、另一个短语在哪里开始（Fisher & Tokura, 1996）。到婴儿7个月大的时候，他们能够觉察出短语单位，他们明显偏爱自然停顿的言语，而不是在不自然的地方，比如在短语中间插入停顿的话（Hirsh-Pasek et al., 1987）。9个月大的婴儿开始对更小的言语单位变得敏感，他们喜欢听与看护者所讲的那些音节内重音模式及音素组合相匹配的言语（Jusczyk, Cutler, & Redanz, 1993; Morgan & Saffran, 1995）。所以到第一年的后3个月，婴儿对母语的语音越来越熟悉，这为儿童辨别听到的言语中哪些形式代表着单个的词，提供了重要线索（Anthony & Francis, 2005）。

发音：婴儿前语言期的声音

婴儿发出除哭声之外的第一个声音的里程碑，出现在2个月大的时候，此时婴儿可以发出类似元音的声音，我们叫它**咕咕声**。这些"oooooh"和"aaaaah"可能会在给婴儿喂奶之后听到，这时的婴儿清醒、警觉、口渴，又或者是心满意足。到4～6个月大的时候，婴儿的发音中增加了辅音，现在我们称它为**咿呀声**。婴儿重复着"mamama"或者"papapa"这样的元音与辅音组合，听起来像单词，但不传达意义。有趣的是，父母耳聋并用手语交流的耳聋儿童，他们自己会用手表示咿呀，他们尝试用手势，就像听力正常的婴儿尝试用声音一样（Petitto, 2000; Petitto & Marentette, 1991）。

在婴儿6个月大的时候，全世界儿童（甚至是耳聋儿童）的发音听起来都很相似，研究发

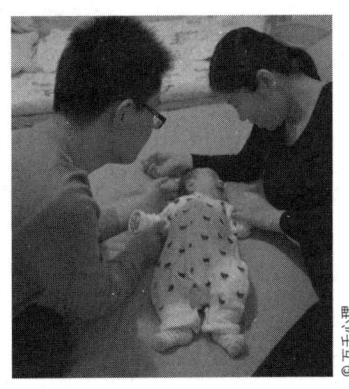

父母可以通过改变说话时的语调，影响孩子的心情。

> **前语言阶段（prelinguistic phase）**：儿童说出第一个有意义的单词之前的时期。
>
> **咕咕声（coos）**：婴儿在高兴满意的时候反复发出的类似元音的声音。
>
> **咿呀声（babbles）**：婴儿在4～6个月的时候开始发出的元音或辅音组合。

现,早期的咿呀声在很大程度上受到大脑和控制言语清晰度的肌肉成熟的影响(Hoff-Ginsburg,1997)。不久,经验效应开始发挥作用。这时,耳聋婴儿在发出结构良好、类似语言音素的能力方面,远远落后于听力正常的儿童(Eilers & Oller, 1994; Oller & Eilers, 1988)。与之相比,听力正常的儿童非常认真地关注他人的言语。到第一年年末的时候,他们能将自己咿呀声的语调和听到的语言的音质匹配起来,听起来好像他们在讲听到的那种语言(Blake & Boysson-Bardies,1992; Davis & MacNeilage, 2000)。很明显,婴儿在学习单词之前就开始学习语调了(Bates, O'Connell, & Shore, 1987)。

随着咿呀声的发展,10~12个月大的婴儿经常会在特定的情境发出特定的声音。例如,婴儿会在提要求的时候使用"mmmm"的声音,在摆弄物体的时候发出元音"aaaach"(Blake & Boysson-Bardies,1992)。根据Charles Ferguson (1977)的观点,说出这些有音无义词的婴儿已经意识到特定的语音有一定的意义,他们已经准备开始说话了。

前语言期的婴儿对语言和沟通知多少?

婴儿对语言的了解比我们想象得多吗?事实似乎是这样的,而且他们的语言学习最初就以实践为主要内容之一。在最初的6个月,婴儿经常在他们的看护者说话时发出咕咕声或咿呀声(Rosenthal, 1982)。年幼的婴儿似乎是把说话当成了一个制造声音的游戏,游戏的目标就是与正在说话的同伴协调一致。到7~8个月大的时候,婴儿在同伴讲话的时候很安静,等到对方停止讲话时,他会发出声音作为回应。很明显,他们已经懂得语用的第一个原则:当他人讲话的时候不要插嘴,因为你很快就有机会说话了。

父母对婴儿说话,然后等婴儿微笑、咳嗽、打嗝、发出咕咕声或咿呀声,之后再对婴儿说话,由此引发婴儿的又一个反应,就这样,谈话的交替规则建立起来了(Snow & Ferguson,1977)。当然,婴儿也可能在其他背景下得知交替规则的重要性,比如,在他们与同伴互换角色的游戏中(Bruner, 1983)。摸鼻子游戏、拍手游戏以及分享玩具都属于这类游戏。从第4个月开始,婴儿对有组织的社交游戏的反应就比对无组织游戏的反应更积极(Rochat, Querido, & Striano, 1999)。到第9个月的时候,他们能清楚地理解许多游戏的交替规则;如果游戏因为成人没能遵守交替规则而中断,婴儿可能会发出声音,通过给成人玩具催促其重新开始,或者等一两秒钟,代替成人开始,之后再次看着成人(Ross & Lollis, 1987)。所以,看护者建立的与婴儿间的互动方式,的确有助于儿童认识到,包括说话在内的社会交谈是要遵循一套明确的规则的。

手势和非言语沟通

到第8—10个月的时候,前语言阶段的婴儿开始用手势和其他非言语的反应形式(例如,面部表情)和同伴沟通(Acredolo & Goodwyn,1990)。普遍使用的前语言手势有两种:陈述性手势,婴儿用手指一个物体或触摸它,以此引起他人对该物体的注意;祈使性手势,婴儿努力说服他人满足自己的要求,通过用手去指想要的糖果,或想要被拥抱时拖拽看护者的裤腿这样的行动来达到目的。最后,其中一些手势变得非常有代表性,像单词一样发挥作用。例如,1~2岁的儿童可能会举起手臂表示希望被他人抱,伸开手臂假装是飞机,甚至大口大口地喘粗气扮演家里的狗(Acredolo & Goodwyn, 1990; Bates et al.,1989)。一旦儿童开始讲话,他们常常会用手势或语调线索来补充一两个单词的意思,以确保他们的信息能被理解(Butcher & Goldin-Meadow,2000)。与大众的观念相反,随着言语变得越来越复杂,手势的使用实际上也在增加(Iverson & Fagon, 2004; Nicoladis, Mayberry, & Genesee,

1999)。事实上，在所有的年龄阶段，手势都非常频繁地伴随言语沟通出现（Goldin-Meadow，2000），所以如果我们将口语系统更名为"言语－手势系统"，也未尝不可（Mayberry & Nicoladis，2000）。

的意思，因为他们凝视错误刺激物和单词指代物的可能性相同（Thomas et al., 1981）。所以可以说，到 12—13 个月大时，婴儿已经意识到每个单词代表的是特定意义了。Sharon Oviatt（1980）的研究发现，12～17 个月大的婴儿在能够使用许多名词和动词之前，就理解这些词的意思。所以，婴儿对于语言的理解似乎比他们能够讲出来的多得多。这意味着，在婴儿有 12～13 个月大时，甚至可能更早，**接受性语言**（理解）的发展超过了**产生性语言**（表达）的发展（MacWhinney，2005）。

单词句期：一次一个单词

在有意义言语的第一个阶段，即**单词句期**，婴儿开始讲**单词句**，即一个单词常常代表一个整句的意思（Brochner & Jones，2003；Dominey，2005）。最初，儿童的产生性词汇量在一定程度上受到他能发出的声音的限制，所以他说出的第一批单词可能只能被常照顾他的人所理解，例如，"ba"即为"ball"（"球"），"awa"即为"I want"（"我想要"，当儿童指着蛋糕时说）（Hura & Echols，1996）。以辅音开头、元音结尾的声音对婴儿来说是最容易的，较长的单词往往是他们能够发出的音节的重复（例如，"mama"，"bye-bye"）。

婴儿的语音发展非常迅速。到第二年中期，婴儿那可爱又有创造性的发音就已经受到规则或

"指物"是一种使用得很早但是非常有效的沟通方式。到 1 岁左右，婴儿会用食指去指有趣的物体和活动，以唤起他人注意。

前语言期的婴儿理解单词的意思吗？

虽然大多数婴儿直到第一年年末也没有说出第一个有意义的单词，但父母们常常深信，宝宝对所听到的话至少能够理解一部分。然而，实验控制良好的单词理解测验表明，前语言期的婴儿即使能理解一些单词的意思，所理解的单词数目也很少。在一项研究中，母亲让 11～13 个月大的婴儿看一个对他来说很熟悉的物体，然后母亲离开儿童的视线，不能用手势或其他非言语线索引导婴儿的注意，结果发现，13 个月大的婴儿确实能理解用以命名这个物体的单词的含义，因为当母亲说出那个单词后，他专心地盯着目标物，几乎不去看其他错误的刺激物。与之相比，大多数 11 个月大的婴儿不理解表示物体名称的单词

> ▶ **接受性语言**（receptive language）：当听到他人讲话时个体理解的语言。
> ▶ **产生性语言**（productive language）：个体能够用自己的言语表达出来的语言。
> ▶ **单词句期**（holophrase period）：在这一时期，儿童的言语就是一个词的话语，其中一些被认为是单词句。
> ▶ **单词句**（holophrase）：独词话语，一个词代表整句的意思。

者策略的引导了，这使得他们能够制造出比较容易理解的成人单词的简化版。例如，他们经常会删除多音节单词的非重读音节（把"shampoo"说成"poo"），或者用元音代替结尾的辅音音节（把"apple"说成"appo"）（Ingram，1986；Lewis, Antone, & Johnson，1999）。这些早期的发音错误具有一些跨语言的相似性，而且成人矫正错误的努力会受到抵制，这意味着这些错误在一定程度上来自生理上的限制，也就是说，来自不成熟的发音通道。另一方面，大量个体差异也同时存在：即使婴幼儿接触的是相同的语言，他们的声音听起来也并不都是相似的（Vihman et al.，1994）。为什么会这样？可能是因为发出音素的声音并将其组合成单词是一项发声—运动技能。就像我们在第5章讨论的动态运动系统一样，它反映了每个儿童将自己已经密切关注并制造的声音组合成为新的、较为复杂的模式时，所经历的是独一无二的路径。这个动态系统要达成的目标是要与同伴进行有效沟通（Thelen，1995；Vihman et al.，1994）。到学前期，当儿童的发音通道成熟时，他们有越来越多的机会去破解年长儿童言语中的音素组合。他们不断在实践中应用这些音素组合，而发音错误也变得越来越少。大多数4～5岁的儿童已经能用和成人相同的方式说出大多数单词了（Ingram，1986）。

早期语义学：扩大词汇量

当婴儿开始说话的时候，他们的词汇量以一次一个单词的速度增长（Hoff，2009）。事实上，大多数儿童需要3～4个月才能掌握10个单词量。婴儿在18—24个月，学习单词的速度显著增长，每周可能学会10～20个新单词（Reznick & Goldfield，1992）。这种词汇量的迅猛增长被称为**命名爆炸**。就像大多数父母所证实的那样，此时的婴幼儿似乎已经深深意识到，每件事物都有名字，他们想知道所有物体的名字（Ganger & Brent，2004；Reznick & Goldfield，1992）。一个2岁的儿童可能会讲大约200个单词，而他所理解的单词数量可能多得多（Benedict，1979；Hoff，2009；Nelson，1973）。

婴儿都说些什么呢？Katherine Nelson（1973）研究了18个婴儿习得最初的50个单词的情形，发现在这些早期的单词中，大约2/3的单词指的是物体（Bornstein et al.，2004），包括所熟悉的人（见表9.1；Waxman & Lidz，2006）。而且，这些物体几乎要么是婴儿经常摆弄的（例如，球或鞋），要么是自己能够移动的（例如，动物、汽车）；婴儿极少提到盘子或椅子这类只是摆在那里没有任何举动的物体。婴幼儿最初习得的单词还包括许多指代熟悉动作的单词（Nelson，1973；Naigles & Hoff，2006；Snedecker, Geren,

表9.1 有50个产生性词汇量的儿童使用的单词类型

单词类型	说明和实例	百分比/%
物体单词	用于指代物体种类的单词（小汽车，狗狗，牛奶） 用于指代独一无二的物体的单词（妈咪，罗孚）	65
动作单词	用于描述动作或伴随动作说出或要求注意（拜拜，上面，走）	13
修饰语	描述事物特性或数量的单词（大，热，我的，都走了）	9
人际或社交单词	用于表达感受或评论社交关系的单词（请，谢谢，不，哎哟）	8
虚词	有语法作用的单词（什么，在哪，是，对……，为……）	4

来源：Adapted from "Structure and Strategy in Learning to Talk," by K. Nelson,1973, *Monograps of the Society for Research in Child Development*, 38 (Whole No. 149). Copyright © 1973 by The Society for Research in Child Development, Inc. Adapted with permission.

& Shafto, 2007；见表 9.1）。事实上，近年的研究表明，年龄较小的婴儿最容易理解和使用由**多通道母婴语言**引入的单词，也就是说，成人夸张的言语加上动作可以唤起儿童对这些单词指示物的注意（Gogate & Bahrick, 2000）。所以，婴儿说得最多的似乎是他们已经通过自己或他人的感觉运动活动理解了的内容。

通过强调社交惯例和关心他人，日本母亲鼓励他们的宝宝采用"表达型"语言风格。

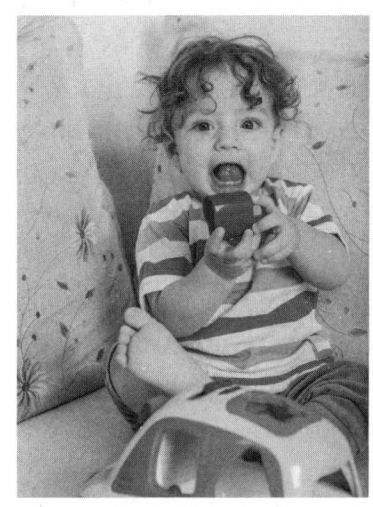

儿童说出的第一批单词中有很大一部分是能够移动或被摆弄的物体的名字。

早期语言中的个体和文化变异

Nelson（1973）对早期儿童的研究揭示了在婴儿说出的单词种类上，存在有趣的个体差异。大多数婴儿早期的词汇量主要由指代人或物体的单词组成，Nelson 称之为**指示型风格**；少数婴儿呈现出**表达型风格**，他们使用的单词中包括大量人际或社交单词，例如，请，谢谢，不，停下来。很明显，对于这两组儿童来说，语言发挥着不同的作用。指示型儿童似乎认为单词是用来给物体命名的，而表达型儿童则用单词来唤起对自己和他人的感受的注意，并在调节他们的社交互动（Nelson, 1981）。然而，这些在语言风格方面的早期个体差异与之后在语言成绩上的个体差异并没有关系。

另一个个体差异源自儿童的出生顺序。儿童的出生顺序会影响其语言环境，继而影响其语言风格。在西方文化中，大多数头胎生婴儿属于指示型，这可能反映了父母的某种意愿，即给物体加标签，并问一些与婴儿注意到的有趣物体有关系的问题（Nelson, 1973）。与之相比，头胎之后的婴儿听到的许多话都是针对年龄较大的哥哥姐姐而说的，这些是头胎生婴儿从不曾听到的。所

> **命名爆炸**（naming explosion）：用于描述婴儿在第二年的后半年习得新单词的速度迅猛增长的术语；之所以这么说，是因为许多习得的新单词的名字是物体的名字。
>
> **多通道母婴语言**（multimodal motherese）：年龄较大的陪伴者使用夸张的、并且跨两种或更多感官的信息，以唤起婴儿对口语单词的指示物的注意。
>
> **指示型风格**（referential style）：儿童早期语言风格，这种风格的学步儿主要用语言对物体进行命名。
>
> **表达型风格**（expressive style）：儿童早期语言风格，这种风格的学步儿主要用语言来唤起对自己和他人的感受的注意，并调节社交互动。

以，头胎之后的婴儿可能花较少的时间同父母谈论物体，而会花较多的时间聆听用以控制他们自己或其哥哥姐姐行为的简单言语（Evans，Maxwell，& Hart，1999；Pine，1995）。因此，与头胎出生儿相比，对头胎之后的婴儿来说，语言的功能是调节他人的行为，这就促使他们采用表达型语言风格（Nelson，1973）。

文化也影响语言风格。当谈论小动物时，美国母亲将互动看作教婴儿认识物体的机会（那是小狗，看它的大耳朵），由此促进了指示型风格的形成。而日本母亲，比较倾向于强调社交惯例以及体谅他人（要爱护小狗），这似乎有助于形成表达型风格（Fernald & Morikawa，1993）。的确，在亚洲文化中，例如，日本、中国以及韩国，重视人际和谐，儿童对动词和人际或社交单词的习得要比美国儿童快得多（Gopnik & Choi，1995；Tardif，Gelman，& Xu，1999；Tomesello，2006）。

赋予单词以意义

婴幼儿是怎样领会到单词的意思的呢？在大多数情况下，他们经历了一个**快速匹配**过程，即在几个场合下听到某个单词应用于它的指代物后，迅速习得（和保持）这个单词（Wilkinson & Mazzitelli，2003）。显然，即使是13～15个月大的儿童也能够通过快速匹配了解新单词的意思（Schaefer & Plummert，1998；Woodward，Markman，& Fitzsimmons，1994）。尽管对于这个年龄的儿童来说，相对于动作或活动的名字，物体的名字更容易习得（Casasola & Cohen，2000）。快速匹配能力随着年龄的增长明显提高。对于18～20个月大的儿童来说，只有当他们与讲话者共同关注被命名的物体或活动时，才可能学会新单词的意思（Baldwin et al.，1996）。而到了24个月大时，儿童则变得比较擅长推断讲话者谈论的对象，他们会快速将新单词与其指代物匹配起来，即使是有其他物体或事件干扰他的注意力也是如此（Moore，Angelopoulos，& Bennett，1999）。

如果13～15个月大的儿童能够迅速了解单词的意思，为什么他们只能说出很少的单词呢？一个可能性是，快速匹配使得这些年龄最小的语言使用者理解了单词的意思，但当他们试着讲话时，却很难将已经知道的单词从记忆中提取出来。在一项研究中，让知道某个物体名字的14～24个月大的儿童看见物体被放在盒子里，然后问他们"什么东西在盒子里"（Dapretto & Bjork，2000）。已经进入命名爆炸期的婴幼儿，虽然已经对单词理解得很好，却不能用这个词做出正确回答，而已经显示出词汇量激增的儿童则表现得好得多。所以，在生命早期，产生性词汇量远远落后于接受性词汇量的一个重要原因是，正在迅速习得许多新单词意思的12～15个月大的儿童在谈论单词指代物时，经常不能从记忆中提取出这些单词。

单词使用中的普遍错误

尽管婴幼儿具有非凡的快速匹配能力，但他们赋予单词的意思还是常常与成人不同（Pan & Gleason，1997）。他们频繁发生的一种错误是用一个单词指代种类比较广泛的物体或事件（Mandler，2004；McDonough，2002；Samuelson，2002），这种现象叫作**过度扩展**，例如，儿童使用"狗狗"这个词指代所有长毛的四条腿动物。过度扩展的反面是**扩展不足**，即用一般性单词指代较小范围内的物体，例如，把"饼干"只用于指巧克力小饼（Jerger & Damian，2005）。儿童对特定单词过度扩展或扩展不足的原因尚不清楚，但快速匹配可能助长了这些错误。例如，设想一个母亲指着一只牧羊犬说"狗"，然后又转向一只猎狐犬说："看，又一只狗。"将相同的名字应用于这些从知觉上看有差异的物体，会使得婴幼儿在心里提取出它们的共同特征，形成一个种类（Samuelson &

Smith，2000）。儿童可能注意到，这两种动物具有的两个共同特征——四条腿和毛茸茸的身体，导致他将狗这个单词与这些知觉特征匹配起来。就这样，儿童可能会倾向于将狗这个单词过度扩展到有相似知觉特征的其他动物（猫、浣熊）上（Clark，1973）。快速匹配也可能导致扩展不足。如果婴幼儿看见的唯一一只狗是家里的宠物，他听到母亲几次用"狗"来指代这个宠物，那么他可能就会假定狗是这个特殊伙伴的正确名字，并且只有在提到这个宠物时才使用这个词。

当然，破解许多新单词的意思要比这些例子所示范的困难得多，因为新单词指代的是什么，往往不是非常清楚的。例如，如果母亲看见一只猫在一辆汽车旁散步，并且说："哦，一只猫！"儿童必须首先确定母亲指的是汽车还是动物，如果排除了汽车，她仍然不清楚单词"猫"指的是四腿动物，是这种特定的动物，还是猫咪的尖耳朵、悠闲的步态，或是它喵喵的叫声。所有的答案对儿童来说似乎都有可能，那么他怎样在这些可能性中做出选择呢？

推断单词意思的策略

指代物不显而易见时（例如猫的例子），儿童该怎样领会新单词的意思，有关这方面的研究很困难，目前距找到答案还相差甚远。Akhtar、Carpenter 和 Tomasello（1996）认为，2 岁的儿童已经对社交和背景线索很敏感，这些线索有助于他们确定同伴言语中的新奇部分可能代表着什么。为了证明这一点，Akhtar 及其同事让 2 岁的儿童和两个成人玩三个没有名称的物体，这些物体对儿童来说是不熟悉的，然后一个成人离开房间，第四个没有命名的物体加了进来，之后，当缺席的成人回来的时候，她大声叫："看哪，我看见一只'嘎喳'！'嘎喳'！"没有任何其他线索表明她所指的是四个物体中的哪一个。虽然"嘎喳"可能指的是四个没有命名的物体中的任何一个，但这些 2 岁儿童中的大多数人都能正确地推断出讲话者所指的内容，当要求展示"嘎喳"时，他们选择了新的物体（只是对讲话者来说是新的，对他们来说并不是）。他们意识到第二个成人先前没有看过第四个物体，所以认为她一定是在说对她来说是新的那个物体。

除了使用社交或背景线索推断单词的意思，2 岁的儿童还有许多其他的认知策略，或者说是**加工限制**，这有助于儿童缩小单词含义的可能范围（de Villiers & de Villiers，1992；Golinkoff et al.，1996；Hall & Waxman，1993；Littschwager & Markman，1994）。一些基本的限制似乎可以引导儿童对单词意思的推断，如表 9.2 所示。

当然，这些限制可能经常一起发挥作用，以帮助儿童推断单词的意思。例如，如果 2 岁的儿童听到"喇叭"和"夹子"应用于两个完全不同的物体上时，他们会把每个单词正确分配到整个物体上，而不是物体的部分或者特性上（**物体范围限制**），并且在之后的测试中，他们几乎不会把"喇叭"叫作"夹子"（反之亦然），这是**互相排除限制**的表现（Waxman & Senghas，

> ➢ **快速匹配**（fast mapping）：在几个场合下听到单词应用于其指代物后习得单词的过程。
>
> ➢ **过度扩展**（overextension）：与成人相比，儿童用相对特殊的单词指代更为广泛的范围内的物体、动作或者事件的倾向（例如，用单词 car 指代所有机动车辆）。
>
> ➢ **扩展不足**（underextension）：儿童用一般化单词指代较小范围内的物体、动作或者事件的趋势（例如，仅用单词糖指代薄荷糖）。
>
> ➢ **加工限制**（processing constraints）：导致婴幼儿喜欢新单词的某些解释胜过其他解释的认知偏向或倾向。
>
> ➢ **物体范围限制**（object scope constraint）：认为儿童会假定，应用于一个物体的新单词指的是整个物体而不是物体的部分或物体特性（例如颜色）的观点。
>
> ➢ **互相排除限制**（mutual exclusivity constraint）：认为儿童会假定每个物体只有一个名字，不同单词指的是不同的、不相重叠的种类。

表 9.2 指导儿童推断新单词意思的一些加工策略或者加工限制

限制	描述	实例
物体范围限制	假定单词指的是整个物体，而不是物体的某部分或者特性。	儿童断定单词猫指的是动物，而不是动物的耳朵、尾巴、喵喵的叫声或颜色。
分类限制	假定单词是对拥有共同知觉特征的相似物体的种类的命名。	儿童断定单词猫指的是他已经看见的动物，以及其他四条腿、毛茸茸的小动物。
词汇对比限制	假定每个单词有独一无二的意思。	已经知道单词狗的意思的儿童，假定应用于狗的名字，例如大麦町狗，指的是特殊种类的狗（下位种类）。
互相排除	假定每个物体有一个名字，不同的单词指的是不同的、不相重叠的种类。	知道狗的单词的儿童，如果听到有人说"看狗在追猫"，就假定单词猫指的是正在逃跑的动物。

1992）。

然而，当成人使用多个单词指代相同物体时（例如，"哦，那有只小狗——可卡犬"），使用互相排除限制就会出现问题（Callanan & Sabbagh, 2004）。在这种情况下，已经知道"狗"的 2 岁儿童，会使用**词汇对比限制**，断定"可卡犬"一定是指一个特殊种类的狗，这种狗具有眼前这只动物所表现出的与众不同的特征，如耷拉着长耳朵和厚毛（Taylor & Gelman, 1988, 1989；Waxman & Hatch, 1992）。将新单词和熟悉的单词进行对比的倾向，可以解释儿童如何形成多层级的语言类别，例如，儿童最终会认识到，狗是一种动物、一种哺乳动物（上位名称），也是一只有如皮皮这样专属名字的可卡犬（下位名称）（Mervis, Golinkoff, & Bertrand, 1994）。

单词意思的句法线索

年幼的语言学习者也可能通过单词在句子中的使用方式来推测它的意思。例如，20～24 个月大的儿童听到一个新单词"zav"被用作名词指代玩具时（"This is a zav"），他可能推断这个新单词指的是玩具本身，但是听到把"zav"用作形容词的儿童（"This is a zav one"）可能会推断"zav"是指玩具的某一特点，例如，它的形状或颜色（Taylor & Gelmen, 1988；Waxman & Markow, 1998）。

注意，儿童是根据句子结构，或者说句法线索来推断单词意思的。这种**句法引导**对于帮助儿童解读新单词的意思可能特别重要（Gleitman, 1990；Hoff & Naigles, 2002；Lidz, Gleitman, & Gleitman, 2003；Oller, 2005）。看下面两个句子：

1. The duck is gorping the bunny.（gorping 是指一个引起结果的行动。）
2. The duck and the bunny are gorping.（gorping 是指一个同步行动。）

当 2 岁的儿童听到其中一个句子时，他们更喜欢看与听到的内容相匹配的录像，例如，听到第一个句子后，儿童会注视鸭子制伏小兔子的画面（Naigles, 1990）。无疑，动词的句法，也就是在句子中的使用形式，为它的意思提供了重要线索（Naigles & Hoff-Ginsberg, 1995）。

2 岁的儿童可以使用熟悉的动词的意思，来

限制新名词的可能的指代物,所以,如果儿童知道"吃"的意思是什么,并且听到句子"爸爸在吃卷心菜",他们会推断,"卷心菜"是爸爸正在吃的这个有很多叶子的食物的名字,而不会去想"卷心菜"是指餐厅饭桌上的火腿、玉米面包或任何其他物体(Goodman, McDonough, & Brown, 1998)。到儿童3岁的时候,如果新单词的指代物不清楚,且句法线索和其他加工限制会导致不同解释,那么儿童会非常熟练地根据句法线索推断单词意思,他们更加相信自己对句子结构的理解,而不是其他加工限制(Hall, Quantz, & Persoage, 2000)。

小结

婴幼儿为领会新单词的意思做了很好的准备。与同伴分享言语意思的强烈渴望,使得他们对听到的话语中新奇的方面尤其敏感,并且有强烈的动机去使用社会-背景线索和其他可以利用的信息来破解新单词。到2岁的时候,婴幼儿已经能说出差不多200个单词,这个词汇量足够进行词汇比较。而且,他们已经对句子结构(句法)有足够的理解,所以可以确定许多新单词是名词、动词还是形容词,这是单词释义的又一重要线索。虽然婴幼儿的确会犯一些句法错误,但这并不代表他们真实的言语水平,实际上,他们对单词意思的了解要比他们所表现出的程度高得多,例如,对于一个看见马说"狗"的2岁儿童,如果给他们一套动物图片,让他们把狗找出来,他们通常能够将狗和其他动物区分开来(Naigles & Gelman, 1995)。既然他们能不费力地分辨动物,那么为什么会将马称为狗呢?

一个可能性是,婴幼儿知道的单词比较少,他们可能会用过度扩展作为学习新物体、新活动的名字的策略。一个儿童看见马可能会叫它为狗,不是因为他认为它是狗,而是因为在他的词汇库里没有更好的单词来描述这只动物,而且他

根据经验得知,不正确的命名可能会引发这样的反应,例如,"不,玛科,那是马。你能说马吗?来,说马。"(Ingram, 1989)

当单个词的意义更为丰富时

许多心理语言学家将婴儿的独词言语称为单词句,因为它们常常不大像一个单词,而像是要努力传递一个句子的意思(Bochner & Jones, 2003; Dominey, 2005)。这些单词句可以发挥不同的沟通作用,主要看它们怎样被说出来,以及说话的情境是怎样的(Greenfield & Smith, 1976)。例如,17个月大的卡曼在5分钟的时间里3次使用单词 ghetti (spaghetti,意为意大利面条)。首先,她指着炉子上的平底锅,好像在问:"这是意大利面条吗?"之后,当给她看锅里的东西时,她的单词句的功能是给意大利面条命名,"这是意大利面条!"最后,她哭哭啼啼地拉着正在吃面条的父亲的袖子,这时,这个单词的意思是,她想要吃意大利面条。

当然,单个词所能表达的意思是有限的,但正处于语言发展的单词句阶段的婴儿似乎的确展示了诸如命名、提问和请求之类的基本语言功能,他们将在日后通过创造不同种类的句子来实现这些功能。他们还在学习一堂重要的语用课程:一个单词的信息经常是含混不清的,如果想要他人理解自己的话,可能还要借助手势或语调线索(Ingram, 1989)。

> 词汇对比限制(lexical contrast constraint):认为儿童通过将新单词与他们已经知道的单词进行对比来推断单词的意思。

> 句法引导(syntactical bootstrapping):年幼儿童通过分析单词在句子中使用的方式,并推断它们是指代物体(名词)、动作(动词)还是特点(形容词),来对单词意思做出推断。

电报句期：从单词句到简单句

大约在 18～24 个月的时候，儿童开始将单词组合成简单的句子，例如，"爸爸吃"、"小猫走"以及"妈咪喝奶"，这些简单句子在英语、德语、芬兰语和萨摩亚语等不同的语言中表现出了惊人的句法相似性（见表 9.3）。这些早期的句子被称作**电报式言语**，因为它们像电报一样，只包含表达关键信息的单词，如名词、动词和形容词，省去了冠词、介词和助动词之类的修饰词（Bochner & Jones，2003）。

儿童为什么在他们最初的句子里强调名词和动词，省略许多其他部分呢？这当然不是因为省去的单词没有作用。当这些词出现在他人的言语里时，儿童可以清楚地对其进行编码。之所以这么说，是因为儿童对符合语法的完整句（例如，"Get the ball"，意为拿球）的反应，比对表达同样意思的电报式（或其他不合语法的）句子（例如，"Get ball" 或 "Point to gub ball"）的反应更准确（Gerken & McIntosh，1993；Petretic & Tweney，1977）。近来的观点认为，说电报式言语的儿童之所以会省略一些单词，是因为其自身的加工和

表 9.3 在四种语言中儿童自发说出的两词句的相似性

句子功能	语言			
	英语	芬兰语	德语	萨摩亚语
定位或命名	There book（那里书）	Tuossa Rina（那里里娜）	Buch da（书那里）	Keith lea（基斯那里）
要求	More milk（更多奶） Give candy（给糖）	Annu Rina（给里娜）	Mehr milch（更多奶）	Mai pepe（给娃娃）
否定	No wet（不要湿） Not hungry（不饿）	Ei susi（不是狼）	Nicht blasen（不吹）	Le'ai（不吃）
表明所有格	My shoe（我的鞋） Mama dress（妈妈裙子）	Täti auto（婶婶的猫）	Mein ball（我的球） Mamas hut（妈妈的帽子）	Lole a'u（糖我的）
修饰或限制	Pretty dress（漂亮裙子） Big boat（大船）	Rikki auto（坏掉的车）	Armer wauwau（可怜的狗）	Fa'ali'i pepe（任性的宝宝）
询问	Where ball（在哪球）	Missa pallo（在哪球）	Wo ball（在哪球）	Fea Punaf（哪里普拉夫）

来源：Adapted from *Psycholinguistics*, 2nd ed., by Dan Isaac Slobin, 1979, pp. 86-87. Copyright © 1979, 1974, 1971 by Sctt Foresman and Company. Adapted by permission of the author.

产生性限制。只能说出非常短的言语的儿童,会重点强调那些进行有效沟通所必需的名词和动词,而忽略较小的、不太重要的单词(Gerken, Landau, & Remez, 1990;Valian, Hoeffner, & Aubry, 1996)。

有趣的是,电报式言语并不像早期的研究者们预想的那样具有普遍性。例如,俄罗斯和土耳其儿童从一开始就能说出短小但语法正确的句子。为什么?因为他们的语言与其他语言相比,比较重视小语法标记,词序规则不太严格(de Villiers & de Villiers, 1992;Slobin, 1985)。这样看来,儿童首先习得的,就是对于语言的结构来说最重要的部分。如果实义词和词序规则是最受重视的(比如在英语里),那么儿童就会保留这种信息,省略不太重要的冠词、介词和语法标记,制造出电报式言语。

电报式言语的语义分析

心理语言学家把儿童早期的语言当作一门外语来进行研究,努力探究儿童用以构造句子的规则。解释电报式言语的结构特点或者句法的初期尝试,清楚地证明了儿童许多最早的双词句是遵循一些语法规则的。例如,儿童通常说"妈妈喝"而不是"喝妈妈",说"我的球"而不是"球我的",这就表明他们已经意识到,对于表达意思来说,一些词序比另外一些要好得多(de Villiers & de Villiers, 1992)。

然而,研究者很快就发现,仅仅以句法为基础对电报式言语进行分析,完全低估了年幼儿童的语言能力。为什么呢?因为年幼儿童经常用相同的双词句,在不同的背景下传递不同的意思(或语义关系)。例如,Lois Bloom(1970)的一个被试在同一天的两个场合说"妈妈袜子",一次是在她捡起妈妈的袜子的时候;另一次是在她妈妈给她穿袜子的时候。第一个例子中的"妈妈袜子"是指一种所有格关系,即"妈妈的袜子";但在第二个例子中,儿童显然表达了完全不同的意思,即"妈妈正在给我穿袜子"。因此,为了恰当地解释电报式言语,我们不仅要看儿童说出的话,还要考虑这些话发生的情境,之后再确定儿童言语的意思或者语义内容。

早期言语的语用学

因为儿童早期说出的句子结构不完整、意思含混不清,所以他们继续把手势和语调线索作为单词的补充,以确保他们的话能够被理解(O'Neill, 1996)。那些熟练地使用口语的人们也许会认为非言语手势是一种相当受限的低效率的交流形式,这种态度是非常短视的。事实上,许多耳聋的儿童完全是在非言语符号和手势的基础上,逐渐通晓和使用很复杂的语言的(见"生活与研究应用"专栏)。

婴幼儿对有效沟通的许多社交和情境决定因素越来越敏感。例如,2岁的儿童能非常熟练地执行谈话的交替规则;他们知道讲话的时候要抬头看听者,并且使用这种相同的非言语线索表示自己发言结束(Rutter & Durkin, 1987)。2~2.5岁的儿童知道,如果要与他人沟通,必须站得离听者近一点,或者提高声音来弥补距离问题(Johnson et al., 1981;Wellman & Lempers, 1977)。令人惊奇的是,当选择交谈话题或提出要求时,2~2.5岁的儿童会开始考虑对方知道什么(或不知道什么),他们非常喜欢谈论对方没有与他们共享或者还不知道的事情(Shatz, 1994)。当他们想拿到一个够不着的玩具而需要帮助时,会提出非常具体的要求。当他们知道对方不知道玩具在哪儿时,还会附加手势(O'Neill, 1996)。事实上,2.5岁的儿童甚至能监控他人对

> **电报式言语**(telegraphic speech):儿童早期说出的句子,由实义词组成,省略了言语中意义不大的部分,如冠词、介词、代词和助动词。

自己提供的信息的言语反应,并澄清许多让成人误解的言语(Levy, 1999)。例如,一个儿童想要玩具鸭子,他却听到成人说"你要袜子",这时他就会去修正这一传达失败的信息,说"我不要那个,我要鸭子"(Shwe & Markman, 1997)。

此外,年幼的儿童还在学习社会语言学规则,例如,提出要求时要有礼貌,而且他们逐渐懂得他人言语中什么是有礼貌的,以及什么是没有礼貌的(Baroni & Axia, 1989;Garton & Pratt, 1990)。虽然父母并没有有意识地教儿童语法,但他们的确在指导儿童去遵守礼节(Flavell, Miller, & Miller, 1993)。"你说什么"或者"说那个神奇的词,那么这个蛋糕就是你的了"之类的话,是父母经常使用的提示语,它们在礼节学习中起着重要作用。

总之,大多数2～2.5岁的儿童,已经学习了很多有关语言和沟通的实用课程,通常能够让对方理解他们的意思。但即使这些婴幼儿已经可以和成人以及年龄大些的儿童交谈了,他们的沟通技能与5岁、4岁甚至3岁的儿童相比,仍然还是很逊色的。接下来,我们看看学前儿童到底学到了什么,使得他们进幼儿园时,已经成为了相当熟练的语言使用者。

生活与研究应用

学习手语

先天耳聋或者年龄很小时就失去听力的儿童很难学会口头语言。与大众观点相反,这些耳聋的儿童并没有从读唇语中收获很多。事实上,许多耳聋儿童(尤其是那些父母听力正常的耳聋儿童)在语言发展方面可能被耽误,除非他们早点接触手语系统,例如,美式手语(Mayberry, 1994)。

虽然美式手语要用手来做出动作而不是口述,但它是非常灵活的工具(Bellugi, 1988)。一些手势代表整个单词,另外一些代表语法词素,例如,进行时结尾(-ing)、过去时态(-ed)以及助动词。每个手势都由一组限定的手势成分构成,就像口语单词由限定数量的不同语音(音素)组成。句法规则详细说明了手势怎样组合构成陈述句,怎样提出问题以及否定一个命题。而且,像口头语言一样,美式手语允许使用者用手势玩文字游戏,表达双关、比喻以及作诗。所以,精通手语系统的人能够传达并理解无限种有高度创造性的信息,他们是真正的语言使用者!

很早就接触美式手语的聋儿习得手语的方式和听力正常儿童习得口头语言的方式相同(Bellugi, 1988;Locke, 1997)。耳聋的母亲用母婴语言做手势,以此对手语学习进行支持,这里的母婴语言是指用缓慢的夸张的动作做手势,为了确保能被理解,经常要重复手势(Masataka, 1996, 1998)。而且,聋儿通常是通过手语的"咿呀声"开始形成与父母使用的手语大致相似的手势的,这发生在儿童使用一个词或者所谓单词句阶段之前,在这种单词句里,一个单一的手势用于传达许多不同的信息。聋儿在使用快速匹配以及其他加工限制来扩大词汇量方面,逐渐变得非常熟练(Lederberg, 2003),而且,当他们开始组合手势的时候,两个手势的句子就是电报式陈述,表达的语义关系和出现在听力正常儿童的早期言语中的语义关系相同。

接触手语较早的聋儿的大脑语言区域的发展和接触言语的听力正常儿童相同。Hellen Neville(1997)及其同事测试了耳聋的美式手语使用者和听力正常的个体在使用各自的语言加工句子时的大脑活动。结果表明,在很大程度上,句子加工对大脑皮层左半球区域的依赖,对于在生命早期习得美式手语的被试和在生命早期习得英语的听力正常的个体来说,强度是相同的。然而,美式手语的早期学习者也用右脑对句子做出反应，这可能是因为被右脑控制的空间能力在解释手语使用者的手势时发挥了作用。

概念核查9.2　理解儿童语言技能的发展

回答下列问题，检查你对前语言期、单词句期和电报式言语期的理解。答案见附录。

填空题：在下列句子的空白处填上适合的词或短语。

1. 儿童用相对具体的单词指代较广范围的物体、动作或事件的倾向，叫作____。
2. 儿童通过分析单词在句子中的使用方式，以及推断它们是否指代物体、动作或特点，来做出推断的概念叫作____。
3. ____是用代表整个句子意思的单个单词进行说话的方式。

选择题：为下列各题选择最佳答案。

____4. 米娜全神贯注地指着一个物体问它是什么，她是一个婴儿，正经历着
   a. 命名爆炸
   b. 前语言期的有音无义词
   c. 过分活跃的语言习得机制（LAD）
   d. 元语言意识

____5. 无论婴儿是否有正常的听力，他们发出的咕咕声听起来都是相同的，这个事实表明咕咕声
   a. 在向成人听众传达自发的意思
   b. 随着大脑和发声器官的成熟而发展
   c. 父母修正和扩展的反映
   d. 源于婴儿的互相排斥限制

____6. 婴儿使用祈使性手势，是为了让其他人
   a. 注意到婴儿的想法
   b. 把混杂语发展成有音无义词
   c. 达成婴儿的要求
   d. 通过电报式言语发起沟通

____7. 瑞考德是4个孩子的父亲。他喜欢记录孩子们的成长。虽然他的记录随着每个新生儿的出生而减少，但他还是设法记录每个孩子说出的第一个单词。当瑞考德比较了几个孩子的成长日记后，他很吃惊，因为他的大儿子说出的第一个单词与其他3个女儿的非常不同。瑞考德的观察表明
   a. 敏感期假设
   b. 出生顺序假设
   c. 性别差异假设
   d. 关键期假设

简答题：简要回答下列问题。

8. 解释接受性语言和产生性语言，并说出两者的区别。
9. 解释过度扩展和扩展不足的意思，举例说明每种类型的语言错误。

论述题：详细论述下列问题。

10. 列举和描述引导儿童推断新单词意思的加工限制。

学前期的语言学习

在2.5—5岁这么短的时期内，儿童逐渐学会了说很复杂的句子。表9.4向我们展示了在7—10个月的短暂时间里语言进步的速度有多快。儿童习得了什么才使得语言爆发式地发展？他们正在掌握基本的词法和句法；就像我们在表9.4里所看到的，35～38个月大的儿童正在将先前省

表 9.4 一个男孩在三个年龄段的言语实例

年龄		
28个月（电报式言语）	35个月	38个月
Somebody pencil.	No – I don't know.	I like a racing car.
Floor.	What dat feeled like？	I broke my racing car.
Where birdie go？	Lemme do again.	It's broked.
Read dat.	Don't – don't hold with me.	You got some beads.
Hit hammer，Mommy.	I'm going to drop it – inne dump truck.	Who put dust on my hair？
Yep，it fit.	Why – cracker can't talk？	Mommy don't let me buy some.
Have screw	Those are mines.	Why it's not working？

来源：Adapted from *The Acquisition of Language: The Study of Developmental Psycholinguistics*, by D. McNeill, 1970. Harper & Row Publishers. Copyright © 1970 by HarperCollins, Inc.

略的冠词、助动词和语法标记（例如，-ed、-ing）插入句子中；制造否定命题；偶尔还会提出结构完美的问题（Hoff-Ginsberg，1997）。而且，虽然从表 9.4 来看不够明显，但我们仍可以看到学前儿童对语用和沟通的理解已经比以前多得多了。

语法词素的发展

语法词素是使我们构造的句子意思更加精确的修饰成分。儿童通常在 3 岁时开始使用这些修饰成分，他们会在名词后加 -s 构成复数，用介词词素 in 和 on 表示定位，用现在进行时 -ing 或过去时 -ed 表明动词时态，或者在词尾加 -'s 表示所有格关系。

Roger Brown（1973）研究了 3 个儿童对在英语句子里频繁出现的 14 个语法词素的学习情况，他发现这 3 个儿童在两方面有很大差异：(1) 开始使用语法标记的年龄；(2) 掌握 14 个规则所花费的时间。不过，在这个纵向研究中，3 个儿童都是精确地按照表 9.5 所示的顺序习得 14 个语法词素的，另外一个有 21 个儿童参加的横断研究验证了这个结果（de Villiers & de Villiers，1973）。

为什么掌握不同词汇的儿童都按一种特定的顺序习得这 14 个语法标记呢？Brown（1973）很快否决了使用频率的假设，因为他发现，最初习得的语法词素在父母言语中的出现频率并不多于之后习得的语法词素。他的研究结果表明，早期习得的词素在语义和句法上都没有后来习得的词素那么复杂。例如，在儿童言语中，现在进行时（-ing）出现在规则动词的过去时（-ed）之前，前者描述正在进行的动作，后者不仅描述动作，还有"从时间上来说比较早"的意思，而传递两个语义特征的 -ed，比不可缩写的系动词 to be（is、are、was、were）形式出现得要早，to be 的这些形式从句法上说比较复杂，并且描述了三个语义关系：数（单数或复数）、时态（现在或过去）以及动作（正在进行的过程）。

一旦儿童习得了一个新的语法词素，他们不仅会把这个规则应用到熟悉的背景下，而且会在新的情境中使用。例如，如果儿童意识到将名词变为复数的方式是在词尾加上"s"，那么她就可以解决图 9.5 的问题了（Berko，1958）。

过度规则化

有趣的是，儿童有时候会犯过度扩展的错误，将新的语法词素应用到不规则的词中，这

表 9.5　英语语法词素的习得顺序

词素	实例
1. 现在进行时：-ing	He is sitting down.
2. 介词：in	The mouse is in the box.
3. 介词：on	The book is on the table.
4. 复数：-s	The dogs ran away.
5. 不规则动词过去时：例如，went	The boy went home.
6. 所有格：-'s	The girl's dog is big.
7. 不可缩写的系动词 be：例如，are，was	Are they boys or girls? Was that a dog?
8. 冠词：the，a	He has a book.
9. 规则动词过去时：-ed	He jumped the stream.
10. 第三人称的规则形式：-s	She runs fast.
11. 第三人称的不规则形式：例如，has，does	Does the dog bark?
12. 不可缩写的助动词 be：例如，is，were	Is he running? Were they at home?
13. 可缩写的系动词 be：例如，-'s，-'re	That's a spaniel.
14. 可缩写的助动词 be：例如，-'s，-'re	They're running very slowly.

来源：Adapted from *Psychology and Language: An Introduction to Psycholinguistics*, by H.H.Clark & E.V.Clark, p. 345. Copyright © 1977 by Harcourt, Brace & Company. Reproduced by permission of the publisher.

图 9.5　一道语言题，用于检验年幼儿童对英语中构成名词复数的规则的理解。

来源：From Berko, J.(1958) The Child's learning of English morphology. *Word*, 14, 150-177. Reproduced by permission of Jean Berko-Gleason.

一现象叫作**过度规则化**（Clahsen, Hadler, & Weyerts, 2004；Pinker & Ullman, 2002；Rodriguez-Fornells, Münte, & Clahsen, 2002）。"I brushed my tooths"，"She goed"或者"It runned away"，这些陈述都是 2.5～3 岁儿童普遍会犯的过度规则化错误的例子。说来也奇怪，儿童在学得任何语法词素之前，经常能正确使用许多不规则名词和动词，例如，"It ran away"，"My feet are cold"（Brown, 1973；Mervis & Johnson, 1991）。即使是在习得新规则之后，儿童的过度规则化也是比较少的，只占所使用的不规则动词的 2.5%～5%（Maratsos, 2000；Marcus et al., 1992）。所以，过度规则化不是必须要抛弃的严重语法缺陷，事实上，这类错误之所以会出现，是因为儿童有时候不能从记忆中提取出名词或动词的不规则形式，所以必须要使用新词素（过度规则化），以便表达出他们的想法（Marcus et al., 1992）。

掌握转换规则

除了语法词素，每种语言还有基本陈述句的

> **语法词素**（grammatical morphemes）：修饰和限制单词和句子意思的前缀、后缀、介词和助动词。
> **过度规则化**（over regularization）：在不适用语法规则的情况下使用语法规则（例如，把 mice 说成 mouses）。

变化规则，我们称之为**转换语法**规则。根据这个规则，可以将陈述句"我在吃比萨"，转化为疑问句（"我在吃什么"）、否定句（"我没在吃比萨"）、祈使句（"吃比萨"）、关系从句（"我，一个讨厌芝士的人，正在吃比萨"），或者是复合句（"我在吃比萨，而约翰在吃意大利面"）（Schoneberger, 2002）。

在 2—2.5 岁，大多数儿童会开始对陈述句做一些变换，其中许多变换依赖于他们对助动词 to be 的掌握情况（de Villiers & de Villiers, 1992）。儿童会逐步习得转换规则，看看他们学习提问题、否定问题以及制造复杂句子的整个过程，就会更清楚地了解这一点。

提问题

有两类问题是所有语言共有的。是或否的问题，也就是问特定的陈述句是真的还是假的（例如，"那是小狗吗？"），是儿童最先掌握的最简单的句式。与之相比，wh- 问题就不能简单地只用是或否来回答了。这类问题被叫作 wh- 问题，是因为在英语中，它们几乎总是由前两个字母是 wh- 的单词做开头，例如，who（谁）、what（什么）、where（哪里）、when（什么时候）或者 why（为什么）。

儿童最早的问题经常就是一个陈述句，不过是用升调说出来，这样就转化成了一个是或否的问题（例如，"看见小狗？"）。不过开头为 wh- 的单词有时候会被放在电报式句子的开头，从而制造出简单的 wh- 问题，例如"Where doggie（小狗在哪里）？"或者"What daddy eat（爸爸吃什么）？"在提问题的第二个阶段，儿童开始使用适当的助动词，但是他们的问题形式是"What daddy is eating（爸爸正在吃什么）？"或者"Where doggie is going（小狗要去哪里）？"最后，儿童学会了要把助动词移到主语前面的转换规则，他们开始像成人一样地提出问题，例如，"What is daddy eating（爸爸正在吃什么）？"

创造否定句

像提问题一样，儿童的否定句的发展也是一步步进行的。全世界儿童最初都是简单地通过在想要否决的单词或陈述前加上否定词来表达否定的意思，例如，"No mitten（不手套）"或者"No I go（不我走）"。人们发现，这些最初的否定句的意思是模糊不清的："No mitten"传达的意思可以是不存在（"没有手套"）、拒绝（"我不要戴手套"），或者否认（"那不是手套"）（Bloom, 1970）。一旦儿童开始把否定词插到句子中它所修饰的单词前面（例如，"I not wear mitten"或者"That not mitten"），模糊之处就可以澄清了。最后，儿童学会了像成人那样，将否定标记与恰当的助动词组合起来，用以否定句子。

创造复杂句子

到 3 岁的时候，大多数儿童都开始使用复杂的句子。最先出现的通常是修饰名词的关系从句（例如，"That's the box that they put it in"）和连接简单句的连接词（"He was stuck and I got him out"），接下来是内嵌句（例如，"The man who fixed the fence went home"），以及比较复杂的疑问句形式（例如，"John will come, won't he？""Where did you say you put my doll？"）（de Villiers & de Villiers, 1992）。到学前期末，也就是儿童 5～6 岁的时候，他们可以使用大多数语法规则，讲话非常像成人。

语义的发展

学前儿童的语言变得更加复杂的另一个原因是 2～5 岁的儿童开始理解和表达对比关系了，例如，大和小、高和矮、宽和窄、高和低、里面和上面、之前和之后、这里和那里以及我和你（de Villiers & de Villiers, 1979, 1992）。大和小一般是最先出现的空间形容词，这些词很快就用于说明各种关系。例如，到 2～2.5 岁，儿童能用大和小得出适当的常规性结论（只看一个 10 厘米高的鸡蛋，相对于儿童看到过的其他鸡蛋来说，是大的）和知觉推断（10 厘米高的鸡蛋，被放在一个更大的鸡蛋旁边，是小的）（Ebeling & Gelman，1988，1994）。到 3 岁的时候，儿童甚至能使用这些词做出恰当的功能性判断，例如，判断一套特别大的洋娃娃的衣服，相对于儿童穿的衣服来说很小，但是对普通洋娃娃来说又太大（Gelman & Ebeling，1989）。

虽然学前儿童日益理解了各种有意义的对比关系，并且快速学会了如何用自己的言语正确地表达出来，但是他们还是会继续犯一些有趣的语义错误。看下面的句子：

1. 女孩打男孩
2. 男孩被女孩打

4～5 岁以下的儿童经常会曲解被动语态的结构，比如第二个句子，但如果用主动语态表达同样的意思，他们就很容易理解，比如第一个句子。如果被要求指出一幅图，表示"男孩子被女孩打"，学前儿童通常会选择一幅画着男孩打女孩的图，他们假定第一个名词是动词的行动者，而第二个是目标对象，就这样，他们把被动语态的结构解释成主动语态。像"喜欢"和"知道"这类表示心理状态的动词的被动语态句子（例如，"高飞被唐老鸭喜欢"），对儿童来说特别难理解，要到上学后才会明白（Sudhalter & Braine，1985）。

儿童并不是缺乏理解句法比较复杂的被动语态句子的认知能力。即使是 3 岁儿童也能正确地解释不可逆的被动语态，例如"糖果被女孩吃了"，因为如果把它解释为主动语态句子，就是假设糖果正在做吃的动作，这是不合理的（de Villiers & de Villiers，1979）。3 岁儿童在学习一个无意义的新动词的时候，如果看到了一个相应的动作，听到了描述这个动作的句子（"Yes, Big Bird is *meeking* the car"），并且被要求回答以行动的对象为焦点的问题（问题："What happened to the car"，一般的回答："It got meeked"），那么他们可以很快学会制造被动语态句子（Books & Tomasello，1999）。为什么学前儿童经常曲解被动语态并且很少制造这类句子呢？可能是因为同他们说话的人很少使用被动语态或者问一些鼓励他们使用被动语态的问题（Brooks & Tomasello，1999）。英纽克提塔特儿童和祖鲁儿童能从他人的言语中听到许多使用被动语态结构的句子，所以他们理解和使用被动语态句子的时间比西方儿童要早得多（Allen & Crego，1996）。

语用和沟通技能的发展

在学前时期，儿童掌握了许多交谈技能，这有助于他们更有效地沟通，并达到自己的目的。例如，3 岁儿童已经开始懂得言语内潜在的意图，即言语真正的含义可能并不总是与字面意思一致。

3～5 岁的儿童知道，如果希望沟通有效，那么就必须调整他们的信息以适合听众的需要。Shatz 和 Gelman（1973）记录了几个 4 岁儿童在把新玩具介绍给 2 岁儿童或是成年时说的话，对录音的分析表明，4 岁儿童已经开始根据听者的理解水平调整自己的言语了。当同 2 岁儿童讲话的时候，他们会使用短小的句子，并且仔细选择"看"、"看这里"之类会吸引并能维持婴幼儿注意的短语。与之相比，当他们向成人解释这个玩具怎么玩时，会使用复杂的句子，并且一般会比

> 转换语法（transformational grammar）：可以将陈述句转换成疑问句、否定句、祈使句和其他种类的句子的句法规则。

较有礼貌。

沟通技能在学前时期发展迅速，4岁的儿童已经能非常熟练地根据听者的理解水平，调整自己的语言了。

参照性沟通

一个有效的沟通者不仅能传达清楚的、不含糊的信息，而且能够发现他人言语中任何不明确之处，并请求澄清。这就是我们所说的**参照性沟通技能**。

人们曾经普遍认为，学前儿童缺乏发现不充足信息以及解决沟通中的大多数问题的能力。的确，如果要求评估一个含混不清的信息的质量，例如，当看到许多马的时候说："看那匹马。"学前儿童比小学儿童更可能认为这句话提供了充足信息。学前儿童经常不能发现语言的含混之处，这是因为他们只关注自己对讲话者言语的理解，而不是信息（模糊的）的字面意思（Beal & Belgrad, 1990; Flavell, Miller, & Miller, 2002）。为什么学前儿童要去猜测不充足信息的意思呢？可能是因为他们经常能成功地从其他背景线索中推断出模糊言语的真正意思，这些背景线索包括他们对特定讲话者的态度、偏好和过去行为的了解等（Ackerman, Szymanski, & Silver, 1990）。与7岁儿童相比，4岁儿童发现并重新表达自己的不充足信息的可能性较小。他们经常假定自己

传达的信息非常充分，沟通失败应该归咎于听者（Flavell, Miller, & Miller, 2002）。

然而，大多数3～5岁的儿童，在自然情境下会表现出比在实验室任务中更好的参照性沟通技能，特别是当有背景线索帮助他们澄清了模糊信息的时候（Ackerman, 1993; Beal & Belgrad, 1990）。即使是3岁的儿童，也知道自己不能去执行一个正打呵欠的成人提出的莫名其妙的要求，而且他们会很快意识到，那些不可能达到的要求（例如，"给我冰箱"）都是有问题的（Revelle, Wellman, & Karabenick, 1985）。这些儿童还知道应该怎样解决这类沟通问题，他们经常对正打呵欠的成人说，"什么？"或"啊？"或者当被要求去拿冰箱时间，"怎么拿？它太重了！"

童年中期和青少年期的语言学习

虽然5岁的儿童已经在非常短的时期内学到了大量的语言知识，但语言能力的许多重大进步是在儿童6—14岁间发生的，也就是小学和初中时期。学龄儿童不仅会使用更多的单词，说出更长、更复杂的句子，他们还开始运用先前不可能的方式去思考和操纵语言。

句法的进一步发展

在童年中期，儿童纠正了许多先前所犯的句法错误，并且开始使用许多复杂的语法形式，这些形式在他们的早期言语中不曾出现过。例如，5～8岁的儿童开始消除人称代词使用中的缺陷，像"Him and her went（他和她走了）"这样的句子少多了。到儿童7～9岁的时候，一些复杂的句子结构变得很容易理解，他们有时候甚至会说出像"Goofy was liked by Donald（高飞被唐老鸭喜欢）"这样的被动语态句（Sudhalter & Braine,

1985），以及如"If Goofy had come, Donald would have been delighted（要是高飞来了的话，唐老鸭一定会很高兴）"这样的条件从句（Boloh & Champaud, 1993）。

因此，童年中期是句法改进的时期；儿童正在学习语法规则的例外情况，并且逐渐掌握了母语中比较复杂的句法结构。这个句法改进的过程是循序渐进的，经常要持续到青少年期或者成年早期（Clark & Clark, 1977; Eisele & Lust, 1996）。

语义和元语言意识

儿童对语义和语义关系的了解在整个小学期间继续发展，词汇量的发展特别引人注目。6岁的儿童已经能理解大约10 000个单词，并且接受性词汇的数量继续以每天大约20个单词的速度增长，到10岁时，已经理解了大约40 000个单词（Anglin, 1993）。当然，小学儿童还没有把这些新单词用于自己的言语中，甚至以前可能都没怎么听过这些词。他们所获得的是**词法知识**，即有关构成单词的词素的意思的知识，这使得他们能够分析诸如"sourer（更酸）"、"custom-made（订做）"或"hopelessness（无望感）"这样的不熟悉单词的结构，并且迅速领会它们的意思（Anglin, 1993）。青少年形式运算推理能力的发展使得他们能进一步扩展自己的词汇量，学会了许多抽象的单词（例如"讽刺的"），这些是他们在小学时期很少听到的，或者即使听到，小学儿童也不能理解的（McGhee-Bidlack, 1991）。

小学儿童还变得比较精通语义整合，也就是说，做出超越实际言语意思的语义推断。例如，如果6～8岁的儿童听到"约翰没有看见那块石头；那石头挡在路上；约翰摔倒了"，他们会推断出约翰一定被石头绊倒了。但有趣的是，6～8岁的儿童经常会假设这个故事明确讲述了约翰被绊倒的事，并没有意识到自己是在做一个推断（Beal, 1990）。9～11岁的儿童能比较好地做出这类语言推理，并且能意识到这是推断（Beal, 1990; Casteel, 1993），即使是做出正确结论所必需的两条或更多的信息被许多干扰句分开的时候也是如此（Johnson & Smith, 1981; van den Broek, 1989）。一旦儿童开始将不同种类的语言信息综合起来，他们就能发现隐含在句子表面内容中的意思。例如，如果一个吵闹的6岁儿童听到她的老师说"哎呀呀，你今天可真消停"，这个儿童可能会注意到，这个句子的字面意思和它的讥讽语调或语言背景之间是有矛盾的，由此觉察到老师话语中的讽刺意义（Dews et al., 1996）。

迅速发展的**元语言意识**，即思考语言并评论其特性的一种能力，是学龄儿童能够超越所给信息而做出语言推断的原因（Frost, 2000; Shaoying & Danling, 2004; Whitehurst & Lonigan, 1998）。这种反省能力一般出现在儿童4～5岁的时候。与年龄更小的儿童相比，他们的语音意识（例如，如果scream去掉s的发音，剩下的是什么）和语法意识要强得多（例如，"I be sick"的说法是对还是错）（de Villiers & de Villiers, 1979）。但是，与9岁、7岁甚至6岁儿童相比，5岁儿童表现出的元语言能力是很有限的（Bialystok, 1986; Ferreira & Morrison, 1994）。

意识到语言是主观的受规则限制的系统可能有重要的教育意义（Fielding-Barnsley & Purdie, 2005）。具体来说，在觉察音素、音节和押韵之

> **参照性沟通技能**（referential communication skills）：产生清楚的言语信息，当他人信息不清楚时能识别出来，并能澄清个体传达或收到的任何不清楚信息的能力。
>
> **词法知识**（morphological knowledge）：关于构成单词的词素的含义的知识。
>
> **元语言意识**（metalinguistic awareness）：语言及其特性的知识；对语言可用于沟通之外的目的的理解。

父母通过给儿童读书，促进了儿童词汇量的增长和字母再认，这是使阅读学习更容易的两个重要的识字技能。

类的语音技能上得分较高的4～6岁儿童，能很快地学会阅读，并且在小学最初几年始终是最熟练的阅读者（Lonigan et al., 2000；Roth, Speece, & Cooper, 2002；Whitehurst & Lonigan, 1998）。语音意识和阅读成绩之间的这种很强的联系，即使在控制了年幼阅读者的智力、词汇量、记忆技能和社会阶层的差异之后仍然存在。一些理论家相信，在儿童学习阅读之前，具备一定程度的语音意识是必需的（Wagner et al., 1997），而且培养儿童的语音意识能明显地提升他们阅读和讲话的能力（Anthony & Francis, 2005；Schneider et al., 1997；Whitehurst & Lonigan, 1998）。事实上，支持阅读训练的看字读音教学法最强有力的论据之一，就是它提高了语音技能，这对于儿童更好地学习阅读是必需的。

研究表明，像与父母共同读故事书这样的家庭识字经验，不会大幅度地促进儿童语音技能的发展（Whitehurst & Lonigan, 1998），但是，分享阅读确实可以促进儿童已有的读写能力的某些方面的发展，例如，词汇量增长和识字能力，还可以预测儿童在阅读学习上的成功（Lonigan et al., 2000；Reese & Cox, 1999）。

沟通技能的进一步发展

在一个关于儿童参照性沟通技能的研究中，给4～10岁的儿童呈现一些印模，印模上面有儿童不熟悉的图画，要求儿童向不透明屏幕的另一边的同伴描述印模的样子，以使同伴能够识别它们（Krauss & Glucksberg, 1977）。如表9.6所示，学前儿童用非常独特的方式描述了这些图画，既没有与听者多沟通，也没能让听者识别出哪一个才是讲话者所谈到的印模。而8～10岁儿童提供了更多的有用信息，他们意识到听者不能看到他们所指的东西，如果要让听者理解自己传达的信息，就必须以某种方式区分这些目标，使它们每一个都与众不同。

在另一个参照性沟通任务中，要求被试描述被藏起来或失踪的真实物体（不是抽象物体）的所在之处，4～5岁儿童的表现要好得多（Plumert, Ewert, & Spear, 1995）。但即使是这样，他们提供的信息与小学儿童比起来还是更模糊一些。

在小学早期，参照性沟通技能的显著提高在一定程度上是由于认知技能和对社会语言学的理解的发展。6～7岁儿童已经从早期的沟通错误中明白了表达充足信息的重要性；也是在这个年龄，他们变得不再那么自我中心，并且具备了一些角色采择技能，这两项认知发展有助于他们在打电话（或者参与参照性沟通实验）这类要求很高的情境下，根据听者的需要调整自己的言语，尽管在这样的情境下，了解一个人的信息是否已得到正确理解可能是很困难的（Hoff-Ginsberg, 1997）。而且，恰当的言语调整还要求对社会语言学有所理解，因为对一个听者来说是清楚的信息，对其他人来说可能是不清楚的。例如，在参照性沟通任务（比如之前讲到的那个实验，见表9.6）中，不熟悉刺激物的听者与已经熟悉这些刺激物的听者相比，可能需要更多的区分性较强的信息。6～10岁的儿童确实为

表 9.6 在 Krauss 和 Glucksberg 的沟通游戏中，学前儿童对不熟悉的图画的典型的独特描述

形状	儿童				
	1	2	3	4	5
(形状1)	人腿	飞机	窗帘架	斑马	飞碟
(形状2)	妈妈的帽子	戒指	锁孔	狮子	蛇
(形状3)	爸爸的衬衫	牛奶壶	晾鞋架	咖啡壶	狗

来源：Adapted from "Social and Non-Social Speech," by R. M. Krauss & S. Glucksberg, *Scientific American*, February 1977, 236, p. 104. Copyright 1977 by Scientific American, Inc. Adapted by permission of the artist, Jerome Kuhl.

不熟悉刺激物的听者提供了较多的信息，但是，只有那些 9～10 岁的儿童，能够通过提供丰富的可供区分的信息，来调整自己言语的内容，以适合听者的需要（Sonnenschein，1986，1988）。

兄弟姐妹在沟通技能发展中的作用

探讨社会因素对语言发展影响的大多数研究都把焦点放在母子互动上（通常是母亲和其头胎儿），但非独生子女会花大量的时间与兄弟姐妹交谈，或者听兄弟姐妹与父母谈话（Barton & Tomasello，1991；Brody，2004），这种有兄弟姐妹参与的谈话会以某种有意义的方式影响儿童沟通技能的发展吗？

事实的确如此。在语言发展不成熟的兄弟姐妹之间发生的互动，促进了有效的沟通。例如，因为与父母相比，哥哥姐姐不太会根据年幼的弟弟妹妹的理解能力来调整自己的言语（Tomasello，Conti-Ramsden，& Ewert，1990），所以弟弟妹妹经常会表现出理解错误，这可以使哥哥姐姐更多地考虑听者的需要，从而开始努力监控和修改自己的含糊信息。反之，哥哥姐姐很难像父母一样正确理解弟弟妹妹表达的不充足信息并满足弟弟妹妹的要求，所以弟弟妹妹可能会从失败的沟通中吸取教训，努力学会用一种比较容易被广泛理解的方式讲话（Perez-Granados & Callanan，1997）。因此，如果儿童真能从沟通失败中有所收获，那么与相对不成熟的语言对象（兄弟姐妹和同伴）交谈的机会，就会促进沟通技能的发展。

总之，认知发展尚未成熟的儿童，掌握语言和沟通的基本原则的速度令人敬畏。表 9.7 简单总结了人类语言发展的过程。这一过程从前语言阶段开始，在此阶段，婴儿准备好了进行语言学习，并受与同伴分享收获的动机激励；发展到发音清楚、表达流利、能说出并理解无限多的信息的青少年阶段。

这就是沟通失败！

表 9.7 语言发展的重要里程碑

年龄	语音	语义	词法或句法	语用	元语言意识
0—1岁	对言语的接受性和对语音的辨别 开始咿呀学语，发出像母语的声音	对他人言语中的语调线索进行一些解释 前语言手势出现 无义词出现 即使能理解个别单词，数量也很少	偏爱短语结构和母语重音模式	与看护者共同关注物体和事件 在游戏和谈话时按顺序轮流发言 前语言手势出现	没有
1—2岁	简化单词发音的策略出现	第一批单词出现 在18个月之后，词汇量迅速扩展 单词意思的过度扩展和扩展不足	单词句让位于两个词的电报式言语 句子表现出明显的语义关系 习得一些语法词素	使用手势和语调线索来澄清信息 比较充分地理解谈话的交替规则 在儿童言语中出现礼节的最初迹象	没有
3—5岁	发音改进	词汇量扩大 理解空间关系，在言语中使用空间单词	按有规律的次序习得语法词素 知道转换语法的大多数规则	开始理解言语内的潜在意图 对言语做一些调整以适应不同听众 尝试阐明明显含混不清的信息	一些音素和语法意识
6岁—青少年	发音变得像成人	词汇量显著扩大，包括青少年时期抽象单词的增加 语义整合的出现和改进	习得词法知识 纠正早期语法错误 习得复杂的句法规则	参照性沟通技能的改进，尤其是察觉和修改所发出和收到的不充足信息的能力	元语言意识蓬勃发展，并随年龄增长发展范围更广

双语：学习两种语言的挑战和结果

大多数美国儿童只说英语。但是，全世界有许多儿童是说着两种语言长大的，到青春期时，他们就习得了两种（或更多）语言。事实上，大约有1100万美国学龄儿童在家里并不说英语，而说另一种语言（美国统计局，2011），他们当中的许多人在英语使用上会表现出一些局限性。

学习两种语言会妨碍儿童的语言熟练程度或减缓儿童智力发展吗？在1960年之前，许多研究者声称是这样的。他们指出，一些研究表明，双语儿童在语言知识测验和一般智力测验上的成绩显著低于单语同伴（Hakuta, 1988）。然而，这些早期研究是有严重缺陷的（Francis, 2005；Peña, Bedore, & Rappazzo, 2003）。这些双语儿童通常是来自社会经济地位较低的第一代或第二代移民，他们不是很精通英语，而且他们所参加的测验是用英语施测的，而不是用他们最精通的语言，与他们的成绩做比较的参照样本大部分是中产阶级、讲英语的单语儿童（Diaz，1983）。难怪双语者表现得这么差！遗憾的是，这些研究结果经常被教育者和立法者根据表面价值进行利用，他们以此为理由禁止在10岁之前教外语，以便不"干扰（学生）正常的英语学习，避免导致严重的情绪混乱"（Kendler，转引自 Hakuta，1988，p.303）。

先天论者认为，儿童会比较容易获得他们经常听到的任何语言，20世纪60年代，心理语言学家在一定程度上被这一观点激励，开始比较认真地关注双语学习的过程。他们的研究结果很明确，即接触两种语言早（3岁前）的儿童可以不费力地精通双语。双语婴幼儿有时候会混淆音素，会将一种语言的语法和词汇应用到他们习得的第二种语言中，但到了3岁，他们就会清楚地意识到两种语言是互相独立的系统，每种语言的使用都与特定的背景相联系（Lanza，1992；Reich，1986）。到4岁的时候，儿童在本土语言上会达到正常的熟练程度，在第二种语言上也表现出很好的语言技能，当然，这主要取决于他们接触第二语言的程度。即使学前儿童在学会母语之后（即3岁之后当他们已经熟练掌握本土语言的时候）习得第二语言，也可以只花不到一年的时间在第二语言上获得与母语相近的语言能力（Reich，1986）。

双语学习对儿童的认知发展会有怎样的影响？在近期控制良好的实验研究中，将双语者和单语者在诸如社会经济地位这样的重要变量上进行匹配，结果发现双语学习者在认知发展上占优势。纯粹的双语者，不仅在 IQ 测验、皮亚杰守恒问题以及一般语言熟练度上的得分等于或高于单语同伴（Diaz，1985），而且他们在元语言意识测量上的成绩也要胜过单语者（Bialystok，1988），特别是在那些要求他们辨认字母、单词以及音素成分之间的一致性的测量中（Bialystok，Shenfield，& Codd，2000），或者在发现言语和作文中语法错误的测量中（Campbell & Sais，1995）。在需要选择性注意以克服分心的非语言任务中，双语儿童做得也比单语者好（Bialystok，1999）。为什么双语者会有如此收益？ Ellen Bialystok 和她的同事们（2000）认为有两个原因：第一，双语者在元语言任务中的优势可能来源于很早就知道语言表征是自由的，例如，英－法双语者知道相同的（犬）动物在两种语言里分别用单词"dog"和"chien"来表示，它们看上去、听起来都不相像；第二，双语者在克服分心方面的优势可能只是反映了这样的事实，即他们能非常熟练地监控环境，并说出能被当时的同伴所理解的语言，同时抑制注意力转移到与当前背景无关的第二语言上。

尽管有这些积极的研究结果，并且美国联邦政府对双语教育的支持有所增加，但是美国公众并不支持这个政策。事实上，29个州甚至通过了使英语成为官方语言的立法，这为要求英语为非母语的人只使用英语提供了强大的政策性的理由。这可能是令人遗憾的事，因为：第一，完全沉浸在只讲英语的班级里，可以导致一些英语水平有限的学生掌握功课很费力，以致学业失败（DelCampo & DelCampo，2000）；第二，讲非英语的学生的父母经常高度指责只讲英语的教育，认为它削弱了儿童对他们原始语言的熟练程度，在一定程度上破坏了亲子沟通和家庭关系（Wong & Filmore，1991）。

双语教育是解决办法吗？这个问题引发了20年的论战，在很大程度上是因为已经尝试过的多种双语教育方法在有效性上存在很大的差异（DelCampo & DelCampo，2000）。现在看来很清楚的是，让英语水平有限的学生较少接触英语，而用80%～90%的时间学习母语，这种指导方法是无效的。接受这种方法的大多数英语水平有限的学生,没有达到成功完成高中和大学学业所需要的英语读写技能水平(DelCampo & DelCampo, 2000)。而**双向式双语教育**表现出了明显的优势,这是适用于学前和小学低年级儿童的项目。在这种教育中,英语水平有限的学生每天用一半的时间使用英语学习,另一半时间用他们原来的语言学习。近来两个研究发现,在加利福尼亚运作良好的双向式双语教育学前学校中,3.5 ~ 5 岁的墨西哥美籍移民儿童在对英语的掌握上进步很大,这使得他们在公立学校学习顺利,不仅如此,他们对于西班牙语的熟练程度,也与在以西班牙语为主导的环境中的同种族移民同伴无差异(Rodriguez et al., 1995;Winsler et al., 1999)。

当关于使用双语教育的争论在法庭、学校董事会和家庭展开的时候,发展学家(和公众)不应该忽略最重要的问题,即我们怎样向百万英语水平有限的学生提供最可能的教育?虽然还需要更多的研究,但早期成果已经表明,双向式双语教育很有前途。在一个实验项目中,研究者发现,讲英语的学生也能从双语教育中获益,他们对第二语言的精通程度接近于母语水平,同时,他们的学习成绩与那些只接受英语教育的讲英语的同伴一样好(Sleek, 1994)。很明显,为所有学生提供有效的双语教育其成本可能是难以负担的,然而双语学习带来的认知发展收益也是不可估量的(Bialystok, Shenfield, & Codd, 2000)。真正有效的双语教育有助于确保英语水平有限的学生的教育(和未来经济)成功,促进对种族多样性的更好理解,而且在我们这个多文化的世界中,越来越需要精通双语的人才(Hakuta & Garcia, 1989;Sleek, 1994)。

与大众观点相反,学习两种(或更多)语言而不是一种语言,既不会妨碍儿童的语言熟练程度,也不会延缓其智力发展。事实上,近来研究表明,双语学习对认知发展有许多益处。

概念核查9.3 理解后期语言发展和双语现象

回答下列问题,检查你对学前期、童年中期和青少年期的语言学习以及双语的挑战与结果的理解。答案见附录。

选择题: 为下列各题选择最佳答案。

____ 1. 在提问题发展的最后阶段,儿童能够像成人一样问问题,例如

　　a. "What is Mommy reading?"

　　b. "Where Mommy?"

　　c. "Mommy here?"

　　d. "Where Mommy go?"

____ 2. 对被动句的跨文化研究表明,如果儿童的语言文化中有许多被动结构的表达,那么他们

　　a. 厌倦了被动句,所以偏好主动句

　　b. 在他们自己说出的言语中会使用许多被动句

　　c. 家庭宠物发挥出像人一样的影响力

　　d. 在句子意思上会发生认知阻塞

____ 3. ____ 的水平是学龄儿童阅读技能的重要预测指标。
   a. 单词句混杂语
   b. 过度扩展的扩展不足
   c. 对平衡饮食的兴趣
   d. 语音意识

____ 4. 与兄弟姐妹交谈可促进有效沟通，因为
   a. 电报式言语在内容上是非常精确的。
   b. 克里奥尔语更多地由儿童发展而来，而不是成人。
   c. 在大团队中的儿童会对彼此大嚷。
   d. 注意到兄弟姐妹的理解错误，会让讲话者知道需要清楚地表达观点。

判断题：判断下列陈述的对错。

5. 过度规则化是指儿童用相对具体的单词，去指代较大范围的物体、动作或者事件（例如，用单词"汽车"指代所有机动车辆）。

6. 转换语法指的是一个句法规则，这个规则允许把陈述句转换成疑问句、否定句、祈使句以及其他类型的句子。

简答题：简要回答下列问题。

7. 阐述词法知识指的是什么，并解释词法知识怎样帮助儿童了解新单词的意思。

8. 说出母语为英语的学生参与双向式双语教育项目的两个潜在的好处。

发展主题在语言习得中的应用

 主动 / 被动

 连续性 / 阶段性

 整体性

 天性 / 教养

阅读本章时，你可能经常想到天性和教养的问题。的确，天性和教养显然可以和其他发展主题，比如儿童的主动性、量变和质变以及发展的整体性，一起应用在语言发展中。让我们回顾一下与这些发展主题相关的语言发展的具体问题。

先天论者认为，与生俱来的语言习得机制，会帮助儿童加工言语，并最终产生言语。不管这一观点是否正确，主动参与发展的儿童确实是本章的中心。在1岁生日之前，婴儿已经知道，人类谈话的时候是轮流发言的，所以他们会等同伴说完后，再用咿呀声或咕咕声进行回应。他们用这些声音示意同伴继续这个"谈话"，即对他们发出的声音做出反应。随着发展的继续，婴幼儿会问许多问题，通常是关于物体的名字、目的或动作。婴幼儿积极主动地探求信息，使得他在命名爆炸时期会使用大量单词。之后，儿童还会用加工限制去破解单词的意思。为了适应语言环境，儿童会改变言语或语言习惯，例如，在成人或陌生人面前表现得很有礼貌。如果儿童没有听懂对方的要求或指令，他们就会要求对方澄清讲明，而且他们会意识到听者的理解水平，放慢语速，或重复听者漏掉的言语。最后，童年中期和青少年早期的儿童对于听到的意思含混不清的单词和短语会给予更多的关注，并努力推断它们的各种含义。所有这些例子都表明，儿童的确是在积极参与自己的语言发展。

这一章广泛讨论了天性和教养对发展的影响问题，但是这个主题最明显的例子可能来自语言

> **双向式双语教育（two-way bilingual education）**：在这个教育项目中，讲英语（或其他优势语言）的儿童和对该语言熟练程度有限的儿童每天有一半的时间用原来的语言进行学习，另一半时间用第二语言接受教育。

获得上的各种理论观点。学习理论家往往都是教养观点（即经验论）的支持者，相信儿童是通过与他人交谈、接受儿童指向型言语以及模仿他们听到的话来学习语言的。另一方面，先天论者是天性观点的拥护者，相信婴儿具有特殊的语言习得机制，能促进他们的言语理解，为了获得语言，婴儿只需要听见成人交谈。交互作用论者整合了这两个观点，他们认为：一方面，有种属特异性的神经系统会引领儿童的语言能力发展；另一方面，同伴干预对儿童语言习得也至关重要。

第三个发展主题是关于发展中的量变和质变。在语言发展中，随着儿童语言形式或种类的变化，我们可以看到跨年龄段的显著质变。最明显的例子是前语言阶段、单词句和电报式言语。在语言发展中还有许多量变。在发展进程中习得新单词、新语法结构和新句法规则就是最好的量变例子。在发展心理学中，随年龄出现的量变和质变相互影响，语言发展可能是一个最好的例子。

最后，儿童在学习沟通时，与同伴互动的状况也会改善。这体现了发展的整体性。当儿童学习怎样根据特定的语言环境修正自己的言语时，就已经为充分表达自己的需要和渴望做了较好的准备，因此也就更可能得到自己想要的东西。儿童学会了怎样发现他人言语中隐藏的意思，也学会了怎样用言语传达隐藏的语意，并澄清自己语意含糊的短语，这时他们与他人的交际互动也会有所改善。一些研究发现，儿童一定要参与涉及语言的有意义的社交互动才能习得语言。这也是语言发展整体性的例子。此外，文化和出生顺序对语言发展也有明显的影响。最后，交互作用论者的观点告诉我们，语言习得不可能与认知发展分离。

以上只是将发展主题应用于儿童语言发展中的一小部分例子。毫无疑问，语言习得需要儿童的主动参与，需要先天和后天的共同作用，并涉及量变和质变，而且语言习得是交织了儿童认知和社会性发展以及儿童的社交和文化生活的一个整体过程。

总　结

语言的五个成分

- 为了能和他人进行有效沟通，儿童必须习得语言的五个方面：
    - 语音——语言声音系统的知识；
    - 词法——说明单词怎样由语音构成的规则；
    - 语义——对黏着词素、自由词素（或单词）以及句子意思的理解；
    - 句法——说明怎样组合单词以制造句子的规则；
    - 语用——说明在不同的社交情境中怎样使用语言的规则。

语言发展理论

- 在语言习得上有三个主要的理论观点：
    - 学习理论家认为：
        - 儿童通过模仿他人言语而习得语言，语法正确的言语会得到强化，不过这一观点没有得到研究的支持。
        - 成人用儿童指向型言语对年幼儿童讲话，并且用扩充和修正来重塑儿童的原始句子；
        - 只要儿童有与之交谈的对象，即使没有这些环境支持，他们也会习得语言。
    - 先天论者认为：

- 人类天生具有语言处理能力（即语言获得装置或制造语言的能力），它在青春期前运行得最有效。
- 这表明，为了学会听到的语言，儿童可能除了接触言语之外什么都不需要。
- 先天论者认同语言普遍性，并且观察到语言功能是受大脑的布洛卡区和威尔尼克区控制的。
- 父母听力正常的聋儿和接触不合语法的混杂语的儿童都可以创造他们自己的语言。
- 第一语言和第二语言的学习似乎都在青春期之前的敏感期内进行得比较顺利。
- 先天论者承认，他们不是很清楚儿童是怎样过滤言语输入的，也没有得到有关促进语言能力的重要发现。
- 交互作用论者认为：
  - 儿童从生理上为习得语言做好了准备。
  - 与生俱来的不是任何专门化的语言处理器，而是一个逐渐成熟并使儿童在大致相同的年龄发展出相似想法的神经系统。
  - 生理成熟影响认知发展，反过来，认知发展又影响语言发展。
  - 环境在语言学习中发挥关键作用，因为同伴在与儿童的交谈中会不断引入新规则和新概念。

在习得语言之前：前语言期

- 婴儿准备好要进行语言学习：
  - 在前语言阶段，婴儿很容易区分像言语一样的声音，并且与成人相比，他们能对更多种音素表现出敏感性。
  - 他们从一出生就对语调线索敏感。
  - 到7～10个月大的时候，婴儿已经开始把他人的言语分割成短语和像单词一样的单位。
- 2个月大的时候，婴儿开始发出咕咕声；4～6个月大的时候，他们开始发出咿呀声。
- 之后，婴儿将自己咿呀声的语调和听到的语言的音调特性匹配起来，可以说出有音无义词。
- 不到1岁的婴儿已经知道，人们的对话要交替进行，手势可以用于沟通和与同伴分享想法。
- 一旦婴儿开始理解个别单词，他们的接受性语言就会超过产生性语言。

一次一个单词：单词句期

- 婴儿用单词句讲话，以一次一个单词的速度花几个月的时间扩大词汇量。
  - 他们谈论的大多是让他们感兴趣的会移动的或可操作的物体。
  - 在18～24个月大的时候，表现出词汇量的迅速增长（命名爆炸）。
  - 西方文化中的大多数儿童发展了指示型风格的语言；而少数西方婴儿和来自重视社会和谐的文化环境中的大多数婴儿采用了表达型风格的语言。
- 婴幼儿非常擅长使用社交线索和背景线索，快速将单词与物体、动作和特征匹配起来。
- 其他策略或者说加工限制，包括物体范围限制、互相排斥、词汇对比和句法引导，有助于婴儿领会新单词的意思。
- 婴幼儿经常产生过度扩展和扩展不足之类的语义错误。
- 婴幼儿说的只有一个单词的言语叫作单词句，因为它们往往不大像单词，比较像要试图传达一个整句的意思。

从单词句到简单句：电报句期

- 在18～24个月大的时候，儿童开始说出包含两三个单词的句子，这种句子被称为电报式言语，因为他们省略了语法标点和较短的不大重要的单词。

- 虽然电报式句子不合乎成人的语法标准，但它们并非随意的单词组合。
- 儿童在最初制造句子的时候不仅在组合单词时遵循了一定的词序规则，而且表达了与成人使用的句子种类相同的意思（语义关系）。
- 婴幼儿也开始对语用限制表现出高度敏感，包括意识到当听者对内容不了解的时候，讲话者必须说得更有指示性、更详细。
- 儿童还学会了一定的社会语言学规则，例如，当提出请求的时候要有礼貌。

学前期的语言学习

- 在学前期（2—5岁），儿童的语言变得与成人非常相似。
  - 当儿童说出较长的言语时，他们开始加上语法词素，例如，用 -s 表示复数，-ed 表示过去时态，-ing 表示现在进行时，并加上冠词、介词和助动词。
  - 虽然儿童可能会犯过度规则化的错误，但这些词素出现的顺序却有惊人的一致性。
  - 学前期是儿童学习转换语法规则的时期，这使得他们能将陈述句改为疑问句、否定句、祈使句、关系从句和复合句。
  - 到他们进入学校的时候，儿童已经掌握了本土语言中大多数句法规则，并且能说出各种复杂的、像成人一样的言语。
- 在学前期，语言变得越来越复杂，因为儿童开始理解和使用语义和关系对比，例如，大和小、宽和窄、多和少，以及之前和之后等。
- 学前儿童开始掌握这样的语用知识，即如果希望别人理解他们的话，就需要根据听者的理解能力调整言语信息。
- 儿童的参照性沟通技能没有发展得很好，虽然他们已经开始发觉收到了一些不充足的信息并且要求澄清。

童年中期和青少年期的语言学习

- 童年中期和青少年早期是语言改进的时期：
  - 儿童学会了语法规则中的例外情况，开始理解本土语言中最复杂的句法结构。
  - 随着儿童习得词法知识和元语言意识，词汇量也迅速增长。
  - 学龄儿童还表现出了更好的参照性沟通技能，他们更加认真地注意模糊言语的字面意思，并且更可能澄清发出和收到的不充足信息。
- 认知发展、社会语言学知识的增加，以及同语言不成熟的兄弟姐妹和同伴沟通的机会，都有助于沟通技能的发展。

双语：学习两种语言的挑战和结果

- 在美国，双语学习变得越来越普遍，接触两种语言比较早并且比较频繁的儿童可以很容易地习得双语。
- 双语学习有许多认知收益。
- 在美国，近来的双向式双语教育项目试图帮上百万英语水平有限的学生改善英语技能，同时不削弱他们对先前语言的熟练程度。

第9章 练习测验

选择题：为下列各题选择最佳答案，检查你对语言和沟通技能发展的理解。答案见附录。

1. 心理语言学家研究____。她感兴趣的是儿童怎样学习黏着词素、自由词素和句子的意思。

a. 语音　　　　　　b. 词法
c. 语义　　　　　　d. 句法

2. 扩充和修正是____的例子。
   a. 语用　　　　　　b. 语言普遍性
   c. 儿童指向型言语　d. 语言习得机制

3. 先天论者相信下面的观点，除了____。
   a. 儿童指向型言语　b. 语言习得机制
   c. 语言普遍性　　　d. 敏感期

4. 认为儿童从生理上准备好要习得语言，他们同使用儿童指向型言语的成人谈话，神经系统逐渐成熟，使得他们在大致相同的年龄发展出相似的语言技能。持这种观点的科学家是____。
   a. 学习理论家　　　b. 先天论者
   c. 交互作用论者　　d. 敏感期理论家

5. 到____个月的时候，婴儿开始发出咕咕声，到____个月的时候，开始发出咿呀声。
   a. 1；2～3　　　　b. 2；3～4
   c. 2；4～6　　　　d. 4；6～7

6. 在____时期的发展，使得婴儿能够辨别像言语一样的声音，并且与成人相比，对更多种类的音素敏感。
   a. 敏感期　　　　　b. 发音期
   c. 单词句期　　　　d. 前语言期

7. 下列项目中，哪一个不属于帮助婴幼儿领会单词意思的加工限制？
   a. 物体形状限制　　b. 相互限制
   c. 词汇限制　　　　d. 句法引导

8. 在童年中期和青少年期，儿童学会了很多____。
   a. 词法知识　　　　b. 语法词素
   c. 转换语法　　　　d. 指示型沟通技能

9. 罗伯已经学会了语法词素，例如，-s用于名词复数，-ed用于过去时态。有时，他还是会犯错误，例如说"foots"和"broked"。这些错误属于____。
   a. 过度规则化　　　b. 修正
   c. 扩充　　　　　　d. 词法扩展

10. 近来对双语教育的研究发现，双向式双语教育项目____。
    a. 在两种语言上改善了儿童的语言技能。
    b. 改善了儿童原来的语言，但无助于儿童习得第二语言。
    c. 改善了儿童的第二语言，但无助于儿童习得原来的语言。
    d. 对儿童学好任一语言都没有帮助。

关键术语

表达型风格，p349
布洛卡区，p336
参照性沟通技能，p362
产生性语言，p347
词法，p332
词法知识，p363
词汇对比限制，p352
词素，p333
单词句，p347
单词句期，p347

电报式言语，p354
多通道母婴语言，p349
沟通，p331
咕咕声，p345
过度规则化，p359
过度扩展，p350
互相排除限制，p351
混杂语言，p338
加工限制，p351
交互作用理论，p339

接受性语言，p347
句法，p333
句法引导，p352
克里奥尔语，p338
快速匹配，p350
扩充，p342
扩展不足，p350
（语言习得的）敏感期假设，p337
命名爆炸，p348

母婴语言，p341
黏着词素，p333
前语言阶段，p344
社会语言学知识，p334
失语症，p336
双向式双语教育，p368
通用语法，p335
威尔尼克区，p336
无义词，p331
物体范围限制，p351

心理语言学家，p332　　语言，p331　　　　　　p335　　　　　元语言意识，p363
修正，p342　　　　　　语言普遍性，p334　　语义，p333　　指示型风格，p349
咿呀声，p345　　　　　语言习得机制（LAD），语音，p332　　转换语法，p360
音素，p332　　　　　　　　p335　　　　　　语用，p333　　自由词素，p333
语法词素，p358　　　　语言制造能力（LMC），

第四部分
社会性与人格发展

第 10 章　情绪发展、气质和依恋
第 11 章　自我概念的发展
第 12 章　性别差异与性别角色的发展
第 13 章　攻击行为、利他主义和道德发展

第10章　情绪发展、气质和依恋

情绪发展
  ● 研究聚焦：对年幼儿童情绪能力的评估
气质与发展
依恋与发展
  ● 生活与研究应用：战胜陌生人焦虑——给看护者、医生和儿童护理专业人士的建议
发展主题在情绪发展、气质和依恋中的应用

我（Katherine Kipp）有一对双胞胎女儿，蕾儿和黛比。黛比刚生下来就被诊断出患有重病，需要接受新生儿重症监护。蕾儿则待在我身边，几天后同我一起出院回家。她特别可爱，我一下就喜欢上了这个宝宝。她的一举一动都让我感到新奇和快乐，我一刻都不愿意离开她。刚出生几天她就会嘟起她的小嘴，我当时想，这一定说明她是个与众不同的孩子。

黛比进入重症监护室后，我每周都去看她。我得开一个半小时的车才能赶到医院。把蕾儿留给我母亲照看而自己去看黛比让我很难受，因为我特别喜欢蕾儿，不愿意和她分离。来到医院，我得像要去做手术那样擦洗手臂，穿上消过毒的白大褂。然后与她待上个把小时。最初，我只能望着待在保育箱里的她，后来总算能把她抱在怀里了，然而我心里却忐忑不安，我觉得她十分陌生。同蕾儿不一样，我觉得自己不是很喜欢她。我怀疑自己无法像爱蕾儿那样爱她，同时也怀疑自己是不是一个称职的母亲。

但当把她接回家后不到一周，我发现自己同样喜欢上了她。就像对蕾儿一样，我对她有了深深的感情，不愿意与她分离。初为人母，我惊讶地发现自己竟然能这么关爱这对神奇的宝宝。她们最初是如此的不同，但我两个都爱。

那时我还是一个学习发展心理学的学生，知道自己在体验发展学者所指的**情感联结**。但是亲身体验到这种强烈的感情对我理解这个术语有全新的帮助。

是不是所有的父母都会体验到爱上自己孩子的情感？对蕾儿的感情要先于黛比出现是否正常？为什么我会对女儿产生这样的感情？我的女儿对我会有感情吗？蕾儿撅嘴是什么原因？这些正是情绪发展和**依恋**的研究内容，本章会对这些

> **情感联结（bonding）**：父母对子女强烈的情感；有理论认为，最强烈的情感联结产生在婴儿刚出生不久的敏感期。
>
> **依恋（attachment）**：两个人之间亲密、互惠、情感上的关系，以相互喜爱和保持亲近的需求为特征。与情感联结不同，依恋发生在较大的婴儿身上，他们有能力与其他人建立情感上的关系；而情感联结是一种单向的关系，是父母对孩子的感受。

问题（还有更多）进行详细讲解。我们将首先介绍儿童情绪表达和情绪理解的发展，讨论情绪在早期人格和社会性发展中所起的作用。接下来将讨论情绪反应的个体差异或者说气质。气质是影响年幼儿童对日常事件不同反应的早期情绪因素，也被当代许多发展学家看作成年期人格的基石。之后，我们将讨论情感依恋，探究婴儿和他们最亲密的看护者建立情感联结的过程。最后，将介绍婴儿期的情感依恋对其后期的社会性、情感和智力发展的重要影响。

情绪发展

婴儿有情感吗？他们能否像成人或大一点的儿童那样体验和表达诸如快乐、悲伤、恐惧和愤怒等特定的情感？大部分父母认为这是可能的。在一项调查中，有半数以上的母亲认为自己1个月大的婴儿至少有五种明确的表情：好奇、惊讶、快乐、愤怒和恐惧（Johnson et al., 1982）。或许有人会说这只是骄傲的母亲从自己孩子的行为中读取了过多的信息，但现在有可靠的证据表明，即便是很小的婴儿也有情感。

表达情绪：情绪表达的发展（和控制）

Carroll Izard 及其同事用录像记录了婴儿在面对诸如握住冰块、玩具被人拿走、看见母亲回来等事件时的反应，以研究婴儿的情绪表达（Izard, 1982, 1993）。Izard 让不了解婴儿所经历事件的评分者从婴儿的面部表情判断他们所体验到的情绪。结果发现，不同的成年评分者在同一婴儿的同一表情中看到了同样的情绪（图10.1）。其他一些研究者发现，成人通常能够从面部表情中判断婴儿的积极情绪（如区分好奇和愉快），而仅仅依据面部表情区分消极情绪（如恐惧和愤怒）则要困难得多（Izard et al., 1995; Matias & Cohn, 1993）。但是，大部分研究者都赞同，婴儿通过表情传达了丰富的情感，而且随着年龄的增长，每一种表情都更清楚地成为了某一特定情绪的标志（Camras et al., 1992; Izard et al., 1995）。

情绪的出现顺序

在生命的头两年中，各种情绪陆续出现（见表10.1）。出生时，婴儿会表现出好奇、痛苦、厌恶和满足。到2个月大时，婴儿开始展露出社会性微笑，这通常发生在与看护者的互动之间，此时看护者很可能对婴儿的积极反应感到欣喜，他们报以微笑并继续做着令婴儿愉悦的事情（Lavelli & Fogel, 2005; Malatesta & Haviland, 1982）。在婴儿 2~7 个月大时出现的其他**基本情绪**是愤怒、悲伤、快乐、惊讶和恐惧（Izard et al., 1995）。所谓的初级情绪可能是由生物程序所决定的，因为对于所有正常的婴儿而言，它们都在大致相同的年龄出现，在不同文化中的表现以及人们对它们的理解也大致相

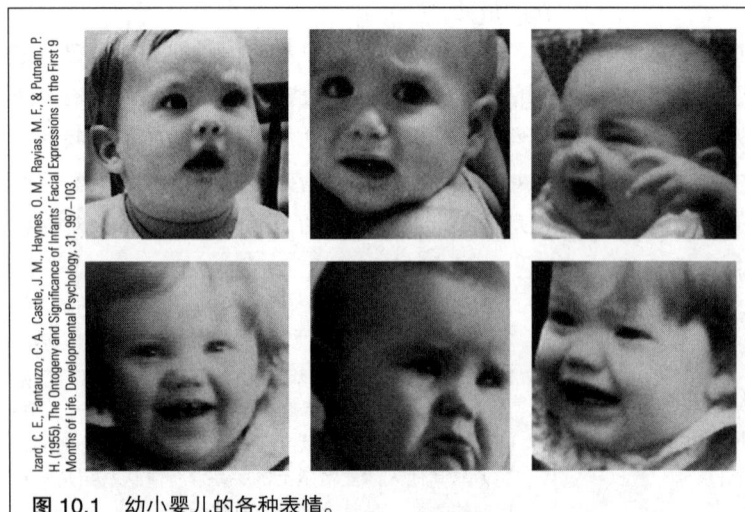

图10.1 幼小婴儿的各种表情。

表 10.1　不同情绪出现的时间表

年龄	情绪	情绪类别	影响因素
出生	满足 厌恶 痛苦 好奇	基本情绪	可能由生物程序决定
2—7个月	愤怒 恐惧 快乐 悲伤 惊讶		所有健康的婴儿都在大致相同的时间段出现这些情绪，所有文化对这些情绪的解释也是相似的
12—24个月	尴尬 嫉妒 内疚 骄傲 害羞	复杂情绪： 自我意识 自我评价	需要自我的感知和认知能力来评判自己的行为是否违背了标准或规则

同（Camras et al., 1992；Izard, 1993）。但是，当婴儿要表达并非先天就具备的情绪时，则需要一些学习过程（或认知的发展）。事实上，对 2～6 个月大的婴儿来说，最有可能激发他们的惊讶和快乐的因素之一是他们发现自己能够控制某些物体和事件，如学习踢腿、通过按按钮让玩具发出音乐声等。而这种习得性期望的落空（比如，有什么人或什么事妨碍了他们施加的控制）有可能会激怒许多 2～4 个月大的婴儿，也有可能会让 4～6 个月大的婴儿感到伤心（Lewis, Alessandri, & Sullivan, 1990；Sullivan, Lewis, & Alessandri, 1992）。

快到 2 岁时，婴儿开始表现出**复杂情绪**，例如，尴尬、害羞、内疚、嫉妒和骄傲。这些情绪有时候被称为自我意识性情绪，因为它们都在一定程度上源于对自我感觉的降低或提升。Michael Lewis 及其同事（1989）认为，最简单的自我意识性情绪——尴尬——在婴儿能够识别自己的镜像（自我参照系统发展的一个重要里程碑，在第 12 章将会有详细的讨论）之前是不可能出现的；而像害羞、内疚、骄傲等自我评价性情感则不仅需要能够自我识别，还需要能够理解评判个人行为的准则与标准。

现有的大部分证据都支持 Lewis 的理论。例如，那些会因为恭维过度和被要求在陌生人面前表演节目而感到尴尬的婴儿必定是能够自我识别的婴儿（Lewis et al., 1989）。到了 3 岁，即儿童能够更好地评判自己表现的优劣时，他们在成功地完成一项困难任务后开始表现出骄傲（微笑，鼓掌，或叫着说"是我干的"），也会在未能完成一项简单任务后表现出羞愧（耷拉着头向下看，常常加上诸如"我不擅长这个"之类的评论）（Lewis, Alessandri, & Sullivan, 1992；Stipek, Recchia, & McClintic, 1992）。

学前儿童也可能表现出评价性的尴尬情绪，例如，他们在相应的时间内不能完成某些任务，或无法达到某些标准时，会出现不自然的微笑、自我触摸、目光回避等表现（Alessandri & Lewis, 1996）。评价性的尴尬源于对自己表现的消极评价，要比受他人注意引发的"单纯"的尴尬产生更大的压力（Lewis & Ramsay, 2002）。

这些稍晚出现的情绪比较复杂，对儿童的行为有不同的意义。例如，有的研究者发现，害羞和内疚有明显的区别。内疚是因为我们无法做到对他人的某些义务；感到内疚的儿童很多时候关注于他的不当行为所带来的人际后果，也许还会主动接近别人来补偿自己的伤害行为（Higgins, 1987；Hoffman, 2000）。害羞则更多的是由于对自我的关注而非对他人的关注。害羞可能是因为自我的行为违反了道德，遭受个人挫败，丢面子（如叫错他人的名字）等。害羞导致儿童对自己

> **基本情绪**（basic emotions）：在出生或在第一年的早期出现的一些情绪，一些理论家认为它们是由生物程序决定的。
>
> **复杂情绪**（complex emotions）：在 2 岁时出现的自我意识性情绪和自我评价性情绪，部分依赖于认知发展。

的消极关注，使得他们试图回避他人（Tangney & Dearing, 2002）。

当然，父母会显著影响儿童对自我评价性情绪的体验和表达。在一项研究中（Alessandri & Lewis, 1996），研究者记录了母亲在其4～5岁的子女解决各类难题成功或失败时的反应。与研究预期一致，儿童在成功时表现出的骄傲和在失败时表现出的羞愧会在很大程度上取决于母亲对他们成绩的反应。那些更关注消极表现，在儿童失败时给予严厉指责的母亲，其子女在失败后会表现出较高水平的羞愧，却很少在成功后感到骄傲。与此相对，那些更倾向于在孩子成功时做出积极反应的母亲，她们的孩子在成功后更感到骄傲，而在未能实现预期目标时表现出的羞愧则很少。

还有一些父母的影响更有趣。明显违反规则和违反道德的行为有可能让孩子感到内疚，或者害羞，也可能两种情绪都有。父母对这些违规行为的反应则会决定儿童究竟会体验到内疚还是害羞。如果父母轻视他们（"克莱尔，你又笨又讨厌，存心弄坏约翰的玩具"），儿童就更多表现出害羞。如果父母让他们知道自己的不当行为是错误的，会伤害他人，同时又鼓励他们尽量去补救自己造成的伤害（"克莱尔，弄坏约翰的玩具是不对的。把你的玩具给他，别让人家不高兴"），儿童往往会感到内疚（Hoffman, 2000；Tangney & Dearing, 2002）。

有趣的是，只有在有成人在场观察他们的行为时，学步儿和年幼的学前期儿童才会表现出自我评价性情绪（Harter & Whitesell, 1989；Sripek, Recchia, & McClintic, 1992）。可见，年幼儿童的自我评价性情绪在很大程度上是由他们对成人评价的预期而产生的。事实上，儿童要到学龄阶段才可能完全内化众多的规则和评价标准，从而在没有外部监督的情况下为自己的行为感到骄傲、羞愧或内疚（Bussey, 1999；Harter & Whitesell, 1989）。

情绪的社会化和情绪的自我调节

每个社会都有一系列的**情绪表达规则**，规定着在各类场合下哪些情绪可以表达，而哪些不可以表达（Gross & Ballif, 1991；Harris, 1989）。例如，美国的儿童都懂得他们在收到奶奶的礼物时应表示高兴和感激，即便这些礼物并不是他们想要的（如内衣），也要掩饰自己的情绪。情绪表达的规则其实有点类似语言的应用规则：儿童必须要学习并运用它们，从而能够与人相处并获得他人的认同。

这种学习是从什么时候开始的呢？也许要比一般人想象的早。母亲和7个月大的婴儿玩耍时，总是表现得愉快、好奇和惊讶，这为婴儿提供了积极情绪表达的榜样（Malatesta & Haviland, 1982）。母亲也会对婴儿的情绪做出选择性反应；在头2个月中，她们对婴儿的好奇和惊讶会有更多的注意，而对他们的消极情绪则反应较少（Malatesta et al., 1986）。这样，通过基本的学习过程，婴儿会有更多的笑脸，较少流露不愉快的表情，以后他们也会如此。

然而，社会对某些情绪的接受性存在很大的文化差异。美国的父母喜欢逗引他们的孩子到达快乐的顶峰。与之相反，非洲中部的古斯人和阿卡人却很少和他们的孩子面对面地玩耍，而总是尽可能地满足婴儿让其保持安静（Hewlett et al., 1998；Levine et al., 1994）。美国的婴儿学会了尽量表达自己的积极情绪；而古斯和阿卡的婴儿却学会了压抑自己的情绪，不论是积极的还是消极的。

情绪调节

要遵循这些情绪规则，婴儿就必须具备**情绪自我调节**策略。在最初的几周中，是由看护者通过避免过度刺激、搂抱、轻拍、晃动、哼曲子、使用安抚奶嘴等来调节婴儿的情绪唤起的（Campos, 1989；Jahromi, Putman, & Stifter, 2004；

Rock, Trainor, & Addison, 1999)。在半岁左右，婴儿在调节自身的消极情绪上有所进步。6个月大的婴儿已经开始能够通过将身体从引起不愉快的物体旁边移开或是通过不断吸吮的方式减少某些不愉快的冲动（Mangelsdorf et al., 1995）。当母亲关注并安抚他们，降低婴儿对诱发他们不安的事物的注意力时，婴儿的这些自发的行为尤为有效（Crockenberg & Leerkes, 2004）。有趣的是，6个月大的男孩比6个月大的女孩更难以调节不愉快的冲动，更有可能在寻求看护者的支持（或安抚）时表现得烦躁不安和哭泣（Weinberg et al., 1999）。

快满1岁时，婴儿开始使用其他一些策略来减少不愉快的冲动，如摇晃自己的身体、用嘴咬东西和避开引起他们不愉快的人或事物（Kopp, 1989；Mangelsdorf et al., 1995）。18～24个月大的时候，婴儿们开始有意控制那些让他们感到不舒服的人和物（如机械玩具）（Mangelsdorf et al., 1995）；他们也开始通过与同伴说话、玩玩具或是远离让他们不愉快的事物等方式，应对必须等待才能吃东西或得到礼物这样的挫折（Grolnick, Bridges, & Connell, 1996）。人们甚至观察到，这么小的婴儿也会通过皱眉和撇嘴来尽力压抑他们的愤怒和伤心（Malatesta et al., 1989）。但是，婴儿几乎无法掩饰他们的恐惧（Buss & Goldsmith, 1998），相反，他们还经常能够找到可以有效引发看护者注意和安抚恐惧情绪的表达方式（Bridges & Grolnick, 1995）。例如，当一个2岁的婴儿生气（如玩具被偷偷拿走）或害怕（如有陌生人接近他）时，他们常常不会表现出自己实际体验到的情绪，而是看起来伤心地去找看护者，这其实能更有效地获得调节性支持（Buss & Kiel, 2004）。从中可以看出从他人调节婴儿情绪到儿童自我调节的转变（有时候是通过获取他人的支持，有时候又能完全依赖自己调节情绪）。

由于学前儿童可以更自如地进行言语交流，可以谈论自己的感受，父母和其他亲密看护者经常会帮助儿童积极应对消极情绪——将他们的注意力从不愉快环境中最令人难受的部分转移开（例如，让一个正在接种疫苗的儿童观察墙上色彩鲜艳的画报），或者帮助他们理解恐惧、挫折和失望等经验（Thompson, 1994, 1998）。这种支持性干预是维果斯基曾经提出的指导性教育的一种，有利于学前儿童学会有效调节自己的情绪。的确，2～6岁的儿童能越来越好地应对自己不愉快的情绪冲动，他们会将注意力从引起恐惧的事物上转移（我怕鲨鱼，闭上眼睛），通过想象美好的事情抑制令人不快的事情（妈妈走了，但是她会回来的，我们还要一起去看电影），也能够以一种更令人满意的方式重新解释导致他们不愉快的事件，例如，"他（故事里的人物）没真死……只是在装死"（Thompson, 1994）。不幸的是，有的儿童处在经常出现消极情绪的家庭环境中，无论这种情绪是否直接针对他们，这些儿童都会常常表现出很多很难调节的消极情绪（Caspi et al., 2004；Eisenberg et al., 2001；Maughan & Cicchetti, 2002；Paulussen-Hoogeboom et al., 2007；Valiente et al., 2004）。

有的时候，有效的情绪调节是要维持和加强个体的感受，而不是抑制。例如，儿童会发现，表达愤怒可以帮助他们抵抗欺侮（Thompson, 1994）。家长往往会关注（从而有意维持）年幼儿童在伤害了他人或违反规则后感受到的不安。为什么？因为他们希望儿童能对导致他们不安的原因有新的认识：(1) 对受害人的伤心感到同情并对此有所作为；(2) 对自己的行为感到

> **情绪表达规则**（emotional display rules）：文化所规定的在特定情境中哪些情感应该表达，哪些情感不应该表达的规则。
>
> **情绪自我调节**（emotional self-regulation）：控制情绪或调整情绪唤起至适当强度和水平的策略。

学前儿童的情绪自我调节能力有了很大提高。

内疚从而减少其发生的频率（Dunn, Brown, & Macguire, 1995；Kochanska, 1991）。此外，父母还希望儿童维持和增强一种情绪唤起——对自己成就的自豪。自豪将有利于儿童的成就动机和积极学业自我概念的形成（在第 11 章中对此有详细的讨论）。可见，对情绪的有效调节包括对情绪唤起的抑制、维持甚至增强，能使我们积极应对面临的挑战，和谐地与人交往（Campos, Frankel, & Camras, 2004；Cole, Martin, & Dennis, 2004；Thompson, 1994）。

情绪表达规则的获得

调节情绪只是儿童为了遵循某种文化的情感表达规则所必须掌握的第一种技能。这些规则不但要求我们抑制那些自己切实感受到但又不被接受的情感体验，而且要求我们代之以（至少在表面上应该这样）在那些场合下应该表现出的情绪（例如，收到一件令人失望的礼物，应该表现出高兴而不是难受）。

3 岁时，儿童开始显示出些许掩饰真实感受的能力。Lewis 及其同事（Lewis, Stanger, & Sullivan, 1989）发现，那些因为偷玩了不让玩的玩具而撒谎的 3 岁儿童，表现出了微妙的痛苦表情（在慢放的录像中可以观察到），但是他们的掩饰已足以让不知实情的成人无法将他们同那些说真话的儿童区分开来。随着年龄的增长，学前儿童能更好地将自己内心的感受用完全不同的表情加以掩饰（Peskin, 1992；Ruffman et al., 1993）。但即便是 5 岁的孩子，在掩饰真实情感和让别人相信他们的谎话上，也还并不高明（Polak & Harris, 1999）。

学步儿和学前儿童在掩饰自己的真实感受上并不高明。

在整个小学阶段，儿童对社会所认可的表达规则有越来越清楚的认识，更了解哪些情绪应在特定的社会情境中表达，哪些应该抑制（Eisenberg et al., 2003；Holodynski, 2004；Holodynski & Friedlmeirer, 2006；Jones, Abbey, & Cumberland, 1998；Zeman & Shipman, 1997）。也许是因为父母更强调女孩的举止得体，相比起男孩，女孩更愿意遵循这些规则，也的确做得更好（Davis, 1995）。此外，在母子互动中母亲的积极情绪表达得越多，其子女往往能越好地掩饰自己的失望和其他消极情绪（Garner & Power, 1996）。但是，简单的规则也需要花费大量时间才能完全掌握。从图 10.2 中我们可以看到，许多 7～9 岁的儿童（尤其是男孩）收到了一件糟糕的礼物时还是很难完全掩饰他们的失望而装出很兴奋的样子。甚至许多 12～13 岁的儿童，在

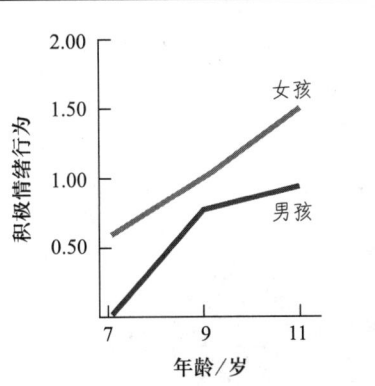

图 10.2 随着年龄的增长，在收到令人失望的礼物时，儿童能更好地表现出积极的情绪反应。

来源：Adapted from "An Observational Study of Children's Attempts to Monitor Their Expressive Behavior," by C. Saarni, 1984, *Child Development*, 55, 1504-1513. Copyright © 1984 by The Society for Research in Child Development, Inc. Adapted by permission.

受到同伴嘲弄（Underwood et al., 1999）和权威成人的阻挠时（Underwood, Coie, & Herbsman, 1992），也无法克制自己的恼怒。

儿童的情绪调节到青少年期一直在发展。近期，班杜拉及其同事（Albert Bandura, 2003）发现，青少年（即14～19岁）对自己情绪控制能力的知觉会影响到他们社会生活的许多方面。例如，认为自己能在公共场合较好地控制自己的表情和情绪的青少年更亲社会，更容易抵制同伴压力，对同伴也更有同情心。

儿童很早就会按特定文化的规则进行情感表达，特别是在像日本或尼泊尔的婆罗门－刹帝利这样强调社会和谐、将社会秩序置于个人利益之上的社会（Cole & Tamang, 1998；Matsumoto, 1990）。情绪社会化显然对社会有益：甚至在像美国这样强调个人主义的社会文化中，儿童之所以能够逐渐遵从情绪表达规则，在很大程度上也是因为他们希望维持社会环境的和谐和避免批评（Saarni, 1990；Zeman & Garber, 1996）。掌握了这些情绪表达规则的儿童往往会被老师和同伴认为是更可爱和更有能力的（Jones et al., 1998）。

情绪的识别和理解

目前，关于婴儿什么时候开始能够识别和理解他人的表情还存在争议（Kuhann-Kalman & Walker-Andrews, 2001）。在第4章中曾经提到，3个月时，儿童能从照片中分辨出情绪不同的成人；但是，这种分辨可能仅仅反映了他们的视觉分辨能力，并不一定能表明这样小的婴儿能够理解像快乐、忧伤或愤怒等多种多样的表情（Nelson, 1987）。

社会参照

在7～10个月时，婴儿识别和理解某种特定表情的能力已经比较明显了（Soken & Pick, 1999）。这时候，他们开始关注自己的父母对于不确定情境的情绪反应，并依此调整自己的行为（Feinman, 1992）。随着年龄的增长，这种**社会参照**越来越频繁（Walden & Baxter, 1989），并且扩展到父母以外的人（Flom & Bahrick, 2007；Repacholi, 1998）。例如，快到1岁时，如果旁边的陌生人对他笑，婴儿就敢去接近一个不熟悉的玩具；但如果陌生人显得很恐惧，婴儿就会很小心地避开那个东西（Klinnert et al., 1986）。在最近的一项研究中，12个月大的婴儿甚至能够从电视节目片段中获得社会参照，对那些在电视里面让成人恐惧的物体表现出消极和回避反应（Mumme & Fernald, 2003）。其他研究也发现，在社会参照情境中，与面对成人的积极情绪相比，12个月大的婴儿在面对成人的消极情绪时会表现出更强的ERP（事件相关电位）（Carver & Vaccaro, 2007）。妈妈声音中的情绪表达给12个月大的婴儿提供的信息并不亚于她们的面部表情

> **社会参照**（social referencing）：在不确定的情境中借助他人表情做出推断。

(Mumme, Fernald, & Herrera, 1996)。

有的学者想知道，婴儿是否在主动寻求成人的情绪信息，而非被动接受命令（如，"别碰"）（Baldwin & Moses, 1996）。最近的一项研究为这种解释提供了支持，在这项研究中，18个月大的婴儿会看到实验者在另一个人做出引人注意的举动（把玩具扯成两半）之后，或者露出生气的表情，或者保持中立。虽然目击这一幕对身为观察者的婴儿自身的情绪没有什么影响，但是他们会倾向于不模仿令实验者生气的行为，就好像他们把实验者的生气看作一种暗示——"撕扯玩具是不允许的，我不应该那么做"（Repacholi & Meltzoff, 2007）。然而，稍大一点的学步儿的社会参照通常可以更简单地解释为搜寻其他孩子身上发生的积极信息，而不只是对要求或指示做出简单的反应。例如，学步儿会观察同伴在接近或逃避一个新的事物或环境之后的反应，说明他们开始利用他人的情感反应来评价自己判断的准确性（Hornik & Gunnar, 1988）。

谈论情绪

一旦婴儿有18~24个月大了，能够谈论情绪后，关于情绪体验的家庭对话将有助于婴儿更好地理解自己和他人的感受（Jenkins et al., 2003）。事实上，Judith Dunn及其同事（1991；Herrara & Dunn, 1997）发现，在情感体验上与父母有更多交流的3岁儿童，3年后在小学阶段能更好地理解他人的情绪，更好地解决与朋友的争执。对他人情绪的辨认和理解能力有重要的社会意义。理解他人情绪产生的原因是**共情**的一个重要促发因素，共情会促使儿童去帮助和安慰那些情绪低落的伙伴。这可以解释为什么父母和他们2~5岁的孩子交流时，谈及的消极情绪和积极情绪一样多，尽管涉及消极情绪时，人们更关注其原因、与其他心理状态和目标的关系，以及如何调节，等等（Lagattuta & Wellman, 2002）。

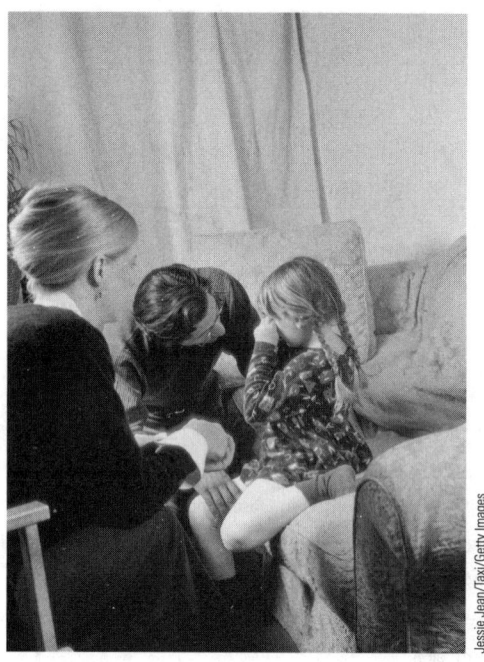

家庭成员对情绪体验的交流有助于幼儿的情绪理解力、移情和社会能力的发展。

情绪理解在后期的重大发展

3岁之前，儿童对人像、人偶的面部表情并不能很好地辨认和命名（见 Widen & Russell, 2003）。但在整个儿童阶段，对他人情绪表达的识别和理解都在稳步发展。4~5岁时，儿童可以正确地从身体动作推断一个人是否快乐、气恼或悲哀（Boone & Cunningham, 1998）。此外，他们也开始知道一个人当前的情绪状态（往往是消极情绪）可能并不是现在的事情所引起的，很有可能是由于他想到了以前的事情（Lagattuta & Wellman, 2001）。小学生逐渐开始更多地利用个人、情境以及历史信息去解释情绪，他们在情绪理解方面实现了几个重要的突破。例如，到8岁时，他们能够认识到许多情境因素（如一只大狗向自己走来）会引发不同个体的不同情绪反应，如快乐和害怕（Gnepp & Klayman, 1992）。6~9岁的个体开始懂得人可以同时体验多种情绪，如兴奋和担心（Arsenio & Kramer, 1992；Brown &

Dunn, 1996)。他们也开始表现出通过整合相互矛盾的面部表情、躯体动作以及环境线索来推断他人情绪体验的能力(Hoffner & Badzinski, 1989)。

情绪理解的这一系列发展所出现的时间和儿童在皮亚杰的守恒任务中能整合多种信息(水杯的高度和宽度)的时间相吻合,两者或许有着同样的认知发展基础。但是,社会经验也同等重要。例如,Brown 和 Dunn(1996)发现,那些能较好理解情绪冲突的 6 岁儿童在童年早期经常与父母讨论情绪产生的原因。显然,这种讨论对他们分析由于同胞和同伴之间的争吵而产生的复杂感情是有益的。

情绪与早期社会性发展

情绪在早期社会性发展中起到了什么样的作用?显然,婴儿的情绪表现具有影响看护者行为的交流功能。例如,伤心的哭泣会引起看护者的关照。婴儿早期出现的微笑或者好奇的表情,使看护者知道他们的小宝宝愿意并渴求与他们建立社会关系。后来出现的恐惧和伤心的表情暗示婴儿感到不安全或者情绪低落,需要被照顾。婴儿的愤怒则表示看护者正在做的事情让他不高兴,应该停止,而愉快则是在告诉看护者他希望能继续现在的交往或愿意接受新的挑战。这样,婴儿通过他们的情绪反应,适当地促进了自己的社会接触,也帮助看护者根据婴儿的需要和目标调整其行为。换言之,婴儿的情绪表达促进了婴儿和他们的看护者的相互了解(Tronick, 1989)。

同时,婴儿对他人情绪的识别和理解有利于他们推断自己在各种情境下的行为和情绪反应。社会参照能让儿童迅速获得这类知识。例如,哥哥对一只宠物狗的积极反应告诉婴儿,这个毛茸茸的东西很友善,不是坏家伙。妈妈焦虑的表情和语调让婴儿很快知道,在某人手里的刀子是很危险的,要及时避开。看护者通过表情引导婴儿注意环境中某一重要事物,或者对于婴儿对某些事物的评估表达出自己的情感,他们的情绪表达中包含的信息显然会促进儿童对其生活的世界的理解(Rosen, Adamson, & Bakeman, 1992)。

关注这类问题的发展学家认为,获得**情绪能力**对儿童的**社会能力**至关重要。社会能力指个体在社会交往中保持与他人积极关系的同时达成个人目标的能力(Rubin, Bukowski, & Parker, 1998)。情绪能力与社会心理学中的情绪智力(用情商表示)的概念有关。情商涉及感知情绪、运用情绪促进思维、理解情绪和管理情绪(Brackett & Salovey, 2004;Mayer, Salovey, & Caruso,

不能适当调节自己情绪(尤其是愤怒)的儿童常常被同伴拒绝。

> **共情(empathy)**:体验到与他人相同的情感的能力。
>
> **情绪能力(emotional competence)**:情绪表达能力,主要指有更多的积极情绪表达,消极情绪较少;情绪理解能力,指能准确识别他人的情感及其出现的原因;情绪调节能力,指将自己的情绪体验、表情调整到能达成个人目标的适当水平。
>
> **社会能力(social competence)**:指个体在社会交往中保持与他人积极关系的同时达成个人目标的能力。

2002; Mayer, Salovey, Caruso, & Sitarenios, 2003)。发展学家所研究的情绪能力有三个成分：(1) 情绪表达能力，主要指有更多的积极情绪表达，消极情绪较少；(2) 情绪理解能力，指能准确识别他人的情感及其出现的原因；(3) 情绪调节能力，指将自己的情绪体验、表情调整到能达成个人目标的适当水平（Denham et al., 2003）。研究发现，情绪能力的这些成分与儿童的社会能力都有关。例如，多数时候表现出积极情绪，而相对较少表达愤怒和悲伤的儿童往往更受老师的欢迎，也更容易和同伴建立友好关系（Eisenberg, Liew, & Pidada, 2004; Hubbard, 2001; Ladd, Birch, & Buhs, 1999）。情绪理解能力较高的儿童往往会被老师认为有较高的社会能力，他们也更容易交上朋友和在班级体内建立良好关系（Brown & Dunn, 1996; Dunn, Cutting, & Fisher, 2002; Mostow et al., 2002）。最后，那些对于正常调节自身情绪（尤其是愤怒）有困难的儿童，则常遭同伴的拒绝（Eisenberg et al., 2004; Rubin et al., 1998），也可能存在过于冲动、缺乏自我控制、不恰当的攻击、焦虑、抑郁和社交退缩等适应问题（Eisenberg, et al., 2001; Gilliom et al., 2002; Maughan & Cicchetti, 2002）。下面的"研究聚焦"专栏详细介绍了此类研究。

作为成人，我们知道，自己的情绪体验及其表达方式会影响我们如何看待自己或自己的人格。情绪能力同样影响着儿童的人格。下面将介绍这方面的研究进展。

研究聚焦　对年幼儿童情绪能力的评估

Susanne Denham（2003）及其同事在一项纵向研究中对3～4岁儿童的情绪能力的三个成分进行了考察。他们想要确定早期情绪发展的哪些方面与学前期儿童的社会能力萌发有最明确的关系。情绪表达能力通过时间采样加以测量：按5分钟一周期对每个3～4岁的儿童进行观察，记录其积极和消极的情绪出现的频率。情绪理解能力的测量则是考察儿童对八种常见情境（例如，得到一个冰激凌或做了个噩梦）中的木偶会产生的情绪体验的命名情况。最后，情绪调节能力通过两种方式测量：(1) 询问母亲其子女控制自己情绪表达的程度；(2) 记录在测量情绪表达能力的时间采样中，儿童表达出来的不愿流露的情绪的频率。计算这三种情绪能力和儿童3～4岁在幼儿园时的社会能力的相关值。社会能力的测量则通过两种形式：(1) 教师对该名儿童的合作性、对同伴感受的敏感性的评分；(2) 他人对该名儿童的受欢迎程度的评分。

结果虽然复杂，但信息丰富。3～4岁时，儿童的情绪表达能力可以预测他们的情绪理解能力和情绪调节能力。也就是说，相对于表达消极情绪较多的儿童，更多地表达积极情绪的儿童对情绪有更多的认知，而且他们能更好地调节自己的情绪表达。但是，只有情绪调节能力能预测儿童的社会能力——能更好地控制其情绪表达的儿童往往被老师认为有更高的社会能力，也更受其他同学欢迎。

到了幼儿园情况就改变了。在幼儿园中，情绪表达能力和情绪理解能力对社会能力的预测增强了，而情绪调节能力对社会交往的影响则显得不再那么重要。

研究结果如此有趣，但还需从更广的角度加以理解：所有这三方面的情绪能力对儿童早期的社会能力都有影响，最终会影响他们的社会适应模式。显然，儿童在早期学习表达适宜的特定情绪，抑制或调节不被赞许的情绪，理解他人情绪所传递的含义以及应该怎样回应他人的情绪信号等，对其童年期、青少年期乃至一生的良好适应都是最关键的课业。

气质与发展

父母们都知道,每个婴儿都有其独特的人格。在描述婴儿的人格时,研究者主要集中在**气质**方面。Mary Rothbart 和 John Bates(1998)认为,气质"是个体在情绪、活动、注意反应以及自我调节等方面的先天差异",是成人人格的情绪和行为的基石。个体情绪和行为上的差异有哪几类?在本章中,将介绍 Thomas 和 Chess(Thomas & Chess, 1977;Thomas, Chess, & Birch, 1970)早期关于婴儿气质的研究,他们将其划分为容易型、困难型和迟缓型。尽管不同的研究者对气质的定义或测量并不一致,但我们认为婴儿气质的个体差异按以下六个维度划分较为适当(Rothbart & Bates, 1998):

- 恐惧性:警觉,不安,面对新异环境和刺激时的退缩反应。
- 易激惹性:挑剔,哭闹,面对挫折表现出不安(有时被称为挫折—愤怒)。
- 活动水平:大动作活动量(如踢、爬等)。
- 积极情绪:经常笑,愿意接近他人以及与他人合作(有的学者称之为社交性)。
- 注意广度—坚持性:儿童指向并专注于物体或感兴趣的事物的时间长度。
- 节律性:机体功能(如进食、睡眠、胃肠功能)的规律性或可预期性。

可以看出,婴儿的气质反映了两类消极情绪(恐惧性和易激惹性)和一种广泛意义上的积极情绪。另外,用这六种气质维度的前五种描述学前儿童甚至更大的孩子都是恰当的(Rothbart & Bates, 1998)。某些气质维度上的差异并非很快就出现的,无疑会受到生理成熟和经验的影响(Rothbart et al., 2001)。例如,恐惧性直到 6~7 个月时才会出现,注意广度的差异显然出现得较早,但是要到 1 岁末当婴儿大脑前额叶成熟并有能力调节注意时,这方面的差异才会显著。

遗传和环境对气质的影响

对很多人来说,气质这个术语是指个体行为差异的生理基础,它受遗传影响,较为稳定(Buss & Plomin, 1984;Rothbart & Bates, 2006)。但是正如我们所知,遗传和环境以一种相当复杂的方式交互作用于大部分发展结果,气质并不例外。

遗传的影响

行为遗传学家通过比较同卵双生子和异卵双生子在气质上的相似性来寻找遗传的影响作用。半岁左右时,比起异卵双生子,同卵双生子在大多数气质特征上(如活动水平、对注意的要求、易怒性和社交性)都表现得更相似(Braungart et al., 1992;Emde et al., 1992;见图 10.3)。虽然

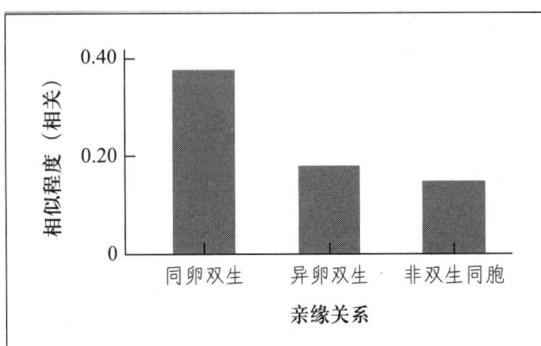

图 10.3 同卵双生、异卵双生和非双生同胞婴儿气质的相似性。
来源:Based on Braungart et al., 1992;Emde et al., 1992.

> **气质**(temperament):个体对环境事件的情感和行为反应模式的特征,包括活动水平、易怒性、恐惧性和社交性等方面。

在整个婴儿期和学前期,大多数气质特征的遗传力系数并不很高(Goldsmith, Buss, & Lemery, 1997),但可以表明气质的许多重要方面都是受遗传影响的。

家庭环境的影响

气质的可遗传性只是中等水平,说明环境也是影响气质的一个重要因素。但哪方面的环境最为重要?最近的研究表明,兄弟姐妹共享的家庭环境对气质的积极成分(如微笑或社交性,以及可安抚性)有很显著的影响;然而共享的环境对儿童的活动水平和消极成分(害怕和易怒性)影响很小,生活在一起的兄弟姐妹在这些方面几乎没有相似之处(Goldsmith et al., 1997, 1999)。气质的消极成分更多是由非共享环境造成的,那些兄弟姐妹没有共享使得他们的气质各不相同的环境因素。这很可能是由于父母发现了婴儿早期的行为差异,进而调整了对他们的抚养方式。例如,一位母亲发现她的小婴儿迪伦对陌生的人和环境的不安比3岁的姐姐葛蕾在相同年龄时表现得更强烈,她就会更容忍迪伦对新事物的回避,而这又使得他在以后面对新环境时(如入托)感到更加恐惧(Park et al., 1997)。

文化的影响

文化也会对气质的某些方面造成影响。例如,在美国,害羞和沉默的儿童被认为是有社交缺陷的。他们很可能被同伴忽视甚至拒绝,从而导致低自尊、抑郁以及其他多种适应问题(Feng, Shaw, & Mollanen, 2011;Volbrecht & Goldsmith, 2010)。而且,就算那些害羞的青少年和成人在其他方面有良好的适应力,他们也很可能因为缺乏勇气和决心而失去很多机会,比其他人更晚结婚生子和建立自己稳固的事业(Caspi et al., 1988)。

与之相反,被美国人认为是抑制性行为表现的害羞却被许多亚洲文化所推崇。例如在中国,沉默的儿童被老师认为更成熟(Chen, Rubin, & Li, 1995),他们比那些自信和活泼的儿童在团体中有更多的朋友,这恰恰与美国和加拿大的情况相反(Chen, Rubin, & Sun, 1992)。许多西方儿童在课堂上的喧哗(美国的老师往往认为这是正常的)很可能被泰国的老师认为是行为紊乱,在后者看来,学生应该安安静静,讲礼貌,服从老师(Weisz et al., 1995)。但是,中国最新的数据值得关注,过去15年来中国改革开放,向市场经济转变,在引进大量西方先进技术的同时,也开始崇尚个体的自由和主动性(年轻一代尤甚),把害羞当作社会性优势的情况似乎正在改变。例如,陈欣银和同事(2005)最近的研究发现,害羞的儿童不如自信外向的儿童受同伴的欢迎,这和西方的研究类似,害羞开始成为被同伴拒绝的一个风险因素。可见,随着文化的价值改变,某种气质特点被推崇的情况也跟着在改变。

历史上,许多亚洲文化对害羞持赞同的态度。然而,中国文化越来越多地受到西方个人主义的影响,外向的中国儿童现在也比害羞的同龄人更受欢迎。

甚至在各种西方文化中,害羞造成的结果也有所不同。瑞典人比美国人对害羞有更积极的评价,他们更喜欢害羞、沉默的性格,而非鲁莽、武断、招摇的性格。所以对瑞典人来说,害羞不算什么缺点。和害羞的美国人类似,害羞的瑞典男人结婚生子会晚一些;然而与美国不同的是,害羞不会妨碍其职业的成功(Kerr, Lambert, & Bem, 1996)。瑞典女人又是怎样的呢?害羞不会妨碍她们获得亲密的关系,那些害羞的瑞典姑娘结婚生子的年龄和不害羞的瑞典姑娘没有明显差异。但是和害羞的美国女性(她们往往接受了良好的教育,并和成功男士结合)不同,害羞的瑞典女性受教育程度要低于那些不那么害羞的同龄人,所嫁的男性也不是很有钱,害羞很可能让她们在经济上存在问题。为什么呢?Margaret Kerr 及其同事(1996)认为,瑞典的老师会鼓励害羞的男生继续学业;而那些害羞的瑞典女生由于不敢主动和老师沟通寻求指导,比起不害羞的女生和害羞的男生,她们少了很多接受教育的机会。

由此可以看到,文化的不同使得害羞造成的结果也不同(甚至在相同的文化中,这种结果又取决于个体的性别)。很显然,某些气质特征更适合某种文化环境。然而文化传统的差异如此之大,可以说没有任何一种气质类型在所有文化中都是最适宜的。

气质的稳定性

随着时间的推移,早期气质的稳定性如何?一个 8 个月大时对陌生面孔感到害怕的个体到 2 岁时是否还是对陌生人保持警惕?到 4 岁时是否还是不敢和陌生的同龄人一起玩耍?纵向研究发现,诸如活动水平、易怒性、社交性和害羞等气质成分,在婴儿期、童年期甚至成年早期都具有中等程度的稳定性(Caspi & Silva, 1995; Jaffari-Bimmel et al., 2006; Lemery et al., 1999)。新西兰的一项纵向研究发现,在 3 岁时测量的气质,不但在 3—18 岁比较稳定,而且能够预测个体在 18—20 岁时的反社会倾向和家庭关系质量(Caspi & Silva, 1995; Henry et al., 1996; Newman et al., 1997)。这些发现验证了许多发展学家将气质看作成年期人格的基石的观点。但是,并非所有人的气质都这么稳定。

让我们看看 Jerome Kagan 及其同事在一项对**行为抑制性**(面对陌生的人或事退缩的倾向)这一气质特征的纵向研究中的发现(Kagan, 1992; 2003; Snidman et al., 1995)。4 个月大时,抑制性婴儿在新事物面前(如颜色鲜艳的玩具车)会变得烦躁,躯体活动也明显增多;那些不能引起非抑制性婴儿反应的场景,也会使他们产生强烈的生理唤起(如心跳加速)。在 21 个月进行测试时,抑制性婴儿在面对陌生的人、玩具和环境时相当害羞,甚至是害怕,而非抑制性婴儿则显得非常适应。在 4 岁、5 岁半、7 岁半重测时,抑制性儿童对陌生的成人和同龄人也不那么随和,在参与带有冒险成分的活动(如走平衡木)时,他们也不如非抑制性儿童那么积极。而且,属于行为抑制性的婴幼儿在学龄阶段容易产生夸大的恐惧(例如,害怕被绑架,Kagan et al., 1999),在青少年阶段容易社交焦虑(Kagan et al., 2007; Schwartz, Snidman, & Kagan, 1999)。

行为抑制性是一种较为稳定的特征,可能具有深层的生理基础。事实上,研究者发现,那些对新异刺激敏感的婴儿,其右半球大脑皮层(消极情绪中心)的神经电活动比左半球大脑皮层的神经电活动剧烈,而反应不那么敏感的婴儿则出现了相反的模式,或者他们的两个半球的活动没有明显差别(Fox et al., 2001; Fox, Bell, & Jones, 1992)。此外,家谱研究表明,行为抑制性是一种具有遗传性的特征(Bartels et al., 2004; Dilalla, Kagan, & Reznick, 1994; Rob-

> **行为抑制性(behavioral inhibition)**:一种反映了个体面对陌生环境和陌生人时的退缩倾向的气质特征。

inson et al., 1992)。尽管如此，Kagan 和同事（1998）以及其他的研究者（Kerr et al., 1994；Pfeifer et al., 2002）都发现，处于连续体两端的儿童——最抑制和最不抑制的儿童——最有可能表现出特质的稳定性，而其他儿童抑制水平的波动性较大。环境因素对抑制的稳定性也有作用，如果儿童的看护者（1）过度保护并且不让他们有自主权（Fox, 2007），（2）不能很准确地评价他们的感觉，或对他们不敏感并做出贬损的评语（例如，"别像个小孩子似的"），那么在一段时间内，儿童就可能表现出高度抑制性（Kiel & Buss, 2004；Rubin, Burgess, & Hastings, 2002）。这表明，遗传对气质的影响力常常被环境影响修正。

以上介绍了儿童如何体验和表达他们的情绪，以及情绪表达与气质的其他方面如何构成了成人人格的基础。但是，儿童与他人的情绪纽带是怎样的？这种亲密关系是如何发展的？接下来将介绍这方面的内容。

概念核查10.1　理解情绪发展和气质

回答下列问题，检查你对儿童情绪和气质发展的重要过程的理解。答案见附录。

匹配题：确认下列环境因素分别影响哪种气质特点。

　　a. 共享环境影响
　　b. 非共享环境影响

____ 1. 多影响积极的气质特点。
____ 2. 多影响消极的气质特点。

判断题：判断下列陈述的对错。

____ 3. 羞怯和行为抑制主要描述了儿童能很好地适应陌生的人、环境或玩具等。
____ 4. 非抑制性儿童表现出的气质特点在亚洲社会中要比在西方社会更受重视。

填空题：在下列句子的空白处填上适合的词或短语。

5. 婴儿的_____能力被认为是其复杂情绪发展的必要条件。
6. 婴儿的_____是影响看护者的交流信号。
7. 儿童的_____能力是儿童遵守情绪表达规则的必要条件。
8. 姗德拉希望培养她的儿子艾里克斯的亲社会态度，比如关心和同情他人。当她发现艾里克斯在学前班打了别人后，她狠狠批评艾里克斯说："艾里克斯，打人是不对的！会让人伤心的。你必须过去道歉，抱抱那个孩子。"姗德拉这类反应更容易让艾里克斯感到_____但不是_____。

依恋与发展

回顾我和自己女儿的经历，她们人生的头两年都有我在身边，但她们2岁后，我为了继续学业，不得不送她们去托儿所。我还记得第一天她们高高兴兴地走进托儿所，仿佛对周围的活动都很感兴趣。但是当她们发现我要离开时，都开始哭哭啼啼，对我拉拉扯扯，好像世界末日来临了！我还是走了。过了几分钟，我又溜回去透过单向玻璃看看她们，发现她们已经不哭了，愉快地玩着。几周后，她们就急着去托儿所，要离开托儿所时反而会又哭又闹。这让我怀疑自己是不是个可怕的妈妈。当初我离开时，为什么孩子会哭？到后来我去接她们时，她们为什么又会哭呢？通过学习，我知道这些哭闹其实是安全型依恋的表现：最初是对我的依恋，然后是对托儿所保育员的依恋。下面将要介绍这些依恋的形式以及对儿童后期发展的影响。

尽管小宝宝一出生就能向人表达他们的感受，但是当他们和看护者建立起情感依恋后，他们的社会生活会发生巨大的变化。什么是情感依恋？约翰·鲍尔比（John Bowlby，1969）用该术语描述我们对于生活中某一特定个体的强烈情感联结。他认为，安全型依恋的个体在与看护者交往中感到愉悦，当他们感到压力或不确定时，看护者的出现会是一种安慰。10个月大的黛比表现出与母亲的依恋，她只对母亲咧嘴大笑，一旦感到难受、不舒服或害怕，就会冲着母亲哭闹或朝母亲爬去。

作为相互关系的依恋

鲍尔比（Bowlby，1969）还强调父母－婴儿依恋是一种相互关系——婴儿对父母产生了依恋，父母也对婴儿产生了依恋。

在建立这种亲密情感联结时，父母显然要比婴儿有优势。早在宝宝出生之前，父母就有了依恋的表现：他们幸福地谈起自己未出生的宝宝，为宝宝制订完美的计划，当感觉到胎儿的踢蹬或看到胎儿在超声波扫描图中的影像之类的重大变化时，其喜悦溢于言表（Grossman et al.，1980）。正如我们在第4章中已知的，在新生儿刚出生的几小时内同他们密切接触，能增强父母对子女已有的积极情感（Klaus & Kennell，1982），尤其是当父母们比较年轻，经济上不宽裕，对如何照顾宝宝也没有多少经验时（Eyer，1992）。然而，真正的情感依恋是在父母和婴儿最初几个月的交往中逐渐形成的，即便父母和新生儿没有早期的接触，强调这一点也是重要的。其实，领养家庭的母亲和自己的宝宝形成安全型依恋的比例与在非领养家庭（Stams，Juffer，& van Ijzendoorn，2002；Singer et al.，1985）中差不多（甚至还更高）。

同步互动的建立

在出生后的头几个月中，婴儿和看护者建立起的**日常同步性**对依恋的形成有重要作用（Stern，1977；Tronick，1989）。正常的婴儿在4～9周大时开始有意注视母亲的面孔，并对其产生兴趣（Lavelli & Fogel，2002）；2～3个月大时，她开始理解一些简单的社会事件。当3个月大的孩子处于觉醒和注意状态时，如果母亲对她笑，她通常会高兴起来，咧嘴大笑作为回报，并期待着从母亲那儿得到有意义的回应（Lavelli & Fogel，2002，2005；Legerstee & Varghee，2001）。当这种社会期望遭遇冲突时（例如，在实验情境中，

安全型依恋的儿童和看护者频繁地接触并努力保持亲近。

> **日常同步性（synchronized routines）**：两个人之间的和谐互动。在这种互动中，双方都积极根据对方的感受或行为调整自己的回应。

当要求父母表情阴沉时)，2～6个月大的孩子的笑容很快就会消失，然后会因缺乏反应而变得情绪低迷(Moore，Cohn，& Campbell，2001)。就连很小的婴儿也期待自己的姿势和看护者有"同步互动"，这些期待也是婴儿在出生几个月后，与主要看护者之间面对面的互动游戏越来越协调而复杂的原因之一(Stern，1977)。

这种协调的互动，就像跳舞一样，如果看护者细心照顾婴儿，应在婴儿处于觉醒和注意状态时提供有趣的刺激，当孩子过于兴奋和倦怠时，避免给她过多的刺激。Edward Tronick(1989)为我们描述了一个由母亲同婴儿玩捉迷藏引发的同步互动的实例:

当游戏的强度达到最高潮时，婴儿突然背对母亲开始吮吸手指并木然地看着空地。母亲也停了下来坐着看他……过了一会儿，婴儿又回过头看她，示意要再来一次。母亲笑着接近他，用一种夸张的语气高声说:"哦，你又来了!"他也笑着发出了声音。当他们学公鸡叫之后，婴儿又把手指含在嘴里朝另一边望。母亲继续等待。(很快)婴儿回过身来……他们俩又笑起来。(p.112)

可以看到，许多信息在这种简单而协调的互动中得以交流。把头转向一边吸吮指头，这是兴奋的婴儿在表示:"嗨，我要缓缓劲儿，调节一下我的情绪。"妈妈则表示理解，并耐心地等他。当他转过脸来时，妈妈对此表现出高兴，婴儿也从微笑和兴奋的话语中知道了这点。一两分钟后，婴儿觉得过于兴奋，他的母亲又会再次等他平静下来，当他再次转过身来时，会以开怀的笑容表示感谢。

总之，婴儿在同步互动中扮演着重要的角色，他们通过对社会性提议的恰当回应以及初步显现的与细心的看护者的行为同步的能力，赢得他人的喜爱。当婴儿很活泼，接受性强，并且不会拒人于千里之外时，似乎表示"嗨，我需要轻松一下"。这时，如果父母限制婴儿的社会性刺激，则最有可能发展出协调同步的互动。父母可能很难与气质上易怒或者接受性差的孩子建立同步互动(Feldman，2006)。

但是在正常情况下，婴儿和其看护者的同步互动在一天中会重复出现，这对于情感依恋尤为重要(Stern，1977)。当婴儿与一个对他的需要和愿望有反应的看护者持续互动时，他知道了看护者是什么样的人，如何吸引她的注意(Keller et al.，1999)。看护者也能更好地理解婴儿的信号，知道如何调节自己的行为来吸引和维持婴儿的注意。婴儿和其看护者在日常生活的不断实践中，逐渐成为更默契的搭档，双方的关系也更为令人满意，并最终形成强烈的相互依恋(Isabella，1993；Isabella & Belsky，1991)。

婴儿如何形成依恋

尽管很多父母当孩子一出生就对其产生了感情，但对于婴儿来说，对另一个人形成真正的情感依恋还需要一定的时间。婴儿同其周围人的情感依恋是如何形成的呢?为什么会形成这种感情依恋呢?许多理论试图对此加以解释。但在介绍这些理论之前，尚须了解一下婴儿同其陪伴者形成依恋所要经历的几个阶段。

早期依恋的发展

多年前，Rudolph Schaffer和Peggy Emerson(1964)对一组刚出生的苏格兰婴儿进行了18个月的纵向研究。婴儿的母亲每个月都要接受一次访谈，访谈是为了确定:(1)婴儿在七种情境中同亲密的看护者分离时的反应(例如，被留在婴儿床上，被留下来和陌生人待在一起);(2)婴儿的分离反应是指向哪个个体的。如果一个儿童同某个人分离时总是表现出反抗行为，则认为他同这个人形成了依恋。

Schaffer 和 Emerson 发现，婴儿在同看护者形成亲密关系时要依次经历以下几个阶段：

1. **非社会性阶段**（0—6周）。这时候的婴儿处于非社会性阶段，很多社会或非社会信息都可能会引发偏好反应，很少表现出抗拒行为。在这个阶段末，婴儿表现出了对社会刺激（如微笑的面容）的偏好。

2. **未分化的依恋阶段**（6周—7个月）。这一阶段的儿童对人类更为偏好，但是还未能进一步分化——他们更多地对人而不是对其他类似人的物体（如会说话的木偶）微笑（Ellsworth, Muir, & Hains, 1993），任何人把他们从怀里放下来都会让他们相当不安。尽管3～6个月大的婴儿只会对他们熟悉的人开怀大笑（Waston et al., 1979），日常看护者对他们的安慰也更有效，但是他们似乎对任何人（包括陌生人）的关注都感到快乐。

很少有比宝宝的社会性微笑更迷人的信号了。

3. **分化的依恋阶段**（大约7—9个月）。在7—9个月，婴儿在与某个特定个体（一般是母亲）分离时，开始表现出抗拒行为。这时候，婴儿已经能爬了，他们常常试图追随妈妈，缠着她，在妈妈回来时热情地欢迎她。他们也变得对陌生人有些警觉了。Schaffer 和 Emerson 认为，这些婴儿已经建立起了最初的真正的依恋。

安全型依恋的形成带来了一个重要结果：促进了婴儿的探索行为的发展。玛丽·安斯沃斯（Anisworth, 1979）强调了依恋对象作为探索的**安全基地**的作用，即从这个安全基地出发，婴儿可以自由自在地大胆探索。因此，安安，一个安全型依恋的婴儿，和妈妈一起去邻居家时，只需偶尔回头确认一下母亲还坐在沙发上，就可以无忧无虑地继续在客厅的某个角落玩耍；要是妈妈去了洗手间，他就变得焦虑并停止了玩耍。这看起来似乎有点矛盾，但婴儿显然需要依赖另一个人才能自信地独立行动。

4. **多重依恋阶段**（大约9—18个月）。Schaffer 和 Emerson 研究中的婴儿有一半在形成最初的依恋的几周内，和其他人，如父亲、兄弟姐妹、祖父母甚至某个固定的看护人也建立起了依恋关系。到18个月时，很少有婴儿只对一个人产生依恋，有的婴儿会有5个或更多的依恋对象。

依恋的理论

如果你养过小猫或小狗，会发现这些宠物对饲养它们的人有特殊的反应和感情。人类的婴儿会不会也是这样的呢？发展学家对此争论不休，下面将要介绍4种重要的依恋理论，即精神分析

> ➢ **非社会性阶段** [asocial phase (of attachment)]：大约在0—6周，婴儿对社会和非社会性刺激的反应没有明显差异。
>
> ➢ **未分化的依恋阶段**（phase of indiscriminate attachments）：大约在6周—7个月时，婴儿开始更偏好社会性刺激，任何成人的离开都可能遭到他们的抗拒。
>
> ➢ **分化的依恋阶段**（phase of specific attachment）：7—9个月左右，婴儿只对一个密切接触者形成依恋（一般是母亲）。
>
> ➢ **安全基地**（secure base）：将看护者当作探索环境的基地，并能从中获得情感支持。
>
> ➢ **多重依恋阶段**（phase of multiple attachments）：这个阶段的婴儿会与基本依恋对象以外的亲密接触者形成依恋关系。

理论、学习理论、认知发展理论和习性学理论。

早期依恋理论

精神分析理论：我爱你，因为你喂养我

弗洛伊德认为，婴儿正处于口唇期，他们用嘴吸吮和咀嚼物体以获得满足，会对任何为其提供口腔快感的人产生好感。由于通常是母亲喂养婴儿，按照弗洛伊德的逻辑，母亲自然是婴儿最初获取安全感和情感的对象，尤其是当母亲在喂养过程中表现得轻松和慷慨时。

在详细了解喂养行为和依恋之间关系的研究前，我们需要先考虑另一种强调喂养的重要性的理论：学习理论。

学习理论：我爱你，因为你奖赏我

虽然理由大不相同，但一些学习论者也认为，婴儿会对那些喂养他们、满足他们需要的人产生依恋。有两个原因使喂养显得尤为重要（Sears，1963）：（1）它会引发心满意足的婴儿的积极反应（微笑，发出喔啊声），而这又会增进看护者对婴儿的喜爱；（2）在喂养婴儿的同时，母亲也让他们更感舒适——食物、温暖而温柔的抚摩、轻柔安慰的话语、景色的变化，甚至干净的尿布（必要时），都会同时出现。

久而久之，婴儿就会将母亲和舒适或快乐的感觉联系在一起，使得母亲本身成为有价值的对象。一旦母亲或其他看护者获得这种**次级强化物**的地位，婴儿的依恋便形成了；他会尽量吸引（如微笑、哭泣、咿呀学语、尾随）看护者的注意或靠近这些有价值的、能提供奖赏的人。

那么喂养有多重要？1959年，Harry Harlow和Robert Zimmerman的一项研究比较了喂养和触觉刺激对小猴宝宝依恋形成的重要性。小猴子一出生就被从母亲身边带走，在接下来的165天里，它们接受了两个代理母亲的抚养。从照片中可以看到，两个代理母亲的脸是一样的，都有用金属线构建的身体，然而一个身上裹了一层泡沫塑料，外面还罩上了绒布衣。有一半的小猴宝宝一直由这个温暖舒适的绒布"母亲"喂养，而另一半则一直由这个相当不舒适的金属"母亲"喂养。

要研究的问题很简单：这些小猴宝宝会与谁形成依恋？是一直喂养它们的"母亲"，还是温暖柔和的"绒布母亲"？无可争议的是，即使是那些由金属母亲喂养的小猴宝宝，也只在进食时和金属母亲待在一起，一旦受到惊吓，就会直奔绒布母亲。因此，所有的小猴宝宝都和绒布母亲形成了依恋。该研究说明，与喂养或减轻饥饿相比，摸起来舒适对于小猴宝宝形成依恋更为重要。也有研究显示，比起幼猴来，喂养对人类的婴儿而言并不是那么重要（Schaffer & Emerson，1964）。

认知发展理论：要爱你，我必须知道你的存在

认知发展理论很少涉及什么样的成人对儿童

Harlow在实验中使用的金属代理母亲和绒布代理母亲。即使是那些由金属"母亲"喂养的小猴宝宝也与绒布母亲形成了依恋。

最具吸引力的问题，但是它提醒我们，要整体地看待发展，因为依恋的形成在某种程度上有赖于婴儿的认知发展水平。在产生依恋之前，婴儿必须要将熟人和陌生人加以区分。他还必须能够意识到熟悉的看护者存在的永久性（客体永久性），因为人们很难和一个一旦从视野中消失就不存在的人形成稳定的关系（Schaffer，1971）。所以，依恋最初在婴儿 7~9 个月大时才出现决非偶然。准确地说，那时的婴儿正进入皮亚杰所说的感觉运动期的第四亚阶段，他们初次开始寻找并发现被别人藏起来的物品（Lester et al.，1974）。

虽然这些早期理论都不能完全解释依恋是如何形成的，但是每种理论都有其贡献。显然，对于人类的依恋，喂养行为并不像最初精神分析学派所认为的那么重要；但正是弗洛伊德强调了母子互动对于理解婴儿依恋形成的重要性。学习理论家受到弗洛伊德的启发指出，看护者在婴儿的情感发展中具有重要的作用。婴儿大概会将那些有反应的看护者，即带给他们很多舒适体验的人，看作值得信赖的、有奖赏意义的、值得爱的个体。认知理论者的贡献在于，他们指出了情感依恋形成的时机与婴儿的认知发展水平存在关联。因此，只认定某个理论是正确的并忽视其他理论是毫无意义的，每一种理论都有助于我们理解婴儿是如何同最亲密的看护者建立起依恋关系的。尽管如此，当代发展学家认为，习性学理论能够最好地解释依恋，我们接下来就对此进行讨论。

当代依恋理论——习性学理论

对于情感依恋的解释，习性学者从进化论角度提出的观点相当有趣，也有一定的影响。习性学取向的一个基本假设是：所有生物，包括人类在内，生来就有一些有利于物种在进化过程中生存的本能行为倾向。约翰·鲍尔比（Bowlby，1969，1980）原本是精神分析学家，但他后来也开始相信许多固有的行为就是特别设计的，以促进婴儿与其看护者的依恋。依恋关系本身甚至也有适应价值：保护幼子免遭天敌或其他自然灾害的伤害，也保证满足他们的需要。当然，习性学家认为，基本依恋的远期目标是要使下一代存活到具备了生育能力，以保证种系的繁衍（Geary，2002）。

习性学观点的起源。 有意思的是，依恋的习性学理论是由对动物的研究而激发的。1937 年，康德拉·洛伦茨（Konrad Lorenz）报告了刚出生的小鹅几乎会尾随所有的移动物体，包括它们的母亲、鸭子，甚至人类。他将这种行为称为**印刻**。洛伦茨也注意到印刻：(1) 是自动化的，没有人教它们；(2) 只出现在被孵化后短暂的关键期中；(3) 不可逆转——一旦它们开始尾随某个特定目标，就会一直依恋它。

洛伦茨断言，印刻是一种适应性反应。跟随母亲会使幼鸟获得食物、得到保护，从而得以生存。那些迷途的幼鸟会被饿死或者被天敌吃掉，因而无法将自己的基因传递给下一代。经过许许多多代，印刻反应最终成为本能的**预适应特征**，它使得幼鸟依恋母亲，从而提高了生存的可能性。

人类的依恋。 尽管人类婴儿不像幼鹅那样能对母亲产生印刻，但是也遗传了某些特征，能够帮助他们维持与他人的接触、引发他人的照顾。例如，洛伦茨（1943）指出，婴儿的丘比特外表（宽阔的前额、红红的脸蛋、娇嫩而胖乎乎的身

> **次级强化物**（secondary reinforcer）：原本是中性刺激物，由于多次和其他强化刺激结合而获得了强化的价值。
>
> **印刻**（imprinting）：某些物种的幼体对移动物体（一般是母亲）的尾随和依恋，是一种天生的或本能的倾向。
>
> **预适应特征**（preadapted characteristic）：进化的产物，增加了某些物种个体的存活概率。

体）使他们看起来特别可爱。对**丘比特娃娃效应**（图10.4），Thomas Alley（1981）表示认同。Alley发现，成人认为婴儿脸部的线条相当可爱，比2～4岁的儿童更可爱。所以，娃娃的脸部特征有利于从其他人那里获得积极的注意，从而促进其社会依恋。孩子长得越可爱，妈妈和其他看护者就会越疼爱他们（Barden et al., 1989; Langlois et al., 1995）。然而，婴儿并不一定要长得可爱才能形成亲密的依恋，因为有许多长得不那么漂亮的婴儿也同其看护者形成了安全型依恋（Speltz et al., 1997）。

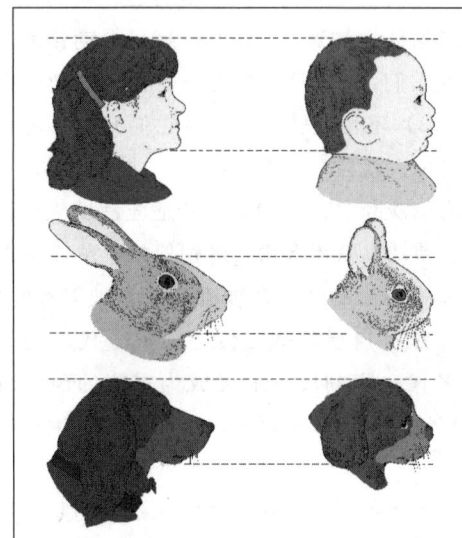

图10.4 很多物种的婴儿都有"丘比特娃娃效应"，这使得他们看起来更可爱，从而引起看护者的关爱。
来源：Adapted from "The Innate Forms of Possible Experience," by K. Z. Lorenz, 1943, *Zeitschrift fur Tierpsychologie*, 5, 233-409.

大多数婴儿不仅有一张可爱的脸，还生来具有一些能让他们获得怜爱的反射行为（Bowlby, 1969），比如觅食反射、吸吮反射和抓握反射，这都使他们的父母以为婴儿喜欢接近他们。微笑，最初是一种针对任何愉快刺激的反射，但这却对看护者特别有效（Lavelli & Fogel, 2005）。类似的还有喔啊声、兴奋的喊叫以及自发的细语（Keller & Scholmerich, 1987）。事实上，成人对宝宝的微笑和发声的典型回应就是对他们微笑或说话（Gewirtz & Petrovich, 1982; Keller & Scholmerich, 1987）。婴儿在3～6个月大时更愿意对微笑的看护者咯咯大笑，跟她一起分享积极情绪（Messinger, Fogel, & Dickson, 2001）。对于婴儿的咧嘴笑、咯咯笑和细语，父母一般也认为是婴儿对他们的悉心照顾表示满意。所以，微笑和细语的婴儿会强化他人的养护行为，从而增加了父母或其他人以后对这个快乐的小家伙的关注。

最后，鲍尔比认为，在正常的环境下，当婴儿发出某些信号引发成人注意时，成人也会本能地对这些信号做出亲切的反应。他认为，父母很难对婴儿的急促哭喊或开怀大笑无动于衷。总之，人类的婴儿和他们的看护者在进化过程中获得了彼此相互喜爱和建立亲密依恋的本能反应，这让婴儿（最终是整个种族）得以生存。

这是否意味着依恋是自动产生的？事实并非如此。鲍尔比认为，随着父母能够越来越准确地理解和回应婴儿发出的信号，婴儿也慢慢了解了自己的父母是什么样的人，知道如何控制父母的行为，安全型依恋逐渐发展。不过这一进程很容易有所偏离，导致非安全型依恋。正如研究所发现的，如果婴儿发出的信号（例如，为引起注意的哭泣和温柔的咕咕声）无法从反应迟缓的看护者那里获得积极反馈，比如他们遇到一个抑郁的母亲或婚姻不幸福的父亲，那么婴儿本能发出的信号就会停止（Ainsworth et al., 1978）。尽管鲍尔比相信人类从生理上对形成亲密依恋已有所预备，但他也强调，安全情感联结的建立需要双方学习如何对对方的行为做出适当的反应。

婴儿与依恋相关的恐惧

在婴儿与看护者建立起亲密情感纽带的同

时，他们开始经常表现出令陪伴者感到迷惑甚至烦恼的消极情感反应。下面将简要介绍一下婴儿期常出现的两种恐惧——陌生人焦虑和分离焦虑。

陌生人焦虑

当母亲带着一个陌生人进来时，9个月大的米卡正坐在书房的地板上。这个陌生人突然走近，弯下腰对他说："嗨，米卡！你好！"如果米卡和多数9个月大的婴儿一样，他也许会盯着那个陌生人看一会儿，然后呜咽着转身向母亲爬过去。

这种对陌生人的警惕反应又被称为**陌生人焦虑**，与熟悉的看护者接近他们时所表现出的微笑、细语以及其他积极的回应形成了鲜明对比。在最初形成依恋之前，大多数婴儿对陌生人的反应都是积极的，但是一旦形成依恋，他们面对陌生人时就会产生焦虑（Schaffer & Emerson, 1964）。对陌生人的警惕反应经常也夹杂着好奇，在8～10个月大时达到了顶峰，在2岁时逐渐下降（Sroufe, 1977）。然而，即使是8～9个月大的婴儿也不是害怕所有的陌生人，有时，他们也会做出积极的反应。在"生活与研究应用"专栏中，我们将介绍陌生人焦虑最容易发生的场合，并指导医护人员或其他儿童护理专业人士应如何利用这些知识，以避免婴儿在面对陌生人时突然出现恐惧和焦虑。

分离焦虑

许多婴儿形成基本依恋后也会在母亲或者其他依恋对象离开时表现出明显的不安。例如，10个月大的蕾西每当看到母亲穿上外衣拎起钱包准备去购物就会哭闹起来，而15个月大的蕾西甚至会追着母亲到门口，呜咽着请求不要把她留在家里。儿童的这些反应被称为**分离焦虑**。分离焦虑一般出现在6～8个月大时，14～18个月大时达到顶峰，然后其频率和强度在婴儿期和童年期都会逐渐下降（Kagan, Kearsley, & Zelazo, 1978; Weinraub & Lewis, 1977）。但是，当必须与所爱的人长时间分离时，学龄儿童甚至青少年也会表现出焦虑和抑郁（Thurber, 1995）。

婴儿为什么害怕陌生人和分离

刚刚开始感受到爱的愉悦的婴儿为什么会突然对陌生人产生戒心，并因为同他们所爱的人分离而感到焦虑呢？以下是两种不同的观点以及它们的证据。

习性学观点

习性学家鲍尔比（Bowlby, 1973）认为，婴儿面临的许多情境实际都蕴藏着自然的危险信号：在人类的进化过程中，这些情境如此频繁地与危险联系在一起，使得人类对于它们的恐惧或回避反应成为生物程序化的自发反应。一旦婴儿有能力将熟悉的事物和不熟悉的事物加以区分，在与熟悉的陪伴者分离时，婴儿就会本能地对陌生的面孔（在远古时期，很可能是猛兽）、陌生的环境感到恐惧。

与这种习性学观点一致，婴儿在不熟悉的实验室中对陌生人和分离的反应比在自己家里表现得更强烈；实验室陌生的环境可能放大了他们平时遇到一个陌生人或者被迫接受分离的焦虑。习性学观点也能很好地解释在分离焦虑中令人感兴趣的跨文化差异：在许多非工业化社会，婴儿和母亲睡在一起并一直保持亲密接触，他们的分离焦虑比西方社会中的婴儿大约早两三个月出现。为什么？这是因为那些婴儿很少同其看护者分离，以致任何分离对他们来说都是非常陌生和恐惧的（Ainsworth, 1967）。随着和婴儿一起睡觉在美国和其他工业国家越来越常见，这种分离焦虑的跨文化差异也会有所改变（Goldberg & Keller, 2007; and see special issue on co-sleeping in *Infant and Child Development*, 2007）。为什么

> ➤ **丘比特娃娃效应（Kewpie doll effect）**：认为娃娃脸是可爱的、讨人喜欢的，会引发他人的关爱。
>
> ➤ **陌生人焦虑（stranger anxiety）**：婴幼儿在陌生人接近时表现出的恐惧和戒备反应。
>
> ➤ **分离焦虑（separation anxiety）**：婴幼儿在同依恋对象分离时表现出的恐惧和戒备反应。

生活与研究应用

战胜陌生人焦虑——给看护者、医生和儿童护理专业人员的建议

很多学步儿在医院看病时总会哭哭啼啼，紧抱着父母不愿离开。有些记得从前经历的儿童会只产生"打针焦虑"而非陌生人焦虑，但也有很多儿童对那些毛手毛脚地给他们检查、打针的医生感到恐惧。幸运的是，护理人员和医疗人员（以及其他陌生人）可以采取一些措施帮助婴幼儿减轻恐惧。我们可以提供以下建议：

- 要有熟人在身边。如果没有母亲或其他亲密看护者在身旁，婴儿对陌生人的反应会相当消极。大部分6～12个月大的婴儿只要在母亲怀里，就不会对于陌生人的接近十分畏惧；但是，就算母亲离他们只有几十厘米，陌生人的接近都会让他们哭闹起来（Morgan & Ricciuti, 1969；参见Bohlin & Hagekull, 1993）。可见，如果医生或护士能不让儿童与父母分离，他们的小病人的反应会更积极。
- 儿童的看护者要对陌生人做出友善的反应。如果婴儿的看护者友好地招呼陌生人，或者用积极的语调向婴儿介绍陌生人，婴儿的陌生人焦虑就会减轻（Feinman, 1992）。这是因为儿童能通过社会参照推断，既然妈妈爸爸都喜欢他，这个人可能就不是那么可怕了。医护工作者在接触儿童之前先同其父母友好地交流一下会有很好的效果。
- 让环境更加"熟悉"。在熟悉的环境下，陌生人焦虑发生的概率较小。例如，10个月大的婴儿在家里很少对陌生人感到焦虑，但在不熟悉的实验室环境下大多会对陌生人有消极的反应（Sroufe, Waters, & Matas, 1974）。要让当代的医生到患者家庭出诊可能不现实，但是他们可以将诊疗室布置得类似于儿童的房间，比如在墙上贴上卡通画，在角落里放上个玩具车，或者给婴儿一两个绒毛玩具玩。婴儿对陌生环境熟悉了会有所不同：虽然大部分（90%）10个月大的婴儿刚被带到一个陌生的环境时会因为陌生人的出现大为不安，但如果他们在这个不熟悉的环境中已经待上了10分钟，对其有了一定的了解，陌生人的出现就只会让一半的婴儿产生消极反应（Sroufe et al., 1974）。所以，如果医护人员能够先给儿童一些时间熟悉诊疗室的环境，医生的出现可能会让婴儿更容易接受。
- 做一个更敏感、更和善的陌生人。很自然，陌生人的行为会影响婴儿对他们的反应（Sroufe, 1977）。陌生人最好是先离婴儿远一点儿，然后说着话，微笑着拿个熟悉的玩具或做着熟悉的动作慢慢接近儿童（Bretherton, Stolberg, & Kreye, 1981；Sroufe, 1977）。如果陌生人能像一个敏感的看护者那样理解婴儿发出的一些信号，效果会更好（Mangelsdorf, 1992）。小宝宝会喜欢那些能听自己话的陌生人。那些一下子就要靠近和控制婴儿的粗鲁的陌生人（比如，在婴儿适应之前就想去抱他）会遭到理所当然的反抗。
- 不要让婴儿觉得你很生疏。陌生人的外表在一定程度上也会影响婴儿的陌生人焦虑。Jerome Kagan（1972）指出，婴儿对在日常生活中遇见的人的面容形成了心理表征，即图式，如果陌生的面容很难被他已有的图式同化，儿童就会感到害怕。所以，一个穿着白大褂、脖子上挂着奇怪的听诊器的医生（或者戴着尖尖的帽子看起来像个巫婆的护士）自然会让婴儿感到十分恐惧！虽然作为一个儿科医生，你很难改变许多会让儿童害怕的生理特征（如大鼻头、脸上的伤疤），但还是可以脱去那套白大褂，收起那些奇怪的仪器，打扮得"正常"一点儿，会让你的小病人认为你也是个人类。

陌生人焦虑和分离焦虑会在1岁后逐渐减轻呢？习性学理论对此也有相应的解释：一旦婴儿学会了走路，能把他们的依恋对象当成探索的安全基地，他们即会主动地创造分离，而且越来越能够忍受这种分离，对以前畏惧的新异刺激（包括友好的陌生人）也不是那么警惕了（Ainsworth，1989；Posada et al.，1995）。

认知发展观点

认知理论认为，无论是分离焦虑还是陌生人焦虑都是婴儿知觉和认知发展的自然产物。Jerome Kagan（1972，1976）指出，婴儿6～10个月大时已经发展了以下稳定的图式：(1) 熟悉的陪伴者的面容；(2) 离去的陪伴者又回来。这时候，突然出现的与婴儿头脑中的看护者图式不同的陌生人的脸会使婴儿感到不安，因为他们无法解释他是谁或者自己的看护者发生了什么事。Kagan也指出，7～10个月大的儿童对在家里的分离很少抗拒，因为他们知道看护者去了哪里，比如看护者把他们留在起居室，而自己到另一个为他们所熟悉的地方，如厨房。一旦看护者打破了这种"熟悉的面孔在熟悉的环境中"的图式，如拎着公文包出了房门，婴儿不能解释他们的行踪，就可能会哭闹起来。

的确，观察发现，在家里，婴儿更有可能因为看护者从他们不熟悉的通道离开（例如，进入地下室）而表现出抗拒行为（Littenberg，Tulkin，& Kagan，1971）。例如，一个9个月大的婴儿，开始还能在分离的情况下安静地玩耍，一旦发现母亲不在他预想的地方时，便很快变得非常不安（Corter et al.，1980）。这些观察无疑支持了Kagan的假说：婴儿更可能对无法确定看护者去向的分离表现出抗拒。

总之，陌生人焦虑和分离焦虑是相对复杂的情感反应，部分是因为对不熟悉事物的一般性恐惧焦虑（习性学观点），她无法解释陌生人可能是谁，熟悉的陪伴者遭遇了什么（认知发展的观点）。重要的是要注意，不同的婴儿对分离和陌生人的反应有很大的差异：有的表现得无动于衷，有的则显得相当恐惧。为什么有这样的差异？发展学家认为，这反映了婴儿依恋关系质量上的个体差异，或者说安全性上的个体差异。表10.2是对依恋理论的总结。

依恋质量的个体差异

婴儿与看护者建立的依恋关系在质量上的确有所不同。有的婴儿与看护者在一起时显得相当放松和有安全感，而有的婴儿则显得很焦虑，或者对将要发生什么感到没有把握。为什么有的婴儿属于安全型依恋，有的婴儿属于非安全型依恋？婴儿早期依恋的安全性会影响今后的发展吗？要回答这些问题，研究者首先必须寻找测量依恋质量的方法。

表 10.2 依恋理论

依恋理论	依恋形成的基础	依恋相关行为
精神分析理论	喂养和对婴儿的反应	看护者对婴儿饥饿和其他基本需要的反应性
学习理论	遵循基本的学习原理，看护者成为次级强化物	喂养行为和对婴儿的反应性为婴儿提供愉悦和奖赏的经验
认知发展理论	认知发展水平	婴儿区分出陌生人和看护者，婴儿获得客体永久性，知道即使看护者不见了，他也是存在的
习性学理论	天生的行为倾向保证了依恋的形成，依恋也保证了婴儿的存活	动物中的印刻现象，婴儿有唤起看护者依恋的特征

注：每种依恋理论都对依恋的基础和相关行为有不同的看法。每种理论都能帮助我们更好地解释依恋关系的复杂性。

概念核查10.2　理解依恋和依恋理论

回答下列问题，检查你对依恋发展和重要的依恋理论的理解。答案见附录。

匹配题：给下列概念选择最合适的定义。

a. 精神分析理论
b. 学习理论
c. 认知发展理论
d. 习性学理论

____ 1. 该理论认为，一旦看护者成为次级强化物，婴儿就会对其产生依恋。

____ 2. 该理论认为，婴儿之所以会出现抗拒分离的表现，是因为他们无法知晓看护者是否存在。

____ 3. 该理论认为，看护者的养育行为决定了婴儿的依恋强弱。

选择题：为下列各题选择最佳答案。

____ 4. 谁认为看护者的反应性和婴儿的信任感是依恋安全性的主要决定因素？
　　a. 安斯沃斯　　　　　b. 鲍尔比
　　c. 埃里克森　　　　　d. 洛伦茨

____ 5. 谁认为陌生面孔和与依恋对象的分离对婴儿来说是生来就恐惧的危险的自然信号？
　　a. 安斯沃斯　　　　　b. 鲍尔比
　　c. 埃里克森　　　　　d. 洛伦茨

____ 6. 谁认为动物新生幼仔在早期发展的关键期中存在对其看护者的印刻反应？
　　a. 安斯沃斯　　　　　b. 鲍尔比
　　c. 埃里克森　　　　　d. 洛伦茨

填空题：在下列句子的空白处填上适合的词或短语。

7. ____ 是一种和依恋有关的恐惧，出现在婴儿1岁以前，在8—10个月时达到高峰，在1岁后逐渐减轻。消除这种恐惧的最好办法是尽量让陌生的人或新的环境变得更有熟悉感。给孩子提供其喜欢的玩具也是一种办法。

8. 通过展现看护者对婴儿情绪的反应，____ 帮助看护者和婴儿产生一种关系。

简答题：简要回答下列问题。

9. 请按顺序列出婴儿和看护者的依恋所经历的阶段。

论述题：详细论述下列问题。

10. 请阐述婴儿和看护者各自对依恋发展的贡献。

依恋安全性的评估

要对1～2岁婴儿与其父母和其他看护者的依恋安全性进行评估，现在通用的技术是安斯沃斯提出的**陌生情境**测验（Ainsworth et al., 1978）。陌生情境测验包括了八个连续的情境，模拟了：（1）自然情境中有玩具时，看护者和婴儿的互动（观察婴儿是否将看护者当作探索的安全基地）；（2）暂时和看护者分离，陌生人的进入（这往往让婴儿感到不安）；（3）重聚（关注不安的婴儿是否会从看护者那里获得安慰，重新开始玩耍）。对儿童在这些场景中的反应（探索行为，对陌生人和分离的反应，尤其是同亲密看护者重聚时的反应）的观察和分析，可以将依恋划分为以下四种类型：

1. **安全型依恋**。大约有65%的1岁北美婴儿属于这一类。有母亲在时，这类婴儿会独自探索，母亲的离开会引起明显的不安。当母亲返回时，他们有温暖的回应，如果他们感到很压抑，常常会寻求身体接触来缓解压力。有母亲在场时，这类婴儿对陌生人很随和大方。

2. **抗拒型依恋**。大约10%的1岁婴儿会表现出该类非安全型依恋。这类婴儿紧紧地靠在妈妈身边，很少有探索行为。当母亲离开时，他们会相当压抑；但当母亲返回时，他们的表现很矛盾：他们会接近母亲，但看上去对母亲的离去还在生气，他们甚至抗拒母亲主动的身体接触。抗拒型婴儿会对陌生人保持相当的戒备,甚至当母亲在场时也是如此。

3. **回避型依恋**。这些婴儿(大约占1岁婴儿的20%)也属于非安全型依恋。当他们同母亲分离时,很少表现出抑郁,甚至当母亲想主动引起他们的注意时,他们仍然表现得很冷漠。回避型婴儿对陌生人相当友善,但有时会像忽视自己母亲那样回避和忽略这些陌生人。

4. **组织混乱型依恋**或**方向混乱型依恋**。最近的研究发现,在美国有5%的婴儿在陌生情境中表现出了极度的压抑,这种类型可能是最不安全的(NICHD Early Child Care Research Network,2001a)。它奇怪地混合了抗拒型和回避型依恋的模式,他们似乎对于是接近还是回避看护者犹豫不决(Main & Solomon,1990)。当母亲回来时,这些婴儿看起来不知所措,或者会在接近母亲的过程中因为母亲的接近而突然跑掉。他们也有可能在不同的重聚场景中同时表现出这两种模式。

目前,对于依恋是否存在如上所述的不同类型或分类还存在争议。有研究者认为,依恋风格的连续性也许能更准确地反映婴儿和其看护者之间的关系(Fraley & Spiker,2003)。在这一学术争议得以解决前,采用发展研究中最常见的分类(如上所述),能让我们更好地理解大部分依恋研究。

陌生情境对2岁以上儿童的依恋类型的划分并不理想,因为这时的儿童对短暂的分离和遇见陌生人已经习以为常,不像以前那样紧张了(Moss et al.,2004)。在这种情况下,另一种测量依恋质量的工具——**依恋Q分类(AQS)卡片**,被广泛应用。依恋Q分类适用于1~5岁的儿童,需要一个观察者(一般是父母或经过训练的人员)对90种与依恋有关的行为(例如,"儿童焦虑时会寻求看护者的安慰","儿童对看护者报以开怀大笑"),按从"很符合"到"很不符合"对儿童在家庭中的表现加以分类。测量结果代表了儿童与其看护者所建立的依恋的安全性(Waters et al.,1995)。训练后的观察者通过Q分类对婴幼儿的评估和在陌生情境中得到的依恋分类结果通常是吻合的(Pederson & Moran,1996;Vaughn & Waters,1990)。由于能够在自然条件下对年龄较大的学前儿童的依恋安全性进行分类,因此依恋Q分类卡片比陌生情境测验得到了更普遍的使用。

依恋分类的文化差异

不同文化中婴幼儿在不同依恋类型上的分布比例是不相同的,可能反映了育儿方式的文化差异。例如,德国北方的父母有意鼓励婴儿的独立性,不鼓励缠人的亲密接触。这可能是与美国婴儿相比,有更多的德国婴儿在重聚时表现出回避型依恋模式的原因(Grossmann et al.,1985)。另外,以强烈的分离焦虑和陌生人焦虑为特征的抗拒型依恋在诸如日本这样的社会文化中尤为普遍。在日本,看护者很少让别人代为照料婴儿;

> **陌生情境(strange situation)**:让婴儿经历的八个分离和重聚的系列场景,依此判断其依恋质量。
>
> **安全型依恋(secure attachment)**:这类儿童喜欢和亲密陪伴者在一起,将她作为探索的安全基地。
>
> **抗拒型依恋(resistant attachment)**:一种非安全型依恋,其特点是有强烈的分离抗拒。这类婴儿希望和看护者保持接近,但对看护者的主动接近又表现出抗拒,特别是在分离后重聚时尤为如此。
>
> **回避型依恋(avoidant attachment)**:一种非安全型依恋,特征是很少表现出分离抗拒,儿童甚至对看护者有意回避和忽视。
>
> **组织混乱型依恋(方向混乱型依恋)(disorganized attachment or disoriented attachment)**:其特征是儿童在重聚时出现的矛盾行为,他们先是想接近,然后又突然地回避看护者。
>
> **依恋Q分类(Attachment Q-set,AQS)**:评估依恋安全性的另外一种方法,它基于对儿童在家中的依恋行为的观察报告;适用于婴儿、学步儿和学前儿童。

而在以色列，儿童一般在集体农庄中被抚养长大，他们晚上睡在婴儿房里，没有父母在身旁，比起那些和母亲一起睡在家中的婴儿，他们有更多的非安全型依恋关系。从理论上说，这与母亲情感缺失有关（Aviezer et al., 1999）。

西方研究者一般将此作为证据，以说明依恋关系和依恋安全性的意义具有文化普遍性，而依恋类型的文化差异只是由于不同文化抚养模式的差异导致了安全型依恋和非安全型依恋分布比例的差异（Van IJzendoorn & Sagi, 1999；Waters & Cummings, 2000）。我们同意另一些学者的观点，他们指出，什么可以称为安全型依恋或非安全型依恋在不同的文化中是很不同的。

在日本，母亲对婴儿的反应和西方的母亲大不相同（Rothbaum, Pott et al., 2000；Rothbaum, Weisz et al., 2000）。比起美国母亲，日本母亲和婴儿有更亲密的接触，在婴儿哭闹之前就极力推测和满足他们的所有需要。日本的母亲更强调社会规范，不像美国母亲那么强调探索，她们极力想使婴儿更加"娇宠"——一种完全依赖于母亲、无条件地接受母亲关怀的状态。在这种环境下长大的日本婴儿自然会对分离极为不安，会在重聚时一直搂着母亲。他们在陌生情境中很容易被划分为非安全型依恋。然而在日本，"娇宠"被认为是适应良好的表现，因为这有助于一种被日本文化推崇的社会取向（或共生和谐）的发展。而正是在这种社会取向中，日本儿童学习到了相互扶持——满足他人的需求、相互合作、为实现团体目标而努力（Rothbaum, Weisz et al., 2000）。相反，在西方，安全型依恋意味着儿童被鼓励与关注他们、保护他们的看护者分离，去对环境进行探索，从而变得独立自主，追求个人的目标。

总之，安全型依恋的意义和长远影响存在文化差异，也体现了重要的文化价值。其普遍性可能在于，世界上所有的父母都愿意自己的子女在与他们之间的关系中感到安全，大多数父母也试图促进文化所崇尚的安全型依恋的形成（Posada, 1995, 1999；Rothbaum, Pott et al., 2000）。

遗憾的是，已有的依恋研究大多针对母亲所提供的照料行为，很大程度上忽视了父亲的作用。下面将关注父亲作为看护者以及父亲在婴儿社会性和情绪发展中的贡献。

父亲作为看护者

在1975年，Michael Lamb将父亲描述为"被遗忘的对儿童发展有贡献的人"，的确如此。直到20世纪70年代中期，父亲还只被视作一种生物学意义上的必需品，在儿童的社会性和情绪发展中作用甚微（Bretherton, 2010）。忽视父亲的早期影响的原因之一可能是父亲与婴儿互动的时间比母亲要少（Parke, 2002；Yeung et al., 2001）。其实，父亲对新生儿的关注并不亚于母亲（Hardy & Batten, 2007；Nichols, 1993），而且在孩子1岁前，他们同婴儿的交往也在不断增加（Belsky, Gilstrap, & Rovine, 1984），在婴儿9个月大时，他们平均每天有1小时和婴儿在一起。大多数婚姻幸福（Belsky, 1996；Coley & Hernandez, 2006；Cox et al., 1989, 1992）或者妻子希望他们成为子女生活中重要组成部分的父亲（DeLuccie, 1995；Palkovitz, 1984），会更经

尽管抚养儿童的传统在不同文化之间差异巨大，但就世界范围来说，安全型依恋多于非安全型依恋。

常地和子女待在一起，也会以更积极的态度对待自己的子女。

（父子）依恋

大约在半岁后，很多婴儿也和他们的父亲形成了安全型依恋（Lamb，1997），特别是当父亲有积极的抚养态度、外向、对人友善、会花很多时间和他们在一起而且比较敏感时（Brown, McBride, Shin, & Bost, 2007；van IJzendoorn & De Wolff, 1997）。作为看护者的父亲和母亲的区别在哪儿呢？在澳大利亚、以色列、印度、意大利、日本和美国的研究发现，在所有这些社会中，父亲和母亲在孩子生活中扮演的角色是不同的。妈妈更喜欢抱着孩子，满足他们的生理需要，安慰他们，和他们说话，与他们一起玩捉迷藏之类的游戏；爸爸则愿意给宝宝有趣的身体刺激，玩那些受婴儿欢迎的不同寻常的游戏（Hazena, McFarland, Jacobvitz, & Boyd-Soisson, 2010；Park & Buriel, 2006）。尽管大部分婴儿在不舒服和害怕时喜欢和妈妈在一起，但是爸爸往往是他们更喜欢的玩伴（Lamb，1997；Roopnarine et al., 1990）。

然而，玩伴只是现代父亲承担的众多角色之一，特别是在妻子有工作的情况下，他们至少还必须承担部分照顾孩子的工作（Goodsell & Meldrum, 2010；Grych & Clark, 1999；Pleck & Masciadrelli, 2005）。父亲是什么样的看护者呢？很多父亲在日常护理上的技能相当娴熟（或者很快就可以做得很好，如换尿布、洗澡、安抚婴儿之类）。而且，一旦婴儿爱上了父亲，他们也会将父亲作为自己自由探索的安全基地（Hwang，1986；Lamb，1997）。可见，父亲也是多才多艺的看护者，能承担任何通常由双亲中的另一方完成的工作和功能（当然，母亲也是如此）。

对很多婴儿来说，父亲担当了特殊的玩伴角色。

父亲对情绪安全性和其他社会能力的影响

尽管很多婴儿和父母建立了相同的依恋关系（Fox, Kimmerly, & Schafer, 1991；Parke, 2008；Rosen & Rothbalm, 1993），但和父母中的一方建立起安全型依恋而和另一方建立起非安全型依恋的儿童并不少见（Clarke-Stewart, 1980；Madigan, Benoit, & Boucher, 2011；van IJzendoorn & De Wolff, 1997）。例如，Mary Main 和 Donna Weston（1981）用陌生情境测量了46个学步儿和他们父母的依恋关系质量，研究发现，12个学步儿和父母双方都建立起了安全型依恋，11个学步儿和母亲属于安全型依恋而和父亲属于非安全型依恋，12个学步儿和父亲属于安全型依恋而和母亲属于非安全型依恋，另有11个学步儿和父母双方都是非安全型依恋。

父亲对婴儿的社会性和情绪发展有什么独特的作用？近期的其他研究也表明，和父母双方都

> **娇宠（甘え）**：日本文化中的一个概念，指婴儿完全地依附母亲，接受母亲的爱。

有安全型依恋的儿童比其他儿童更少表现出焦虑和社会性退缩,面临入学挑战时适应得也更好(Verschueren et al., 2011; Verschueren & Marcoen, 1999)。与父亲是安全型依恋的儿童在童年期和青少年期也都表现出了更好的情绪自我调节能力和更强的与同伴交往的社会能力,以及较少的问题行为和犯罪行为(Cabrera et al., 2000; Coley & Mederios, 2007; DeMinzi, 2010; Lieberman, Doyle, & Markiewicz, 1999; Pleck & Masciadrelli, 2004)。的确,和父亲形成的安全的、支持性的关系,即使在离开家之后,也有利于个体的健康成长(Black, Dubowitz, & Starr, 1999; Coley & Medeiros, 2007)。可见,对于儿童发展的许多方面(也许是所有方面),父亲不仅有潜在的重要影响,而且和父亲形成的安全型依恋也许有助于缓冲非安全型的母婴依恋所产生的潜在的负面影响(Main & Weston, 1981; Verschueren & Marcoen, 1999)。尽管如此,和父母双方都形成安全型依恋对儿童的发展最为有利(George, Cummings, & Davies, 2010; Verschueren & Marcoen, 1999)。

影响依恋安全性的因素

众多因素都可能影响婴儿的依恋类型,包括他们受到的抚养质量、家庭的特征或情感氛围,以及婴儿自己的健康状况和气质。我们对安全型依恋和非安全型依恋起源的认识,大部分来自在欧洲和北美文化环境下的研究结论,其中的主要依恋对象大多数是母亲。记住这一局限,下面将详细介绍西方的婴儿是如何形成安全型依恋或非安全型依恋的。

抚养质量

安斯沃斯(Ainsworth, 1979)认为,婴儿与母亲(或任何其他的亲密看护者)的依恋质量在很大程度上有赖于他们所受到的照料。这种**抚养方式假说**认为,安全型依恋婴儿的母亲从一开始就是敏感的、有回应的看护者。事实上也是这样。最近一篇对66项研究的综述指出,能和自己的婴儿形成安全型依恋的母亲具有表10.3中列出的特点(De Wolff & van IJzendoorn, 1997)。所以,如果看护者对婴儿有积极的态度,敏感地回应他们的需要,与他们建立了同步互动,为他们提供了很多愉快的刺激和情感支持,婴儿经常从与他们的相互作用中体验到舒适和愉悦,就可能会形成安全型依恋。

表 10.3 促进安全型依恋的抚养方式的六个特征

特征	描述
敏感性	对婴儿的信号能迅速、正确地做出反应
积极态度	对婴儿表现出积极的关心和爱
同步性	与婴儿建立默契、双向的交往
交互性	在交往中,婴儿和母亲注意同一件事
支持性	对婴儿的活动给予密切的注意和情感支持
激发性	常常引导婴儿的行为

注:抚养方式的这六个方面互有中等程度的相关。
来源:Based on "Sensitivity and Attachment: A Meta-Analysis on Parental Antecedents of Infant Attachment," by M. S. De Wolff and M. H. van IJzendoorn, 1997, *Child Development*, 68, 571-591.

比起安全型依恋的婴儿,抗拒型依恋的宝宝的脾气有时会比较暴躁,反应有时会比较迟缓。他们的父母在抚养宝宝的过程中也常常表现不一致——他们依自己的心境好坏对婴儿时而热情洋溢,时而极为冷漠,而且很多时候是没有反应的(Ainsworth, 1979; Isabella, 1993; Isabella & Belsky, 1991)。婴儿在应付这些看护者时也采取了很极端的方式,如纠缠、哭闹和其他依恋行为等,来获得情感支持和安慰;当其努力并不能奏效时,就会变得愤怒和怨恨。

至少有两类抚养方式有可能使婴儿形成回避型依恋。安斯沃斯和其他研究者(包括Isabella,

1993）发现，许多回避型婴儿的母亲对自己的宝宝缺乏耐心，对他们的信号没有回应，常对婴儿表现出消极情感，很少能从与子女的亲密接触中获得快乐。安斯沃斯（Ainsworth, 1979）认为，这些母亲是刻板的、自我中心的人，她们有可能拒绝自己的子女。另一种情况是，回避型婴儿的父母过于热心，总是喋喋不休，甚至在婴儿感到厌倦时仍然提供过多的刺激（Belsky et al., 1984；Isabella & Belsky, 1991）。对自己不喜欢或者老是纠缠自己的父母，婴儿自然习得了适应性的回避父母的反应方式。当抗拒型婴儿在竭尽全力以获得情感支持时，回避型婴儿似乎已经学会了放弃（Isabella, 1993）。

最后，Mary Main 认为，组织混乱或方向混乱型依恋的婴儿往往想要接近看护者，但又因为曾经受到的忽视和身体虐待而感到害怕（Main & Soloman, 1990）。这些婴儿在重聚时表现出的接近-回避行为（或者完全的混乱行为）是完全可以理解的，因为他们既经历过看护者的接纳，也受到过他们的虐待（或忽视），所以不知道自己是应该接近看护者寻求安慰，还是应该远离看护者保证自己的安全。已有研究支持 Main 的理论：尽管组织混乱或方向混乱型依恋的婴儿在所有研究中的数量都比较少，但在受虐待的婴儿中，这种情况仿佛更常见（Carlson, 1998；Carlson et al., 1989；True et al., 2001）。这种接近和回避的奇怪混合，加上重聚时的忧郁，也是母亲严重抑郁的婴儿的典型特征，这类母亲倾向于虐待或忽视她们的孩子（Lyons-Ruth et al., 1990；Murray et al., 1996；Teti et al., 1995）。

谁最有可能成为不敏感的看护者？

父母的某些人格特点很可能使他们采取不敏感的抚养风格，进而导致非安全型依恋。看护者如果是临床抑郁症患者，其婴儿的依恋类型往往是这种或那种典型的非安全型依恋（Kaplan, Dungan, & Zinse, 2004；Radke-Yarrow et al., 1985；Teti et al., 1995）。抑郁的父母常对宝宝的社交信号漠然，很难和他们建立起满意的、同步的关系。婴儿经常会对父母的冷漠感到愤怒，但不久后，他们的行为就会变得与父母的抑郁症状相协调，甚至在与其他并没有抑郁症状的成人交往时也是如此（Campbell, Cohn, & Meyers, 1995；Field et al., 1988）。

另一种不敏感的看护者是那些自己在小时候被忽视、受虐待、不曾感受到爱的个体。这些曾经受到虐待的看护者的初始愿望常常很好，发誓不让子女受到自己曾遭受的待遇，但是他们常希望自己的子女非常完美并且会立即爱上自己。所以当他们的宝宝生气、烦躁和注意力不集中时（就像所有婴儿在某些时候都会表现的那样），这些非安全型依恋的父母很可能感觉自己再次被拒绝了（Steele & Pollack, 1974）。他们就会减少和收回自己的情感（Biringen, 1990；Crowell & Feldman, 1991；Madigan, Moran, & Pederson, 2006），有时甚至可能忽视、虐待自己的子女。

最后，那些意外怀孕、原本并不想要孩子的母亲，很可能成为不敏感的看护者，她们的子女在发展的许多方面都非常不尽如人意。在捷克斯洛伐克进行的一项纵向研究（Matejcek, Dytrych, & Schuller, 1979）发现，那些不慎怀孕却被禁止堕胎的母亲，比起其他年龄相同、婚姻和经济状况类似却没有堕胎意愿的母亲，与自己子女的依恋关系不甚密切。尽管孩子出生时都比较健康，但 9 年后，那些父母原本并不想要自己的孩子上医院的次数更多，在学校的成绩更差，家庭生活更不稳定，和同伴的关系更差，也更容易被激怒。对成年早期的跟踪观察有更多相同的发现：父母原本并不想要自己的孩子这时也

> **抚养方式假说（caregiving hypothesis）**：安斯沃斯认为，婴儿对某一特定看护者所形成的依恋类型主要由他从这位看护者那里接受到的抚养方式所决定。

很少满意自己的婚姻、工作、友谊和整体心理健康状况，并常常寻求心理治疗（David，1992，1994）。虽然这项研究是相关研究而不是实验研究，但它指出，对于那些并非自己想要的孩子，父母通常不会非常敏感地对待他们，或是积极促进他们的发展。

对抚养敏感性的生态学限制

当然，亲子互动总是发生在更广阔的生态背景中，这些生态环境可能影响看护者对儿童反应（Bronfenbrenner & Morris，2006）。例如，不敏感的抚养方式更有可能发生在经历着健康、法律或经济问题困扰的抚养者身上，所以，在非常贫穷的家庭中，非安全型依恋的发生率最高也就不足为奇了。这样的家庭通常不能提供充足的健康照料，或是父母不得不做多份工作，导致长时间不能和孩子在一起（Murray et al.，1996；NICHD Early Child Care Research Network，1997；Rosenkrantz & Huston，2004）。

看护者和其配偶的关系质量也对亲子互动有着重要影响。如果在孩子出生前父母的关系不好，则可能：（1）在孩子出生后，父母都不是敏感的看护者；（2）很少表达喜欢婴儿和自己为人父母的角色；（3）比起那些社会经济状况类似但婚姻关系良好的父母，他们和子女所建立的关系的安全性较低（Cox et al.，1989；Howes & Markman，1989）。婚姻美满的夫妇会支持对方为抚养所做的努力，这种对养育行为的积极的社会支持在婴儿已经表现出易怒和反应迟缓的倾向时尤为重要。Jay Belsky（1981）发现，那些有可能在后期出现情绪问题（表现为他们在 T. Berry Brazelton 的新生儿行为评价量表上得分很低）的新生儿，只有当其父母的婚姻不幸福时，他们和父母的互动才可能不协调。所以，一个充满争吵的婚姻是最有可能妨碍甚至阻止亲子之间建立起安全的情感纽带的灾难性环境。

如何帮助不敏感的看护者

幸运的是，我们有办法帮助那些不敏感的父母成为更敏感和有反应的看护者。婴儿心理健康学（infant mental health，IMH）正是综合了来自不同领域（如发展心理学、社会工作、教育和儿科医学等）的理论、研究和治疗手段，为年幼婴儿的看护者提供干预和帮助，以促进婴儿的健康发展（见 Tomlin & Viehweg，2003，对 IMH 的概述）。

在一项干预研究中，专业人员定期访问那些抑郁、贫困的母亲，首先与她们建立起友好的、支持性的关系，然后教她们如何激发宝宝更讨人喜欢的反应，并鼓励她们积极参与每周举办的父母教养小组活动。那些母亲受到支持的学步儿后来的智力测验成绩要高于那些母亲抑郁但没有参与干预的学步儿，并更可能形成安全型依恋（Lyons-Ruth et al.，1990）。

另一项在荷兰进行的为期 3 个月的干预研究则是针对那些经济条件不好、子女又非常易怒的母亲，目的在于提高她们对待孩子困难气质的敏感性和反应性。之后，不但母亲成为了敏感的看

在遭遇着健康、经济和婚姻问题的家庭中，不敏感的抚养方式更为常见。

护者，她们的婴儿在 12 个月大时也比没有接受干预的对照组母亲的婴儿更多地和母亲形成了安全型依恋，并在 3 岁半时保持了更强的安全性（van den Boom，1995）。这些干预研究清楚地表明，抚养的敏感性是可以培养的，它促进了安全型依恋的形成。那么，婴儿自身的特点会影响到依恋关系的质量吗？是的，的确如此。

婴儿的特点

以上介绍了父母对于婴儿所形成的依恋类型的影响。但是依恋关系是由两个人共同建立的，婴儿自然也会对亲子情感纽带的质量产生影响。Jerome Kagan（1984，1989）认为，陌生情境测验只是在测量婴儿气质类型的个体差异而非依恋质量的个体差异。这种观点来自于他的观察，他发现，1 岁时建立起安全型、抗拒型和回避型依恋的婴儿比例与 Thomas 和 Chess 划分出的容易型、困难型和迟缓型的气质类型很相符（见表 10.4）。两者的联系是有道理的。Kagan 认为，气质困难型的婴儿一般会积极抗拒活动常规的改变，对新异刺激感到心烦，所以在陌生情境中表现得很沮丧，并且无法很好地接受母亲的安抚，从而被划分为抗拒型依恋。相反，一个友好随和的婴儿则易被划分为安全型依恋，而那些害羞或慢热的儿童在陌生情境中可能显得冷淡和疏离，很可能被划为回避型依恋。因此，Kagan 的**气质假说**认为，依恋类型的缔造者是婴儿而非看护者。儿童表现出的依恋行为反映了自己的气质特点。

气质能解释依恋的安全性吗？

尽管易怒性和消极情绪等气质成分能够预测某些依恋行为（如对分离的抗拒强度；Goldsmith & Alansky，1987；Kochanska & Coy，2002；Seifer et al.，1996），但很多专家还是认为，Kagan 的气质假说过于极端。例如，研究发现，有的儿童与一个亲密看护者形成了安全型依恋，而与另一个

表 10.4 被划分为典型的"容易"、"困难"和"迟缓"型的婴儿与其母亲建立安全型、抗拒型和回避型依恋的比例

气质类型	可分类婴儿的百分比/%	依恋类型	1 岁婴儿的百分比/%
容易	60	安全	65
困难	15	抗拒	10
迟缓	23	回避	20

来源：Ainsworth, Blehar, Waters, & Wall, 1978; Thomas & Chess, 1977.

形成了非安全型依恋。如果依恋分类仅反映了儿童相对稳定的气质特征，那么就不应该出现这种模式（Goossens & van IJzendoorn，1990；Sroufe，1985）。

另外，我们已经看到，那些孩子的气质属于困难型的荷兰母亲经过培训后，变得比以前敏感，她们的孩子大部分也建立起了安全型依恋。这说明，敏感的抚养方式与依恋质量有因果联系（van den Boom，1995）。另外，对 34 项研究所做的综述表明，母亲的特征（如疾病、抑郁和虐待儿童等）经常能预测不敏感的抚养方式，它们与非安全型依恋的急剧增加有密切联系（图 10.5）。然而由于不成熟、疾病和其他心理疾患引起的婴儿的气质困难，实际上对依恋的质量几乎没有什么影响（van IJzendoorn et al.，1992）。

最后，新近对同卵双生子和同性别异卵双生子的研究显示，前者中有 70%、后者中有 64% 都建立了相同的依恋关系（O'Connor & Croft，2001；参见 Bokhorst et al.，2003；Reisman & Fraley，2006）。该发现有两个重要意义：(1) 同卵双生子间的依恋类型的一致性并不特别高，说明遗

> **气质假说**（temperament hypothesis）：Kagan 认为，陌生情境测量的是婴儿气质的个体差异而不是依恋质量的个体差异。

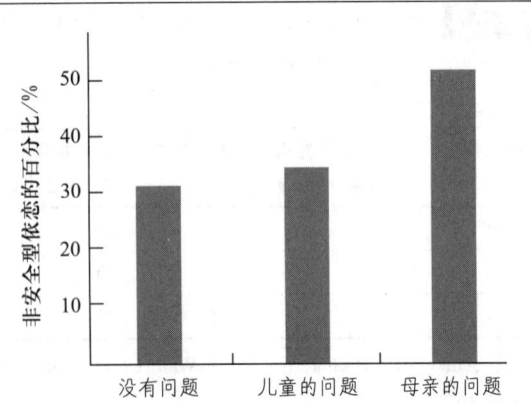

图 10.5 比较母亲的问题行为和儿童的问题行为对非安全型依恋的发生率的影响。母亲的问题行为与非安全型依恋的急剧上升有关，而儿童的问题行为的影响却不明显。

来源：Based on " The Relative Effects of Maternal and Child Problems on the Quality of Attachment: A Mea-Analysis of Attachment in Clinical Samples," by M. H. van IJzendoorn, S. Goldberg, P. M. Kroonenberg, and O. J. Frenkel, 1992, *Child Development*, 63, 840-858. Copyright © 1992 by the Society for Research in Child Development, Inc.

传对儿童依恋的作用（包括遗传对气质成分的影响）只是中等水平；（2）由于大部分双生子在依恋类型上存在一致性，说明共享环境（如与同一个敏感或不敏感的看护者的交往）一定对双生子的依恋的相似性有相当的影响。

抚养方式和气质的共同影响

上面的研究结果似乎更支持安斯沃斯的抚养方式假设，而非 Kagan 的气质假说，但最近的研究则表明，各种因素之间其存在更复杂的关系（如，Seifer et al., 2004）。下面将介绍一项研究，它一方面明确了抚养的敏感性和依恋的安全性之间的重要关系，同时也表明气质有时也会影响到婴儿形成的依恋类型。

最近，Grazyna Kochanska（1998）试图检验一种关于婴儿－看护者依恋的整合理论。该理论认为：（1）抚养质量是决定婴儿所产生的依恋是否安全的最重要的因素；（2）如果婴儿形成的是非安全型依恋，他们的气质会决定所形成的非安全型依恋的类型。Kochanska 首先测量了婴儿在 8～10 个月大以及 13～15 个月大时母亲的抚养质量（母亲对婴儿的敏感性、母婴积极情绪的同步性）。同时也测量了婴儿气质中的恐惧性维度。胆怯的婴儿面对陌生和没有把握的环境时，会有 Kagan 称之为抑制性行为的表现；而胆大的婴儿，在面对陌生的环境和人或与熟悉的人分离时，会有 Kagan 称之为非抑制性行为的表现。最后，Kochanska 用陌生情境考察了婴儿在 13～15 个月大时和母亲的依恋关系。这些数据使她能确定在抚养方式和气质之间，哪一个对婴儿表现出的依恋安全性以及依恋的具体类型有更大的影响。

该研究得到了两组有趣的结果。首先，正如整合理论所预期的那样，抚养的质量（而非婴儿的气质）准确预测了婴儿和其母亲建立的依恋关系是否安全，积极的有反应的抚养方式和安全型依恋相联系。但是，抚养质量却无法预见非安全型依恋的婴儿会形成哪一种特定的非安全型依恋。

那么什么可以预测非安全型依恋的类型呢？正是婴儿的气质！正如整合理论所预期的，胆怯的非安全型依恋的儿童很可能形成抗拒型依恋，而胆大的非安全型依恋的儿童往往表现出回避型依恋。

很明显，这些研究表明，抚养方式假说和气质假说都过于偏颇。实际上，该研究结论与 Thomas 和 Chess 的拟合度理论很接近：安全型依恋是由于婴儿受到的抚养方式和他们自身的气质相吻合而形成的；而非安全型依恋的形成很可能是因为压力过大或比较呆板的看护者无法适应婴儿的气质。事实上，敏感的抚养方式总会带来安全型依恋的一个原因是，敏感性本身即意味着依照婴儿的气质特征调整自己的抚养方式的能力（van den Boom，1995）。抚养行为与婴儿的气质和行为的复杂关系一直会持续到童年期（例如，Chang et al.，2003）。

依恋与后期发展

精神分析学家（Erikson，1963；Freud，1930）和习性学家（Bowlby，1969）都认为，婴儿从安全型依恋中获得的温暖、信任和安全感为其以后健康的心理发展奠定了基础。当然，这种观点也认为，非安全型依恋也许预示个体将来获得最佳发展结果的可能性较小。

安全型依恋和非安全型依恋的长期相关研究

尽管现有的数据有某些局限，它们几乎都只集中在婴儿对母亲的依恋上，但还是可以看出，那些和主要依恋对象建立安全型依恋的婴儿很可能会有更好的发展。例如，在 12～18 个月大时建立了安全型依恋的婴儿在 2 岁时有更好的问题解决能力（Frankel & Bates，1990），有更复杂和创新性的象征游戏（Pipp, Easterbrooks, & Harmon，1992），有更多的积极情感、较少的消极情感（Kochanska，2001），在同龄人中更具吸引力。那些依恋基本属于组织混乱或方向混乱型的婴儿到了学前期和学龄期可能表现出更多的敌意和攻击行为，从而被同伴排斥（Lyons-Ruth, Alpern, & Repacholi，1993；Lyons-Ruth, Easterbrooks, & Cibelli，1997）。

可见，依恋质量会对儿童有长远影响。其中的部分原因是由于依恋质量具有稳定性。对中产阶级样本的研究发现，大部分儿童（美国 84%，德国 82%）在小学阶段和婴儿阶段与父母的依恋关系都是一致的（Main & Cassidy，1998；Wartner et al.，1994）。事实上，很大一部分来自于稳定家庭的青少年一直延续着他们在婴儿期同父母建立起的依恋关系（Hamilton，2000；Waters et al.，2000）。

为什么依恋质量可以预测以后的发展

为什么个人早期的依恋质量会那么稳定？依恋如何塑造一个人的行为，并影响其未来人际关系的特征呢？

作为自我和他人工作模式的依恋

为什么早期的依恋类型会这么稳定，会有如此深远的影响？对此，习性学家鲍尔比（Bowlby，1980，1988）和 Bretherton（1985，1990）提出了有趣的解释。他们认为，婴儿在同主要养护人的不断交往中形成了一种**内部工作模式**，即对自我和他人的一种认知表征，用以解释事件并形成对人际关系的期望。敏感、反应及时的照顾会使儿童认为人们是可以依靠的（对他人的积极工作模式），而不敏感、忽视或者虐待的看护方式将导致不安全感和缺乏信任（对他人消极的工作模式）。虽然这有些类似埃里克森早期强调信任的重要性的观点，但习性学家们有进一步的拓展。他们提出，婴儿还会发展出一种针对自我的工作模式，这种工作模式在很大程度上基于他们在需要的时候吸引他人关注和寻求他人安慰的能力。所以，如果看护者能及时恰当地回应婴儿寻求关注的努力，婴儿就会相信"我是可爱的"（积极的自我工作模式），而如果看护者常常忽视或误解婴儿发出的信号，他们就会认为"我一无是处、讨人嫌"（消极的自我工作模式）。可以推测，这两种模式相结合，将影响儿童的基本依恋的质量和对未来人际关系的期望。她会形成什么样的期望？

> ➤ **内部工作模式**（internal working models）：对自我、他人和人际关系的认知表征。由婴儿在和看护者的互动中形成。

图10.6描述了内部工作模式理论的最新观点。如图所示，建构起积极的自我和看护者工作模式的婴儿：(1) 形成了安全型的基本依恋；(2) 对将要面对的挑战充满自信；(3) 更可能和朋友或未来的伴侣建立起安全的相互信赖的关系 (Waters & Cummings, 2000)。积极的自我工作模式和消极的他人工作模式的结合（这可能是由于婴儿能成功地引起看护者的注意，但是看护者过于武断和不敏感）可能使婴儿形成回避型的依恋，对重要的情感关系感到漠然。消极的自我模式和积极的他人模式相结合（这可能是由于当有需求时，婴儿有时能但不是总能唤起他人的关心）可能形成抗拒型依恋，并对建立安全的情感联结过于执着。最后，同样消极的自我和他人模型被认为是组织混乱或方向混乱依恋的根源，这类个体往往会害怕自己在亲密关系中受到（身体上的和精神上的）伤害 (Bartholomew & Horowitz, 1991)。

最近，Jay Belsky 及其同事 (1996) 第一次从信息加工的角度证明，在婴儿期形成安全型依恋和非安全型依恋的儿童，其自我和他人内部工作模式是大不相同的。研究者邀请3岁的儿童观看木偶剧，剧中有积极事件（如收到了生日礼物），也有消极事件（如打翻了果汁）。研究者设想，安全型依恋的儿童对生活有积极的期望，会对积极事件有较好的记忆；而非安全型依恋儿童对生活的期望较为消极，应该对负性事件有更好的记忆。虽然对正性和负性事件的注意并没有区别，从图10.7中可以看出，安全型依恋的儿童的确对积极事件有较好的记忆，而非安全型依恋对消极事件有更好的记忆。

其他研究也发现，自我和他人工作模式都积极的儿童比那些工作模式不那么积极的儿童表现得更为自信，在青少年期的成绩更好，社会技能发展得更好，有更为积极的同伴表征，享有更为亲密的、支持性的友谊 (Cassidy et al., 1996；Jacobsen & Hofmann, 1997；Verschueren & Mar-

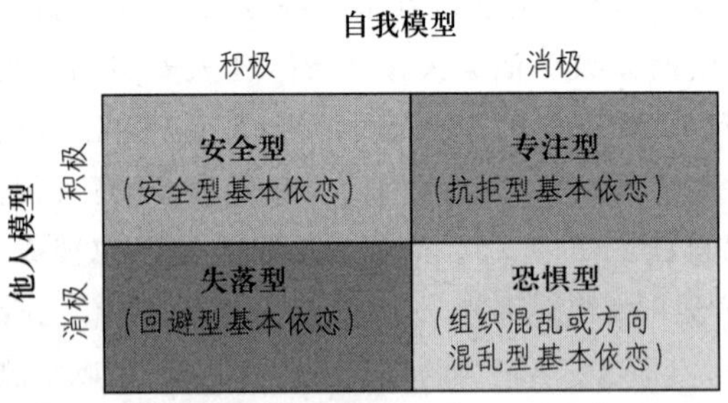

图10.6 由积极的或消极的自我和他人"工作模式"产生的四种亲密关系类型。

来源：Adapted from "Attachment Styles among Young Adults: A Test of a Four-Category Model," by K. Bartholomew & L. M. Horowitz, 1991, *Journal of Personality and Social Psychology*, 61, p. 226-244. Copyright © 1991 by the American Psychological Association. Adapted with permission.

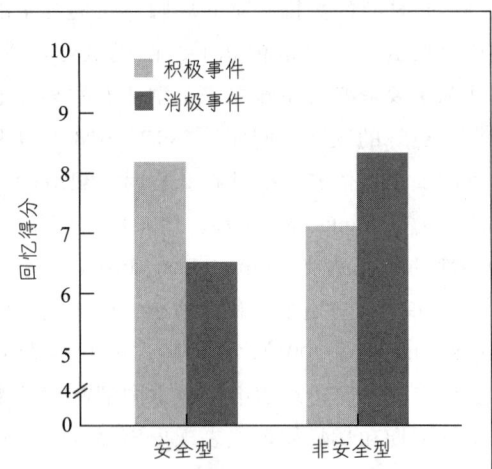

图10.7 由于内部工作模式不同，安全型依恋的儿童更多地记住了积极的体验，而非安全型依恋的儿童更多地记住了消极的体验。

来源：Based on Table 1, p. 113, in J. Belsky, B. Spritz, & K. Crnic, 1996, "Infant Attachment Security and Affective-Cognitive Informantion Processing at Age 3," *Psychological Science*, 7, 111-114. Reprinted by permission of Blackwell Publishing.

coen, 1999)。所以，鲍尔比认为，形成安全型依恋和非安全型依恋的个体在内部工作模式上的差异对于后期发展具有重要意义的观点是正确的(Waters & Cummings, 2000)。

父母的工作模式与依恋

父母在他们的生活经历中形成了对他人和自己的积极或消极的工作模式。现有的几种测量成人的工作模式的方法主要基于对成人关于童年期依恋经验的记忆的详细分析，或者他们当前对自己、他人以及人际关系特点的看法（Bartholomew & Horowitz, 1991；Main & Goldwyn, 1994）。用这些工具可以按图10.6所描述的类型将成人分成4类。他们拥有的工作模式会影响子女的依恋类型吗？

答案是肯定的。例如，Peter Fonagy及其同事（1991）发现，英国母亲在产前所测量的依恋关系的工作模式能很好地预测其子女和她们建立的安全型或非安全型依恋，准确率达到了75%。对加拿大、德国、荷兰以及美国被试的研究也得到了类似的结论（Benoit & Parker, 1994；Das Eiden, Teti, & Corns, 1995；Steele, Steele, & Fornagy, 1996；van IJzendoorn, 1995）；母婴工作模式的匹配达到了60%～70%。工作模式相匹配的原因之一是：具有积极工作模式的母亲能给婴儿提供敏感而细腻的照顾，这有助于婴儿形成安全型依恋（Aviezer et al., 1999；Slade et al., 1999；Tarabulsy et al., 2005；van Bakel & Riksen-Walraven, 2002）。为什么会如此？新西兰的一项纵向研究可能做出一些阐释。该研究发现，在童年受到温暖而敏感照顾的母亲（其实促进了其安全型依恋）往往也会用同样的方式照料自己的后代（Belsky et al., 2005）。当然，这不是所有的解释。另一个原因可能是由于安全型依恋的母亲在同婴儿的互动过程中要比非安全型依恋的母亲更容易感到快乐和幸福（Slade et al., 1999）。这两种原因可能对婴儿依恋类型的形成有独立的影响（Pederson et al., 1998）。

可见，对亲密关系的认知表征经常会在代际间传递。鲍尔比（Bowlby, 1988）认为，工作模式一旦在生命的早期形成，就会相对稳定，成为人格的一部分，从而对个体终身的亲密关系都产生影响。

依恋史是无法改变的吗？

尽管早期形成的工作模式比较稳定，早期形成的安全型依恋对个体无疑有很多帮助，但是非安全型依恋个体的前景也不是一片黯淡的。与其他人（如父亲、祖父母、保姆）形成安全型依恋，会减轻与母亲之间的非安全型依恋带来的不良后果（Forbes et al., 2007；NICHD Early Child Care Research Network, 2006）。

还要注意的是，安全型依恋通常会由于以下方面的问题转变为非安全型依恋：母亲重新开始工作；母亲又有了一个孩子需要照顾；母亲经历着婚姻危机、抑郁、重病或经济困难等生活压力。这些问题会显著地改变母亲和婴儿互动的方式（Lewis, Feiring, & Rosenthal, 2000；Moss et al., 2005；NICHD Early Child Care Research Network, 2006）。鲍尔比之所以采用工作模式这一术语是为了强调儿童对自己、他人和亲密情感关系的认知表征是动态的，会因为与看护者、亲密朋友、恋人和配偶的关系的改变而发生变化。

总之，早期的安全型依恋不能确保在今后的生活中必然有良好的适应，早期的非安全型依恋也绝不意味着今后的生活质量一定很差。但是我们决不能低估早期安全型依恋对适应的重要性，因为有研究发现，那些在婴儿阶段属于安全型依恋但是在学前阶段适应不良的个体，在小学期间会比原本就是非安全型依恋的个体在社会技能和自信等方面有更理想的改变（Sroufe, Egeland, & Kreutzer, 1990）。

概念核查10.3 理解依恋的个体差异

回答下列问题,检查你对依恋的个体差异的理解。答案见附录。

匹配题:将以下描述的关于依恋的个体差异的理论和陈述加以匹配。

a. 安斯沃斯的照料理论
b. Kagan 的气质理论
c. Thomas 和 Chess 的拟合度理论
d. Kochanska 的整合理论

____ 1. 该理论恰当地总结了婴儿和抚养者的特征是如何结合起来影响依恋质量的。

____ 2. 该理论很难解释为什么婴儿可能和父母的一方形成安全型依恋,而同另一方形成非安全型依恋。

____ 3. 该理论认为,只有在抚养者无法帮助婴儿形成安全型依恋时,气质才会影响依恋的类型。

判断题:判断下列陈述的对错。

4. 罗温斯坦博士是研究不同文化下婴儿和其看护者依恋关系的发展心理学家,罗温斯坦根据自己的研究认为,依恋类型在不同文化下的分布差异反映了在育儿方式上的文化差异。基于你对依恋的了解,能否推断出罗温斯坦博士的假设是否正确。

5. 世界上形成某种非安全型依恋的婴儿要比形成安全型依恋的婴儿多。

填空题:在下列句子的空白处填上适当的词或短语。

6. ____依恋的婴儿在他们不安的时候会主动跟母亲接近并寻求身体接触。

7. ____依恋的婴儿,就算母亲主动想引起他的注意,他也不愿意理睬母亲。

8. ____依恋的婴儿会有接近或回避母亲的矛盾表现。

9. ____依恋的婴儿有可能会对母亲生气,当母亲想和他身体接触时,他会抗拒。

论述题:详细论述下列问题。

10. 描述和看护者形成安全型或非安全型依恋的婴儿在童年期常见的发展结果。

发展主题在情绪发展、气质和依恋中的应用

 主动 / 被动
 连续性 / 阶段性
 整体性

 天性 / 教养

花几分钟回顾一下本章的内容,你能否将它们同我们曾提及的四个发展主题(主动性的儿童、天性和教养的相互作用、量变和质变、发展的整体性)联系起来?

我们已经知道,儿童在其情绪发展和依恋形成过程中扮演了积极的角色。例如,儿童采用社会参照,观察看护者对新异刺激的反应,来学习对新环境适当的情绪反应。儿童遵从文化的表达规则来调节和表达他们的情绪。同样的,儿童也形成了关于社会关系的认知工作模式,他们也许终生持有这些认知工作模式,并会将其应用到亲密关系中。但是,儿童在发展中的这种主动性并不是有意识的行为或选择。例如,儿童自身的气质会对他们的发展产生影响,他们的气质和天生的特点在同其看护者形成依恋关系时,扮演了重要角色。

本章也很好地为我们展示了天性和教养的交互作用。我们看到了遗传和环境是如何交互作用塑造儿童的气质和依恋关系的。例如,儿童的气质特征对依恋关系有所影响,同时后者也受他们

将看护者作为探索的安全基地这一经验的影响。看护者对于分离后重聚的反应也会影响其关系。

在发展中，质变的一个明显例子是依恋发展阶段的不同。我们可以看到儿童从一个非社会性的阶段发展到未分化的阶段，再到分化的依恋阶段，最后发展到多重依恋阶段。尽管这些质变的基础是量的变化，但不同阶段和功能已经有了质的差异。

最后，在整章中也可以看到儿童发展的整体性。在所涉及的情绪发展的各个方面，儿童的认知发展明显起到了影响作用。而且，儿童的生理发展也会影响其情绪发展。例如，看护者对儿童的反应往往受到儿童行为和外表的影响；另外，生理的发展使得儿童可以远离看护者进行探索，但是依恋关系却会让他们在探索时仍然把看护者作为一个安全基地。

关于这四种发展主题，也许你自己还能发现本章中更多的例子。记住，这些发展主题在儿童发展的所有方面都扮演某种角色，包括在情绪发展、气质和依恋关系的形成中。

总　结

情绪发展

- 新生婴儿已经能够表现出好奇、伤心、厌恶和满意。
- 生气、悲哀、惊奇和恐惧会在半岁左右出现。
- 在 2～3 岁，当儿童能够自我识别和自我评价后，会出现如尴尬、嫉妒、骄傲、内疚和害羞等情绪。
  - 小学时，儿童社会认知能力的提升使得他们在更多的日常环境中在缺乏外部评价的情况下，体验到更复杂的情绪。
- 在情绪的社会化过程中，父母为培养儿童的积极情绪，他们关注婴儿的愉快感受，而对婴儿的消极情绪表现反应较少。
- 快 1 岁时，婴儿开始出现情绪调节策略。
- 情绪调节能力发展得很缓慢：
  - 学步儿逐渐从依赖他人调节自己的情绪转变为有能力自己调节情绪。
  - 小学儿童才能逐渐遵从其社会文化所规定的情绪表达规则。
- 8～10 个月大的婴儿已经有了社会参照能力。
- 在整个童年期，个体对他人情绪的识别和理解能力都在不断增加，认知发展和关于情绪的谈话有助于其发展。
- 婴儿和儿童的情绪表达促进了他们与看护者的社会交往。
- 理解他人的情绪也帮助儿童在不确定的环境中推断人的感受、想法和行为。

气质与发展

- 气质是个体对环境事件可预测的反应倾向。
- 气质受遗传和环境的影响。
- 气质的活动水平、易怒性、社交性和行为抑制等成分随着时间的推移是比较稳定的。

依恋

- 在生命的头一年中，婴儿与自己的看护者形成了情感联结（纽带）。这些依恋是双向的关系。
- 当父母依照婴儿的社会信号调整自己的行为，建立起日常同步性时，父母和婴儿最初的情感联结也就牢固地建立起来了。
- 婴儿先经历了非社会性阶段和未分化的依恋阶段。直到 7～9 个月大时，才达到分化的依恋阶段，形成第一次真正的依恋。

- 形成依恋的婴儿将其依恋对象当作探索的安全基地后，会逐渐达到多重依恋阶段。
- 依恋的理论
  - 早期的精神分析理论和学习理论强调，喂养对人类依恋的意义，但现在的研究对此产生了怀疑。
  - 认知发展理论认为，依恋在某种程度上有赖于认知的发展，这种观点获得了一些支持。
  - 最近较为流行的习性学理论则认为，人类有形成依恋的预适应特征。
- 婴儿期与依恋相关的恐惧
  - 陌生人焦虑和分离焦虑是由于婴儿对陌生环境的警惕、他们无法解释陌生人是谁以及无法解释看护者的行踪而引起的。
  - 这些现象会在2岁后，随着婴幼儿智力的发展和远离安全基地的探索的增多而急剧减少。
- 依恋质量的个体差异
  - 陌生情境测验是用于评估1～2岁的个体依恋质量的通用方法。
  - 依恋类型包括：安全型、抗拒型、回避型和组织混乱或方向混乱型。
  - 依恋类型的分布情况有一定文化差异（反映了不同文化在儿童抚养上的区别）。
- 父亲作为看护者
  - 对身为看护者的父亲的研究发现：
    - 他们变得在情绪上更依恋孩子；
    - 他们可以成为孩子的玩伴或看护者；
    - 他们为孩子积极社会性的发展做出了贡献。
- 影响依恋安全性的因素
  - 敏感、负责的抚养行为与安全型依恋的发展有关。
  - 忽视、过于武断和方法不一致的抚养行为与非安全型依恋有关。
  - 环境因素，如贫困和破裂的夫妻关系，也会导致非安全型依恋。
  - 婴儿的特点和气质特征通过影响看护者—婴儿的互动特点影响依恋的质量。
  - 抚养方式决定依恋关系是否安全，而婴儿的气质会决定他们的非安全型依恋的具体类型。
- 依恋与后期发展
  - 婴儿期的安全型依恋对儿童后期的社会能力以及智力的发展都有一定的预测作用。
  - 婴儿形成的对自己和对他人的内部工作模式比较稳定，会长期影响到他们对人、对事的反应。
  - 父母的工作模式与其子女的较为接近，并与抚养方式一同（却独立地）影响婴儿依恋的形成。
  - 婴儿的工作模式是可以改变的，所以安全型依恋的早期经历不能保证后期的良好适应，非安全型依恋也不一定意味着不良的发展结果。

第10章 练习测验

选择题：为下列各题选择最佳答案，检查你对情绪发展、气质和依恋的理解。答案见附录。

1. 下列哪种情绪在刚出生时是没有的？
   a. 好奇　　　　b. 厌恶
   c. 满足　　　　d. 尴尬

2. 儿童必须获得自我认知和自我评价的能力后才能体验到下列哪种情绪？
   a. 满足　　　　b. 厌恶
   c. 尴尬　　　　d. 好奇

3. 每种文化都有其_____，依据在该文化内被认为合适的情绪强度和合适的情绪效价（积极或消极）来要求不同性别的儿童。
   a. 情绪调节规则　　b. 情绪表达规则
   c. 社会参照规则　　d. 社会化规则

4. 个体应对环境事件的一系列可预测方式的倾向叫作_____。
   a. 情绪调节   b. 情绪表达
   c. 气质   d. 社会化

5. 在_____之后，婴儿把他们的依恋对象作为探索的安全基地。
   a. 非社会性阶段   b. 未分化的依恋阶段
   c. 分化的依恋阶段 d. 多重依恋阶段

6. 哪个依恋理论被发展心理学家普遍接受？
   a. 精神分析   b. 学习理论
   c. 认知发展理论   d. 习性学理论

7. 在婴儿表现出分离焦虑之前，先必须要达到哪个发展阶段？
   a. 非社会性的依恋阶段
   b. 将依恋对象作为探索的安全基地
   c. 获得客体永恒
   d. 体验到尴尬和害羞

8. 贾马尔只有1岁，在大学实验室中参加一项实验。他要经历一系列母亲和陌生人从他玩耍的房间中进出的情境，这说明他在参加_____。
   a. 陌生情境测验   b. 依恋Q分类卡片测验
   c. 依恋分类测验   d. 安全型依恋测验

9. 婴儿会形成自己与他人的_____，它是较稳定的，未来将影响他们对人和事的反应。
   a. 依恋划分   b. 气质分类
   c. Q分类模型   d. 内部工作模式

关键术语

安全基地，p393
安全型依恋，p400
次级强化物，p394
多重依恋阶段，p393
非社会性阶段，p393
分化的依恋阶段，p393
分离焦虑，p397
抚养方式假说，p404
复杂情绪，p379

共情，p384
回避型依恋，p401
基本情绪，p378
娇宠，p402
抗拒型依恋，p400
陌生情境，p400
陌生人焦虑，p397
内部工作模式，p409
气质，p387
气质假说，p407

情感联结，p377
情绪表达规则，p380
情绪能力，p385
情绪自我调节，p380
丘比特娃娃效应，p396
日常同步性，p391
社会参照，p383
社会能力，p385
未分化的依恋阶段，p393

行为抑制性，p389
依恋，p377
依恋Q分类（AQS），p401
印刻，p395
预适应特征，p395
组织混乱型依恋（方向混乱型依恋），p401

第 11 章　自我概念的发展

自我概念的发展
自尊：自我的评价成分
成就动机和学业自我概念的发展
● 生活与研究应用：帮助无助者成功
我将会成为什么样的人？自我认同感的形成
社会认知的另一面：对他人的了解
● 生活与研究应用：青少年中的种族分类和偏见
发展主题在自我和社会认知中的应用

我是什么样的人？

　　从 12 岁起我就弹十二弦吉它。首先我是个流行歌曲的作者，从来都是按我自己的心意去创作，我迷恋于歌词。我出生于 1989 年 12 月 13 日。13 是我的幸运数字。我知道我是个极好竞争的人。我爱那些善意待我的人。我不是那种复杂的人，你所需要做的就是像我一样成为我的朋友。对于那些曾经抨击过从他们的汽车音响中播放的我的歌曲的人，我发自心底的感谢你们！

——Taylor Swift
流行歌曲作者和演奏者

　　你会如何回答上面提出的"我是什么样的人"这个问题。和大多数成人一样，也许你会提及自己的一些显著的个人特征（诚实、友善）、在生活中充当的角色（学生、医院志愿者）、宗教信仰或道德观念，以及政治倾向。而心理学家将这一难以捉摸的概念称为**自我**。

　　你的自我意识究竟是从什么时候开始发展的？你是生来就具有自我意识，还是由于经验的增长而获得的呢？在本章的开始部分将会通过从婴儿期到青少年期自我概念的发展来讨论这个问题。接下来，我们会关注儿童和青少年对自我的评估以及自尊心的建立，然后将讨论的目标转向影响自尊的一个重要因素的发展上，即儿童的成就动机、积极或消极的学业自我概念的发展。我们还将探讨青少年发展中所要面临的一个重要挑战，他们需要建立一种稳定的、面向未来的自我认同感，从而有利于他们成为有责任感的成年人。最后，我们还要关注在**社会认知**中，与自我概念平行发展的另一方面——儿童对他人和人际关系的理解的发展，并揭示出个人和社会两方面

> **自我（self）**：每个独特的个体其生理和心理特征的总和。
> **社会认知（social cognition）**：人们对自我和他人的思维、情感、动机和行为的认知加工。

发展交织在一起的复杂性。

当然，自我和他人的性别概念和道德概念是如何形成的也很重要。但这方面的研究相当丰富，在其他章节将有介绍（见第 12 章、第 13 章）。现在，让我们回头来看看儿童是如何获得被称为自我的实体的。

自我概念的发展

有些发展学家（Brown，1998；Meltzoff，1990）相信新生儿也有区分自我和环境的能力。有证据显示，当新生儿听到别的婴儿哭泣的录音时会感到悲伤，而对自己的录音却没有反应，这暗示着刚出生的个体已经形成对自我和他人的分化了（Dondi, Simion, & Caltran, 1999; Field, Diego, Hernandez-Reif, & Fernandez, 2007）。另外，当自己的手快要碰到嘴巴时，新生儿是能够预知的，新生儿仿佛能利用面部表情的**本体知觉反馈**来模仿看护者的某些表情。Andrew Meltzoff（1990）根据这些现象指出："初生婴儿具有最初的身体图式。虽然这类身体图式是随时间发展的，但已经在婴儿的最初阶段作为心理上最基本的事物出现了。"当然，对此类现象还有别的解释（许多人认为这只是反射而已）。

另外一些发展学家则认为新生儿没有自我意识。精神分析师 Margaret Mahler 等人（Mahler, Pine, & Bergman, 1975）把新生儿比喻为在蛋壳里的小鸡，无法从环境中分化出自我。毕竟，婴儿的所有需求都会从一直照顾他的人那里立即得到满足，而婴儿根本不用知道他们是谁。

想要知道婴儿最早从什么时候获得了自我意识并不容易。在对婴儿的自我意识的研究中，同样一个结果可以用完全不同的理论加以解释，人们也许永远都无法知道婴儿是否生来就有意识。因为婴儿不会用语言告诉我们，人们只能采用推断和解释来形成自己的结论。这种模糊性也是婴儿研究吸引人的地方，这让许多研究者不断地研究婴儿的自我发展以及其他许多方面。下面将要介绍一些关于婴儿与他人分化以及自我识别的研究成果。

婴儿期的自我分化

尽管对于自我的源起有着不同的看法，不过人们近乎一致地认为，这种能力在出生后 2～3 个月已经初露锋芒（Samuels，1986；Stern，1995）。让我们回忆一下皮亚杰（和其他人）对婴儿早期认知发展的描述。2 个月大时，宝宝会重复那些能使自己获得快感的动作（如吮指和挥舞手臂），这是在练习他们的反射图式。换言之，这表明他们开始熟悉自己的身体能力。在第 4 章我们已经知道，如果将活动的物体或视听器械系在 2～3 个月大的婴儿身上，他们的小手小脚会不停乱动，以此获得有趣的视觉和听觉刺激（Lewis, Alessandri, & Sullivan, 1990; Rovee-Collier, 1995）。对此，8 周大的婴儿也能保持 2～3 天的记忆；若把绳索解下，她会增大动作幅度，当发现动作无效后，又会变得相当沮丧（Lewis et al., 1990; Sullivan et al., 1992）。似乎 2 个月大的婴儿已经有了一定的**个体动因感**，或者说知道有的事情是由他们引发的，这也使得他们兴奋不已。

总之，对于新生儿是否真的能将自己同周围环境区分，人们仍有争议。然而，即使还无法做到这一点，他们在 1—2 个月大时也很可能发现了自己身体的局限，此后不久便可从其控制的外物中分化出身体自我（Samuels，1986）。所以，如果 2～6 个月大的婴儿可以说话，对于"我是什么样的人"这个问题，他们会说："我能看见，我能吃东西，我能伸手，我能抓住东西，只要我做出什么动作总会发生点事情。"

婴儿的自我识别

一旦婴儿意识到自己的存在（指他们独立于

其他实体而存在），他们就会考虑自己是谁，是什么样的人（Harter，1983），这正是**自我概念**的基础。例如，婴儿何时才能认识到自己的生理特征，并同其他婴儿区分开来？

解答这个问题的方法之一是将婴儿置于自己的视觉表象之前（录像或镜像），观察他们的反应。这类研究发现，5个月大的婴儿对自己的镜像的反应就好像在面对熟悉的社会性刺激。例如，Marie Legerstee及其同事（1998）让5个月大的婴儿观察自己和同龄人的动作，发现他们能区分自己和同伴，表现出对同龄个体（对他们来说是新颖有趣的）而非对自己（也许比较熟悉，就不那么有趣了）的视觉偏好。那么，这么小的婴儿是如何将自己和他人的面孔加以区别的呢？一种解释是宝宝们（至少在西方如此）在同看护者一起玩耍时，常能在镜子中看见自己的形象（Fogel，1995；Stern，1995）。这让婴儿有大量机会将自己活动产生的本体知觉信息和镜子里的动作形象匹配起来，从而将自己和长辈们区分开来，因为他们的动作往往和自己不那么一致（Legerstee et al.，1998）。

在接下来的几个月中，婴儿辨别自己和他人视觉表征的能力进一步提高，并将他人当作潜在的社会交往对象。一项研究（Rochat & Straiano，2002）让9个月大的婴儿观看他们自己的录像和模仿婴儿行为的成人录像，这些9个月大婴儿不仅更加关注那些模仿他们的成人，他们还倾向于把这些成人当成自己的玩伴，冲他们微笑、当录像或成人的模仿行为停止时，他们还试图让录像或成人继续。

这些证据也许只是婴儿视觉能力的表现，并不能证明他们能意识到镜子或录像中的形象就是"我"。那要如何才能判定婴儿真的有了稳定的自我形象呢？

Michael Lewis 和 Jeanne Brooks-Gunn（1979）让母亲借口为之擦脸而悄悄在婴儿鼻子上抹上一点胭脂，然后把婴儿放在镜子前，以此研究婴儿的**自我识别**。如果婴儿具有自我面孔的图式，能认出镜像中的自我，他们就会注意到新出现的红点而去擦鼻子。研究者让9～24个月大的婴儿参加了点红测验，发现比较小的婴儿无法自我识别——他们对自己镜像的反应如同对待其他孩子。一些15～17个月大的婴儿已经表现出了自我识别，但是要等到18～24个月大时，大部分婴儿才会明显意识到自己脸上的异样，而去摸自己的鼻子（Nielson, Suddendorf, & Slaughter, 2006）。这时，他们才知道镜子里的孩子是谁。

对自己镜像的再认是自我发展的一个重要里程碑。

有趣的是，那些游牧部落的婴儿虽然平时没有机会接触镜子，但在点红测验中表现出自我识别的年龄却和城里的婴儿一致（Priel & deSchonen，1986）。许多18～24个月大的婴儿甚至还能认出自己的近照，并用代词（我）或自己的名字指代他们的照片（Lewis & Brooks-Gunn，1979）。

> ➤ **本体知觉反馈**（proprioceptive feedback）：来自肌肉、韧带、关节的感觉信息，帮助个体确定自己身体（或身体某个部位）的空间位置。
>
> ➤ **个体动因感**（personal agency）：对个体自身成为事件原因的认识。
>
> ➤ **自我概念**（self-concept）：个体对自己独特属性和特质的知觉。
>
> ➤ **自我识别**（self-recognition）：通过镜子或照片再认自己的能力。

但在这个年龄段,婴儿还无法完全意识到自我是恒定的实体。让婴儿发现在2～3分钟前拍摄的录像或照片中,自己头顶上被悄悄放了一个颜色鲜艳的小棍,他们要等到3岁半后才会反应出要去把小棍取下来(Povinelli, Landau, & Perilloux, 1996)。那些有了一定自我识别能力却不会寻找小棍的2～3岁的学步儿,其自我概念显然还局限在**现在自我**之内,所以才不知道以前发生的事情和当前的自己是有联系的。在短暂延时条件下,4～5岁的儿童会去寻找小棍,但是如果录像时间距现在已经过去一周了,他们就不会这样做。年长的学前儿童已经获得了**扩展自我**——他们意识到自己在时间上是恒定的,知道:(1)近期发生的事情和当前状态有联系;(2)一周前的录像中在他们头上的小棍现在不会还在那里,因为时间过去太久了(Povinelli et al., 1999, Povinelli & Simon, 1998;Skouteris, Spataro, & Lazarids, 2006)。

影响自我识别的因素

为什么18～24个月大的婴儿能够识别自己的镜像?应当注意这个年龄的婴儿正将自己的感觉运动图式内化为心理表象——其面部特征的表象至少是其中之一(Nielson, Suddendorf, & Slaughter, 2006)。这个阶段的婴儿逐渐获得了心理符号,开始注意到他们在镜子中看到的动作和自己的动作带来的本体感知信息之间的关联性,于是意识到在镜子里面做出了和我一样的动作的"家伙"一定是自己(Miyazaki & Hiraki, 2006)。就连那些罹患唐氏综合征的儿童在其心理年龄到了18～20个月大时都能自我识别(Hill & Tomlin, 1981)。在第8章中我们已经知道,3.5～4岁的学步儿开始将重要的事件在自传体记忆中进行编码,他们这时才清楚地意识到自我是恒定的实体,他们所能记起的事情是真真切切发生在自己身上的(Povinelli, Landau, & Perilloux, 1996)。

虽然一定的认知发展对自我识别来说是必需的,但社会经验同样重要。Gordon Gallup (1979)发现,除非是在完全孤立的社会条件下被抚养长大的,否则处于青少年期的黑猩猩也能轻易认出镜子里的自己(点红测验)。和正常的黑猩猩不同的是,那些被社会孤立的黑猩猩对自己镜像的反应仿佛是在面对另一种动物。

影响人类自我意识的一个社会经验是对主要看护者的安全型依恋。Sandra Pipp 及其同事(1992)对2～3岁的婴儿进行了一套复杂的测试,以考察婴儿对自己的名字、性别的知觉和自我识别。从图11.1中可以看出,在2岁时,安全型依恋的儿童的成绩优于非安全型依恋的儿童;在3岁时,两者在自我认知上的差异更大。

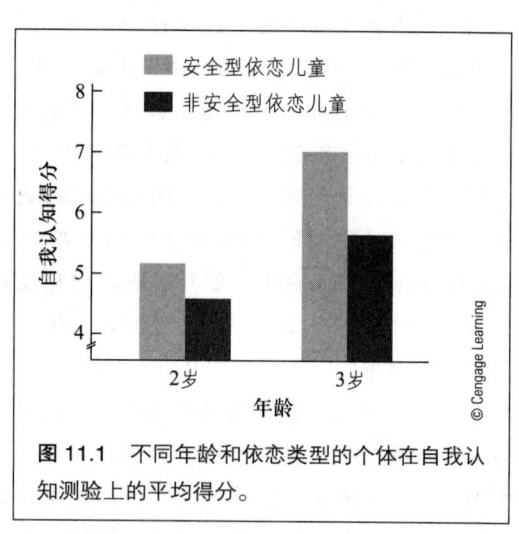

图11.1 不同年龄和依恋类型的个体在自我认知测验上的平均得分。

父母也会对儿童的自我概念有所影响,他们往往会给孩子一些描述信息("你都是个大姑娘了","你真是个聪明的孩子"),或者对儿童的行为做出评价("比利,你那样做不对,大哥哥不应该跟小妹妹抢玩具")。父母还会和孩子一起聊一些有意思的事,比如说去动物园或者迪士尼乐园。在这种交流中,父母一般会问儿童诸如"上周我们去了哪儿?""在这次游玩中,你最喜欢什么?"这些交流让儿童能够将自己的经历按叙述故事的方式组织起来，在回忆时这件事便因为是发生在"我"身上的，而具有了个人意义（Farrant & Reese, 2000）。这些最初在成人帮助下获得的自传体记忆，帮助孩子认识到自我的跨时间稳定性，从而帮助他们发展出了扩展自我（Povinelli & Simon, 1998）。

在抚养方式上的文化差异也可能影响婴儿自我识别的获得。Heidi Keller 及其同事（2004）比较了三种不同文化下的抚养方式与儿童自我识别之间的关系。他们观察了在婴儿 3 个月大时母亲的抚养方式，并关注来自不同文化的母亲对自主性要求的差异。自主性主要通过母亲与婴儿目光接触的频率加以测量，而依赖性主要通过母亲与婴儿的身体接触加以评定。他们预期在集体主义的喀麦隆文化、个体主义的希腊文化和介于两者之间的哥斯达黎加文化中，父母抚养的方式有差异。Keller 及其同事发现，在这三种文化下的母亲对 3 个月大的婴儿的抚养方式的确存在差异。喀麦隆的母亲更强调依赖，希腊的母亲更强调自主，哥斯达黎加的母亲则介于两者之间。接下来，研究者考察了这些孩子在 18—20 个月大时的自我识别能力（通过点红测验），从表 11.1 可看出，母亲强调依赖的孩子在点红测验中自我识别的成功率较低，而母亲强调自主的孩子则更容易自我识别。总之，社会经验（包括相关的文化差异和抚养方式）都会影响孩子获得自我识别的时间。

自我识别对社会性和情感的影响

自我识别的发展和对自己作为社会交往的参与者的意识为许多新的社会能力和情感能力的发展铺平了道路。例如，在第 10 章中我们已经知道，体验到像尴尬这种自我意识类的情感的能力有赖于自我识别的发展。而且，如果学步儿能够实现这样的自我参照，那么其交际和社会技能也会突飞猛进。他们在模仿同伴的动作中获得了极大的乐趣（Asendorph, Warkentin, & Baudonniere, 1996），有时也乐于合作（比如一个孩子抓住把手打开柜门，另一个孩子取出玩具），以实现共同的目标（Brownell & Carriger, 1990; Brownell, Ramani, & Zerwas, 2006）。早期出现的这种目标共享以及与同伴的合作有着重大意义，甚至可以说这是人类文明的基础（Tomasello, 1999）。事实上 2 岁的人类婴幼儿就愿意和同伴一起合作解决问题，而黑猩猩就算到了成年期也几乎对此毫无兴趣（Warneken, Chen, & Tomasello, 2006）。

一旦学步儿能够自我识别，他们对人的差

> ➤ **现在自我（present self）**：2～3 岁儿童出现的早期自我表征，他们只能认识到当前自我的表征，无法认识到过去的自我表征或自我相关事件对当前的影响。
>
> ➤ **扩展自我（extended self）**：更成熟的自我表征出现在 3.5～5 岁，这时的儿童能将过去、现在和未知的将来自我表征整合到一个跨时间稳定的自我概念之中。

表 11.1 在婴儿 3 个月大时，母亲采用不同抚养方式的比例，以及学步儿在 18—20 个月大时获得自我识别能力的比例

		文化		
		喀麦隆	哥斯达黎加	希腊
婴儿 3 个月大时，母亲的抚养方式	自主型	53.54%	59.91%	74.23%
	依赖型	100.00%	65.00%	31.30%
学步儿在 18—20 个月大时的自我再认能力	不能自我识别	96.80%	50.00%	31.80%
	能自我识别	3.20%	50.00%	68.20%

来源：Adapted from Keller et al., 2004.

显示了自我认知能力的学步儿拥有更多的社会性技能，并且能与他人协作实现共同的目标。

异也会变得敏感，开始用这些种类划分自己——这就是所谓的**类别自我**（Stipek, Gralinski, & Kopp, 1990）。最早纳入学步儿自我概念的是年龄、性别和评价维度，比如他们开始说"我是男子汉，不是小朋友"，"珍妮，好姑娘"。

我是谁？学前儿童的回答

不久以前，发展学家还认为学龄前儿童的自我概念是具体的、生理上的，而心理上的自我知觉近乎空缺。为什么这么说？因为要 3～5 岁的儿童描述自我时，大多数儿童都只描述他们的生理特征（我的眼睛是蓝色的）、拥有物（我有新自行车），或者他们最为骄傲的行为（会拍球或跳绳）。然而，对心理特征的描述（如"我快乐"、"我数学很好"或"我喜欢和人们在一起"）很少为这些年幼的儿童所用（Damon & Hart, 1988; Keller, Ford, & Meachum, 1978）。

然而，并非所有的学者都认为学前儿童的自我概念仅仅局限于表面特征。Revecca Eder（1989, 1990）发现，与回答"我是什么样的人"这类开放式问题相比，让 3.5～5 岁的儿童完成迫选陈述需要更少的言语技能。他们能迅速地对自己心理方面的特点做出选择，例如，社交性（在"我喜欢自己玩"和"我喜欢和朋友一起玩"中做出选择）。而且他们在不同维度上的选择也不同，这类自我描述也比较稳定（Eder, 1990）。虽然学前儿童不知道"善于交际"、"爱好运动"、"有成就感"的意义，但是 Eder 的研究显示，他们在学会用类似特质的术语进行自我描述之前，已经有了初步的自我概念。

童年中期和青少年期的自我概念

随着年龄的增长，儿童的自我描述渐渐地从列举其生理、行为和其他的外表特征扩展到恒定的内在品质——人格特质、价值和意识形态（Damon & Hart, 1988; Livesley & Bromley, 1973）。

青少年期的个体与学龄儿童相比，除了在描述自我时使用更多的心理学词汇，也意识到他们在所有的情境下不会完全相同——这使他们困惑甚至苦恼。15 岁的个体似乎觉得有几个不同的自我，想要寻求"真实的我"。有意思的是，因为自我形象不一致而极为苦闷的青少年，常常为了改进其形象或者获得父母和同辈赞许，而做出违背自己个性的**虚假自我行为**。不幸的是，那些最喜欢使用虚假自我行为的个体对其真实自我最没有信心（Harter et al., 1996）。

对那些稍微年长的青少年，自我形象不一致造成的困扰就要轻一些，他们能在更高的层次上对其加以整合，更容易以连贯的方式看待自己。例如，一个 17 岁的男孩会认为，平时的轻松自信和初次约会造成的紧张并不矛盾；同样，用喜怒无常可以解释有时和朋友在一起很快乐，有时又很烦躁。Harter 和 Monsour 相信，认知发展影响了自我知觉的改变，特别是形式运算能力的发展，即能分辨出像快乐和烦躁这样的抽象特质，并最终将其整合到像喜怒无常这样更广泛的概念中。

总之，从童年期到青少年期，个体的自我概念变得更加心理化、抽象化，也更加完整一致。青少年变成了经验丰富的自我理论家，对其人格能真正加以反省和理解。

最后也是最重要的一点：这里叙述自我概念发展概貌的资料大多来源于西方工业社会的研究。这类社会崇尚独立，把个人品质当作个体特征的标志。来自不同社会的儿童的自我概念的发展是否还有其他的途径呢？

学前儿童已经意识到了他们的行为模式和偏好，并用这些信息形成对早期自我的描述，正如这位小姑娘自称想成为一位音乐家。

文化对自我概念的影响

在以下量表中标出你对每个项目赞同和不赞同的程度：

1	2	3	4	5	6	7
完全不赞同						完全赞同

____ 1. 我尊重身边的权威人士。
____ 2. 表扬或奖励会让我感到很舒服。
____ 3. 我的幸福取决于我周围人的幸福。
____ 4. 在班里发言对我来说不成问题。
____ 5. 在规划我的学习和工作时我会考虑父母的意见。
____ 6. 独立自主对我来说很重要。

来源：Singelis, 1994.

什么是受赞许的自我概念？这存在很大的文化差异。西方社会（如美国、加拿大、澳大利亚和欧洲工业化国家）可以被称为**个人主义社会**：崇尚竞争和个体主动性，强调人与人之间的差异。相反，许多亚洲文化（如印度、日本、中国）可被认为是**集体主义（公共）社会**：人们之间更多的是合作和相互依赖而非竞争和独立，他们的身份是和其所属的群体（如家庭、宗教组织、社区等）紧密联系在一起的，而非个人的成就和个人的特征（Triandis，1995）。事实上，在如中国、韩国和日本等崇尚为人谦虚的东亚国家中，人们普遍认为那些完全考虑自己的个体是不受欢迎的（Marcus & Kitayama，1994；Triandis，1995）。

事实上，美国和日本青年对"我是什么样的人"的回答可以很清楚地表现出自我概念的性质和内容上的文化差异。该问卷首先要求从私人或个体特征（如"我很坦率"、"我很聪明"）和社会或关系特征（如"我是个学生"、"我是个好儿子"）的维度对自己评分。然后，要求他们在以上的回答中标记出在他们的自我概念中哪些是最核心的自我描述。

这项研究的结果很清楚。如图11.2所示，美国学生的核心自我描述大部分是私人或个体特征的（59%），而在日本学生的核心自我描述中，这类特征仅占19%。与之对应，日本学生比美国学

> **类别自我**（categorical self）：人们按具有社会意义的维度（性别或年龄等）对自我的分类。

> **虚假自我行为**（false self-behavior）：背离"真实自我"的行为。

> **个人主义社会**（individualistic society）：崇尚个体和个人成就胜过团体目标的社会。这些社会重视个体间的差异。

> **集体主义（公共）社会**（collectivist or communal society）：崇尚合作和相互依赖、社会和谐、尊重社会常理的社会。这类社会往往强调团体的利益甚于个体利益。

生更愿意把社会或关系特征列为自我概念中最重要的成分。从发展趋势看，在日本和中国，与前青少年期相比，以个体特征对人加以划分的倾向会在青少年后期有所降低；而在美国，这种倾向却会随年龄增加而加强（Crystal et al., 1998）。最后，研究还发现，移居美国的亚裔往往还保留着许多集体主义价值观，这类亚裔青少年要比欧裔美国人更为看重他们的社会认同度和与他人的联系（Chao, 2001; Fuligni, Yip, & Tseng, 2002）。

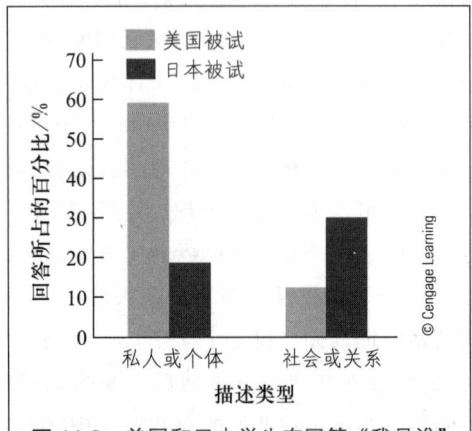

图11.2 美国和日本学生在回答"我是谁"问卷时，在列出的作为自我概念的核心维度中，私人或个体特征以及社会或关系特征所占百分比。

在个体主义和集体主义这一连续体上，你的位置在哪儿？如果你同大多数来自个体主义社会的人一样，你可能赞同第2、4、6项（有关独立和自我考虑的项目），而来自集体主义社会的个体较为赞同第1、3、5项（有关相互依靠和共同利益的考虑）。

很明显，个体所处文化的传统价值和信念在很大程度上影响其自我概念的形成。在本书的后续章节中，我们将看到，个人主义和集体主义的文化和价值体系差异是非常重要的。这些差异意味着自我的这些方面影响着个体对成就行为、攻击性和利他行为以及道德发展等的看法和评价。

自尊：自我的评价成分

儿童在成长过程中，不仅对自己越来越了解，建构起的自我形象越来越复杂，而且他们也开始对他们认为自己所具有的品质加以评价。这些对自我的评价成分被称为**自尊**。对自己属于某类人感到满意的孩子会有较高的自尊，他们能意识到自己的优点，也能看到自己的缺点（常希望能克服它），对自己的性格和能力感到满意。相反，低自尊的儿童不太喜欢自己，他们总是纠结于自己的缺点而忽视自己表现出的优点（Brown, 1998）。自尊和自我概念是两个不同的概念。自我概念是儿童对自己各种品质的认识和对自我的感知。自尊则是儿童对构成自我感知的这些品质的满意度。

自尊的发生和发展

儿童对自己和自己能力的评价是自我最重要的组成部分，这将影响他们行为和心理健康的所有方面。自尊是如何产生的，儿童在什么时候首次确立了自我价值感？

这些问题不是很好回答，但是鲍尔比（Bowlby, 1988）的工作模式理论（在第10章中曾介绍的）提供了某些重要的线索。这个理论预测那些安全型依恋的儿童可能建构起了积极的自我和他人工作模式，比起工作模式不完全是积极的非安全型依恋儿童来说，他们可能很快会开始更乐观地评价自己。事实的确如此。最近在比利时进行了一项研究，4～5岁的儿童被问及有关他们价值感的问题，他们则要通过自己操作手偶娃娃进行回答，例如，"你（指手偶娃娃）喜欢和他（指这个孩子）玩吗？""他（指孩子）是乖（或坏）男孩（或女孩）吗？"比起那些非安全型依恋的儿童，和母亲有安全型依恋的儿童不仅（通过手偶娃娃）认为自己更可爱，老师也认为他们有更强的能力和社会技能（Verschueren, Marcoen, & Schoefs, 1996）。与双亲之间都是安全型依恋的儿童的自尊的评分最高（Verschueren & Marcoen, 1999），8岁时重测的结果也很稳定（Verschueren, Buyck, & Marcoen, 2001）。可见，大概在四五岁时（甚至更早），儿童就已经建立起早期有意义的自尊感了——这受他们的依恋经验影响，也准确反映了老师对其社会能力的评价。

自尊的成分

当成年人想到自尊时，头脑中浮现的是对自己的总体评价——大多基于在生活的几个不同方面表现出的优缺点。对儿童来说，情况就不是这样了，他们最初是在许多不同领域分别评价自己的能力的，后来才会将这些印象整合成总体的自我评价。

Susan Harter（1982, 1999, 2005）提出了儿童自尊的层次模型。为了检验该模型，她让儿童完成自我知觉量表，在五个方面评价自己：学业能力、社会接纳、身体外貌、运动能力和行为举止。儿童通过判断某些句子的描述与自己的符合程度来进行自我评估，如"有的孩子在学校里成绩好"（学业能力），"有的孩子很贪玩"（运动能力）。

Harter认为，4～7岁的儿童可能处于自我膨胀阶段，他们倾向于在所有方面积极评价自己。一些研究者认为，这些积极的评价反映了儿童在各个方面希望有良好表现并讨人喜欢的愿望，并不是完全的自我价值感（Eccles et al., 1993; Harter & Pike, 1984）。然而，4～7岁儿童的自我评估并不是完全脱离实际的，和老师对他们这些方面的评价也有一定的相关（Marsh, Ellis, & Craven, 2002; Measelle et al., 1998）。

大约从8岁起，儿童的自我能力评价开始更接近他人对其自身的评价（Harter, 1982; Marsh, Craven, & Debus, 1998）。例如，对同伴间社会能力的评价肯定了儿童对其社会自尊的判断；认为自己运动能力很好的儿童，比那些自认为体育不好的学生，更容易加入运动队，体育老师也给予了他们更高评价。总的来说，这些研究提示，自我了解和自尊在很大程度上有赖于别人对我们的行为的理解和反应。这正是Charles Cooley（1902）提出"镜像自我"这一概念来解释人们如何获得自我印象的原因。

在童年中期，儿童的自我评价反映了他人对自己的看法。

Harter还发现，不同的儿童对于她的量表所评价的不同能力的重视程度不同。而且那些在其所看重的方面对自己评价高的儿童，其整体自我价值感也最高。这说明，对于年龄稍长的儿童来说，自尊感不仅依赖于别人如何评价自己，也在于他们选择评价自己的角度（Harter, 2005）。

到青春期前期，个体对自我价值的判断集中在人际关系方面。Harter及其同事（1998）提出了**关系自我价值**这一概念，他们发现，在不同的关系条件下（例如，在与父母、老师、男同学和女同学的关系中），青少年开始意识到存在着不同的自我价值。很明显，关系自我价值的所有方

> **自尊**（self-esteem）：个体通过对构成自我概念的特征进行评价，而做出的对自己存在价值的认定。
>
> **关系自我价值**（relational self-worth）：在特定关系中（如与父母、与男同学）感受到的自尊；在不同的关系环境下，自尊会有差异。

面都会对总体自尊产生影响，当然，具体哪个方面更重要则因人而异。比如，一个认为自己特别聪慧且颇受老师赏识的青少年会有很高的总体自尊，哪怕他的同学觉得他有点儿迂腐；而另一个感到自己和老师、父母相处不融洽的少年也可能会有同样的高自尊，因为她在同伴中人缘极佳。可见，我们的自尊不仅仅依赖于别人如何评价我们，还在于我们对这些自我评价的选取（例如，认为某种关系及某个方面的关系自我价值在自我概念中最核心、最重要）。随着人际关系重要性的增加，类似对浪漫关系的追求、好友间亲密程度等新的关系导向的维度对总体自尊变得非常重要就不足为奇了（Masden et al., 1995; Richards et al., 1998），虽然它们以不同的方式影响着男生和女生的自我评价（Thorne & Michaelieu, 1996）。女生获得高自尊往往是因为在与朋友的交往中得到了支持，而高自尊的男生则往往是在朋友中有很强的影响力。女生的低自尊和其无法赢得朋友的赞同有很高相关，而对于男生来说，造成低自尊的主要原因是缺乏对异性的吸引力，具体来说就是他们往往无法赢得女孩的芳心。

自尊的变化

个体自我价值感的稳定性如何？一个 8 岁时有高自尊的儿童在进入青少年期后会不会对自己有同样的好评？青少年期面临的紧张和压力会不会使大多数青少年怀疑自己和自己的能力，从而削弱其自尊呢？

埃里克·埃里克森（Erik Erikson, 1963）更支持后一种观点，他认为，面对众多生理、认知及社会变化，青少年在走出童年并开始寻求稳定的成人认同感的过程中，常常会感到困惑，并伴随着自尊心的下降。纵向研究发现，儿童和青少年对某些方面的能力（例如，学业、社会接纳、运动能力和外表等）的自我评价从小学、初中到高中一直在下降（Fredricks & Eccles, 2002; Jacobs et al., 2002），而对某些方面（学业、运动能力）的评价在青少年早期会有明显的下降（Cole et al., 2001）。对自己能力的信心降低，部分反映了年龄较大的儿童对自我的看法趋于现实，认识到自己在某些能力上并不特别优秀。那么，是不是大部分青少年在自尊上都表现出了埃里克森所预期的那种突然的混乱和降低呢？

近期一些大规模抽样研究说明，埃里克森所认为的青少年早期自尊会有所下降的观点可能是正确的。例如，Richard Robins 及其同事（2002）对超过 30 万名的 9～90 岁个体的总体自尊进行了调查，发现男性和女性的自尊都在 9—20 岁时有明显的下降趋势，而后在从成年早期到 65 岁之间又会逐渐恢复和增加，到了老年阶段，人的自尊水平再次开始下降。最近的另一项纵向研究发现了相似的模式，自尊和幸福感在 18—25 岁有所提升，尤其是那些结了婚或者感受到来自家庭、朋友、同事和伴侣的社会支持增加的个体（Galambos, Barker, & Krahn, 2006）。

在断定青少年期一定会伴随自我价值的"灾难"之前，还需要注意近期一项对 50 个跨年龄的自尊研究的元分析结果。该分析认为，自尊的稳定性在童年期和青少年早期最低，而到了青春期后期和成年早期则大大提高（Tresniewski, Donnellan, & Robins, 2003）。这说明，在过渡到青少年期时，个体差异很大：有的人会感知到自尊的丧失，有的人则没有觉得有什么变化，甚至还有人觉得自尊有所提升呢。那些进入青少年期后面临多重压力的个体的自尊可能降低，比如从小学升入重点中学，自己变成年纪最小、能力最弱的学生，同时还要面对生理发育的困扰以及初尝恋爱滋味等问题，有人甚至还要面对搬家、父母离婚等变故（Gray-Little & Hafdahl, 2000; Simmons et al., 1987）。另外，由于女孩的生理成熟要先于男孩,她们更可能同时体验到升学和发育上的双重压力。而且与男孩相比,青春期的女孩可能对自己的外貌和身材更为不满(Paxton, Eisenberg, & Neumark-Sztainer, 2006; Rosenblum & Lewis, 1999),女孩也更在意他人对自己的评价(Rudolph, Caldwell, & Conley, 2005),比男孩更容易因为和家庭成员、同伴的琐事而困扰(Gutman & Eccles, 2007; Hankin, Mermelstein, & Roesch, 2007),这也许解释了为什么女孩在青春期出现抑郁症的概率要高于男孩(Wichstrom, 1999; Stice & Bearman, 2001),为什么女孩在青春期所感知到的自我价值的降低程度要大于男孩(Robins et al., 2002)。

青春期的女孩更可能体验到自尊的降低,也比男孩更容易变得抑郁。

然而大部分青少年在面对感知到的自尊变化时,能够很好地应对。尽管自尊有所波动(无论是提高还是降低),但在青少年阶段的确也表现出了时间上的稳定性(Trzesniewski, Donnellan, & Robins, 2003)。那些在青少年期之前对自我有理性的积极评价的个体,在度过青少年期后的自尊水平变化不大,甚至还可能会有所提升,尤其是当他们成功地解决了成年早期的一些挑战后(Galambos et al., 2006; Robins et al., 2002)。

自尊有多重要

最近,围绕自尊对生活品质的影响的重要性产生了一些争论。一些理论家主张,自尊从某种程度上讲是一种附带现象——如果发生好事情,自尊就高;如果发生坏事情,自尊就低(Baumeister et al., 2003; Seligman, 1993)。按照这种观点,高自尊只是积极社会调节的一种结果,而非原因。然而,其他理论家(例如,Donnellan et al., 2005)则认为,自尊的坚实感是成就体验的积极来源,并且能保护人们免受心理健康问题、物质滥用和反社会行为的侵害。究竟孰是孰非?高自尊是促进积极发展的源泉,还是高生活品质的结果呢?

虽然争论还远未解决,但是至少最近的两项研究显示,积极的自我评价可以预测未来的生活品质,而低自尊的前景堪忧。在对处于高危环境中的青少年进行的纵向研究中,Jean Gerard 和 Cheryl Buehler(2004)发现,高自尊的年轻人在未来较少出现抑郁倾向或行为问题。在新西兰进行的第二项纵向研究发现,与高自尊的青少年相比,低自尊的青少年在20多岁时的心理和生理健康状况和经济前景都较差,犯罪行为也更多(Trzesniewski et al., 2006)。一篇元分析的综述报告还说,提升低自尊儿童和青少年的自我价值感的项目显著改善了这些被试的个人适应力和学习成绩(Haney & Durlak, 1998)。综上所述,这些发现似乎表明,自我价值感的固有属性是帮助儿童和青少年应对逆境并达成良好发展结果的潜在的有价值的资源。

然而,我们注意到,对一些儿童来说,高自尊也有着不好的方面。想一想那些具有攻击性的恶徒,他们的高自尊来源于对其他儿童的欺凌。Medhavi Menon 及其同事(2007)在近期的短期纵向研究中发现,高自尊的好斗的前青少年期儿童变得越来越看重自己能从中获益的攻击行为,并且越来越歧视他们的受害者——在认知上强化了未来的攻击性和反社会行为（见第14章对攻击性儿童和青少年的命运的探讨）。所以，这样的结论可能更为准确：如果高自尊是从亲社会行为或适应性生活经验中得来的，而不是从反社会或非适应性行为中得来的，那么可能就会在一定程度上预示未来几年的适应性发展情况。

如果恶徒的自尊来自于欺凌弱小，那么他们的攻击倾向很可能会持续很多年。

社会因素对自尊的影响

生理和认知发展都会对人们的自尊发展有重要的影响。当然，自尊还受到许多社会因素的影响。家庭环境、与父母的互动、我们的同伴，甚至所处的生活环境都会影响到我们的自尊。

父母的养育方式

在儿童自尊的形成中，父母的作用至关重要。正如我们在第10章中提到的，在早期抚养过程中，父母的敏感程度会对婴幼儿建立积极或消极的自我工作模式有明显的影响。而且，高自尊的学龄儿童和青少年，其父母一般也更和蔼可亲，会听取孩子的意见，为孩子树立了生活的典范（Coopersmith, 1967; Gutman & Eccles, 2007; Lamborn et al., 1991）。高自尊和这种民主的抚养方式之间的密切关系不仅在美国和加拿大存在，在中国台湾和澳大利亚同样也存在（Scott, Scott, & McCabe, 1991）。虽然这些儿童抚养的研究只是相关研究，我们无法肯定温和、支持的父母抚养方式就是儿童自尊较高的原因，但是其中可能存在着因果关系。表达出"你是个好孩子，我相信你会守规矩并做出正确决定"这类信息，对提高儿童的自尊肯定要比说"你不乖，是个坏孩子"之类冷漠和操控的方式更好。

同伴影响

早在4~5岁，儿童就开始认识到他们与同伴的区别，在许多方面他们使用**社会比较**信息获知自己和同伴的优势和劣势（Butler, 1998; Pomerantz et al., 1995）。例如，他们会去看别人的试卷并问"你错了多少"，或者在赛跑获胜后说"我比你快"（Frey & Ruble, 1985）。随着年龄的增长，这种比较不断增加而且变得微妙起来（Pomerantz et al., 1995）。这对儿童的能力感知和整体自尊的形成有重要作用（Altermatt et al., 2002），尤其是在竞争激烈、强调个人成就的西方社会中。有趣的是，在以色列的基布兹（Kibutz）[①]共同抚养长大的儿童中，这种通过与同龄人比较获得自我评价的倾向却不是那么强，这也许是因为他们更注重团队和协作而非个人成就（Butler & Ruzany, 1993）。

到了青少年期，同伴群体对自尊的影响变得更加明显。有大量来自同伴的社会支持，而且这

[①] 一种以平等和公有制为原则的集体化农场。——译者注

种支持和父母的社会支持较为均衡时，青少年往往会有较高的自尊而且也会表现出较少的问题行为（DuBios et al.，2002b）。前面已经指出，关系密切的朋友之间友谊的质量是影响青少年自我赞许的最重要因素。事实上，成年早期个体在回忆影响其自尊的最重要的事件时，更多地提到了与朋友和恋人间的关系，而不是与父母和家人的关系（McLean & Thorne，2003；Thorne & Michaelieu，1996）。

在青少年期，友谊的质量成为了自尊的最强有力的决定因素。

文化、种族和自尊

在中国、日本和韩国等集体主义社会，儿童和青少年报告的自尊往往比个人主义社会（美国、加拿大和澳大利亚）中的同龄人要低（Harter，1999）。为什么呢？这种差异仿佛是反映了集体主义社会和个体主义社会对个人成就和自我提升的推崇程度的差异。在西方，人们在追求个人目标时常常相互竞争，并为个人的成就而自豪（甚至炫耀）。来自集体主义社会的个体相互更为依赖，他们崇尚谦虚、不张扬，从对团体（家庭、社区、班级乃至更大的社会）的贡献中获得自我价值。事实上，认识到自己的缺陷并有自我改善的愿望——在传统的自我价值测量方法下，这种个体往往会获得较低的分数——会让来自集体主义社会的儿童有更良好的感受，因为他们认为这种行为会被他人看成适当的谦虚，有利于群体的利益（Heine et al.，1999）。

不同文化下的青少年在自我概念上存在差异的原因，可以追溯到不同文化的抚养方式的差异（Wang，2004；Wang，Leichtman，& Davies，2000）。王（Wang，2004）发现，美国和中国的母亲在帮助学步儿和学前儿童形成自我概念时不尽相同，自我概念的文化差异由此开始，并随着年龄增长逐渐扩大。在他们的自传体记忆和自我描述中，美国儿童往往强调他们自己个性化的特征，而中国儿童一般重视自己关系化的特征（Wang，2004）。这种差异可能受美国和中国母亲在与子女交流曾经发生的事件时所采用的不同方式的影响。王及其同事（2000）报告的3岁孩子和母亲的对话正好能说明这一点。

美国母子

母：还记得放假的时候我们去奶奶家，还去了她家附近的码头吗？你去游泳了吗？

子：嗯。

母：最有趣的是什么？

子：从码头跳下去。

母：是呀。你以前从来没有过。

子：就像站在跳台上似的。

母：是呀，说得对。那时候妈妈站在哪儿呀？

子：沙地上。

母：沙地上，对。妈妈说："等等，等等！等我到了岸边的沙地上再跳！"

子：为什么？

母：因为你记得我告诉过你湖底有很多叶子吗？水有点混浊。那你跳下去后又干什么了？

> **社会比较**（social comparison）：通过与他人进行比较来定义和评价自我的过程。

子：游泳。
母：游到……
子：奶奶那儿。
母：对。全靠你身上的什么？
子：游泳圈。
母：对。

中国母子

母：那天，妈妈带你乘公交车去公园滑雪。你在滑雪场玩了什么呢？
子：玩……玩……
母：坐在冰船上了，是不是？
子：对。然后……
母：我们两个一起划船，对吧？
子：然后……然后……
母：我们划呀划，划了一会儿，对吧？
子：嗯。
母：我们划了一会儿。你说："不划了。走吧。回家。"对吧？
子：嗯。
母：然后我们就坐公交车回家了，是不是？
子：嗯。

我们可以注意到，美国的母亲更关心儿童和儿童取得的成就，而中国的母亲更关心群体而非单独的孩子，并且更喜欢引导话题。这种终生存在的差异无疑要归功于不同文化下自我概念建构的差异。

在多元文化的社会中，不同种族在自尊上也存在差异（如，Ward，2004）。让我们以美国为例。在整个小学阶段，非裔和拉丁裔美国人处于劣势，往往被冠以消极的种族刻板印象，也可能遭到有些成人和同伴的歧视，因此常常表现出比同龄的欧裔美国儿童更低的自尊。到了青少年期，这种情况完全改变了。很多非裔和拉丁裔青少年表现出了和欧裔美国青少年相同甚至更高的自尊（Gray-Little & Hafdahl，2000；Twenge & Crocker，2002）。那些拥有很多社会支持、帮助他们形成种族认同、获得对族群和文化自豪感的个体尤其如此（Caldwell et al.，2002；Umana-Taylor et al.，2002）。

多种族后裔的青少年如果被鼓励认同自己的族群，并为其文化传统自豪，就更可能体验到高自尊。

儿童学业自我概念的发展是自尊的一个主要研究方面，也是研究得较为深入的方面。儿童对自己学业能力的评价，以及该评价在自我中的重要程度，都会影响他们在中小学阶段的学习和发展。接下来，我们就介绍一下这一主题。

概念核查11.1 理解自我发展

回答下列问题，检查你对自我发展的重要过程的理解。答案见附录。

匹配题：给下列概念选择最合适的定义。

a. 类别自我
b. 自我概念
c. 自尊

____ 1. 受依恋经历影响的自我评价成分。
____ 2. 个体对自己独特属性和特质的知觉。

_____ 3. 早期根据主要的社会性维度（年龄、性别）对自我的描述。

判断题：判断下列陈述的对错。

4. 从青少年期开始，父母的关怀和回应对自尊有重要影响。

5. 在童年期，友谊的质量有利于提高儿童的自尊。

选择题：为下列各题选择最佳答案。

_____ 6. 小瑞奇才 1 个月大。他的妈妈在他的摇篮上系了一个很有趣的玩具车，她把他放到摇篮后，他晃动自己的小胳膊小腿就能让玩具车开动起来发出声响，这让他非常高兴。有一天，玩具车的电池用完了，他怎么动玩具车也不发出响声了。瑞奇开始挣扎，并哭了起来。这说明小瑞奇已经认识到个体能成为事件产生的原因，这被发展心理学家称为

a. 自我识别　　　　b. 个人动因
c. 本体性反馈　　　d. 自我力量

简答题：简要回答下列问题。

7. 描述 Harter 提出的儿童自尊的层次模型。

8. 对点红测验加以描述，并解释为什么学步儿在测验中有不同的反应。

论述题：详细论述下列问题。

9. 简述年幼儿童自我概念发展的过程。请在回答中对自我识别、现在自我和扩展自我加以阐述。

成就动机和学业自我概念的发展

在第 8 章中，我们已经知道尽管智商可以预测人的学业成就，但是两者的关系并不是绝对的。为什么呢？原因之一是儿童之间还存在**成就动机**的差异——他们通过努力克服困难、达到较高成就标准的意愿。虽然成就的含义会因社会的不同而有所差异，但是一项对 30 种不同文化的调查发现，世界上几乎所有人都对诸如自我信赖、责任感以及愿意经过自己的努力实现重要目标的人格特质予以推崇（Fyans et al., 1983）。

多年前，精神分析学家 Robert White（1959）指出，从婴儿开始，人类就本能地想要控制他们所在的环境——从而有效地影响和应对世间的人和物。在儿童设法转旋钮、开箱子、玩玩具时，我们可以从这类行为中发现一种**掌控动机**——看看在他们获得成功后的喜悦表情你就会明白（Busch-Rossnagel, 1997）。

尽管所有儿童都有好奇心，都有掌控欲望，但是有的孩子显然要比其他的孩子学习得更刻苦，或是在邻居孩子间组成的棒球队中更卖力。我们如何解释这些个体差异呢？不妨先看看成就动机的发生发展过程，然后我们会对促进（或抑制）其发展的因素加以介绍。

成就动机的起源

婴儿的掌控动机如何发展为学龄儿童的成就动机？ Deborah Stipek 及其同事（Stipek, Recchia, & McClintic, 1992）针对 1～5 岁儿童所做的系列研究，正是希望能发现儿童从什么时候开始对自己的表现有评价标准——这是成就动机的核心能力。Stipek 在她的研究中观察了儿童在完成明确的成就指向任务（例如，给木板钉钉子、猜谜、打保龄球）时的表现。结果很明确，要么成功要么失败，这使得研究者可以观察儿童对成败的反应。基于该研究，Stipek 和她的同事认为，

> **成就动机**（achievement motivation）：克服困难和取得优异成就的意愿。
>
> **掌控动机**（mastery motivation）：探索、理解和掌握自己环境的动机。

在成就情境下，儿童对其表现的评价经历了三个阶段，就是所谓的享受掌控、寻求赞许和标准应用。

阶段一：享受掌控

在 2 岁前，可以看出克服了困难的婴儿会很兴奋，表现出 White（1959）提到的掌控动机。但是，他们并不寻求别人对他们成功的注意或赞誉，失败了也不会产生困扰，只是转移目标，尝试掌控其他的玩具。他们并不对自己的表现予以成败的评价。

阶段二：寻求赞许

在 2 岁时，学步儿开始预期他人将对自己的表现做出评价。当成功时，他们会寻求别人的赞誉，也知道失败后要被批评。例如，2 岁的儿童成功完成任务后一般会微笑着扬起头，展现一种"是我做的"姿态以获取实验者对他们成就的注意。同样，当 2 岁的儿童未能完成任务时，他们会把脸背对实验者，希望逃避批评。从中可以看到，2 岁的儿童已经在以成败来对自己的表现进行评价了，已经知道成功伴随赞许，失败导致批评（见 Bullock & Lutkenhaus 1988）。

阶段三：标准应用

大约在 3 岁时出现了一个转折，儿童开始更独立地对其成败做出反应。他们对自己的评价标准好像更为客观，并且无须别人告诉他们什么是对、什么是错。处于阶段三的儿童在成功时好像能体验到骄傲（而非单纯的快乐），而失败后会感到羞愧（而非单纯的失望）（见 Lewis, Alessandi, & Sullivan, 1992；Lewis & Ramsay, 2002）。

总之，婴儿受掌控动机影响，他们从生活中的成功里获得乐趣；2 岁的儿童开始能预期别人对自己表现的褒贬；3 岁以上的儿童开始对自己的表现有了评价标准，并以与标准的匹配程度体验骄傲和羞愧。

许多 3 岁的儿童就有很强的应对挑战的动机，并以他们的成就为荣。

童年中期和青少年期的成就动机

David McClelland 及其同事（1953）在对成就动机所做的开创性研究中，呈现给儿童和青少年 4 张意义模糊的系列图片，要求他们根据图片编故事（宣称是测验被试的创造性和想象力）。一般认为，人们会将自己的动机投射进编写的故事中，研究者可以根据被试编写的故事中涉及成就内容的多少测量其成就动机。对图 11.3 的场景，你会编出什么样的故事？成就动机较高的个体也许会说，图中的人物已经为一项将在医药界掀起革命的科学研究工作了几个月了，而成就动机低的个体也许会说这个工人干完了一天的活，很高兴可以回家休息了。早期研究发现，在这类成就动机测验中，获得高分的儿童和青少年的学习成绩也更好（McClelland et al., 1953）。该发现促使研究者更加关注父母与子女的互动，以期确定家庭环境会如何影响成就动机。

图11.3 McClelland及其同事测量成就动机的一个场景。

家庭对掌控动机和成就的影响

多年来,研究者已经确定了影响儿童的掌控动机、成就动机及其实际成就行为的三个家庭因素——儿童的依恋质量、家庭环境、父母的育儿方式——都会增强或抑制儿童获得成就的欲望。

依恋质量

在第10章中我们已经知道,比起非安全型依恋儿童,那些在12—18个月大时和主要看护者形成安全型依恋的儿童在2岁时有更强的问题解决能力,好奇心也更强,更加自立;3~5年后进入小学时,对解决问题更感兴趣。安全型依恋个体入学后比非安全型依恋个体更自信,学习成绩也更好。这种情况一直贯穿童年中期和青少年期,甚至在影响学业成就的其他已知因素(如智商和社会阶层)都一样时也是如此(Jacobsen & Hoffmann,1997)。安全型依恋的青少年其智力水平并不比非安全型依恋的同龄人高,但是面对新的挑战时,他们仿佛更渴望去应用这些能力(Belsky, Garduque, & Hrncir, 1984)。很明显,儿童需要可以为他们充当安全港、提供关爱的、负责的父母,这使他们在冒险寻求挑战的同时不会感到痛苦和焦虑。

家庭环境

年幼儿童探索、学习和解决问题的倾向也有赖于家庭环境所提供的挑战性任务的种类。在一项研究中(van Doorninck et al., 1981),研究者访问了50个有12个月大的婴儿的低收入家庭,并利用HOME量表(见第8章)考察在这些儿童早期的生活环境中是否有促进智力发展的刺激物。5~9年后,研究人员追踪这些儿童的标准化成就测验和学习成绩。在表11.2中我们可以看到,12个月大时家庭环境的质量能预测多年后的学业成就。有2/3的来自刺激丰富的家庭的儿童在学校的表现相当不错;而在刺激匮乏的家庭中,有70%的儿童的表现得不尽如人意。刺激丰富的家庭环境不仅有利于各个种族和阶层的儿童获得好成绩,也会促进他们的**内部成就取向**——一种寻求和征服挑战的意志,以满足个人对能力和控制感的需求。可见,虽然掌控动机是与生俱来的,但是刺激丰富、能为儿童提供与其年龄相

> **内部成就取向(intrinsic achievement orientation):** 一种对成功的渴求,为了满足自己个人能力和控制感的需求(相对于那些为了外部诱因的成就取向,如成绩)。

表11.2 儿童12个月大时的家庭环境质量与5~9年后的学业成就之间的关系

	学业成就	
12个月大时家庭环境的质量	达到平均或高水平(前70%)	低水平(后30%)
刺激丰富	20个儿童	10个儿童
刺激匮乏	6个儿童	14个儿童

来源:Adapted from "The Relationship Between Twelve-Month Home Stimulation and School Achievement," by W. J. van Doorninck, B. M. Caldwell, C. Wright, & W. K. Frankenberg, 1981, *Child Development*, 52, 1080-1083. Copyright © 1981 by The Society for Research in Child Development, Inc. Reprinted by permission.

育儿方式与成就

在 McClelland 及其同事（1953）所著的《成就动机》（The Achievement Motive）一书中提到，有的父母强调独立性训练——自己的事自己做，有的父母对儿童的自立行为给予积极强化，这些都对儿童的成就动机会有积极作用。研究结果也证明了这一点（Grolnick & Ryan, 1989；Winterbottom, 1958）。然而，要想培养儿童的自主和自立精神不单单是把他们扔在一边任其完成任务。和维果斯基强调合作学习的观点相呼应，近期的一项纵向研究发现，那些有父母小心充当"脚手架"——这使他们最终能完成没有父母的帮助就无法完成的任务——的 2 岁儿童，1 年后，即 3 岁时，在成就环境下最为适应，动机最强（Kelly, Brownell, & Campbell, 2000）。而且，直接的成就训练——为儿童设置高标准并鼓励他们把事情做好——也能培育成就动机（Rosen & D'Andrade, 1959）。最后，针对儿童的不同表现采取表扬、批评和惩罚的模式同样重要：对于那些寻求挑战和成就动机较高的儿童，他们的父母会褒奖他们取得的成绩，而不会因为他们偶尔的失败加以批评；相反，那些不敢面对挑战、成就动机较低的儿童，父母对他们的成功反应迟钝（或认为是理所当然的），孩子一旦失败，他们就给予批评和惩罚（Burhans & Dweck, 1995；Kelly et al., 2000；Teeven & McGhee, 1972）。

综上所述，高成就动机青少年的父母有三种品质：（1）温情，接纳，及时表扬子女的成就；（2）给儿童设定一定的标准并加以指导，对进程进行监督并确保其完成任务；（3）给予儿童一定的独立和自主空间，小心翼翼地帮助年幼的孩子使之尽可能独立完成任务，给予年长的孩子发言权，让他们决定如何最好地应对挑战、达到目标。Diana Baumrind 将这种温情、坚定而又民主的教养方式称为**权威型教养方式**。她和其他研究者发现，不管是在西方社会（Glasgow et al., 1997；Lamborn et al., 1991；Steinberg, Elmen, & Mounts, 1989）还是在亚洲（Lin & Fu, 1990）这种教养方式都可以促使儿童和青少年积极追求成就和学业成功。当儿童遇到学习困难的时候，如果给予积极的鼓励和帮助，会使他们乐于接受新的挑战并有克服困难的信心（McGrath & Repetti, 2000）。如果父母漠然视之，很少给予指导，或者过度控制，对功课总是吹毛求疵，考好了就予以物质奖励，考差了就喋喋不休，也有可能妨碍儿童的学业动机和获取成功的动机（Ginsburg & Bronstein, 1993；Ng, Kenney-Bensen, & Pomerantz, 2004）。

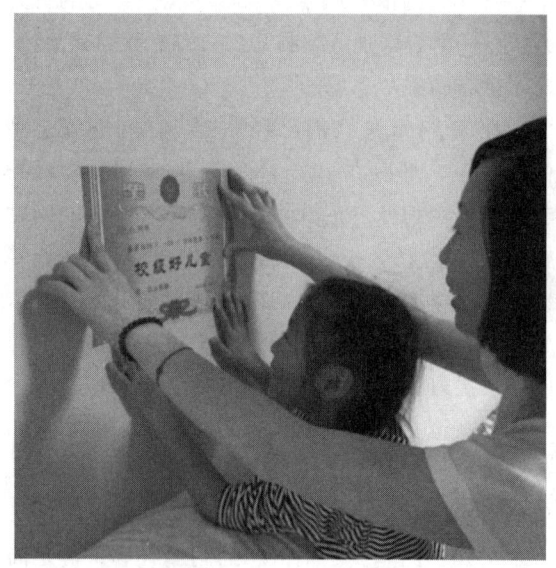

鼓励并对子女的成就有热情反馈的父母很可能培养出喜欢挑战的掌控（求精）取向的儿童。

同伴群体的影响

同伴对于学龄儿童和青少年同样是重要的影响源。相对于父母为鼓励学业成就所做的努力，同伴的影响有时是支持性的，而有时又具有破坏性。同伴的压力对学业成就的干扰在那些低收入的非裔和拉丁裔青少年中尤为突出，这也许有助于解释为什么他们在学习方面常常落后于欧裔和亚裔青少年（Slaughter-Defoe et al.，1990；Tharp，1989）。Lawrence Steinberg 及其同事（1992）发现，在低收入社区的非裔和拉丁裔美国青少年的同伴群体并不鼓励学业成就，而亚裔和欧裔的群体往往更为崇尚和鼓励个人的学业成就。在美国的一些学校中，那些成绩优秀的非裔学生往往受他们同族同伴的排斥，因为他们的学业成就让他们看上去更像个欧裔人（Ford & Harris，1996；Fordham & Ogbu，1986）。

另一些研究发现，如果父母很重视教育、努力提升他们的成就，那么他们的孩子结交的同伴往往也有相同的价值观。在对拉丁裔、东亚、菲律宾以及欧洲移民家庭的研究中，Andrew Fuligni（1997）发现，移民青少年在校的学业成绩较美国本土的青少年高，尽管其父母受教育程度不高，在家里也很少说英语。这是为什么？因为他们的父母特别重视知识，而这种价值观又被子女的朋友所强化。他们经常一起学习，相互分享笔记，相互鼓励在学校取得好成绩。这种同伴对父母价值观的支持同样提升了那些有天赋的非裔美国学生（Ford & Harris，1996）以及中国上海的前青少年期学生（Chen，Rubin & Li，1997）的学业成就。这也许对来自任何背景的学生的学业成功都是很有力的支持。显然，如果从父母和同伴中获得的有关学业目标的价值信息没有冲突，保持个体的学业目标还是比较容易的。

文化影响

在成就动机和对待学习的态度上也存在文化差异。例如，美国儿童也许表现出了成就动机，但同时也比较能容忍失败；与之相反，中国儿童也表现出成就动机，却将失败视为个人的失败，可能为这样的失败而羞愧。李（Li，2004）发现，这种差异早在学龄前就存在了。李给 4～6 岁的美国儿童和中国儿童讲述有关学业失败的故事，然后问孩子们对故事中的角色失败的看法。李发现，这些年幼儿童的回答存在差异。美国儿童更容易把学习当成要完成的任务，对学习的失败并不十分苛求。相反，中国儿童把学习看作一种需要具备的美德，他们对学业的失败非常苛刻。下面的例子反映了这种差异，学前儿童听了故事，然后被问及有关故事角色的问题。

小熊看她的妈妈和爸爸捕鱼。她很想自己学习如何捕鱼。她尝试了一下，但是没有抓到任何鱼。于是她对自己说："不要想了！我再也不想抓什么鱼了。"

5 岁的美国小女孩的回答

孩　子：她不该放弃的，因为那样她就……嗯……不会。还有……她可以吃妈妈爸爸抓的鱼，等她长大点她就会了。

询问者：爸爸妈妈都抓了一条鱼。要知道他们也很大了，也许他们自己也要吃鱼呀。你说小熊该怎么办？

孩　子：她可以，嗯，可以找些其他的东西来练习一下。

询问者：其他的什么呢？

孩　子：比如小溪。

询问者：什么？

孩　子：一条有鱼的小溪。

询问者：你喜欢小熊吗？

孩　子：喜欢。

询问者：你为什么喜欢她？

孩　子：因为她毛茸茸的很可爱。

5 岁的中国小女孩的回答

孩　子：爸爸妈妈把鱼分成几块，他们一起吃。

> **权威型教养方式（authoritative parenting）**：灵活、民主的教养方式，父母和蔼、接纳，给子女指导和控制的同时给予他们一定的发言权。

询问者：但是，熊爸爸和熊妈妈个子那么大，他们每个人就抓到了一条鱼。嗯，也许他们不能分给小熊呀。那她怎么办呀？

孩　子：妈妈自己吃小的，给小熊大的吧。它们一起高高兴兴地吃。

询问者：你喜欢小熊吗？

孩　子：不。

询问者：为什么呢？

孩　子：她做事情半途而废，她三心二意。

询问者：三心二意有什么不对呢？

孩　子：你一会儿做这个，一会儿又做别的，一点都不认真。这样你就学不好，这样是不对的。

从这个例子中可以看到两个小女孩对小熊的评价和她们在学习观上的差异。美国女孩认为小熊的尝试是有价值的，也希望小熊找到实现自己目标的其他办法。中国的小女孩认为小熊的努力值得赞赏，但非常不赞同小熊的放弃，认为对它来说是一种失败。总之，文化差异在成就动机和学习观上表现得非常明显，甚至在孩子身上也能表现出来。

超越成就动机：成就归因的发展

现在许多研究者都认识到了成就动机这一概念的重要性，但他们也指出，想用某一种普遍的动机来预见所有成就行为的想法过于天真。为什么这样说？因为他们发现，儿童的成就行为和学业自我概念还有赖于**成就归因**，或者说是对其成败的解释。

成就归因的类型

Bernard Weiner（1974，1986）发现，青少年和年轻人可能将成败归结为四种原因：能力（或者缺乏能力）、努力、任务难度、运气（好与坏）。在表11.3中可以看到，能力和任务难度这两种稳定因素能导致强烈的**成就期望**，努力和运气则是不稳定的，随着环境不断变化，很难让人产生期望。例如，如果你的考试成绩不理想，并把它归结为稳定的原因，如能力不足，则会使你对以后的成功不抱多大希望（强的消极期望）；如果你归因于努力不足，则可能通过努力学习来克服。能力和努力都是内在因素（个体的特征），而其他则是外在因素（环境的特征）。Weiner认为，对成就的内部－外部归因会影响人们对取得的成就做出的评价。例如，在一次考试中得了A，比起归结为幸运和考试难度太低等外部原因，从能力和努力方面的内部归因方式更能让我们重视自己取得的成绩。

Weiner还认为，更为理想的是将成功归结于能力强，因为这种内部的稳定的归因使我们看重自己的成功，并使我们期望能再次成功。另一方面，将失败归结于努力不足（而非能力不足）更理想，因为努力是不稳定的，这使我们相信如果我们努力，下次会更好。

总之，Weiner的归因理论认为，有两个认知

表 11.3 Weiner对成就结果归因的分类（例如，你如何解释糟糕的成绩）

	因果控制点	
	内部原因	外部原因
稳定的原因	能力 "我在数学上没有天赋。"	任务难度 "这次考试太难，题目太多。"
不稳定的原因	努力 "我不该去听演唱会，而应好好学习。"	运气 "太倒霉了！每道题好像都是我缺课时讲的。"

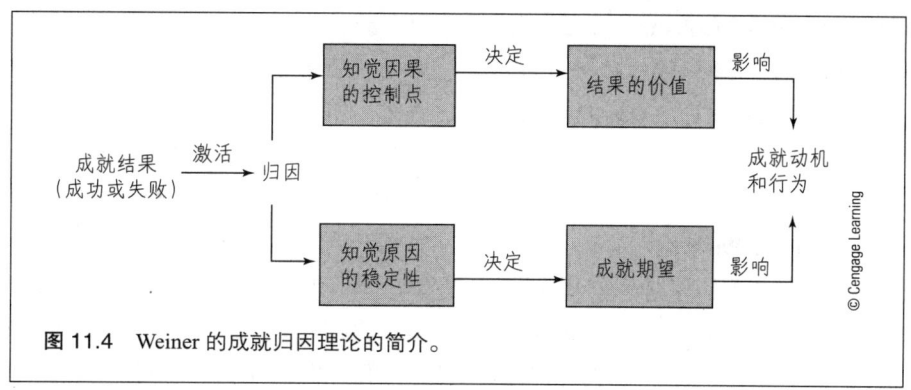

图 11.4　Weiner 的成就归因理论的简介。

因素会影响人们为达到某一领域的特定目标而努力工作的意愿。对结果原因控制点的知觉（如内控和外控）将影响我们对结果的重视程度，而对结果稳定性的归因将影响我们的成就期望。这两种认知判断共同影响我们未来接受类似挑战的意愿（Weiner 理论的简介见图 11.4）。

与成就归因有关的年龄差异

你也许会觉得用 Weiner 的理论来解释年幼儿童的成就归因过于认知化和抽象化了，也许确实是这样。大约在 7 岁之前，儿童往往过于乐观，几乎认定他们能完成所有任务，哪怕是此前屡屡失败（Stipek & Mac Iver，1989）。老师为学前和小学低年级儿童设定的目标任务往往以其努力程度而非完成的质量加以评价。这助长了乐观主义精神，使他们认为自己能完成更多的任务，并能通过努力变得聪明起来（Rosenholtz & Simpson，1984；Stipek & Mac Iver，1989）。年幼儿童似乎持有**能力增长观**；他们相信能力是可变的、不稳定的，他们会越来越聪明，或者通过不断的努力和练习获得更多的能力（Droege & Stipek，1993；Dweck & Leggett，1988；Heyman，Gee，& Giles，2003）。

什么时候儿童能将努力和能力区分开来？什么时候他们会倾向于**能力固存观**——将能力看作固定不变的特质并且不受努力和练习的影响？许多 8～12 岁的儿童开始将能力和努力区分开来（Nicholls & Miller，1984），部分原因是他们在学校里的经验有所变化。老师越来越强调能力的评估，他们根据学生完成作业的质量评分，而非努力程度；而且，还通过强调学生在任务中表现出的质量而非数量的竞争性活动给予强化，像"科学博览会"、"拼字比赛"（常识竞赛和拼写比赛）等。对于那些高年级的学生，老师还把他们以能力分组（Rosenholtz & Simpson，1984；Stipek & Mac Iver，1989）。所有这些变化，再加上儿童使用社会比较来评估自己成绩的情况增加（Altermatt et al.，2002；Pomerantz et al.，1995），都使得小学高年级儿童开始区分能力和努力，并开始像 Weiner 的理论预期的那样对自己的成败做归因。

小学后期（四至六年级）也是儿童对学业成就的重视程度逐渐减少以及形成消极的学业自我的阶段，这种趋势在初中尤为明显（Butler，

> ▸ **成就归因**（achievement attributions）：对成败原因的解释。
>
> ▸ **成就期望**（achievement expectancies）：个体对自己在某一特殊方面表现的期望。
>
> ▸ **能力增长观**（incremental view of ability）：认为自己的能力会通过努力和练习得以提高的观念。
>
> ▸ **能力固存观**（entity view of ability）：认为个体的能力是一种高度稳定的特质，不受努力和练习影响的观念。

1999；Eccles et al.，1993；Jacobs et al.，2002）。从下面内容中可以看到，儿童对能力和努力的区分以及对能力固存观的认同是导致这种趋势的主要原因。

Dweck 的习得性无助理论

在儿童尝试学习掌握新任务时总会有失败，但是他们对失败的反应会有所不同。为什么有的儿童不畏挫折最终成功，而有的儿童一旦失败就选择放弃？在 Weiner 的归因理论的基础上，Carol Dweck 及其同事对这一现象做出了解释。他们的研究发现，这两种儿童对所取得的成就的解释大相径庭（Dweck，2001；Dweck & Leggett，1988）。

有的儿童属于**掌控（求精）取向**：他们将成功归结于自己的能力，但将其失败归结为外部原因（试卷含混不清，不公平），或归结为自己容易克服的不稳定因素（如果努力，我会考得好的）。之所以称这些儿童为掌控取向，是因为他们失败后并不气馁，坚信努力会使自己成功。虽然他们认为能力是较为稳定的因素，不会在几天内就有改变（这使他们对再次成功有了信心），但是相信失败后的努力能提升自己的能力（增长观）。所以，掌控取向的青少年对掌握新本领有很强的动机，而不在乎此前类似任务的成败（见图 11.5）。

相反，另一些儿童常将自己的成功归因为不稳定因素，如努力或运气；从而无法体验到因为自己能力强而产生的骄傲和自尊。他们常常将自己的失败归结为稳定的内在因素——能力不足，这又导致他们对以后成功的期望过低而放弃。Dweck 认为，这类儿童表现出的正是一种习

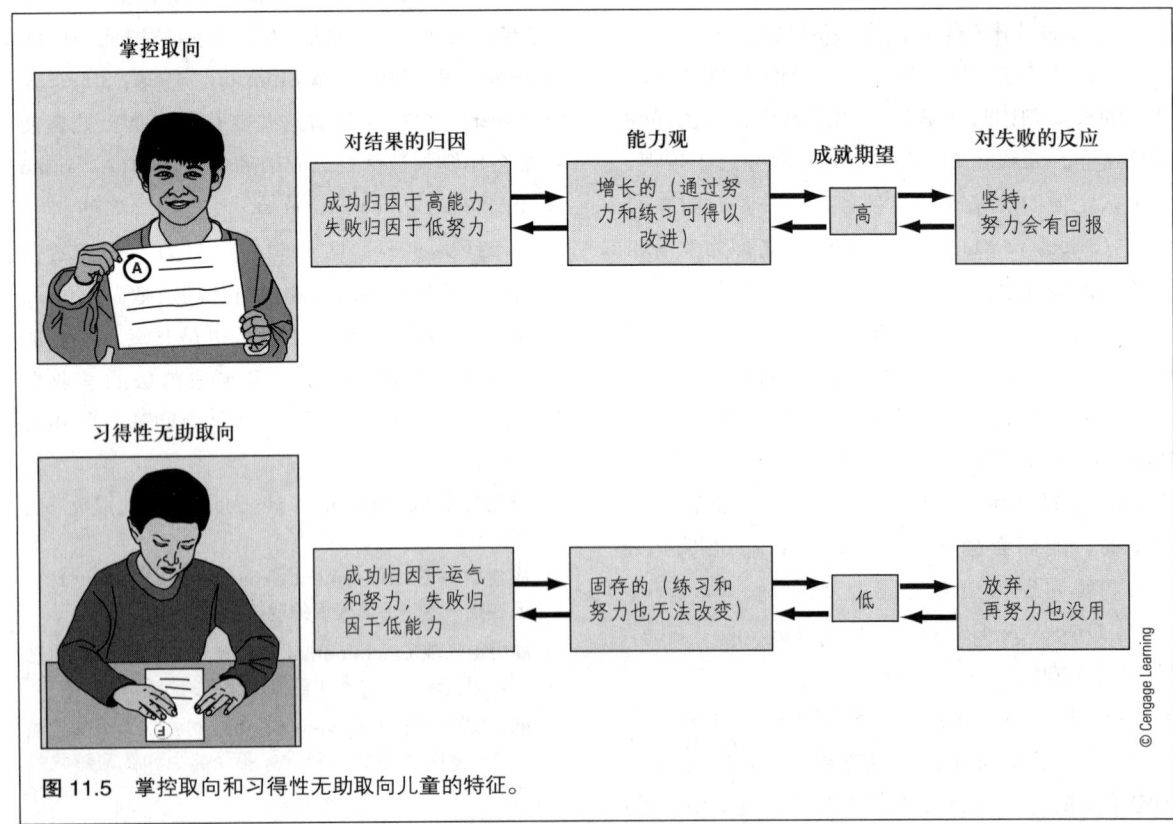

图 11.5　掌控取向和习得性无助取向儿童的特征。

得性无助取向：如果失败被归结为稳定因素——能力不足，会使得儿童感到无能为力（能力的固存观），从而变得沮丧和不思进取。所以，他们不再努力，表现得无助（见 Pomerantz & Ruble，1997）。不幸的是，就连一些很有天赋的儿童也会有这种不良的归因风格，且一旦形成就很难改变，最终影响他们能取得的成就（Fincham, Hokoda, & Sanders, 1989; Phillips, 1984; Ziegert et al., 2001）。

习得性无助是如何发展的

Dweck（1978）认为，当儿童成功时就表扬他们的努力，失败时却责怪他们能力不足，这样的老师和家长有可能无意识地培养了儿童的习得性无助。如果失败后面临惩罚或者批评方式不当，导致他们怀疑其自我甚至价值观，那么 4～6 岁的儿童也会形成无助取向（Burhans & Dweck, 1995; Ziegert et al., 2001）。相反，如果儿童成功时家长和老师表扬其在应用有效的问题解决策略方面所付出的努力，而当其失败时强调他努力不够，会使儿童相信自己有足够的能力，通过努力能做得更好——这正是掌控（求精）取向的儿童的看法（Dweck, 2001）。在一项巧妙的实验中，Dweck 及其同事（1978）证明，对五年级小学生采用诱发无助感的评价方式会使他们在新任务中将自己的失败归因于能力缺乏，而他们的同学，因为采用了掌控（求精）取向的评价方式，则会将失败归结为缺乏努力，宣称"我还要再加把劲儿"。这两种截然不同的归因方式在 1 小时内的实验中就能形成，而来自家长和老师的类似的评价反馈经年累月不断重复，可能对小学生形成掌控取向和习得性无助取向有相当大的影响（下面的"生活与研究应用"专栏对如何用 Dweck 的研究来改变儿童成就归因做了详细介绍）。

> **掌控（求精）取向**（mastery orientation）：面对挑战性的任务，相信自己的高能力，或通过努力能战胜先前的失败而坚持不懈的倾向。
>
> **习得性无助取向**（learned-helplessness orientation）：相信自己缺乏能力而一经失败就停止努力和放弃的倾向。
>
> **归因训练**（attribution retraining）：针对习得性无助儿童的治疗干预，使他们将失败归因于缺乏努力，而不是缺乏能力。

生活与研究应用

帮助无助者成功

很明显，一遇到失败就放弃的儿童不是成人希望鼓励的成就定向的儿童。但是我们应该如何帮助那些习得性无助的儿童，使其在面对曾经受挫的任务时坚持不懈呢？Dweck 认为，**归因训练**是一种有效的方法。让习得性无助的儿童将自己的失败归因于不稳定的因素，即不够努力，让他们知道自己还能有所作为，而不再继续归因于自己很难改变的能力不足。

Dweck（1975）对自己的假说进行了验证。她让一些无法完成一系列数学难题而变得无助的儿童接受了两种不同的治疗。在 25 个疗程中，半数儿童接受只有成功的治疗，他们完成自己能力之内的任务并受到奖励；另一半儿童接受归因训练：在 25 个疗程中，他们成功的次数和另一组儿童相同，但会在事先安排好的失败经历后，告诉他们不必着急，要更努力，使得这些儿童很明确地认识到，失败意味着自己不够努力而非能力不足。这种方法是否有效？答案是肯定的。在实验结束时，接受归因训练的儿童面对以前无法完成的数学难题时有了更好的表现；即使失败了，他们通常也认为是自己不够努力而会继续尝试。相反，那些只接受成功治疗的儿童并没有多少改变，在原有的题目上一旦失败就会放弃。

> 可见仅仅让习得性无助的儿童知道自己有成功的能力是不够的！要想改善这种情况，必须教会儿童在面对失败时有更积极的反应，认为通过自己的努力是能克服难关的。
>
> 　　除此之外，我们还有没有更好的办法？当然有，就是不让习得性无助感形成。父母很关键，要表扬儿童取得的成绩，而在他们失败时切勿从能力方面责怪他们，从而伤害其自尊。最近的研究发现，表扬方式也有正确和错误之分。Claudia Mueller 和 Carol Dweck（1998）发现，那些成功后常常受到**个人表扬**的儿童，如"你真聪明"之类，他们面对新的学习挑战时更注重成绩目标而非学到了什么，像是在显示自己多聪明。一旦失败就会摧毁这类**成绩目标**，导致儿童的放弃和无助。那么成人该如何表扬儿童的成功呢？Melissa Kamins 和 Carol Dweck（1999）发现，**过程导向的表扬**——对儿童在发现和形成好的问题解决策略的过程中付出的努力加以赞许——会使儿童倾向于形成**学习目标**。即在面临新任务时，他们认为任务的解决是最重要的目标，而非展现自己的聪明才智。一项新任务最初的失败只是告诉他们需要寻找新的方法，要想达成学习目标还要努力，这样就会使他们不致放弃和表现得无助了。
>
> 　　所以，过程导向而非个人导向的对成就的表扬方式似乎更有助于促进掌控取向，避免产生习得性无助。另外，Dweck 从适应和不适应的角度对学习目标和成果目标的区分说明改变一些教育活动的结构将有利于预防习得性无助。例如，重视个人掌握和能力提升的课程设置，不但让儿童更能接受学习目标（Dweck，2001），而且对于那些学习迟缓的学生颇有帮助，因为这些学生在竞争性评估分数中表现出的能力比其他同学差很多（Butler，1999；Stipek & Mac Iver，1989）。为了增长知识的学习也有助于学生认识到，最初的失败是在提醒自己要改变策略并需要继续努力，而不是将失败当作自己能力不足、无法完成任务的证据。

我将会成为什么样的人？自我认同感的形成

　　埃里克森（1963）的理论认为，青少年面临的主要发展障碍是获得自我**认同感（自我同一性）**——一种对于自己是什么样的人、将要去向何方以及在社会中处于何种位置的稳固且连贯的知觉。自我认同感是在应对许多重要的选择的过程中形成的：什么样的职业是我想要的？我该信奉哪种道德观和价值观？作为男人或女人，或有性征的个体，我是什么样的人？在茫茫人海中，我所属的位置是什么？当然，这一切，困扰了许多青少年，埃里克森用**认同感危机**来描述这些青少年在思考今天的自己是谁，决定"我能（或该）成为什么样的自我"时所体验到的那种混乱，甚至焦虑的感受。

　　你还能回忆起当你十几岁时，曾为自己是怎样的人，应该成为和可能成为怎样的人这类问题所困扰吗？是不是到现在你还未能解决这类问题，还在寻求答案？如果你确实如此，那么这是否让你感到不适和异常呢？

　　James Marcia（1980）设计了一套针对青少年的结构访谈，根据他们是否对职业、宗教意识形态、性取向以及政治价值的选择进行过各种探索并做出坚定的承诺，可以将青少年划分为四类认同状态：认同感混乱、认同感早闭、认同感延缓、认同感达成。下面依次介绍：

- **认同感混乱**。这类个体对认同问题不做思考或无法解决这类问题，未能澄清将来的生活方向。
- **认同感早闭**。这类个体获得了自我认同感，但是在这种认同感的获得过程中并未经历在寻求最适合的自己时应该体验的危机。
- **认同感延缓**。这类个体经历了埃里克森所说的认同感危机，正在主动提出关于人生承诺的问题并寻求着答案。
- **认同感达成（获得）**。获得认同感的个体通过自身的付出确立了特定的目标、信仰、价值观的承诺，解决了认同问题。

认同感形成的发展趋势

虽然埃里克森认为认同危机在青少年早期出现，大约在15～18岁得到解决，但他的年龄常模过于乐观。Philip Meilman（1979）测量了12～24岁男性的自我认同感状态，发现其明显呈发展趋势。正如图11.6中所显示的，在12—18岁时，大多数个体属于认同感混乱和认同感早闭（提

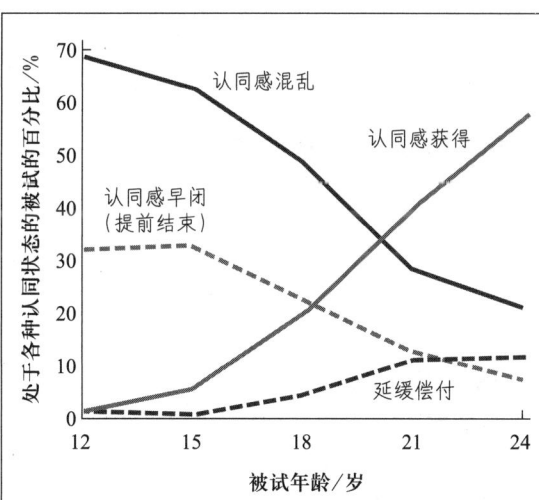

图11.6 不同年龄阶段的个体在Marcia的四种认同状态的百分比。从图中可以看出，认同感危机的解决要比埃里克森预料的晚：只有4%的15岁个体和20%的18岁个体获得了稳定的自我认同。

来源：From "Cross-Sectional Age Changes in Ego Identity Status During Adolescence," by P. W. Meilman, 1979, *Developmental Psychology*, 15, p 230-231. Copyright © 1979 the Ameican Psychological Association. Reprinted by permission.

前结束）的，直到21岁或之后，大部分个体才达到了延缓偿付状态，或获得稳定的认同感。

女性的认同感形成过程和男性有何不同？实际上，在大多数方面是没有差异的（Archer，1992；Kroger，2005）。女性获得明确自我认同感的时间和男性基本一致（Streimatter，1993）。然而有一项性别差异是很有意思的：虽然当代女性对于获得职业认同感有着和男性一样的关注，但是她们更在乎对性、性别角色以及家庭和职业之间的平衡等方面的认同（Archer，1992；Kroger，2005）。

从这类研究可知，自我认同感的形成要花一些时间。大约要等到青春晚期，即大学期间，这些小伙、姑娘才能从混乱或早闭状态进入延缓偿付

> ➤ **个人表扬（person praise）**：对像智力等人格特质的表扬；这种表扬会促进个人的表现目标取向。
> ➤ **成绩（绩效）目标（performance goal）**：在成就领域中，个人的主要目的是展示自己的能力（避免自己表现得无能）。
> ➤ **过程导向的表扬（process-oriented praise）**：针对个体努力创新和寻求有效问题解决策略等行为的表扬；这种表扬会促进个人的学习目标取向。
> ➤ **学习目标（learning goal）**：在成就领域中，个人的主要目的是增强自己的技能或能力。
> ➤ **认同感（identity）**：一种成熟的自我定义；对自己是什么样的人，将要成为什么样的人，如何融入社会的感受。
> ➤ **认同感危机（identity crisis）**：埃里克森的术语，指青少年期个体对他们现在和将来在生活中的角色感到混乱，从而体验到的不确定性和不适应。
> ➤ **认同感混乱（identity diffusion）**：个体未能形成自我认同但又不再对此加以探索和质疑的认同状态。
> ➤ **认同感早闭（identity foreclosure）**：个体过早和不加质疑地承诺于某种职业和意识形态的认同状态。
> ➤ **认同感延缓（identity moratorium）**：个体正在经历认同危机，并积极对自己的职业和思想意识定位加以探索的认同状态。
> ➤ **认同感达成（获得）（identity achievement）**：个体曾仔细思考过认同问题，并对自己的职业和思想意识做出坚定的承诺，达成积极的认同状态。

状态,然后才能获得认同感(Kroger, 2005; Waterman, 1982)。但这并不意味着自我认同感完全形成了。许多成年人仍然为之困扰,甚至有的人会重新提出"我是什么样的人"这类以前有了答案的问题(Kroger, 2005; Yip, Seaton, & Sellers, 2006)。比如离婚,就会让家庭主妇重新思考作为女人的意义,并对其他方面的自我认同感提出疑问。

获得认同感的过程也是很不均衡的(Archer, 1982; Kroger, 2005)。例如,Sally Archer (1982)对六至十二年级的学生在四个方面的认同感状态加以测量:职业选择、性别角色态度、宗教信仰、政治意识形态。在四个方面的认同感状态一致的个体只有5%,95%的个体只在四个方面中的两个或三个方面获得了认同感。可见,青少年可能在某一方面获得强烈的认同感,而在其他方面却还不得不苦苦追寻。

认同感的形成会引发多大的痛苦

也许埃里克森用"危机"来形容青少年期的个体积极寻求认同感的过程并不很恰当,因为处于延缓偿付期的青少年并没感觉到多大的压力。实际上,James Marcia 及其同事(1993)发现,这些积极寻求自我认同感的个体,比起那些混乱和提前结束的个体对自己和将来更有信心。埃里克森认为,获得认同感是很健康并适应发展的,因为获得了认同感的人比其他 3 种人有更高的自尊、自我意识更低或者说为自己困扰的程度更低(Adams, Abraham, & Markstrom, 1987; O'Connor, 1995; Seaton, Scottham, & Sellers, 2006)。而且埃里克森认为,获得稳定的自我认同是面临"亲密—孤独"心理危机的年轻人与他人建立真正亲密关系的先决条件。有着成熟自我认同感的大学一、二年级学生在 1 年之后常能与他人建立亲密关系,而认同感混乱的个体则较难与他人建立亲密关系(Fitch & Adams, 1983; 也见 Peterson et al., 1993)。可见,获得稳定的自我认同感是个重要的里程碑,它为个体积极的心理适应和获得深厚的值得信任的情感承诺铺平了道路,这会让人受益终身。

长期无法获得认同感也许最为痛苦或类似一种危机。埃里克森认为,如果总无法获得明确的认同感,处于漫无目的的混乱水平,最终会使个体变得压抑和失去自信;也有可能导致埃里克森所说的消极认同,成为害群之马、罪犯或者成为失败者。为什么会这样?对于这些备受煎熬的灵魂来说,变成自己不想成为的人要比根本没有认同感强(Erikson, 1963)。研究表明,许多处于混乱水平的青少年会变得很冷漠,对未来也会充满无助感,有时候甚至会自杀(Chandler et al., 2003; Waterman & Archer, 1990)。其他的低自尊者在进入高中后,很有可能走向犯罪,并用不良的自我形象提升自我价值感(Loeber & Stouthamer-Loeber, 1998; Wells, 1989)。所以,有少部分青少年和青年人可能会体验到认同感危机。

认同感形成的影响因素

至少有四种因素影响青少年获得认同感:认知发展、教养方式、学校教育和更广泛的社会文化因素。

认知发展的影响

认知发展对自我认同感的获得有重要的影响。思维达到稳定的形式运算水平的青少年,由于能对假设环境做逻辑推理,对于将来的认同感有更深入的思考和设计。比起思维不够成熟的同龄人,他们就更容易产生认同问题,也更容易解决这类问题(Boyes & Chandler, 1992; Waterman, 1992)。

教养方式的影响

青少年同父母的关系也对认同感的形成有影响(Markstrom-Adams, 1992; Waterman, 1982)。处于混乱水平的青少年比其他水平的青少年更容易感受到父母的忽略和拒绝，也更容易与父母疏远（Archer，1994）。要是无法认同和尊重父母并从中汲取某种优良品质，那么建立自己的认同感是很困难的。认同感形成提前结束的青少年则处于另一个极端，其父母有较强的操纵意识，但他们和父母的关系常常相当密切，甚至害怕被抛弃（Berzonsky & Adams，1999）。提前结束的青少年不会去挑战父母的权威，也不想要形成独立的认同感。

相反，延缓偿付和获得认同感的青少年与其家庭成员有稳固的感情基础，同时又有相对宽松的个人空间（Grotevant & Cooper，1986，1998）。比如，这些青少年能在家庭讨论中感受亲密，在对父母表达不同意时也懂得相互尊敬。可见，关爱和民主的教养方式不但有助于儿童的学业成就，增加其自尊，也同青少年获得健康和恰当的认同感有一定关系。

学校教育的影响

读大学是否对认同感的形成有影响？答案既是肯定的又是否定的。进入大学好像迫使个体为自己设定职业目标，获得稳定的职业承诺（Waterman，1982）。但是相对于已经工作了的同龄人，大学生的政治和宗教的认同感过于滞后（Munro & Adams，1977）。事实上，在有的方面，特别是在宗教上，一些大学生会从认同感获得退化为延缓偿付甚至混乱水平。但是我们不应该对大学校园有过多非难，因为很多成年人也会和大学生一样，当原有观念和新环境发生冲突，或新环境提供了新的选择可能时，他们也会重新提出"我是谁"这样的问题（Kroger，2005）。

社会文化的影响

最后，社会和历史环境也对个体自我认同感的形成有很大影响——埃里克森也承认这一点。事实上，青少年要从各种可能中仔细选择自己的认同感，应该是20世纪工业化社会的特有现象（Cote & Levine，1988）。几个世纪以前，我们像现在许多非工业化国家的个体一样，只是按照被期望的方式获得我们的成年角色，无须去试验和探索：农民的儿子是农民，渔民的子女当渔民，诸如此类。也就是说，对世界上的很多年轻人来说，Marcia所谓的认同感提前结束可能是他们通往成人世界最恰当的道路了。而且，这些青少年追求的特定生活目标必然受到他们所处的社会和时代以及所拥有的、所推崇的选择制约（Bosma & Kunnen，2001；Fuligni & Zhang，2004；Matsumoto，2000；Tseng，2004）。

总之，在西方社会，青少年对自我产生疑问并寻求解答是被允许和鼓励的。埃里克森认为，无论在任何社会，获得认同感的个体都有更好的适应性，这点无疑是正确的。尽管埃里克森认识到，哪怕在青少年期已经获得了积极的自我认同，认同感问题在成年后的某一刻还是会再度出现，他正确地指出，青少年期是一生中确定我们是怎样的人（会变得怎样）的最关键阶段。

少数族裔青少年认同感的形成

除了所有的青少年期个体都要面对的认同问题之外，少数族裔的青少年还必须建立民族认同感——个体对一个民族群体及价值观传统的认同（Hermann，2004；Marks，Szalacha，Lamarre，Boyd，& Coll，2007；Phinney，1996；Phinney，Horenczyk，Liebkind，& Vedder，2001）。这并没有想象的那么简单，也是存在较大个体差异的。例如，Hermann（2004）发现，混血的青少年在被要求用单个种族类别划定自己时，他们所表达的种族认同差异相当大。有的青少年甚至拒绝选择单一的种族类型来描述自己。

正如我们先前所指出的，一些少数民族后裔最初之所以认同文化中的主要民族，显然是期望融入社会的主流群体（Spencer & Markstrom-Adams，1990）。一个拉丁裔青少年这样表述："我记得我不愿承认自己是拉丁裔。我的朋友是……欧裔和亚裔人,我竭力想要融入他们之中"(Phinney & Rosenthal,1992)。但这并不是说这些儿童对自己所属的亚文化传统一无所知。比如,美国墨西哥裔儿童在学龄前就能学会像奇卡诺(Chicano)握手等本文化的习俗;在8岁之前他们就能完全明白他们的民族类别及其意义,懂得民族特征将终生和自己相随(Bernal & Knight, 1997)。

在青少年期,形成积极的种族认同与形成职业、宗教认同要经历同样的阶段,或者说是状态(Phinney,1993;Seaton et al.,2006)。青少年早期的个体往往会说是受家长和群体中其他成员的影响而对种族群体加以认同的(提前结束状态),或者说他们并没对此多加考虑(混乱状态)。当到了15~19岁,许多少数民族青少年的种族认同才达到了延缓偿付和获得认同感(French et al., 2006;Pahl & Way, 2006)。一个墨西哥裔女孩如此描述她的延缓偿付阶段:"我想了解我们是怎样的,和其他文化有何差异。参加民族仪式和过民族节日有助于了解我和我的文化"(Phinney, 1993)。民族认同感一旦确立,少数民族的年轻人会表现出更高的自尊,和父母相处更融洽,比起那些仅仅将自己归为少数民族、民族认同混乱和提前结束的个体,他们更受其他种族同伴的喜爱(Chavous et al., 2003;Fuligni, Witkow, & Garcia, 2005;Phinney, 1996;Phinney, Ferguson, & Tate, 1997;Supple et al., 2006;Yip & Fuligni, 2002)。可见,和自己的种族建立起强烈的认同感,是一项促进积极适应的重要个体资源。Kiang(2006)和同事发现,即使在控制了另一重要的个体资源——自尊——后,已经获得强烈的种族认同的少数族裔青少年,比很少获得认同的同龄人在应对日常压力时,能更好地维持幸福感和良好的心理状态(Gray-Little & Hafdahl, 2000;Twenge & Crocker, 2002)。

民族认同问题有时由于与他人带有偏见的评论相关的压力或因自己受到了种族歧视而触发(见Caldwell et al., 2002;Dubois et al., 2002a;Pahl & Way, 2006)。当自己亚文化中的价值观同主流文化发生冲突时,少数民族的年轻人可能会面临棘手的认同问题。亚文化中的成员(特别是同伴)也会抵制和本群体传统相冲突的身份认同的探索。实际上,所有少数民族中都有讽刺"白化"成员的词汇,印第安人称之为"苹果"(皮肤是红色,里面是白的),拉丁裔称之为"椰子",亚裔称之为"香蕉",非裔则称之为"奥利奥饼干"。显然,少数族裔的青少年必须解决这些价值冲突,决定内在的自己是什么(Pahl & Way, 2006)。

值得注意的是,混血儿和被欧裔人领养的其他种族青少年面临的冲突更大。这些年轻人在选择少数族裔人和欧裔人作为同伴群体的问题上面临着压力,要获得既是非裔人又是欧裔人这种认同感时会遇到社会阻碍(DeBerry, Scarr, & Weinberg, 1996;Kerwin et al., 1993)。在Scarr经典的明尼苏达跨种族收养研究中,半数被领养者在17岁时表现出某些社会适应不良。尽管有着非裔人的外表,但这些被领养者是把白人看成自己的基本参照群体。他们的适应不良反映了:(1)他们无法在非裔群体中有适当的表现;(2)若想要融入欧裔群体则很可能会面临歧视和偏见(DeBerry et al., 1996)。而比起混乱的种族取向,对任何一种参照群体的强烈认同将有更好的适应能力。所以,获得某种种族认同,或者说参照点,对少数民族的个体来说是一种适应的表现。

最后,在美国这种多元文化社会中,各种种族的理想自我在集体主义—个体主义维度上有程度差异。大部分来自个体主义文化环境中的欧裔人一般用"欧裔人"这一宽泛的标签来界定自己的种族,还有可能被提及的集体认同就是简单的"美国人"。然而,属于典型的集体主义文化的印第安人则有所不同,印第安人青少年常常有较强的双文化集体认同——美国原住民和美国人（Whitesell et al., 2006；参见 Fuligni et al., 2005，他们还提供了一些证据，表明华裔美国人等群体也在试图建立一种结合了自身种族和作为美国青少年的双文化种族认同）。这表明，获得种族认同感的美国少数族裔青少年常会构建一种多面的集体认同，为自己身为美国人和特定的种族而感到自豪。

应该如何帮助少数族裔的青少年形成积极的种族认同，并获得更好的适应呢？他们的父母从学前期开始就能发挥重要的作用：（1）对孩子进行传统文化教育，培养民族自豪感；（2）为有效应对将要面临的偏见和价值冲突做好准备；或者（3）只是作为温暖的、提供支持的亲密朋友（Bernal & Knight, 1997; Caldwell et al., 2002; Caughy et al., 2002; Hughes et al., 2006; McHale et al., 2006）。学校和社区同样能帮助个体从小理解和欣赏民族的多样性（Burnette, 1997），通过他们持续的努力，保证人人享有受教育和职业发展的机会（Spencer & Markstorm-Adams, 1990）。

对少数族裔的青年来说，形成积极的民族认同是有益于发展的。

概念核查11.2　理解成就取向和个人认同感的建立

回答下列问题，检查你对成就归因和取向的发展，以及个人认同感发展的理解。答案见附录。

匹配题：将下列父母、同伴或教师的反馈与可能的发展结果相匹配。

　　a. 过程取向的表扬
　　b. 消极的同伴影响
　　c. 个人表扬
　　d. 父母对失败的严厉批评

____ 1. 对处于劣势的少数民族儿童的学业成就低下有重要影响。

____ 2. 和低成就动机有关。

____ 3. 可能有助于采取成绩目标（或习得性无助取向）。

____ 4. 可能有助于采取学习目标（或掌控取向）。

判断题：判断下列陈述的对错。

5. 雅克布生活在一个非工业化、集体主义的社会。当被问及长大后将要干什么时，雅克布回答说："当然是像我祖父和父亲那样当个木匠了。"从这种回答我们可以认为，在职业方面，雅克布处于自我认同感的早闭（提前结束）阶段，也是他走向认同感获得的适当途径。

填空题：在下列句子的空白处填上适合的词或短语。

6. 个体能力能通过努力和练习得以提升的观点是能力的____观。

7. 个体能力是非常稳定的，不会受努力和练习影响的观点属于能力的____观。

简答题：简要回答下列问题。

8. 按顺序举出 Marcia 提出的大多数儿童的自我认同感发展的阶段。

9. 区分"掌控（求精）取向"和"习得性无助"，分别对两者加以定义，并列出每种情况可能导致的后果。

论述题：详细论述下列问题。

10. 简述 Weiner 对成就归因的划分。需包括归因"控制点"、"稳定性"和其他有可能影响成功和失败的各种划分。

社会认知的另一面：对他人的了解

同他人的交往是正常的社会需要。如果能了解对方的想法和感受，预测他们的行为，会使得交往更加协调（Heyman & Gelman, 1998）。我们对他人的了解（对他人特征的描述，对同伴的情感、想法和行为的推测）随着年龄的增加会更为准确（Bartsch & London, 2000; Flavell & Miller, 1998）。儿童根据何种信息形成对他人的印象？这些印象会如何变化？儿童习得的何种技能可以解释他们在人际知觉上的改变？这些问题正是下面将要阐明的。

人际知觉的年龄趋向

七八岁之前的儿童在描述所认识的人时好像在描述自我一样，都是使用具体的、形象的词（Livesley & Bromley, 1973; Ruble & Dweck, 1995; 见后面的"生活与研究应用"专栏）。例如，5 岁的珍妮会说："我爸爸是大个子，他有毛茸茸的腿，还爱吃芥末。呀！我爸爸还喜欢狗。你呢？"在这里，人格方面的描述很少！孩子在用心理学术语描述他人时，大多是用非常宽泛的词汇，像"他很好"、"她赖皮"，多是对某个人近期行为的描述，而非对某个人的稳定特质的概括（Rholes & Ruble, 1984; Ruble & Dweck, 1995）。

学前儿童并非无法了解人们的内在品质。3～5 岁的儿童能够知道亲密伙伴在不同环境下的典型行为（Eder, 1989）。上幼儿园的儿童已经知道同伴间在学习能力和社交技能上有差异。而且他们还会把学习成绩较好的同学当作学习上的竞争对手，和社交技能较好的同学一起玩耍（Droege & Stipek, 1993）。5～6 岁的儿童不仅能意识到其同伴表现的行为恒常性，还能根据愿望和动机等主观心理状态解释他人行为，开始做出类似特征的推论。例如，告诉 5 岁的儿童，有一个孩子平时很大方，而另一个孩子很少和别人分享东西，他就能正确推断出第一个孩子将来会主动与人分享东西，不自私；第二个孩子则是自私自利，不情愿和别人分享的（Yuill & Pearson, 1998）。5 岁的儿童能从他人过去的行为差异中得知个体动机和特质的不同。而且，3～4 岁的儿童对一些特质类的标签也有一定理解，并能根据目标人物大方或有危险行为等具体行为事例做出正确的心理学推断，例如知道某人"善良"或"卑鄙"（Boseovski & Lee, 2006; Liu, Gelman, & Wellman, 2007）。

如果 4～6 岁的儿童能够理解人格特质的心理学意义（Alvarez, Ruble, & Bolger, 2001; Lockhart, Chang, & Story, 2002），那他们为什么很少用这些词汇描述同伴呢？也许是因为：(1) 他们还不像年长的儿童那样认为特质是稳定的（Heyman & Gelman, 1998）；(2) 他们把特质词当成描述近期行为的形容词（例如，"比尔太坏了"），不知道在日常言谈中该如何应用。

在 7～16 岁时，儿童对具体属性的依赖越来越少，更多使用心理描述来形容他们的朋友和熟人。Carl Barenboim（1981）的研究很好地描述了这一变化，他们让6～11岁的儿童对其很了解的3个人加以描绘。他们不单是简单地列出伙伴的行为，6～8岁的儿童常常对比他人在重要行为方面的表现，比如说"比尔跑得比杰森快"、"她在我们班里是画画最棒的"。在图11.7中可以看到，**行为比较**在6～8岁时有所增加，9岁之后迅速下降。超越了行为比较的儿童开始意识到同伴行为的规律性，并最终将其归因于这个人可能具有稳定的**心理结构**，或者说特质。对同一种印象，以前的儿童会说她的一个同学在班里画画最棒，到了10岁，儿童就会说这个同学很有艺术天赋。可以看到在更多地使用心理结构的同时，8～11岁的儿童对行为比较的使用开始减少。最终，儿童开始在其他重要的心理维度进行比较，比如说"汤姆比玛丽还害羞"、"达文是班里最有艺术细胞的人"。尽管在描述他人时只有极少数的11岁儿童会使用**心理比较**（见图11.7），但在Barenboim的第二项研究中，大多数12～16岁的儿童就开始积极采用心理维度将其同伴进行比较。在进入青少年期时，人际知觉在其他方面也有所变化。和年幼的儿童容易相信他人不同，11～12岁的青少年知道别人会以社会赞许的方式展现自己。所以，对于他人自我描述的一些特点（如诚实、聪明），他们比6～7岁的儿童抱有更多的怀疑态度，更愿意通过自己的观察（或老师的评价）得出结论（Heyman & Legare，2005）。

到了14～16岁，青少年不仅知道了熟识的人在性格上的相似和不相似，也开始知道很多情境因素（疾病、家庭不合）会使人做出与其性格不符的事情（Damon & Hart，1988）。到了青少年中期，个体已经成为一个老练的"人格理论家"，能够从里到外地对同伴的行为进行解释，并对其性格形成连贯的印象。

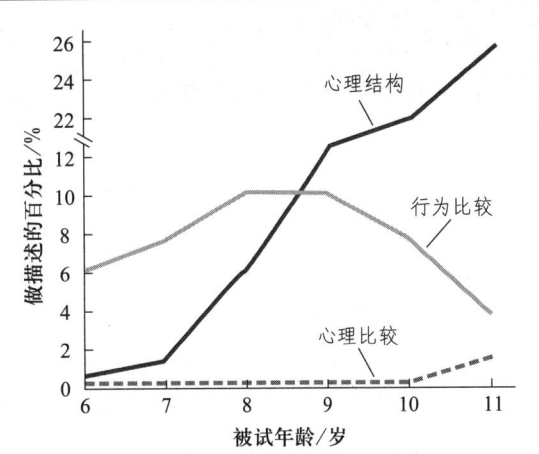

图11.7 6～11岁儿童的描述被归为行为比较、心理（特质）结构、心理比较的百分比。
来源：From "The Development of Person Perception in Childhood and Adolescence: From Behavioral Comparison to Psychological Constructs to Psychological Comparisons," by C. Barenboim, 1981, *Child Development*, 52 129-144. Copyright © 1981 by The Society for Reesearch in Child Development, Inc. Reprinted by permission.

社会认知发展理论

为什么儿童会从行为比较发展到心理结构比较，再到心理比较？为什么他们的自我概念和对他人的印象会随时间推移而变得一致？我们先介绍两种基于认知的观点，再考虑社会因素的作用，这些因素都直接或间接地影响了社会认知的发展。

> **行为比较阶段**（behavioral comparisons phase）：通过比较别人的外部行为表现形成对他人印象的倾向。
> **心理结构阶段**（psychological constructs phase）：以内在稳定特质为基础形成对他人印象的倾向。
> **心理比较阶段**（psychological comparisons phase）：通过对比个体间抽象的心理维度形成对他人印象的倾向。

生活与研究应用

青少年中的种族分类和偏见

因为学步儿和学前儿童倾向于用他们所观察到的特征给别人下定义和分类,所以可想而知,3～4岁的儿童就能对种族分类并且能指认出不同的人和照片上的人是非裔还是欧裔。而且,在澳大利亚、加拿大、美国的研究都发现,到5岁时,大部分儿童都有一些种族刻板印象的知识(Bigler & Liben, 1993),并对非裔美国人和印第安人表现出一定的歧视(Aboud, 2003; Black-Gutman & Hickson, 1996; Doyle & Aboud, 1993)。

有趣的是,家长通常认为自己的孩子对民族多样性不太关注。有些儿童的偏见态度和行为是因为他们的家长冥顽不化,教给了他们这些狭隘的观点(Burnette, 1997)。然而,研究者并不这样认为,因为儿童的种族态度和他们父母以及朋友的关系不大(Aboud, 1988; Burnette, 1997)。种族态度的出现更可能是因为认知原因而非社会因素,反映了自我中心的儿童以肤色(以及其他和种族有关的特征)对人做僵化的区分,更为偏好自己所属的种族(Aboud, 2003; 见 Bennett et al., 2004; Kowalski, 2003)。

当儿童进入具体运算阶段,思维更加灵活后,偏见在一定程度上有所减少。8～9岁的儿童的宽容心增加反映了他们在对种族群体进行评价时变得现实。学前儿童对其他群体成员的喜好程度在增加,同时对本群体成员的偏好程度也在降低(Doyle & Aboud, 1995; Teichman, 2001)。

然而,社会因素还是会影响偏见的保持和加剧。Daise Black-Gutman 和 Fay Hickson(1996)发现,澳大利亚欧裔儿童对土著民族的歧视在5～9岁时逐渐降低,但在10～12岁时又有所回升,回到了5～6岁时的水平!因为10～12岁的儿童已经摆脱了5～6岁时的自我中心和僵化的分类图式,所以他们偏见的增加显然反映了成人的影响,毕竟许多欧裔人对土著民族的厌恶根深蒂固。然而,青少年早期偏见的增加也许还反映了个人认同问题变得越来越重要;对自己群体优点的褒扬,对其他群体缺点的放大是强化本群体认同、增加自我价值的一种办法(Kiesner et al., 2003; Teichman, 2001)。

发展学家认为,消除种族歧视的最佳方法是,父母和老师在学前期(偏见常会在这个阶段生根)就公开地讨论种族多样性的好处,以及偏见造成的危害(Burnette, 1997)。美国西马萨诸塞州公立学校实施了一项前景不错的项目,采取了三方面的措施:

- **教师培训**:针对教育者和儿童在种族偏见方面的表现,及学校里的处理措施,对老师进行4个月的培训。
- **青年组**:不同种族的儿童先是和本种族的同伴讨论种族问题,为期7周,然后和其他种族的儿童花7周或更长的时间就不同的观念加以讨论,并改进相处的策略。
- **家长组**:家长每个月参加一次培训,专门针对种族偏见以及如何更轻松地和儿童讨论这一系列的问题。

这个项目认为,消除种族歧视的关键在于和儿童坦诚相见,不做回避和掩饰。之所以采用如此强有力的措施,是因为偏见态度一旦形成,仅通过一些有限的干预手段,诸如增加班级中的多元文化课程和材料等,很难改变。正如发展学家 Vonnie Mcloyd(cited in Burnette, 1997)所说:"种族歧视相当根深蒂固,需要思想开放、诚实公平的人不懈努力。"

社会认知的认知理论

在解释社会认知的发展趋势时，最常用的两种理论分别是皮亚杰的认知发展理论和 Robert Selman 的角色采择理论。

认知发展理论

按照认知发展理论家的观点，儿童对自己和他人的认识在很大程度上有赖于他们的认知发展水平。还记得那些前运算阶段的 3～6 岁儿童吗？他们往往关注刺激和事件最明显的知觉部分。所以，3～6 岁儿童使用非常具体、可观察到的词汇来描述同伴的外表、所有物、好恶以及行为等，是皮亚杰主义者意料之中的事情。

当进入皮亚杰的具体运算阶段之后，7～10 岁儿童的思维有所改变。不但自我中心思维在减弱，还从知觉最明显的外部特征发展到去中心化，开始认识到事物的某些特征不会因表面的变化而改变（守恒）。这类透过现象看本质的能力的出现有助于解释为什么 7～10 岁的儿童在把自己和同伴进行积极比较时，对调控自己和他人行为以及用心理结构或特质对此加以描述的时候，变得越来越协调。

12～14 岁儿童正在进入形式运算阶段，能够更有逻辑、更系统地进行抽象思维。尽管心理特质概念本身是抽象的，但还是基于具体的、可见的行为规律，这也许可以解释为什么具体运算阶段的儿童也能用这些术语思考。然而，具体运算阶段的儿童很少能够达到特质维度中的推论和抽象水平。这种以心理维度进行思考并将人置于维度量表连续体上的能力（这也是做心理比较所需要的）意味着能够对抽象概念进行加工——具有了形式运算的能力（O'Mahoney，1989）。

尽管儿童在 6～8 岁时开始做行为比较，12 岁左右进行心理比较（这和皮亚杰的理论观点相吻合），但认知发展理论显然低估了年幼儿童的社会认知能力。例如，具有信念-愿望心理理论的 4 岁儿童对诸如愿望、信念等心理状态的主观性有了较深的理解，4～5 岁（还处于皮亚杰的前运算阶段）的儿童能运用他们有关心理状态的知识，结合对一般行为规律的观察，对一个人未来的行为至少做出一些非常准确的推断和预测（Alvarez et al.，2001；Boseovski & Lee，2006；Yuill & Pearson，1998）。显然，正如认知发展理论所指出的，一般认知能力的发展对社会认知的发展起到了推动作用。Selman（1980）相信，对自我和他人深入的理解还取决于认知发展的另一方面：**角色采择**能力的发展。

Selman 的角色采择理论

按照 Selman（1980；Yeats & Selman，1989）所说，当儿童能将自己和他人的观点加以区分，并能理解这两种观点之间潜在的差异关系时，他们对自己和他人的了解就更加丰富了。换言之，Selman 认为，要了解一个人，必须能站在对方的角度看问题，并理解对方的想法、情感及其动机和意图，即解释行为的内部因素。如果儿童尚未掌握这些重要的角色采择技能，就只能用具体的外部特征，如外表、活动、拥有的物品等，描述她所认识的人。

Selman 要求儿童回答一些人际两难问题，用以研究角色采择技能的发展。下面是一个例子（引自 Selman，1976）：

> 荷妮是个 8 岁的女孩，喜欢爬树。她是邻里中的爬树高手。一天，她爬树时从高高的树上摔了下来，所幸没有受伤，但这让她父亲看见了。他非常不安，让她保证以后不再爬树。荷妮答应了。
>
> 后来，荷妮和她的朋友遇见了肖恩。肖恩的小猫被困在树上下不来了，再不救小猫它就会摔下来。只有荷妮能爬上树去救小猫，但是她想到

> **角色采择**（role taking）：采用他人的视角，理解他人想法、情感和行为的能力。

了对父亲的承诺。

为了评价儿童对荷妮、她的父亲及肖恩观点的理解能力，Selman 问：荷妮知道肖恩对小猫的担心吗？如果荷妮的父亲发现她爬树会怎么想？荷妮认为要是她父亲发现她爬树后会怎么做？你会怎么做？从儿童对这些问题的回答中，Selman 认为可以将角色采择的发展划分为五个阶段（见表 11.4）。

从表 11.4 中可以看到，儿童是如何从一个自我中心的个体（阶段 0：也许除了自己观点，不知道其他任何人的观点），成长为经验丰富的社会认知专家，他们在头脑中能记住几种不同的观点，并能以大多数人的视角进行比较（阶段 4）。显然，这些角色采择能力的确表现出了阶段性的发展顺序（Gurucharri & Selman，1982）。因为，在对 41 个男生为期 5 年的重复测验中发现，有 40 个儿童按阶段依次稳定发展，没有跳跃。也许这些技能以一种特殊顺序发展的原因就是它们与皮亚杰的认知发展阶段不变的顺序有密切关系（Keating & Clark，1980）：前运算阶段的儿童处于 Selman 角色采择能力的第一或第二水平上（阶段 0 或阶段 1），大部分具体运算阶段的儿童处于第三或第四水平（阶段 2 或阶段 3），而形式运算阶段的儿童均匀分布于角色采择的第四或第五水平（阶段 3 和阶段 4）。

表 11.4 Selman 的社会观点采择阶段

角色采择的阶段	对"荷妮"两难问题的典型反应
0. 自我中心或无差别知觉（3～6 岁）：除了自己的观点，儿童无法认识到其他人的观点。他们认为自己的想法就是荷妮的想法，其他人都会这样认为。	他们认为荷妮会去救小猫。当问及她的父亲对此会有什么反应时，这些孩子认为他会"很高兴，因为他喜欢小猫"。换言之，这些孩子因为自己喜欢小猫，就以为荷妮和她爸爸也会喜欢小猫。
1. 社会信息的角色采择（6～8 岁）：儿童意识到别人的观点和自己的有所不同，但他们认为这只是因为接收的信息不同。	当问及荷妮的父亲是否会因为荷妮爬树而生气时，儿童会说："要是不知道她爬树的原因，他会生气；但是要是知道了原因，他会理解的。"
2. 自我反思的角色采择（8～10 岁）：儿童知道就算他们获得同样的信息，自己和他人的观点仍然会有冲突。他们能考虑他人的观点。但还无法同时考虑自己和他人的观点。	当问到荷妮是否会爬树时，儿童会说："会。她知道她的父亲会理解她的行为。"在这里，儿童关注于父亲对荷妮观点的理解。但当被问到父亲是否想要荷妮爬树时，他们一般会给予否定，这时他们又站在父亲的角度知道他担心荷妮的安全。
3. 相互角色采择（10～12 岁）：儿童可以同时考虑自己和他人的观点，并知道其他人也有这种能力。儿童能知道第三者的观点，也能知道自己和同伴对方的观点有什么反应。	在这个阶段，儿童会站在中立的角度叙述"荷妮"的困境，他们知道荷妮和父亲都能从对方的角度思考问题。例如，其中一个孩子说："荷妮想要帮小猫，因为她喜欢猫，但是她知道她不该爬树。荷妮的爸爸知道他告诉了荷妮不要爬树，但是他并不知道小猫的事。"
4. 社会角色采择（12～15 岁及以上）：进入青少年期的个体试图将别人的观点置于自己构建的社会系统（即对"概化他人"的看法）中加以比较。就是说，青少年相信处于相同社会团体的个体会有相似的观点。	当问到荷妮会不会因为爬树而被惩罚的时候，在这个阶段的儿童很可能认为不会，他们觉得荷妮对小猫的帮助是对的，大部分父亲也会赞同这一点。

来源：Adapted from "Social Cognitive Understanding: A Guide to Educational and Clinical Experience," by R. L. Selman，1976，in T. Likona (Ed.), *Moral Development and Behavior: Theory Research, and Social Issues*. Copyright © 1976 by Holt, Rinehart & Winston. Adapted by permission of the editor.

对社会认知发展的社会影响

一些发展学家对认知理论所宣称的儿童的自我意识和对他人理解的发展与认知发展有紧密联系表示怀疑。例如,尽管儿童的角色采择能力与他们在皮亚杰的测试任务以及智商测验的表现有关(Pellegrini,1985),但是儿童也可能无须成为特别的角色采择者而达到去自我中心和智力成熟(Shantz,1983)。所以,必然有其他非认知因素推动角色采择能力的发展,甚至对儿童的社会认知发展也有独特的作用。社会经验有这样的作用吗?不止皮亚杰这一位权威赞同这一观点。

多年以前,皮亚杰(Piaget,1965)指出,学龄儿童之间的游戏互动促进了角色采择能力的发展和社会判断的成熟。皮亚杰认为,游戏时,儿童要一起扮演不同的角色,使得他们意识到自己和同伴间观点的不同。游戏中一旦发生冲突,为了让游戏得以继续,儿童不得不学会协调自己和他人的观点(例如,妥协)。所以,皮亚杰认为,同伴间的平等接触对社会观点采择和人际理解的发展会有相当大的影响。

研究结果不仅支持了皮亚杰的观点,而且也发现某些形式的同伴接触要比其他形式更有助于人际理解的发展。Janice Nelson 和 Francis Aboud(1985)认为,朋友间的矛盾尤其重要,因为在面对朋友时,儿童比对一般人更诚实和坦率,也更愿意去解决他们之间的冲突。比起一般熟人之间的矛盾,朋友间的矛盾能提供更多有助于理解人们观点冲突的信息。8~10岁的儿童就与他人观点不一致的人际问题进行讨论时,和朋友讨论时提出的批评意见要比和仅仅相识的人讨论时提出的要多,而且朋友之间也更愿意解释他们自己所持观点的理由。通过讨论,朋友之间的理解加深了,但是熟人之间的矛盾并没有改变(Nelson & Aboud,1985),说明朋友间的平等交往对角色采择能力和人际理解尤为重要。

同伴间的不同意见对角色采择技能和人际理解的发展有重要影响。

概念核查11.3　理解社会认知

回答下列问题,检查你对社会认知的理解。答案见附录。

判断题: 判断下列陈述的对错。

1. 埃娃被要求通过回答"我是什么样的人"来进行自我描述。她的回答是"我是一个女生。我的头发是棕色的。我有自行车。我还有一个妹妹。"当要她描述自己妹妹时,她说:"艾瑞是个女生。她有很多书。她今年5岁。"通过这些描述,我们可以看出埃娃不到七八岁。

填空题: 在下列句子的空白处填上适合的词或短语。

2. 对同伴行为的注意和比较而形成的印象被称为_____。

3. 由他人性格气质的相似性或差异性衍生出的印象被称为_____。

4. 根据他人可能具有的特质而获得的印象被称为_____。

简答题：简要回答下列问题。

5. 列出 Selman 角色采择理论的各个阶段。

6. 对 Selman 检验自己理论采用的基本研究设计加以介绍。

发展主题在自我和社会认知中的应用

主动 / 被动   连续性 / 阶段性   整体性   天性 / 教养

本书的四个发展主题：主动性的儿童、天性与教养的交互作用、量变和质变、发展的整体性，在本章中表现得很突出。你能从中找到相关的例子吗？让我们来看看下面的例子。

儿童作为个人发展过程中的主动参与者，在自我和社会认知的发展中很重要。儿童的认知发展和社会经验不断积累，刺激着儿童的自我意识、自尊、成就动机和社会认知的发展。鲍尔比的自尊发展理论很好地体现了这个主题。按照鲍尔比的理论，与看护者建立了安全型依恋的婴儿形成了积极的自我和他人工作的模式。这种工作模式正是自尊的基础。

天性和教养的交互作用对发展的影响可以从学步儿在 2 岁左右形成自我识别的过程中看到。生理成熟和认知发展在某种程度上是自我识别的必要条件，但我们也看到，缺乏社会互动的经验，自我识别就有可能延后（甚至像黑猩猩的例子那样无法获得）。

我们已经讨论了几种自我发展（例如，成就动机的阶段和认同感发展的阶段）和社会认知发展（例如，角色采择能力的阶段）所取得的成就，这些发展变化伴随着质变。然而，本章介绍的大多数发展变化伴随着量变。儿童的认知发展和社会经验被视为逐渐积累的过程，推动儿童更好地理解自我和他人。

最后，本章讨论的内容都和儿童发展的整体性相关。"社会认知"这个不同寻常的标题本身就表明儿童的社会性和认知两种属性在发展中的共同作用。纵观整章，几乎每个所提及的重大发展进步都是通过儿童认知发展和社会经验的整合所取得的。

总 结

- 社会认知的发展是指儿童对自己和他人的理解是如何随年龄而变化的。

自我概念的发展

- 大多数发展学家认为，婴儿在 2～6 个月大的时候逐渐将自己和外界区分开来。

- 18～24 个月大时，婴儿获得了真正的自我识别——最初是现在自我概念，逐渐发展为扩展自我概念，或一个随时间而稳定的自我。

- 婴儿也把自己按照年龄和性别等重要的社会维度划分，获得类别自我。

- 3～5 岁的儿童的自我描述一般非常具体，主要聚焦于自己的身体特征、拥有的物品以及能参与的活动。
- 大约8岁时，儿童开始用内在的、持久的心理属性描述自我。
- 青少年的自我概念更加整合和抽象，不仅包括自己的个性特征，并且知道这些特征如何与环境因素交互作用影响他们的行为。
- 频繁展示的虚假自我行为，使得青少年混淆了真实的自我。
- 在个人主义社会中，人们的自我概念的核心往往是个人特质；而在集体（公共）主义社会中，人们的自我概念的核心是社会或关系属性。

自尊：自我的评价成分

- 自尊始于婴儿在与看护者的互动中形成的积极或消极的自我工作模式。
- 到了8岁，儿童的自我评价反映了他人如何评价他们的行为和社会能力。
- 对于青少年期的个体，关系的自我价值感、爱情的吸引力以及同亲密朋友的友谊质量对总体自我价值感都有重要影响。
- 刚升入初中和高中时，儿童和青少年的自尊会有短暂的降低。除此之外，自尊整体上是相当稳定的。
- 温暖的、积极应答的、民主的教养方式培育了自尊，冷漠或控制的教养方式损害了自尊。
- 在学龄期，同伴通过社会比较影响了彼此的自尊。
- 对青少年来说，与同伴、亲密朋友或恋人的关系对自我价值感有着最强有力的决定性作用。

成就动机和学业自我概念的发展

- 婴儿天生就表现出了掌控动机。
- 儿童的成就动机（为成功而努力和征服新的挑战的意愿）存在差异。
- 在刺激丰富的家庭环境中成长，安全型依恋的婴儿可能会发展出很强的成就动机。

- 通过鼓励儿童自强自立，关注儿童的成功，父母培育了儿童的成就动机。
- 同伴可能促进或损害父母极力鼓励的成就动机。
- 学业自我概念依赖于儿童的成就归因。
- 掌控（求精）取向的儿童的成就期望相当积极。他们将自己的成功归因于稳定的、内在的原因，将失败归为不稳定的原因，他们持有能力的增长观。
- 习得性无助的儿童一旦失败常会放弃努力，因为他们持有能力的固存观，将失败归因于能力不足。
- 经常因为能力不足被批评的儿童倾向于采取成绩目标而非学习目标，有可能导致习得性无助。
- 如果习得性无助儿童认识到（通过归因训练）失败可以归因于不稳定因素，通过努力能够克服，就能有更多的掌控（求精）取向。

我会成为什么样的人？自我认同感的形成

- 青少年期的任务之一就是形成稳定的自我认同感。
- 许多大学生从认同感混乱和认同感早闭阶段发展到认同感延缓阶段（他们正在尝试以求获得认同感），最终获得认同感。
- 认同感形成的过程并不均衡，经常持续到成年期。
- 认同感获得和延缓是心理健康的状态。
- 处于混乱阶段的青少年常常采纳消极的认同感，心理适应很差。
- 健康的认同感的孕育有赖于认知能力的发展、鼓励儿童自我表达的父母，以及期待青少年寻求适合自己的位置的文化。
- 对于少数族裔青少年来说，获得积极的种族认同有利于形成健康的自我认同感。

社会认知的另一面：对他人的了解

- 七八岁之前的儿童一般在描述朋友和熟人时会

- 学龄儿童在将自己与同伴的行为进行比较时，会变得更为协调（行为比较阶段），稍后开始依赖于稳定的心理结构或者特质维度来加以描述（心理结构阶段）。
- 当青少年早期的个体开始在朋友和熟人之间进行心理比较时，对他人的印象变得抽象了。
- 14～16岁，青少年已经知道情境影响会导致一个人的表现反常。
- 儿童社会认知能力的增长在总体上和认知发展有关，尤其是角色采择能力。
- 要真的理解一个人，就必须能从他的视角，理解他的思想、情感、动机和意图。
- 社会交往，尤其是与朋友和同伴平等的接触，对社会认知发展非常重要。
- 社会交往通过促进角色采择能力的发展，会间接影响社会认知能力。
- 社会交往通过提供儿童所需的学习理解他人的经验，直接影响社会认知能力。

第11章 练习测验

选择题： 为下列各题选择最佳答案，检查你对自我和社会认知发展的理解。答案见附录。

1. 大部分发展学家认为，婴儿在____时便能将自己和外部环境区分开了。
   a. 2～6个月　　　b. 6～12个月
   c. 12～18个月　　d. 18～24个月

2. 在什么年龄，大部分婴儿能通过镜像自我再认的点红测试？
   a. 2～6个月　　　b. 6～12个月
   c. 12～18个月　　d. 18～24个月

3. 儿童根据年龄、性别等明显的社会维度对自己的理解被称为____。
   a. 身体自我　　　b. 类别自我
   c. 现在自我　　　d. 扩展自我

4. 当玛莉莎被问及"我是谁？"这个问题时，她的回答是："我是女生，我留着长头发，我养了只小狗狗，我会骑自行车。"据此猜测她的年龄是____。
   a. 4岁　　　　　b. 9岁
   c. 13岁　　　　　d. 19岁

5. 自我概念和自尊之间的关系是什么？
   a. 指相同的结构。
   b. 自我概念指一个人的认同感；自尊指人对这种认同感的评价。
   c. 自我概念指人对其认同感的评价；自尊指一个人的认同感。
   d. 自我概念指儿童对自我的意识，自尊是青少年或成人对自我的意识。

6. 莉莉在自我价值测验上得分比同学低，然而她实际上认为坦然面对自己需要改进的缺点是件好事。当和她妈妈聊起所做的事时，她们更多是说那是她和整个团体一起完成的，而非她的个人成就，从中我们可以知道莉莉是____。
   a. 美国儿童　　　b. 美国非裔儿童
   c. 拉美裔儿童　　d. 中国儿童

7. 亚历克斯从小学升入了初中，并开始经历青春期发育。她（或他）对自己的生理外表不满意，亚历克斯也和她（或他）的家人、朋友经历了一段坎坷之路，结果体验到自尊降低。根据这些一般性描述，我们最可能推断亚历克斯____。
   a. 是个女孩，
   b. 是个男孩

c. 男孩或女孩的概率各半
d. 无法确认是男孩还是女孩

8. Stipek 区分了儿童在学习根据标准评价自身表现时经历的三个阶段。这三个阶段是____。
   a. 寻求赞许，享受掌控，标准应用
   b. 标准应用，寻求赞许，享受掌控
   c. 享受掌控，寻求赞许，标准应用
   d. 标准应用，享受掌控，寻求赞许

9. 道格拉斯的数学测试成绩不理想。当他的父母问起时，他说，"考试不公平，试卷上的题目在课堂上都没有讲过。"可见，道格拉斯的成就归因是____。
   a. 能力   b. 努力
   c. 任务难度   d. 运气

10. 下列不符合习得性无助的成就取向的是____。
    a. 成功因为幸运和努力
    b. 能力增长观
    c. 低成就期望
    d. 遇到失败就放弃，因为努力没有用

关键术语

本体知觉反馈，p418
成绩（绩效）目标，p440
成就动机，p431
成就归因，p436
成就期望，p436
个人表扬，p440
个人动因感，p418
个人主义社会，p423
关系自我价值，p425
归因训练，p439

过程导向的表扬，p440
集体主义（公共）社会，p423
角色采择，p449
扩展自我，p420
类别自我，p422
内部成就取向，p433
能力固存观，p437
能力增长观，p437
权威型教养方式，p434
认同感，p440

认同感混乱，p440
认同感危机，p440
认同感早闭，p440
认同感延缓，p441
认同感达成（获得），p441
社会比较，p428
社会认知，p417
习得性无助取向，p439
现在自我，p420
心理比较阶段，p447

心理结构阶段，p447
行为比较阶段，p447
虚假自我行为，p422
学习目标，p440
掌控（求精）取向，p438
掌控动机，p431
自我，p417
自我概念，p419
自我识别，p419
自尊，p424

第 12 章　性别差异与性别角色的发展

> 界定性征与性别
> 区分男性与女性：性别角色标准
> 关于性别差异的一些事实和臆测
> 性别特征形成的发展趋势
> 性别特征形成与性别角色发展的理论
> ● 研究聚焦：**生物决定命运？性别指派惹的祸**
> 发展主题在性别差异和性别角色发展中的应用

我们都知道男性和女性、男孩和女孩之间存在生理上的差异，那么心理上的差异呢？差异存在吗？如果存在心理上的差异，它们从何而来？来自先天？来自教养？

从十多岁起直到大学阶段，我（Katherine Kipp）相信男女之间的心理差异完全来自于我们后天的教养和社会化过程的不同。用皮亚杰的术语（正如我们在第 6 章学过的）来说，我头脑中有一个关于性别差异的图式，这个图式将心理差异的任何生理根源都排除在外。我对这一观念坚信不移，以致会歪曲任何与之不一致的信息（即如皮亚杰所说的"同化"）。

然而在我有了自己的孩子之后，我的图式彻底改变了。我的女儿们相互间的活动水平差异非常大，在子宫中的生理差异就显而易见，而这也正是男孩和女孩最基本的差异所在。虽然我是初为人母（所以我本应对每个女儿都一样），但我发现自己对待两个女儿的方式非常不同。黛比的活动水平较低，喜欢被人抱着；蕾儿的活动水平高一些，喜欢被人抛到空中！她们的差异影响到她们的人格和兴趣。我记得，我试图给她们营造一个不带性别色彩的环境，让她们有同等的机会接触布娃娃和卡车。让我吃惊的是，几小时的功夫，所有"男孩"的玩具都到了蕾儿的房间，所有女孩的玩具都到了黛比的房间。

尽管我女儿之间的差异不是性别差异，但这让我认识到某些性别差异的确来自于生理差异。

你如何看待性别之间的心理差异呢？你会根据我们所列举的研究证据调整自己对于这一问题的看法吗（顺应图式）？让我们来看看。首先，我们将介绍不同性别之间真实存在的差异，然后将对这些差异给出理论上的解释。看看你的图式是否会随我们而改变。

界定性征与性别

在开始之前，我们最好就术语问题花些笔

墨，特别是辨析**性征**和**性别**这两个概念之间的差异。对这两个概念的区分曾引发心理学界的争论，而这争论迄今还未结束（Deaux，1993；Ruble & Martin，1998）。我们将用性征指代一个人的生物学身份：男性或女性的染色体、生理特征以及激素的影响；用性别指代一个人作为男性或女性的社会和文化身份。记住这样的区别后，让我们开始讨论性别差异和性别角色发展。

儿童的性别对于他（或她）的发展而言有多重要？大多数人都会说："非常重要！"通常，父母们获得的关于孩子的第一个信息即是他们的性别。当年轻自豪的父母们打电话报告孩子降生的喜讯时，亲友们的第一个问题也总是："男孩还是女孩？（Intons-Peterson & Reddel，1984）"的确，来自性别标签的反应往往都是迅速而直接的。在医院的产房和婴儿室，父母们会把他们的儿子喊作"大胖小子"、"小老虎"，热衷于根据他们的哭声、握紧的拳头、乱蹬的脚来评论这些小伙子的力量。小女孩呢，爸爸妈妈会把她们叫作"甜心"、"心肝儿"，说她们是纤弱的、可爱的、讨人喜欢的（Maccoby，1980；MacFarlane，1977）。

从为新生儿祈福的爱称往往能识别出他（或她）的性别。在许多西方国家，男孩一出世即被包裹在蓝色褪褓里，而女孩则被包裹在粉色褪褓中。Hetherington 和 Parke（1975）描述了一位发展学家所面临的难题，这位心理学家不希望她研究中的观察者知道他们所观察的孩子是男孩还是女孩：

> 出生才几天的一些女婴被带到实验室时，头发上就被她们的妈妈戴上了蝴蝶结……研究者再次试图掩盖婴儿的性别，让妈妈们将孩子包起来。结果，女孩大多包在粉红色的褪褓中，而男孩大多包在蓝色的褪褓中。"你能相信还有满是花边的褪褓吗？"

这种性别社会化从婴儿早期即开始了，并会一直继续下去。父母们会给孩子提供"适合"他们性别的衣服、玩具，设计"适合"他们性别的发型（Pomerleau et al.，1990）。父母们和不同性别的孩子有不同的玩法，也对儿子和女儿的回应有着不同的期待（Bornstein et al.，1999；Caldera, Huston, & O'Brien，1989）。因此，很明显，抚养者总是将婴儿的性别看作婴儿的一个重要特征，而这一特征又影响着他们对他（或她）的反应。

性别角色社会化很早就开始了，因为父母通常会为他们的小宝贝选择"适合其性别"的衣服、玩具和发型。

为什么人们对男人和女人有着不同的反应？有一种解释将其归因于两性间的生物差异。别忘了，是父亲决定着后代的性别。从父母双方各接受一个 X 染色体的受精卵是女性基因（XX），最终会发展成一个女孩；从父亲那里接受了 Y 染色体的受精卵是男性基因（XY），最终会发展成一个男孩。会不会是这种基因差异最终导致了行为上的性别差异，从而解释了为什么父母们会以不同的方式对待他们的儿子与女儿？在本章稍后一节中，我们将会更详细地讨论这一有趣的观点。

性别差异并不仅是不同的生物遗传。事实上，几乎所有的社会文化都期待男性与女性有不同的行为方式，也赋予男性和女性不同的性别角色。为了回应这些不同的期待，孩子们必须知道自己是男孩还是女孩，并将这一信息整合到自我概念中。本章将讨论一个有趣并且富有争议的主题——**性别特征形成**，即儿童不仅会获得性别认同，也获得了他生活于其中的社会文化所认可的同一性别成员应持有的动机、价值观以及行为方式的过程。

首先，我们概括了人们在观念上普遍相信的男女在认知、人格、社会行为上的性别差异，其中的一些有事实依据，但更多的只是人们的假想与臆测。然后，我们了解一下性别特征形成的发展趋势。我们会看到，年幼的儿童通常已清楚地意识到了性别角色刻板印象，在上幼儿园之前就表现出了与性别一致的行为模式。在这么小的年龄，儿童是如何学习到这么多的有关性别和性别角色的知识的？接下来，我们将介绍几种有影响的理论，来详细阐述这个问题，看看生物因素、社会经验以及认知发展如何结合在一起交互影响着性别特征形成的过程。之后，我们会对一种新观点做些评论。这种观点认为，传统性别角色在今天的现代社会已经失去了意义。最后，将讨论如何减少性别刻板印象给人们带来的束缚和潜在的负面影响。

区分男性与女性：性别角色标准

在步入大学之前，我们大多数人就已经对男性和女性有了相当多的了解。其实，如果要求你和你的同学列举出男女之间存在的心理差异的十个方面，你一定都不费吹灰之力。我们在这里先抛砖引玉：哪一种性别更可能表露感情？更喜欢整洁？更具竞争性？更可能说粗话？

性别角色标准是被社会成员认可的、更适合某一性别的价值观、动机或行为方式等。一个社会的性别角色标准体现了一种社会文化对男性和女性行为的不同期望，反映了我们区分男性与女性、以不同方式对待男性与女性的刻板印象。

女性作为生育者的角色在很大程度上决定了在大多数社会文化中（包括西方文化）都普遍存在的性别角色标准和刻板印象。人们总是鼓励女孩们承担**表达性角色**，如慈爱、善于照料他人、合作、能敏感觉察他人需求（Conway & Vartanian, 2000；King 2012；Matlin, 2012）。这些心理特质，正是女孩子准备担任妻子和母亲的角色、维护家庭的功能、成功抚养孩子所必需的。与此相对，男孩们总是被鼓励承担**工具性角色**，如支配、果断、独立和富有竞争性。这些心理特质，是男孩子准备担任传统的丈夫与父亲角色，承担养家糊口、保护家庭不受外界伤害的责任所必需的。许多社会文化（尽管不是所有的社会文化）中都存在类似的社会规范和性别角色要求（Wade & Tavris，1999；Williams & Best，1990）。在一项大型研究中，Barry、Bacon 和 Child（1957）分析了

> **性征（sex）**：一个人的生物学身份，受男性或女性染色体、生理特征以及激素的影响。
>
> **性别（gender）**：一个人作为男性或女性的社会和文化身份。
>
> **性别特征形成（gender typing）**：儿童获得性别认同，以及他生活于其中的社会文化所认可的同一性别成员应持有的动机、价值观以及行为方式的过程。
>
> **性别角色标准（gender-role standard）**：被社会认可的、更典型的、适于某一性别的行为方式、价值观或动机。
>
> **表达性角色（expressive role）**：一种社会规范，通常针对女性，即女性应该是合作的、亲切的、善于照料他人的、对他人需求敏感的。
>
> **工具性角色（instrumental role）**：一种社会规范，通常针对男性，即男性应该是支配的、坚定的、富有竞争性的、有明确目标的。

110个非工业化社会的性别特征形成的养育实践，发现了5种心理品质在社会化过程中的性别差异。这5种心理品质是：照料他人、顺从、责任心、成就和自立。如表12.1所示，男孩们更多被鼓励具备成就和自立品质，而女孩们更多被鼓励具有照料他人、有责任心和顺从的品质（也见于Best & Williams, 1997）。

生活在现代工业化社会中的儿童也同样面临着性别特征形成的压力，只是压力的程度和方式可能与非工业化社会的儿童有所不同。性别特征形成的文化差异的例子之一是，许多西方国家的父母们通常在成就问题上对男孩和女孩有着同样的要求（Lytton & Romney, 1991）。另外，表12.1的数据不能说明女孩的自立是不被鼓励的，或者男孩对父母的反抗是可以被父母接受的。事实上，Barry和他的合作者（1957）所研究的这5种心理品质对男孩和女孩都是重要的，只是在一些品质上对男孩的要求更高，而在另一些品质上对女孩的要求更高。因此，社会化的第一个目标是鼓励儿童形成那些可以使他们成为品行端正的良好公民的特征；第二个目标才是通过向女孩强调关系取向的（或是表达性）品质的重要性，向男孩强调个人主义的（或是工具性）品质的重要性，使儿童完成性别特征形成的发展任务。

由于社会文化的准则特别要求女孩承担表达性角色，男孩承担工具性角色，人们可能倾向于认为在实际生活中，女孩和女人是富有感情的，而男孩和男子则是具有实干精神的（Broverman et al., 1972；Williams & Best, 1990）。你可能会认为这样的性别刻板印象已经由于女性权利的提高以及更多女性走出家门参与工作而消失，但事实并非如此。虽然在20世纪后期，在性别平等方面已经发生了一些变化（Boltin, Weeks, & Morris, 2000），但是今天的青少年和青年人仍然认可许多传统的性别模式（Bergen & Williams, 1991；Leuptow, Garovich-Szabo, & Lueptow, 2001；Twenge, 1997）。例如，在一项研究中（Prentice & Carranza, 2002），大学生们坚持认为女人应该是友好、令人愉快、富有同情心、情绪外露并且有耐心的。他们还认为女人不应该顽固、傲慢、盛气凌人或者专横跋扈。他们对于男人的看法是理性、有抱负、自信、运动能力强，并且是拥有很多优势人格的领导者。他们还认为男人不应该情绪化、愚蠢、软弱等。这些关于性别差异的说法有事实根据吗？让我们来看看。

表12.1 在110种社会文化中5种心理品质社会化过程的性别差异

心理品质	社会化压力对男性或女性更大的社会文化的百分比/%	
	男孩	女孩
照料他人	0	82
顺从	3	35
责任心	11	61
成就	87	3
自立	85	0

注：每一种心理品质的累计百分比都没有达到100%，这是因为对于每一种心理品质而言，都有一些社会文化没有强调男性或女性中的一方更应该具有它。以"照料他人"这一心理品质的社会化过程为例，在能收集到相关数据的社会文化中，有18%的社会文化没有在该种心理品质上更为强调男性或女性中的一方更应该具有它。

来源：Adapted from "A Cross-Cultural Survey of Some Sex Differences in Socialization," by H. Barry III, M. K. Bacon, & I. L. Child, 1957, *Journal of Abnormal and Social Psychology, 55*, 327-332.

关于性别差异的一些事实和臆测

古老的法语格言"差异万岁"蕴涵着一个尽人皆知的事实：男人和女人生来就是不同的。男性通常比女性更高、更重、更强健，然而有些令人不可思议的是女性更长寿（Giampaoli，2000）。虽然生理上的性别差异十分显著，但支持心理上的性别差异的证据却不如我们想象的那样确凿。

男女两性间真实存在的心理差异

在一项经典研究中，Eleanor Maccoby 和 Carol Jacklin（1974）回顾了 1500 项关于男女两性的比较研究。这一研究报告了许多当前关于性别刻板印象的观点，结论是只有非常少的传统性别刻板印象有事实根据。他们指出，仅有四项微小但可信的性别差异得到了研究的一贯支持。下面是他们的结论，同时补充了一些近期研究的发现。

言语能力

其中的差异之一是，女孩在多种测验上都表现出了明显的言语优势。女孩获得语言、发展言语技能的年龄较男孩早（Bornstein & Haynes，1998）；在整个童年期和青少年期，女孩在阅读理解和言语流畅性测验上也比男孩有微小但持续的优势（Halpern，2004；Wicks-Nelson & Israel，2006）。在那些需要言语策略（Gallagher, Levin, & Cahalan，2002）或类似言语策略（Halpern，2004）的数学测验上，女性的得分也高于男性。而男孩仅在言语类比推理测验上表现出了相对于女孩来说的些微优势（Lips，2006）。

视觉或空间能力

男孩在**视觉或空间能力**测验上的表现优于女孩。视觉或空间能力是根据图片信息进行推理或在心理上操作图片信息的能力（见图 12.1，一项成绩存在性别差异的测验任务）。男性在空间能力上的优势虽然不大，但在 4 岁时就已经有所体现，而且贯穿生命全程（Choi & Silverman，2003；Halpern，2004；Levine et al.，1999；Voyer, Voyer, & Bryden，1995）。

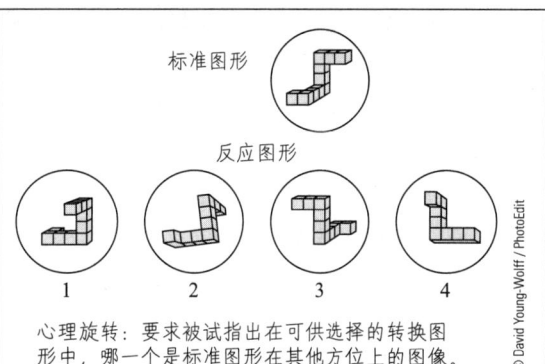

心理旋转：要求被试指出在可供选择的转换图形中，哪一个是标准图形在其他方位上的图像。

图 12.1 成绩上存在性别差异的一项空间测验任务。
来源：From "Emergence and Characteristics of Sex Differences in Spatial Ability: A Meta-Analysis," by M. C. Linn & A. C. Petersen, 1985, *Child Development*, 56, 1479-1498. Copyright © 1985 by the Society for Research in Child Development, Inc. Reprinted by permission.

数学能力

从青春期开始，男孩在算术推理测验上表现出了相对于女孩的微小但持续的优势（Halpern，1997，2004；Hyde, Fennema, & Lamon，1990）。事实上，女孩在计算技能上优于男孩，在数学测验上的成绩甚至高于男孩，部分原因可能是女孩倾向于持有学习型目标而非表现型目标，因而会更努力地学习以提升自己的数学能力（Kenney-Benson et al.，2006）。不过，男孩在数学上比女孩有更多的自我效能感，掌握着更多的数学问题解决策略，因而能够在复杂的填词问题、几何题以及学业能力倾向测验（SAT）的数学部分比女孩有更好的成绩（Byrnes & Takahira，1993；Casey，1996；Lips，2006）。男生在数学问题解决上的优势在高中阶段最为显著，也有更多的男生在数学上表现出了惊人的才能（Lips，2006；Stumpf & Stanley，1996）。似乎是视觉或空间能

> **视觉或空间能力**（visual abilities or spatial abilities）：根据图片信息进行推理，或在心理上操作图片信息的能力。

力和问题解决策略上的性别差异共同促成了算术推理能力上的性别差异（Casey, Nuttall, & Pezaris, 1997）。然而，我们很快就会看到，社会因素——也就是男孩和女孩接收的关于他们各自能力的评价信息——也会影响他们的数学、言语、空间或视觉推理能力。

攻击性

从 2 岁开始，男孩的身体攻击和言语攻击就都多于女孩；在青春期时，男孩卷入反社会行为和暴力犯罪的可能性是女孩的 10 倍（Barash, 2002; Snyder, 2003）。但是，女孩却更容易以隐蔽的方式向他人表现敌意，如冷落他人、忽视他人、故意破坏他人的人际关系和社交地位等（Crick et al., 1997; Crick & Grotpeter, 1995）。

活动水平

甚至在出生之前，男孩的身体活动就比女孩活跃（Almli, Ball, & Wheeler, 2001）；而且在整个童年期，特别是在与同伴的交往中，男孩都一直保持着比女孩更高的活动水平（Eaton & Enns, 1986; Eaton & Yu, 1989）。事实上，男孩表现出的高活动水平有助于解释为什么男孩比女孩更可能发起和参与非攻击性的打闹游戏（Pellegrini & Smith, 1998）。

与女孩相比，打闹游戏在男孩中更为普遍。

恐惧、羞怯和冒险

早在出生后的第一年，女孩在陌生情境中就显得更为恐惧和羞怯。在这样的情境里，她们也比男孩更为谨慎和犹豫，冒险活动也远远少于男孩（Chrisopherson, 1989; Feingold, 1994）。冒险行为的性别差异部分来自于男孩较高的活动水平。但是，父母对于孩子冒险行为的反应也是非常重要的。6～10 岁孩子的母亲报告说，她们会更多地要求女孩遵守抵制冒险行为的规则。为什么？在一定程度上是因为她们很少成功地矫正儿子的冒险行为，因而得出结论"男孩就是男孩"，冒险是"他们的天性"（Morrongiello & Hogg, 2004）。尽管女孩也和男孩一样会从事某些危险行为（如吸烟、酗酒），但在整个童年期和青少年期，男孩都会表现出更多的危险行为，因而也会经历这些行为带来的负面结果（Blakemore, Berenbaum, & Liben, 2009）。

发展的脆弱性

从母亲受孕开始，男孩对产前期和围产期的各种危险以及疾病的不良影响就更为敏感（Raz et al., 1994, 1995）。男孩在发展过程中也比女孩更容易出现各类发展问题，这些发展问题包括自闭症、阅读障碍、言语缺陷、注意缺陷多动障碍、情绪障碍以及某些认知能力上的发展迟滞（Halpern, 1997; Holden, 2005; Thompson, Caruso, & Ellerbeck, 2003）。

情感表达或敏感性

在婴儿早期，男孩和女孩在情绪表达上没有太大差异（Brody, 1998）。但是从学步儿期起，男孩就会比女孩更多地表现出愤怒，而女孩则会比男孩更多地表现出其他各种情绪（Fabese et al., 1991; Kochanska, 2001）。2 岁的女孩即比 2 岁的男孩更多地使用与情绪有关的词语（Cervantes & Callanan, 1998）。与对待儿子相比，学前儿童的父母会更多地和自己的女儿谈论情绪以及与情绪有关的事件（Kuebli, Butler, & Fivush, 1995）。事实上，这种对于反思自身情绪的社会支持或许有助于解释为什么女性通常认为自己的感情比男性的更为深沉和强烈，而且也感觉自己比男性更善于表达情感（Fischer et al., 2004; Fuchs & Thelen, 1988; Saarni, 1999; 也见于Chang et al., 2003）。

关于照料他人和移情这两种心理品质的性别差异，不同研究的结果并不一致。女孩和女人一致报告称她们比男孩和男人更善于照料他人，更能体会他人情感；他人报告的结果也是如此（Baron-Cohen, 2003; Feingold, 1994）。然而，引发移情的实验室研究（让孩子看到他人的沮丧或不幸）发现，面对他人的不幸时，男孩表现出的伤心的面部表情、对他人的关心以及生理反应都和女孩相当（Blakemore, Berenbaum, & Liben, 2009; Eisenberg & Fabes, 1998）。而且在自然情境中，男孩对他们的宠物和年长的亲戚至少表现出了与女孩同样的爱心和关心（Melson, Peer, & Sparks, 1991）。

顺从

从学前期开始，女孩对于父母、教师和其他权威者的要求就比男孩更为顺从（Calicchia & Santostefano, 2004; Smith et al., 2004）。当试图说服他人顺从自己时，女孩一般会采用机智、礼貌的建议（Baron-Cohen, 2003）；而男孩比女孩更多地借助于命令或控制性策略（Leaper, Tennenbaum, & Shaffer, 1999; Strough & Berg, 2000）。

自尊

在整体自尊上，男孩略高于女孩（Kling et al., 1999）。这一性别差异在青春期早期变得更为突出，而且会延续到整个成年期（Robins et al., 2002）。

结论

在回顾关于"真实"的性别差异的证据时，我们必须记住这些资料反映的是"群体的平均数"，它或许不能代表某个特殊个体的行为。例如，性别解释了儿童外显攻击行为约5%的变异（Hyde, 1984）。这说明，儿童外显攻击行为的95%的变异来自于个体间而非性别间。此外，Maccoby和Jacklin的研究所证实的男女在言语、空间和数学能力上非常微小的差异在能力分布的两极（即非常高和非常低的两端）最为显著（Halpern, 1997, 2004），而在其他地方，男女间的这种差异有可能并不存在（Lips, 2006; Stetsenko et al., 2000）。例如，在以色列等国家，女性有很好的机会接受技术训练并从事技术工作，她们在数学能力测验上有更好的表现（Baker & Jones, 1992）。即使在美国，人们预期的性别差异也并非存在于所有族群之中。例如，华裔美国女孩在高水平数学测验（包括SAT的成绩）上和华裔男孩不相上下，而欧裔男孩在SAT上的平均成绩上会比女孩高出40～50分（Lips, 2006）。这些研究发现表明，大多数的性别差异并非生理因素所导致的必然结果，文化以及其他社会因素在性别差异的发展中发挥着重要作用（Halpern, 1997）。

那么，我们在哪些方面可以断定男女之间存在心理差异呢？尽管当代学者时常会就哪些性别差异是真实的或是有意义的问题进行争论（Eagly, 1995; Hyde & Plant, 1995），但大多数发展学家都赞同这样的观点：男女两性在心理上的相似性远大于差异性，即便是那些证据确凿的差异似乎也只是适中的（见图12.2），且与专业资格培训相关（Blakemore et al., 2009）。这意味着，简单依据一个人的性别不可能预测任何人的攻击性水平、数学能力、活动水平或是情感表达能力。只有在计算群体的平均水平时，性别差异才会显现。

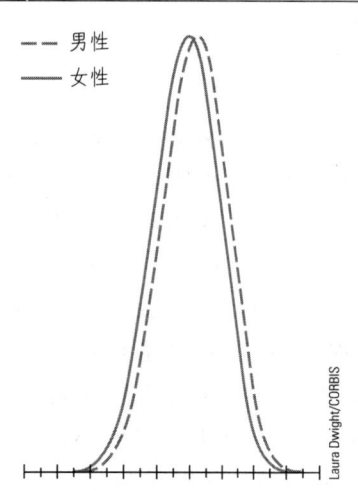

图12.2 这两条分数分布线——一条代表男性，一条代表女性——指出了在那些被一致发现存在性别差异的能力上，男性与女性之间差异的大小。尽管平均数存在些微差距，男性和女性的分数分布在很大程度上是重合的。

来源：Adapted from "Gender Differences in Mathematics Performance: A Meta-Analysis," by J. S. Hyde, E. Fennema, & S. J. Lamon, 1990, *Psychological Bulletin*, 107, p.139-155. Copyright © 1990 by the American Psychologica Association. Adapted by permission.

文化中的虚构之说

另一个为当前大多数发展学家所赞同的观点是由 Maccoby 和 Jacklin（1974）提出的：许多（或许是大多数）性别角色刻板印象只是"文化中的虚构之说"，并没有事实根据。在这些虚构之说中，最被普遍接受的观念有：女性比男性好交际、容易受他人影响、不合逻辑，分析能力和成就动机也不如男性。

为什么存在这些不符合事实的观念？Maccoby 和 Jacklin（1974）指出：

这些虚构之说能够持续存在的可能解释是，刻板印象的影响力非常强大。有必要在这里重申一个古老的事实：如果人们相信关于一个群体的判断，那么当这个群体的成员以人们所预期的方式行动时，观察者会注意到，从而证实并强化了原有的信念；而当群体成员的行为方式与人们的预期不一致时，观察者则倾向于忽略这些事件，他们被概化的信念因此免于被驳斥……（这一）证实（选择性注意）……过程……导致了虚构之说的延续，否则，在相反的证据之下，它们即会消失。

换言之，性别刻板印象是我们用以解释，也常常用以曲解男性与女性行为的固定认知图式（Martin & Halveson，1981；见后面的"研究聚焦"专栏）。人们甚至也用这些图式区分婴儿的行为。在一项研究中（Condry & Condry，1976），研究者请大学生们观看一个9个月大的婴儿玩耍的录像。这个婴儿或被介绍为一个女孩（黛安娜），或被介绍为一个男孩（大卫）。观看录像时，研究者要求大学生们解释婴儿对玩具（如一个玩具熊、一个会跳出小人的玩具盒）的反应。结果显示，大学生对婴儿行为的解释明显依赖于被告之的婴儿的性别。例如，当婴儿被事先介绍为男孩时，婴儿对跳出小人的玩具盒的强烈反应被解释为"愤怒"；而当婴儿被事先介绍为女孩时，婴儿同样的反应则被解释为"害怕"（也见 Burnham & Harris，1992）。

如我们所见，缺乏事实根据的或不正确的性别角色刻板印象对男孩和女孩的发展有着重要影响。对于这些虚构之说的其他一些负面影响，我们将在下一节做进一步的讨论。

文化中的虚构之说会导致能力（和就业机会）上的性别差异吗？

1968年，Phillip Goldberg 请一些大学女生评价一个男性研究者（约翰·麦凯）或一个女性研究者（琼·麦凯）的几篇科学论文。虽然这些论文在各方面都完全相同，男性研究者的论文却得到了更高的评价。

这些年轻女性的评价结果反映了许多社会中都普遍存在的一种观点：女性缺乏在数学和自然科学以及需要数学和自然科学训练的职业中超越男性的潜力（Eccles，2004；Eccles，Freeman-Doan，Jacobs，& Yoon，2000；Tennenbaum & Leaper，2002）。幼儿园和小学一年级的女孩就认为自己在数学上会不如男孩；在小学阶段，儿童会逐渐形成这样的观念：阅读、美术、音乐是女孩的优势学科，而数学、体育和机械是男孩的优势科目（Eccles et al.，2000，Eccles，Jacobs，& Harold，1990；Eccles，Wigfield，Harold，& Blumenfeld，1993）。另外，一项对各职业男女百分比的调查显示，女性在对语言能力有较高要求的职业（如图书管理、初等教育）中所占比例高于男性，而在其他的大多数职业中，特别是科学和需要数学或科学背景的技术领域（如工程学），女性所占比例远远低于男性（Eccles et al.，2000；National Council for Research on Women，2002）；这种差异在欧洲国家也存在（Dewandre，2002）。如何解释这样巨大的差异？这是男女在言语和视觉空间能力上细微的差异所导致的吗？或者，是性别角色刻板印象产生了**自我实现的预言**，从而加大了男女认知上的差异，使得男孩和女孩走上了不同的职业道路吗？今天，更多的发展学家倾向于后一种观点。让我们进行更详细的讨论。

家庭的影响

父母们通常对儿子和女儿有不同的教养方式，这往往加大了不同性别的孩子在能力和自我知觉上的差异。Jacquelynne Eccles 及其同事（1990）进行了一系列研究，期望解释为什么女孩通常会回避数学和科学学科，而且较少从事与数学和科学有关的职业。他们发现，父母对子女数学能力性别差异的预期的确会成为自我实现的预言。他们的研究发现大致如下：

- 父母们受性别刻板印象的影响，期望他们的儿子的数学比女儿好。美国、日本和中国台湾等地的母亲甚至在她们的孩子接受正式的数学教育之前，就持有男孩的数学能力比女孩更强的观点（Lummis & Steverson，1990）。

- 父母们通常将他们的儿子在数学上的成功归因于能力，而把女儿在数学上的成功归因于努力（Parsons，Adler，& Kaczala，1982）。这种归因强化了女孩缺乏数学天赋，只有通过刻苦的学习才能取得好成绩的观念（也见于 Pomerantz & Ruble，1998）。父母传递这些信息的方式通常很微妙。如果一个孩子在为家庭作业寻求母亲帮助时听到母亲说"去问爸爸吧；他有数学头脑"，或是听到爸爸说"宝贝，没事儿，你妈妈学数学也很费劲"，她就会逐步形成一种观念，认为数学是男孩的领域，女孩不太适合（Lips，2006）。

- 儿童会逐渐接受父母的观念，因而男孩会感到自信，而女孩却常感焦虑和沮丧，容易低估她们的一般学业能力（Cole et al.，1999；Stetsenko et al.，2000），特别是低估她们的数学能力（Fredricks & Eccles，2002；Simpkins et al.，2002）。

- 由于认为自己缺乏能力，女孩变得对数学失去了信心，所以选择数学课程的可能性比男孩小，在高中毕业后寻找需要数学背景的工作的可能性也比男孩小（Benbow & Arjimand，1990；Jacobs et al.，2002）。即便是那些认为自己在数学和科学领域能力很强的大学女生，也比她们的男性同学更少考虑在这些领域继

> **自我实现的预言**（self-fulfilling prophecy）：人们会按照他人对自己的期望去表现的一种现象。

续深造或是从事这些领域的工作。

简言之，那些认为自己的女儿与数字打交道存在困难的父母会看到他们的预期成为现实。Eccles 及其同事（1990）在他们的研究中排除了由于女孩的数学成绩的确不如男孩而导致家长（和女孩们自己）对女孩有较低期望的可能。即便男孩和女孩的数学倾向测验分数与数学学科成绩相当时，父母的低期望对女孩自我知觉的负面影响依然是显著的（Eccles et al., 2000; Fredricks & Eccles, 2002; Tennenbaum & Leaper, 2002）。女孩对自己数学成绩的低期望无疑有助于解释为什么在数学成绩不尽如人意的时候，能振作起来力图提高成绩的女孩少于男孩（Kowaleski-Jones & Duncan, 1999）。父母们认为女孩在英文上较有优势、男孩在体育运动上较有优势的观念，也加大了男孩和女孩在这些领域的兴趣与能力的性别差异（Eccels et al., 1990; Fredricks & Eccles, 2002; Tennenbaum & Leaper, 2003）。

学校教育的影响

对于男孩和女孩在特殊学科中的相关能力，教师也同样持有刻板信念。例如，小学六年级的数学教师认为，男孩的数学能力更强，而女孩需要更加努力地学习（Jussim & Eccles, 1992）。即便这些教师们经常为了奖励女生比男生付出的更大的努力，而给她们和男生一样甚至更高的成绩（Jussim & Eccles, 1992; Kenney-Benson et al., 2006），但他们传达出的女生需要付出更大的努力才能学好数学的信息，却让许多女生相信，自己的才能也许最好发挥在其他优势领域，即那些非数量化的学科中，如音乐或英文。

总之，尽管男女认知能力存在差异的观念缺乏科学根据，但导致了上文中讨论过的男女能力差异本来很微小，而女性最终在科学领域以及其他需要量化技能的职业中所占比例远远低于男性。毫无疑问，Eccles 描述的连锁事件是可以避免的。事实上，如果父母的性别角色态度较为传统，他们的女儿在数学和其他理科上的成绩往往会呈现出下降趋势；而如果父母的角色态度能摆脱传统，他们的女儿就不会表现出这样的趋势（Updegraff, McHale, & Crouter, 1996）。尽管如此，在学校中，女孩比男孩更倾向于成为多面手，她们努力在大多数或所有的课程上都做到最好。这样，女孩就有可能在任何科目（特别是诸如数学和科学这样的"男性"科目）上都不出类拔萃，因为她们的时间、精力和天赋分散到了众多科目上（Denissen, Zarrett, & Eccles, 2007）。

近年来，已经有一些针对家长、教师和咨询师的培训，这些培训旨在帮助他们认识到，没有事实依据的性别刻板印象是如何以不易察觉的方式扑灭了有天赋的女生接受科学教育、从事科学职业的热情。有迹象表明，进步已经开始显现。在一项追踪研究中，Eccles 及其同事（Fredricks & Eccles, 2002; Jacobs et al., 2002）发现，在十二年级时，女生对数学的重视程度和男生等同，而且认为她们在数学上的实力也和男生相当（尽管数据仍然显示，在高中阶段，男生和女生对数学的重视程度以及他们判断的自身的数学能力都呈下降趋势）。虽然在美国的自然科学和工程学领域，当前女性就业者所占比例仅为23%，但是在大学新生和毕业生中，女生的比例都高过了男性（Lip, 2006）。2005 年，女性获得了49%的法律学位，47%的医学学位，在工程和科学领域的硕士学位中也有44%的学位被授予了女性。1976 年时，只有10%的自然科学和工程学学位、18%的法律学位和28%的医学学位被授予了女性（Cynkar, 2007）。2006 年，南希·佩洛西（Nancy Pelosi）成为首位美国国会女性领导人（美国众议院发言人）；2007 年，出现了第一位正式的美国总统女性竞争者，参议员希拉里·克林顿

（Hillary Clinton）。因此，我们有理由预言，那些关于女性能力有限的刻板观念会随着更多的女性步入政治领域、科学领域、贸易领域、各类专业领域以及其他所有职业而消失。违反这一趋势即意味着对最具价值的资源——占世界一半以上人口的能力和努力——的浪费。

接下来，我们要讨论性别特征形成的过程，看看男孩和女孩们为何会如此不同地看待他们自己，并选择扮演不同的角色。

经常玩视觉或空间游戏的女孩，往往在空间能力测验上有更好的表现。

性别特征形成的发展趋势

有关性别特征形成的研究集中于三个独立但又是相互关联的主题：(1) **性别认同**的发展，即分清自己是男孩还是女孩，并认识到性别是一种无法改变的特征；(2) 性别角色刻板印象的发展，即关于男性和女性各自应该是什么样的观念；(3) 性别特征行为模式的发展，即儿童发展出对同性别群体成员通常所从事的活动的偏好。

性别概念的发展

性别角色认同的第一步是区分男性和女性，并将自己归入其中一类。简单的性别区分在很早便能够实现。4个月大时，婴儿可以在感知觉测验中将男性与女性的声音与照片进行匹配（Walker-Andrews et al., 1991）；在近1岁的时候，婴儿能够确定地区分男性与女性的照片（女性是长头发的一类；Leinbach & Fagot, 1993）。

2～3岁时，儿童已经能够明确表达出他们的性别知识：他们知道并能正确地运用指示性别的标签"妈妈"和"爸爸"，之后是"男孩"和"女孩"（Leinbach & Fagot, 1986）。2.5～3岁时，几乎所有的孩子都能正确地说出自己是男孩还是女孩（Thompson, 1975），不过能认识到性别是一种不能改变的事实还需要一些时间。例如，许多3～5岁的孩子认为，如果他们真的愿意，男孩可以成为妈妈，女孩可以成为爸爸，而且一个人只要换换衣服和发型就可以成为另一种性别的人（Fagot, 1985b; Szkrybalo & Ruble, 1999）。儿童一般在5～7岁时能够真正理解性别是一种不可改变的特征，所以到上小学的时候，大部分孩子都已形成稳定的、以未来为指向的性别认同（Szkrybalo & Rubble, 1999）。

Susan Egan 和 David Perry（2001）强调，儿童的性别角色认同不仅包括关于"我是男孩（或女孩）而且一直会是男孩（或女孩）"这样的知识，也包括诸如"我是我所在的性别群体中的一个典型（或不典型）成员"、"我对我的生理性别很满意（或不满意）"、"我感觉我的性别比另一种性别好（或不如另一种性别好）"这样一些判断。性别认同的这些方面在小学阶段出现，对儿童的人格和社会性发展有着重要影响。

性别角色刻板印象的发展

值得注意的是，儿童是在明了自己的基本身份是男孩还是女孩的同时即开始习得性别角色刻板印象的。Deanna Kuhn 和她的合作者（1978）

> **性别认同**（gender identity）：个体意识到自己的性别及该性别所具有的含义。

到 2.5～3 岁时，儿童知道男孩和女孩偏好不同类型的活动，他们也已经按照性别刻板印象来游戏了。

向 2.5～3.5 岁的儿童呈现一个名叫"迈克"的男孩布偶和一个名叫"丽莎"的女孩布偶，然后问这些孩子：这两个布偶中的哪一个会进行诸如烹饪、缝纫、玩洋娃娃、玩卡车、玩火车、说很多的话、亲吻别人、打架及爬树等与性别有关的典型活动。几乎所有 2.5 岁的孩子都具有一些与性别角色刻板印象相关的知识。例如，孩子们认为女孩总是会说很多的话，从不打架，经常需要帮助，喜欢玩洋娃娃，喜欢帮助妈妈做饭、干打扫卫生之类的家务活。与此相对，孩子们认为男孩喜欢玩卡车，喜欢帮助他们的爸爸，喜欢制作东西，常会说"我能打赢你"之类的话（也见于 Blakemore，2003）。在这些 2～3 岁的孩子中，掌握了较多性别刻板印象知识的孩子一般都能够根据其他孩子的照片说出他们的性别（Fagot，Leinbach，& O'Boyle，1992）。

在上学前和小学低年级，儿童更多地知道哪些玩具、活动更适于男孩或女孩，男孩和女孩各自在哪些学科占有优势（Blakemore，2003；Serbin，Powlishta，& Gulko，1993；Welch-Ross & Schmidt，1996）。到小学阶段，男女儿童在各种心理现象上都表现出了显著的差异，他们首先习得的是自己所属性别的积极特征和异性的消极特征（Serbin，Powlishta，& Gulko，1993）。到 10～11 岁时，儿童的人格特征刻板观念已经能和成人相提并论了。在一项著名的跨文化研究中，Deborah Best 及其同事（1977）发现，英国、爱尔兰和美国的四至五年级学生一般认为女性更为柔弱、情绪化和世故，也更有同情心和爱心，而男性则更为雄心勃勃、武断、好攻击、好支配和冷酷。后期的一项囊括了来自世界许多国家被试的研究揭示，这些（以及其他许多）人格特征在男性和女性间真实地存在着（Williams，Satterwhite，& Best，1999）。

儿童会认真看待这些性别刻板印象，并要求自己依其行事吗？许多 3～7 岁的孩子正是如此：他们往往会像个大男子主义者那样思考问题，将性别角色标准看作不容侵犯的、所有人都必须遵守的准则（Banerjee & Lintern，2000；Biernat，1991；Ruble & Martin，1998）。看看一个 6 岁的男孩对喜欢玩洋娃娃的男孩乔治的评论：

（人们为什么告诉乔治不要玩洋娃娃？）是这样，他只能玩那些男孩子们应该玩的东西，而他现在玩的是小女孩的洋娃娃……（如果乔治自己想玩，他可以玩芭比娃娃吗？）当然不可以……（那乔治应该怎么做呢？）他应该停止玩芭比娃娃，开始玩特种部队。（小男孩为什么可以玩特种部队，却不可以玩芭比娃娃？）因为如果他玩芭比娃娃，人们会笑话他的。如果他总是玩芭比娃娃，希望女孩们喜欢他，那女孩们也不会喜欢

他的。(Damon, 1977, p.255)

年幼儿童为什么如此刻板,对逾越性别角色的行为如此不能容忍呢?为什么20世纪70年代的研究结论在今天依然适用?第一,与性别相关的问题对3～7岁的孩子非常重要;第二,尽管对于成人的性别规范随时代发生了变化,但在童年期,需遵从性别图式的压力仍然存在。距离有关小乔治的访谈已经过去快40年了,但女孩们仍然在玩芭比娃娃,男孩们也还是在玩特种部队——连玩具都没变!而且,这正是他们坚定地把自己归为男孩或女孩,并开始意识到事情将会永远如此的时期。因此,他们可能夸大性别角色刻板印象以符合自己的认知,因为只有这样,他们关于性别角色的认知与他们头脑中的自我形象才是一致的(Maccoby, 1998)。

但是,到8～9岁时,儿童在关于性别的认知上开始变得较为灵活,少了些大男子主义(Blakemore, 2003; Levy, Taylor, & Gelman, 1995; McHale, Crouter, & Tucker, 2001)。现在看看9岁的詹姆斯是如何区分人们必须恪守的道德准则和习俗上应遵循但不必严格遵守的性别角色标准的。

(你认为他的父母会怎么做呢?)他们应该……给他买卡车和盖房子的材料,看看他是否玩这些东西。(那如果他还是玩洋娃娃呢?你认为他们会惩罚他吗?)不会。(为什么?)那并不是在做什么坏事情。(为什么不是坏事情?)因为……如果他砸破了窗户玻璃,而且还老那么做,他们可能会惩罚他,因为砸玻璃是不应该的。但是如果你愿意,你可以玩洋娃娃。(这有什么区别?)是这样,砸玻璃是不应该做的事情,而如果你自己想玩洋娃娃你就可以玩,不过男孩们通常不玩洋娃娃。(Damon, 1977, p.263)

但是,即使学龄儿童口头表示男孩和女孩能够自由地追求异性通常会有的兴趣,从事异性经常从事的活动,也并不一定意味着他们实际上赞同这样的做法。当问到他们是否愿意与一个擦唇膏的男孩或踢足球的女孩成为朋友,并让他们评价这种性别角色的交叉时,学龄儿童(和成人)对女孩的违规行为表示了相当程度的宽容。但是,他们(尤其是男孩)却对行为像女孩的男孩严词斥责,将他们逾越规则的行为看作如同触犯了道德准则一般严重。可以看到,在性别角色问题上,人们对男孩施加了更大的压力(Blakemore, 2003; Levy, Taylor, & Gelman, 1995)。

文化影响

虽然在西方个体主义社会中,8～10岁的孩子对于行为违反性别刻板印象的态度逐渐灵活,但其他社会中的孩子不一定如此。在中国台湾这样一个注重人际和谐、强调实现社会期望的集体主义社会中,大人们鼓励孩子接受和遵循传统的性别角色预期。因此,中国台湾8～10岁的孩子与西方个体主义(以色列城市地区)社会中的同龄人相比,更难接受对性别角色的逾越,特别是对男孩而言(Lobel et al., 2001)。

青少年对于性别刻板印象的看法

青少年早期,也就是从小学到初中的转折期,儿童在关于男性和女性可以表现出的特征、拥有的爱好和可以追求的职业这些问题上,开始变得越来越灵活。但是很快,性别角色的规定又一次变得僵化,男孩和女孩对男性和女性表现出的异性风格都表示出强烈的不能容忍(Alfieri, Ruble, & Higgins, 1996; Sigelman, Carr, & Begley, 1986; Signorella, Bigler, & Liben, 1993;见图12.3,该图描述了儿童对于性别刻板行为的感受的发展变化)。我们如何解释这第二回合的性别沙文主义?

显然,青少年对跨性别的风格和行为变得更加不可容忍,与在这一时期经历的一个更为广泛的过程——**性别强化**——有关。性别强化即性别差异的放大,与个体进入青春期后遵从性别角色的压力增长相关联(Galambos, Almeida, & Peterson, 1990;Hill & Lynch, 1983)。男孩开始认为自己更具男子气;女孩更为强调她们女性化的一面(McHale et al., 2001;McHale, Shanahan et al., 2004)。为什么会存在性别强化?父母的影响是因素之一:当孩子进入青春期时,母亲更多地关注女孩的日常活动,而父亲更多地关注男孩的日常活动(Crouter, Manke, & McHale, 1995)——特别是在既有男孩也有女孩的家庭中。

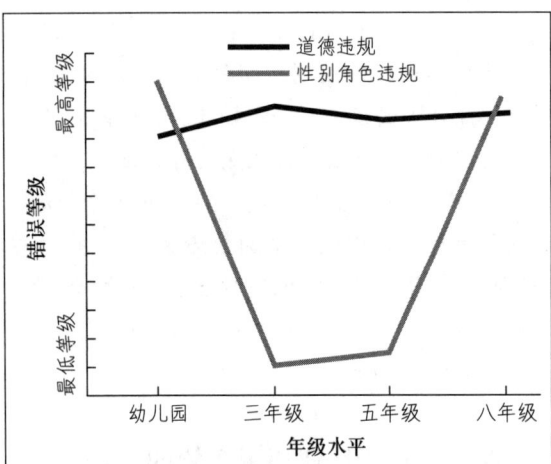

图12.3 儿童对违反性别角色(如一个男孩擦指甲油)和违反道德(如将另一个小孩从秋千上推下去)的错误程度的等级评定。注意,所有年龄段的儿童都严厉谴责了不道德行为,但只有幼儿和青少年将性别角色违规行为看作错误。小学儿童开始比以前更为灵活地看待性别角色标准,但青少年开始顾及偏离个体"适当"性别认同行为的心理意义。

来源:Adapted from "Children's Concepts of Cross Gender Activities," by T. Stoddart & E. Turiel, 1985, *Child Development*, 59, 793-814. Copyright © 1985 by the Society for Research in Child Development, Inc. Adapted by permission.

在这些家庭中,父母一般对与自身性别相同的孩子的社会适应负主要责任(McHale & Crouter, 2003;Shanahan et al., 2007)。但是,同伴的影响可能更为重要。青少年逐渐意识到,他们必须遵循传统的性别角色规范才能顺利迎来约会时光。一个性格顽皮,做事大大咧咧的姑娘可能会发现,在青少年期,只有在穿着和行为上更为女性化,才能吸引男孩。而一个男孩则可能发现,如果他展现出充满男子气概的形象,会更受青睐(Burn, O'Neil, & Nederend, 1996;Katz, 1979)。青少年期遵从传统角色的社会压力的增长或许有助于解释为什么在进入青春期后,认知能力上的性别差异也变得更为显著(Hill & Lynch, 1983;Robertset al., 1990)。在这之后的高中阶段,十几岁的青少年们对自己作为年轻男士或女士的身份更为认同,在对性别问题的认识上又一次变得更为灵活(Urberg, 1979)。但即便是成年人,对公然无视性别角色要求的男性仍然很不能容忍(Levy, Taylor, & Gelman, 1995)。

性别特征行为的发展

评估儿童行为"性别适宜性"最常用的方法是观察他们和谁玩以及玩什么。儿童在玩具偏好上的性别差异在很早的时候就已经表现出来了——甚至早于儿童明确地形成性别认同和正确地将各种玩具标明为"男孩的东西"或"女孩的东西"的时间(Blakemore, LaRue, & Olejnik, 1979;Fagot, Leinbach, & Hagan, 1986;Weinraub et al., 1984)。例如,Leif Stennes 及其同事(2005)发现,在13个月大的孩子们的假装游戏中,女孩们表现出的动作和交流姿势显示她们主要是在扮演父母,而男孩的动作和姿势主要是在模仿一些男性活动,如敲椰头、用铁锹挖东西等。14~22个月大的男孩一般更喜欢卡车和小汽车,而这个年龄的女孩则更喜欢玩洋娃娃和毛绒玩具（Smith & Daglish, 1977）。实际上，18～24个月大的婴儿通常拒绝玩异性孩子的玩具，即便是在没有其他选择的情况下也是如此（Caldera, Huston, & O'Brien, 1989）。

性别分离

儿童对同性同伴的偏好发展得非常早。在托儿所里，2岁的女孩已偏爱与其他女孩玩耍（La Frenière, Strayer, & Gauthier, 1984）；3岁时，男孩们确实是选择男孩而不是女孩作为玩伴。这种**性别分离**现象在许多社会文化中都能观察到（Leaper, 1994；Whiting & Edwards, 1988），而且会随儿童年龄的增长逐渐增强。6岁半时，儿童与同性同伴相处的时间是与异性同伴相处时间的10倍以上（Maccoby, 1998）。如果一个年幼的孩子真的与异性同伴在一起玩耍，通常都至少有一个同性同伴在场（Fabes, Martin, & Hanish, 2003）。而且，小学儿童和前青少年期儿童一般会觉得与异性同伴的相处不很愉快，他们对待异性同伴不像对待同性同伴那么友善（Underwood, Schockner, & Hurley, 2001）。有趣的是，尽管年幼儿童认为依据性别将一个同伴排斥在玩洋娃娃或卡车之外是不对的（Killen et al., 2000），但他们通常还是会这么做（也见于 Brown & Bigler, 2004）。

Alan Sroufe 及其同事（1993）发现，那些坚守着清楚的性别界限，避免与"敌人"交往的10～11岁儿童常会被看作有社会能力的、受欢迎的，而那些违反了性别分离规则的儿童则没有那么受同伴欢迎，适应状况也差一些。实际上，那些对异性间友谊表现出偏好的儿童有可能遭受到同伴的拒绝（Kovacs, Parker, & Hoffman, 1996）。不过，性别界限和对异性同伴的偏见在青少年期会逐渐模糊和减弱，青春期的各种社会和生理因素会触发青少年们对异性同伴的兴趣（Bukowski, Sippola, & Newcomb, 2000；Serbin, Powlishta, & Gulko, 1993）。

为什么会发生性别分离？Maccoby（1998）认为，这一现象在很大程度上反映了男孩和女孩不同的游戏风格。男孩和女孩互不相容的游戏风格可能是由男孩具有较高的激素水平，因而喜欢活跃、打闹的行为造成的。在一项研究中（Jacklin & Maccoby, 1978），一位成年观察者记录了在一个有许多玩具的游戏室里，同性结伴、异性结伴在一起游戏的频率，以及儿童独自玩耍的频率。如图12.4所示，男孩对男孩的社会回应远多于对女孩的回应，而女孩也更乐于和女孩在一起。发生在同性别同伴之间的互动通常积极而友好。但与此相对，女孩在异性结伴游戏中较为退缩，女孩不那么喜欢打闹，愿意采取礼貌的协商而不是命令和武力的手段解决与玩伴的冲突，而男孩们常常过于吵闹和专横，不易与女孩和谐相处（Martin & Fabes, 2001；Moller & Serbin, 1996）。在整个童年期，男孩更倾向于在同性别群体中游戏或做其他各种事情，而女孩不如男孩热衷团体活动，她们更关注个体，更乐意以同性别一对一的形式活动（Benenson & Heath, 2006）。此外，人们一般认为女孩应该安静地、平和地玩耍，如果她们和男孩子一样打打闹闹，就会受到批评（Blakemore, 2003）。

认知和社会认知的发展也促进了儿童性别分离的进一步增强。一旦学前儿童将自己标记为男孩或是女孩，并开始获得性别刻板印象，他们就会偏爱自己所属的群体，甚至将异性看作一个有着许多负性特征的同质外群体（Martin, 1994；Powlishta, 1995）。实际上，那些有着更多性别

> **性别强化**（gender intensification）：青少年早期性别差异的放大，与个体遵从传统性别角色的压力增大相联系。

> **性别分离**（gender segregation）：儿童喜欢与同性伙伴交往，而将异性伙伴看作圈外人的倾向。

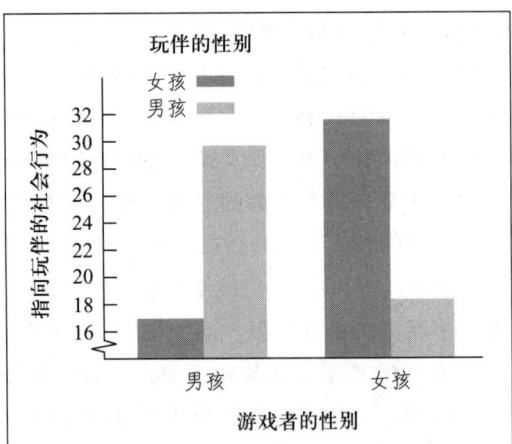

图12.4 2～3岁的学步儿已经开始偏爱同性别的玩伴了。男孩更喜欢与男孩交往，而女孩对女孩更友好。

来源：Adapted from "Social Behavior at 33 Months in Same-Sex and Mixed-Sex Dyads," by C. N. Jacklin & E. E. Maccoby, 1978, *Child Development*, 49, 557-569. Copyright © 1978 by the Society for Research in Child Development, Inc. Adapted by permission.

刻板观念的儿童最有可能在他们的游戏活动中坚守性别分离，从不或者很少结交异性朋友（Kovacs et al., 1996；Martin, 1994）。

性别特征行为中的性别差异

许多文化，包括美国文化，都给予了男性角色更高的地位（Blakemore, Berenbaum, & Liben, 2009；Turner & Gervai, 1995），但男孩也往往比女孩承受着更大的性别角色压力（Bussey & Bandura, 1992；Lobel & Menashri, 1993）。女孩的父亲一般都愿意给自己12个月大的女儿买一个玩具卡车，而男孩的父亲却拒绝让自己的儿子接触洋娃娃（Snow, Jacklin, & Maccoby, 1983）。男孩一般会比女孩更快形成符合性别的玩具偏好。例如，Judith Blakemore及其同事（1979）发现，2岁的男孩明显地偏爱与其性别相适宜的玩具，但2岁的女孩并不一定如此。在18个月～2岁时，许多孩子（男孩更多）都形成了对有典型性别特征的玩具和活动的极度兴趣，如男孩爱玩车，女孩喜欢布娃娃，喜欢给布娃娃穿衣服等（Deloache, Simcock, & Macari, 2007）。3～5岁时，(1) 男孩比女孩更可能说他们不喜欢异性的玩具（Bussey & Bandura, 1992；Eisenberg, Murray, & Hite, 1982）；(2) 在一个喜欢玩男孩游戏的女孩和一个喜欢玩女孩游戏的男孩之间，男孩甚至更可能喜欢让前者作为玩伴（Alexander & Hines, 1994）。

4～10岁时，男孩和女孩越来越清楚地知道人们对于他们的期望，并会遵从这些文化规范（Huston, 1983）。但女孩比男孩更有可能保持对异性的玩具、游戏和活动的兴趣。John Richardson和Carl Simpson（1982）分析了750名5～9岁的儿童在写给圣诞老人的信中透露出的玩具偏好。他们发现，虽然绝大多数请求都明显带有性别特征，但如我们在表12.2中所看到的，有更多的女孩希望得到"异性的"物品。在实际性别角色上，小女孩们往往会希望她们是男孩，而且有近一半的女大学生报告说她们在年幼的时候是假小子（Burn, O'Neil, & Nederend, 1996）。但是，很少有男孩说希望自己是女孩（Martin, 1990）。

有几种原因或许可以解释为什么女孩在童年中期喜欢参与男孩的活动，扮演男性化角色。首先，她们逐渐意识到男性化行为更受到重视，女孩想成为"最好的"（或至少在某些方面不同于二等公民）是很自然的想法（Frey & Ruble, 1992）。其次，人们给予了女孩更多的参与异性活动的自由；女孩成为"假小子"不会招来多大的麻烦，但男孩的"娘娘腔"必将遭受嘲弄和拒绝（Martin, 1990）。最后，大人总是希望女孩玩过家家之类的玩具（洋娃娃、玩具小屋、餐具、清洁用具和照料小孩的用品）和游戏，鼓励她们学习如何照料他人，形成表达性的倾向。但剧烈的男性化游戏和刺激的"动作"玩具或许

性别特征形成的亚文化差异

尽管范围不大，但是有关性别特征形成的社会等级差异和种族差异的研究表明：(1) 中产阶级的青少年（但不是儿童）相对于社会经济地位较低的同伴，对待性别角色的态度更为灵活（Bardwell, Cochran, & Walker, 1986；Canter & Ageton, 1984）；(2) 非裔美国儿童相对于欧裔美国儿童，所持有的女性刻板印象较少（Bardwell, Cochran, & Walker, 1986；Leaper, Tennenbaum, & Shaffer, 1999）。

研究者们将性别特征形成的社会等级差异和种族差异归因为教育和家庭生活的差异。例如，中产阶级背景的人们通常有更多的接受教育和就业的机会，这也许可以解释为什么他们对于男人和女人所应该扮演的角色有更灵活的态度。

为什么非裔美国儿童的性别刻板印象较少呢？一个原因可能是非裔美国人的社区历史上在共同承担家庭责任方面更崇尚男女平等（King, Harris, & Heard, 2004），所以父母对待孩子的行为不像其他文化群体那样有很大的差异。的确，Jaipaul Roopnarine 及其同事（2005）最近发现，和欧裔家庭中母亲照料、父亲陪玩的传统模式不同，非裔父亲并不会受到太多限制，他们给婴儿的照料抚慰、声音刺激和关爱与母亲一样多（甚至更多）。作为照料者，他们的行为与母亲几乎没什么不同。另外，非裔美国单亲家庭的比例高于欧裔单亲家庭，这些单亲家庭的母亲通常都在外工作（U.S.Bureau of the Census, 2001）。因此，非裔美国家庭的儿童对于女性的刻板观念较少，实际上反映了他们的母亲比欧裔美国家庭的母亲在承担为人父母的角色时，更有可能兼具工具性（男性）和表达性（女性）功能（Leaper, Tennenbaum, & Shaffer, 1999）。

最后，如果父母尽力培养儿童平等的性别角色态度，他们的孩子在看待哪些活动和工作适于男性和女性的问题上，就会比来自传统家庭的儿

表 12.2 向圣诞老人祈求流行的"男性化"和"女性化"物品的男孩和女孩的百分比 /%

	男孩祈求的比例	女孩祈求的比例
男性化物品		
车辆	43.5	8.2
运动装备	25.1	15.1
空间或时间玩具（建筑用品、时钟等）	24.5	15.6
女性化物品		
洋娃娃（成年女性）	0.6	27.4
洋娃娃（婴儿）	0.6	23.4
家居用品	1.7	21.7

来源：Adapted from "Children, Gender and Social Structure: An Analysis of the Contents of Letters to Santa Claus," by J. G. Richardson & C. H. Simpson, 1982, *Child Development*, 53, 429-436. Copyright © 1982 by The Society for Research in Child Development, Inc. Adapted with permission.

只是被女孩认为比熟悉的家居玩具和游戏更为有趣。

尽管女孩早期有可能对男性化活动持有兴趣，但大多数的女孩在青春期开始时都会倾向于遵守（或至少顺从于）女性化性别角色的要求（McHale, Shanahan, et al., 2004）。为什么？也许，生物、认知和社会方面的原因都存在。一旦她们进入青春期，身体变得更具女性特征（生理发育），女孩们往往会感觉到如果她们希望自己吸引异性，就必须更为女性化（Burn, O'Neil, & Nederend, 1996；Katz, 1979）。此外，这些年轻人已经进入了形式运算阶段，并获得了更为复杂的角色扮演技能（认知的增长）。这有助于解释为什么她们：(1) 对自己正在变化的身体意象更为自知（Jones, 1965；McCabe & Ricciardelli, 2005）；(2) 对他人对自己的评价如此关注（Elkind, 1981；记住假想观众现象）；(3) 对性别强化压力更为敏感，因而也更倾向于遵从社会所认同的女性角色规范。

童较少表现出性别刻板印象（Weisner & Wilson-Mitchell, 1990）。但是，这些儿童对于传统的性别刻板观念仍然有非常清楚的认识。他们在为自己选择玩具和活动时，和来自传统家庭的儿童表现出了同等程度的"性别特征"。

总之，性别角色的发展速度惊人（Ruble, Martin, & Berenbaum, 2006，见表12.3）。达到入学年龄时，儿童早已建立起基本的性别认同，获得了许多有关性别差异的刻板印象，形成了对适宜性别的活动和同性别玩伴的偏好。在童年中期，有关性别的知识随着他们更多地了解到与性别刻板印象有关的心理特征而继续扩展，对性别角色的认知也变得更为灵活。然而他们的行为，尤其是男孩子们，变得更具性别特征。同时，儿童也进一步将自己从异性群体中分离出来。现在，我们面临的一个最为有趣的问题是：这一切为什么发生得如此之快？

表 12.3 性别特征形成概览

年龄	性别认同	性别刻板印象	性别特征行为
0—2岁	分辨男性和女性的能力开始显现和发展。儿童能够准确称呼自己是男孩或女孩。	开始显现一些性别刻板印象。	开始偏好具有性别特征的玩具或活动。开始喜欢与同性别朋友一起玩（性别分化）。
3—6岁	开始出现性别守恒（认为自己的性别无法改变）。	开始显现对兴趣、行为和职业的性别刻板印象，并且变得非常严苛。	对具有性别特征的游戏或玩具更为喜爱，特别是男孩。性别分化加强。
7—11岁	性别认同扩展到对典型性别特征与性别满意度的认知。	开始显现对人格特质和成就方面的性别刻板印象。性别刻板印象变得不那么僵硬。	性别分化继续深化。男孩对具有性别特征的玩具或活动更为偏爱；女孩开始对一些男性化活动感兴趣（或保持）兴趣。
12岁及以上	性别认同更为明显，反映出性别强化的压力。	青少年早期对跨性别的怪癖不能容忍。青少年后期性别刻板印象变得更为灵活。	青少年早期性别特征行为的从众性增强，反映出性别强化的作用。性别分化现象开始减弱。

概念核查12.1　理解性别差异和性别角色的发展

回答以下问题，检查你对性别差异和性别角色发展的理解。答案见附录。

判断题： 判断下列陈述的对与错。

1. 与男孩相比，女孩在阅读理解方面表现出微小但恒定的优势。

2. 与女孩相比，男孩在视觉或空间能力上表现出微小但恒定的优势。

3. 与男孩相比，女孩在成就动机上表现出微小但恒定的优势。

填空题： 在下列句子的空白处填上适合的词或短语。

4. 导致十几岁的青少年再一次不能容忍跨性别行为风格的可能是____。

5. 我们的____会导致我们歪曲或误解观察到的非性别典型行为。

匹配题：给下列概念选择最合适的定义。

　　a. 性别角色标准
　　b. 性别分离
　　c. 游戏风格的变化

____ 6. 被认为更适于某一性别的价值观、动机或行为。

____ 7. 一些研究者所认为的导致性别分离的原因。

____ 8. 一种对某个群体的归属倾向，在童年期随年龄的增长而增强。

选择题：为下列各题选择最佳答案。

____ 9. 胡安妮塔对自己是个女孩的意识非常强烈。她知道无论她进行什么样的活动，长大做什么，她都还是个女孩。胡安妮塔已经达到了

　　a. 性别理解　　　　b. 性别强化
　　c. 性别认同

____ 10. 胡安喜欢玩洋娃娃，但他爸爸不允许他在家里玩任何洋娃娃。他爸爸希望他和其他男孩玩，建立起男性性别认同。胡安会因为以下哪种因素的推动而建立起这样的性别认同？

　　a. 自我实现的预言　　b. 性别角色标准
　　c. 性别强化

性别特征形成与性别角色发展的理论

心理学家们提出了几种理论，用以解释性别差异和性别角色的发展。一些理论强调不同性别间生理差异的作用，另一些理论则强调社会对儿童的影响。在试图理解性别及其内涵时，一些理论强调社会如何影响儿童，另一些理论则关注儿童自己的选择。让我们先简要介绍两种生物取向的理论，然后再思考那些更具社会取向的观点——精神分析理论、社会学习理论、认知发展理论以及性别图式理论。

进化理论

进化心理学家（如，Buss，1995，2000；Geary，1999，2005）提出，男性和女性在人类历史上承受着不同的进化压力，这种自然选择的过程导致了男性和女性的根本差异，从而决定了他们在劳动上的分工。例如，在第2章中，我们提到进化论如何解释男性和女性为保存各自的基因在所偏爱的求偶策略上的差异。男性为繁衍后代只需贡献出精子，他们通过与多个对象结合，生育多个孩子，才能确保自身基因的延续。女性则必须投入更多的精力才能达到同样的目的。她们怀胎9个月生下孩子后，还要含辛茹苦地把孩子养大，以确保自己的基因得以延续。为了能成功地养育孩子，女性朝着慈爱、温和、善于照料他人（表达性特征）的方向进化，同时，也更倾向于选择关爱自己、能够提供资源（食物和保护），从而保证自己孩子生存的男性。男性必须比女性更具有竞争性、更坚定、更具攻击性（工具性特征），这些特性将增加他们赢得更富魅力的伴侣和获取资源的机会。

按照进化理论者的观点（Buss，1995，2000），男性和女性可能在许多方面有心理上的相似性，但是在整个进化史中，他们面临不同的适应问题，在这些相关领域就会存在差异。以男性在视觉或空间任务上的优势为例，空间技能对于狩猎是不可或缺的；如果猎人不能预测他们的长矛（或是石块和箭）追随运动着的猎物的轨迹，就很难获取猎物。这样，为生存而提供食物的压力就使得男性，也就是通常的猎物供给者，发展出比女性更为优越的空间技能。

儿童也同样认为性别和生理上的性征是紧密联系在一起的。考虑一下Marianne Taylor（1996）的研究。她在研究中以这样的故事和问题对儿童进行了访谈："从前有一个叫克莉丝的小孩，她

来到一个美丽的小岛生活。那个小岛上只有小男孩和男人，克莉丝是唯一的女孩。她在岛上过着十分快乐的日子，但从没见过其他的小女孩和女人。"（Taylor，1996，p.1559）问题是：克莉丝会是什么样子的呢？

当Taylor（1996）让4～10岁的儿童说出克莉丝喜好的玩具、职业理想和人格特点时，4～8岁的儿童会赋予她典型的女性特征，尽管克莉丝生活在一个男性化的环境中且从没见过一个女孩或女人。换言之，学前儿童和小学低年级儿童表现出了一种本质主义先天论偏见，即认为克莉丝的女性生理结构决定了她将会变成什么样的人。在这项研究中，只有9～10岁的儿童能在一定程度上考虑克莉丝生活的男性化环境可能影响到她的活动、愿望和人格特点。

对进化观点的批评

对性别差异和性别特征形成的进化论解释受到了广泛的批评。这种解释只适用于解释在不同文化间具有一致性的性别差异，却忽视了那些具有文化特异性或是只存在于特定历史时期的差异（Blakemore et al.，2009）。此外，**社会角色假设**的支持者提出，心理上的性别差异并非生物进化特征的反映，而是因为：（1）文化给男性和女性的不同角色分工（例如，供给者和家庭主妇的分工）；（2）为了更好地承担各自的角色，依照社会化的实践发展男孩和女孩的性别特征，例如，坚定或养育（Eagly，Wood，& Diekman，2000）。今天，即便是许多生物取向的理论者，也持较为折中的观点。他们认为，生物和社会因素交互作用，共同决定着个体的行为和角色偏好。

男性和女性之间的哪些生物差异可能是重要的呢？其中之一是，男性拥有一个Y染色体，因此一些基因是所有女性都不具备的。此外，男性和女性之间的激素水平显然是不同的。男性的雄性激素（包括睾丸激素）水平高于女性，而雌性激素水平低于女性。依照著名的性别特征形成的交互作用理论，这些与性别相关的生物因素，与重要的社会因素一起，推动着男孩和女孩发展出不同的行为模式和性别角色。下面就让我们来看看这一具有影响力的理论。

Money 和 Ehrhardt 的生物社会理论

Money 和 Ehrhardt（1972）指出，一系列关键性事件会影响个体最终形成男性化或女性化性别角色偏好。第一个关键性事件即母亲受孕时儿童从父亲那里继承的是X还是Y染色体。在受孕后的前6周里，发育中的胚胎只有一个未分化的性腺，性染色体将决定着它是发育成男性的睾丸还是女性的卵巢。如果Y染色体存在，这个未分化的性腺将发育成睾丸；否则将发育成卵巢。

新形成的性腺将决定第二个关键性事件的结果。男性胚胎的睾丸会分泌两种激素：睾丸酮和米勒管抑制素（又称抗米勒管激素）。前者促进男性内部生殖系统的发育，后者抑制女性生殖系统的发育。如果不存在这两种激素，胚胎将发育出女性的内部生殖系统。

第三个关键时期，即受孕后的3～4个月，睾丸分泌的睾丸酮将促使阴茎和阴囊的生长。如果睾丸酮不存在（如在一个正常的女性身体内部）或男性胎儿患有一种罕见的隐性遗传疾病——**睾丸女性化综合征**，使得其身体对于男性激素反应迟钝，胎儿则会发育出女性的外生殖器（阴唇和阴蒂）。睾丸酮也能够影响大脑和神经系统的发育。例如，它给男性的大脑发出指令在一定的生理周期内停止分泌激素，让男性在青春期不会出现月经。

婴儿一旦出生，社会因素即开始发挥作用。父母和其他人根据孩子生殖器的外观判断他的性别，并做出相应反应。如果孩子的外生殖器异常，他（或她）就会被错误地归入另一个性别群体，这一错误的标签会影响他（或她）未来的发展。例如，如果一个生物意义上的男孩一直被认为是女孩，并当作女孩抚养，那么他在2.5～3岁的时候就会形成女孩的性别认同（虽然没有女孩的生理上的特点）。然后，生理因素的影响在青春期又会再次显现。这时，个体身体内部释放大量激素，刺激生殖系统的发育、第二性征的出现以及性冲动的产生。这些事件与个体在早期形成的男性或女性性别认同一起，成为成人性别认同和性别角色偏好的基础（图12.5）。但是，这其中有多少是先天决定的，又有多少是后天引起的呢？

生物因素影响性别角色发展的证据

生物因素在多大程度上影响着男性和女性的行为？为了回答这一问题，我们必须回顾一下有关基因和激素的研究。

遗传影响

遗传因素可能导致人格、认知能力和社会行为的性别差异。例如，Corrine Hutt（1972）推测，一些发展障碍在男孩中更为常见。这可能是因为X染色体通常携带着隐形特质（例如，脆性X综合征、肌肉萎缩和血友病）。（第2章中曾谈到，男孩更容易具有这些特质是因为男孩只有一个X染色体，只需要遗传一个隐性基因就会患病。）此外，进入青春期时，部分由基因型控制的生物变量对视觉或空间任务的成绩有轻微影响，即"青春期时间"效应。所谓**"青春期时间"效应**，即无论是男孩还是女孩，那些成熟较晚的个体往往比那些早熟的个体在一些视觉或空间任务上有更好的表现。据说，缓慢的成熟能够促进大脑右半

> ➤ **社会角色假设**（social roles hypothesis）：一种观点，认为社会对男性和女性的不同角色分工，导致并维持了性别间的心理差异以及性别角色刻板印象（而不是将其归因于生物进化的结果）。
>
> ➤ **睾丸女性化综合征**（testicular feminization syndrome，TFS）：一种遗传疾病，即男性胎儿对雄性激素的影响不敏感，因而发育出女性的外生殖器。
>
> ➤ **"青春期时间"效应**（timing of puberty effect）：研究发现，那些较晚进入青春期的个体在视觉或空间任务上较那些早熟的个体有更好的表现。

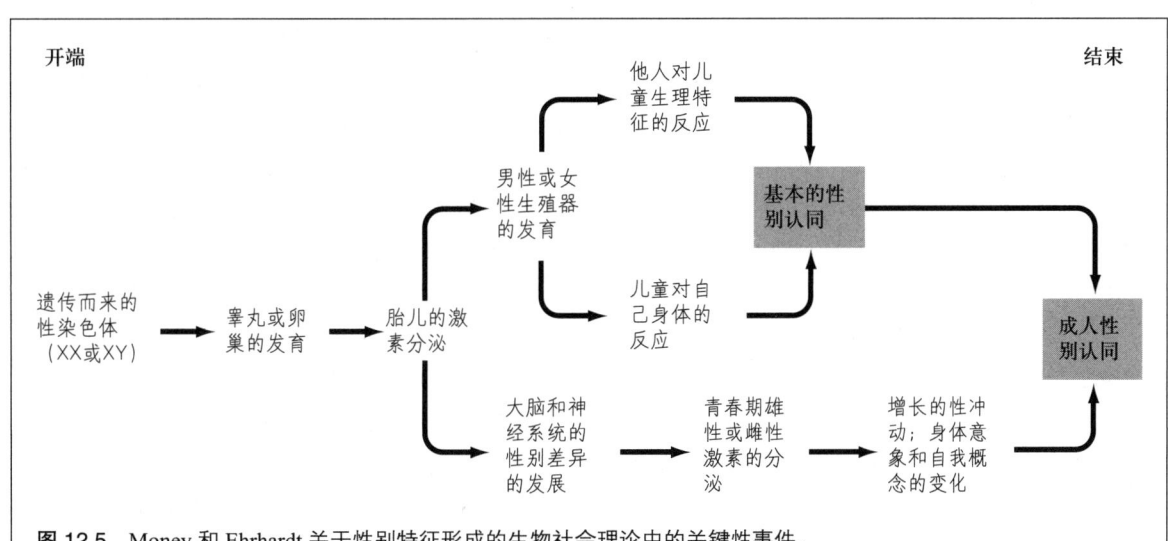

图12.5 Money 和 Ehrhardt 关于性别特征形成的生物社会理论中的关键性事件。
来源：From *Man and Women, Boy and Girl*, by J. Money & A. Ehrhardt, 1972. Copyright © 1972 by Johns Hopkins University Press. Reprinted by permission.

球的特异化程度，而大脑右半球是主管空间功能的（见 Newcombe & Dubas, 1987）。然而，这之后的研究表明，与"青春期时间"效应相比较，男孩和女孩的空间作业成绩更受先前参与空间活动以及自我概念的影响（Levine et al., 1999; Newcombe & Dubas, 1992; Signorella, Jamison, & Krupa, 1989）。具体而言，看来较强的男性化自我概念和丰富的玩空间玩具及游戏的经验促进了男孩和女孩空间技能的增长，而贫乏的空间思维经验和女性化自我概念似乎抑制了空间能力。

我们的男性化和女性化自我概念与我们所遗传的基因有多密切的关联呢？来自几个以青少年双胞胎为研究对象的行为遗传学研究发现，基因型能解释男性化自我概念 50% 的变异，但只能解释女性化自我概念 0～20% 的变异（详见第 2 章中关于行为遗传学的研究；Loehlin, 1992; Mitchell, Baker, & Jacklin, 1989）。所以，尽管基因决定着我们的生物性别，而且在一定程度上影响着性别特征形成的结果，但是男性化和女性化自我概念的变异至少有一半应归因于环境的影响。

激素的影响

对那些出生前处于"错误"激素环境中的儿童的研究发现，生物因素对发展的影响是比较显著的（Ehrhardt & Baker, 1974; Gandelman, 1992; Money & Ehrhardt, 1972）。在不了解后果的情况下，一些容易流产的母亲服用了含有黄体酮的药物，而黄体酮在人体内会转化为雄性激素。另一些患有**先天性肾上腺增生**的儿童由于基因异常，其肾上腺会在胎儿出生以前即开始分泌异常高水平的雄性激素。上述情况对男性胎儿没有什么影响，但会造成女性胎儿的男性化。虽然这些胎儿的基因型是 XX，有女性的内部器官，出生时却有着类似于男性的外生殖器（例如，类似于阴茎的大阴蒂，类似于阴囊的融合的阴唇）。

Ehrhardt 和 Baker（1972，1974）跟踪研究了几个切除了外生殖器，被当作女婴抚养的**男性化女性**。与她们的姐妹和其他女孩相比，这些雄性激素超出正常水平的女孩是爱打闹的假小子。她们经常与男孩玩耍，偏好男孩的玩具和游戏而不是传统的女孩们所从事的活动（也见 Berenbaum & Snyder, 1995; Servin et al., 2003）。实际上，这种对男孩玩具和活动的偏好会持续下去，哪怕这些女孩的妈妈们强烈鼓励她们从事典型的女孩活动，并极力赞扬她们玩女孩玩具的行为（Pasterski et al., 2005）。进入青春期以后，她们开始约会的时间晚于其他女孩，而且认为应当在建立了事业以后再结婚。这些女性报告自己是同性恋或双性恋的比例非常高，达到 37%（Berenbaum, 1998, 2002; Money, 1985）。男性化女性在空间能力测验上的表现优于大多数女孩和女人，这进一步说明早期暴露于雄性激素环境对女性胎儿的大脑可能具有"男性化"的作用（Berenbaum, 1998, 2002; Resnick et al., 1986）。事实上，一项瑞典人的研究揭示了一种与剂量有关的效应。那些先天性肾上腺增生更为严重的女孩（也就是说，在胎儿期更大程度地暴露于雄性激素环境中），对男性化的玩具和职业表现出了最浓厚的兴趣（Servin et al., 2003）。或许读者会怀疑，家庭成员会在儿童早期因为这些女孩异常的生殖器而像对待男孩那样对待她们。但对这些女孩的父母的访谈显示，他们并没有这么做（Ehrhardt & Baker, 1974）。即便是在出生前女孩暴露于正常范围内的睾丸激素水平的变异（由母亲所引起）都会与女孩在 3 岁半时的游戏行为有关：母亲子宫内睾丸激素正常水平偏高的女孩比激素处于较低水平的女孩对男性化的玩具和活动表现出了更强烈的兴趣（Hines et al., 2002; 但也见于 Knickmeyer et al., 2005，该研究未能重复这一发现）。所以我们必须认真考虑以下可能性：(1) 男性和女性之间的一些差异可能是以激素为中介的，也许反映了激素对脑组织的影响（Cahill,

2005），因此提示（2）胎儿期暴露于极端的雄性激素环境将影响到女性的态度、兴趣与活动。

社会标签影响的证据

尽管生物力量可能引导男孩和女孩从事不同的活动，形成不同的兴趣爱好，但 Money 和 Ehrhardt（1972）强调社会标签效应也是十分重要的——它们能够修正甚至逆转生物性向。

过去，有一些男性化女孩出生时被认为是男孩，而且一直被当作男孩来抚养，直到她们的异常情况被发现。Money 和 Ehrhardt（1972）报告说，如果这种错误很早就能得以发现和矫正（通过变性手术），使得性别转换在 18 个月以前完成，婴儿就很少或不会产生适应问题。但是 3 岁以后，变性就极其困难了，因为有这些基因的女孩经历了很长时间的男性性别特征的形成，已经将自己标识为男孩了。根据这一发现，Money 和 Ehrhardt 推论，18 个月—3 岁是性别认同建立的"敏感期"。正如后面的"研究聚焦"专栏所指出，也许将生命的前 3 年称为"敏感期"更为准确，因为其他一些研究者提出，在青春期有可能重新建立性别认同。然而，Money 的发现表明，早期的社会标签和性别角色社会化在决定儿童的性别认同和角色偏好上具有非常突出的作用。

文化影响

由于大多数社会文化都鼓励男性的工具性特征和女性的表达性特征，一些理论家因此得出结论说，传统的性别角色是事物的自然规律的一部分，是我们的生物进化历程的产物（Archer，1996；Buss，1995）。然而，在不同文化之间，人们对于男孩和女孩的期望有着巨大差异（Whiting & Edwards，1988）。回顾一下 Margaret Mead（1935）对巴布亚新几内亚岛的三个部落社会的经典研究。在阿拉佩什部落中，男性和女性都被教导要合作、不侵犯他人、敏感觉察他人的需要。在西方文化中会将这些行为特征看作表达性的或是女性化的。与此相对，蒙杜古莫部落中的男性和女性都被期望是武断的、攻击性的、在人际关系中情感冷漠的——这是西方标准中典型的男性化行为模式。最后，查姆布里部落中的性别角色模式与西方社会中的恰好相反：男性是被动的、情感依赖的和社交敏感的，而女性则是支配的、独立的和果断的。可见，这三个部落成员的发展遵循他们各自的文化所认同的性别角色模式——其中没有一种性别角色模式与西方社会中的女性（表达性）－男性（工具性）模式相符。显而易见，社会因素对性别特征的形成有着重要影响。

性别角色行为通常是具有文化特定性的。和许多秘鲁男孩一样，这位小男孩习惯性地洗衣服，并参与其他家务劳动。

总之，Money 和 Ehrhardt 的生物社会理论强调早期生理发育的重要性，它影响父母和其他社会关系人在儿童出生时如何标记其性别，也可能更直接影响着儿童的行为。不过，他们的理论也认为，儿童作为男孩或作为女孩被社会化，将显

> **先天性肾上腺增生**（congenital adrenal hyperplasia, CAH）：一种基因异常，导致肾上腺在胎儿出生以前就开始分泌异常高水平的雄性激素，会造成女性胎儿的男性化。
>
> **男性化女性**（androgenized females）：由于在胎儿阶段处于雄性激素环境，一些女性发育出类似于男性外部生殖器的器官。

研究聚焦　生物决定命运？性别指派惹的祸

当生物性征与社会标识发生冲突时，该听谁的呢？思考下面这个案例，同卵双胞胎男孩中的一个在做包皮环切术时，阴茎不慎被弄伤，并且无法治愈（Money & Tucker, 1975）。在征求了医学建议并左右思量之后，父母同意做阉割手术，去除他们儿子的外在男性特征。手术之后，家里人开始把这个孩子当成女孩来抚养，改变她的发型，给她穿带花边的衣服和裙子，并且买女孩的玩具给她玩，教她蹲坐式小便这样的女性行为。到5岁时，这个"女孩"已经完全不像她的双胞胎哥哥了。她称自己是女孩并且比她的哥哥优雅整洁得多。到此时，这是一个社会化指派的性征和性别角色战胜生物倾向的例子。然而，事情真的是这样吗？

Milton Diamond 和 Keith Sigmundson（1997）追踪了由布鲁斯变成的布兰达的成长经历，并发现这个故事纠结的结局（也见 Colapinto, 2000，记录了这个案例的完全档案，包括专家对他本人、父母、哥哥和朋友的访谈）。布兰达报告说，最开始她完全不喜欢女性的玩具和衣服。布兰达喜欢哥哥玩的东西，还喜欢把东西拆开看它是怎么工作的。布兰达并不知道自己生来是个男孩，长到十岁时她开始怀疑自己并非真正的女孩。她不仅对女孩"有感觉"，还经常和男孩打架，而且"……我以为我有怪癖或什么的……但是我不想承认"。她因为身体壮硕而被同龄人疏远，继续面临着行事必须更加女性化的压力，并且要去动手术构造一个阴道，从而变得完全女性化。最后，14岁时，布兰达的内心经受了数年的痛苦挣扎甚至有过自杀的念头，她终于受够了。她拒绝了阴道手术，停止注射雌性激素，取而代之的是做乳房切除术，注射雄性激素，并做手术重塑了一个阴茎。出现在人们面前的是一个英俊的小伙子（现在叫"大卫"），非常时尚，和女孩约会，25岁时结了婚，他为这来之不易的男性认同激动不已（Colapinto, 2000）。然而，他的故事有着伤痛的结局——他在38岁的时候自杀了（Colapinto, 2004）。或许，我们需要放下早期性别角色社会化十分重要这一观点。生物因素也很重要。

支持生物学的第二个证据来自于一项对多米尼亚共和国的18个男孩的研究。他们都患有一种遗传疾病（睾丸女性化综合征，TFS），使他们在出生以前的雄性激素丧失作用（Imperato-McGinley et al., 1979）。他们生下来的性别就是模糊的，并且都被当作女孩抚养长大。然而，到了青春期时，在雄性激素的影响下，他们开始长胡子并且肌肉也变得发达起来。根据 Money 和 Ehrhardt 的关键期假设，一个童年时完全被当作女孩看待的人怎样才能适应自己变成男人呢？

令人惊讶的是，这18个人中有16个都能够接受自己从女到男的转变，并开始过上男性化的生活，包括和异性谈恋爱。只有1人维持着女性认同和女性角色。剩下的1人虽然转换了男性性别认同，但是仍然打扮成女性。显然，这项研究也毫不留情地颠覆了"3岁前的社会化对后期性别角色的发展绝对是关键"的论调。它指明了激素影响比社会影响更重要。

然而，Imperato-McGinley 的结论也受到了质疑（Ehrhardt, 1985）。报告中几乎没有说明这些人是怎样长大的，很可能多米尼亚的父母知道 TFS 在他们那里很

常见，从小时候就把患此病的孩子与其他女孩区别对待。而且，这些"女孩变的男孩"的生殖器从外观上也与常人不完全一样，在多米尼亚文化中，人们常常在河里洗澡，也就意味着他们在很小的时候就可以将自己的身体与正常女孩（和男孩）进行比较，并发现自己是"不同"的。所以这些孩子可能并不接受完全女性化的抚养方式，甚至可能从来都没有把自己看成女孩。我们不应该自动地把他们后期的男性化角色归功于激素。在另一项研究中，TFS男性来自新几内亚的赞比亚，他们也被当作女孩养大，而社会压力（其实就是他们不能生孩子）似乎是青春期之后性别转换的主要原因（Herdt & Davidson, 1985）。

最后，另一个加拿大的小男孩也是在做包皮环切术的时候阴茎受伤，于是从7个月大开始就被当成女孩抚养。现在，他已经成年了，而且很享受他的女性身份认同（Bradley et al., 1998）。这样看来，遗传不能决定命运，社会影响才是塑造个人性别认同的重要条件。

这些对生殖器异常者的研究告诉我们：生物因素设定了我们是发展成男性还是女性；3岁之前对建立性别认同也许是敏感期，但不是关键期；无论生物还是社会标签都不能完全决定性别角色的发展。

著影响着他们的性别角色的发展——简言之，生物和社会因素交互作用，但是准确地说，它们是如何交互作用的呢？

心理－生物－社会观点

Diane Halpern（1997）提出了一种**心理－生物－社会观点**，用以解释先天和后天因素如何共同影响性别特征的发展。按照该模型，胎儿期的雄性或雌性激素环境影响着男性和女性脑组织的发育。例如，它让男孩的大脑对空间活动更擅长，女孩的大脑对安静的言语交流更敏感。这些敏感性的增强，与人们关于何种活动更适合男孩和女孩的信念一起，使得男孩更可能（且实际上也会）获得较丰富的空间活动经验，而女孩更经常参与言语游戏活动（见于 Bornstein et al., 1999）。借鉴认知神经科学领域的最新进展，Halpern 提出，男孩和女孩拥有的不同的早期经验将影响他们还未发育成熟、具有高度可塑性（可变化性）的大脑的神经元通路。虽然遗传密码对大脑发展施加了某些限制，但它并不提供特定的"书写"指令，大脑发育的精确构造在很大程度上是由个人经验决定的（Johnson, 1998）。因此，依据 Halpern（1997）的理论，比女孩有着更多早期空间经验的男孩，其主管空间功能的大脑右半球皮层会发育出更多的神经通路。而这又使得他们对于空间思维活动更为敏感，更易获得空间技能。与此相对，女孩主管言语功能的大脑左半球皮层会发育出更多的神经通路，而这又使得她们对言语活动更为敏感，更易获得言语交流技能。因此，从心理－生物－社会理论者的观点出发，天性和教养相互依存，的确不能截然分开。如 Halpern 所说："生物因素和社会因素正如一对有着共同心脏的连体婴儿，不可分离。(p.1097)"

但是，无论是生物社会理论还是心理－生物－社会模型，都未对显著影响着儿童的性别认同和性别特征行为模式形成的社会化过程做具体阐述。接下来，我们就来看一些关于性别特征形成的社会理论。第一个就是弗洛伊德的精神分析理论。

> **心理－生物－社会观点**（psychobiosocial model）：一种关于先天因素和后天教养交互作用的观点，认为个体的早期经验会影响大脑的发育，而得到进一步发育的大脑又会影响个体以后应对类似情境的反应。

弗洛伊德的精神分析理论

弗洛伊德认为，性欲（性本能）是与生俱来的。但是，他相信个体的性别认同和对某种性别角色的偏好是从**性器期**开始的。在性器期，个体开始模仿并**认同**他们同性别的父母。具体而言，弗洛伊德认为，当3～6岁的男孩被迫认同他们的父亲，以放弃对于母亲的乱伦幻想、减轻**阉割焦虑**、解决**俄狄浦斯情结**时，他们会内化男性化特质和行为。但是，弗洛伊德相信，性别特征形成对于女孩更为困难。女孩没有阴茎，已经感到被阉割，遭受着会被迫认同自己的母亲以解决**厄勒克特拉情结**的巨大恐惧。那么，女孩是如何发展出对女性性别角色的偏好的呢？弗洛伊德提出了几种可能，其中之一是女孩感情的目标，即她的父亲，会鼓励其母亲的女性化行为——那些会增强母亲的吸引力的行为。母亲是女孩的女性楷模，为了取悦父亲（或者在认识到不可能占有父亲的事实之后，为与其他男性发展关系做准备），女孩会热衷于内化母亲的女性特征，完成性别特征的形成（Freud，1924/1961a）。

虽然儿童大致会在弗洛伊德描述的年龄迅速地学习性别刻板印象，并发展出具有性别特征的玩伴偏好和活动，但是弗洛伊德关于性别特征形成的精神分析理论并不完美。许多4～6岁的男孩并不了解男性和女性生殖器的区别，很难想象男孩们如何会像弗洛伊德所描述的那样感受着对阉割的恐惧，女孩们又如何会感受到自己已被阉割（Bem，1989；Katcher，1955）。此外，弗洛伊德假定，男孩对父亲的认同建立在恐惧的基础上，但是许多研究者发现，比起那些常常过度惩罚孩子、具有威胁性的父亲，男孩们更认同和蔼而慈爱的父亲（Hetherington & Frankie，1967）。最后，学龄儿童在心理上并非与同性别父母更为相似（Maccoby & Jacklin，1974）。显然，这些研究发现不利于弗洛伊德关于儿童是出于恐惧通过认同同性别父母从而获得性别典型特征的观点。

接下来，我们讨论关于性别特征形成的社会学习理论，看看这一思路是否更具说服力。

根据弗洛伊德的理论，儿童通过对同性别父母的认同发展出适宜的"男性化"或"女性化"特点。

社会学习理论

根据班杜拉（1989；Bussey & Bandura，1999）等社会学习理论者的观点，儿童通过两种途径获得性别认同、形成性别角色偏好。首先，通过**直接训导**，儿童那些与其性别特征相适宜的行为会得到鼓励和奖赏，而那些被认为更适于异性的行为则受到惩罚或阻止。其次，通过**观察学习**，儿童会习得多个同性别榜样的态度和行为特点。

性别角色的直接训导

父母是否会积极主动地培养男孩们成为男孩，女孩们成为女孩呢？答案是肯定的（Leaper，Anderson，& Sanders，1998；Lytton & Rommney，1991），并且他们对孩子性别特征行为的培养从很早就开始了。例如，Beverly Fagot 和 Mary Leinbach（1989）发现，在孩子2岁时，也就是还没有获得基本的性别认同，也没有表现出明显的性别角色偏好时，父母就会鼓励儿童与其性别相适应的行为，并阻止他们与其性别不一致的行为。20～24个月大时,女孩们跳舞、打扮自己(像女性那样)、向父母撒娇、请求帮助、玩洋娃娃之类的活动会受到持续的强化,而她们拆装物体、跑、跳、攀、爬之类的活动常会受到阻止。与此相反,男孩们玩洋娃娃、寻求帮助等女性化的行为常会遭到斥责,但如果他们玩一些男性化的东西,如积木、卡车、搬运玩具等需要较多肌肉活动的游戏,就会受到积极鼓励(Fagot, 1978)。

儿童会受到父母提供的"性别课程"的影响吗?当然会!事实上,对于那些表现出明确的差别(分化)强化的父母,他们的孩子很快就能:(1)标识自己是男孩还是女孩;(2)对具有性别典型特征的玩具和活动形成明显的偏好;(3)获得对性别刻板印象的理解(Fagot & Leinbach, 1989; Fagot, Leinbach, & O'Boyle, 1992)。而且,父亲通常会比母亲更为积极地鼓励儿童与性别特征相一致的行为,阻止那些被认为不适于其性别的活动(Leve & Fagot, 1997; Lytton & Romney, 1991)。所以,儿童最初对于具有典型性别特征的玩具和活动的偏好似乎是父母(特别是父亲)成功强化他们的这种兴趣的结果。

在整个学前期,父母渐渐不再细心指导和差别强化儿童形成性别特征的活动(Fagot & Hagan, 1991; Lytton & Romney, 1991)。实际上,有许多其他因素协力维持着儿童性别特征形成的兴趣,其中最重要的一点即是兄弟姐妹和同性别同伴的行为(Beal, 1994; McHale, Crouter, & Tucker, 1999)。同伴的影响尤为强大:甚至是在他们建立基本的性别认同之前,2岁的男孩们就会对同伴玩洋娃娃和与女孩一起玩之类的活动表示轻蔑,并孤立这样的同伴。2岁的女孩们也会苛刻地对待那些选择男孩作为玩伴的女孩(Fagot, 1985a)。这样,同伴们开始差别强化儿童符合性别特征的态度与行为。这种同伴强化将会贯穿整个儿童期(Martin & Fabes, 2001),即便父母不再像从前那样要求孩子坚持符合性别特征的兴趣和活动,同伴强化依然会持续。

观察学习

依照社会学习理论(Bandura, 1989),儿童获得典型性别特征和兴趣的第二种途径是观察和模仿多个同性别榜样。其假设是,通过选择性地观察和模仿多个同性别榜样,包括同伴、教师、哥哥姐姐、媒体人物以及爸爸妈妈等,儿童了解到哪些玩具、活动和行为适宜"男孩",哪些适宜"女孩"(Fagot, Rodgers, & Leinbach, 2000)。

然而问题是,在学前期,同性别榜样的影响到底有多重要呢?研究者发现,3～6岁的儿童通过仔细观察两种性别的榜样,对两种性别的典型模式都知之甚多(Leaper, 2000; Ruble & Martin, 1998)。例如,对于那些妈妈在外工作(扮演男性化的工具性角色),或是爸爸在家承担诸

> **性器期(phallic stage)**:弗洛伊德提出的性心理发展的第三个阶段(3—6岁)。在该阶段,儿童通过抚弄自己的性器官获得性本能的满足,儿童还会产生对异性父母的乱伦幻想。
>
> **认同(identification)**:弗洛伊德提出的一个术语,用以描述儿童模仿他人(通常是同性别的父母)的倾向。
>
> **阉割焦虑(castration anxiety)**:弗洛伊德理论中的术语,指年幼的男孩害怕父亲会阉割自己,以作为对自己的竞争行为的惩罚。
>
> **俄狄浦斯情结(Oedipus complex)**:弗洛伊德理论中的术语,指3～6岁的男孩所经历的一种心理冲突,他们对母亲抱有乱伦幻想,并对父亲产生了嫉妒和敌意的竞争心理。
>
> **厄勒克特拉情结(Electra complex)**:俄狄浦斯情结的女性形式。认为3～6岁的女孩会嫉妒她们的父亲具有阴茎,会选择父亲作为追求对象,希望能与父亲共享这一她们所没有的重要器官。
>
> **直接训导(direct tuition)**:通过强化年幼儿童的"适宜"行为,惩罚或阻止他们的不适宜行为,指导他们的行为举止。
>
> **观察学习(observational learning)**:通过观察他人的行为而学习。

如做饭、打扫卫生、照顾孩子这些女性化任务的孩子，他们的性别刻板印象相对父母角色较为传统的孩子要少得多（Serbin, Powlishta, & Gulko, 1993；Turner & Gervai, 1995）。类似地，有姐妹的男孩以及有兄弟的女孩，相比较只有同性别兄弟姐妹们的孩子，所表现出的对典型性别活动的偏好也更小（Colley et al., 1996；Rust et al., 2000）。此外，John Masters 及其合作者（1979）发现，学前期儿童在观察某种行为时，更为关注的是该行为的性别适宜性，而不是榜样的性别。例如，4～5 岁的男孩会玩那些所谓的"男孩的玩具"，即便他们曾看到有女孩在玩也无妨。但是，这些小伙子却不愿玩那些他们曾看到的男孩子玩过的"女孩的玩具"。而且他们认为，其他男孩也会对这些所谓的"女孩的玩具"置之不理（Martin, Eisenbud, & Rose, 1995）。因此，儿童对玩具的选择更大程度是受玩具被赋予的标签影响，而不是受玩玩具的榜样的影响。不过，一旦他们认识到性别是人格中不可改变的一种特性（在5～7 岁的时候），儿童就会更为关注同性别榜样，并倾向于回避异性榜样玩的玩具和活动（Frey & Ruble, 1992；Ruble, Balaban, & Cooper, 1981）。

通过鼓励和从事与性别刻板印象相反的活动，父母可以避免让他们的孩子形成僵化的性别刻板印象。

科尔伯格的认知发展理论

劳伦斯·科尔伯格（Lawrence Kohlberg, 1966）提出了一种关于性别特征形成的认知理论。这一理论与我们已经讨论过的几种理论截然不同，它有助于解释为什么一些男孩和女孩在父母并不赞许的情况下，仍然选择了传统的性别角色。科尔伯格的主要观点如下：

- 性别角色的发展依赖于认知的发展；儿童必须对性别特征的形成有一定程度的了解之后，才能够被社会经验所影响。
- 儿童会积极地参与自身的社会化过程；他们并不只是社会影响的被动承受者。

根据精神分析理论和社会学习理论的观点，儿童在父母的鼓励下学会做男孩或是女孩该做的事情；之后，他们会认同或是习惯性地模仿同性别榜样，获得稳定的性别认同。与此相反，科尔伯格认为，儿童首先建立起了一种稳定的性别认同，然后再积极地寻找同性别榜样或是其他一些信息，从而学会让自己像一个男孩或是女孩。对科尔伯格而言，事情并不是"人们像对待一个男孩一样对待我，所以我必须成为一个男孩"（社会学习的立场）；而更可能是"嗨，我是个男孩；所以我必须尽我所能来努力成为一个男子汉"（认知—自我—社会化立场）。

科尔伯格认为，儿童要充分理解成为一个男性或一个女性的内涵，必须经过以下三个阶段：

- **基本性别认同**。3 岁时，儿童已经能够肯定地将自己标记为男孩或是女孩。
- 获得对**性别稳定性**的理解。稍后，儿童能认识到随着时间的推移，性别是稳定不变的。男孩长大后必定是男人，女孩长大后必定是女人。
- 对**性别恒常性**的理解。当儿童能够认识到一个人的性别也具有跨情境的稳定性时，他们对性别概念的理解就是完整的。进入该阶段的5～7岁儿童不再被表面现象所愚弄。例如，他们知道，一个人的性别是不会因为穿异性的衣服、从事异性的活动而改变的。

儿童从什么时候开始积极主动地参与自己的社会化过程，即寻找同性别榜样，学习像一个男性或女性那样行事呢？根据科尔伯格的观点，社会化过程只有在儿童获得了对性别恒常性的理解之后才会开始。所以，对于科尔伯格而言，对性别的充分理解触发了真正的性别特征的形成。

针对20种不同文化展开的研究表明，学前儿童确实是按照科尔伯格所描述的顺序依次经历上述三个阶段的，而且对性别恒常性（或性别守恒性）的理解非常明显地与认知发展的其他方面——如理解物质在液体和固体状态下质量不变——的能力存在关联（Marcus & Overton, 1978; Munroe, Shimmin, & Munroe, 1984; Szkrybalo & Ruble, 1999）。另外，男孩们在获得了对性别恒常性的理解之后，对电视中男性角色的关注开始超过对女性角色的关注（Luecke-Aleksa et al., 1995）；他们现在会喜欢男性榜样所偏好的玩具，而不是女性榜样所喜欢的玩具——即便被他们抛弃的玩具更具有吸引力（Frey & Ruble, 1992）。所以，建立了坚定的性别认同的儿童（特别是男孩）通常会谨慎行事，会选择同性别成员所认为的更适宜的玩具和活动。

对科尔伯格理论的批评

科尔伯格的理论存在的最大问题是，性别特征形成的过程在儿童获得成熟的性别认同之前就已经开始了。还记得那些在获得基本性别认同之前就已经偏好男性化玩具的2岁男孩吗？而且，3岁的男孩和女孩远在他们更为关注同性别榜样之前，就已经了解了许多性别角色特征，而且明显偏好适于自身性别的活动和同性别同伴。此外，在3岁（科尔伯格理论中的基本认同阶段）之后，或是在将自己归为男孩或女孩之后，性别的再确认都是极为困难的。更重要的是，儿童对与性别、性别角色刻板印象的僵化认识似乎是与他们对于性别稳定性（而不是性别恒常性）的理解联系在一起的。一旦他们实现了对于性别恒常性的理解，反而会对性别刻板印象持有更为灵活的认识（见于Ruble, Martin, & Berenbaum, 2006; Ruble et al., 2007）。所以，科尔伯格认为对性别的充分理解是性别特征形成的先决条件的观点过于极端。如我们即将要看到的，对于儿童获得稳固的性别特征和活动偏好而言，只有对性别的最基本理解才是不可缺少的。

性别图式理论

Carol Martin 和 Charles Halverson（1981, 1987）提出了一种新的关于性别特征形成的认知理论（实际上是一种信息加工理论）。这一理论可能更具说服力。与科尔伯格一样，Martin和Halverson相信，儿童总是非常积极主动地获取与自己的男孩或女孩自我形象相一致的兴趣、价值观和行为方式。但与科尔伯格不同的是，他们认为这种"自我社会化"的过程在儿童2.5～3岁形成了基本的性别认同之后就会开始，并将持续到6～7岁，儿童获得了对性别恒常性的理解。

> ➤ **基本性别认同（basic gender identity）**：性别认同的阶段之一。在该阶段，儿童第一次将自己标识为男孩或是女孩。
>
> ➤ **性别稳定性（gender stability）**：性别认同的阶段之一。在该阶段，儿童认识到随时间推移，性别是稳定不变的。
>
> ➤ **性别恒常性（gender consistency）**：性别认同的阶段之一。在该阶段，儿童认识到一个人的性别是不会改变的，即便他的行为或外貌发生了改变（也称性别守恒性）。

按照 Martin 和 Halverson 的性别图式理论，基本性别认同的建立有助于儿童学习有关性别的知识，并将这些信息整合到**性别图式**——一系列有关男人和女人的观念与期望——之中。这种性别图式将影响儿童选择何种信息进行关注、加工和记忆。儿童首先会获得简单的**组内或组外图式**，使得他们能够区分哪些事物、行为和角色是"男孩的"，哪些又是"女孩的"（如卡车是属于男孩的；女孩可以哭，男孩却不能）。这些都是研究者通常会考察的关于儿童性别特征形成的问题。这种对事物和活动的最初分类显著地影响着儿童的认知。在一项研究中，研究者向 4～5 岁的儿童呈现他们不熟悉的中性玩具（如八音盒、磁铁玩具），告诉他们这些东西是给男孩或女孩玩的，要求儿童说出他们和其他男孩或女孩是否喜欢这些玩具。儿童明显依赖玩具被赋予的标签来进行思考。例如，男孩比女孩更喜欢被标记为男孩的玩具，他们认为其他男孩也会比女孩喜欢它们。而当这些玩具被标签为"女孩的"东西时，儿童们报告了完全相反的推理过程。如 Martin 和 Ruble 所形容的，"在性别问题上，儿童都是侦探，他们探查着关于性别的线索——谁应该或不应该进行某种活动，谁可以和谁玩，男孩和女孩为什么会不同"（p.67）。即便是最具吸引力的玩具，在它们被标记为异性的东西时，也立即失去了魅力（Martin, Eisenbud, & Rose, 1995）。

依照这一理论，儿童会构建一种**自我性别图式**。自我性别图式由一些细节信息组成，儿童需要借助于这些信息才能表现出与其性别相一致的行为。所以，一个具有基本性别认同的女孩知道缝纫是女孩的活动，而制作飞机模型是男孩的活动。因为她是一个女孩，希望自己的行为能与其自我概念相一致，就会收集大量有关缝纫的信息填充到她的自我图式中，同时忽略许多有关制作飞机模型的信息。

性别图式一旦形成，就会成为信息加工的脚本。在第 7 章中曾谈到，学前期的儿童通常会有一个时期，很难回忆与他们的日常事件的知识脚本相背离的信息。同样的情况也发生于和性别相关的信息：儿童往往会对与他们的性别图式相一致的信息进行编码和记忆，而遗忘或是歪曲与其性别图式不一致的信息，使之更符合自己的刻板印象（Liben & Signorella, 1993；Martin & Halverson, 1983）。尤其是在儿童 6～7 岁时，刻板印象的知识和偏好已经形成，而且是非常稳固的（Welch-Ross & Schmidt, 1996）。可以肯定，这种遗忘和歪曲与性别刻板印象不一致信息的明显倾向，有助于解释为什么关于男性和女性的没有事实基础的观念如此难以磨灭。

总之，Martin 和 Halverson 的性别图式理论是看待性别特征形成过程的一个有趣的新视角。这一模型不仅描述了性别角色模式是如何形成并随时间延续的，也指出了形成过程中的性别图式如何远在儿童能够理解性别是一种无法改变的特征之前，就能够促进稳固的性别角色偏好和性别特征行为的发展。

一种整合的理论

生物学理论、社会学习理论、认知发展理论以及性别图式的观点各自都在重要的方面促进了我们对于性别差异和性别角色发展的理解（Ruble, Martin, & Berenbaum, 2006）。事实上，各种理论所强调的不同过程似乎分别在不同的发展时期具有特殊的意义。生物学理论说明，出生前的生理发展是人们判定一个孩子的性别，并依照性别采取相应抚养方式的主要依据。社会学习理论者强调的差别强化似乎能够很好地解释早期性别特征的形成：年幼儿童之所以能够表现出与其性别相一致的行为，主要原因是他人鼓励此类行为，而不鼓励那些被认为更适合另一性别成员的行为。由于早期社会化和分类技能的增长，2.5～3 岁的儿童获得了基本的性别认同，并开始形成性别图式。这种图式将告诉儿童：(1) 男孩和女孩是什么样子的；(2) 人们认为男孩和女孩应该怎样思考和行动。而当他们到了 6~7 岁，终于能够理解自己的性别永远不会改变的时候，就不再像以前那样完全地依赖于性别图式。他们开始对同性别榜样给予越来越多的关注，并学习判断什么样的态度、活动、兴趣和行为方式是最适合自身的性别群体的（科尔伯格的观点）。当然，这样的一种整合模型（见表 12.4）并不意味着生物因素在儿童出生以后就不再发挥作用了，也不意味着差别强化在儿童获得基本的性别认同之后就不再对儿童的发展产生影响了。但是，整合理论强调，从 3 岁开始，儿童即是积极的自我社会化者，他们会尽一切努力获得自己所认为的与其自我形象相一致的男性化或女性化特征。这也就是为什么那些不愿意自己的孩子成为传统性别角色的父母，却惊讶地发现孩子们自发地成了小"性别歧视者"。

还有一点：所有性别角色发展理论一致认为，儿童对成为一个男性或女性的学习，在很大程度上依赖于他们所处社会环境的"性别课程"给予了他们什么。换言之，我们必须通过"生态化"的滤镜观察性别角色的发展；必须认识到，我们在自身所处社会中所看到的关于男性和女性发展的一切，并非必然的（请回忆 Margaret Mead 在巴布亚新几内亚岛的查姆布里部落观察到的性别角色"倒置"）。在另一个时代、另一种文化中，性别特征形成的过程会孕育出与我们的时代完全不同的男孩和女孩。

> **性别图式**（gender schemas）：一系列有关男人和女人的信念和期望，支配着信息加工过程。
>
> **组内或组外图式**（in-group or out-group schema）：个体关于男性和女性典型行为方式、角色、活动和行为的一般知识。
>
> **自我性别图式**（own-sex schema）：关于自身性别的详细知识或活动计划，它使得个体从事与性别特征相一致的活动，扮演自己的性别角色。

表 12.4 性别特征形成过程的整合理论概览

发展阶段	事件和结果	相关理论
胎儿期	胎儿发育出男性或女性的生殖器。当胎儿出生时，人们即会对其做出反应。	生物、社会、心理-生物-社会
出生—3 岁	父母和其他人将儿童判定为男孩或女孩，常常对孩子提醒着他或她的性别；开始鼓励他们与性别相一致的行为，阻止他们与性别不一致的行为。由于社会经验的作用、神经系统的发展、最基本的分类技能的获得，幼儿形成了一些最基本的性别特征典型行为偏好，并知道自己是一个男孩还是女孩（基本的性别认同）。	社会学习（差别强化）、心理-生物-社会
3—6 岁	儿童一旦获得基本的性别认同，即开始寻求有关性别差异的知识，形成性别图式，并在内部动机的推动下从事适于其性别的活动。如果性别图式得以建立，儿童则会模仿那些适于自身性别的行为，而不会关注表现出这些行为的榜样的性别。	性别图式
7 岁—青春期	儿童最终获得了对性别恒常性的理解——一种坚定的、以未来为指向的自我形象；将自己看作必定会成为男人的男孩或必定会成为女人的女孩。从这时起，他们较少依赖于性别图式，转而观察同性别榜样的行为，逐渐获得与他们早先对自己的性别判定相一致的行为方式和特征。	认知发展（科尔伯格）
青春期及以后	青春期的生理巨变，与新的社会期望（性别强化）一起，使十多岁的青少年们重新审视自己的自我概念，形成成人的性别认同。	生物社会、心理-生物-社会、社会学习、性别图式、认知发展

应用：改变性别角色态度和行为

今天，许多人相信，如果性别偏见得以消除，男孩和女孩不再拘泥于男性化或女性化角色，这个世界将会更加美好。在消除了性别歧视的社会里，女性在充满工作机遇的世界里不再缺乏坚定和自信；男性将会更自由地表达他们敏感、喜欢照顾他人的一面——为了显示男子气，男性的这些品质在今天的社会里被压抑了。如果我们减少性别偏见，鼓励儿童更自由地表达他们的兴趣和行为特征，事情将会怎样呢？

Bem（1983，1989）认为父母必须扮演一个积极的角色：（1）教年幼的孩子了解生殖器官的构造，让他们知道除繁衍后代以外，生理性别并不那么重要；（2）让孩子晚一些接触性别刻板印象：鼓励他们与异性和同性玩伴游戏，更平等地分配家务劳动（如父亲有时做饭洗衣，母亲有时除草或修理东西）。如果学前儿童能够仅仅将性别看作生理特征，他们就不会那么固守严格的性别刻板印象。否则，性别刻板印象就可能在早期充满性别偏见的氛围中进一步发展。有研究表明，双性化的父母通常会养育出双性化的孩子（Orlofsky，1979）。这支持了 Bem 的主张。同样，也有研究发现，父母在性别角色上持有非传统的态度或父亲日常从事女性化的家务劳动、照看婴儿等的儿童，相比于那些父母在性别角色态度和行为上更为传统的儿童，对性别刻板印象知之甚少，在兴趣和能力倾向上也较少表现出性别刻板印象的痕迹（McHale，Crouter，& Tucker，1999；Tennenbaum & Leaper，2002；Turner & Gervai，1995）。

这一研究以及其他一些研究（见 Katz & Walsh，1991）都表明，尝试改变性别角色态度的努力对年幼儿童比对年长儿童更为有效，而且或许对女孩比对男孩更为有效。这似乎说明，在生命的早期，在儿童的性别刻板印象还没有完全形成的时候，认知的改变较容易一些。现在，许多研究者都看好认知干预。认知干预的做法是，或者直接驳斥儿童的刻板印象，或者消除儿童思维上的局限，这些思维上的局限易导致儿童产生严格的性别图式。这种认知干预可以取得非常好的效果。

最后，还有一些证据表明，那些旨在改变儿童性别刻板态度和行为的研究，如果由男性主持，则可能更为有效（Katz & Walsh，1991）。为什么？或许是因为男性通常比女性更为坚守"性别适宜的"行为和"性别不适宜的"行为之间的界限；因而男性可能是更具影响力的"改变推动者"。换言之，如果得到了男性的鼓励（或不阻止），儿童就会觉得跨性别的游戏和抱负真正是可以被接受的。

尽管一般说来在家庭或整个社会文化中，这种态度如果不被强化，那么这样的改变是否能持续并概化到新的情境中，尚有待观察，但是，新的性别角色态度是可以被传授的。瑞士是坚决贯彻性别平等的国家：男性和女性拥有同样的机会去追求传统上的男性化（或传统上的女性化）职业，父亲和母亲在家务劳动和抚养孩子的问题上负有同等的责任。瑞士的青少年虽仍更为看重男性化特征，但态度远不如美国青少年坚决；在性别角色形成的问题上，他们也更倾向于认同性别角色是经习得而来，而不是生理差异的必然结果（Intons-Peterson，1988）。

概念核查12.2　理解有关性别角色发展的理论

回答下列问题，检验你对性别角色发展理论的理解。答案见附录。

判断题：判断下列陈述的对错。

1. Halpern 的心理 – 生物 – 社会观点解释了为什么缺乏事

实根据的有关男性和女性的观念可以持续。

2. 科尔伯格的认知发展理论不能很好地解释为什么在3～5岁时变性往往是失败的。

选择题： 为下列各题选择最佳答案。

____ 3. 根据科尔伯格的性别角色认知发展理论，自我社会化过程的起点是____。
  a. 性别恒常性　　　　b. 基本的性别认同
  c. 性别稳定性　　　　d. 性别角色获得

____ 4. 根据 Martin 和 Halverson 的生物社会理论，自我社会化过程的起点是____。
  a. 性别恒常性　　　　b. 基本的性别认同
  c. 性别稳定性　　　　d. 性别角色获得

填空题： 在下列句子的空白处填上适合的词或短语。

5. 你是一个发展心理学家，相信在18个月～3岁有一个性别特征形成的关键期。你也相信生物和社会因素会交互影响儿童性别角色的发展。根据你的观点，你最有可能支持____观点。

6. 你是一个发展心理学家，你相信早期性别特征的形成在很大程度上反映了父母施予的性别教育。你也相信兄弟姐妹和玩伴有助于儿童构建自己的性别角色。根据你的观点，别人会认为你是一个____心理学家。

7. 你是一个发展心理学家，你相信儿童通过认同同性别父母来接受自己的性别角色。根据你的观点，别人会认为你是一个____心理学家。

简答题： 简要回答下列问题。

8. 根据科尔伯格的性别角色认知发展理论，列出儿童在性别角色发展过程中需要经历的几个阶段。

论述题： 详细论述下列问题。

9. 谈谈父母、同伴和媒体如何影响儿童性别角色的发展。

发展主题在性别差异和性别角色发展中的应用

 主动 被动　　 连续性 阶段性　　 整体性　　 天性 教养

本书所探讨的四个发展性主题是：主动与被动、天性与教养的交互作用、发展的量变与质变，以及发展的整体性。在本章中，我们发现这四个主题在性别差异与性别角色发展领域又一次被凸显。

随着性别认同和性别角色的发展，儿童经历了自我社会化过程，这也许很好地说明了主动与被动这一主题。儿童并非环境影响或生物力量的被动接受者，相反，他们积极寻求适宜自身性别的行为和特征的信息，并努力将这些特质融入自己的身份认同中。这一点体现在科尔伯格的性别角色认知发展理论以及 Martin 和 Halverson 的性别图式理论中。甚至性别角色发展的生物理论也承认儿童在他们的性别角色获得中是主动的。

关于性别认同和性别角色的发展，我们看到若干理论都提出了发展变化的质的阶段，跨越这些不同阶段，儿童的行为和思维都存在质的不同（质的发展变化的标志）。例如，根据科尔伯格的认知发展理论，儿童在发展成熟的性别认同的过程中，经历了三个质变的阶段。当不同的发展性事件帮助儿童形成生物性别以及儿童对待这些生物变化的反应时，与性别特征形成相关的生物的（包括基因和激素）力量同样伴随着质的发展变化。

在本章中，有关发展的天性与教养交互作用的最好案例或许是性别角色发展的交互作用模型。在该模型中，我们看到生物力量与社会和人际影响交互作用，帮助引导儿童发展成熟的性别

认同。然而我们不该忘记，其他关于性别角色发展的理论观点也为天性与教养对性别发展的影响留出了空间。

最后一个主题，即儿童发展的整体性，充分体现在儿童发展中认知、社会和生物变化的交互影响。这些因素共同作用，帮助儿童获得性别认同。的确，如果没有儿童认知功能的发展，没有他们与其他儿童和成人的交互作用，没有作为许多性别初始变化基础的生物变化，成熟的性别认同不可能建立起来。

总结

- 性别特征形成是儿童获得性别认同，以及他所属的社会文化认为对该生物性别成员适宜的动机、价值观和行为方式的过程。

区分男性与女性：性别角色标准

- 性别角色标准是为社会成员所认可的更适于某一性别的动机、价值观或行为方式。
- 许多社会的特征是以性别为基础的劳动分工，鼓励女性的表达性角色和男性的工具性角色。

关于性别差异的一些事实和臆测

- 从总体上看，女孩在许多言语能力测验上的成绩优于男孩；女孩也比男孩更情绪化、善于表达、顺从和胆小。
- 从总体上看，男孩比女孩更活跃，更偏好身体攻击和言语攻击，在数学推理和视觉或空间技能测验上的成绩也往往优于女孩。
- 这些性别差异是非常微小的，只有对群体常模而言才有意义。男性和女性在心理上的共性远大于差异性。
- 缺乏事实根据的性别角色刻板观念包括女性比男性更好交际、更易受外界影响、逻辑性差，以及分析能力和成就动机逊于男性。
- "文化中的虚构之说"的持续存在导致自我实现的预言产生。自我实现的预言将加大认知能力的性别差异，也使得男性和女性踏上了不同的职业道路。

性别特征形成的发展趋向

- 在 2.5—3 岁，儿童肯定地将自己标记为男孩或女孩，迈出了性别认同的第一步。
- 在 5—7 岁，儿童开始认识到性别是自我不可改变的一个方面。
- 儿童几乎是在表现出基本性别认同的同时即开始了解有关性别的刻板印象的。
- 到 10—11 岁，儿童关于男性和女性人格特征的刻板观念已经可以和成人相提并论。最初，刻板印象被看作必须执行的责任。
- 在童年中期，儿童对性别的认识开始变得更为灵活。
- 在青春期的性别强化时期，性别认识又一次僵化。
- 甚至是在形成基本的性别认同之前，许多蹒跚学步的儿童即表现出了对具有性别典型特征的玩具和活动的偏好。
- 到 3 岁的时候，出现了性别分离现象：儿童倾向于和同性别玩伴玩耍，形成了对异性的强烈偏见。
- 男孩比女孩面临更大的性别特征形成的压力，他们也比女孩更快地形成了对具有性别典型特征的玩具和活动的偏好。

性别特征形成与性别角色发展的理论

- 依照进化理论的观点，男性和女性在人类历史

- 上承受着不同的进化压力，这种自然选择的过程导致了男性和女性的根本差异。
- Money 和 Ehrhardt 的生物社会理论强调出生之前的生理发展以及这种生物因素对儿童社会化途径的影响。胎儿期激素水平的差异可能会影响游戏风格和攻击性的性别差异。
- 然而，社会标签和性别角色社会化在决定个体的性别认同和角色偏好中发挥着重要作用。
- 弗洛伊德理论认为，儿童性别特征的形成伴随着对同性别父母的认同以解决俄狄浦斯情结或厄勒克特拉情结。这一观点并未得到研究的支持。
- 依据社会学习理论，儿童通过直接训导形成了对具有性别典型特征的玩具和活动的偏好。当学前儿童注意到两种性别的榜样，并且意识到了更多的性别刻板印象时，观察学习也促进着儿童性别特征的形成。
- 科尔伯格的认知发展理论提出，儿童是自我社会化者，当儿童选择关注同性别榜样，并形成性别特征时，他们必须通过建立基本的性别认同，获得对性别稳定性的理解，之后才获得对性别恒常性的理解。然而，研究表明，儿童性别特征形成开始的时间远早于科尔伯格理论所描述的，并且对性别恒常性的测量也不能预测性别特征形成的强度。
- 依据 Martin 和 Halverson 的性别图式理论，形成基本性别认同的儿童会建构组内或组外图式和自我性别图式。这些图式作为儿童加工与性别相关的信息并发展性别角色的脚本。与图式相一致的信息被收集和保留，而与图式相抵触的信息被忽略或曲解。因此，永恒的性别刻板印象也许在实际上并没有事实依据。
- 关于性别特征形成的最具说服力的理论是一种兼容并蓄的、整合的理论。该理论认为，生物社会、社会学习、认知发展和性别图式理论所强调的过程都影响了性别角色的发展。

第 12 章 练习测验

选择题： 为下面各题选择最佳答案，检查你对于性别差异和性别角色发展的理解。答案见附录。

1. 一个人的生物学身份——他的染色体、生理特征以及激素的影响，是指____。
   a. 双性化　　　　　b. 性别
   c. 男性化或女性化　d. 性征

2. 美国传统的社会惯例引导人们在行为和性格上，男性扮演____角色，女性扮演____角色。
   a. 表达性；工具性　b. 支配性；竞争性
   c. 工具性；表达性　d. 教养性；合作性

3. 安迪正步入青少年早期。虽然他曾习惯于作为妈妈干家务活的好帮手，但他现在拒绝这样做了。他说家务活是"女人的工作"。他有一个新的兴趣是参与竞争性的体育活动，而且在与朋友的交往中表现强势。安迪最有可能在经历____。
   a. 性别强化　　　　b. 性别分离
   c. 性别特征形成　　d. 青春期时间效应

4. 弗洛伊德提出儿童会经历性器期，在该阶段，儿童通过抚弄自己的性器官获得性本能的满足。这一阶段大概是____。
   a. 0—3 岁　　　　　b. 3—6 岁
   c. 6—12 岁　　　　 d. 12 岁以后

5. 由于在胎儿阶段暴露于雄性激素环境，一些女性发育出类似于男性外部生殖器的器官。这一综合征被称为____。
   a. 男性化女性综合征　b. 先天性肾上腺增生
   c. 睾丸女性化综合征　d. 青春期时间效应

6. 男女两性间的心理差异之一是活动水平的差异。依据相关研究，____。
   a. 女孩比男孩的活动水平更高
   b. 男孩比女孩的活动水平更高
   c. 活动水平的性别差异开始于学前期
   d. 活动水平的性别差异开始于青少年期
7. 男女两性间的心理差异之一是发展的脆弱性，包括罹患疾病和发展问题。依据相关研究，____。
   a. 女孩发展的脆弱性比男孩高
   b. 男孩发展的脆弱性比女孩高
   c. 发展的脆弱性的性别差异开始于学前期
   d. 发展的脆弱性的性别差异开始于青少年期
8. 关于两性间的心理差异，我们可以有哪些结论？
   a. 男性和女性在心理上的相似性远大于差异性。
   b. 心理的性别差异主要可用于预测个体的个人行为而不是群体间的差异。
   c. 关于哪些方面的性别差异是最有意义的、最可信的，大多数心理学家达成了共识。
   d. 男女两性间真实存在的心理性别差异是由于生物学上的差异决定，而不受文化或社会因素的影响。
9. 最接近一种本质主义倾向的性别特征形成理论，或者说人的生物学性别将决定其行为和人格特征的观点是____。
   a. 弗洛伊德的精神分析理论
   b. 性别图式理论
   c. 科尔伯格的认知发展理论
   d. 进化理论

关键术语

表达性角色，p459
俄狄浦斯情结，p482
厄勒克特拉情结，p482
睾丸女性化综合征（TFS），p476
工具性角色，p459
观察学习，p482
基本性别认同，p484
男性化女性，p478
"青春期时间"效应，p477
认同，p482
社会角色假设，p476
视觉或空间能力，p461
先天性肾上腺增生（CAH），p478
心理—生物—社会观点，p481
性别，p458
性别分离，p471
性别恒常性，p484
性别角色标准，p459
性别强化，p470
性别认同，p467
性别特征形成，p459
性别图式，p486
性别稳定性，p484
性器期，p482
性征，p458
阉割焦虑，p482
直接训导，p482
自我实现的预言，p465
自我性别图式，p486
组内或组外图式，p486

第 13 章　攻击行为、利他主义和道德发展

攻击行为的发展
　●生活与研究应用：控制年幼儿童攻击行为的方法
利他主义：亲社会自我的发展
道德发展：情感、认知和行为成分
　●生活与研究应用：我该如何管教我的孩子？
发展主题在攻击行为、利他主义和道德发展中的应用

你认为在儿童社会性发展中最重要的是什么？我们在一项关于儿童抚养状况的调查中发现，74%的新父母希望自己的孩子具备良好的道德感，能够明辨是非，并以此作为与他人交往的准则。

在问及应该培养儿童哪些道德规范时，家长的回答虽然各不相同，但是大致可分为三类：

1. 避免伤害他人。父母往往希望孩子具有独立性，能在不伤害他人的前提下满足自己的需要。大部分家长表示，他们将竭力禁止孩子伤害他人的行为（攻击行为），不管这些行为是有意还是无意。
2. 亲社会关怀。众多家长希望孩子具备利他主义的价值观——能够无私地为他人着想并愿意付诸行动。实际上，从孩子很小的时候开始，父母就会鼓励他们的分享、安慰以及助人等利他行为。
3. 把遵守规则作为个人承诺。在调查中，几乎所有家长都谈到，对儿童来说，遵守社会规则以及在此基础上监控自我的行为是非常重要的。他们认为，道德社会化的根本目的就是帮助儿童获得一套个人的价值观或道德规范。即使在没有他人监督的情况下，儿童也能够正确地评价自己的行为，从而明辨是非，做出符合社会规范的行为。

上述三个方面也是人们判断一个人的品质时经常考虑的，本章也将探讨社会性发展的这三个相互关联的方面。首先，从攻击行为这一主题开始，谈一谈攻击行为如何发展变化，以及成人有效控制攻击行为的几种方式。然后，将从攻击行为转到利他主义和亲社会行为，探讨年幼"自私"的儿童是如何学会牺牲个人利益以惠及他人的。最后，关注焦点会转向更为宽泛的道德发展问题，探讨儿童怎样从一个任性而又毫无规矩的个体，发展成为内化了一定的伦理准则，并以此评价自我和他人行为的道德哲学家。

攻击行为的发展

首先让我们先来看看，什么样的行为可以称

为**攻击行为**？常见的定义是，攻击行为是任何有意伤害生物体的行为，且被伤害者会力图躲避这种行为（Dodge, Coie, & Lynam, 2006）。注意，这一定义是根据行为者的意图来界定的，而非行为的后果。因此，这种意图定向的定义将所有试图伤害他人但并未实施的行为都划入攻击性行为的范畴（如没有击中目标的踢打行为）。而那些意外伤害，或者是参与者没有伤害意图且乐在其中的打闹游戏，则不纳入攻击行为之列。

攻击行为通常被分为两类：**敌意性攻击**和**工具性攻击**。如果行为者的最终目的是伤害对方，他的行为就属于敌意性攻击。与此相对，工具性攻击是通过伤害别人而达到其他目的。同一种外显行为可能属于敌意性攻击，也可能属于工具性攻击，要依据具体情境才能做出判断。如果一个小男孩打他的妹妹，看到妹妹哭了还嘲笑她，这应该算是一种敌意性攻击。但是如果这个小男孩在打妹妹的同时还夺走了她的玩具，那么同样的行为就可以被界定为工具性攻击（或者是敌意性攻击和工具性攻击的混合体）。

婴儿期攻击行为的起源

尽管婴儿会表现出愤怒，偶尔也会打人，但很难说这些行为具有攻击性意图（Sullivan & Lewis, 2003）。Marlene Caplan 和她的同事（1991）发现，当一个1岁的婴儿抓住了另一个婴儿也想要的玩具时，这两个婴儿之间的态度会非常强硬。对于12个月大的婴儿来说，即使再给他提供完全相同的玩具，他也可能会视而不见，而是试图制伏对方夺回原来的玩具。这时，争斗中的一方似乎已把另一方视为敌对者，而不仅仅是一个无生命的障碍物。这意味着在1岁末时，工具性攻击的种子就已经开始在婴儿心中萌发了。

与1岁时相比，2岁的学步儿因玩具产生的冲突数量有增无减，但他们已经能够较多地采用协商和共享而非攻击的方式解决冲突，尤其是在玩具资源不足的情况下（Alink et al., 2006; Caplan et al., 1991）。因此，早期的**冲突**并不必然意味着攻击性行为的发展，实际上，这些冲突还具有一定的适应性。它们可以作为婴幼儿以及学前儿童学习协商策略的一个环境，在解决冲突的过程中，儿童可以学会如何在不诉诸武力的情况下实现自己的目标，特别是当成人能够对冲突进行恰当干预并且鼓励儿童友善地解决冲突的时候，儿童会做得更好（NICHD early child care research network, 2001a; Perlman & Ross, 1997）。日本的母亲尤其不能容忍孩子伤害他人的行为，她们鼓励孩子为了促进社交和谐而压抑个人的愤怒。因此，与美国儿童相比，日本学前儿童很少会在人际冲突中表达自己的愤怒情绪，也较少表现出攻击性行为（Zahn-Waxler et al., 1996）。

攻击行为的发展趋势

儿童攻击行为的特点会随年龄的增长而发生很大变化。在一项关于学前儿童攻击性行为发展的经典研究中，Florence Goodenough（1931）要求2～5岁儿童的母亲在日记中记录自己的孩子愤怒时的详细情况。通过对这些资料的分析，Goodenough 发现，没有具体对象的发怒在2～3

年幼儿童的争吵通常围绕玩具、糖果或其他有价值的资源，可作为工具性攻击的范例。

岁出现得越来越少，儿童已经开始在玩伴妨碍或攻击自己的时候，运用躯体行为（打或踢）进行反击。但是，身体攻击会在3～5岁逐渐减少，取而代之的是嘲笑、说坏话、起外号以及其他形式的言语攻击。那么，这些学前儿童在吵些什么呢？Goodenough发现，在大多数情况下，争斗都是由玩具或其他所有物引起的，因此，他们的攻击大多具有工具性特征。

近期一项研究探讨了从学步儿期到童年中期，身体攻击行为发展变化的特点（NICHD Early Child Care Research Network，2004）。在这项研究中，母亲对儿童身体攻击行为的水平进行了评估，1195个儿童参与了研究，从他们2—9岁，每年评估一次。结果表明，与Goodenough的发现一致，在学前期，大多数儿童的身体攻击行为呈下降趋势。该研究还鉴别出从婴幼儿期到童年中期有五个不同的发展变化模式。母亲们评定大多数儿童（70%）在整个学龄期的攻击性都很低。其他儿童（样本的27%）有些时候的身体攻击达到了中等水平，虽然这些儿童的身体攻击确实也在随年龄而减少。剩下3%的儿童是最让人惊讶的，他们在整个学龄期都稳定地表现出了高水平的身体攻击。

从这些有趣的发现中可以得出什么结论呢？在婴幼儿早期，一定水平的身体攻击是比较正常的，但对大多数儿童来说，这类攻击到童年中期时就很少了（Alink et al., 2006；Baillargeon et al., 2007）。只有少部分儿童，在身体攻击方面似乎有些问题，他们的攻击水平在童年中期仍稳定偏高，所以应关心他们的发展（NICHD Early Child Care Research Network, 2004）。总体而言，在童年中期，由于个体已经学会了用友好的方式解决大多数争端，所以身体攻击和言语攻击的总体发生率有所下降（Dodge et al., 2006；Loeber & Stouthamer-loeber, 1998；Shaw et al., 2003）。

随着儿童年龄的增长，越来越多的攻击行为具有敌意性攻击的特征。

性别差异

虽然上文所讨论的攻击行为的发展趋势适合于所有儿童，但来自100多个国家的资料显示，男性的身体攻击和言语攻击的平均水平一般都高于女性（Harris，1992b；Maccoby & Jacklin，1974）。正如在第12章所谈到的，男孩体内的男性激素（即睾丸激素）水平更高，这可能是导致攻击行为表现出性别差异的原因。然而，最近的研究表明，年幼的男孩并不比女孩更具攻击性（Hay, Castle, & Davies, 2000）。例如，Marlene Caplan及其同事（1991）发现，在以女孩为主的游戏群体中，1岁儿童对玩具的争执多采用强制和攻击性的解决方式。甚至在2岁的时候，在玩具资源不足的情况下，男孩为主的群体会比女孩为主的群体更倾向于采用协商和分享的方式解决问题。直到2.5～3岁，攻击行为的性别差

> **攻击行为（aggression）**：一种意图伤害他人且被伤害者尽力逃避的行为。
>
> **敌意性攻击（hostile aggression）**：攻击者的主要目标在于伤害他人的一种攻击行为。
>
> **工具性攻击（instrumental aggression）**：攻击者的主要目标在于赢得物品、空间或权力的一种攻击行为。
>
> **冲突（conflict）**：两个（或多个）个体在需要、愿望或目标方面不一致时的情形。

异才比较明显。显然，这其中有足够的时间供性别类型引导男孩和女孩向不同的方向发展(Fagot, Leinbach, & O'Boyle, 1992)。

那么，究竟是什么因素导致了男孩比女孩更具攻击性呢？原因之一是父母与男孩的游戏比与女孩的游戏更粗犷，他们对女孩表现出攻击行为的反应比对男孩的反应更消极 (Brennan et al., 2003; Frick et al., 2003; Mills & Rubin, 1990; Rubin et al., 2003)。而且，家长通常鼓励男孩玩机枪、坦克、大炮以及其他象征性的暴力玩具，这种以攻击为主题的演练活动会在一定程度上促进攻击行为的发展 (Feshbach, 1956; Watson & Peng, 1992)。到学前阶段，在儿童的性别图式中，攻击逐渐成为一种男性特质；到童年中期，男孩认为攻击行为能够给自己带来更实际的利益，而且与女孩相比，他们也较少会因此受到父母和同伴的谴责 (Hertzberger & Hall, 1993; Perry, Perry, & Weiss, 1989)。因此，尽管生物因素可能会起作用，但攻击行为的性别差异在很大程度上还是依赖于儿童在社会学习中所获得的性别图式和性别差异。

近年来，一些研究者认为，男孩之所以比女孩表现出更多的攻击行为，是因为以往研究关注的是外显的攻击行为，而实际上，女孩内隐的敌意行为可能比男孩更普遍。后面的"生活与研究应用"专栏里的研究明确支持了这一观点。

从攻击行为到反社会行为

从童年中期到整个青少年期，打架和其他外显的、易被发现的攻击行为的发生率持续下降 (Broidy et al., 2003; Loeber & Stouthamer-Loeber, 1998; Nagin & Tremblay, 1999)，不管是男孩还是女孩都是如此 (Bongers et al., 2004; Stranger, Achenbach, & Verhulst, 1997)。然而，这并不意味着青少年的行为表现有所好转。在青少年晚期和成年早期，攻击他人的青少年的犯罪和其他形式的严重暴力行为迅速增加 (Dodge et al., 2006; Snyder, 2003; U.S.Department of Health and Human Services, 2001)。在青少年期，女孩的**关系性攻击**更加微妙且更具伤害性 (Galen & Underwood, 1997)。另外，十几岁的男孩也开始通过偷窃、逃学、物质滥用以及不当性行为等方式，间接表达其愤怒和沮丧情绪 (Loeber & Stouthamer-Loeber, 1998; U.S. Department of Justice, 1995)。在美国同伴文化中，挑衅和犯罪行为在青少年期变成了社会可以接纳的事，一些离经叛道的年轻人开始在同伴中获得较高地位 (Miller-Johnson & Costanzo, 2004)。在美国，大约有15%的17岁男孩因为某种偏离常轨的反社会行为被逮捕，而所有犯罪者中不到1/3的人曾经被逮捕过 (Dodge et al., 2006)。女孩同样有违规犯罪行为，不过数量要少一些。大约有28%的青少年逮捕行为涉及女孩 (Snyder, 2003)，在17岁前，有12%的美国女孩报告说至少参与了一起犯罪行为 (Dodge et al., 2006)。所以，青少年之所以较少表现出外显攻击行为，可能只是因为他们已经转而以其他形式的反社会行为来表达不满。

攻击性是一种稳定的特质吗？

攻击性似乎是一种相当稳定的特质。人们发现，具有攻击性的学步儿5岁时依然具有攻击性 (Cummings, Iannotti, & Zahn-Waxler, 1989; Rubin, Burgess, Dwyer, & Hastings, 2003)，而且在芬兰、冰岛、新西兰以及美国进行的纵向研究表明，儿童在3—10岁表现出的抑郁、暴躁和攻击行为，能够很好地预测其以后是否容易出现攻击和其他反社会倾向 (Cillessen & Mayeux, 2004; Hart et al., 1997; Henry et al., 1996; Kokko & Pulkkinen, 2000; Newman et al., 1997)。例如，Rowell Huesman 及其同事 (1984) 对600名被试进行了为期22年的追踪调查。从图13.1中可以看出，8岁时具有高攻击性的儿童，通常在30岁时也比其他人更有敌意，他们常常殴打自己的配偶或孩子，并且有更多的犯罪记录。

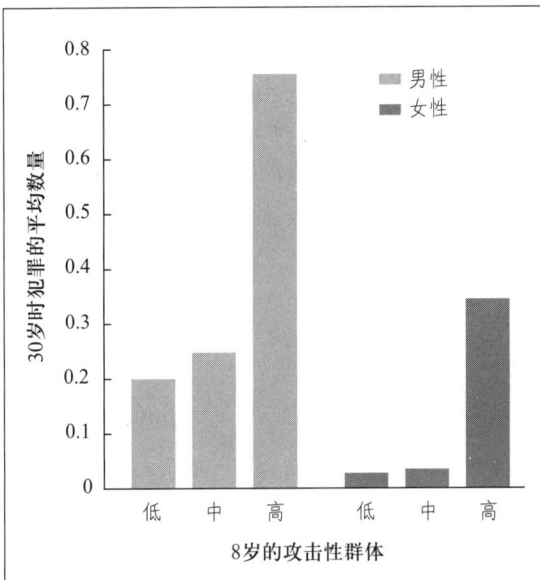

图 13.1 童年期的攻击行为可以预测成年后男性和女性的犯罪行为。

来源：From Huesmann, L. D. Eron, M. M. Lefkowitz, & L. O. Walder, 1984, *Developmental Psychology*, 20, p.1125. Copyright © 1974 by the American Psychological Association. Reprinted by permission.

当然，这些研究结果只是反映了一种群体趋势，并不能说明所有攻击性高的儿童长大后都有很高的攻击性。当我们在个体水平考虑这个问题时，攻击性发展呈现出很大的可变性。有攻击性的儿童和青少年会表现出哪些特征呢？

攻击行为的个体差异

尽管儿童的攻击性水平有很大差别，但只有少数儿童的行为可以被称为习惯性攻击。事实上，一些研究者对中小学生攻击行为发生率的分析发现，只有一小部分青少年是大多数冲突的参与者。那么卷入冲突的究竟是哪一类青少年呢？

研究发现，其中一部分是高攻击性的挑衅者，还有 10%～15% 的青少年是经常受这些挑衅者欺负的同学（Olweus，1984；Perry, Kusel, & Perry, 1988）。

最近的研究区分了两类攻击性高的儿童：主动型攻击者和反应型攻击者。与非攻击性的儿童相比，**主动型攻击者**非常自信地认为，攻击会使他们"赢得"切实的利益（比如，获得双方都想得到的玩具），而对其他儿童的控制能够提高他们的自尊，其他儿童一般会在他们动用恶性伤害行为之前表示屈服（Crick & Dodge，1996；Frick et al.，2003；Quiggle et al.，1992）。所以，对于主动型攻击者而言，表现自己的力量是其实现个人目标的一种工具性策略。

反应型攻击者则表现出高水平的敌意、**报复性攻击**。这些青少年往往对他人持怀疑和警惕的态度，经常把他人看作好战分子，认为自己应该对他们采取强硬的态度（Astor，1994；Crick & Dodge，1996；Hubbard et al.，2001；Hubbard et al.，2002）。

有趣的是，在社会信息加工过程方面，不同攻击类型的儿童也表现出了截然不同的认知偏见，这是他们高水平攻击行为的原因之一。让我们仔细看看这个问题。

> **关系性攻击**（relational aggression）：旨在破坏对手的自尊、友谊或社会地位的行为，如责骂、排斥、拒绝或散布谣言等。
>
> **主动型攻击者**（proactive aggressors）：攻击性高的一类儿童，他们觉得攻击行为很容易实施，并主要以攻击作为解决社会问题或实现其他个人目标的手段。
>
> **反应型攻击者**（reactive aggressors）：表现出高水平敌意、报复性攻击的儿童，之所以这样是因为他们高估了他人的敌意，并且不能控制自己的愤怒，所以不能给自己足够长的时间找到非攻击性的解决问题的方法。
>
> **报复性攻击**（retaliatory aggression）：由实际或想象的挑衅引起的攻击行为。

Dodge 关于攻击行为的社会信息加工理论

Kenneth Dodge（1986；Crick & Dodge，1994）用社会信息加工模型来解释儿童是如何偏好用攻击或非攻击的方式解决社会问题的。为了更好地说明这一模型，不妨先假设你是一个在模糊情境中受到伤害的 8 岁儿童：一个同伴从你身旁走过，他的腿撞到了你的桌子，只听"哎呀"一声，他把你花了很长时间才完成的拼图全碰散了。对此你将做何反应？Dodge 指出，儿童的反应取决于图 13.2 所示的六个认知环节的结果。受伤害的儿童首先会对已有的社会线索进行编码和解释（肇事者的反应是什么？他是不是有意这样做的？）。在解释了这些线索的含义之后，儿童设定一个目标（用以解决当前问题），生成和评价要实现这一目标可能采取的策略，最后选择和实施一种反应。需要说明的是，该模型指出，儿童的心理状态能

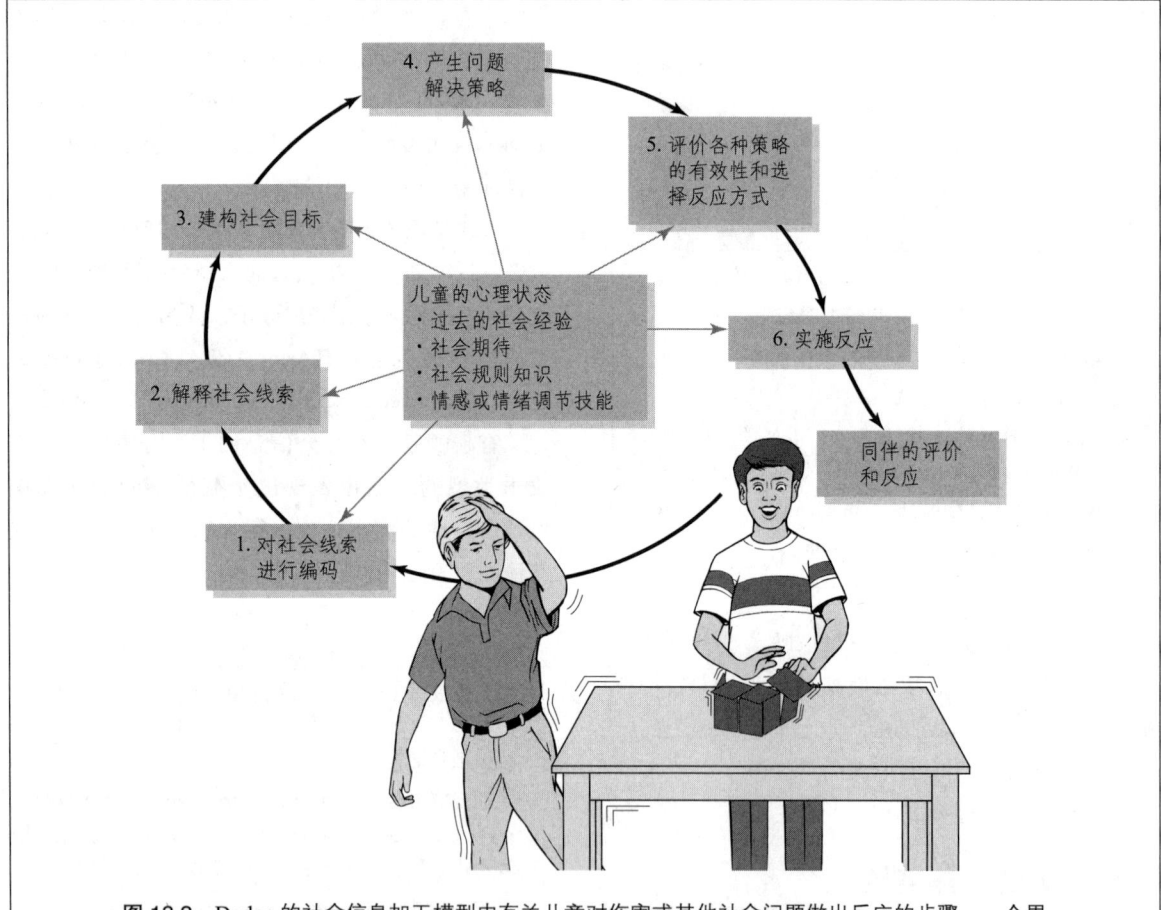

图 13.2　Dodge 的社会信息加工模型中有关儿童对伤害或其他社会问题做出反应的步骤。一个男孩撞到桌子，破坏了另一个男孩的拼图作品，受害者必然会首先编码和解释社会线索（比如，他这样做是故意的还是不小心），然后按一系列步骤最终形成对这一破坏事件的反应。

来源：Adapted from "A Review and Reformulation of Social Information Processing Mechanisms in Children's Social Adjustment," by N. R. Crick & K. A. Dodge, *Psychological Bulletin*, 115, p.74-101. Copyright © 1994 by the American Psychological Association. Adapted by permission.

够影响到六个信息加工阶段中的任何一个,所谓的心理状态包括儿童过去的社会经验、社会期待(特别是那些对伤害事件的社会期待)、社会规则方面的知识以及情绪反应和情绪调节能力。

根据 Dodge 的观点,反应型攻击者往往有很多与同伴争吵的经历,其心理状态中更倾向于包含这样一种期待,即认为"他人对我都是有敌意的"。所以当他们在模糊情境中(如被鲁莽的同伴打翻了拼图)受到伤害时,会比非攻击性儿童更倾向于:(1)寻找和发现与自己的期待相匹配的线索;(2)对伤害者做敌意归因;(3)非常生气,并且在没有充分考虑其他非攻击性解决方式的情况下,迅速以敌意方式报复对方。图13.3 描述的就是这样一个过程。研究发现,反应型攻击者不仅会对同伴的意图做过度的敌意归因(Crick & Dodge, 1996; Dodge, 1980; Hubbard et al., 2001; Hubbard et al., 2002),而且会由于自己的敌意报复,对老师和同伴也有很多消极的情绪体验(Trachtenberg & Viken, 1994)。他会逐渐变得讨厌他们,由此强化了"他人对我都有敌意"这样一种期待。

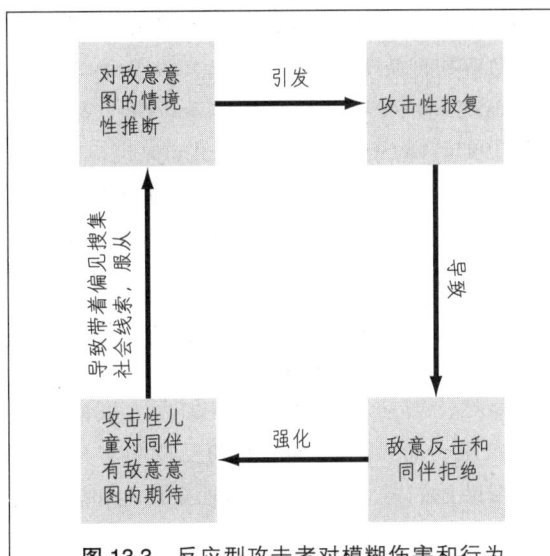

图 13.3 反应型攻击者对模糊伤害和行为结果的偏见归因的社会认知模型。

有趣的是,女孩也会像反应型攻击的男孩一样,表现出**敌意归因偏见**和对模糊伤害做攻击反应的强烈倾向(Crick & Dodge, 1996; Crick, Grotpeter, & Bigbee, 2002; Guerra & Slaby, 1990)。

主动型攻击者会表现出与反应型攻击者截然不同的社会信息加工图式。由于这些青少年没有感到特别不受欢迎,甚至可能会有很多朋友(LaFontana & Cillessen, 2002; Rodkin et al., 2000),他们并不倾向于迅速对伤害者做敌意归因。但这并不意味着主动型攻击者会就此罢休。实际上,这些青少年可能会更仔细地构思一个工具性目标(比如,我要让这些鲁莽的家伙学会在我面前小心一点儿),他们会冷静地、有意识地认定攻击性反应对于实现这个目标可能是最有效的。事实上,主动型攻击者可能会在攻击过程中表现出高兴等积极的情绪反应(Arsenio, Cooperman, & Lover, 2000)。他们的心理状态偏爱攻击性的冲突解决方式,因为他们认为使用武力能够产生积极的结果,而且非常自信能控制对手(Crick & Dodge, 1996)。

同伴攻击的肇事者和受害者

或许我们每个人都认识一个或几个受欺负的孩子——他们经常成为其他儿童敌意行为的目标。这是怎样一些孩子呢?是什么原因使他们成为了受害者?

美国一项以 15 000 名六至十年级学生为对象的全国性研究证明了美国学校中恃强凌弱者与受害者的范围(Nansel et al., 2001),结果很值得关注:

1. 17% 的学生报告说,在校期间至少"有时候"被欺负过,19% 的学生报告说,至少"有时候"欺负过其他人。在这些学生中,有 6% 的人报告说,

> **敌意归因偏见**(hostile attributional bias):倾向于将模糊情境中的伤害行为看作由肇事者的敌意意图造成的;反应型攻击者通常具有这种特征。

自己既欺负过别人，也被别人欺负过。
2. 男孩比女孩更有可能成为恃强凌弱者和受害者（虽然其他调查者认为在欺负和被欺负这个问题上没有性别差异）（Kochenderfer-Ladd & Skinner, 2002; Veenstra et al., 2007）。
3. 男孩更有可能受到身体上的欺凌，而女孩更有可能受到言语威吓或以心理方式实施的虐待（例如，社会排斥，被谣言和恶毒流言中伤）。
4. 欺凌在青少年早期（六至八年级）发生得最频繁，在城市、郊区和偏远地区都很普遍。
5. 恃强凌弱者更有可能抽烟、喝酒，成为坏学生。

其他一些研究发现，欺负（或被欺负）可能早在童年期就发生得很频繁了，只是那些高比例数字很难解释，因为小于9岁的儿童经常不能区分什么是欺负，什么是一般争斗（Smith et al., 2000）。恃强凌弱者常常会和与自己攻击性相似的同伴在一起，这些同伴会煽动他们，或者协助他们，强化他们的欺负行为（Espelage, Holt, & Henkel, 2003）。在欺负活动的持续性上，友谊是非常重要的。研究发现，攻击性高的男孩和女孩在要欺负谁这个问题上的意见是一致的，他们往往会和最好的朋友选择相同的受害者（Card & Hodges, 2006）。至少有一些欺负者在青少年期变得很受欢迎，他们被认为很"酷"，因为能说服受害者（或他人）遵从他们的愿望（LaFontana & Cillessen, 2002; Rodkin et al., 2000）。不过大多数习惯性欺负者是非常不被同伴喜欢的（Veenstra et al., 2005）。

尽管长期遭受欺凌的个体一般不受同伴喜欢（Boivin & Hymel, 1997; Veenstra et al., 2005, 2007），但他们的状况各不相同。在受欺负者中，大部分儿童属于**被动型受欺负者**，他们具有社交退缩、少动、身体虚弱以及不愿反击等特点，他们似乎很少主动惹是生非（Boulton, 1999; Olweus, 1993）。被动受欺负的男孩通常与母亲关系亲密，受到母亲的过度保护。在这种关系中，母亲通常鼓励他们表达恐惧和自我怀疑，这不利于男性性别图式的形成，也导致他们不被男同学所接纳（Ladd & Kochenderfer-Ladd, 1998）。

在 Olweus 的瑞典样本和 Perry 的美国样本中，还有一小部分儿童可以被描述为**挑衅型受欺负者**，即那些经常招惹同伴的反抗、好动、暴躁的儿童，他们更倾向于反击，并且表现出代表反应型攻击者特征的敌意归因偏见。挑衅型受欺负者在家中经常会遭受身体虐待或者其他形式的伤害，他们从已有经历中学会把他人看作有敌意的对手（Dodge et al., 2006; Schwartz et al., 1997）。

遗憾的是，很多长期受欺负的儿童和青少年无法摆脱受欺负的困境，特别是在他们认为受欺负是由于自己的原因，并且没有朋友保护和帮助他们获得社会技能时，这种局面更容易发生（Graham & Juvonen, 1998; Hodges et al., 1999; Schwartz et al., 2000）。受欺负的儿童容易出现各种适应问题，包括孤独、焦虑、抑郁、不断被侵蚀的自尊和日益严重的厌学（Egan & Perry, 1998; Hodges et al., 1999; Ladd, Kochenderfer, & Coleman, 1997）。对于长期受欺负的儿童来说，即使是逃学也不一定能改善境况，他们可能经常会受到以电子媒介为工具的欺负，例如，骚扰或者威胁性电子邮件和即时消息、诽谤网站，以及"交流本"[①]网站，他人可以在上面发表有关他们的刻薄的侮辱性评论（Raskaukas & Stoltz, 2007）。

显然，当前不仅迫切需要加大力度减少欺负的发生，而且还需要对长期受欺负者进行干预，帮助他们树立自尊、发展社会技能和获得具

[①] slam books，是一个主要流传于美国中学生中的笔记本。持有者提出一个问题（可能是任何主题），然后每个经手人轮流填写自己的答案再传递下去。——译者注

有支持性的友情，从而提高他们的社会地位，不再遭受他人的欺负（Dodge et al., 2006; Egan & Perry, 1998; Hodges et al., 1999）。

受欢迎性与攻击性

还有一群儿童是受欢迎儿童，他们是一群地位很高的儿童和青少年，是学校和其他儿童群体中的核心人物。**受欢迎度**被研究者定义为一种社会结构，受欢迎的儿童知名度较高，并且被其他儿童（特别是其他受欢迎儿童）接纳，他们具有高地位的特质，例如，吸引力、爱运动以及拥有许多让人羡慕的东西（LaFontana & Cillesen, 2002; Lease, Kennedy, & Axelrod, 2002; Rose, Swenson, & Waller, 2004）。注意，这个定义并没有提到喜欢！受欢迎儿童不一定被喜欢，但他们的确在同伴群体中保持了很高的地位。

受欢迎儿童建立和保持自己受欢迎性的一个方式是公开的关系性攻击（Bagwell & Coie, 2004; Rose, Swenson, & Waller, 2004）。许多研究发现，在儿童和青少年的受欢迎性和攻击倾向之间存在正相关，特别是关系性攻击。也就是说，受欢迎儿童对其他儿童，往往会采取忽视、排斥、威胁或散布谣言的方式，从而提高自己的受欢迎性（Parkhurst & Hopmeyer, 1998; Rodkin et al., 2000; Xie et al., 2002）。一项研究甚至发现，受欢迎的男孩与其他儿童相比，会发起更多争斗，更具有破坏性（Rodkin et al., 2000）。

Rose 和她的同事（2004）进行了一系列纵向研究，考察受欢迎儿童是利用攻击变得受欢迎的，还是他们作为受欢迎儿童的安全地位给了他们不受制裁地攻击他人的自由。结果发现，攻击性行为在获得受欢迎地位之前和之后都会出现。Rose 及其同事指出，这让希望通过项目干预来降低攻击性的父母和学校陷入了困境。地位高的受欢迎儿童，不会像班级里那些主动站出来为公开的攻击行为负责的肇事者那样，容易被认作攻击者。此外，受欢迎的青少年可能会因为攻击被奉为行为榜样。所以，干预计划需要关注整个社会文化，而不只是受欢迎的攻击者！

文化和亚文化因素对攻击行为的影响

跨文化研究和人种学的研究一致表明，某些社会和亚文化群体会比另外一些更具暴力倾向和攻击性。像巴布亚新几内亚的阿拉佩什人、锡金国的雷布查人以及中非的俾格米人都使用武器狩猎，但他们很少表现出对人的攻击行为。当这些爱好和平的社会群体遭受外族侵犯时，其成员就会撤退到外人难以接近的地区，而不是进行抵抗和反击（Gorer, 1968）。

与这些群体形成鲜明对比的是新几内亚岛的卡布什人，他们鼓励孩子好战、对他人的需要漠不关心，他们的凶杀率是任何一个工业化国家的 50 倍以上（Scott, 1992）。美国也是一个攻击性社会，按照百分比来算，其强奸、谋杀、暴力行为的发生率比其他任何一个工业化国家都高。美国持械抢劫的发生率也仅次于西班牙，远远超过了位居第三的加拿大（Wolff, Rutten, & Bayer, 1992）。美国的持枪杀人率是其他几个主要工业化社会的平均比例的 12 倍多（Dodge et al., 2006）。在枪支拥有率最高的 5 个州，儿童死于持枪杀人的可能性是枪支拥有率最低的 5 个州的儿童的 3 倍（Miller, Azrael, & Hemenway, 2002）。

> **被动型受欺负者**[passive victims (of aggression)]：指那些社交退缩、焦虑、低自尊的儿童，他们常被欺负，尽管他们很少主动激发他人的欺负行为。
>
> **挑衅型受欺负者**[provocative victims (of aggression)]：指那些好动、暴躁和高对抗性的儿童，他们主要是因为经常招惹同伴而受欺负。
>
> **受欢迎度**（popularity）：一种儿童的社会结构，受欢迎的儿童知名度较高，并且被其他儿童（特别是其他受欢迎儿童）所接纳，具有高地位的特质，例如，吸引力、爱运动以及拥有许多让人羡慕的东西。

在美国和英国进行的研究发现，攻击行为也存在社会阶层的差异：那些社会经济地位较低的儿童和青少年，特别是居住在大城市的男性，会比中产阶级的同龄人表现出更多的攻击行为和更高的犯罪率（Loeber & Stouthamer-Loeber, 1998; Macmillan, McMorris, & Kruttschnitt, 2004; Tolan, Gorman-Smith, & Henry, 2003）。这种倾向似乎与儿童抚养方式中社会阶层的差异密切相关。例如，来自低收入家庭的父母比中产阶层的父母更倾向于靠体罚来压制孩子的攻击和反抗行为。在采取这些压制措施时，他们反而为孩子的攻击行为提供了榜样（Dodge, Pettit, & Bates, 1994）。低社会经济地位的父母也更倾向于采用攻击的方式解决冲突，并且会在孩子受到同伴侵犯时鼓励他们以强硬的方式做出反应（Dodge, Pettit, & Bates, 1994; Jagers, Bingham, & Hans, 1996），这些都可能促进高攻击性儿童敌意归因偏见的发展。另外，社会经济地位较低的父母常常生活在复杂窘迫的环境中，这使他们很难管理和监督孩子的行踪、活动以及择友问题（Chung & Steingerg, 2006）。不幸的是，缺乏父母监控与儿童在外面打架、跟老师顶嘴、破坏公物、吸毒以及违反纪律等攻击或犯罪行为始终相关（Barber, Olsen, & Shagle, 1994; Kilgore, Snyder, & Lentz, 2000）。

总之，个体的攻击和反社会倾向，在一定程度上取决于文化和亚文化对攻击行为的宽容程度，或者阻碍这种行为的失败程度。然而，并不是所有生活在和平社会中的人都是善良、合作和助人的，也不是所有在攻击性较强的社会或亚文化中长大的人都是具有暴力倾向的。那么，为什么在同一个特定的文化和亚文化中攻击行为会有相当大的个体差异呢？Gerald Patterson 及其同事对此的回答是，高攻击性儿童通常生活在能够滋生敌意和反社会行为的家庭和社区中。

强制性家庭环境：孕育攻击的场所

Patterson（1982; Patterson, Reid, & Dishion, 1992）观察了在至少有一个高攻击性儿童的家庭中，父母与孩子之间的交往模式。在 Patterson 的样本中，攻击性儿童似乎是"不受控制"的：他们经常在家中或学校里打架，通常蛮横而叛逆。研究者还将这些家庭与那些同样规模和社会经济地位、但是没有问题儿童的家庭做了比较。

父母冲突与儿童的攻击性

整天生活在父母争吵之中的儿童会受到怎样的影响呢？越来越多的证据表明，当父母吵架时，儿童会觉得非常苦恼，而且家庭中持续的争吵也可能会使得儿童与兄弟姐妹和同伴的关系变得敌对并富有攻击性（Cummings & Davies, 2002; Davies & Cummings, 2006）。确实，纵向研究表明，即使在控制了儿童早期处理问题的能力水平后，父母冲突的持续时间和婚姻不和谐程度的增长仍可以预测儿童和青少年的攻击行为和其他问题行为的增加（Cui, Conger, & Lorenz, 2005; Sturge-Apple, Davies, & Cummings, 2006）。同时，不幸的是，随着儿童在争吵声不断的家庭中变得越来越难以管教且富有攻击性，他们的行为也陷入了恶性循环：父母可能会因为孩子的管教问题而出现更多的分歧，婚姻冲突的升级又会进一步增加孩子的问题行为（Cui, Donnellan, & Conger, 2007;

在父母没有监控其活动、行踪和交友选择的十几岁的青少年中，反社会行为或犯罪行为相当普遍。

Jenkins et al., 2005)。

当父母表现出大吵大闹后陷入冷战的行为模式时，儿童就无法学到对白热化冲突采取温和适当的解决方式，这时儿童尤其可能受到婚姻不和谐的影响（Katz & Woodin, 2002）。然而事实上，最近的研究发现，父母面对冲突时的冷漠和互不理睬比争吵本身更能预测儿童未来的问题行为（Sturge-Apple et al., 2006）。为什么会这样呢？一个原因是：对对方伤心失望的父母对自己的孩子也会变得**情感缺失**。也就是说，他们会减少给孩子的温暖和支持，变得冷淡、漠不关心或者忽视孩子（Sturge-Apple et al., 2006）。由此可见，这样的教养方式与攻击行为的发展是脱不了干系的。更有甚者，不幸在吵闹的家庭中生活的儿童还可能会对父母争吵表现出迟钝的心理社会反应，以此作为逃避或排斥所目睹的不愉快情景的一种方式；这种心理社会反应的减少也能够有效预测儿童的行为问题（Davies et al., 2007）。虽然对压力的反应减弱能够预测未来攻击行为的原因尚未完全明了，但是一种可能的解释是：这些低唤起儿童可能在获得和调用社会技能及其他适应性行为（如，情绪管理技能）上有困难，而且这阻碍了他们结交亲密的朋友以及妥善解决同伴间的冲突。

作为社会系统的家庭

Patterson 很快发现，仅关注父母的教养方式还不能完全解释儿童的"失控"行为。高攻击性儿童似乎生活在反常的家庭环境中，其家庭氛围对攻击性的形成有不可忽视的作用，而且这些儿童也参与了这种家庭氛围的营造（例如，Brennan et al., 2003；Frick et al., 2003；Rubin et al., 2003）。与多数家庭中成员之间的相互支持和关爱不同，高攻击性儿童通常生活在争吵不断的家庭氛围中：家庭成员之间不愿意相互交流，即便发生交流，也往往是采用嘲笑、威胁或其他激进的方式，而不是亲切交谈。Patterson 把这种情境称为**强制性家庭环境**。在这种家庭中，大部分交往围绕着某一家庭成员如何试图制止另一成员对自己的挑衅。他也指出，**负强化物**在维持这种强制性交往模式中起着重要的作用：当一个家庭成员让另一个成员体验到不愉快时，后者就学会了抱怨、喊叫、嘲笑或踢打，因为这类行为通常会迫使对方住手（因而得到了强化）。

问题儿童的母亲很少把社会赞许作为行为控制的方式，她们往往会忽略大量的亲社会行为，而把很多无伤大雅的行为看作反社会行为，而且她们几乎只靠强制策略处理自己认为不良的行为（Dodge et al., 2006；Nix et al., 1999；Strassberg, 1995）。这些问题儿童在家庭中受到的消极教养方式（包括父母将模糊事件加上反社会标签的倾向）或许有助于解释为什么他们通常不信任他人，为什么高攻击性儿童普遍表现出敌意归因倾向（Dishion, 1990；Weiss et al., 1992）。那些来自非强制性家庭的儿童会从兄弟姐妹和父母那里获得很多的积极关注，对他们来说，根本没有必要通过激怒其他家庭成员的方式来获取关注（Patterson, 1982）。

由此可见，家庭背景中的影响是多向的：父母与孩子之间强制性的交往方式，以及儿童本身，都对各方行为产生了影响，共同促进了敌意家庭环境的发展——这些都是孕育攻击行为的真正土壤（Brody et al., 2004；Caspi et al., 2004；Garcia et al., 2000）。遗憾的是，除非这些问题家庭能得到有效的指导和帮助，否则成员之间可能永远无法改变相互攻击和反攻击的破坏性交往模式。

> ➢ **情感缺失的父母**（emotionally unavailable parents）：在养育孩子时，和孩子保持距离、冷淡、不支持，甚至漠不关心且忽视孩子。
> ➢ **强制性家庭环境**（coercive home environment）：成员之间经常相互激惹，并且把攻击或其他反社会策略作为应对不良体验方式的家庭环境类型。
> ➢ **负强化物**（negative reinforcer）：指在消除或终止之后将会增加行为发生可能性的刺激。

生活与研究应用

控制年幼儿童攻击行为的方法

什么方法能够帮助父母和老师抑制年幼儿童的攻击行为，从而避免反社会的冲突解决方式变成一种习惯呢？让我们来了解三种颇有成效的策略。

创造非攻击性环境

创造能将冲突发生的可能性最小化的游戏场所，是减少儿童攻击行为的一种简单有效的方法。例如，家长和老师可以拿走机枪、坦克、橡胶刀等带有攻击性意味的玩具，这些玩具常常会引发攻击行为（Dunn & Hughes, 2001; Watson & Peng, 1992）。为活动剧烈的游戏要提供充足的空间，并且提供充足的玩具，避免他们因为资源不足而产生冲突，这样儿童在一起玩耍时可能就会和谐相处（Hartup, 1974; Smith & Connolly, 1980）。最后，限制儿童接触暴力电视节目和电子游戏也可以降低儿童的攻击性。关于这个话题我们将在第15章详细阐述。

消除攻击的回馈

不同形式的攻击行为可能需要不同的干预方式（Crick & Dodge, 1996）。主动型攻击者主要采用的是强制策略，因为这些策略便于实施并且常能得逞。父母和老师可以鉴别出具有强化作用的结果，消除它们，并且鼓励儿童用其他代替方式实现个人目标，借此降低主动型攻击的发生率。可以使用一个已被证明有效的方法——**不匹配反应技术**，这种策略是要忽略所有的攻击行为（除非是非常严重的攻击行为），由此取消"关注"的奖赏，同时，对合作和分享这类与攻击不相容的行为进行强化。已经尝试过这种策略的教师发现，这种策略能够迅速增加儿童的亲社会行为，并能相应地减少敌意行为（Brown & Elliot, 1965; Conduct Problems Prevention Research Group, 1999）。成人如何在不提供"关注"强化的情况下处理儿童的严重攻击行为呢？

Patterson所偏爱的**隔离技术**是一种有效的方法，成人需要把欺凌者从受强化的情境中转移（例如，把儿童送回他的房间，直到他准备做出恰当的行为为止）。成人并没有体罚儿童或者示范攻击行为，那些试图通过不良行为吸引成人关注的儿童也不会从中得到任何强化。如果成人在控制儿童攻击行为的同时，能强化与攻击不相容的合作助人行为，那么隔离技术会成为控制儿童敌意最有效的方法（Parke & Slaby, 1983）。

社会认知干预

之前谈到的控制攻击行为的方法对年幼儿童最有效，还有一些方法可用来处理年龄较大的儿童和青少年的攻击行为。对于那些鲁莽的反应型攻击者，要教他们如何控制自己的愤怒，改变他们的敌意归因倾向，这对他们会更有效。那些高攻击性的青少年，特别是反应型攻击水平比较高的青少年，可以从社会认知干预中获益，这种干预可以帮助他们：（1）调节愤怒情绪；（2）提高共情能力和观点采择能力，从而减少对同伴的敌意归因（Crick & Dodge, 1996）。在一项研究中（Guerra & Slaby, 1990），研究者对一组有暴力倾向的青少年罪犯进行了下列技能训练：（1）寻找与伤害相关的非敌意线索；（2）学会控制愤怒情绪；（3）找到应对冲突的非攻击性解决方式。结果表明，这些青少年不但在社会问题解决技能方面表现出了巨大进步，而且从观念上减少了对攻击行为的认可，并且在与权威人物和其他青少年的交往中的攻击行为有所减少。

概念核查13.1　理解攻击行为

回答下列问题，检查你对攻击行为发展的理解。答案见附录。

匹配题：将下列攻击类型与描述匹配起来。

　　a. 敌意性攻击
　　b. 工具性攻击
　　c. 关系性攻击

____ 1. 女孩比男孩更多采用的一种攻击类型。
____ 2. 这类攻击通常在儿童约12个月大的时候首次出现。
____ 3. 随着角色采择技能的发展，这类攻击开始越来越普遍。

判断题：判断下列陈述的对错。

____ 4. 反应型攻击者常常可能变成挑衅型受欺负者。
____ 5. 正强化是指强制性家庭环境中维持令人不快的互动的过程。

选择题：为下列各题选择最佳答案。

____ 6. 琳达正在厨房准备晚餐，她的孩子们正在另一间屋子里玩。1小时之后，琳达听到朱迪在大声哭，她跑到游戏室，发现乔治打了朱迪，抢走了她的玩具。如果琳达想减少乔治的攻击行为，那么处理这种情况的最好方法是什么？

　　a. 把玩具从乔治手里拿走，打他的胳膊。
　　b. 把玩具还给朱迪，告诉乔治打人为什么是错误的。
　　c. 把玩具还给朱迪，把乔治隔离起来，直到他能好好和朱迪玩。
　　d. 把玩具还给朱迪，把乔治带进厨房，这样琳达可以监视他。

填空题：在下列句子的空白处填上适合的词或短语。

7. 使用"不匹配反应技术"，成人用____不被期望的行为，并____与这些行为不匹配的行为，来控制攻击。
8. 研究者已经发现，有两种儿童在童年期会成为受欺负者：____受欺负者和____受欺负者。

简答题：简要回答下列问题。

9. 列出Dodge有关攻击的社会信息加工模型的六个步骤。

论述题：详细论述下列问题。

10. 用你已经学到的有关强制性家庭环境、攻击行为和控制攻击行为的方法的相关知识，设计一个阻止班级暴力的计划。

利他主义：亲社会自我的发展

正如本章开始所提到的，大多数父母都希望自己的孩子具有**利他主义**品质——真正关心他人并愿意付诸行动。利他主义通常体现在**亲社会行为**中。心理学家将亲社会行为定义为任何有意使他人获益的行为，例如，与他人共患难、安慰或援救他人、合作，或者只是简单地通过恭维他人使其有个好心情（Eisenberg, Fabes, & Spinrad, 2006）。实际上，很多家长甚至在孩子处于襁褓之中时，就开始鼓励分享、合作或助人等利他行为！儿童发展的专家们曾一度认为，这些好心的父母是在浪费时间，因为婴幼儿根本不能考虑他人的需要。但实际上这些专家们错了！

利他主义的起源

儿童在接受任何正规的道德训练之前的很长

> **不匹配反应技术**（incompatible-response technique）：一种非惩罚性行为纠正方法，成人忽视不被期望的行为，同时强化与这些反应不相容的行为。
>
> **隔离技术**（time-out technique）：一种约束形式，将行为不良的儿童从受强化的情境中转移，直到他准备做出恰当的行为为止。
>
> **利他主义**（altruism）：通过分享、合作和帮助等亲社会行为表达对他人利益的无私关注。
>
> **亲社会行为**（prosocial behavior）：任何有意使他人获益的行为，例如，与他人共患难、安慰或援救他人、合作，或者只是简单地通过恭维他人使其有个好心情。

时间里，可能会有类似亲社会行为的表现。例如，12～18个月大的婴儿偶尔会把玩具给同伴玩（Hay et al., 1991），他们甚至会试图帮助父母做些家务活，如扫地、除尘或摆放椅子等（Rheingold, 1982）。年幼儿童的亲社会行为还具有一定的合理性。例如，2岁的儿童更可能在玩具不够的时候把自己的玩具给同伴，而不是在玩具很多的时候做出这一行为（Hay et al., 1991）。

学步儿能对同伴表现出同情心和同情行为吗？答案是肯定的，实际上，这种亲社会行为表现比较常见（Eisenberg et al., 2006）。让我们看一下21个月大的约翰对悲伤的同伴杰瑞的反应，约翰的母亲是这样叙述的：

> 今天，杰瑞有一些暴躁，他开始大叫而且似乎没有要停下来的意思。约翰走过去给杰瑞玩具，试图让他高兴……还说着"给，杰瑞"之类的话。我对约翰说："杰瑞很伤心；他感觉不高兴；他今天心情不好。"约翰一边皱着眉头一边看着我，好像他真的理解了杰瑞哭泣是因为不高兴……他走过去拉着杰瑞的胳膊说："好杰瑞。"然后继续给他玩具。（Zahn-Waxler, Radke-Yarrow, & King, 1979）

显然，约翰关心他的小伙伴，并且尽可能地想让对方感觉好一些。

尽管一些学步儿经常努力安慰悲伤的同伴，但另外一些孩子却很少这样做。这种个体差异在一定程度上是由气质造成的。例如，那些抑制型的2岁儿童对他人的悲伤更可能表现得心烦意乱，而且在尝试调节自己的情绪时，他们比非抑制型孩子更可能选择离开悲伤的同伴（Young, Fox, & Zahn-Waxler, 1999）。

个体早期在同情心方面的差异在很大程度上也依赖于父母对孩子伤害他人后的反应。Carolyn Zahn-Waxler及其同事（1979）发现，那些低同情心的学步儿的母亲通常会使用斥责或身体惩罚等强制策略对待孩子的伤害行为。相反，具有高同情心的学步儿的母亲则经常对孩子的伤害行为进行**情感解释**，通过让孩子明确自身行为与他们所导致的悲伤之间的关系（例如，"你把唐弄哭了"，"咬人是不好的行为"），来培养孩子的同情心（可能还有一些懊悔）。

利他主义的发展趋势

尽管许多两三岁的儿童对同伴的悲伤表现出了同情和怜悯，但他们并不是特别热衷于做出真正的自我牺牲，比如和同伴分享一个心爱的玩具。只有当成人教育孩子要考虑他人需要的时候（Levitt et al., 1985），或者当一个同伴主动要求甚至强迫他们做出分享行为时［例如，"如果你不给我，我就不跟你做好朋友"（Birch & Billman, 1986）］，分享和其他友善行为才更有可能发生。从整体上看，学步儿和学前儿童自发满足他人利益的自我牺牲行为还是相对较少的。这是否因为学步儿经常会忘记他人的需要以及与同伴分享的好处呢？或许不是这个原因，在幼儿园进

即使是学步儿，也能学会对悲伤的同伴表达同情。

行的一项观察研究发现，2.5～3.5岁的孩子常常能从自己在假装游戏中表现出的友善行为中获得快乐；4～6岁的孩子则更多地表现出真实的助人行为，而很少假扮助人者的角色（Bar-Tal, Raviv, & Goldberg, 1982）。

在全世界多种文化中进行的许多研究发现，从小学低年级开始，分享、助人等亲社会行为越来越普遍（Underwood & Moore, 1982; Whiting & Edwards, 1988）。实际上，很多研究都试图探讨年龄较大的儿童和青少年更具亲社会倾向的原因。在讨论这个研究主题之前，先让我们看一下发展学家思考的另一个问题——亲社会行为是否存在性别差异？

利他主义的性别差异

人们一般认为女孩会比男孩更乐于助人、慷慨和富有同情心。这是真的吗？也许这种刻板印象只对了一半。女孩常常比男孩更愿意帮助他人和与他人分享，尽管这种性别差异并不大（Eisenberg & Fabes, 1998）。人们相信女孩更关心他人的悲喜，会比男孩更多地用面部表情和言语方式表达同情（Hastings et al., 2000）。然而，这些发现却很难解释，因为男孩在遇到悲伤的人时，会体验到和女孩一样程度的生理唤起（Eisenberg & Fabes, 1998）。不过，我们可以看到，与女孩相比，男孩常常不大与人合作，喜欢与人竞争。例如，近来的一项研究发现，到童年中期，男孩比女孩更有可能在游戏中阻止另一个儿童获胜，甚至不管他人表现好坏，即使自己很容易获胜时也是如此（Roy & Benenson, 2002）。这样看来，对男孩来说，有很好的表现或者获得地位或胜过他人的优势似乎更重要。

影响利他主义的社会认知和情感因素

角色采择能力发展良好的儿童和青少年通常会比相应技能较差的同伴表现出更多的助人行

必须经常劝导学前儿童与同伴分享。

为和同情心，这主要是因为他们能更好地推断同伴对帮助或安慰的需求（Eisenberg, Zhou, & Koller, 2001; Shaffer, 2005）。实际上，有关情感和社会观点采择（体察另一个人的感受、想法或意图）与亲社会行为之间的因果关系的研究表明，与没有接受训练的同伴相比，接受角色采择技能训练的儿童和青少年日后会变得更加慷慨、更加乐于合作，也更能考虑他人的需要（Chalmers & Townsend, 1990; Iannotti, 1978）。然而，角色采择只是对亲社会行为发展起作用的特质之一，还有两个非常重要的因素是儿童的**亲社会道德推理**水平和对他人悲伤的共情反应。

亲社会道德推理

在过去25年中，研究者对儿童亲社会推理及其与亲社会行为的关系问题进行了考察。例如，Nancy Eisenberg及其同事给儿童提供一些故事，故事的主人公必须决定自己是否要在付出很大代价的前提下，帮助或安慰某个人。下面是其中的一个故事（Eisenberg-Berg & Hand, 1979）：

> ➤ **情感解释**（affective explanations）：一种教育方式，引导儿童关注他们的行为所导致的伤害或不幸。
>
> ➤ **亲社会道德推理**（prosocial moral reasoning）：在决定是否要付出一定代价，以帮助、分享或安慰他人的过程中，个体所做的思考和判断。

一天，一个叫玛丽的女孩要去参加朋友的生日宴会。在去朋友家的路上她看到一个女孩摔倒并且摔伤了腿。女孩请求玛丽去她家一趟，让她父母过来带她去医院。但是玛丽如果这样做，就赶不上朋友的生日宴会了，并且会错过冰激凌、蛋糕和很多好玩的节目。玛丽应该怎么办呢？

从童年早期到青少年期，在亲社会两难问题方面，儿童推理能力的发展经历了五个阶段。学前儿童的反应通常是自私的：他们往往说玛丽应该去参加生日宴会，因为这样才不会错过好吃的东西。但长大后，他们会越来越多地对他人的需要和愿望做出反应。相当多的中学生认为，如果为了追求个人利益而无视他人的困境，那么他们自己也会瞧不起自己（Eisenberg, 1983; Eisenberg, et al., 1991）。

儿童和青少年的亲社会道德推理水平是否可以预测其亲社会行为呢？答案显然是肯定的。与那些仍然以自私的方式推理的儿童相比，在亲社会道德推理方面超过了快乐主义水平的学前儿童更可能帮助他人，并自愿与同伴分享有价值的物品（Eisenberg-Berg & Hand, 1979; Miller et al., 1996）。对年龄较大的被试的研究也采用了类似的故事。在一个中学生样本中，道德推理成熟者常常会说，即使对方是他们不喜欢的人，必要时他们也会提供帮助。而道德推理不成熟者则倾向于忽视他们不喜欢的人的需要（Eisenberg, 1983; Eisenberg et al., 1991）。此外，Eisenberg 及其同事（1999）在一项为期 17 年的纵向研究中发现，那些在 4～5 岁时表现出较多自发的分享行为并且亲社会道德推理水平相对成熟的儿童，在整个童年期、青少年期以及进入成年早期之后，仍然会乐于助人、更多地为他人着想，他们对亲社会问题和社会责任的推理也更加复杂。可见，亲社会性可以很早就建立起来，并且具有相当的稳定性。

共情：利他主义的重要情感因素

为什么成熟的道德推理者会对他人（甚至自己不喜欢的人）的需要如此敏感呢？Eisenberg 认为，儿童共情能力的发展在很大程度上能促进亲社会推理的成熟，也促使他们能够无私地关爱和帮助任何处于困境中的人（Eisenberg et al., 1999; Eisenberg, Zhou, & Koller, 2001）。

共情是指一个人体验他人情绪的能力。尽管婴幼儿能够意识到同伴的悲伤并且做出一定的反应（Zahn-Waxler et al., 1979, 1992），但他们的反应并不总是有帮助的。一些年幼儿童在看到他人悲伤或不幸时，自己也会有类似的情绪体验（这可能是生命早期的一个突出反应），不过，他们可能会为了消除自己的不适而忽略或离开需要帮助的人（Young, Fox, & Zahn-Waxler, 1999）。另外一些儿童（甚至包括一些年幼儿童）则更倾向于将共情唤起解释为对悲伤者的关心，这种**同情式共情唤起**而非**自我定向的悲伤**，将最终促进利他行为的发展（Batson, 1991; Hoffman, 2000）。

共情的社会化

正如在前面讨论学步儿同情心起源时谈到的，父母可以通过以下方法促进儿童同情式共情唤起：（1）做共情关心的榜样；（2）使用情感定向的教养方式，帮助年幼儿童理解引起他人悲伤可能导致的不良后果（Eisenberg, Fabes, Schaller, Carlo, & Miller, 1991; Hastings et al., 2000; Zahn-Waxler, Radke-Yarrow, & King, 1979; Zahn-Waxler et al., 1992）。有趣的是，那些在做共情榜样时采用更积极的面部表情并明确表达出自己共情感受的母亲，其孩子也往往更有同情心（Davidow & Grusec, 2006; Zhou et al., 2002）。这可能是因为母亲的积极性和情感解释能帮助年幼儿童克服由他人的不幸产生的消极情绪，从而较少从个人悲伤的角度理解自己的情绪唤起（Davidow & Grusec, 2006; Fabes et al., 1994）。

共情和利他主义的关系的年龄趋势

从总体上看，学前和小学低年级儿童的共情和利他行为之间只有中等程度的相关，而对前青少年期、青少年期和成年期的个体来说，二者之间的相关更高一些（Underwood & Moore，1982）。对于随年龄的变化趋势，一种解释是儿童要想学会很好地调节自己的消极情绪，抑制对他人不幸产生的悲伤情绪，并且能够更好地表达共情反应，是需要一定时间的（Eisenberg, Fabes, et al.，1998）。社会认知能力的发展在这一过程中发挥着重要作用。因为年幼儿童可能缺乏角色采择技能和对自己的情绪体验的洞察力，使得他们难以充分理解别人的悲伤以及自己情绪受影响的原因（Roberts & Strayer，1996）。例如，当幼儿在幻灯片上看到有个男孩在自己的狗跑掉之后非常难过时，通常会把男孩的难过归因于一个外部的原因，如"他的狗不见了"，而很少归因于一个更加个人化或者内部的原因，如男孩非常想念他的宠物等（Hughes, Tingle, & Sawin，1981）。尽管幼儿会报告他们在看完幻灯片之后感到很悲伤，但通常会对反映个人悲伤的共情唤起做出非常自我中心的解释（如我的狗可能也会丢失）。然而，7～9岁的儿童则开始把自己的共情情绪和故事的主人公联系在一起，设身处地地从主人公的角度推断自己悲伤的心理原因（如，我悲伤是因为他为……而悲伤。因为，如果他真的喜欢他的狗，那么……）。所以，一旦儿童能够更好地推断他人的观点（角色采择能力），并理解自己共情情绪产生的原因（这些原因能够使他们对悲伤的或需要帮助的同伴表示同情），共情就可能会成为促进利他行为发展的一个很强大的因素（Eisenberg et al.，2006；Roberts & Strayer，1996）。

"感知的责任"假说

一个重要的问题是：共情是如何促进利他行为发展的？一种可能的原因是，儿童同情式共情唤起促使他们思考已学到的利他主义知识——比如，社会责任规范（如帮助需要帮助的人），或者关于他人赞同助人行为的认知。反思的结果是，儿童更倾向于认为帮助逆境中的人是个人的责任，如果自己冷漠地忽略了这种责任将会产生负罪感（Chapman et al.，1987；Williams & Bybee，1994）。这种"感知的责任"假说在 Eisenberg 亲社会道德推理的较高水平中可以反映出来，它有助于解释为什么共情和利他行为之间的相关会随着年龄的发展而增强。年龄较大的儿童可能已经学到（和内化）了更多的利他原则，在体验到共情唤起的时候，他们会有更多的思考。因此，他们比年幼儿童更可能感到有责任帮助处于困境中的人，并且真正地实施必要的帮助。

随着儿童的成熟和角色采择技能的发展，他们更可能对处于悲伤中的同伴表现出同情，并给他们提供安慰和帮助。

➤ **同情式共情唤起（sympathetic empathic arousal）**：个体在体验到他人的焦虑情绪时可能会产生的同情或怜悯情感，这被认为是促进利他行为产生的一个重要的中介因素。

➤ **自我定向的悲伤（self-oriented distress）**：个体在体验到他人的悲伤情绪（即与他人共情）时可能会产生的一种自我不适或悲伤，这通常会抑制个体利他行为的发展。

➤ **"感知的责任"假说（"felt responsibility" hypothesis）**：由于共情能够使个体反思利他准则，从而感到自己有责任帮助处于悲伤中的他人，所以该理论假说认为，共情能够促进利他行为的发展。

利他主义的文化和社会影响

除了年龄的增长和认知的成熟,还有什么经历有助于儿童利他行为的发展吗?的确是有的!研究发现,特定的文化和社会经验与儿童利他行为的发展有关。

文化影响

不同文化对利他行为的认同和鼓励显然是不同的。在一项有趣的跨文化研究中,Whiting 和 John Whiting(1975)对六种文化背景(肯尼亚、墨西哥、菲律宾、日本、印度及美国)中的3~10岁儿童的利他行为进行了观察。如表13.1所示,表现出更多利他行为的儿童往往来自非工业化的社会中。在这种社会文化中,人们通常生活在大家庭中,儿童通过做家务或者照看年幼的弟妹等方式促进家庭的良好运转。尽管西方工业社会中的儿童较少参与家务劳动,但是与主要进行自我服务(如打扫自己的房间)的同龄儿童相比,那些在家中被分配做一些家务或为其他家庭成员服务的儿童更具有亲社会倾向(Grusec, Goodnow, & Cohen, 1996)。

另一个导致西方个人主义社会中的儿童具有较低利他分数的因素是,这些社会过于强调竞争和个人目标,而非群体目标。自我牺牲和他人定向的行为尽管受到支持,但往往并不属于应尽的义务。而集体主义社会和亚文化中的儿童所受的教育则是要抑制个人主义,为了集体的利益必须与他人合作(Triandis, 1995)。所以对很多集体主义社会中的儿童来说,亲社会行为并不像个人主义社会中那样具有"随意性";相反,为了群体的利益而牺牲个人的利益,如同不能违背的道德规范一样也是一种义务(Chen, 2000; Triandis, 1995)。

社会影响

尽管在不同的文化中,利他行为的侧重点可能不同,但大多数社会的大多数人都认可社会责任规范,即人应该帮助那些需要帮助的人的准则。下面我们一起来看看,成人是如何说服年幼儿童接受这些重要的价值观而变得更加关心他人的。

强化利他行为

很多实验(见 Shaffer, 2005)表明,受欢迎和受尊敬的成人通过对儿童的友善行为进行言语强化,促进儿童的亲社会行为。儿童往往会力求达到自己所尊重的人的标准(Kochanska, Cay, & Murray, 2001)。那些为了获得实际的奖赏而表现出的亲社会行为并不能算真正的利他行为,因为这些儿童的友善行为主要是为了获得奖赏而不是真正地关心他人,一旦停止奖励,他们为他人做出牺牲的可能性会比那些没有受到奖励的同伴小(Fabes et al., 1989; Grusec, 1991)。

实践和传授利他主义

实验室实验表明,在观察到榜样的友善或助人行为之后,特别是在儿童与榜样建立了良好关系、榜样能够为其提供有说服力的助人理由并且给予行动示范的情况下,儿童会更加仁慈或更乐于助人(Rushton, 1980)。而且,与利他行为榜样的接触似乎能对儿童产生长远的影响。例

表 13.1 六种文化中的亲社会行为:每种文化中利他行为得分高于整体样本平均分的儿童比例

社会类型	得分高于平均分的百分比/%	社会类型	得分高于平均分的百分数/%
非工业化文化		工业化文化	
肯尼亚	100	日本冲绳	29
墨西哥	73	印度	25
菲律宾	63	美国	8

来源:Whiting & Whiting, 1975.

第13章 攻击行为、利他主义和道德发展·513·

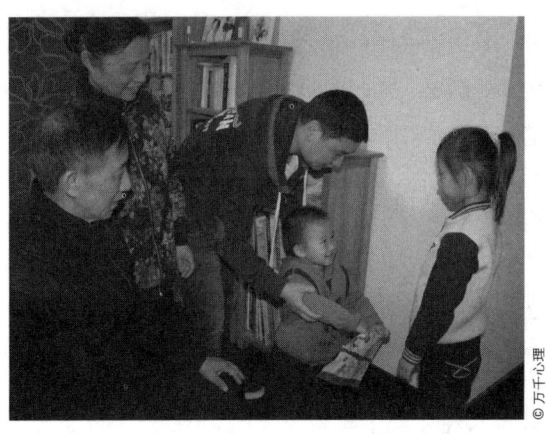

那些经常表现亲社会行为的儿童，其父母通常鼓励利他行为并会以身作则。

如，即使在2～4个月之后测查，那些观察到友善榜样的儿童也会比没有榜样或者观察到自私榜样的儿童表现得更加慷慨（Rice & Grusec, 1975; Rushton, 1980）。因此，与利他榜样在一起能够促进亲社会行为的发展，这个结论在儿童养育的研究中也得到了证实。

谁养育了利他的儿童

对极具善心的成人的研究表明，这些"利他主义者"的父母都是高度利他的人。例如，那些在第二次世界大战期间冒着生命危险从纳粹分子手中救助犹太人的人报告说，他们的父母总是根据自己的伦理原则行动，而且他们与父母之间也有着非常亲密的纽带关系（London, 1970）。对美国20世纪60年代参与民权运动的欧裔人游行示威者的访谈表明，全职积极分子（即放弃他们的家庭和职业，把所有时间都用来为某种目标工作的志愿者）与兼职积极分子的主要区别有两个方面：

全职积极分子与父母之间有融洽的关系，其父母都提倡利他主义并且身体力行。而那些兼职积极分子的父母经常鼓励利他行为却很少将其付诸实践（Rosenhan, 1970; Clary & Snyder, 1991）。这些发现显然与实验室研究的结果是一致的，即那些温和、富有同情心并且身体力行地实践自己信念的榜样，对促进年幼儿童亲社会行为的产生是极为有效的。

在利他行为发展过程中，父母对儿童伤害行为所做出的反应也有重要作用。那些缺乏同情心的婴幼儿的母亲，通常以惩罚、强制的方式处置孩子的破坏行为，而富有同情心的儿童的母亲则更多采用非惩罚性的、情感解释的方式，即说服儿童为自己的破坏行为承担责任，并督促儿童对受害者做出一些直接的安慰或帮助，而且母亲自己在这一过程中也表现出了同情心（Zahn-Waxler, Radke-Yarrow, & King, 1979; Zahn-Waxler et al., 1992）。对年龄较大的儿童的研究也得出了类似的结论：持续采用理性的、非惩罚性的处理方式，并且对他人一贯表现出同情和关心的父母，其孩子也是富有同情心和自我牺牲精神的；而父母经常使用强制和惩罚的处理方式，则会限制孩子的利他行为，促进其自我中心价值观的发展（Brody & Shaffer, 1982; Davidov & Grusec, 2006; Eisenberg et al., 2006; Hastings et al., 2000）。

现在，让我们转向一个更宽泛的话题——道德发展，它包含了亲社会性的发展以及对敌意和反社会冲动的抑制两方面。

概念核查13.2　理解利他主义的发展

回答下列问题，检查对利他主义发展的理解。答案见附录。

匹配题：将下列唤起类型与正确定义匹配起来。

a. 同情式共情唤起

b. 自我定向的悲伤
____1. 这类唤起被认为会抑制利他行为。
____2. 这类唤起被认为会促进利他行为。

判断题：判断下列陈述的对错。

3. 由儿童尊敬或佩服的成人给予的言语强化，会促进儿童的亲社会行为。
4. 由儿童尊敬或佩服的成人给予的实物刺激（比如糖果或新玩具），会促进儿童的亲社会行为。
5. 布里恩想促进孩子的亲社会行为。他认真地奖励他观察到的孩子的每个利他行为，经常告诉孩子友好待人的重要性。不过，他自己并不是特别无私利他的，所以他没有示范利他行为。他父母的教养方式非常冷漠、疏远。基于这些特点，我们可以推断，布里恩的孩子即使在没有成人监督的情况下也会做出利他行为。

填空题：在下列句子的空白处填上适合的词或短语。

6. Eisenberg 提出的亲社会道德推理的第一级水平，即____水平，适用于学前儿童和小学低年级儿童。
7. 引导儿童关注自己的行为给他人带来的损伤或痛苦的教育方式，叫作____。

论述题：详细论述下列问题。

8. 阐述共情的发展怎样促进了儿童利他主义的发展。

道德发展：情感、认知和行为成分

随着个体的发展，大多数人都希望自己有责任心，认为自己是个道德良好的人，并希望别人也这样认为（Damon & Hart, 1992）。那么什么是**道德**呢？大学生通常认为道德意味着具有以下能力：（1）能够明辨是非；（2）根据是非判断做出相应的行为；（3）对好的行为能够感到自豪，而当行为违背了个人准则时则会体验到内疚或者羞愧（Quinn, Houts, & Graesser, 1994; Shaffer, 1994）。当问及道德感成熟的个体会表现出哪些特定品质时，西方社会（加拿大）的成人一般认为道德感成熟表现在六个方面（如表13.2所示）。

道德感成熟的个体服从社会规范，并不是由于他们期待实际的奖赏或担心受惩罚，而是由于他们最终内化了所学到的或者已经在遵守的道德原则，即使在没有权威人物给予强化时，他们也会遵守这些原则。实际上，当代所有理论家都认为，**内化**——即行为从受外部因素控制向受内部的标准和原则控制的转换过程——是道德感成熟的关键。

发展学家怎样看待道德

发展心理学的理论和研究所关注的三个道德成分与大学生对道德的界定类似：

1. 情绪或情感成分，包括与正确或错误的行为有关的感受（内疚、关心他人的感觉等），以及能够激发道德观念和行为的情感。
2. 认知成分，关注界定是非概念的方式，以及对如何行事做出决策。
3. 行为成分，是指当个体被诱惑去撒谎、欺骗或违背其他道德规范时的行为表现。

根据道德的定义，我们将探讨有关**道德情感**、**道德推理**和**道德行为**的发展性研究，这将有助于确定个体的道德品质是否真正具有跨时间和跨情境的稳定性。然后，将考虑各种儿童养育实践如何影响其道德发展，在此基础上努力整合我们提到的信息。

表 13.2　对加拿大成人界定的道德成熟的六个特征维度

特征维度	品质范例
1. 有原则，有理想	有明确的价值观；致力于行善积德；合乎伦理；良心高度发展；遵守法律
2. 可靠，忠诚	有责任心；忠心；可靠；对配偶忠诚；可敬
3. 诚实正直	表里如一；尽责；理性；工作努力
4. 有同情心、值得信赖	诚实；可信；真诚；有爱心；考虑周全
5. 公平	高尚；公平；公正
6. 自信	坚强；有自信

来源：From L. J. Walker & R. C. Pitts, 1998, "Naturalistic Conceptions of Moral Maturity," *Developmental Psychology*, 34 (1998), p.403-419. Copyright © 1998 by the American Psychological Association. Reprinted with permission.

道德发展的情感成分

研究者已经从社会学习或社会化的角度考察了"良心"的早期发展（例如，Aksan, Kochanska, & Ortmann, 2006；Kochanska, Coy, & Murray, 2001；Kochanska & Murray, 2000；Labile & Thompson, 2000, 2002）。研究表明，如果父母在孩子的学步儿时期反应敏感，给予孩子很多温暖，能在互动游戏中帮孩子实现愿望，并且与其分享积极的情绪体验，使孩子对父母形成安全型依恋，那么孩子从学步儿时期就可能开始萌发良心。在亲密和**相互回应的关系**（而不是畏惧与恼火的关系）中，学步儿更可能表现出**约束性顺从**，这种倾向具有以下特征：(1) 服从父母安排的动机很强，会遵守父母提出的规则和要求；(2) 对父母评价自己行为对错时的情绪线索非常敏感；(3) 开始内化父母对其成功和犯错的反应，并会由此体验到自豪、羞愧和内疚感，这些情感体验将会帮助他们评价和调节自己的行为（Emde et al., 1991；Kochanska, 1997；Labile & Thompson, 2000）。相反，那些冷漠迟钝的父母很少与孩子有共同的爱好，他们可能会促进**情境性顺从**的出现，这种非对抗性的行为通常来自父母的控制而不是儿童合作或服从的渴望。

支持良心早期发展的这些观点的证据正在显现。例如，对于 2～2.5 岁的学步儿来说，如果母子建立了相互回应的关系，母亲能够平静、理智地解决与儿童的冲突，那么儿童到 3 岁的时候，就更有可能会抵制住诱惑，不去碰那些被

> **道德**（morality）：指帮助个体明辨是非并由此表现相应行为的一系列原则或观念，个体会因表现出合乎道德的行为感到自豪，而对违反标准的行为感到内疚或有其他不愉快的情绪体验。
>
> **内化**（internalization）：将他人的品质或标准转化为自己的标准的过程。
>
> **道德情感**（moral affect）：道德的情感成分，包括由与道德有关的行为产生的内疚、羞愧和自豪等感受。
>
> **道德推理**（moral reasoning）：道德的认知成分，在明确各种行为对错的过程中个体进行的思考和推理。
>
> **道德行为**（moral behavior）：道德的行为成分，指个体在经受违反道德标准诱惑的情况下表现出的与自己的道德标准一致的行为。
>
> **相互回应的关系**（mutually responsive relationship）：以对每个人的需要和目标进行积极回应以及分享积极情感为特征的亲子关系。
>
> **约束性顺从**（committed compliance）：儿童的服从是基于与父母合作的渴望，这类儿童的父母往往对儿童的需求反应敏锐而且愿意与其配合。
>
> **情境性顺从**（situational compliance）：儿童的服从主要是基于父母对儿童行为的强力控制。

禁用的玩具（Labile & Thompson, 2002）；在4.5～6岁时会继续表现出很多强烈的内化良心的迹象（例如，当成人不在场的时候，仍有遵守规则的意愿，在认为自己违反道德原则的时候明显感到内疚），那些早期母子关系缺乏温暖和相互回应的同龄儿童则做不到这一点（Kochanska & Murray, 2000）。而且，那些在33个月大时对母亲表现出约束性顺从的男孩很快会把自己看作"善良的"或者"有道德"的个体（Kochanska, 2002），这个发现可以解释为何这些儿童与那些对母亲更多是情境性顺从的儿童相比，更愿意与其他权威的成人合作（例如，父亲、幼儿园老师、实验者；Feldman & Klein, 2003；Kochanska, Coy, & Murray, 2001）。

道德发展的认知成分

认知发展学家主要考察儿童在判断各种行为对错的过程中道德推理能力的发展。根据认知理论学家的观点，认知的发展和社会经验能够帮助儿童发展和丰富对规则、法律及人际责任等意义的理解。当儿童对此获得了新的理解后，他们会按照道德阶段的固定顺序发展，每个新的阶段都是前一阶段的延伸，并会最终取代前一阶段，它代表着对道德问题更进步、更成熟的理解。下面，我们首先了解一下皮亚杰道德发展的早期理论，然后再看劳伦斯·科尔伯格对皮亚杰观点的改进和扩展。

皮亚杰的道德发展理论

皮亚杰（Piaget, 1932/1965）关于儿童道德判断的早期研究集中在道德推理的两个方面：尊重规则和公平的概念。他通过与瑞士5～13岁的儿童玩弹球来研究儿童遵守规则的问题。在与儿童游戏的过程中，皮亚杰经常询问这样的问题："这些规则是从哪里来的？是否每个人都要遵守规则？这些规则可以改变吗？"为了研究儿童对公平概念的理解，皮亚杰让他们思考了一些道德决策故事。下面举例说明：

故事A：一个叫约翰的小男孩在房间里听到妈妈喊他吃饭，于是他走进饭厅。在饭厅门后的椅子上放着一个托盘，托盘里放着15个杯子，但约翰不知道门后面有这些东西。在他进来的时候，门把托盘碰倒在地，里面的15个杯子全摔碎了。

故事B：有一天，一个叫亨利的小男孩趁妈妈不在家，想偷偷地从食橱中取一些果酱吃。于是他爬到椅子上去取。但是果酱实在太高了，他够不着……在他尽力去够的时候，不小心碰翻了一个杯子，杯子掉到地上摔碎了（Piaget, 1932/1965）。

在被试听完故事后，皮亚杰会询问他们这样的问题：哪个孩子更淘气？为什么？你认为，那个更淘气的男孩应该受到什么惩罚？运用这种研究技术，皮亚杰建构了道德发展的阶段理论，该理论认为，存在一个前道德时期和两个道德阶段。

前道德时期

根据皮亚杰的观点，学前儿童很少表现出对规则意识的关注或知觉。在玩弹球的游戏中，这些**前道德时期**的儿童并不总是带着取胜的意图去玩。相反，他们似乎在建构自己的规则，认为游戏的目的就是轮流去玩并从中体会到乐趣。

他律的道德

5～10岁，儿童即进入了皮亚杰所说的**他律道德阶段**（所谓他律是指"在他人的控制之下"），这时，儿童有了很强的规则意识。他们开始认为规则是由权威人物（如警察或父母）制定的，他们把这些规则看得神圣不可侵犯。当你在一个6岁儿童面前超速驾车时，你就会明白皮亚杰所说的他律的含义。即使你是因为一个紧急的医疗事件而往医院疾驶，年幼的儿童也可能会指责你违反了"交通规则"，并认为你的行为应该受到惩罚。他律的儿童把规则看作绝对化道德。他们认为，任何道德问题都有是非对错之分，而正确就意味着要遵守规则。

他律的儿童倾向于根据客观结果而不是行为意图判断行为的恰当性。例如，很多5～9岁的儿童认为，约翰（也就是那个不小心打破了15个杯子的儿童）比亨利（在偷吃果酱时打破了一个杯子的儿童）的行为更不恰当。

他律的儿童也偏爱赎罪性惩罚，而并不考虑不良行为与惩罚本身的关系。所以一个6岁的儿童更可能去踢打一个打破窗子的男孩而不是让男孩赔偿损失。而且，他律的儿童相信内在公平，认为只要违背社会规则就不可避免地会受到这样或那样的惩罚。对处于他律道德阶段的儿童来说，生活是公平公正的。

自律的道德

到了10岁或11岁，大多数儿童都会达到皮亚杰所说的第二个道德阶段——**自律道德**。年龄较大的自律儿童此时开始意识到，社会规则是主观的协议，任何规则都会受到质疑，甚至在制订者同意的情况下也可以对其进行调整。而且他们也会意识到，有时候为满足人类的需要也是可以违背规则的。所以，即使运送急症患者的司机违反了交通法规，他们也不会认为这样做不道德。此时是非判断更多地依赖于行为者的意图而不是行为的客观结果。所以，10岁的儿童通常会说，在偷果酱时打破一个杯子（不良意图）的亨利比去吃饭时打破15个杯子（好的或中性的意图）的约翰更淘气。

当询问如何惩罚不良行为时，自律道德的儿童通常更偏好互换性惩罚，即惩罚结果适合"罪行"的处置方式，目的是使犯规者能理解规则的含义，并减少该行为重复发生的可能性。因此，一个自律的儿童对故意打破窗户的男孩采取的措施可能就是让小男孩用自己的零花钱赔偿，让他知道窗户上的玻璃是要花钱才能买到的，而不是靠打屁股让他服从。另外，自律阶段的青少年已经不再相信内在公平，因为他们从经验中了解到，有些违反社会规则的人并没有被发现或者受惩罚。

皮亚杰提出的儿童道德推理发展的阶段与认知发展密切相关的观点让发展学家受益匪浅。即使在今天，他的理论仍然能够激发一些新的研究和视角，例如，研究表明，10岁前的儿童的道德推理能力要比皮亚杰设想的更为复杂。但10～11岁时，儿童的道德推理能力是否像皮亚杰预料的那样已经得到充分发展了呢？科尔伯格并不这么认为。

科尔伯格的道德发展理论

科尔伯格（Kohlberg，1963，1984；Colby & Kohlberg，1987）通过让10岁、13岁以及16岁男孩解决一系列道德两难问题，而发展了道德发展理论。每个两难问题都要求回答者从以下两个方面做出选择：(1) 遵守规则、法律或权威人物；(2) 为了满足个体需要而采取与规则或要求相冲突的行为。以下是科尔伯格道德两难问题中最为人熟知的故事：

在欧洲，一个妇女因得了一种特殊的癌症而

> **前道德时期（premoral period）**：在皮亚杰的理论中，在生命的前五年，儿童对社会规则没有多少意识。
>
> **他律道德（heteronomous morality）**：皮亚杰理论中道德发展的第一阶段，儿童把权威人物制订的规则视为神圣的、不可变更的。
>
> **自律道德（autonomous morality）**：皮亚杰理论中道德发展的第二阶段，儿童逐渐意识到规则只是主观的协议，可以对其质疑，甚至在制订者同意的情况下也可以修改。

濒临死亡。医生认为有一种药或许能够挽救她的生命，这种药是镇里一位药商最近发现的一种镭化物。这种药非常贵，药商索要的价格是一小剂 2000 美元，比成本价格高出了 10 倍。这个妇女的丈夫海因斯四处筹钱却只借到了 1000 美元。于是海因斯告诉药商，自己妻子快要死了，央求药商便宜一些把药卖给他，或者让他以后再补还。药商却回答说："不，我发现了这种药，我要用它来赚钱。"海因斯绝望了，于是他溜进药店给妻子偷药。你认为海因斯是否应该这样做？

科尔伯格实际上更关注个体做决定时潜在的理由或"思维结构"，而不是关注反应者表面的回答（如海因斯到底应该怎么做）。所以，如果被试回答"海因斯应该偷药挽救他妻子的生命"，那么他会进一步确定被试为什么认为海因斯妻子的生命如此重要，是因为她需要照顾海因斯的饮食起居呢？还是她的丈夫有责任挽救她的生命？或者因为挽救生命是人类最崇高的价值？为了确定被试道德推理的结构，科尔伯格通常会询问以下开放性问题：海因斯有责任偷药吗？如果海因斯不爱妻子，他是否有责任为她偷药？海因斯是否应该为一个陌生人偷药？人们是否有必要为了挽救一个人的生命而不择手段？偷窃是否违反了法律？这从道德上来说是否正确？这些开放式问题的目的是明确被试怎样看待服从和权威，又怎样看待人类的需要、权利和特权。

通过这些详细的临床访谈，科尔伯格的第一个发现是从青少年期到成年早期，儿童的道德发展会变得日益复杂。通过仔细分析被试对两难问题的反应，科尔伯格得出结论：道德是沿着固定的三个道德水平发展的，每个道德水平又包括两个不同的道德阶段。根据科尔伯格的观点，这些道德水平和道德阶段的发展顺序是固定不变的，因为其发展依赖于一定的认知能力，而认知能力

是按照固定顺序发展的。科尔伯格认为，后面的阶段都是起源于并代替先前阶段的；个体一旦达到了一个更高的道德推理阶段，他就不可能再退回到早期阶段。

科尔伯格的三个道德水平以及六个阶段的基本内容和特征如下（见表 13.3 每个阶段的儿童对两难问题的回答的例子）：

水平一：前习俗道德

对个体来说，规则是外部的，而非已经内化的。儿童为了回避惩罚或者赢得奖励而遵守权威制定的规则。道德是自私的：所谓正确的，就是个体能够侥幸成功或者自己感到满意的事情。

*阶段一：惩罚与服从定向。*根据结果判断行为的好坏。儿童为逃避惩罚而遵守权威，对于未被发现或者没有受到惩罚的行为，他们不会认为该行为是不恰当的。一个行为造成的伤害越严重或者受到的惩罚越严厉，这个行为就越不恰当。

*阶段二：天真的享乐主义。*在这一阶段，个体遵守规则是为了获取奖赏或者满足个人目标。他们也可能会考虑到他人的观点，但是此时的动机主要是希望能够获得回报。"你帮我，我也帮你"是他们的指导思想。

水平二：习俗道德

此时个体是为了赢得他人的支持或维持社会秩序而遵守规则和社会规范的。社会奖励和回避伤害已经取代了奖励和惩罚而成为道德行为的动机。这时候，儿童已经能够明确地意识到他人的观点并予以认真考虑。

*阶段三："好孩子"定向。*认为有道德的行为就是指那些受到他人喜欢、支持或对他人有帮助的行为。此时对个体的判断通常根据他们的意图。"良好的意愿"和与人为善是非常重要的。

*阶段四：维持社会秩序的道德。*在这个阶

表 13.3 在科尔伯格的每个水平和阶段对海因斯两难问题的回答举例

水平	阶段	支持偷盗的回答	反对偷盗的回答
1. 前习俗道德	阶段1 惩罚与服从定向	拿药并不是做坏事——他本来想花钱买的。他也没有伤害什么人或者偷走其他东西,而且他偷的药只值200美元,不值2000美元。	海因斯没有得到允许去拿药。他不能打破窗户进去。他搞的那些破坏都是不好的犯罪行为……而且偷那么贵的东西也是很大的罪行。
	阶段2 天真的享乐主义	海因斯并没有让药商真的有什么损失,而且他可以慢慢还钱。如果他不想失去妻子,就应该去拿药。	嘿,药商并没有错,他只是想赚钱而已,谁不想呢?做生意的,不就是为了赚钱嘛。
2. 习俗道德	阶段3 "好孩子"定向	偷盗是错的,但是海因斯做了一个好丈夫该做的事情。他为了爱他的妻子而做一些事情,不应该受到责备。如果他不救她,才应该受到责备。	如果海因斯的妻子死了,也不是他的错。他没去犯罪你也不能说他没良心。药商才是自私冷血的人。海因斯做了他所能做的事。
	阶段4 维持社会秩序的道德	如果药商让病人死掉了,那他就是错的;海因斯有责任挽救他的妻子。但是海因斯不能触犯法律——他必须赔给药商钱,并且为自己的偷盗受罚。	海因斯自然想救他的妻子,但是偷盗终归是错的。不管是你的感情还是特殊的情形,都必须遵守规则。
3. 后习俗(或有原则的)道德	阶段5 社会契约定向	在你说偷盗在道德上是错的之前,必须想一想整个情形。当然,对于擅闯商店的法律规定很明确。并且,海因斯应该知道他的行为是不合法的。但是在那样的情形下偷药,任何人都会觉得合理。	我能看到违法偷药的好处。但结果并不能证明海因斯使用的方法是正当的。法律代表的是人们已经认同的关于如何共处的一致意见,而海因斯有责任尊重这些协议。你不能说海因斯偷药就完全是错的,但是即使是在这种情形下也不能说他是对的。
	阶段6 以个人良心为原则的道德	当一个人必须在触犯法律和挽救人的生命之间做出选择时,生命至上的原则表明偷药在道德上是正确的。	有许多癌症病人而且药又这么紧缺,需要它的人都不够用了。行动理由的正确与否在于所有相关的人都认为这是"正确"的。在这种情况下,海因斯不应该感情用事或依法行事,而应该想想一个非常公正的人可能会做什么,再采取行动。

段,个体开始考虑普通大众的观点,即法律所反映的社会群体的意志。他们认为服从法律规则的事情就是正确的。遵守规则的原因不是回避惩罚,而是基于应该服从规则和法律以维持社会秩序的信念。法律总是凌驾于特殊利益之上。

> **前习俗道德(preconventional morality)**:指代科尔伯格道德推理前两个阶段的术语,儿童的道德判断是根据行为对个体产生的实际的惩罚结果(阶段一)或奖赏结果(阶段二),而不是根据行为与社会传统规范的关系。

> **习俗道德(conventional morality)**:指代科尔伯格道德推理的第三、第四阶段的术语,此时,道德判断主要是根据获取赞赏的意愿(阶段三),或者为了服从于维护社会秩序的法律(阶段四)。

水平三：后习俗（或有原则的）道德

处于最高道德推理水平的个体，是以更为广泛的公平原则界定是非对错的，这种公平原则可能会与法律或权威发生冲突，因为道德上的正确与法律上的适当性并不总是一致的。

阶段五：社会契约定向。 在这一阶段中，个体把法律看作反映大多数人意志和促进人类幸福的工具。法律应该保障这一目的的完成，应保持公正，它被视为人们有义务去遵守的社会契约；但那些损害人类权利和尊严的强制性的法律被认为是不公正的，值得质疑。从这一阶段对两难问题的反应中，可以看出合法与合乎道德的区别。

阶段六：以个人良心为原则的道德。 在这个最高道德阶段，个体判断是非对错是根据在良心基础上形成的道德原则。这些原则不是像政府的法律法规那样具体的规则。它们是对普遍意义上的公平（和对所有人类权利的尊重）的抽象的道德指引或原则，这凌驾于任何可能与此产生冲突的法律或社会契约之上。

第六阶段是科尔伯格心目中的理想的道德推理阶段。但由于几乎没人能够始终处于这一水平，所以科尔伯格把它看作一种假想的结构——即人们超出第五阶段之后的发展水平（Colby & Kohlberg, 1987）。

对科尔伯格理论的支持

尽管科尔伯格认为这几个阶段组成了道德发展的固定序列，而且认为道德发展与认知发展密切相关，但他同时也宣称认知发展本身还不足以保证道德发展。为了超出前习俗道德推理水平，儿童必须置身于足以引起认知失衡的个人或情境之中，也就是说，现有道德观念和新的观点产生冲突，会迫使他们重新评价自己的观点。所以，科尔伯格相信，认知发展和相关的社会经验是道德推理发展的基础。

有哪些证据可以支持这些观点呢？让我们从科尔伯格的固定序列假说开始，回顾一些相关文献。

科尔伯格提出的道德阶段次序是不变的吗？

如果科尔伯格提出的道德发展阶段代表了一个真正的发展序列，我们应该会发现，年龄和道德推理的成熟之间存在很强的正相关。研究者在美国、墨西哥、巴哈马群岛、中国台湾、土耳其、洪都拉斯、印度、尼日利亚以及肯尼亚这几个国家和地区进行的研究确实证明了这一点（Colby & Kohlberg, 1987）。Ann Colby 及其同事（1983）对科尔伯格最初的研究被试进行了为期 20 年的纵向研究，他们对这些被试每隔 3～4 年进行一次访谈，共访谈了 5 次。研究表明，道德发展的确是沿着科尔伯格预测的顺序进行的，没有人跳过了其中的某一阶段。所以，科尔伯格的道德发展阶段似乎确实是一个固定不变的序列（Rest, Thoma, & Edwards, 1997）。但是，请注意，人们以有序的方式向道德推理的最高阶段发展，对全世界大多数人来说，阶段三或者阶段四就是这段发展旅程的终点（Snarey, 1985）。

道德发展的认知前提

科尔伯格假设，对于道德推理的发展而言，认知发展是必需的。Lawrence Walker（1980）发现，尽管不是所有擅长角色采择的个体都能达到第三个道德推理阶段，但所有达到阶段三（"好孩子"道德）的 10～13 岁的儿童都非常精通双向的角色采择。同样，Carolyn Tomlinson-Keasey 和 Charles Keasey（1974）以及 Deanne Kuhn 和她的同事们（1977）发现：（1）所有表现出后习俗道德推理水平（阶段五）的被试都已达到了形式运算阶段；（2）但大部分形式运算阶段的个体并不能够达到后习俗水平。这些研究结果意味着，角色采择能力是习俗道德发展的必要而非充分条件，形式运算能力则是后习俗道德出现的必要而非充分条件。这种模式恰好符合科尔伯格的假设，即认知发展是道德发展的前提条件。

科尔伯格社会经验假说的证据

科尔伯格假设，道德发展的另一个前提条件是相关的社会经验，即接触那些迫使个体重新评估并改变现有道德观点的人或情境。这个假设已经得到实证研究的支持（Berkowitz & Gibbs，1983；Turiel，2006；Walker，Hennig，& Kettenauer，2000）。在解决道德两难问题时，要求同伴群体达成一致意见，如果群体的讨论以坦率但无敌意的协商互动为特征，那么道德发展就会顺利进行。所谓**协商互动**，是指讨论者在互动过程中质疑彼此，消除差异。如果父母能用积极的、支持性的方式呈现他们的道德推理，并通过一些温和的探索性问题检查儿童是否理解他们的观点，那么父母对道德发展就会发挥积极影响（Walker，Hennig，& Kettenauer，2000）。

另一类促进道德发展的社会经验是接受高等教育。那些进入大学并接受多年教育的成人，对道德问题的推理往往比受教育少的成人更加复杂（Rest & Thoma，1985；Speicher，1994）。高等教育可能通过两种方式促进道德发展：(1) 促进认知的发展；(2) 使学生接触到各种各样的道德观点，从而引起他们的认知冲突和自我反省（Kohlberg，1984；Mason & Gibbs，1993）。

另外，生活在一个复杂、多样以及民主的社会中也能促进道德的发展。正如我们可以通过与朋友讨论问题学会交流观点一样，在一个民主化的社会中，我们会懂得应该重视不同群体的观点，法律反映的是公民的共识而不是独裁者的独断专行。跨文化研究表明，后习俗水平的道德推理在很多非工业化国家的边远农村中很少出现（Harkness，Edwards，& Super，1981；Snarey & Keljo，1991；Turiel，2006）。

总之，科尔伯格描述了道德发展阶段的固定序列，并指出了决定个体道德发展水平的一些认知因素和主要的环境因素。但是批评家们也指出了科尔伯格理论中存在的一些不足之处。

与同伴讨论重大的道德伦理问题通常能促进道德推理的发展。

对科尔伯格研究方法的批评

对科尔伯格理论的批评主要集中在三方面：它可能会导致对一定群体产生偏见，低估了年幼儿童道德发展的复杂程度，以及过多关注道德推理而忽视了道德情感和道德行为。

科尔伯格的理论是否存在文化偏见？

尽管研究表明，很多文化中的儿童和青少年都是沿着科尔伯格所说的前三个或前四个阶段有序发展的，但我们也看到科尔伯格界定的后习俗道德在一些社会中是不存在的。批评家指出，对于生活在非西方社会以及不崇尚个人权利和挑战社会规则的人来说，科尔伯格提出的反映西方公平理想的最高阶段及相应的理论是存在偏见的（Gibbs & Schnell，1985；Shweder，Mahapatra，& Miller，1990）。在集体主义社会中，人们强调社会的和谐，把群体利益看得高于个人利益，这在科尔伯格的道德体系中被认为是习俗水平的道

> **后习俗道德**（postconventional morality）：指代科尔伯格道德推理的第五、第六阶段的术语，此时，道德推理主要根据社会契约和民主的法律（阶段五），或根据伦理和公平的普遍原则（阶段六）。
>
> **协商互动**（transactive interactions）：个体在与同伴的言语交流中对同伴的推理实施心理操作。

德，但实际上，他们也可能有着非常复杂的公平概念（Li，2002；Snarey & Keljo，1991；Turiel，2006），包括对个体权利的高度尊重和"服从大多数"的民主原则（Helwig et al.，2003）。尽管在各种文化中道德发展的某些方面是相同的，但一些研究表明，道德发展的某些方面在不同社会中是存在很大差别的（Nucci，Camino，& Sapiro，1996；Shweder，1997；Shweder，Mahapatra，& Miller，1987；Turiel & Wainryb，2000；Walker & Pitts，1998）。那么我们该如何看待文化和道德推理的关系呢？也许就像科尔伯格所说的那样，随着年龄的增长，全世界的儿童的确能够以更复杂的认知方式思考道德和公平问题，但与此同时，正如 Shweder 等研究者所说的，不同地区的儿童对于是非对错（或者是个人选择还是道德责任的问题）也有不同看法。

科尔伯格的理论是否存在性别偏见？

科尔伯格理论是在对男性被试研究的基础上发展起来的，因此批评家指责其理论不能充分代表女性的道德推理。例如，Carol Gilligan（1982，1993）指出，一些早期研究结果表明，女性的道德发展似乎比男性要差，通常当她们还处于科尔伯格理论中的第三阶段时，男性的道德推理已经达到了阶段四的水平。Gilligan 认为，性别图式的不同导致男孩和女孩会采取不同的道德定向。男孩通常会受到较多独立性和果断性方面的训练，这使他们把道德两难问题看作个体之间不可避免的利益冲突，而法律和其他社会规范就是为解决这些问题而制定的。Gilligan 把这种定向称为**公平道德**，这恰好是科尔伯格道德中的第四阶段。相反，女孩通常所受的教育是要有教养、富有同情心和关心别人，简言之，她们是以人际关系来界定善良的。所以对女性来说，道德就意味着对他人的关心或同情，这就是**关爱道德**，它比较接近科尔伯格道德理论中阶段三的特点。Gilligan 认为，尽管科尔伯格因为这种道德焦点在人际责任上，所以把它归入阶段三，但这种道德可以变得非常抽象或者"原则化"。

Gilligan 对科尔伯格理论中的性别偏见的批评很少得到相关研究的支持。大多数研究表明，当被试的回答按照科尔伯格的标准记分时，女性对道德问题的推理和男性一样复杂（Jaffee & Hyde，2000；Walker，1995）。也没有很多证据表明道德取向存在性别差异：对于实际生活中面对的两难问题，男性和女性都提出了同情和人际责任的问题，频率等同甚至多于对法律、公平和个人权利的关注（Walker，1995；Wark & Krebs，1996）。而且，年轻的男性和女性都把与公平和关爱有关的特质看作道德成熟的基本要素（Walker & Pitts，1998；表 13.2）。所以，公平和关爱取向并不像 Gilligan 所认为的那样，是属于特定性别的道德。

然而，Gilligan 的理论和研究拓展了我们对道德的看法，男性和女性通常都从自己对他人的责任的角度来思考道德问题，尤其是在面对现实生活而非虚拟的道德问题时。科尔伯格只强调了判断是非的一种方式，一种遵守法规的方式。因此，我们还有必要考察公平道德和关爱道德在男性和女性身上的发展轨迹（Brabeck，1983；Gilligan，1993）。

科尔伯格低估了年幼儿童吗？

另外，科尔伯格只关注法律法规的两难问题，而忽略了其他一些影响学龄儿童行为的非法律性质的道德推理形式。例如，处于阶段一的道德推理者经常会发展出一些有关公平分配的复杂概念，即在群体中决定如何对有限的资源（玩具、糖果等）进行公平公正的分配（Damon，1988；Sigelman & Waitzman，1991），这种推理在科尔伯格的理论中没有充分体现出来。由于过多关注与法律有关的道德概念，科尔伯格明显低估了学龄儿童道德的复杂性（Helwig & Jasiobedzka，2001；Turiel，2006）。

总之，科尔伯格的道德发展理论有很多的优点，然而也的确存在很多有待商榷的地方。他的理论没有充分注意到非西方社会的人们的道德，以及那些强调关爱道德而非公平道德的人，而且他也明显低估了年幼儿童的道德推理能力。由于科尔伯格非常强调道德推理，所以我们必须借助其他观点帮助我们理解道德情感和道德行为的发展，以及思维、情感和行为发生了怎样的交互作用，使我们最终成为有道德的人。

道德发展的行为成分

社会学习理论家，比如阿尔伯特·班杜拉（Bandura, 1986, 1991）和 Walter Mischel（1974），主要对道德的行为成分感兴趣，即面临诱惑时个体的实际行为。他们认为，对道德行为的学习与其他社会行为是相同的，都是强化惩罚和观察学习。他们还认为，道德行为在很大程度上受个体所处的特定环境的影响。因此，某人在某一情境中会表现出合乎道德的行为，但在另一个情境中又违反了道德；或者刚刚宣称了诚实的重要性，转眼却又去撒谎欺骗。这些现象其实是不足为怪的。

道德行为和道德品质的一致性如何？

由 Hugh Hartshorne 和 Mark May（1928—1930）所做的品行教育调查，是有关儿童道德行为的最大规模的研究，也是最早进行的研究之一。该研究是一个为期5年的项目，通过反复引诱被试在各种情境中撒谎、欺骗或偷窃，考察了10 000个年龄在8～16岁的儿童的道德品质。这一大规模调查最有价值的发现是儿童的道德行为并不总是一致的，无法用儿童在某一情境中欺骗的意愿来预测他们在其他情境中撒谎、欺骗或偷窃的意愿。最有趣的是，在特定背景中表现出欺骗行为的儿童，很可能和那些没有这样做的儿童一样，宣称欺骗是错误的。Hartshorne 和 May 由此得出结论：诚实不是一个稳定的性格特质，它在很大程度上具有情境特异性。

但是，运用现代方法对品行教育问卷数据的复杂分析（Burton, 1963）以及更新的研究（Hoffman, 2000; Kochanska & Murray, 2000），都对 Hartshorne 和 May 的**特异性学说**提出了质疑。研究发现，某一特定类型的道德行为（如儿童在测验中是否有作弊的意愿，或者是否有与同伴分享玩具的意愿）具有相当强的跨时间和跨情境的一致性。而且，随着年龄的增长，儿童的道德情感、道德推理和道德行为之间的相关度越来越高（Blasi, 1990; Kochanska et al., 2002）。因此，道德品质之间应该存在一定的一致性或连贯性，特别是当个体在道德方面更加成熟时。然而，即使对于道德发展已经非常成熟的个体，我们也不能期望他在所有情境中的表现都完全一致。因为一个人撒谎、欺骗或违背其他道德规范的意愿（或这样做时的感受和想法），在一定程度上也受一些重要的背景因素的影响，如通过违反规则可能实现的目标的重要性，或者同伴对不良行为的鼓励程度等（Burton, 1976）。

学会抵制诱惑

从社会的立场来看，道德发展的一个更为重要的指标是，即使在被发现或受惩罚的可能性很小时，个体也能够抵制诱惑、遵守道德规范的程度（Hoffman, 1970; Kochanska, Aksan, & Joy,

---

> **公平道德（morality of justice）**：Gilligan 假定的男性的主导道德取向，它更多地关注通过法律得以执行的社会所界定的公平，而不大重视对人类幸福的关注。

> **关爱道德（morality of care）**：Gilligan 假定的女性的主导道德取向，它更多地强调对人类幸福的同情关注，而不是通过法律得以执行的社会所界定的公平。

> **特异性学说（doctrine of specificity）**：这是许多社会学习理论家的观点，他们认为个体的道德情感、道德推理以及道德行为可能更多地依赖于他所面临的情境，而非一系列内化的道德准则。

对年幼儿童来说，抵制诱惑是一项非常困难的事情，特别是在周围没有人帮助儿童训练意志力的情况下。

2007）。一个在没有外部监督的条件下仍能抵制诱惑的人，不但已经掌握了道德规范，而且能在内部动机的驱使下遵守规则。那么儿童是如何掌握道德标准的呢？又是什么因素促使他们遵守习得的行为规范呢？社会学习理论试图通过研究强化、惩罚以及社会榜样对儿童道德行为的影响，来回答这些问题。

强化是道德行为的决定因素

我们知道，如果行为受到强化，那么出现的频率会增加，道德行为也不例外。如果和蔼包容的父母能给孩子提供明确合理的标准，并且经常对孩子的良好表现给予表扬，那么即使是幼儿，也可能会满足父母的期望，在4～5岁时表现出很强的内化的道德意识（Kochanska et al., 2002, 2007; Kochanska & Murray, 2000）。儿童往往具有很强的动机，去完成和蔼的成人所提出的要求，之后由于好行为而获得的赞赏，使其能够明确自己是否已经达到目的。

惩罚在建立道德约束中的作用

尽管强化可接受的行为，是促进良好行为出现的一种有效方式，但成人经常没有意识到，其实儿童能够抵制诱惑也是值得表扬的事情。很多成人能够及时惩罚不良的道德行为。那么，惩罚是否是促进**抑制性控制**发展的有效途径呢？要回答这个问题，还需要依赖儿童对这些不愉快体验的解释。

抵制诱惑的研究

Ross Parke（1977）使用禁忌玩具范式，研究惩罚对儿童抵制诱惑的影响。在实验的第一阶段，被试一碰到某个有吸引力的玩具，就要受到惩罚（听到一种嘈杂的蜂鸣声）；但当他们玩一些没有吸引力的玩具时，什么事情都不会发生。当儿童知道了这种约束条件后，实验者就离开房间，对儿童进行秘密观察，考察儿童是否会去玩被禁止的玩具。

总的来说，研究表明，在控制儿童的不良行为方面，由和蔼的（不是冷淡的）训练者进行的严格的（不是温和的）、一致的而又及时的（不是延迟的）惩罚是最有效的。然而，Parke 最重要的发现是，如果能同时给犯规者提供一个禁止某一行为的合理解释，那么所有形式的惩罚都会更加有效。

解释认知理由的效应

为什么对于那些通常效果较差的轻微惩罚或延迟惩罚，运用说服引导后也能够提高惩罚效果呢？原因可能是说服引导能够给儿童提供一些特定的信息，包括为什么受惩罚的行为是错误的，为什么他们应该为重复这一行为感到内疚或羞愧等。所以，当这些年幼儿童以后再次想做出被禁止的行为时，他们将体验到不安（来自于以前的训练经历），倾向于对这种感觉做出内部归因（比如，"如果我对别人造成伤害，我会感到内疚"，"这将破坏我积极的自我形象"），从而最终控制自己的不良行为，并对自己表现出成熟而负责任的行为产生良好的感觉。相反,那些没有接受说服引导,或者只了解到犯错误可能产生的消极后果(比如,"如果这么做你会挨揍")的儿童,当他们违反规定时,尽管也会体验到同样的不安,但他们更倾向于对自己的情绪唤起做外部归因(比如,"我担心被抓和受惩罚"),最后,他们会在权威人物在场时遵守道德规范,在无人监督时则可能无法抑制自己的不良行为。

所以,担心被发现和受惩罚并不足以说服儿童在没有外界监督的情况下抵制诱惑。为了建立真正内化的自控能力,成人必须制订包括恰当解释在内的教育方案,即告知儿童为什么要限制某一行为,以及为何要对表现出这一行为感到内疚或羞愧(Hoffman,1988)。显然,真正的自制力主要是在认知控制的基础上表现出来的;它更多地依靠儿童头脑中的知识,而不是他们内心的恐惧或焦虑不安。

道德自我概念训练

如果对行为做内部归因真的能够促进道德自制力的发展,那么我们应该让儿童确信,他们可以抵制诱惑,遵守道德规范,因为他们是善良、诚实、可靠的人(内部归因)。这种道德自我概念的训练的确非常有效。William Casey 和 Roger Burton(1982)发现,在玩游戏时,如果强调诚实,并且使游戏者学会提醒自己遵守规则,那么7～10岁的儿童会变得更加诚实。在不强调诚实的情况下,游戏者则会经常表现出欺骗行为。David Perry 及其同事(1980)发现,对于9～10岁的被试来说,在最终屈服于一个几乎不可抵抗的诱惑(离开一个非常枯燥的任务,去看一个非常有趣的电视节目)之后,那些被告知在完成任务和服从规则方面表现得非常好的儿童(道德自我概念的训练),与未被告知表现很好的儿童相比,有很大的行为差异。具体而言,在完成枯燥任务的过程中,被试会获得一些有价值的奖品,与对照组被试相比,那些听到积极评价的儿童更倾向于通过归还奖品来惩罚自己的不良行为。所以,给儿童贴上善良和诚实的标签,不仅可以增加他们抵制诱惑的可能性,而且还能促使他们对表现出的不当行为或违背积极自我形象的行为感到内疚和懊悔。

社会榜样对道德行为的影响

如果榜样通过不做被禁止的事情这种被动的方式表现道德行为,儿童会受到这些服从规则的榜样的影响吗?实际上,只要儿童意识到"被动"的榜样是在抵制违反规则的诱惑,他们就会受到影响。John Grusec 及其同事(1979)发现,如果榜样能够明确阐述遵守规则不做犯规行为的理由,那么这个榜样在激发儿童表现类似行为方面,将会非常有效。而且,如果榜样的理由解释能够与儿童现有的道德推理水平相匹配,则榜样的影响力会更大(Toner & Potts,1981)。

让我们再来看一下 Nace Toner 及其同事(1978)的研究,他们发现那些被要求为其他儿童做道德抑制榜样的6～8岁儿童,与不做榜样的同龄儿童相比,更倾向于在后期抵制诱惑的测验中完成任务。这可能是因为做榜样能使儿童的自我概念发生变化,使其把自己界定为"遵守规则的人"。这对儿童养育的意义非常明确:父母可以通过要求年长儿童表现成熟一些,并且让其成为年幼的弟弟妹妹的自律榜样,来发展年长儿童的抑制性控制。

谁培育了道德成熟的儿童

许多年前,Martin Hoffman(1970)综述了有关儿童教养的文献,想了解父母在实际生活中使用的惩罚技术对孩子的道德发展是否会有影响。他对三个主要的惩罚技术进行了比较:

> ➤ **抑制性控制**(inhibitory control):通过抵制受禁止行为的诱惑而表现出可接受的行为的能力。

- **撤销关爱**。在儿童做出不良行为后，停止对他们的注意、关爱和支持，换句话说，就是让他们产生关爱缺失的焦虑。
- **权力压制**。运用长辈的权力控制儿童的行为，包括强制要求、人身约束、殴打以及取消特权等，这些做法可能会让儿童害怕、生气或怨恨。
- **说服引导**。通过强调某个行为对他人产生的影响，向儿童解释某行为不恰当并且应该改变的理由，通常也向儿童提供如何弥补过失的建议。

表 13.4 父母使用的三种管教策略与儿童道德发展的关系

父母使用的管教策略与儿童道德成熟的关系的方向	管教类型		
	权利压制	撤销关爱	说服引导
＋（正相关）	7	8	38
－（负相关）	32	11	6

注：表中数据代表了发现了特定管教技术与儿童道德情感、道德推理或道德行为的某一变量之间有相关（正相关或负相关）的研究的数量。

来源：Adapted from "Contributions of Parents and Peers to Children's Moral Socialization," by G. H. Brody & D. R. Shaffer, 1982. *Developmental Review*, 2 31-75. Copyright © Academic Press, Inc. Adapted by permission.

不妨先假设这样一个情境：在国庆节那天，托马克拿着点燃的烟火追着家里的小狗跑，吓到了小狗。如果采用撤销关爱的方式，父母可能会说："你要干什么？走开！我不想看见你。"如果是使用权力压制的方法，父母可能会打托马克，或者说："你怎么能这样呢，这周六你不能去看电影了。"而如果是使用说服引导的方法，父母可能会说："托马克，你看小狗现在多害怕。你这样会让它身上着火的，如果它被烧伤，我们都会很伤心的。"可见，说服引导的方法提供了解释，着重指出了个体做错事情对他人（或者狗）造成的伤害。尽管 1970 年以前关于儿童教养方面的研究为数不多，但已有研究结果表明：（1）对促进道德成熟特别有效的既不是撤销关爱也不是权力压制的方式，而是（2）说服诱导，这种方法似乎能够促进道德三成分（道德情感、道德推理和道德行为）的发展（Hoffman，1970）。表 13.4 概括了这三种惩罚模式与一个文献综述中总结的儿童道德成熟的各种测量之间的关系（Brody & Shaffer，1982）。显然，这些数据证实了 Hoffman 的结论：接受说服引导训练的孩子，道德发展更加成熟；而经常使用权力压制的父母培养的孩子，其道德表现更有可能不成熟。

少数几个表明说服引导与道德成熟无关的个案涉及的都是 4 岁以下的儿童。然而，最近的研究表明，对 2～5 岁的儿童来说，讲道理的方法也非常有效，它能增进儿童的同情心和共情能力，以及服从父母要求的意愿。相反，父母在愤怒或体罚孩子的时候使用高强度的权力压制策略，则可能会使孩子变得逆反、抗拒以及不懂得关心他人（Crockenberg & Litman，1990；Eisenberg et al.，2006；Kochanska et al.，2002；Kochanska & Murray，2000；Labile & Thompson，2000，2002）。

为什么说服引导的教育方式更有效呢？Hoffman 列举了几个原因：首先，它为儿童提供了评价自我行为的认知标准；其次，这种惩罚方式能使儿童对他人产生同情心（Krevans & Gibbs，1996），并使父母能够与孩子讨论自豪、内疚以及羞愧等道德情感。但是当儿童由于父母撤销关爱而产生不安全感，或者由于父母的权力压制而愤怒的时候，这种讨论通常是难以进行的（见 Labile & Thompson，2000）。另外，使用说服引导技术的父母可能向儿童解释：（1）当受到违反规则的诱惑时，他们应该怎么做；（2）应该如何弥补自己的过失。所以说服引导可能是道德社会化的一种有效方式，因为它同时关注了道德认知、道德情感和道德行为方面，并有助于儿童对这几个方面进行整合。

儿童眼中的管教

儿童如何看待各种管教策略呢？他们是否也像发展学家一样，认为体罚和撤销关爱对促进道德自制力无效呢？他们是否更偏爱说服引导技术，或者更愿意父母对其不良行为采取宽容的态度呢？

Michael Siegal 和 Jan Cowen（1984）对这些问题进行了考察，他们让4～18岁的儿童和青少年听一些涉及多种不良行为的故事，并让被试对故事中母亲使用的管教策略进行评价。这五类不良行为包括：(1) 简单地抗拒（儿童拒绝打扫房间）；(2) 对他人造成身体伤害（儿童殴打了同伴）；(3) 对自己造成身体伤害（违反不能触摸热炉子的要求）；(4) 对他人造成心理伤害（取笑一个有生理缺陷的人）；(5) 破坏物品（打闹时打碎了灯管）。父母使用的四种管教技术是：说服引导（通过指出肇事者行为的伤害性后果对其进行教育）、身体惩罚（打孩子）、撤销关爱（让儿童离自己远点儿）以及宽容的非干预策略（忽略事件，认为儿童能够自己吸取教训）。每个被试听20个故事，每个故事都是由其中的一种管教策略和一种不良行为组合而成。在听完或读完每个故事后，由被试对父母处理问题的方式做出"非常不好"、"不好"、"一般"、"好"或"非常好"的评定。

结果很明确：对所有年龄的被试（甚至包括学前儿童）来说，说服引导都是他们最愿意接受的教育策略，对体罚的接受程度居第二位。因此，所有被试似乎都更喜欢理性的教养方式，这样的父母主要依靠说服引导的方式，偶尔也会采用权力压制的策略。与之相比，没有哪个年龄组偏好撤销关爱和宽容策略。不过，样本中的4～9岁的儿童认为，包括撤销关爱在内的任何管教形式，都要好于父母宽容、不干预的态度（他们认为这样做"不好"或"非常不好"）。很明显，年幼儿童觉得成人有必要采取措施，限制他们不恰当的行为，故事中的年轻人完全自由地做自己的事情让他们觉得很困扰。

总之，说服引导加上偶尔使用权力压制的策略是受儿童欢迎的教养方式，它与儿童养育研究中的道德成熟变量以及实验室研究中的抵制诱惑的关系最密切。或许说服引导的教养方式能够促进道德成熟的另一个原因是，很多儿童把该方法看作处理不良行为的正确方式，而且他们可能有很强的动机接受一个世界观与自己匹配的惩罚者的影响。相反，赞同说服引导却经常受其他方式管教的儿童，可能很少看到内化管教者价值观和劝告的合理性，管教者诱导服从的特定方法被看作不明智、不公平的，并且不值得尊敬。

> ➢ **撤销关爱**（love withdrawal）：成人为了矫正或控制儿童的不良行为，停止注意、关爱或支持的惩罚形式。
>
> ➢ **权力压制**（power assertion）：成人依靠其权力（如体罚或取消特权）矫正或控制儿童不良行为的一种惩罚形式。
>
> ➢ **说服引导**（induction）：一种非惩罚性的教育形式，成人通过强调儿童行为对他人造成的影响，向儿童解释其行为错误的原因以及为什么应该改变。

生活与研究应用

我该如何管教我的孩子？

只有极少数父母完全使用一种管教方式，大多数家长可能会用到几种方式。尽管有些父母主要使用讲道理的方式，不过一旦惩罚对于控制儿童的注意或限制儿童重复过失行为非常必要时，他们也可能会采用这种惩罚策略。所以，Hoffman 谈到的说服引导方式非常类似于"讲道理加适度惩罚"的形式，Parke（1977）在其抵制诱惑的实验室研究中发现，这种方式其实是最有效的。

一些研究者怀疑，Hoffmann 关于说服引导的教育方式很有效的结论可能有些夸张。例如，由中产阶级的欧裔母亲使用的说服引导方法，与儿童道德成熟的指标有稳定的相关；然而，对父亲或来自其他社会经济背景中的父母的研究，并不总会得出同样的结果（Brody & Shaffer, 1982; Grusec & Goodnow, 1994）。而且，父母使用权力压制的方式与儿童攻击、反社会行为之间的正相关似乎只适合欧裔美国人，不适合非裔美国儿童（Deater-Deckard & Dodge, 1997；见 Walker-Barnes & Mason, 2000）。可见，还需要更多的研究来确定 Hoffman 的观点是否具有文化特定性。

另有一些批评家也提出作用方向的问题：是说服引导促进道德成熟呢？还是道德成熟的儿童更能引发父母使用说服引导的教养方式呢？由于有关儿童养育的研究大多是以相关关系的数据为基础的，所以任意一种可能都可以解释 Hoffman 的结果。Hoffman（1975）指出，父母对孩子行为施加的控制，比孩子对父母的影响更多。换句话说，他相信父母使用说服引导的教养方式促进了儿童道德的成熟，而不是道德成熟的儿童引发了说服引导的教养方式。有一些实验支持了 Hoffman 的这一观点，在说服儿童遵守诺言、遵守由不熟悉的成人提出的规则方面，说服引导比其他教养形式更加有效（Kuczynski, 1983）。

然而儿童也的确会影响到他们所受到的惩罚方式。例如，一个违抗父母管教的儿童会引发日后更强制（和不太有效）的管教方式（Patterson, 1998; Stoolmiller, 2001）。尽管大多数青少年对说服引导的反应比较好，但实际上没有一种教养方式会对所有儿童都起作用，最有效的方式是能够适合儿童行为和其他特质的方式（Grusec, Goodnow, & Kuczynski, 2000）。对此，Grazyna Kochanska（1997a）发现，采用不同策略促进不同气质儿童的道德内化是非常必要的。对于那些具有焦虑气质的学步儿，即受到训斥会焦虑、退缩并倾向于号啕大哭的孩子，如果在学前阶段就已经表现出很强的道德意识，那么他们可能更需要温和、解释性的教养方式。但与大多数儿童不同，那些气质类型冲动、大胆的儿童并不能够通过说服引导的教育方式获得充分的道德经验。如果这些儿童的父母与其建立了温馨互动的关系，这种关系鼓励了他们的合作以及让父母赞赏的强烈愿望，那么这些儿童会在童年早期表现出内化的道德意识。

所以，尽管说服引导的教养方式看起来非常有效，但它并不是促进所有儿童道德成熟的最佳方式。不过，Kochanska 及其同事（1996）的确发现，父母过于依赖权力压制总是会限制道德内化，而且它对任何气质类型的儿童都不适合。

概念核查13.3　理解道德发展

回答下列问题，检查你对道德发展的理解。答案见附录。

匹配题：将下列概念与描述匹配起来。

 a. 关爱道德

 b. 同伴交往

 c. 角色采择能力

 ____ 1. 皮亚杰和科尔伯格都强调它对道德发展有重要作用。

_____ 2. 根据 Gilligan 的观点，科尔伯格忽视了这方面道德的成长。

_____ 3. 这是科尔伯格习俗道德的认知前提。

判断题：判断下列陈述的对错。

_____ 4. 说服引导是与道德不成熟始终相关的一种管教方式。

_____ 5. 权力压制是大多数儿童反应最好的一种管教方式，对焦虑的儿童来说尤其如此。

_____ 6. 撤销关爱对年幼儿童来说可能是最成功的管教形式。

填空题：在下列句子的空白处填上适合的词或短语。

7. Gilligan 提出了两种类型的道德，_____ 道德和 _____ 道德，他认为科尔伯格忽视了 _____ 道德。

论述题：详细论述下列问题。

8. 阐述道德发展的三个成分，简单描述用于考察每个成分的研究类型。

发展主题在攻击行为、利他主义和道德发展中的应用

主动
被动

连续性
阶段性

整体性

天性
教养

这一章涉及大范围的社会性发展论题，包括攻击行为、利他主义和道德。前面提到的那些发展性主题（主动发展的儿童、天性与教养的交互作用、量变和质变的发展变化，以及发展的整体性）都贯穿在本章涉及的议题中。让我们通过一些例子看看这些发展性主题与本章的论题有怎样的联系。

对主动型攻击者和挑衅型受欺负者的讨论，充分体现了儿童如何主动参与自身的发展。这些儿童的思考方式和行为方式，促成和保持了他们作为攻击者和受害者的地位。但不是对所有儿童都可用这种方式来分类。所有儿童在自身发展中都积极地发挥着作用的一个例子是 Dodge 有关攻击性的社会信息加工模型。根据这个模型，所有儿童在思考可能会、也可能不会导致他们攻击行为的情境时，都是积极主动的，儿童使用的信息加工循环模式导致了儿童有关攻击性的思考和攻击行为的发展。

攻击行为的性别差异体现了天性与教养对于发展的共同影响。我们知道，攻击性的性别差异在一定程度上要归因于雄性激素（生物或先天影响）。但性别差异明显也依赖于在社会学习上的性别类型和性别差异（环境或养育的影响）。显然，天性与教养相结合共同影响了人类攻击性的发展。

发展的量变和质变在本章中有特别重要的意义，因为每个论题都体现了量变和质变交互作用的复杂性，以及在一系列行为的量变之后经常会出现质变的事实。例如，随着儿童从一个发展阶段过渡到形式或类型不同于早期的新阶段，道德推理和攻击行为都发生了质变。然而，儿童总是在经历了社会互动和认知发展的过程中发生了一系列量变之后，才到达新的发展阶段。

儿童发展的整体性在每个论题中都有所体现。儿童的认知功能源自他们的社会经验，同时对社会经验也有重要作用。科尔伯格的道德推理理论明确阐述了这种关系。科尔伯格指出，儿童按固定顺序经历了道德推理的各个阶段，这个过程是以认知发展和与同伴的社会交往为中介进行的。对科尔伯格来说，认知和社会交往在引导道德发展上是不可分割的。

上面举了几个例子，阐述了我们所说的发展主题与攻击性、利他主义和道德发展的关系。也许你还能找出另外一些例子。显然，这些发展主题对于解释我们提到的理论以及理解儿童和青少年社会性发展的这些领域有重要作用。

总 结

攻击行为的发展

- 有意伤害或攻击行为通常分为两类：敌意性攻击和工具性攻击。
- 工具性攻击往往是由于婴儿在玩具或其他物品方面产生冲突所致，通常出现在婴儿出生后第一年年末。
- 在童年早期，身体攻击逐渐减少，而言语攻击越来越多，工具性攻击在一定程度上有所减少，而报复性攻击越来越多。
男孩比女孩更多地表现出外显攻击行为，女孩比男孩更多地使用关系性攻击。
- 尽管外显攻击的发生率随年龄的增长而下降，但反社会行为的隐秘形式随年龄增长而增加。
- 对男性和女性来说，攻击性都是中度稳定的特质。
- 主动攻击者依靠攻击满足个人目标，并且相信能够从攻击行为中获益；他们可能会成为欺负者。
- 反应型攻击者往往表现出敌意归因偏见，他们经常会对他人意图做敌意归因，并以敌意的方式对假想的挑衅做出报复；他们可能会成为挑衅型受欺负者。
- 大多数受欺负的儿童是被动型受欺负者，欺负者认为这类儿童容易控制。
- 个体的攻击倾向在一定程度上取决于个体生活的文化和亚文化环境，以及家庭背景。
- 如果儿童生活在一个强制性家庭环境中，他们的敌意行为会受到负强化，可能会变得富有攻击性。
- 努力创设一个非攻击性的游戏环境，采用隔离技术和不匹配反应技术等控制程序，或者进行社会认知干预，都能够减少儿童攻击行为的发生率。

利他主义：亲社会自我的发展

- 在婴幼儿时期，分享玩具和安慰他人等利他行为的迹象已经出现。
- 在学前阶段，分享、助人以及其他亲社会行为越来越普遍。
- 利他关怀的发展与角色采择技能、亲社会道德推理以及同情性的共情唤起的发展有关。
- 与攻击行为类似，利他主义倾向也会受到文化和家庭环境的影响。
- 通过表扬儿童的友善行为，并以身作则做好榜样，父母可以促进儿童的利他行为。
- 当父母运用非惩罚性情感解释方式，来惩罚做错事的儿童时，儿童会变得更富有同情心，能够为他人考虑，并具有自我牺牲的精神。

道德发展：情感、认知和行为成分

- 道德意味着一系列内化了的原则和理念，它能促使个体明辨是非，并做出相应的行为。
- 道德发展的情感成分
  - 研究发现，在一个温馨互动的关系背景中，道德在学步儿早期就已经形成。
- 道德发展的认知成分
  - 皮亚杰的理论认为，道德推理要依次经历三个水平：前道德时期、他律道德和自律道德。他的研究和理论已经成为近期更多的有关道德发展认知成分调查的基础。科尔伯格把道德推理看作按前习俗道德、习俗道德、后习俗道德这三个水平依次发展的过程，每个水平又包括两个不同的阶段。
  - 研究支持科尔伯格道德发展阶段的理论，也赞同他的这个观点，即认知发展和与父母、同伴以及其他受教育程度较高或民主活动的参与者在一起的社会经验，共同促进了儿童道德推理的发展。
  - 科尔伯格的理论也许并没有充分反映生活在非西方社会中的人或那些强调关爱道德而非

公平道德的人的道德发展特点。
- 道德发展的行为成分
  - 社会学习理论家解释了儿童是如何学会抵制诱惑，并抑制违反道德规范的行为的。
  - 促进抑制性控制发展的因素包括：表扬有道德的行为、惩罚配合适当的说理，以及给儿童提供道德自律的榜样（包括自己）。
  - 其他非惩罚性技术，比如道德自我概念的训练，对促进道德行为发展也非常有效。
- 儿童养育研究一致表明，使用说服引导的教养方式能够促进道德成熟，撤销关爱策略收效甚微，而权力压制则与道德不成熟有关。
- 说服引导的有效性也许依赖于儿童的气质类型。
- 与其他方法相比，儿童普遍偏爱说服引导的教养方式，而且大多数儿童似乎更愿意接受自己所尊重的循循善诱的成人的教育。

第13章 练习测验

选择题：为下列各题选择最佳答案，检验你对攻击行为、利他主义和道德发展的理解。答案见附录。

1. 对攻击行为的性别差异的研究表明，男孩表现出较多的____攻击，而女孩表现出较多的____攻击。
   a. 外显；关系   b. 关系；外显
   c. 工具性；报复性 d. 报复性；工具性

2. 小陈是一个非常有攻击性的小学男生。他使用攻击性策略提高自尊，得到自己想要的东西。我们将小陈称为____攻击者。
   a. 外显   b. 关系
   c. 主动型   d. 反应型

3. 下面陈述中的哪一项没有得到欺负研究的支持？
   a. 男孩更可能受到身体欺负，而女孩更可能受到言语欺负。
   b. 欺负在青少年早期出现得最频繁（六至八年级）。
   c. 欺负者更可能抽烟、喝酒，是穷学生。
   d. 与乡村和郊区相比，在人口稠密的城区欺负现象更为普遍。

4. 有意使他人受益的行为被称为____。
   a. 利他主义   b. 亲社会行为
   c. 共情   d. 道德行为

5. 罗莎丽塔看见她的朋友康斯薇拉丢失了在幼儿园制作的通心粉项链。她很为她的朋友难过。罗莎丽塔正在体验____，这种情绪最终将____利他主义。
   a. 同情式共情唤起；促进
   b. 同情式共情唤起；减少
   c. 自我定向的悲伤；促进
   d. 自我定向的悲伤；减少

6. 共情可以让个体反思利他准则，从而促进利他主义的发展，这种理论叫作____。
   a. 利他主义假说
   b. 共情假说
   c. "感知的责任"假说
   d. 共情反省假说

7. 克兰德尔博士研究了儿童与是非行为有关的感觉（例如，内疚、关心他人感受）的发展，这些感觉会促进道德思想和行为。我们说，克兰多尔博士研究了道德的____成分。
   a. 情感   b. 行为
   c. 认知   d. 反省

8. 奇普一般来说不会与父母对抗，他的父母总是用权力控制他的行为，但是他内心并不想合作或者遵从他们的道德标准。我们猜想，奇普和他父母的关系是____。
   a. 彼此回应的关系   b. 约束性顺从

c. 情境性顺从　　　d. 权力压制的关系

9. 根据科尔伯格的道德发展理论，在____阶段，个体将法律视为表达大多数人意志和提升人类幸福的工具。
   a. 惩罚与服从定向
   b. 维持社会秩序的道德
   c. 以个人良心为原则的道德
   d. 社会契约定向

10. Parke 的实验使用"禁忌玩具范式"，研究惩罚对儿童抵制诱惑能力的影响，结果表明____。
    a. 严格或温和的惩罚都是有效技术
    b. 如果在惩罚的同时，对被禁止的行为从认知上进行合理解释，那么惩罚会更有效
    c. 即时或延迟的惩罚都是有效的技术
    d. 惩罚者的和蔼（或冷漠）不会影响技术的有效性

关键术语

报复性攻击，p499
被动型受欺负者，p502
不匹配反应技术，p506
撤销关爱，p526
冲突，p496
道德，p514
道德情感，p514
道德推理，p514
道德行为，p514
敌意归因偏见，p501
敌意性攻击，p496
反应型攻击者，p499

负强化物，p505
"感知的责任"假说，p511
隔离技术，p506
工具性攻击，p496
公平道德，p522
攻击行为，p496
关爱道德，p522
关系性攻击，p498
后习俗道德，p520
利他主义，p507
内化，p514

前道德时期，p516
前习俗道德，p518
强制性家庭环境，p505
亲社会道德推理，p509
亲社会行为，p507
情感解释，p508
情感缺失的父母，p505
情境性顺从，p515
权力压制，p526
受欢迎度，p503
说服引导，p526
他律道德，p516

特异性学说，p523
挑衅型受欺负者，p502
同情式共情唤起，p510
习俗道德，p518
相互回应的关系，p515
协商互动，p521
抑制性控制，p524
约束性顺从，p515
主动型攻击者，p499
自律道德，p517
自我定向的悲伤，p510

第五部分
发展的背景

第 14 章　发展的背景 1：家庭

第 15 章　发展的背景 2：同伴、学校和科技

第 14 章　发展的背景 1：家庭

生态系统理论
对家庭的理解
童年期和青少年期的父母社会化
- 研究聚焦：教养风格和个体发展
- 生活与研究应用：青少年期亲子关系的重新调整
- 研究聚焦：来自生活富裕家庭的惊人发现

兄弟姐妹及其关系的影响
家庭生活的多样性
发展主题在家庭生活、教养方式及兄弟姐妹关系中的应用

1995 年 4 月的某一天，95 岁高龄的科拉·谢弗在参加完自己的 75 周年结婚庆典之后出席了 73 岁的大儿子 55 周年的结婚庆典。当时出席结婚庆典的还有科拉的其他孩子，其中有 8 个孙子女中的 4 人，11 个曾孙中的 8 人，11 个玄孙中的 9 人。令人吃惊的是，科拉能够很轻松地详细描述每个重要节日，包括所有子孙的生日、结婚纪念日。同时她能够相当客观公正地说出与所有亲戚有关的事情，如最近的职业变化、教育活动以及个人得失，等等。当我问起她如何料理家庭事务时，她笑着说道，自从在 85 岁那年退休之后，她有足够的时间关注家庭的事情。她还开玩笑地说："亚历山大·格雷厄姆·贝尔在发明电话的时候一定像我一样心里想着这么多亲属。"另外，这位老妇人还能清楚地记得她所认识的已逝亲戚的生活事件，其中有一些出生在电话发明以前的 19 世纪 40 年代。很明显，科拉·谢弗能够将自己与谢弗家族的过去、现在以及未来的一代代密切地联系起来。

我们中大多数人不可能像老祖母那样认识并关注如此多的亲戚，但是她对家庭联系的强调非同一般。在美国，超过 99% 的儿童在某种家庭中长大（美国统计局，2002），而且所有社会中的大多数儿童都是在至少有一个亲生父母或其他亲人的家庭环境中长大的。因此，实际上每个人都和家庭有密切的联系。我们在家庭中出生，在家庭中成长，并开始成年人的生活，即使到了晚年，我们还和家庭保持着联系。我们是家庭的一部分，家庭是我们的一部分。

本章主要关注家庭这样一个既能影响它的成员同时又受到其成员影响的机构。家庭是什么？家庭具有什么样的功能？一个孩子的出生如何影响其他家庭成员？是不是某些类型的教养方式优于其他类型？家庭的文化传统和社会经济地位会

影响教养方式吗？兄弟姐妹对于儿童发展有什么重要作用？日益复杂的家庭形式如何影响儿童的发展？在考虑家庭对儿童和青少年发展的重要作用时，我们会关注以上问题。

生态系统理论

美国心理学家尤瑞·布朗芬布伦纳指出了早期环境主义观点的很多缺点，提供了关于儿童和青少年发展的新视角。早期的行为主义者把环境定义为塑造个体发展的所有外部因素。尽管现代学习理论家班杜拉（1986，1989）不再持极端的机械主义观点，他认为环境既影响着个体的发展，也受发展的个体的影响，然而他仍然没有对个体发展的环境做出明确描述。

相比之下，布朗芬布伦纳的**生态系统理论**（Brofenbrenner，2005；Bronfenbrenner & Morris，2006）对环境的影响做了详细分析。该理论也同样承认生物因素和环境因素交互作用影响着人的发展。

布朗芬布伦纳的发展背景

布朗芬布伦纳（1979）认为，自然环境是人类发展的主要影响源，这一点往往被一些研究者所忽视，他们选择在高度人为设计的实验室中研究发展。他把环境（或自然生态）定义为"一组嵌套结构，每一个嵌套在下一个中，就像俄罗斯套娃一样"（p.22）。换言之，发展的个体位于系统中心，镶嵌在几个环境系统中，从直接环境（如家庭）到间接环境（如宽泛的文化），见图14.1。每一系统都与其他系统以及个体交互作用，在许多重要方面影响着发展（参见Cole，2005）。

布朗芬布伦纳的理论确实改变了发展学家思考儿童发展环境的方式。例如，在20世纪四五十年代，发展学家可能会考察儿童成长环境的某个方面的作用，并将儿童之间的所有差异都归于环境在这个方面的差异。例如，离异家庭和完整家庭儿童在认知、社会性甚至生理上的差异也许都会被归咎于离婚对儿童的影响。有了布朗芬布伦纳的理论，现在就可能考虑影响儿童发展的许多不同水平和类型的环境效应。让我们更深入地了解一下这个理论。

微观系统

布朗芬布伦纳的环境层次的最里层是**微观系统**，指个体活动和交往的直接环境。对大多数婴儿来说，微观系统也许仅限于家庭。然而，随着儿童进入幼儿园、学前班，以及与同伴群体和社区玩伴的交往，此系统变得越来越复杂。儿童不仅受微观系统中那些人的影响，而且他们的生物性和社会性特征——习惯、气质、生理特征和能力——也同样影响着人们的行为。例如，困难型婴儿可能会疏远父母，甚至会导致父母间出现矛盾，这足以破坏婚姻关系（Belsky, Rosenberger, & Crnic, 1995）。微观系统中任何两个个体的交往都有可能受第三者的影响。因此，微观系统的确是一个动态的发展背景，生活于其中的每个人既影响着他人，同时也受他人的影响。

中间系统

布朗芬布伦纳的第二个环境层是**中间系统**，指的是微观系统中，如家庭、学校和同伴群体之间的联系或相互关系。布朗芬布伦纳认为，如果微观系统之间有较强的支持性关系，发展可能实现最优化。例如，儿童的学习能力不仅取决于教师的指导质量，也取决于父母对学习活动的重视程度，以及与教师协商合作的程度（Gottfried, Fleming, & Gottfried, 1998；Luster & McAdoo, 1996；Schulting, Malone, & Dodge, 2005）。相

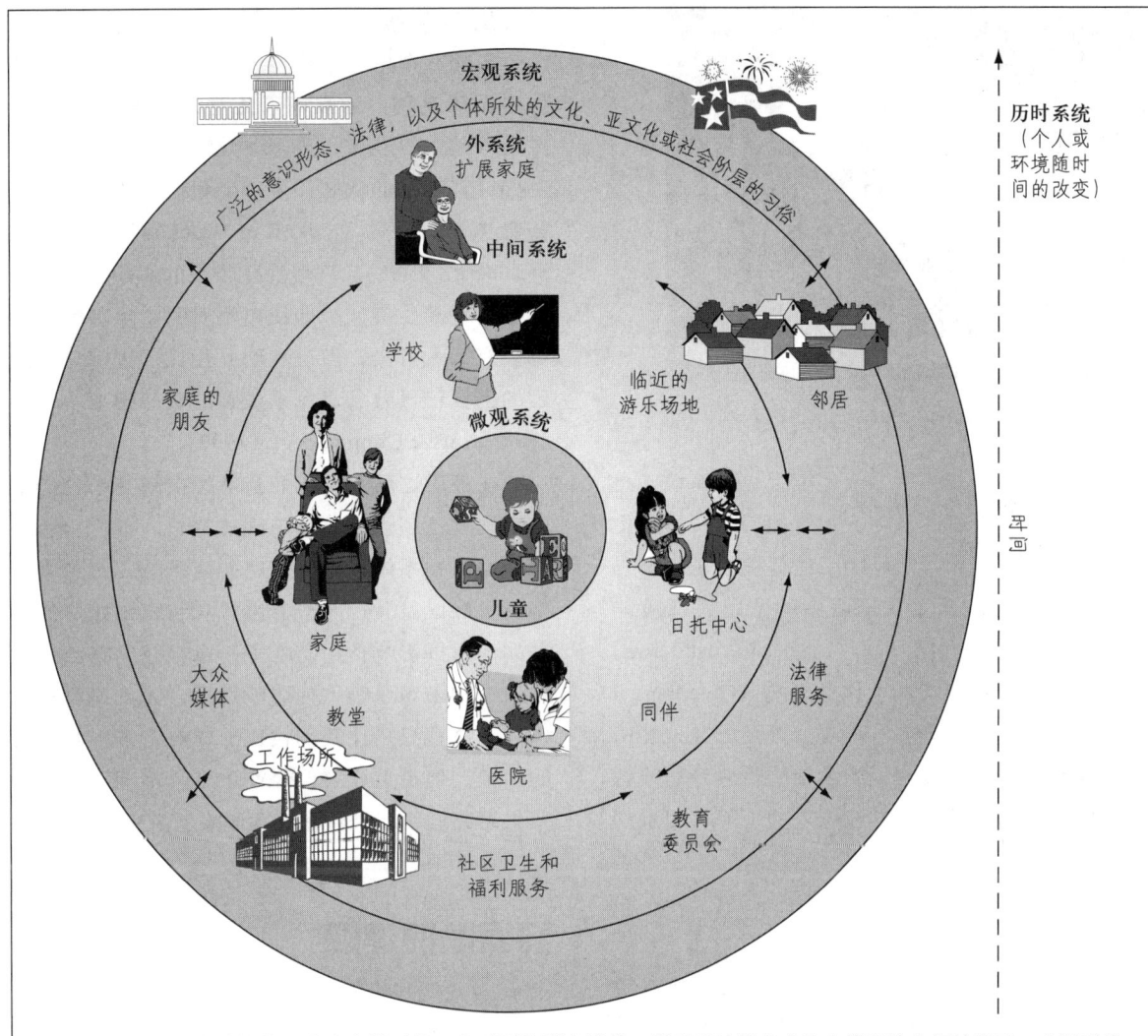

图14.1 布朗芬布伦纳的环境生态模型是一个系列的嵌套结构。微观系统指儿童和直接环境之间的关系,中间系统指儿童直接环境之间的联系,外系统指儿童没有直接参与但对他们有影响的社会背景,宏观系统指文化的总体意识。
来源:Bronfenbrenner, 1979.

反,微观系统间的非支持性关系则会导致不良后果。例如,如果同伴群体不重视学业,他们暗中拖后青少年的学业成绩,尽管父母做出最大努力,教师也鼓励学业成就,儿童却不会取得最优的学业成绩(Chen et al., 2005; Steinberg, Dornbusch, & Brown, 1992)。

> **生态系统理论**(ecological systems theory):布朗芬布伦纳的模型,强调发展中的个体被镶嵌在一系列的环境系统中,这些系统之间交互作用并与个体交互作用影响着发展。
> **微观系统**(microsystem):个体实际接触的直接环境(包括角色关系和活动);布朗芬布伦纳的环境层次的最里层。
> **中间系统**(mesosystem):个体的直接环境或微观系统之间的相互联系;布朗芬布伦纳的环境层次的第二层。

中间系统包括儿童的家庭和学校之间的相互关系。

外系统

布朗芬布伦纳的第三个环境层是**外系统**，是指那些儿童并未直接参与，却对他们的发展产生影响的系统。例如，父母的工作环境就是一个外系统影响因素，儿童在家庭中的情感关系可能会受到父母工作固定时间（Hsueh & Yoshikawa, 2007）以及是否喜欢其工作的影响（Greenberger O'Neal & Nagel, 1994）。同样，儿童的在校经历也会受到外系统的影响，如学校的整体计划或者其社区工厂的关闭导致学校收入的下降等因素都会影响到学生。

宏观系统

布朗芬布伦纳强调发展也出现在**宏观系统**中——微观系统、中间系统和外系统嵌套于其中的文化、亚文化和社会阶层背景。宏观系统实际上是一个广阔的意识形态。它规定如何对待儿童、教给儿童什么以及儿童应该为之努力的目标。当然，在不同文化（或亚文化和社会阶层）中，这些观念是不同的，但是它们都在很大程度上影响着儿童在家庭、学校、社区以及其他直接或间接影响儿童的机构中获得的经验。例如，在反对体罚儿童，提倡以非暴力方式解决人际冲突的文化（宏观系统）中的家庭里，虐待儿童（一种微观系统中的经历）的比率很低（Belsy, 1993；U.S. Department of State, 2002）。

历时系统

布朗芬布伦纳的模型还包括了时间维度，或称作**历时系统**，他强调了儿童的变化或者发展。生态环境的任何变化都影响着个体发展的方向。例如，青春期的认知和生理变化似乎增加了父母与青少年的冲突（Paikoff & Brooks-Gunn, 1991; Steinberg, 1988）。环境变化带来的影响也取决于儿童的年龄。例如，即使离婚对所有年龄的儿童都会有很大打击，但是和幼儿相比，青少年体验到的因自己导致父母关系破裂的负罪感要小一些（Hethering & Clingempeel, 1992）。

在最后这两章，我们会考虑布朗芬布伦纳生态系统理论观点中更为广阔的背景。首先，我们将考察微观系统，考虑家庭如何影响儿童和青少年的发展以及父母的教养方式和与兄弟姐妹的关系如何发挥影响作用。在下一章，我们将会探讨外系统和宏观系统如何影响发展，尤其是学校和媒体。这些只是让我们快速形成对背景影响发展的印象，但是也代表已经产生了较多理论和发展背景研究的领域。首先让我们看看家庭。

对家庭的理解

从发展的观点来看，在所有社会中，家庭最重要的功能是照顾年幼者并促使其社会化。**社会化**指儿童获得被社会中的年长者认为重要且适宜的信念、动机、价值观及行为方式的过程。

当然，家庭并不是社会化的唯一机构。在第15章中，我们将提到学校、大众传媒和儿童同伴群体（如男童子军和女童子军）等经常辅助家庭提供培训和情感支持的功能，从而促进儿童的健康发展（King & Furrow, 2004；Larson, Hansen, & Moneta, 2006）。然而，在被送到托儿所、幼儿园或开始正规的学校教育前，许多儿童较少接触家庭之外的成员。因此，家庭领先于其他机构对儿童实施社会化,将家庭作为个体社会化的首要机构是恰当的。

家庭作为一个社会系统

由于存在如此多的不同形式的家庭生活,因此难以对家庭做出一个具有普适性的界定并适用于所有文化、亚文化或历史时期(Coontz, 2000)。在这里,我们采用如下定义:**家庭**是两个或更多的人通过血缘、婚姻、收养或选择而形成的关系,个体之间具有情感联系并相互负责(Allen, Fine, & Demo, 2000, p.1)。

20世纪四五十年代,当发展学家开始研究社会化时,他们几乎完全将注意力集中于母子关系。他们假设,母亲(很少提及父亲)是塑造儿童行为和性格的重要代理人(Ambert, 1992)。然而,现代家庭的研究者拒绝这种简单的单向模式,而偏爱一种更复杂的"系统"方法。这种系统方法承认父母影响孩子,同时也强调:(1)儿童也影响父母的行为和教养方式;(2)家庭是一个复杂的社会系统——也就是说,家庭是一个由相互关系组成的网络,又是一个不断发展的受到社区和文化很大影响的联盟(Parke & Buriel, 2006)。

说家庭是一个**社会系统**,意思是家庭很像人体,是一个整体结构,它由相互关联的部分组成,其中每一部分都会影响其他部分,也会受到其他部分的影响,而且每一部分都有助于总体功能的发挥(Parke & Buriel, 2006)。

为了更好地阐释这一问题,我们以最简单的**传统核心家庭**(由父亲、母亲和第一个出生的婴儿组成的家庭)为例。即使是这种母亲-父亲-婴儿的系统也是个复杂的整体(Belsky, 1981)。婴儿和母亲的交往已经涉及交互影响的过程,例如,我们注意到,婴儿的微笑可能由母亲的微笑引发,而母亲关切的表情通常会使孩子变得敏感警觉。当父亲参与进来又会发生什么呢?母婴之间的二人关系突然转变成了由夫妻关系、母子关系和父子关系组成的家庭系统(Belsky, 1981, p.17)。

将家庭视为一个系统意味着:任何两个家庭成员之间的互动都会受第三个家庭成员的态度和行为的影响(见Parke, 2004)。以父亲对母子关系的影响为例,与那些体验到婚姻关系紧张且觉得自己是在独自养育孩子的母亲相比,婚姻幸福且与丈夫有亲密的支持性关系的母亲通常能够更为耐心、更为敏感地照顾孩子(Cox et al., 1989, 1992; Parke & Buriel, 2006)。母亲婚姻幸福的婴儿也更有可能形成安全依恋(Doyle et al., 2000)。同时,母亲会影响父子关系:当与配偶的关系和谐时,父亲会更多参与对孩子的养育且会支持孩子(Kitzmann, 2000),妻子也会更多参与进来(Flouri & Buchanan, 2003)。总之,当夫妻双方能够合作养育,也就是相互支持对方的教养活动,以合作而非敌对的方式发挥作用时,儿童能够获得最好的发展(Leary & Katz, 2004; McHale et al., 2004)。但不幸的是,对那些经历婚姻不和

> **外系统**(exosystem):儿童并未直接参与,却对他们的发展产生影响的系统;布朗芬布伦纳的环境层次的第三层。
>
> **宏观系统**(macrosystem):发展所处的较大的文化和亚文化环境;布朗芬布伦纳的环境层次的最外层。
>
> **历时系统**(chronosystem):生态系统理论中,随时间而发生的个体或环境的改变,影响发展任务的方向。
>
> **社会化**(socialization):儿童获得所属文化或亚文化认为可取的或适宜的观念、价值观和行为方式的过程。
>
> **家庭**(family):两个或更多的人通过血缘、婚姻、收养或选择而形成的关系,个体之间具有情感联系并相互负责。
>
> **家庭社会系统**(family social system):以三口之家或更多家庭成员为特征的交互作用的影响模式,一个复杂的关系网络。
>
> **传统核心家庭**(traditional nuclear family):由妻子(或母亲)、丈夫(或父亲)和孩子组成的家庭单元。

谐及其他生活压力的夫妻来说，有效的**合作养育**是很难做到的（Kitzmann，2000；McHale，1995；Vetere，2004）。在美国，47%的离婚率表明，很多夫妻的婚姻是不和谐的（美国统计局，2006）。不幸福的夫妻会对儿童养育问题产生争论（Papp, Cummings, & Goeke-Morey, 2002）。这些消极的互动通常比婚姻冲突的其他方面更容易导致儿童和青少年时期的适应困难（Mahoney，Jouriles，& Scavone，1997；McHale et al.，2002）。

当然，儿童也会对父母产生影响。一个发脾气且较少服从要求的高冲动性的婴儿会促使母亲采取惩罚性、强制性措施（儿童—母亲效应；Stoolmiller，2001）。反过来，母亲的这种教养方式会促使儿童比以往更加具有挑衅性（母亲—儿童效应；Crockenberg & Litman，1990；Donovan, Leavitt, & Walsh, 2000）。在教养孩子的过程中经受挫折、易被激怒的母亲可能会抱怨丈夫没有积极参与，然后就会陷入关于父母责任和义务的不愉快争论之中（儿童的冲动性对夫妻关系的影响；Jenkins et al.，2005）。

总之，家庭内的每个人和每种关系都是通过如图14.1所示的影响路径影响其他人或其他关系的（见Belsky & Fearon，2004）。我们来看一下，为什么仅仅关注家庭中的母子关系对于理解家庭对孩子的影响是过于简单化的（Frascarolo et al.，2004）。

想想看，随着第二个孩子的出生，增添了兄弟姐妹关系和兄弟姐妹—父母关系，家庭系统会变得多么复杂！家庭复杂性的另一种水平表现在双胞胎、三胞胎或多胞胎的出生上（Feldman, Eidelman, & Rotenberg, 2004）。或者考虑一下**扩展家庭**的复杂性。在这种家庭中，父母与孩子会和其他亲属——祖父母、叔叔、姑姑、侄儿、侄女等生活在一起或有密切接触（Parke & Buriel，2006）。

家庭是一个发展的系统

家庭不仅是一个复杂的社会系统，也是一个动态的或变化的系统。想想看，每个家庭成员都是一个发展中的个体，同时夫妻关系、亲子关系及兄弟姐妹之间的关系都会以一定的方式发生变化，从而影响每一个家庭成员的发展（Parke & Buriel，2006）。许多这样的变化是常规发展的变化。比如说，为鼓励个体自主性和主动性的发展，父母允许婴儿自己做更多的事情。然而，有许多非既定的或不可预见的变化（如一个兄弟姐妹的死亡或夫妻关系的恶化）会极大地影响家庭的交互作用和孩子的发展。因此，家庭不仅仅是个体发展变化的系统，随着家庭成员的发展，家庭的动态系统也在变化。

社会系统观点同时强调，所有的家庭都嵌套于较大的文化和亚文化背景中，家庭所在的小生态环境（如家庭的社会经济地位、亚文化中流行的价值观念、社区，甚至是邻里等）也会影响家庭的交互作用以及家庭中儿童的发展（Bronfenbrenner & Morris，2006；Taylor, Clayton, & Rowly, 2004）。正如稍后在本章将会看到的，经济困难对教养方式会产生很大的影响：由于经济困难，父母会变得沮丧，反过来又会导致投入到养育孩子中的精力更少（Conger et al.，2002；Mistry et al.，2002；Parke & Buriel，2006）。然而，经济窘迫的父母如果和社区（如志愿者组织以及亲密朋友

家庭作为一个社会系统：当父母相爱并且彼此关系和谐时，当他们支持积极交往的朋友关系时，他们是更为有效的父母。

圈子）有密切联系，他们就会体验到更少的压力，其教养常规也较少受到破坏（Burchinal, Follmer, & Bryant, 1996；MacPhee, Fritz, & Miller-Heyl, 1996）。

例如，扩展家庭相当普遍，对于经济上处境不利的非裔美国母亲来说，这种家庭具有很好的适应性。如果她们从自己的母亲或其他亲戚那里获得更多必要的养育帮助和社会支持，就可能成为更敏感、更负责任的母亲（Burton, 1990；Taylor, 2000）。实际上，受到扩展家庭足够支持的处境不利的非裔美国学龄儿童和青少年通常在家里能够获得足够的教养，从而得到积极的发展，如形成很强的自立感，心理适应良好，学业成就稳固，较少有行为问题等（Taylor, 1996；Taylor & Roberts, 1995；Zimmerman, Salem, & Maton, 1995）。

在一些文化中，如苏丹，强调公民间的相互依存以及代际间和谐的集体主义思想支配着社会生活。如果儿童生活在扩展家庭而不是孤立的双亲家庭中，通常会表现出更好的心理适应模式（AlAwad & Sonuga-Barke, 1992）。很明显，对于发展来说，最健康的家庭背景在很大程度上既依赖于个体家庭的需要，又依赖于家庭（处于特定的文化和亚文化背景中）所倡导的价值观念。

显然，更为广阔的社会背景可以在很大程度上影响家庭功能实现的方式。同时，这些更广阔的社会背景自身也是不断变化和发展的。20世纪后半期，一些重大的社会变化已经影响了美国典型的家庭结构和家庭生活的特征。根据美国统计资料及其他调查，表14.1描述了其中的一些变化。

结论

总之，即使是最为简单的家庭也是一个真实的社会系统，它远远大于部分之和。每一个家庭成员都会影响其他成员的行为，而且任何两个家庭成员之间的关系也会影响其他成员之间的互动和关系。另外，当考虑到家庭成员个体的发展、关系的变化以及家庭所处的更广阔的社会背景对家庭动力学的影响时，显然，家庭中的社会化最好不要被描绘为父母和儿童相互影响的双行线，而是多种影响途径纵横交错的繁忙的叉路口。

所有这些变化告诉我们：现代家庭比以往更加多样化（Demo, Allen, & Fine, 2000）。我们头脑中模式化家庭的刻板印象是这样的：一个养家糊口的父亲，一个操持家务的母亲，至少两个孩子。有人估计，在1960年，这种典型的家庭大约占美国家庭的50%；而到1995年，这种家庭的比例仅为12%（Hernandez, 1997）。尽管家庭的影响并没有比以往更少，但是我们必须拓宽家庭的概念，今天有许多双职工家庭、单亲家庭、混合家庭和多代家庭，而这些都在影响着大

> **合作养育（coparenting）**：父母双方相互支持，行使合作教养团队的职能。

> **扩展家庭（extended family）**：由超出核心家庭的有血缘关系的成员（如祖父母、叔叔伯伯、姑姑婶婶、侄女、侄儿等）共同生活所组成的家庭。

表 14.1 美国家庭系统的变化

父母的变化 家庭的变化		
	更多的单身成年人	现在比过去有更多的单身成年人。
		95% 的成年人最终会结婚。
	推迟的婚姻	1955—2005 年,女性第一次结婚的年龄由 20 岁增长到 26 岁,男性则由 21 岁增长到 27 岁。
	更少的孩子	与过去相比,生第一个孩子的年龄已经推迟。
		每个家庭中儿童的数量降至平均 1.8 个。
		只有 85% 的已婚妇女曾有过孩子。
	工作的母亲	63% 拥有 6 岁以下孩子的女性参加工作(1950 年时这个比例为 12%)。
	更多的离婚	离婚率正在上升,40%~50% 的夫妇可能会离婚。
		每年有 100 万的儿童经历父母离婚。
	更多的单亲家庭	更多的儿童生活在单亲家庭,部分是因为离婚率的上升,部分是因为未婚先孕父母的增多。
		1960 年,只有 9% 的儿童与单身父母生活在一起,通常是寡居的一方。
		1998 年,27% 的儿童与单身父母生活在一起,通常是离婚或从未结婚的一方。
		单身父亲家庭比以往更为普遍,约占所有单亲家庭的 17%。
	更多的再婚	越来越多的成人会再婚,组成混合家庭或继父母家庭。
		66% 的离婚母亲和 75% 的离婚父亲会再婚。
		25% 的美国儿童将会生活在继父母家庭中。
	更多的多代家庭	今天更多的儿童会知道祖父母和曾祖父母,且会与他们生活在一起。
		成年人的数量在 20 世纪 80 年代后迅速增长,这个群体已经成为美国人口快速增长的部分。
		最年老的人被他们的中年儿女或正在成年的孙子女照顾。

来源:Azar, 2003; Bengston, 2001; Cabrera et al., 2000; Dellman-Jenkins and Brittain, 2003; Hetherington et al., 1999; Levine et al., 2005; Martin et al., 2003; Meckler, 2002; Poon et al., 2005; U.S. Bureau of the Census, 2000, 2002, 2006.

多数儿童的发展。正如我们开始探讨家庭生活时牢记在心的那样,来探索决定家庭如何影响儿童发展的因素。

概念核查 14.1 理解家庭作为一个系统

回答下列问题,检查你对家庭作为一个社会系统以及家庭结构和功能的重要区别的理解。答案见附录。

填空题: 在下列句子的空白处填上适合的词或短语。

1. 由母亲、父亲和孩子组成的家庭被发展心理学家称为____。
2. 在一个____中,父母和孩子与祖父母或其他亲戚生活在一起。
3. 帮助孩子接受所属文化认为适当的信念、价值观和行为方式的过程被称为____。

选择题: 为下列各题选择最佳答案。

____ 4. 珍妮特和埃里克有两个孩子。他们两人都试图成为孩子积极的父母,而且试图在教养活动中互相支持。他们的共同努力属于

a. 一个社会系统　　b. 一个扩展家庭

c. 合作养育　　d. 积极儿童效应

简答题： 简要回答下列问题。

5. 请列出布朗芬布伦纳的生态系统理论中相互作用的背景或系统的每一水平，并举例。

童年期和青少年期的父母社会化

在前面的章节，我们已经回顾了大量的实证研究，其目的在于理解父母如何影响孩子的社会性、情感和智力发展。这些研究结果惊人的一致：经常和小宝宝交谈，并尽力激发孩子好奇心的温暖、敏感的父母正在促进儿童的积极发展。他们的孩子易形成安全依恋，愿意探索，善交往，崭露出智力发展的积极迹象。如果父母双方都是敏感、负责任的且彼此互相支持的照料者，同样有助于儿童发展。的确，Belsky（1981，p.8）认为："父母的温暖或敏感性是婴儿期教养方式中最重要的影响维度，它不仅可以促进这一发展阶段的健康的心理功能，同时还为未来的发展奠定了基础。"

2岁期间，父母仍是孩子的看护者和玩伴，同时他们更关心教孩子在不同的情境中应该怎么做或不怎么做（Fagot & Kavabaugh，1993）。按照埃里克森（Erikson，1963）的观点，这正是社会化真正开始的时期。如果希望灌输给孩子社会礼仪和自我控制的意识，父母现在就必须设法培育孩子正在萌发的自主性，同时也必须注意不削弱孩子的好奇心、主动性和个人能力感。

教养方式的两个主要维度

在整个儿童和青少年时期，教养方式的两个维度——父母的**接纳或回应**、**要求或控制**（有时也称为许可或限制）尤其重要（如 Erikson，1963；Maccoby & Martin，1983）。

接纳或回应性是指父母对孩子表现出的关爱和提供支持的程度。接纳且回应性的父母经常微笑地面对孩子，表扬和鼓励孩子。当孩子做错事情时，即使他们会相当严厉地批评孩子，也仍表达了温暖的关爱。较低接纳和相对无应答的父母经常批评、贬低、惩罚或忽视孩子，并且几乎不会告诉孩子他们是值得重视和关爱的。

要求或控制性是指父母对孩子限制和监管的程度。要求或控制性的父母会提出许多要求限制儿童的表达自由。他们积极监控儿童的行为，以保证儿童遵守了这些规则。较少控制或要求的父母的限制性就少得多。他们对孩子几乎没有什么要求，给予孩子相当多的自由去追求自己的兴趣，并独自决定自己的活动。

贯穿全书，我们已经看到：温暖的有回应的教养方式总是与积极的发展结果相联系，如安全的情感依恋、亲社会倾向、良好的同伴关系、较高的自尊、强烈的道德感等。儿童一般都希望取悦于有爱心的父母，因此会努力实现父母的期望，学习父母所期望的事情（Forman & Kochanska，2001；Kochanska，2002）。相反，在不良的家庭环境中，如果父母双方或其中一方对孩子缺乏注意和关爱，就会导致儿童的同伴关系不良、临床抑郁症及后期其他适应困难（Ge et al.，1996；

> **接纳或回应**（acceptance or responsiveness）：教养方式的维度之一，描述父母对孩子表现出的关爱和回应的多少。
>
> **要求或控制**（demandingness or control）：教养方式的维度之一，描述父母对孩子限制和要求的情况。

Mackinnon-Lewis et al., 1997; Scaramella et al., 2002)。简而言之,经常受到忽视或拒绝的儿童不能获得健康发展。

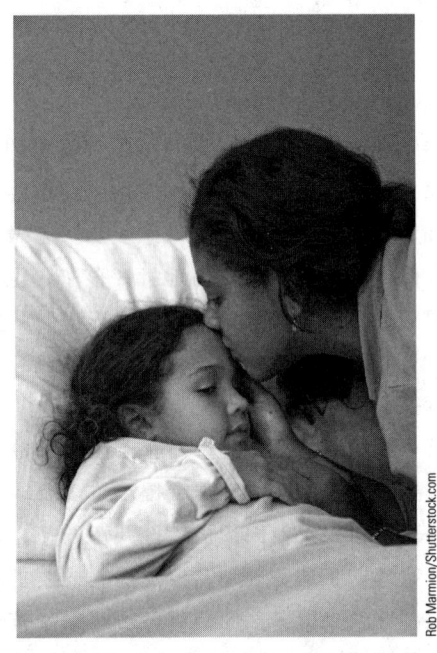

温暖和关爱是有效教养方式的重要成分。

对于父母来说,对孩子实施高度控制更好,还是少些限制,给予孩子更多的自主性更好呢?为了回答这些问题,我们需要更详细地了解父母表现出的控制程度,仔细看看父母的接纳类型。

四种类型的教养方式

研究表明,教养方式的两个主要维度是相对独立的,因此,我们发现父母会表现出接纳或回应和控制或要求的四种可能的组合中的一种。这四种教养方式是:专制型、权威型、放任型、不作为(不介入)型。

专制型教养方式

这是一种限制性非常强的教养方式,通常,成人会强加很多规则,期望孩子能够严格遵守。他们很少向孩子解释遵守这些规则的必要性,而是经常依靠惩罚和强制性策略(如权力专断或爱的收回)迫使儿童遵从。采用**专制型教养方式**的父母不能敏感地觉察孩子的不同观点,而是专断支配,期望孩子把他们所说的话当作法律,并尊重他们的权威。

权威型教养方式

权威型教养方式是一种有控制但又比较灵活的教养方式。这类父母会对孩子提出许多合理的要求,并且注意说明要求孩子遵守规则的原因,确保孩子遵从这些规则。与专制型父母相比,权威型父母会更多地接纳孩子的观点并做出回应,会征求孩子对家庭事务的意见。因此权威型父母能够认识到并尊重孩子的观点,以合理、民主的方式来控制孩子。

放任型教养方式

放任型教养方式是一种接纳而宽松的教养方式。成人几乎不对孩子提出要求,允许孩子自由地表达自己的感受和冲动,不会密切监控孩子的活动,很少对孩子的行为施加严格的控制。

不作为型教养方式

不作为型教养方式是一种极度宽松且没有要求的教养方式,这种类型的父母或者拒绝孩子,或者沉浸在自己的压力和问题中,以致没有太多的时间或精力投入到儿童养育中(Maccoby & Martin, 1983)。这些父母几乎没有规则和要求,他们对孩子的需要不予理睬或不敏感。

这些类型的教养方式与或好或坏的各种发展结果相联系。一项研究考察了父母教养方式和儿童特征之间的关系,结果详见后面的"研究聚焦"专栏。正如研究所表明,权威型教养方式与各种积极的发展结果相关。然而,该研究有一定的局限,样本中没有被试属于不作为型教养方式。对于不作为型教养方式的研究表明，这也许是最不成功的教养方式。例如，在这种教养类型下成长的孩子，在3岁的时候就已经表现出较高的攻击性和易于发怒等外化的问题行为（Miller et al., 1993）。更为严重的是，在童年期后期，他们往往具有破坏性，在课堂上表现得非常差（Eckenrode, Laird, & Davis, 1993；Kilgore, Snyder, & Lentz, 2000）。此外，这些孩子经常会成为怀有敌意、自私、叛逆的青少年，缺少有意义的长远目标，他们易于实施反社会行为和违法行为，如酒精和药物滥用、不良性行为、逃学及多种犯罪行为（Kurdek & Fine, 1994；Patterson, Reid, & Dishion, 1992；Pettit et al., 2001）。实际上，这些青少年的父母所表现出的对他们的忽视（甚至漠不关心）似乎在告诉孩子："我不在乎你或你做什么。"这种信息毫无疑问会导致孩子愤恨，并试图报复这些冷漠、铁石心肠的对手和其他权威人物。

权威型教养方式总是和积极的社会性、情感及智力发展相联系。这其中也许有以下几个原因。首先，权威型父母是温暖而接纳的，他们对孩子表达了关爱，这可以促使孩子遵从父母的指导，而更为冷漠和有更多要求的（专制型）父母就做不到这一点。由此产生了一个问题：父母对孩子的控制是如何实现的？专制型父母会设定一些刻板的标准并支配孩子，几乎不给孩子任何表达的自由，而权威型父母则以一种合理的方式实施控制，他们会谨慎解释自己的观点，同时也考虑孩子的观点。来自温暖而接纳的父母的要求似乎是公平合理的，而不是专横独裁的，这样可能会使孩子自愿服从而不是抱怨或发起挑战（Kochanska, 2002）。最后，权威型父母会根据孩子控制自身行为的能力调整要求。也就是说，他们会设定孩子实际能够达到的标准，并给予孩子一些自由或自主来决定如何最好地顺应这些期望。这种对待儿童的方式传达了一种非常重要的信息——像是在告诉孩子："你是一个有能力的人，我相信你能够自立，并完成重要的目标。"当然，在前面一些章节我们已经看到，这种反馈可以培育儿童的自立能力、成就动机和高自尊，可以支持青少年放心大胆地探索各种角色和意识形态以发展良好的个人认同（见后面的"生活与研究应用"专栏）。

总之，权威型教养方式是将温暖与适度合理的父母控制相结合，正是这种教养方式与积极的发展结果有着最为密切的联系。很明显，儿童不仅需要关爱而且还需要限制——一套帮助儿童建构自己的行为并对之进行评价的规则。若没有这样的引导，儿童也许不能学会自我控制，也许会变得相当自私、任性，缺乏明确的成就目标，尤其是如果他们的父母也是疏远或漠不关心的类型的话（Steinberg et al., 1994）。但是如果孩子受到过多的引导以及死板的限制，他们也很少有机会变得自立，并且可能对自我决策的能力缺乏信心（Steinberg, 2005；Steinberg et al., 1994）。

> ➢ **专制型教养方式（authoritarian parenting）**：一种限制性的教养方式，采用这种教养方式的成人为孩子设定许多规则，期望孩子严格遵守，依靠权力而不是道理使孩子服从。
>
> ➢ **权威型教养方式（authoritative parenting）**：一种灵活、民主的教养方式，温暖、接受性的父母给予孩子指导和控制，同时在决定如何更好地应对挑战和履行义务时，给予孩子发言权。
>
> ➢ **放任型教养方式（permissive parenting）**：采用此种教养方式的父母几乎不对孩子提出要求，几乎不控制孩子的行为。
>
> ➢ **不作为型教养方式（uninvolved parenting）**：一种冷漠（或有敌意的）且过度放任的教养方式，父母似乎既不关心孩子，也不关心他们将成为什么样的人。

研究聚焦　教养风格和个体发展

也许最著名的有关教养方式的研究是 Diana Baumrind（1967, 1971）对学前儿童和其父母的早期研究。Baumrind 分别在幼儿园和家庭中对其样本中的每一个孩子进行了几次观察。这些数据被用于评估儿童的社交能力、自立、成就、情绪和自我控制等几个行为维度。另外，她还对父母进行了访谈，并观察父母和孩子在家中的交往活动。Baumrind 分析了父母的数据，她发现，母亲一般使用前面所述的三种教养风格中的一种（没有父母被划分为不作为型）。

Baumrind（1967）将这三种教养风格与处于每种教养风格下的学前儿童的特征联系起来，她发现，权威型父母的孩子发展得相当好。他们心情愉快，具有社会责任感，自立，有成就定向，并且能够与成人和同伴合作。而专制型父母的孩子发展得不太好，容易喜怒无常，大多数时间看起来不愉快，易被激怒，不友好，相对来说没有目标，对于周围的事物不感兴趣。最后，放任型父母的孩子尤其是男孩通常会表现出冲动和攻击性。他们一般比较粗鲁，以自我为中心，缺少自我控制，并且独立性和成就感较低。

专制型和放任型父母的孩子在长大成人后会表现出幼儿时期所表现的不足吗？为了回答这个问题，Baumrind（1977）在儿童 8～9 岁的时候再次对孩子及其父母进行了追踪，正如我们在表 14.2 中所见，权威型父母的孩子在认知能力（如思维的创造性、高成就动机、喜欢智力挑战）和社会能力（如善于交际、积极参与团体活动，并表现出领导才能）上均有较好表现；专制型父母的孩子的认知和社会技能都一般或低于一般水平；而放任型父母的孩子在这两方面表现得都比较差。的确，有证据表明，权威型父母的教养优势在青少年阶段仍然是明显的：与在专制型和放任型教养方式下成长的青少年相比，在权威型教养方式下成长的青少年相对来说自信、具有成就定向和一定的社会技能，倾向于远离吸毒和其他问题行为（Baumrind, 1991）。到目前为止，权威型教养方式与积极的发展结果之间的联系几乎适用于对美国的所有种族和族裔的研究（Collins & Steinberg, 2006; Glasgow et al., 1997）及各种不同的文化背景（Chen, et al., 1998; Scott, Scott, & McCabe, 1991; Vazsonyi, Hibbert, & Snider, 2003）。

表 14.2 教养方式和童年中期及青少年期的发展结果的关系

儿童的教养方式	结果	
	童年期	青少年期
权威型教养方式	高认知和社会能力	高自尊，非常好的社会技能，强的道德或亲社会关怀，高学业成就
专制型教养方式	一般的认知和社会能力	一般的学业表现和社会技能，比放任型父母培养的青少年更为顺从
放任型教养方式	低认知和社会能力	低自我控制能力和学业成就，比权威型和专制型父母培养的青少年更容易吸毒

来源：Baumrind, 1977, 1991; Steingberg et al., 1994.

生活与研究应用

青少年期亲子关系的重新调整

青少年面临的最重要的发展任务之一是获得成熟而健康的自主性。自主性指的是在不过于依赖他人的情况下独立地做出决定并管理生活事务的能力。要想成为成人，青少年不会在遭受了一点儿挫折之后就匆匆赶回家去寻求父母的安抚，也不会再依赖父母督促他们按时学习或提醒他们的责任和义务。

随着儿童逐渐成熟而开始表现出更多的自主能力，家庭系统会发生怎样的变化？激烈争吵！在诸如美国和中国这样的多元文化背景中，父母和青少年关于自治问题的冲突在青少年早期变得非常普遍，之后在整个青少年期其发生频率会逐渐下降，虽然强度不一定（Lausen, Coy, & Collins, 1998; McGue et al., 2005; Shanaha, McHale, Osgood, & Crouter, 2007; Yau & Smetana, 1996, 2003）。这种争吵在来自集体主义文化背景的移民家庭及欧裔美国人家庭中通常都会发生（见 Fuligini, 1998），但是冲突一般并不严重，而且不会持续很长时间，经常集中于青少年的外貌打扮、对朋友的选择、学校功课和对家务劳动的懈怠之类的问题，大多数的摩擦源于父母和孩子的不同观点。父母从道德或社会传统的角度出发，认为有责任监控和规范孩子的行为，而青少年一心寻求自主性，认为唠叨的父母侵犯了自己的权利和选择（Collins & Steinberg, 2006; Smetana & Gaines, 2002）。随着青少年继续坚持自己的观点，父母会逐渐地放松控制，亲子关系会发生微妙的变化，父母的主导地位遭到破坏，和青少年的地位更为平等（Steinberg, 2002）。在不同的文化和种族中，父母基于孩子的自主性有很大的不同。例如，与欧裔美国人相比，美籍华裔和墨西哥裔青少年，尤其是来自移民家庭的青少年，通常会在更大范围内强调家庭的责任（Hardway & Fuligni, 2006），期望父母给予有限的自主性。与欧裔父母相比，亚裔父母向孩子施加权威的时间会更长（Greenberger & Chen, 1996; Yau & Smetana, 1996），而这种长时间的控制通常会让一些亚裔美国青少年感到烦恼和沮丧（Leung, McBride-Chang, Lai, 2004），尤其是那些更适应所在国文化的青少年。他们父母的价值观与原生祖国的价值观联系得更紧密（Costigan & Dokis, 2006）。

研究者曾认为，对于青少年来说，建立自主性的最好途径是切断与父母情感的联系，将自己与父母分离。实际上，如果青少年和父母冲突较多，也得不到什么支持，那么若能脱离家庭并且获得教师、一位兄长或家庭外成人的支持，他们会获得更好的适应（Fuhrman & Holmbeck, 1995; Rhodes, Grossman, & Resch, 2000）。但是对于那些在家中能得到温暖关爱的青少年，建议他们切断与父母的情感联系将会出现问题。安全型依恋的青少年能够更为自由地表达与父母观点的不一致，拥有独立的立场，变得更为自主，而不必担心失去父母的温暖和关爱（Allen et al., 2003）。这些适应良好的青少年即便获得了自主性，并准备离开家庭，也保持着与父母的亲密依恋（Allen et al., 2007; Collins & Steinberg, 2006; Steinber, 2002）。因此，自主和依恋，或者是独立与相互依赖，都是最值得拥有的。

鼓励自主性

如果父母认识到并承认青少年有更大的自主性需求，并逐渐放松管制，青少年很可能获得适当的自主性、成就定向及其他良好适应。大量研究表明，在与青少年讨论并决定自我管理问题，监控他们的行踪，引发自责内疚（或其他形式的心理控制）时，即使是遇到不可避免的矛盾，父母也应该始终如一地执行合理的规则，并继续保持温暖和支持（Barber & Harmon, 2002; Collins & Steinberg, 2006）。

有趣的是，通常来说，与父母施加了较多控制的少年相比，被给予过多独立决定权的青少年的社会适应更差（Smetana, Campione-Barr, & Daddis, 2004）。Bart Soenens 和他的同事们（2007）发现，当父母不是促进青少年独立做出决策，而是为他们提供选择，通过引导他们的兴趣、目标和价值观,帮助他们探索各种途径而做出自己的决定时,父母的自主支持才是最有效的。这种方法被称为**意志功能的促进(PVF)**——通过父母引导或辅助青少年做出决定(而不是强加一个解决办法或放弃控制),从而使得青少年在解决个人问题时,体验到自我决定感。

这种教养方式是不是听起来比较熟悉?因为这种既不是太宽松也不是太严厉,将父母接纳和灵活的行为控制完美结合的教养方式实际上就是权威型的,这种教养方式在很多背景中都有利于个体的健康发展。实际上,青少年会将父母对他们活动和行踪的询问解释为对自己的关心,他们乐于向父母解释自己的活动,自愿地告诉父母相关信息,从而防止父母迫不得已通过逼问或到处打探来了解孩子(Kerr & Stattin, 2000)。一般来说,若父母抵制青少年寻求自主性的行动,并且对他们过度控制或过度纵容和不作为,青少年可能会感到苦恼,变得叛逆,不愿透漏任何关于自己活动的信息,最终陷入困境(Barber & Harmon, 2002;Kerr & Stattin, 2000;Laire et al., 2003)。当然,我们还必须时刻铭记在心的是,家庭内的社会化是一个相互影响的过程,与粗鲁、敌意和任性的青少年相比,父母对那些有责任感、头脑冷静的青少年更有可能做出权威型反应。

总之,在青少年寻求自主性的过程中,冲突和权力斗争几乎不可避免。然而,大多数青少年和他们的父母能够解决好这些分歧,在维持彼此间积极情感的同时,重新调整与父母间的关系,使之变得更为平等(Furman & Buhrmester, 1992)。因此,年轻的自主性寻求者在发展对父母的更朋友式的依恋的同时,也变得更为自立。

行为控制与心理控制

Brian Barber 和他的同事提出了父母实施控制中的另一个重要问题,它并没有完全涵盖在专制型、权威型、放任型和不作为型父母教养方式之中(Barber, 1996;Barber, Stolz, & Olsen, 2006)。他们指出,父母在**行为控制**上和**心理控制**上可能不同。行为控制是通过严格而合理的纪律调控儿童的行为,并监控儿童的活动(例如,因为儿童的不良行为而收回其特权,令其停止玩耍或拿走玩具)。心理控制指试图通过心理手段(例如,收回爱或者引发羞耻或罪恶感)而影响儿童或青少年的行为。

根据我们所提到的这些研究,你大概也可以猜测出哪种形式的控制与更为积极的发展结果相关。早在学前期,那些依靠严格的行为控制而不是经常引发孩子的心理负罪感的父母会培养出行为表现好的儿童和青少年,他们不会卷入越轨的同伴活动,且通常能远离麻烦。大量使用心理控制(或高水平的行为控制和心理控制)通常与较差的发展结果相联系,如焦虑和抑郁、差的学业成绩、与不良同伴的联系,以及青少年时期的反社会行为(Aunuola & Nurmi, 2004, 2005;Galambos, Barker, & Almeida, 2003;Olsen et al., 2002;Pettit et al., 2001;Wang, Pomerantz, & Chen, 2007)。这一结果可能表明,使用行为控制的父母通常会表现出支持且严格的引导模式,而过多依赖于心理控制的父母通常会使用苛刻的纪律,试图阻挠孩子的自主性发展(Barber & Harmon, 2002;Pettit et al., 2001)。大量的心理控制被认为会干扰儿童的自我和自我价值感(Barber, Stolz, & Olsen, 2006)。的确,采用心理控制的父母经常表达这样的信息:你是令人讨厌的,应该为忽视我或行为不适当而感到羞愧。可以想象,在这时,孩子很难感到非常自主、自信和自立。这些信息可能会使孩子感到沮丧,或将孩子推开,因而,孩子很可能会投入不良同伴群体的怀抱。

父母效应还是儿童效应？

社会-发展学家很久以来一直受到**父母主效应模型**的引导，这种观点认为，家庭的影响作用主要是从父母到儿童的单向路径。这种观点的支持者认为，权威型教养方式可以促使儿童获得积极的发展。另一方面，家庭影响作用的**儿童主效应模型**则认为，儿童对父母有很大的影响。这种观点的支持者认为，权威型教养方式之所以具有这样的适应性，是因为随和的、可控的且有能力的儿童能够使他们的父母变得更具权威性。

对1.5～3岁儿童的母亲进行的早期父母控制策略的追踪研究支持了父母主效应的假设。具体来说，权威型母亲坚持认为孩子有能力完成任务（或能行），或者是保持足够的耐心坚定地对待不顺从的孩子，这些孩子在经过一段时间后果真变得更为顺从，并且较少表现出问题行为。专制型的母亲总是强调不要（不要碰，不要叫喊），总是使用专断的、体罚式管教策略，她们的孩子较少顺从和合作，而且在一段时间后会表现出更多的问题行为（Crockenberg & Litman，1990；Kuczynski & Kochanska，1995）。

父母的教养行为显然很重要，父母的基因在教养方式的形成过程中起着重要作用。如Jenae Neiderhiser和她的同事（2004）发现，那些做了母亲的同卵双生子在对孩子表达温暖的程度上比异卵双生子母亲的行为更相似。这一结果清楚地表明，教养方式在某种程度上受到母亲遗传禀赋的影响。

也有研究支持儿童主效应模型，儿童显然影响了他们所受到的教养方式。例如，有一些高活动性、冲动、低努力控制气质的孩子常会表现出固执和倔强，随着时间的推移，他们会引发父母更为强制的教养方式（Jaffee et al.，2004；Parke & Buriel，2006；Stolmiller，2001）。这些孩子最终会使父母变得疲惫不堪，从而让父母变得更为放纵、更少关爱，甚至有可能会讨厌孩子，不参与孩子的事情（Lytton，1990；Stoolmiller，2001）。

今天，几乎所有的发展学家都支持家庭影响的**相互作用模型**。在这种模型中，社会化被看作一个相互影响的过程（Collins et al.，2000；Neiderhiser et al.，2004；Papp, Goeke-Morey, & Cumming，2004）。追踪研究表明，教养方式对儿童的影响作用要超过儿童对教养方式的影响（Crockenberg & Littman，1990；Scaramella et al.，2002；Wakshclag & Hans，1999）。然而相互作用模型强调以下几点：（1）儿童能够而且经常对父母产生或好或坏的影响（Cook，2001）；（2）我们不能像华生（1928）那样武断地认为，父母对决定儿童发展的好或坏几乎承担全部的责任。

> **意志功能的促进**（promotion of volitional functioning, PVF）：通过父母引导或辅助青少年做出决定（而不是强加一个解决方案或放弃控制），从而允许他们在解决个人问题时，体验到自我决定感。

> **行为控制**（behavioral control）：通过严格的纪律和行为监控，试图调控儿童或青少年的行为。

> **心理控制**（psychological control）：通过心理策略（如收回爱，或者引发羞耻感或罪恶感），试图控制儿童和青少年的行为。

> **父母主效应模型**（parental effects model）：一种家庭影响的模型，强调父母（尤其是母亲）影响孩子发展的单向模式。

> **儿童主效应模型**（child effects model）：一种家庭影响的模型，强调儿童对父母的影响。

> **相互作用模型**（transactional model）：一种父母与孩子发生相互影响的家庭作用模型。

儿童养育中的社会阶层和种族变异

权威型教养方式、行为控制的使用和心理健康发展之间的关系已经在许多文化和亚文化中得到证实（Barber, Stolz, & Olsen, 2006; Collins & Steinberg, 2006; Wang, Pomerantz, & Chen, 2007）。然而，来自不同社会阶层和不同种族的人会面对不同的问题，追求不同的目标，采纳适合其环境的不同的价值观。所有这些生态学的考量经常影响父母的教养方式。让我们来看一下。

儿童养育中的社会阶层差异

与中产阶级的父母相比，经济上处于劣势的工人阶层的父母表现出以下特点：(1) 强调顺从和对权威的尊重；(2) 更多的限制性和专断性，更多使用体罚式管教策略；(3) 很少与孩子讲道理；(4) 很少表达温暖和关怀（Maccoby, 1980; McLoyd, 1990）。

在美国，研究者已经在许多文化和种族、族裔群体中观察到与社会阶层相关的教养方式的差异（Eleanor Maccoby, 1980）。显然，我们应该记住的是，这里所谈论的是一种群体趋势而非绝对的对比：一些中产阶级的父母在育儿方法上有很多的限制，使用体罚，表现冷漠。而一些较低经济收入和工人阶层的父母却对孩子很少限制，很少采用体罚，且会更多地参与到儿童养育中（Kelley, Power, & Wimbush, 1992; Laosa, 1981）。

毫无疑问，很多因素会导致不同社会阶层在育儿方式上的差异，其中经济上的考虑似乎排在首位。例如，Vonnie McLoyd（1989, 1998）指出，经济困难会导致心理苦闷，即对生活状况最普遍的苦恼，从而导致经济拮据的成年人更为急躁易怒。这些苦闷的成人更易受到各种消极生活事件（包括与育儿相关的日常的烦扰）的伤害，从而减弱了他们成为温暖的支持性的父母的能力，无法积极参与儿童生活（Parke et al., 2004）。

Rand Conger 和他的同事（1992, 1995, 2002; Mistry et al., 2002; 另见 Gershoff et al., 2007; NICHD, 2005a）的研究发现，家庭经济困难、不养育或不作为型教养方式与不良的育儿结果之间具有明晰的联系，从而支持了经济压力假设。这个事件链如下：体验到较大经济压力或感觉不能应对自己的财务问题的父母会变得抑郁，因而增加了婚姻冲突；婚姻冲突转而削弱了每位父母成为支持性的、参与性的父母的能力，也许在更大程度上，是暗中削弱了配偶的支持感和合作养育，而合作养育有助于父母有效地处理儿童养育问题（见 Gondoli & Silverberg, 1997）。同时，儿童和青少年经常对婚姻冲突和父母不敏感的教养方式做出消极反应，体验到安全情感的丧失，并由此产生适应性问题，如低自尊、糟糕的学业成绩、不良的同伴关系、问题行为，如抑郁、敌意和反社会行为等（见 Cummings et al., 2006; Davies & Cummings, 1998）。这些儿童适应问题（由不养育或强制教养方式引发）又可能会进一步激怒父母，使得他们更加退却，甚至对儿童生活的投入和积极抚养行为更少（Jenkins et al., 2005; Rueter & Conger, 1998）。

生活在贫困线以下的家庭更有可能经历 Conger 提出的**家庭贫困模型**中所有适应不良家庭的动态变化。而且，如果陷入贫困越深，持续时间越长，儿童和青少年的发展预后就越差（Duncan & Brooks-Gunn, 1997a, 2000; NICHD, 2005a; Votruba Drzal, 2006）。

很不幸，美国联邦和各州关于要求享受贫困福利的母亲参与工作的福利改革项目不可能解决大多数经济困难家庭面临的问题。一个仅能获得微薄工资、拥有两个孩子、享受福利的单身母亲不可能通过工作赚足够的钱来超过联邦的贫困线（Seccombe, 2000）。据目前估计，低收入家庭即使拿到联邦贫困线 1～2 倍的收入，仍然不能克服物资困难（如营养和保健不充足、居无定所）以缓解父母的苦恼，并促进其采取更为积极的教养方式，来培育适应性的发展（Gershoff et al., 2007）。

当然，我们应该谨记，很多低收入的成人能够较好地应对他们遇到的问题，并是相当称职的父母，尤其是如果他们的经济和婚姻问题没有持续很长时间，感到乐观，觉得教养方式很有效，还能够从亲戚、朋友或家庭外的其他成人身上获得情感和教养方式的支持的话（Ackerman et al., 1999; Brody, Dorsey et al., 2002; Livner, Brooks-Gunn, & Kohen, 2002）。然而，Maccoby和McLoyd提出的假设是非常正确的：经济困难是导致低收入的经济困难家庭形成相对冷漠和强制性的教养风格的重要因素。

关于社会阶层和教养风格之间关系的另外一种解释则关注白领和蓝领工人所需技能的不同（Arnett, 1995; Kohn, 1979）。很多低社会经济地位的人和工薪阶层养家糊口的人都是蓝领工人，他们必须取悦于主管，服从上级的权威。因此，许多低收入父母强调顺从和尊重权威，这些品质对于在蓝领经济中取得成功是非常重要的。白领阶层获得成功则需要不同的技能。来自中上社会的父母可能更多去讲道理，并与孩子进行协商，同时强调个人的主动性、好奇心、创造性等。因为这些技能、特质和能力在他们自身的职业（如商业管理、白领工作或专业工作）中更受重视（Greenberger, O'Neil, & Nagel, 1994）。然而，正如后面的"研究聚焦"专栏所描述的，富裕和上层阶层的身份并不总是与积极的发展结果相联系的。

儿童养育中的种族变异

由于所处社会的文化背景或生态环境的不同，不同种族的父母可能会持有明显不同的儿童教养信念和价值观（MacPhee, Fritz, & Miller-Heyl, 1996; McLoyd & Smith, 2002）。比如，美国土著印第安人和拉美裔父母的文化背景更多是集体主义的，强调共同而非个人目标，他们比欧裔父母更倾向于与很多亲属保持亲密的联系。他们坚持认为，孩子应表现出安静、得体和礼貌的行为，以及对权威人士（尤其是父亲）的尊重，而不是独立性和竞争性（Halgunseth, Ipsa, & Rudy, 2006; Harwood, Schoelmerich, VenturaCook, Schulze, & Wilson, 1996; MacPhee et al., 1996）。墨西哥裔父母说西班牙语，正在经历较大的**文化适应压力**，他们通常比欧裔父母有更多的控制性（Ispa et al., 2004）。但是这种较高控制性的教养方式和温暖与情感支持相结合，具有较好的适应性，因为在一个不同寻常的、令人高度迷惑的新的文化背景中，这种教养方式并没有给儿童和青少年太多复杂的选择（Hill, Bush, & Roosa, 2003）。

亚洲和美籍亚裔父母比其他种族的父母更为强调自我约束和人际和谐，对孩子的控制更为严苛（Greenberger & Chen, 1996; Uba, 1994; Wu et al., 2002）。然而，这种专制型教养方式对于祖先是东亚人的儿童与欧裔美国人也许有不同的意义。比如，Ruth Chao（1994, 2001）指出，尽管父母给予了更多的限制和控制，但中国人和美籍华裔儿童在学校表现得非常好。来自中国文化背景的父母坚信，严格是对孩子表达爱并正确训练孩子的最好方式。在长期文化价值的熏陶下，儿童也乐于听长者的话，维护家庭荣誉，并逐渐将严格和控制看作父母关心、爱护和参与的标志。美籍华裔青少年会比其他种族的青少年更多地参与家庭活动。他们一般都能够在家庭责任、学业需求以及同伴群体活动中获得平衡，同时还能以最小的代价保持心理健康（Fuligni, Yip, & Tseng, 2002）。因此，对于欧裔美国人来说，专制型的教

> **家庭贫困模型**（family distress model）：Conger提出的关于经济压力影响家庭动力和发展结果的模型。
>
> **文化适应压力**（acculturation stress）：新的居民在试图融入新的文化和传统时感到的焦虑和不适。

研究聚焦　来自生活富裕家庭的惊人发现

Luthar 和 Latendresse（2005）指出，从 1970 年以来，尽管发展心理学家一直在研究社会阶层和教养方式对儿童发展的影响，但是仍然忽略了一个社会阶层——富裕的或中上阶层。他们看到了这一不足，并从 20 世纪 90 年代早期开始研究富裕家庭的儿童（如 Luthar & Becker, 2002; Luthar & D'Avanzo, 1999; Luthar & Latendresse, 2005）。之后，他们搜集了美国郊区生活富裕的三个较大的儿童群体。研究结果让人感到困惑。我们通常会认为，富裕的家庭为孩子提供了最好的条件，因此孩子在最好的环境中成长。但现实并非如此。

Luthar 和 Latendress 将生活富裕的三个群体与生活在美国市区的低社会经济地位的对照组儿童进行了比较（样本特征如表 14.3 所示），同时将富裕儿童与国家常模均数进行了比较。

尽管中上阶层和富裕的父母更喜欢使用权威型教养方式，但他们的孩子并不一定发展得很好。这些富裕家庭的儿童与国家常模均数相比有更多的抑郁和焦虑，更有可能吸烟、饮酒及吸食毒品，而且这些不良的发展结果早在七年级时就开始表现出来。与低社会经济地位的城区儿童相比，所有有利于富裕家庭儿童的优势并没有让他们有所不同。

Luthar 和 Latendresse 指出，几个教养方式的变量可以解释富裕家庭儿童的不良发展，包括对于学业成功的较大压力以及与父母情感的距离。也就是说，富裕家庭的父母并不会和孩子在家待太多时间，即使在家，父母也是在继续忙着位高权重的工作而不能花时间和孩子待在一起。令人吃惊的是，在家庭生活的很多方面（如儿童感受不到与父母的亲密、家人不能经常一起吃晚饭），非常富有的家庭与较低社会经济地位的家庭并无差异。

更有甚者，尽管从理论上说富裕家庭的儿童可以进入昂贵的治疗中心治疗毒品滥用和反社会行为，以及治疗临床抑郁和焦虑，但他们与低社会经济地位家庭的儿童一样并未获得帮助。Luthar 和 Latenderesse 将其归因为父母的否认或困窘，因为生活富裕的父母希望对家庭问题保密而不是寻求可用的帮助。

显然，这个研究项目揭示了一个重要的但被忽略的需要帮助的儿童群体。作为发展学家，我们不能忽视这些儿童，不能假定经济的成功和权威型的教养方式总是能为儿童发展提供最好的环境。

表 14.3 研究群体中富裕家庭的特征

被试	被试人数	被试中的少数民族人数	在学校享受免费或减免午餐者	当地家庭年收入中数（摘自人口普查资料）	当地有研究生或专业学位的成年人（摘自人口普查资料）
低社会经济地位群体 1	224	87	86	$35 000	5
低社会经济地位群体 2	300	80	79	$27 000	6
富裕群体 1	264	18	1	$80 000 ~ 102 000	24 ~ 37
富裕群体 2	302	8	3	$120 000	33
富裕群体 3	314	7	3	$125 000	33

来源：Luthar & Latendresse, 2005.

养方式会因为过度控制而不能很好地发挥作用，但对中国（以及美国的亚裔移民）家庭来说，这种方式看起来很有效（Nelson et al., 2006）。

来自于不同文化背景的家庭倾向于使用不同的教养方式，这些教养方式适合来自不同文化背景的儿童。

美国非裔家庭的教养方式多种多样，难以简单概括。研究表明，身处城市的非裔母亲（尤其是那些单身受教育较少的母亲）倾向于要求孩子严格地服从，并会使用强制性方式确保其服从（Kelley, Power, & Wimbush, 1992；Ogbu, 1994）。如果我们很快假定（正如研究者多年所做的）一种特定的教养方式（权威型）优于其他类型，那么就会推论称美国非裔家庭中常见的严肃型教养方式是不适宜的。然而，这种强制性的教养方式如果能够防止居住在高危社区的孩子成为犯罪的受害者（Ogbu, 1994），或者防止其与反社会同伴混在一起（Mason et al., 1996），那么对于许多缺乏养育支持的年轻母亲来说，也许这种教养方式真的很适宜。实际上，对于美国非裔青少年来说，在正常范围内使用体罚和其他强制性措施，并不会像令欧裔青少年那样，促使个体增加攻击性和反社会行为。也许美国非裔儿童会将其视为爱护和关心的标志，而不是父母敌意的征兆（Deater-Deckard & Dodge, 1997；Lansford et al., 2004）。进一步说，介于权威型和专制型教养方式之间的严肃型教养方式，以另一种方式表现出适应性。因为在这种教养方式下成长的非裔美国儿童会有较强的认知和社会能力，很少表现出焦虑、抑郁或其他内化问题（Brody & Flor, 1998），而且到青少年时期也很少卷入违法犯罪活动（Walker-Barnes & Mason, 2001）。然而需要注意的是，如果美国欧裔家庭采取像对待非裔儿童和青少年那样的极端强制性的教养方式和长期消极的家庭互动模式，可能会导致消极结果，如抑郁、低自尊、反社会或违法犯罪行为（Gutman & Eccles, 2007）。

从以上研究可以看到，虽然中产阶级的权威型教养方式在许多背景下似乎都有利于儿童的发展，但我们必须谨慎，不能认为它在所有生态环境下都是最适宜的。简而言之，没有一种育儿方式对于所有的文化或亚文化都是最佳的。Louis Laosa（1981, p. 159）在35年前也曾指出："世界各地本土的育儿方式在很大程度上代表其成功适应了人们各自的生存条件（人与人之间有很大的不同），所谓'好父母'，只是当地文化界定的标准。"

概念核查14.2　理解父母社会化

回答下列问题，检查你对不同的教养方式与发展结果的联系，以及不同社会阶层和种族的教养方式的差异的理解。答案见附录。

判断题：判断下列陈述的对错。

1. 对于儿童发展，专制型教养方式总是最好的。
2. 在儿童社会化过程中，父母应该更多依赖行为控制而不是心理控制。
3. 对于1.5～3岁儿童的追踪研究表明，使用专制型教养方式的父母培养的孩子的行为问题随时间推移而增多。

填空题：在下列句子的空白处填上适合的词或短语。

___ 4. 较低社会阶层的父母更有可能采用____教养方式。

___ 5. 中高社会阶层的父母更有可能采用____教养方式。

___ 6. 亚裔美国父母更有可能采用____教养方式。

选择题：为下列各题选择最佳答案。

___ 7. 目前，发展心理学家更多采用哪种模型？
 a. 儿童主效应模型 b. 父母主效应模型
 c. 交互模型   d. 相互作用模型

___ 8. 琼斯博士指出，父母之所以采用权威型教养方式是因为他们的孩子是容易抚养和可以控制的，琼斯博士认同哪种家庭影响模型？
 a. 儿童主效应模型 b. 父母主效应模型
 c. 交互模型   d. 相互作用模型

___ 9. 理查德失去了工作，他担心如何支撑有四个孩子的家庭。最近，他与妻子的关系遇到了一些麻烦，而且他不能像以前那样在孩子身上投入精力了。理查德经历了 Conger 提出的
 a. 专断丧失模型   b. 行为控制模型
 c. 家庭贫困模型   d. 相互影响模型

简答题：简要回答下列问题。

10. 用图表示教养方式的两个维度，并标注两个维度分别处于较高和较低水平时形成的四种教养风格。

兄弟姐妹及其关系的影响

尽管家庭变得越来越小，但是大多数美国儿童仍然是与至少一个兄弟姐妹一起长大的，关于兄弟姐妹在儿童生活中的作用的思考并不少见。许多父母为孩子之间的打斗或吵嘴感到苦恼，经常担心这种敌对的、竞争性行为会逐渐削弱儿童的亲社会关怀，以及与他人友好相处的能力的发展。与此同时，人们普遍认为，独生子女可能会感到孤单，是被溺爱的"调皮鬼"，如果有兄弟姐妹教他们认识到他们并不像其自以为的那么"特殊"，将有益于其社会性和情感的发展（Falbo, 1992）。

尽管兄弟姐妹之间的竞争相当普遍，但应该看到兄弟姐妹在儿童生活中能发挥积极作用，他们可以作为照料者、老师、玩伴或知己。另外，也应该认识到独生子女并不会因为缺少兄弟姐妹而像人们普遍认为的那样处于不利地位。

新生儿降生带来的家庭系统的变化

Judy Dunn 和 Carol Kendrick（1982, Dunn, 1993）对头生孩子如何接纳一个新生婴儿进行了研究，其结果并不令人愉快。随着婴儿的降生，母亲对较大孩子的关爱和注意会减少，而较大的孩子对知觉到的被忽视的可能反应是变得不易相处、具有破坏性，同时安全依恋降低。如果大孩子已满 2 岁或更大些，这些事件尤其可能发生。他们能很容易领悟到与看护者间的独特关系已经被新婴儿的到来所破坏（Teti et al., 1996），因此，较大的孩子经常会怨恨失去了母亲的关注，可能会对侵占他们宁静港湾的小宝宝心怀憎恶。同时，这些孩子自身不易相处的行为也会由于疏远了父母而使事情变得更为糟糕。

因此，**兄弟姐妹间的对抗**，也就是兄弟姐妹之间精神上的竞争、嫉妒或憎恨，经常会随着小弟弟或小妹妹的到来而产生。怎样才能将其最小化呢？如果第一个孩子能够在新生儿到来之前对父母形成安全依恋，而且在之后仍能享有与父母的亲密关系，那么适应过程就会更容易些（Dunn & Kendrick, 1982；Volling & Belsky, 1992）。父母应该继续给予年长孩子关爱和关注，尽可能保持他们正常的常规生活。另外，还可以鼓励年长孩子觉察到小婴儿的需要，帮忙照顾小弟弟或小妹妹（Dunn & Kendrick, 1982；Howe & Ross, 1990）。

兄弟姐妹可以在儿童的生活中发挥非常积极的作用，常可作为照料者、老师、同伴和知己。

童年期的兄弟姐妹关系

幸运的是，大多数年长的孩子一般都能迅速适应拥有一个新的弟弟或妹妹，他们的焦虑少得多，很少表现出早期的问题行为。但是即使是关系最好的兄弟姐妹，发生冲突也是正常的。实际上，根据 Dunn（1993）的报告，非常年幼的兄弟姐妹之间的小冲突每小时可多达 56 次！兄弟姐妹之间的争论通常围绕着个人的所有物，且会在假装游戏中表现出来（Howe et al., 2002; McGuire et al., 2000），而且很少在激烈的冲突中得以解决，每一方都认为自己是对的，别人是错的（Wilson et al., 2004）。随着年龄的增长，这些争论会逐渐减少，而且通常会以建设性方式解决，尤其是兄弟姐妹把他们之间的关系视为积极的而不是消极的时候（Ram & Ross, 2001; Ross et al., 2006）。年长和年幼的兄弟姐妹的行为会有显著差异，年长的孩子通常会变得更加专横和富有攻击性，年幼的孩子则更为顺从（Erel, Margolin, & John, 1998; Ross et al., 2006）。与此同时，年长的孩子也开始更乐于助人、爱闹着玩以及表现出其他亲社会行为。这一结果或许反映了父母所给予他们的压力——通过照顾年幼的弟弟妹妹来证明他们的成熟（Brody, 1998; Rogoff, 2003）。

年长的哥哥姐姐开始表现出乐于助人的、好玩儿的或其他亲社会行为，这个结果可能反映了父母所给予的压力——通过照料年幼的弟弟妹妹展示其成熟。

一般来说，如果父母能够友好相处，兄弟姐妹之间一般也能够友好相处（Kim et al., 2006; Reese-Weber, 2000）。婚姻冲突和不满可以很好地预测兄弟姐妹之间的嫉妒和敌对性，尤其是如果年长的孩子与父母一方或双方形成不可靠、不安全的依恋关系时，如果父母过于依赖体罚式管教，这种影响将更为明显（Erel, Margolin, & John, 1998; Volling, McElwain, & Miller, 2002）。婚姻冲突会将儿童推向情绪的边缘状态，直接导致不安全情感（Cummings et al., 2006）。父母的强制性管教可能传递给拥有更多权力的年长儿童的信息是，强制性策略是对待冒犯了他的人（尤其是更弱小的人）的方式。

如果父母尽力监控孩子的活动，兄弟姐妹的关系会变得更为友好（Smith & Ross, 2007）。不幸的是，如果父母不进行任何干预，年幼的学前期兄弟姐妹之间的正常冲突可能会升级为习惯

> **兄弟姐妹间的对抗（sibling rivalry）**：指两个或更多的兄弟姐妹之间可能产生的精神上的竞争、嫉妒与憎恨。

性的严重事件（Kramer，Perozynski，& Chung，1999）。实际上，在不作为型教养方式下发生的兄弟姐妹之间的激烈争斗是家庭外攻击与反社会行为的非常强的预测指标（Garcia et al.，2000）。

最后，如果父母能够对所有的孩子做出温和敏感的反应，而不是对一个孩子过于偏心，兄弟姐妹之间就会有较少的冲突（Boyle et al.，2004；Brody，1998；McHale et al.，2000）。年幼的弟弟妹妹对于不公平的对待尤其敏感（Boyle et al.，2004）。如果他们感觉到父母更喜欢哥哥姐姐的话，通常会做出消极的反应，表现出适应问题。但这并不是说年长的孩子就不会受到不公平对待的影响。年龄更大一些的孩子，一般能够更好地理解兄弟姐妹会有不同的需要，父母在某些方面给予年幼的弟弟妹妹更多关注是正常的（Kowal & Kramer，1997；Kowal，Krull，& Kramer，2004）。

但是，人们通常会过分强调兄弟姐妹之间的冲突。学龄儿童一般很看重兄弟姐妹的关系——即使他们之间有较多冲突（Furman & Buhrmester，1985）。青少年期与童年早期相比，兄弟姐妹之间的冲突少了很多（Kim et al.，2006），他们通常将兄弟姐妹看作亲密的伙伴，能成为陪伴他们和提供情感支持的人——尽管事实上他们之间的关系经常比较紧张（Buhrmester & Furman，1990；Furman & Buhrmester，1992）。那么，兄弟姐妹为什么还会看重经常是充满冲突的关系呢？观察记录可以提供答案。兄弟姐妹经常为对方做一些令人愉悦的事情，友好地解决争执，这种亲社会行为比那些充满憎恨的敌对性、破坏性行为更为普遍（见 Abramovitch et al.，1986；Ram & Ross，2001）。

兄弟姐妹关系的积极作用

在个体发展中，兄弟姐妹会产生什么积极作用？一个重要的作用是哥哥和姐姐经常照顾年幼的弟弟妹妹。一项儿童养育实践的跨文化调查表明，在所调查的186种文化中，有57%的哥哥姐姐是婴幼儿的主要看护者（Weisner & Gallimore，1977）。即使在工业化社会（如美国），较大的孩子（尤其是女孩）经常要照顾年幼的弟弟妹妹（Brody，1998）。当然，哥哥姐姐作为看护者的角色也会有机会在很多方面影响弟弟妹妹，可以作为弟弟妹妹的老师、玩伴、保护者以及情感支持的重要来源。

作为情感支持的提供者

婴儿是否会依恋年长的哥哥姐姐，并把他们当作安全基地？为了回答这一问题，Robert Stewart（1983）选取了10～20个月大的婴儿进行安斯沃斯的陌生情境测验（见第11章）。每个婴儿与4岁的哥哥或姐姐待在一个有陌生成人进出的陌生房间。当母亲离开时，婴儿通常会表现出忧伤，与陌生人在一起时，他们表现得很警惕。Stewart发现，这些忧伤的婴儿经常会接近年长的哥哥或姐姐，尤其是在陌生人初次出现时。而且，大多数4岁的哥哥或姐姐会安慰或照料年幼的弟弟或妹妹，尤其是如果他们自身对母亲是安全依恋时（Teti & Ablard，1989）。如果年长的哥哥或姐姐已经发展了角色采择技能，能够理解年幼的弟弟或妹妹为什么忧伤，他们会更好地安慰弟弟或妹妹（Garner，Jones，& Palmer，1994；Howe & Rinaldi，2004；Stewart & Marvin，1984）。

随着逐渐成熟，兄弟姐妹通常会相互保护和信赖，经常会超过对父母的信赖（Howe et al.，2000）。弟弟或妹妹可以从哥哥姐姐提供的支持中获取力量。比如，那些有严重的身体疾病或者是其父母酗酒或有精神问题的儿童，如果与兄弟姐妹有坚固的支持性关系，他们就会表现出较少的行为问题而获得较好的发展（Vandell，2000）。兄弟姐妹间安全的联结也可以降低学龄儿童因为被同伴忽略或拒绝而导致的焦虑和适应问题（Brody & Murry，2001；East & Rook，1992；Stormshak et al.，1996），并且可以促进其社会技能的发展，以提高他们在同伴中的地位（Downey & Condron，2004；Kim et al.，2007）。

作为榜样和老师

除提供照顾和情感支持外，年长的哥哥姐姐还会通过示范或提供直接的指导教年幼的弟弟妹妹新的技能（Brody et al.，2003）。即使是婴儿也会非常关注哥哥或姐姐的行为，当他们积极参与哥哥姐姐的玩耍、照料婴儿及其他家庭事务时，经常会选择模仿哥哥姐姐的行为（Maynar，2002；另见 Downey & Condron，2004）。

年幼的孩子会钦佩哥哥姐姐，而哥哥姐姐在整个儿童时期都是重要的榜样和家庭教师（Buhrmester & Furman，1990）。就掌握一种能力来说，他们从哥哥姐姐那里学到的东西可能远比从能力相当的年长同伴那里学到的更多（Azmitia & Hesser，1993）。为什么？原因如下：（1）如果"学生"是年幼的弟弟妹妹，哥哥姐姐会感到有更大的教育责任；（2）哥哥姐姐会比其他年长的同伴提供更为详细的指导和鼓励；（3）年幼的弟弟妹妹更倾向于寻求哥哥姐姐的指导。这种非正式的教育显然是有回报的。当玩上学的游戏时，年长的哥哥姐姐会教给弟弟妹妹诸如 ABC 之类的课程，而年幼的孩子也有更方便的时间学习阅读（Norman-Jackson，1982）。更为重要的是，经常指导弟弟妹妹的年长的孩子同样会获益，与没有教学经验的同伴相比，他们在学业能力测验中会取得更好的成绩（Paulhus & Shaffer，1981；Smith，1990）。

兄弟姐妹交往的实际频率和强度提示，这种接触或许可以促进许多社会认知能力的发展。兄弟姐妹间好玩儿的互动有助于儿童理解错误信念以及心理理论中"信念-愿望"的出现，即使是争吵也是重要的。兄弟姐妹不会羞于表达他们的欲望、需求以及对冲突的情感反应，因此能够给彼此提供信息，促进观点采择能力、情感理解、协商和妥协能力以及更为成熟的道德推理形式的发展（Bedford, Volling, & Avioli, 2000; Howe, Petrakos, & Rinaldi, 1998）。显然，儿童可以在很多方面从与兄弟姐妹的交往经验中受益。

兄弟姐妹也会以不可取的方式影响彼此。比如，如果年长的兄弟姐妹具有较高水平的攻击和反社会行为，随着时间的推移，年幼的兄弟姐妹也会倾向于变得更具攻击性，表现出更多的问题行为（Snyder, Bank, & Burraston, 2005; Williams, Conger, & Blozis, 2007）。即使控制了家庭变量（如父母心理健康和亲子关系质量），随着时间的推移，兄弟姐妹关系的冲突性增加，年长的哥哥姐姐通常会表现出抑郁症状的增加（Kim et al., 2007）。因此，尽管与兄弟姐妹共同成长是有利的，但也会有潜在的不利的一面。没有兄弟姐妹的陪伴又会怎样呢？

独生子女的特征

没有兄弟姐妹的独生子女是不是就像人们常说的那样是被宠坏的、自私的、被过度溺爱的小家伙？几乎不是这样的！两篇重要的基于几百个相关研究的综述表明，独生子女有以下特点：（1）相对高的自尊和成就动机；（2）比有兄弟姐妹的儿童更为顺从，较高的智力能力；（3）更可能与同伴建立良好的关系（Falbo, 1992; Falbo & Polit, 1986）。

这些结果并不意味着那些选择要一个孩子的父母和要多个孩子的父母之间有什么不同。如1979年，中国实施了独生子女政策，试图控制迅速增长的人口，因此，大多数的中国夫妇（至少是生活在城市的）不管自己想要几个孩子，都只能生一个孩子。与许多批评者的担忧相反，并没有证据表明中国的独生子女政策产生了一代被宠坏的、自我中心的小皇帝。中国的独生子女与西方国家的独生子女状况比较相似。在智力测验和学业成就测验上，独生子女的成绩略高于有兄弟姐妹的儿童；在人格或个人价值观上，没有表现出明显的不同（Fuligni & Zhang, 2004；Jaio, Ji, & Jing, 1996；Wang et al., 2000）。实际上，中国的独生子女比非独生子女报告了较低的焦虑和抑郁。一个发现可能反映了中国对于多子女家庭的批评，独生子女倾向于用这样的言论嘲讽有兄弟姐妹的儿童，如"你不应该在这儿"，"你的父母应该只有一个孩子"（Yang et al., 1995）。

因此，来自不同文化背景的证据表明，独生子女几乎没有因为没有兄弟姐妹而处于不利地位。显然，即使在家里没有兄弟姐妹，许多独生子女仍然能够发展友谊关系并结交同伴。

家庭生活的多样性

正如前面的章节提到的，现代社会的家庭是如此多样，大多数的孩子生活在双职工家庭、单亲家庭或重组家庭中，这与以往人们认为的典型家庭（父母双方有两个或更多孩子，父母中的一人养家糊口）明显不同。现在就让我们考察一下家庭生活中的这些变量以及它们对儿童发展的影响。

收养家庭

如果夫妻中一人没有生育能力，希望做父母的夫妇通常会收养一个孩子。大多数养父母通常能够与收养的孩子发展安全的情感联系（Levy-Shiff, Goldschimdt, & Har-Even, 1991；Stams, Juffer, & van Ijzendoorn, 2002）。与亲生子女相同，父母照料的敏感性可以预测儿童对于收养者的依恋类型。这意味着，对儿童的发展而言，想要做父母的愿望比成人与孩子的基因联系更为重要（Golombok et al., 1995）。

然而，如果在被收养之前，婴儿或儿童曾经历过虐待、忽视和拒绝，他们可能就会发展出不

对儿童的发展而言，想要成为父母的愿望比成人与孩子的基因联系更为重要。

安全的、紊乱的或混乱的依恋类型。然后，就会将这些依恋困难带到收养家庭中（Howe, 2001；Rutter, 2000；Juffer et al., 2005）。来自于早期依恋困难的消极关系效应与受虐待的持续时间呈正相关（Rutter, 2000；Howe, 2001）。也就是说，被收养者在被收养之前处于虐待或拒绝环境的时间越长，由于虐待而产生的消极依恋行为就越难改变。然而，与有爱心的敏感的收养父母的交往可以提升这类儿童依恋的安全性（Neil et al., 2003）。实际上，旨在促进照料者敏感性的干预可以提高先前受虐待儿童在收养和寄养情境中的安全感（Juffer et al., 2005）。

即使被收养者在收养之前并未受到虐待，也应该指出，由于养父母与孩子间没有共同的基因，因此他们提供的养育环境或许不能与被收养儿童自己的遗传素质很好地兼容。环境的不匹配再加上许多被收养儿童以往受到的忽视或虐待，以及其他特殊的需要（Juffer, Bakermans-Kranenburg, & van IJzendoorn, 2005；Kirchner, 1998），这些不利因素也许有助于解释为什么被收养儿童在童年后期和青少年期会比非收养的同伴表现出更多的学习困难、情感问题以及较高的违法犯罪率（Lewis et al., 2007；Miller et al., 2000；Sharma, McGue, & Benson, 1998）。

然而，大多数被收养儿童获得了相当好的适

应（Jaffari-Bimmel et al., 2006；Stams, Juffer & van Ijzendoorn, 2002），收养家庭比寄养家庭的儿童要好得多，因为寄养父母也许不会在孩子身上投入太多或考虑孩子的长远发展（Brodzinsky, Smith, & Brodzinsky, 1998；Miller et al., 2000）。即使是来自较低社会经济背景的异族的收养儿童，如果成长在一个支持性的、相对较为富裕的中产阶级家庭，他们在智力和学业能力上也能够获得相当好的发展，经常表现出健康的心理社会性适应模式（Brodzinsky et al., 1987；DeBerry, Scarr, & Weinberg, 1996；Sharma, McGue, & Benson, 1998）。因此，对于大多数收养父母和孩子来说，收养是一个很好的安排。

美国的收养工作正在从一个保密系统变为一个更为开放的系统，在保密系统内，亲生母亲和收养父母都不会知道对方的身份，而开放系统则允许亲生母亲和收养家庭成员进行多种直接或间接的接触联系。因为被收养者经常对自己的生物学起源（生身父母）感到好奇，永远无法知晓亲生父母的身份可能让他们心烦意乱，而较为开放的安排也许对他们更为有利。实际上，来自美国和许多其他国家的大量研究表明，当获得了亲生母亲的信息或是与她取得了联系后，儿童会对自己的出生来源更为好奇，也更加满意有关的信息（见Leon, 2002）。另外，关于亲生父母的信息以及与有血缘关系的亲属的联系可以帮助被收养者明白，收养父母是他们真正的父母，而亲生父母是"生命的给予者"（Leon, 2002）。因此，没有证据支持一些开放式收养政策的批评者所担心的：提供有关亲生父母的信息会让儿童对收养的意义产生困惑，或者是降低他们的自尊。

捐赠受精家庭

与收养不同，一些不能生育的夫妇会通过**捐赠受精**（让一个有生育能力的女性获得匿名捐赠者捐助的精子）而怀孕。以这种方式建立的家庭有几个问题。如Burns（1990）认为，由于父母不能生育而产生的压力可能会导致教养方式失调，而且以这种方式怀孕，孩子与父亲没有基因联系，与亲生父亲相比，养父可能和孩子距离更远且提供更少的养育，从而对捐赠受精儿童的情感幸福和其他发展具有消极影响（Turner & Coyle, 2000）。那么，我们是否有必要关注捐赠受精儿童的发展？

明显没有。在英国为期12年的追踪研究中，Susan Golombok和她的同事（2002）比较了捐赠受精家庭中的儿童、收养儿童和与亲生父母在一起长大的儿童的发展状况。他们发现，与收养儿童或正常受孕生下的儿童相比，捐赠受精儿童在12岁时并未表现出更多的行为问题，在情绪发展、学业进步和同伴关系上也都适应良好。捐赠受精儿童的母亲比收养儿童和一般儿童的母亲更为温暖，且对儿童的需求更为敏感。另外，尽管捐赠受精家庭的父亲较少参与管教孩子，但他们也与收养家庭的父亲或亲生父亲一样参与教养的其他方面，且和孩子关系亲密。尽管这是唯一一项相对较小样本的针对捐赠受精家庭的研究，但是经过严谨的操控，结果表明，那些真正想成为父母且对捐赠受精感到满意的伴侣不必担心以这种方式受孕的孩子有不良的发展结果。

同性恋家庭

在美国有几百万的同性恋父母，尽管有些人有收养的孩子或通过捐赠受精怀孕，但大多数是通过先前与异性的婚姻而成为父母的（Chan, Raboy, & Patterson, 1998；Flaks et al., 1995）。长期以来，许多法庭非常反对同性恋家庭养育孩子，以致仅仅根据这些父母的性取向就拒绝了同性恋父母获得监护权的请求。人们所担心的问题

> **捐赠受精**（donor insemination）：在匿名捐赠者捐赠精子的帮助下，具有生育能力的女性怀孕的过程。

之一是，同性恋父母可能心理不健康或者将会骚扰孩子；另一个担心是，父母的性取向会致使孩子蒙受同伴的污辱（污名化）。但也许最大的担心还是害怕这些由同性恋父母抚养的孩子可能成为同性恋者（Bailey et al., 1995；见 Burns, 2005；Eaklor, 2011；Hall, 2010）。

大量研究表明，这些推测没有任何依据（MacCallum & Golombok, 2004；Wainright, Russell, & Patterson, 2004）。如图 14.2 所示，90%以上的同性恋父母的成年子女会发展为异性恋性取向——这一比例和由异性恋父母抚养的孩子没有显著差异（见 Patterson, 2004）。此外，同性恋父母的孩子在认知、情感和道德成熟方面都处于平均水平，或者像异性恋父母的孩子一样适应良好（Chan, Raboy, & Patterson, 1998；Flaks et al., 1995；Golonobok et al., 2003）。针对最近关于同性恋父母养育的孩子在性别特征形成中可能有些不恰当的批评（Stacey & Biblzrz, 2001），Susan Golombok 和她的同事（2003）发现，与由父母——不管双方是同性恋还是异性恋——共同抚养的男孩相比，由母亲作为一家之主（绝大多数是异性恋）的单亲家庭抚养的男孩较少偏爱传统的男性化活动。最后，同性恋父母和异性恋父母一样懂得有效的儿童教养方式（Bigner & Jacobsen, 1989；Flaks et al., 1995），同性恋父母的配偶也会喜欢孩子并承担照料儿童的责任。

总之，并没有可靠的科学证据支持根据性取向剥夺一个人做父母的权力（Wainright & Patterson, 2008）。在同性恋家庭中成长的孩子与那些在异性恋家庭中成长的孩子几乎没有明显的区别。

家庭冲突和离婚的影响

前面已经提到，现代社会的婚姻大约有 40%～50% 会以离婚而告终，大约有一半以上出生在 20 世纪 90 年代和 21 世纪初的孩子将会有一段时间（平均约 5 年）生活在单亲家庭中，一般由单身母亲抚养（Hetherington, Bridges, & Insabella, 1998）。离婚对发展中的儿童有哪些影响？阐述这个问题时，首先应注意离婚并不是单一的生活事件。相反，它代表了整个家庭的一系列压力体验，这些压力体验在父母真正分手之前始于婚姻冲突，在离婚之后又源于诸多家庭变故。正如 Mavis Hetherington 和 Kathleen Camara（1984）所指出的，家庭必须经常应对一系列的

在美国，数百万同性恋者都为人父母，他们中的大多数人是通过先前的异性恋婚姻而成为父母的，也有些人是收养了儿童或通过捐赠受精怀孕。

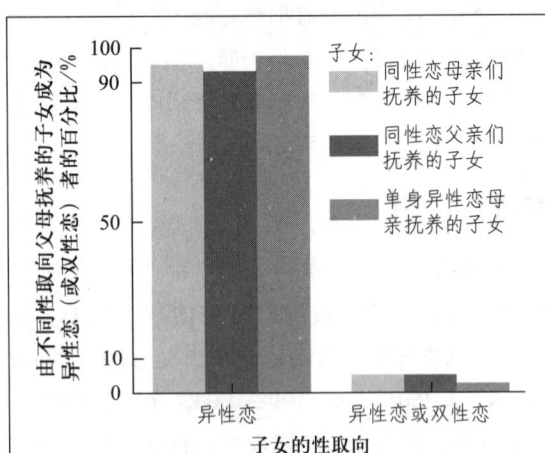

图 14.2 同性恋母亲、同性恋父亲和单身异性恋母亲的成年子女的性取向。（注意：同性恋父母的孩子与异性恋父母的孩子同样可能表现出异性恋取向。）
来源：Adapted from Bailey et al., 1995；Golombok & Tasker, 1996.

问题，诸如家庭资源的减少、居住地的改变、承担新的角色和责任、建立新的（家庭）交往模式、日常规则的重组，等等，可能还有新关系（如继父母及其孩子、继兄弟姐妹关系的纳入等）介入现存家庭（p.398）。

离婚之前：暴露于婚姻冲突中

离婚之前的一段时间经常伴随着家庭冲突的急剧上升，父母间也许会发生激烈的言语争吵甚至身体暴力。置身于婚姻冲突中的儿童会受到怎样的影响呢？越来越多的证据表明，儿童经常会变得极度痛苦，家庭中持续的冲突导致他们更有可能在与兄弟姐妹或同伴之间的交往中变得具有敌意和攻击性（Cummings & Davies，1994；Cummings et al.，2006）。此外，长期的婚姻不和谐还会导致另外一些适应问题，如焦虑、忧郁和外化行为失调（Davies & Cummings，1998；Parke & Buriel，2006）。婚姻不和谐既会直接影响儿童和青少年，使他们情绪变得极端，产生更多的破坏行为（Cumming et al.，2006；Thompson，2000），也会通过降低父母的接纳性或敏感性以及亲子关系质量而产生间接影响（Davies et al.，2003；Erel & Burman，1995；Parke & Buriel，2006）。与有不安全依恋表征的儿童相比，有安全依恋表征的儿童会更好地应对父母的冲突（Davies & Forman，2002）。这可能是因为他们没有觉得自己应该为冲突负责或担心父母会不再爱他们（El-Sheikh & Harger，2001；Grych et al.，2000；Grynch, Harold, & Miles，2003）。对于儿童或青少年的发展，受冲突困扰的家庭并非健康的环境。许多家庭研究者认为，从长远来看，危机四伏的家庭的父母如果分居或离婚，儿童可能会发展得更好（Booth & Amato，2001；Hetherington, Bridges, & Insabella，1998）。尽管如此，离婚还是一种令人高度不安的生活转变，经常以独特的方式影响所有家庭成员的幸福感。

离婚之前的一段时间常会伴随家庭冲突的急剧上升，如激烈的言语冲突甚至是父母之间的身体暴力。

离婚之后：危机和重组

大多数离婚家庭都会经历一年或更长时间的危机期。在这段时间，所有家庭成员的生活都遭到了严重破坏（Amato，2000；Hetherington & Kelly，2002）。通常，父母双方都会体验到情感和现实中的困难。约有83%的离婚家庭的母亲会获得子女的监护权，她们可能会感到气愤、抑郁、孤独或苦恼等，尽管常感到如释重负。没有获得监护权的父亲也会感到苦恼，尤其是当他不愿离婚，感到隔断了与孩子的联系时。离婚之后，父母双方都会感到与以前朋友的疏远，同时失去了离婚之前可以依赖的社会支持。带孩子的离婚女人经常会因为收入减少而面临更多的困难：一般来说，她们现在的收入只有以前家庭收入的50%～75%（Bianchi, Subaiya, & Kahn，1997）。如果她们不得不搬到一个适合较低收入的社区，再努力工作，独自养育年幼的孩子，生活将会更加艰难（Emery & Forehand，1994）。

正如你所料，心理痛苦的成人不能成为最好的父母（Papp et al.，2004）。Hetherington和她的同事（Hetherington, Cox, & Cox，1982；Hetherington & Kelly, 2002) 发现, 有监护权的母亲, 常被责任和自己对离婚的情感反应搞得不知所措, 常会变得急躁、缺乏耐心, 对孩子的需求不敏感, 结果, 她们在儿童养育中更多依赖强制性方法。离婚的母亲通常会变得（至少在孩子看来）更有敌意, 更少关爱 (Fauber et al., 1990)。同时, 没有监护权的父亲可能有不同的变化, 在看望孩子时, 变得有些纵容和娇惯孩子 (Amato & Sobolewski, 2004)。

离婚家庭的孩子经常会因为家庭的破裂而感到焦虑、愤怒或抑郁, 他们可能会变得爱发牢骚、好争辩、不听话、没有礼貌。在这个危机时期, 亲子关系变成了恶性循环, 儿童的情感痛苦和问题行为与成人无效的教养风格相互影响, 使得每个人的生活都变得不愉快 (Baldwin & Skinner, 1989)。然而, 儿童对离婚的最初反应会因为年龄和性别的不同而有所变化。

离婚时, 年幼的、认知不成熟的学前儿童和低年级学龄儿童通常会表现出最为明显的苦恼。他们不能理解父母离婚的原因, 如果认为自己对家庭的破裂多少有些责任的话, 还会有内疚感 (Hetherington, 1989)。较为年长的儿童和青少年能够较好地理解是性格冲突和缺乏关爱导致苦恼的父母离婚。然而, 他们经常会因为父母的离婚而很痛苦, 可能会变得退缩, 远离家庭成员, 更多地卷入一些不良的活动, 如逃学、不良性行为、药物滥用和其他形式的犯罪行为中 (Amato, 2000; Hetherington, Bridges, & Insabella, 1998)。因此, 尽管年长儿童和青少年能较好地理解父母离婚的原因, 知道自己并不需要对父母离婚负责, 但是他们受到的伤害并不亚于年幼儿童 (Hetherington & Clingempeel, 1992)。

尽管研究发现并不是普遍的, 但许多研究者报告, 相对于女孩, 婚姻冲突和离婚对男孩的影响更为强大和持久。即使是离婚之前, 男孩也比女孩表现出了更多的外显行为问题 (Block, Block, & Gjerde, 1986, 1988)。至少有两个早期追踪研究表明, 离婚 2 年后, 女孩在很大程度上已从社会和情感困扰中恢复过来, 而男孩在同样的时间里虽然也会发生明显的改善, 但仍然会表现出情感压力, 并且与父母、兄弟姐妹、教师和同伴的关系存在问题 (Hetherington, Cox, & Cox, 1982; Wallerstein & Kelly, 1980)。

性别差异应该关注。然而, 大多数早期研究只关注单身母亲家庭和易于觉察的外显行为问题。最近有很多研究提出, 如果父亲是监护人, 男孩会生活得更好 (Amato & Keith, 1991; Clarke-Stewart & Hayward, 1996)。离婚家庭中的女孩比男孩体验到更多的内在悲伤, 经常会变得退缩或抑郁, 而不是表现出愤怒、恐惧或挫折感 (Chase-Lansdale, Cherlin, & Kiernan, 1995; Doherty & Needle, 1991)。更为重要的是, 部分来自于离婚家庭的女孩会在青少年早期过早地发生性行为, 在与男孩子和成年男性的交往中持续缺乏自信 (Cherlin, Keirnan, & Chase-Lansdale, 1995; Ellis et al., 2003; Hetherington, Bridges, & Insabella, 1998)。因此, 尽管离婚可能以不同的方式影响男孩和女孩, 但对任何一个性别的孩子来说, 父母离婚都是很大的打击。

对离婚的长期反应

离婚家庭的大多数儿童和青少年最终能够适应这个家庭的变化, 并表现出健康的心理适应模式 (Hetherington & Keyy, 2002)。然而, 即使是这些对离婚适应良好的儿童, 也会显示出一些挥之不去的负面效应。在一项追踪研究中, 即使在离婚之后 20 多年, 离婚家庭的儿童在访谈中谈到离婚对他们生活的影响时, 仍给予了非常消极的评价 (Wallerstein & Lewis, as cited by Fernandez, 1997)。成年之后, 离婚家庭的孩子报告了更多的抑郁症状和较低的生活满意度 (Hetherington Kelly, 2002; Segrin, Taylor, &

Altman，2005）。不满意的常见原因是知觉到与父母尤其是父亲的亲密感的缺失（Emery，1999；Woodward, Fergusson, & Belsky, 2000）。另外一个有趣的长期效应是，与来自非离婚家庭的青少年相比，来自离婚家庭的青少年也许更害怕自己的婚姻将会不幸福（Franklin, Janoff-Bulman, & Roberts, 1990）。这种担心也许有些根据。研究表明，父母离婚的成人比来自完整家庭的成人更可能经历不幸福的婚姻并且自己也会离婚（Amato，1996）。

总之，离婚是一个非常令人不安、让人烦恼的生活事件，因此即使在离婚之后的20多年，也几乎没有儿童会给予其积极的评价。除了刚才提到的令人沮丧的结果之外，还有一些鼓舞人心的信息。首先，研究一致表明，生活在稳定的单亲家庭或继父母家庭中的儿童能比拥有爸爸妈妈却生活在充满冲突的家庭中的孩子获得更好的发展。实际上，儿童在父母离婚后所表现出来的许多行为问题其实在父母离婚之前就比较明显了，这些问题与长期的家庭冲突之间的关系可能比离婚本身更为密切（Amato & Booth, 1996; Shaw, Winslow, & Flanagan, 1999）。除去婚姻不和谐以及与离婚有关的教养方式的破坏，离婚的经历尽管总是充满压力，但也并不都是破坏性的。因此，现在一般比较明智的看法是，为了孩子好，有着无法调和的矛盾、不幸福的夫妇最好离婚。也就是说，如果结束那种充满火药味的婚姻，最终会减少给孩子带来的压力，同时促使父母一方或双方对孩子的需要更敏感、更有回应，孩子可能会获益（Booth & Amato, 2001; Hetherington, Bridges, & Insabella, 1998）。第二个鼓舞人心的信息是，并不是所有离婚家庭都会经历我们提到的所有困难。实际上，一些成人和儿童能够相当好地控制这种转变，并由此获得心理上的发展。

概念核查14.3 理解兄弟姐妹的影响和家庭生活的多样性

通过回答下述问题，检查你对兄弟姐妹以及家庭系统的多样性对儿童发展的影响的理解。答案见附录。

判断题：判断下列陈述的对错。

1. 年长的哥哥姐姐作为弟弟妹妹的家教或指导者常会受益于自身学业能力的提高。
2. 与有兄弟姐妹的儿童相比，独生子女通常处于发展的劣势。
3. 兄弟姐妹之间的冲突是家庭功能失调的信号，可以预测卷入的儿童的不良发展结果。
4. 研究支持了这一结论：想要成为父母的愿望比父母和孩子之间的基因关系对儿童的发展更为重要。

填空题：在下列句子的空白处填上适合的词或短语。

5. 当大多数被收养儿童有机会见到亲生母亲时，他们开始坚信他们的养母是____母亲，而他们的生母是____。
6. 通过捐献者提供的精子而让一个有生育能力的女性怀孕的过程被称为____。
7. 目前较为明智的观点认为，为了孩子的健康发展，具有不可调和矛盾的不幸福夫妻应该____。

选择题：为下列各题选择最佳答案。

____ 8. 与有同等能力的年长同伴相比，年幼的弟弟妹妹可以从自己的哥哥姐姐那里学到更多，以下哪个描述无法说明这一观点？
　　a. 与对待其他年幼的孩子相比，年长的哥哥姐姐感到有更大的责任教育弟弟妹妹。
　　b. 与其他年长的同伴相比，年长的哥哥姐姐提供了更为细致的指导。
　　c. 因为发展了一种独特的、其他年长同伴不能理解的语言，兄弟姐妹之间能更好地相互理解。
　　d. 与其他年长的同伴相比，年幼的弟弟妹妹更可能接受年长的哥哥姐姐的指导。

____ 9. 如果可能，孩子应该被异性恋父母而不是同性恋父母抚养，因为

　　a. 同性恋父母养育的孩子在认知上更不成熟。
　　b. 同性恋父母养育的孩子在社会能力上更不成熟。
　　c. 同性恋父母养育的孩子更有可能成为同性恋。
　　d. 以上选项均不正确。实际上，没有科学的证据表明同性恋父母和异性恋父母养育的孩子在发展上存在差异。

简答题：简要回答下列问题。

10. 描述父母离婚对于男孩和女孩发展的几个短期和长期效应。

发展主题在家庭生活、教养方式及兄弟姐妹关系中的应用

主动
被动

连续性
阶段性

整体性

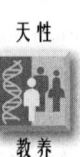
天性
教养

当我们将关注点从儿童个体转向儿童发展的背景时，探讨贯穿全书的四个主题（主动性的儿童、天性和教养的相互作用、量变与质变，以及发展的整体性）变得更加困难。如果不考虑这些主题如何在家庭、父母教养方式以及兄弟姐妹的关系中得以展开，将是我们面临的一个不小的挑战。但是发展心理学家关心这些主题在发展的所有方面的应用，即使从背景观来看，仍能看到其影响。

比如，在探讨家庭作为一个社会系统时，发展学家认为系统中的每个人以及人们之间的每种关系对于系统内所有其他人和关系的发展都有影响。尤其是，我们看到现代发展学家采纳了家庭影响的相互作用观点，将父母对儿童的效应与儿童对父母（主动的儿童）的效应进行整合，此外，交互作用和影响方向也更为复杂。

在本章中，大量的材料集中于教养在发展中的作用：家庭环境、教养风格以及兄弟姐妹的互动如何影响儿童发展。实际上，当我们深入研究发展心理学中的社会和背景因素时，可以看到教养对发展有更多的影响。然而，同时也有遗传的一些作用。例如，我们探讨了关于儿童的气质可能会影响父母的教养风格的理论观点。反过来，我们也回顾了一些证据，发现遗传在父母教养中也许并没有起到重要作用，如对于收养家庭或捐赠受精家庭的父母们而言，在提供积极的教养技术与积极的儿童发展结果中，成为父母的愿望比儿童和父母间的遗传关系更为重要。

本章较少涉及发展中的量变和质变。我们回顾了当儿童成长为青少年时，父母教养风格和兄弟姐妹关系的变化，但其他一些发展主题与此也有更多的相关。

最后，发展的整体性这一主题在本章中得到了充分的关注。我们看到家庭系统、父母教养风格以及兄弟姐妹间的交往都会影响儿童的认知、社会性，甚至是生物性的发展。总之，当发展背景（家庭生活）是积极的和支持性的时候，儿童就会茁壮成长。这是真的能改变儿童生活的研究。

总 结

生态系统理论

- 尤瑞·布朗芬布伦纳提出了生态系统理论：
  - 他认为发展是不断变化的人与不断变化的环境相互作用的产物。
  - 布朗芬布伦纳提出，自然环境实际由交互作用的背景或系统组成：
    - 微观系统
    - 中间系统
    - 外系统
    - 宏观系统
    - 历时系统

对家庭的理解

- 社会化是儿童获得所属社会认为适宜的信念、态度、价值观和行为方式的过程。
- 家庭是社会化的首要动因。
- 无论是传统的核心家庭，还是扩展家庭，家庭最好被看作一个社会系统。
- 当家庭中的成人能够更为有效地合作养育并互相支持对方的教养行为时，儿童发展得更好。
- 家庭还是一个发展的社会系统，镶嵌在影响其家庭功能的社区和文化环境中。

童年期和青少年期的父母社会化

- 在儿童养育的两个维度——"接纳或回应"和"要求或控制"上，父母之间存在差异。
- 存在四种教养类型：权威型、专制型、放任型和不作为型。
- 接纳和要求（或称之为权威型）的父母为了贯彻他们的要求，喜欢给孩子讲道理，往往能够培养出能力强且适应良好的儿童。
- 较少接纳但较多要求（或称之为专制型）的父母，以及接纳但无要求（或称之为放任型）的父母，其孩子会表现出或多或少的不良发展。
- 不接纳、不回应且没有要求（或称之为不作为型）的父母，其孩子在心理功能的所有方面几乎都存在缺陷。
- 最近对父母控制的研究显然赞同使用行为控制，而不是心理控制。
- 发展学家认为，对家庭社会化最完整的解释是父母和儿童之间的相互影响，即相互作用模型。

儿童养育中的社会阶层和种族变异

- 来自不同文化、亚文化和社会阶层的父母具有不同的价值观，关心不同的问题，有不同的观点，这些都会影响父母对儿童的教养活动。
- 来自所有社会背景的父母都强调自己所处的小的生态环境中有助于成功的发展特征。
- 认为一种特定的教养方式总是比其他类型更好、更有效的观点是不恰当的。

兄弟姐妹及其关系的影响

- 随着年幼弟妹的出生，兄弟姐妹间的对抗成为家庭生活的一个正常部分。
- 兄弟姐妹可以友好相处，而且为彼此做很多令人愉悦的事情，尤其是如果他们的父母能够和谐相处，鼓励他们友善地解决冲突，而且并不特别偏袒其中某个孩子时。
- 兄弟姐妹通常被看作能够提供支持的亲密伙伴。
- 较为年长的兄姐通常会作为弟弟妹妹的照顾者、安全依恋的对象、榜样和老师，他们也经常从教育和指导活动中获益。
- 兄弟姐妹关系并不是正常发展必不可少的条件，因为独生子女同样能够获得社会性、情感和智力的良好发展，或许比有兄弟姐妹的孩子发展得更好些（略高于平均水平）。

家庭生活的多样性

- 那些想要成为父母但不能生育的夫妻和独身者通常会收养孩子组成一个家庭。
- 在开放的收养系统中允许孩子了解亲生父母的状况，被收养的孩子通常对他们生活的家庭更满意。
- 尽管通过捐赠受精方式形成的家庭受到更多的关注，但是一般来说，这些儿童与亲生父母抚养的儿童同样适应良好。
- 同性恋父母和异性恋父母一样可以很好地教养孩子。他们的孩子通常都能够很好地适应社会，而且绝大多数具有异性恋倾向。
- 离婚代表着家庭生活的重大转折，不管对孩子还是父母都是有压力的、令人不安的。
  - 儿童对离婚的最初反应通常是生气、恐惧、沮丧和愧疚感。
  - 从年幼的儿童身上可以明显看到离婚后苦恼的迹象，生活在单身母亲家庭中的女孩似乎能比男孩更好地适应。
  - 离婚家庭中的孩子通常比生活在充斥着冲突的双亲家庭中的孩子适应得更好些。

第14章 练习测验

选择题：为下列各题选择最佳答案，检验你对发展背景的理解。答案见附录。

1. 家庭和兄弟姐妹对儿童的影响属于布朗芬布伦纳生态系统模型的哪个层次？
   a. 历时系统　　　　b. 外系统
   c. 中间系统　　　　d. 微观系统

2. 布莱恩对孩子非常冷漠且无回应，同时又对他们的行为有非常严苛的要求和控制。发展心理学家将布莱恩的这种教养方式称为____。
   a. 专制型　　　　　b. 权威型
   c. 放任型　　　　　d. 不作为型

3. 哪种发展理论认为影响发展中的儿童的自然环境实际上是一个复杂的环环相扣的一系列环境，它影响着儿童也受到儿童的影响？
   a. 进化理论　　　　b. 生态系统理论
   c. 习性学理论　　　d. 社会文化理论

4. 下面哪一个论述不是年幼的弟弟妹妹从哥哥姐姐那里能比从其他同样有能力的同伴那里学到更多东西的原因？
   a. 因为兄弟姐妹通常会发展一种年长的同伴不理解的秘密语言，因此兄弟姐妹彼此更容易理解。
   b. 年长的哥哥姐姐对教弟弟妹妹比教其他不相关的年幼同伴有更大的责任心。
   c. 弟弟妹妹更愿意接受年长的哥哥姐姐而不是其他年长同伴的教学。
   d. 年长的哥哥姐姐会比其他年长同伴提供更为细致的指教。

5. 如果有可能，儿童应该由异性恋父母而不是同性恋父母抚养，因为____。
   a. 同性恋父母抚养的孩子认知发展更不成熟
   b. 同性恋父母抚养的孩子社会性发展更不成熟
   c. 同性恋父母抚养的孩子更有可能发展成同性恋
   d. 以上都不对。实际上，没有科学的证据证明同性恋和异性恋父母养育的孩子有所不同。

6. 沃尔顿家族是一个生活在一起的大家庭，包括母亲、父亲、4个儿子和3个女儿，还有爷爷和奶奶。他们居住在一起，具有家庭的功能，比如，每天晚上他们都会坐在一起共进晚餐，每位家庭成员都被期望在晚餐时出现。发展心理学家人如何划分这种家庭？

a. 传统的核心家庭　　b. 合作养育家庭
c. 扩展家庭　　　　　d. 有经济压力的家庭

7. 儿童时期的低认知、低社会能力以及较差的自我控制和学业表现通常与哪种父母教养方式有关？
  a. 权威型　　　　　b. 专制型
  c. 放任型　　　　　d. 不作为型

8. 理查德已经失去了工作，担心如何支撑有4个孩子的家庭。他发现最近与妻子的相处遇到了麻烦，同时感觉没有像以前那样有精力投入到养育孩子中。理查德的经历说明了Conger 的什么模型？
  a. 专断丧失模型　　b. 相互影响模型
  c. 行为控制模型　　d. 家庭贫困模型

9. 当大多数被收养的儿童有机会见到他们的亲生父母时，他们会觉得自己的养母是他们的什么人？
  a. 生母　　　　　　b. 真正的母亲
  c. 捐赠的母亲　　　d. 代理母亲

10. 当代大多数发展心理学家接受哪种影响模型？
  a. 儿童主效应模型　b. 父母主效应模型
  c. 交互模型　　　　d. 相互作用模型

关键术语

不作为型教养方式，p544
传统核心家庭，p539
儿童主效应模型，p549
放任型教养方式，p544
父母主效应模型，p549
合作养育，p540
宏观系统，p538

家庭，p539
家庭贫困模型，p550
家庭社会系统，p539
接纳或回应，p543
捐赠受精，p559
扩展家庭，p540
历时系统，p538
权威型教养方式，p544

社会化，p538
生态系统理论，p536
外系统，p538
微观系统，p536
文化适应压力，p551
相互作用模型，p549
心理控制，p548
行为控制，p548

兄弟姐妹间的对抗，p554
要求或控制，p543
意志功能的促进（PVF），p548
中间系统，p536
专制型教养方式，p544

第 15 章　发展的背景 2：同伴、学校和科技

同伴作为社会化的动因
学校作为社会化的动因
　● 生活与研究应用：学前儿童应该上学吗？
电视对儿童发展的影响
　● 研究聚焦：《恐龙战队》提升了儿童的攻击性吗？
数字化时代的儿童发展
对发展背景的最后思考
发展主题在发展背景中的应用

我们的发展心理学旅程已经走过了许多不同的研究和应用领域。我们已经从不同的理论视角思考了发展，也思考了发展的不同方面，包括生物的、认知的以及社会性的发展。在整个旅程中，我们都强调儿童积极主动地参与自身的发展，强调在研究发展时整体地看待儿童很重要，因为发展的各个方面都在相互影响、相互作用。在第 14 章，我们探讨了家庭环境及其在儿童发展中的主要作用。在最后这一章，我们将讨论家庭之外的环境，它们对发展同样有深远的影响。

作为一个有组织的结构，我们将应用发展的生态系统理论，这是一个非常强调发展背景的理论。尤瑞·布朗芬布伦纳的生态环境模型将儿童的环境看作一系列嵌套结构，每一层都影响儿童的发展。微观系统指儿童与最直接的环境的关系；中间系统指儿童的最直接的环境之间的联系；外系统指影响儿童但儿童不在其内的社会环境；宏观系统指广泛的文化意识形态。这些嵌套的系统都存在于历时系统中，人和环境都会随着时间而变化。这个模型有助于梳理我们的思路，探究儿童发展的背景以及这些背景如何影响发展。

我们将思考影响儿童和青少年发展的几个不同的背景（环境）。在中间系统水平上，简要介绍同伴和学校如何影响发展。在外系统水平上，将思考电子时代的大众传媒如何影响发展。我们以这些领域的研究为例来说明各个水平和类型的环境如何影响发展。在考虑发展背景的这些不同方面时，要将布朗芬布伦纳的模型始终记在脑海里，把它作为连接不同研究领域的总体框架，从而更好地理解发展的背景。

同伴作为社会化的动因

我们一直在讨论成人对儿童社会化的重要作用。在成人扮演的父母、教师、教练、童子军团长、宗教领导人等各种角色中，他们代表着权威、力量和社会的专家。然而，皮亚杰等理论家认为，同伴对儿童和青少年的发展起到了与成人同样重要、甚至更重要的作用（Harris, 1998, 2000; Youniss, McLellan, & Strouse, 1994）。他们提出了"童年时代的两个社交世界"：一个是成人和儿童相互作用的世界；另一个是儿童的同伴世界。它们分别以不同的方式影响着儿童的发展。

上学以后，绝大多数儿童都在同伴的陪伴下度过了大部分娱乐时间。同伴在儿童和青少年的发展中起到了什么样的作用呢？我们在下文中会看到，同伴能通过各种各样积极的方式影响儿童的发展。

同伴是谁？同伴的作用是什么

发展学家认为，**同伴**是社会地位相同的人，或者至少在当下是行为复杂程度相似的个体（Lewis & Rosenblum, 1975）。按照这种以活动水平为基础的定义，只要孩子们在追求共同兴趣和目标时能调节自身行为以适合彼此的能力，年龄上稍有不同也可以被认为是同伴。与和父母的交往相比，同伴之间的交往很重要。儿童与父母的互动是不对等的：因为父母比孩子拥有更多的权力，儿童处于从属地位，必须经常遵从成人的权威。相比之下，同伴的典型特点是有同等地位和权利，如果他们希望友好相处或者实现共同目标，就必须学会理解彼此的观点，互相协商、妥协、合作。因此，与同伴平等地交往，可能有助于儿童社交能力的发展，这是在与父母和其他成人进行不平等互动的过程中很难获得的。

年长儿童和年幼儿童，都可以从跨年龄交往中获益。

不同年龄儿童之间的互动对儿童发展来说也是非常重要的（Hartup, 1983）。尽管跨年龄交往有点不平衡，年龄较大的儿童比年龄小的儿童有更多力量，但是这种互动有助于儿童获得社交能力。

同伴社交性的发展

社交性指的是一个人在社会互动中与他人交往和寻求他人注意或赞赏的意愿。我们在第10章中了解到，即使是很小的婴儿，都是好交际的个体：在形成依恋之前的几个月里，他们已经会通过笑、咕咕声或用其他方式吸引看护者的注意了；无论何时，只要成人放下他们或留下他们离开，他们都可能反抗。但是年幼的婴儿会积极地与其他婴儿交往吗？

婴幼儿的同伴社交性

出生1个月的婴儿就会对其他婴儿表现出兴趣，在大约6个月大的时候他们开始出现互动。此时的婴儿经常对他们的小伙伴微笑或咿呀学语，他们会对彼此发出声音、递玩具、打手势（Vandell & Mueller，1995；Vandell, Wilson, & Buchanan，1980）。6~10个月大的婴儿已经表现出了一些简单的社交偏好，他们常常选择和会帮助同伴的小朋友玩，而不是那些伤害同伴的小朋友（Hamlin, Wynn, & Bloom，2007）。到第一年年末的时候，婴儿甚至可能会用玩具模仿另一个儿童的简单动作，这意味着他们在试图与同伴沟通或者去理解同伴的意图（Rubin, Bukowski, & Parker，2006）。然而，他们的许多表示友好的手势都没得到同伴的注意和应答。

12~18个月大的婴儿开始对彼此的行为有了更多反应，常常会进行更复杂的交流，在交流中出现轮流交替的现象。关于这些"动作—反应"片段是不是真正的社交互动，还存在一些争议。因为12~18个月大的婴儿似乎是常常把同伴看作具有某种反应性的玩具，这些玩具会动，似乎是他们能够控制"它"，使"它"看、打手势、微笑、大笑等（Brownell，1986）。

不过，到了大约18个月时，学步儿开始与同龄伙伴进行和谐的交往，这是明显的社会性交往。现在他们从彼此模仿中得到了极大的乐趣（Asendorpf，2002；Nielsen & Dissanayake，2003；Suddendorf & Whiten，2001）。当他们把模仿转变为社交游戏时，甚至会微笑着凝视对方。事实上，18个月大的学步儿对同伴的关注度很高，以至他们更可能去模仿同伴的简单动作，而不是模仿做相同动作的成人（Ryalls, Gul, & Ryalls，2000）。

到20~24个月大时，学步儿的言语在交往中起了很大作用：玩伴经常向对方描述自己正在进行的活动，例如，"我摔倒了！""我也是，我摔倒了！"或者试图指导玩伴扮演的角色，例如，"你进到玩具室去"（Eckerman & Didow，1996）。这种协调的社会性言语有利于2~2.5岁的孩子扮演互补角色，例如，捉人游戏中的追赶者和被追赶者。年龄较大的婴幼儿还会合作实现一个共同目标，例如，一个孩子拉开把手，以便他的伙伴从盒子里找出好玩的玩具（Brownell, Ramani, & Zerwas，2006）。

认知和社会性发展都有助于儿童在生命前两年里的同伴交往的发展。Celia Brownell和Michael Carriger（1990）提出，儿童必须先认识到自己和同伴都是独立的、有能动性的个体，才有可能进行互补游戏，或努力协调自己的行动以实现目标。Brownell等人（2006）的研究发现，善于合作实现共同目标的学步儿与不善于合作的同龄孩子相比，在自我—他人区分测验中的得分较高。这表明，早期的交往技能在很大程度上取决于社会认知能力的发展。**互为主体性**（与社交伙伴共享目的、意图和目标的能力）是复杂的假装游戏出现的关键。在整个学前期，假装游戏开始出现并日渐复杂（Rubin, Bukowski, & Parker，2006）。

随着年龄增长，学步儿之间的互动变得越来越熟练，交互性更强。

> **同伴（peers）**：行为复杂程度相似的两个或两个以上的人。
> **社交性（sociability）**：指一个人与他人交往并寻求他人注意或赞赏的意愿。
> **互为主体性（intersubjectivity）**：与社交伙伴共享目的、意图和目标的能力。

学前儿童的社交性

2～5岁的儿童不仅更加喜欢与人交往，而且交往范围也越来越广。观察研究表明，2～3岁的儿童比年长儿童更喜欢留在成人身边，并寻求身体亲近，而4～5岁儿童的社交行为一般是寻求同伴注意或认同，而不再依附成人（Harper & Huie，1985；Hartup，1983）。

随着学前儿童与同伴交往的增多，他们的交往特点也在变化。在一项经典研究中，Mildred Parten（1932）对上幼儿园的2～4.5岁儿童的自由游戏进行了观察，以揭示同伴交往在社交复杂性方面的发展变化。她按照社交复杂程度把学前儿童的游戏分为以下五类：

- **非社交性活动**：儿童观看他人玩，或者独自玩，大部分时间不理会其他儿童在做什么。
- **旁观者游戏**：儿童在其他儿童周围徘徊，看他们玩，但不打算参加游戏。
- **平行游戏**：儿童在一起玩但很少互动，也不影响他人的行为。
- **联合游戏**：此时儿童分享玩具、交换材料，但是每个人都专心于自己的游戏，而不是合作实现共同的目标。
- **合作游戏**：此时儿童能够将虚构的情节付诸游戏，扮演有互动的角色，合作实现共同目标。

Parten发现，单独游戏和平行游戏随年龄增长而减少，而联合游戏和合作游戏越来越多。然而，在各个年龄段儿童的游戏中，这五种游戏都可能出现，如果儿童在做一些益智活动，比如画画或者玩字谜，尽管这些是非社交性的单独游戏，我们也不能认为这是不成熟的（Hartup，1983）。

我们记得，Parten在她对游戏发展的观察中把焦点放在社交复杂性上。根据她的观察结果，认知的复杂性是否和游戏的社交或非社交特征一样决定了学前儿童游戏的成熟性呢？或者前者甚至比后者更重要呢？为验证这一点，Carolee Howes和Catherine Matheson（1992）对一组1～2岁儿童的游戏活动以6个月为间隔做了为期3年的纵向研究。他们发现，随着年龄增长，游戏的认知复杂性越来越高，就像表15.1所描述的那样。他们还发现，儿童游戏的认知复杂性和他们的同伴交往能力有显著关系。在间隔6个月的追

表 15.1 从婴儿期至学前期，儿童游戏活动的认知复杂性的变化

游戏类型	出现的年龄	描述
平行游戏	6～12个月大	两个儿童进行相似的活动，彼此不关注
平行意识游戏	大约1岁	儿童进行平行游戏，偶尔互相看看或监控彼此的游戏
简单假装游戏	1～1.5岁	儿童进行相似的活动，同时谈论、微笑、分享玩具或者互动
互补和互惠游戏	1.5～2岁	儿童在追跑游戏或藏猫猫这样的社交游戏中进行行为的角色调换
合作性社交假装游戏	2.5～3岁	儿童玩互补的假装角色游戏（例如，扮演妈妈和婴儿），但是对角色的意义和游戏的形式没有任何计划和讨论
复杂的社交假装游戏	3.5～4岁	儿童积极计划他们的假装游戏，给每个游戏者分配角色并命名，并提出游戏脚本，当游戏中断时可能会停下来修改脚本

来源：Adapetd from "Sequences in the Development of Competent Play with Peers: Social and Scial Preten Play," by C. Howes & C. C. Matheson, 1992. *Developmental Psychology*, 28, 9610974. Copyright © 1992 the American Psychological Association. Adapted by permission.

踪观察中发现，不管在哪个年龄阶段，儿童的游戏越复杂，他们就越随和，且表现出更多的亲社会行为和较少的攻击、退缩行为。因此，儿童游戏（特别是假装游戏）的认知复杂性能可靠地预测儿童以后的同伴交往能力（也见 Doyle et al., 1992；Rubin, Bukowski, & Parker, 1998）。

在学前时期，大多数单独游戏本质上有更高的认知复杂性和建设性，比如，儿童独自搭积木、绘画或者拼图。这种比较被动的单人结构游戏与幼儿园女孩的情绪适应和社交能力存在正相关，但是对男孩来说却不是这样。因为男孩通常都在群体中玩，单独游戏和比较沉默的旁观者行为可能是不寻常的，或者是和老师及同伴对抗的反映，还可能反映出害羞或者社交焦虑，这可能导致男孩在未来的日子里被同伴忽视甚至抛弃（Coplan et al., 2001；Hart et al., 2000）。做单独游戏非常多的女孩也可能会缺乏重要的社交技能，并最终被同伴排斥和拒绝（Spinrad et al., 2007）。

文化影响

虽然在所有文化中，社交假装游戏的认知复杂形式都随年龄增长出现得日益频繁，但学前儿童游戏的特征还是会受到文化价值观的影响（Goencue, Mistry, & Mosier, 2000）。一项研究比较了美国和韩国学前儿童的假装游戏（Farver & Shin, 1997），发现美国儿童喜欢扮演超级英雄，表演危险主题，而韩国儿童一般会扮演家庭中的角色，在假装游戏中进行每天的日常活动。美国儿童还会鼓吹个人功绩，对他人发号施令，而韩国儿童则非常关注同伴的活动，更倾向于合作。所以，游戏在教个体主义文化（美国）中的儿童维护自己作为个体的身份，而集体主义文化（韩国）中的儿童在游戏中要学习控制自我和情绪，以促进群体和谐。

学前儿童假装游戏对发展的重要性

学前时期的假装游戏活动到底有多重要呢？Carolee Howes（1992）认为，这些活动至少有三种很关键的发展性功能：第一，假装游戏帮助儿童学习与同等地位的人进行有效沟通的方式；第二，假装游戏给儿童提供了学习妥协的机会，协商在游戏中扮演的角色和游戏规则时都需要妥协；第三，假装游戏为儿童提供了一个情境，允许他们表达那些可能会困扰他们的感受，这样就使得儿童有机会更好地理解自己（或搭档）的情绪危机，从伙伴那里得到社会支持（或提供社会支持给伙伴），培养信任感和与伙伴之间亲密的情感关系。这个关于假装游戏功能的观点得到了研究支持，研究结果表明，擅长假装游戏的学前儿童往往会更受同伴欢迎（Farver, Kim, & Lee-Shin, 2000；Rubin et al., 1998）。

儿童假装游戏的内容会反映出儿童的情绪困扰，可能需要成人的干预。例如，坚持不成熟的单独游戏形式的学前儿童面临被同伴拒绝的风险（Coplan, 2000；Coplan et al., 2001）。那些经常玩暴力主题游戏的儿童往往会表现出许多愤怒和攻击行为，很少做出亲社会行为（Dunn & Hughes, 2001），他们也将面临被同伴拒绝的风险。

童年中期和青少年期的同伴社交性

在整个小学阶段，儿童的同伴交往变得越来越复杂。复杂的假装游戏的合作形式更加普遍，而且6～10岁的儿童会热情参与有正式规则的

> ➢ **非社交性活动**（nonsocial activity）：旁观行为和单独游戏。
> ➢ **旁观者游戏**（onlooker play）：儿童在其他儿童周围徘徊，看他们玩，但不打算参加游戏。
> ➢ **平行游戏**（parallel play）：游戏者距离很近，但很少互动，也不影响别人。
> ➢ **联合游戏**（associative play）：儿童在游戏中交换玩具，评论彼此的活动，但是各自追求自己的兴趣。
> ➢ **合作游戏**（cooperative play）：是真正的社交游戏，儿童在游戏中进行合作，或扮演有互动的角色，追求共同目标。

游戏，如棒球和大富翁游戏（Hartup, 1983; Piaget, 1965）。

童年中期同伴交往的又一大变化是，6～10岁儿童的同伴交往经常以**同伴群体**的形式出现。心理学家所说的同伴群体是这样的一个儿童群体：（1）定期互动；（2）提供归属感；（3）形成群体自己的规范，包括如何穿着、如何思考和如何行动；（4）建立等级组织（例如，领导者和其他角色），这有助于群体成员为共同目标而努力（Hartup, 1983; Sherif et al., 1961）。

青少年早期的年轻人与同伴交往的时间要多于与父母、兄弟姐妹及其他人在一起的时间（Berndt, 1996; Larson & Richards, 1991）。从这时开始，青少年会结成**小帮派**，这个小帮派通常由4～8个具有相似价值观和活动兴趣的同性别成员组成。早期同性别小帮派的成员身份常常不稳定，儿童或青少年，特别是男孩，可能是多个小帮派的成员（Degirmencioglu et al., 1998; Kindermann, 2007; Urberg et al., 1995）。到青少年中期时，男孩小帮派和女孩小帮派交往增多，最终形成混合性别的小帮派（Dunphy, 1963; Richards et al., 1998）。这种小帮派一旦形成就有了区别于其他小帮派的服饰、语言和行为，这有助于他们树立很强的归属感或群体认同感（Cairns et al., 1995）。

具有相似规范和价值观的几个小帮派常常结合成更大、更松散的组织，这就是**小团体**（Connolly, Furman, & Konarski, 2000）。小团体是根据成员共同的态度和活动来定义的。在中学里，小团体主要是作为界定青少年在更大的社会结构中的位置的机制。小团体通常为社交活动而聚在一起，如聚会、去看足球赛等。小团体的名字有很多，但是大多数学校都有"书呆子"、"时尚人物"、"运动队"、"聚会团"、"摇滚乐队"和"瘾君子"小团体，每一个都由几个松散的小帮派组成，这些小帮派在某些根本方面很相似，而且不同于其他小团体成员（Brown, Mory, & Kinney, 1994; La Greca, Prinstein, & Fetter, 2001）。每一个中学生都能够辨别出这种差异："书呆子"都戴着眼镜，对老师亦步亦趋（Brown et al., p.128）；"聚会团"比"运动队"更爱混日子，但是他们并不像"瘾君子"那样整天喝得醉醺醺的来上学（p.133）。同伴小帮派和小团体是中学生中普遍存在的群体结构。虽然名字可能会有变化，但不管是在以欧裔美国人为主的中学，还是在以非裔美国人为主的中学，都会出现相似的小团体（Hughes, 2001），在中国上海的十年级学生中也有小帮派（Chen, Chang, & He, 2003）。

当青少年开始脱离家庭，塑造自我同一性时，小帮派和小团体给他们提供了一个环境，允许他们表达自己的价值观，并尝试新的角色。而且，小帮派和小团体还为建立恋爱关系铺平了道路（Brown, 1990; Connolly, Furman, & Konarski, 2000; Davies & Windle, 2000; Dunphy, 1963）。随着男孩和女孩小帮派的互动，性别分离在青少年早期被打破。同性别群体提供了探索与异性交往的安全基地；当自己的哥儿们在旁边时，男孩会觉得，与女孩子交谈远比自己与她单独谈话轻松。当异性小帮派和小团体形成时，青

青少年早期的儿童与同伴交往的时间比与父母或兄弟姐妹交往的时间多。他们会花很多时间与几个相互喜欢的、有共同活动兴趣的同性同伴交往。到了青少年中期以后，这些同性小帮派会发展成混合性别（异性）小帮派。

少年有更多机会在非正式的社会情境中了解异性，而不必非要形成亲密关系。最终，亲密的异性友谊关系和恋爱关系形成了，经常出现两对以上情侣在一起约会的情景（Feiring，1996）。从这一点来看，小团体常常在帮助青少年建立了社会认同并使男孩和女孩在一起后，便开始解体（Brown，1990；Collins & Steinberg，2006）。

同伴接纳和受欢迎性

在儿童的社会生活中，可能没有什么比**同伴接纳**更受关注了。同伴接纳指的是儿童被同伴重视和喜欢的程度。研究者通常采用一种叫作**社会测量技术**的自我报告法来评估同伴接纳（Jiang & Cillessen，2005）。在社会测量调查中，要求儿童提名他们最喜欢或最不喜欢的几个同伴；或者要求他们在五点量表（从"非常喜欢和他玩"到"非常不喜欢和他玩"）上评价对群体中每个儿童的喜欢程度（Cillessen & Bukowski，2000；DeRosier & Thomas，2003；Terry & Coie，1991）。社会测量结果表明，社会测量地位（基于喜欢）和同伴知名度（基于谁被感知为"高知名度"的）是不大相同的结构，儿童不一定会喜欢高知名度儿童（Cillessen，2004；LaFontana & Cillessen，2002）。即使是3～5岁的儿童也能够对这种社会测量调查做出恰当的反应（Denham et al.，1990），而且他们的选择（或评定）与教师对同伴知名度的评定相当一致，这表明社会测量技术可以有效地评估儿童在同伴群体中的地位（Hymel，1983）。

通过分析社会测量数据，可以把儿童分为以下几种：**受欢迎儿童**，这类儿童被很多同伴喜欢，很少人不喜欢他们；**被拒绝儿童**，许多同伴不喜欢他，很少几个人喜欢；**被忽视儿童**，他们被提名为喜欢或不喜欢的次数都很少，同伴对他们似乎视而不见；**有争议儿童**，被许多同伴喜欢，同时也有许多人不喜欢他们。总的来说，这四种类型的儿童在典型的小学班级中大约占了2/3；剩余的1/3是**一般儿童**，喜欢他们（或不喜欢他们）的同伴人数都是中等水平（Coie，Dodge & Coppotelli，1982）。

被忽视儿童和被拒绝儿童的同伴接纳性都很低，但是被拒绝儿童比被忽视儿童的情况更糟糕。被忽视儿童并不像被拒绝儿童那样感到孤独（Cassidy & Asher，1992；Crick & Ladd，1993），如果进入新的班级或同伴群体，他们比被拒绝儿童更有可能获得较好的社会测量地位（Coie & Dodge，1983）。而且，被拒绝儿童在以后的社会生活中更有可能出现越轨、反社会行为和其他严重的适应问题（Dodge & Pettit，2003；Parker & Asher，1987）。

➤ **同伴群体（peer group）**：固定交往的同伴联盟，限定成员资格，制订群体规范，具体规定群体成员的穿着、思维及行为方式。

➤ **小帮派（clique）**：经常交往的一小群朋友。

➤ **小团体（crowd）**：由具有相似规范、兴趣和价值观的个体和小团体组成的同伴群体，规模较大，以声望为基础。

➤ **同伴接纳（peer acceptance）**：是对一个人受同伴喜欢或不喜欢的测量。

➤ **社会测量技术（sociometric techniques）**：要求儿童列出他们喜欢或不喜欢的同伴，或者根据自己与其交朋友的意愿对同伴进行评定。常常用来测量儿童的同伴接纳性。

➤ **受欢迎儿童（popular children）**：同伴群体中许多成员喜欢而极少数成员不喜欢的儿童。

➤ **被拒绝儿童（rejected children）**：许多同伴不喜欢而少数儿童喜欢的儿童。

➤ **被忽视儿童（neglected children）**：被同伴群体成员提名为喜欢或不喜欢的数量都很少的儿童。

➤ **有争议儿童（controversial children）**：被同伴群体成员提名为喜欢或不喜欢的数量都很多的儿童。

➤ **一般儿童（average-status children）**：被同伴群体成员提名为喜欢或不喜欢的数量都一般的儿童。

儿童为什么被同伴接纳、忽视或拒绝？

受欢迎儿童是因为他们友好、合作、没有攻击性，所以才受到同伴的欢迎吗？还是他们受到同伴欢迎后，才变得更加友好、合作和较少攻击性呢？验证这个假设的一个方法是观察儿童在同伴群体或班级中与不熟悉儿童的交往行为，看这些行为是否能够预测他们最终在同伴群体中的社会地位。几项研究（Coie & Kupersmidt, 1983；Dodge, 1983；Dodge et al., 1990；Gazelle et al., 2005；Ladd, Birch, & Buhs, 1999；Ladd, Price, & Hart, 1988）的结果很一致：儿童的行为模式的确可以预测他们在同伴中的地位。被不熟悉的同伴接纳的儿童，能有效地发起互动，也能对其他儿童的邀请积极应答。例如，当他们要加入群体活动时，社交技能高的、易被接纳的儿童会首先观察并试图理解同伴正在进行的活动，当他们顺利加入群体后，会对进行中的活动提出建设性意见。相反，最终被同伴拒绝的儿童爱出风头、自私自利，他们经常挑剔或破坏群体活动，当被群体拒绝时，甚至会威胁报复。其他被忽视的儿童往往徘徊在群体边缘，很少主动与人交往，而且会因为害羞而远离同伴的邀请。

总之，同伴受欢迎性受许多因素影响。宜人的气质、学业技能都是有利因素，不过更重要的是有较高的社会认知技能和社交技巧。当然，良好社交行为的定义会因文化的不同而有差异，还会随时间而变化（Chen, Cen, Li, & He, 2005）。受欢迎的因素也会随年龄而有所不同。在任何年龄阶段，攻击性都与不良的同伴地位相关，然而在前青少年期和青少年早期，一些认为自己很酷、受欢迎、反社会的"粗暴"男生的确受到男同学欢迎，也受到女同学青睐（Bukowski, Sippola, & Newcomb, 2000；Farmer, Estell, Bishop, O'Neal, & Cairns, 2003；LaFontana & Cillessen, 2002；Rodkin et al., 2000）。在受欢迎性上有年龄差异的另一个例子是关于儿童怎样与异性同伴交往。在青少年期，与异性建立亲密关系会突然提升儿童的受欢迎性。而在童年期与异性的频繁交往则违反了性别分离规则，会降低受欢迎性（Kovacs, Parker, & Hoffman, 1996；Sroufe et al., 1993）。简言之，情境因素会明显影响儿童的受欢迎性。

大多数同伴互动的情境都发生在学校，所以接下来我们就要检验布朗芬布伦纳的模型的中间系统。

学校作为社会化的动因

在家庭之外，学校是对儿童发展影响最大的正式机构。很显然，儿童在学校里获得了大量的知识和学业技能，例如，阅读、写作、数学、计算机技能、外语、社会研究和科学。学校教育通过教给儿童基本知识、策略和问题解决能力（包括概括能力和抽象能力），也促进了儿童和青少年认知和元认知的发展。这些技能可以帮助儿童处理各种各样的信息（Ceci, 1991）。除了给儿童提供认知和学习任务外，学校还会给儿童提供一些**非正式课程**，教儿童怎样适应自己的文化，期待学生能遵守规章制度，与同学合作，尊重权

被忽视的儿童经常很害羞，徘徊在群体周围，很少尝试加入群体。

威，做好公民。因此，学校是儿童社会化的动因这一观点是很正确的，学校不仅教授知识，帮助儿童为日后的工作和经济独立做好准备，还会影响儿童的社会性和情绪发展。同伴对儿童发展的主要影响都发生在与学校有关的活动中，其影响主要取决于儿童所在学校的类型和质量（Brody, Dorsey, et al., 2002）。

学校教育和认知发展

学生可以从学校教育中获得大量有关世界的知识。但是，当发展学家问："学校能够促进认知发展吗？"他们想要知道的是，正式教育是否能够加速智力发展，或者促进思维方式和问题解决方法的发展，这些都是在缺乏学校教育的情况下不大可能实现的。

为了说明这些问题，研究者调查了发展中国家儿童的智力发展。这些国家没有实行义务教育，或者还不能为全社会提供学校教育。这类研究表明，与环境相似但没有上学的同龄儿童相比，上学的儿童能较快地到达特定的认知里程碑（例如，守恒），并且在记忆和元认知知识的测验中表现得比较好（Rogoff, 1990; Sharp, Cole, & Lave, 1979）。

似乎儿童接受的学校教育越多，认知表现就越好。例如，Morrison、Smith 和 Dow-Ehrensberger（1995, 1997）比较了适龄读小学一年级的儿童和还不到年龄在幼儿园里的儿童，学年末的测验结果表明，最年幼的一年级儿童在阅读、记忆、语言和算术技能方面的表现明显超过了差不多同龄的幼儿园儿童。Gormley 等人（2005）在上幼儿园前的4岁儿童身上发现了相似的与教育有关的发展。在另一项研究中，按210天延长的学年校历上学的儿童，与按180天正常学年校历上学的儿童相比，在下一年秋天测试的时候，学业成绩和一般认知能力都要高些，而他们在学年初的能力水平是相当的（Frazier & Morrison, 1998; Huttenlocker, Levine, & Vevea, 1998）。所以说，学校教育的确会促进认知发展，不只是通过传授一般知识这个途径，学校还教授儿童各种规则、策略和问题解决技能，儿童可将其应用于处理不同种类的信息（Ceci & Williams, 1997）。

这些研究结果是否意味着我们让孩子早一点入学就可以让他们发展得很好呢？从后面的"生活与研究应用"专栏可以看到，较早进入类似学校这样的环境对儿童发展有利，但也可能有弊。

有效教育的决定因素

当移居到一个新的城市时，父母通常要问的第一个问题就是：我们该住在哪里才能让孩子们接受最好的教育？这种想法反映了一个普遍的观念，即一些学校比另一些学校更好，教育质量更高。果真是这样吗？

Michael Rutter（1983）认为，这是理所当然的。Rutter 定义的**有效学校**，能提高学生的学业成绩、社会技能，培养社交礼仪，形成积极的学习态度，不旷课，并且让学生在达到义务教育所规定的年龄之后仍能继续学习，获得就业所需的技能。Rutter 指出，成功的学校不管学生的种族、民族、社会经济背景如何，都能够完成上述目标。让我们检验一下支持这种观点的证据。

Rutter 及其同事（1979）在伦敦的12所中学进行了访谈和观察，这些学校是服务于低收入和中低收入这一群体的。在学生刚入学时进行了成绩测验，测量他们以前的学习成绩。中学学业结束时，又进行了成绩测验，以评估他们的

> ➤ **非正式课程**（informal curriculum）：正式课程以外的教学目标所要求的课程，例如教儿童合作、尊重权威、遵守规则和做好公民等。
>
> ➤ **有效学校**（effective schools）：无论学生的种族、社会经济背景如何，一般都能成为实现正式课程或非正式课程教学目标的学校。

生活与研究应用

学前儿童应该上学吗？

近 20 年来，大众媒体一直在宣扬：婴幼儿完全能够学习，像给宝宝读故事或者让他们接触音乐这样的活动，能促进婴儿大脑发展和智力提高（例如，Kulman，1997）。许多父母接受了这一观点，并积极付诸行动，其中包括参与"阅读起跑线"（Bookstart）项目，这个项目声称能帮助父母促进 6～9 个月大的婴儿的前文字技能（Hall，2001）。许多学前儿童每天有 4～8 小时在很重视学业的幼儿园和学前班度过（Early et al.，2007）。这样做有益吗？

《不再错爱孩子》（*Miseducation：Preschoolers at Risk*）的作者 David Elkind（1987；2001）不认可这种做法。他认为，我们目前的做法太激进了，教育开始的时间已被推动得越来越早（Bruer，1999；Hirsh-Pasek & Golinkoff，2003）。许多儿童没有足够的时间去做一个简单的孩子——根据自己的意愿玩耍和社会化。Elkind 还担忧：如果儿童的生活由望子成龙的父母来策划安排，那么他们可能丧失自我能动性和学习兴趣。

近年来，有几个研究证实了 Elkind 的观点（Hart et al.，1998；Marcon，1999；Stipek et al.，1995；Valeski & Stipek，2001）。在以学习为导向的学前班或幼儿园中，3～6 岁的儿童在字母知识和阅读技能这些基本的学习能力方面表现出了优势，但是在幼儿园生活结束时，往往会丧失这些优势。而且，在高度结构化的、以学习为导向的项目中的学生，与接受灵活直接的发现式学习的学生相比，创造性较低，对考试的紧张和焦虑程度较高，对成功的自豪感不强，对未来成功的自信不够；对学校缺乏热情。因此，在学前时期强调学习还是有风险的。

另一方面，有些学前教育项目将游戏和儿童自发式的发现学习组合起来，这对儿童的发展非常有益，尤其是对成长环境恶劣的儿童（Gormley & Gayer，2005；Stipek，2002）。尽管大多数进入学前班的儿童的智力并不比留在家的儿童高出多少，但是家庭条件不好的儿童参与了为学校生活做准备、以儿童为中心的学前项目后，的确比其他同样出身的儿童的认知发展更快，并且在以后的学校生活中会取得更好的成绩（Campbell et al.，2001；Magnuson et al.，2003；Reynolds & Temple，1998）。这在一定程度上是由于父母越来越多地参与到了教育项目中（Reynolds & Robertson，2003）。有证据表明，这些教育措施的效果是长期的。就像图 15.1 和图 15.2 所显示的那样，参与学前项目实验的家庭条件不好

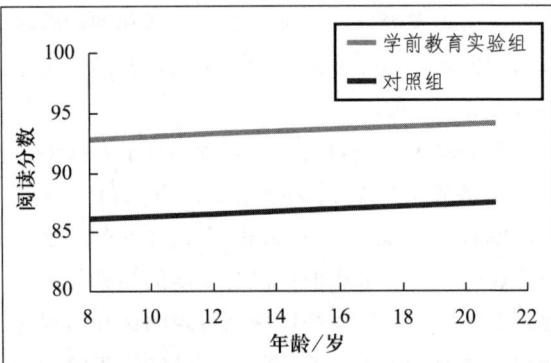

图 15.1　参加或未参加学前教育实验项目的儿童在阅读测验上的得分。
来源：Campbell et al.，2001.

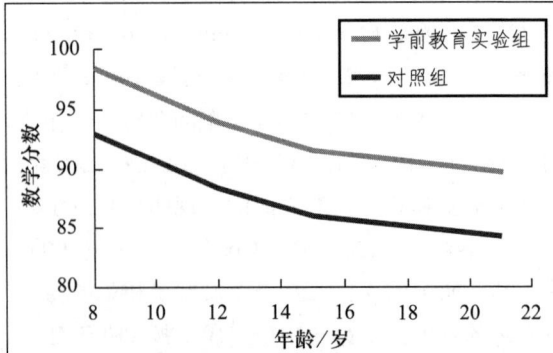

图 15.2　参加或未参加学前教育实验项目的儿童在数学测验上的得分。
来源：Campbell et al.，2001.

的儿童在阅读和数学测验上的得分要高于对照组，即来自同样家庭环境但没有参加项目的儿童。从童年到成年早期，这种差异会一直存在。很明显，当学前教育质量很高时，成长条件不利的儿童会有长期收益。

因此，只要学前教育项目能为儿童安排大量游戏时间，以及在团队互动环境中获得技能的时间，就能帮助各种社会条件下的儿童获得社交能力和沟通技能，还能帮助他们理解规则和惯例，使他们可以从在家庭中的个体学习顺利过渡到在小学班级里的集体学习（Ziger & Finn-Stevenson，1993）。

学业进步情况。同时也收集了其他一些信息，比如出勤率和由教师评估的班级行为。数据分析表明，这12所学校之间有明显的差异：其中"好学校"的学生问题行为少、缺勤率低，学生的学习进步也快。

在美国小学和中学进行的大量研究也得出了类似的结果。即使控制了学生个人的社会经济背景和所在的社区类型这些重要的变量之后，还是会发现一些小学要比另外一些"更好"（Brookover et al.，1979；Hill, Foster, & Gendler，1990；Eccles & Roeser，2005）。

所以，我们看到一些学校确实比另外一些学校更有效。于是，对父母来说，搬新家前考察一下附近的学校是有必要的。但是，是什么影响了学校的有效性呢？许多人可能会认为基本设施必然要大量的资金投入，"有钱"的学校一定比"穷"学校更好。他们错了！有研究考察了这一问题，接下来我们就将思考对有效学校起作用和不起作用的因素。

有效学校教育的影响因素

金钱支持

资金严重缺乏可能会降低教育质量，但是研究表明，资金并不是有效的学校教育的保证，怎样分配资金才是造成真正差异的重要因素（Early et al.，2007；Hanushek，1997；Rutter，1983）。增加直接用于课堂教学的资源可以提高低年级学生的成绩（Wenglinsky，1998）。

班级的规模

一对一或在小群体中指导低年级学生，特别是家境困难或能力较差的学生，能显著提高其阅读和数学成绩（Blatchford et al.，2002；Finn，2002）。将班级学生数减少到20人或以下，有助于幼儿园和一年级学生的学习（见 NICHD Early Child Care Research Network，2004）。

课外活动

有一些证据表明，高年级学生参与结构化的课外活动会影响学校的有效性，这些课外活动会开展一些"非正式课程"，培养学生合作、公平游戏和健康的竞争态度。当学生参与到课外活动中，特别是当他们更投入、承担责任或担任领导者，并且对课外经验更满意时，课外活动对学校有效性的影响会增强（Barker & Gump，1964；Jacobs & Chase，1989）。一项对青少年从七年级追踪到成年早期的研究发现，如果社会技能较差的低能力学生通过参加课外活动始终保持着与学校环境的主动联系，那么他们辍学或参与反社会活动的可能性就会降低（Mahoney，2000；Mahoney & Cairns，1997；见图15.3）。控制了自我选择变量的纵向研究一致发现，适量参加课后俱乐部和体育运动以及其他有组织的课外活动（如志愿者协会）也有利于产生积极的结果。例如，学习成绩提高、继续升学、心理健康、酗酒和物质滥用现象较少、年轻时就投入政治和社会性事业，这些好处在所有能力水平以及来自各个社会阶层和种族群体的学生中都能观察到（Busseri et al.，2006；Fredricks & Eccles，2006；Mahoney，

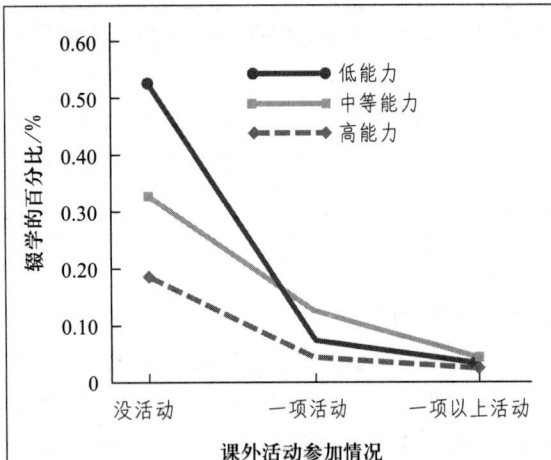

图15.3 中学辍学率与学生社会性、学习能力以及参加课外活动之间的关系。显然，低能力和中等能力的学生如果参加了课外活动，并保持着与同伴和学校环境积极主动的联系，就更可能继续留在学校读书。

来源：Reprinted from Mahoney, J.L. & Cairns, R.B. (1997). Do Extracurricular Activities Protect Against Early School Dropout? *Developmental Psychology*, 33, 241-253. Copyright © 1997 by the American Psychological Association. Reprinted with permission.

Harris, & Eccles, 2006)。

这些发现的意义很明显：为了更好地完成教育学生的任务并为他们的成人生活做好准备，中学——不论大小——可能要更多地鼓励所有学生参加课外活动，不要因为学业成绩而拒绝给予他们参加的机会（Mahoney & Cairns, 1997）。

成功的学校的学术氛围

什么样的学习环境可以帮助学生获得较高的学业成就？翻阅大量文献（Eccles & Roeser, 2005; National Research Council and Institute of Medicine, 2004; Phillips, 1997）之后，我们发现好学校在价值观和教学实践上有以下几个特征：

重视学业。 好学校有明确的教学目标。他们会定期给儿童布置家庭作业，并进行检查、纠正，还会与儿童讨论。

挑战性的、适应发展的课程。 课程内容由于强调与儿童相关的文化和历史，以及当前遇到的发展性问题，因而能改善与成绩相关的行为，比如努力、注意力、出勤率和恰当的课堂行为（Eccles, Wigfield, & Schiefele, 1998; Jackson & Davis, 2000; Lee & Smith, 2001）。相反，对儿童或青少年没有挑战性，或者他们不觉得与自己有什么关系的内容，会导致不良的学校表现，并使学生疏远学校（Eccles & Roeser, 2005; Jackson & Davis, 2000）。

班级管理。 在好学校里，老师在发起活动或处理纪律问题方面花费的时间很少；准时上下课；学生很清楚老师对他们的期望，对于学习成绩能得到明确的反馈；班级氛围让人感到很舒服；老师积极鼓励所有的学生充分发挥能力，并对做得好的学生给予充分表扬。

组织纪律。 好学校的工作人员严格执行规章制度，及时处理问题，而不是把违纪者送到校长办公室。教职员很少使用体罚措施（例如，打耳光、打屁股），这些措施会导致逃学、违纪，还会使班级氛围紧张。同时，行为表现良好的儿童和青少年在处理自己的事情时有一定自由，他们能从中体会到强烈的自我效能感，这对学业上的成功很有帮助（Deci & Ryan, 2000; Grolnick et al., 2002; Ryan & Deci, 2000a, 2000b）。

团队合作。 好学校的全体教员组成了一个工作团队，他们在校长积极而有活力的指导下共同设计课程目标，监控学生进步。

总之，好学校的环境很舒服，而且有条理、有效率，在这样的环境中，学校激励学生好好学习，期待他们能获得学业成就（Midgley, 2002; Phillips, 1997; Rutter, 1983）。老师们很像权威型父母——关心学生，但又很严厉、很有控制力（Wentzel, 2002）。研究一致表明，来自各种社会背景的儿童和青少年都偏爱权威型指导，而且与专制型或溺爱型老师所教的学生相比，权威型老师的学生更可能茁壮成长（Arnold, McWilliams,

& Arnold, 1998；Wentzel, 2002)。

最后，好学校对经济条件不好的学生来说非常重要。这些学生不仅学业成绩不佳，而且其居住环境可能会使他们面临很多风险，比如出现行为问题、心理失调（如焦虑、抑郁）和其他反社会行为（Eccles & Gootman, 2002；Eccles & Templeton, 2002）。例如，Gene Brody 和他的同事们（2002）发现，如果老师能创造一个良好的班级环境，就可以帮助低收入单亲家庭的 7～15 岁儿童很好地应对他们遇到的压力，在学习上不掉队，并且避免这种儿童群体中经常会出现的内部和外部失调。在这项研究中还发现，即使儿童的父母对他们的关怀不够（也就是说，父母给儿童很少的温暖、很少的监管），好学校也能对儿童进行有力的保护。Devorah O'Donnell 和她的同事（2002）发现，生活在暴力街区的高危青少年，如果能得到好学校老师的支持和鼓励，就不大容易受到不良同伴的影响，并且很少涉足药物滥用和其他反社会行为（也见 Meehan, Hughes, & Cavell, 2003）。这些研究结果都清楚地表明，在儿童社会化的过程中，有效的教育对于促进儿童社会性和情绪的积极发展以及良好的学业成绩有多么重要。

教育与发展转折

如今，教育者担心的是，当学生从小学升到初中时，常常会出现许多令人不悦的变化：缺乏自尊，对学习缺乏兴趣，学习成绩下降，越来越能制造麻烦，等等（Eccles et al., 1996；Seidman et al., 1994）。为何会发生这些令人担忧的变化呢？

小升初过渡如此困难的一个原因是，青少年在被要求转换学校的同时，正在体验身体和心理的巨大变化，尤其是女孩。例如，Roverta Simmons 和 Dale Blyth（1987）发现，在青春期这个敏感时期，与从幼儿园到八年级始终在一所学校里（K-8）度过的女孩相比，那些从一所小学的六年级升入另一所初中的七年级的女孩，更可能体验到自尊水平的下降和其他消极变化。有些学生在转换学校这段时间，还要应对其他生活的转折，比如家庭变故或者搬家，他们在学业和情绪障碍方面要面临更大的风险（Flanagan & Eccles, 1993）。如果青少年在经历了许多与青春期有关的其他变化的同时，不用被迫换学校，可能会有更多青少年保持对学业的兴趣，表现出更好的适应。这是六至八年级中学发展的原因之一，在美国，现在这类中学要比七至八年级或九年级学制的初中更普遍（Braddock & McPartland, 1993）。

Jacquelynne Eccles 和她的同事们（Eccles, Lord, & Midgley, 1991；Roeser & Eccles, 1998）发现，学生升到新学制初中（middle school）不一定就比上传统学制初中（junior high school）的过渡容易[①]。这使他们开始怀疑，学生什么时候换学校与新学校是什么样子，并不是同等重要的。具体来说，他们提出了一个"拟合优度（匹配度）"假设，认为不管是哪种学制的中学，如果学校与青少年的发展需要匹配得不好，那么升入新学校的过渡可能就会非常困难。

"不匹配"指的是什么呢？从小学升入初中，常常都是从一个师生关系亲近、在选择学习活动上有很多自由并且纪律宽松的小学校，转换到一个较大的、秩序较严明的环境。在这个新环境中，师生关系冷淡，好成绩对学生来说很重要但很难取得，在学习活动上选择机会有限，而且纪律很

[①] 在美国，"junior high school"的概念最早于1909年引入美国，通常包括七至九年级。而新的"middle school"学制是从20世纪60年代中期才出现，通常是从五或六年级到八年级。如今，"middle school"学制几乎取代了"Junior high school"学制，二者的比例大约是10:1。——译者注

严格——所有这些都是在青少年寻求更多自主性的时候发生的（Andermann & Midgley，1997）。

Eccles和其他研究者都证明，儿童的发展需要和学校环境之间的"匹配度"，对儿童学校适应有重要影响。在一项研究中（Mac Iver & Reuman，1988），升入初中导致学生学习兴趣下降，这些学习兴趣下降的学生，想更多地参与班级决策，但与小学相比，这样的机会要少很多。第二个研究证明了学生和学校之间的良好匹配有多么重要：如果学生升入初中后与数学老师之间不再有亲近、支持性的关系，学生对数学的态度就会发生消极转变；但那些升入初中后得到了老师更多支持的少数学生的学习兴趣则会提高（Midgley，Feldlaufer，& Eccles，1989）。此外，如果学生感觉到学校鼓励所有的学生尽全力做到最好（即追求学习目标），而不是强调为成绩竞争（即成绩目标），那么他们在心理和学业上都会有较好的发展（Roeser & Eccles，1998）。

从小学升入中学，学生学习动机和成绩的下降并不是不可避免的。这种下降主要发生在学生和学校环境的匹配由好变坏时。我们该如何改进二者的拟合优度呢？从父母的角度来说，要认识到这种学校转换的困难性并与儿童就此事进行沟通。有研究发现，如果父母能根据青少年的发展需要，培养他们的自主决策能力，那么青少年一般能很好地适应这种学校的转换并且表现出较高的自尊（Lord, Eccles, & McCarthy, 1994）。教师也可以发挥一些作用，比如强调目标是要掌握知识，而不是拿高分，征求父母对学生学习的看法，让父母参与到学生的学校生活中。在这个过渡时期，父母与老师之间的合作关系通常会减弱，青少年常常会觉得，自己面对着新的、冷淡的学习氛围带来的压力，却很少得到社会支持（Eccles & Harold, 1993）。为向青少年提供支持而特别设计的项目确实可以帮助他们更好地适应学校过渡，降低辍学的可能性（Smith, 1997）。

许多不同的背景因素交互作用，影响儿童的发展。在中间系统水平上，我们看到了许多例子，教养方式影响儿童发展的结果，同伴影响儿童的生活选择和方向，而学校和学校的整体环境也实实在在地对儿童发生着作用。但是布朗芬布伦纳的模型提醒我们，理解发展过程时，有更多层次的背景需要考虑。本章接下来将探查外系统对发展的影响。这个层次的环境虽然影响发展，但是儿童却不直接涉入其中。外系统的影响有许多例子，在这里，我们只讨论研究最多的两种背景因素：电视对儿童发展的影响，以及数字化时代对发展的影响。

概念核查15.1　理解同伴和学校作为社会化的动因

回答下列问题，检查你对同伴和学校作为社会化的动因并影响儿童发展的理解。答案见附录。

判断题：判断下列陈述的对错。

1. 儿童对学校氛围的知觉，即他们感觉到学校有多安全，老师给了他们多少关心和鼓励，是评价好学校的一个方面。

2. 美国的学校过渡（例如，从小学到初中）似乎没有满足其文化中儿童的需要。

3. 在学步儿时期，对于同伴社交性来说，社会化发展比认知发展更重要。

填空题：在下列句子的空白处填上适合的词或短语。

4. Parten研究了社会性游戏的发展，她发现，在学前时期_____和_____会随年龄增长而减少，而_____和_____则越来越普遍。

5. 布莱特经常用武力控制同班同学，他对他们特别挑剔和吝啬，所以，他与同学们很疏远。但布莱特认为，所有人都喜欢他，而社会测量调查则可能把他划入_____类儿童。

选择题： 为下列各题选择最佳答案。

_____ 6. 学校提供的教儿童遵守规则、尊重权威、与同伴合作、做好公民的培训，叫作
  a. 社交课程 b. 社会化课程
  c. 公民课程 d. 非正式课程

_____ 7. 青少年早期常常会组成4～8人的同性团体，团体成员有相似的价值观和兴趣爱好，这种团体叫作
  a. 同伴群体 b. 小帮派
  c. 小团体   d. 团伙

简答题： 简要回答下列问题。

8. 列举并描述有效学校的四个特点。

电视对儿童发展的影响

50年前，普通美国人从未看过电视，这似乎难以置信。而现在，美国超过98%的家庭都拥有一台或多台电视，3～11岁的儿童平均每天看电视的时间是3～4小时（Bianchi & Robinson, 1997）。从婴儿期到11岁，儿童看电视的时间一直在增长，到青少年时期略有下降，澳大利亚、加拿大以及几个欧洲国家的儿童都和美国儿童一样，有这样的趋势（Larson & Verma, 1998）。这样算起来，到18岁时，儿童在看电视上花费的时间将达到20 000小时（或者说两年），会比从事除睡觉之外的任何一种活动的时间都长（Kail & Cavanaugh, 2007；Liebert & Sprafkin, 1988）。此外，男孩比女孩看电视的时间长，生活在贫困地区的少数民族儿童更可能成为电视爱好者（Huston et al., 1999；Signorielli, 1991）。儿童在电视机前花费的时间是否像许多批评家担忧的那样，正在损害他们的认知、社会性和情绪发展呢？

评价电视影响的一个方法是考察接触了电视的儿童与生活在偏远地区没有电视可看的儿童相比，是否有显著差异。对加拿大儿童的研究获得了一些成果。在把电视机引进到偏远的诺贝尔镇之前，这里的儿童在创造性测验和阅读测验上的得分都要高于那些来自加拿大有电视的城镇的同龄儿童。然而，在引入电视2～4年后，诺贝尔镇的儿童在阅读技能和创造性水平上有所下降（和其他城镇孩子的水平相当），社会交往活动减少，且攻击行为和性别刻板印象迅速增加（Corteen & Williams, 1986；Harrison & Williams, 1986）。

尽管研究结果真实可信，但还是容易让人产生误解。在看电视上还存在季节变化：儿童在冬天会花更多时间看电视，因为外面天气较差（McHale, Crouter, & Tucker, 2001）。其实，儿童只要不过度沉溺于电视，他们的认知能力和学业成绩就不会受到显著影响，与同伴玩耍的时间也没有显著减少（Huston et al., 1999；Liebert & Sprafkin, 1988）。实际上，有研究发现，儿童会从电视中获得许多有益的信息，尤其是看教育节目时（Anderson et al., 2001）。

因此，只要把握好"度"，电视既不会损害儿童智力，也不会影响儿童的社会性发展。在本章，我们会看到，电视这种媒体对儿童有利还是有害，主要取决于儿童看的内容，以及理解和解释所看内容的能力。

电视素养的发展

电视素养是指人们理解电视如何传递信息的能力。它包括加工节目内容的能力，即能够通过人物活动和序列场景了解整个故事；还包括解释信息形式的能力，所谓的信息形式就是指诸如图像的放大、镜头的切换、画面的渐隐、分屏显示和音响效果等对理解节目内容起重要作用的特征。

虽然 2 岁的儿童也看电视，但是会出现"视频致呆"的现象：相对于与他人面对面的互动，他们从电视上几乎学不到什么（Anderson & Pempek, 2005；Troseth, Saylor, & Archer, 2006）。为什么呢？可能是因为视频中的人物不会对观众做出反应，年幼的儿童由此认为这些是无用的信息来源（Troseth et al., 2006）。但是，如果电视节目以各种方式解释他们看到的是什么，通常就会吸引年幼的观众。8～9 岁之前，儿童是用零散的方式加工节目内容的。他们可能会被图像的放大、镜头的切换、快速的动作、声音很大的音乐和儿童（或卡通人物的声音）的声音所吸引，当出现成人平静地对话这样慢节奏的镜头时，他们常常会把注意力转向别处（Schmidt, Anderson, & Collins, 1999）。因此，学前儿童不能理解电视剧里从开头到结尾发生的一系列事件的因果联系。即使是 6 岁的儿童也很难回忆出一个连贯的故事。儿童通常会记得故事中人物做的动作，而不是他的动机或追求的目标，也不会记得为达成目标所发生的事件（McKenna & Ossoff, 1998；van den Broek, Lorch, & Thurlow, 1996）。而且，7 岁以下的儿童也不能充分理解电视节目的虚构性，常常认为节目中的人物在生活中真实存在（Wright et al., 1994）。尽管 8 岁的孩子能够认识到电视节目是虚构的，但是他们仍将其看作日常生活的真实再现（Wright et al., 1995）。

从童年中期到整个青少年期，儿童对电视节目的理解能力迅速提高。看电视的经验帮助儿童正确地解释了图像放大、画面渐隐、配乐等作品特征，这些都能帮助观众推断故事人物的动机，并且将不相邻的场景联系起来。年龄大一些的儿童和青少年越来越擅长对间隔时间较长的镜头进行推断（van den Broek, 1997）。如果剧中的某个角色为了骗取他人的信任而装扮得很和善，10 岁的儿童最终是能够辨认出他的欺骗意图并做出消极评价的。相比之下，6 岁的儿童更关注具体的行为而不是微妙的动机，他们会认为这个反面人物是个"好人"，并可能对人物后来的自私行为给予积极评价（van den Broek, Lorch, & Thurlow, 1996）。

电视潜在的消极影响

儿童看电视时对人物动作的强烈关注，加上电视素养的缺乏，是否会增加他们模仿电视人物行为的可能性？事实的确如此，不过这种模仿是有益还是有害，就要看儿童看到的电视内容是什么了。

电视暴力的影响

早在 1954 年，来自父母、教师和儿童发展专家的抱怨，促使当时的美国参议院青少年犯罪委员会主席 Estes Kefauver 对电视节目中的暴力存在的必要性提出质疑。美国的电视暴力研究由此展开，对电视暴力出现的频率、性质和情境进行了为期 2 年的调查，结果表明，美国电视节目中的暴力内容已达到令人难以置信的程度（Mediascope, 1996；Seppa, 1997）。从早上 6 点到晚上 11 点，58% 的节目反复播放着外显攻击行为，而且在 73% 的包含暴力的节目中，挑衅者既没有表现出任何的悔恨，也没有受到任何惩罚和批评。实际上，大多数暴力电视节目是针对儿童设计的，特别是卡通节目。电视节目中的暴力行为有将近 40% 是由深受孩子欢迎的英雄角色做出的（Parents Television Council, 2007；Seppa, 1997；Tamborini et al., 2005）。儿童节目中的暴力事件有将近 2/3 是以幽默的方式来呈现的。就像后面的"研究聚焦"专栏所介绍的那样,男孩观看了为儿童设计的未经剪辑的高暴力节目后,在实际的同伴交往中的确变得更有攻击性。让我们仔细看一下这个问题。

电视暴力会助长攻击行为吗?

人们一直在争论,儿童节目中以喜剧形式呈现的暴力可能未必会影响年幼观众的行为。然而,数百项实验和相关调查表明,事实并不是这样的。简言之,经常接触电视暴力的儿童和青少年往往比很少接触电视暴力的同班同学更具敌意和攻击性。在美国以学前儿童、小学生、初中生、高中生和成人为被试的研究,以及在澳大利亚、加拿大、芬兰、英国、爱尔兰、波兰以小学儿童为被试的研究,反复证明,观看电视中的暴力场景与现实中的攻击行为呈正相关(Bushman & Huesmann,2001;Geen,1998)。而且,纵向研究表明,它们之间的关系是相互的:观看电视暴力助长了儿童的攻击倾向,这种倾向会刺激他们对电视暴力的兴趣,反过来又进一步增加了攻击行为(Eron,1982;Huesmann,Lagerspitz,& Eron,1984)。尽管纵向研究是相关研究,不能确定因果关系,但它的结论至少与这样的观点一致:早期观看大量暴力节目,会导致敌意和反社会习惯的发展。例如,Rowell Huesmann(1986)追踪了一批参与过某项早期研究的被试,这些人现在已经30岁了。他发现,这些被试8岁时对电视暴力的偏好不仅能够预测他们成年后的攻击性,还能够预测他们对严重犯罪活动的参与程度(见图15.4)。

电视暴力的其他影响

即使儿童没有将从电视上看到的攻击性行为付诸行动,他们受到的影响也可能会通过其他方式表现出来。例如,长期接触电视暴力会被灌输**一种残酷世界信念**——认为世界充满着暴力,人们主要采用攻击手段来解决人际问题(Huesmann et al.;2003;Huston & Wright,1998;Slaby et al.,

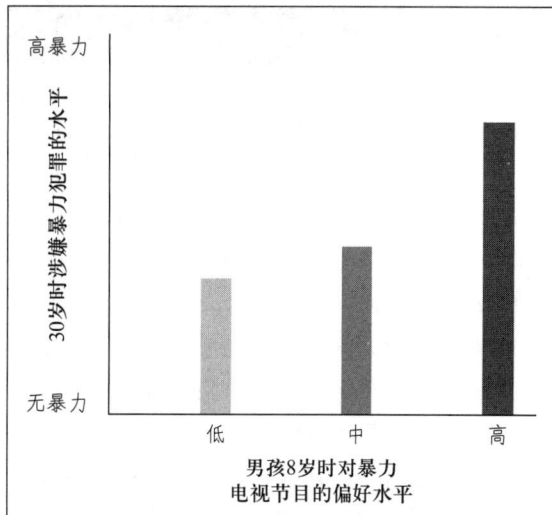

图15.4 男孩8岁时对暴力电视节目的偏好,和30岁时犯罪行为的平均暴力程度之间的关系。
来源:Adapted from "Psychological Prcesses Promoting the Relation Between Exposure to Media Violence and Aggressive Behavior by the Viewer," by L. R. Huesmann, 1986, Journal of Social Issues, 42, No. 3, 125-139. Copyright © 1986 by the Journal of Social Issues. Adapted by permission.

1995)。事实上,偏爱暴力电视的7~9岁的孩子最有可能相信,暴力是日常生活的真实再现。

同样,长期观看暴力电视还会使儿童去敏感化。也就是说,暴力行为很少让他们觉得情绪不安,并且更能够容忍真实生活中的暴力。Margaret Thomas和她的同事(1977;Drabman & Thomas,1974)以8~10岁儿童为被试检验了**去敏感化假设**。他们随机将被试分为两组,一组观看暴力侦探片,另一组观看非暴力但会令人兴奋的体育节

> **电视素养**(television literacy):个体对电视节目如何传递信息的理解能力,以及正确解释信息的能力。
>
> **残酷世界信念**(mean-world belief):受电视暴力影响而形成的观念,认为社会是一个比现实更危险和恐怖的地方。
>
> **去敏感化假设**(desensitization hypothesis):指的是接触了大量媒体暴力的人对攻击和暴力行为比较容忍,情绪唤醒水平较低。

研究聚焦　《恐龙战队》提升了儿童的攻击性吗?

在20世纪90年代,最受欢迎也最暴力的儿童电视节目就是《恐龙战队》(The Mighty Morphin Power)。这个节目每周播放5~6次,每小时节目中出现的暴力行为超过了200个。恐龙战队是一个由多种族青少年组成的团队,领导者是佐藤,他能变身为超级英雄,同由邪恶的女魔头派到地球的妖怪战斗,而这个女魔头的目的是控制地球。暴力不仅发生在善恶势力之间的交锋中,还会在非战斗场景中出现,比如这些英雄少年彼此切磋武艺时。根据美国电视暴力国家联盟的数据,在他们所研究的儿童电视节目中,《恐龙战队》是最暴力的一个(Kiesewetter, 1993)。而且,其中大多数暴力行为是敌意性的,是有意去伤害或杀死另一个人。这个大受欢迎的节目未经剪辑的版本会助长年幼观众在真实生活中的攻击性吗?

Chris Boyatzis和他的同事们(1995)用一个引人关注的实验探究了这个问题。实验的被试是5~7岁的儿童,随机选择其中一半人在学校观看《恐龙战队》,他们所看到的内容也是随机选择的,没有被剪辑过。而剩下的对照组儿童参加了其他活动,没有看电视节目。节目播完之后,研究者认真观察了每一个实验组儿童在教室玩耍的情况,记录了典型的攻击性行为(例如,身体和言语攻击,用武力抢东西)。研究者把他们的行为与没有看节目的对照组儿童的行为进行了比较。

如图15.5所示,实验得出了非常显著的结果。研究者们发现,观看《恐龙战队》对女孩没什么影响,这可能是因为节目中的主人公都是男孩,所以男孩们对《恐龙战队》中的人物有更强的认同。此外,我们可以看到,观看了节目的男孩在自由活动时间里做出的攻击性行为的数量是没看节目的男孩的7倍。

现在,强有力的证据表明,接触带有男性特征的、未经剪辑的儿童节目,哪怕只是随机选择了某个片段来看,会大大提高年幼男孩在真实生活中做出攻击性行为的可能性。而且,必须强调的是,实验中那些因为被随机分配去观看《恐龙战队》而变得有攻击性的男孩,不只是班级里原本最有攻击性的人。

之后的研究表明,缺乏电视素养可能是导致这些结果的一个重要原因,对那些8岁或9岁以下的儿童来说,如果你问他们看了《恐龙战队》之后记得什么,他们往往不会记起恐龙战队所从事的亲社会性的事,而只回答说"战斗"(McKenna & Ossoff, 1998)。Boyatzis及其同事(1995)的实验是在儿童观看了节目之后立即观测他们的行为,这可能会夸大《恐龙战队》对年幼男孩的影响。不过,这个结果还是表明,如果让年幼的、没有电视素养的观众不断地观看这种节目,确实有可能增加他们在真实生活中与同伴交往时的攻击性行为,也可能会导致儿童(特别是男孩)在遇到冲突时偏爱采取攻击性的解决方式。

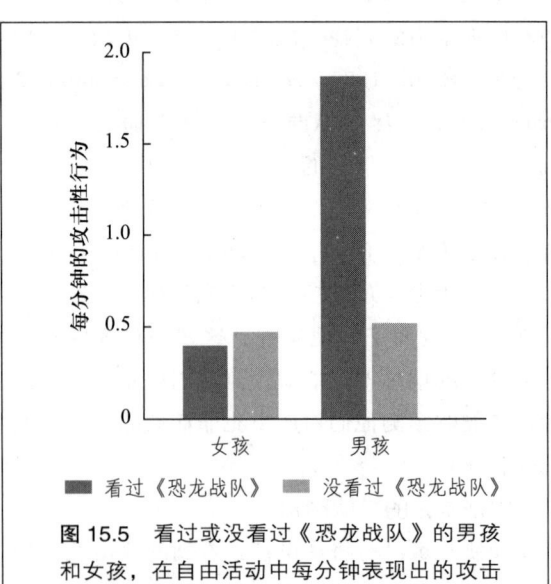

图15.5　看过或没看过《恐龙战队》的男孩和女孩,在自由活动中每分钟表现出的攻击性行为的平均数量。

观点。不过，电视也有可能削弱性别刻板印象。为实现这个目的，人们曾做过一些尝试，在电视节目中让男性担任传统女性的工作，女性担任传统男性的工作，试图改变观看者的性别刻板印象，节目产生了一些成效，但是很有限（Johnston & Ettema, 1982；Rosenwasser, Lingenfelter, & Harrington, 1989）。如果能把这些节目和改变顽固且错误的社会刻板印象的认知训练结合起来，那么毫无疑问，效果会更好（Bigler & Liben, 1990, 1992）。

不幸的是，电视上对男人和女人的塑造方式确实会影响观看者的自我概念和自尊。例如，西方社会的电视节目经常强化女孩和女人苗条才更有魅力的观念（以瘦为美）。最近，澳大利亚的一项纵向研究发现，就连5～8岁的小女孩都存在这种以瘦为美的观念，并且经常观看外貌导向的电视节目。之后，人会变得对自己的外貌更不满意（主要导致青少年后期自尊心降低），而较少看这些节目的同龄人则不会这样（Dohnt & Tiggemann, 2006）。如果电视一直强调以瘦为美，而这对很多女孩和女人来说很难实现，那么你能想象青少年们都要开始无休无止的节食，很多人还会患上可能威胁生命的进食障碍，如神经性厌食症和贪食症吗？

观看电视与儿童健康

长时间看电视会以一种微妙的方式损害儿童的健康和幸福。你可能已经听说过，近来许多报告指出，美国民众正变得越来越**肥胖**——这是一个医学术语，形容那些超过理想体重20%或者更多的人，这个理想体重是根据他们的身高、年龄和性别计算出来的。很明显，肥胖是对身体健康的威胁，它是患心脏病、高血压和糖尿病的主

> **肥胖（obese）**：医学名词，用来描述比自己理想体重高出至少20%的人，这个理想体重是根据身高、年龄和性别计算出来的。

大量节目媒体暴力会使儿童对现实的攻击行为反应迟钝，而且会确信这个世界充满暴力，大多数人都是有敌意和攻击性的。

目，同时用生理记录仪记录被试的情绪反应。然后，实验者要求被试照看两个在隔壁房间的幼儿园孩子，他们可以通过电视监控器看见孩子，如果发生什么事情，他们要马上去找实验者。准备好的影片显示两个孩子发生了激烈冲突，冲突逐渐升级，直到屏幕空白为止。结果发现，与之前观看非暴力体育节目的儿童相比，看过暴力节目的儿童在观看两个孩子的冲突时，生理唤醒水平较低，对暴力也更具容忍性（出面干预的速度要慢得多）。很显然，暴力电视能使观看者对真实世界中的攻击事件变得不大敏感（Huesmann et al., 2003）。

电视作为社会刻板印象的来源

电视对儿童的另一个不利影响是强化了各种潜在的不良社会刻板印象（Huston & Wright, 1998）。电视上表现出的性别角色刻板印象很普遍。比起很少观看电视的同班同学，那些看了许多电视的儿童对男性或女性可能会持更为传统的

要原因。肥胖的比率在所有年龄群体中都有所提高，特别是年幼儿童（Dwyer & Stone，2000；Krishnamoorthy，Hart, & Jelaian，2006）。肥胖有很多原因，经常被提到的是遗传倾向和不良饮食习惯。不过，不能否认，很多人肥胖是因为缺乏足够的锻炼，无法燃烧掉他们吸收到体内的热量（Cowley，2001）。

遗憾的是，看电视是一项久坐活动，与积极主动的身体活动甚至家务劳动相比，不太可能帮助儿童燃烧多余的热量。有趣的是，预测未来肥胖程度的最重要指标之一，就是儿童用了多少时间看电视（Anderson et al.，2001；Cowley，2001）。那些年幼的电视迷，每天用于看电视的时间超过 5 小时，他们最有可能变胖（Gortmaker et al.，1996）。除了限制儿童的身体活动，看电视还让儿童养成了不良的饮食习惯。之所以这么说，不仅因为儿童在看电视的时候往往会吃速食产品，还因为他们在电视广告上看到的那些食品大部分都是高热量的食物，包含大量脂肪和糖，有益的营养物质却很少（Tinsley，1992）。

电视视频游戏机现在都推出了强调塑身的游戏，例如，任天堂的 Wii，它让游戏者在玩的时候站着并且要活动起来。虽然这种活动比坐着玩游戏要好，但是它是否真的能够代替其他身体运动呢？

减少观看电视的有害影响

父母如何减少电视的有害影响呢？表 15.2 列出了专家推荐的有效策略。一个特别重要的策略是，父母监控孩子在家看电视的习惯，限制孩子观看暴力或其他攻击性节目，同时引导他们观看亲社会和教育主题的节目。

虽然表 15.2 中的每个策略都很棒，但还是要提两点意见。首先，用来控制电视播放内容的锁定装置的有效性从一开始就被削弱了。暴力节目制作者在背后操纵使本应以内容为基础的电视节目评定系统，以年龄为指导方针进行评定，从而让父母无法根据节目在性或暴力方面的细节内容进行锁定（Huesmann et al.，2003）。而且很遗憾，近来出现的自动内容指导系统没有被所有网络使用，家长们对其也不大了解（Bushman & Cantor，2003）。

其次，让父母帮助他们缺乏电视素养的年幼孩子评价他们观看的节目内容，这个建议是非常重要的。原因之一是年龄较小的儿童，对电视中的攻击性示范非常敏感，而且他们不太会使用成人的方式解释暴力。儿童常常会忽略一些重要情节，比如侵略者反社会的动机和意图，或者罪犯因攻击性举动所引发的不良后果（Collins, Sobol, & Westby，1981；Slaby et al.，1995）。儿童对受到社会赞许的暴力英雄强烈认同的倾向，使得他们更容易受到电视暴力的鼓动，这是父母有必要知道的事实（Huesmann et al.，2003）。如果父母能指出儿童忽略的那些信息，同时强烈反对作恶者（或英雄）的行为，那么儿童就可以更好地理解电视暴力，而且较少受到他们所看内容的影响。如果父母还能建议这些作恶者可以怎样用一种更有效的方式解决问题，那么效果就更好了（Collins，1983；Liebert & Sprafkin，1988）。遗憾的是，这一策略并没有得到充分使用，因为就像 Michele St. Peters 和她的同事们（1991）所指出的，亲子一起在家看电视经常不是在看动作片、探险节目或其他高暴力的节目，而是在看晚

表 15.2 控制电视对儿童发展影响的策略

目标	策略
减少看电视的时间	和孩子一起制作一个活动时间表，活动内容包括看电视、写作业、和朋友玩，然后讨论怎样安排会比较合理。
	限制孩子每周看电视的时间，规定在某些时候不能看电视（早饭前或者上学时间的晚上）。
	不在孩子的房间内摆放电视。
	要记住，如果你经常看电视，那么你的孩子也会这样。
限制暴力电视的影响	看几段儿童节目，判断节目中出现暴力场面的数量。
	和你的孩子一起看电视，并讨论电视中出现的暴力。谈谈暴力为何会出现，它会造成多大伤害，问问孩子，不使用暴力的话，应怎样解决冲突。
	向孩子解释娱乐节目中的暴力是怎样"虚构"出来的。
	禁止孩子观看暴力节目。
	鼓励孩子看那些主人公彼此合作、帮助和关心的节目，这些节目会对孩子产生积极影响。
抵制电视传播出的消极价值观	让孩子比较真实生活与屏幕上出现的内容。
	与孩子讨论电视上什么是真实的，什么是虚构的。
	向孩子解释你对性、酒精和毒品的观点。
	如果你有录像机或 DVD 播放机，那就为孩子有选择地收藏一些节目光盘。
	在开通有线电视之前，了解节目的种类和性质，许多有线电视频道是播给成人看的。可以利用有线电视公司的父母"锁定"装置，选择适合儿童的频道。
应对电视广告的影响	告诉孩子广告是用来推销产品的，是希望买产品的观众越多越好。
	把广告的免责条款解释给孩子听。
	去商店的时候，让孩子看到广告中的宣传经常是夸大其词的，电视上的玩具看起来很大、跑得很快、让人很兴奋，实际上可能很小、跑得很慢、很无趣，让人很失望。

间新闻、运动报道或者黄金时段电视剧，这些节目对儿童并没有特别的吸引力。

电视作为一种教育工具

迄今为止，我们对电视持有非常谨慎的态度，主要讨论了它的消极影响。但是只要监控它的内容，用以传达有用信息，那么电视就会成为教育儿童的有效方式。为证明这一观点，我们提供如下证据：

教育性电视与儿童的亲社会行为

许多电视节目——尤其是像《芝麻街》《爱冒险的朵拉》这样的节目——设计目的之一是教授亲社会行为，比如合作、分享和安慰烦恼的同伴。有研究发现，经常观看亲社会节目的儿童，亲社会行为会增加（Hearold, 1986）。但是，需要指出的是，这些节目的持续效应并不是很显著，除非成人监控节目播放，并鼓励孩子模仿或演习他所学习到的亲社会行为（Calvert & Kotler, 2003）。只有当节目中没有暴力行为干扰儿童的注意力时，儿童才更有可能加工和模仿看到的亲社会行为。尽管有一定局限，亲社会节目的积极效应还是远远超过了它的消极效应（Hearold, 1986），特别是当成人鼓励孩子密切关注节目中那些解决人际冲突的建设性方法时，积极效应更为显著。

电视有助于认知发展

研究者探究了电视在培养婴幼儿的适应能力方面的潜力，这个研究进程缓慢，原因可能是婴幼儿的认知和言语技能很有限。不过，早期的一些研究结果很值得关注。例如，在第10章，我们说过，12个月大的婴儿有能力进行社会参照，他们通过电视学会了回避那些让成人演员害怕的危险物体（Mumme & Fernald, 2003）。而且，Georgene Troseth（2003）发现，如果2岁的儿童经常在电视上看到自己的图像，那么他们就能够发现电视上的成人藏在隔壁房间的玩具——这个令人惊奇的象征性问题解决技能通常出现在儿童2.5～3岁的时候。很明显，这些2岁的儿童已经通过在电视上看到自己（和其他家庭成员），得知电视播出的内容中包含很多关于真实生活的信息，就这样，他们利用自己在电视中看到的内容找到了被藏起来的玩具。

这个研究成果很有限。我们到底该如何以一种实际的方式利用电视培养儿童的适应能力还有待研究。然而，探究电视在优化学前儿童发展上的潜力，其实已有很长的历史了。

1968年，美国政府和许多私人基金会联合创办了儿童电视工作室（Children's Television Workshop，以下简称CTW），该组织的宗旨是制作能吸引儿童兴趣并促进儿童智力发展的节目。CTW首次制作的《芝麻街》成为了世界上最受儿童欢迎的系列片，在全世界将近50个国家播出，美国大约有一半的学前儿童平均每周看三次《芝麻街》（Liebert & Sprafkin, 1988）。针对3～5岁儿童，《芝麻街》尝试制作了促进儿童重要认知技能发展的节目，例如，数数、辨认和识别数字与字母、对物体进行排序和分类、解决简单问题等。人们希望成长环境恶劣的儿童定期观看这类节目后能够很好地适应学校。

在《芝麻街》第一季播出的时候，美国教育考试服务中心就对《芝麻街》的影响做了评估。来自美国5个州大约950名3～5岁的儿童参加了前测，专业人员测量了他们的认知技能，确认他们对字母、数字、几何图形的了解情况。在这一季结束时，又对这些儿童进行了测试，旨在了解他们从中学到的东西。数据分析表明，《芝麻街》达到了其目的。从图15.6可以看出，观看次数最多的儿童（Q_3组和Q_4组，每周看4次以上），在总测验分数（图15.6a）、字母测验分数（图15.6b）和写自己名字的能力上（图15.6c）进步都是最大的。3岁儿童的受益比5岁儿童更多，这或许是由于3岁儿童在前测时懂得更少。

对城市中成长环境恶劣的儿童进行的类似研究得出了与之一致的结论（Bogatz & Ball, 1972）。还有研究发现，经常观看《芝麻街》能大幅度提高儿童的词汇和阅读技能（Rice et al., 1990）。与很少看《芝麻街》的儿童相比，对于那些经常观看这个节目的成长环境恶劣的一年级儿童，老师会这样评价：能够更好地适应学校生活，对学校活动的兴趣更高（Bogatz & Ball, 1972）。

批评者认为，看电视是一种消极的活动，它会取代孩子在成人指导下进行更有价值、更有助于发展的阅读和学习活动（Singer & Singer, 1990）。现在看来这种观点似乎是没有根据的。虽然在学前时期用较多时间观看一般节目，与儿童在学校的不良认知表现有关，但多花些时间观看教育节目则不然，它会提高儿童在这些学校技能上的成绩（Anderson et al., 2001; Wright et al., 2001）。实际上，鼓励儿童观看教育电视节目的父母倾向于为孩子提供其他教育活动，这样就可以限制孩子观看一般节目（Huston et al., 1999）。

曾经也有人担忧，如果中产阶级儿童更多地观看类似《芝麻街》这样的节目，就可能会加

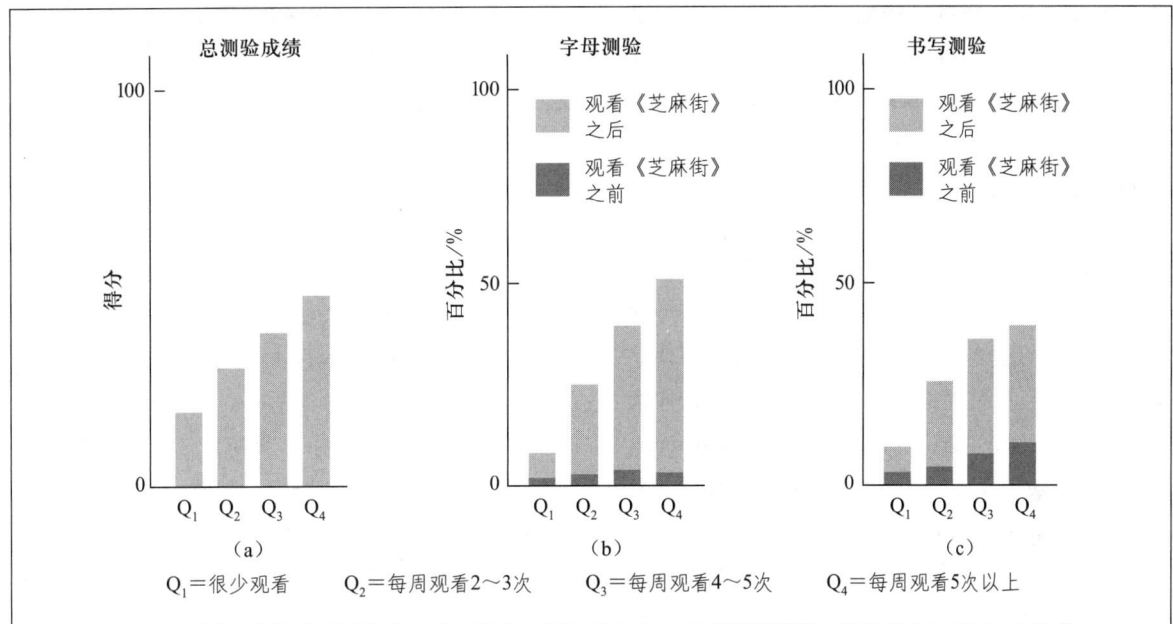

图15.6 《芝麻街》的观看频率与儿童能力之间的关系：(a) 根据观看频率，把儿童分为四组，各组总体测验成绩的提高程度；(b) 根据观看频率，把儿童分为四组，每组儿童能正确背诵字母表的百分比；(c) 根据观看频率，把儿童分为四组，每组儿童能正确书写其名字的百分比。

来源：*The Early Windows: Effects of Television on Children and Youth*, 3rd ed., by R. M. Liebert & J. Sprafkin, 1988. Copyright © 1988. Reprinted by permission of Allyn & Bacon.

大成长环境恶劣的儿童与中产阶级儿童间的智力差距（Cook et al., 1975）。但是后来有研究表明，成长环境恶劣的儿童和其他儿童观看《芝麻街》这类节目的频率是一样的（Pinon, Huston, & Wright, 1989），而且从中学到的东西也同样多（Rice et al., 1990）。因此，对所有学前儿童来说，观看《芝麻街》都是一件具有潜在价值的事，而且它的教育成本很低，每个观看者每天只需要花一美分（Palmer, 1984）。不过，如何让更多父母相信《芝麻街》这类教育节目对他们和孩子来说都很有价值，却是一项艰巨的任务（Larson, 2001）。

数字化时代的儿童发展

与电视一样，计算机也是可能影响儿童学习生活的现代工具。但是它在哪些方面影响了儿童的发展呢？今天的教育者认为，计算机是课堂教学的有效辅助工具，它能增加儿童的学习兴趣，并使儿童学到更多的知识。截至1996年，美国超过98%的公立学校使用计算机作为教学工具；到2003年，60%以上的美国家庭拥有计算机，50%以上的美国家庭接入了互联网（Day, Janus, & Davis, 2003；U.S. Bureau of the Census, 1997）。所以说，现在计算机已得到广泛普及。但它真的能帮助儿童学习、思考或者创造吗？年轻的计算机爱好者是否会因为对计算机技术过于热衷而离群索居，社会技能低下，甚至面临被同伴拒绝的危险呢？

计算机在课堂上的运用

数百项研究表明，在课堂上使用计算机有很

多益处。例如，**计算机辅助教学（CAI）**的确让小学生学习了更多知识，他们也说自己更喜欢上学了（Clements & Nastasi, 1992; Collis, 1996; Lepper & Gurtner, 1989）。许多 CAI 程序都是简单的训练，从学生当前掌握的水平开始，逐渐提供较难的问题，出现错误时计算机有线索提示。更复杂的 CAI 程序不只是简单的练习，而是在有高度激励性的游戏中，帮助儿童发现重要概念和原理。对低年级儿童，尤其是对成长环境恶劣和成绩不良的儿童来讲，经常运用练习程序能够提高基本的阅读能力和数学能力（Clements & Nastasi, 1992; Fletcher-Flinn & Gravatt, 1995; Lepper & Gurtner, 1989）。不过，除了简单的练习，儿童至少还要接触一些高参与性的指导性游戏，才能充分发挥出 CAI 的效力。

除了练习功能外，计算机也是提高儿童基本写作和交流能力的工具（Clements, 1995）。当儿童能够读写时，计算机的文字处理软件会让他们省去很多手写的麻烦，便于他们修改、编辑自己的作品（Clements & Nastasi, 1992）。对年龄较大的儿童和青少年来说，通过电子数据表和笔记整理（note-organizing）软件（Pea, 1985），计算机可以提升学生的元认知策略，帮助他们整理自己的思路，并把这些想法组织成比较连贯的文章（Lepper & Gurtner, 1989）。

课堂之外：上网的好处

计算机在教室之外的普及预示着大量儿童和青少年会受到计算机技术多种形式的影响。让我们首先看一下上网的三个主要好处。

互联网的使用与学业成绩

研究除了发现在课堂上使用计算机对认知技能和学习成绩有好处外，还发现家里有计算机能让儿童在互联网上搜寻完成学校作业所需的信息，提高学习成绩（Pew Internet & American Life Project, 2002; Valkenberg & Soeters, 2001）。不幸的是，在美国有一条计算机使用的鸿沟：经济困难的儿童的家里很可能没有计算机，更不能上网，因此学习成绩就一直提高不了。最近，Linda Jackson 和她的同事（2006）研究了在家上网对家境贫寒、学习落后的 13～14 岁儿童学习成绩的影响。每个家庭都配备了计算机并免费接入互联网。研究者监控这些孩子上网的频率并在 16 个月之后测查他们的语文成绩和在学校的成绩排名。

结果很明显，接触计算机以后，这些孩子在家上网的次数越多，6 个月后在标准化阅读测验中的成绩越高，1 年以及 16 个月以后的平均成绩排名越高。不管是浏览与学习有关的信息，还是搜索嘻哈歌手，在线浏览的时间越长，越有可能提高语文成绩，并且阅读技能的改善还可能帮助这些孩子取得更高的成绩排名。另外，Jackson 及其同事推测，与读课文和其他传统学习技巧相比，在网上搜索信息十分有趣而且"学起来不痛苦"，于是在美好的时光中积极的学习成果也产生了。但是，我们还应该注意到，这个研究中的被试在接触计算机之前的学校成绩就处于平均线以下，上网对于在学校已经表现很好的儿童是否也有同样的好处还有待观察。

使用计算机对社会性发展的好处

最近一项调查显示，89% 的美国青少年每周至少上一次网，61% 的青少年每天都上网。而且，通过发送电子邮件或即时消息进行社交活动，占去了这些年轻人在网上的大部分时间（Cynkar, 2007）。大多数青少年和来自学校、俱乐部或其他线下社会关系的朋友在网上聊天的时间远远长于和陌生人交谈的时间（Gross, 2004; Valkenberg & Peter, 2007）。而且，和那些不常在网上聊天的青少年相比，经常在网上聊天的青少年会感到和朋友更亲近（Valkenberg & Peter, 2007）。

为什么在线交流能增进友谊？Patti Valkenburg 和 Jocken Peter（2007）在对荷兰青少年的研究中发现，青少年觉得在网上比在网下更容易分享私密的东西，特别是面对异性时。他们把互联网看作透露隐私的安全场所，并且可以问对方一些面对面难以启齿的问题。简单地说就是，以下话题在网上交流更方便：恋爱、烦恼、关心或令人羞愧的事情。而这种私密的自我表露是深化友情、相互信赖的主要决定因素。另外，与同伴在网上交流还有一个重要的意义——帮助年少的青少年在相对匿名的论坛中摸索和完善自己的性认同，这比与异性或同性面对面进行类似的交流要安全些（Subrahmanyam, Smaehl, & Greenfield, 2006）。

以西非加纳的 15～18 岁的城市青少年为样本，研究了互联网在健康方面的应用情况。加纳是一个受上述健康问题困扰的国家，那里的青少年也面临着感染艾滋病等可由性传播的疾病的巨大风险。虽然加纳人的家里很少有计算机，但是城市里的人可以在廉价的网吧上网。这项研究发现，在抽取的加纳城市青少年样本中，有 60% 以上的青少年会上网，许多人都明确查找过有用、可靠、简单易读的健康知识。许多青少年感到，当遇到有关身体、人际关系和健康的私人、敏感、尴尬的问题时，求助于互联网比去传统的医疗机构更自在（Suzuki & Calzo, 2004）。虽然与医疗机构的直接互动不能被取代，但是网上那些容易获得的、可信的、保密的信息可以帮助全世界的年轻人改善生活，并做出更好的选择。

对计算机的担忧

计算机技术的发展给儿童带来了怎样的危害呢？以下两点经常被提及。

对电子（视频）游戏的担忧

父母可能会担心他们的孩子去玩某些电子游戏，例如：

《侠盗猎车》：在这个游戏中，参与者可通过与妓女做爱得分，还可以通过杀死她增加点数。游戏中会出现玩家暴打妓女、鲜血四溅的场景（美国国家媒体与家庭学会，引自美联社，2002）。

一项全美调查表明，80% 的美国青少年每星期会花 2 小时或更多时间玩电子游戏（Williams, 1998），电子游戏是小学儿童从事的主要计算机活动（Subrahmanyam et al., 2000）。许多父母认

青少年用手机已经不只是为了打电话了；许多手机都有上网功能，他们可以随时随地查找信息，还可以编辑文本，其功能有点像在线即时消息。

使用计算机对健康的好处

最后，近期研究指出，来自西方国家的青少年，如美国、加拿大和英国，经常上网查找健康方面的知识，特别是和性有关的信息，比如性风险（Borzekowski & Rickert, 2001；Gray et al., 2005）。互联网的使用对一些发展中国家的居民也有着潜在的好处，由于这些国家的医疗条件不足，人们经常出现营养不良或者患上难于控制的传染病。Dina Borzekowski 和她的同事（2006）

> **计算机辅助教学**（computer-assisted instruction, CAI）：利用计算机教授新概念和实践学业技能。

为，电子游戏必然会使儿童远离学校学习和同伴活动，其实并不完全如此，电子游戏通常代替了其他娱乐活动，最主要的就是代替了看电视（Huston et al., 1999）。不过，批评者很担心，经常玩诸如《侠盗猎车》和《使命召唤》这类极度暴力的流行游戏，与观看电视暴力一样，能够增加攻击行为，养成攻击习惯。

这些批评者的担心有其合理性。至少有三项以四至十二年级的儿童为被试的调查研究表明，玩电子游戏的时间与儿童在现实中表现出来的攻击行为呈中等程度的正相关（Dill & Dill, 1998）。实验研究结果更有说服力，以三至四年级儿童为被试的研究（Kirsh, 1998）和另外一个以大学生为被试的研究（Anderson & Dill, 2000）发现，与玩非暴力电子游戏的被试相比，玩暴力电子游戏的被试在面对既可以解释为攻击性也可以解释为非攻击性的事件时，显示出了明显的敌意性攻击倾向和更多的攻击行为（Bushman & Anderson, 2002）。其他研究表明，暴力电子游戏的教唆效应对男孩最为强烈，他们会认同暴力游戏中的人物（Konijn, Bijvank, & Bushman, 2007）。因为儿童在玩暴力电子游戏时，是要积极参与计划并实施攻击行为的，之后他们会被通过暴力获得的成功所强化，所以人们认为，暴力电子游戏的这种教唆作用可能比看暴力电视节目要大得多；在看暴力电视节目时，儿童只是消极观看攻击与暴力行为（Anderson & Dill, 2000）。很明显，这些结论意味着父母应该像关心儿童观看电视的内容一样，关心儿童玩游戏的内容。

对上网的担忧

家用计算机和互联网服务的普及意味着现在世界上数以百万计的儿童和青少年已经在无人监管地上网了。显然，网上有用的信息可以帮助学生查找到完成学校作业所需的资料。但是，许多父母和老师都开始警惕互联网潜在的负面影响。

对色情和性问题的担忧

在网上寻找色情作品就像在谷歌上搜索"性"一样简单，并且在美国，每年大约有40%的20岁以下的青少年上过40万个成人网站中的一个或多个，很多此类网站都不需要对合法年龄进行认证就可以登录（DeAngelis, 2007; Wolak, Mitchell, & Finkelhor, 2007）。虽然人们对浏览色情内容的影响研究得还很少，但是已有的资料揭示出了这对性观念的一些冲击：如果把上色情网站当作一种纯肉欲的消遣活动，那么经常上这些网站的儿童和青少年比起不经常上的人，更可能把女人当作玩物，更能容忍对女人施暴，也会变得更容易接受婚前性行为和婚外情（DeAngelis, 2007; Greenfield, 2004; Peter & Valkenburg, 2006）。男生上色情网站的次数要比女生多得多，特别是如果他们看的是极其露骨的东西，并且以为这就是现实世界的性关系，就更可能持有上述观念（Peter & Valkenburg, 2006, 2007）。

对上网的其他担忧

家长和老师的许多其他担心已经引起了研究者的重视。例如，互联网是许多邪恶团体以及三K党这样的仇恨组织招收成员的主要工具（Downing, 2003）。另外，网上恐吓也变得非常普遍，而且对受害者造成的心理影响等同于甚至超越了他们在学校或家附近遭遇的面对面恐吓（Raskauskas & Stoltz, 2007）。儿童经常在网上看到和商业电台一样烦人而且有欺骗性的广告（Wartella, Caplovitz, & Lee, 2004）。虽然上网能增进大多数青少年在网下的友谊，但是也许还有15%的人会变得与家庭和同学隔绝开（例如，逃避现实的环境），并且以在网上和陌生人接触作为主要的社会化方式（Cynkar, 2007）。

父母怎样才能消除他们的担心呢？Larry Rosen（2008）提供了以下建议：

1. 学习技术。学习使用脸书（Facebook），了解什么是优图博（Youtube），并且学习如何进行控制和阻止。这能让父母更好地认识到哪些规则和限制是必要的。
2. 把计算机放在家人经常走动的房间。不要作茧自缚，让孩子有机会隔离起来不参与家庭活动。
3. 提前计划家庭活动并让孩子参与其中。
4. 限制孩子上网的时间。规定用于上网的时间必须和参与其他活动的时间差不多，如拜访亲戚或朋友。
5. 监控上网活动。留意孩子都在看哪些内容，这些内容是否会引发不良后果。最简单的办法就是保持互相尊重的、积极的交流，不要一味责罚。

和电视一样，计算机对发展也是既有好处又有坏处，这取决于人们怎么使用它。如果年轻人主要把计算机用于上网聊不良话题，浪费了学习的时间，或者两耳不闻窗外事，一心只打"小怪兽"，那么就会产生消极的后果。但是，如果年轻人利用计算机来学习，来创造，来与兄弟姐妹和同伴和谐相处，那么就会带来好的结果。

对发展背景的最后思考

看了这么多不同水平的环境对儿童发展的影响，该结束我们短暂的旅程了。借助布朗芬布伦纳的模型，通过贯穿全书伴随着我们学习儿童的生物、认知和社会性发展，我们检验了微观系统（儿童与最直接的环境之间的关系）。在本章中，我们检验了中间系统：儿童、最直接的环境以及最直接的环境的不同方面之间的相互作用的关系。我们考察了同伴与同伴关系对儿童发展的影响，还看到了学校和儿童不同的学校经验如何影响儿童发展。所有这些不同的主题其共同之处都是与儿童有着直接关系。因为儿童在他们的发展中是具有主动性的，也就是说儿童也可以影响父母、同伴和学校，就像他们影响儿童那样。来自所有主题的关键信息是，环境的每个方面都对儿童发展有着潜在的影响，既可能是积极的，也可能是消极的。心理学家已经缩小了范围，指出环境的每个方面该如何用于帮助儿童获得积极发展。

外系统是指影响儿童的社会环境，但是儿童并不涉身其中。在这一水平上，我们检验了以电视、计算机以及互联网为载体的大众传媒和文化的作用。在这个层次上，儿童的主动性更多体现在他们如何选择和利用媒体并与之互动上，而不是直接去影响媒体。有证据再次表明，这一层次的环境对儿童发展同样既可能产生积极影响，也可能产生消极影响。心理学家正努力使自己跟上媒体发展变化的脚步（历时系统中的变化），而迄今所有研究显示，儿童与电视、计算机和互联网之间的相互作用也在以特定的方式促进儿童的积极发展。

回过头来看布朗芬布伦纳的模型，显然我们只检验了影响儿童发展的一些方面的环境因素。在中间系统、外系统和宏观系统上还存在许多社会结构，它们都对发展的结果有重要影响。发展学家已经检验了其他这些影响，并且正在寻找最有利于儿童发展的途径。我们仅把讨论限定在说明环境对发展的作用上，并把重点放在了研究最多且发展心理学家最感兴趣的一些主题上。可以

父母应该和孩子开放性地讨论上"脸书"这类社交网站的目的。

说，环境对发展的影响是交叉重叠、复杂多样的，它与儿童的不同方面（包括儿童的生物性、认知和社会性发展）交互作用，并且为了更好地理解发展过程，应该和其他任何一种影响一样，得到充分重视。

概念核查15.2 理解社会化和媒体

回答下列问题，检查你对电视和计算机对社会化和儿童发展影响的理解。答案见附录。

判断题：判断下列陈述的对错。

1. 观看大量电视的儿童会在童年早期大约五六岁的时候，发展出电视素养。
2. 看电视对儿童的害处比益处多得多，父母应该尽一切努力禁止孩子看电视。

填空题：在下列句子的空白处填上适合的词或短语。

3. 看暴力电视会向儿童灌输_____，即会让他们把世界视为一个充满暴力的地方，人们都用暴力解决问题。
4. 儿童看电视的另一个危害是，他们对暴力会变得_____，最终会认为暴力是生活中很平常的事。
5. 看太多电视的一个危害是，不管看的内容是什么，都可能影响儿童_____的身体问题的发展，不管在童年期还是在之后的成年期。

选择题：为下列各题选择最佳答案。

____ 6. 下面哪个研究成果不能证明看电视有助于认知发展？
   a. 3 岁儿童能根据电视中故事的情节鉴别出好人和坏人。
   b. 12 个月大的儿童能利用电视做社会参照。
   c. 2 岁儿童在电视上看过自己后，能利用看到的内容找到被藏起来的玩具。

____ 7. 在学校里，计算机通过各种方式教儿童学习，除了下面的哪一个？
   a. 基于简单的技能练习的计算机辅助教学
   b. 基于发现游戏的计算机辅助教学
   c. 培养写作和编辑技能的文字处理软件
   d. 计算机辅助的基本数学运算（比如乘法运算），以便于儿童把主要精力放在解决有关更高水平的数学概念的问题上

____ 8. 一些批评家对儿童使用计算机表示担忧。下面哪一项不是他们所担心的问题？
   a. 儿童玩暴力电子游戏
   b. 儿童玩攻击性电子游戏
   c. 担心毫无监控地使用互联网会让儿童通过网络接触到有关暴力和其他危险的内容
   d. 担心儿童过度沉迷于网络聊天，与同班同学的交往会变得冷淡

简答题：简要回答下列问题。

9. 说说父母可以用什么方法控制儿童观看暴力电视的数量和影响，同时指出这些方法的局限性。
10. 雪莉考虑买计算机，让她上三年级的女儿使用互联网。讨论一下雪莉可能会面临哪些让人担心的事，她怎么做才能既让女儿使用计算机和互联网，又能解决好让她忧心的事。

发展主题在发展背景中的应用

主动 / 被动

连续性 / 阶段性

整体性

天性 / 教养

我们的焦点问题是，儿童发展的背景（环境）怎样影响发展的结果。在本章中，我们探讨了影响儿童发展的各种不同的环境因素，尤其是同伴、学校教育和媒体。我们提出的发展主题毫无疑问更关注儿童，而不是发展的背景，那么这些主题是否可以应用于这一章节呢？答案是肯定的。发展心理学家感兴趣的是主动发展的儿童、天性和教养的交互作用、量变和质变，以及儿童发展的整体性，这些主题与儿童发展的所有环境因素都相关。让我们从中找几个与这些发展主题有关的例子。

在讨论电视和计算机对儿童发展的影响时，我们找到了一些证据，证明儿童在接触这些技术时的主动选择确实会影响他们日后的行为和世界观。这些选择可能不是刻意的，就像儿童对同伴群体和学校环境的选择可能也不是刻意的，但儿童的气质和经历的确可以在这些家庭外环境中引导儿童，然后，这些环境会影响儿童的进一步发展。在考察儿童的同伴关系时，我们有了证明儿童的积极主动性的证据。在儿童同伴群体中，儿童的气质和社会行为对其经历的关系类型有重要影响。

当我们聚焦在发展的背景（或环境）或者说经验（和养育）对发展的影响时，似乎在天性和教养的交互作用中加重了教养的分量。然而，即使在这里，儿童的天性也有影响，两种力量的确是交互作用的。在讨论主动性的儿童时举的例子也可以应用到天性和教养交互作用的问题上。另一个例子是，在观看了暴力电视后，男孩比女孩更有可能做出攻击性反应。这可能与先天的性别差异有关，或者是后天教养中性别差异的影响。

关于量变和质变的问题，在本章中也有证据。一个典型的例子是儿童成长为青少年时经历的质变，以及当这个转折与学校过渡一起出现时，他们所体验到的困难。我们还提到了儿童从学步儿期发展到童年期，游戏行为的质变，这些质变是儿童社会能力和认知能力增加的函数。也许，社会和认知复杂性的量变引起了整个童年期游戏形式的质变。我们还描述了跨学步儿期、童年期和青少年期同伴关系中的质变。所以说，当家庭外环境为发展提供了背景时，在这些背景下，儿童的发展以量变和质变的形式进行着。

最后，我们来思考发展的整体性。有些例子很适合这个主题。例如，社会和认知发展相互作用，共同影响儿童的游戏和同伴关系。再比如，儿童从童年期过渡到青少年期时，生物性发展明显会影响其社会适应。也许从背景角度讨论儿童发展的整体性是最容易的。很明显，儿童发展的所有方面都与不同背景发生着交互作用，共同影响儿童发展的过程和最终结果。

总结

发展的背景

- 布朗芬布伦纳的生态系统模型可以用于理解儿童所处环境对发展的影响。
- 微观系统指儿童与最直接的环境之间的关系。
- 中间系统指儿童与最直接的环境之间交互作用

的关系，例如，教养风格、同伴和学校教育。
- 外系统指影响儿童，但是儿童并不涉身其中的社会环境，例如，电视、计算机和互联网。

同伴作为社会化的动因

- 同伴关系是儿童的另一个世界——同等地位儿童互动的世界，这非常不同于儿童和成人之间的社会互动。
- 同伴是社会地位平等的人（不一定年龄相同），行为具有相似水平的社会性和认知复杂性。
- 社交性和社会互动形式在发展中变化：
  - 18~24个月大的学步儿的社交互动越来越复杂和协调，他们能够互相模仿，在简单游戏中扮演互补角色，有时协调行为实现共同目标。
  - 在学前期，非社会性活动和平行游戏越来越少，而促进社交技能的联合游戏和合作游戏越来越普遍。
  - 在童年中期，同伴交往更多出现在真正的同伴群体中——这种群体中的儿童定期在一起，界定了团体成员的身份感，形成了同伴群体成员如何行动的具体规范。
  - 青少年早期的儿童与同伴在一起的时间更多，特别是和小帮派和小团体里最亲密的朋友在一起的时间。
  - 小帮派和小团体帮助青少年形成脱离家庭后对群体的认同，并且为他们建立恋爱关系铺平了道路。
- 儿童在同伴接纳性上有明显差异，同伴接纳是儿童被其他儿童喜欢或不喜欢的程度。
- 运用社会测量技术，发展学家把同伴接纳分为五类：
  - 受欢迎儿童：被很多儿童喜欢，很少有人不喜欢；
  - 被拒绝儿童：被很多儿童不喜欢，很少有人喜欢；
  - 有争议儿童：既有很多儿童喜欢，也有很多儿童不喜欢；
  - 被忽视儿童：很少被提名，不管是喜欢还是不喜欢；
  - 一般儿童：被中等数量的同伴喜欢或不喜欢。
- 在同伴中的社会地位与儿童的气质、认知技能和接受的父母养育方式有关。
- 同伴接纳的最好预测指标是儿童的社会行为模式。

学校作为社会化的动因

- 学校影响着个体发展的许多方面。
  - 正式的学校课程能传授学业知识。
  - 学校提供非正式课程，教给儿童成为好公民的技能。
- 有效学校能创造积极成果，例如，缺席率低、热情的学习态度、学业成绩、职业技能和社会期望的行为模式。
- 研究显示，下列特征影响学校的"有效性"：
  - 金钱支持；
  - 学校和班级的规模；
  - 学生有很高的学习动机和智力；
  - 积极、安全的学校氛围；
  - 学生和学校之间的良好匹配；
  - 学术氛围强调：
    - 重视学业；
    - 挑战性的、适应发展的课程；
    - 权威型的班级管理和纪律；
    - 团队合作。
- 对于从小学升入中学的儿童，需要特别关注他们变化了的发展需要以及来自父母和老师的支持。

电视对儿童发展的影响

- 尽管儿童看太多电视会影响他们的行为，但研究表明，适度看电视不可能损害儿童的认知发展、学业成绩或同伴关系。在童年中期和青少年期，认知发展和看电视的经验促进了电视素养的提高。电视暴力能触发攻击行为，灌输残酷世界信念，使儿童对攻击去敏感化。电视也展示了刻板印象，影响儿童关于民族、种族、性别的信念。
- 从积极方面来讲，儿童观看了电视上的亲社会行为后，很可能学习这些亲社会行为并付诸实践。
- 《芝麻街》之类的教育节目成功促进了基本认知能力的发展，特别是当成人与儿童一起观看，和他们讨论节目内容，并帮助他们将学到的东西付诸实践时更是如此。

数字化时代的儿童发展

- 儿童使用计算机对其智力和社会性发展都有益。
- 计算机辅助教学（CAI）提高了儿童的基本学习技能，特别是用像游戏一样呈现的发现性程序补充了基本训练后。
- 文字处理程序促进了写作技能的发展；计算机编程有利于认知和元认知的发展。
- 尽管儿童使用计算机有很多好处，但是批评家

担心：
- 暴力电子游戏可能引发儿童的攻击行为；
- 无限制上网对儿童有害。
- 研究显示，上网对儿童的学习、社会性和健康发展有好处。
- 如果父母做到以下几点，可以减轻对孩子上网的担忧：
  - 学习互联网技术；
  - 把计算机放在有家人经常走动的房间；
  - 提前计划家庭活动并让孩子参与其中；
  - 限制孩子上网的时间；
  - 监控孩子上网活动。

对发展背景的最后思考

- 除了在本章讨论的，还有很多影响儿童发展的背景（环境）。
- 背景的影响是交叉重叠、复杂多样的，但是研究者一致表示，各种背景（环境）都可以用于促成积极的发展结果。

第 15 章 练习测验

选择题：为下列各题选择最佳答案，检查你对发展背景的理解。答案见附录。

1. 同伴和学校对儿童发展的影响属于布朗芬布伦纳生态系统模型的____水平。
    a. 历时系统　　　b. 外部系统
    c. 中间系统　　　d. 微观系统

2. 根据发展心理学家的观点，"同伴"展示了下面所有特征，除了____。
    a. 社会地位平等
    b. 行为复杂程度处于相似水平
    c. 能调整自己行为去追求共同的兴趣或者目标
    d. 相同年龄、种族和人口统计学状况

3. 婴幼儿什么时候能进行彼此"协调互动"的游戏？
    a. 6 个月大　　　b. 12 个月大
    c. 18 个月大　　d. 24 个月大

4. 儿童表演虚构的主题，一起在游戏中扮演并互换角色，一起努力实现共同目标，他们进行的是____游戏。
    a. 联合　　　　　b. 合作
    c. 旁观者　　　　d. 平行

5. 雷切尔和达拉在考虑搬到新社区，因为他们的儿子要上幼儿园了，他们想要他进入一个有效的学校。下面哪一个关于学校的特点是

他们做选择时应该考虑的?
  a. 学校重视学业　　b. 学校使用能力追踪
  c. 学校的经济资源　d. 学校班级的大小

6. 在美国，到18岁的时候，平均每个孩子用了____年看电视，比除____之外的任何其他活动花费的时间都多。
  a. 1；睡觉　　　　b. 2；睡觉
  c. 1；上学　　　　d. 2；上学

7. 在儿童观看《恐龙战队》之后检验他们的行为，结果发现
  a. 观看《恐龙战队》和没有观看的儿童，攻击性水平没有差异
  b. 观看《恐龙战队》和没有观看的儿童相比，攻击性水平有差异，但差异只出现在最初被鉴定为攻击性水平较高的儿童身上
  c. 观看《恐龙战队》和没有观看的儿童相比，攻击性水平有差异，但差异只出现在最初被鉴定为攻击性水平较低的儿童身上
  d. 观看《恐龙战队》和没有观看的儿童相比，攻击性水平有差异，但是差异只出现在男孩身上，而不是女孩

8. 研究表明，使用互联网在下面所有方面都对儿童有帮助，除了____。
  a. 学业　　　　　　b. 社交
  c. 健康　　　　　　d. 家庭

9. 对于希望能确保孩子上网有益的父母，下面哪一种做法是不推荐的?
  a. 学习互联网技术
  b. 把计算机放在孩子做作业的卧室
  c. 提前计划家庭活动，让孩子参与其中
  d. 限制孩子上网时间

10. 学校提供训练，教儿童遵守规则，尊重权威，和同伴合作，做个好公民，这种训练叫作____。
  a. 社交课程　　　　b. 社会化课程
  c. 公民课程　　　　d. 非正式课程

关键术语

被忽视儿童，p575　　　合作游戏，p572　　　去敏感化假设，p585　　　小帮派，p574
被拒绝儿童，p575　　　互为主体性，p571　　社会测量技术，p575　　小团体，p574
残酷世界信念，p585　　计算机辅助教学（CAI），　社交性，p570　　　　一般儿童，p575
电视素养，p584　　　　　p592　　　　　　　　受欢迎儿童，p575　　　有效学校，p577
非社交性活动，p572　　联合游戏，p572　　　同伴，p570　　　　　有争议儿童，p575
非正式课程，p576　　　旁观者游戏，p572　　同伴接纳，p575
肥胖，p587　　　　　　平行游戏，p572　　　同伴群体，p574

附录 概念核查及章末练习测验答案

第1章

概念核查 1.1
1. d
2. d
3. d
4. b
5. 常态发展；特殊发展
6. c
7. a
8. b

概念核查 1.2
1. b
2. c
3. b
4. d
5. d
6. a
7. e
8. c
9. b

概念核查 1.3
1. b
2. a
3. d
4. 选择性的损耗
5. 同辈
6. 研究者
7. b
8. a
9. d

概念核查 1.4
1. a. 天性观
   b. 交互作用观
   c. 教养观
2. a. 主动儿童观
   b. 被动儿童观
3. a. 质变观
   b. 量变观
4. a. 割裂观
   b. 整体观
5. a
6. a
7. b

第1章 练习测验
1. c
2. d
3. b
4. a
5. d
6. a
7. d
8. d
9. b
10. b

第2章

概念核查 2.1
1. d
2. a
3. b
4. c
5. a

概念核查 2.2
1. c
2. c
3. b
4. c
5. 错
6. 对

概念核查 2.3
1. b
2. c
3. c
4. b
5. b
6. 错
7. 对
8. 对

第2章 练习测验
1. c
2. a
3. b
4. a
5. d
6. d
7. d
8. c
9. a
10. c

第3章

概念核查 3.1
1. c
2. a
3. b
4. b
5. c
6. b
7. a

概念核查 3.2
1. c
2. a
3. b
4. c
5. a
6. d
7. 胎儿酒精效应（FAE）；

胎儿酒精综合征(FAS)
8. 己烯雌酚（DES）
概念核查 3.3
1. c
2. b
3. b
4. 第二产程
5. NBAS；脑损伤
6. 产钳；胎头吸引器
7. b
8. a

第 3 章　练习测验
1. c
2. b
3. a
4. c
5. b
6. c
7. a
8. c
9. c

第 4 章
概念核查 4.1
1. c
2. b
3. c
4. e
5. f
6. g
7. 感觉
8. 知觉
9. 原始反射
10. 生存反射
概念核查 4.2
1. a

2. b
3. c
4. 差
5. 很好
6. 非常敏感
7. a
8. d

概念核查 4.3
1. 对
2. 错
3. 对
4. c
5. a
6. c
7. c
8. a
9. b

第 4 章　练习测验
1. c
2. b
3. c
4. d
5. b
6. c
7. b
8. c
9. a
10. d

第 5 章
概念核查 5.1
1. b
2. c
3. b
4. a
5. b

6. 错
7. 对
8. 错
9. 对
概念核查 5.2
1. 错
2. 对
3. 对
4. 错
5. 错
6. b
7. c
8. b
9. c
概念核查 5.3
1. b
2. a
3. d
4. c
第 5 章　练习测验
1. a
2. c
3. b
4. c
5. a
6. d
7. c

第 6 章
概念核查 6.1
1. d
2. b
3. d
4. c
5. f
6. b

7. a
8. e
概念核查 6.2
1. a
2. d
3. b
4. a
5. a
6. c
7. f
8. a
9. e
10. b
11. d
概念核查 6.3
1. d
2. c
3. c
4. c
5. d
6. a
7. c
8. f
9. b
10. e
概念核查 6.4
1. d
2. a
3. c
4. b
5. d
6. f
7. e
8. c
9. a
第 6 章　练习测验

1. a
2. a
3. c
4. a
5. d
6. d
7. b
8. d
9. b
10. a

第 7 章

概念核查 7.1
1. c
2. f
3. b
4. a
5. e
6. d

概念核查 7.2
1. b
2. c
3. a
4. a
5. e
6. c
7. f
8. d
9. b

概念核查 7.3
1. a
2. c
3. b
4. d
5. c
6. f

7. a
8. b
9. e

概念核查 7.4
1. c
2. c

第 7 章 练习测验
1. a
2. c
3. d
4. b
5. d
6. d
7. c
8. a
9. b

第 8 章

概念核查 8.1
1. b
2. c
3. a
4. b
5. d
6. c

概念核查 8.2
1. a
2. d
3. c
4. d
5. c
6. 错
7. 对

概念核查 8.3
1. b
2. b

3. b
4. a
5. 对
6. 错

第 8 章 练习测验
1. d
2. c
3. c
4. b
5. a
6. c
7. a
8. b
9. c

第 9 章

概念核查 9.1
1. b
2. a
3. d
4. e
5. c
6. d
7. a
8. b
9. d

概念核查 9.2
1. 过度扩展
2. 句法引导
3. 单词句
4. a
5. b
6. c
7. b

概念核查 9.3
1. a

2. b
3. d
4. d
5. 错
6. 对

第 9 章 练习测验
1. c
2. c
3. a
4. c
5. c
6. d
7. a
8. c
9. a
10. a

第 10 章

概念核查 10.1
1. a
2. b
3. 错
4. 错
5. 自我再认或自我评价
6. 情绪表达
7. 情绪调节
8. 内疚；害羞

概念核查 10.2
1. b
2. c
3. a
4. c
5. b
6. d
7. 陌生人焦虑
8. 日常同步性

概念核查 10.3
1. c
2. b
3. d
4. 对
5. 错
6. 安全型
7. 回避型
8. 组织混乱或方向混乱型依恋
9. 抗拒型

第 10 章 练习测验
1. d
2. c
3. b
4. c
5. c
6. d
7. c
8. a
9. d

第 11 章
概念核查 11.1
1. c
2. b
3. a
4. 错
5. 错
6. b

概念核查 11.2
1. b
2. d
3. c
4. a
5. 对
6. 增长
7. 固存

概念核查 11.3
1. 对
2. 行为比较
3. 心理比较
4. 心理结构

第 11 章 练习测验
1. a
2. d
3. b
4. a
5. b
6. d
7. a
8. c
9. c
10. b

第 12 章
概念核查 12.1
1. 对
2. 对
3. 错
4. 性别强化
5. 性别角色刻板印象
6. a
7. c
8. b
9. c
10. a

概念核查 12.2
1. 对
2. 错
3. a
4. b
5. 玛尼和艾尔哈特的生物社会理论
6. 社会学习理论
7. 弗洛伊德的精神分析理论

第 12 章 练习测验
1. d
2. c
3. a
4. b
5. a
6. b
7. b
8. a
9. d

第 13 章
概念核查 13.1
1. c
2. b
3. a
4. 对
5. 错
6. c
7. 忽略；强化
8. 被动型；挑衅型

概念核查 13.2
1. b
2. a
3. 对
4. 错
5. 错
6. 快乐主义
7. 情感解释

概念核查 13.3
1. b
2. a
3. c
4. 错
5. 错
6. 错
7. 公平；关爱；关爱

第 13 章 练习测验
1. a
2. c
3. d
4. b
5. a
6. c
7. a
8. c
9. d
10. b

第 14 章
概念核查 14.1
1. 核心家庭
2. 扩展家庭
3. 社会化
4. c

概念核查 14.2
1. 错
2. 错
3. 对
4. 专制型
5. 权威型
6. 专制型
7. d
8. a
9. c

概念核查 14.3
1. 对

2. 错
3. 错
4. 对
5. 真正的母亲；生命的给予者
6. 捐赠受精
7. 离婚
8. c
9. d

第 14 章 练习测验
1. c
2. a
3. b
4. a
5. d
6. c
7. c
8. d
9. b
10. d

第 15 章

概念核查 15.1
1. 对
2. 对
3. 错
4. 单独游戏；平行游戏；联合游戏；合作游戏
5. 被拒绝
6. d
7. b

概念核查 15.2
1. 错
2. 错
3. 残酷世界信念
4. 不敏感
5. 肥胖
6. a
7. d
8. d

第 15 章 练习测验
1. c
2. d
3. c
4. b
5. a
6. b
7. d
8. d
9. b
10. d

参考文献 ①

Abbassi, V. (1998). Growth and normal puberty. *Pediatrics, 102,* 507–511.

Abel, E. L. (1981). Behavioral teratology of alcohol. *Psychological Bulletin, 90,* 564–581.

Abel, E. L. (1998). *Fetal alcohol abuse syndrome.* New York: Plenum.

Abma, J. C., & Mott, F. L. (1991). Substance use and prenatal care during pregnancy among young women. *Family Planning Perspectives, 23,* 117–122, 128.

Aboud, F. E. (1988). *Children and prejudice.* New York: Blackwell.

Aboud, F. E. (2003). The formation of in-group favoritism and out-group prejudice in young children: Are they distinct attitudes? *Developmental Psychology, 39,* 48–60.

Abramovitch, R., Corter, C., Pepler, D. J., & Stanhope, L. (1986). Sibling and peer interaction: A final follow-up and a comparison. *Child Development, 57,* 217–229.

Abravanel, E., & Sigafoos, A. D. (1984). Exploring the presence of imitation during early infancy. *Child Development, 55,* 381–392.

Achenbach, T. M., Phares, V., Howell, C. T., Rauh, V. A., & Nurcombe, B. (1990). Seven-year outcome of the Vermont Intervention Program for low-birthweight infants. *Child Development, 61,* 1672–1681.

Ackerman, B. P. (1993). Children's understanding of the speaker's meaning in referential communication. *Journal of Experimental Child Psychology, 55,* 56–86.

Ackerman, B. P., Schoff, K., Levinson, K., Youngstrom, E., & Izard, C. E. (1999). The relations between cluster indexes of risk and promotion and the problem behaviors of 6- and 7-year-old children from economically disadvantaged families. *Developmental Psychology, 35,* 1355–1366.

Ackerman, B. P., Szymanski, J., & Silver, D. (1990). Children's use of common ground in interpreting ambiguous referential utterances. *Developmental Psychology, 26,* 234–245.

Ackerman, M. C. (2002). Benefits of sports participation for adolescent girls. *Dissertation Abstract International: The Sciences and Engineering, 63,* 2618.

Ackerman, P. L., Bowen, K. R., Beier, M. E., & Kanfer, R. (2001). Determinants of individual differences and gender differences in knowledge. *Journal of Educational Psychology, 93,* 797–825.

Ackermann-Liebrich, U., Voegeli, T., Gunter-Witt, K., Kunz, I., Zullig, M., Schlindler, C., & Maurer, M. (1996). Home versus hospital deliveries: Follow up study of matched pairs for procedures and outcome. *British Medical Journal, 313,* 1313–1318.

Acredolo, L. P., & Goodwyn, S. W. (1990). Sign language in babies: The significance of symbolic gesturing for understanding language development. In R. Vasta (Ed.), *Annals of child development* (Vol. 7, pp. 1–42). Greenwich, CT: JAI Press.

Adams, G. R., Abraham, K. G., & Markstrom, C. A. (1987). The relations among identity development, self-consciousness, and self-focusing during middle and late adolescence. *Developmental Psychology, 23,* 292–297.

Adams, R. J., & Courage, M. L. (1998). Human newborn color vision: Measurement with chromatic stimuli varying in excitation purity. *Journal of Experimental Child Psychology, 67,* 22–34.

Adamson, L. B., Bakeman, R., & Deckner, D. F. (2004). The development of symbol-infused joint engagement. *Child Development, 75,* 1171–1187.

Adey, P. S., & Shayer, M. (1992). Accelerating the development of formal thinking in middle and high school students: II. Postproject effects on science achievement. *Journal of Research in Science Teaching, 29,* 81–92.

Adolph, K. E., Eppler, M. A., & Gibson, E. J. (1993). Crawling versus walking infants' perception of affordances for locomotion over sloping surfaces. *Child Development, 64,* 1158–1174.

Adolph, K. E., Vereijken, B., & Denny, M. A. (1998). Learning to crawl. *Child Development, 69,* 1299–1312.

Ainsworth, M. D. S. (1967). *Infancy in Uganda: Infant care and the growth of love.* Baltimore: Johns Hopkins University Press.

Ainsworth, M. D. S. (1979). Attachment as related to mother-infant interaction. In J. S. Rosenblatt, R. A. Hinde, C. Beer, & M. Busnel (Eds.), *Advances in the study of behavior* (Vol. 9). New York: Academic Press.

Ainsworth, M. D. S. (1989). Attachments beyond infancy. *American Psychologist, 44,* 709–716.

Ainsworth, M. D. S., Bell, S. M., & Stayton, D. J. (1972). Individual differences in the development of some attachment behaviors. *Merrill-Palmer Quarterly, 18,* 123–143.

Ainsworth, M. D. S., Blehar, M., Waters, E., & Wall, S. (1978). *Patterns of attachment.* Hillsdale, NJ: Erlbaum.

Akhtar, N. (2004). Nativist versus constructivist goals in studying child language. *Journal of Child Language, 31,* 459–462.

Akhtar, N., Carpenter, M., & Tomasello, M. (1996). The role of discourse novelty in early word learning. *Child Development, 67,* 635–645.

Aksan, N., Kochanska, G., & Ortmann, M. R. (2006). Mutually responsive orientation between parents and their young children: Toward methodological advances in the science of relationships. *Developmental Psychology, 42,* 833–848.

Al Awad, A. M. H., & Sonuga-Barke, E. J. S. (1992). Childhood problems in a Sudanese city: A comparison of extended and nuclear families. *Child Development, 63,* 906–914.

Albert, R. S. (1994). The achievement of eminence: A longitudinal study of exceptionally gifted boys and their families. In R. F. Subotnik & K. D. Arnold (Eds.), *Beyond Terman: Contemporary studies of giftedness and talent* (pp. 282–315). Norwood, NJ: Ablex.

Alessandri, S. M., & Lewis, M. (1996). Differences in pride and shame in maltreated and non-maltreated toddlers. *Child Development, 67,* 1857–1869.

Alessandri, S. M., Bendersky, M., & Lewis, M. (1998). Cognitive functioning in 8- to 18-month-old drug-exposed infants. *Developmental Psychology, 34,* 565–573.

Alessandri, S. M., Sullivan, M. W., Imaizumi, S., & Lewis, M. (1993). Learning and emotional responsivity in cocaine-exposed infants. *Developmental Psychology, 29,* 989–997.

Alexander, G. M., & Hines, M. (1994). Gender labels and play styles: Their relative contribution to children's selection of playmates. *Child Development, 65,* 869–879.

Alfieri, T., Ruble, D. N., & Higgins, E. T. (1996). Gender stereotypes during adolescence: Developmental changes and the transition to junior high school. *Developmental Psychology, 32,* 1129–1137.

Alink, L. R. A., Mesman, J., van Zeijl, J., Stolk, N., Juffer, F., Koot, H. M., et al. (2006). The early childhood aggression curve: Development of physical aggression in 10- to 50-month-old children. *Child Development, 77,* 954–966.

Allen, J. P., McElhaney, K. B., Land, D. J., Kuperminc, G. P., Moore, C. W., O'Beirne-Kelly, H., & Kilmer, S. L. (2003). A secure base in adolescence: Markers of attachment security in the mother–adolescent relationship. *Child Development, 74,* 292–307.

Allen, J. P., Porter, M., McFarland, C., McElhaney, K. B., & Marsh, P. (2007). The relation of attachment security to adolescents' paternal and peer relationships, depression, and externalizing behavior. *Child Development, 78,* 1222–1239.

Allen, K. R., Fine, M. A., & Demo, D. H. (2000). An overview of family diversity: Controversies, questions, and values. In D. H. Demo, K. R. Allen, & M. A. Fine (Eds.), *Handbook of family diversity.* New York: Oxford University Press.

Allen, S. E. M., & Crego, M. B. (1996). Early passive acquisition in Inuktitut. *Journal of Child Language, 23,* 129–156.

Alley, T. R. (1981). Head shape and the perception of cuteness. *Developmental Psychology, 17,* 650–654.

Almli, C. R., Ball, R. H., & Wheeler, M. E. (2001). Human fetal and neonatal movement patterns: Gender differences and fetal-to-neonatal continuity. *Developmental Psychology, 38,* 252–273.

Altermatt, E. R., Pomerantz, E. M., Ruble, D. N., Frey, K. S., & Grenlich, F. K. (2002). Predicting changes in children's self-perceptions of academic competence: A naturalistic examination of evaluative discourse among classmates. *Developmental Psychology, 38,* 903–917.

Alvarez, J. M., Ruble, D. N., & Bolger, N. (2001). Trait understanding or evaluative reasoning: An analysis of children's behavioral predictions. *Child Development, 72,* 1409–1425.

Amabile, T. M. (1983). *The social psychology of creativity.* New York: Springer-Verlag.

Amato, P. R. (1996). Explaining the intergenerational transmission of divorce. *Journal of Marriage and the Family, 58,* 628–640.

Amato, P. R. (2000). The consequences of divorce for adults and children. *Journal of Marriage and Family, 62,* 1269–1287.

Amato, P. R., & Booth, A. (1996). A prospective study of divorce and parent–child relationships. *Journal of Marriage and the Family, 58,* 356–365.

Amato, P. R., & Keith, B. (1991). Parental divorce and the well-being of children: A meta-analysis. *Psychological Bulletin, 110,* 26–46.

Amato, P. R., & Sobolewski, J. M. (2004). The effects of divorce on fathers and children: Nonresidential fathers and stepfathers. In M. E. Lamb (Ed.), *The role of the father in child development* (4th ed.). Hoboken, NJ: Wiley.

Ambert, A. (1992). *The effect of children on parents.* New York: Haworth.

American Academy of Pediatrics, Task Force on Sudden Infant Death Syndrome. (2005). The changing concept of Sudden Infant Death Syndrome. *Pediatrics, 116,* 1245–1255.

American Academy of Pediatrics. (2000). Changing concepts of Sudden Infant Death Syndrome: Implications for infant sleeping environment and sleep position (RE8946). *Pediatrics, 105,* 650–656.

American Association on Mental Retardation. (1992). *Mental retardation: Definition, classification, and systems of support* (9th ed.). Washington, DC: Author.

---

① 为了环保，也为了节省您的购书开支，本书参考文献不在此一一列出。如您需要完整的参考文献，请登录 www.wqedu.com 下载。您在下载时遇到任何问题，可拨打 010-65181109 咨询。

致教师的一封信

尊敬的老师：

您好！

感谢您选择"万千心理"的教材！

为了支持您的教学工作，我们将特别为您提供以下周到贴心的服务：

1. **免费样书**：如果您选用了"万千心理"的教材进行授课，我们将免费提供教师样书；
2. **免费教辅**：丰富的教学辅助资料，包括教师用书、教学演示PPT及习题库等；
3. **好书推荐**：我们将定期以电子邮件和宣传手册的形式为您推荐优秀教材、教辅，以及您感兴趣领域的最新书目和"万千心理"畅销书单；
4. **会员折扣**：您可享受全年最优购书折扣以及不定期的会员特惠活动；
5. **出版机会**：您将有可能成为我们优先选择的签约作者或译者。

北京万千新文化传媒有限公司（简称"万千公司"）是中国轻工业出版社与美国万国图文公司共同投资兴办的合资企业。"万千心理"是万千公司推出的心理学类图书品牌。二十多年来，万千公司与美国心理学会（APA）、美国咨询协会（ACA）等心理机构进行了多项卓有成效的合作，并与世界排名前十位的出版集团，如培生教育有限公司（Pearson Education）、圣智学习出版集团（Cengage Learning）、麦格劳希尔公司（McGraw Hill）、约翰威利父子有限公司（John Wiley & Sons Inc.）等著名出版机构建立了良好的版权贸易与合作关系。时至今日，万千公司成功地策划并引进了数百种心理类图书，包括"心理学专业教材与教辅系列"、"心理学公共课教材系列"、"跨专业心理学教材系列"、"心理咨询与治疗系列"以及"心理自助系列"等心理学读物，共10余个系列、860余种图书。"万千心理"得到了心理学科领域专业人士的一致认同，受到了广大读者的喜爱。

"万千心理教学支持计划"，真诚期待您的加入！

此致

敬礼！

"万千心理"敬上

万千心理 欢迎任课教师加入教学支持计划！

咨询电话：010-65181109，65125990
读者信箱：1012305542@qq.com
新浪微博：万千心理官方微博